国外计算机科学教材系列

计算机视觉——一种现代方法

（第二版）

Computer Vision: A Modern Approach

Second Edition

［美］ David A. Forsyth Jean Ponce 著

高永强 等译

電子工業出版社
Publishing House of Electronics Industry
北京·BEIJING

内 容 简 介

计算机视觉是研究如何使人工系统从图像或多维数据中“感知”的科学。本书是计算机视觉领域的经典教材，内容涉及摄像机的几何模型、光照及阴影、颜色、线性滤波、局部图像特征、纹理、立体视觉、运动结构、聚类分割、分组与模型拟合、跟踪、配准、平滑表面及其轮廓、深度数据、图像分类、物体检测与识别、基于图像的建模与渲染、人形研究、图像搜索与检索、优化技术等。与前一版相比，本书简化了部分主题，增加了应用示例，重写了关于现代特征的内容，详述了现代图像编辑技术与物体识别技术。

本书可作为计算机几何学、计算机图形学、图像处理、模式识别、机器人学等专业高年级本科生和研究生的教材或参考书，也可供从事相关领域研究的工程技术人员参考阅读。

版权贸易合同登记号　图字：01-2012-3064

图书在版编目（CIP）数据

计算机视觉：一种现代方法 ：第 2 版/（美）福赛斯（Forsyth，D. A.），（美）泊斯（Ponce，J.）著；高永强等译.
北京：电子工业出版社，2017.7
（国外计算机科学教材系列）
书名原文：Computer Vision：A Modern Approach，Second Edition
ISBN 978-7-121-27617-0

I. ①计… II. ①福… ②泊… ③高… III. ①计算机视觉-高等学校-教材 IV. ①TP302.7

中国版本图书馆 CIP 数据核字（2015）第 277726 号

策划编辑：冯小贝
责任编辑：冯小贝
印　　刷：三河市鑫金马印装有限公司
装　　订：三河市鑫金马印装有限公司
出版发行：电子工业出版社
　　　　　北京市海淀区万寿路 173 信箱　邮编　100036
开　　本：787×1092　1/16　印张：32.5　字数：1022 千字
版　　次：2004 年 6 月第 1 版（原著第 1 版）
　　　　　2017 年 7 月第 2 版（原著第 2 版）
印　　次：2023 年 12 月第 5 次印刷
定　　价：118.00 元

凡所购买电子工业出版社图书有缺损问题，请向购买书店调换。若书店售缺，请与本社发行部联系，联系及邮购电话：（010）88254888，88258888。

质量投诉请发邮件至 zlts@phei.com.cn，盗版侵权举报请发邮件至 dbqq@phei.com.cn。

本书咨询联系方式：fengxiaobei@ phei.com.cn。

译 者 序

眼睛，是人们感知外部世界的一个重要器官，它允许人们在不接触物体、远距离的条件下，完成对物体概念性的感知，从而辅助大脑判断接下来的行为。计算机类比于人们的大脑，随着计算机的诞生与普及，人们同样希望通过其他传感器将信息传递给计算机，从而实现计算机与周围环境的交互。针孔照相机的发明以及数字图像处理技术的发展，为计算机提供了快速获取外部环境信息的一种手段。计算机计算能力的大大提升，以及照相机、摄像机硬件造价趋于廉价，极大推进了计算机视觉这门学科的发展。

本书第一版的译者序中提到了计算机的发展史，计算机视觉作为一门独立的学科，虽然只有很短的历史，但是其发展迅速。同时，计算机视觉是一门交叉学科，其基础知识涉及广泛，包括数字信号处理、数字图像处理、模式识别、机器学习、计算机图形学、认知科学、统计学、优化论等知识。近年来，新一轮的人工智能热潮席卷整个世界，并且在围棋、德州扑克上取得了巨大的成绩。计算机视觉作为人工智能的一门基础学科，其科学性、条理性的知识，非常值得对人工智能感兴趣，尤其是对计算机视觉感兴趣的人们对其进行仔细深入的学习与研究。

本书第二版的主要译者都是计算机视觉领域的研究者以及从事计算机视觉行业的专业人员。第一版的译本非常出色，但由于第二版相对于第一版有较大的改动，应电子工业出版社邀请，我们将其第二版翻译成中文，希望对人工智能感兴趣的研究人员与学生能够从中有所收获。

本书的初稿由朱细妹（第 3 章）、陈翔（第 4 章）、刘智成（第 10，17 章）、肖娟（第 11 章）、黄晓峰（第 12 章）、郭若楠（第 13 章）、段新桥（第 19 章）以及高永强（第 1 ~2，5 ~9，14 ~16，18，20 ~22 章）翻译，此外参加翻译工作的还有卢锦、孙学宝、高晓娟、郭秀梅、卢大武、李华龙、高锐，全书最后由高永强统稿。

在翻译的过程中，我们以第一版为参考，尽可能遵循原作者的写作风格，并准确把握原著内容。但由于时间仓促，难免有翻译不当乃至错误之处。读者们在阅读过程中发现问题时，恳请及时与我们联系，以便在今后重印或再版时更正改进。

高永强

前　　言

计算机视觉是一个处于知识前沿的领域。与其他前沿领域一样，它既激动人心，又显得头绪繁多。在该领域经常出现缺乏权威性的现象，许多有用的做法并没有理论基础，而一些理论在实际应用中又毫无用处。虽然许多方面的研究已见成效，但是它们之间通常缺乏联系。尽管如此，我们还是力图在本书中对这一领域进行有条理的分析。

与研究人类或动物的视觉不同，我们认为计算机视觉（或简称为“视觉”）是借助于几何、物理和学习理论来建立模型，从而使用统计方法来处理数据的一个研究领域。因此，从我们的角度来看，视觉是指在透彻理解照相机性能与物理成像过程的基础上（这是本书第一部分的内容），通过对每个像素值进行简单的推理（第二部分），将多幅图像中可能得到的信息综合成相互关联的整体（第三部分），确定像素集之间的联系以便将它们彼此分割开，或推断一些形状信息（第四部分），进而使用几何信息（第五部分）或概率统计技术（第六部分）来识别物体。计算机视觉的应用相当广泛，既有成熟的应用（如移动机器人导航、工业检测、军事侦察），也有新出现的应用（如人机交互、数字图书馆中的图像检索、医学图像分析，以及计算机图形学中合成场景的渲染）。我们将在第七部分讨论其中的一些具体应用。

第二版的新内容

为增强本书的有用性，我们对第一版做了许多改进。其中最重要的改进源自第一版出版以来计算机视觉这一学科的巨大变化。目前，互联网上已经有广泛公开的代码和数据。使用其他人发布的代码来构建自己的系统，或者在其他人的数据集上进行评估是非常平常的事情，至少在直观感受上是这样的。在本书的某些章节中，我们将给出一些可用的联机资源指南。互联网上的这些 URL 资源并非一直有效；我们试图提供足够的信息，以便读者可用作者名、数据集或代码的名称在互联网中搜索，并得到正确的结果。

其他改进包括：

- 简化了公式推导。与第一版相比，本书的数学知识更简单、更清晰。特别简化了关于照相机（第 1 章）、阴影处理（第 2 章）、由两个视图重建（第 7 章）及由多个视图重建（第 8 章）的相关公式推导。
- 给出了更宽泛的应用。具体包括基于图像的建模与渲染（第 19 章）、图像搜索（第 22 章）、建立图像马赛克（12.1 节）、医学图像配准（12.3 节）、解释深度数据（第 14 章）和理解人类活动（第 21 章）。
- 新增了关于现代特征的内容，特别是 HOG 和 SIFT（均在第 5 章中出现），使得应用范围从建立图像马赛克扩展到物体识别。
- 详细介绍了现代图像编辑技术，包括删除阴影（3.5 节）、填充图像中的空洞（6.3 节）、去噪（6.4 节）和交互式图像分割（9.2 节）。
- 全面介绍了现代物体识别技术。首先从分类器（第 15 章）开始讨论，然后介绍图像分类技术（第 16 章）和物体检测算法（第 17 章）。最后，第 18 章回顾了物体识别领域的最新进展。
- 最后，本书提供了相关的参考文献①。

① 相关的参考文献请登录华信教育资源网（www.hxedu.com.cn）注册下载。

视觉研究的目的

计算机视觉研究的主要目的在于从图像或图像序列中提取对世界的描述。毫无疑问，这是很有使用价值的。拍摄的图像通常不具有破坏性，因而是安全的。同时，这也是一件不费力的事情，并且现在的成本也很低廉。针对不同的应用，用户希望从图像中获取的描述可能相差很大。例如，一种称为从运动求取结构的技术，可以从图像序列中获取所见物体的描述及摄像机的运动规律。娱乐产业中，人们利用这种技术来建立建筑物的三维模型，此时人们关注结构而忽略运动信息。这些模型可以应用到实际建筑物无法使用的场合，如火灾、爆炸等场合。只要利用数量很少的一组照片就可以构造出良好的、简单准确的、令人信服的模型。而用这种技术来控制移动机器人时，人们一般只会关注运动而将结构舍弃。这是因为，一般只知道机器人工作区域的某些信息，而不知道机器人在这一区域的确切位置。我们可以由固定于机器人之上的摄像机的运动信息来确定机器人的位置。

计算机视觉还有许多其他方面的重要应用。应用之一是医学图像处理与理解。人们可以设计软件系统来增强图像，或鉴别重要的现象或事件，或通过成像获得可视化信息;应用之二是检验人们对物体拍摄的图像，以便确定它们是否符合规定;应用之三是卫星图像的理解，这既可用于军事目的(例如，编写程序来确定某一地区近来是否有与军事有关的现象发生，或估计轰炸所引起的损害)，也可以服务于民用目的(例如，今年的玉米收成会怎样，有多少雨林被保存下来);应用之四是对收集的图片加以组织与结构化。我们知道如何去搜索与浏览文本库(尽管这仍然是难以解决的课题)，但确实不知道如何处理图像或视频库。

计算机视觉自身正处于发展的关键时期。从20世纪60年代起，人们就想利用计算机视觉的原理构造出有用的计算机系统，但这在最近才成为可能。这种繁荣的局面是受多方面的因素驱动的:计算机与成像系统的价格已经很便宜。之前要得到较好的数字彩色图像，需要花费上万美元，而现在至多几百美元就已足够。同样，之前我们也很难看到彩色打印机，即使看到，也往往是在实验室中，而现在它们已出现在许多家庭中。这意味着进行研究工作变得更为容易，也意味着许多人产生了一些需要使用计算机视觉方法来解决的问题。例如，人们希望将收集的图片组织起来，为他们所在的周围世界构造三维模型，并且管理与编辑收集的视频。我们对视觉中的基本几何学和物理学的理解及如何运用它这一点已经得到了极大改善。我们开始有可能解决许多人关注的问题，但难题并未得到解决，且许多较容易的问题也未得到解决(打算解决难题时要保持清醒的头脑)。现在正是研究这一主题的时候。

本书的内容

我们认为计算机视觉从业人员都应知道本书所包含的内容，但要强调的是，本书是面向更广泛的读者的。我们希望从事计算几何、计算机图形学、图像处理、普通成像、机器人等工作的人员会感到这是一本有益的参考书。我们试图使本书适合于对视觉这一课题感兴趣的本科高年级学生或研究生一年级的学生。每一章覆盖这一课题的不同部分，且各章之间是相对独立的，如表1所示。这使得读者不仅可以阅读整本书，也可着重于某一部分。一般来说，我们已努力做到使每一章从容易的内容开始，而把深奥难懂的内容放在最后。每一章末尾都有一个小结，包含历史性资料及相应的观点。我们努力使本书叙述有用的概念，或者今后有用的概念。我们把重点放在理解成像的基本几何和物理学知识上，但也力图把它们与实际应用联系起来。总之，本书反映了几何学和多种形式的应用统计学近年来对计算机视觉的多方面影响。

阅读方式建议

虽然从头到尾阅读本书会很累，但会有许多收获，全书的内容对于一个学期的教学来说有点太多了。当然，未来(或现正)从事计算机视觉工作的专业人员应该逐字阅读本书，完成每一个练习，并报告所发现的问题以便作者在第三版中进行修订。尽管学习计算机视觉并不要求学生具有很深的数学知识，但它的确要求学生熟悉多种不同的数学概念。对于具有本科高年级数学水平的读者，我们已经努力使该书能自成体系，以便读者无须参考其他课本。因为本书是关于计算机视觉而不是关于应用数学的，因此我们也试着将数学知识降低到要求的最低水平，同时保留了将数学内容穿插在正文中而不在附录中列出的做法。

总之，我们已经努力降低了各章之间的联系，以方便只对某些专题感兴趣的读者在整本书中漫游。但是，做到各章完全自成体系是不可能的，表 1 给出了各章之间的联系。

计算机视觉现在有着丰富的知识资源。人们广泛共享了数据集和软件，因此本书的相关章节中提供了许多有用数据集和程序的链接。

本书尽力提供了相关的参考文献，但不能提供任何主题的完整参考文献，因为提供的文献数量已经太多了。

表 1　各章之间的关联性:“必读章节”一列给出的章节必须深入理解，而“有助章节”一列给出的章节对学习该章是有帮助的

部　分	章　名	必读章节	有助章节
第一部分	1. 摄像机的几何模型		
	2. 光照及阴影		
	3. 颜色	2	
第二部分	4. 线性滤波		
	5. 局部图像特征	4	
	6. 纹理	5, 4	2
第三部分	7. 立体视觉	1	22
	8. 从运动中恢复结构	1, 7	22
第四部分	9. 基于聚类的分割方法		2, 3, 4, 5, 6, 22
	10. 分组与模型拟合		9
	11. 跟踪		2, 5, 22
第五部分	12. 配准	1	14
	13. 平滑的表面及其轮廓	1	
	14. 深度数据		12
	15. 用于分类的学习		22
	16. 图像分类	15, 5	
	17. 检测图像中的物体	16, 15, 5	
	18. 物体识别	17, 16, 15, 5	
第六部分	19. 基于图像的建模与渲染	1, 2, 7, 8	
	20. 对人的观察		17, 16, 15, 11, 5
	21. 图像搜索与检索		17, 16, 15, 11, 5
第七部分	22. 优化技术		

本书未包含的内容

计算机视觉的参考文献数量是十分巨大的，因此要写出一本书能让普通读者感兴趣并不是

一件容易的事情。为此，我们不得不删掉一些素材、去掉一些主题等。

去掉某些主题是因为我们的个人判断，或是因为已感到筋疲力尽而停止了撰写，或是因为得知它们已太晚而无法加入书中，或是因为不得不缩短某些章节，或是其他种种理由。我们有意忽略了那些主要与历史有关的细节，而将历史评论放在每章的末尾。

在讲解概念时，我们力图做到最大的包容性与细致性，但由于计算机视觉本身是一个非常大的主题，因此这并不意味着我们具有渊博的知识，而意味着一些概念的历史意义可能比我们阐述得更深。

关于计算机视觉的相关教材如下：Szeliski (2010)讲解整个视觉；Parker (2010)主要关注算法；Davies (2005)和 Steger et al. (2008)致力于特殊的应用，特别是配准；Bradski and Kaehler (2008)注重于对计算机视觉程序开源包 OpenCV 的介绍。

还有许多更为专业的参考文献。Hartley and Zisserman (2000a)详细介绍多视图几何及多视图参数的估计。Ma et al. (2003b)介绍了三维重建方法。Cyganek and Siebert (2009)介绍了三维重建与匹配。Paragios et al. (2010)介绍了计算机视觉中的数学模型。Blake et al. (2011)总结了计算机视觉领域的最新马尔可夫随机场模型。Li and Jain (2005)详细介绍了面部识别。Moeslund et al. (2011)在本书写作时还未出版，该书将详细介绍用于观察人的计算机视觉方法。Dickinson et al. (2009)收集整理了物体识别领域的最新进展。Badke(2012)介绍了计算机视觉方法在特效方面的应用。

各种会议论文集中也有许多关于计算机视觉的文献。主要的三个会议如下：IEEE 计算机视觉与模式识别会议（CVPR）；IEEE 计算机视觉国际会议（ICCV）；欧洲计算机视觉会议（ECCV）。地区性会议上也出现了大量文献，特别是亚洲计算机视觉会议（ACCV）和英国机器视觉会议（BMVC）。网络上也出现了大量发表的论文，使用搜索引擎可以搜索到它们；许多大学也提供了付费阅读的论文。

致谢

在筹备这本书的过程中，我们已经欠下了一大笔人情债。许多不知名的评阅者已经阅读过本书第一版和第二版的初稿，并对本书做出了非常巨大的贡献。感谢他们所花费的时间与精力。

第一版的编辑 Alan Apt 在 Jake Warde 的帮助下，组织了评阅工作，在此对他们表示感谢。Integre Technical Publishing 公司的 Leslie Galen、Joe Albrecht 和 Dianne Parish 帮助解决了第一版的校对和书中插图的许多问题。

第二版的编辑 Tracy Dunkelberger 在 Carole Snyder 的帮助下组织了评阅工作，在此对他们表示感谢。还要感谢 Marilyn Lloyd 帮助我们解决了各种制作问题。

一些同事评阅了整书的全部内容或若干章节，他们对这些章节的修订提出了宝贵且详细的建议。我们要感谢 Narendra Ahuja、Francis Bach、Kobus Barnard、Margaret Fleck、Martial Hebert、Julia Hockenmaier、Derek Hoiem、David Kriegman、Jitendra Malik 和 Andrew Zisserman。

我们的许多学生也在提出建议、图示创意、校对评论及其他方面做出了贡献。我们要感谢 Okan Arikan、Louise Benoit、Tamara Berg、Sébastien Blind、Y-Lan Boureau、Liang-Liang Cao、Martha Cepeda、Stephen Chenney、Frank Cho、Florent Couzinie-Devy、Olivier Duchenne、Pinar Duygulu、Ian Endres、Ali Farhadi、Yasutaka Furukawa、Yakup Genc、John Haddon、Varsha Hedau、Nazli Ikizler-Cinbis、Leslie Ikemoto、Sergey Ioffe、Armand Joulin、Kevin Karsch、Svetlana Lazebnik、Cathy Lee、Binbin Liao、Nicolas Loeff、Julien Mairal、Sung-il Pae、David Parks、Deva Ramanan、Fred Rothganger、Amin Sadeghi、Alex Socokin、Attawith Sudsang、Du

Tran、Duan Tran、Gang Wang、Yang Wang 和 Ryan White，以及在加州大学伯克利分校、UIUC 和 ENS 上视觉课程的一些学生们的贡献。

所幸的是，许多大学的同事们在视觉课程中使用了本书的初稿版本。使用过初稿版本的学校有卡内基·梅隆大学、斯坦福大学、威斯康星大学、加州大学圣塔芭芭拉分校及南加州大学，也可能有一些我们不知道的其他学校。我们对所有使用本书的读者所提的建设性意见表示感谢，特别要感谢 Chris Bregler、Chuck Dyer、Martial Hebert、David Kriegman、B. S. Manjunath 和 Ram Nevatia，他们提供了许多详尽的、非常有帮助的评论与改正意见。

这本书还受益于 Karteek Alahari、Aydin Alaylioglu、Srinivas Akella、Francis Bach、Marie Banich、Serge Belongie、Tamara Berg、Ajit M. Chaudhari、Navneet Dalal、Jennifer Evans、Yasutaka Furukawa、Richard Hartley、Glenn Healey、Mike Heath、Martial Hebert、Janne Heikkilä、Hayley Iben、Stéphanie Jonqnières、Ivan Laptev、Christine Laubenberger、Svetlana Lazebnik、Yann LeCun、Tony Lewis、Benson Limketkai、Julien Mairal、Simon Maskell、Brian Milch、Roger Mohr、Deva Ramanan、Guillermo Sapiro、Cordelia Schmid、Brigitte Serlin、Gerry Serlin、Ilan Shimshoni、Jamie Shotton、Josef Sivic、Eric de Sturler、Camillo J. Taylor、Jeff Thompson、Claire Vallat、Daniel S. Wilkerson、Jinghan Yu、Hao Zhang、Zhengyou Zhang 和 Andrew Zisserman。

在第一版中，我们曾提及：

> 如果读者发现了明显的印刷排版错误，请发电子邮件至 DAF，并使用短语“book typo”告诉我们细节，我们将在第二版中感谢每个错误的第一位发现者。

业已证明这是无效的处理方式。DAF 并不具有管理与保护电子邮件日志的能力。我们要感谢发现错误的所有人员；我们已力图修正这些错误并对所有帮助过我们的人员表示谢意。

在此还要感谢 P. Besl、B. Boufama、J. Costeira、P. Debevec、O. Fangeras、Y. Genc、M. Hebert、D. Huber、K. Ikeuchi、A. E. Johnson、T. Kanade、K. Kutulakos、M. Levoy、Y. LeCun、S. Mahamud、R. Mohr、H. Moravec、H. Murase、Y. Ohta、M. Okutami、M. Pollefeys、H. Saito、C. Schmid、J. Shotton、S. Sullivan、C. Tomasi 和 M. Turk，感谢他们为本书的某些插图提供了原件。

DAF 要感谢美国国家科学基金（NSF）的支持。对本书写作有直接贡献的基金项目有 IIS-0803603、IIS-1029035 和 IIS-0916014；其他项目在此处略去。DAF 感谢来自美国海军研究所（ONR）的研发支持，研究的项目有 N00014-01-1-0890 和 N00014-10-1-0934，它们是 MURI 规划的一部分。这些材料中的任何意见、结论或建议只是作者个人提供的，与 NSF 或 ONR 无关。

DAF 要感谢更大范围的贡献者。这些贡献者包括 Gerald Alanthwaite、Mike Brady、Tom Fair、Margaret Fleck、Jitendra Malik、Joe Mundy、Mike Rodd、Charlie Rothwell 和 Andrew Zisserman。JP 虽然不能记起小时候的事情，但他要对 Olivier Faugeras、Mike Brady 和 Tom Binford 表示感谢。他还要感谢 Sharon Collins 的帮助，没有她，本书不可能完成。两位作者还要感谢 Jan Koenderink 对本书写作的指导。

插图：本书中所用的一些插图源自 IMSI 的主相片集，1895 Francisco Blvd. East, San Rafael, CA 94901-5506。我们对来自已出版文献的插图进行了扩充使用，图题中对此进行了说明。感谢那些让我们使用这些插图的版权所有者。

参考文献：在准备参考文献的过程中，我们扩充了 Keith Price 关于计算机视觉的优秀文献，读者可在网址 http://iris.usc.edu/Vision-Notes/bibliography/contents.html 找到它们。

教学建议

本书可从第一页开始讲起，对于两个学期的教学，内容还是比较紧凑的。可以将应用中的一章(如第 19 章“基于图像的建模与渲染”)放在第一学期讲授，而将有关应用的另一章放在第二学期讲授。有的系可能不需要如此详细的课程。我们在编排本书时，考虑到了教师可以按自己的偏好来选择讲授其中的内容。表 2 ~ 表 6 列出了一些用于一学期 15 周课的教学大纲案例，它们是根据我们的设想来安排的。我们鼓励(并希望)教师们按自己的兴趣来重新安排。

表 2 列出的教学大纲，是为计算机科学、电气工程或其他工程与自然科学学科的本科高年级学生或一年级研究生设计的计算机视觉导论课，历时一个学期。学生们可以学到该领域多个方面的知识，包括数字图书馆和基于图像的渲染等方面的应用。尽管最难的理论部分被略去了，但是成像的基本几何和物理学知识是较深入的。假设学生具有较广的背景知识，并建议具备概率论的背景知识。我们将应用章节放到本书的末尾，但许多人可能会选择提前讲授这些内容。

表 2　对于计算机科学、电子工程或其他工科或理科的一年级研究生或本科高年级学生，开设一个学期计算机视觉的导论课程的内容

周　次	章　号	节　号	主要内容
1	1, 2	1.1, 2.1, 2.2.x	针孔照相机，像素阴影模型，阴影示例的一个推论
2	3	3.1 ~3.5	人类颜色感知，颜色物理学，颜色空间，图像颜色模型
3	4	全部	线性滤波器
4	5	全部	构建局部特征
5	6	6.1 ~6.2	来自滤波器和向量量化的纹理表示
6	7	7.1, 7.2	双目几何，立体视觉
7	8	8.1	使用立体摄像机从运动中恢复结构
8	9	9.1 ~9.3	分割概念、应用，采用聚类方法对像素进行分割
9	10	10.1 ~10.4	霍夫变换，拟合线，鲁棒性，RANSAC
10	11	11.1 ~11.3	简单的跟踪策略，通过匹配跟踪，卡尔曼滤波器，数据相关
11	12	全部	配准
12	15	全部	分类
13	16	全部	对图像进行分类
14	17	全部	检测
15	选修	全部	第 14 章、第 19 章、第 20 章、第 21 章(应用主题)之一

表 3 所列的教学大纲是为计算机图形学的学生设计的，他们想知道与自己的课题有关的视觉基础知识。我们在此强调了由图像信息不定期恢复物体模型的方法，学习这些内容需要了解摄像机和滤波器的运作机理。跟踪在图形学领域变得很有用，其对运动分析十分重要。我们认为学生已具有很广泛的背景知识，并对概率论有一定的了解。

表 3　适用于计算机图形学学生的教学大纲，他们想知道视觉与自己的课题有关的一些内容

周　次	章　号	节　号	主要内容
1	1, 2	1.1, 2.1, 2.2.4	针孔照相机，像素阴影模型，光度立体
2	3	3.1 ~3.5	人类颜色感知，颜色物理学，颜色空间，图像颜色模型
3	4	全部	线性滤波器
4	5	全部	构建局部特征
5	6	6.3, 6.4	纹理合成，图像去噪
6	7	7.1, 7.2	双目几何，立体视觉

续表

周　次	章　号	节　号	主要内容
7	7	7.4, 7.5	高级立体方法
8	8	8.1	使用立体摄像机从运动中恢复结构
9	10	10.1 ~ 10.4	霍夫变换，拟合线，鲁棒性，RANSAC
10	9	9.1 ~ 9.3	分割概念、应用，采用聚类方法对像素进行分割
11	11	11.1 ~ 11.3	简单的跟踪策略，通过匹配跟踪，卡尔曼滤波器，数据相关
12	12	全部	配准
13	14	全部	深度数据
14	19	全部	基于图像的建模与渲染
15	13	全部	表面和轮廓

表4中的教学大纲主要是为对计算机视觉应用感兴趣的学生设定的。该教学大纲覆盖了与应用直接有关的内容，我们假定这些学生已具有相当广泛的背景知识，也可以安排背景知识阅读。

表4　适用于对计算机应用感兴趣的学生的教学大纲

周　次	章　号	节　号	主要内容
1	1, 2	1.1, 2.1, 2.2.4	针孔照相机，像素阴影模型，光度立体
2	3	3.1 ~3.5	人类颜色感知，颜色物理学，颜色空间，图像颜色模型
3	4	全部	线性滤波器
4	5	全部	构建局部特征
5	6	6.3, 6.4	纹理合成，图像去噪
6	7	7.1, 7.2	双目几何，立体视觉
7	7	7.4, 7.5	高级立体方法
8	8, 9	8.1, 9.1 ~9.2	来自立体摄像机运动的结构，分割思想与应用
9	10	10.1 ~10.4	霍夫变换，拟合线，鲁棒性，RANSAC
10	12	全部	配准
11	14	全部	深度数据
12	16	全部	对图像进行分类
13	19	全部	基于图像的建模与渲染
14	20	全部	对人的观察
15	21	全部	图像搜索与检索

表5中的教学大纲是为认知科学或人工智能学科的学生设计的，他们需要对计算机视觉重要概念的基本梗概有所了解。这个教案显得不那么步步紧逼，对学生在数学方面的要求也较少。

表5　适用于认知科学或人工智能学科的学生的教学大纲，他们希望对计算机视觉的重要概念有一个基本的了解

周　次	章　号	节　号	主要内容
1	1, 2	1.1, 2.1, 2.2.x	针孔照相机，像素阴影模型，阴影示例的一个推论
2	3	3.1 ~3.5	人类颜色感知，颜色物理学，颜色空间，图像颜色模型
3	4	全部	线性滤波器
4	5	全部	构建局部特征
5	6	6.1, 6.2	来自滤波器和向量量化的纹理表示
6	7	7.1, 7.2	双目几何，立体视觉
8	9	9.1 ~9.3	分割思想、应用，采用聚类方法对像素进行分割
9	11	11.1, 11.2	简单的跟踪策略，使用匹配进行跟踪，流跟踪
10	15	全部	分类
11	16	全部	图像分类

续表

周　次	章　号	节　号	主要内容
12	20	全部	对人的观察
13	21	全部	图像搜索与检索
14	17	全部	检测
15	18	全部	物体识别

对于计算机视觉的教学，我们的经验是，学习单独的概念不会出现任何困难，尽管其中的有些概念学习起来要难一些，难点在于这门学科有着太多的新概念。每个子问题看起来都要求学生进行思考，并需要使用新工具来处理它们。这就使得学习这门课程相当使人畏惧。表6给出的教学大纲是为那些对应用数学、电气工程或物理学有浓厚兴趣的学生设计的。该教案使得一学期的内容很紧凑，进展很快，并且假设学生能够适应大量的教学内容。

表6　适用于对应用数学、电气工程或物理学有浓厚兴趣的学生的教学大纲

周　次	章　号	节　号	主要内容
1	1，2	全部；2.1～2.4	照相机，阴影
2	3	全部	颜色
3	4	全部	线性滤波器
4	5	全部	构建局部特征
5	6	全部	纹理
6	7	全部	立体视觉
7	8	全部	使用立体摄像机从运动中恢复结构
8	9	全部	采用聚类方法对像素进行分割
9	10	全部	拟合模型
10	11	11.1～11.3	简单的跟踪策略，使用匹配进行跟踪，卡尔曼滤波器，数据相关
11	12	全部	配准
12	15	全部	分类
13	16	全部	图像分类
14	17	全部	检测
15	选修	全部	第14章、第19章、第20章、第21章之一

符号表示

在全书中采用如下的符号表示：点、线和面用斜体罗马字母或希腊字母表示（如P、Δ或Π）。向量通常用粗斜体罗马字母或希腊字母表示（如$\boldsymbol{v}$、$\boldsymbol{P}$或$\boldsymbol{\xi}$），但连接两个点P和Q的向量通常用$\overrightarrow{PQ}$表示。小写字母通常用于表示图像平面中的几何图形（如p、$\boldsymbol{p}$和δ），而大写字母用于表示场景对象（如P和Π）。矩阵由书写体的罗马字母表示（如$\mathcal{U}$）。

我们熟悉的三维欧几里得空间由$\mathbb{E}^3$表示，由n个实元形成的向量空间用$\mathbb{R}^n$表示，该空间满足加法与标量相乘定律，其中$\mathbf{0}$用于表示零向量。同样，由$m\times n$矩阵形成的具有实数项的向量空间用$\mathbb{R}^{m\times n}$表示。当$m=n$时，Id用于表示单位矩阵，即对角项为1而非对角项为0的矩阵。带有系数u_{ij}的$m\times n$矩阵$\mathcal{U}$的转置矩阵，用带有系数u_{ji}的$n\times m$矩阵$\mathcal{U}^{\mathrm{T}}$表示。$\mathbb{R}^n$的元素通常用列向量或$n\times 1$矩阵来标识，例如，$\boldsymbol{a}=(a_1,a_2,a_3)^{\mathrm{T}}$是$1\times 3$矩阵（或行向量）的转置矩阵，即一个$3\times 1$矩阵（或列向量），或$\mathbb{R}^3$中的一个等效元素。

$\mathbb{R}^n$中两个向量$\boldsymbol{a}=(a_1,\cdots,a_n)^{\mathrm{T}}$和$\boldsymbol{b}=(b_1,\cdots,b_n)^{\mathrm{T}}$的点积（或内积）定义为$\boldsymbol{a}\cdot\boldsymbol{b}=a_1b_1+\cdots+a_nb_n$，它也可写为矩阵乘积的形式，即$\boldsymbol{a}\cdot\boldsymbol{b}=\boldsymbol{a}^{\mathrm{T}}\boldsymbol{b}=\boldsymbol{b}^{\mathrm{T}}\boldsymbol{a}$。用$|\boldsymbol{a}|^2=\boldsymbol{a}\cdot\boldsymbol{a}$来表示向量$\boldsymbol{a}$的欧几里得范数的平方，用$d$表示由$\mathbb{E}^n$中欧几里得范数引出的距离函数，即$d(P,Q)=|\overrightarrow{PQ}|$。

给定 $\mathbb{R}^{m\times n}$ 中的一个矩阵 $\mathcal{U}$，则通常使用$|\mathcal{U}|$表示其 Frobenius 范数，即其各项的平方和的平方根。

当向量 $\boldsymbol{a}$ 的范数为 1 时，点积 $\boldsymbol{a}\cdot\boldsymbol{b}$ 等于 $\boldsymbol{b}$ 在 $\boldsymbol{a}$ 上的投影长度。更一般地，有

$$\boldsymbol{a}\cdot\boldsymbol{b}=|\boldsymbol{a}||\boldsymbol{b}|\cos\theta$$

当 θ 是两个向量的夹角时，则表明两个向量正交的充分必要条件是点积为零。

$\mathbb{R}^3$ 中两个向量 $\boldsymbol{a}=(a_1,a_2,a_3)^{\mathrm{T}}$ 和 $\boldsymbol{b}=(b_1,b_2,b_3)^{\mathrm{T}}$ 的叉积(或外积)是向量

$$\boldsymbol{a}\times\boldsymbol{b}\overset{\text{def}}{=}\begin{pmatrix}a_2b_3-a_3b_2\\a_3b_1-a_1b_3\\a_1b_2-a_2b_1\end{pmatrix}$$

注意 $\boldsymbol{a}\times\boldsymbol{b}=[a_{\times}]\boldsymbol{b}$，其中，

$$[a_{\times}]\overset{\text{def}}{=}\begin{pmatrix}0&-a_3&a_2\\a_3&0&-a_1\\-a_2&a_1&0\end{pmatrix}$$

$\mathbb{R}^3$ 中两个向量 $\boldsymbol{a}$ 和 $\boldsymbol{b}$ 的叉积与这两个向量正交，且 $\boldsymbol{a}$ 和 $\boldsymbol{b}$ 有相同方向的充分必要条件是 $\boldsymbol{a}\times\boldsymbol{b}=\boldsymbol{0}$。如果 θ 像之前一样表示向量 $\boldsymbol{a}$ 和 $\boldsymbol{b}$ 间的夹角，则可证明 $|\boldsymbol{a}\times\boldsymbol{b}|=|\boldsymbol{a}||\boldsymbol{b}||\sin\theta|$。

编程练习和源程序

本书中给出的编程练习有时需要数值线性代数、奇异值分解及线性与非线性最小二乘的程序。这些程序的较完整集合，可以在 MATLAB 及一些公共库中得到，如 LINPACK、LAPACK 和 MINPACK，它们可以从 Netlib 库(http://www.netlib.org/)中下载。在本书的正文中，通常会给出网上所发布的源程序和数据集的链接。OpenCV 是一个计算机视觉程序的重要开源包[见 Bradski and Kaehler(2008)]。

关于作者

David A. Forsyth：1984 年于威特沃特斯兰德大学取得了电气工程学士学位，1986 年取得电气工程硕士学位，1989 年于牛津贝列尔学院取得博士学位。之后在艾奥瓦大学任教 3 年，在加州大学伯克利分校任教 10 年，再后在伊利诺伊大学任教。2000 年和 2001 年任 IEEE 计算机视觉与模式识别会议(CVPR)执行副主席，2006 年任 CVPR 常任副主席，2008 年任欧洲计算机视觉会议执行副主席，是所有关于计算机视觉主要国际会议的常任执委会成员。他为 SIGGRAPH 执委会工作了 5 期。2006 年获 IEEE 技术成就奖，2009 年成为 IEEE 会士。

Jean Ponce：于 1988 年在巴黎奥赛大学获得计算机科学博士学位。1990 年至 2005 年，作为研究科学家分别供职于法国国家信息研究所、麻省理工学院人工智能实验室和斯坦福大学机器人实验室；1990 年至 2005 年，供职于伊利诺伊大学计算机科学系。2005 年开始，成为法国巴黎高等师范学校教授。Ponce 博士还是《计算机视觉与图像理解》、《计算机图形学与视觉发展及趋势》、IEEE《机器人和自动化学报》、计算机视觉国际会议(2003 年至 2008 年为首席编辑)、SIAM《成像学报》的编委会成员。1997 年，任 IEEE 计算机视觉与模式识别会议执行主席，2000 年任会议的大会主席。2008 年，任欧洲计算机视觉会议大会主席。2003 年，因其对计算机视觉的突出贡献，成为 IEEE 会士，并因机器人零件供给的研发工作获得美国专利。

目　　录

第一部分　图像生成

第二部分 低层视觉:使用一幅图像

第三部分 低层视觉：使用多幅图像

第四部分　中层视觉

第五部分 高层视觉

第七部分 背景材料

① 请登录华信教育资源网(www.hxedu.com.cn)下载本书参考文献。

Pearson

尊敬的老师：

您好！

为了确保您及时有效地申请培生整体教学资源，请您务必完整填写如下表格，加盖学院的公章后传真给我们，我们将会在 2-3 个工作日内为您处理。

请填写所需教辅的开课信息：

采用教材			□中文版 □英文版 □双语版
作　　者		出版社	
版　　次		ISBN	
课程时间	始于　　年　月　日	学生人数	
	止于　　年　月　日	学生年级	□专 科　　□本科 1/2 年级 □研究生　　□本科 3/4 年级

请填写您的个人信息：

学　　校			
院系/专业			
姓　　名		职　　称	□助教 □讲师 □副教授 □教授
通信地址/邮编			
手　　机		电　　话	
传　　真			
official email(必填) (eg:XXX@ruc.edu.cn)		email (eg:XXX@163.com)	
是否愿意接受我们定期的新书讯息通知：	□是　　□否		

系 / 院主任：________________（签字）

（系 / 院办公室章）

____年____月____日

资源介绍：

—教材、常规教辅（PPT、教师手册、题库等）资源：请访问www.pearsonhighered.com/educator；（免费）

—MyLabs/Mastering 系列在线平台：适合老师和学生共同使用；访问需要 Access Code；（付费）

100013　北京市东城区北三环东路 36 号环球贸易中心 D 座 1208 室
电话：（8610）57355003　　传真：（8610）58257961

Please send this form to:

第一部分

图 像 生 成

第1章　摄像机的几何模型

成像设备有许多种类，从动物眼睛到视频摄像机和雷达望远镜，它们可能装备有镜头也可能不含有镜头。例如，16 世纪发明的第一款针孔照相机(暗箱模型)并没有镜头，而是采用一个针孔将光线聚焦到墙壁上或者半透明的屏幕上，并且演示了一个世纪前才被 Brunelleschi 发现的透视规律。早在 1550 年，针孔已被越来越复杂的镜头所取代，而现在的照相机或者数字摄像机，本质上还是采用照相机暗箱，但是它可以将照射到底板的每一个小区域的光强度记录下来(见图 1.1)。

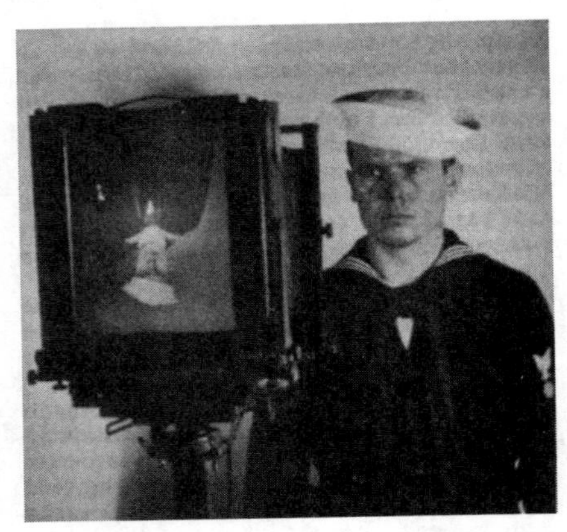

图 1.1　针孔照相机的图像生成[Figure from US NAVY MANUAL OF BASIC OPTICS AND OPTICAL INSTRUMENTS, prepared by the Bureau of Naval Personnel, reprinted by Dover Publications, Inc. (1969)]

一般的照相机的成像平面是矩形形状，而人类的视网膜接近于球面，全景相机则装备有柱形视网膜。成像传感器具有不同的特性，它们可以记录空间离散图像(就像我们眼睛中的视杆细胞和视锥细胞一样，照相机具有 35 mm 的颗粒，同样数字摄像机具有矩形图像元素或像素)或连续的图像(例如老式的电视显像管)。图像传感器在其视网膜上每一点记录的信号可以是离散量或者连续量，它可以由单个数值组成(黑白照相机)，或由若干个数值组成(例如彩色摄像机的红、绿、蓝成分的强度或人眼三类视锥细胞的响应)，或由许多数目的数值组成(例如超光谱传感器的响应)，或甚至由波长的连续函数组成(光谱仪基本上属于这种情况)。第 2 章将探讨摄像机以及图像发射设备，用以检测光能量、亮度和颜色。本章主要讨论照相机的成像特性。1.1 节引入几种图像成像方法，包括人眼成像的简要概述(见 1.1.4 节)，1.2 节采用照相机的内部和外部几何参数来描述照相机，1.3 节将讨论根据图像数据来估计这些参数，即照相机几何标定。

1.1　图像成像

1.1.1　针孔透视

可以想象，在一个盒子一侧的中心扎一个小孔，然后将该侧对面替换为一块半透明板。如果在一个光线较暗的屋子里将这个盒子放在你面前，将针孔对准某种光源(如蜡烛)，就可以在半透明板上看到颠倒的蜡烛图像(见图 1.2)，这个图像是从景物投射到盒子的光线形成的。如果假设针孔可以缩小成一个点(当然在物理上是不可能的)，那么就只有唯一的一条光线穿过三个点：成像板的平面(或称为成像平面)上的一个点、针孔以及景物中的某个点。

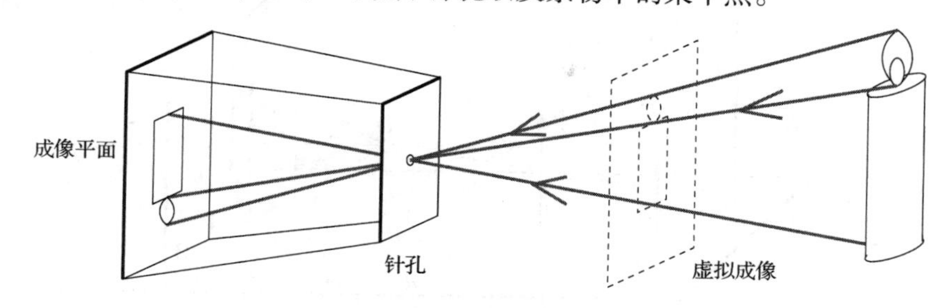

图 1.2　针孔成像模型

在现实中，针孔(不管多小)总不是无限小的，成像平面上的每个点收集的是具有一定角度的锥形光束的光线，因此严格说来，理想化和极其简单的成像几何模型是不成立的。再加上实际的照相机一般都配有镜头，因此使得情况更加复杂。然而，15 世纪初由 Brunelleschi 首先提出的针孔透视投影模型(或称中心透视投影)在数学上是很方便实现的。这个模型尽管简单，但是它对成像过程的模拟程度是可以接受的。透视投影产生的是一幅颠倒的图像，因此有时设想一个虚拟图像会方便一些，这幅图像落在一个处于针孔前面的平面上，它到针孔的距离等于实际成像平面到针孔的距离(见图 1.2)。该虚拟图像不仅不是倒立的，而且与实际图像是完全等价的。根据所考虑的情况来选择倒立成像或者正立的虚拟图像。图 1.3(a)描述了透视投影的明显效果：所观察到的物体大小取决于它们的距离。例如，杆 B 和杆 C 的成像 b 和 c 具有相同的高度，但实际上杆 A 与杆 C 的尺寸只是杆 B 的一半。图 1.3(b)解释了另一个众所周知的现象：位于同一平面 Φ 上的两条平行线的投影在成像平面 Π 上将汇聚到一条水平线 $\boldsymbol{h}$ 上，$\boldsymbol{h}$ 这条线是成像平面 Π 与位于平面 Φ 上的平行线穿过针孔 O 相交的交线。还需指出的一点是，平面 Φ 上与成像平面 Π 平行的线 L 在成像平面 Π 上没有图像。

这些性质很容易用纯几何方式证明，使用参考坐标系、坐标和方程来推理也很方便(尽管并不十分优雅)。例如，将一个坐标系(O, $\boldsymbol{i}$, $\boldsymbol{j}$, $\boldsymbol{k}$)附加到一个针孔照相机上，它的原点 O 与针孔重合，而向量 $\boldsymbol{i}$ 与 $\boldsymbol{j}$ 组成一个与成像平面 Π 平行的向量平面的基，成像平面 Π 位于沿向量 $\boldsymbol{k}$ 正向距离针孔 d 处(见图 1.4)。通过针孔并垂直于平面 Π 的直线称为光轴，其穿过成像平面 Π 的点 c 称为图像中心。这个点可以作为成像平面坐标系统的原点，在照相机标定过程中起到重要的作用。

如果用 P 表示景物中坐标为(X, Y, Z)的一点，p 是它的生成图像，坐标为(x, y, z)(采用大写字母表示实际物体点，小写字母表示其形成的成像透视点，这种表示方式贯穿于整本书)。因为 p 处在成像平面中，所以有 $z = d$。又因为 P, O, p 这三个点共线，则应有 $\overrightarrow{Op} = \lambda \overrightarrow{OP}$，$\lambda$ 为某个参数，故有

$$\begin{cases} x = \lambda X \\ y = \lambda Y \\ d = \lambda Z \end{cases} \iff \lambda = \frac{x}{X} = \frac{y}{Y} = \frac{d}{Z}$$

因此有

$$\begin{cases} x = d\dfrac{X}{Z} \\ y = d\dfrac{Y}{Z} \end{cases} \tag{1.1}$$

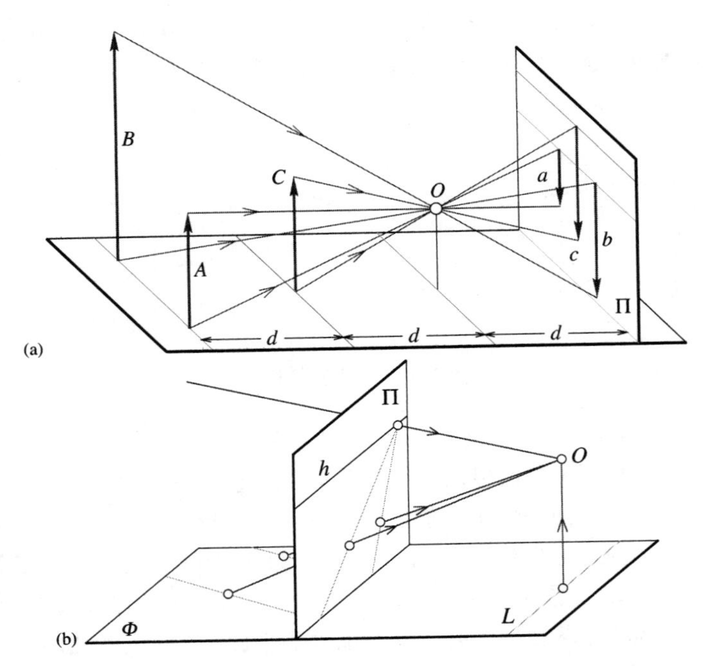

图 1.3 透视效果。(a)距离远的物体看上去比近的物体小：从针孔 O 到包含 C 的平面的距离 d 是到包含 A 与 B 平面距离的一半；(b)平行线的图像与一条水平线相交(after Hilbert and Cohn-Vossen,1952,Figure 127)。注意成像平面在(a)中处在针孔后面(物理视网膜)，在(b)中处在它的前面(虚拟成像平面)。这一章及本书其余章节中的大部分图都采用物理成像平面，但是只要合适，也采用虚拟成像平面，如图(b)所示

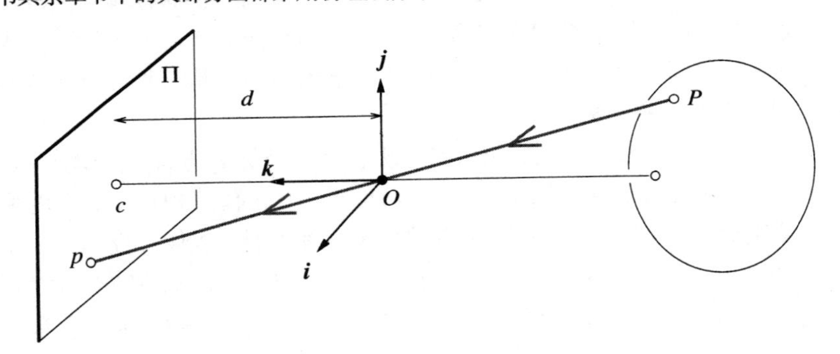

图 1.4 从点 P、它的图像点 p 与针孔 O 三个点共线推导出这一节的透视投影方程

1.1.2 弱透视

正如前一节中指出的，针孔透视仅仅是成像过程中几何关系的一种近似。本节讨论的是一种比较粗略的近似，称为弱透视投影，它在某种情况下是很有用的。

考虑定义在 $Z = Z_0$ 上的朝前平行的平面 Π_0(见图 1.5)，对 Π_0 平面上的任一点 P，式(1.1)可改写为

$$\begin{cases} x = -mX, \\ y = -mY, \end{cases} \quad \text{其中} \quad m = -\frac{d}{Z_0} \tag{1.2}$$

由于物理上的约束，Z_0 必为一个负值(该平面必然处在针孔的前面)，与平面 Π_0 关联的放大率 m 是个正值。称 m 为放大率是因为以下理由：设想 Π_0 平面上的两个点 P 与 Q，以及它们的

图像 p 与 q（见图 1.5），显然 $\overrightarrow{PQ}$ 和 $\overrightarrow{pq}$ 平行，因此有 $\|\overrightarrow{pq}\| = m\|\overrightarrow{PQ}\|$，这就是前面提到的图像尺寸与物体距离之间的依赖关系。

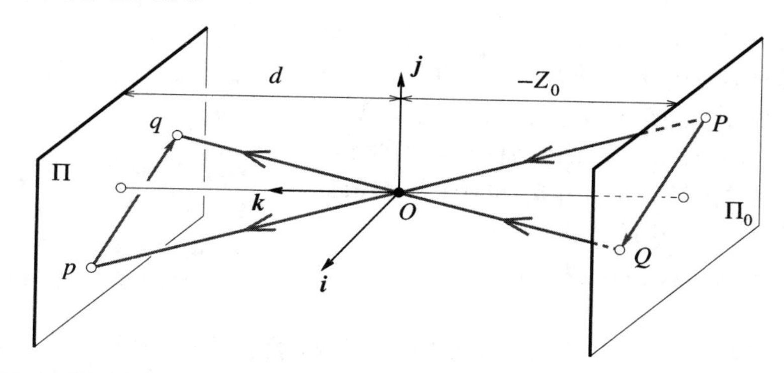

图 1.5　弱透视投影：Π_0 平面上的所有线段以同等放大率投影到成像平面 Π 上

当景物深度与它们到照相机的平均距离相比很小时，这个放大率可以看成是一个常数，这种投影模型称为弱投影模型，或按比例的正交。

如果预先知道照相机到景物的距离大体保持不变，则可以进一步将图像坐标归一化，使得 $m = -1$。这就是正交投影，定义为

$$\begin{cases} x = X \\ y = Y \end{cases} \tag{1.3}$$

所有光线与 $\boldsymbol{k}$ 轴平行，并与成像平面 Π 正交（见图 1.6）。尽管弱透视投影在许多成像条件下是可以接受的，但假设纯正交投影通常是不现实的。

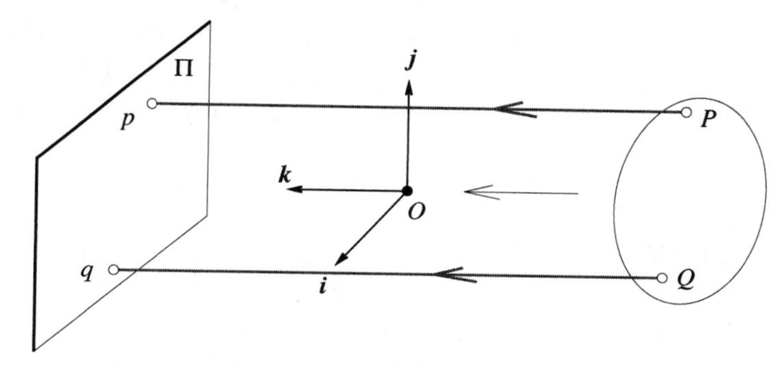

图 1.6　正交投影：与成像过程的其他模型不同，正交投影没有包含图像特征的倒置，因此放大率定义为负值。这显得略有些不自然，但简化了投影方程

1.1.3　带镜头的照相机

现实中多数照相机都配有镜头。使用镜头主要有两个理由：第一个理由是收集光线，因为在理想的针孔模型中，一条光线会投影到图像平面上的一个点。当然，实际的针孔是有尺寸的，所以图像平面中的每一个点是由一定角度范围射来的锥形光束照亮的。针孔的尺寸越大，这个锥形光束越宽，因此图像也越明亮，但是大尺寸的针孔会导致图像模糊。缩小针孔能使图像锐化，但减少了到达成像平面的光的总量，并且可能产生衍射现象。使用镜头的第二个理由是能保持图像锐化聚焦，同时又可从较大面积中收集光线。

如果忽略衍射、交叉反射等其他物理光学现象，镜头的性质则服从于几何光学的定律（见

图1.7)：(1)在均匀介质中，光以直线反射(光射线)；(2)当一条光线从一个表面反射出时，这条射线与它的反射光以及该表面的法线是共平面的，法线与这两条光线之间的夹角是对称的；(3)当光线从一种介质进入到另一种介质时，要发生折射(即它的方向发生改变)。按照 Snell 定律，如果投射到两个透明材料界面的光线为 r_1，这两个材料的折射率分别为 n_1 和 n_2，r_2 表示折射光，那么 r_1 和 r_2 与该界面的法线共平面，法线与这两条光线的夹角 α_1 与 α_2 之间的关系是

$$n_1 \sin\alpha_1 = n_2 \sin\alpha_2 \tag{1.4}$$

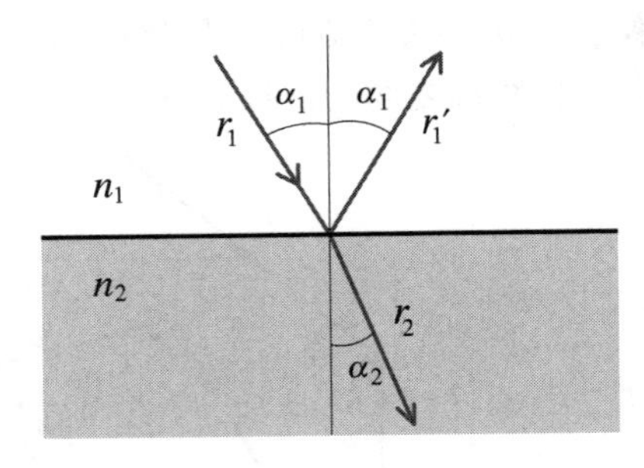

图1.7 两均匀介质之间的界面上发生的反射与折射，折射系数分别为 n_1 与 n_2

本章仅考虑折射效果，而忽略反射效果。换句话说，我们只考虑透镜，而不考虑反射折射的光学系统(如望远镜)，后者可能包括反射(镜像)和折射两种成分。假设光线与镜头的折射表面之间的夹角较小时(即符合近轴或一阶的几何光学情况)，此时 Snell 定律变成 $n_1\alpha_1 \approx n_2\alpha_2$，跟踪光线传播路径是比较简单的。此外，还假设镜头围绕一个称为光轴的直线是旋转对称的，且所有的折射面是圆形的。这种对称性设置使我们能把镜头看成是在包含光轴的平面中具有圆形边界的情况来讨论投影几何。事实上，考虑具有两个半径为 R 的球形表面、折射系数为 n 的镜头，将假设该镜头处在真空中(在空气中是一个很好的近似)，折射系数为 1，且为薄透镜，也就是说，进入透镜的光线从右边界折射后立即又在左边界上再次折射。

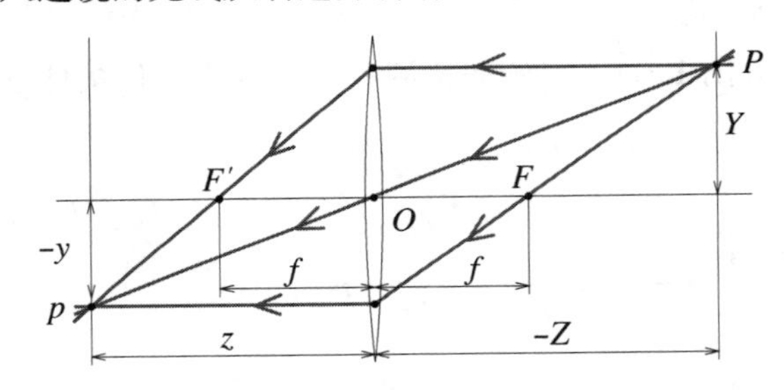

图1.8 薄透镜：穿过点 O 的光线不发生折射。平行于光轴的光线聚焦到焦点F'

考虑一个不在光轴上的点 P 处在(负)深度 Z 处，(PO) 表示穿过该点与透镜中心 O 的射线(见图1.8)，可以很容易根据近轴形式的 Snell 定律得知(PO)不会被折射，而其他穿过点 P 的射线都由薄透镜聚焦到沿(PO)处深度为 z 的点 p，满足

$$\frac{1}{z} - \frac{1}{Z} = \frac{1}{f} \tag{1.5}$$

其中，$f = \dfrac{R}{2(n-1)}$是透镜的焦距长度。

需要指出的是，从针孔透视角度考虑，如果取 $d = z$，则表示 P 与 p 位置之间的关系的方程与针孔透视投影条件下的情况完全相同，因为 P 与 p 处在穿过透镜中心的射线上。但是，当图像平面处在透镜一边距点 O 的距离为 z 时，只有距点 O 的距离为 $-Z$ 的点满足式(1.5)(薄透镜方程)并严格聚焦。如果令 $Z \to -\infty$，就像星星处在 $Z = -\infty$ 处，那么f就是透镜中心与聚焦物体所在平面之间的距离。光轴上距离透镜中心为f的两个点 F 与 F' 称为透镜的焦点。实际上，在某个距离范围内的物体聚焦的程度是可以接受的(称为视野深度或聚焦深度)。正如习题中给出的那样，视野深度随着透镜f数值的增加而增加，该值也就是镜头聚焦长度与它的直径之间的比值。

由于照相机的视野是指景物中实际投影到照相机视网膜上的部分，它不仅取决于聚焦长度，还取决于视网膜的有效面积(例如照相机中能曝光的胶片面积，或数字照相机中传感器的面积，见图1.9)。

更为实际的简单光学系统是厚透镜。描述厚透镜性能的方程很容易从近轴折射方程导出，除了偏移(见图1.10)之外，它们在其他方面与针孔透视模型及薄透镜投影方程相同。如果 H 和

H'表示透镜的主点，那么将点P与穿过点H且垂直于光轴的平面的距离表示成$-Z$，点p与穿过点h且垂直于光轴的平面距离表示成z时，式(1.5)成立。在这种情况下，唯一没有发生折射的光线是沿着光轴的光线。

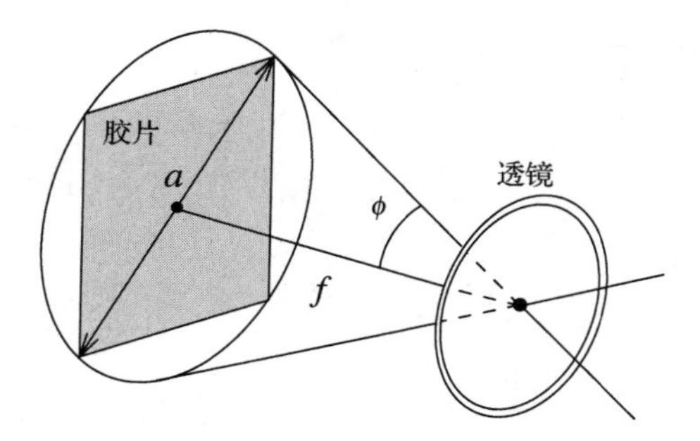

图1.9　照相机的视野2ϕ，此处$\phi \stackrel{\text{def}}{=} \arctan \frac{a}{2f}$，$a$是传感器（胶片、CCD或者CMOS芯片）的直径，$f$是照相机的焦距

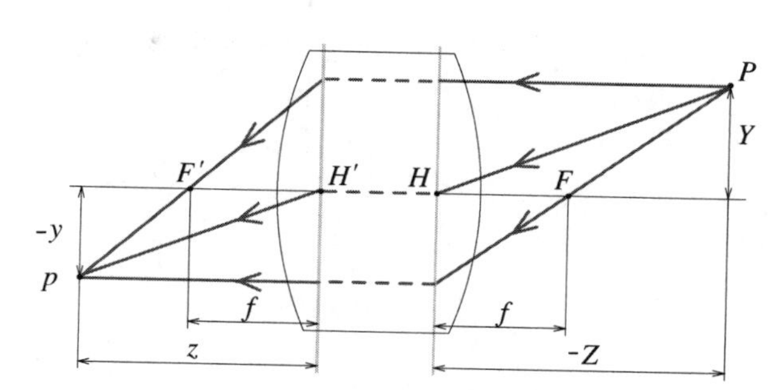

图1.10　具有两个球形表面的简单厚透镜

简单透镜会产生若干像差。为了理解其中的原因，要记住近轴折射模型只是近似的，只有当光线与透镜光轴之间夹角α较小且$\sin\alpha \approx \alpha$时它才有效。这与正弦函数的一阶泰勒展开式相关。对于较大的角度，利用泰勒展开式附加项产生更好的估计，并且可以很容易看出入射光击中界面的点距离光轴越远，聚焦越接近界面。对于透镜具有同样的现象，它会引起两种类型的球形像差［见图1.11(a)］：考虑光轴上的一点P与它的近轴图像p，从点P发出的光线经过透镜折射后，其与光轴的交点与p之间的距离称为该光线的轴向球形像差。注意到当平面Π矗立在P，入射光将会交叉于这个平面，且与光轴具有相同距离，这称为该光线的横向球形像差。这样一来，所有经过P的入射光和经过镜头的折射光与平面Π相交的点形成了以P为中心的模糊圈。当平面沿光轴移动时，这个圈的尺寸也会改变，其中具有最小直径的圈称为最小模糊圈，一般情况下它不在p处。

除了球形像差外，还有4种因一阶与三阶光学之差引起的其他类型的基本像差：彗星像差、散光、场曲率和畸变。对这些像差的定义不是本书的讨论范围，只要知道，它们与球面像差一样会使物体每一点的图像模糊而造成图像变差。而畸变的作用不太一样，它改变整个图像的形状［见图1.11(b)］，这种效果是由于透镜的不同区域的焦距略有不同。以上提到的像差是单色的（也就是说，透镜对不同波长的响应是独立的）。然而透明介质的折射系数与波长有关［见图1.11(c)］，根据薄透镜方程［见式(1.5)］，焦距也取决于波长。这导致色差现象：根据不同的波长，折射光线与光轴相交在不同的点（纵向色差），并在同一图像平面上形成不同的模糊圈（横向色差）。

像差可以用几片简单透镜装配起来的方法来减小，这些简单透镜的形状与折射系数要选择适当，并且要用合适的光圈隔开。这种组合透镜仍然可以用厚透镜方程作为模型。对机器视觉来说，这种透镜还有一些不足：从物体点射出的光束有一部分会被各种光阑阻挡，这些光阑放在透镜内部来限制像差（见图1.12）。这种现象称为渐晕效应，其使图像周边区域的光亮度降低。渐晕效应可能对图像的自动分析程序产生影响，但对照片并不重要，这是因为人眼对亮度平滑的梯度并不敏感。谈到眼睛，现在是我们对这个非凡的器官观察得稍微细致一些的时候了。

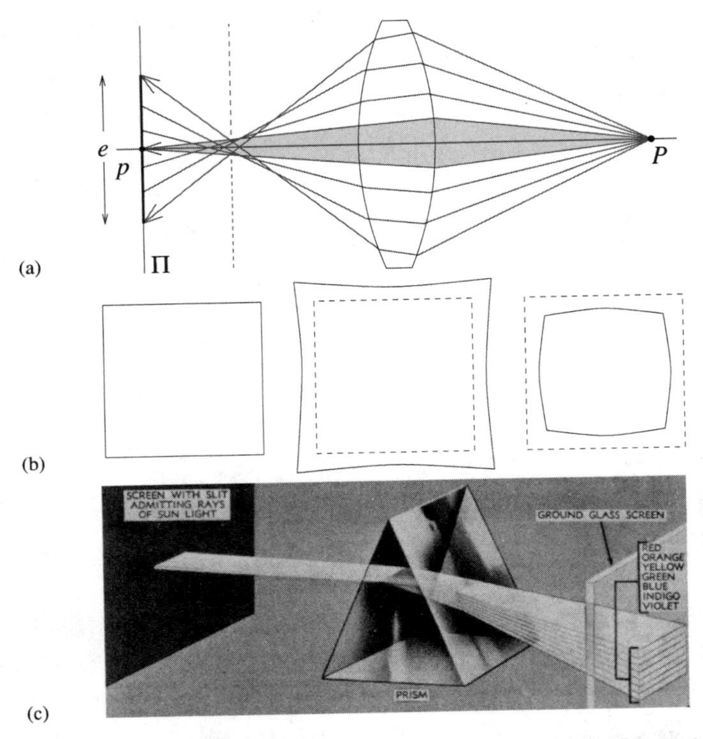

图 1.11 像差。(a)球形像差：灰色区域是近轴带，在该带中从点 P 发出的光线相交到近轴图像点 p。如果图像平面 Π 在 p 矗立，p在该平面的图像形成一个直径为e的模糊圈。得到的最小模糊圈的聚焦平面用虚线表示；(b)畸变：从左到右，正面平行的正方形、枕形失真与桶形失真；(c)色差：透明介质的折射系数取决于入射光的波长(或色彩)。图中一个棱镜将白色光分解成一个调色板[Figure from US NAVY MANUAL OF BASIC OPTICS AND OPTICAL INSTRUMENTS, prepared by the Bureau of Naval Personnel, reprinted by Dover Publications, Inc. (1969)]

1.1.4 人的眼睛

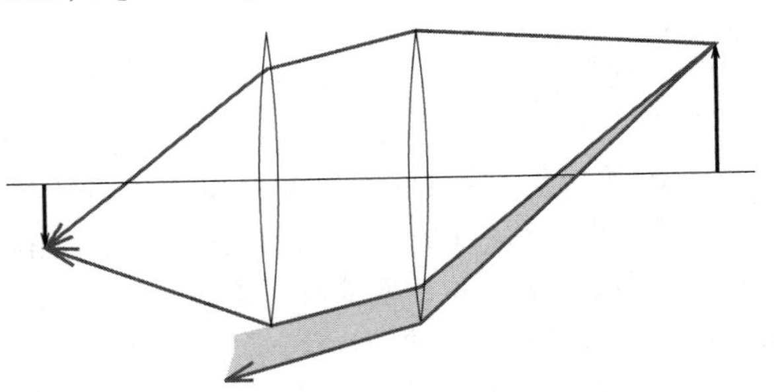

图 1.12 两个透镜系统中的渐晕效应。光束的阴影部分到不了第二个透镜。透镜中的附加光圈与光阑使得渐晕效应加重

这里简单概述人眼的解剖学结构。这部分主要基于 Wandell(1995)的著作，有兴趣的读者，可以去参考这本优秀的著作。图 1.13(a)是眼球沿其垂直对称面部分的轮廓图，展示了眼睛的主要成分：虹膜和瞳孔控制投影到眼球上的光亮；角膜与水晶体透镜共同作用将光折射生成视网膜图像；最后面的是视网膜，图像在这里生成。尽管眼睛呈球状，但它的功能与一个照相机相似，其视野覆盖宽 160°、高 135°的区域。与任何其他光学系统一样，它也有各种各样的几何像差与色差像差。人们已提出若干个服从一阶几何光学规律的人眼模型，图 1.13(b)表示了其中的一个，称为 Helmoltz 图解眼。其中只有三个折射表面、很薄的角膜及均质的透镜。在图 1.13 中给出的数字常量是眼睛聚焦于无穷远时的情况(未调节的眼睛)。这个模型只是眼睛实际光学特征的一个近似。

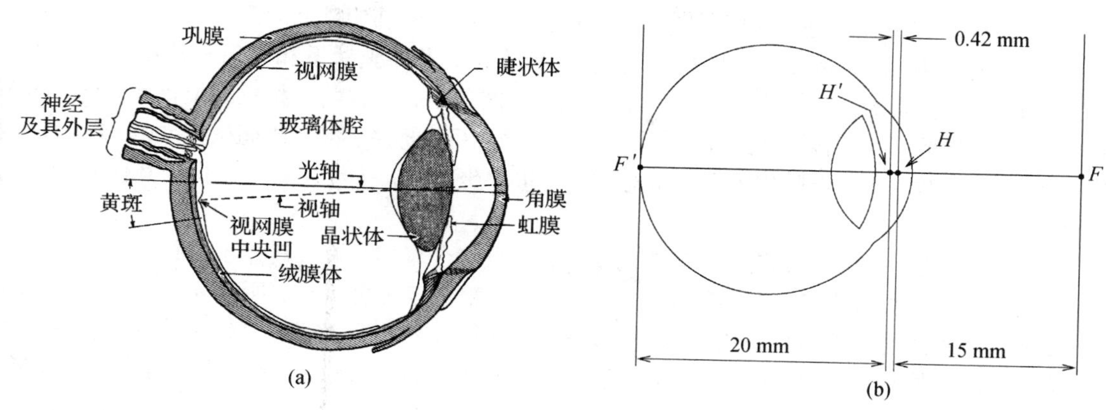

图 1.13　(a)人眼的主要组成。[Reproduced with permission, the American Society for Photogrammetry and Remote Sensing. A. L. Nowicki, "Stereoscopy." MANUAL OF PHOTOGRAMMETRY, edited by M. M. Thompson, R. C. Eller, W. A. Radlinski, and J. L. Speert, third edition, pp. 515-536. Bethesda: American Society of Photogrammetry, (1966)]; (b)按照 Laurance 修改的Helmoltz图解眼(after Driscoll and Vaughan, 1978)。角膜极点到前主平面的距离是1.96 mm,角膜和透镜的前、后表面的半径分别为8 mm、10 mm和6 mm

下面对人眼的组成分层进行进一步的分析：角膜是透明的、高度弯曲的折射窗口；光线通过它进入人眼内，随后有部分被带色的不透明的虹膜表面所阻挡。瞳孔是一个处于虹膜中心的孔，它的直径随照明的改变而改变，可从 1 mm 变到 8 mm。光线暗时它扩张，以便增加到视网膜的能量，在正常光照条件下它被收缩，以限制眼内因球面像差而引起的图像模糊程度。眼睛的折射率(焦距的倒数)主要表示空气与角膜界面处的折射效果，它可以通过晶体透视的变形来微调，使得眼前的物体聚焦清晰。对于一个健康的人，它从 60 屈光度单位(未调节眼)变到 68 屈光度单位(1 屈光度单位 $=1\ \mathrm{m}^{-1}$)，对应焦距范围为 15 ~ 17 mm。

视网膜本身是一个多层薄膜，布满了两种感受器——视杆细胞和视锥细胞。一只人眼中大约有上亿个视杆细胞及 500 万个视锥细胞，它们在视网膜上的分布是不均匀的：视网膜中心区域是黄斑，在那里视锥细胞密集程度特别高，当眼睛注视一个物体时，它的图像清晰地聚焦在那里(见图 1.13)。视锥细胞最集中的区域在黄斑中心的视网膜中央凹，密度峰值高达 $1.6\times10^5\ \mathrm{mm}^2$，两个相邻的视锥细胞中心仅隔半分视角。相反，在视网膜中央凹中没有视杆细胞，但视杆细胞的密度在趋向视场的边缘部分增加。视网膜上还有一个盲点，神经中枢细胞轴突从那里离开视网膜，组成视神经。

视杆细胞是非常灵敏的光感受器，它们甚至能响应单个量子。它们的数量尽管很大，但获得空间细节的能力相对较差，这是因为许多视杆细胞在视网膜聚到相同的神经上。与之相反，视锥细胞在较高亮度时活跃起来，视网膜中央凹上每个视锥细胞的信号输出是由若干个神经编码的，因此在这个区域得到高的分辨率。正如第 3 章将要讨论的那样，有三种不同光敏感的视锥细胞，它们在感受彩色光时起着很关键的作用。关于人的眼睛的更多细节,将会在第 7 章进行简要讨论，例如两只眼睛怎样接近与注视目标，在视觉系统中它们是如何协调运作的。

1.2　内参数和外参数

就像动物视网膜成像那样，数字图像是空间离散的，通常是分割成矩形的图像元素(又称为像素)。从图像生成过程来看(我们到目前忽略的内容)，假设图像区域是空间连续的。同样，从前面章节推导的透视方程是有效的，仅当所有的距离都在照相机参考坐标系上，并且图像坐标原点在图像中心(照相机的对称轴穿过其视网膜)。事实上，世界坐标系和图像坐标系是相对于一系列的物理参数而言的，例如镜头的焦距、像素大小、图像中心位置与照相机的位置和方向。本节将会定义这些参数。我们将详细区分内参数，即关于照相机坐标系相对于理想坐标系(见 1.1 节)的参数；以及外参数，即关于照相机坐标系对应固定世界坐标系，并且在空间中指定其位置和方向的参数。

我们忽略这样一个事实，装备有镜头的照相机，点将会聚焦，仅当其介于照相机光心和成像平面的深度和距离服从式(1.5)。特别是，假设照相机聚焦于无穷远处，所以 $d=f$。同样，真实镜头带来的非线性的像差不会在式(1.1)中考虑。在本节中将忽略这些像差，而在 1.3 节中，当估计照相机内参数和外参数的时候(这个过程又称为照相机的几何标定)将会重新考虑这种变形。

1.2.1　刚体变换和齐次坐标

本节首次使用齐次坐标系来表征二维(2D)或三维(3D)的点。考虑在某一坐标系$(F)=(O, \boldsymbol{i}, \boldsymbol{j}, \boldsymbol{k})$位置的点 P：

$$\boldsymbol{OP} = X\boldsymbol{i} + Y\boldsymbol{j} + Z\boldsymbol{k}$$

我们定义一个三维常规(即非齐次)坐标向量$\boldsymbol{P}$：$(X, Y, Z)^{\mathrm{T}} \in \mathbb{R}^3$，其对应的齐次坐标向量为$(X, Y, Z, 1)^{\mathrm{T}} \in \mathbb{R}^4$。本书中，采用黑斜字母表示(齐次坐标和非齐次坐标)坐标向量，当需要标记坐标系的位置信息时，采用坐标向量左上标来表示坐标系的位置信息。例如，${}^F\boldsymbol{P}$ 表示向量点 P 在坐标系(F)位置处。齐次坐标用于矩阵乘法时，非常适合于表征几何变化的多样性。例如，两个欧氏坐标系(A)和(B)的变化可以用 3×3 的旋转矩阵 $\mathcal{R}$ 和 $\mathbb{R}^3$ 中的平移向量 $\boldsymbol{t}$ 描述，其对应的刚体变换采用非齐次坐标表示为

$$ {}^A\boldsymbol{P} = \mathcal{R}\,{}^B\boldsymbol{P} + \boldsymbol{t} \tag{1.6}$$

其中${}^A\boldsymbol{P}$ 和${}^B\boldsymbol{P}$ 属于 $\mathbb{R}^3$。当采用齐次坐标表示时，可采用如下表示方式：

$$ {}^A\boldsymbol{P} = \mathcal{T}\,{}^B\boldsymbol{P}, \quad \text{其中} \quad \mathcal{T} = \begin{pmatrix} \mathcal{R} & \boldsymbol{t} \\ \boldsymbol{0}^T & 1 \end{pmatrix} \tag{1.7}$$

此时${}^A\boldsymbol{P}$ 和${}^B\boldsymbol{P}$ 属于 $\mathbb{R}^4$。

在继续讨论之前，回顾一下关于旋转的几种情况。旋转矩阵形成乘法矩阵群。从理论分析角度出发，它们具有这样的特点：(1)旋转矩阵的逆矩阵和它的转置相同；(2)它的行列式为 1。我们也可以得出这样结论，对于任意的旋转矩阵可以被三个欧拉角参数化，或者分解为绕 $\boldsymbol{i}, \boldsymbol{j}, \boldsymbol{k}$ 旋转的基本旋转矩阵的乘积。正如第 7 章和第 14 章所示，其他几种参数化方法(例如反对称矩阵的指数化或四元化)同样被证明很有效。用几何学表示，式(1.6)中的矩阵 $\mathcal{R}$ 可以表征在坐标系(A)中的关于坐标系(B)的基向量$(\boldsymbol{i}_B, \boldsymbol{j}_B, \boldsymbol{k}_B)$，也就是说，式(1.6)中的旋转矩阵 $\mathcal{R}$ 可以表示为

$$\mathcal{R} \stackrel{\text{def}}{=} \left({}^A\boldsymbol{i}_B, {}^A\boldsymbol{j}_B, {}^A\boldsymbol{k}_B\right) = \begin{pmatrix} \boldsymbol{i}_A\cdot\boldsymbol{i}_B & \boldsymbol{j}_A\cdot\boldsymbol{i}_B & \boldsymbol{k}_A\cdot\boldsymbol{i}_B \\ \boldsymbol{i}_A\cdot\boldsymbol{j}_B & \boldsymbol{j}_A\cdot\boldsymbol{j}_B & \boldsymbol{k}_A\cdot\boldsymbol{j}_B \\ \boldsymbol{i}_A\cdot\boldsymbol{k}_B & \boldsymbol{j}_A\cdot\boldsymbol{k}_B & \boldsymbol{k}_A\cdot\boldsymbol{k}_B \end{pmatrix} \tag{1.8}$$

并且，如本章结束处描述的问题，式(1.8)很容易根据这个定义得出。通过定义可知，旋转矩阵列向量构成 $\mathbb{R}^3$ 空间的右手正交坐标系。通过性质(1)和性质(2)可以得出旋转矩阵行向量也构成同样的右手正交坐标系。若式(1.7)中的 $\mathcal{R}$ 被任意的一个非奇异 3×3 矩阵代替，或者矩阵 $\mathcal{T}$ 被一个非奇异的任意 4×4 矩阵代替，情况会怎样？第 8 章将会给出更详细的讨论，在这种情况

下，坐标系(A)和(B)不再被刚体变换分解表征，而是采用仿射变换和投影变换分解表征。

本节的剩余部分将会讨论：齐次坐标仍然可以采用代数形式表示成形如 3×4 矩阵 $\mathcal{M}$ 的透视投影过程，故在固定世界坐标系中点 P 的坐标向量 $\boldsymbol{P}=(X,\ Y,\ Z,\ 1)^{\mathrm{T}}$ 和其对应的照相机参考坐标系中的成像点 p 的坐标向量 $\boldsymbol{p}=(x,\ y,\ 1)^{\mathrm{T}}$，可由透视投影公式表示：

$$\boldsymbol{p}=\frac{1}{Z}\mathcal{M}\boldsymbol{P} \tag{1.9}$$

1.2.2　内参数

对于一个照相机，归一化的图像平面可能不仅平行于物理视网膜，并且距离针孔一个单位距离远。我们将此成像平面附加自己的坐标系统，其中原点为光轴穿过的位置 $\hat{c}$，见图 1.14。当此坐标系统归一化后，式(1.1)改写为

$$\begin{cases}\hat{x}=\dfrac{X}{Z}\\[2ex]\hat{y}=\dfrac{Y}{Z}\end{cases}\Longleftrightarrow\hat{\boldsymbol{p}}=\frac{1}{Z}(\mathrm{Id}\quad\boldsymbol{0})\boldsymbol{P} \tag{1.10}$$

其中，$\hat{\boldsymbol{p}}\stackrel{\mathrm{def}}{=}(\hat{x},\ \hat{y},\ 1)^{\mathrm{T}}$ 为归一化图像平面点 P 的齐次坐标投影点 $\hat{p}$，$\boldsymbol{P}$ 是前面已经定义过的世界坐标系中 P 的齐次坐标向量。

照相机的物理视网膜通常是不同的(见图 1.14)：它位于距离针孔 $f\neq1$ 的位置上(这里假设照相机在无穷远处聚焦，则针孔和成像平面的距离与焦距是相等的)，点 p 的图像坐标$(x,\ y)$一般用像素表示(而不是用米等单位)，并且像素一般不是正方形，而是长方形，所以照相机需要两个额外的比例因子 k 和 l，且

$$\begin{cases}x=kf\dfrac{X}{Z}=kf\hat{x}\\[2ex]y=lf\dfrac{Y}{Z}=lf\hat{y}\end{cases} \tag{1.11}$$

首先对单位长度进行说明：假设f是用米表示的距离，例如像素的大小为$\dfrac{1}{k}\times\dfrac{1}{l}$，其中 k 和 l 的单位是像素 $\times\mathrm{m}^{-1}$。参数 k，l 和 f 是相关的，如果用像素单位表示，有 $\alpha=kf$ 和 $\beta=lf$。

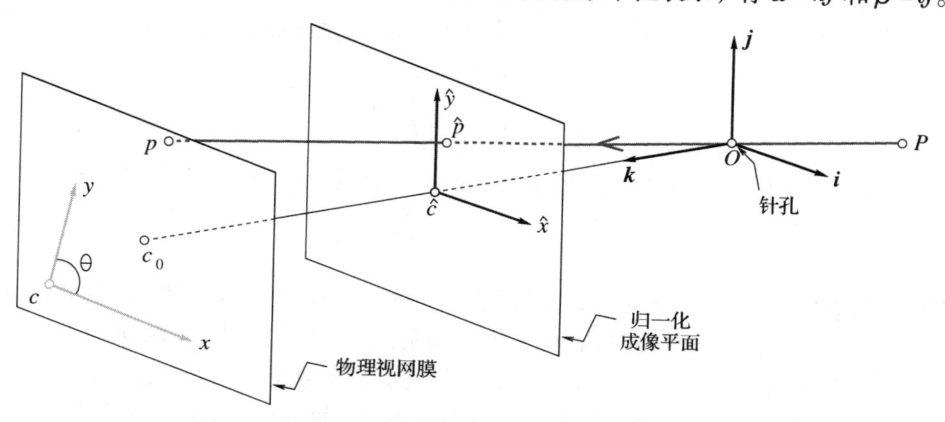

图 1.14　物理成像和归一化成像坐标系

一般把视网膜的一个角 c 定为照相机坐标系的原点(如在图 1.14 中，原点是左下角，有时取左上角，其图像坐标为其所在的行数和列数)，而不是选择中心位置。CCD 阵列的中心和光轴穿

过的主点 c_0 不同。需要添加两个参数 x_0 和 y_0 来定义 c_0 在照相机坐标系内的位置。则式(1.11)改写为

$$\begin{cases} x = \alpha\hat{x} + x_0 \\ y = \beta\hat{y} + y_0 \end{cases} \tag{1.12}$$

最后，由于制造工艺的误差，照相机坐标系可能存在偏差，即两个坐标轴之间的夹角 θ 不完全等于 90°。在这种情况下，式(1.12)改为

$$\begin{cases} x = \alpha\hat{x} - \alpha\cot\theta\hat{y} + x_0 \\ y = \dfrac{\beta}{\sin\theta}\hat{y} + y_0 \end{cases} \tag{1.13}$$

然后改写成矩阵形式：

$$\boldsymbol{p} = \mathcal{K}\hat{\boldsymbol{p}}, \quad \text{其中} \quad \boldsymbol{p} = \begin{pmatrix} x \\ y \\ 1 \end{pmatrix} \quad \text{和} \quad \mathcal{K} \stackrel{\text{def}}{=} \begin{pmatrix} \alpha & -\alpha\cot\theta & x_0 \\ 0 & \dfrac{\beta}{\sin\theta} & y_0 \\ 0 & 0 & 1 \end{pmatrix} \tag{1.14}$$

这个 3×3 矩阵 $\mathcal{K}$ 叫做照相机的内部矫正矩阵，通过式(1.10)和式(1.14)，可得到

$$\boldsymbol{p} = \frac{1}{Z}\mathcal{K}(\text{Id} \quad \boldsymbol{0})\boldsymbol{P} = \frac{1}{Z}\mathcal{M}\boldsymbol{P}, \quad \text{其中} \quad \mathcal{M} \stackrel{\text{def}}{=} (\mathcal{K} \quad \boldsymbol{0}) \tag{1.15}$$

这正如式(1.9)所示，这里 α，β，θ，x_0 和 y_0 称为照相机的内参数。

这些参数，例如焦距、像素的物理大小，往往可以从数字照相机拍摄的 JPEG 图像的 EXIF 标签中得到(当然，对于电影胶片是无法看到这些信息的)。对于变焦镜头，当镜头的光轴并非严格垂直于成像平面时，焦距可能随着时间变化而沿着成像平面中心有所不同。若简单地改变照相机的焦距，由于它会改变镜头到成像视网膜的距离，因此可能会影响图像放大。但是在本章的其余部分，我们假设照相机在无穷远处聚焦并忽略这种影响。

1.2.3 外参数

式(1.15)建立在照相机的坐标系(C)上。现在考虑这种情况，当此坐标系与世界坐标系(W)不同时会出现什么情况。为了强调这一点，改写式(1.15)为 $\boldsymbol{p} = \frac{1}{Z}\mathcal{M}{}^C\boldsymbol{P}$，其中 ${}^C\boldsymbol{P}$ 表示点 P 在(C)中的齐次坐标向量。介于(C)和(W)之间的坐标变换是刚体变换，故满足如下公式：

$${}^C\boldsymbol{P} = \begin{pmatrix} \mathcal{R} & \boldsymbol{t} \\ \boldsymbol{0}^{\mathrm{T}} & 1 \end{pmatrix} {}^W\boldsymbol{P}$$

其中 ${}^W\boldsymbol{P}$ 表示点 P 在坐标系(W)处的齐次向量。将 $\boldsymbol{P} = {}^W\boldsymbol{P}$ 代入式(1.15)，最终得到

$$\boldsymbol{p} = \frac{1}{Z}\mathcal{M}\boldsymbol{P}, \quad \text{其中} \quad \mathcal{M} = \mathcal{K}(\mathcal{R} \quad \boldsymbol{t}) \tag{1.16}$$

这是一般形式的透视投影方程，也是式(1.9)的实例。我们知道 $\mathcal{M}$ 确定了坐标系(W)的照相机光心的位置，也就是说，它的齐次坐标向量 $\boldsymbol{O} = {}^W\boldsymbol{O}$。确实，正如本章结尾所述的问题，$\mathcal{M}\boldsymbol{O} = \boldsymbol{0}$。

在前面已经提到过，一个旋转矩阵 $\mathcal{R}$ 是由三个独立的参数定义(例如欧拉角)的。加上 $\boldsymbol{t}$ 的这三个坐标向量，我们得到 6 个外参数来定义照相机相对于世界坐标系的位置和方向。

理解式(1.16)的深度 Z 与 $\mathcal{M}$ 及 $\boldsymbol{P}$ 是相关的，这点至关重要，因为假如令 $\boldsymbol{m}_1^{\mathrm{T}}$，$\boldsymbol{m}_2^{\mathrm{T}}$ 和 $\boldsymbol{m}_3^{\mathrm{T}}$ 表示 $\mathcal{M}$ 的三个行向量，则它满足式(1.16)中的 $Z = \boldsymbol{m}_3 \cdot \boldsymbol{P}$。事实上，为了方便起见，可将式(1.16)改写为等价形式

$$\begin{cases} x = \dfrac{\boldsymbol{m}_1 \cdot \boldsymbol{P}}{\boldsymbol{m}_3 \cdot \boldsymbol{P}} \\ y = \dfrac{\boldsymbol{m}_2 \cdot \boldsymbol{P}}{\boldsymbol{m}_3 \cdot \boldsymbol{P}} \end{cases} \tag{1.17}$$

透视投影矩阵可以由5个内参数、矩阵 $\mathcal{R}$ 的三个行向量($\boldsymbol{r}_1^{\mathrm{T}}$，$\boldsymbol{r}_2^{\mathrm{T}}$ 和 $\boldsymbol{r}_3^{\mathrm{T}}$)和向量 $\boldsymbol{t}$ 的三个坐标(t_1，t_2 和 t_3)显式表示：

$$\mathcal{M} = \begin{pmatrix} \alpha \boldsymbol{r}_1^{\mathrm{T}} - \alpha \cot\theta \boldsymbol{r}_2^{\mathrm{T}} + x_0 \boldsymbol{r}_3^{\mathrm{T}} & \alpha t_1 - \alpha \cot\theta t_2 + x_0 t_3 \\ \dfrac{\beta}{\sin\theta} \boldsymbol{r}_2^{\mathrm{T}} + y_0 \boldsymbol{r}_3^{\mathrm{T}} & \dfrac{\beta}{\sin\theta} t_2 + y_0 t_3 \\ \boldsymbol{r}_3^{\mathrm{T}} & t_3 \end{pmatrix} \tag{1.18}$$

其中，$\mathcal{R}$ 由三个基旋转的积表示，则 $\boldsymbol{r}_i$($i=1,2,3$)可以显式地用三个角度来表示。式(1.18)显式地给出 $\mathcal{M}$ 中全部的11个照相机参数。

1.2.4 透视投影矩阵

本节将讨论满足何种条件的3×4矩阵 $\mathcal{M}$ 可以写成式(1.18)的形式。不失一般性，可设 $\mathcal{M} = (\mathcal{A} \quad \boldsymbol{b})$，其中 $\mathcal{A}$ 是一个3×3的矩阵，$\boldsymbol{b}$ 是 $\mathbb{R}^3$ 的一个元素，我们用 $\boldsymbol{a}_3^{\mathrm{T}}$ 表示 $\mathcal{A}$ 的第三行。显然，如果 $\mathcal{M}$ 是式(1.18)的一个实例，则 $\boldsymbol{a}_3^{\mathrm{T}}$ 必然是一个单位向量，因为它等于 $\boldsymbol{r}_3^{\mathrm{T}}$，是旋转矩阵的第三行。注意，对任意的 $\lambda \neq 0$，用 $\lambda\mathcal{M}$ 代替 $\mathcal{M}$ 并不影响图像中的实际坐标。在本书的剩余章节中把投影矩阵看成是齐次对象，即只定义到比例关系这一层。因此标准形式[如式(1.18)所示]可以选择适当的比例系数使得 $\|\boldsymbol{a}_3\|=1$。注意式(1.16)的参数 Z 只有在 $\mathcal{M}$ 是这种标准形式时才能理解为点 P 的深度。还要注意，内参数和外参数的数目正好对应(齐次)矩阵 $\mathcal{M}$ 的11个自由变量。

我们称可以写成式(1.18)形式的3×4矩阵为透视投影矩阵，其中的变量为照相机的内外参数。在实际应用中，一般对内参数加一些限制，因为前面说过，其中的一部分参数是已知的。若式(1.18)中的 $\theta=\pi/2$，则称这个3×4矩阵为无偏透视投影矩阵。若同时满足 $\theta=\pi/2$ 和 $\alpha=\beta$，则称其为具有零偏差和单位长宽比的透视投影矩阵。可以通过适当的图像坐标系变换，把已知偏差角度和长宽比的变化转变为零偏差单位长宽比的变换。那么，是不是任意的3×4矩阵都是透视投影矩阵呢？下面的定理将回答这个问题。

定理1 设 $\mathcal{M}=(\mathcal{A} \quad \boldsymbol{b})$ 是一个3×4矩阵，用 $\boldsymbol{a}_i^{\mathrm{T}}$($i=1,2,3$)表示由 $\mathcal{A}$ 最左边3列构成的矩阵 $\mathcal{M}$ 的各行。

- $\mathcal{M}$ 是透视投影矩阵的充要条件是($\mathrm{Det}(\mathcal{A}) \neq 0$)。
- $\mathcal{M}$ 是零偏差透视投影矩阵的充要条件是 $\mathrm{Det}(\mathcal{A}) \neq 0$ 且

$$(\boldsymbol{a}_1 \times \boldsymbol{a}_3) \cdot (\boldsymbol{a}_2 \times \boldsymbol{a}_3) = 0$$

- $\mathcal{M}$ 是零偏差单位长宽比透视投影矩阵的充要条件是 $\mathrm{Det}(\mathcal{A}) \neq 0$ 且

$$\begin{cases} (\boldsymbol{a}_1 \times \boldsymbol{a}_3) \cdot (\boldsymbol{a}_2 \times \boldsymbol{a}_3) = 0 \\ (\boldsymbol{a}_1 \times \boldsymbol{a}_3) \cdot (\boldsymbol{a}_1 \times \boldsymbol{a}_3) = (\boldsymbol{a}_2 \times \boldsymbol{a}_3) \cdot (\boldsymbol{a}_2 \times \boldsymbol{a}_3) \end{cases}$$

定理中的条件显然是必要的：通过定义，给定透视投影矩阵 $\mathcal{A}$，可以得出 $\rho\mathcal{A}=\mathcal{K}\mathcal{R}$，其中 ρ 为非零尺度，$\mathcal{K}$ 为矫正矩阵，$\mathcal{R}$ 为旋转矩阵和向量 $\boldsymbol{t}$。特别地，由于矫正矩阵为非奇异的，所以 $\mathcal{A}$ 也是非奇异的，且 $\rho^3\mathrm{Det}(\mathcal{A})=\mathrm{Det}(\mathcal{K}) \neq 0$。进一步讲，通过简单的几步计算可以验证矩阵 $\dfrac{1}{\rho}\mathcal{K}\mathcal{R}$ 的各行满足当初描述定理的各个假设的条件。Faugeras(1993)已经证明这些条件的充分性。

1.2.5 弱透视投影矩阵

正如1.1.2节所示，当场景的深度大小变化远小于场景远离照相机的距离时，可以用仿射投影近似成像过程[见图1.15(a)]，O为照相机光心，R为场景中的参考点。点P的弱透视投影分为两个步骤：先把P按照垂直投影投到平面Π_r上的点P'，Π_r平行于Π且过R；然后用透视投影把P'映射到成像点p。由于Π_r为前平行平面，第二次透视过程的实际效应是图像坐标的尺度变化。

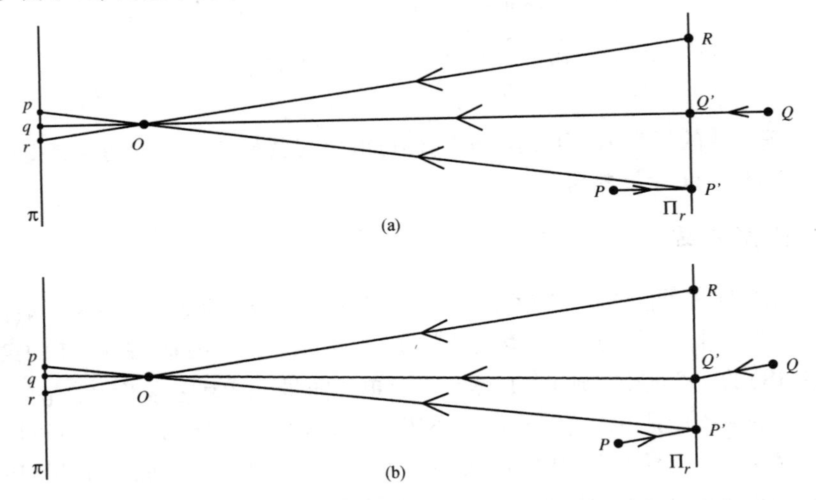

图1.15 仿射投影模型。(a)弱透视投影；(b)平行透视投影

正如本章所示，弱透视投影过程可以描述为一个2×4矩阵$\mathcal{M}$，所以固定世界坐标系的点P的齐次坐标向量$\boldsymbol{P}=(X,\ Y,\ Z,\ 1)^{\mathrm{T}}$和其在照相机参考坐标系中成像点$p$的非齐次坐标向量$\boldsymbol{p}=(x,\ y)^{\mathrm{T}}$通过仿射投影矩阵关联：

$$\boldsymbol{p}=\mathcal{M}\boldsymbol{P} \tag{1.19}$$

事实证明，其他不同的近视透视投影过程也满足这个一般模型，其中包括前面提到的正交透视投影模型、平行透视投影模型(包括直角的类透视投影模型，考虑到感兴趣的物体可能远离照相机的光心位置)。在类透视投影模型中，观察射线相互平行且并不一定需要与成像平面正交。平行透视是另外一种仿射模型，它考虑的变形有两种情况，第一种是参考点远离照相机的光心位置，第二种是可能的不同的深度变化[见图1.15(b)]。采用以前同样的标记，Δ标记光心O连接到参考点R的连线，平行透视首先是将P沿着Δ方向映射到Π_r平面的P'；透视投影然后将P'映射到成像点p。

本节剩余部分将重点介绍弱透视投影过程。首先推导相关的透视投影公式。如果记Z_r为参考点R的深度，两个基本透视过程$P\to P'\to p$可以采用照相机归一化后的坐标系统表示：

$$\begin{pmatrix}X\\Y\\Z\end{pmatrix}\longrightarrow\begin{pmatrix}Z\\Y\\Z_r\end{pmatrix}\longrightarrow\begin{pmatrix}\hat{x}\\\hat{y}\\1\end{pmatrix}=\begin{pmatrix}X/Z_r\\Y/Z_r\\1\end{pmatrix}$$

或者，采用矩阵形式

$$\begin{pmatrix}\hat{x}\\\hat{y}\\1\end{pmatrix}=\frac{1}{Z_r}\begin{pmatrix}1&0&0&0\\0&1&0&0\\0&0&0&Z_r\end{pmatrix}\begin{pmatrix}X\\Y\\Z\\1\end{pmatrix}$$

引入照相机的标定矩阵$\mathcal{K}$及外参数$\mathcal{R}$和$\boldsymbol{t}$，可以得到更一般形式的投影方程，例如

$$p = \frac{1}{Z_r}\mathcal{K}\begin{pmatrix}1 & 0 & 0 & 0\\ 0 & 1 & 0 & 0\\ 0 & 0 & 0 & Z_r\end{pmatrix}\begin{pmatrix}\mathcal{R} & t\\ \mathbf{0}^{\mathrm{T}} & 1\end{pmatrix}P \tag{1.20}$$

其中，$\boldsymbol{P}$ 和 $\boldsymbol{p}$ 分别为前面已经定义过的世界坐标系中点 P 的齐次坐标向量和投影到照相机坐标系的非齐次坐标向量。最终，注意到 Z_r 为常数，可以得到

$$\mathcal{K} = \begin{pmatrix}\mathcal{K}_2 & \boldsymbol{p}_0\\ \mathbf{0}^{\mathrm{T}} & 1\end{pmatrix},\quad \text{其中}\quad \mathcal{K}_2 \stackrel{\text{def}}{=} \begin{pmatrix}\alpha & -\alpha\cot\theta\\ 0 & \dfrac{\beta}{\sin\theta}\end{pmatrix}\quad \text{和}\quad \boldsymbol{p}_0 \stackrel{\text{def}}{=} \begin{pmatrix}x_0\\ y_0\end{pmatrix}$$

则式(1.20)可以写成

$$\boldsymbol{p} = \mathcal{M}\boldsymbol{P},\quad \text{其中}\quad \mathcal{M} = (\mathcal{A}\quad \boldsymbol{b}) \tag{1.21}$$

这里 $\boldsymbol{p}$ 为点 p 的非齐次坐标向量，$\mathcal{M}$ 是一个 2×4 矩阵[注意和透视投影的一般形式(1.16)相比较]。在这里，2×3 矩阵 $\mathcal{A}$ 和二维向量 $\boldsymbol{b}$ 分别定义为

$$\mathcal{A} = \frac{1}{Z_r}\mathcal{K}_2\mathcal{R}_2 \quad \text{和} \quad \boldsymbol{b} = \frac{1}{Z_r}\mathcal{K}_2\boldsymbol{t}_2 + \boldsymbol{p}_0$$

其中，$\mathcal{R}_2$ 是 $\mathcal{R}$ 的前两行组成的 2×3 矩阵，$\boldsymbol{t}_2$ 是 $\boldsymbol{t}$ 坐标的前两维。

注意，在 $\mathcal{M}$ 的表达式中并没有出现 $\boldsymbol{t}_3$，且 $\boldsymbol{t}_2$ 和 $\boldsymbol{p}_0$ 是关联的：若以 $\boldsymbol{t}_2+\boldsymbol{a}$ 代替 $\boldsymbol{t}_2$，以 $\boldsymbol{p}_0-\frac{1}{Z_r}\mathcal{K}_2\boldsymbol{a}$ 代替 $\boldsymbol{p}_0$，则投影矩阵不变。这种冗余性使我们可以任意地选取 $x_0=y_0=0$。也就是说，在弱透视投影中，图像中心没有实际的意义。注意，在 $\mathcal{M}$ 中，Z_r，α 和 β 也是关联的。在 $\mathcal{M}$ 中，Z_r 是无法事先知道的，因此有

$$\mathcal{M} = \frac{1}{Z_r}\begin{pmatrix}k & s\\ 0 & 1\end{pmatrix}(\mathcal{R}_2\quad \boldsymbol{t}_2) \tag{1.22}$$

其中，k 和 s 分别表示像素长宽比和焦平面的倾斜与旋转。弱透视投影可以由两个内参数(k 和 s)、5 个外参数($\mathcal{R}_2$ 的三个角度和 $\boldsymbol{t}_2$ 的两个坐标)和一个场景相关的结构参数 Z_r 定义。

仿射投影矩阵是一个 2×4 矩阵 $\mathcal{M}=(\mathcal{A}\quad \boldsymbol{b})$，其中 $\mathcal{A}$ 是一个任意的二阶 2×3 矩阵，$\boldsymbol{b}$ 是二维实数空间 $\mathbb{R}^2$ 的任意变量。弱透视投影和仿射投影矩阵的一般形式由 8 个独立的参数定义。显然弱透视投影矩阵属于仿射投影矩阵。比较参数个数可以想到，也许可以将任意的仿射投影矩阵写成弱透视投影或者平行透视投影的形式。但若不增加额外的限制，平行透视投影则不是唯一的。这些由下面的定理保证。

定理 2　*仿射投影矩阵可以唯一地写成(忽略符号)式(1.22)定义的弱透视投影矩阵的一般形式。*

这个定理由 Faugeras 等人(2001，Propositions 4.26 和 4.27)证明。

1.3　照相机的几何标定

本节将进一步讨论照相机的内外参数估计问题(称为几何标定)。假设照相机观察到的场景特征(如点或线)都在世界坐标系中有确定的位置(见图 1.16)。在这个假设下，照相机标定可以认为是一个优化问题，优化的目标是使照相机观察到的特征与理论位置之间的距离最小。

特别地，假设在图像中取了 n 个基准点 $P_i(i=1,\cdots,n)$，这些点的齐次坐标 $\boldsymbol{P}_i$ 是已知的，这可以通过自动或手工的方法得到。如果能忽略建模和计算错误，照相机的几何标定可以简化为对照相机内外参数 $\boldsymbol{\xi}$ 的求取，即

$$\begin{cases} x_i = \dfrac{\boldsymbol{m}_1(\boldsymbol{\xi}) \cdot \boldsymbol{P}_i}{\boldsymbol{m}_3(\boldsymbol{\xi}) \cdot \boldsymbol{P}_i} \\ y_i = \dfrac{\boldsymbol{m}_2(\boldsymbol{\xi}) \cdot \boldsymbol{P}_i}{\boldsymbol{m}_3(\boldsymbol{\xi}) \cdot \boldsymbol{P}_i} \end{cases} \tag{1.23}$$

其中，$\boldsymbol{m}_i^{\mathrm{T}}(\boldsymbol{\xi})$表示投影矩阵$\mathcal{M}$的第$i$行，该向量由照相机原始参数决定。实际情况中通常选取的基准点及其投影点的个数之和会比未知参数的个数多(通常选取至少6个基准点来求解11个内外参数)，于是式(1.23)中的方程就没有唯一解了。但可以通过最小二乘法来求出一个比较合理的解(见第22章)。我们在下面的章节中介绍两种使用最小二乘法求解几何标定问题的方法，对应的计算方法也会和标定出的数据一起在图1.17中给出。

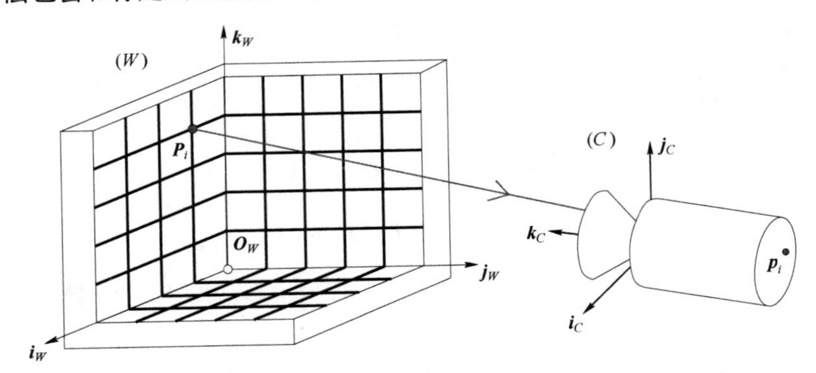

图1.16 照相机的标定装置：这里采用三个相互垂直的棋盘格平面构成标定框架。可以采用其他样式的框架，也可以采用包括直线在内的其他几何图形

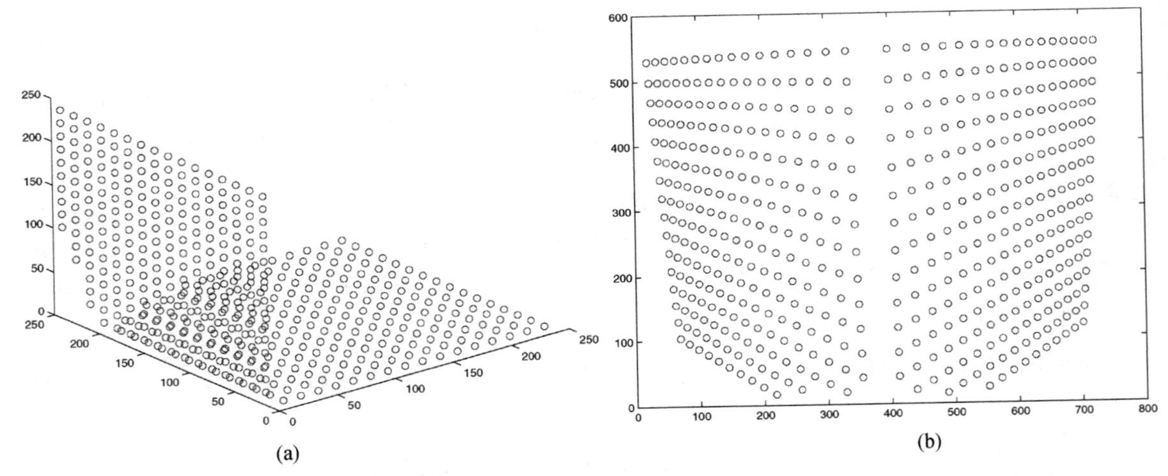

图1.17 照相机标定数据。(a)三维的491个基准点在标定网格的投影图；(b)对应的成像点(Data courtesy of Janne Heikkilä; data copyright © 2000 University of Oulu)

1.3.1 使用线性方法对照相机进行标定

我们把几何标定的步骤分解为：(a)估计这个坐标系下照相机的投影矩阵$\mathcal{M}$；(b)从投影矩阵估计照相机的内外参数。

估计投影矩阵 假设照相机没有偏差，则按照定理1，投影矩阵$\mathcal{M}$可以是非奇异的任何矩阵。对式(1.23)进行移项后得到两个关于$\boldsymbol{m}_1$，$\boldsymbol{m}_2$和$\boldsymbol{m}_3$的线性方程组(为了简化问题，我们从这里开始忽略$\boldsymbol{\xi}$)，于是有

$$\begin{cases} (\boldsymbol{m}_1 - x_i\boldsymbol{m}_3)\cdot\boldsymbol{P}_i & = & \boldsymbol{P}_i^{\mathrm{T}}\boldsymbol{m}_1 + \boldsymbol{0}^{\mathrm{T}}\boldsymbol{m}_2 - x_i\boldsymbol{P}_i^{\mathrm{T}}\boldsymbol{m}_3 & = & 0 \\ (\boldsymbol{m}_2 - y_i\boldsymbol{m}_3)\cdot\boldsymbol{P}_i & = & \boldsymbol{0}^{\mathrm{T}}\boldsymbol{m}_1 + \boldsymbol{P}_i^{\mathrm{T}}\boldsymbol{m}_2 - y_i\boldsymbol{P}_i^{\mathrm{T}}\boldsymbol{m}_3 & = & 0 \end{cases}$$

由对所有 n 个点的约束可以得出一个 $2n$ 维的线性方程 $\mathcal{M}$，方程参数为投影矩阵 $\mathcal{M}$ 的 12 个分量，即

$$\mathcal{P}\boldsymbol{m} = 0 \tag{1.24}$$

其中

$$\mathcal{P} \stackrel{\text{def}}{=} \begin{pmatrix} \boldsymbol{P}_1^{\mathrm{T}} & \boldsymbol{0}^{\mathrm{T}} & -x_1\boldsymbol{P}_1^{\mathrm{T}} \\ \boldsymbol{0}^{\mathrm{T}} & \boldsymbol{P}_1^{\mathrm{T}} & -y_1\boldsymbol{P}_1^{\mathrm{T}} \\ \cdots & \cdots & \cdots \\ \boldsymbol{P}_n^{\mathrm{T}} & \boldsymbol{0}^{\mathrm{T}} & -x_n\boldsymbol{P}_n^{\mathrm{T}} \\ \boldsymbol{0}^{\mathrm{T}} & \boldsymbol{P}_n^{\mathrm{T}} & -y_n\boldsymbol{P}_n^{\mathrm{T}} \end{pmatrix} \quad 和 \quad \boldsymbol{m} \stackrel{\text{def}}{=} \begin{pmatrix} \boldsymbol{m}_1 \\ \boldsymbol{m}_2 \\ \boldsymbol{m}_3 \end{pmatrix} = 0$$

若 $n \geqslant 6$，则可以用齐次线性最小二乘法计算单位向量 $\boldsymbol{m}$ 的值（从而得到矩阵 $\mathcal{M}$），其计算目标是使得 $\| \mathcal{P}\boldsymbol{m} \|^2$ 最小（该 m 值为 12×12 矩阵 $\mathcal{P}^{\mathrm{T}}\mathcal{P}$ 最小的特征根对应的特征向量（见第 22 章）。需要注意的是，由于方程组 $\mathcal{M}$ 只含有 11 个独立参数，所以向量 $\boldsymbol{m}$ 的任意非零线性倍数均可作为方程组的解。

特征点的退化问题　在开始尝试估计照相机的内外参数之前，先考虑特征点 $\boldsymbol{P}_i(i=1,\cdots,n)$ 的一些退化情况可能会引起的标定失败。只考虑数据点 $\boldsymbol{p}_i(i=1,\cdots,n)$ 的取值没有误差的理想情况来探讨矩阵 $\mathcal{P}$ 的零空间，也就是满足 $\mathcal{P}\boldsymbol{l}=\boldsymbol{0}$ 的所有 $\boldsymbol{l}$ 在 $\mathbb{R}^{12}$ 上构成的子空间。

$\boldsymbol{l}$ 是满足上述约束的向量。令 l 由下面的四元组构成，$\boldsymbol{\lambda}=(l_1, l_2, l_3, l_4)^{\mathrm{T}}$，$\boldsymbol{\mu}=(l_5, l_6, l_7, l_8)^{\mathrm{T}}$ 和 $\boldsymbol{\nu}=(l_9, l_{10}, l_{11}, l_{12})^{\mathrm{T}}$，则有

$$\boldsymbol{0} = \mathcal{P}\boldsymbol{l} = \begin{pmatrix} \boldsymbol{P}_1^{\mathrm{T}} & \boldsymbol{0}^{\mathrm{T}} & -x_1\boldsymbol{P}_1^{\mathrm{T}} \\ \boldsymbol{0}^{\mathrm{T}} & \boldsymbol{P}_1^{\mathrm{T}} & -y_1\boldsymbol{P}_1^{\mathrm{T}} \\ \cdots & \cdots & \cdots \\ \boldsymbol{P}_n^{\mathrm{T}} & \boldsymbol{0}^{\mathrm{T}} & -x_n\boldsymbol{P}_n^{\mathrm{T}} \\ \boldsymbol{0}^{\mathrm{T}} & \boldsymbol{P}_n^{\mathrm{T}} & -y_n\boldsymbol{P}_n^{\mathrm{T}} \end{pmatrix} \begin{pmatrix} \boldsymbol{\lambda} \\ \boldsymbol{\mu} \\ \boldsymbol{\nu} \end{pmatrix} = \begin{pmatrix} \boldsymbol{P}_1^{\mathrm{T}}\boldsymbol{\lambda} - x_1\boldsymbol{P}_1^{\mathrm{T}}\boldsymbol{\nu} \\ \boldsymbol{P}_1^{\mathrm{T}}\boldsymbol{\mu} - y_1\boldsymbol{P}_1^{\mathrm{T}}\boldsymbol{\nu} \\ \cdots \\ \boldsymbol{P}_n^{\mathrm{T}}\boldsymbol{\lambda} - x_n\boldsymbol{P}_n^{\mathrm{T}}\boldsymbol{\nu} \\ \boldsymbol{P}_n^{\mathrm{T}}\boldsymbol{\mu} - y_n\boldsymbol{P}_n^{\mathrm{T}}\boldsymbol{\nu} \end{pmatrix} \tag{1.25}$$

把式(1.23)和式(1.25)联立可得

$$\begin{cases} \boldsymbol{P}_i^{\mathrm{T}}\boldsymbol{\lambda} - \dfrac{\boldsymbol{m}_1^{\mathrm{T}}\boldsymbol{P}_i}{\boldsymbol{m}_3^{\mathrm{T}}\boldsymbol{P}_i}\boldsymbol{P}_i^{\mathrm{T}}\boldsymbol{\nu} = 0, \\ \boldsymbol{P}_i^{\mathrm{T}}\boldsymbol{\mu} - \dfrac{\boldsymbol{m}_2^{\mathrm{T}}\boldsymbol{P}_i}{\boldsymbol{m}_3^{\mathrm{T}}\boldsymbol{P}_i}\boldsymbol{P}_i^{\mathrm{T}}\boldsymbol{\nu} = 0, \end{cases} \quad 其中 \quad i = 1, \cdots, n$$

将分式改写并整理后，得到

$$\begin{cases} \boldsymbol{P}_i^{\mathrm{T}}(\boldsymbol{\lambda}\boldsymbol{m}_3^{\mathrm{T}} - \boldsymbol{m}_1\boldsymbol{\nu}^{\mathrm{T}})\boldsymbol{P}_i = 0, \\ \boldsymbol{P}_i^{\mathrm{T}}(\boldsymbol{\mu}\boldsymbol{m}_3^{\mathrm{T}} - \boldsymbol{m}_2\boldsymbol{\nu}^{\mathrm{T}})\boldsymbol{P}_i = 0, \end{cases} \quad 其中 \quad i = 1, \cdots, n \tag{1.26}$$

很显然，由 $\boldsymbol{\lambda}=\boldsymbol{m}_1$，$\boldsymbol{\mu}=\boldsymbol{m}_2$，$\boldsymbol{\nu}=\boldsymbol{m}_3$ 组成的 $\boldsymbol{l}$ 是一组解。那么还有其他的解吗？

首先考虑 $P_i(i=1,\cdots,n)$ 都在一个平面 Π 上的情形，即存在一个四维向量 $\boldsymbol{\Pi}$，使得 $\boldsymbol{P}_i \cdot \boldsymbol{\Pi}=0$。显然，$(\boldsymbol{\lambda}, \boldsymbol{\mu}, \boldsymbol{\nu})$ 取 $(\boldsymbol{\Pi}, \boldsymbol{0}, \boldsymbol{0})$，$(\boldsymbol{0}, \boldsymbol{\Pi}, \boldsymbol{0})$，$(\boldsymbol{0}, \boldsymbol{0}, \boldsymbol{\Pi})$ 或它们的线性组合都是解[见式(1.26)]。换句话说，$\mathcal{P}$ 的零空间是由这些向量及 $\boldsymbol{m}$ 张成。这说明在实际中点集 P_i 不能共面。

一般来说，对于给定的非零向量 $\boldsymbol{l}$，满足式(1.26)的点 P_i 处在这两个方程确定的二次曲面的交线上。仔细观察式(1.26)可以发现，由 $\boldsymbol{m}_3 \cdot \boldsymbol{P}=0$ 和 $\boldsymbol{\nu} \cdot \boldsymbol{P}=0$ 确定的交线同时满足这两个方程，这表明两个二次曲面的交线是一条直线和一条过原点的三次曲线。三次曲线可以由它上面的 6 个点完全确定，因此 7 个随机选取的点一般不会在该曲线上。由于原点也是该曲线上的一个点，故只要取 $n \geqslant 6$ 就可以保证 $\mathcal{P}$ 的秩为 11，且投影矩阵有唯一解。

估计内外参数　由于投影矩阵可以用照相机的内外参数表示，因此一旦估计得到投影矩阵 $\mathcal{M}$ 后，可以用下面的方法恢复这些参数[见式(1.18)]。把投影矩阵写成 $\mathcal{M}=(\mathcal{A}\quad \boldsymbol{b})$ 的形式，其中 $\boldsymbol{a}_1^{\mathrm{T}}$，$\boldsymbol{a}_2^{\mathrm{T}}$，$\boldsymbol{a}_3^{\mathrm{T}}$ 表示 $\mathcal{A}$ 的各行，可以得到

$$\rho(\mathcal{A}\quad \boldsymbol{b})=\mathcal{K}(\mathcal{R}\quad \boldsymbol{t}) \Longleftrightarrow \rho\begin{pmatrix}\boldsymbol{a}_1^{\mathrm{T}}\\ \boldsymbol{a}_2^{\mathrm{T}}\\ \boldsymbol{a}_3^{\mathrm{T}}\end{pmatrix}=\begin{pmatrix}\alpha\boldsymbol{r}_1^{\mathrm{T}}-\alpha\cot\theta\boldsymbol{r}_2^{\mathrm{T}}+x_0\boldsymbol{r}_3^{\mathrm{T}}\\ \dfrac{\beta}{\sin\theta}\boldsymbol{r}_2^{\mathrm{T}}+y_0\boldsymbol{r}_3^{\mathrm{T}}\\ \boldsymbol{r}_3^{\mathrm{T}}\end{pmatrix}$$

这里引入未知的比例系数 ρ，使得 $\mathcal{M}$ 的模为1($\|\mathcal{M}\|_F=\|\boldsymbol{m}\|=1$)。

若加上旋转矩阵各行都是单位长度且相互垂直的约束，又可得到

$$\begin{cases}\rho=\varepsilon/||\boldsymbol{a}_3||\\ \boldsymbol{r}_3=\rho\boldsymbol{a}_3\\ x_0=\rho^2(\boldsymbol{a}_1\cdot\boldsymbol{a}_3)\\ y_0=\rho^2(\boldsymbol{a}_2\cdot\boldsymbol{a}_3)\end{cases}\tag{1.27}$$

其中 $\varepsilon=\mp1$。

由于 θ 取值在 $\pi/2$ 的邻域之间，其正弦值总是正的，则有

$$\begin{cases}\rho^2(\boldsymbol{a}_1\times\boldsymbol{a}_3)=-\alpha\boldsymbol{r}_2-\alpha\cot\theta\boldsymbol{r}_1,\\ \rho^2(\boldsymbol{a}_2\times\boldsymbol{a}_3)=\dfrac{\beta}{\sin\theta}\boldsymbol{r}_1,\end{cases}\quad \text{和}\quad \begin{cases}\rho^2||\boldsymbol{a}_1\times\boldsymbol{a}_3||=\dfrac{|\alpha|}{\sin\theta}\\ \rho^2||\boldsymbol{a}_2\times\boldsymbol{a}_3||=\dfrac{|\beta|}{\sin\theta}\end{cases}\tag{1.28}$$

于是

$$\begin{cases}\cos\theta=-\dfrac{(\boldsymbol{a}_1\times\boldsymbol{a}_3)\cdot(\boldsymbol{a}_2\times\boldsymbol{a}_3)}{||\boldsymbol{a}_1\times\boldsymbol{a}_3||\,||\boldsymbol{a}_2\times\boldsymbol{a}_3||}\\ \alpha=\rho^2||\boldsymbol{a}_1\times\boldsymbol{a}_3||\sin\theta\\ \beta=\rho^2||\boldsymbol{a}_2\times\boldsymbol{a}_3||\sin\theta\end{cases}\tag{1.29}$$

由于 α 和 β 的符号可以事先得到，因此一般都设为正值。

从式(1.28)的第二部分可以计算得到 $\boldsymbol{r}_1$ 和 $\boldsymbol{r}_2$，

$$\begin{cases}\boldsymbol{r}_1=\dfrac{\rho^2\sin\theta}{\beta}(\boldsymbol{a}_2\times\boldsymbol{a}_3)=\dfrac{1}{||\boldsymbol{a}_2\times\boldsymbol{a}_3||}(\boldsymbol{a}_2\times\boldsymbol{a}_3)\\ \boldsymbol{r}_2=\boldsymbol{r}_3\times\boldsymbol{r}_1\end{cases}\tag{1.30}$$

需要注意的是，根据 ε 值的不同，$\mathcal{R}$ 有两种选择。由 $\mathcal{K}\boldsymbol{t}=\rho\boldsymbol{b}$ 得到 $\boldsymbol{t}=\rho\mathcal{K}^{-1}\boldsymbol{b}$。在实际应用中，$t_3$ 的符号是事先知道的(取决于世界坐标系的原点是在照相机前还是照相机后)，这样就可以确定唯一的照相机参数了。

图1.18显示的是根据图1.17中的数据进行的实验结果。其中恢复得到的投影矩阵为

$$\mathcal{K}=\begin{pmatrix}970.2841 & 0.0986 & 372.0050\\ 0 & 963.3466 & 299.2921\\ 0 & 0 & 1\end{pmatrix}$$

该照相机的尺寸为 768×576，计算得到长宽比约为1.0072，弯曲度 $|\theta-\pi/2|$ ①约为 $0.0058°$。恢复得到的图像中心偏离原图像中心位置约15像素。

1.3.2　使用非线性方法对照相机进行标定

在1.3.1节介绍的线性标定方法忽略了标定过程中的一些约束。例如，在1.3.1节假设照相

① 在本文中，$m\times n$ 的矩阵表示该矩阵有 m 行和 n 列。数字图像和照相机视网膜是个例外，遵循传统标记，约定 $m\times n$ 的图像有 m 列和 n 行。例如，该实验中的照相机有768列和576行。

机偏差可以为任意值，而不是一个很接近零的值。本节介绍的非线性方法将把所有的相关约束考虑进去。

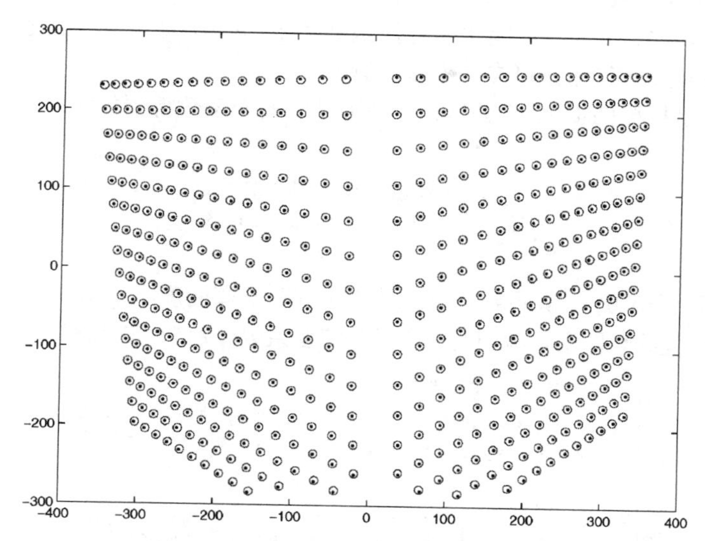

图 1.18　基于图 1.17 的数据集得到的照相机标定结果。圆形标记为原始数据点，其被三维的投影点覆盖。此768 ×576大小的图像的均方误差为0.96像素

这种方法是从摄影地形测量法(photogrammetry)借鉴而来的。摄影地形测量法是一种从一幅或多幅图像定量恢复几何信息的方法，在测绘、军事、城市规划等很多领域都有应用。很多年来，摄影地形测量法综合运用几何、光学和数学方法来从图像恢复场景的三维信息，20 世纪 50 年代计算机的出现使得这个问题更容易解决了。解析摄影地形测量学主要研究的是由计算机内参数确定的内方向和外参数确定的外方向。

还是同样假定有 n 个参考点 $P_i(i=1,\cdots,n)$，已知它们的世界坐标，优化的目的是使参考点的实际成像位置与通过投影方程估算出的理论位置之间的均值方差距离最小，其中的照相机参数向量 $\boldsymbol{\xi}$ 在 $\mathbb{R}^{11+q}$ 维上且 $q\geqslant 0$，包含了照相机内外参数和各种畸变的系数(这里假设长宽比和弯曲度都是未知的。如果这些参数是已知的，那么就不需要这么多参数)。这里需要说明的是，所谓的径向畸变是一种由于目标点偏离光轴而引起的畸变。我们可以将投影过程抽象为

$$\boldsymbol{p}=\frac{1}{Z}\begin{pmatrix}1/\lambda & 0 & 0\\ 0 & 1/\lambda & 0\\ 0 & 0 & 1\end{pmatrix}\mathcal{M}\boldsymbol{P} \tag{1.31}$$

其中 λ 是在归一化坐标系中图像中心与成像点 $\boldsymbol{p}$ 之间平方距离的多项式函数，

$$d^2=\hat{x}^2+\hat{y}^2=||\mathcal{K}^{-1}\boldsymbol{p}||^2-1 \tag{1.32}$$

在大多数应用中，用一个低阶的多项式(例如，$\lambda=1+\sum_{p=1}^{q}\kappa_p d^{2p}$，其中 $q\leqslant 3$)就足够了，且畸变相关系数 $\kappa_p(p=1,\cdots,q)$ 都设得很小。

使用式(1.32)把 λ 作为 $\boldsymbol{p}$ 的显式函数代入式(1.31)，可以得到关于 $11+q$ 个照相机参数的具有较高非线性特性的限制。误差函数可以写为

$$E(\boldsymbol{\xi})=\sum_{i=1}^{2n}f_i^2(\boldsymbol{\xi}),\quad \text{其中}\begin{cases}f_{2j-1}(\boldsymbol{\xi}) & = & x_j-\dfrac{\boldsymbol{m}_1(\boldsymbol{\xi})\cdot\boldsymbol{P}_j}{\boldsymbol{m}_3(\boldsymbol{\xi})\cdot\boldsymbol{P}_j},\\ f_{2j}(\boldsymbol{\xi}) & = & y_j-\dfrac{\boldsymbol{m}_2(\boldsymbol{\xi})\cdot\boldsymbol{P}_j}{\boldsymbol{m}_3(\boldsymbol{\xi})\cdot\boldsymbol{P}_j},\end{cases}\quad j=1,\cdots,n \tag{1.33}$$

与以往的情况不同，各个误差项$f_i(\boldsymbol{\xi})$和各个未知参数$\boldsymbol{\xi}$的关系不是线性的，而是复杂的多项式与三角函数的组合关系。要优化这个误差函数，需要用到第22章中介绍的非线性最小二乘法。这些方法需要针对未知参数的$\boldsymbol{\xi}$向量计算特征函数$\boldsymbol{f}(\boldsymbol{\xi}) = (f_1[\boldsymbol{\xi}],\cdots,f_{2n}[\boldsymbol{\xi}])^{\mathrm{T}}$的Jacobian矩阵，从解析上来讲是比较简单的(可参考本章习题)。

图1.19显示的是根据图1.17中的数据，采用径向畸变系数得到的实验结果。其中恢复得到的投影矩阵为

$$\mathcal{K} = \begin{pmatrix} 1014.0 & 0.0001 & 371.8 \\ 0 & 1008.9 & 292.3 \\ 0 & 0 & 1 \end{pmatrix}$$

该照相机的尺寸为768×576，计算得到长宽比约为1.0051，弯曲度小于10^{-5}°。恢复得到的图像中心偏离原图像中心位置约9像素。本例的3个径向畸变系数分别为-0.1183，-0.3657和1.9112。

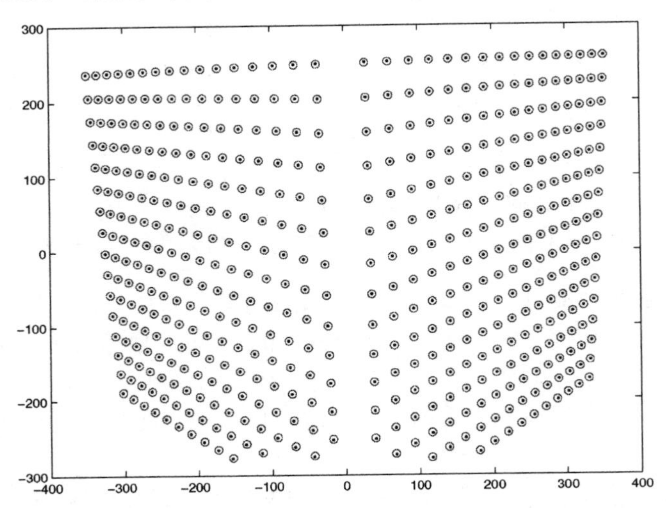

图1.19 基于图1.17的数据集采用三个径向畸变系数得到的照相机标定结果。圆形标记为原始数据点，其被三维的投影点覆盖。此768×576大小的图像的均方误差为0.39像素

1.4 注释

由Hecht(1987)撰写的经典教材给出了关于本书1.1节讨论的详细介绍，包括几何光学、近轴折射、薄和厚透镜及其相应畸变的讨论。Horn(1986)讨论了图像模糊。Wandell(1995)对人类视觉系统的成像过程进行了出色的叙述。1.2节讨论了关于几何照相机模型的描述，可以在Faugeras(1993)、Hartley and Zisserman(2000b)及Faugeras et al.(2001)中找到。Ohta, Maenobu and Sakai(1981)把类透视投影引入计算机视觉，Aloimonos(1990)研究了它的性质。

1.3.1节介绍的线性标定方法摘自Faugeras(1993)。引入径向畸变的改进方法由Tsai(1987)提出。Haralick and Shapiro(1992)对摄影地形测量法进行了详细阐述。手工相机测量毫无疑问是最标准的方法，其后的研究者(包括本书的作者)研究的独创性理论和精确的方法都是原方法的不同描述(Thompson et al. 1966; Slama et al. 1980)。我们将在第8章介绍多幅图像的摄影地形测量法。本章中提到的用于照相机标定的线性和非线性最小二乘法将在第22章做更详细的介绍。关于最小二乘法在分析摄影地形测量学应用时的详尽描述及讨论可以参考Triggs et al.(2000)发表的论文。

本章中假设三维校准框架是可实现的。这在 Faig(1975)、Tsai(1987)、Faugeras(1993)及 Heikkilä(2000)等中也被作为假设条件。然而实际上很难构建这样的框架，可以参考 Lavest, Viala and Dhome(1998)关于这个问题的讨论及他们提出的巧妙解决方法，许多作者更喜欢使用多层方格板或类似的平面设计，例如 Devy, Garric and Orteu(1997)、Zhang(2000)。这需要广泛采用 C 语言实现的 J.-Y. Bouguet 算法。可以通过开源计算机视觉库 OpenCV 获得，请参考 http://opencv.willowgarage.com/wiki/。也可以从他的个人网站上下载 MATLAB 版本的代码(http://www.vision.caltech.edu/bouguetj/calib_doc/)。

由于本章介绍的基本概念十分重要，因此在表 1.1 和表 1.2 列出了本章所涉及的主要公式。

表 1.1　参考表：投影模型

透视投影	$\begin{cases} x = d\dfrac{X}{Z} \\ y = d\dfrac{Y}{Z} \end{cases}$	X, Y, Z：世界坐标($Z<0$) x, y：图像坐标 d：针孔到视网膜距离
弱透视投影	$\begin{cases} x' = -mX \\ y' = -mY \\ m = -\dfrac{d}{Z_0} \end{cases}$	X, Y：世界坐标 x, y：图像坐标 d：针孔到视网膜距离 Z_0：参考点深度(<0) m：放大率(>0)
正交投影	$\begin{cases} x = X \\ y = Y \end{cases}$	X, Y：世界坐标 x, y：图像坐标
薄透镜方程	$\dfrac{1}{z} - \dfrac{1}{Z} = \dfrac{1}{f}$	Z：物体点深度(<0) z：成像点深度(>0) f：焦距

表 1.2　参考表：照相机几何模型

透视投影方程(齐次)	$\boldsymbol{p} = \dfrac{1}{Z}\mathcal{M}\boldsymbol{P}$
内参数矩阵	$\mathcal{K} = \begin{pmatrix} \alpha & -\alpha\cot\theta & x_0 \\ 0 & \beta/\sin\theta & y_0 \\ 0 & 0 & 1 \end{pmatrix}$
透视投影矩阵	$\mathcal{M} = \mathcal{K}(\mathcal{R} \quad \boldsymbol{t})$
仿射投影方程(非齐次)	$\boldsymbol{p} = \mathcal{M}\begin{pmatrix} \boldsymbol{P} \\ 1 \end{pmatrix} = \mathcal{A}\boldsymbol{P} + \boldsymbol{b}$
弱透视投影矩阵	$\mathcal{M} = (\mathcal{A} \quad \boldsymbol{b}) = \dfrac{1}{Z_r}\begin{pmatrix} k & s \\ 0 & 1 \end{pmatrix}(\mathcal{R}_2 \quad \boldsymbol{t}_2)$

习题

1.1　试推导处于针孔前面 d 处的虚拟图像的透视投影方程。

1.2　试从几何上证明，某个平面 Φ 中两条平行线的投影会聚集到一条水平线 h 上，该水平线是图像平面 Π 与过针孔点平行于 Φ 的平面的交线。

1.3　用透视投影式(1.1)从代数上证明与上题相同的内容。为了简单起见，可以假设该平面 Π 与图像平面 Φ 正交。

1.4　考虑一个用薄透镜装备的照相机，图像平面在 z 位置，而平面上的景物点聚焦在 Z 处。现假设图像平面移动到 $\hat{z}$，证明相应的模糊圆的直径为

$$a\frac{|z-\hat{z}|}{z}$$

其中 a 是透镜的直径。使用以上结果来说明现场深度(例如,使模糊圆的直径低于某个阈值 ε 的最近与最远平面之间的距离)可以按照以下公式计算:

$$D = 2\varepsilon f Z(Z+f)\frac{a}{f^2a^2-\varepsilon^2 Z^2}$$

并且给出结论,即对一个固定的焦距长度,现场深度随透镜直径的减小而增加,f/a 数也因而增加。

提示:解出图像聚集在图像平面上 $\hat{z}$ 位置点的深度 $\hat{Z}$;要考虑 $\hat{z}$ 比 z 大与小两种情况。

1.5 在一个薄透镜的两个焦点分别为 F 与 F' 的条件下,用几何方法构造点 P 的图像 p。

1.6 当照相机坐标系扭曲且介于两个图像坐标轴的角度 θ 并不等于90°时,将式(1.12)推导为式(1.13)。

1.7 考虑两个欧氏坐标系$(A)=(O_A, \boldsymbol{i}_A, \boldsymbol{j}_A, \boldsymbol{k}_A)$和$(B)=(O_B, \boldsymbol{i}_B, \boldsymbol{j}_B, \boldsymbol{k}_B)$,将式(1.6)推导为式(1.8)。

提示:在推导一般化公式之前,首先考虑两个坐标系具有相同基向量的情形,即 $\boldsymbol{i}_A=\boldsymbol{i}_B$, $\boldsymbol{j}_A=\boldsymbol{j}_B$ 和 $\boldsymbol{k}_A=\boldsymbol{k}_B$;接着考虑两个坐标系具有同样的原点,即 $O_A=O_B$。

1.8 当坐标系(A)中的 $\boldsymbol{i}_A$, $\boldsymbol{j}_A$ 和 $\boldsymbol{k}_A$ 分别旋转角度 θ 到坐标系(B)时,写出式(1.8)的 $\mathcal{R}$ 矩阵形式。

1.9 记 $\boldsymbol{O}$ 为某参考帧中摄像机光心的齐次坐标向量,$\mathcal{M}$ 为对应的透视投影变换矩阵。推导 $\mathcal{M}\boldsymbol{O}=\boldsymbol{0}$,并给出直观的解释。

1.10 给出定理 1 条件的必要性。

1.11 任何仿射投影矩阵 $\mathcal{M}=(\mathcal{A} \quad \boldsymbol{b})$可以写成式(1.22)定义的一般弱透视投影变换矩阵,例如

$$\mathcal{M}=\frac{1}{Z_r}\begin{pmatrix}k & s\\ 0 & 1\end{pmatrix}(\mathcal{R}_2 \quad \boldsymbol{t}_2)$$

1.12 给出式(1.33)中向量函数$\boldsymbol{f}(\boldsymbol{\xi})=(f_1[\boldsymbol{\xi}],\cdots,f_{2n}[\boldsymbol{\xi}])^{\mathrm{T}}$ 的 Jacobian 形式的解析解,其中向量 $\boldsymbol{\xi}$ 为某未知参数。

编程练习

1.13 实现 1.3.1 节给出的线性标定算法。

1.14 实现 1.3.2 节给出的非线性标定算法。

第 2 章　光照及阴影

在一幅图像中，像素点的亮度是由投影到该像素点的场景中单位表面的亮度决定的，而单位面积表面的亮度取决于到达其表面的入射光线和反射光线的多少(模型见 2.1 节)。

这样定义比较抽象和复杂，有意思的是人们能够非常准确地感知这些效果。通常情况下，人们都可判断某个物体是否处于强光下或阴影里，而不会把阴影中的物体错误地理解为是一个黑色表面的物体，同时也能判断由反射或遮蔽引起的亮度变化(假若无法区分这些现象，电影也就不存在了)，一般情况下,人们能轻易理解不同形状物体的阴影效果，但有时也会将阴影和关键性的特征相混淆。例如，面颊下部的深色妆往往看起来像阴影，可以使面部显瘦。一个简单的阴影论述见 2.1 节，2.2 节介绍了较完整的推导过程。为了更好地描述一些重要效果，2.1.4 节介绍了一些更复杂的理论模型，但其推导也比较复杂(详见 2.4 节)。

2.1　像素的亮度

像素的亮度由三个主要因素确定:照相机对光线的响应，物体表面上反射至照相机感光元件的光线比例，以及照射在物体表面上的光线总量，每种情况将会单独讨论。

照相机响应　现代照相机的感光元件对中等强度的光线呈线性反应，但对颜色较暗和较为明亮的光线呈非线性反应，这样的设计可以使照相机在不饱和的情况下重现大动态范围的自然光线。大多数情况下，我们总是假设照相机对物体单位面积表面的光照强度呈线性相关。设 $\boldsymbol{X}$ 为空间中的一点，其投影至图像表面的坐标点为 $\boldsymbol{x}$，记 $I_{\text{patch}}(\boldsymbol{X})$ 为点 $\boldsymbol{X}$ 处的光照强度，以及 $I_{\text{camera}}(\boldsymbol{x})$ 为相应图像上点 $\boldsymbol{x}$ 处的响应强度。故可描述如下：

$$I_{\text{camera}}(\boldsymbol{x}) = kI_{\text{patch}}(\boldsymbol{x})$$

式中，k 为校准常数。通常假设此模型是正确的，并且 k 是已知的。某些情况下应当使用更复杂的模型，2.2.1 节将详细讨论复杂模型。

表面反射　物体表面上不同的点反射的光线有所不同，较暗的表面区域反射较少的光线，而明亮的表面则相反，它们受到许多可能的其他物理因素影响，但其中大部分的因素是可以忽略的。2.1.1 节描述了相对简单的模型，该模型可满足计算机视觉中大多数的应用。

照度　单位表面接收的光量取决于光源的总亮度和表面的形状。由于某些灯具(正式术语为光源)有阴影或有很强的方向性，所以总亮度会发生改变。表面形状影响到达表面的光量的多少，正向光源比侧向光源得到更多的照射量，这种效应称为阴影效应。2.1.2 节描述了一些应用于计算机视觉的重要模型。2.3 节讨论了一种较复杂的阴影模型，此模型对解释一些重要的实际应用难题是非常有必要的。

2.1.1　表面反射

多数表面反射光线是由漫反射引起的，漫反射将光线均匀地散射在多个离开表面的方向上，漫反射表面的亮度和观察者的视角无关。下面的实例很容易验证这种现象：大部分布料有这样的特性，还有大多数的油画作品、表面粗糙的木质表面、植被，以及粗糙的石头或混凝土建筑物表面等。描述这种表面仅需的参数是反射率，反射率是到达表面的光量与被反射光量的比值，与光线的入射和出射方向无关。表面有极高的反射率或极低的反射率是很难实现的。在实际应用中，表面的反射率一般分布在0.05 ~0.90之间[见Brelstaff and Blake(1988b)，他们认为动态范围接近10而不是这些数字所意味的18]。镜子不存在漫反射，因为人眼所见的内容取决于观察者的视角，完美镜子的这种特性就称为镜面反射。对于理想的镜子，光线沿某一特定方向到达后只能沿镜面反射方向离开，通过反射可得到表面法线的入射辐射方向(见图2.1)。通常，入射辐射的小部分会被表面吸收，对于理想的镜面反射，这些被吸收的部分和入射光线的方向无关。

图2.1 计算机视觉中最重要的两个反射模式为漫反射(左)和镜面反射(右)。在漫反射模式中，入射光线均匀地被反射后散射在外向的整个半球面上；而在镜面反射中，反射的光线都朝单一的方向。镜面反射光线($\boldsymbol{S}$)、入射光线($\boldsymbol{L}$)和表面法线共面，并且与入射光线及反射表面法线的夹角相等。多数物体表面具有漫反射和镜面反射两种特性。通常情况下，这些镜面反射成分并不像镜子反射那样精确，其反射光线主要集中在接近镜面反射方向的某一范围内(右下)。以上特点导致出现高光现象，就像从镜子中看到的点光源的镜面反射，当发生此现象时，高光部分往往是小和明亮的。图片中，高光部分出现在金属勺子和盘子上。大量的高光出现在金属平面上(箭头所指)。大多数表面(如盘子)则反之。图中的大部分反射属漫反射，箭头所指为部分示例(Martin Brigdale © Dorling Kindersley, used with permission)

如果某表面与理想的镜面反射器表现类似，则可以将它作为一个镜子使用，在这种情况下则会有相对较少的表面实际呈现出类似理想镜面反射般的效果，例如想象一个近乎完美的抛光金属镜面。如果这个表面遭受轻微损伤，然后每个受损点周围就会有许多不规则小切面朝向不同的方向。这就意味着同一方向的入射光线将会被反射至几个不同的方向，由于入射光线将照射若干小切面，所以镜面反射就会变得较柔和。随着表面越不平坦，这样的效果将更加明显，最终将出现唯一明亮可见的并且来自入射光源的镜面反射光线。这种特性意味着，在高光油漆、塑料、水面或拉丝金属表面，从光源沿着镜面反射方向看去，将可看到一小团明亮的区域，通常被称为高光，但少有其他的镜面效果。由于高光区域比较小并且非常明亮，因而比较容易识别[见图2.1；Brelstaff and Blake(1988b)]。大多数表面的镜面成分仅反射入射光线的一部分，反射光线占入射光线的百分比可以使用镜面反射率来表示。漫反射率是一种重要的材质属性，此属性可以从图像中估算得到，而镜面反射率很大程度上被看成是一种不好的属性，且通常是不可估算的。

2.1.2 光源及其产生的效果

户外的光源主要是太阳，由于距离地球遥远，因此其光线在已知方向平行传播，这种情况称为远点光源。远点光源是比较重要的光照模式(因其类似于太阳，易于应用)，对于室内及室外场景都有良好的效果。由于光线间互相平行，面向光源的表面将比平行光线的表面截获更多的光线(获得更多的光照效果)。此模式下，表面接收到光线的多少正比于入射光线与表面法线的余弦夹角 θ。图2.2给出了朗伯(Lambert)余弦定律，该定律表明远点光源照明的漫反射表面的亮度可用下面的公式表示：

$$I = \rho I_0 \cos\theta$$

其中 I_0 为点光源的强度，θ 为光源与表面法线的夹角，ρ 为漫反射率。这个定律提示了明亮的图像像素来自正向光源的表面，而较暗的像素来自背离光源的表面，因此投影在表面上的阴影可提供其形状的信息。具体内容将在2.4节进行讨论。

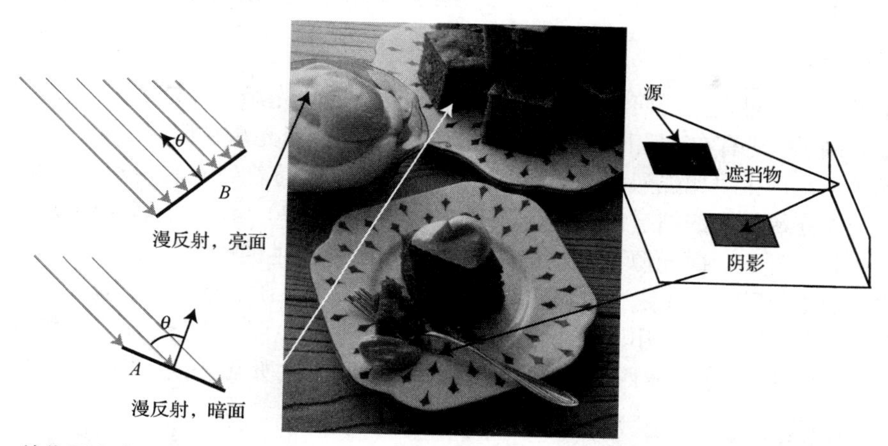

图2.2 单位面积表面关于光源的朝向将决定其吸收的光线量，假设此区域被远点光源所照亮，其发出的光线用浅色箭头射线表示。图中所示单位面积表面 A 由于侧离光源(θ 接近90°)，收集的光线较少，因而所获的光照量也小。单位面积表面 B 朝向光源(θ 接近0°)，获得较大的光照量而显得更明亮。当一个单位面积表面完全背向光源时将产生阴影现象，阴影并不是漆黑一片，因为其能接收到来自其他表面的间接反射光线。这些现象如图所示，图中深色表面是背向光源的(Martin Brigdale © Dorling Kindersley，used with permission)

如果物体表面看不到光，则说明其处于阴影中。由于本书假设光线总是从远点光源到达物体表面，所以我们的模型可以说明阴影中的表面是漆黑一片的。实际上这种情况并不多见，主要是由于其他光源的光线常常会照到阴影表面上。在室外，最重要的光源就是来自天空的明亮光线，而室内，不同物体表面间的反射光线照亮阴影中的表面。如在白色墙面的屋子中很少能见到阴影，这是因为不同的阴影接收了大量来自白色墙面的反射光线，这种互反射对不在阴影中的明亮表面影响较大。有时计算光线强度时，互反射常以术语“背景照明”表示。虽然“背景”一词说明阴影不太暗，但对于互反射的空间特性，这并不是很好的表示方法。更多细节的讨论需要辐射度的相关知识，这些知识在应用领域中具有重要意义，具体内容见2.3节。

2.1.3 朗伯+镜面反射模型

绝大多数情况下，可以将所有表面看成是具有高光现象的光线散射过程，这就是朗伯+镜面反射模型。高光在理论推导中是极少使用的(2.2.2节分别讨论了两种方法)，并且对于构成的形式也是无用的。由于高光小而亮，相对容易区分，可通过简单的算法去除它(首先找到小的亮点，然后用此高光区域周围的局部像素的平滑值替换即可)。更多复杂情况下的高光处理需要借助于色彩知识(见3.5.1节)，所以一般将使用朗伯+镜面反射模型查找并移除高光，然后用朗伯定律计算图像灰度(见2.1.2节)。

首先需要明确哪种光源会对模型造成影响，最简单的例子是局部阴影模型，这里假设阴影是仅由光源发出的光线造成(不考虑互反射效应)。

现在假定发光体是无限远点光源，因此，以 $\boldsymbol{N}(\boldsymbol{x})$ 表示 $\boldsymbol{x}$ 处的单位表面法向量，$\boldsymbol{S}$ 是从 $\boldsymbol{x}$ 指

向光源的向量且长度为$\boldsymbol{I}_o$(光源强度)、$\rho(\boldsymbol{x})$为$\boldsymbol{x}$处的反射系数，以及函数$\text{Vis}(\boldsymbol{S}, \boldsymbol{x})$表示当从$\boldsymbol{x}$处能看见光源时值为1，否则值为0。因而点$\boldsymbol{x}$处的强度可表示为

$$\begin{array}{ccccccc} I(\boldsymbol{x}) & = & \rho(\boldsymbol{x})(\boldsymbol{N}\cdot\boldsymbol{S})\text{Vis}(\boldsymbol{S},\boldsymbol{x}) & + & \rho(\boldsymbol{x})A & + & M \\ \text{图像明暗强度} & = & \text{漫反射} & + & \text{环境光强} & + & \text{镜面反射} \end{array}$$

以上公式也适用于更复杂的光照系统(如区域光源)，但在这种情况下难以得到适当的$\boldsymbol{S}(\boldsymbol{x})$。

2.1.4 面光源

面光源是指一个可发光的面。面光源是自然界较常见的光源，阴天的天空及人工合成环境光均是很好的例子，还有在工业园区随处可见的荧光灯箱。面光源在照明工程学中是较常见的，因为这种光照不易产生对比强烈的阴影效果，以及光照强度随着到光源距离的变化而不会有明显的衰减。与面光源相关的细节内容是比较复杂的(见2.3节)，而一个简单的模型可以帮助大家理解阴影的相关理论。面光源下产生的阴影和点光源下产生的阴影区别甚大。我们很少会在室内看到边界清楚的黑影，相反，一般很少有可见阴影，或可见阴影极其柔和模糊不清，或偶尔发现中心深黑而边缘区域柔和的阴影(见图2.3)。出现以上效应主要是由于：室内一般有较光滑的墙壁及分散的天花板等，而这些东西均起到了面光源的作用，因此所见到的阴影即为面光源阴影。

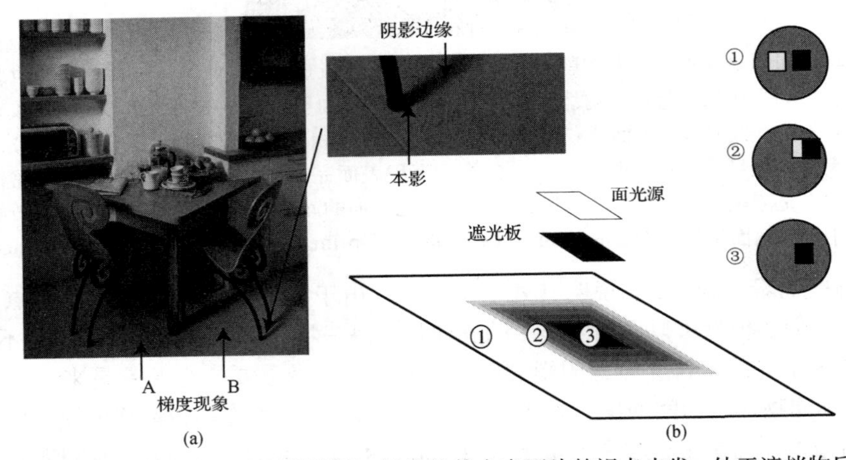

图2.3 面光源产生复杂有平滑边界的阴影，因为从某个表面片的视点出发，处于遮挡物后的光源光线将逐渐变弱。(a)图片显示了典型的面光源阴影效果，没有清晰阴影边界，反而出现相当平滑的梯度现象。椅子腿在两个不同的区域产生复合的阴影，并且为部分阴影(可见部分小光源)围起来的中间明显黑暗(不可见小光源)的阴影效果。较好的几何描述如图(b)所示，想象你背躺 在表面上，然后在不同位置向上望去。在点①处，可见所有光源；点②处将可见部分光源，而点③处将不可见所有光源(Peter Anderson © Dorling Kindersley, used with permission)

在面光源环境下，为了计算某表面片的光照强度，可采取将光源分解成若干个小光源，然后通过求小光源的光照强度而得到整体光照强度。若存在遮挡物体，某些表面片对部分小光源将不可见，因而它们整体黑暗，处于umbra中(“umbra”是拉丁文，意思为全影)。其他表面片将部分但非全部可见到小光源。这些表面片将十分明亮(若可见更多的小光源情况下)，或相对较暗(若可见较少的小光源)，它们将处于penumbra中(一个拉丁复合词，意思是半影)。为了建立直观的理解，可以假设某个微小的观察者处于表面片上抬头远望，若在全影处，则将看不到任何光源；若在半影中，将可见部分光源，但不是全部。观察者移动到阴影区域时，通过半影区然后进入全影区，这一过程将看到的景象类似于月食时看到的效果(见图2.3)。半影区可能面积很大，并从明亮区域到黑暗区域的变化非常慢。若遮挡物离表面片足够远，可能阴影区域中将不存在阴暗点，而

半影区将非常大，将很难从亮度上区分阴影中和非阴影中的表面片。这也是为什么许多室内物体似乎没有阴影的原因所在(如图 2.4 所示)。

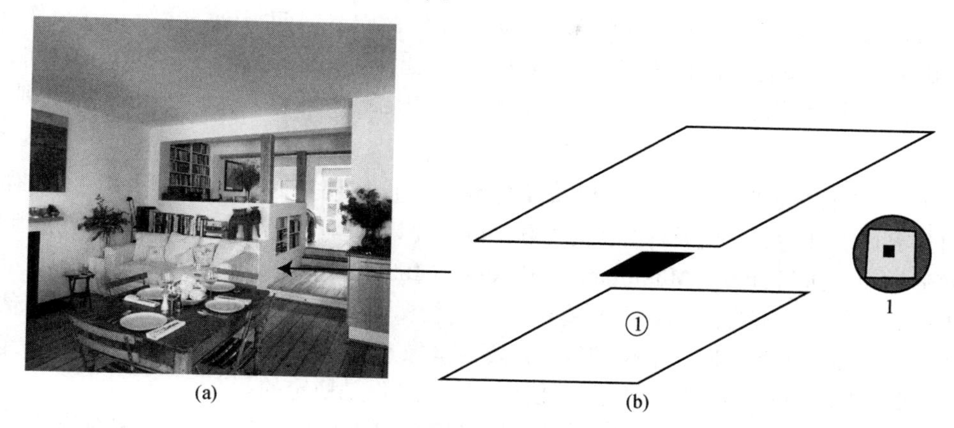

图 2.4　(a)所示为室内景象，虽然注意到照明灯有方向(由于表面没有朝向照明灯的主要方向，因而箭头所指的垂直面是阴暗的)，但很少有明显的阴影出现(例如，椅子没有在地面上留下阴影)；(b)所绘示意图表示了这些现象是如何发生的。这里存在一个小的遮挡物和一个大的面光源。遮挡物在某种程度上远离阴影表面。一般情况下，入射半球的阴影表面上的点看起来和点1处相似。尽管遮挡物阻挡了极少量的光线，但光线的损失仍然极小，并且可以忽略(比较图2.3)(Jake Fitzjones © Dorling Kindersley, used with permission)

2.2　阴影的估算

阴影可以用来推断各种视觉世界的属性信息。有效的估算常常需要从辐射度的计量角度出发来校准照相机，这样就可确定像素的值是如何映射成辐射亮度值的(见 2.2.1 节)。如图 2.1 所示，高光是包含了表面形状信息的信息源，2.2.2 节介绍了如何解释这些信息。2.2.3 节介绍了如何从图像恢复表面的反射系数。最后，2.2.4 节讨论了如何利用多重阴影图像信息来重现表面形状。

2.2.1　辐射校准和高动态范围图像

实际场景一般表现出更大范围的亮度值，而这些值超出照相机的处理能力。胶片及 CCD 对接收到的能量做出响应，而“互易定理”(reciprocity)的特性表明，若某个场景区域投射其亮度 E 至胶片上，快门的时间记为 Δt，则其光感应强度函数仅为 $E\Delta t$。特别地，若假设场景区域亮度为 E，而快门时间为 Δt，以及设场景区域亮度为 E/k，而快门时间为 $k\Delta t$，这两种情况下可得到相同的光感应强度。胶片上产生的实际感应强度函数为 $E\Delta t$，此函数可能取决于不同的成像系统，但通常在某些范围内是线性函数，而在范围的上限和下限附近时呈非线性函数。所以，照相机可以捕获非常暗或非常亮的无饱和度的场景区域，而光感应强度函数通常是单调增加的。

有许多有用的方法可以估计出影像传感器接收到的辐射亮度值(与亮度意思相同)。例如，人们可能会比较一个场景和此场景的图像再现，为了做到这点，需要实时工作的辐射亮度测量元件。人们也会使用场景的图像去估算场景中的亮度，如此就可以在场景中渲染新的对象，而这种过程将需要正确的辐射亮度值。为了计算辐射亮度值，需要确定胶片的感光度，这个过程称为辐射校准(radiometric calibration)。后续内容将表明，为了实现以上方法，人们需要得到同一场景在不同曝光参数下的多幅图像。想象在教堂中，光线从教堂的彩色玻璃窗后面照射进来。一种方法是曝光参数的设置考虑保留黑暗角落的细节信息，而不是彩色玻璃窗，其具有一定的色彩饱和度。另一种是曝光参数的设置考虑玻璃窗的细节，但是室内其他部分的亮度将会很暗。如果同时拥有这两种曝光设置，就可以尝试使用很大的动态范围来恢复其辐射亮度值，这样就产生了一幅高动态范围图像。

现在假设有多幅配准的图像，这些图像均通过不同的曝光时间得到。在第 i,j 个像素处，已知第 k 次曝光得到的图像亮度值为 $I_{ij}^{(k)}$，记第 k 次曝光时间为 Δt_k，对于不同的曝光时间，物体表面片光感应强度 E_{ij}是相同的，但是 E_{ij}的值是未知的。记照相机光感应强度函数为f，则

$$I_{ij}^{(k)} = f(E_{ij}\Delta t_k)$$

对于函数f，目前有多种解决方法。可以采用参数式，也称为多项式的表示形式，然后使用最小二乘法可得到解。注意，不仅要计算f的参数，也需要计算 E_{ij}的值。对于彩色照相机，则需要对每个颜色通道单独进行计算。Mitsunaga and Nayar(1999)研究了多项式的详细情况，尽管函数的解不唯一，但是歧义解之间具有明显差异，多数情形下容易排除(见图2.5)。此外，估计一个解时，并不需要知道曝光时间的准确精度，只要足量像素点的值即可。从一组固定的曝光时间估计f，然后从f再估计曝光时间，最后重新估算，这一过程是稳定的。

或者，由于照相机光感是单调的，因此可以采用它的逆函数，即 $g=f^{-1}$，取对数，记为

$$\log g(I_{ij}^{(k)}) = \log E_{ij} + \log \Delta t_k$$

然后就可以估计 g 在每个点所需的值，以及增加一个平滑补偿参数来估计 E_{ij}的值。特别地，可以选择不同的 g 使得以下式子的值最小：

$$\sum_{i,j,k}(\log g(I_{ij}^{(k)}) - (\log E_{ij} + \log \Delta t_k))^2 + \text{平滑补偿 } g$$

Debevec and Malik(1997)尝试了 g 的二阶导数，只要有了辐射校准的照相机，估计高动态范围图像是相对简单的事。对于一组配准的图像，在每个像素空间中尝试探求辐射亮度的估计值，此值最接近于配准图像的值。更进一步，假设已知f，寻求 E_{ij}使得下式的值最小：

$$\sum_{k} w(I_{ij})(I_{ij}^{(k)} - f(E_{ij}\Delta t_k))^2$$

注意，当 I_{ij}取有效亮度范围的中值时，f的估计权重比取较大值或较小值时更可靠。

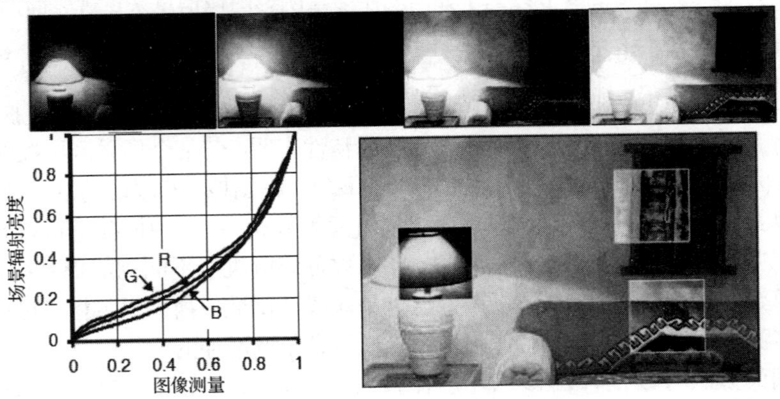

图2.5 使用不同曝光时间所获得的多幅图像就能校准照相机的辐射响应。最上一行图像为同一场景在四个不同曝光时间下的图像，从暗(曝光时间短)到亮(曝光时间长)。观察在较暗的图像中，图像亮部及图像暗部所显示的细节的特点。这均是由照相机响应的非线性特征所引起的。左下图是照相机的R，G，B颜色通道的模拟校准曲线。右下图是一幅合成图像，举例说明以上的结果，而此图像亮度的动态范围远超可输出显示的范围，因而主要图像将被归一化至可输出的范围。图像上有若干矩形区域，区域中的辐射亮度值已经被归一化至可输出显示的范围。以上这些说明了高动态范围图像包含了许多有用信息(This figure was originally published as Figure 7 of "Radiometric Self Calibration," by T. Mitsunaga and S. Nayar, Proc. IEEE CVPR 1999，© IEEE，1999)

2.2.2 镜面反射模型

镜面反射隐含大量信息，其中包括有关光照颜色的隐含信息(见第 3 章)，以及包含表面区域几何结构的提示信息。在微分几何中，理解这些信息是非常有用的。假设一光滑镜面，亮度反映在 $\boldsymbol{V}$ 的方向，$\boldsymbol{V}$ 是 $\boldsymbol{V}\cdot\boldsymbol{P}$ 的函数，其中 $\boldsymbol{P}$ 为镜面反射。因为需要高光部分较小及独立，假设源光线方向 $\boldsymbol{S}$ 和观察方向 $\boldsymbol{V}$ 在其范围内是一常量。继续假设高光可由反射能量的阈值定义，$\boldsymbol{V}\cdot\boldsymbol{P}\geqslant 1-\varepsilon$，对于若干常量 ε，可用表面单位法向量 $\boldsymbol{N}$ 及定义的半角方向 $\boldsymbol{H}=(\boldsymbol{S}+\boldsymbol{V})/2$ 来表示(见图 2.6，左图)。当向量 $\boldsymbol{S}$，$\boldsymbol{V}$，$\boldsymbol{P}$ 均有单位长度及平面几何的一点，高光范围便可定义如下(见习题)：

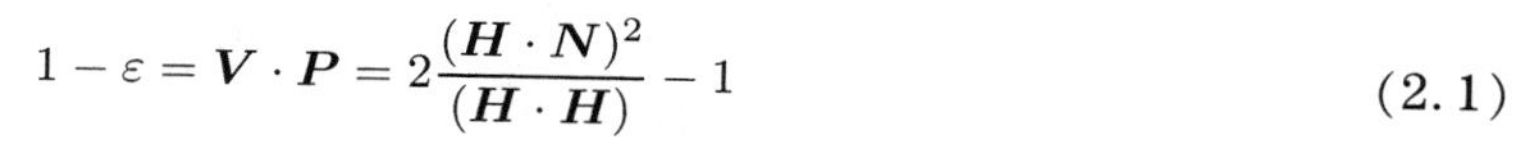

$$1-\varepsilon=\boldsymbol{V}\cdot\boldsymbol{P}=2\frac{(\boldsymbol{H}\cdot\boldsymbol{N})^2}{(\boldsymbol{H}\cdot\boldsymbol{H})}-1 \tag{2.1}$$

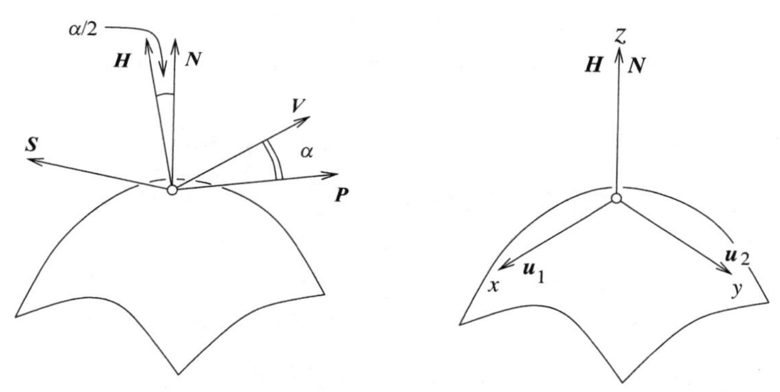

图 2.6　通过远距离观察的镜面反射。我们在该镜面反射的最亮点处构建坐标系(半角方向等价于法线方向)，采用法线主方向作为系统方向

由于镜面反射很小，其表面的二阶结构使得我们对其表面进行如下结构化操作：镜面表面的存在一些点(事实上，是最亮的点)，使得 $\boldsymbol{H}$ 与 $\boldsymbol{N}$ 平行。在该点构建坐标系，并旋转使得 $\boldsymbol{N}$ 为 z 轴，x 轴和 y 轴位于 $\boldsymbol{u}_1$ 和 $\boldsymbol{u}_2$ 主方向上(见图 2.6，右图)。正如前面说明的，该帧的表面可以表示成二阶形式：$z=-1/2(\kappa_1x^2+\kappa_2y^2)$，其中 κ_1，κ_2 分别是指主方向曲率。现在，定义参数化曲面为微分映射 $\boldsymbol{x}:U\subset\mathbb{R}^2\to\mathbb{R}^3$，并关联任意二元组 $(u,v)\in U$ 为某固定坐标系的坐标向量 $(x,y,z)^{\mathrm{T}}$。很容易推导得出(见习题)垂直于参数化曲面为沿着向量 $\frac{\partial}{\partial u}\boldsymbol{x}\times\frac{\partial}{\partial v}\boldsymbol{x}$。我们的二阶曲面模型为由参数 x，y 主导的参数化曲面，因此其单位曲面归一化由如下关联帧定义：

$$\boldsymbol{N}(x,y)=\frac{1}{\sqrt{1+\kappa_1^2x^2+\kappa_2^2y^2}}\begin{pmatrix}\kappa_1x\\ \kappa_2y\\ 1\end{pmatrix}$$

其中 $\boldsymbol{H}=(0,0,1)^{\mathrm{T}}$。由于 $\boldsymbol{H}$ 为常量，改写式(2.1)为 $\kappa_1^2x^2+\kappa_2^2y^2=\zeta$，其中 ζ 为依赖 ε 的常量。实际中，曲面上镜面反射包括第二个基础矩阵的信息。镜面反射是一个椭圆，其中长轴和短轴分别沿着主分量方向，其偏心率等于主分量的曲率。遗憾的是，一般不能直接观察到曲面上镜面反射的形状，故这个性质只有当视角已知和光照设置已知时方可得到(Healey and Binford，1986)。

虽然不能得到太多镜面反射的形状，但可以通过观察一个镜面反射随着视角的变化如何移动而得到一个凹表面的凸表面(可以使用一个汤匙作为辅助)[①]。让我们考虑无穷远处的一个点源，并假设镜面非常窄，故视角的方向和镜面方向一致。最初，镜面的方向为 $\boldsymbol{V}$，且位于表面点 P；随着较小的视线移动，$\boldsymbol{V}$ 变化到 $\boldsymbol{V}'$，同时镜面移动到最近的点 P'(见图2.7)。

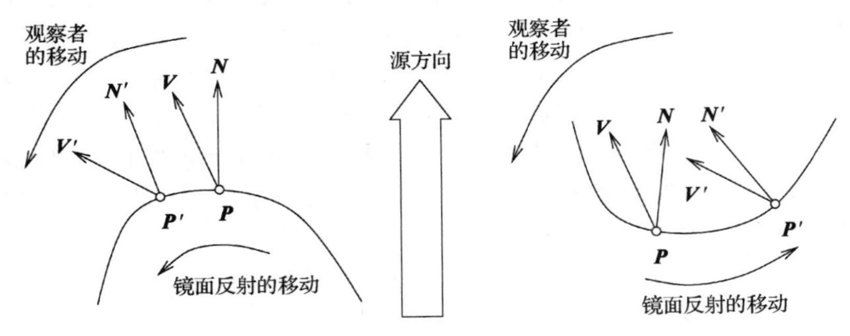

图2.7 凸表面上的镜面和凹表面上的镜面随着视角的变化，呈现出不同的变化。采用合适的源方向和合适的移动，可以计算得到主曲率的符号

感兴趣的量为 $\delta a = (\boldsymbol{V}' - \boldsymbol{V}) \cdot \boldsymbol{t}$，其中 $\boldsymbol{t} = \frac{1}{\delta s}\boldsymbol{PP}'$ 为关于表面的正切，δs 是(较小)P 和 P'之间的距离：如果 δa 是正的，则其镜面沿着视角方向移动(汤匙背面)；如果为负，则镜面沿着视角方向反向移动(汤匙凹面)。通过构造，可得到 $\boldsymbol{V} = 2(\boldsymbol{S} \cdot \boldsymbol{N})\boldsymbol{N} - \boldsymbol{S}$，和

$$\begin{aligned}\boldsymbol{V}' &= 2(\boldsymbol{S}\cdot\boldsymbol{N}')\boldsymbol{N}' - \boldsymbol{S} = 2(\boldsymbol{S}\cdot(\boldsymbol{N}+\delta\boldsymbol{N}))(\boldsymbol{N}+\delta\boldsymbol{N}) - \boldsymbol{S}\\ &= \boldsymbol{V} + 2(\boldsymbol{S}\cdot\delta\boldsymbol{N})\boldsymbol{N} + 2(\boldsymbol{S}\cdot\boldsymbol{N})\delta\boldsymbol{N} + 2(\boldsymbol{S}\cdot\delta\boldsymbol{N})\delta\boldsymbol{N}\end{aligned}$$

其中 $\delta\boldsymbol{N} \overset{\text{def}}{=} \boldsymbol{N}' - \boldsymbol{N} = \delta s \mathrm{d}\boldsymbol{N}(\boldsymbol{t})$。由于 $\boldsymbol{t}$ 是关于点 P 平面的正切，忽略二阶项，得到

$$\delta a = (\boldsymbol{V} - \boldsymbol{V}')\cdot\boldsymbol{t} = 2(\boldsymbol{S}\cdot\boldsymbol{N})(\delta\boldsymbol{N}\cdot\boldsymbol{t}) = 2(\boldsymbol{S}\cdot\boldsymbol{N})(\delta s)(\mathrm{II}(\boldsymbol{t},\boldsymbol{t}))$$

因此，对于凹表面，镜面反射总是反向于视角方向；而对于凸表面，镜面反射总是沿着视角方向。当面对双曲线表面时，情况变得更加复杂；镜面方向可能随着视角方向，也可能反向于视角方向，或者与视角成正交方向(当 $\boldsymbol{t}$ 为渐近方向)。

2.2.3 对亮度和照度的推理

如果可以从一张图像通过估计得到反射率，则也可以得到表面自身的一些属性，而不是表面图像的一些属性。这些属性往往称为内表征(intrinsic representations)，并且非常值得估计，这是由于当图像周围发生变化的时候，内表征不会发生变化。由于反射率和照度之间具有模糊的关联，看起来似乎很难估计；例如，在中等照度下的高反射率的亮度与在非常明亮光照下低反射率的亮度是一样。然而，尽管照度的强度(明亮程度)有所变化，但是人们可以辨别出表面为白色、灰色或者黑色(表面的亮度)。这种技巧称为亮度恒常性(lightness constancy)。有许多证据证明人类的亮度恒常性包括两个过程：一个过程即与不同图像块的亮度对比和采用这些对比来确定哪些图像块更亮或者更暗；另一个过程建立某绝对标准的形式用于将这些对比作为参考[例如 Gilchrist et al. (1999)]。

目前亮度算法可以应用在简单的场景中。特别地，假设当场景为平稳正面，且表面是可微分

---

① 当然，有个很简单的办法(仅通过外形观察)就可以区分汤匙凹面和其对应反面的凸表面。这个凹表面的镜面属性可以这样表达，在宴会上，作者的朋友一直在讨论微分几何的问题，而他的朋友由于对数学几乎一窍不通而觉得很无趣，只能观察汤匙内自己的影像。

的，或者镜面反射已经被移除，照相机的响应是线性相关。在这种情形下，照相机在点 $\boldsymbol{x}$ 的响应 C 为照度项、反射率项和一个从照相机获得的常数量的乘积：

$$C(\boldsymbol{x}) = k_c I(\boldsymbol{x})\rho(\boldsymbol{x})$$

如果对该式取对数，可得到

$$\log C(\boldsymbol{x}) = \log k_c + \log I(\boldsymbol{x}) + \log \rho(\boldsymbol{x})$$

接着进行第二组假设：

- 首先，假设反射率仅仅随着空间的快速移动而变化。这意味着一系列的反射率集看起来像采用不同灰度拼贴的论文。这个假设是很容易得到验证的：在现实世界中反射率具有相对非常少的连续变化（最佳的例子发生在成熟的水果中），反射率的变化往往发生在一个物体遮挡另一个物体（故我们可能期望快速变化）时。这意味着对数项 $\log \rho(\boldsymbol{x})$ 的空间微分要么为零（当反射率为常数），要么非常大（在反射率变化处）。
- 其次，亮度的变化仅仅随着空间慢慢移动而变化。这个假设从某种程度上来讲是非常现实的。例如，照度由于点源相对慢的变化，除非点源非常接近，故太阳光是关于该方法的一种非常好的特殊光源，只要没有阴影。另一个例子，室内的照度倾向于缓慢地变化，这是由于室内白色的墙壁表现为区域光源。然而，这种假设并不适用于阴影的边界处。我们不得不将其当成一种特殊情形，并假设要么没有阴影边界，要么我们已知它的位置。

现在可以根据我们的模型构建算法。最早的算法是 Land and McCann（1971）的视网膜算法（Retinex algorithm）；该算法具有不同的形式，多数都已经不再使用。视网膜的核心启发点是照度呈现出较小的梯度变化，亮度呈现出较大的梯度变化。我们可以采用对数形式，舍去较小的梯度，并对最后结果进行积分（Horn，1974）；目前，这种处理过程即为广泛应用的视网膜算法。这里关于积分的常数项被忽略掉，故亮度的比例是可计算的，但绝对的亮度测量方法是不可行的。图 2.8 给出对于一维光的处理过程，其中微分和积分很容易计算得到。

该方法同样可以被延伸到二维中。微分和阈值化非常简单：在每个点，对梯度的幅值进行估计，如果其幅值小于等于某个阈值，我们将该梯度向量置为零；否则，保留该值。该方法的困难之处在于对这些梯度进行积分得到反射率对数图。经过阈值化后的梯度可能并非为一幅图像的梯度，这是因为混合的二阶微分可能并不相等（是否可积分；与 2.2.4 节进行对比）。

算法 2.1　判定图像块的亮度

从图像的对数梯度中

在每个像素点，如果其梯度幅值低于某个阈值，则将该梯度置为零

通过文中所描述的最小化问题的求解来重构反射率对数（log-albedo）

选择一个积分常数

将该积分常数添加到反射率对数，然后指数化

该问题可以被描述为最小化问题：选择一个反射率对数映射图，其中其梯度为阈值化的梯度。由于对一幅图像梯度的计算是一种线性运算，因此这是一个相对简单的问题。阈值化后的梯度的 x 成分记为向量 $\boldsymbol{p}$，y 成分记为向量 $\boldsymbol{q}$，反射率对数表示为 $\boldsymbol{l}$。现在，构成 x 导数的过程是线性的，故存在某个矩阵 $\mathcal{M}_x$，使得 $\mathcal{M}_x\boldsymbol{l}$ 是关于 x 的微分；对于 y 的导数，可写出关联的矩阵 $\mathcal{M}_y$。

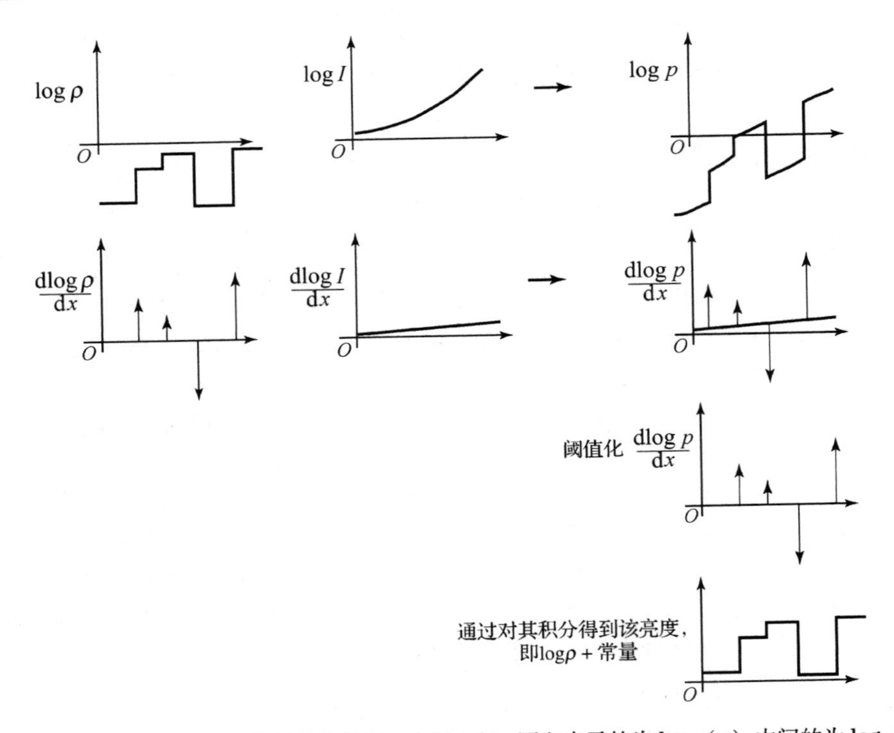

图 2.8 亮度算法对于一维图像是最简单的。在最上行，图左表示的为 $\log\rho(x)$，中间的为 $\log I(x)$，位于右侧的为其和，即 $\log C$。图像强度的对数在表面反射率变化时具有较大的导数，当仅由光照梯度引起的变化时具有较小的导数。亮度通过如下进行恢复：通过对对数强度计算微分，并对小导数进行阈值限制和增加积分常数来对总体进行积分

该问题变成查找向量 $\boldsymbol{l}$，使得下式最小化：

$$|\mathcal{M}_x\boldsymbol{l}-\boldsymbol{p}|^2+|\mathcal{M}_y\boldsymbol{l}-\boldsymbol{q}|^2$$

这是一个二次型最小化问题，其解可以通过线性过程得到。存在某些特殊的技巧，例如可以对向量 $\boldsymbol{l}$ 增加常数向量，这并不改变其微分结果，故该问题并非具有唯一解。我们将在习题中进一步对该最小化问题进行讨论。

积分常数项需要通过某些其他的假设得到。这里有两个明显的假设：

- 假设最亮的图像块为白色
- 假设平均的亮度为常数

同理，在习题中，对该假设的结果进行进一步的讨论。

更加复杂的算法也已出现，但直到最近才对其性能进行了定量分析。Grosse et al. (2009) 构建了一个关于评估亮度算法的数据库，并且我们所描述的过程相对于更复杂的算法表现出非常好的效果(见图 2.9)。这些算法的最大不同是由阴影的边界引起的，正如 3.5.2 节所讨论的。

2.2.4 光度立体技术：从多幅阴影图像恢复形状

从一系列的不同照度下拍摄的表面图片是有可能对表面的图像块进行重构的。首先，需要一个摄像机模型。出于简单考虑，将空间中的点 (x, y, z)，映射到摄像机的点 (x, y) 坐标(这里所描述的模型同时也适用于第 1 章介绍的其他照相机模型)。

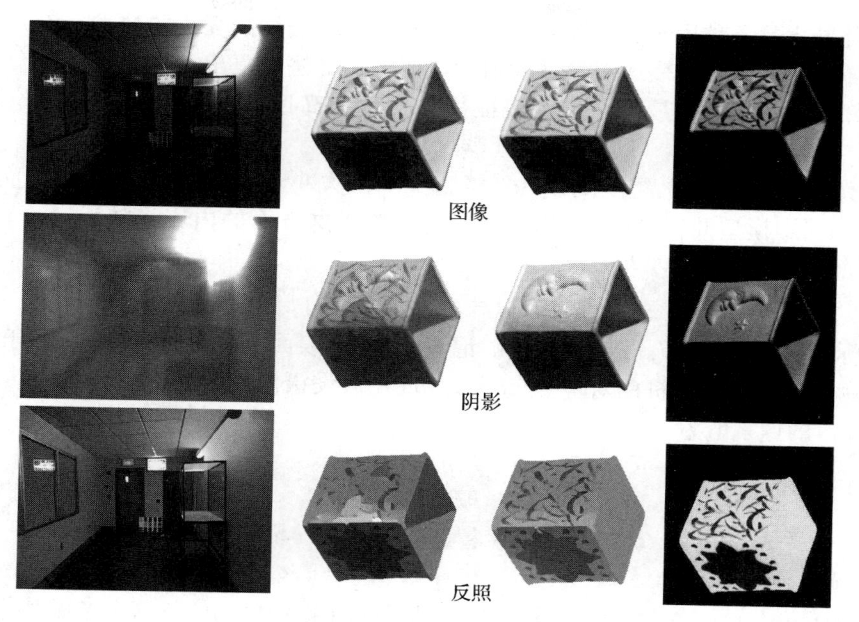

图 2.9　视网膜算法仍然是从图像中恢复反射率的最强算法。这里给出文中描述的视网膜算法，并应用于一张房间图（左图）和Grosse et al.（2009）给出的测试集中的一张图。左中列显示关于该图的视网膜算法结果，右中列给出一种算法变形的结果，该算法采用颜色推理，提升反射和阴影边缘的分类性能。最后，右列给出正确的答案，该正确答案通过采集该图片时采用纯实验方法计算而得。这个问题是非常复杂的，我们可以看到反射图像仍然包括某些照度信息（Part of this figure courtesy Kevin Karsch，U. Illinois. Part of this figure was originally published as Figure 3 of "Ground truth dataset and baseline evaluations for intrinsic image algorithms，" by R. Grosse，M. Johnson，E. Adelson，and W. Freeman，Proc. IEEE ICCV 2009，© IEEE，2009）

在这种情形下测量表面的形状，需要包括到表面的距离。这使得我们将表面表征为$(x,y,f(x,y))$——法国军队工程师首先使用的蒙日块（Monge patch）（见图 2.10）。注意，为了得到一个固定物体，由于需要观察物体的背面，因此需要重构出更多的图像块。

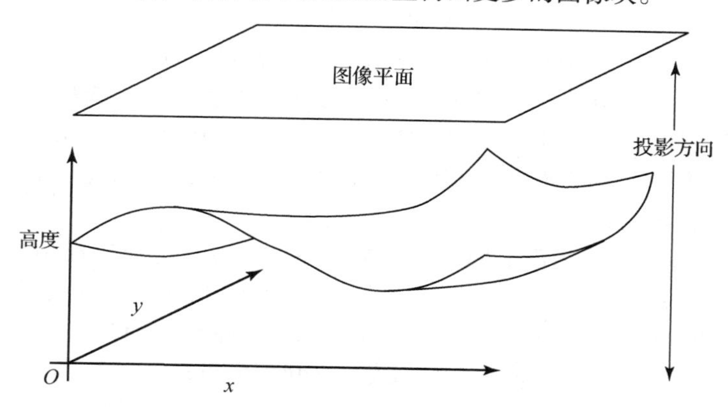

图 2.10　一个蒙日块是表面的一块关于高度函数的表征。对于光度立体的例子，假设一个正交摄像机将世界坐标(x,y,z)映射到摄像机的图像坐标(x,y)来观察蒙日块。这意味着表面形状可以表征为图像中位置的函数

光度立体技术是一种用于从图像数据中恢复对蒙日块表征的算法的技术。该方法包括对从固定的视角不同光源的不同表面图像强度值的恢复。该方法恢复出该点关联的每个像素表面的高度；在计算机视觉圈中，最终结果的表征往往又称为高度映射图、深度图或者稠密深度映射图。

固定摄像机和表面的位置，采用一个相比于平面大小非常远的点光源对表面进行照明。采用一个局部阴影模型并假设没有周围照明(更多关于这方面的内容将随后讨论)，使得在平面上该点 x 的亮度为

$$B(\boldsymbol{x}) = \rho(\boldsymbol{x})\boldsymbol{N}(\boldsymbol{x}) \cdot \boldsymbol{S}_1$$

其中，$\boldsymbol{N}$ 为标准单位表面，$\boldsymbol{S}_1$ 是光源向量。记 $B(x,y)$ 为表面上一点的热辐射，由于表面上只有该点，因此其表面关联摄像机的对应点 (x,y)。现在假设摄像机的响应关于表面热辐射是线性的，且点 (x,y) 的像素值为

$$\begin{aligned} I(x,y) &= kB(\boldsymbol{x}) \\ &= kB(x,y) \\ &= k\rho(x,y)\boldsymbol{N}(x,y) \cdot \boldsymbol{S}_1 \\ &= \boldsymbol{g}(x,y) \cdot \boldsymbol{V}_1 \end{aligned}$$

其中，$\boldsymbol{g}(x, y) = \rho(x, y)\boldsymbol{N}(x, y)$ 和 $\boldsymbol{V}_1 = k\boldsymbol{S}_1$，$k$ 为连接摄像机响应与输入光辐射的常量。

在这些公式中，$\boldsymbol{g}(x,y)$ 描述表面，$\boldsymbol{V}_1$ 是照度和摄像机的某个属性。将向量场 $\boldsymbol{g}(x,y)$ 和向量 $\boldsymbol{V}_1$(可以测量得到)进行点乘，并考虑足够多的这些点乘，我们可以重构出 $\boldsymbol{g}$ 和表面。

现在如果有 n 个光源，每个 $\boldsymbol{V}_i$ 都是已知的，将每个 $\boldsymbol{V}_i$ 写成矩阵 $\mathcal{V}$，其中

$$\mathcal{V} = \begin{pmatrix} \boldsymbol{V}_1^{\mathrm{T}} \\ \boldsymbol{V}_2^{\mathrm{T}} \\ \cdots \\ \boldsymbol{V}_n^{\mathrm{T}} \end{pmatrix}$$

对于每个图像点，将测量写成向量形式

$$\boldsymbol{i}(x,y) = \{I_1(x,y), I_2(x,y), \cdots, I_n(x,y)\}^{\mathrm{T}}$$

注意到对于每个图像点都具有一个向量，每个向量包括在不同光源处该点的所有图像亮度。可以得到

$$\boldsymbol{i}(x,y) = \mathcal{V}\boldsymbol{g}(x,y)$$

其中 $\boldsymbol{g}$ 通过对该线性方程组或者在图像中每个点的线性方程组求解得到。特别地，$n>3$，其最小二乘解是可行的。其中一个优点是该解的余差提供了关于测量的一个方法。

表面的大量区域可能位于某个阴影或者其他光照之下(见图 2.11)。假设所有的阴影区域已知，仅仅处理对于任何照度的阴影。更加复杂的策略可以推导出阴影，这是因为阴影点相比于预测的局部几何点更加灰暗。

我们可以从测量 $\boldsymbol{g}$ 中提取出反射率，因为 $\boldsymbol{N}$ 是单位法线。这意味着 $|\boldsymbol{g}(x,y)| = \rho(x,y)$。同时提供了关于测量的一个检验。由于反射率区域是从 0 到 1，任何 $|\boldsymbol{g}|$ 大于 1 的像素点是有问题的，或者像素预测不对或 $\mathcal{V}$ 不正确。图 2.12 给出采用这种方法从图 2.11 中恢复的反射率。

可以从 $\boldsymbol{g}$ 中提取表面法线，这是因为法线是一个单位向量：

$$\boldsymbol{N}(x,y) = \frac{\boldsymbol{g}(x,y)}{|\boldsymbol{g}(x,y)|}$$

图 2.12 给出从图 2.11 所示图像恢复的标准值。

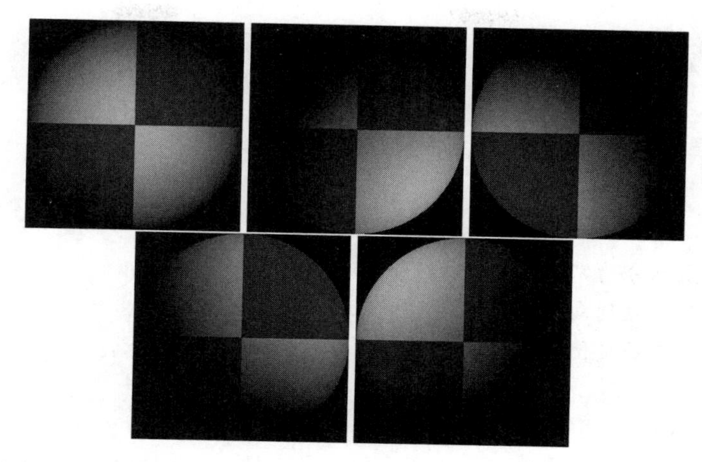

图2.11　5张合成的球面图像，都为在同一正交的视角位置观察得到的。这些图像采用一个局部阴影模型和一个远距离的点光源来获取。这是一个凸的物体，故仅当光源方向与视角方向平行时没有可视遮挡，根据不同光源下的亮度变化对表面形状进行编码

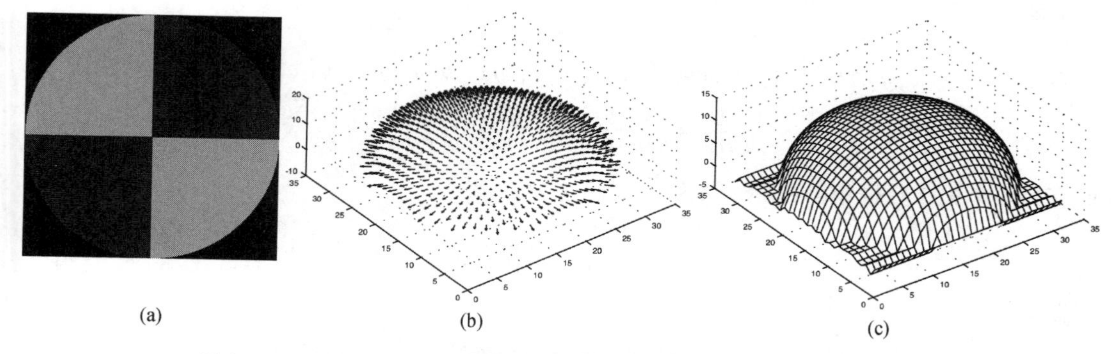

图2.12　(a)表示从图2.11给出的图像中恢复出向量场$\boldsymbol{g}(x,y)$的梯度——这是表面的反射；(b)为表面标准场；(c)为高度场

表面为$(x,y,f(x,y))$，故关于(x,y)的标准的函数为

$$\boldsymbol{N}(x,y)=\frac{1}{\sqrt{1+\frac{\partial f}{\partial x}^2+\frac{\partial f}{\partial y}^2}}\left\{\frac{\partial f}{\partial x},\frac{\partial f}{\partial y},1\right\}^{\mathrm{T}}$$

为了恢复深度图，需要从该单位法线的测量值中估计$f(x,y)$。

算法2.2　光度立体技术

在不同照度下固定的视角中获取多张图像

从源和摄像机本身获取矩阵$\mathcal{V}$

推导反射率和法线

对于图像阵列中非阴影下的每个点

将其表示成向量$\boldsymbol{i}$

求解$\mathcal{V}\boldsymbol{g}=\boldsymbol{i}$得到关于该点的$\boldsymbol{g}$

该点的反射率为$|\boldsymbol{g}|$

该点的法线为$\boldsymbol{g}/|\boldsymbol{g}|$

p 在该点为 N_1/N_3
q 在该点为 N_2/N_3
结束
检验$\left(\frac{\partial p}{\partial y}-\frac{\partial q}{\partial x}\right)^2$在任何一处是否都非常小?

积分

高度图的最左上部分为零
对于高度图的每个左列向量
    高度值 = 先前高度值 + 关联的 q 值
结束
对于每行
  对于除了最左侧的每行元素
    高度值 = 先前高度值 + 关联的 p 值
  结束
结束

假设在某点(x,y)的单位标准的测量值为$(a(x,y), b(x,y), c(x,y))$,则

$$\frac{\partial f}{\partial x}=\frac{a(x,y)}{c(x,y)} \quad \text{和} \quad \frac{\partial f}{\partial y}=\frac{b(x,y)}{c(x,y)}$$

我们有另一个关于数据集的检验,因为

$$\frac{\partial^2 f}{\partial x \partial y}=\frac{\partial^2 f}{\partial y \partial x}$$

故可期望

$$\frac{\partial\left(\frac{a(x,y)}{c(x,y)}\right)}{\partial y}-\frac{\partial\left(\frac{b(x,y)}{c(x,y)}\right)}{\partial x}$$

应当在每个点都非常小。理论上该值为零,但由于必须对其数值上进行偏微分操作,故设置一个非常小的数值。这个测试通常也称为可积性测试(a test of integrability),在视觉应用中,往往归结于检验混合二阶偏导是否相等。

假设偏导通过这种全面的检验,可以重构出表面并得到某深度误差常量。该偏导数在表面的 x 方向或 y 方向随着小步长变化而变化。随后可以将这些沿着某条路径的变化进行相加而得到其表面。特别地,有

$$f(x,y)=\oint_C\left(\frac{\partial f}{\partial x},\frac{\partial f}{\partial y}\right)\cdot \mathbf{d}\boldsymbol{l}+c$$

其中,C 是起始于某固定点并在(x,y)处结束的曲线,c 是一个积分常量,表示起始点(未知)的表面高度。另一个恢复形状的方法是选择函数$f(x,y)$,其偏导数看起来最像已经测量得到的偏导数。图 2.12 给出采用图 2.11 进行恢复的结果。

目前重构的工作倾向于强调从多个不同的视角重构的几何方法。这些方法非常重要,但往往需要特征匹配,第 7 章和第 8 章将给出说明。因为某些像素在特征求解过程中可能消失,这意味着很难得到非常高的空间分辨率。回顾分辨率(空间频率,且可以精确被重构)并不十分精确(涉及需要提供估计得到正确属性的方法)。基于特征的方法能够得到非常精确的重构结果。由于光度线索具有很高的空间分辨率,该方法目前变得越来越受人们关注。一种采用光度线索的

方法是尝试对通过不同的摄像机得到的相同亮度的像素点进行匹配；这是非常困难的，但是可以产生非常不错的重构结果。另一种方法是采用光度立体技术的思想。对于一些应用，光度立体技术是非常吸引人的，这是因为可以通过从单一的视角方向获取的图得到重构结果——这是非常重要的，因为我们并非总能得到多台摄像机。事实上，采用一个技巧，可以通过单一帧得到重构结果。一种在同一时刻获取三个不同图像的自然方法是采用彩色摄像机；如果该摄像机具有红色光源、绿色光源和蓝色光源，则单一的彩色图可以被当成通过三种不同光源获取的三张不同的图，继而采用光度立体技术。接着，可以将该光度立体技术相对直观地用于恢复具有变形表面的高分辨率重构。当很难得到多台摄像机来观察物体时，这变得就非常有用。图2.13给出对视频中的衣服进行重构的一个应用(源于 Brostow et al. 2011)，其中多个视角的重构是非常困难的，因为需要合成帧(一种其他选择，例如 White et al. 2007,或者 Bradley et al. 2008b)。

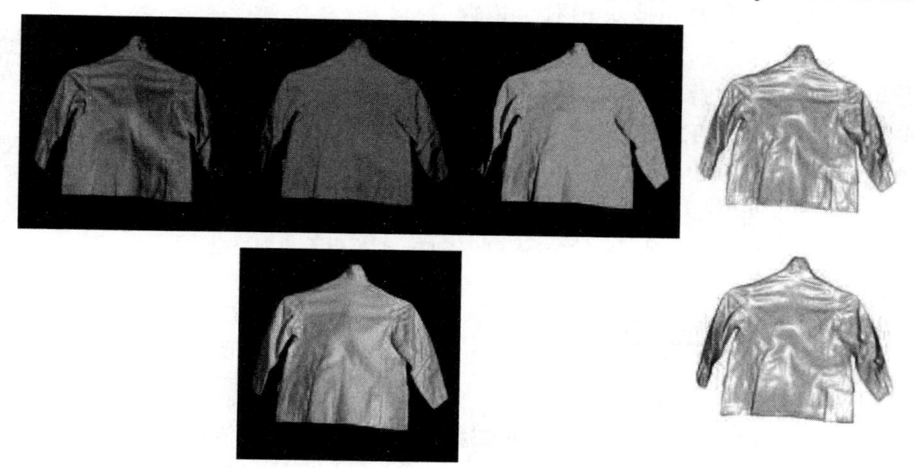

图2.13 光度立体技术可作为获取复杂变形表面的一种方法。在最上面图中，三张图为衣服图，从不同方向进行光照，产生最上面右图重构的衣服图。一种在同一时间获取三张不同图的方法是采用彩色摄像机；如果该摄像机具有红色光、绿色光和蓝色光，则单一的彩色图像帧就可作为三张在不同的光源下获取的不同的图。在最下面的左图中，采用这种方法获取的彩色衣服图，采用光度立体技术恢复的结果为最下面的右图(This figure was originally published as Figure 6 of "Video Normals from Colored Lights," G. J. Brostow, C. Hernández, G. Vogiatzis, B. Stenger, and R. Cipolla, IEEE Transactions on Pattern Analysis and Machine Intelligence, 2011 © IEEE, 2011)

2.3 对互反射进行建模

局部阴影模型的一个困难是其很难计算所有的光。另一种方法是全局阴影模型，其中不仅可以计算从发光源发出的光，还可以计算从其他表面反射的光。正如看到的那样，这些模型很难在一起进行计算。在这些模型中，每个表面块可能会辐射从所能看到的辐射表面得到的光通量。由于这些表面本身也是发光源，或者它们可能仅仅反射光通量，因此它们内部也可能辐射能量。关于该模型的一般形式为

(每个表面块辐射的光通量) = (表面块本身生成的光通量) + (从其他表面块接受和反射的光通量)

这意味着我们需要对其他块和反射的光通量进行建模。假设所有表面为漫反射的，由此构造一个模型。某种程度上这使得模型更加简单，并且对于感兴趣的视觉部分的影响进行了有效的描述(构建详尽的模型是非常复杂的，但并不困难)。同时需要某些辐射术语。

2.3.1 源于区域光在一个块上的照度

对于照度，较合适的单位为辐射率(radiance)，定义如下：

在某特定的方向上，每单位方向穿过的光通量(等价于单位时间的能量)，其中在该方向上每单位区域都垂直于穿过的方向。

辐射率的单位为在每平方米每单位立体弧度的瓦特数($W \cdot m^{-2}s \cdot r^{-1}$)。关于辐射率的定义可能看起来非常奇怪，但该定义与辐射度量学中最基本的现象非常一致：从某源收集的单位块的光通量同时依赖于该源相对于该块有多大和该块相对于该源有多大。

要注意单位内平方米的辐射率是按透视率缩放的，这点非常重要(例如，与穿过的方向垂直)。假设具有两个元素，一个在 $\boldsymbol{x}$，其区域为 dA；另一个在 $\boldsymbol{x}_s$，其区域为 dA_s。记录从 $\boldsymbol{x}$ 到 $\boldsymbol{x}_s$ 的方向为$\boldsymbol{x}\to\boldsymbol{x}_s$，并定义角度 θ 和 θ_s，如图 2.14 所示。则从元素 2到元素 1 的朝向立体角为

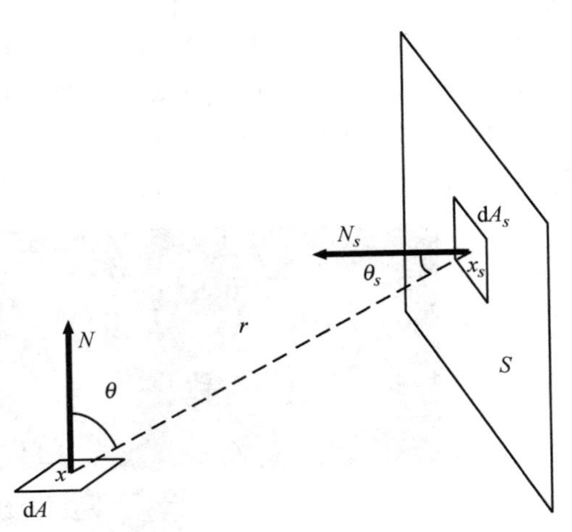

图 2.14 区域为 dA 的块观察一个源 S。采用该图中的标记将源 S 上每元素的贡献相加，即可计算块接收的光通量

$$d\omega_{2(1)} = \frac{\cos\theta_s dA_s}{r^2}$$

故从 $\boldsymbol{x}$ 到 $\boldsymbol{x}_s$ 的移动的光通量为

$$\begin{aligned} d^2P_{1\to 2} &= (\text{辐射率})(\text{按透视率缩放的区域})(\text{实体角度}) \\ &= L(\boldsymbol{x}, \boldsymbol{x}\to\boldsymbol{x}_s)(\cos\theta dA)(d\omega_{2(1)}) \\ &= L(\boldsymbol{x}, \boldsymbol{x}\to\boldsymbol{x}_s)\left(\frac{\cos\theta\cos\theta_s}{r^2}\right)dA_s dA \end{aligned}$$

通过相似的推导，从 $\boldsymbol{x}_s$① 到 $\boldsymbol{x}$ 的光通量可以得到相似的表达式；这表示在真空中，辐射率沿着直线(非封闭的)保持不变。

现在，可以计算从某源收集到元素 dA 的光通量，通过将该源所有元素的贡献相加即可得到。采用图 2.14 标记，可得到

$$dP_{S\to dA} = \left(\int_S L(\boldsymbol{x}_s, \boldsymbol{x}_s\to\boldsymbol{x})\left(\frac{\cos\theta_s\cos\theta}{r^2}\right)dA_s\right)dA$$

为了得到更有用的区域源模型，需要进一步细分的单位表示。

2.3.2 热辐射和存在性

现在讨论关于漫反射面的情形，并约定在漫反射面中离开表面的强度(正式讲为辐射率)与离开的方向无关。这里没有特别指出这种具有辐射率(明确依赖其方向)的表面的强度。合适的单位为辐射度(radiosity)，定义如下：

远离某表面上一个点在单位表面上的所有光通量。

辐射度，往往记为 $B(\boldsymbol{x})$，为每平方米的单位瓦特数($W \cdot m^{-2}$)。为了获取表面上该点的辐

---

① 原文为 $\boldsymbol{x}_2$，有误。——译者注

射度，将该点远离整个即将退出的半球面体的所有辐射率进行相加。因此，如果 $\boldsymbol{x}$ 为表面某点，且发射的辐射率为 $L(\boldsymbol{x},\theta,\phi)$，则该点的辐射度为

$$B(\boldsymbol{x}) = \int_{\Omega} L(\boldsymbol{x},\theta,\phi)\cos\theta \mathrm{d}\omega$$

其中，Ω 为即将退出的半球面体，$\mathrm{d}\omega$ 是单位立体角，$\cos\theta$ 项为朗伯余弦定律的余弦项(见辐射率和辐射度的定义)。我们采用图 2.15 的单位，替换 $\mathrm{d}\omega = \sin\theta \mathrm{d}\theta \mathrm{d}\phi$。

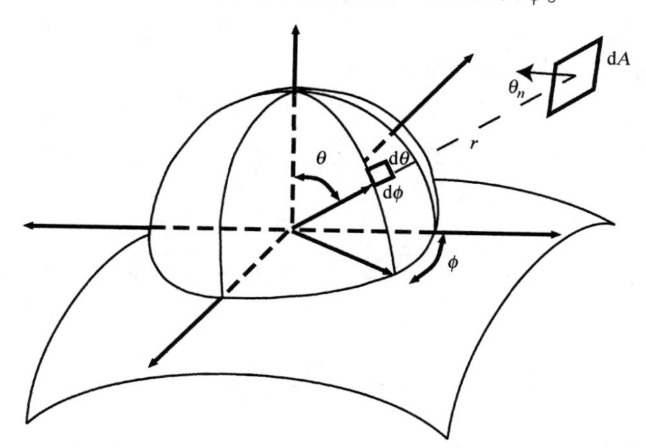

图 2.15　一个半球体上某块的表面，计算辐射量的角坐标。这些坐标轴的存在可以帮助我们得到三维的表面印象。区域 $\mathrm{d}A$ 的一个无穷小的距离该半球体 r 的块，被投影到相应点的中心单位半球体上；其结果的区域为该块的立体角，记为 $\mathrm{d}\theta\mathrm{d}\phi$。在这种情形下，该块足够小，使得区域和立体角为 $(1/r^2)\mathrm{d}A\cos\theta_n$，其中 θ_n 为朝向块的角度

考虑图 2.14 的表面元素，可以计算从源作为源辐射率的函数得到多少光通量。表面元素是漫反射，反射率为 $\rho(\boldsymbol{x})$。反射率为入射光通量与表面辐射率的比值，故辐射度由区域源接收的光通量为

$$B(\boldsymbol{x}) = \frac{\mathrm{d}P_{S\to \mathrm{d}A}}{\mathrm{d}A} = \rho(\boldsymbol{x})\left(\int_S L(\boldsymbol{x}_s,\boldsymbol{x}_s\to\boldsymbol{x})\left(\frac{\cos\theta_s\cos\theta}{r^2}\right)\mathrm{d}A_s\right)$$

如果表面上的某点 $\boldsymbol{u}$ 具有辐射度 $B(\boldsymbol{u})$，则在某方向离开该表面的辐射度为多少？记 L 为辐射率，并与角度无关，则必有

$$B(\boldsymbol{u}) = \int_{\Omega} L(\boldsymbol{x},\theta,\phi)\cos\theta \mathrm{d}\omega = L(\boldsymbol{u})\int_{\Omega}\cos\theta \mathrm{d}\omega = L(\boldsymbol{u})\pi$$

这意味着如果区域源具有辐射度 $B(\boldsymbol{x}_s)$，则该元素的辐射度归结于从区域源接收的光通量

$$\begin{aligned} B(\boldsymbol{x}) &= \rho\left(\int_S L(\boldsymbol{x}_s,\boldsymbol{x}_s\to\boldsymbol{x})\left(\frac{\cos\theta_s\cos\theta}{r^2}\right)\mathrm{d}A_s\right) \\ &= \rho\left(\int_S \frac{B(\boldsymbol{x})}{\pi}\left(\frac{\cos\theta_s\cos\theta}{r^2}\right)\mathrm{d}A_s\right) \\ &= \frac{\rho}{\pi}\left(\int_S B(\boldsymbol{x})\left(\frac{\cos\theta_s\cos\theta}{r^2}\right)\mathrm{d}A_s\right) \end{aligned}$$

我们的最终步骤是对某表面内在生成的照度进行建模——由光源生成的光，而不是由表面反射的光。假设发光源没有任何方向干扰，则通过发出方向的光通量均匀分布(这是最不可信的模型成分，但往往是可以接受的)。我们采用单位出射度(exitance)，定义为

在某表面，远离一个点每单位区域生成的总光通量。

2.3.3 互反射模型

对于表面漫反射的互反射模型，通过替换原始表达式的相关项，可以写出一般的互反射模型。回顾辐射率为单位区域的光通量，记 $E(\boldsymbol{x})$ 为点 $\boldsymbol{x}$ 的出射率，$\boldsymbol{x}_s$ 为在所有表面块上的坐标，$\mathcal{S}$ 为所有表面集，$\mathrm{d}A$ 为点 $\boldsymbol{x}$ 的区域元素。$V(\boldsymbol{x},\boldsymbol{x}_s)$ 为一函数，即当两点彼此可以对看，则为 1；否则为 0。$\cos\theta$，$\cos\theta_s$，r 为图 2.14 所定义，可得到

每个表面块辐射的光通量 = 表面块本身生成的光通量 + 从其他表面块接收和反射的光通量

$$B(\boldsymbol{x})\mathrm{d}A = E(\boldsymbol{x})\mathrm{d}A + \frac{\rho(\boldsymbol{x})}{\pi}\int_{\mathcal{S}}\left[\begin{array}{c}\frac{\cos\theta\cos\theta_s}{r^2}\\ \times\\ V(\boldsymbol{x},\boldsymbol{x}_s)\end{array}\right]B(\boldsymbol{x_s})\mathrm{d}A_s\mathrm{d}A$$

被区域整除，可得到

$$B(\boldsymbol{x}) = E(\boldsymbol{x}) + \frac{\rho(\boldsymbol{x})}{\pi}\int_{\mathcal{S}}\left[\frac{\cos\theta\cos\theta_s}{r^2}\mathrm{Vis}(\boldsymbol{x},\boldsymbol{x}_s)\right]B(\boldsymbol{x_s})\mathrm{d}A_s$$

它常常可写为

$$K(\boldsymbol{x},\boldsymbol{x}_s) = \frac{\cos\theta\cos\theta_s}{\pi r^2}$$

并记 $\boldsymbol{K}$ 为互反射核。替换后给出

$$B(\boldsymbol{x}) = E(\boldsymbol{x}) + \rho(\boldsymbol{x})\int_{\mathcal{S}}K(\boldsymbol{x},\boldsymbol{x}_s)\mathrm{Vis}(\boldsymbol{x},\boldsymbol{x}_s)B(\boldsymbol{x}_s)\mathrm{d}A_{\boldsymbol{x}_s}$$

为当其解在积分内存在时的函数。具有这种形式的函数通常称为 Fredholm 积分函数的第二种情形。这种特殊的公式是相对苛刻条件下的公式，因为互反射核往往不连续，并且可能有奇异点。该公式的解可以产生关于漫反射表面外观非常好的模型，并且在计算机图形委员会中有持续的商业支持[比较好的如 Cohen and Wallace(1993)或 Sillion(1994)]。该模型给出关于观察效果的非常好的预测结果(见图 2.16)。

2.3.4 互反射的定性性质

互反射很难在照度模型中得到应用，这是一个问题。例如，所描述的光度立体技术基于仅通过远距离的光源射入表面块的光的模型。我们可以重新更新模型，使得将邻近光源计算在内，但对于处理互反射的情形则变得更加困难。一旦将互反射考虑在内，每个表面块的亮度将会被其他表面块影响，这将导致非常困难的全局推理问题。一些研究者尝试推出互反射存在的形状(Nayar et al. 1991a)，但问题依旧非常困难。一个困难的根源是可能需要对每个辐射表面都进行计算，甚至包括远距离看不到的表面。

另一种直观的物理推导的策略是理解互反射阴影的定性性质。通过这种做法，可以识别包括很容易处理的、影响结果的主要类型等情形。其影响可能非常大，例如，图 2.17 给出两个房间内部的视角图：一个具有黑色墙壁且室内有一些黑色物体块的房间，另一个具有白色墙壁并有白色物体块的房间。每个房间都被无穷远的点光源辐射(近似)。约定这两种光源具有相似的强度，局部阴影模型可以预测到这些图像块是不容易被区分开来的。事实上，黑色房间相对于白色房间具有更加黑暗的阴影，更加显眼的储藏格多面体。这是由于黑色房间的表面将很少的光反射到其他物体表面(它们变得更加黑暗)，然而在白色房间内，其他物体表面显然受到不同表面光的反射。在图中，摄像机的截面对辐射度的响应(对表面漫反射的辐射度的定性分析)呈现出巨大的不同：在黑色房间内，块

上的辐射率为常量，局部阴影模型可以被预测得到；然而在白色房间内，图像梯度变化平缓；这些现象往往都发生在从一个物体表面反射到另一个物体表面的凹角点处。

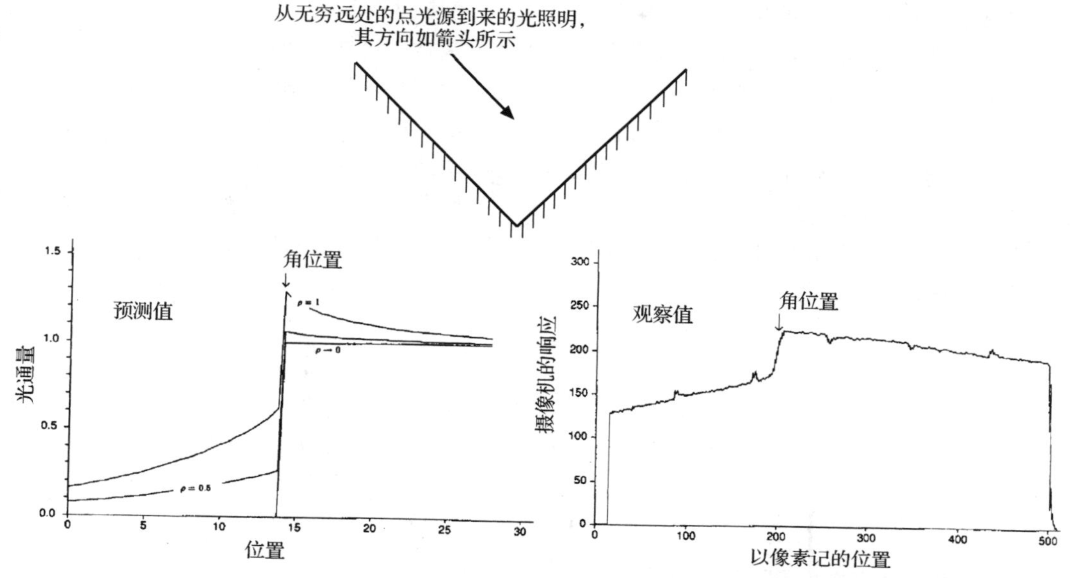

图 2.16　文中所描述的模型，对互反射能产生准确的定性预测。上图表示了一个由无穷远点光源照射的直角凹槽，光源方向与其中一个面平行。左下图是不同的ρ值对这种格局进行的光通量预测。选择适当的比例将各种ρ值预测的值进行放大，以便各条曲线的走向看得更加清楚，$\rho \to 0$的情况对应局部阴影模型。右图表示的是对用白纸做的角的图像所观察到的图像强度，它显示出与边有关的屋顶式的坡度，而局部阴影模型预测的是一个台阶(This figure was originally published as Figures 5 and 7 of "Mutual Illumination," by D. A. Forsyth and A. P. Zisserman, Proc. IEEE CVPR, 1989, © IEEE, 1989)

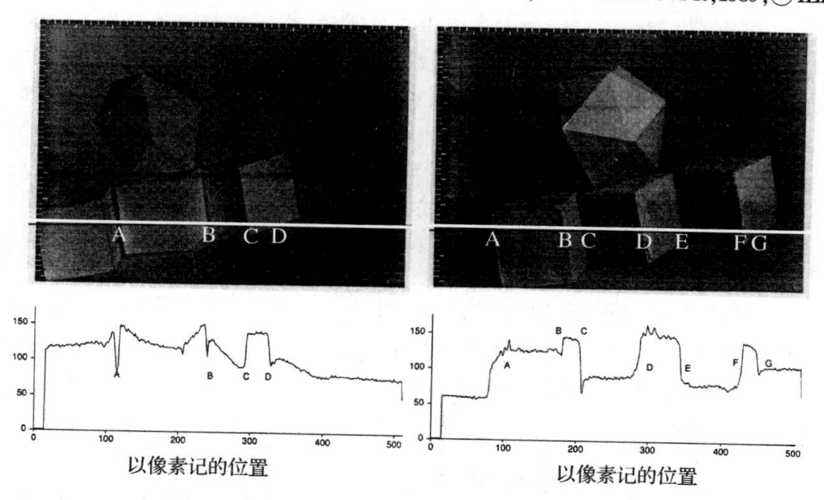

图 2.17　左图一列所显示的数据是从无光黑暗的房间内取得的，在房间内有一些无光黑色多面体物体；右图一列的数据是从一个放有白色物体的白色房间内部取得的。这两幅图像在性质上是不同的，在黑色房间内有更暗的阴影与鲜明的轮廓，而在白色房间中的凹面角上有光的反射。该图展示了沿一条线上局部图像的强度分布(This figure was originally published as Figures 17, 18, 19, and 20 of "Mutual Illumination," by D. A. Forsyth and A. P. Zisserman, Proc. IEEE CVPR, 1989, © IEEE, 1989)

首先要指出的是，互反射自然会起到平滑的作用。如果打算通过彩色玻璃窗投射到地面上的花式来解释彩色玻璃窗的图案，就会很明显地看到这种现象：地面上的彩色斑点常常是一群模糊的彩色团状物。图2.18给出了采用粗模型可以很容易看到其影响。图中的几何关系是一个表面块面朝一个无限平面，该平面距离该表面一个单位距离远，它的光通量为 $\sin \omega x$。分析表面块到平面的距离的改变是没有必要的，因为互反射问题具有尺度不变的解，也就是说，对于一个有两个距离单位远的表面块的解，可以通过读出图上 2ω 处的数即可。这个表面块面积很小，以至于它对平面光通量的影响可以忽略不计。如果这一表面块相对平面的倾斜角为 σ，那么它所载有的光通量也是接近周期性的，空间频率为 $\omega\cos\sigma$。我们称该频率分量的幅值为表面块的增益，画在图2.18上。这个图的重要属性是，空间高频段很难跨过平面到表面块之间的间隔。这意味着具有高频与高幅度的阴影效应一般不可能来自于远处的表面(除非它们超乎寻常得亮)。

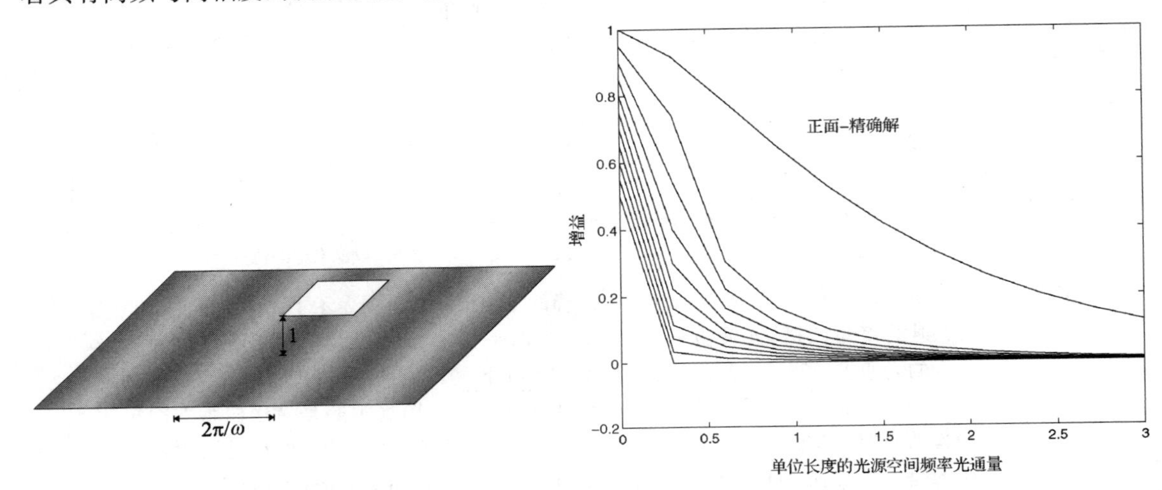

图2.18 一小块表面注视一个平面，平面具有单位幅度正弦变化的光通量，由于平面产生的效应，这块表面具有近似正弦变化的光通量。称该成分的幅值为表面块的增益。这个图显示了表面倾斜角不同时增益的数值估计与平面上空间频率的函数关系，倾角分成10档，从 $0 \sim \pi/2$。增益下降得非常快，意味着空间高频段的大项必定是近距离产生的效应，而不是远处放射体所起的作用。这也就是为什么很难通过观察彩色玻璃窗跟前的地面来确定彩色玻璃窗上图案的原因(This figure was originally published as Figures 1 and 2 from "Shading Primitives: Finding Folds and Shallow Grooves," J. Haddon and D. A. Forsyth, Proc. IEEE ICCV, 1998 © IEEE, 1998)

由于远处表面造成空间频率项的幅值快速衰减，因此如果看到高频段有高幅度项，那么它几乎不可能是远处被动辐射源产生的效果(因为这些效果迅速淡化)。有一种区分阴影的通用约定已在2.2.3节中讨论。这种约定是，如果阴影快速变化("边")及动态范围相对低，则阴影是反射产生的，否则就是照明所引起的。我们可以解释这个约定：空间频率有一半基本上不受远处表面的互相照明的影响，因为增益小。这种范围内的空间频率不可能来自远处的被动辐射源，除非这些辐射源有超乎寻常的高光通量。因此，这些频率范围内的空间频率可以看成具有区域效应，它们只能由一定距离范围的互反射产生。

最引人注意的区域效应可能就是反光——主要在凹陷的区域出现小亮斑(见图2.19中的说明)。另一个重要的现象是色彩掺和(color bleeding)，彩色表面将光反射到其他彩色表面上。一般情况下人们并不太注意这种现象，除非特意观察。色彩掺和经常由画家再现出来。

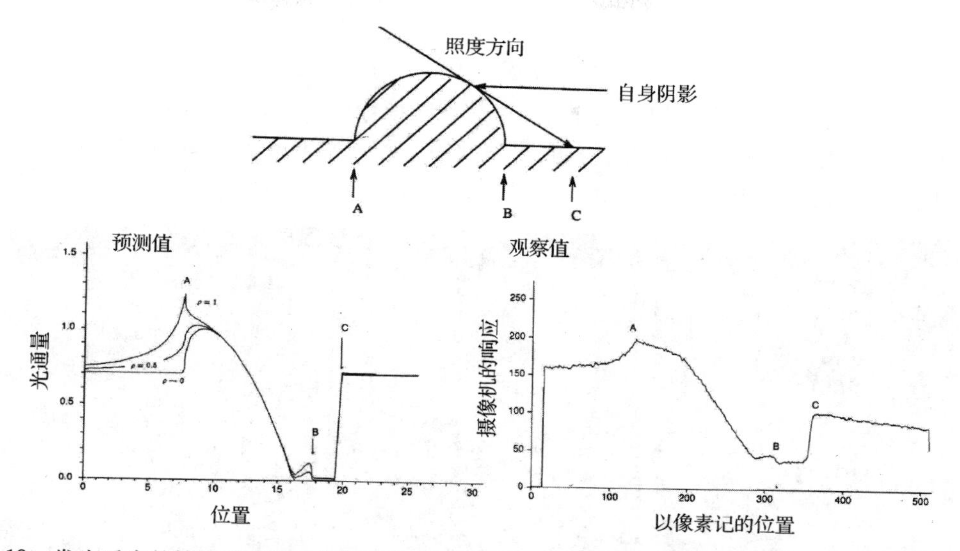

图 2.19　发生反光的情况很普遍，它们通常是由大的反射表面在合适的视角引起的。在图上部所示的几何关系中，柱形突起的阴影区域正以相当合适的视角观察平面背景——如果背景足够大，在突起底部的表面块的半球中有接近一半看到这个平面。这意味着突起边缘及投射阴影区域内有较大幅度的反光（而局部模型预测它是黑的）。突起的另一边也有反光，不同值的解显示在左图上（为了便于比较已经过归一化处理），右图是在一个实际场景观察到的效果（This figure was originally published as Figures 24 and 26 of "Mutual Illumination," by D. A. Forsyth and A. P. Zisserman, Proc. IEEE CVPR, 1989, © IEEE, 1989）

2.4　一个阴影图像的形状

有很好的证据显示人们可以从单个图像中感知阴影模式的形状，虽然细节不确定且非常复杂（见注释小节关于这部分的简要概述）。我们可以从实际应用中考虑该证据：当显示从图像中重构的表面时，一种很好的思路是采用图像像素对重构结果进行阴影化，这是为了看起来更加精确。事实上，非常糟糕的重构结果通过该方法也可能看起来很好。White and Forsyth (2006) 在电影中采用该技巧来替换表面阴影；例如，在电影中可以改变塑料口袋上的模式。他们的方法构建并跟踪非常粗糙的几何重构，采用回归的方法恢复物体原始阴影模式，接着采用原始的阴影图案对粗糙的几何重构进行阴影化（见图 2.20）。在该图中，图像看起来非常真实，并不是因为重构结果好（其实重构结果并不好），而是由于采用阴影模式掩盖了几何重构的误差。

形状的形成主要是源于这样一个事实：面对光源的块表面相比远离光源的块表面更加明亮。但根据该观察进行算法研究仍是一个开放的问题。其关键是采用合适图像辐射方程（image irradiance equation）。假设给定表面且沿着 z 轴的形式 $[x,y,f(x,y)]$，并假设表面是漫反射的，其反射率是均匀且已知的，同时假设采用 2.1.3 节介绍的模型，故在某点的阴影的法向量 N 通过方程 $R(\boldsymbol{N})$［采用模型为 $R(\boldsymbol{N}) = \boldsymbol{N}\cdot\boldsymbol{S}$，但也可以考虑其他情形］给定。现在，表面标准方程包括两个一阶偏导：

$$p=\frac{\partial f}{\partial x},\ q=\frac{\partial f}{\partial y}$$

故得到 $R(p,q)$。假设摄像机是经过矫正的，可以将图像像素值变换为强度值。记在 x,y 处的强

度值为 $I(x,y)$，接着得到

$$R(p,q)=I(x,y)$$

由于 p 和 q 为关于函数 f 的微分偏导数，因此这是一阶偏导微分方程。原则上，可以设置某边界条件，由此得到该方程的解。得到关于一般图像的该方程可靠且精确的解的过程仍然超出我们的理解范围。该问题最初由 40 年前的 Horn(1970a)首次提出。

图 2.20 左图为从电影帧序列中截取的具有变形的塑料口袋帧。右图为将塑料口袋原始的纹理进行替换的两帧。采用的方法是回归的方法；其关键的特性是其具有非常弱的几何模型，但可以保持原始图像的阴影。如果靠近仔细观察该口袋的反射面(例如，黑暗模式)，可以注意到在口袋上具有不连续的扭曲，但由于阴影使得图形看起来很清楚。这是一个关于阴影对于人类非常有用的间接证据，虽然，关于该证据怎样被开发应用尚且未知(This figure was originally published as Figure 10 of "Retexturing single views using texture and shading," by R. White and D. A. Forsyth, Proc. European Conference on Computer Vision. Springer Lecture Notes in Computer Science, Volume 3954, 2006 © Springer 2006)

这里有许多不同的困难。由于任意特定的块由其他表面块或者光源所照亮，在表面形成的实际物理模型是非常弱的模型。我们期望在重构的表面具有非常丰富的几何约束，从阴影中恢复形状如果添加这些约束将非常困难，但仍是可解的。阴影是非常值得去研究开发的，这是因为可以在非常高的空间分辨率观察到阴影，这意味着必须对高维模型进行重构。某些从阴影重构的机制非常不稳定，但很少有足够的理论支持，可以指导我们获取较稳定的结果。很少看到关于已知反射率的孤立表面，虽然由于某些原因希望有一些可以很好地推断出阴影和反射率的方法，但是这样的方法并不多。基于阴影的重构预测误差，从第一原则角度来看并没有理论支持。所有这些在单独图像的阴影中推导形状的问题在计算机视觉领域中很难解决。图 2.21 给出两个非常重要的可能从单个图像推断表面形状的机制。

2.5 注释

Horn 开创了在计算机视觉中对阴影进行系统性研究，他的重要文章是使用点光源从局部阴影模型恢复形状(Horn 1970b, 1975)，一个更近的解释见 Horn(1990)。

阴影模型 本书的第一版讲解了更加正式的辐射率，而这普遍不受欢迎，所以我们将这部分内容去掉，并尝试避免使用该思想，但需要对此方面关注的读者，可以参考本书的第一版。强烈推荐 François Sillion 关于辐射率计算的出色书籍(Sillion 1994)，还有许多关于此细节的参考文献(Nayar et al. 1991c)。本章关于反射的讨论是非常肤浅的。关于镜面反射和漫反射源于

Cook、Torrance 和 Sparrow 的文章(Torrance and Sparrow 1967, Cook and Torrance 1987)。在计算机视觉和计算机图形学中，有许多关于该模型的变种。反射模型可以通过关于表面粗糙的统计描述和电磁方面的考虑来推导建模[例如，Beckmann and Spizzichino(1987)；或者采用散点模型，见 Torrance and Sparrow(1967)和 Cook and Torrance(1987)的工作]。

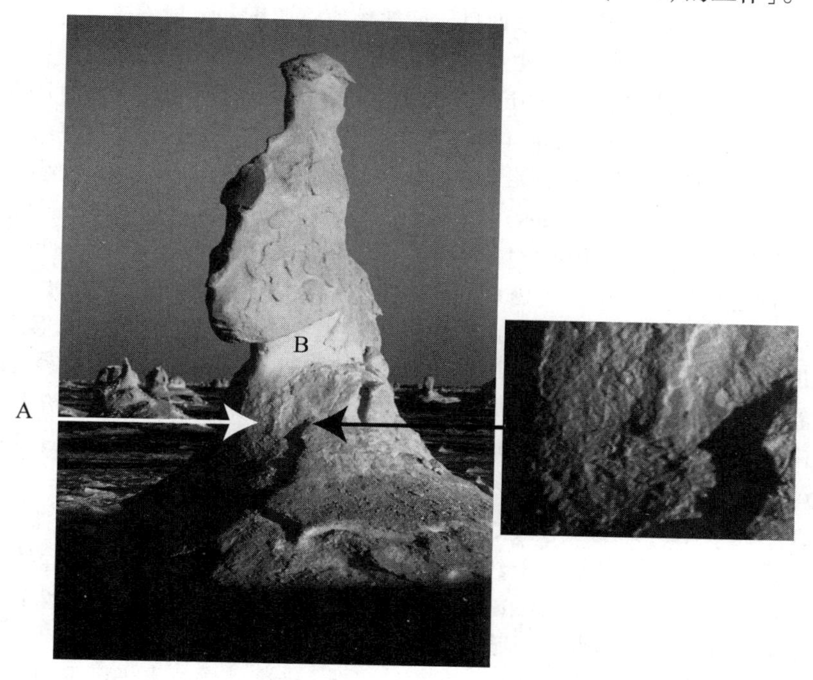

图 2.21　该图显示了两个非常重要的可能从单个图像推断表面形状的机制。首先，远离光的块(例如左图A)相比于面对光的块更加黑暗(见左图B)。其次，阴影形成浮雕，例如表面的压痕(在右图的细节块上更容易看到)，面对光呈现明亮面和在阴影中呈现黑暗面(Peter Wilson ⓒ Dorling Kindersley, used with permission)

普遍认为粗糙的表面符合朗伯反射，这种说法是一厢情愿的考虑，这是因为粗糙的表面往往具有局部阴影效应，而使得辐射率强依赖于照度角。例如，从邻近入射余角照明的粉刷墙在面向光源或处于阴影处呈现清晰的入射光和黑暗区域。如果沿着正常的角度照明同样的墙，那么这种模型在很大程度上将会消失。在一个较好的角度，朗伯模型可衡量平均赋予粗糙表面的相似效应[具体细节见 Koenderink et al. (1999), Nayar and Oren (1993),(1995), Oren and Nayar (1995),以及 Wolff et al. (1998)]。

从阴影进行推导

对图像进行配准并不是辐射校准的关键。例如，对于两幅图而言，当已知 E_{ij} 值的直方图是相同的就足够了(Grossberg and Nayar 2002)。这种情形在当图像处于同一场景但并不精确配准时就有可能发生。围绕边缘的亮度模式也可以帮助校准(Lin et al. 2014)。

最近并没有太多关于光常量算法的研究。基本的思想源于 Land and McCann(1971)。他们的工作由 Horn(1974)规范化到计算机视觉领域。Blake(1985)对 Horn 算法进行了改进。这就是在此所描述的光照算法。这与最初的算法，即视网膜算法(Land and McCann 1971)略有不同。视网膜算法最初倾向于彩色常量算法。对其研究非常困难，这点让人很困惑(Brainard and Wandell 1986)。

视网膜算法通过原始的强度对数减去反射率对数来估计照度对数。这里有个缺点，即很难利用在照度上的任何结构约束。这一点在很大程度上可以忽略，这是因为本书主要强调反射率的估计。然而，反射率的估计通过这些照度约束和违反了反射率约束之间的平衡来不断提高。

亮度技术并不像想象的那样被广泛应用，特别是考虑到它们可以在真实的图像中产生非常有用的信息(Brelstaff and Blake 1987)。仅仅通过梯度的幅值将照度和反射率进行分类是非常粗糙的，并且忽略了很重要的内容。急剧的阴影变化发生在阴影边界或者正常的不连续中，但是采用色彩(Funt et al. 1992)或者在不同光照条件下采集的多幅图像(Weiss 2001)，可以提升估计精确度。人们可以通过反射率来区分照度(Freeman et al. 2000)。关于将边缘分类为反射率或者阴影(Tappen et al. 2006b)及色彩线索的方法可见相关文献(Farenzena and Fusiello 2007)。阴影和反射率在某些时候又叫做本征图像(intrinsic images)。Tappen et al. (2006a)将本征图像块回归图像，开发出将块进行联合的约束。当超过一幅图像时，目前的算法可以恢复很复杂的表面属性(Romeiro et al. 2008)。当几何特性已知时，Yu et al. (1999)指出亮度恢复的显著性提升是可能的。

光度立体技术的原型来自于 Woodham，这种有用的概念有若干种变化的形式[Horn et al. (1978)；Woodham(1979)，(1980)，(1989)，(1994)；Woodham et al. (1991)]。目前关于光度立体技术的方法需要至少两个没有阴影的视角；见 Hernandez et al. (2008)，它给出对这种情形处理的算法。有许多关于光度立体技术的变种方法。彩色光度立体技术似乎源于 Petrov(1987)，它是关于 Petrov(1991)算法的变种。

光度立体技术只采用局部阴影模型，该模型不一定限于由远处的点光源照射的朗伯表面。如果表面的光通量是表面法线满足少量约束的已知函数，那么仍可使用光度立体技术。这是由于一个单幅视图像素的强度只能将法线确定成含一个参数的解，这就要求用两个视图来确定法线。已知反射率的表面由远处的点光源照射的情况是最简单的例子。

实际上，如果表面的辐射率是表面 k 个参数的函数，光度立体技术仍可采用。单个视角的像素值将法线定为含 $k+1$ 个参数，则 $k+1$ 个视图确定了法线。要使这种方法有效，光通量需要用运算能解决问题的函数表示(例如，如果表面的光通量是表面法线的常量函数，这就不可能从光通量推出对法线应满足的条件)。这样就可以同时恢复形状与反射图[Garcia-Bermejo et al. (1996)；Mukawa(1990)；Nayar et al. (1990)；Tagare and de Figueiredo(1992)，(1993)]。

与光度立体技术相反的可能是：假设位于一个照度仅仅依靠方向环境的漫反射半球面，怎样从该表面确定照度场呢？其确定的照度场是非常少的，这是因为漫反射表面将照度场进行了非常严重的均匀平滑(Ramamoorthi and Hanrahan 2001)。这是非常有用的，因为它使得方向属性照度的表征并不依靠漫反射。例如，依靠这种结果，Jacobs (1981)仅通过足够的图像而不需要照度信息，就能形成光度立体形式。

互反射

全局阴影的效果在有关阴影的文献中常常被忽略，这引起本书作者之一的强烈不满。忽略互反射的理由在于对它进行分析十分困难，尤其是使用全局阴影模型的输出来推断物体属性时。如果互反射现象的效果对模型的输出改变不多，那么忽略它们可能问题不大。遗憾的是，很少有人沿这种思路去推理，其原因在于很难证明互反射条件下所使用的方法是稳定的。对空间频率问题的讨论遵循 Haddon and Forsyth(1998a)的思路，它们受 Koenderink 与 van Doom(1983)工作的启发。除此之外，关于互反射阴影的全面性质的知识很少，据我们所知这是一个重要的空白。另一种不同的策略是使用一个绘制模型以迭代方法重复估计形状(Nayar et al. 1991b)。

Horn 同样是指出全局阴影效果重要性的一位(Horn 1977)。Koenderink and van Doorn (1983)提出全局模型下的光通量可在通过局部模型得到的光通量的基础上，再用一个线性运算得到。人们于是研究这种运算，在某种情况下它的特征函数(经常称为几何众数)是有益的。此后 Forsyth and Zisserman(1989,1990, 1991)展示了由互反射引起的各种定性的效果。

从单个阴影图像恢复形状

从阴影恢复形状是一个非常重要的难题。相关综述见 Horn and Brooks(1989)、Zhang et al.(1999)、Durou et al. (2008b)。在实际中，虽然高分辨率下的形状重构有很大的需求，但从阴影恢复形状的效果令人沮丧。这可能是由于该方法解决的是一个不经常发生的问题。图像辐射公式算法用于在几何数据非常少时产生重构，但事实上需要提升已经具有丰富几何数据的分辨率方法。

这些方法要么非常脆弱，要么所使用的方法的重构结果非常差。其中某些原因可能是由于互反射的影响，另一个原因是需要对已存在的困难进行妥协。许多文献中的重构显示效果都较差。在一篇综述中，Zhang et al. (2002)进行了概述："所有的 SFS(shape from shaden,从阴影恢复形状)算法在合成数据上都产生较差的效果，在真实图像中产生更差的效果，在合成数据的结果中并不能对真实数据进行有效的预测"。最近，Tankus et al. (2005)给出从内窥镜图像重构恢复出不同人体结构的较好结果，但对于真实的信息仍不具有可比性。Prados 和 Faugeras 给出关于一个人脸的比较好的重构，同样仍然与真实的人脸不具有可比性[Prados and Faugeras (2005a);(2005b)]。Durou et al. (2008a)在最近的综述比较中，给出合成和实际数据某些相对公平的重构。然而，非常简单的成形方法仍然产生非常大的偏差。

这些问题已经促使我们寻求一个并不需要进行重构的方法。某些几何结构随着不同的照度产生相同的阴影模式，这表征了阴影场的某些局部特征[阴影基元(shading primitives)]。例如，表面的凹坑总是暗的；凹槽和褶皱呈现薄、亮的光条紧靠薄、暗的光条；位于圆筒的阴影往往为暗光条紧靠亮光条，或者亮光条紧靠暗光条。这种想法源于 Koenderink and Doorn (1983)，并由 Haddon and Forsyth (1997)、Haddon and Forsyth (1998b)、Han and Zhu (2005)、Han and Zhu(2007)进行扩展。在较大的空间尺度，阴影模式族可以产生小于人们预期的特定物体——光照锥(illumination cone)(Basri and Jacobs 2003, Belhumeur and Kriegman 1998, Georghiades et al. 2001),通过检测这些锥体的元素或由与照明削弱变化的图像距离的匹配，得到照度不变性检测(Chen et al. 2000, Jacobs et al. 1998)。

习题

2.1　观察以原点为中心的漫反射球面，其中半径为 1，反射率为 ρ，在正交照相机中，沿着 z 轴方向俯视。该球面由坐标(0,0,1)的点光源照明，假设没有其他光源，证明照相机中的阴影场为

$$\rho\sqrt{1-x^2-y^2}$$

2.2　如果光源是点光源，那么一个球投到平面上的阴影的形状是怎样的？

2.3　有一个方的面光源与一块方的遮挡物，它们都平行于一个平面。光源与遮挡物尺寸相同，并且它们垂直上下放置，中心对齐。

(a)全影区的形状是怎样的？

(b)半影区外轮廓的形状是怎样的？

2.4　有一个方的面光源与方的遮挡物，平行于一个平面。面光源的边长是遮挡物的 2 倍，它们上下垂直放置且中心对齐。

(a)全影区的形状是怎样的？

(b)半影区外轮廓的形状是怎样的？

2.5　有一个方的面光源与方的遮挡物，平行于一个平面，垂直上下放置且中心对齐。该光源的边长为遮挡物的一半。

(a)全影区的形状是怎样的?

(b)半影区外轮廓的形状是怎样的?

2.6 一小球将其阴影投射到一个大球上，请描述可能出现的阴影轮廓。

2.7 说明为什么用阴影边界来推断形状是困难的，尤其是当阴影投到一弯曲表面上时，则更困难。

2.8 如图2.18所示，一小块表面在单位距离远处注视一个无穷大平面，这个表面块足够小以至于它反射到平面上的光可以忽略。该平面的光通量为$B(x, y)=1+\sin ax$。表面块与该平面相互平行。我们将表面块沿与平面平行的方向运动，并考虑它在各点的光通量。

(a)如果移动该表面块，显示它的光通量随它的位置在x上周期性变化。

(b)将表面块的中心固定为(0，0)，为块在该点的光通量确定一个以a为函数的闭合解，需要通过一个积分表进行计算(如果不需要，则可按照自己所需求解)。

2.9 如果隔着一个大海湾在白天远望，经常会发现难以区分对面的山，而接近黄昏日落，则它们清晰可见。这种现象与空气中光的散射有关——一大片的空气实际上是一个光源。解释这一现象？我们已将空气模型假设成真空，以断言在真空中能量沿直线传播不会丢失。估计一下在多大尺度上这个模型是可以采纳的。

2.10 请阅读“*Colour and Light in Nature*”，Lynch和Livingstone著，剑桥大学出版社，1995年出版。

编程练习

2.11 面光源可以近似为由点光源组成的网格。这种近似的弱点是半影区包含量化误差，这对我们的眼睛来说是很讨厌的。

(a)解释这一现象。

(b)对一个方的光源与一块遮挡物投射阴影到一个无穷大平面的效果进行展示。几何关系不变时，你会发现随着点光源数量的增加，量化误差会下降。

(c)这种近似具有不希望看到的性质，即对于任何有限数量的网格，改变几何关系会产生任意大小的量化误差。

2.12 由许多黑色物体与另外一些白色物体构成的场景(纸、胶水与刷子会有用)，观察互反射的效果，能不能得到一种准则来可靠地从图像上区分它们(如果能，将其公布，这个问题看上去容易，其实不然)?

2.13 (这个作业要求有一些关于数值分析的知识)执行重现图2.18所需的数值积分。这些积分运算并不是非常简单：如果在无限平面上使用坐标，这个区域的尺寸是一件麻烦事；如果将坐标转换成表面块的半球视角方向，则在半球轮廓上的辐射度的频率会趋向无穷。估计积分最好的方法是对半球使用Monte Carlo方法。需要使用重要性采样，因为轮廓上的点对积分的贡献要比顶上的小一些。

2.14 立方体内部的顶部中心有一小的方形光源，建立互反射线性方程组并求解。

2.15 实现一个光度立体系统：

(a)它的度量有多准确(也就是与已知的形状信息相比较有多好)? 互反射有没有影响它的准确性?

(b)度量的重复性怎样(也就是如果有可能在不同照明条件下获得另一组图像，利用它们恢复形状，将两者进行比较，结果怎样)?

(e)将重构最小化方法与积分方法相比较，哪一个更准确、重复性更好? 为什么? 在实验中这些差别有没有体现出来?

(d)改进积分方法的一种可行的方法是通过对许多不同表面块积分来获得深度，然后取其平均(需要对常数项加以小心)。这些有没有改进其准确性或可重复性?

第3章 颜　　色

摄像机中的光受体与人眼中的光受体会对不同的光波长做出或强或弱的强度反应。大多数的摄像机和大多数的人眼具有不同类型的光受体，这些光受体会对不同大小的光波长敏感。不同类型的传感器对输入不同光波长的光产生不同的能量响应，这种响应即为颜色信息。颜色信息可以用于识别图像中的不同镜面反射并去除其阴影。物体在图像中的颜色取决于物体是如何照亮的，有许多的算法可以对这种效应进行矫正。

3.1 人类颜色感知

从源射出的光线或者从表面反射的光线根据不同的光波长具有或多或少的能量值，该能量值的大小取决于光的产生过程。这种关于光波长的能量的分布有时也叫做光谱能量密度。图3.1给出在不同条件下测量的关于太阳光的光谱能量密度分布。这种可视系统包括大概400～700 nm波长区域，在某一波长的能量的光看起来具有很深的颜色（这些颜色又叫做光谱颜色）。这些颜色在不同的波长具有一系列传统的名字，这是由艾萨克·牛顿创建的（从700～400 nm波长对应的颜色序列为赤橙黄绿青靛紫，也可能是理查德·约克在威尼斯看到的水泡中发现的，靛色现在是非常有争议的，因为很难从蓝色或者紫色中区分）。如果光波强度相对均匀，则光看起来为白色。

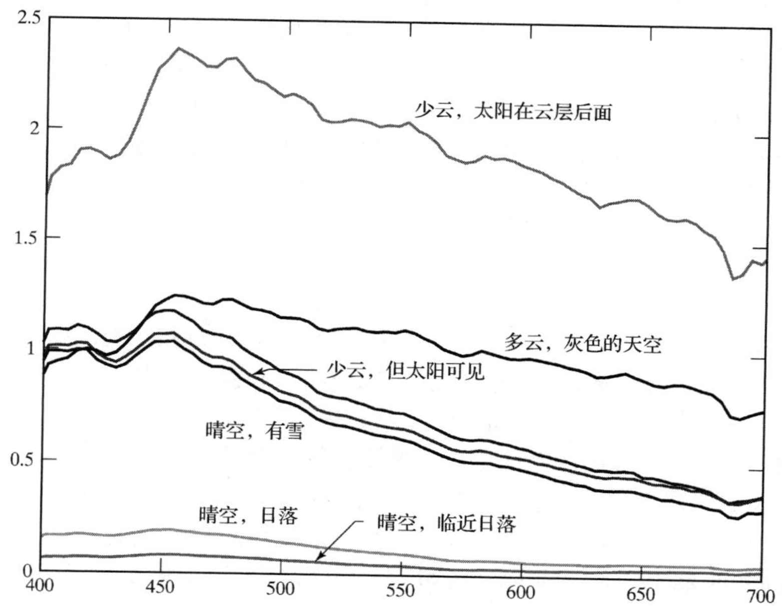

图3.1　太阳光在不同波长下具有许多不同的能量。该图显示太阳光在一天的不同时刻、不同条件下测量的光谱能量密度。该图画出从400～700 nm的波长，7种不同太阳光照明在硫酸钡上（其白色表面可以给出相对强烈的互反射）获得的相对能量，由Jussi Parkkinen和Pertti Silfsten制作，在图底，给出用于不同波长对应的光谱颜色（Plot from data obtainable at http://www.it.lut.fi/ip/research/color/database/database.html）

人眼中不同的颜色感受体根据不同波长的光进行或多或少的感应，由此产生的信号通过人的视觉系统解析为颜色信息。特定的颜色精确解析器是非常复杂的；照度、物体识别和情感都会对其产生作用。最简单的问题是理解哪些光谱能量密度在简单条件下产生与人眼相似的响应(见3.1.1节)。这将会产生简单、线性的颜色匹配理论，这对于颜色的精确描述非常有用。我们将对颜色转换理论进行概要性的介绍(见3.1.2节)。

3.1.1 颜色匹配

在黑色的背景下只有两种颜色可见，这是颜色感知最简单的情形。在一个典型的实验中，观察者在一个半区看到一束彩色光——测试光(见图3.2)，然后在另一半区调整光的混合来达到两边区域颜色的匹配。调整的方式是改变混合光中固定数目原色(primaries)的强度。通过这种调整方式，为了获得相应的匹配，需要大量的光来进行实验，但许多不同的调整方式可能得到同样的匹配结果。

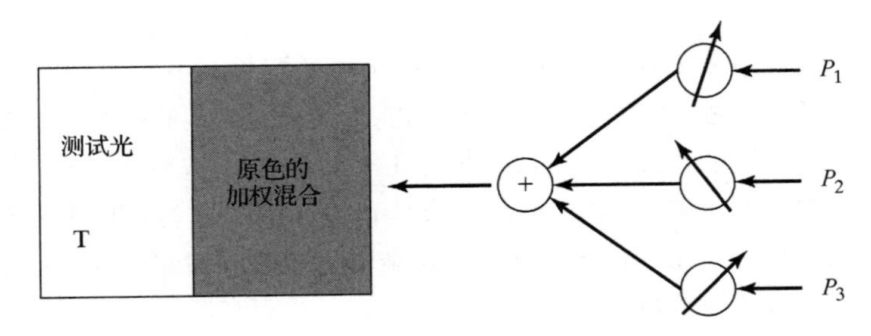

图3.2 人们关于颜色的感知可以通过询问观察者观察混合颜色光与给定的分离的测试光的匹配来研究学习。该图显示这种实验的过程，观察者看到测试光 T，调整每个三原色的成分使得混合光看起来跟测试光相同。混合的三原色可以写为 $w_1P_1+w_2P_2+w_3P_3$；如果混合光与测试光进行了匹配，则记录 $T=w_1P_1+w_2P_2+w_3P_3$。对于大多数人，通过三原色的组合，足够完成对许多不同颜色的识别，并且如果允许三原色进行相减，则可以拟合所有的颜色(例如，三原色的某些量与测试光进行混合，完成一个匹配)。某些人需要较少的原色，更进一步讲，大多数人选择同样的混合权重与给定的测试光进行匹配

记 T 为测试光，等号表示匹配，权重 w_i 非负，原色记为 P_i，匹配可表示成如下的代数形式：

$$T = w_1P_1 + w_2P_2 + \cdots$$

上述公式的含义是，测试光 T 与某一特定的颜色混合(w_1，w_2，$\cdots$)相匹配。如果在匹配过程中允许减色调配，那么过程可以简化：在减色调配中，观察者可在测试光中增加某些原色的量来代替匹配。这可通过允许上面表达式的权重取负值，将减色调配写为代数形式。

在这些条件下，大部分的观察者只需要三种原色就可以匹配一个测试光，这称为三原色原理。但需要加以说明以防误解：首先，必须允许减色调配；其次，原色之间必须是独立的，即没有两种原色的混合可生成第三种原色。人眼中三个不同类型的颜色感受体给予了三原色原理充分的证明(Nathans et al. 1986a，Nathans et al. 1986b)。另外，如果给定同样的原色和测试光，大部分观测者会选择同样的原色混合方式来匹配测试光，因为大多数观测者都有相同类型的颜色感受体。

匹配过程是精确近似于线性的，满足 Grassman 定律。首先，如果混合两种测试光，那么将两种测试光对应的匹配混合起来就会得到混合光的匹配。其意思是，如果

$$T_a = w_{a1}P_1 + w_{a2}P_2 + w_{a3}P_3$$

且

$$T_b = w_{b1}P_1 + w_{b2}P_2 + w_{b3}P_3$$

那么

$$T_a + T_b = (w_{a1} + w_{b1})P_1 + (w_{a2} + w_{b2})P_2 + (w_{a3} + w_{b3})P_3$$

第二，如果两个测试光可用同样的权重进行匹配，那么它们相互之间也可匹配，即如果

$$T_a = w_1P_1 + w_2P_2 + w_3P_3$$

且

$$T_b = w_1P_1 + w_2P_2 + w_3P_3$$

那么

$$T_a = T_b$$

最后，匹配是线性的：如果

$$T_a = w_1P_1 + w_2P_2 + w_3P_3$$

那么

$$kT_a = (kw_1)P_1 + (kw_2)P_2 + (kw_3)P_3$$

其中，k 是非负数。

给定同样的测试光和原色集合，大部分人使用了相同的加权组合匹配测试光。因此，三原色原理和 Grassman 定律与那些适用于生物系统中的定律一样，基本上是符合实际情况的。下面是一些例外情况：

- 由于遗传的原因具有异常颜色系统的人(可能只使用更少的原色去匹配每种情况)。
- 由于神经性病变而具有异常颜色系统的人(有多种效果表现，包括完全丧失对颜色的感知)。
- 某些年长的人(由于眼中黄斑色素的增生使得对权值的选择不同于普通人)。
- 非常亮的光(对于同样的光来说，色度和饱和度与较暗的光看起来不一样)。
- 在非常暗的条件下(颜色转换的机制与在较亮条件下的情况可能不同)。

3.1.2 颜色感受体

(通常)人眼中有三种不同类型的颜色感受体(color receptor)调节颜色感知，这是三原色原理存在的原因，每种感受体均将入射光转变成神经信号。单度量原则(principle of univariance)描述的是这些感受体的活动只有一种类型(例如，反应很强烈或很弱，但是并不对接收到的光的波长起反应)。通过解剖光感细胞并且测量它们对不同波长的光的反应，或者从颜色匹配反向推理，能够通过一些实验验证这种想法。单度量是个非常好的想法，因为从人类对彩色光的反应来说，它提供了一个很好且简单的模型：如果感受器对两种光产生同样的反应，那么它们之间是匹配的，而不考虑它们的光谱能量密度。

由于系统的匹配是线性的，感受体也必须是线性的。记 p_k 为第 k 个感受体的反应，$\sigma_k(\lambda)$ 是它的灵敏度，$E(\lambda)$ 是到达感受体的光，并且 Λ 是可视波长的范围。通过将到达光谱中的每种波长的反应相加，可获得一个感受体的全部反应，

$$p_k = \int_{\Lambda} \sigma_k(\lambda)E(\lambda)\mathrm{d}\lambda$$

视网膜的解剖学研究表明两种类型的细胞对光敏感，这两种细胞由它们的形状来区分。视锥细胞(cone)的光敏感区域的形状大致为锥形，类似地，视杆细胞(rod)的形状为圆柱形。视锥

细胞主要对彩色视觉起作用，并且完全占据视网膜中央凹的位置。在对光的敏感性方面，视锥细胞要弱于视杆细胞，从而在暗光下，彩色视觉很弱并且基本上难以分辨(由于视网膜中央凹不工作，不能充分感知空间的精度)。

通过将正常观测者的彩色匹配数据和缺乏一种视锥细胞的观测者的彩色匹配数据进行比较，可以得到三种不同类型的感受体对不同波长的灵敏度。图3.3中显示了以这种方式获得的灵敏度。三种类型的视锥细胞称为S型视锥、M型视锥和L型视锥(它们分别对短、中和长波长的光敏感)。有时候也称为蓝、绿和红视锥细胞；但是这种名称并不确切，因为对红色的感知并不是由对红色视锥细胞的刺激而引起的，其他两种也是这样。

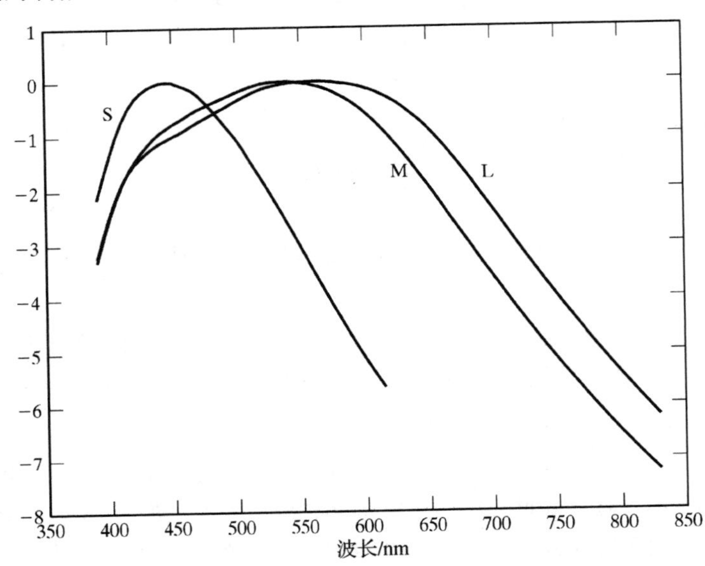

图3.3 在人的眼睛中，总共有三种颜色感受体，通常叫做视锥细胞。这些感受体对所有的光量子的响应都相同，但在数量上有一定的区别。该图显示人类眼睛中三种颜色感受体的光谱灵敏度的相对对数，横坐标为波长。在波长轴上，已经证明颜色名字往往与该波长的能量光有关。前两个感受体(合适的叫法为长和中波长感受体)在非常相似的波长上具有相似的峰值灵敏度。第三种感受体(短波长感受体)具有不同的峰值灵敏度。感受体对入射光的响应可以通过将所有波长的光谱的能量密度和灵敏度进行相加而获得。注意到每个感受体对特定带宽的波长响应，这意味着人类观察者必须通过比较感受体之间不同的响应来进行感知，同时必有许多光谱能量密度是人类不能够区别的(Figures plotted from data disseminated by the Color and Vision Research Laboratories database, compiled by Andrew Stockman and Lindsey Sharpe, and available at http://www.cvrl.org/)

3.2 颜色物理学

不同的机制将会形成不同的颜色光。第一，光源产生不同数量、不同波长的光。这就是白炽光看起来是橙色或黄色的、荧光看起来偏蓝色的原因。第二，对于大多数漫反射面来说，反射率与波长有关，因而有些波长的光大部分被吸收而其他光被反射。也就是说，大多数表面被白光照射时是彩色的。从彩色表面反射出去的光既与照射到表面的光的颜色有关，还与表面本身有关，所以很难确定其原因。例如，白色表面被红光照射时会反射红光，红色表面被白光照射时也会反射红光。

3.2.1 颜色的来源

太阳是最重要的自然光源，常常被建模为很远的一个亮点，太阳发出的光被天空散射。更具体地讲，从太阳辐射的光，被天空散射，到达物体的表面，然后反射到摄像机或人眼中。这表明天空也是一个非常重要的自然光源。把天空描述为具有恒定发射度的半球所形成的光源，这是一种比较粗糙的几何模型。假设发射度恒定是不太现实的，这是由于天空在水平线比在最高点要亮。假设每单元体积的空气发出恒定量的光是天空最自然的模型，这意味着，沿着水平线的一条可见光线通过更多的天空，而天空在水平线比在最高点更亮。

白天室外物体的表面被两方面的光照射，一部分直接来自于太阳——通常称为日光（daylight），另一部分是被空气散射的阳光[有时称为天空漫反射（skylight）或大气光（airlight）；云或雪还可以增加其他光线]。每年和每日的日光颜色都随着时间的变化而变化（见图3.1）。

对于晴空，每单位体积所散射的辐射强度与频率的4次方有关；因此，波长长的光比波长短的光在被散射之前能通过更长的距离（通常称为瑞利散射，Rayleigh scattering）。由此可见，当太阳升空较高时，到达地面的阳光中蓝色的光被散射得较多，从而使得太阳看起来更黄一些，而这些蓝光能从天空散射到眼睛中，使得天空看起来是蓝色的。对于天空的光谱能量密度，存在一些标准的模型，这些模型刻画了每天不同时刻、位于不同纬度的天空。当天空中有灰尘微粒时，会产生令人吃惊的结果[粒度越大，散射效果越复杂，这通常用米氏散射模型进行粗略的描述，这种模型在Lynch和Livingston(2001)或Minnaert(1993)中有描述]。文献中一位作者描述了对约翰内斯堡日落的生动回忆，这种现象是由矿堆形成的空气中的尘粒产生的。图3.4给出了照度模型的一个变种。

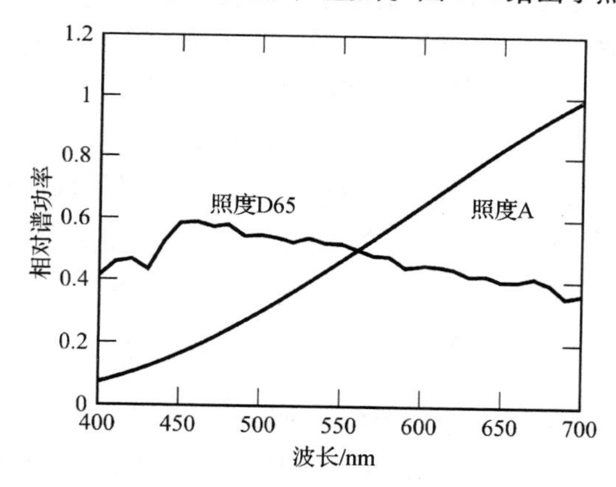

图3.4 这是一个照度模型的变种；该图显示两种标准的CIE模型的相对光谱能量分布：照度A，对100 W的钨丝灯泡发出的光进行建模，且色温为2800 K；照度D65，对太阳光进行建模（Figure plotted from data available at http://www.cvrl.org/）

人工照明 典型的人工光源通常只有几种类型：

- 白炽灯有一个加热至高温的金属灯丝，其光谱大致满足黑体定律（见3.2.1节），但是元素融化的温度限制了光源的色温，所以白炽灯有一点点红色色调。
- 荧光灯通过产生可撞击真空管中气体的高速电子而工作。这个过程反过来可释放紫外线辐射，这种辐射可引起真空管内部附着的荧光粉发光。通常附着层包括三种或四种磷，发出荧光的波长范围很窄。虽然大部分可发荧光的真空管生成具有蓝色调的光，但类似自然光的真空管也在不断增多（见图3.5）。

- 在某些真空管中，电弧在由气体金属和惰性气体所组成的大气中撞击。从活跃状态跌至低能状态的电子可发光。这种类型的灯的典型特点是某些波长具有很强的辐射，这些波长对应于特别的状态跃迁。最常见的是钠弧灯和汞电弧灯。钠弧灯发射黄-橙光的效率很高，常用于高速公路的照明。汞电弧灯发射蓝-白光，通常用于安全照明。

图 3.5 给出了不同光源谱的样本。

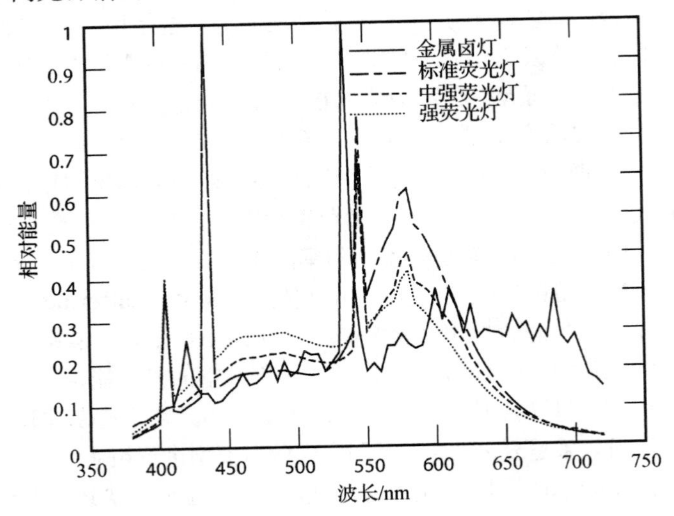

图 3.5　四种来自三菱电机株式会社的灯泡的相对光谱能量分布。注意到亮的窄带是来自于荧光灯的荧磷光(The figure was plotted from data made available by the Coloring Info Pages at http://www.colorpro.com/info/data/lamps.html; the data was measured by Hiroaki Sugiura)

黑体辐射器　黑体(black body)是一个有用的抽象概念，是指不反光的物体。一个加热的黑体可发出电磁辐射。值得注意的是，辐射的谱功率分布只依赖于被加热体的温度。如果用 T 表示加热体在热力学温标下的温度，h 表示普朗克常量，k 是麦克斯韦-玻尔兹曼常量，c 是光速，λ 是波长，则可得到

$$E(\lambda) \propto \frac{1}{\lambda^5} \frac{1}{(\exp(hc/k\lambda T) - 1)}$$

公式表明，对于黑体辐射器存在着一个光颜色的参数簇——参数指的是温度，因此可以讨论光源的色温问题。这里指的温度是那些看起来很相似的黑体温度。在相对较低的温度下，黑体显示红色，随着温度的增加，变得越来越白，中间经历橙色直到浅黄色(见图 3.12 中的曲线)。当 $hc \gg k\lambda T$ 时，有 $1/(\exp(hc/k\lambda T)-1) \approx \exp(-hc/k\lambda T)$，则有

$$E(\lambda; T) = C\frac{\exp(-hc/k\lambda T)}{\lambda^5}$$

其中 C 是一个常数均衡因子；这个模型比精确的模型(见 3.5.2 节)更容易利用。

3.2.2　表面颜色

表面颜色受许多因素制约，这些因素包括对不同波长光的吸收不均衡、折射、衍射及大量散射[更详细的介绍见 Lamb and Bourriau(1995),Lynch and Livingston(2001),Minnaert(1993),或 Williamson and Cummins(1983)]。如果忽略引起颜色变化的物理影响，可以将表面建模为漫反射和镜面反射两部分。每部分都有一个与波长有关的反射率。有时候与波长有关的漫反射率

被称为光谱反射率[有时缩写为反射率或者较少用到的频谱反射率(spectral albedo)]。图3.6和图3.7给出了大量自然物体的光谱反射率。

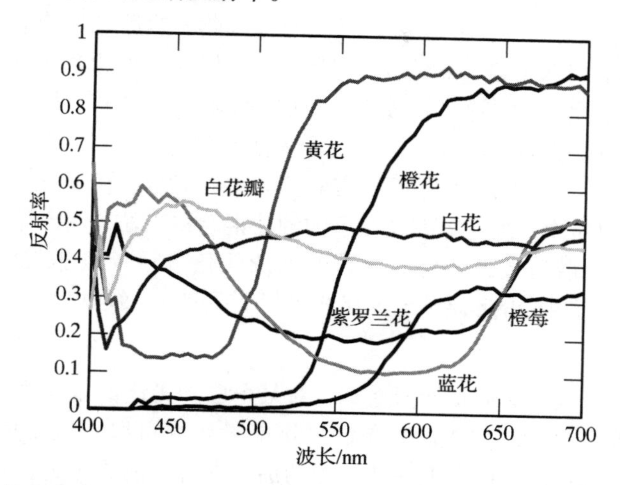

图3.6 由芬兰库奥皮奥大学物理系的Esa Koivisto教授测量的多种自然表面的光谱反射率，横坐标为波长，单位为纳米(These figures were plotted from data available at http://www.it.lut.fi/ip/research/color/database/database.html)

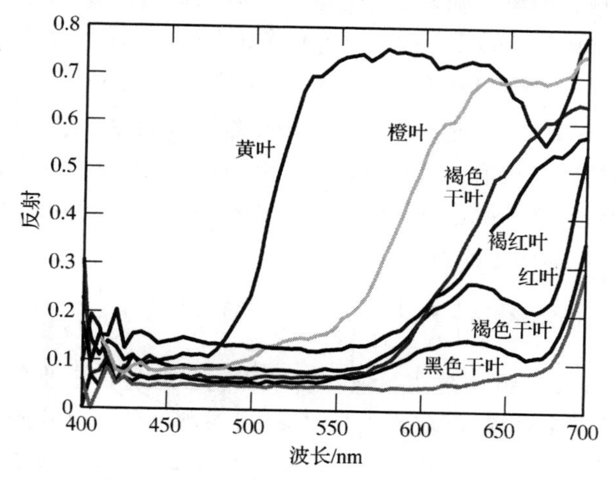

图3.7 由芬兰库奥皮奥大学物理系的Esa Koivisto教授测量的多种自然表面的光谱反射率，横坐标为波长，单位为纳米(These figures were plotted from data available at http://www.it.lut.fi/ip/research/color/database/database.html)

对于镜面反射存在两种颜色机制。如果表面是绝缘体，镜面反射光倾向于光源的颜色。如果表面是导体，镜面反射率在很大程度上取决于波长，以至于白光也许产生彩色的高光。

3.3 颜色表示

正确描述颜色在商业应用中非常重要，许多产品同特定的颜色密切相关(举例来说，麦当劳的金色M字拱门，许多流行计算机的颜色和胶卷盒的颜色)，制造者希望不同批次生产的产品能够具有相同的颜色，这需要一个关于颜色的标准系统。简单的命名是不够的，因为很少有人记得住很多的颜色名称，大部分人会把许多种颜色同一个名称联系起来。

3.3.1 线性颜色空间

有一种表示颜色的自然机制：制定一个原色的标准集，然后把所有色光都用这三个原色表示，这三个原色的权重，与人们在匹配颜色时所使用的相同。从原理上来看这种用法是很方便的：为了描述一种颜色，我们做一个匹配实验，获取匹配权重。当然，如果用标准光照射表面（如果表面非常洁净），这种方法同样可以扩充来表示表面的颜色。

每次要描述一个颜色时，可以通过匹配实验完成。举个例子（这是一个油漆店要用到的技术），你拿来一片脱落的油漆，通过将不同颜色的油漆混合的方法，调出需要的相同颜色的油漆。这么做是因为油漆复杂的散射效果使得对混合的油漆颜色进行预测非常困难。然而，格拉斯曼(Grassman)定律指出，有色光的混合（至少那些可以看到的）是线性的，这意味着可以获得更简单的方法。

颜色匹配函数 在以线性方式混合颜色时，对某个已知光谱能量密度的光源进行匹配，能够建立一个简单算法来确定原色的权重。光源的光谱能量密度可以看成是单一波长源强度的加权混合。因为颜色匹配是线性的，将由单一波长源的加权混合出的原色进行组合，首先匹配原色对应的单一波长源的权值，然后将这些匹配权值求和即可。

对于任何由 P_1，P_2 和 P_3 组成的原色集，可以由实验得到一套颜色匹配函数。通过调整每种原色的权重来匹配每种波长的单元辐射率，将这些与波长对应的权重记录到一张表格中。这些表格记录的就是颜色匹配函数，记为 $f_1(\lambda)$，$f_2(\lambda)$ 和 $f_3(\lambda)$。现在对于波长 λ_0，有

$$U(\lambda_0) = f_1(\lambda_0)P_1 + f_2(\lambda_0)P_2 + f_3(\lambda_0)P_3$$

（也就是说，f_1，f_2 和 f_3 为这个波长提供用于匹配单位辐射度的权重函数）。

我们希望找到光源的匹配权值 $S(\lambda)$。该光源是大量单一波长光的混合，每一种光具有不同的亮度。把每种单一波长的光同原色进行匹配，再把这些匹配权值相加，得到

$$\begin{aligned} S(\lambda) &= w_1P_1 + w_2P_2 + w_3P_3 \\ &= \left\{\int_\Lambda f_1(\lambda)S(\lambda)\mathrm{d}\lambda\right\}P_1 + \left\{\int_\Lambda f_2(\lambda)S(\lambda)\mathrm{d}\lambda\right\}P_2 + \left\{\int_\Lambda f_3(\lambda)S(\lambda)\mathrm{d}\lambda\right\}P_3 \end{aligned}$$

线性颜色空间的一般性问题 线性颜色命名系统能够通过指定原色（获取相应颜色匹配函数），或者通过指定颜色匹配函数（获取相应暗含原色）实现。这种方式的不便之处在于，如果原色是真实光，则对某些波长至少有一个颜色匹配函数是负的，这并不违反自然规律；这只意味着无论使用怎样的原色，都要求有负匹配。当然这是令人讨厌的。

避免这个问题的一个方法是设立一套始终为正的颜色匹配函数，这样导致原色必然是虚构的，因为一些波长的光谱辐射率为负。尽管看起来是个问题：怎样产生一种具有虚构原色的真实颜色？但实际上并没有问题。因为颜色命名系统很少这样做。通常，可以简单地对比权重来判断颜色是否相近，为此知道颜色匹配函数就足够了。国际照明委员会(CIE)已对许多不同的系统实现了标准化。

重要的线性颜色空间 CIE XYZ 颜色空间(color space)是一种非常流行的标准。每个点的颜色匹配函数都是正的（见图 3.8），所以任何真实光的坐标总是正的。不可能获得 CIE X，Y 或 Z 三原色，因为一些波长的光谱辐射度是负的。然而，只要稳定颜色匹配函数，就能够指定一个颜色的 XYZ 坐标并且描述它。线性颜色空间允许以很多有效的图形学方法进行构造，但在三维空间中画出比在二维空间中画出要困难许多，所以通常将 XYZ 空间同平面 $X+Y+Z=1$ 相交（如图 3.10 所示）并使用坐标画出结果图。

$$(x,y)=\left(\frac{X}{X+Y+Z},\frac{Y}{X+Y+Z}\right)$$

这个空间经常作为 CIE xy 颜色空间，在图3.12画出。CIE xy 在视觉和图形学教材以及一些应用中广泛使用，但是许多研究者认为它已经过时了。

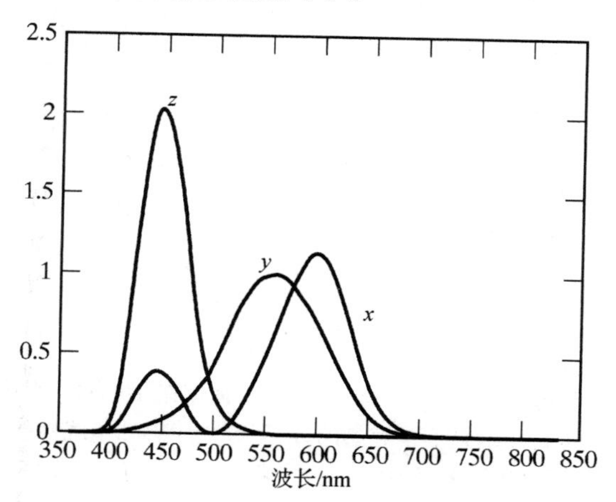

图3.8　CIE X，Y和Z三原色颜色匹配方程；颜色匹配方程呈现非负性，故并不需要相减匹配，但三原色并非真实(Figures plotted from data disseminated by the Color and Vision Research Laboratories database, compiled by Andrew Stockman and Lindsey Sharpe, and available at http://www.cvrl.org/)

RGB 颜色空间是线性颜色空间，使用单一波长原色(R是645.16 nm，G是526.32 nm，B是444.44 nm，见图3.9)。一般将显示器上所使用的磷光体作为 RGB 的原色。一般将可得到的颜色表示成一个立方体，通常称为 RGB 立方体，边缘代表R，G，B。立方体见图3.13。

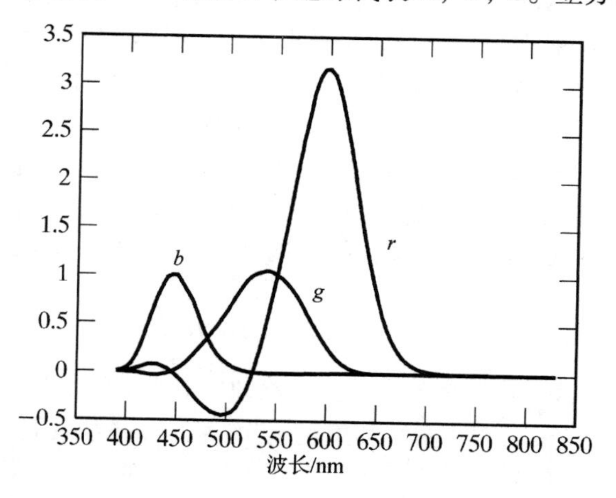

图3.9　RGB 系统的原色颜色匹配方程；负值表示在该波长处需要通过对 RGB 原色相减来匹配光(Figures plotted from data disseminated by the Color and Vision Research Laboratories database, compiled by Andrew Stockman and Lindsey Sharpe, and available at http://www.cvrl.org/)

与之对立的颜色空间是一个从 RGB 颜色空间推导出来的线性颜色空间。有证据表明灵长类动物有三种颜色系统[参考 Mollon(1982)；Hurvich and Jameson(1957)]，最早对光强产生了响应(例如明暗对比)。一个比较近些但仍然很早的颜色系统将蓝色和黄色进行对比。最近的颜色系统将红色与绿色进行对比。在有些应用中，采用对比方式的颜色表示是很有用的。从 RGB 空间通过 $I=(R+G+B)/3$ 可以获得光亮度，通过 $(B-(R+G)/2)/I$ 得到蓝-黄对比(也叫做 B-Y)，通过 $(R-G)/I$ 得到红-绿对比(也叫做 R-G)。注意 B-Y(或者 R-G)对于强烈的蓝色(或者黑色)是正的，对于强烈的黄色(或者绿色)是负的，并且亮度值之间是独立的。

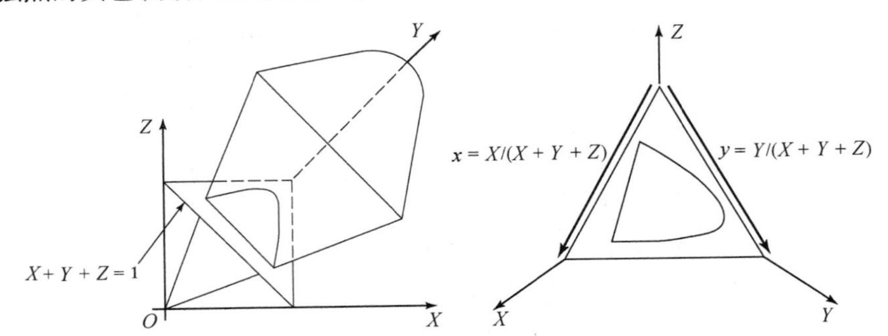

图 3.10 CIE XYZ 坐标空间中所有可视颜色都为顶点在原点的圆锥体。通常，将某颜色的亮度进行压缩是非常容易的，由于颜色的感知是线性的，为了得到很好的估计，我们可以通过采用平面 $X+Y+Z=1$ 进行插值得到 CIE xy 平面，见图 3.12

线性颜色空间有两个有用的解释，但是最广泛用于 CIE xy 颜色空间。第一，由于颜色空间是线性的，颜色匹配也是线性的，可以通过混合两种原色 A 和 B(位于颜色空间中联合绘制这些颜色的分割线上)得到所有的颜色。第二，可以通过混合三种原色 A,B,C(位于颜色空间中绘制三种原色形成的三角形区域内)。一般利用这个解释确定颜色集(或范围)，也就是显示器的磷光体所能呈现的颜色集。

减色混合和油墨 手写时代人们的直觉建议，基本颜色应该是红、黄和蓝；黄和蓝混合得到绿。这种直觉不能用于显示器的原因同涂料有关(有负的混合)而不是因为光。涂料吸收了入射光中的其他颜色再从纸上反射出来。于是，红墨水实际上是吸收了绿色光和蓝色光的染料——入射红光穿过染料从纸面反射回来。这种情况下，颜色混合是减色混合。

这样的负映射的颜色空间会非常复杂。在最简单的情况下，混合是线性的(或者接近线性)而且使用 CMY 空间。这个空间中有三个参数：青色(蓝绿色)、洋红(略带紫色的颜色)和黄色。这些参数应该视为白光的减色参数：青色是 $W-R$(白色减去红色)，洋红是 $W-G$(白色减去绿色)，黄色是 $W-B$(白色减去蓝色)。混合色的表现可以根据 RGB 颜色空间得到。例如，洋红和青色混合得到

$$(W-R)+(W-G)=R+G+B-R-G=B$$

这是蓝色。注意到 $W+W=W$，因为假设不管怎么涂改，墨水都不能让纸看起来更亮。实际印刷设备使用最少 4 种墨水(青色、洋红、黄色和黑色)，因为混合墨水只能产生很淡的黑色，三种颜色的配色方案也会因为对不准而使文字周围产生有色晕圈，而且彩色墨水比黑墨贵很多。要想获得很好效果的彩色印刷是很困难的：不同墨水的光谱特性不同，不同的纸张也有不同的光谱特性，墨水的混合也是非线性的。

手写困难的一个原因是颜料混合出的颜色结果是很难预测的。这是因为结果颜色很大程度上依赖于细节，例如涂料中的某种颜料，颜料颗粒的大小，颜料所用的介质，混合颜料时人的细心程度，以及相似的其他因素；通常我们没有足够的细节信息来对这些因素建立一个比较全的物理模型，对于这些问题的有用研究在参考文献 Berns(2000)中有描述。图 3.11 显示了 1931 标准 CIE xy 颜色空间的颜色标记。

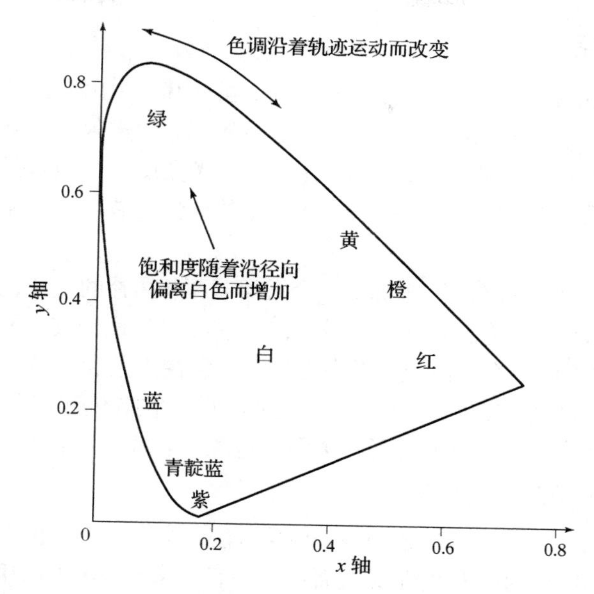

图3.11 该图显示了1931标准CIE xy 颜色空间的亮度常量部分，且颜色名称已经在图中标出。通常，越远离中性点的颜色越饱和——深红和浅红之间的区别，色度——绿色和红色之间的区别——绕着中性点移动

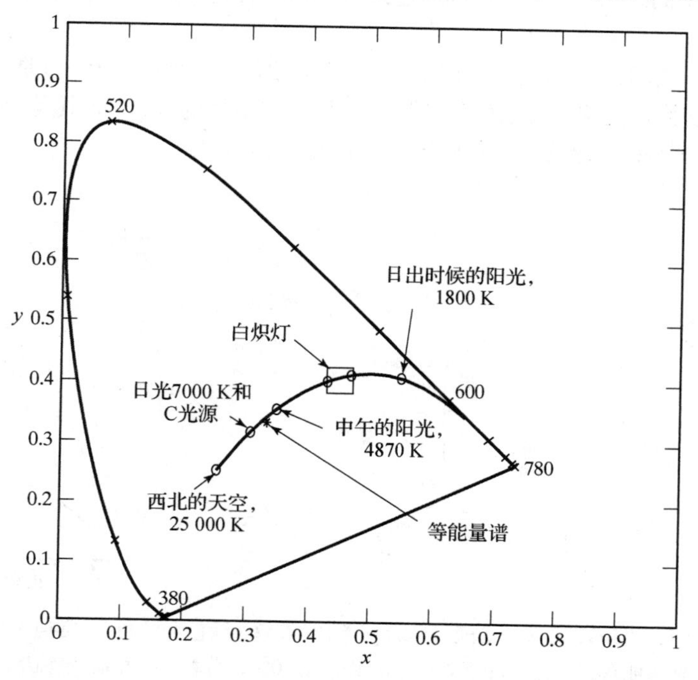

图3.12 该图显示了1931标准CIE xy 颜色空间的亮度常量部分。该图具有两个坐标轴。曲线边界常常叫做光谱轨迹（spectral locus），其描述了观察的单波长的光。该图给出黑色物体在不同温度下的颜色轨迹和不同天空颜色轨迹。接近于图的中心为中性点，即颜色为三原色的混合且其权重相等。国际照明委员会选择使得出现消色差的光为原色。通常，距离中性点越远的颜色越饱和（如深红色和浅桃红色的区别），围绕中性点移动表示颜色的区别（如从绿色到红色的区别）

3.3.2 非线性颜色空间

线性空间的颜色坐标可能并不是必要的编码属性，虽然其在常用语言或者实际应用中是非常重要的颜色属性。有用的颜色术语包括：色调——从红过渡到绿的过程中颜色的改变，饱和度——从红过渡到粉红的过程中颜色性质的改变，亮度（有时叫做光亮度）——从黑过渡到白的过程中颜色性质的改变。例如，如果对检测一个颜色是否位于特定的红色区域内感兴趣，我们希望直接检测颜色的色调。

线性颜色空间的另一个困难在于，坐标不符合人类对颜色拓扑的直觉；通常直觉认为色调形成一个圈，色调从红色到橙色到黄色到绿色，再到青、蓝、紫，最后回到红。另一个想法是局部色彩关系：红色在紫色和橙色之间，橙色在红色和黄色之间，黄色在橙色和绿色之间，绿色在黄色和青色之间，青色在绿色和蓝色之间，蓝色在青色和紫色之间，紫色在蓝色和红色之间。这些局部关系中的每一个都成立，但整体来看色调就形成了一个圈。这意味着线性颜色空间的坐标无法模拟色调，因为它的坐标的最大值和最小值相差很远。

色调、饱和度和亮度 处理这个问题的一个标准方法是构造一个颜色空间来反映这些关系，这可以通过使用一个到 RGB 空间的非线性变换而得到。有很多种这样的空间，一种叫做 HSV 空间（色调、饱和度和亮度），通过沿 RGB 立方体的中心轴往下看而得到。因为 RGB 是一个线性空间，所以用偏离原点的尺度代表亮度。可以把 RGB 空间平展成二维的常亮度空间，并变形为一个六边形，得到图 3.13 所示的结构。其中，色调通过沿着中心点旋转改变的角度得到，同时饱和度随着点远离中心点而改变。

在线性颜色空间之间，或者线性与非线性颜色空间之间[Fairchild(1998)是很好的参考]，有许多可能的其他坐标变换。使用一套坐标代替另一套很难有明显的改进（尤其是坐标系间只是一对一的转换），除非考虑到编码、比特率或者感知的一致性。

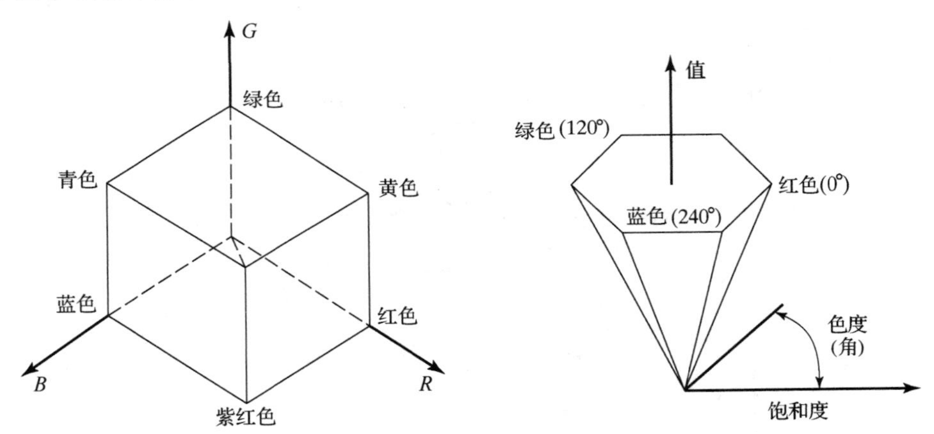

图 3.13 左图，为 RGB 立方体，通过联合三原色（红色、绿色和蓝色，通常通过显示器的响应得到颜色）得到所有颜色空间，且其权重为从0～1。沿着该中性轴，该轴从原点到点(1,1,1)观察得到一个六边形。该六边形将色度（随着颜色从绿色到红色变化）通过角度进行编码，这在直观上是满足的。右图，为从该横截面得到的锥体，其距离沿着锥体生成器给出颜色值（或者亮度），围绕锥体的角度给出色度，并且其距离给出颜色饱和度

均匀颜色空间 通常无法准确地重构颜色。这意味着了解人眼对颜色差异的区分能力是很重要的；通常比较微小的颜色区别是有用的，而试图比较大的颜色区别通常是困难的，例如回答“蓝色和黄色之间的区别大，还是红色和绿色的区别大？”之类的问题。

要确定略能察觉到的颜色差异，可以通过修改观察者看到的颜色，直到他们发现与原始颜色不同时为止。将这些区别绘制到颜色空间中，就形成了与原颜色无法区分的颜色区域的边界。通常将可察觉的差异表示为椭圆。在 CIE xy 空间，这些椭圆取决于它们在空间中出现区别的不同位置，如同图3.14中所示的 MacAdam 椭圆。

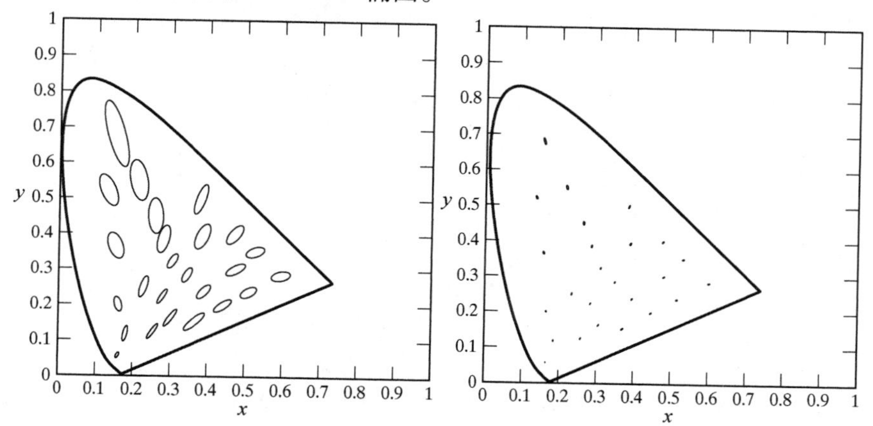

图3.14　该图给出在 CIE xy 空间的颜色匹配的种类。位于椭圆的中心为测试光的颜色；椭圆的大小表示人们观察到与测试光匹配的光散点；其边界给出最小可视差。左图被放大10倍，以方便显示，右图显示尺度化的散点图，并参考CIE图的颜色名字。该椭圆又称为MacAdam椭圆。注意图中顶端的椭圆相比于底端的椭圆更大，随着向上移动而旋转。这意味着在x，y坐标的幅值差很难指明颜色差。椭圆的数据源于MacAdam（1942）

这意味着在(x, y)坐标中，用$((\Delta x)^2+(\Delta y)^2)^{(1/2)}$给出略能察觉的颜色差异的尺度只是一个很弱的指示器（如果它是一个很好的指示器，那么椭圆代表的无区别颜色区域将是一个圆）。在均匀颜色空间中，坐标空间中的距离反映了两种颜色不同的程度——在这样的颜色空间里，如果坐标空间的距离在某些阈值之下，人眼将无法区分这些颜色。

一个更均匀的颜色空间能够从 CIE XYZ 坐标，通过使用投影变换校正椭圆得到。这就得到了一个在图3.15中说明的 CIE $u'v'$空间，其坐标为

$$(u',v')=\left(\frac{4X}{X+15Y+3Z},\frac{9Y}{X+15Y+3Z}\right)$$

通常u'，v'空间坐标间的距离是区分两种颜色的相当好的指示器，但是这里忽略了亮度上的区别。CIE LAB 是现在最通用的均匀颜色空间。LAB 中颜色的坐标通过对 XYZ 坐标的非线性变换得到

$$L^*=116\left(\frac{Y}{Y_n}\right)^{\frac{1}{3}}-16$$

$$a^*=500\left[\left(\frac{X}{X_n}\right)^{\frac{1}{3}}-\left(\frac{Y}{Y_n}\right)^{\frac{1}{3}}\right]$$

$$b^*=200\left[\left(\frac{Y}{Y_n}\right)^{\frac{1}{3}}-\left(\frac{Z}{Z_n}\right)^{\frac{1}{3}}\right]$$

其中，X_n、Y_n和Z_n是参考白色块的X、Y、Z坐标值。之所以考虑LAB空间是因为该空间实质上是均匀的。在一些问题中，重要的是人类观察者能够注意到的颜色区别，LAB坐标中的区别能够给出很好的帮助。

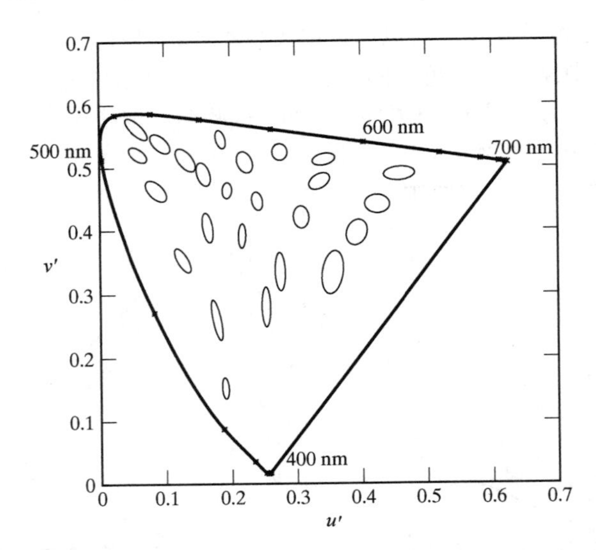

图3.15 该图给出通过将 CIE xy 空间进行投影变换得到的 CIE 1976 $u'v'$空间。其目的是为了使得 MacAdam椭圆(见图3.14)呈现均匀圆。这将产生一个均匀颜色空间。一种非线性的变换可使得该空间更加均匀[细节见Fairchild(1998)]

3.4 图像颜色的模型

假设图像中的一个像素是某些表面块的成像。有许多因素影响该像素的颜色，主要的因素是：摄像机对光源的响应(也许不是线性响应)；摄像机颜色感受体的选择；到达物体表面的光的数量；到达物体表面的光的颜色；漫反射率对波长的依赖性；以及镜面反射成分。一个相当简单的模型可以用来分离一些影响因素。

一般地，对线性摄像机的建模比较容易。CCD 摄像机本质上是线性设备。然而，大部分摄像机都用在拍摄影片中，因而趋向于压缩输入的动态范围(范围高端的亮度差别被减少，低端的也是如此)。线性设备的输出总是看起来很粗糙(暗的部分太暗，而亮的部分太亮)，因此设备制造商对输出使用了各种形式的压缩算法。我们假设摄像机的响应已被校正，可以使用2.2.1 节的方法，这样响应是线性的。

假设正在处理的表面可以由漫反射 + 镜面反射模型来描述。$\boldsymbol{x}$ 表示表面上的一个点，λ 表示波长，$E(\boldsymbol{x}, \lambda)$表示离开表面的光线的光谱能量密度，$\rho(\boldsymbol{x}, \lambda)$表示表面的反射率，是波长和位置点的函数，$S_d(\boldsymbol{x}, \lambda)$表示光源的光谱能量密度(随位置点的不同而不同；例如，亮度值会发生改变)，$S_i(\boldsymbol{x}, \lambda)$表示互反射光的光谱能量密度。那么有

$$\begin{aligned} E(\boldsymbol{x}, \lambda) &= [\text{漫反射项}] + (\text{镜面反射项}) \\ &= [(\text{直接表面颜色项}) + (\text{互反射颜色项})] + (\text{镜面反射项}) \\ &= (\rho(\boldsymbol{x}, \lambda)(\text{几何项}))[(S_d(\boldsymbol{x}, \lambda) + S_i(\boldsymbol{x}, \lambda))] + (\text{镜面反射项}) \end{aligned}$$

几何项表示亮度被表面法线影响的程度。注意到漫反射项受表面的颜色与光源的互反射的颜色影响(见图3.16 和图3.17)。

由于摄像机是线性的，$\boldsymbol{x}$ 处的像素值是与$E(\boldsymbol{x}, \lambda)$中每一项相对应的所有项的总和。$\boldsymbol{d}(\boldsymbol{x})$表示 $\boldsymbol{x}$ 处面对光源的平的表面块的颜色，与实际的表面块有相同的反射率，$g(\boldsymbol{x})$表示一个几何项(解释如下)，$\boldsymbol{i}(\boldsymbol{x})$表示互反射项的贡献，$\boldsymbol{s}(\boldsymbol{x})$表示镜面反射项的单位亮度颜色，以及 $g_s(\boldsymbol{x})$

表示一个几何项(解释如下)。那么

$$C(\boldsymbol{x}) = [(\text{直接表面颜色项}) + (\text{互反射颜色项})] + (\text{镜面反射项})$$
$$= g_d(\boldsymbol{x})\boldsymbol{d}(\boldsymbol{x}) + \boldsymbol{i}(x) + g_s(\boldsymbol{x})\boldsymbol{s}(\boldsymbol{x})$$

一般情况下，使用这个模型时忽略 $\boldsymbol{i}(\boldsymbol{x})$；利用3.5.1节的方法识别且去除镜面反射，并假设 $\boldsymbol{C}(\boldsymbol{x}) = g_d(\boldsymbol{x})\boldsymbol{d}(\boldsymbol{x})$。

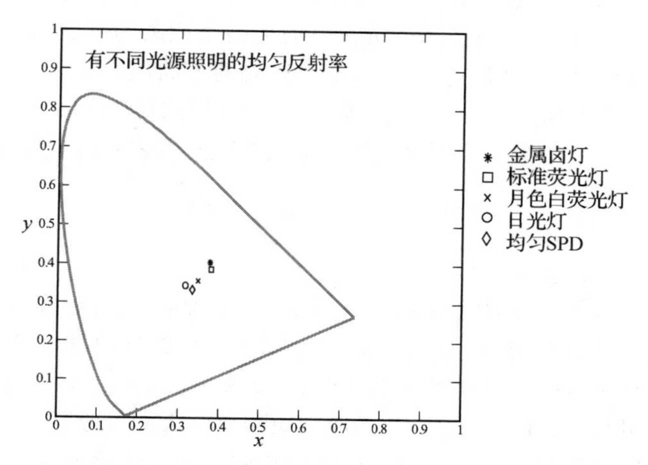

图3.16 点光源可以具有非常广泛的颜色变化。该图给出图3.5显示的在CIE xy 坐标下四种点光源的颜色和一种均匀光谱能量分布的颜色的比较

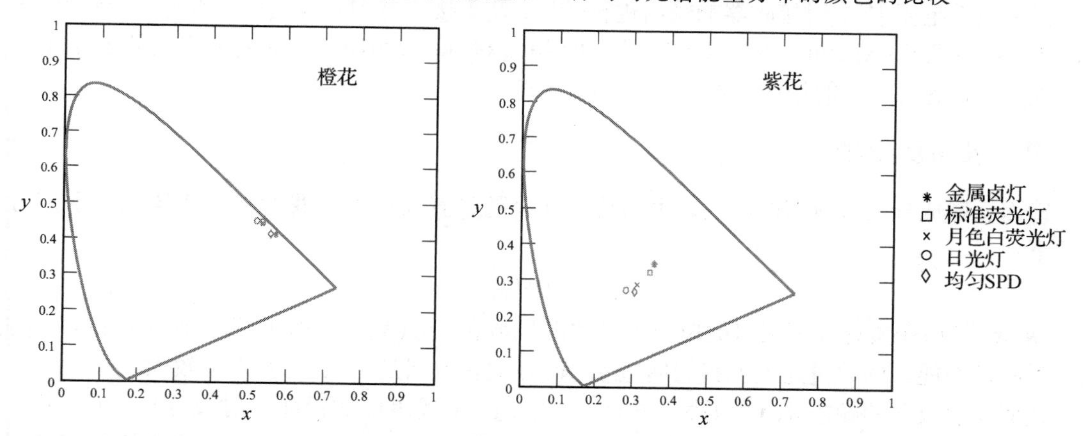

图3.17 点光源的颜色通过光源影响表面的颜色。通过对紫花(见图3.6左)和橙花(见图3.6右)的四种不同点光源(见图3.5)照射得到不同的颜色

3.4.1 漫反射项

漫反射项有两种漫反射成分，其中一个 $\boldsymbol{i}(\boldsymbol{x})$ 是由互反射引起的，互反射是有色光的重要来源。如果一个大的彩色表面把光反射到另一个表面上，那么这个表面的颜色会有很大变化。这是一种人们很难看到的，但是通常在照片上很容易看到的现象。现在并没有很好的模型用来去除这种颜色偏移，极大可能的是因为这种现象很难预测。这是因为很多不同表面的反射可以产生相同的颜色，以至于具有相同颜色的两个表面(不同的反射)可以具有不同的互反射。互反射项通常很小，所以通常忽略以简化处理。

忽略互反射项，漫反射项变成

$$g_d(\boldsymbol{x})\boldsymbol{d}(\boldsymbol{x})$$

其中,$\boldsymbol{d}(\boldsymbol{x})$是面对相同光源和在相同光照下观察的等同的平坦表面的图像颜色。由于表面方向，几何项$g_d(\boldsymbol{x})$在空间上的变化相对缓慢而在亮度上的变化较大。

我们可以对$\boldsymbol{d}(\boldsymbol{x})$与光源和表面的相关关系建模，假设观察的是一个平坦漫反射表面，被摄像机后面的无限远光源照亮。这种情况下，镜面反射或者表面方向产生的影响可以忽略。到达摄像机的光的颜色由两个因素决定：第一，光离开时与波长相关的表面的反射率；第二，射入该表面的与波长相关的光的亮度。如果有一个完全漫反射的表面块，漫反射率为$\rho(\lambda)$，被光谱为$S(\lambda)$的光源照亮，那么反射光的光谱是$\rho(\lambda)S(\lambda)$。假设摄像机的接收器是线性的，并且第k类接收器的灵敏度为$\sigma_k(\lambda)$。如果一个第k类线性接收器观察该表面块，其响应为

$$p_k = \int_{\Lambda} \sigma_k(\lambda)\rho(\lambda)S(\lambda)\mathrm{d}\lambda$$

其中，Λ是所有相关波长的范围。

这里主要的工程参数是接收器的灵敏度$\sigma_k(\lambda)$。对于像阴影去除(见3.5.2节)的一些应用，窄带宽的接收器灵敏度十分有用(例如，只对一种波长有响应的接收器)。通常，改变接收器灵敏度的唯一实用方法是在摄像机前面放置有色滤波器，或者直接更换一台新的摄像机，而更换摄像机在实际情况下是不可行的，制造商通常将接收器灵敏度与人的接收器灵敏度进行合理性兼容，这样做是为了摄像机能够对有色光产生与人相同的响应，而这种做法使得多数摄像机具有非常类似的接收器灵敏度。这里有三种方法解决该问题：在镜头前面安装窄带宽的滤波器(很难做到并且很少能满足要求)；对接收器的输出进行转换，使得接收器的响应更像窄带宽的接收器[如果有需要，可参见 Finlayson et al. (1994b)和 Barnard et al. (2001a)]；或者假设接收器是窄带宽的接收器并且容忍产生的任何错误(一般非常有效)。

3.4.2 镜面反射项

镜面反射成分具有典型的颜色，而且其亮度会随位置而改变。我们可以将镜面反射成分建模如下：

$$g_s(\boldsymbol{x})\boldsymbol{s}(\boldsymbol{x})$$

其中,$\boldsymbol{s}(\boldsymbol{x})$是该像素处镜面反射的单位亮度的图像颜色，$g_s(\boldsymbol{x})$是一个随像素而不同的项，并且对反射的镜面能量的数量建模。我们期望$g_s(\boldsymbol{x})$在大多数点是0，在有些点比较大。

镜面反射成分的颜色$\boldsymbol{s}(\boldsymbol{x})$取决于材料。一般地，金属表面的镜面反射成分与波长相关，其颜色是与金属材料相关的独特颜色(金是黄色的，铜是橙色的，铂是白色的，还有锇是蓝色或紫色的)。不导电的表面(绝缘体)的镜面反射成分与波长无关(也就是说，有光泽的塑料物体表面的镜面反射颜色就是光的颜色)。3.5.1节描述了怎样利用这些属性发现高光区，并且找到图像中对应金属物体或者塑料物体的区域。

3.5 基于颜色的推论

我们的颜色模型支持一系列的推论。可以用来找到镜面反射(见3.5.1节)，去除阴影(见3.5.2节)，推断表面颜色(见3.5.3节)。

3.5.1 用颜色发现镜面反射

镜面反射对于物体的外观有很强的影响，它们一般表现为小的亮片，称为高光。高光对于人

类对表面特性的感知具有重要的影响；在图像上附加小的、类似于高光的区域可以使被描绘的物体看起来光滑明亮。镜面反射常常太亮，以至于摄像机饱和而无法度量其颜色。然而，由于镜面反射的外观是强约束的，并且有许多有效的方案来标示它们，因此检测的结果可以用于提供形状的线索。

实际所见的反射率的动态范围相对较小，具有很高和很低的反射率的表面是难以制造的。均匀的光照也很常见，同时，大部分摄像机在它们的操作范围内可合理地接近为线性。所有这些意味着很亮的区域不会由漫反射产生，它们要么是光源(各种形式的，可能是有光在背后的有污点的玻璃窗)，要么是镜面反射。此外，镜面反射一般较小。因此，检测小的亮片是找到镜面反射的有效方法(Brelstaff and Blake 1988a)。

另一个方法是利用图像颜色。我们的模型中，绝缘体上的镜面反射的颜色就是光源的颜色。假设可以忽略互反射项，要么因为是单一的绝缘体，或者因为互反射项并不对我们注视的物体产生太多改变。我们的模型把图像颜色建模成漫反射和镜面反射的总和。现在考虑镜面反射周围的一个小表面块。希望这个表面块很小，因为希望镜面反射也很小(在曲面上是正确的；描述的方法对平面也许不成立)。因为表面块很小，希望 $\boldsymbol{d}(\boldsymbol{x})$ 在表面块内没有变化；希望镜面反射发生在反射边界。我们希望 $\boldsymbol{s}(\boldsymbol{x})$ 在表面块内也是不变的，因为镜面反射的颜色就是光源的颜色，而这在小表面块内仍然成立。

在绝缘体上，当从一个没有镜面反射的表面块移到一个有镜面反射成分的表面块上，图像颜色会发生改变，因为镜面反射成分的尺寸大小改变。我们可以把图像颜色写成

$$g_d(\boldsymbol{x})\boldsymbol{d} + g_s(\boldsymbol{x})\boldsymbol{s}$$

其中，$\boldsymbol{s}$ 是光源的颜色，$\boldsymbol{d}$ 是漫反射光的颜色，$g_d(\boldsymbol{x})$ 是依赖于表面方向的几何项，$g_s(\boldsymbol{x})$ 是给出镜面反射范围的一项。

如果物体是曲面的，$g_s(\boldsymbol{x})$ 在大部分表面上比较小，而在镜面反射周围的表面块上比较大；$g_d(\boldsymbol{x})$ 随表面的方向慢慢变化。现在我们将该表面产生的颜色映射到接收器的响应空间，并观察出现的结构。

由于 $g_d(\boldsymbol{x})\boldsymbol{d}$ 表示的是与接收器的响应相同的向量乘以随着空间变化的常数项，所以将生成的直线延长后会通过原点。如果存在镜面反射，那么就又有一条对应于 $g_s(\boldsymbol{x})\boldsymbol{s}$ 项的直线，一般它不会通过原点(由于漫反射项)。对应的是一条直线，而非一个平面区域，这是因为 $g_s(\boldsymbol{x})$ 仅仅在表面法线的一个很小的范围内较大。之所以如此设想，原因在于表面是弯曲的，$g_s(\boldsymbol{x})$ 只对应于表面很小的一个区域，其中 $g_d(\boldsymbol{x})$ 项在该区域应该大致不变。我们期望镜面反射区域是条直线，而不是孤立的像素，因为期望曲面有(也许很窄)镜面反射带，也就是说镜面反射系数有一个取值范围。第二条直线可能会与有色立方体的表面相交，并且被截断。

所得到的"狗腿"(dog-leg)模式几乎立即能导出镜面反射标记算法：找到这个模式，然后找到镜面反射线。该线上的所有像素都是镜面反射像素，漫反射项和镜面反射成分可以很容易地估计出来。为了使算法更有效，必须确保像素集合只表示一个物体。可使用图3.18展示的局部图像窗口来判断。即使表面不是单色的，该方法依然成立——例如一个有图片的咖啡杯子，但是在颜色空间中寻找上述结构仍是一个困难的问题，据我们所知目前尚未解决。

3.5.2 用颜色去除阴影

亮度的方法假设图像中的"快"(fast)边是因为反射率的改变(见2.2.3节)。这个假设是有用的，但是在有阴影的地方不成立，特别是户外太阳光下的阴影(见图3.20)，其中图像的明亮度很大并且快速变化。人们通常不会认为阴影是暗的表面块，所以必须找到一些方法来识别阴影

的边界。家庭用户通常喜欢编辑和改善图像质量，而且能够从图像中移除阴影的算法将非常有价值。阴影去除算法与亮度的方法有些类似：找到所有的边，识别阴影的边界，去除阴影，然后整合得到复原的图像。

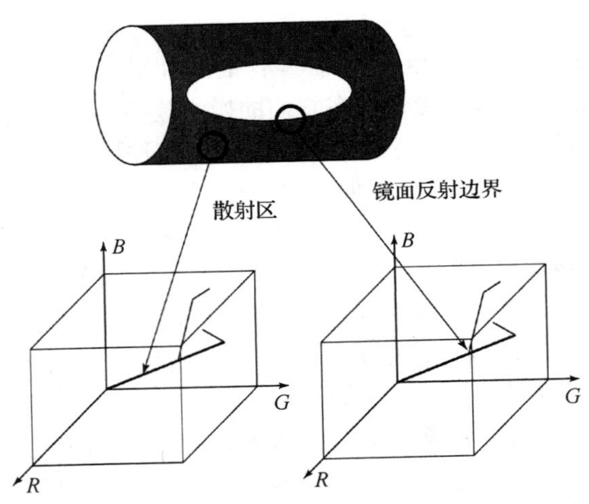

图3.18 在塑料物体上的光谱的线性聚类可以通过对图像像素窗口推理得到。在具有黑色背景的塑料物体世界中，黑色背景的窗口产生在颜色空间呈现点式的像素区域，所有的像素具有相同的颜色。沿着物体的窗口在颜色空间中产生线式的聚类像素，这是由于强度的变化，但颜色不变化。在光谱的边界，窗口产生面式的聚类，因为点是两种颜色(光谱和物体颜色)加权合并的。最终，在光谱区域的内部，窗口可以产生体式的聚类，因为摄像机饱和窗口的范围可以同时包括边界形式窗口和饱和点。不管区域是点式、线式，还是体式，都可以通过观察像素协方差的特征值而轻易判定

有一些看起来很自然但效果并不好的方法用来找到阴影边界。假设阴影边界有非常大的动态范围(反射边界没有；见2.1.1节)，但这个假设并不总是成立。假设阴影边界的明亮度有变化而颜色没有。这个假设被证明对于户外阴影不成立，因为亮的区域是被淡黄色的太阳光照亮的，阴影区域是被天空中带蓝色的光照亮的，或者有时候是被建筑物的互反射光照亮的，等等。然而，一个真正有效的方法可以通过对不同光源建模得到。

假设光源是黑体，所以它们的光谱能量密度是温度的一个函数。假设表面是漫反射的。采用3.2.1节提到的简化黑体模型，其中，T 表示黑体的开氏温度，h 表示普朗克常量，k 表示玻尔兹曼常量，c 表示光速，λ 表示波长，C是均衡常量。下面有

$$E(\lambda;T)=\mathrm{C}\frac{\exp(-hc/k\lambda T)}{\lambda^5}$$

现在假设每种颜色接收器只对一种波长产生响应，用 λ_k 表示第 k 个接收器，所以 $\sigma_k(\lambda)=\delta(\lambda-\lambda_k)$。如果以镜面反射率 $\rho(\lambda)$ 观察一个表面，该表面被一个具有温度 T 的光源照亮。第 j 个颜色接收器的响应为

$$r_j=\int\sigma_j(\lambda)\rho(\lambda)K\frac{\exp(-hc/k\lambda T)}{\lambda^5}\mathrm{d}\lambda=K\rho(\lambda_j)\frac{\exp(-hc/k\lambda_j T)}{\lambda_j^5}$$

可以形成一个颜色空间，通过 $c_1=\log(r_1/r_3)$ 和 $c_2=\log(r_2/r_3)$ 来表示，因为

$$\begin{pmatrix}c_1\\c_2\end{pmatrix}=\begin{pmatrix}a_1\\a_2\end{pmatrix}+\frac{1}{T}\begin{pmatrix}b_1\\b_2\end{pmatrix}$$

其中，$a_1=\log\rho(\lambda_1)-\log\rho(\lambda_3)+5\log\lambda_3-5\log\lambda_1$ 和 $b_1=(hc/k)(1/\lambda_3-1/\lambda_1)$（$a_2$ 和 b_2 也是如此）。注意，当改变光源的色温时，(c_1, c_2)坐标沿一条直线移动。线的方向取决于传感器，而不是表面。我们把这个方向叫做色温方向。线的截距取决于表面。

现在考虑一个充满颜色表面的空间，并把图像颜色映射到这个空间。这个空间中有一组平行线，其方向是色温方向。例如，可以从垂直于色温方向的原点建立一条线，然后用沿这条线的距离表示表面颜色（见图3.19）。我们可以表示空间中每幅图像的每个像素，用这种方法表示的彩色图像就变成灰度图像，其中灰度级在阴影中不会变化（因为阴影区域与非阴影区域有不同的色温）。Finlayson(1996)把这种称为不变图像。在图像中存在而在其不变图像中不存在的边界就是阴影边界，所以采用之前的方法：找到所有的边，识别阴影的边界，去除阴影，然后整合得到复原的图像。

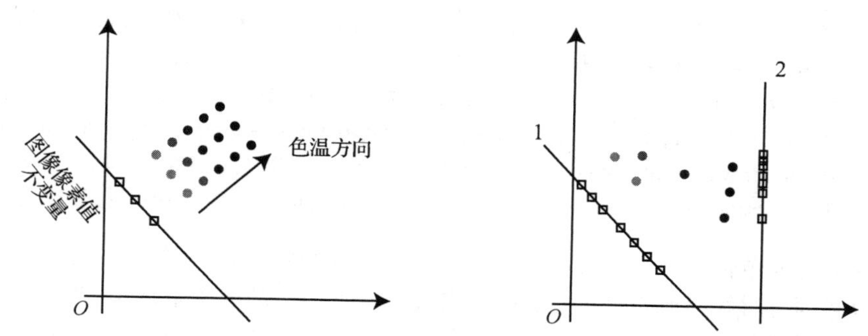

图3.19 沿着色温方向从坐标(c_1,c_2)移动观察的表面得到的光线的色温变化（左图：不同的灰度块表示在不同光线上相同的表面）。如果现在沿着(c_1,c_2)坐标方向投影到同一直线上，可以得到某值，该值并不随着照度色温的改变而变化，这是关于该像素不变的值。通常，我们对照明系统并不完全了解，以至于很难估计色温方向。然而，可以看到每个场景下的不同表面；这使右图色温方向的选择为1（具有许多不同的表面类型），而不是2（不变性的区域值很小）

当然，在实际环境下，通常没有关于传感器的充分信息来估计确定一组线的 as 和 bs，所以不能直接得到不变图像。然而，可以从(c_1, c_2)空间推断线的方向，通过对熵进行推理得到较好的估计。我们必须选择一个色温方向，假设空间中充满不同的颜色表面。考虑两个表面 S_1 和 S_2。如果 $\boldsymbol{c}_1$[S_1 的(c_1, c_2)值]和 $\boldsymbol{c}_2$ 是平行于色温方向的，选择 T_1 和 T_2，使得 S_1 在色温为 T_1 的光源下看起来与 S_2 在色温为 T_2 的光源下相同。因为这种方式下的表面不会倾向于模拟另一个表面，希望这不是普遍规律。当颜色以色温方向估计时，颜色倾向于张开的。对于这种张开，比较合理的评估是颜色直方图的熵。至此可以估计不变图像，并且并不使用关于传感器的任何信息。在(c_1, c_2)空间中搜索方向，沿着那个方向投影所有的图像颜色；色温方向就是产生最大熵的那个投影方向。采用上面的阴影去除方法可以计算不变图像。实际上，这种方法十分有效，尽管为了得到最后的结果需要在整合过程中投入很大精力（见图3.20）。

3.5.3 颜色恒常性：从图像颜色获得表面颜色

在我们的模型中，图像颜色既取决于光源颜色，也取决于表面颜色。如果用白光照亮一个绿色表面，可以得到一个绿色图像；如果用绿光照亮一个白色表面，也可以得到一个绿色图像。这就使得从图像中确定表面的颜色更加困难。我们需要一个从图像中就知道被观察表面的实际颜色而忽略光的影响的算法。

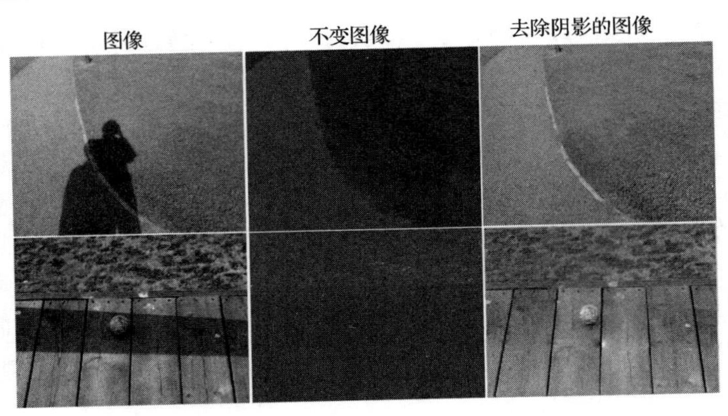

图3.20 当表面被加上阴影后，文本的不变性和图3.19并不改变其值。Finlayson等人用此构建阴影消除系统，即(a)计算图像边缘；(b)计算不变性图；接着(c)采用不变性图定义阴影边缘；最终(d)将没有阴影的边缘进行积分得到最终结果。该结果非常令人满意(This figure was originally published as Figures 2 and 4 of "On the Removal of Shadows From Images," G. Finlayson, S. Hordley, C. Lu and M. Drew, IEEE Transactions on Pattern Analysis and Machine Intelligence, 2006 © IEEE, 2006)

这个过程称为颜色恒常性。人类提出了很多形式的颜色恒常性理论。人们通常不知道这些，没有经验的摄影师有时候感到奇怪的是，在室内日光灯下拍摄的场景呈现出蓝色调，而同样的室外场景会呈现出暖橘色调。观察者对给定光谱能量分布的单色点光源的颜色感知，可以通过3.3节提到的简单线性模型进行预测。但如果这个点是大光源的一部分，场景也更复杂，那么这个模型会给出不正确的预测。这是因为人类的颜色恒常性理论是利用不同形式的场景信息对颜色做出感知。Land and McCann(1971)给出了这种影响的示范，见图3.21。复杂场景下人类看到的颜色是很难预测的[Fairchild(1998); Helson(1938a);(1938b);(1934);(1940)]。这是难以形成好的颜色复制系统的困难之一。

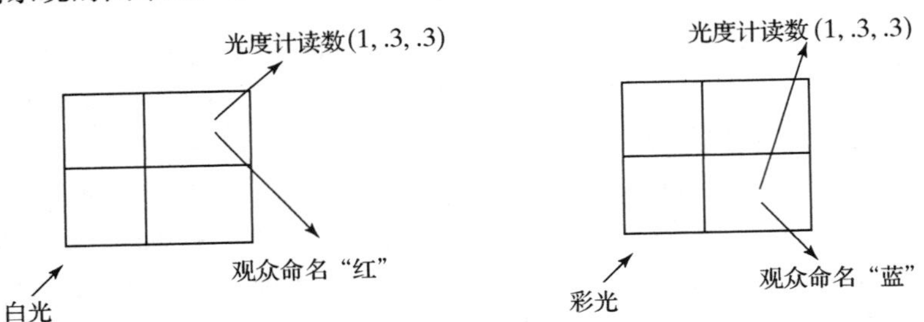

图3.21 Land给观众展示了由无光泽彩色矩形铺成的图形，因与著名荷兰画家Mondrian的一幅作品相像而得名，他还是用了三个幻灯片投影仪，分别投射红色、绿色和蓝色光。Land使用了一个光度计来度量在三种通道下离开同一个点的光能，对应于人眼的三类感受体。他记录了度量结果，并且要求观众给纸片命名，假设结果是“红色”(左图)。Land然后调整幻灯片投影仪，使得其他某个纸片能够得到相同的光度度量，并要求观众给该纸片命名。回答给出的是纸片在白光下的颜色描述，如果纸片在白光下是蓝色，答案就是“蓝色”(右图)。在后来的实验中，Land把楔形的非彩色的过滤器放入投影仪中，使得落于纸板上的光的色彩在纸条上缓慢变化。虽然从纸条的一端到另外一端，光度计度量变化得很缓慢，观众看到的纸条仍然是颜色不变的

人类颜色恒常性并不是完全正确的，人们可以选择忽略颜色恒常性系统中的信息。结果，人类可能会感知：

- 白光照射下表面的颜色(一般称为表面色)。
- 达到眼睛的光的颜色，该技能使得艺术家能够在有色光照射的表面上涂上油彩。
- 落于表面上的光的颜色。

3.4 节的图像颜色模型是

$$\boldsymbol{C}(\boldsymbol{x}) = g_d(\boldsymbol{x})\boldsymbol{d}(\boldsymbol{x}) + g_s(\boldsymbol{x})\boldsymbol{s}(\boldsymbol{x}) + \boldsymbol{i}(\boldsymbol{x})$$

我们决定忽略互反射项 $\boldsymbol{i}(\boldsymbol{x})$。原则上，可以采用3.5.1 节提到的方法来产生新的图像，而不需要光谱。这就是 $g_d(\boldsymbol{x})\boldsymbol{d}(\boldsymbol{x})$ 项。假设 $g_d(\boldsymbol{x})$ 是观察一个平坦正表面时的常数。结果项 $\boldsymbol{d}(\boldsymbol{x})$ 将这个空间建模成充满平坦的、正面的、漫反射的颜色表面的空间。这种空间有时候又叫做 Mondrian worlds。注意，在我们的假设下，$\boldsymbol{d}(\boldsymbol{x})$ 由颜色固定的表面块组成。假设有一个单色光源，对于所有的图像都有恒定的颜色。这一项同时聚集了光源、颜色接收器和反射信息，在现实世界中是不可能完全分清这些项的。然而，当给定由颜色表面和可靠光源填充的空间，现有的理论能够从图像颜色中对表面颜色做出有用的估计。

回忆3.4 节，如果有一个完全漫反射的表面块，漫反射率为 $\rho(\lambda)$，被光谱为 $E(\lambda)$ 的光源点亮，反射光的光谱是 $\rho(\lambda)E(\lambda)$(乘以一个常数以处理表面块的方向问题，这里决定忽略)。第 k 类颜色感受体对这个表面块的响应是

$$p_k = \int_\Lambda \sigma_k(\lambda)\rho(\lambda)E(\lambda)\mathrm{d}\lambda$$

其中，Λ 是所有相关波长的范围，$\sigma_k(\lambda)$ 是第 k 类颜色感受体的灵敏度。

有限维的线性模型 该响应与表面反射率和照度都呈线性关系，这就意味着对于可能的表面反射和光源簇都可以使用线性模型。一个有限维线性模型把表面谱反射率和光源辐射度建模为有限数目的基函数的加权和。对于谱反射率和光源不必使用相同的基。

如果表面谱反射率的一个有限维的模型是对现实世界的合理描述，则任何表面反射率都可以写成

$$\rho(\lambda) = \sum_{j=1}^{n} r_j \phi_j(\lambda)$$

其中，$\phi_j(\lambda)$ 是反射率模型的基函数，而 r_j 随着表面的不同而变化。类似地，如果光源的一个有限维的线性模型是合理的，那么任何光源都可以写成

$$E(\lambda) = \sum_{i=1}^{m} e_i \psi_i(\lambda)$$

其中，$\psi_i(\lambda)$ 是光源模型的基函数。

同时使用两个模型，第 k 类接收器的响应就是

$$\begin{aligned} p_k &= \int \sigma_k(\lambda) \left(\sum_{j=1}^{n} r_j \phi_j(\lambda) \right) \left(\sum_{i=1}^{m} e_i \psi_i(\lambda) \right) \mathrm{d}\lambda \\ &= \sum_{i=1,j=1}^{m,n} e_i r_j \left(\int \sigma_k(\lambda) \phi_j(\lambda) \psi_i(\lambda) \right) \mathrm{d}\lambda \\ &= \sum_{i=1,j=1}^{m,n} e_i r_j g_{ijk} \end{aligned}$$

其中希望

$$g_{ijk} = \int \sigma_k(\lambda)\phi_j(\lambda)\psi_i(\lambda)\mathrm{d}\lambda$$

是已知的，因为它们是世界模型的组成成分(可以从观察中得到，见习题)。

推断表面颜色 有限维的线性模型描述了光源颜色、表面颜色和图像颜色之间的相互作用。为了从图像颜色中推断表面颜色，我们需要一些假设。下面有几个似乎合理的可以利用的假设。

绝缘体的镜面反射有均匀的镜面反射率。可以用这一节的方法找到镜面反射，然后利用这一信息复原表面颜色。对镜面反射有

$$p_k = \int \sigma_k(\lambda) \sum_{i=1}^{m} e_i \psi_i(\lambda) \mathrm{d}\lambda$$

如果知道了传感器的镜面反射和基函数 ψ_i，通过对一个线性系统求解，就可以解出 e_i。现在知道了所有的 e_i 和每个像素的 p_k，为了复原反射系数，可以解出下面的线性系统：

$$p_k = \sum_{i=1,j=1}^{m,n} e_i r_j g_{ijk}$$

其中 r_j 是未知的。

已知平均反射是另一个似乎合理的方法。这种情况下，假设所有场景的反射率在空间上的平均值是个常数并已知(举例来说，可以假设所有的反射率的空间平均值都是全灰色)。在有限维的线性模型中，这个平均值可以写为

$$\sum_{j=1}^{n} \overline{r_j} \phi_j(\lambda)$$

如果平均反射率是常数，那么颜色感受体的平均响应也是常数(如果图像处理过程是线性的；见下面的讨论)，第 k 类颜色感受体的平均响应为

$$\overline{p_k} = \sum_{i=1,j=1}^{m,n} e_i g_{ijk} \overline{r_j}$$

已知$\overline{p_k}$和$\overline{r_j}$，线性系统中的光源系数 e_i 是未知的。我们先求解它，然后复原每个像素的反射系数。为了合理选择反射器和光的维度及表面偏置，这个线性系统必须满秩。

一幅彩色图像的色域是有启示作用的。色域是指出现在图像中的不同颜色的集合。一般地，白光下利用现有的图像系统很难获得强烈色彩的像素。进一步地，如果图像是在强烈彩色光下拍摄的，则图像会倾向于偏离色域。例如，在深红色光下无法在图像中获得明亮的绿色像素。结果，图像色域是光源的信息的一个来源。如果一幅图像的色域包含两个像素值称为 $\boldsymbol{p}_1$ 和 $\boldsymbol{p}_2$，那么必然可以在同样的光源条件下获得像素值 $t\boldsymbol{p}_1 + (1-t)\boldsymbol{p}_2$，$0 \leqslant t \leqslant 1$(因为可以在表面混合着色剂)。这意味着图像色域的凸包包含了光源信息。现在有不同的方法利用了这些现象。通常一个给定的图像色域有不止一个光源相对应，可以用几何的方法来识别对应的光源：利用概率的方法将范围缩小[例如，图像包含许多不同的颜色(Forsyth, 1990)]，或者使用物理的方法[例如，光源的主要来源是太阳和天空，可以建模成黑体(Finlayson and Hordley 2000)]。

3.6 注释

有很多使用颜色信息的重要资料，我们推荐 Hardin and Maffi(1997)、Lamb and Bourriau(1995)、Lynch and Livingston(2001)、Minnaert(1993)、Trussell et al.(1997)、Williamson and Cummins(1983)。Wyszecki and Stiles(1982)的文章包含大量有用的信息。最近，强调颜色的书

有 Velho et al.(2008)、Lee(2009)、Reinhard et al.(2008)、Gevers et al.(2011)及 Burger and Burge(2009)。

三原色理论和颜色空间

直到目前为止，对为什么应用三原色理论还没给出结论性的解释，尽管通常认为是由于眼睛中存在三种不同类型的颜色感受体。Nathans 在遗传学中对感光体的研究，可以认为解释了这些假设[见 Nathans et al.(1986a); Nathans et al.(1986b)]，但是还远不能给出一个完备的解释，因为 Nathans 的工作也表明许多人有不止三个感光体(Mollon 1995)。

目前存在大量的颜色空间和颜色表观模型。重要的问题并非是在哪个坐标系下度量颜色，而在于如何计算差异，所以对颜色度量标准的定义还有待深思。

颜色度量标准是一个古老的话题，一般用 MacAdam 椭圆来拟合尺度张量。该方法的困难在于度量张量带有很强的隐含性：能够通过积分在很大的范围内度量差异，然而很难看到大范围比较颜色的意义。另外一个要关注的是，观察者从 Maxwellian 的视角观察对差异赋予的权重，与图像颜色差异的语义重要性是两个不同的问题。

镜面反射检测

这里讨论的镜面反射检测算法出自 Shafer(1985)，由 Klinker et al.(1987),(1990)及 Maxwell and Shafer(2000)加以改进。镜面反射也可以从它们都是很亮很小的角度进行检测(Brelstaff and Blake 1988a)，因为它们相对于背景的颜色和运动不同(Lee and Bajcsy 1992a,Lee and Bajcsy 1992b,Zheng and Murata 2000)，或者因为它们使模式失真(Del Pozo and Savarese 2007)。重建镜面反射是相当麻烦的，因为镜面反射造成不同图像的匹配点有不同的颜色；在这些应用(Lin et al. 2002,Swaminathan et al. 2002,Criminisi et al. 2005)中，为了去除这些影响，不同的基于运动的方法不断被提出来。

颜色恒常性

Land 给出许多关于颜色可视的实验[Land (1959a),(1959b),(1959c),(1983)]。光谱反射的有限维线性模型可以借助于表面物理特性来支持，这是由于光谱吸收线被固态效应加粗。对表面反射的有限维线性模型的实验验证，是 Cohen(1964)对一组标准参照表面(称为 Munsell 碎片)的度量，以及 Krinov(1947)对一组标准参照物的度量。Cohen(1964)对他的数据使用了主轴分解来得到一系列基函数，Maloney(1984)使用这些函数对 Krinov 的数据进行了函数的加权拟合，效果不错，但带有模式引起的偏差。在每一个例子中，前三个主轴解释了样本方差的高百分比(接近 99%)，因而这些函数的线性组合对所有的样本函数拟合得非常好。最近，Maloney (1986)拟合 Cohen(1964)的基函数，对大数据集，包括 Krinov(1947)的数据，以及更多的 Munsell 碎片表面反射率数据进行了拟合，并得出结论：表面反射精确模型的阶为 5 或者 6。

有限维线性模型在颜色恒常性研究中是一个非常重要的工具，从该方法中自然衍生出大量的算法。有一些算法利用了线性空间的特性[Maloney(1984); Maloney and Wandell(1986); Wandell(1987)]。可以通过以下推断出光照：参考物体(Abdellatif et al. 2000)；镜面反射，Judd 在 1960 年(Judd 1960)研究了表面颜色感知，把这个当做“一种更通常的观点”；近期的工作(D'Zmura and Lennie 1986,Flock 1984,Klinker et al. 1987,Lee 1986)；平均颜色(Buchsbaum 1980,Gershon 1987,Gershon et al. 1986)；以及色域[Forsyth(1990);Barnard(2000);Finlayson and Hordley(1999),(2000)]。

与光照变化相关的映射簇的结构已经得到了深入的研究。该工作最初是由 Von Kries 所做(他对该问题的想法与我们不同)。假设颜色恒常性本质上是在每一个通道上独立的亮度计算的结果，这意味着可以通过独立地缩放每一个通道来校正一幅图像。这种做法一般称为 Von Kries 法则。该法则等于假设映射簇为对角矩阵。Von Kries 法则被证明是一个非常好的法则(Finlayson et al. 1994a)。目前最好的做法是首先对通道使用线性变换，然后使用对角映射来缩放所得到的结果[Finlayson et al. (1994a),(1994b)]。

在测试方法上有一些参考数据库可以使用(Barnard et al. 2002c)。颜色恒常性方法在实际应用上很有用(Barnard et al. 2002a,Barnard et al. 2002b)；然而这个方法好不好值得争议(Funt et al. 1998,Hordley and Finlayson 2006)。概率的方法可以应用到颜色恒常性上(Freeman and Brainard 1997)。关于光照的先验模型提供了重要的研究线索(Kawakami et al. 2007)。

在颜色恒常性方面，很少有工作把光源的空间变化和表面颜色的解结合起来，这就是在我们的模型中忽略了一些项的原因。理想情况下，应在阴影和表面方向上进行研究。另外，在我们看起来整个问题就像一个推理问题，却很难解决。关于这个极其重要问题的主要文章有 Bamard et al. (1997) 和 Funt and Drew(1988)。其中还存在很大的研究空间。

有色表面间的相互反射导致了一种称为染色的现象，其中每一个表面都反射有色光到其他表面上。这种现象在实际中非常多见。人类似乎能很好地完全忽略它们，大部分人并没有意识到这种现象的存在，忽略染色可能使用了空间的信息。举出一些好的例子需要动一番脑筋。作者在南加州偶然碰到一个很好的例子，那里的路边有许多很大的开着白色夹竹桃的树篱。白色夹竹桃的叶子是深色的，而花是白的。在明亮的阳光下，时而可以看到开着黄色夹竹桃花的树篱；乍一想会以为这是由于停泊在路上的黄色服务卡车的颜色反射黄光到白花上所致。人忽略染色的能力被深色的叶子所破坏，这些叶子破坏了空间的模式。染色包含了表面颜色的信息，但是很难被分离出来[见 Drew and Funt(1990)；Funt and Drew(1993)；Funt et al. (1991)]。

把颜色恒常性作为一个推断问题(Forsyth 1999,Freeman and Brainard 1997)进行公式表示是很有可能的。这种方法的优点在于，对于给定的数据，该方法能够给出可能的表面颜色范围，是带有后验权重的。

习题

3.1 准备一包彩纸，和一个朋友一起来比较使用的颜色名称。最好准备一大包纸——可选择那些用于绘画或者 Pantone 色彩系统的样品纸，一般比较便宜。尝试的名称最好是基本的颜色名称——红色，粉红色，橙色，黄色，绿色，蓝色，紫红色，棕色，白色，灰色和黑色，这些术语(以及其他一些术语)都是非常经典的，在各种语言中得到了广泛使用[Hardin and Maffi(1997)的论文给出该论题的一个很好的总结]。在命名过程中很容易产生一些分歧，例如哪些称为蓝色，哪些称为绿色。

3.2 导出 RGB 与 CIE XYZ 之间互相转换的公式，该变换为线性变换。写出线性变换的元素表达式即可，不必查找颜色匹配函数的实际数值。

3.3 通过选择原色，为这些原色构造颜色匹配函数来得到颜色空间。证明存在一个线性变换，该变换将一个线性颜色空间中的值变换到另外一个颜色空间中；最简单的方法是按照颜色匹配函数写出变换方程。

3.4 习题 3.3 告诉我们，在建立线性颜色空间时，可以任意地选择原色，但是对于颜色匹配函数的选择是有约束的。为什么？这些约束又是什么？

3.5 在一种光照下具有相同颜色、而在另外一种光照下具有不同颜色的两个表面，一般称为条件同色(metamers)。最优色是一种在某些波长值为零、而在另外一些波长值为 1 的光谱反射或者辐射。虽然最优色在实际中并不存在，但在解释各种效果时它们还是很有用的(参见 Ostwald 的文章)。

(a)使用最优色解释条件同色现象。

(b)给出一个特定的光谱反射率，证明它存在无穷的条件同色的光谱反射率。

(c)使用最优色来构造这样一个例子：一些表面在一种光照(例如，红色和绿色)下具有不同颜色，而在另外一种光照下具有相同颜色。

(d)使用最优色来构造这样一个例子：一些表面在光照改变时交换外观颜色(例如，在光照1下，表面1看起来是红色，表面2看起来是绿色；而在光源2下，表面1看起来是绿色，而表面2是红色)。

3.6 需要将打印机的色域映射到显示器的色域上，其中每个色域中都存在另外一个色域没有的颜色。假设给定一个无法重新精确生成的显示器颜色，你可以选择最接近的打印机颜色。解释一下，为什么对于重新生成图像，这是一个不好的做法？在生成商业图片的过程中它是否能够工作(条图、饼图及其他类似的包含有大块相同颜色块的图)？

3.7 体(积)色是与有色透明物质相关的一种现象——最吸引人的例子是一杯酒。色彩来自不同波长的不同吸收系数。解释：(a)为什么一小杯颜色深红的酒看起来是黑色的；(b)为什么一大杯浅色的红酒看起来也是黑色的：可以做实验。

3.8 阅读图书 *Colour: Art and Science*，Lamb 和 Bourriau 著，剑桥大学出版社1995年出版。

3.9 在3.5.3节中，我们将尽可能描述照度颜色的全部范围。记 G 为给定图像全部的凸包，W 为在白色光照下一幅图像的许多不同表面的凸包，$\mathcal{M}\boldsymbol{e}$ 为一幅图像在光照 $\boldsymbol{e}$ 下的图像到在白色光照下图像的映射关系。

(a)给出仅需考虑的光源，并且满足 $\mathcal{M}\boldsymbol{e}(G)\in W$。

(b)证明，在有限维的线性模型下，$\mathcal{M}\boldsymbol{e}$ 线性依赖 $\boldsymbol{e}$。

(c)证明，在有限维的线性模型下，满足 $\mathcal{M}\boldsymbol{e}(G)\in W$ 的 $\mathcal{M}\boldsymbol{e}$ 为凸集。

(d)给出这种集合的表征。

编程练习

3.10 关于光源和表面光谱的一些参考内容可以在网络上找到(试试 http://www.it.lut.fi/ip/research/color/database/database.html)。使用主分量分析，从一些光源和表面反射中拟合出一个有限维线性模型，绘制结果模型，将所绘制的结果与精确的结果进行比较。判断在哪一处造成了最明显的错误？为什么？

3.11 使用不同的纸张在喷墨打印机上打印一幅彩色图像，并比较结果。特别关注下列情况：(a)驱动程序知道打印机在哪种纸上打印，并比较颜色的变化(哪一个是无法感知的)；(b)对打印机将在哪种纸上打印给出错误的信息(例如，在普通纸上打印却告诉打印机在相纸上打印)。你能够解释看到的变化吗？为什么相纸有光泽？

3.12 用有限维线性模型对光源和反射物进行拟合，这种方法不太好，因为没有办法保证交互作用可以很好地表示(无法在拟合误差中解释)。通过不使用基函数的拟合过程可以得到 g_{ijk}。实现该过程[细节描述见 Marimont and Wandell(1992)]，并把结果与以前练习中得到的结果进行比较。

3.13 假设反射率的空间均值为常数，建立一个颜色恒常性算法。使用有限维线性模型。可以从先前的练习中得到 g_{ijk} 值。

3.14 在表面的颜色模型中忽略互反射。做一个实验，思考一下从颜色互反射中可能得到的颜色漂移的大小(非常大)。人类很少把颜色互反射解释为表面颜色。想一想为什么会这样？参考对亮度算法的讨论。

3.15 基于3.5.1节所描述的线，设计一个镜面反射检测算法。

3.16 基于3.5.2节所描述的线，设计一个阴影消除的算法(这比看起来还要容易，并且结果似乎很好)。

第二部分

低层视觉：使用一幅图像

第4章 线性滤波

在一张斑马和黑白斑点狗的图片上，间隔分布着数量几乎一致的黑白色像素。两者之间的区别不在于逐个像素值，而是在于小群组像素的特征表现。本章将介绍如何获取小群组像素分布特征描述的方法。

这里主要的策略是采用不同的加权模式计算像素加权和，并寻找不同的图像模式。这个方法尽管非常简单但很有用，它能够平滑图像中的噪声以及检查边缘和其他图像模式。

4.1 线性滤波与卷积

许多重要的效果都能够用简单的模型进行建模。例如，构造一个和图像同样大小的新数组，用一个加权模式来计算图像中各个位置的数值的加权和，在新数组的相应位置填上该加权值之和。不同的加权模式代表不同的处理方法。计算确定区域的局部平均是一个例子。对于输入图像 $\mathcal{F}$ 的每个像素(i, j)，计算该像素为中心的$(2k+1)\times(2k+1)$邻域内每个点的平均值 $\mathcal{F}$，得到输出

$$\mathcal{R}_{ij} = \frac{1}{(2k+1)^2}\sum_{u=i-k}^{u=i+k}\sum_{v=j-k}^{v=j+k}\mathcal{F}_{uv}$$

这个例子的加权模式很简单（每个像素根据同样的常数加权），同样可以采用其他一些更有意义的权重：例如，设置中心点的权重值很大，随着点远离中心，权重值迅速减小，这种模式用于模拟散焦镜头系统的平滑效果。

无论选取何种权重，这种方法的输出是移不变的——即输出值依赖于图像相邻区域的特征，而不是相邻区域的位置；同时输出是线性的——即两幅图像和的输出等于两幅图像输出的和。这种方法通常称为线性滤波（**linear filter**）。

4.1.1 卷积

这里先介绍一些符号表示。线性滤波使用的加权模式通常称为滤波的核，使用滤波的过程称为卷积。有一点需要注意：后面将会解释（见4.2.1节），卷积使得过程变得不那么显而易见。具体来说，给定一个滤波核 $\mathcal{H}$，图像 $\mathcal{F}$ 的卷积结果是一个图像 $\mathcal{R}$。$\mathcal{R}$ 的(i, j)位置的元素值表示为

$$R_{ij} = \sum_{u,v} H_{i-u,j-v}F_{u,v}$$

这个过程定义了卷积——我们称使用 $\mathcal{H}$ 将 $\mathcal{F}$ 卷积到域 $\mathcal{R}$。仔细观察表达式，与相关计算相比，替换变量 u（或 v）的"方向"是相反的。这一点很重要，如果忘记了反向，将得出错误的结果。反向的原因将在4.2.1节中加以解释。这里故意避免标出求和的范围。实际上假设求和中的 u，v 范围足够大，并保证将所有的非零元素都包括在内，而且，假设没有提及的元素的数值都是零；这意味着可以把核表示成大量零元素中分布少量非零元素的模型。下面将使用这个惯例。

例4.1 通过平均进行平滑。一般地，图像具有相邻像素的数值相近的性质，而噪声的影响能够合理地假设为并没有改变上述性质。举个例子：图像中偶尔有一些坏像素，或者少量均值为零的

随机值叠加在像素点的数值中。很自然地，可以通过将每一个点用周围点的加权平均替代的方法，减少噪声的影响，通常称这个过程为平滑或者模糊。

用一个点为中心的某个邻域内像素值的非加权平均值替代这个点的数值，与使用元素为常数的核进行卷积相同。需要注意邻域的范围。这个过程是一个较差的模糊模型——它的输出看起来并不像一个散焦的照相机(见图 4.1)。这个原因非常明显，假设有一个图像，除了中心点数值为 1 外其余每个点都为 0。如果通过对这幅图像的每个点进行无权重平均的方法进行平滑，结果看起来就像是一个盒子，这并不是一个散焦照相机的结果。希望采用一个小的光点对图形对称的模糊区进行模糊，光点中心的亮度要比边缘处的亮，亮度逐渐减弱。正如图 4.1 所示，这种形式的加权模式，能够获得令人信服的散焦模型。

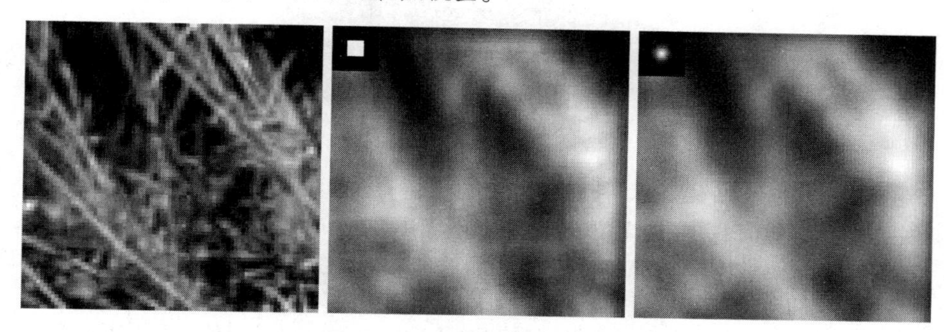

图 4.1　尽管均匀局部平均看起来是一个不错的平滑模型，但是，它产生的效果并不是我们经常在镜头散焦过程中看到的那样。上面的图片比较了使用带权重的均值和均匀进行平滑的不同效果，左边是一幅关于草的图片，中间是使用均匀平滑进行模糊的效果，右边是使用高斯权重对图片进行模糊的效果。两张图片对图像进行模糊的程度是大致相同的，但是使用均匀平滑产生了一些水平和竖直方向的条状——这种现象又被称为“振铃”(ringing)。嵌入的小图描述的是模糊图像使用的权重，在这里以图像的方式显示出来；其中较亮的点表示的是较大的数值，较暗的点表示的是较小的数值(在这个例子中，最小的数值为零)

例 4.2　高斯平滑。 处理这种模糊问题的较好模型是如图 4.2 所示的对称性高斯模型

$$G_\sigma(x,y)=\frac{1}{2\pi\sigma^2}\exp\left(-\frac{(x^2+y^2)}{2\sigma^2}\right)$$

σ 是高斯分布的标准差(或是 sigma)，单位是像素间距，通常指像素；常数项使得在整个平面的积分值为 1，但在平滑应用中经常被忽略。这种取名的原因是该核与特定方差的随机变量的二维正态分布(或高斯分布)的概率密度形式相同。

这种平滑核实现加权平均：中心点的权值要比边缘点的权值强得多。这种方法的合理性可以定性地解释：平滑抑制噪声要遵循像素值与相邻点相近的要求。对较远相邻点取较小的权重，可以确保点看起来更接近比较近的相邻点。下面是一个定性分析：

- 如果高斯分布的标准差很小——甚至小于一个像素——平滑效果将会很差，因为偏离中心的所有像素的权重都非常小。
- 如果是一个大一些的标准差，相邻的像素在加权平均过程中将有大一些的权重，意味着平均的结果将偏向多数相邻点的共识——这样能够得到一个像素值的较好估计，噪声随着平滑也将大大降低，但代价是图像会有些模糊。
- 最后，一个具有很大标准差的核将导致图像细节随同噪声一同消失。

图 4.3 说明了这种现象。读者可以注意到高斯平滑在抑制噪声方面是很有效的。

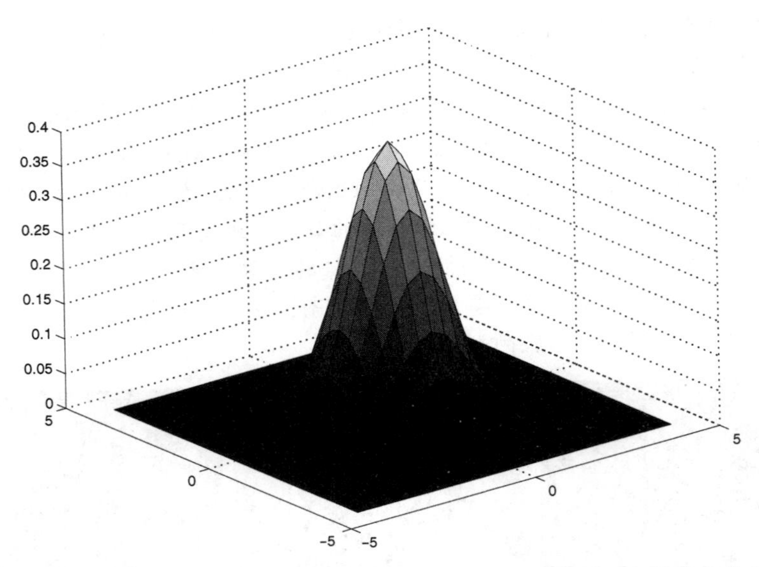

图 4.2 二维空间中对称的高斯核。这张图片显示了缩放后的核，它的总和为 1；这种缩放经常被忽略。该核的$\sigma=1$。使用这个核进行卷积产生的是有权重的平均，其中对于卷积窗口中心的点进行了强化，弱化了在卷积窗口边缘的点的贡献。注意，从本质上来说高斯函数和图像模糊过程中点扩展的过程是相似的：都是中心对称的，都在最中心有最强的响应，在靠近边缘的地方逐渐消失

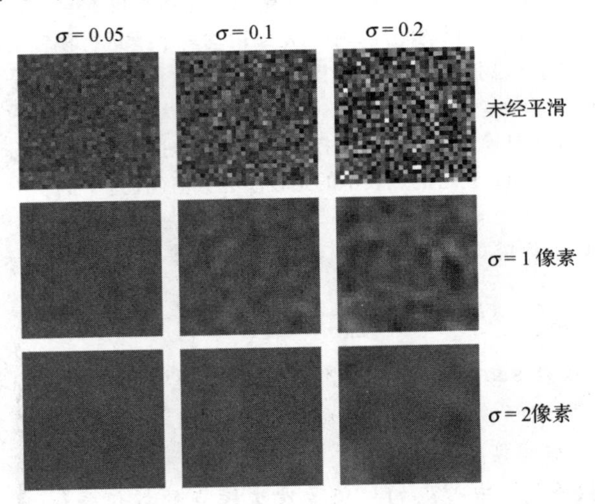

图 4.3 第一行显示的是对同一张灰度值为某一固定灰度的图片添加不同高斯噪声的图像。在这个噪声模型中，每一个像素值都添加了一个均值为零的标准随机变量。像素值的范围为0 ~ 1，所以第一行噪声的标准差大约是总范围的1/20。中间一行显示的是对第一行相应图片使用σ为一个像素值的高斯滤波器进行模糊的效果。注意，由于对高斯噪声和高斯滤波器的描述中都包含σ，这里的符号显示有些重复。人们一般通过上下文来避免对这种情况的误解，尽管这样做并不总是有效的，特别是高斯滤波器对于压缩高斯噪声非常有效的情况下，就更难以区分。这是因为每个像素点的噪声值是相互独立的，也就是说，所有像素点的期望值也就是噪声的均值。最后一行显示的是，使用σ为两个像素值的高斯核对相应图片进行模糊处理的效果

在应用中，一个离散的平滑核可以通过建立一个$(2k+1)\times(2k+1)$的矩阵得到，第(i,j)个元素值为

$$H_{ij} = \frac{1}{2\pi\sigma^2}\exp\left(-\frac{((i-k-1)^2+(j-k-1)^2)}{2\sigma^2}\right)$$

σ 的选取值得注意，如果 σ 的值太小，矩阵中只有一个非零元素。如果 σ 太大，k 也必须大，否则将忽视周边点的贡献，如果选用合适权重，这些周边点本应对结果有所贡献。

例 4.3　导数和有限差分。图像导数可以使用另一个卷积过程进行近似。因为

$$\frac{\partial f}{\partial x} = \lim_{\epsilon \to 0} \frac{f(x+\epsilon, y) - f(x,y)}{\epsilon}$$

可以用有限差分作为一个偏导数的估计

$$\frac{\partial h}{\partial x} \approx h_{i+1,j} - h_{i-1,j}$$

这与卷积的效果相同，卷积核为

$$\mathcal{H} = \left\{ \begin{array}{ccc} 0 & 0 & 0 \\ 1 & 0 & -1 \\ 0 & 0 & 0 \end{array} \right\}$$

注意到这个核可以解释成一种模板：它对一边是正的、另一边是负的图像结构产生大的正响应，对其镜像图像产生一个大的负响应。

正如图 4.4 所示，用有限差分对导数进行估计最不令人满意。这是因为有限差分对快速变化响应强烈（即大量级的输出），而快速变化是噪声的特征。举个例子，如果我们购买一台打折的照相机，它的某些像素点可能会呈现或黑或白。在这些点，有限差分的输出将非常大，因为一般来说，它们同周围的点的差异很大。这一切表明在有限差分前使用某些平滑方法是合适的，其细节将在5.1 节中介绍。

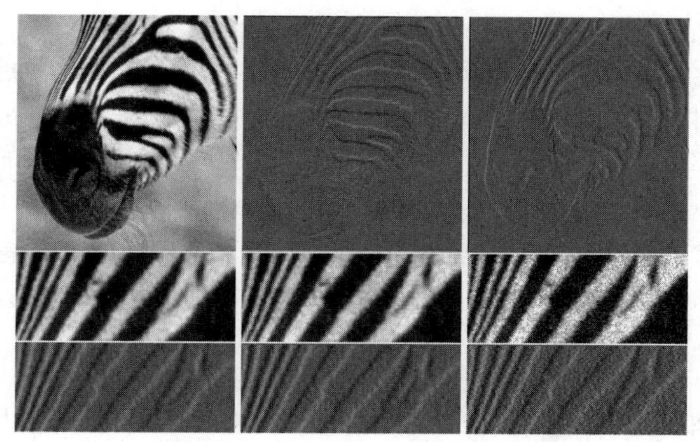

图 4.4　第一行显示的是通过差分得到的梯度估计值。左边的图片显示的是包含细节的斑马图片。中间的图片显示的是y方向的偏导——对水平方向的条纹响应强烈，对竖直方向的条纹响应较弱，右边的图像显示的是x方向的偏导——对竖直方向的条纹响应强烈，对水平方向的条纹响应较弱。但是差分对噪声十分敏感。中间一行最左边的图像显示的是带有细节的斑马图片；这一行接下来的一张图片是对每一个像素值加了一个满足均值为零的标准分布的随机数（$\sigma=0.03$；图像中最暗的数值为0，最亮的数值为1）；第三张图片是对每一个像素值加了一个满足均值为零的标准分布的随机数（$\sigma=0.09$）。最后一行显示的是对第二行图片在x方向求偏导数的结果。注意观察求导过程对图像噪声的强化程度；通过图像显示出来的偏导数看起来越来越呈现出颗粒状的特点。在表示偏导数的图像中，显示为灰色点的数值为0，较深的灰度值代表的是负的数值，较浅的灰度值代表的是正的数值

4.2 移不变线性系统

卷积表征了一大类系统的性质，特别地，大多数图像系统可以高度近似成具有以下三个重要性质。

- **叠加性**：表示为

$$R(f+g)=R(f)+R(g)$$

  这意味着，对一组混合激励的响应等于对单个激励响应的和。

- **按比例缩放**：对零输入的响应是零。与叠加性类似，对一个按比例缩放输入的响应等于对输入响应的按比例缩放，也就是说

$$R(kf)=kR(f)$$

  同时具有叠加性和按比例缩放性质的系统，称为线性系统。

- **移不变性**：在移不变系统中，对转移了位置激励的响应等于对原激励的响应产生相同的位移。举个例子，如果投向照相机中心的光为一个小亮点，那么如果这束光投向外围，我们看到的仍然是同样的小亮点，只是转移了位置。

一个同时满足线性和移不变性的系统称为移不变线性系统，或者简称为系统。

移不变线性系统对激励的响应可以由卷积得到。首先在离散输入情况下证明这一点：输入为向量或者矩阵，产生离散输出。我们利用这一点，描述直线或平面上连续系统的情况，通过这些分析，能得到一些关于卷积的有用结论。

4.2.1 离散卷积

在一维情况下，移不变线性系统的输入和输出各为一个向量。这种情况最容易解决，因为需要处理的索引数较少。二维情况下，输入和输出各为一个矩阵。对于每一种情况，假设输入和输出是无限维空间，这样可以忽略一些由输入边界引起的次要因素，这一点将在4.2.3节中讨论。

一维离散卷积 设输入向量为$\boldsymbol{f}$。为了方便，假设向量的维数无限，它的元素索引为整数(也就是说，有一个元素的索引为 -1 的情况)。向量的第 i 个分量是f_i。$\boldsymbol{f}$可以表示成某组基元素的加权和。一个方便的基由这样一组元素组成，每个元素中除了一个分量为1，其他分量为0。定义

$$\boldsymbol{e}_0=\cdots 0,0,0,1,0,0,0,\cdots$$

这个数据向量在零相位的位置为1，其他的位置为0。定义一种移位操作，以便把一个向量演变成该向量的移位表示。具体来说，向量 Shift($\boldsymbol{f}$, i)的第j个元素是$\boldsymbol{f}$的第$j-i$个分量。例如，位移 Shift($\boldsymbol{e}_0$, 1)的第一个分量为0。现在可以写为

$$\boldsymbol{f}=\sum_i f_i \texttt{Shift}(\boldsymbol{e}_0,i)$$

把系统对向量$\boldsymbol{f}$的响应记为

$$R(\boldsymbol{f})$$

因为系统是移不变的，有

$$R(\texttt{Shift}(\boldsymbol{f},k))=\texttt{Shift}(R(\boldsymbol{f}),k)$$

并且，由于线性，则有

$$R(k\boldsymbol{f}) = kR(\boldsymbol{f})$$

这意味着

$$\begin{aligned} R(\boldsymbol{f}) &= R\left(\sum_i f_i \texttt{Shift}(\boldsymbol{e}_0, i)\right) \\ &= \sum_i R(f_i \texttt{Shift}(\boldsymbol{e}_0, i)) \\ &= \sum_i f_i R(\texttt{Shift}(\boldsymbol{e}_0, i)) \\ &= \sum_i f_i \texttt{Shift}(R(\boldsymbol{e}_0), i)) \end{aligned}$$

这又意味着，只需要知道系统对 $\boldsymbol{e}_0$ 的响应，就能够得到系统对任何数据向量的响应，通常称之为系统的脉冲响应。假设脉冲响应记为 $\boldsymbol{g}$，则有

$$R(\boldsymbol{f}) = \sum_i f_i \texttt{Shift}(\boldsymbol{g}, i) = \boldsymbol{g} * \boldsymbol{f}$$

其中定义了一个操作：一维离散卷积，记为 $*$ 。

如果考虑 $\boldsymbol{R(f)}$ 的第 j 个元素，记为 $\boldsymbol{R}_i$，则有

$$R_j = \sum_i g_{j-i} f_i$$

这里沿用了(同时也解释了)4.1.1 节中使用的形式。

二维离散卷积 设矩阵 $\mathcal{D}$ 中第(i, j)个元素记为 $\boldsymbol{D}_{ij}$。这里对脉冲响应的适当类推是对如下激励的响应：

$$\mathcal{E}_{00} = \begin{matrix} \cdots & \cdots & \cdots & \cdots & \cdots \\ \cdots & 0 & 0 & 0 & \cdots \\ \cdots & 0 & 1 & 0 & \cdots \\ \cdots & 0 & 0 & 0 & \cdots \\ \cdots & \cdots & \cdots & \cdots & \cdots \end{matrix}$$

如果 $\mathcal{G}$ 是系统对这个激励的响应，与一维卷积系统一样，考虑对激励 $\mathcal{F}$ 的响应，就是

$$R_{ij} = \sum_{u,v} G_{i-u,j-v} F_{uv}$$

记为

$$\mathcal{R} = \mathcal{G} * * \mathcal{H}$$

4.2.2 连续卷积

移不变线性系统对连续输入产生连续输出。举个例子，照相机镜头取连续一串曝光，拍出一串画面，许多镜头都是近似移不变的。对这些系统的简单研究，让我们能够分析用一个离散函数(每个像素值)近似一个连续系统(穿过图像平面上拍下的连续辐射度)产生的信息丢失。

对系统响应的描述是借助于系统对一个特殊函数 δ 的响应实现的。我们先在一维情况下推导，以便叙述容易些。

一维卷积 通过一个离散系统的表达式，可以获得连续移不变线性系统响应的表达式。使用一个在一段时间内保持不变的离散输入，就可以得到一个连续的输入函数。缩小时间窗口，考虑趋向极限时的情况。

设系统输入是一个一维函数，返回值也是一个一维函数。再次把对输入 $f(x)$ 的响应记为 $R(f)$；当需要强调 f 是一个函数时，记为 $R(f(x))$，响应仍然是一个函数；偶尔需要强调这一点时，记为 $R(f)(u)$。表达式中的线性关系记为

$$R(kf) = kR(f)$$

(k 为常数)，并且通过引入一种移位操作符号表示移不变性

$$\texttt{Shift}(f, c) = f(u - c)$$

通过移位操作符号 Shift，把移不变性表示为

$$R(\texttt{Shift}(f, c)) = \texttt{Shift}(R(f), c)$$

定义窗口(box)函数为

$$\text{box}_\epsilon(x) = \begin{cases} 0 & \text{abs}(x) > \frac{\epsilon}{2} \\ 1 & \text{abs}(x) < \frac{\epsilon}{2} \end{cases}$$

$\text{box}_\epsilon(\epsilon/2)$ 的值对于我们的目的无关紧要。输入函数为 $f(x)$。构造一个均匀分布的点的网格 x_i，其中 $x_{i+1} - x_i = \epsilon$。我们构造一个向量 $\boldsymbol{f}$，$\boldsymbol{f}$ 的第 i 个元素(记为 f_i)为 $f(x_i)$。这个向量能够用来表示函数。

通过 $\sum_i f_i\texttt{Shift}(\text{box}_\epsilon, x_i)$ 获得一个函数 f 的近似表达。把这个输入到一个移不变性系统中，响应是对窗口函数移位响应的加权和。这意味着

$$\begin{aligned} R\left(\sum_i f_i\texttt{Shift}(\text{box}_\epsilon, x_i)\right) &= \sum_i R(f_i\texttt{Shift}(\text{box}_\epsilon, x_i)) \\ &= \sum_i f_i R(\texttt{Shift}(\text{box}_\epsilon, x_i)) \\ &= \sum_i f_i\texttt{Shift}(R(\frac{\text{box}_\epsilon}{\epsilon}\epsilon), x_i) \\ &= \sum_i f_i\texttt{Shift}(R(\frac{\text{box}_\epsilon}{\epsilon}), x_i)\epsilon \end{aligned}$$

到目前为止所做的一切都是对离散函数的推导。如果 $\epsilon \to 0$，则可以获得一个近似积分。

这里介绍一个新的工具，称为 δ 函数，用来表示 $\text{box}_\epsilon/\epsilon$ 这一项。定义

$$d_\epsilon(x) = \frac{\text{box}_\epsilon(x)}{\epsilon}$$

而 δ 函数就是

$$\delta(x) = \lim_{\epsilon \to 0} d_\epsilon(x)$$

由于我们并不打算计算这个极限值，所以不用讨论 $\delta(0)$ 的值。这个函数的一个有趣的特性是，实际的移不变线性系统对 δ 函数的响应存在并具有紧支持(也就是说，除了在有限数量的有限长度间隔外，其他均为 0 值)。例如，一个非常小、非常亮的光是一个很好的二维 δ 函数的模型。如果使光更小更亮，同时保持整体能量为一个常数，则通过散焦镜头，能够看到一个很小但是有限的光点。δ 函数同连续情况下的 $\boldsymbol{e}_0$ 具有相似性。

这意味着系统响应的表达式

$$\sum_i f_i\texttt{Shift}(R(\frac{\text{box}_\epsilon}{\epsilon}), x_i)\epsilon$$

当 ϵ 趋向于 0 时转变为积分。可以得到

$$R(f) = \int \{R(\delta)(u - x')\} f(x')\mathrm{d}x'$$
$$= \int g(u - x')f(x')\mathrm{d}x'$$

这里把 $R(\delta)$（通常称为系统的脉冲响应）记为 g，并且忽略积分的上下限。这些积分能够从 $-\infty$ 到 ∞，但如果 g 和 h 有紧支持，则能够使用更紧凑的上下限。这个操作也被称为卷积，并进一步表达为

$$R(f) = (g * f)$$

卷积是对称的，意思是

$$(g * h)(x) = (h * g)(x)$$

卷积是可结合的，意思是

$$(f * (g * h)) = ((f * g) * h)$$

后面的性质意味着，可以找到一个单一的移不变线性系统，它等同于两个不同系统的组合。当讨论采样时这一点是很有用的。

二维卷积 二维的卷积推导需要更多的符号。定义窗口函数 $\mathbf{box}_{\epsilon^2}(x, y) = \mathbf{box}_\epsilon(x)\mathbf{box}_\epsilon(y)$，则有

$$d_\epsilon(x, y) = \frac{\mathbf{box}_{\epsilon^2}(x, y)}{\epsilon^2}$$

当 ϵ 趋于0时，δ 函数是 $d_\epsilon(x, y)$ 的极限。最终，在累加和中有更多的项。于是可以得到下述表达式

$$R(h)(x, y) = \int\int g(x - x', y - y')h(x', y')\mathrm{d}x\mathrm{d}y$$
$$= (g * * h)(x, y)$$

这里使用两个 $*$ 表示二维卷积。二维卷积是对称的，意思是

$$(g * * h) = (h * * g)$$

卷积是可结合的，意思是

$$((f * * g) * * h) = (f * * (g * * h))$$

二维系统脉冲响应的一个模型，可想象成照相机中看远处很小的点光源时见到的模式（覆盖一个很小的视角）。在实际镜头中会看到有点模糊的亮块，这解释了点扩展函数这种称谓的由来。它通常在二维系统的脉冲响应中使用。线性系统的点扩展函数通常称为它的核。

4.2.3 离散卷积的边缘效应

在实际系统中，无法获取数据的无限数组。则当计算卷积时，需要考虑图像的边缘；在边缘处计算有些像素位置的卷积值时，需要虚拟并不存在的图像值。这可以采用很多策略：

- **忽略这些点**——这意味着只考虑所需图像位置有像素点的值。这种方法的优点是直接，但其缺点是输出比输入要小。重复的卷积可能造成图像严重收缩。
- **使用常数填充图像**——这意味着，当输出值接近图像边缘时，卷积输出对图像的依赖程度下降。这是一个卷积技巧，因为它能够保证图像不收缩，但缺点是会在边缘产生梯度。
- **使用其他方法填充图像**——例如，假设图像是一个双重周期函数，所以如果图像大小为 $n \times m$，那么 $m+1$ 列（卷积所需）将会与 $m-1$ 列相同。这样在边缘附近能够出现较大的二阶导数值。

4.3 空间频率和傅里叶变换

以上使用的技巧，是把一个信号 $g(x, y)$ 看成许多(或者无数)小窗口函数的加权和。这个模型强调了信号是向量空间的一个元素——窗口函数形成卷积的基，权重是这个基的系数。需要一个新的技术来处理到目前为止没有涉及的两个相关问题。

- 一个问题是：尽管很明显，一个离散图像版本不能代表信号的全部信息，但是尚未说明失去了哪些元素。
- 另一个问题是：很明显，不能采用每隔 k 个像素取一个的简单方法来压缩图像——这样会把国际象棋棋盘变成全白或者全黑——需要知道怎样可以安全地压缩图像。

所有这些问题同一幅图像内的快速变化有关。例如，压缩一幅图像很可能丢失快速的变化，因为它们在样本中滑动；与此类似，快速变化时的导数非常大。

这个效果可以通过基的变化来研究。将基变为一系列正弦函数，把信号表示为无限个正弦函数的无限加权和。这意味着信号的快速变化是明显的，因为它们在新的基中对应于高频正弦项有高幅值。

4.3.1 傅里叶变换

通过傅里叶变换进行基的转化。信号 $g(x, y)$ 的傅里叶变换定义为

$$\mathcal{F}(g(x,y))(u,v) = \iint_{-\infty}^{\infty} g(x,y)\mathrm{e}^{-\mathrm{i}2\pi(ux+vy)}\mathrm{d}x\mathrm{d}y$$

假设存在合适的技术条件使得积分存在。g 的所有值都是有限的，是积分存在的充分条件，还有大量其他可能的情况(Bracewell, 1995)。这个变换的输入是一个 x,y 的复函数，返回的是 u,v 的复函数(图像是具有 0 虚部分量的复函数)。

暂且固定 u 和 v 的值以考虑在这个点变换的含义。指数能够改写为

$$\mathrm{e}^{-\mathrm{i}2\pi(ux+vy)} = \cos(2\pi(ux+vy)) + \mathrm{i}\sin(2\pi(ux+vy))$$

这些项是 x, y 平面中的正弦函数，它们的方向和频率由 u, v 确定。例如，考虑实数项，当 $ux+vy$ 是常数项时(也就是说，沿着 x, y 平面的一条直线，其斜率由 $\tan\theta = v/u$ 给出)，该实数项也是常数。这一项的梯度同 $ux+vy$ 为常数的直线正交，正弦的频率是 $\sqrt{u^2+v^2}$，这些正弦函数通常称为空间频率成分，图 4.5 显示了若干例子。

图 4.5　傅里叶基元的实部深度图表示。最亮点的数值为 1，最暗点的数值为 0。区域的范围是[-1,1] × [-1,1]，原点在图像的中心。在左边的图像，$(u,v) = (0,0.4)$；在中间的图像，$(u,v) = (1,2)$；在右边的图像，$(u,v) = (10, -5)$。这些是文中描述的不同频率和方向的正弦波

该积分应看做是点积运算。如果 u 和 v 固定，该积分的值是 x 和 y 的正弦函数与原始函数之间的点积。这种看法是十分有用的，因为点积度量出一个向量在另一个向量方向上的数量大小。

同样的方法，特定 u，v 处的变换值可以看做是对信号中特定频率和方向正弦数量进行的测量。变换将 x 和 y 的函数转换成 u 和 v 的函数，任何特定(u，v)处的值等于原始函数中特定正弦函数的数值。这种观点确定了傅里叶变换模型是一种基的变化。

线性特性 傅里叶变换是线性的，

$$\mathcal{F}(g(x,y)+h(x,y))=\mathcal{F}(g(x,y))+\mathcal{F}(h(x,y))$$

和

$$\mathcal{F}(kg(x,y))=k\mathcal{F}(g(x,y))$$

傅里叶逆变换 把一个信号从它的傅里叶变换中恢复出来是很有用的，这是对基的另一种变化：

$$g(x,y)=\iint_{-\infty}^{\infty}\mathcal{F}(g(x,y))(u,v)\mathrm{e}^{\mathrm{i}2\pi(ux+vy)}\mathrm{d}u\mathrm{d}v$$

傅里叶变换对 傅里叶变换在许多不同的情况下都很有用，大量的例子出现在 Bracewell (1995)的文章中。在表4.1 中列举了一些作为参考。表4.1 的最后一行包卷积定理，信号域上的卷积与傅里叶域上的乘法相同。

表4.1 一些二维函数及其傅里叶变换。这张表可以双向使用(对于 u,v 和 x,y 可以正确替换)，因为一个函数傅里叶变换的傅里叶变换还是这个函数。读者可能怀疑 δ 函数的无限加和结果同傅里叶变换的线性特性相矛盾。通过仔细检查极限，能够发现这两者并不矛盾[可以参见 Bracewell (1995)]。读者可能还注意到函数 $\mathcal{F}\left(\frac{\partial f}{\partial y}\right)$可以通过将表的两行结合起来得到

函 数	傅里叶变换
$g(x,y)$	$\iint_{-\infty}^{\infty} g(x,y)\mathrm{e}^{-\mathrm{i}2\pi(ux+vy)}\mathrm{d}x\mathrm{d}y$
$\iint_{-\infty}^{\infty}\mathcal{F}(g(x,y))(u,v)\mathrm{e}^{\mathrm{i}2\pi(ux+vy)}\mathrm{d}u\mathrm{d}v$	$\mathcal{F}(g(x,y))(u,v)$
$\delta(x,y)$	1
$\frac{\partial f}{\partial x}(x,y)$	$u\mathcal{F}(f)(u,v)$
$0.5\delta(x+a,y)+0.5\delta(x-a,y)$	$\cos 2\pi au$
$\mathrm{e}^{-\pi(x^2+y^2)}$	$\mathrm{e}^{-\pi(u^2+v^2)}$
$box_1(x,y)$	$\frac{\sin u}{u}\frac{\sin v}{v}$
$f(ax,by)$	$\frac{\mathcal{F}(f)(u/a,v/b)}{ab}$
$\sum_{i=-\infty}^{\infty}\sum_{j=-\infty}^{\infty}\delta(x-i,y-j)$	$\sum_{i=-\infty}^{\infty}\sum_{j=-\infty}^{\infty}\delta(u-i,v-j)$
$(f**g)(x,y)$	$\mathcal{F}(f)\mathcal{F}(g)(u,v)$
$f(x-a,y-b)$	$\mathrm{e}^{-\mathrm{i}2\pi(au+bv)}\mathcal{F}(f)$
$f(x\cos\theta-y\sin\theta,x\sin\theta+y\cos\theta)$	$\mathcal{F}(f)(u\cos\theta-v\sin\theta,u\sin\theta+v\cos\theta)$

相位和幅度 傅里叶变换包含一个实部和一个虚部

$$\begin{aligned}\mathcal{F}(g(x,y))(u,v) &= \iint_{-\infty}^{\infty} g(x,y)\cos(2\pi(ux+vy))\mathrm{d}x\mathrm{d}y + \\ &\quad \mathrm{i}\iint_{-\infty}^{\infty} g(x,y)\sin(2\pi(ux+vy))\mathrm{d}x\mathrm{d}y \\ &= \Re(\mathcal{F}(g)) + \mathrm{i} * \Im(\mathcal{F}(g)) \\ &= \mathcal{F}_R(g) + \mathrm{i} * \mathcal{F}_I(g)\end{aligned}$$

通常，在平面上画出复函数图像是很麻烦的。一种解决方法是分别画出 $\mathcal{F}_R(g)$ 和 $\mathcal{F}_I(g)$；另一种方法是考虑复函数的幅度和相位，并分别画出，因而分别称为幅度谱和相位谱。

一个函数在特定 u, v 的傅里叶变换值取决于整个函数，显然这可以从定义中得到，因为积分的域是整个函数域。这会导致一些错综复杂的性质。首先，一个函数的局部变化(例如，将一个区域的点置0)将导致傅里叶变换中每个点发生变化，即傅里叶变换很难作为一个表达式使用(例如，仅仅考察傅里叶变换很难说具有某个特征)。其次，图像的幅度谱经常是相似的。这一点看起来是自然现象，而不是定理证明的结果。因此，图像的幅度谱提供的信息是相当有限的(图4.6就是一个例子)。

图4.6 每行中第二幅图片是第一幅图片的幅度谱的对数值；第三幅图片为缩放之后的相位谱，$-\pi$ 是暗色，π 是亮色。最后的图片是将幅度谱进行反转之后得到的图像。尽管这种反转操作导致了显著的图像噪声，但是傅里叶变换并没有显著地影响对图像的理解，这反映出在图像感知方面，相位谱比幅度谱更为重要

4.4 采样和混叠

讨论傅里叶变换的最重要原因在于进一步认识离散和连续图像间的不同，尤其是对离散像素阵列进行运算时一些信息丢失了，但究竟丢失了什么呢？国际象棋棋盘是一个很好且简单的例子，如图 4.7 所示。问题在于采样数目与函数的相对关系，在给出一个强有力的模型条件下，这个问题可以描述得相当精确。

4.4.1 采样

从一个连续函数(例如到达照相机系统的亮光)得到一组离散点上的数值(就像照片中的每个像素值)称为采样。构建一个模型，可以准确地得到采样中丢失了什么样的信息。

图 4.7　最上面的两个国际象棋棋盘展示了看起来成功的一个采样过程(不管它们是否依赖于后面将要讨论的一些细节)。灰色的圆圈表示采到的样本;如果可以进行足够多的采样,那么这些采样就可以代表数据更本质的特征。很明显,最下面一行的采样过程是不成功的,采样显示的结果比实际的格子少。这显示出了两种很重要的现象:首先,成功的采样方式一般都会进行足够多的采样次数;其次,不成功的采样方式会导致高频率的信息和低频率的信息显示出类似的采样结果

一维采样　对一个函数的一维采样可以得到一组离散值。最重要的采样是等距的离散点采样，并假设只在整数点采样。这意味着从输入的函数返回一个数值向量

$$\texttt{sample}_{1D}(f(x)) = \boldsymbol{f}$$

我们对采样过程进行建模的方法是假设向量元素的值是函数 $f(x)$ 在相应采样点的函数值，同时允许向量出现负序号(见图 4.8)。这意味着 $\boldsymbol{f}$ 的第 i 个元素是 $f(x_i)$。

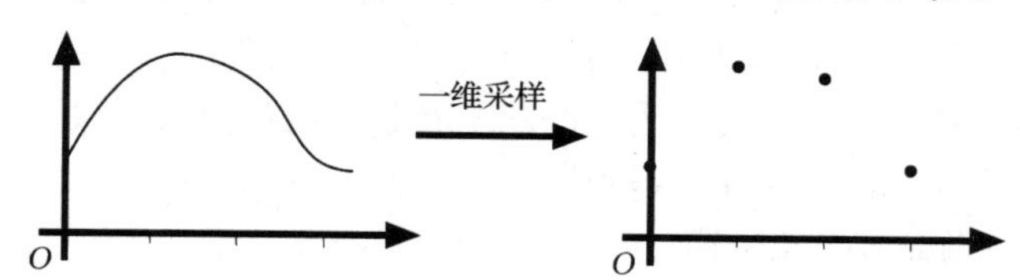

图 4.8　一维采样中输入的是一个函数，返回的是一个以该函数的函数值为元素的向量。对于想要做的事情而言,采样过程中选择整数参数值已经足够了。我们允许该向量是无限维度的,并且索引可以为正数或者负数

二维采样　二维采样同一维采样相似。尽管采样可以出现在非正规点(最好的例子是人类的视网膜)，但是在这里仍然假设采样在整数坐标上。这样就产生了一个等距的矩形网格，这对于大多数摄像机都适用。采样图像就是有限尺寸的矩形数组(所有网格外的值为零)。

利用形式化模型的术语，对一个二维函数(而不是一维函数)进行采样时，得到一个矩阵(见图 4.9)。这个矩阵中的每个方向上都允许存在负序号，并记做

$$\texttt{sample}_{2D}(F(x,y)) = \mathcal{F}$$

这里矩阵 $\mathcal{F}$ 的第 i, j 个元素为 $F(x_i, y_j) = F(i, j)$。

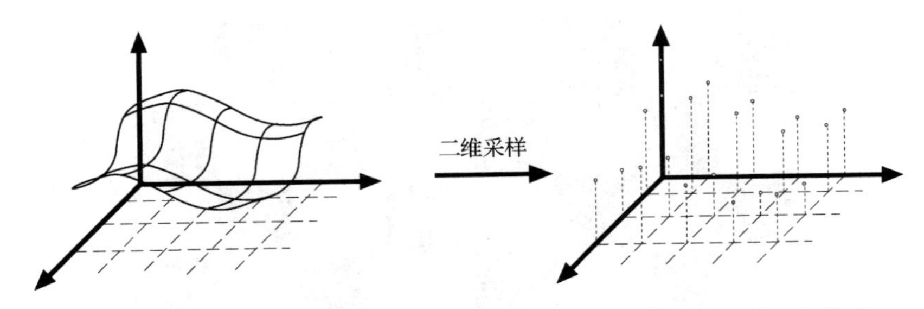

图4.9　在二维空间进行采样时，输入的是一个函数，返回的是一个数组，我们允许该数组是无限维度的，并且索引可以是正数或者负数

在实际系统中，采样并不总是均匀分布的。由于电视机无处不在，这种情况更是经常发生，因为电视机屏幕的可视比例是4:3(宽度：高度)。摄像机经常通过将水平方向隔开的距离比竖直方向大(行话讲是“非方形像素”)的方式来实现这种效果。

采样信号的连续模型　需要一个采样信号的连续模型。通常这个模型被用于估算积分。特别地，采用傅里叶变换，包括对模型中的复指数进行积分。这个积分过程很清楚——积分值应该通过把每个整数点的值加起来得到，这意味着不能建模为一个除了整数点(这里获取信号值)外其他各点均为零的函数，因为这种函数的积分为零。

一个采样信号合适的连续模型依赖于δ函数的一个重要性质

$$\begin{aligned}\int_{-\infty}^{\infty} a\delta(x)f(x)\mathrm{d}x &= a\lim_{\epsilon\to 0}\int_{-\infty}^{\infty} d(x;\epsilon)f(x)\mathrm{d}x\\ &= a\lim_{\epsilon\to 0}\int_{-\infty}^{\infty}\frac{bar(x;\epsilon)}{\epsilon}(f(x))\mathrm{d}x\\ &= a\lim_{\epsilon\to 0}\sum_{i=-\infty}^{\infty}\frac{bar(x;\epsilon)}{\epsilon}(f(i\epsilon)bar(x-i\epsilon;\epsilon))\epsilon\\ &= af(0)\end{aligned}$$

这里使用积分的概念作为小的条形加和的极限。

一个采样信号合适的连续模型由在每个采样点的一个加权δ函数组成，权值是采样点的采样值。通过将每个采样点的一系列δ函数乘以被采样信号，可以获得这一模型。一维情况下，这样的函数称为梳状函数(comb function)(因为它的图像看起来是类似的形状)；二维情况下，这样的函数称为钉床函数(bed-of-nails function)(同样的命名原因)。

讨论二维情况并假设在整数点采样，可以得到

$$\begin{aligned}\mathtt{sample}_{2D}(f) &= \sum_{i=-\infty}^{\infty}\sum_{j=-\infty}^{\infty} f(i,j)\delta(x-i,y-j)\\ &= f(x,y)\left\{\sum_{i=-\infty}^{\infty}\sum_{j=-\infty}^{\infty}\delta(x-i,y-j)\right\}\end{aligned}$$

该函数除了整数点外其函数值为零(因为δ函数除了整数点外都为零)，它的积分值也是这些整数点函数值的和。

4.4.2　混叠

采样中会有信息的丢失。这一节将指出，采样过慢的信号会显示错误结果；原始信号中的高频空间元素在采样信号中会表现为低频元素——这种效应称为混叠(aliasing)。

采样信号的傅里叶变换　采样信号是原始信号和钉床函数结合的产物。根据卷积定理，两个函数乘积的傅里叶变换是两个函数傅里叶变换的卷积，这意味着采样信号的傅里叶变换等于函数的傅里叶变换同另一个钉床函数傅里叶变换的卷积。

由于将一个函数同一个位移 δ 函数卷积只是位移了这个函数(见习题)。这意味着采样信号的傅里叶变换是信号的一系列傅里叶变换位移版本的和，表示为

$$\begin{aligned}\mathcal{F}(\texttt{sample}_{2D}(f(x,y))) &= \mathcal{F}\left(f(x,y)\left\{\sum_{i=-\infty}^{\infty}\sum_{j=-\infty}^{\infty}\delta(x-i,y-j)\right\}\right)\\ &= \mathcal{F}(f(x,y)) **\mathcal{F}\left(\left\{\sum_{i=-\infty}^{\infty}\sum_{j=-\infty}^{\infty}\delta(x-i,y-j)\right\}\right)\\ &= \sum_{i=-\infty}^{\infty}F(u-i,v-j)\end{aligned}$$

这里把函数 $f(x,y)$ 的傅里叶变换写为 $F(u,v)$。

如果这些信号傅里叶变换的位移版本并不互相交叠，则很容易从采样重构原始信号：对采样信号进行傅里叶变换，取出傅里叶变换的一个副本，再进行逆变换(见图 4.10)。

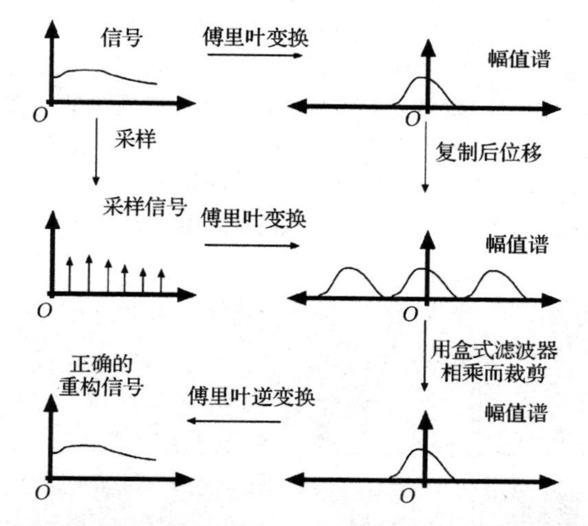

图 4.10　对采样的信号进行傅里叶变换的过程是：对原始信号的傅里叶变换根据采样频率进行平移复制之后再求和。两种情况可能会发生：如果平移复制的部分没有互相交叠(正如图中所示的情况)，那么原始的信号可以通过采样的信号进行重建(我们只需要选取傅里叶变换中的一部分，并进行逆变换)；如果它们产生了交叠(正如图4.11中所示)，那么交叠的部分就会被加起来，就不能获得傅里叶变换的一个独立的部分，也就不能对原始信号进行重建

但是，如果相关区域的确相互交叠，信号就不能重建，因为无法确定相叠区域的傅里叶变换。这里不同的傅里叶变换叠加在一起，结果受到很大影响，通常称为混叠，高频空间呈现为低频空间(见图 4.12 和习题)。这里的讨论涉及奈奎斯特定理——采样频率至少是信号最高频分量两倍以上时，才能够从采样信号重构原始信号。

4.4.3　平滑和重采样

奈奎斯特定理表示，不能对一个图像取每 k 个像素的方法进行压缩(如图 4.12 所示)。相反，需要对图像进行过滤以便去除高于采样频率的空间频率。这可通过将图像的傅里叶变换与

二维栅函数相乘来实现，起到低通滤波器的作用，或等价地，可以把图像与$(\sin x \sin y)/(xy)$这种形式的核卷积。这是复杂且昂贵的(“不可能”的一种客气说法)卷积，因为函数有无限支集。

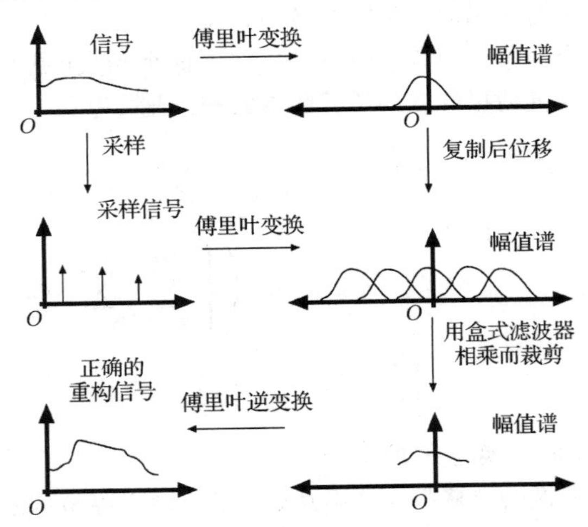

图4.11 对采样的信号进行傅里叶变换的过程是，对原始信号的傅里叶变换根据采样频率进行平移复制之后再求和。两种情况可能会发生：如果平移复制的部分没有互相交叠(正如图4.10所示的情况)，那么原始的信号可以通过采样的信号进行重建(我们只需要选取傅里叶变换中的一部分，并进行逆变换)；如果它们产生了交叠(正如本图所示)，那么交叠的部分就会被加起来，就不能获得傅里叶变换的一个独立的部分，也就不能对原始信号进行重建。这也解释了为什么空间上高频的信号相对于空间上低频的信号更难重建

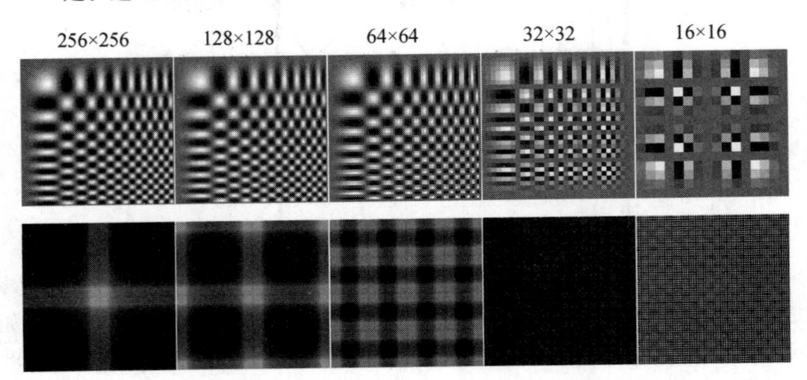

图4.12 最上面一行显示了对同一幅网格图像进行不同采样得到的结果，该原始图像是通过对x方向和y方向上的两组频率线性增加的正弦波相乘得到的网格图像。这一行中的图像是通过对前一幅图像进行1/2采样，并且未进行平滑的结果(例如，第二幅是128×128，第三幅是64×64，等等，所有的图像再缩放到同一大小)。注意明显的混叠：高空域相对于低空域，最小的图像是大图像非常差的表示。下面一行显示的是每幅图像的傅里叶变换幅值，为了实现灰度尺度的压缩，显示的是该幅值的对数值。其中间部分为常量值。注意到该变形后图像的傅里叶变换是通过将傅里叶变换的原始图像进行尺度变化，接着平面进行瓷砖化。原始傅里叶变换副本之间的推导意味着在某些点不能恢复其值，这是由于潜在的混叠机制导致的

最有趣的情况发生在需要将图像高度和宽度减半时。假设采样图像没有混叠(如果有混叠，将无能为力；一旦图像被采样，任何可能发生的混叠都将出现，如果没有一个图像模型，所能做

的也十分有限)。这意味着采样图像的傅里叶变换将是一些傅里叶变换的副本，并将中心转移到 u, v 空间的整数点。

如果对信号重采样，这些副本将出现在 u, v 空间的半整点。这意味着，为了避免混叠，需要使用一个能够很强地减少原始傅里叶变换在区域 $|u|<1/2$，$|v|<1/2$ 外内容的滤波器。当然，如果减少这个区域内的信号，也会损失一些信息。由于高斯函数的傅里叶变换仍然是高斯函数，并且高斯函数迅速衰减，因此，如果将图像和高斯函数进行卷积(或者乘上高斯函数傅里叶变换的结果，则情况相同)，就能够获得需要的结果。

高斯函数的选择取决于应用；如果 σ 很大，则混叠较小(因为范围之外的核的值非常小)，但是也会丢失信息，因为核的值在区域内不是平坦的；与此类似，如果 σ 很小，区域内信息的丢失减少，但是混叠将会加大。图4.13和图4.14说明了选取不同 σ 值的效果。

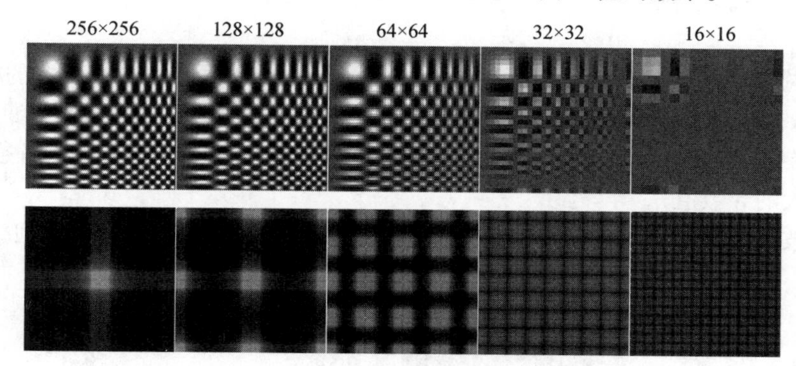

图4.13　上面一行：对图4.12进行1/2采样的结果，同时，每幅图像在采样前都使用 σ 为一个像素的高斯过程进行平滑。这个滤波器为低通滤波器，所以对高频的元素进行了压缩，从而减弱了混叠。下面一行：低通滤波器的作用在这些对滤波器幅值取对数之后显示的图像上很容易看出来；低通滤波器压缩了高频元素，使得各个元素之间的干扰减少，从而减弱了混叠

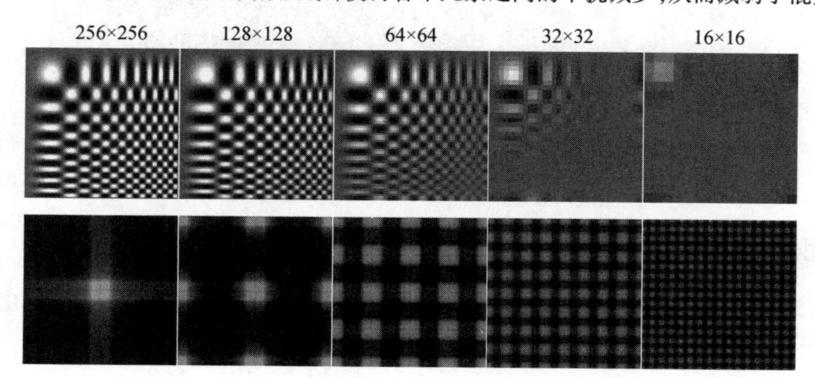

图4.14　上面一行：对图4.12进行1/2采样的结果，同时，每幅图像在采样前都使用 σ 为两个像素的高斯过程进行平滑。这个滤波器对高频的元素进行了比图4.13更加显著的压缩。下面一行：低通滤波器的作用在这些对滤波器幅值取对数之后显示的图像上很容易看出来；低通滤波器压缩了高频元素，使得各个元素之间的干扰减少，从而减弱了混叠

使用一个高斯函数作为低通滤波器是因为它对高频分量的响应很小，对低频分量的响应较大。事实上，高斯函数不是一种特别好的低通滤波器。我们需要的是一种滤波器，它的响应接近于低频范围——带通；同时在高频区域响应接近于常数(零)——带阻。设计一个比高斯滤波器

更好的低通滤波器是可能的，设计过程包括仔细权衡波纹准则(带通和带阻的响应是否平滑)和衰减(响应衰减到零并停留在那的速度有多快)。图像重采样的基本步骤在算法 4.1 中给出。

算法 4.1 对图像的二倍重采样

对原始图像使用低通滤波器

(σ 在 1 ~2 个像素之间的高斯函数通常是合适的选择)

产生一个新的图像，边的维度是原始图像的一半

把新图像第 i, j 个像素值设置为滤波后图像的第 $2i$, $2j$ 个像素值

4.5 滤波器与模板

滤波器为检测简单模式提供了自然直接的机制，因为滤波器对类似滤波器的模式元素有很强的响应。例如，平滑的导数滤波器在导数值很大的地方响应强烈。在这些点，滤波器的核看起来类似于要检测的特征。x 方向的导数滤波器看起来像间隔排列的竖直亮条和暗条(这些区域在 x 方向上有较大的导数值)，等等。

通常，滤波器对类似它的特征有明显响应(见图 4.15)。这是一个简单的几何结论。

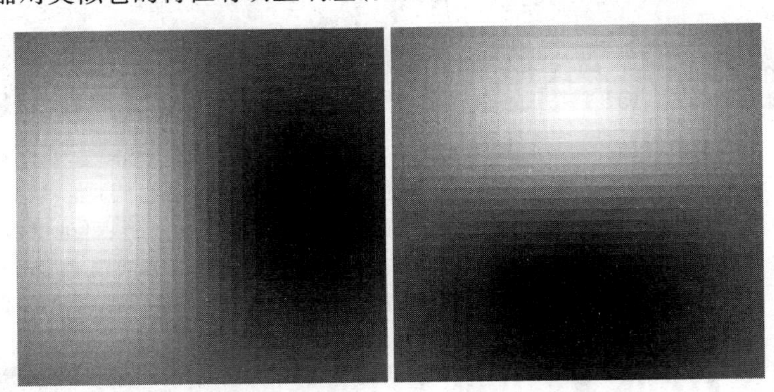

图 4.15 卷积核看起来与它们可以检测的效果很相似。左边是平滑之后对 x 方向较大变化敏感的高斯核的梯度(就像一个黑色的球挨着一个白色的球)。右边是平滑之后的对 y 方向较大变化敏感的高斯核的梯度

4.5.1 卷积与点积

回顾 4.1.1 节，对一些线性滤波器的核 $\mathcal{G}$ 而言，这些滤波器对图像 $\mathcal{H}$ 的响应由下式给出：

$$R_{ij}=\sum_{u,v}G_{i-u,j-v}H_{uv}$$

当 i, j 都为 0 时，考虑滤波器在这一点的响应，则有

$$R=\sum_{u,v}G_{-u,-v}H_{u,v}$$

滤波器响应是通过将图像元素和滤波器元素联系起来，将相关元素相乘后累加获得的。将图像扫描为一个向量，滤波器的核作为另一个向量，这样就使得相关的元素处于相同的位置。通过插入 0 元素，可以保证两个向量的维数相同。这样一来，将相关元素相乘后累加就与点积运算一样了。

点积在这里是非常有用的，因为当代表图像的向量与代表滤波器核的向量平行时，点积具有最大值。这意味着当图像模式类似于滤波器模式时，滤波器响应最大。当模式越明显时，滤波器的响应也会变大。

现在考虑在图像一些其他点上对滤波器的响应。模型中的特征没有明显改变。把图像再次扫描为一个向量，滤波器的核为另一个，这样相关元素就处于相同的位置。同样，应用滤波器的结果是一个点积。对这种点积有两种有用的分析方式。

4.5.2 基的改变

我们认为卷积是图像和另一个不同向量在每一点上的点积(因为移动了滤波器的核，暂时搁置图像中的其他点)。这个新的向量通过重新规划老的向量，使得元素处在正确的位置，可以得到累加和。这意味着，通过将图像与滤波器进行卷积，使用图像向量空间中一组新的基来表示图像——这组基通过滤波器的不同移位版本获得。原始的基元素中除了某一特定位置为1外均为0元素。新的基元素是某种模式的位移版本。

对于讨论的大部分核，这个滤波过程会损失信息——与平滑消除噪声的原因相同——而这组基的系数突显出来。当系数突显出来时，它们有效地揭示出图像的结构；这种基的转化对纹理分析是有价值的。典型的做法是选择一组包含小的、有效的特征元素的基。基的系数的较大值意味着存在一个模式元素，纹理能够通过这些模式元素之间的关系来表示，这些关系通常使用一些概率模型。

4.6 技术：归一化相关和检测模式

可以把卷积视为将滤波器与以某一点(这个点是当前关注点)为中心的一块图像进行的比较。这样，图像中对应滤波器核的邻域可以扫描为一个向量，用于与滤波器的核进行比较。点积本身很难检测到特征，因为图像区域很亮时点积值也会变得很大。通过与向量的类比，滤波器向量和图像邻域向量的夹角余弦有着特殊意义；这意味着要计算图像相关区域(位于滤波器的核范围内的图像元素)的几何平均值，并将该值除滤波器响应。

当图像区域看起来类似滤波器的核时，可以得到一个大的正值；当图像区域看起来同滤波器的核对比度相反时，得到一个小的负值。如果其值没有比较明显的区分度，可以考虑将该值进行平方。这种方法称为归一化相关，是一种简单有效的检测模式的方法。

4.6.1 通过归一化相关检测手势的方法来控制电视机

设计一套根据人的手势来操控的某些系统是非常有趣的。例如，当对着灯挥手时，可以使房间照明变亮，指点空调器使室内的气温改变，或者对电视屏幕上一个令人讨厌的政客做一个合适的动作就可以改变频道。在典型的实际应用中，对可获得的计算量有着严格的限制，这意味着问题的关键在于手势识别系统必须足够简单。当然，这样的系统其功能通常是非常有限的。

控制电视机 一种典型的情况是，用户界面处在某种状态——可能正在显示一个菜单，一个事件发生了——可能遥控器给出一个指示，这个事件导致用户界面改变状态。一个新的菜单项被突显出来，整个进程继续进行。在某些状态中，一些事件驱动系统控制某种动作——频道可能改变了。所有这些意味着对于用户界面而言，状态机是一个很自然的模型。

要让视觉适合这种模型的一种方法是提供事件。因而只有较少的几种事件也是可行的。我们知道在某种特定状态下，系统应该关注哪种事件。因此，视觉系统只需要确定有没有事件发生，少量特定事件的哪种事件发生。构造满足这些约束条件的系统往往是能够实现的。

要设计少量的动作以模拟远程控制;需要类似按键的事件(如开关电视机)，类似点击的事件(如调大音量，这也可能使用按键完成)。通过这些事件，可以打开电视机，并得到屏幕菜单系统导引。

检测手势 Freeman et al. (1998)研制了一套能空手遥控开关电视机的界面,该系统之所以是鲁棒的，是因为系统需要做的只是确定视野中是否存在一只手。用户通过抬起手臂张开手进行操作。因为用户一般在距离摄像机较远处操作——手的尺寸是大体知道的，所以没有必要改变尺度搜索。在电视机前，需要搜索和确定手的区域是很小的。

打开电视机时，手必须以相当标准的姿势和方向抬起，与电视机的距离也是确定的(所以我们知道它应是怎样的情形)。这意味着归一化相关值足以找到手的位置。相关图像任何一个点的归一化相关值足够高时，它对应于手。这种方法也可以用来控制音量和其他操作，例如打开电视机和关闭电视机。这样，需要一些确认手应该怎么运动的规则——向一边动表示增大音量，向另一边动表示减小音量——这一点可以通过对比前一帧同当前帧的位置得到。系统通过一个图标显示手的位置，所以使用者能够得到系统正在做什么的反馈信号(见图4.16)。注意到这种方法的一个显著特征是自校正。应用这种方法时，可在安装电视机后，坐在电视机前试着移动你的手几次，以便让系统估计手可能出现的位置和手的尺寸。

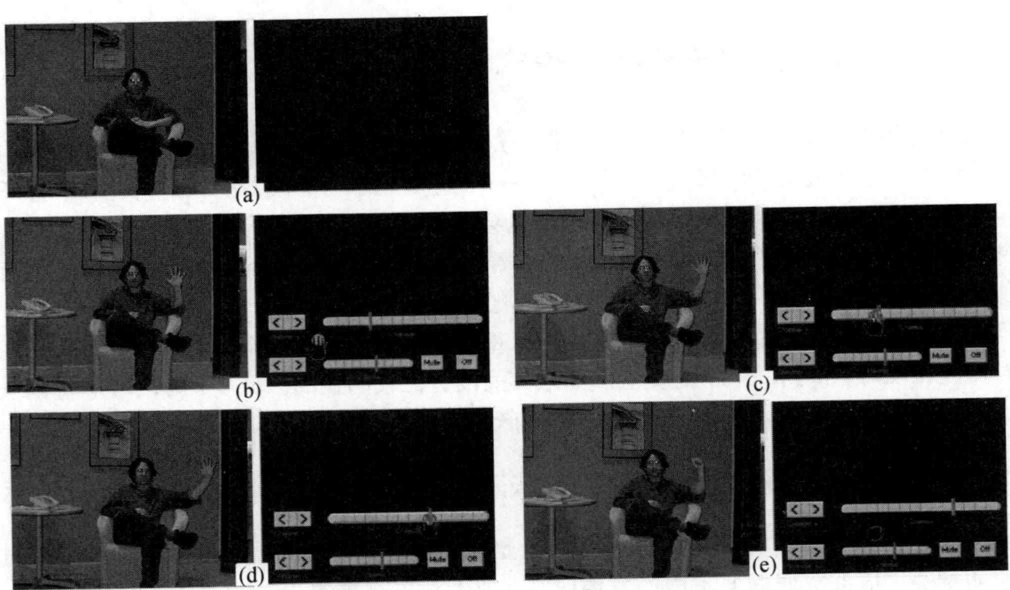

图4.16 Freeman等人控制电视机系统的例子。每一个状态左边是摄像机所能拍到的画面，右边是用户看到的画面。(a)电视机处在休眠状态,但是程序仍然在监控用户的状态;(b)五指张开的时候能够打开电视机,并显示出用户交互界面;(c)界面上的焦点会跟踪用户张开的手的运动;(d)用户可以通过这种跟踪移动屏幕上的图标来切换电视频道;(e)当用户的五指合拢时,就可以关闭电视机(This figure was originally published as Figure 12 of "Computer Vision for Interactive Computer Graphics," W. Freeman et al., IEEE Computer Graphics and Applications, 1998 © IEEE, 1998)

4.7 技术：尺度和图像金字塔

不同尺度的图像看起来非常不同，例如，图4.17中斑马的鼻子能够被描述出每根绒毛——它需要根据对几个像素的小尺度有向滤波器的响应进行编码——或者是斑马身上斑纹的形式。在斑马的例子中，我们不希望用大滤波器寻找斑纹，因为这些滤波器可能出现不真实的精度——不需要表示斑纹中的每个绒毛，而且也不便构造，应用起来也会很慢。与使用大滤波器相比，更实用的方法是对平滑重采样后的图像使用小滤波器。

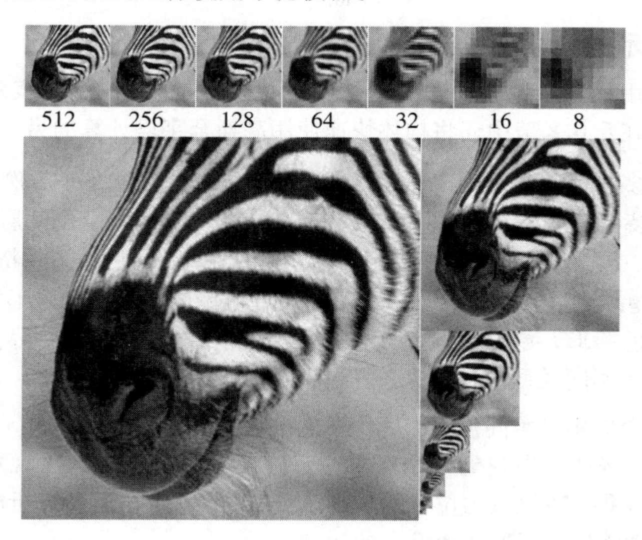

图4.17　大小从512×512到8×8的图片高斯金字塔。最上面一层，每幅图片是按照相同的大小来显示的(所以，有的像素点较大，有的像素点较小)，下面的部分的是按照图片的原始大小进行显示的。注意，如果对每幅图片使用固定大小的核进行卷积，那么会产生非常不同的效果。对于8×8的像素块，在最精细尺度上滤波可能得到一些绒毛；在较粗略的尺度上，可能包括完整的斑纹；在最大尺度上，将会包括斑马的整个嘴角部分

4.7.1 高斯金字塔

图像金字塔是对一幅图像的表示的集合，其名字来源于视觉上的相似性。典型地，金字塔的每一层是前一层宽度和高度的一半；如果新的一层构建在前一层上面，就可以形成一个金字塔。在高斯金字塔中，每一层使用一个对称的高斯核进行平滑，同时进行重采样以获得下一层(见图4.17)。如果图像尺寸是2的幂，或是2的幂的倍数，那么构建这些金字塔通常是很方便的。最小的图像得到最好的平滑，通常将这些层称为图像的粗尺度。下面的算法4.2给出形成高斯金字塔的过程。

算法4.2　形成高斯金字塔

将图像设定为最细尺度层

对每一层，从最细层的上一层到最粗层

　通过对上一个最细层使用高斯函数进行平滑，然后重采样获得这一层

结束

借助一个小符号能够写出高斯金字塔各层的简单表达式。符号 $S^{\downarrow}$ 对图像重采样；具体说来，$S^{\downarrow}(\mathcal{I})$ 的第 j, k 个元素是 $\mathcal{I}$ 的第 $2j$, $2k$ 个元素。金字塔 $P(\mathcal{I})$ 的第 n 层表示为 $P(\mathcal{I})_n$。使用这个记号，便有

$$\begin{aligned} P_{\text{Gaussian}}(\mathcal{I})_{n+1} &= S^{\downarrow}(G_\sigma ** P_{\text{Gaussian}}(\mathcal{I})_n) \\ &= (S^{\downarrow}G_\sigma)P_{\text{Gaussian}}(\mathcal{I})_n) \end{aligned}$$

(其中，用 G_σ 作为对图像进行线性操作，而其将图像与高斯函数进行卷积)。细节最丰富的一层是原始图像

$$P_{\text{Gaussian}}(\mathcal{I})_1 = \mathcal{I}$$

4.7.2　多尺度表示的应用

高斯金字塔很有用，因为它使得提取同一幅图像中不同类型的结构表示变为可能。在这里有三种典型的应用。在 5.3.2 节中还将描述快速使用高斯金字塔计算的另一方面。

多尺度搜索　许多物体能表示为小图像模式，正面脸部图像就是一个例子。典型地，低分辨率时，脸部特征具有特色鲜明的模式：眼睛形成暗圈，在一个暗条下面(眉毛)，一个亮条分开(镜子对鼻子的反射)，它又在一个暗条之上(嘴)。有很多种使用这些特征检测脸形的方法(见 17.1.1 节)。这些方法都假设脸位于一个小的尺度范围内。所有的脸形可通过搜索金字塔找到。为了找到比较大的脸形，寻找粗一些的层；为了找到比较小的脸形，寻找细一些的层。这个有用的方法应用于许多不同类型的特征，这些在后面章节中可以看到。

空间搜索　另一个应用是空间搜索，是计算机视觉中的一个常见主题。典型地，一张图片中有一个点，需要在第二张图片中找到一个点对应于这个点。这个问题出现在立体观测中——因为两张图从不同视角获得，所以点的位置发生了改变;或是发生在运动分析时——由于摄像机的运动，或者点处在运动物体上而造成图像点的运动。

在原始图像中搜索匹配是低效的，因为不得不处理大量的细节。现在一个非常流行且更好的方法是，先在高度平滑和重采样后的图像中寻找匹配，继而在图像详细版本中提高匹配的精确度。举例来说，将一个 1024×1024 的图像变为 4×4 的版本进行匹配，然后在 8×8 版本中精炼(在一个粗糙匹配中，很容易进行精炼)；继而在 16×16 版本中精炼，等等，直到恢复到 1024×1024。它提供了一个特别有效的搜索，因为 4×4 版本中的一个像素对应于 1024×1024 版本中的 256 个像素。这个方法叫做由粗到精的匹配。

特征跟踪　平滑的粗糙层中找到的大多数特征，与较大的且高对比的图像事件相关，因为对于粗糙尺度下标出的图像特征，需要细尺度图像中很多像素对它进行确认。典型地，寻找粗糙尺度现象会错误估计特征的尺寸和位置。例如，粗糙尺度下一个像素的误差，表示了精细尺度下成倍增加的像素误差。

在精细尺度下会有许多特征，其中的一些同较小的、低对比图像事件相关。改进精细尺度下获得的一系列特征的一种方法是，跟踪特征到较粗糙尺度，接收在较粗糙尺度下能找到对应的精细尺度特征。这种方法一般称为特征跟踪，其能够抑制纹理区域(通常称为噪声)引起的特征和真实噪声引起的特征。

4.8　注释

在对线性系统的介绍中不可能没有遗漏。但如果不能领会这一章中的一些核心概念，则很难读懂视觉中滤波器的关键内容。这里给出了一个简洁直接的总结，更多的细节可参阅 Bracewell (1995)，(2000)。

真实图像系统与移不变线性系统的对比

图像系统只是近似线性的。胶片是非线性的(对一个弱激励没有响应，对一个强激励会达到饱和)，但是在一定的合适范围内仍然可以建立一个线性模型。CCD 摄像机在工作范围内是线性的，但作为热噪声影响的结果，对于零输入会给出一个很小的非零响应(这就是为什么天文学家需要冷却摄像机的缘故)，并且对很强的激励会达到饱和。CCD 摄像机通常包含电子转换线路，使得输出效果类似胶片，因为消费者更习惯于胶片。移不变是近似的，因为镜头在图像边缘处会产生失真。一些镜头，例如鱼眼镜头不是移不变的。

尺度

尺度空间和尺度表示方面有大量的文献，它起源于 Witkin(1983)的工作，并由 Koenderink and van Doorn(1986)发展。从那以后，出现了大量的相关工作[一些开始于 ter Haar Romeny et al. (1997)或者 Nielsen et al. (1999)]。这里只给出了最简要的描述，因为分析需要特殊的技巧。相关技术的应用也是目前热烈争论的议题。

图像金字塔非常有用。高斯金字塔具有较强的冗余性，基于高斯金字塔，可以构建拉普拉斯金字塔，原始算法见 Burt and Adelson(1983)，拉普拉斯金字塔也是一种非常有效的表征方法，其构建方法为，将原始高斯金字塔中的每一层图像存储替换为该层图像与上采样大尺度下的图像层的差分。由于大尺度下的图像相对于小尺度下的图像具有较好的表征能力，这种差分是很小的。最终结果为在拉普拉斯金字塔中具有非常多的零值，它是另一种实用的图像编码方法。

针对不同方向与特性的尺度化

尺度空间模型的一个主要困难在于对称性高斯平滑过程趋向于过分平滑了边缘。例如，天边有两棵相邻的树，在代表每棵树细节的小尺度块完成合并之前，对应于两棵树的大尺度就可能已经合并了。这意味着，在边缘点应该采用不同的平滑方法。例如，可以估计梯度的幅值和方向;对大梯度，使用有向平滑操作，沿垂直于梯度的方向进行平滑;对小梯度，则使用对称平滑操作。这种方法通常称为保留边缘的平滑。

现在更常规的版本是 Perona and Malik(1990b)提出的，注意到尺度空间表示家族是一个扩散方程的解决方案

$$\begin{aligned}\frac{\partial \boldsymbol{\Phi}}{\partial \sigma} &= \frac{\partial^2 \boldsymbol{\Phi}}{\partial x^2} + \frac{\partial^2 \boldsymbol{\Phi}}{\partial y^2} \\ &= \nabla^2 \boldsymbol{\Phi}\end{aligned}$$

初始值为

$$\boldsymbol{\Phi}(x, y, 0) = \mathcal{I}(x, y)$$

如果等式在同样的初始条件下改为如下形式:

$$\begin{aligned}\frac{\partial \boldsymbol{\Phi}}{\partial \sigma} &= \nabla \cdot (c(x, y, \sigma) \nabla \boldsymbol{\Phi}) \\ &= c(x, y, \sigma) \nabla^2 \boldsymbol{\Phi} + (\nabla c(x, y, \sigma)) \cdot (\nabla \boldsymbol{\Phi})\end{aligned}$$

那么，如果 $c(x, y, \sigma) = 1$，就得到前面的扩散方程，如果 $c(x, y, \sigma) = 0$，就没有平滑。这里，假设 c 不依赖于 σ。如果知道图中边缘的位置，就能够构造一个模板，由 $c(x, y) = 1$ 与 $c(x, y) = 0$ 的区域组成，$c(x, y) = 0$ 是沿着边缘的值的区域，将 $c(x, y) = 1$ 的区域分隔开，这样一来，只在被隔开的区域内进行平滑，而不会跨过边界。尽管不知道边缘在哪里——如果进行平滑操作，则表达式中这一项为零——我们能够从图像梯度的幅值中，对 $c(x, y)$ 做出合理的选择。如果梯度较大，c 应该小，反之亦然。有不少参考文献讨论了这种方法; ter Haar Romeny(1994)的工作可以作为一个起点。

习题

4.1 证明下式给出的非加权局部平均运算

$$\mathcal{R}_{ij}=\frac{1}{(2k+1)^2}\sum_{u=i-k}^{u=i+k}\sum_{v=j-k}^{v=j+k}\mathcal{F}_{uv}$$

是一个卷积。这个卷积的核是什么?

4.2 $\mathcal{E}_0$ 的图像除了中心为 1,其余各点都是 0,证明将这幅图像与核

$$H_{ij}=\frac{1}{2\pi\sigma^2}\exp\left(-\frac{((i-k-1)^2+(j-k-1)^2)}{2\sigma^2}\right)$$

(一个离散高斯函数)卷积后,形成一个对称的圆形的光滑斑点。

4.3 证明:将一幅图像与离散可分离二维滤波器的核卷积,这与两个一维滤波器的核卷积等价。估计用此方法对一个 $N\times N$ 的图像和一个 $(2k+1)\times(2k+1)$ 的核操作节省的操作数目。

4.4 证明一个函数与 δ 函数卷积后重新得到原函数。证明将一个函数与偏移的 δ 函数卷积相当于对函数的偏移。

4.5 我们说将一幅图像与形如 $(\sin x\sin y)/(xy)$ 的核进行卷积是不可能的,因为这种函数有无限支集。那么为什么不可以对图像进行傅里叶变换,将傅里叶变换乘上窗口函数,再进行傅里叶逆变换呢?提示:考虑支集区域。

4.6 混叠将高频空间变成低频空间。解释为什么会发生如下现象:

(a) 老的西部牛仔电影中四轮马车在移动,轮子看起来似乎静止甚至反方向转动(也就是说马车自左向右运动,轮子看起来逆时针方向转动)。

(b) 电视里带有很细暗条纹的白衬衣经常产生一个微光的颜色矩阵。

(c) 在射线跟踪图像中,斑驳的区域产生温和的影子。

编程练习

4.7 获得高斯核的一种方法是对一个常数核自身卷积多次。对比这种方法并评估一个高斯核。

(a) 为了获取一个合适的近似需要重复多少次卷积(需要确定合适近似的概念,可能需要表示近似的质量和卷积重复次数的关系)?

(b) 这样做能获得怎样的好处[提示:并非所有的计算机都有浮点运算器(FPU)]?

4.8 编写一个程序,使其产生图像的高斯金字塔。

4.9 一个采样高斯核必然会有混叠,因为核包含任意高频分量。假设核在一个无限网格上采样。当标准差变小时,混叠的能量必然增加。图示出混叠的能量与高斯核以像素表示的标准差之间的关系。现在假设高斯核用一个 7×7 的网格给出。如果折叠失真能量必须保持与由截断的高斯函数产生的误差幅值相同的量级,那么这个网格上能够表达的最小标准差是多少?

第 5 章　局部图像特征

在图像中，将与图像背景分离的且封闭的轮廓区域定义为物体。图像中在这种封闭的轮廓区域上画一条路径，在一侧的像素位于物体区域，在另一侧的像素位于背景区域。而寻找这样一个封闭的轮廓区域具有很大的挑战性，这是因为物体的边缘曲线（取决于物体的形状）是由这些封闭的轮廓构成的。我们可以期望，封闭的轮廓区域具有非常明显的亮度变化。而其他因素也可能引起图像亮度的急剧变化，包括反射率、曲面方向或者光照等引起的急剧变化。每一个都可以提供真实世界中物体的有用信息。封闭的轮廓区域包括形状信息；反射区域急剧变化带有的纹理信息；图像方向急剧变化告诉我们的形状信息；而光照变化可能告诉我们太阳在哪里。所有的这些信息都将有助于寻找图像强度急剧变化的原因。

亮度的急剧变化引起图像的梯度变化，5.1 节介绍提取图像梯度的不同方法。一种对梯度非常重要的有用方法是寻找边缘或者边缘点，即亮度变化特别尖锐的情形（见 5.2.1 节）。边缘点比较倾向于对比敏感度（如边缘亮度大小的差异），这可能是由于光照引起的。常常，采用不依赖于对比度梯度向量的方向（见 5.2.2 节）是非常有用的，例如在角点，图像梯度向量在方向上急剧摆动。

对角点的提取是非常重要的，角点使得图像与图像之间的匹配变得非常容易。在某个角点处，我们总是希望有局部快速的强图像梯度响应，这就是所谓的角点监测（见 5.3 节）。对角点的邻域进行描述，可以形成图像描述子，通过描述子之间的匹配可以实现图像之间的匹配。在计算机视觉领域，这种匹配策略是非常重要的，也是非常基础的，它有许多应用，例如通过计算单一性矩阵得到图像的重叠（由此形成马赛克现象）（见 12.1.3 节），估计基础矩阵（见 7.1 节），通过多幅图像重构三维场景（见 8.2.3 节），通过一幅或者多幅图像进行配准（见第 19 章）。我们必须首先对围绕角点的邻域确定一个合理的大小，这是用于查找最优局部灰度邻域的块点（见 5.3.2 节）。一旦得到其近邻，在邻近点构建对方向属性的表征，这种特征可以用于进一步的匹配操作（见 5.4 节）。

5.1　计算图像梯度

给定图像 $\mathcal{I}$，梯度定义为

$$\nabla\mathcal{I} = (\frac{\partial\mathcal{I}}{\partial x}, \frac{\partial\mathcal{I}}{\partial y})^{\mathrm{T}}$$

这可以通过观察得到

$$\frac{\partial\mathcal{I}}{\partial x} = \lim_{\delta x\to 0}\frac{\mathcal{I}(x+\delta x, y)-\mathcal{I}(x,y)}{\delta x} \approx \mathcal{I}_{i+1,j}-\mathcal{I}_{i,j}$$

同样的道理，$\partial\mathcal{I}/\partial y \approx \mathcal{I}_{i,j+1}-\mathcal{I}_{i,j}$。这种微分的估计称为“有限差分”（finite difference）。图像点与其近邻不相似时，其可能为图像噪声，故这种有限差分的表示对噪声的反应敏感。最后，通过对 x 方向和 y 方向进行有限差分运算，得到噪声梯度估计。处理这种问题常常是为了平滑图像，接着对其进行差分（有时也直接对差分进行平滑）。

最常用的噪声模型为“加性平稳高斯噪声模型”，即每个像素点加上同一个独立于该像素的高斯概率分布。几乎所有这种分布的平均值为零，标准差为该模型的参数。图 5.1 给出用该噪声解释图像中的热噪声现象。

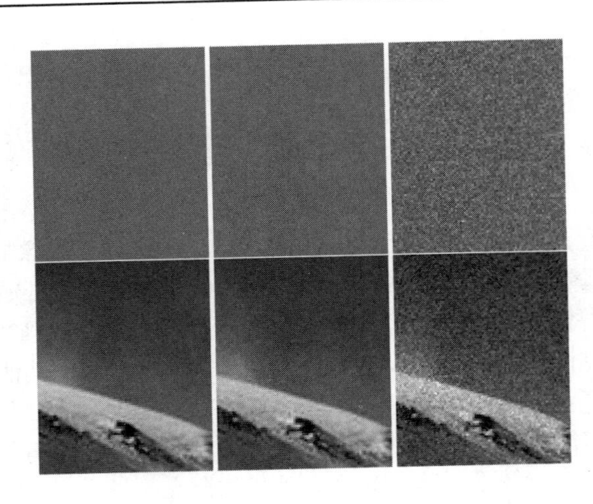

图5.1 上面一行给出加性平稳高斯噪声的三种实现过程。在图像中加入了相当于亮度值范围的一半以表现正值和负值的噪声。从左到右，噪声的标准偏差分别为完全亮度值范围的1/256，4/256 和 16/256。对于用8比特表示一个像素点的照相机，这分别相当于0比特、2比特和5比特的噪声。下面的一行显示将这个噪声加到同一幅图像中的结果。在每个例子中，小于零的值和大于亮度最大值的值相应地被调整为零和最大值

一般来说，基于像素池计算的图像梯度对于我们是有意义的，故平滑是非常有效的。例如，一个长的具有很大图像梯度的点链构成一个物体的轮廓。再比如另一个例子，几十个像素点汇聚形成角点。如果在每个像素点的噪声是独立并且是附加的，则由噪声引起的大的图像梯度为局部事件。在差分该图像之前进行平滑，有助于减小噪声在该尺度下独立像素的影响，因为平滑让具有噪声的该点与其近邻更相似。然而，多个像素点的梯度并不具有平滑的作用，这表示可差分平滑该图像，如图5.2所示。

5.1.1 差分高斯滤波

通过对一个图像进行平滑，然后进行差分的过程，等同于采用一个差分的平滑核与该图像进行卷积。而对于连续的卷积，更加清晰地说明了这个事实。

首先，差分是线性且移不变的，意味着存在这样一个核(先不必关心像什么)可以进行差分。给定函数$I(x,y)$

$$\frac{\partial I}{\partial x}=K_{(\partial/\partial x)}**I$$

接着对该平滑函数进行差分。记该平滑的卷积核为S，有

$$(K_{(\partial/\partial x)}**(S**I))=(K_{(\partial/\partial x)}**S)**I=(\frac{\partial S}{\partial x})**I$$

当平滑函数为最常见的高斯函数时，改写该式为

$$\frac{\partial\left(G_{\sigma}**I\right)}{\partial x}=(\frac{\partial G_{\sigma}}{\partial x})**I$$

即只需要对这个差分高斯函数进行卷积，而不是对图像先卷积再进行差分。正如4.5节讨论的那样，平滑后的差分滤波器的效果等同于想要检测的效果。x方向的差分滤波器为垂直的亮块紧靠着垂直的暗块(排列区域的大小反映该x方向差分滤波器的强度)，y方向的道理类似(见图4.15)。从图5.2可以看出，平滑后的结果相比于差分估计具有很小的噪声响应。

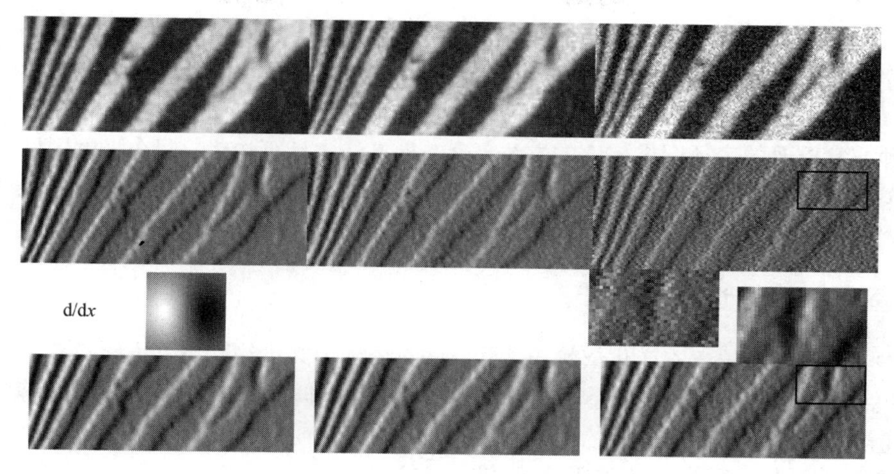

图5.2　对高斯滤波器的差分相比于有限差分滤波器在噪声的响应上,具有较少的向外拓展性。左上图给出某斑马图的细节;中上图给出添加零均值、$\sigma=0.03$(像素值区域范围为从0~1)的平稳高斯噪声后的图像;右上图为通过添加零均值、$\sigma=0.09$的平稳高斯噪声后的图像。第二行给出每张图像在x方向的有限差分图。这些图像经过尺度化使得零为中间灰度值,负值绝对值越大,越黑暗,即正值越大,越明亮;对每幅图像采用不同的尺度化策略。注意在偶尔强微分下的噪声情况,即在噪声图像的差分图中呈现出颗粒状。最后一行给出每幅图像x方向的有限差分,每种情形下都采用$\sigma=1$的高斯滤波器微分估计得到。这些图像同样尺度化,使得零为中间灰度值,绝对值最大的负值,呈现最暗;最大正值,呈现最亮。我们对不同的图采取不同的尺度化策略。由于采用13×13像素的离散核,这些图像小于输入图。这使得前6行(或者列)的图像顶层和底层(或者,左边和右边)不能被精确估计,因为这些行的核覆盖超过了图像的大小,我们将这些像素值去除。注意看怎样的平滑有助于减少噪声的影响,这是由两倍大小的细节图像(基于第二行和最后一行)决定的。这些细节给出对应有限差分图像和平滑的微分估计的图像块。我们给出差分高斯滤波,正如所期望的,它就像刚找到的结构那样。这并没有采用尺度化(如果采用尺度化,它将会非常小)

用于估计差分的参数σ常常叫做平滑尺度因子。尺度因子在差分滤波的响应中具有非常重要的影响。假设在常背景上的狭窄条纹,就像斑马身上的条纹,在相对于条纹宽度较小的尺度上进行平滑等价于该滤波器在每个条纹上的响应,继而可以处理上升和下降的边缘。如果滤波器的宽度很大,则条纹被平滑为背景并且条纹产生的响应很小甚至没有响应,见图5.3。

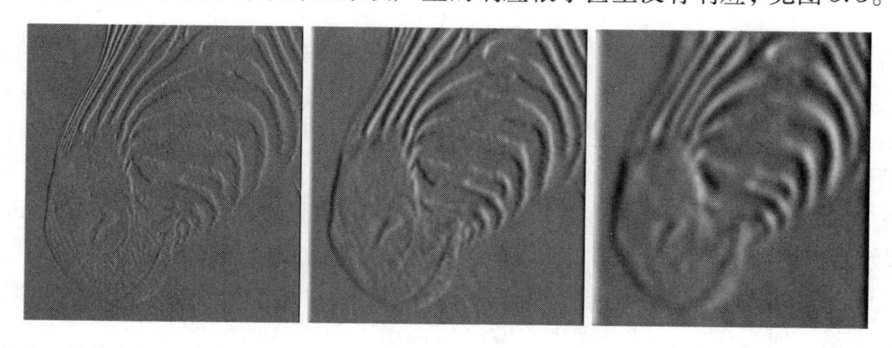

图5.3　差分高斯滤波器中高斯的尺度(例如σ)有很大影响的结果示意图。从左到右依次为斑马头部采用差分高斯滤波在x方向滤波的结果,其σ分别为1个像素、3个像素和7个像素。注意在不同尺度上的纹理变化情况:在比较精细的图像尺度上,呈现发丝;在中尺度上,胡须逐渐消失;在大尺度上,嘴部顶端的细条纹也逐渐消失

5.2 对图像梯度的表征

有两种非常重要的表征图像梯度的方法：第一种方法为计算边缘，即在亮度区域有很大变化的部分，这些边缘由梯度为极值的像素点构成(见5.2.1节)；第二种方法为采用梯度方向，梯度方向在很大程度上独立于光照强度(见5.7节)。

5.2.1 基于梯度的边缘检测子

图像中，图像强度的急剧变化依赖于曲线，该曲线称为其边缘，并由边缘点构成。很多影响可以产生边缘，比较糟糕的是，每个影响都可以生成边缘，但不能保证一定生成正确的边缘。例如，一个物体可能具有与背景相同的图像强度，因此封闭的轮廓并不一定产生边缘。这意味着插值边缘点变得很困难，不管怎样，它们是值得寻找的。

查找边缘的最常用的方法是首先通过计算估计图像梯度的幅值。沿着图像中较厚的轨迹的梯度幅值非常大(见图5.4)，但是边缘为封闭的轮廓曲线，所以必须找到包含该轨迹中最具有区分能力的点构成的曲线来形成边缘。

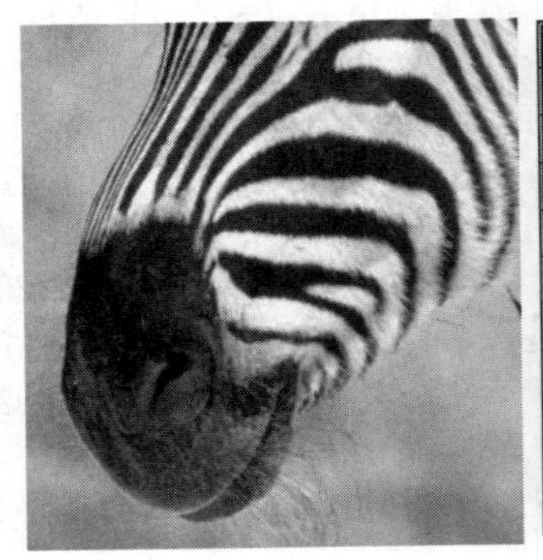
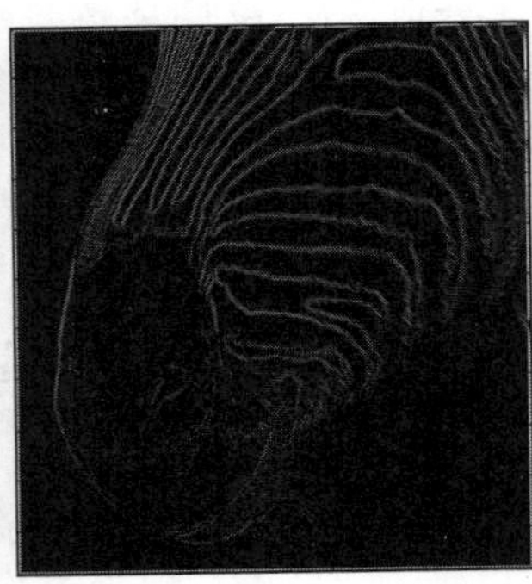
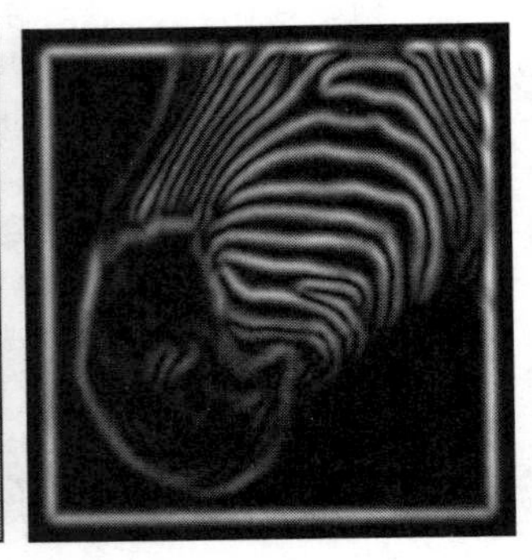

图5.4 梯度幅值可以通过对图像先平滑再差分来估计。这等价于采用核先进行平滑操作再进行差分操作。平滑效果的程度对梯度幅值有影响；在该图中，给出斑马嘴部在不同尺度下的梯度幅值。中间图为采用$\sigma=1$像素的差分高斯进行估计而得到的；右图为采用$\sigma=2$像素的差分高斯进行估计而得到的。注意大的梯度幅值形成比较厚的轨迹

这里对物体并没有给出明确的定义，但是可以通过合理的直观处理得到。梯度幅值被认为是一系列低山链(chain of low hills)。局部最大值的标记相当于对山顶上独立的点的标记。一个沿着梯度方向的切分梯度方向应与边缘方向垂直，并且标记沿着该切面的幅值最大的点，这样会得到沿着小山堆中幅值最大的点链(chain of point)。该链中的每一个点可以用来预测下一个点的位置，且下一点的方向大约垂直于边缘点的梯度，见图5.5。这些链叫做非最大抑制(nonmaximum suppression)。在较精细分辨率下可以相对直观地识别像素网格点中这些链的位置。

关于表征这种物体边界，有许多合理的链。实际中，由于已经计算得到梯度幅值的最大值，故不考虑这些最大值有多大。更一般化的做法是采用一个阈值保证该最大值比某个低的边界的值更大。这样会导致破坏边缘的曲线性。处理这种问题的一个小技巧是采用“迟滞”(hysteresis)；即设置两个阈值，开始边缘链的阈值为其中值较大的，沿着边缘链的为其中值较小的。这种技巧的构建，可以提升边缘输出性能。算法5.1描述了这种思路。目前大多数边缘检测子遵循这种思路。图5.6给出在图像像素网格中标记的边缘点。

算法 5.1　基于梯度的边缘检测子

形成一个图像梯度的估计
从这个估计中获取计算梯度幅值
while 具有很大梯度幅值的像素点还没有被访问
　查找垂直于梯度方向的像素点，如果具有局部最大幅值，做标记访问
　while 是，以当前点作为扩展链起点：
　　1）采用垂直于梯度方向的方向，预测下一点
　　2）查找沿着该梯度方向是否为局部最大值
　　3）验证该梯度幅值是否足够大
　　4）标记该点和其近邻以表示访问过
　　记录下一点，以作为当前点
　end
end

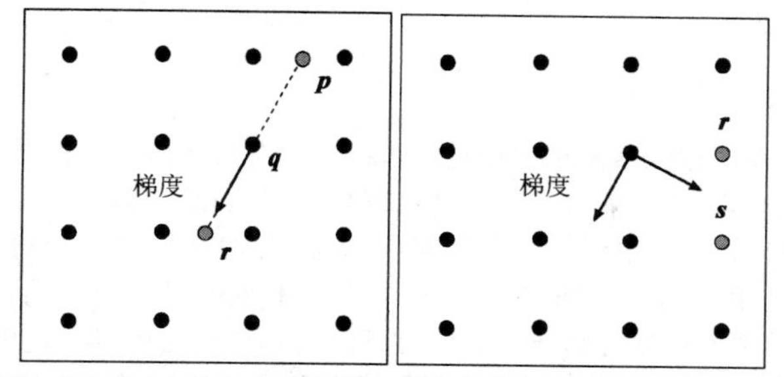

图 5.5　非最大抑制包括沿着梯度方向梯度幅值最大的像素点。左图显示如何重构梯度幅值。点表示像素网格。在像素点 $\boldsymbol{q}$，尝试判定哪个梯度在其极大值上；通过 $\boldsymbol{q}$ 的梯度方向并不通过前向或者后向的传统像素点，故通过插值的方法确定像素点 $\boldsymbol{p}$ 和像素点 $\boldsymbol{r}$。如果在 $\boldsymbol{q}$ 处的值比像素点 $\boldsymbol{p}$ 和像素点 $\boldsymbol{r}$ 的值都大，则 $\boldsymbol{q}$ 为边缘点。特别是，梯度幅值是通过一个线性插值进行重构的，在这种情况下，可以采用像素点 $\boldsymbol{p}$ 和 $\boldsymbol{r}$ 各自的左右像素分别进行插值来得到该点的值。右图给出根据给定 $\boldsymbol{q}$ 为一个边缘点，如何确定下一个边缘点。一种可能的搜索方向是垂直该梯度方向，使得点 $\boldsymbol{s}$ 和点 $\boldsymbol{r}$①为下一个边缘点。注意，原则上并不需要将像素点约束在图像网格中，这是因为我们已经知道预测的位置位于点 $\boldsymbol{s}$ 和点 $\boldsymbol{r}$。因此，可以通过插值得到不在网格中的像素的梯度值

5.2.2　方向

当光照变得更亮或者更暗（或者摄像机的取景框打开或者关闭）时，获取的图像会变得更亮或者更暗，这可以用于表征图像值的变化。图像 $\mathcal{I}$ 在某值 s 的区域被 $s\mathcal{I}$ 代替。梯度幅值的大小按图像比例变化，例如 $\|\nabla\mathcal{I}\|$ 将会被 $s\|\nabla\mathcal{I}\|$ 代替。然而这会在边缘检测子检测时产生问题，因为这些边缘点在按比例变化时，梯度幅值可能高于也可能低于该阈值，从而导致可能出现也可能消失。一种有效解决该问题的方法是表征图像梯度的方向，这是由于梯度方向是不随比例变化的，见图 5.7。梯度方向场取决于计算梯度的平滑尺度，见图 5.8。方向也可以表征特殊的纹理，见图 5.9，接下来会用这个重要的属性表征更为复杂的特征。

① 原文为 $\boldsymbol{t}$，根据图示例，这里应为 $\boldsymbol{r}$。——译者注

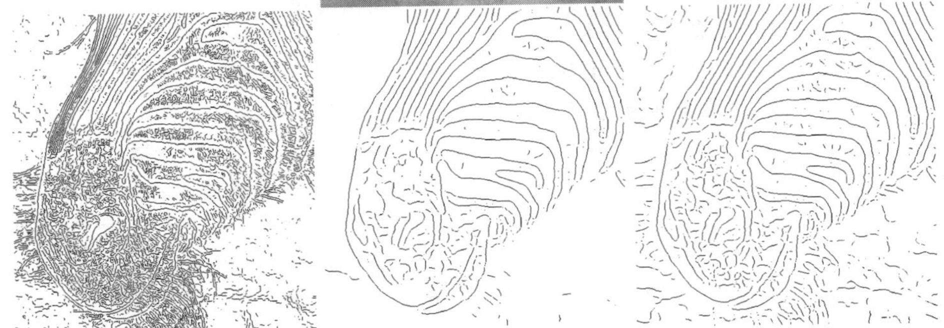

图5.6　上图给出在图像像素网格中标记的边缘点。左图的边缘点根据 $\sigma=1$ 像素尺度的高斯滤波所得。梯度幅值可以通过用较高的阈值确定其为像素点还是边缘点进行测试。位于中心的边缘点根据$\sigma=4$像素尺度的高斯滤波所得，同样，梯度幅值可以通过用较高的阈值判定其为像素点还是边缘点进行测试。右图的边缘点根据 $\sigma=4$像素尺度的高斯滤波所得，同样，梯度幅值可以通过用较高的阈值判定其为像素点还是边缘点进行测试。在一个精细点尺度上，高对比点的精细点细节生成边缘点，而在较粗的尺度上，该细节逐渐消失。当阈值变大时，边缘点曲线由于梯度幅值跌落至该阈值下而出现断裂；对于低阈值，还有许多种不同的边缘点检测算法

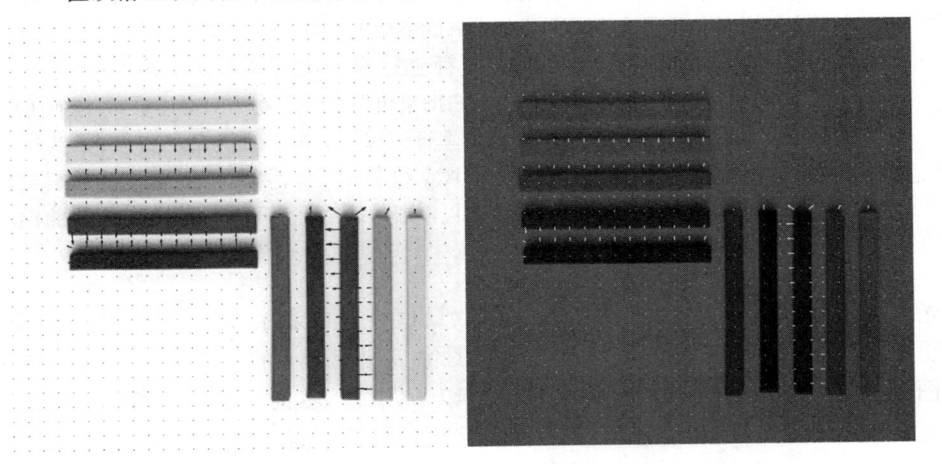

图5.7　图像的梯度幅值随着像素灰度值的增加或者减少而变化。图像梯度的方向却不会改变；为了便于显示，这里画出每第10个箭头的方向。注意到随着大小的变化，箭头梯度的方向并不改变(Philip Gatward © Dorling Kindersley, used with permission)

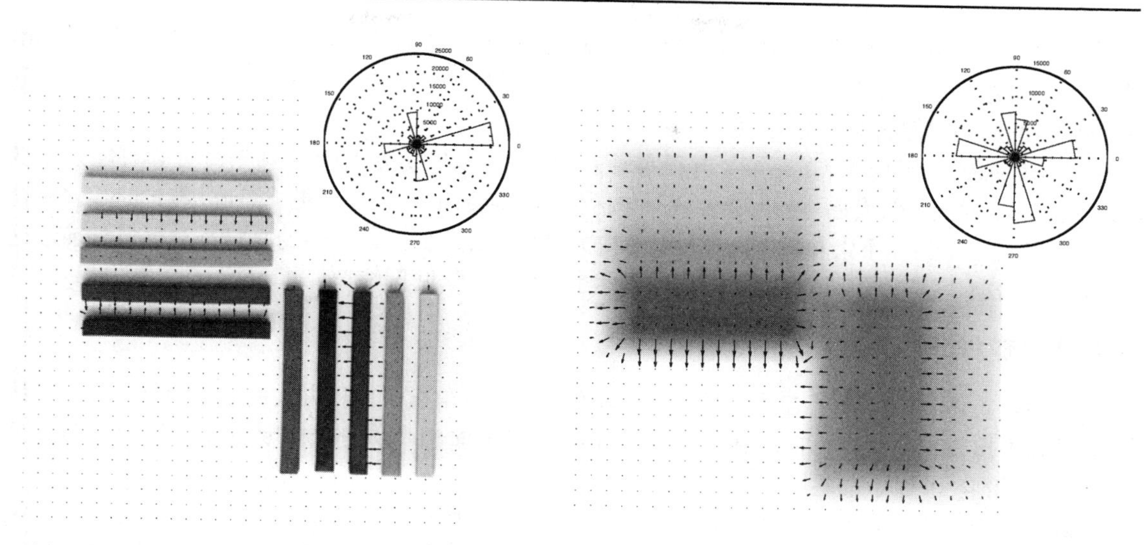

图 5.8　梯度的尺度选择影响其方向场。通过画出玫瑰状图来观察整体方向场的趋势，其中突出楔子形状的大小表示方向区域的相对频率。左图给出在精细尺度上的艺术家彩笔图像，这里，边还非常尖锐，且仅有小部分方向产生。右图给出粗尺度平滑效果，所有的边缘经过平滑且成滴状；最终，在玫瑰状图上显示更多的方向（Philip Gatward © Dorling Kindersley, used with permission）

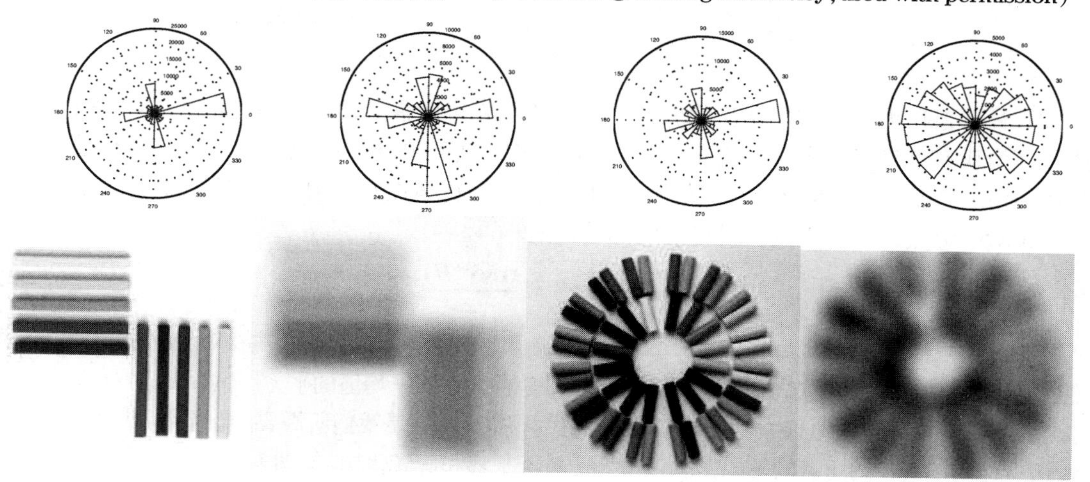

图 5.9　不同的模式具有不同的方向直方图。左图给出艺术家彩笔在两个不同尺度下的玫瑰状图；右图给出将彩笔摆成圆圈形状对应的两个不同尺度的玫瑰状图。注意不同模式在特定尺度下的方向情况，随着尺度变化，对于这两种不同的摆放，有非常不同的方向表现（Philip Gatward © Dorling Kindersley, used with permission）

5.3　查找角点和建立近邻

角点很适合于图像匹配，这是因为一个角点具有局部性，即可以确定角点的位置。这个引出了一个很常用的术语——“感兴趣的点”用于描述一个角点。从这个角度来看，角点由于可以告诉其位置而变得非常有趣。在一个常数图像值中构建一个小窗口。如果将窗口变换各种方向，窗口内的图像不会显著变化。这个意味着从灰度层去估计窗口的位置是不可靠的。同样，如果将窗口沿着边缘上下移动，窗口内的图像也不会显著变化，故沿着边缘估计位置也是不可靠的

(这种观察源于“孔径问题”)。但是对于角点，窗口的任何变动都会引起窗口内图像的变化[例如沿着角点的图像块并非自相似的(not self-similar)]，故可以估计角点的位置。注意角点并非是构建这种属性的局部图像的唯一类型(见5.3.2节)。

关于表征感兴趣的角点的近邻，有很多种表示方法，这些方法都是依赖于其近邻可能发生变化。接下来，我们将假设近邻的变换方式只包括平移、旋转和尺度变换(更一般地，指的是仿射变换或者透视变换)。所以不失一般性，假设图像块为圆形，必须估计这个圆的半径。有很多种描述这种近邻的方法，它们源于复杂的变换，因而表示也比较复杂，见5.6节。

5.3.1　查找角点

一种查找角点的方法是查找边缘，然后沿着边缘查找角点。这种方法的效果很好，因为边缘检测子并不擅长查找角点方向。在尖锐的角点或者多方向的角点处，梯度估计可能由于角点处平滑，实际的效果也非常差。

对于一个角点，有两个非常重要的属性：第一，它们应该具有很大的梯度幅值；第二，在很小的近邻内，梯度方向应该变化尖锐。可以通过寻找在窗口内方向的变化来定位角点。特别地，矩阵

$$\mathcal{H} = \sum_{\text{window}} \{(\nabla I)(\nabla I)^{\mathrm{T}}\}$$

$$\approx \sum_{\text{window}} \begin{Bmatrix} (\frac{\partial G_\sigma}{\partial x} **\mathcal{I})(\frac{\partial G_\sigma}{\partial x} **\mathcal{I}) & (\frac{\partial G_\sigma}{\partial x} **\mathcal{I})(\frac{\partial G_\sigma}{\partial y} **\mathcal{I}) \\ (\frac{\partial G_\sigma}{\partial x} **\mathcal{I})(\frac{\partial G_\sigma}{\partial y} **\mathcal{I}) & (\frac{\partial G_\sigma}{\partial y} **\mathcal{I})(\frac{\partial G_\sigma}{\partial y} **\mathcal{I}) \end{Bmatrix}$$

给出一种在窗口内表示方向变化的思路。在常数灰度层的窗口内，该矩阵的所有特征值非常小，这是因为所有的项都很小。在边缘窗口内，我们期望得到在该边缘具有较大值的特征值，以及一个较小值的特征值(因为很少有其他方向的梯度)。但在角点窗口内，所有的特征值都很大。

Harris角点检测子通过下式查找局部最大值：

$$\det(\mathcal{H}) - k(\frac{\text{trace}(\mathcal{H})}{2})^2$$

其中k为某一常数(Harris and Stephens 1988)。图5.10采用$k=0.5$，这些局部最大值接着通过一个阈值检验。该检验将检测特征值的行列式($\det(\mathcal{H})$)是否大于其平均值的平方[即$(\text{trace}(\mathcal{H})/2)^2$]。如果该检验函数的局部最大值很大，意味着该特征值都很大，这正是我们所需要的。图5.10给出通过Harris角点检测子查找的角点的结果图。该检测子对于平移和旋转鲁棒(见图5.11)。

5.3.2　采用尺度和方向构建近邻

将检测到的角点转换为其近邻，必须估计该环形图像块的半径(或者它的尺度)。在图像变大的情形下，半径估计也应成比例变大。例如，在放大2倍的原始图像中，也应该沿着块半径变为2倍。这种属性需要一种方法，我们将在角点处固定中心团区域(光照背景的暗区域)，接着选择最佳匹配该团的半径。一种非常有效的方法是采用高斯拉普拉斯滤波器(Laplacian of Gaussian filter)。

二维中的高斯拉普拉斯滤波器定义为

$$(\nabla^2 f)(x,y) = \frac{\partial^2 f}{\partial x^2} + \frac{\partial^2 f}{\partial y^2}$$

在使用拉普拉斯变换前，应首先使用平滑。注意到该拉普拉斯变换是线性算子(如果不确信这一点，可以推导一下)，意味着可以将该拉普拉斯变换当成采用某核(这里记为K_{∇^2})对图像进行卷积。因为卷积满足结合律，得到

$$(K_{\nabla^2} ** (G_\sigma ** I)) = (K_{\nabla^2} ** G_\sigma) ** I = (\nabla^2 G_\sigma) ** I$$

这是由于第一次微分时，对该图像进行平滑，接着使用拉普拉斯变换等价于对该图像采用平滑后的核进行卷积。图 5.12 给出采用高斯平滑后的核的结果，注意到这个结果更像是在一个背景明亮的区域有一块很大的亮团。

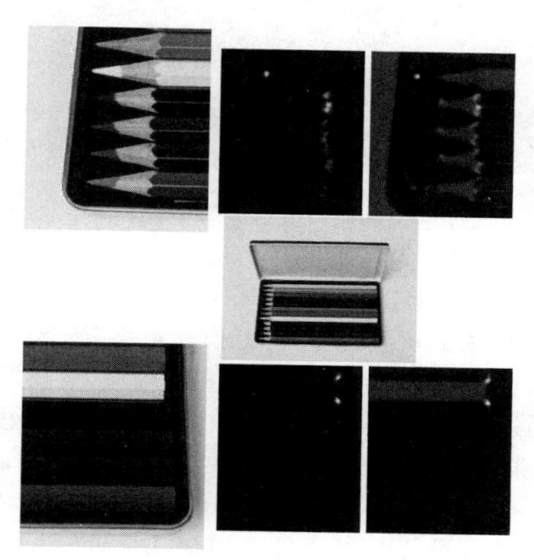

图 5.10　采用 Harris 角点检测子在彩色铅笔盒(中图)的图像中两个细节区域的响应。左上图为铅笔笔尖的细节；中上图为Harris角点检测子的响应，其中值越大越亮；右上图给出在角点响应原始图像中的叠加效果图。为了对原始图像进行叠加，首先放大该图，使得覆盖的区域显著变暗，该区域来自于Harris统计为负的区域(意味着$\mathcal{H}$的一个特征值很大，另一个很小)。注意检测子受到对比的影响，例如，在中间灰度级的铅笔，在该点处呈现出非常强的角点响应，但是对于较暗的铅笔则并非如此，这是由于它们具有相对小的对比。对于更暗的铅笔，在铅笔与木盒的结合处有很强且对比性大的角点。底行图序列给出铅笔末端的细节角点情况。注意这些响应非常局部化，并且它们的较强角点的数目较少(Steve Gorton © Dorling Kindersley, used with permission)

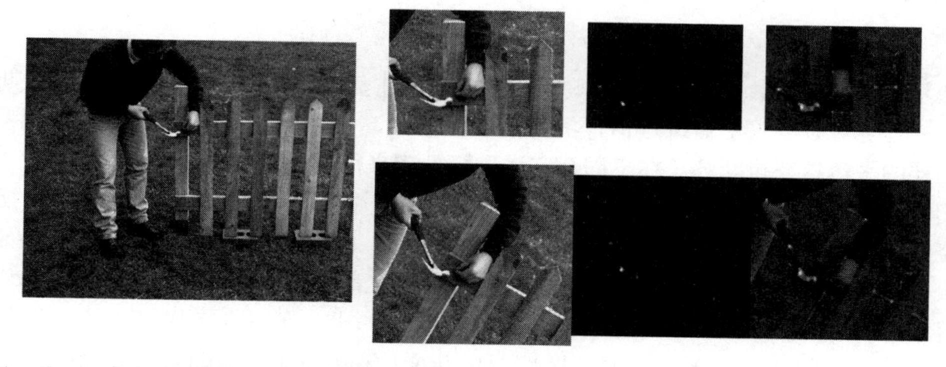

图 5.11　Harris 角点检测子并不受旋转和平移的影响。顶行图显示在图左边处细节图的 Harris 角点响应。底图显示对应图左边处细节图旋转后的角点响应。对于每一行，我们给出细节窗口(见左图)；Harris角点检测子的响应，其中值越大越亮(见中图)；叠加在原图的Harris角点响应(见右图)。注意这些响应非常局部化，并有一些相对较小数目的强角点。对于该图的叠加效应，首先放大该图，使得覆盖的区域显著变得黑暗，该区域来自于Harris统计为负的区域(意味着$\mathcal{H}$的一个特征值很大，另一个很小)。在顶行的手臂和锤子与底行对应的手臂和锤子相互匹配，注意Harris角点检测子的匹配效果(© Dorling Kindersley, used with permission)

图5.12 在角点附近的尺度可以通过查找局部极值点进行估计，在该点的尺度的响应通过高斯拉普拉斯核进行平滑来得到。在左图，为一块围栏的细节图。在中图，通过箭头定义一个角点(指向该角点，通过黑色环包围的白色斑点)。叠加在该图上的为高斯拉普拉斯核，见右上图角点；黑色值为负值，中间的灰度为零，白色值为正值。注意，采用4.5节的推理，该滤波器在明亮背景下的黑色斑点处将会给出非常强的正响应，而在黑色背景明亮斑点处则给出非常强的负响应，故通过搜索在该点构造的关于尺度的函数的最强响应，得到斑点的最佳匹配大小。在右图，为高斯拉普拉斯法在该角点的位置的响应的函数，其参数为平滑核(采用像素标出)。这里具有一个极大尺度，大约2像素。这意味着在该图像的最接近斑点的近邻有一个尺度(某些角点可能有多个尺度)(© Dorling Kindersley, used with permission)

使用平滑后的拉普拉斯算子对图像平滑是对块中心进行处理。记$\mathcal{I}$为图像，∇_σ^2为采用平滑常数σ平滑后的拉普拉斯算子，$\uparrow_k \mathcal{I}$表示经过尺度因子为k的尺度化的图像，(x_c, y_c)为块中心的坐标，(x_{kc}, y_{kc})为尺度化后图像中心的坐标。假设放大是完美的，并且在图像网格中没有影响。这是合理的，因为对于我们感兴趣的尺度带来的影响是非常小的。接着有

$$(\nabla_{k\sigma}^2 \uparrow_k \mathcal{I})(x_c, y_c) = (\nabla_\sigma^2 \mathcal{I})(x_{kc}, y_{kc})$$

(更为合理的一种解释是，图像作为连续函数，卷积作为算子，然后采用关于积分的不同变种的公式)。选定r为位于中心(x_c, y_c)的块的半径(见图5.12)，使得

$$r(x_c, y_c) = \underset{\sigma}{\operatorname{argmax}} \; \nabla_\sigma^2 \mathcal{I}(x_c, y_c)$$

如果图像是经过平滑常数k尺度化的，则半径r的值也将经过k尺度化，这正是我们所期望的属性。这个过程更像是寻求最佳斑点估计的尺度。注意到高斯金字塔在这里将会很有用；这里可以采用同样的平滑拉普拉斯算子在不同金字塔进行处理来得到关于尺度的估计。

我们将这种方法进行推广，并用于检测感兴趣的点。记$(\boldsymbol{x}, \sigma)$为三元组，分别包括点的坐标和围绕该点的尺度。可以通过以下方法检测该三元组：(a)当图像平移后，三元组平移；(b)当图像尺度化，该三元组也尺度化。这可以给出一个公式表示，如果$\mathcal{I}'(\boldsymbol{x}) = \mathcal{I}(\lambda \boldsymbol{x} + \boldsymbol{c})$为尺度化的并且平移，则关于该图像$\mathcal{I}$的近邻的每个像素点$(\boldsymbol{x}, \sigma)$，在图像$\mathcal{I}'$中其对应的近邻的每个像素点也应该具有$(\lambda \boldsymbol{x} + \boldsymbol{c}, \lambda\sigma)$。这种属性叫做共变(covariance)(虽然属性“不变性”用得最多，但实际上是不正确的使用)。

我们已经确定了在特定点(通过角点检测子)，通过选取LoG(高斯拉普拉斯算子)在尺度内的局部最大响应来得到共变尺度估计。可以通过不使用LoG直接构造感兴趣点的检测子，即在该算子的位置和尺度上定义局部最大值(如果你认为这个过程很慢，时刻想着高斯金字塔可以加速这个过程)。每一个极值都是具有这个属性的三元组$(\boldsymbol{x}, \sigma)$，这也正是我们所期望的。这些点不同于通过角点检测子检测并进行尺度估计的点，角点检测子在感兴趣点的角点结构处响应；高斯拉普拉斯法更像是寻找具有位于感兴趣点特定尺度的圆团的结构。角点检测子在其中心非常

精确地计算近邻，但是尺度估计非常差，这主要用于不需要得到尺度的图像匹配的情况。高斯拉普拉斯法用于在其中心估计不是很精确的位置计算近邻，但是尺度估计很好。在尺度变化很大的匹配情形下，该方法非常优秀。

正如我们所见，方向直方图是表征图像块的很自然的一种形式。然而，不能在图像坐标(例如，采用关于图像水平轴的角度)表征图像方向，因为要匹配的块可能经过了旋转变换。我们需要一个参考角度，使得所有的角度根据该角度进行度量。一种很自然的参考角度为该块中最大的方向。计算该块的方向直方图，选择最大的峰值。该峰值作为该块的参考角度，如果具有两个或者更多幅值相同的峰值，则复制该块，每个都保留一个峰值方向。完整的算法在算法 5.2 和算法 5.3 中详细描述，这种块的近邻估计是非常有效的(见图 5.13)。

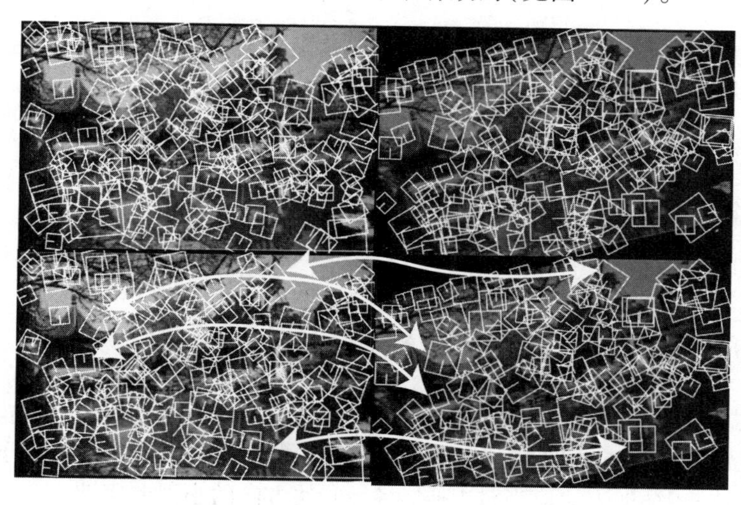

图 5.13 采用与文中描述类似的算法(与角点检测子的细节不同)进行恢复的局部图像块。这些图像块采用方块而不是圆圈表示。这些块的位置为该方块的中心。块的参考方向由方块内的线性分割器给出，其尺度大小为方块的大小。右图给出左图经过尺度、旋转和平移归一化后的图。注意到(a)大多数右侧的图像块与左侧的图像块关联；(b)关联的图为原始图经过旋转、平移和尺度归一化。可以通过在图的灰度级进行检验，图中给出许多关联的匹配块(图下方大的白色箭头)(This figure was originally published as Figure 1 of "Object recognition from local scale-invariant features" D. G. Lowe, Proc. IEEE ICCV, 1999 © IEEE 1999)

算法 5.2 采用角点检测子计算模式元素的位置、半径和方向

给定某固定尺度参数 k

对图像 $\mathcal{I}$ 采用某角点检测子

初始化一系列的图像块

将每个查找得到的角点

　记为 (x_c, y_c) 角点的位置

　计算位于 (x_c, y_c) 处图像块的半径 r

$$r(x_c, y_c) = \underset{\sigma}{\operatorname{argmax}} \ \nabla^2_\sigma \mathcal{I}(x_c, y_c)$$

　其中 $\nabla^2_\sigma \mathcal{I}(x_c, y_c)$ 由多个 σ 计算并对这一系列值进行插值，最大化得到所求半径 r

　计算梯度方向直方图 $H(\theta)$，其区域为中心在 (x_c, y_c)、半径为 kr 的区域

　计算图像块 θ_p 的方向

$$\theta_p = \underset{\theta}{\operatorname{argmax}} H(\theta)$$

如果有多个 θ 满足该式，则对每个满足要求的 θ 复制一个新的图像块

将(x_c, y_c, r, θ_p) 附加到图像块列表中。

算法 5.3 采用高斯拉普拉斯法计算模式元素的位置、半径和方向

给定某固定尺度参数 k

查找位于(x,y)、尺度为 σ 的满足局部极值$\nabla^2_\sigma \mathcal{I}(x, y)$所有位置和尺度，并形成一系列的三元组$(x_c,y_c,r)$

对每个三元组

计算图像块 θ_p 的方向

$$\theta_p = \underset{\theta}{\operatorname{argmax}} H(\theta)$$

如果有多个 θ 满足该式，则对每个满足要求的 θ 复制一个新的图像块

将 (x_c, y_c, r, θ_p) 附加到图像块列表中

5.4 通过 SIFT 特征和 HOG 特征描述近邻

我们已经得到关于一个图像块的中心、半径和方向的信息，接着讨论如何描述它。方向将提供一个很好的表征，因为方向对图像亮度、图像纹理非常敏感。图像块不同部分的方向模式应该具有很强的鉴别性。表征的方法应当对中心、半径和块方向的小误差摆动非常鲁棒，因为正如上一节所述，我们很难得到关于它的精确表示。

至此可以将这些近邻当成模式元素，在这种情况下，模式元素为方向信息，并且继续采用这种小技巧构造其他模式元素。这些元素将覆盖近邻内部(因为可能得到精确的中心)，但是如果得到的大多数的模式元素在正确的位置，则认为近邻具有很好的属性。我们必须构建鉴别性很强的特征，使得这些模式元素不管是否存在和是否在正确的位置，并不受重新排列的影响。

最显著表征其近邻的方法是采用这些元素的直方图。这将告诉我们表征了什么结果，但这混淆了一个连着一个的很多模式。例如，虽然包含垂直条纹的所有近邻有点混乱，但是它加宽了条纹的宽度。很自然的一种做法是采用局部直方图，采用近邻的子块。这将构成很重要的特征。

5.4.1 SIFT 特征

这里介绍一种对图像平移、旋转和尺度鲁棒的特征表征。对于每一个块，将块平移到原始中心，沿着 x 轴旋转到参考角度的方向上，并且将尺度缩放到半径为 1。经过这种归一化的图像块将会使图像平移，旋转和尺度变换更加鲁棒。虽然实际中并不需要归一化——反而，将归一化的步骤融于计算特征描述子中——这有助于构造一个计算归一化块的图像描述子。

SIFT(Scale Invariant Feature Transform)特征描述子采取图像梯度的幅值和方向，对图像梯度进行构造。特征描述子进行归一化以便对光照强度的变化鲁棒。特征描述子是由一系列的图像梯度直方图构成并归一化后形成的，这些直方图显示图像梯度在图像块的空间结构趋势，并可以有效地压缩细节信息，例如，如果估计一个图像块的中心、尺度和方向有小的误差，则归一化图像块将会有轻微的变化。最后，简单记录每个点的梯度信息将产生介于这些块变化的表征。

梯度直方图将会对这些变化鲁棒。我们采用局部图像梯度的平均来值构建直方图，而不是对图像像素点直接构建直方图，这样做的目的是防止噪声干扰。

标准的SIFT特征描述子包括首先将归一化的图像块划分为 $n \times n$ 网格，接着将每个网格划分为 $m \times m$ 的子网格。在每个子网格的中心，计算梯度估计。梯度估计包括围绕该子网格中心的加权平均梯度，权重为 $(1-d_x/s_x)(1-d_y/s_y)/N$，其中 d_x（或者 d_y）为梯度距离子网格中心的 x（或者 y）方向的距离，S_x（或者 S_y）为介于子网格中心的 x（或者 y）方向的距离。这使得梯度在超过一个以上的子网格起作用，使得在块中心位置有误差时，形成的特征描述子的误差很小。

接着采用这些梯度去估计生成直方图。每个网格元素包括 q 个子网格方向直方图。每个梯度的幅值通过对应方向卷积构成直方图块；采用距离块中新的距离的高斯函数对梯度幅值加权，标准差为该块的一半。

将每个直方图拼接构成 $n \times n \times q$ 的向量。如果图像强度为double型，这个向量的长度也为double型（因为直方图为该梯度幅值之和）。为了避免这个影响，将整个向量归一化为单位长度。很大梯度幅值的估计是非常不稳定的（例如，其可能是由三维曲面构造估计的结果，一个指向光照，另一个远离光照）。这意味着大的梯度幅值估计在归一化向量中是不可靠的。为了避免很大的幅值导致的这种困难，在归一化过程中，每个值都经过一个阈值 t 检验，然后对结果向量重新归一化。整个过程的算法总结为算法5.4和图5.14。参考参数为 $n=4$，$m=4$，$q=8$ 和 $t=0.2$。

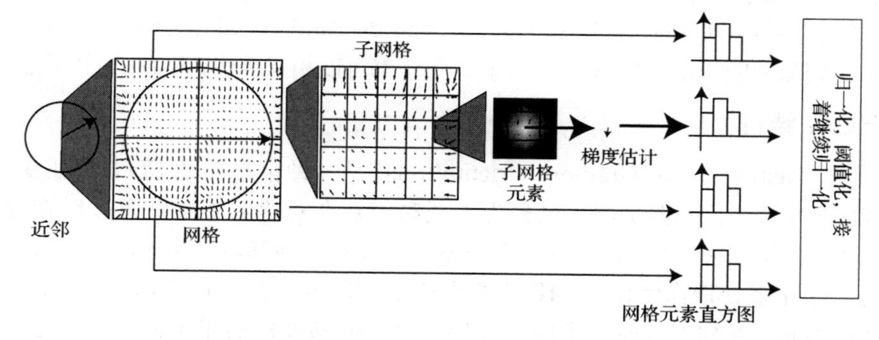

图5.14　一个近邻SIFT特征描述子的构造过程，在归一化后的近邻块上叠加一个网格。每个网格被划分为子网格，每个子网格的梯度由中心元素的梯度估计得到。该梯度估计是由近邻梯度的加权平均所得，其权重的选择考虑子网格元素外梯度的贡献。每个子网格元素的梯度幅值叠加到方向直方图中。每个梯度对各自的方向打分，其打分权重为其梯度幅值和近邻中心的距离。最后方向直方图进行拼接构成最后的单个特征向量，并归一化为单位范数；接着将归一化的特征向量进行阈值化，并进一步归一化，得到最后的特征

算法5.4　通过位置、方向和尺度构建一个块的SIFT特征描述子

给定图像 $\mathcal{I}$，块中心 (x_c, y_c)，半径 r，方向 θ，参数 n，m，q，k 和 t

对于每个间隔 kr、中心为 (x_c, y_c) 的 $n \times n$ 网格，基于 $m \times m$ 子网格每个点采样的平均梯度，计算具有 q 维的加权直方图，如算法5.5所示

拼接各个直方图构成 $n \times n \times q$ 向量 $\boldsymbol{v}$

计算 $\boldsymbol{u}=\boldsymbol{v}/\sqrt{\boldsymbol{v}\cdot\boldsymbol{v}}$

对于 $\boldsymbol{w}$ 中每 i 个元素 w_i 进行 $\min(u_i, t)$

生成特征描述子 $\boldsymbol{d}=\boldsymbol{w}/\sqrt{\boldsymbol{w}\cdot\boldsymbol{w}}$

算法5.5 计算SIFT特征中加权q的梯度直方图

给定一个网格$\mathcal{G}$，其中心为$\boldsymbol{c}=(x_c, y_c)$，半径$r$

创建梯度直方图

在间隔$\mathcal{G}$的$m \times m$子网格中的每个点$\boldsymbol{p}$

　计算点$\boldsymbol{p}$的梯度估计$\nabla\mathcal{I}|\boldsymbol{p}$作为$\nabla\mathcal{I}$的加权平均，在点$\boldsymbol{p}$处采用双线性插值加权

为$\nabla\mathcal{I}$的方向直方图加上权重$\|\nabla\mathcal{I}\|\dfrac{1}{r\sqrt{2\pi}}\exp\left(\dfrac{\|\boldsymbol{p}-\boldsymbol{c}\|^2}{r^2}\right)$

考虑一个扩展实验，采用具有与SIFT相似的特征表征，但是图像块构成不同，用于验证图像块进行匹配。SIFT特征同样可用于表征围绕采样点的局部颜色模式。很自然的过程为采用SIFT特征编码每个颜色通道。例如，可以对于每个颜色通道、饱和度通道和值通道构建SIFT特征[HSV-SIFT，见Bosch et al. (2008)]；对于每个颜色通道构建SIFT特征[OpponentSIFT，采用R-G和B-Y，见van de Sande et al. (2010)]；对于每个颜色通道成分归一化构建SIFT特征[C-SIFT，采用$(R-G)/(R+G+B)$和$(B-Y)/(R+G+B)$，见Abdel Hakim and Farag(2006)]；Geusebroek et al. (2001)；或者Burghouts and Geusebroek(2009)；对于每个颜色通道归一化构建SIFT特征[rg-SIFT，采用$R/(R+G+B)$和$G/(R+G+B)$，见van de Sande et al. (2010)]。每一个特征描述子当落于物体的光照发生变化时产生轻微的不同，每个都可以相互替代，除SIFT特征之外。

5.4.2 HOG特征

HOG特征(Histogram Of Gradient Orientations)是一种很重要的SIFT特征变种。接下来，在网格中构建梯度直方图，但是调整过程为尝试和识别高对比的边缘。通过计算带有权重的梯度直方图，可以恢复比较信息，即在同一网格中该梯度与其他梯度有多大的可比性。相对于在整个近邻进行归一化来处理梯度作用，HOG只对附近梯度进行归一化处理。同时，在一个网格上的归一化处理不同于在梯度方向的子网格处理。单一的梯度作用于不同的直方图，采用不同的归一化处理；这意味着相对不太可能丢失具有低对比度的边界。

记$\|\nabla I_{\mathbf{x}}\|$为图中点$\mathbf{x}$的梯度幅值，$\mathcal{C}$为直方图网格，$w_{\mathbf{x},\mathcal{C}}$为用于在$\mathbf{x}$点该网格方向的加权系数。一种很自然的加权方式为

$$w_{\mathbf{x},\mathcal{C}}=\frac{\|\nabla I_{\mathbf{x}}\|}{\sum_{\mathbf{u}\in\mathcal{C}}\|\nabla I_{\mathbf{u}}\|}$$

上式表明该梯度与网格中其他梯度的比较，故当该梯度相对于其近邻很大时具有比较大的权重。该归一化的处理过程使得HOG特征在查找复杂背景下的曲线轮廓有很大优势(见图5.15)。

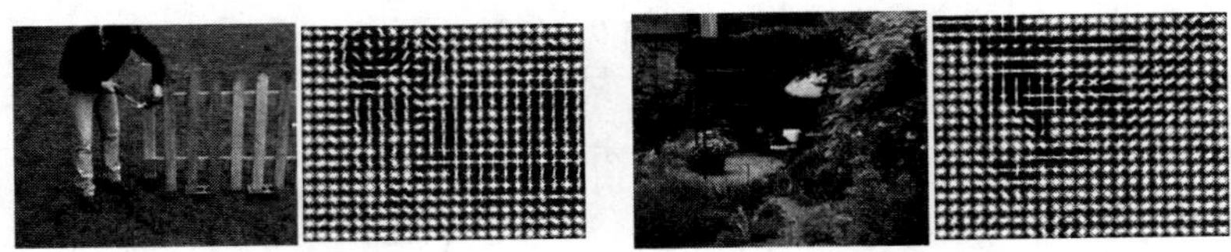

图5.15 显示的两幅图及其对应的HOG特征图，其中HOG通过图5.7～图5.9显示的玫瑰状图进行可视化。这里每个元素的直方图通过非常小的玫瑰状图标出；梯度的合适角度标出其方向，故可以通过线性分割器的叠加对边缘方向进行可视化。注意在纹理区域，边缘方向相对均匀分布，但呈现很强的轮廓(左图，园丁和围栏；右图，落地窗的垂直边缘)(This figure was plotted using the toolbox of Dollár and Rabaud. Left：© Dorling Kindersley, used with permission. Right：Geoff Brightling © Dorling Kindersley, used with permission)

5.5　实际计算局部特征

我们省略最重要的特征构造过程，但有很大一部分变种。细节性的问题影响其性能表现，例如当评估方向时平滑内容的变化。对于这些问题，由于本书所限无法给出详细的综述(虽然5.6节给出一部分资料)，但是随着变化其结果也会变化很大。这意味着对构建每个特征需提供精确的算法。

幸运的是，在本书撰写之前，对于每种类型的特征及其变种都有很好的软件包提供。Piotr Dollár and Vincent Rabaud 提供了一个工具箱：http://vision.ucsd,edu/~pdollar/toolbox/doc/index.html)。书中很多插图便采用该工具箱生成。VLFeat 是一种综合性的开源包，并提供SIFT 特征，以及不同方法变种的向量量化和不同的表征。该软件可从 http://www.vlfeat.org/获得。SIFT 特征已经申请专利(Lowe 2004)，但 David Lowe(创造者)提供了可执行的代码包(http://www.cs.ubc.ca/~lowe/keypoints/)。Navneet Dalal，原始 HOG 特征论文的一个作者提供了 HOG 应用工具包(http://www.navneetdalal.com/software/)。关于 SIFT 的一个重要变种为 PCA-SIFT，即采用主分量减少 SIFT 表征维度(Ke and Sukthankar 2004)。Yan Ke，原始 PCA-SIFT 特征论文的一个作者提供了其应用(http://www.cs.cmu.edu/~yke/pcasift/)。颜色特征描述子代码，即计算基于多个颜色 SIFT 特征的视觉单词，由 van de Sande et al. 在 http://koen.me/research/colordescriptors/提供。

5.6　注释

边缘

关于边缘检测的文献很多，最早期的文献为 Julez(1959)。而渐渐被人所熟识是在1975年的 Davis(1975)给出的一篇综述；Herskovits and Binford(1970)；Horn(1971)；以及 Hueckel(1971)，其建立模型并检测模型。关于边缘检测子具有很多的优化准则，而不仅仅是“最优”边缘检测子。很重要的一篇文献是 Canny(1986)提供的；其主要为 Deriche(1987)和 Spacek(1986)的变种。Faugeras 的教科书包括 Faugeras(1993)给出的可理解的主要几个问题。到目前为止，多种变种归结为采用类似于先前讨论的检测梯度的高斯平滑图像。所有的边缘检测子在角点处表现的性能很差，只是细节不同。

物体的边缘并不像图像的值那样有很剧烈的变化。目前有关构建边缘检测子的文献很多；这里提供一个参考性的提示文章。读者可以从 Bergholm(1987)、Deriche(1990)、Elder and Zucker(1998)、Fleck(1992)、Kube and Perona(1996)、Olson(1998)、Perona and Malik(1990b)或者 Torre and Poggio(1986)开始看起。目前最好的边缘检测子计算了很多局部信息，17.1.3节将给出详细的介绍。

有时我们将那些对边缘检测子做出响应的边缘称为阶跃边缘，因为它们由像素值发生尖锐的“不连续”变化、经常用阶跃模型描述的边缘所组成。有人也对其他各种各样的边缘形式进行了研究。最常引证的事例当属屋顶边缘，它是由一个上升阶段和一个下降阶段相遇组成的，就像有些由互反射效果产生的反光。另外一个互反射效果的例子是一个阶跃和一个屋顶的合成。可以通过使用与上面所述的基本相同的台阶来得到这种现象(发现一个“最优化”的过滤器，并且对其输出做非最大值抑制)(Canny 1986；Perona and Malik 1990a)。在实际中，人们很少做这些。这看起来似乎有两个原因。第一，被采用的模型没有合适的理论(或者实践)基础。什么样的合成边缘值值得去寻找呢？最简单的回答——那些容易推导出最优化过滤器的——是最令人满意的。第二，屋顶边缘和更多合成边缘概念的语义比阶跃边缘更加含糊不清。当发现屋顶边缘时该如何去做，我们毫无概念。

角点、近邻和感兴趣的点

前面已知的第一个角点检测子归功于 Moravec(1980)。现在，角点检测子在理论方面非常成熟(维基百科中给出了多种检测子及其关系的描述：http://en.wikipedia.org/wiki/Corner_detection)。本书所介绍的 Harris 和 Stephens 的检测子仍然具有很强的竞争性。根据特征值准则的不同，得到了很多很重要的变种(Tomasi and Shi 1994)；不同的几何准则(Wang and Brady 1994)；多尺度(Lindeberg 1993)；局部自相似准则(Smith and Brady 1997，Trajkovic and Hedley 1998)；机器学习(Rosten et al. 2010)等。

为了进行简单展示，已经略去角点和感兴趣的点(或者包括角点的其他叫法)的相关内容。感兴趣的点通常也被认为是角点(或者类似于角点的点)及其近邻，并对一些变换鲁棒。将检测这些点并估计其近邻的过程称为鉴别过程，不过检测子和近邻估计器的严格协方差都必须共变。多数检测子为尺度不变的(Mikolajczyk and Schmid 2002)、仿射不变的(Mikolajczyk and Schmid 2002)以及光照鲁棒的(Gevrekci and Gunturk 2009)。这个思想可以被扩展为时空表征(Willems et al. 2008，Laptev 2005)。还有对于感兴趣的点的一些性能实验测试(Schmid et al. 2000，Privitera and Stark 1998，Mikolajczyk et al. 2005)。

特征描述子

构造特征描述子近邻的技巧更像是：描述包括共变近邻的局部纹理模式；并包括方向信息，因为它们是对光照鲁棒的；采用直方图忽略空间细节，以使得包括中心点的信息比边缘信息更多。这些技巧可以参见 Schmid and Mohr(1997)、Belongie et al.(2001)、Berg et al.(2005)。SIFT 特征和 HOG 特征是两种主要的特征描述子。对于局部描述子的比较性能实验参见 Mikolajczyk and Schmid(2005)。

习题

5.1 一幅 500×500 像素的图像 $\mathcal{I}$ 中的每一个像素值都是一个独立的具有均值为 0、方差为 $\mathcal{I}$ 的正态分布的随机变量。使用前向差分估计 $|I_{i+1,j}-I_{i,j}|$ 来估计 x 轴方向导数绝对值大于 3 的像素点的数量。

5.2 一幅 500×500 像素图像 $\mathcal{I}$ 中的每一个像素值都是一个独立的具有均值为 0、方差为 $\mathcal{I}$ 的正态分布的随机变量。图像 $\mathcal{I}$ 经过 $(2k+1)\times(2k+1)$ 的核 $\mathcal{G}$ 卷积所得。求结果中像素值的协方差。有两种方法来求解：逐个求解(例如，分别在 x 轴方向和 y 轴方向大于 $2k+1$ 的点的值明显是独立的)或一次性全部求解。不考虑边界处的像素值。

5.3 有一个输出值范围为 0～255 整数值的摄像机，其分辨率是 1024×768 像素，并且每秒生成 30 帧。在某个场景中，在没有噪声的情况下，它将输出常量 128。摄像机的输出受平均值为 0、标准偏差为 1 的加性平稳高斯噪声的影响。按该模型预计，需要等多久能够见到负值出现[提示：你会发现使用对数计算答案将会很有帮助，因为直接计算 $\exp(-128^2/2)$ 将会得 0；窍门是使用一个大的正数和大的负数对数来消除]？

5.4 证明，对于 2×2 的矩阵 $\mathcal{H}$，其对应的特征值为 λ_1，λ_2

(a) $\det \mathcal{H}=\lambda_1\lambda_2$

(b) $\operatorname{trace} \mathcal{H}=\lambda_1+\lambda_2$

编程练习

5.5 高斯拉普拉斯算子看起来就像是两个不同尺度的高斯函数的差分。在不同的两种尺度值的情况下，比较这两个核函数。哪个给出了更好的近似值？使用零交叉法检测边缘时这个近似值的误差有多大影响？

5.6 实现 Canny 边缘检测子(可以参考其 vision 主页；MATLAB 中的图像工具箱也提供相应的算法)，并且使用一些图像来显示出尺度和对比度阈值在边缘检测中的影响。是否容易找到刚好能标记出物体边缘的边缘检测子？在哪种应用中会容易找到？

5.7 在实现了迟滞的边缘检测子中，很容易使迟滞失效——即实质上把较低的阈值和较高的阈值设置成同一个值。使用这个窍门来比较有迟滞和没有迟滞的边缘检测子的结果。采用这种技巧来比较具有和不具有迟滞现象的边缘检测子效果。这里有许多问题值得考虑：

(a) 如何处理边缘检测子的输出？具有连接边缘的点链有时是有益的。此时迟滞有明显的帮助吗？

(b) 噪声抑制：我们常常希望强制边缘检测子忽略一些边缘点而标记其余的。一个有用的边缘特征往往是其具有高对比度(它并非是可靠的方法)。对抑制低对比度的边缘但又不切断高对比度的边缘，使用迟滞有多大的可靠性？

5.8 构造 Harris 角点检测子，估计所描述的尺度和方向，接着对罗列出的图像在旋转、平移和尺度变换下其近邻的变化行为，可以通过简单的计算匹配。对于每个测试图，分别准备旋转的、平移的和尺度化的图像。现在可以知道对比变换后图像中那些近邻的像素点的位置——检测在适合大小和正确位置出现的次数。可以观察到旋转和平移并不会引起显著的变化，但尺度会引起非常大的变化。

第6章 纹 理

纹理是一个非常普遍的现象，容易辨认但很难定义。一般而言，一个效果是否被称为纹理，是由观察它的尺度决定的。一片树叶占据了图像大部分画面时只算是一个物体，但是一棵树的树冠是纹理。很多小物体组成的图像被认为是纹理。例如，草、树叶、灌木丛、鹅卵石和头发等。物体表面上看起来像是很多小物体组成的有规律的形状，也可以被认为是纹理。例如，非洲猎豹、美洲豹身上的斑点，老虎或斑马身上的条纹，树皮、木头和皮肤上的图案。纹理更倾向于表现重复性：（大概的）同样的局部块重复地出现再出现，虽然有些时候可能由于视角变换而呈现变化。图6.1也解释了纹理的概念。

纹理是很重要的，因为纹理在识别物体中起着很关键的作用。大多数的现代物体识别技术是建立于不同的纹理表征上的。这也可能因为纹理具有很强的材料属性：同一类的物体可能表现出相似的纹理。例如，纹理可以用于识别树皮（表现为适度的复杂和粗糙表面）和金属（表现为复杂、光滑和有光泽的表面）。人们也似乎可以通过物体表面预测其机械性能。例如，人们常常可以通过眼睛区分略微有黏性的材料（如护手霜）和高黏性材料（如奶油、干酪）（Adelson 2001）。材料属性与识别物体有很大关系，但它们并不是同一件事。例如，虽然锤子通常是由金属制成的，但塑料锤子、金属锤子、木头锤子都是锤子。

在纹理表征中，一般有三种类型。局部纹理表征对纹理进行编码与对一幅图中的点进行编码很相似，这种表征方式并不具有综合性，因为它们仅关注图像局部。然而，这种表征在图像分割中非常有用，图像分割将图像划分为大的、有用的成分，通常称为区域（有用的细节区域，详见第9章）。一种合理的解释是位于区域内的点彼此相似，并与区域外的点不同，分割的算法正是寻求一种描述该属性的区域。局部纹理表征的介绍参见6.1节。

图6.1 虽然纹理是很难被定义的，但纹理具有一些很重要且非常有价值的属性。在该图中，这里有许多重复的元素（某些叶子形成重复的“斑点”；其他的枝干，在不同的尺度下形成“栏杆”，等等）。我们对材料的感知与纹理有很紧密的关系（如果将手指放到其表面，会有怎样的感觉呢？哪些是潮湿的？哪些是带刺的？哪些是光滑的？）。注意我们从植物的类型、形状和空白处的形状等纹理可以得到的信息（Geoff Brightling ⓒ Dorling Kindersley, used with permission）

另一种问题是基于图像区域的纹理描述，并定义这种表征为池化纹理(pooled texture)表征。例如纹理识别是一类以识别图像中的图像块描述什么样的纹理的问题。例如给定一块图像区域(图像块)，目的是寻求在该图像区域整体的纹理表征。同样，在材料识别中，必须确定图像中的图像块由什么材料表征。6.2节描述了构建池化纹理表征的方法。

基于数据的纹理表征是通过给定例子生成纹理区域的表征方法。这些表征方法不适合于分割应用和识别应用，但是对于纹理的合成非常有意义。在该问题中，必须产生小的纹理区域，例如，填充图像中的空洞(见6.3节)。

基于表面的纹理与其形状有很大的关系。如果在表面上的纹理是"相同的"，则一个点到另一个点的纹理变形取决于表面的形状。例如，在斜面上一个斑点的透视图中，斑点会很小并且接近于地平线。这可用来恢复平面的倾斜度。同样，在曲面上，纹理元素的透视收缩给出关于曲面局部倾斜的信息。从图像纹理中恢复曲面方向或者曲面形状的问题即为"从纹理恢复形状"，关于该问题的方法主要是采用直截了当的纹理表征和在整个纹理结构上的强约束进行求解。

6.1 利用滤波器进行局部纹理表征

通常纹理图像是由一系列重复的元素构成的，该元素又常常被称为纹理基元。例如，图6.2(a)给出的某些纺织品的纹理是由针织花纹形成的羊毛三角形图案；同样，图6.2(b)给出的石材纹理包括无数的近圆形轨迹的灰色斑点。这种纹理的表征是很自然的，即(a)纹理基元是什么？(b)它们如何重复构建。注意，精确的纹理基元是很难实现的，这是由于如果大的模式重复出现，其所包括的纹理基元也重复出现。这种表征没有很大的问题，因为我们并不需要提取精确的纹理基元。反而，当两个纹理具有很明显的区别时，所需要的纹理表征是很容易找到区别的。我们可以假设所有的纹理基元是由通用的子元素构成，例如斑点和条纹。首先找到滤波器的子元素，接着用该子元素近邻的简易模式来描述图像中的每个点。由于纹理基元在图像中的重复属性使得该方法可行。

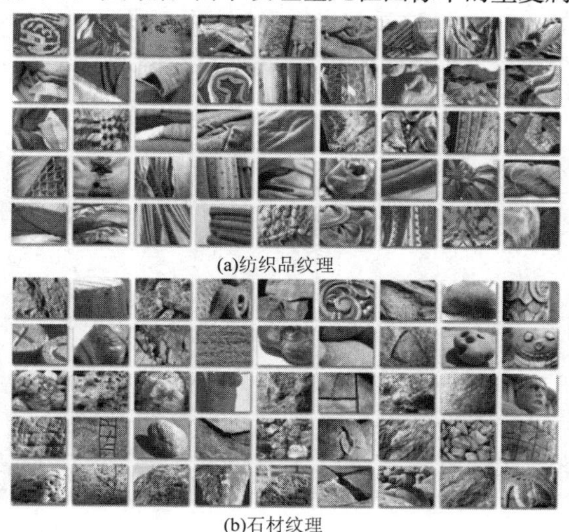

(a)纺织品纹理

(b)石材纹理

图6.2 不同的材料呈现不同的纹理。该图显示了从1000张材料图像中找出的样本图案，详见Sharan et al. (2009)；该数据库总共有10个类别，每个类别有100张图片，包括这里显示的两个类别(纺织品和石材)。注意(a)纹理非常广泛，甚至在材料分类中也是如此；(b)不同的材料似乎呈现完全不同的纹理(This figure shows elements of a database collected by C. Liu, L. Sharan, E. Adelson, and R. Rosenholtz, and published at http://people.csail.mit.edu/lavanya/research_sharan.html. Figure by kind permission of the collectors)

这意味着采用一系列滤波器的响应可以表征图像中的纹理。每种滤波器为子元素的检测器。不同的滤波器将会在不同的尺度上表征这些子元素(通常这些子元素为斑点或者条纹),不同尺度可表示更大一些或者更小一些的子元素。因此,可以采用在该点滤波器响应的向量来描述图像中的每个点。该向量给出在不同尺度围绕该点近邻的相似程度(见图 6.3)。

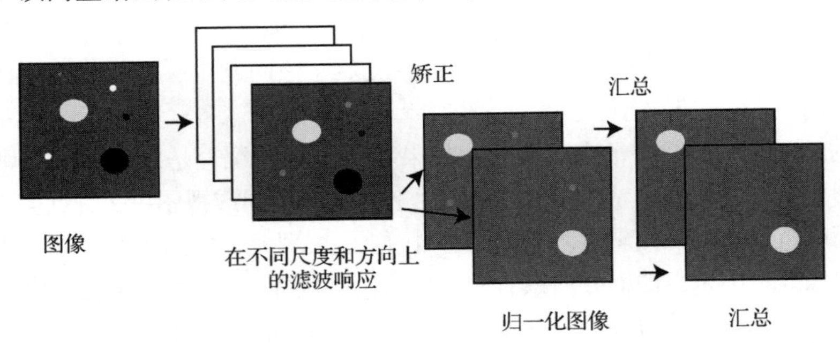

图 6.3 局部的纹理表征可以通过一系列的滤波器在不同尺度对一幅图像进行滤波所得,并整理汇总。汇总是为了保证在一个像素点处,可以表征接近该像素的纹理。这些滤波器常常是一些斑点或者条纹(见图6.4)。滤波输出可以通过归一化来增强(故正样本和负样本的响应不能取消),接着计算归一化后的滤波输出的局部汇总。通过绝对值的归一化意味着不能区分黑色背景下亮的斑点和亮的背景下的黑色斑点;一种可能的方法是采用半波归一化(见文中描述),在更加丰富的表征的代价下保持这一鉴别性。可以通过平滑处理(便于降低噪声的影响,例如上面所提到的图解例子),或者在其近邻选择最大值。可以将该图与图6.7(显示一张正式图像)进行比较

6.1.1 斑点和条纹

但是应该采用怎样的滤波器呢?这里没有标准的答案,各种各样的答案都被尝试过。类似于人的视觉皮层,一般至少使用了一个点滤波器和一个由不同方向、不同尺寸和相位的带方向的条状滤波器组成的集合(见图 6.4)。这看起来是很自然的选择,因为这些是一些有意义的“非常小”的子元素。寻求比一个斑点更小结构的子元素模式是非常困难的,同样,拥有比一个边缘更小的带方向的子元素模式也是非常困难的。

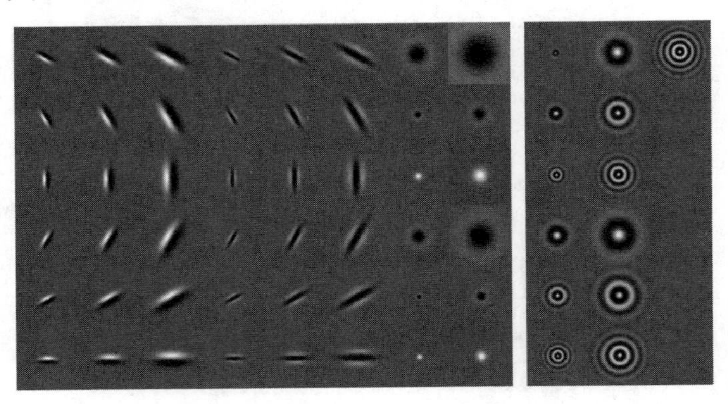

图 6.4 左图给出一组用于将图像扩展为一系列纹理表征响应的 48 个方向滤波器。每个滤波器在其尺度上进行显示,零值代表中间灰度值,较亮的值为正,较暗的值为负。左图中的左边三列表示3个尺度、6个方向的边缘;中间的三列表示条状;右边表示在不同尺度下的两类斑点(在边缘有对比和没有对比)。该组滤波器被 Leung and Malik(2001)采用。右图给出一系列的方向独立的滤波器,Schmid(2001)采用同样的表征(该集合中有13个滤波器,故这里有5个空槽)。方向独立的属性意味着这些滤波器看起来像复杂的斑点

在某些应用中，如果纹理基元是旋转的，则希望纹理的鉴别性不受影响。如果采用带方向的滤波器完成这个目标是非常困难的，因为这需要与样本方向一致的滤波器。一种用于替代带方向的滤波器的方法是采用方向无关的滤波器，即全部采用更为复杂的斑点滤波器(如图6.4所示)。图6.5给出采用图6.4的方向滤波器在一个墙壁上滤波得到的响应。

图6.5 采用图6.4给出的方向滤波器在一个墙壁上滤波得到的响应。中间，给出滤波器形式(但不考虑其尺度变化，因为太小很难显示)。滤波器与响应呈现相同的趋势(例如，左上图的响应与左上图的滤波器对应，等等)。作为参考，将原图在左侧显示。墙壁的图非常小，故滤波器的结构对于墙壁图相对偏大。与图6.6相比较，其中图6.6给出大的墙壁图的响应，且滤波器的结构较小。这些滤波器为固定大小，应用在小的图像上等价于大尺度滤波器应用在原始图上。注意到介于砖头灰浆之间横线和竖线的强响应，这些是由于条状滤波器在一定尺度下的滤波结果。所有响应值在同一灰度尺度上：中间灰度值为零，更亮一点为正，更暗一点为负

6.1.2 从滤波器输出到纹理表征

给定图像$\mathcal{I}$，一系列的滤波器输出映射(对不同的滤波器$\mathcal{F}_i$应具有形式$\mathcal{F}_i * * \mathcal{I}$)本身不是纹理的表征。该表征告诉我们围绕该像素点的窗口像什么；但是在纹理中，该表征不仅可以为像素点的计数，也可以描述其近邻。例如，一朵黄色花可能包括很多细小具有垂直绿色条纹的黄色斑点。更为重要的是该特定像素不仅更像一个斑点，而且隐含着该像素点近邻没有其他斑点，而是某些条纹。这意味着在该点的纹理表征应当包括近邻滤波器输出的汇总，而不仅仅是对自身滤波器的输出。

构建合理的汇总时首先要注意到，该汇总标注围绕该像素点的近邻相对于滤波器的尺度要大。为了明确围绕该像素点的近邻是否为"多斑点的"，仅仅知道只有一个强斑点信息是不够的；这里应包括很多斑点，每个相对于图像块的大小非常小。然而，并不需要关注非常大的近邻，或者当移动穿过图像时，该表征不会受影响(因为近邻是相互重叠的)，这一点非常重要。包括近邻的这些斑点的特殊重组并不重要，因为图像块非常小。这意味着某平均形式可能给出接下来的公平表征；一种可选择的方案是选择最大响应，在处理该过程之前需要归一化处理。例如，一个亮斑点滤波器在暗背景的亮斑点具有正的响应，在亮背景的暗斑点具有负响应，而包含该亮斑点和暗斑点的图像块可能具有零均值的响应，导致该滤波器在该图像块的响应为零，即无斑点。这可能会导致误检测。

图6.6 关于图6.4给出的方向滤波器应用在墙壁图像上的响应结果。在图中间，给出参考滤波器(同样,不考虑其尺度变化)。滤波器与响应呈现相同的趋势(例如,左上图的响应与左上图的滤波器对应，等等)。作为参考,将原图在左侧显示。虽然对于砖头之间灰浆的横线和竖线有一定的响应,但其没有粗尺度下的响应强烈(见图6.5);关于单独的砖头之间的纹理同样具有很强的响应。所有响应值在同一灰度尺度上:中间灰度值为零,更亮一点为正,更暗一点为负

我们可以对每个输出映射计算其响应的绝对值，得到$|\mathcal{F}_i ** \mathcal{I}|$。这个并不会区别暗背景上的亮斑点和亮背景上的暗斑点。一种可选择的方法是，为保持其鉴别性，输出$\max(0, \mathcal{F}_i ** \mathcal{I}(x,y))$和$\max(0, -\mathcal{F}_i ** \mathcal{I}(x, y))$，这是一个半波整流，将会对每个滤波器产生两个映射。现在，我们将会对围绕一个像素点的近邻计算平均高斯加权的汇总(与高斯滤波做卷积)。这个高斯滤波的尺度取决于该映射的滤波器的尺度，大概为滤波器尺度的两倍。

6.1.3 实际局部纹理表征

关于纹理表征具有很多不同的滤波器集。牛津大学的 Visual Geometry Group 公布了生成不同滤波器集的代码，该代码由 Manik Varma and by Jan-Mark Guesebroek 编写，见 http://www.robots.ox.ac.uk/~vgg/research/texclass/filters.html;还有一个关于纹理分类的很出色的网址(http://www.robots.ox.ac.uk/~vgg/research/texclass/index.html)。利用大数据的滤波器对一幅图像滤波是很快的，Jan-Mark Guese-broek 发布了相关的代码，见 http://www.science.uva.nl/research/publications/2003/GeusebroekTIP2003/。某些带方向的滤波器是非常快的、有效的表征，并且具有很好的平移和旋转属性。一种具有该属性的可控金字塔滤波器见 Simoncelli and Freeman(1995a)，相应代码可见 http://www.cns.nyu.edu/~eero/steerpyr/。

6.2 通过纹理基元的池化纹理表征

纹理在某些情况下是由一系列的纹理基元重复构成的。我们可以通过查找通用的图像块得到其纹理基元。一种选择方式是寻找一系列的纹理基元——即滤波器输出向量的通用表示(如果纹理基元重复表示，其子元素也重复出现)。查找图像块或者滤波器输出向量(通常是并行的)有

两个方面的困难之处，首先，这些图像的表征是连续的。不能简单地计算某特定模式出现的次数，因为每个向量都具有或多或少的不同。其次，在任何情况下的表征都是很高维的。围绕一个像素点的图像块可能需要成百上千的像素点表征；同样，可能需要成百上千的不同的滤波器来表征图像中的某个像素点。这意味着直接建立直方图是不现实的，因为无法确定网格数。图6.7给出了基于滤波器的纹理表征来查找模式的子元素。图6.8给出构建池化处理的步骤。

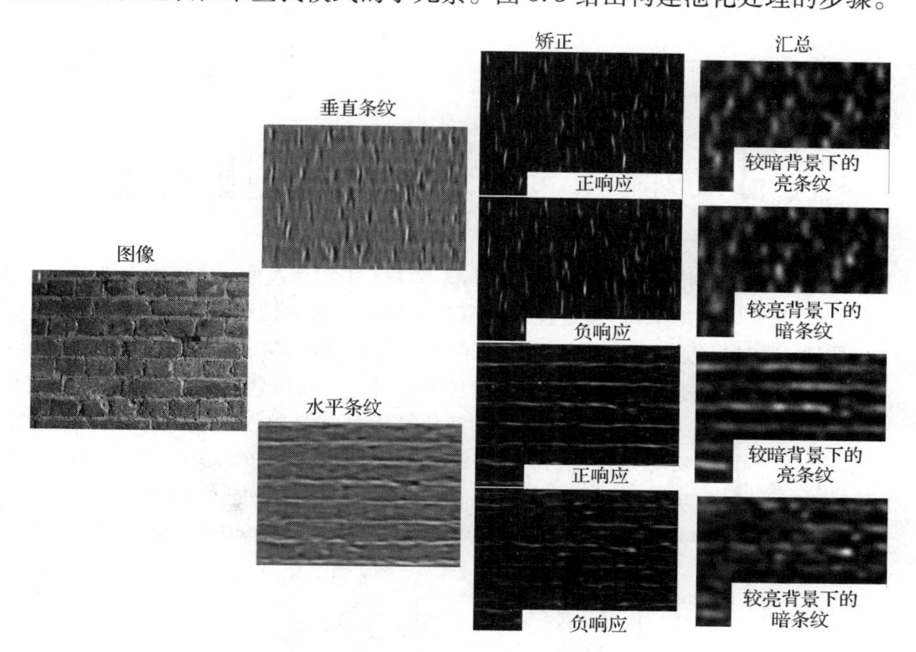

图6.7　基于滤波器的纹理表征来查找模式的子元素(例如带方向的条状)。左图的砖块图像采用带方向的条状滤波器进行滤波(见全尺度图像左上角的微小插图)来检测条纹,并产生条纹响应(中左图;黑暗为负,明亮为正,中间灰度为零)。采用矫正图(这里采用半波矫正)产生响应图(中右图;黑暗为零,明亮为正)。继而,通过汇总产生右图显示的纹理表征(这里平滑像素近邻为滤波器宽度的两倍)。因此,具有强竖直条纹响应附近的像素呈现明亮,其他呈现黑暗;对于这幅图,黑暗和明亮的结构并没有太大的区别,但关于黑暗和明亮结构存在真实的差异

6.2.1　向量量化和纹理基元

向量量化是处理该类问题的一种策略。向量量化采用一组固定大小的集合在连续空间表征向量。首先通过训练向量集构造一系列的聚类中心，一般也被称为字典。接着对于任意新的向量都可以由最靠近该向量的聚类中心代替。这种策略在向量应用中非常广泛，这里采用其对纹理基元进行表征。很多不同的聚类中心可以用于向量量化，但最常用的方法是k均值或者其变种[①]。更为具体的，6.2.2节介绍该算法，而第9章将会介绍其他的聚类方法。

接着可以对收集到的聚类中心构建直方图。这种策略在纹理表征中描述每个像素点很常见，继而采用向量量化并采用聚类中心构造直方图进行描述。常用的向量表示有：6.1节介绍的局部汇总的表征；没有经过处理的滤波器输出，采用滤波器估计局部纹理表征(见图6.9，算法6.1)；或者为仅包括从围绕图像像素点构成的固定大小的图像块拉伸的向量(见图6.10，算法6.2)。在每种情况下，采用常见的重复模式元素表征。

① 通常主要采用混合高斯模型和k均值聚类。——译者注

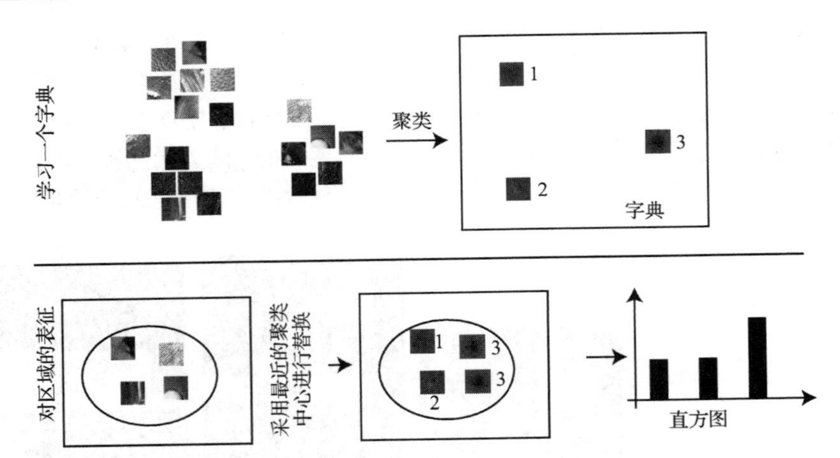

图6.8　在图像区域构建池化纹理表征有两个步骤:首先，采用大数据的纹理块构建用于标识可能的模式元素区域的字典,该过程通常事先采用训练数据训练得到;其次,考虑图像区域内的块,通过最近聚类中心的编号对它进行向量量化,接着计算发生在一定区域内不同聚类中心数目的直方图。该直方图可能并不具有空间信息,但这是一个错误感知。直方图中某些频率的元素就像纹理基元,其他靠近另一个的纹理基元采用同样的方式描述,这是一个粗略的空间信息(This figure shows elements of a database collected by C. Liu,L. Sharan,E. Adelson,and R. Rosenholtz,and published at http://people. csail. mit. edu/lavanya/research_sharan. html. Figure by kind permission of the collectors)

图6.9　模式元素可以通过对滤波输出进行向量量化并采用k均值聚类进行识别。这里给出从图6.2收集的1000张材料图像中选出的前50个模式元素(或者纹理基元)。通过图6.4给出的复杂方向滤波器进行滤波。这里的每个子图诠释一个聚类中心。对于每个聚类中心,给出通过聚类中心一系列滤波响应的滤波核的线性组合。对于某些聚类中心,给出训练集合中的25个图像块,且其滤波表征最接近聚类中心(This figure shows elements of a database collected by C. Liu,L. Sharan,E. Adelson,and R. Rosenholtz,and published at http://people. csail. mit. edu/lavanya/research_sharan. html. Figure by kind permission of the collectors)

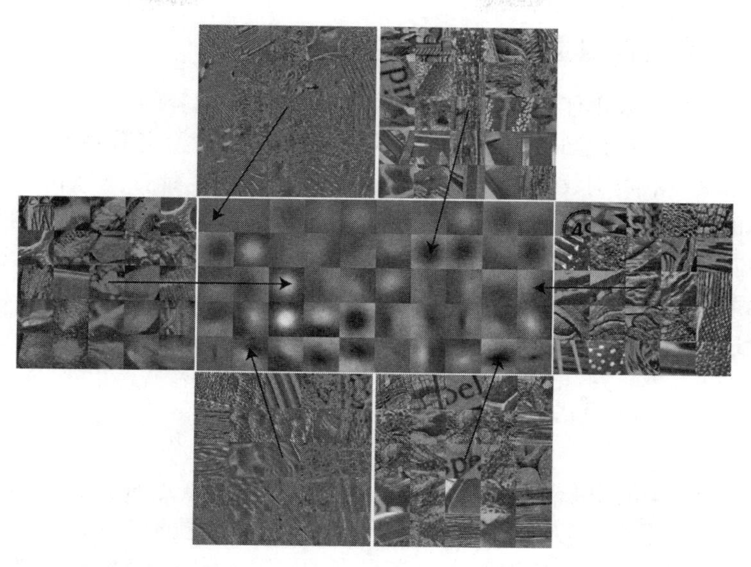

图6.10 模式元素同样可以通过将图像中以每个像素为中心的窗口进行拉伸，并采用向量量化的方式进行识别。这里给出从图6.2收集的1000张材料图像中选出的前50个模式元素（或者纹理基元）。这里的每个子图诠释一个聚类中心。对于某些聚类中心，给出最近的25个图像块。对于距离的测量，首先减去平均像素灰度，并赋予高斯加权以确保靠近块中心的像素的像素值相对于远离中心的值具有更高的权重（This figure shows elements of a database collected by C. Liu, L. Sharan, E. Adelson, and R. Rosenholtz, and published at http://people.csail.mit.edu/lavanya/research.sharan.html. Figure by kind permission of the collectors）

算法6.1 采用滤波器进行局部纹理表征

给定多尺度的包含 n 个滤波器的子元素

对于每个滤波器 $\mathcal{F}_i$ 对图像卷积

对于每个卷积响应映射 $\mathcal{F}_i ** \mathcal{I}$，计算

　$\max(0, \mathcal{F}_i ** \mathcal{I}(x,y))$ 和 $\max(0, -\mathcal{F}_i ** \mathcal{I}(x,y))$

对于 $2n$ 个矫正的映射的每一个，计算局部汇总

　被卷积的每个高斯尺度为基滤波器尺度的两倍，或者为该滤波器半径的最大值

算法6.2 采用向量量化表征纹理

建立字典

　收集多个训练样本纹理

　对相关的像素点构造向量 $\boldsymbol{x}$，这可能为：围绕该像素点的图像块的像素点拉伸的向量，或者在该像素点计算的滤波器输出，或者6.1节介绍的表征

　对这些样本求解 k 个聚类中心 $\boldsymbol{c}$

在图像区域表征

　对于图像中每个相关的像素 i

　　计算包括像素点 j 的向量表征 $\boldsymbol{x}_i$，最靠近该像素点的聚类中心 $\boldsymbol{c}_j$，并在直方图的第 j 个像素点插入该值

6.2.2 k 均值聚类的向量量化

我们可以对向量量化采用任何聚类的方法(第 9 章在基于内容的分割中介绍了一系列不同的聚类方法)。然而,目前使用得最为广泛的是 k 均值聚类。假设给定需要聚类的数据集合,并假定给定关于该数据聚类的类别数,并用 k 标记。每个聚类被假定具有一个中心,记第 i 个聚类中心为 $\boldsymbol{c}_i$。被聚类的第 j 个数据项采用向量 $\boldsymbol{x}_j$ 标记。在本文中,这些数据项为在图像位置观察到的滤波器响应的向量。

由于模式元素重复出现,一般性的做法假设大多数的数据项接近于它们对应的聚类中心。这意味着可以通过最小化下面的目标函数来对该数据进行聚类:

$$\Phi(\text{clusters}, \text{data}) = \sum_{i \in \text{clusters}} \left\{ \sum_{j \in i\text{th cluster}} (\boldsymbol{x}_j - \boldsymbol{c}_i)^{\mathrm{T}} (\boldsymbol{x}_j - \boldsymbol{c}_i) \right\}$$

注意,如果知道每个聚类的中心点,就可以很容易求得每个像素点对应的最佳聚类中心。同样,如果知道聚类分配的像素点,就很容易求出对于每个聚类的最佳聚类中心。然而,在此空间内,对于要分配的像素点寻找每个最佳聚类中心有很多种可能。定义一种算法,并通过两个活动进行迭代:

- 假设聚类中心已知,分配每个点到其对应的最近聚类中心。
- 假定分配已知,选择新的聚类中心,每个聚类中心为位于该聚类内的所有点的平均值。

接着通过随机选取起始点来选择聚类中心,对这些过程依次进行迭代。这些过程最后收敛于目标函数的局部最优值(该值不再继续变小或者在每次迭代过程中不变)。然而,其并不能保证在目标函数的全局最优处收敛。其也不能保证产生 k 个聚类,除非修改分配过程并使得每个聚类包含非零的像素点。该算法常常叫做 k 均值聚类(在算法 6.3 给出总结)。通过使用 k 均值算法对不同的 k 进行选择优化并比较其性能,在 10.7 节将给出该算法的讨论。

算法 6.3　k 均值聚类

选择 k 个数据点作为聚类中心
直到聚类中心出现很小的变化
　重新分配每个数据点,并将其分配到最近的聚类中心
　保证每个聚类中心至少具有一个数据点,一种可行的方法是在远离其聚类中心的数据点
　　中随机选择一点并对该点进行聚类
　对该聚类内的每个点求取平均值,得到新的聚类中心
结束

6.3 纹理合成和对图像中的空洞进行填充

不同的用户希望从图像或者视频中移除某些东西。电影导演可能将没有意义的电话线移除;照片修补者希望将刮花部分或者标记的部分移除;在很长一段时间内,政府部门将令人不悦的人物从公众图片中移除[King(1997)];房屋所有者希望在家族照片中将他们不喜欢的人移除。这可以通过程序利用原图的部分或者其他图,形成纹理填充该图片,并且使最后结果看起来非常自然。

关于图片填充还有另外一个很有趣的应用:采用该技术生成大量的纹理,为数字艺术家构建

物体模型。我们已经知道，好的纹理使得物体看起来更真实(为什么会这样值得思考)。采用铺瓷砖的方式进行纹理填充，其效果很差，因为瓷砖块很难获取图像本身。边界处理需要很自然，并且如果需要，要尽可能平坦，而周期性的铺瓷砖的过程令人厌烦。

6.3.1　通过局部模型采样进行合成

正如Efros and Leung(1999)指出的，样本图像可以用来作为纹理合成的概率模型(见图6.11)。暂且假设除了一个像素外，合成图像的每一个像素已知。为了得到像素值的概率模型，可以将这个像素的近邻和样本图像进行匹配。样本图像中的每一个进行匹配的近邻都有一个概率对应于感兴趣的像素，这些概率集合是一个感兴趣像素的概率分布直方图。从这个集合随机地和均匀地提取样本，可以得到和样本图像一致的值。

图6.11　Efros and Leung(1999)通过对图像近邻的匹配合成纹理，并生成样本图像，接着根据近邻匹配的算法(见算法6.4)选择随机的一个可能值。这使得算法可以重新生成复杂的空间结构，正如这些示例所示。左图中的小块为样本纹理；经过算法合成的纹理块见右图。注意合成的文本看起来很像文本，每个单词看起来就像是构成了一封信(This figure was originally published as Figure 3 of "Texture Synthesis by Non-parametric Sampling," A. Efros and T. K. Leung, Proc. IEEE ICCV, 1999 © IEEE, 1999)

我们必须从感兴趣的像素点提取出几种形式的近邻，然后把它们和样本图像的近邻进行比较。近邻的尺寸和形状是很重要的，因为它决定像素可以彼此直接影响的范围(见图6.12)。Efros使用了一个正方形的近邻，其中心是感兴趣的像素。

算法6.4　非参数的纹理合成

从样本图像中随机选择一个小方块像素
将这个小方块的值插入到要合成的图像中
直到要合成的图像的每一个地方都有一个值
　对于合成后的块边界上的每一个没有合成的地方

用样本图像匹配该地方的近邻，计算匹配值时忽略没有合成的地方
从那组匹配的近邻中对应位置的值中均匀和随机地选择一个值
结束
结束

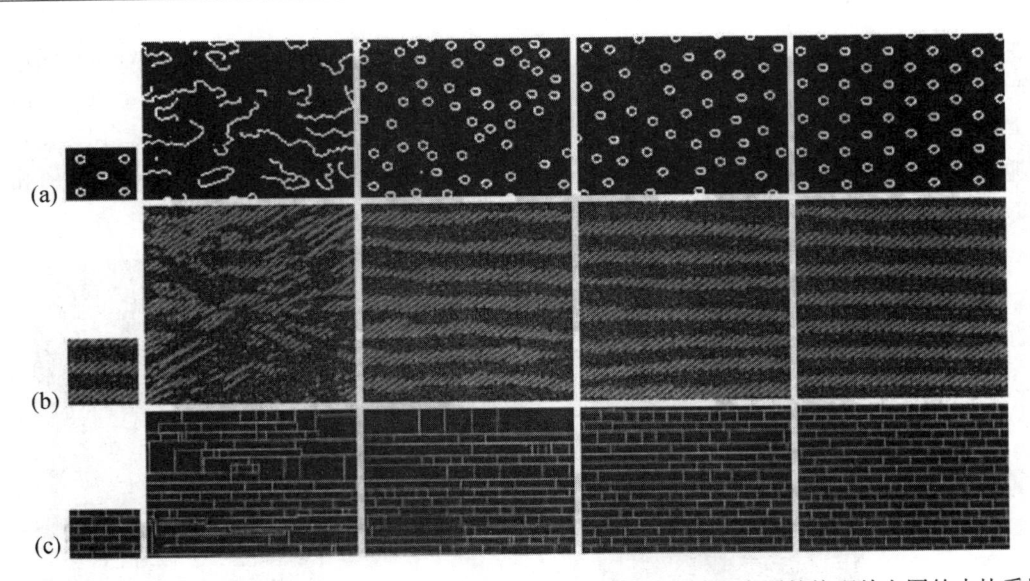

图 6.12 匹配图像近邻的大小在算法 6.4 呈现出很大的不同。在图中，右图的纹理从左图的小块采用其近邻移动到右图并逐渐放大形成大区域纹理。如果非常小的近邻被匹配，则算法不能很容易得到大尺度效应。例如，在多斑点纹理情形中，如果近邻非常小以至于很难获取斑点结构(即只能看到许多曲线构成)，则算法合成由不同曲线构成的纹理。当随着近邻越来越大时，算法可以获取整个斑点结构，即使间距不平整。随着近邻的增大，合成的间距越来越平整(This figure was originally published as Figure 2 of "Texture Synthesis by Non-parametric Sampling," A. Efros and T. K. Leung, Proc. IEEE ICCV, 1999 © IEEE, 1999)

我们所选择的近邻应当与样本图像有一些相似。两个图像近邻的相似度的一个很好的测量准则是用相应的像素之差的平方之和(SSD, Sum of Squared Differences)。假设丢失的像素在该图像块的中心被合成，记为 $\mathcal{S}$。假设图像块是方形的，并调整图像块的索引值为 $-n$ 到 n，则图像块近邻与同样大小的图像块 $\mathcal{P}$ 的像素值之差的平方和定义为

$$\sum_{(i,j)\in\text{patch},(i,j)\neq(0,0)} (\mathcal{A}_{ij} - \mathcal{B}_{ij})^2$$

上述符号意味着并不知道哪些像素的值是需要合成的[即在点(0,0)处]，在 SSD 中并不计算。当两个图像块的近邻非常相似时，计算的相似度的值很小；反之，当图像块的近邻相差很大时，计算得到的相似度的值很大(关键是两列拉伸向量的之差)。然而，这种测试准则对靠近于不知道像素值情况下的像素点与距离远的像素点赋予同等的权重。一种更好的选择是，在计算平方差之和时，对靠近像素点的值赋予较大的权重，对远离像素的值赋予较小的权重。可以采用高斯权重，即

$$\sum_{(i,j)\in\text{patch},(i,j)\neq(0,0)} (\mathcal{A}_{ij} - \mathcal{B}_{ij})^2 \exp\left(\frac{-(i^2+j^2)}{2\sigma^2}\right)$$

现在，已经了解了如何得到一个缺失的单独像素的纹理值：均匀和随机选择样本图像的像素值，样本图像的近邻应和我们的像素近邻匹配，不能选择直接通过相似度的阈值选择合适的近邻，因为可能得不到任何匹配。一种更好的选择匹配近邻的策略为选择其相似度的值小于$(1+\epsilon)s_{\min}$，其中$s_{\min}$为最靠近其近邻的相似度函数，ϵ为参数。

一般情况下，需要合成的不止一个像素。通常，并不知道要合成的像素的近邻中的一些像素值——这些像素也需要合成。通常得到一个感兴趣的像素集合的一种方法是，在计算平方差之和时只用那些已知的值，然后按比例判断阈值。合成过程可以从样本图像中随机选择一块开始。记$\mathcal{K}$为某已知值的像素点的近邻像素集，$\#\mathcal{K}$为该集合的大小。我们得到相似度函数

$$\frac{1}{\sharp\mathcal{K}}\sum_{(i,j)\in\mathcal{K}}(\mathcal{A}_{ij}-\mathcal{B}_{ij})^2\exp\left(\frac{-(i^2+j^2)}{2\sigma^2}\right)$$

通过随机从样本图像选择一个图像块开始该合成过程，由此产生算法6.4。

填充图像块　合成一个较大的图像块纹理的像素点是没必要，且非常慢的。因为纹理是重复出现的，我们期望整个纹理块也应当是重复出现的。这意味着合成一个图像块的纹理，而不是仅仅合成一个图像像素点。大多数对于像素点的处理机制遵循：合成一个位置的纹理，首先找到一个匹配的相似的图像块（因为它们在该位置的像素点边界匹配）；其次，从中均匀地随机选择。然而，当得到新的图像块时，必须面对这样一个事实，即某（理想的，很多）像素点与其他已经合成的像素点重叠。这个问题通常是由图像分割的方法解决的，将在第9章讨论该问题。

6.3.2　填充图像中的空洞

对图像中的空洞进行填充的方法有四种。匹配算法为在查找相似于该空洞边界的图像块，用该图像块替换该空洞区域，然后混合该图像块与整个图像，该查找的图像块可能非常吻合（见图6.13）。如果有很多图像，可以通过查找其他图片中与该图中的空洞吻合的图像块。Hays and Efros（2007）证明这种方法非常有效。混合（blending）采用经常用于图像分割的方法（9.4.3节将介绍一种用于混合的方法）来完成。

正如所期望的那样，匹配算法在有一个很好的匹配时，效果很好，反之则效果很差。如果一个空洞是一个相对常规的纹理，则这个合适的匹配很容易找到。如果纹理没有很强的结构信息，则很难找到一个很好的匹配。在该种情况下，则在整个空洞区域采用其余部分的图作为样本图像进行尝试和合成。这种纹理合成的算法在需求相当大的处理时效果很好，因为这些匹配更多是约束化的，这会有一个合成图像块与该空洞的边缘吻合。当然，将空洞的边缘延伸其内部也是非常重要的（见图6.14）；在实际中，填充其他图像块的空洞之前往往需要先合成该图像块的边界区域。可以在优先函数中同时定义不同的需求，并指定下一步合成的纹理（Criminisi et al. 2004）。

假设彩图位于(i,j)位置的图像块作为示例填充位置(u,v)的洞，接近于位置(i,j)的图像块更像接近图像块(u,v)的近邻。这种观察的现象为一致性算法的核心，即将该约束用于纹理合成。最后，图像中某些空洞严格讲并不是纹理合成；例如，在平滑有阴影区域有一个要填充的空洞。采用纹理合成的算法和匹配的算法是不合适的，因为该空洞边界的强度结构并不具有算法所描述的不同性。最后，可能得到很多匹配的图像块，而其中的某些更具有非常不协调的内部纹理。差异法适用于所有情况。严格来讲，我们尝试将图像水平曲面平滑地延伸到要填充的空洞区域。现代空洞填充的方法联合这些方法，在需求的任务中将实现非常好的效果（见图6.15）。

图6.13 如果一幅图像由重复的结构构成，就可以通过搜索包括兼容其边界的图像块对空洞进行填充。左上图,具有一个空洞的图(大约像行人形状构成的黑色像素)。虽然位于区域的像素在空洞外面,但通过与其近邻曲线的匹配,可以很好地对空洞进行填充。右上图:通过将图中的图像块进行替换,接着采用分割算法(见第9章)选择基于图像块和图像之间合适的边界。这个过程将产生显然不好的效果图,见左下图,房屋的正面可以看到非常显著的倾斜效果。这个倾斜式的正面远距离的部分呈现得非常狭窄。然而,如果采用1.3节介绍的算法将正面图进行矫正,则需要匹配的图像块。在右下图中,采用矫正图像的一个图像块对空洞进行填充,则又出现这种倾斜(This figure was originally published as Figures 3 and 6 of "Hole Filling through Photomontage," by M. Wilczkowiak, G. Brostow, B. Tordoff, and R. Cipolla, Proc. BMVC, 2005 and is reproduced by kind permission of the authors)

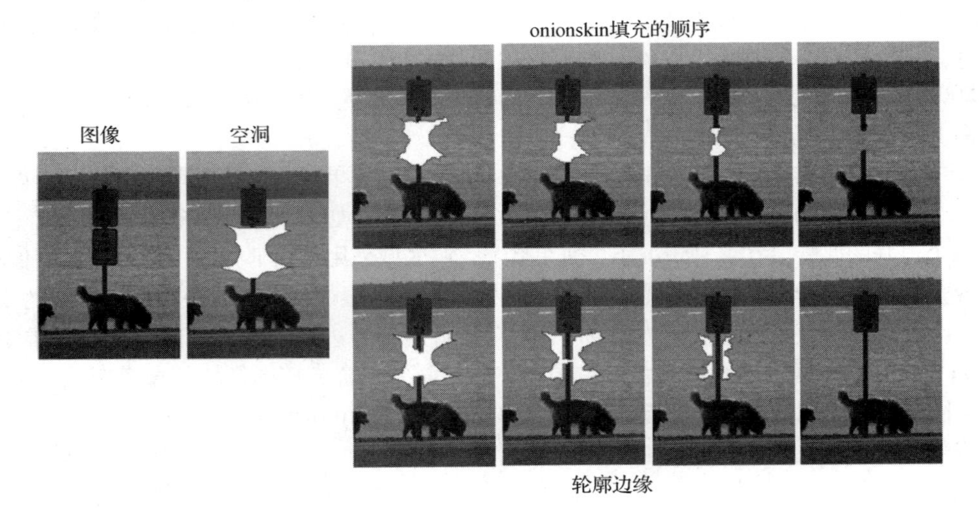

图6.14 纹理合成算法可以精确地对空洞进行填充，但合成像素的顺序是非常重要的。在该图中，期望将标记进行移除,并保留路标。通常，首先将近邻像素最多的空洞进行填充。这会产生非常好的匹配结果。一种方法是根据边界对其填充。然而，如果仅仅按照朝向中心填充的方法(onionskin 填充)，长尺度的图像结构将会出现断裂。最好是首先选择接近边缘的图像块(This figure was originally published as Figure 11 of "Region Filling and Object Removal by Exemplar-Based Image Inpainting," by A. Criminisi, P. Perez, and K. Toyama, IEEE Transactions on Image Processing, 2004 ©IEEE, 2004)

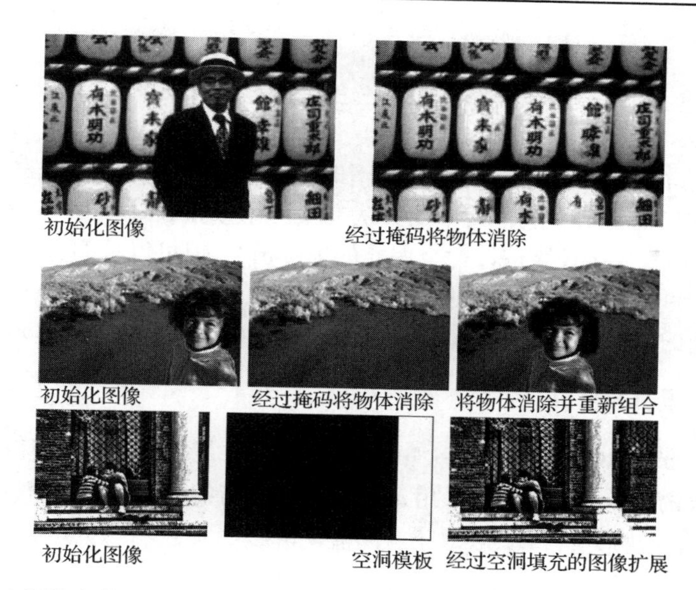

图6.15 现代空洞填充算法同时采用纹理合成、一致性和平滑，可以得到非常好的结果。注意到顶行处背景纹理复杂、长尺度的结构实例。中间行给出将主体从图像中移除并替换到不同位置的例子。最后，底行给出采用空洞填充算法改变一张图的大小。中间模板图像的白色块为“空洞”（例如，需要对图像大小进行改变的未知像素），该块通过合理的纹理进行填充(This figure was originally published as Figures 9 and 15 of “A Comprehensive Framework for Image Inpainting,” by A. Bugeau, M. Bertalmío, V. Caselles, and G. Sapiro, Proc. IEEE Transactions on Image Processing, 2010 ©IEEE, 2010)

6.4 图像去噪

本节讨论由数字照相机传感器产生的噪声图像，并将该噪声图像恢复为原图像的问题。目前，采用高级的传感器，对于低敏感度的数字SLR，相对数字信号噪声已经很小，但对于具有高敏感度（低光或者高速条件下）的消费级和手机相机仍具有很大噪声。为满足消费的需求及天文学、生物学和医学图像等的专业需求，获取相对清晰的图像是非常迫切的，事实上也越来越重要。处理数字照相机拍摄的有噪图像是非常困难的，因为这些不同的设备产生不同类型的噪声，并在后续处理中引入不同类型的人工或者空间关联噪声（去马赛克，白平衡等）。

我们已经知道高斯核等线性滤波器可以很有效地抑制噪声，但代价是丢失图像信息。在该章节概要讨论关于图像去噪的三种非常有效的方法。它们主要依赖于自然图像的两个属性：显著的自相似性——即位于同一张图像的很多小的区域看起来很相似；有效的稀疏线性表示模型，即较小的图像块可以通过非常大的基元集合中（例如字典）非常少的元素来得到很好的线性表示。

6.4.1 非局部均值

Efros and Leung(1999)已经得出自然图像的内在自相似性可以非常有效地用于纹理合成任务。遵循该观点，Buades, Coll, and Morel(2005)引入非局部均值方法用于图像去噪，其中自然图像的自相似性作为一种先验。具体地讲，考虑一幅噪声图像，并将其表示为 $\mathbb{R}^n$ 中的列向量 $\boldsymbol{y}$，记 $\boldsymbol{y}[i]$ 为第 i 个像素值，$\boldsymbol{y}_i$ 为位于该像素的 m 大小图像块，并表示为 $\mathbb{R}^m$ 的元素。图像块 $\boldsymbol{y}_i$ 和 $\boldsymbol{y}_j$ 应当与 $\boldsymbol{y}[i]$ 和 $\boldsymbol{y}[j]$ 具有相似的值。估计位置 $\boldsymbol{x}[i]$ 的去噪值为图像中其他所有像素的平均加

权(也称为 Nadaraya-Watson 估计器):

$$x[i] = \sum_{j=1}^{n} \frac{G_h(y_i - y_j)}{\sum_{l=1}^{n} G_h(y_i - y_l)} y[j] \tag{6.1}$$

其中，G_h 为标准差 h 的多维高斯核。当高斯平滑时，权重依赖于自相似性的性能而不是空间近邻关系，因此称为非局部均值。这种简单的方法在实际中效果较好，虽然这种算法实现得较慢(图像中的所有像素值都用于计算估计一个像素的去噪值)，但可以采用各种启发式的方法进行加速(例如，在图像块 y_i 固定空间位置近邻中，仅考虑图像块 y_j)。在实际中参数 h 可以为标准差 $h=12\sigma$ 的成比例的值；例如，Buades，Coll and Morel(2005)采用 $h=12\sigma$。

6.4.2 三维块匹配(BM3D)

经典的收缩(shrinkage)是关于图像去噪的非常不同的一种方法。其过程总结如下：考虑 $\mathbb{R}^m$ 中的信号 y，非奇异的 $m\times m$ 矩阵 $\mathcal{T}$。采用 $\alpha=\mathcal{T}y$ 对 y 进行编码，α_ε 为阈值，由将所有参数小于某 $\varepsilon>0$ 的 α^i 硬阈值化情形所得，或者对于软阈值化情形

$$\alpha_\varepsilon^i = \mathrm{sign}(\alpha^i)(|\alpha^i| - \varepsilon)_+$$

这里，当 $x>0$ 时，x_+ 等于 x；反之，为0。去噪信号为 $x_\varepsilon=\mathcal{T}^{-1}\alpha_\varepsilon$，关于该噪声模型的想法起源于变换域具有较小的参数，且对于合适的变换显然是正确的。一个经典的例子是小波收缩(wavelet shrinkage，Donoho and Johnstone 1995)，其中 $\mathcal{T}$ 为表征离散小波变换的正交矩阵(Mallat 1999)，去噪模型为 $x_\varepsilon=\mathcal{T}^{\mathrm{T}}\alpha_\varepsilon$。在该情况下，给定噪声水平，并保证理论上的重构信号来选择 ε 是可行的。

关于构建过程，向量 x_ε 通常允许关于 $\mathbb{R}^m$ 基的稀疏分解，该基由 $\mathcal{T}^{\mathrm{T}}=\mathcal{T}^{-1}$ 形成——即只有非常少数的 α_ε^i 为非零。第 22 章给出进一步的讨论，线性稀疏编码模型非常适合于自然图像情形，Dabov et al. (2007)联合稀疏诱导和自相似性属性进行收缩。它们将相似的图像块堆叠为三维数组，接着在该数组进行收缩和三维离散余弦变换(DCT，Discrete Cosine Transform)。由于图像块是相似的，每组的分解应当非常稀疏，去噪图像块 x_ε 通过对收缩的数组进行检索而获得。一个像素点的最终值为所有经过该点的图像块 x_ε 的平均值。连同非常简单的启发式，这种简单的想法被证明非常有效，其相对于非局部均值方法具有更好的结果。

6.4.3 稀疏编码学习

另一种方案为假设干净的信号可以通过一组字典(可能非常大)的 k 列稀疏线性组合表示，并且该字典可能是过完备($k>m$)的。在这种条件下，$\mathbb{R}^{m\times k}$ 中的图像块 y 可以由 $\mathbb{R}^m$ 的字典 $\mathcal{D}$ 的 k 个元素构成，去噪等价于求解该稀疏分解问题

$$\min_{\alpha\in\mathbb{R}^k} ||\alpha||_1 \quad \text{s.t.} \quad ||y - \mathcal{D}\alpha||_2^2 \leqslant \varepsilon \tag{6.2}$$

其中，$\mathcal{D}\alpha$ 为估计的干净信号，$\|\alpha\|_1$ 为 α 的绝对值之和形成的稀疏诱导 ℓ_1 范数。正如第 22 章所述，式(6.2)中的 ℓ_1 规则项形成凸优化 Lasso 问题(Tibshirani 1996)和基跟踪(basis pursuit)(Chen et al. 1999)问题，这些算法非常有效。正如 Elad and Aharon(2006)所示，ε 可以根据噪声的标准差进行选择。

很多不同类型的小波已经用于自然图像的字典学习。Elad and Aharon(2006)已经提出手动学习字典 $\mathcal{D}$ 的方法，并验证其学习得到的字典相对于现成的字典具有更好的性能。给定一张大小为 n 的图像，字典大小为 $\mathbb{R}^{m\times k}$，由 n 个重叠的大小为 m(一般 $m=8\times 8 \ll n$)的图像块构成，通过构造如下优化问题来学习:

$$\min_{\mathcal{D}\in\mathcal{C},\mathcal{A}}\sum_{i=1}^{n}||\boldsymbol{\alpha}_i||_1 \quad \text{s.t.} \quad ||\boldsymbol{y}_i-\mathcal{D}\boldsymbol{\alpha}_i||_2^2\leqslant\varepsilon \tag{6.3}$$

其中，$\mathcal{C}$ 为 $\mathbb{R}^{m\times k}$ 的矩阵集，每列为单位 ℓ_2 范数，$\mathcal{A}=[\boldsymbol{\alpha}_1,\cdots,\boldsymbol{\alpha}_n]$ 是矩阵 $\mathbb{R}^{k\times n}$，$\boldsymbol{y}_i$ 为噪声图像 $\boldsymbol{y}$ 的第 i 个图像块，$\boldsymbol{\alpha}_i$ 为关联的编码，$\mathcal{D}\boldsymbol{\alpha}_i$ 为估计的去噪图像块。注意到该处理过程隐含假设图像块彼此独立，由于图像块重叠，很容易出现问题。但是，该逼近使得这种优化非常容易处理。的确，虽然字典学习传统上是非常耗时的，不过在线学习的算法如第 22 章涉及的处理过程和 Mairal，Bach，Ponce，and Sapiro(2010)提出的算法可以有效进行百万级图像块以及大规模的数码摄影或者图像数据集的处理。在特定的应用中，字典 $\mathcal{D}$ 首次在该大数据集合进行训练学习，接着采用同样的过程提取感兴趣的图像。

一旦字典 $\mathcal{D}$ 和编码 $\boldsymbol{\alpha}_i$ 已经通过学习得到，每个像素允许有 m 个估计(对应包括的每个图像块)，其值可以通过平均化这些估计值而得到。

接着自相似的属性也可以用于该框架学习。准确地讲，联合稀疏项——即共用非零参数集——可以强加于通过在矩阵 $\mathcal{A}=[\boldsymbol{\alpha}_1,\cdots,\boldsymbol{\alpha}_l]\in\mathbb{R}^{k\times l}$(见图 6.16)的稀疏组正则化(grouped-sparsity regularizer)得到的向量集 $\boldsymbol{\alpha}_1,\cdots,\boldsymbol{\alpha}_l$。这等价于限定矩阵 $\mathcal{A}$ 的非零行数，或者通过 $\ell_{1,2}$ 矩阵范数替代式(6.3)中的 ℓ_1 向量范数，其中 $\ell_{1,2}$ 范数为

$$||\mathcal{A}||_{1,2}=\sum_{i=1}^{k}||\boldsymbol{\alpha}^i||_2 \tag{6.4}$$

其中 $\boldsymbol{\alpha}^i$ 为矩阵 $\mathcal{A}$ 的第 i 行。

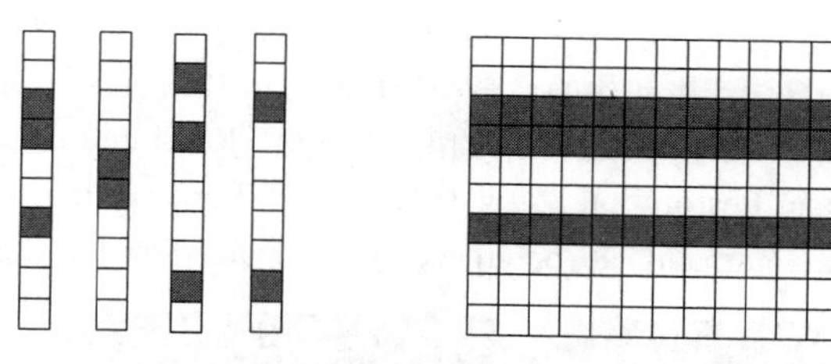

图 6.16 稀疏和联合稀疏对比：左图向量或者右图矩阵中，灰度正方形表示非零值(Reprinted from "Non-local Sparse Models for Image Restoration," by J. Mairal, F. Bach, J. Ponce, G. Sapiro, and A. Zisserman, Proc. International Conference on Computer Vision, (2009). ©2009, IEEE)

与 BM3D 组相似，可以定义类似于每个 $\boldsymbol{y}_i$ 的图像块集合 S_i，例如采用图像块的欧氏距离的阈值。则字典学习的问题可以改写为

$$\min_{(\mathcal{A}_i)_{i=1}^{n},\mathcal{D}\in\mathcal{C}}\sum_{i=1}^{n}\frac{||\mathcal{A}_i||_{1,2}}{|S_i|} \quad \text{s.t.} \quad \forall i\sum_{j\in S_i}||\boldsymbol{y}_j-\mathcal{D}\boldsymbol{\alpha}_{ij}||_2^2\leqslant\varepsilon_i \tag{6.5}$$

其中 $\mathcal{A}_i=[\boldsymbol{\alpha}_{ij}]_{j\in S_i}\in\mathbb{R}^{k\times|S_i|}$，关于估计值 ε_i 的定义如前。通过 $|S_i|$ 定义的归一化项对于所有的组给出相等权重。对于固定的字典，同时稀疏编码为凸优化的，则可以通过有效的算法求解编码结果(Friedman 2001；Bach，Jenatton，Mairal，and Obozinski 2011)。其次，字典可以采用第 22 章给出的简单且有效的算法和 Mairal et al. (2010)的改进版学习得到，最终图像由每个像素点的估计值的平均估计得到。在实际中，该方法相对于朴素的字典学习算法其性能表现得更好。

6.4.4 结果

通过 Dabov，Foi，Katkovnik，and Egiazarian(2007)和 Mairal，Bach，Ponce，Sapiro，and Zisserman(2009)的实验，采用带有高斯噪声的标准图像(见图 6.17)，经过量化性能评估，本节

讨论的三种方法都能给出很好的结果，包括非局部平均、带有轻微边缘的 BM3D 和已学习的同时稀疏编码(LSSC, Learned Simultaneous Sparse Coding)。被真实噪声破坏的摄影照片的量化结果在图 6.18给出，该图像由 Canon Powershot G9 数码照相机在 ISO 1600 下短时间曝光得到。在同等设置下，照片带有很多噪声。现在，比较原始照相机输出的 JPEG 图像，由专业图像处理软件 Adobe Camera Raw 5.0, DxO Optics Pro 5.3 处理后得到的图像和 LSSC 得到的图像见图 6.18。

图 6.17 通过人工增加高斯噪声并进行去噪的图像显示。左图：噪声图像。右图，采用 LSSC 进行复原，注意到算法产生初始的很难在噪声图像可视的纹理：例如在房屋图像中的砖块纹理($\sigma = 15$)；对于人像，算法产生头发纹理(Reprinted from "Non-local Sparse Models for Image Restoration," by J. Mairal, F. Bach, J. Ponce, G. Sapiro, and A. Zisserman, Proc. International Conference on Computer Vision, (2009). © 2009, IEEE)

图 6.18 从左到右，从上到下依次为：照相机 JPEG 输出，经 Adobe Camera Raw 处理后的输出的图像，经 DxO Optics Pro处理后输出的图像和经LSSC处理后输出的图像(Reprinted from "Non-local Sparse Models for Image Restoration," by J. Mairal, F. Bach, J. Ponce, G. Sapiro, and A. Zisserman, Proc. International Conference on Computer Vision, (2009). © 2009, IEEE)

6.5 由纹理恢复形状

同样一块纹理从正面和与从切向角度看起来是很不一样的，因为透视缩小效应会导致纹理元素(包括它们之间的间隔)在某个方向比其他方向收缩得更严重。这使得我们想到如果提供一个纹理模型，便可以从纹理中恢复出一些形状信息。人类具有这种能力(见图6.19)，引人注目的是，很多纹理模型提供了足够的信息来推断形状。

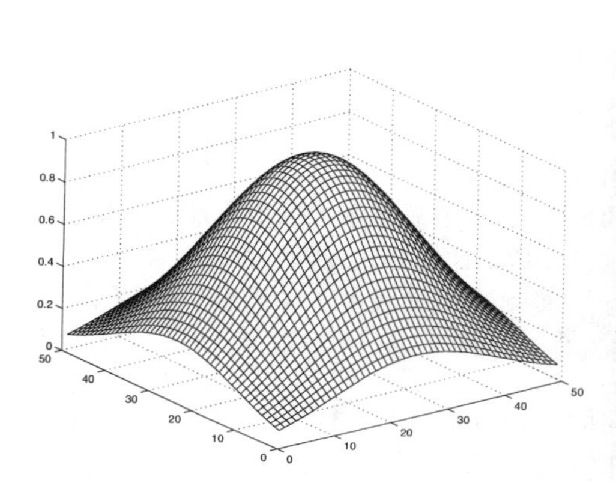

图6.19 人们由表面纹理的外观得到表面的形状信息。左边的图像显示了这个结果，除了轮廓区域，描述表面的唯一信息来源就是表面纹理的扭曲。右边的灌木丛的纹理给出一种很清晰的感觉，使得人们明确了地平面的方向，植物耸立在小道，以及感觉到后面的楼房有多远(Geoff Brightling © Dorling Kindersley, used with permission)

6.5.1 在平面内由纹理恢复形状

如果我们正在注视着一个平面，由纹理构造的形状则取决于相对于照相机的平面的构造。如果假定一个平面的方位，则可以把图像纹理映射回平面。如果有一些纹理的“一致性”模型，则可以通过测试反投影纹理的这个性质，得到有最佳反投影纹理效果的平面。这里讨论“最佳”反投影纹理的平面。

现在假设我们在正交投影的照相机中注视一个有纹理的平面，因为照相机是正交投影的，所以没有办法测量平面的深度，但可以考虑平面的方向。我们根据照相机坐标系来讨论，首先需要知道有纹理的平面的法线和视觉方向之间的角度——有时称为倾斜角；以及投影法线在照相机坐标系的角度——有时称为俯仰角(见图6.20)。

在同一个平面的图像中，存在某种倾斜方向(该方向与投影法线的平面平行)。

定义各向同性纹理，即计算某纹理因子的概率不依赖于该因子的方向的纹理。这意味着一个各向同性纹理的概率模型不需要依赖纹理平面坐标系的方向。

如果假设纹理是各向同性的，则倾斜角和俯仰角都可以从图像中得到。我们可以合成一个有纹理的平面的正交投影视图，首先绕俯仰角旋转坐标视图，然后将倾斜角的余弦在某个坐标方向缩短——这个过程称为视角变换。理解这一点的最简单的方法就是假设纹理由一组在平面上散开的圆组成。在一个正交投影的视图中，这些圆会映射为椭圆，短轴会给出俯仰角，高度比会给出倾斜角(见习题和图6.20)。

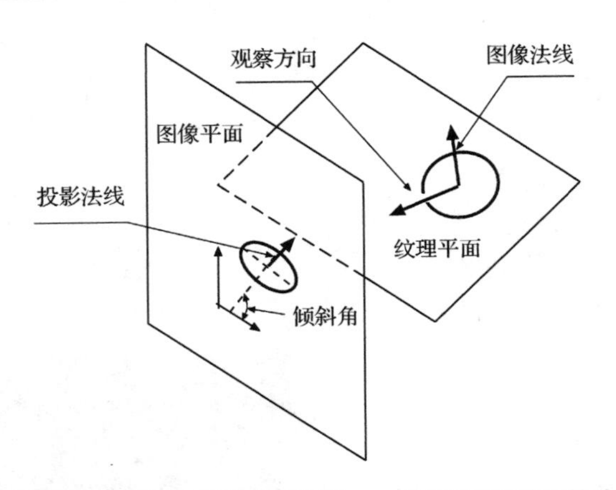

图 6.20 平面相对于照相机平面的方向可以由倾斜角——有纹理的平面的法线和视线方向的夹角以及俯仰角——投影法线在照相机坐标系的角度给出,然后显示了一个圆投影为椭圆。该椭圆短轴的方向为倾斜的,倾斜角通过椭圆的纵横比计算得到。然而,由于投影缩减是通过$\cos\sigma$给出,其中σ为倾斜角,因此该倾斜角是模糊的。对于投影缩减下的σ,这里有两个可能的值,故两种不同的倾斜角产生相同的椭圆(一个为倾斜的前向椭圆,另一个是后向椭圆)

一个各向同性的纹理的正投影视图并不是各向同性的(除非这个平面和图像平面是平行的),这是因为在倾斜角方向的收缩干扰了纹理的各向同性,指向收缩方向的因子会变得短一些,此外,因子如果有指向收缩方向的部分,这部分也会变得短些。与视角变换对应的是逆视角变换(给出倾斜角和俯仰角,把一个图像平面纹理变成一个对象平面纹理)。它引出了一个检测平面方向的策略:找到一个逆视角变换,将图像纹理变成一个各向同性的纹理,然后由逆视角变换恢复倾斜角和俯仰角。

有许多种方法可以找到这种视觉变换。一个很自然的策略就是使用一组方向滤波器的输出能量,即将图像上经过平方后的响应的各处加起来。对于一个各向同性的纹理,可以认为对于任何给定的尺寸,在任意方向的能量输出都一样,因为该纹理遇到的模式的概率不依赖于它的方向。因此,一个各向同性的度量是输出能量的标准差与方向的函数关系。我们可以把在不同尺寸上的这个度量加起来,或者用对应尺寸的能量将这个度量加权。该度量越小,纹理的各向同性越好。利用标准的优化方法,可以利用这个度量找到使图像看起来更加各向同性的逆视角变换。采用各向同性的假设去恢复一个平面的方向,最主要的困难就是现实中各向同性的纹理非常少。

6.5.2 从弯曲表面的纹理恢复形状

由于有更多的参数用于估计,对于弯曲表面通过纹理恢复形状是非常困难的。这里有很多种策略,但并没有一致的结论认为哪个最好。如果假设纹理由重复的小的元素构成,则从观察角度,独立的元素并不会表现透视效果(因为它们非常小)。更进一步讲,弯曲表面往往呈现小区域的深度,因为如果弯曲足够快速,它们最终将避开眼睛(如果不这样,我们可能将其当做一个平面)。所有这些意味着假设曲面是由正交的摄像机观察得到的。

考虑弯曲平面的一组元素,每个元素都为模型元素的实例;可以将平面元素当做模型的副本,即位于不同位置。每一个都非常小,这样将其建模为依赖于曲面正切平面。每个元素都有不同的倾斜角和倾斜方向。该元素的每个图像实例为该模型元素的实例,已经经过旋转和平移变换,并沿着图像倾斜的方向进行尺度缩放变换。给定足够多的图像实例,可以从该元素的信息

[该证明超出本书的讨论范畴；见 Lobay and Forsyth(2006)]推断出该元素的模型元素和曲面法线(上升到两倍的随机性；见图6.20)，我们必须将曲面与该信息匹配。这种处理是非常复杂的，因为需要求解每个曲面法线的随机性。但这可以通过假设曲面是光滑的(故该元素的近邻也倾向于共享法线值)和假设该曲面具有相同的几何约束来解决该问题。

有意思的是，建模该纹理为重复元素的过程可以重现光照信息。如果可以找到在某一个曲面的某一个元素的多个实例，则造成其不同图像亮度的原因是它们具有不同的照度(因为它们对应着入射光的不同方向)。我们可以通过该信息直接估计曲面辐照度，尽管该光照域是非常复杂的(见图6.21)。

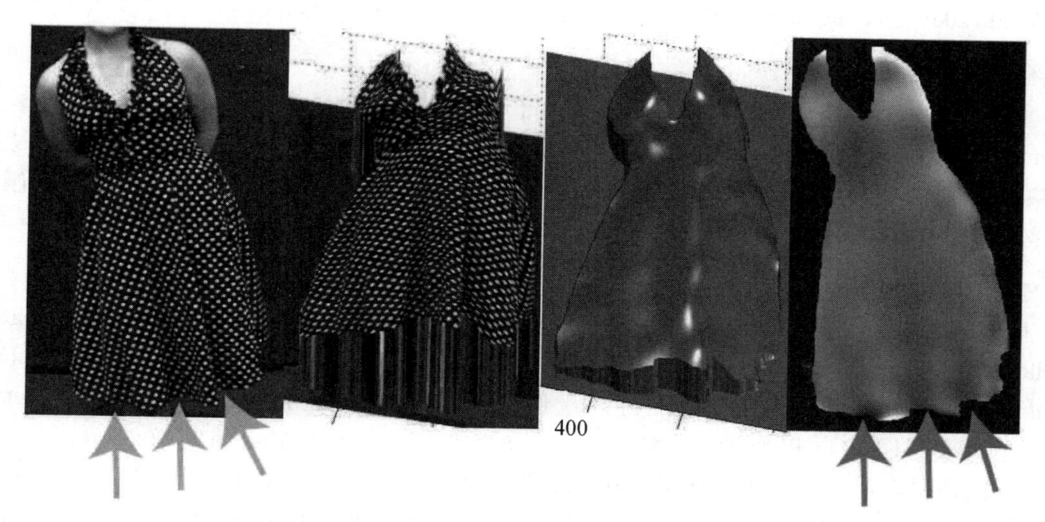

图6.21　左图，由一系列重复的元素构成的纹理表面，这种情形下为斑点。左中图，仅仅采用纹理信息对表面进行重构。这个重构包含了某种结构，故隐含了某种缺陷。右中图，同样的重构图，现在采用表面光滑的灰色进行渲染。由于纹理元素是重复出现的，可以假设不同的元素具有显著不同的亮度区别，这是由于它们可以呈现完全不同的照度。右图给出在表面上根据该观察得到的照度估计。注意衣服箭头上的褶皱倾向于更暗；这是由于一个基褶皱代表一个表面元素，衣服块的近邻区域阻碍了比较高百分比的入射光(This figure was originally published as Figure 4 of "Recovering Shape and Irradiance Maps from Rich Dense Texton Fields," by A. Lobay and D. Forsyth Proc. IEEE CVPR 2004 ©IEEE, 2004)

6.6　注释

纹理的重复性是研究纹理的重要思想基础，并衍生出很多变种形式。在一些情况下，可以直接得到元素，例如 Liu et al. (2004)。利用纹理的重复性可以实现图像压缩。如果具有在视角上很大的平面图像(例如建筑物)，则可以采用视角变换建模进行图像压缩(因为重复的元素相对正常角度重复得更多)。在特定的时期，图像压缩的论文也包括从纹理恢复形状理论[例如 Wang et al. (2008)]。

滤波器、金字塔和效率

如果想用一个大范围的滤波器(它们有很多尺寸和方向)的输出来描述纹理，则需要保证滤波器的效率。这是一个引起很多关注的话题；一般的方法是尝试建立一个张量积基，以便更好地描述能使用的滤波器族。根据一种合适的构造方法，需要把图像和少量可分离的核卷积，然后把很多滤波器的响应结果用不同的方法综合起来进行评估(因此需要基是张量积)。重要的论文包括 Freeman and Adelson(1991), Greenspan et al. (1994), Hel-Or and Teo(1996), Perona(1992), (1995), Simoncelli and Faird(1995), Simoncelli and Freeman(1995b)。

池化纹理表征

目前的文档并没有精确地区分局部和池化纹理表征。但是我们认为这很重要，因为它们之间具有非常不同的纹理表征。什么样的向量量化形成这些表征，关于这些有很多公平的讨论。特别地，在纹理分类任务中，鉴别性能用于评估特定表征的效果；第16章将给出关于这方面的讨论。很重要的论文包括 Varma and Zisserman(2003), Varma and Zisserman(2005), Varma and Zisserman(2009), Leung and Malik(2001), Leung and Malik(1999), Leung and Malik(1996), Schmid(2001)。

纹理合成

要透彻讨论纹理的合成方法会耗费大量的时间。基于纹理合成的图像块的研究主要为Efros and Freeman(2001)；该文章讨论了条件纹理合成。Hertzmann et al. (2001)解释了条件纹理合成可以完成很多有趣的处理。Vivek Kwatra 和 Li-Yi Wei 在 SIGGRAPH 2007 上发表了非常有趣的结论；笔记见 http://www.cs.unc.edu/~kwatra/SIG07_TextureSynthesis/index.htm。

去噪

早期的图像去噪主要依赖多种平滑假设，例如高斯平滑、各向同性滤波器(Perona and Malik 1990c)、总方差(Rudin et al. 2004)，或者在固定基如小波上(例如，Donoho & Johnstone 1995；Mallat 1999)的图像压缩。最近的方法包括非局部均值滤波(Buades et al. 2005)，其采用图像自相似性；稀疏编码学习模型(Elad and Aharon 2006；Mairal et al. 2009)，高斯尺度混合(Portilla et al. 2003)，专家域(Agarwal and Roth May, 2002)，以及采用三维滤波器的块匹配(BM3D)(Dabov et al. 2007)。Buades et al. (2005)给出的非局部均值算法采用自相似性的属性作为自然图像的先验，事实上出现在各种伪装和不同等效插值下，例如稠密核估计(Efros and Leung 1999)、Nadaraya-Watson 估计器(Buades et al. 2005)、mean-shift 迭代(Awate and Whitaker 2006)、基于图的漫射(Szlam et al. 2007)和广域随机场(Li and Huttenlocher 2008)。这里的讨论为基于 ℓ_1 范数的稀疏诱导，以及非常好的用于编码噪声信号计算非零参数个数的 ℓ_0 伪范数(pseudo-norm)。第22章讨论 ℓ_0 规划的稀疏编码和字典学习，并给出某些细节。注意到这里为该种情形下的同时稀疏编码，$\ell_{1,2}$ 范数被直接计算非零行数目的 $\ell_{0,\infty}$ 伪范数代替，详见 Mairal et al. (2009)。关于非局部均值的应用见 http://www.ipol.im/pub/algo/bcm_non_local_means_denoising/，以及 BM3D 应用见 http://www.cs.tut.fi/~foi/GCF-BM3D/。关于 LSSC 的应用见 http://www.di.ens.fr/~mairal/denoise_ICCV09.tar.gz。

由纹理恢复形状

假设纹理为光滑平面的反射率标记。van Ginneken et al. (1999)指出事实上这并不正确；大量的纹理是由曲面的压痕形成的(例如，树上的树皮，主要的纹理效应为树皮凹槽的树皮阴影)，或者在空间被悬挂的元素(例如树叶)。这些纹理仍然给出形状的感觉，例如图6.1，当人们移动时会感觉到图中的自由空间。光照在表面上的变化结果和观察视角方向变换非常复杂(Dana et al. 1999, Lu et al. 1999, Lu et al. 1998, Pont and Koenderink 2002)。因为并不熟悉处理过程，这里不再讨论该种情形。

在很长一段时间，采用标记点进行纹理模型的构建(Ahuja and Schachter 1983a and 1983b, Blake and Marinos 1990, Schachter 1980, Schachter Ahuja 1979 和其他很多文献)。

泊松模型具有期望的域内的元素数目与域的面积成比例的属性。比例常数通常叫做模型的强度。如果元素旋转的选择是均匀和随机的，则纹理是各向同性的；如果画出的纹理元素与曲面上的位置相互独立，则纹理是齐次性的。

令人惊讶的是，从纹理恢复形状的模型方法很少。全局方法尝试恢复整个曲面模型，采用假设的纹理元素的分布。合适的假设为各向同性（Witkin 1981）（该方法的缺点是很少具有自然的各向同性纹理）或者齐次性（Aloimonos 1986，Blake and Marinos 1990）。

全局的方法采用纹理的变形，并给出关于元素的一些假设（Lee and Kuo 1998，Sakai and Finkel 1994，Stone and Isard 1995）。或者，人们观察到进行元素图像预变换影响了曲面的空间频率成分；如果纹理具有约束的空间频率属性，则人们可以从纹理梯度观察到方向（Bajcsy and Lieberman 1976，Krumm and Shafer 1990，Krumm and Shafer 1992，Sakai and Finkel 1994，Super and Bovik 1995）。

局部方法恢复了表面上点的一些微分几何参数（法线和曲率）。这类方法起源于 Garding（1992），已由 Malik and Rosenholtz（1997）、Rosenholtz and Malik（1997）在各种各样的表面成功地加以演示。Clerc and Mallat（1999）用小波的方法进行处理。这个方法有一个至关重要的缺点，它或者需要知道平行于被讨论点的帧场的纹理元素坐标帧，或者需要知道帧场的微小旋转[这一点见 Grading（1995），并由 Rosenholtz and Malik（1997）用来展示的纹理证实，该假设称为纹理稳定性]。例如，如果有人想用这些方法恢复一个撒着巧克力颗粒的油炸面包圈的曲率，则需要确保颗粒都是平行于平面的（或者颗粒间的角度是已知的）。

人们可能构造一个通用的模型，其中物体纹理采用随机模型参数建模，选择其参数为最小化预测图像和观察图像之间差值的参数（Choe and Kashyap 1991），或者最小化预测图像的密度和观察图像的密度之间差值的参数（Lee and Kuo 1998）。

目前，许多局部方法强调重复性。Forsyth（2001）仅仅从倾斜的估计推断出形状，建立从阴影中得出的形状类比。Forsyth（2002）表明纹理重复性可以得到一个模糊的正常估计，更新的版本见 Lobay and Forsyth（2006）；Loh and Hartley（2005）给出该情形下重构一个曲面的方法；Lobay and Forsyth（2004）解释纹理基元的重复性，给出关于照明的提示。

从纹理恢复形状的应用基本上没有，很少人去关注这一部分。然而，我们相信基于图像的衣服的渲染是该理论的一种实质性应用。衣服由于多变的原因很难对其建模。相对于弯曲，伸展是非常困难的，这需要严谨的微分方程导出动态模型（Terzopolous et al. 1987），在一个精细的尺度收紧并包含复杂的折叠（Bridson et al. 2002）。渲染衣服是一个非常重要的技术问题，因为人们总是对衣服感兴趣。关于渲染物体的一个很自然的策略是令人满意的建模，重新配置物体现有的图片，并产生渲染。特别地，人们希望能够重现该类图片的纹理和形状。早期采用立体视觉进行运动获取，但面临着运动模糊和矫正等问题（Pritchard 2003，Pritchard and Heidrich 2003）。最新的工作给出基于衣服的精细模式（White et al. 2007），或者采用相交体的模式（Bradley et al. 2008b）。我们相信在将来，从纹理恢复形状的方法可以避免某些上面所谈的问题。

习题

6.1　显示一个圆，它在一个正交投影视图中看起来像一个椭圆，椭圆的短轴是俯仰角方向。那么椭圆的缩放比例是多少？

6.2　给出由均匀泊松分布生成的点纹理在一个正交投影视图中测量平面方向的方法。回想按照这种过程产生点的一个方法是：依照对点的 x 和 y 坐标进行均匀和随机的采样来处理。假设处理的点都在一个单位正方形中。

(a)证明一个点在一个特定集合的概率和该集合的面积成比例。

(b)假设把区域分成不同的集合，证明每个集合中点的数目服从一个多项式分布。

我们现在使用这些观察来恢复平面的方向。

将图像的纹理分成不同集合的聚集。

(c)每个集合逆向投影到纹理平面的面积，是否为平面方向的一个函数?

(d)是否可以用这个信息确定平面的方向？可利用(c)的结果。

编程练习

6.3 纹理合成：实现算法 6.4 的非参数纹理合成算法，使用你的实现来研究：

(a)窗口尺寸对合成的纹理的影响；

(b)窗口形状对合成的纹理的影响；

(c)匹配准则对合成的纹理的影响(使用平方后的加权和取代平方和等)。

第三部分

低层视觉：使用多幅图像

第7章 立体视觉

通过融合两只眼睛获取的图像，并计算对应图像的差别(视差)，使得我们可以获取强烈的深度感。在这一章，将设计和实现能模仿人类视觉获取深度这一能力的算法，这部分内容称为立体视觉。可靠的立体感知算法在机器人视觉导航(见图7.1)、地图生成、航空勘测和近距照相测量等领域都有很好的应用价值。同样，可靠的立体感知算法在用于目标识别的图像分割以及用于计算机图形学的三维场景重建中也大有用武之地。

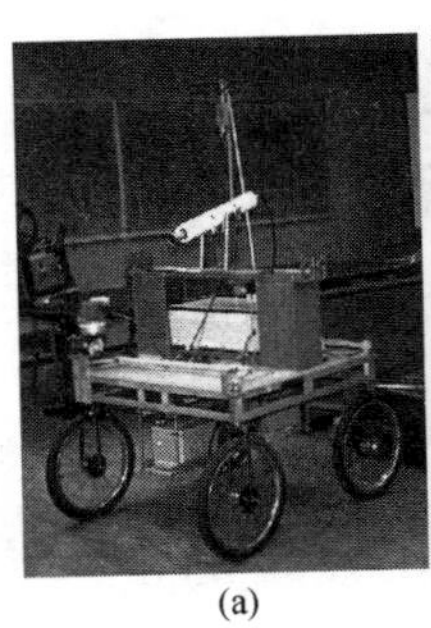

(a)

(b)

(c)

图7.1 (a)斯坦福大学的小车展示了单台摄像机在机器人视觉导航中的应用，这台摄像机沿着直线间断地运动并提供室外场景的多个快照；(b)INRIA的移动机器人使用三台摄像机对周围环境进行地图生成；(c)NYU的移动机器人采用两台立体摄像机，每个都可以提供图像而形成一个图像对。就像这些例子中所示，尽管两台摄像机已经足以胜任立体融合，但是移动机器人有时会安装三台(或者更多)摄像机。本章大部分内容只涉及双目立体视觉，7.6节将讨论多台摄像机的算法(Photos courtesy of Hans Moravec, Olivier Faugeras, and Yann LeCun)

立体视觉包括两个过程：融合两台(或多台)摄像机观察到的特征，以及重建这些特征的三维原像。后一个过程相对简单：这是由于对应点的原像(理论上)出现在经过成像点和相应光心射线的交点处[如图7.2(a)所示]。因此在任意时刻，当单个图像特征被观察时，立体视觉是简单的。然而一幅图像中往往包含数十万个像素，同时又有数万个图像特征，例如边缘等，因此必须设计一些方法来建立正确的对应以避免错误的深度测量[见图7.2(b)]。

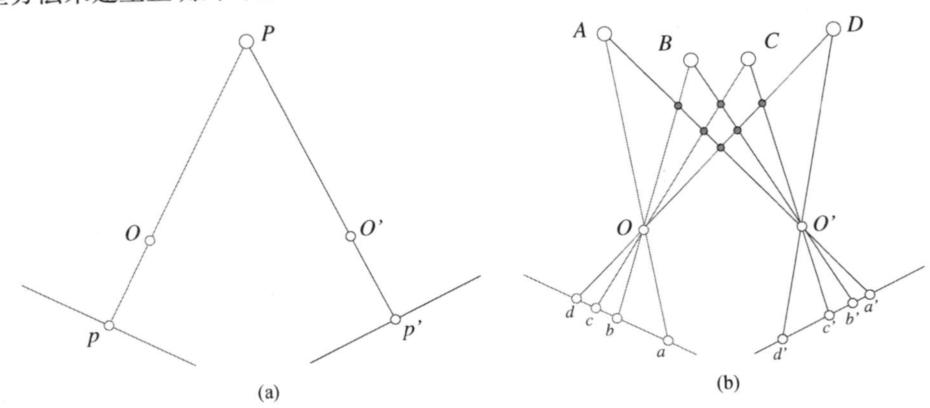

图7.2 双目融合问题：简单的情况如图(a)所示，图中没有二义性，在这种情况下立体重构是一个简单的问题。更加一般的情况如图(b)所示，左边的像平面上的任意4个点，可以和右边像平面上任意的4个点对应。只有4个对应是正确的，其他的将会导致不正确的重建，在图中用灰色小圆点表示

首先，7.1 节检验一对摄像机的几何对极约束，这对于控制双目融合过程至关重要。接着，7.2 节提出一系列的关于几何领域的双目重构的算法。在 7.3 节简单介绍人眼的立体视觉原理后，7.4 节给出几种基于局部亮度值或者边缘模式建立相关线的双目融合算法。7.5 节给出在近邻像素处，排序和平滑约束可以合并在匹配过程中，经过这一设置，立体视觉融合很自然地被认为是联合优化问题，并且可以通过多个有效方法求解(见第 22 章)。7.6 节通过讨论多个摄像头的立体视觉融合(也可参照第 19 章关于多视角立体视觉的基于图像建模和渲染的应用)给出总结。

注意：我们自始至终假设所有的摄像机已经被严格标定，因此其内外参数在给定世界坐标系后可以精确得到。对于没有给定标定的情形，第 8 章给出的从运动中恢复结构的主题将会讨论。

7.1 双目摄像机的几何属性和对极约束

正如引言中所述，我们给出一个先验，即给定一对立体视觉图，第一幅图(或左边图)的任何像素都与第二幅图(或右边图)的像素匹配。如本节所示，匹配对的像素数事实上限制为位于两幅图的相关极线。这个约束在立体视觉融合过程中起着基础性的作用，因为其将图像关联约简为一系列的一维线搜索。

7.1.1 对极几何

考虑一点 P，通过光心点分别在 O 和 O' 的两台摄像机后构成图像 p 和 p'。这 5 个点都位于两条相交光线 OP 和 $O'P$(见图 7.3)所形成的对极平面上。特别地，点 p' 位于直线 l' 上该平面与第二台摄像机的视平面 Π' 的交点。对极线 l' 与点 p 关联，并通过与光心 O 和 O' 的基线相交面 Π' 的点 e'。同样，点 p 位于与点 p' 关联的对极线 l 上，并且 l 通过对极线与基线相交面 Π 的交点 e。

点 e 和点 e' 称为两台摄像机的对极点，对极点 e' 是第二台摄像机观察到的图像中第一台摄像机的光心 O 的投影，反之亦然。如上文所述，如果 p 和 p' 是同一个点的不同成像点，那么 p' 一定位于 p 相关的对极线上。这种对极约束是立体视觉和运动分析中的基本原理。

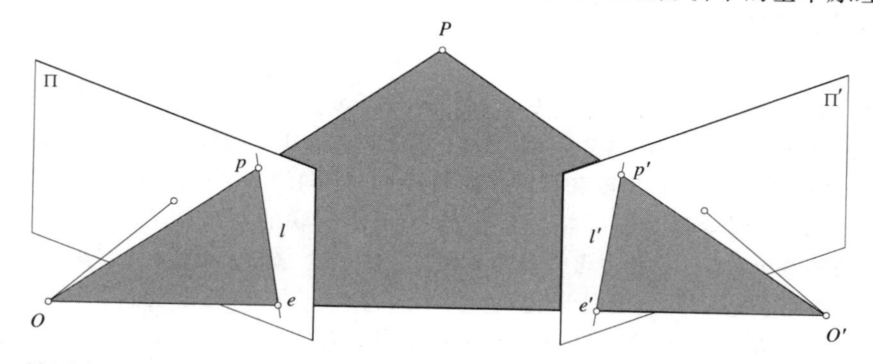

图 7.3　对极几何：点 P, O 和 O' 为两台摄像机的光心，P 的两幅图像 p 和 p' 全部位于同一个平面。这里，正如本章的其他图所示，摄像机通过其小孔成像且在小孔前构成虚拟图像。为了便于画图，本章其余部分涉及的几何和代数内容满足物理成像原理，即在小孔后的成像

在该章后续部分，假定已知立体视觉中的两台摄像机的内部和外部参数，而这部分是人工构造立体视觉系统建立两幅图的对应关系(即在第二幅图中寻找第一幅图的匹配点)的最困难部分。对极约束在很大程度上限制了寻找这种对应关系的搜索范围：事实上，既然我们假定该设备是标定过的，那么点 p 的坐标完全决定了连接 O 和 p 的光线，并由此决定了相关联的对极平面 $OO'p$

和对极线 l'。对匹配的搜索能够被限定在这条直线上，而不是限定在整幅图像上(见图 7.4)。在第 8 章介绍的运动分析中，每台摄像机的内部参数可能已经标定，但是两台摄像机坐标系间的刚性变换并不知道。在这种情况下，对极几何明显约束了移动的可能范围。

接下来的分析指出，将对极约束描述为关于两个 3×3 本征矩阵和基础矩阵的双线性形式。

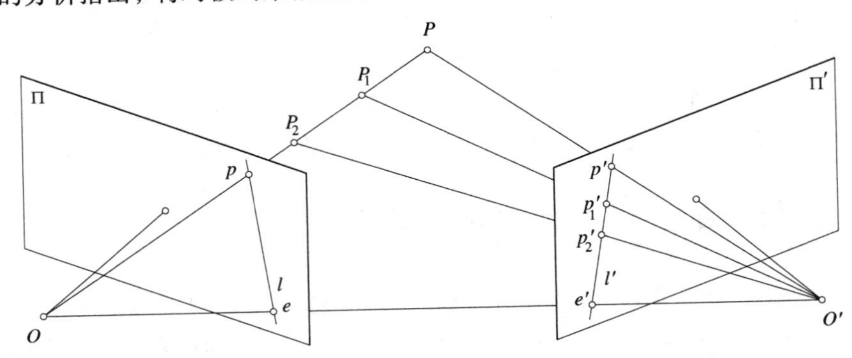

图 7.4　对极约束：给定一个矫正后的立体装置，对于点 p 可能的匹配集位于对应的对极线 l' 上

7.1.2　本征矩阵

这里假定每台摄像机的内部参数已知，并且图像坐标已经归一化，则 $\boldsymbol{p}=\hat{\boldsymbol{p}}$。显然对极约束说明了三个向量 $\overrightarrow{Op}$，$\overrightarrow{O'p'}$ 和 $\overrightarrow{OO'}$ 共面。等价地，其中一个向量在其他两个向量所在的平面上，即

$$\overrightarrow{Op}\cdot[\overrightarrow{OO'}\times\overrightarrow{O'p'}]=0$$

我们可以使用与第一台摄像机相关联的坐标系，将这个与坐标无关的方程改写为

$$\boldsymbol{p}\cdot[\boldsymbol{t}\times(\mathcal{R}\boldsymbol{p}')]=0 \tag{7.1}$$

其中，$\boldsymbol{p}$ 和 $\boldsymbol{p}'$ 分别为 p 和 p' 的齐次图像坐标向量。$\boldsymbol{t}$ 是区分两个坐标系的坐标平移向量 $\overrightarrow{OO'}$。$\mathcal{R}$ 是旋转矩阵，即在第二个坐标系中坐标为 $\boldsymbol{w}'$ 的自由向量在第一个坐标系中的坐标为 $\mathcal{R}\boldsymbol{w}'$。这样，两个投影矩阵在第一台摄像机所对应的坐标系为 $[\mathrm{Id}\quad \mathbf{0}]$ 和 $[\mathcal{R}^{\mathrm{T}}\ -\mathcal{R}^{\mathrm{T}}\boldsymbol{t}]$。

式(7.1)最后可改写为

$$\boldsymbol{p}^{\mathrm{T}}\mathcal{E}\boldsymbol{p}'=0 \tag{7.2}$$

其中，$\mathcal{E}=[\boldsymbol{t}_{\times}]\mathcal{R}$，$[\boldsymbol{a}_{\times}]$ 表示斜对称矩阵，$[\boldsymbol{a}_{\times}]\boldsymbol{x}=\boldsymbol{a}\times\boldsymbol{x}$ 是向量 $\boldsymbol{a}$ 和 $\boldsymbol{x}$ 的叉积。矩阵 $\mathcal{E}$ 称为本征矩阵，Longuet-Higgins(1981)首先引用了这一概念。它的 9 个系数只是定义了比例关系，并且可以通过旋转矩阵 $\mathcal{R}$ 的 3 个自由度和指定平移向量 $\boldsymbol{t}$ 的方向的 2 个自由度来参数化。

注意到 $\boldsymbol{l}=\mathcal{E}\boldsymbol{p}'$ 可以解释为第一幅图像中与点 p' 所关联的对极线 l 的坐标向量：事实上，式(7.2)可以改写为 $\boldsymbol{p}\cdot\boldsymbol{l}=0$，其中点 p 位于直线 l。对称地，坐标向量 $\boldsymbol{l}'=\mathcal{E}^{\mathrm{T}}\boldsymbol{p}$ 代表了第二幅图像中与点 p 关联的对极线 l'。本征矩阵是奇异的，因为 $\boldsymbol{t}$ 与第一个对极坐标系中的坐标向量 $\boldsymbol{e}$ 平行，所以有 $\mathcal{E}^{\mathrm{T}}\boldsymbol{e}=-\mathcal{R}^{\mathrm{T}}[\boldsymbol{t}_{\times}]\boldsymbol{e}=0$。同样，很容易得到 $\boldsymbol{e}'$ 在 $\mathcal{E}$ 的零空间中。事实上，正如 Huang and Faugeras(1989)指出的，本征矩阵是奇异的，并有两个相等的非零奇异值(见习题)。

7.1.3　基础矩阵

Longuet-Higgins 关系适用于归一化的图像坐标。在原始图像坐标中，可以改写 $\boldsymbol{p}=\mathcal{K}\hat{\boldsymbol{p}}$ 和 $\boldsymbol{p}'=\mathcal{K}'\hat{\boldsymbol{p}}'$。其中 $\mathcal{K}$ 和 $\mathcal{K}'$ 是 3×3 的标定矩阵，$\hat{\boldsymbol{p}}$ 和 $\hat{\boldsymbol{p}}'$ 是图像点的坐标向量。Longuet-Higgins 关系给出了这些向量之间的关系

$$\boldsymbol{p}^{\mathrm{T}}\mathcal{F}\boldsymbol{p}'=0 \tag{7.3}$$

其中矩阵 $\mathcal{F}=\mathcal{K}^{-\mathrm{T}}\mathcal{E}\mathcal{K}'^{-1}$称为基础矩阵。通常，它不是本征矩阵，它的秩同样为2。与前面一样，$\mathcal{F}(\mathcal{F}^{\mathrm{T}})$与零特征值对应的特征向量是对极线上的点 $\boldsymbol{e}'(\boldsymbol{e})$。注意，$\boldsymbol{l}'=\mathcal{F}\boldsymbol{p}'(\boldsymbol{l}=\mathcal{F}^{\mathrm{T}}\boldsymbol{p})$代表了在第一(二)个图像中与点 $\boldsymbol{p}'(\boldsymbol{p})$对应的对极线。

矩阵 $\mathcal{E}$ 和矩阵 $\mathcal{F}$ 可以通过内外参数求解得到。式(7.2)和式(7.3)同样提供了这些矩阵的约束，而与观察点的三维位置无关。特别地，其给出建议矩阵 $\mathcal{E}$ 和矩阵 $\mathcal{F}$ 可以通过足够多的图像匹配计算得到而无须采用标定图表。在第8章我们会继续讨论这个问题。这里暂且假设摄像机已经标定并且对极几何已知。

7.2 双目重构

已知一台标定过的摄像机和两个对应点 p 和 p'，在原理上，可以直接通过将两条射线 $R=Op$ 和 $R'=O'p'$相交来重建相应的场景点(见图7.2)。然而，在实际中由于标定和特征定位的误差，射线 R 和 R'可能永远也不会真正相交。在这种情况下，有很多合理的重构方法可以采用。例如，可以建立一条线段同时垂直于 R 和 R'并与两条射线相交(见图7.5)：这条线段的中心 P 是最靠近两条射线的点，可以把这个点作为 p 和 p'的原像点。

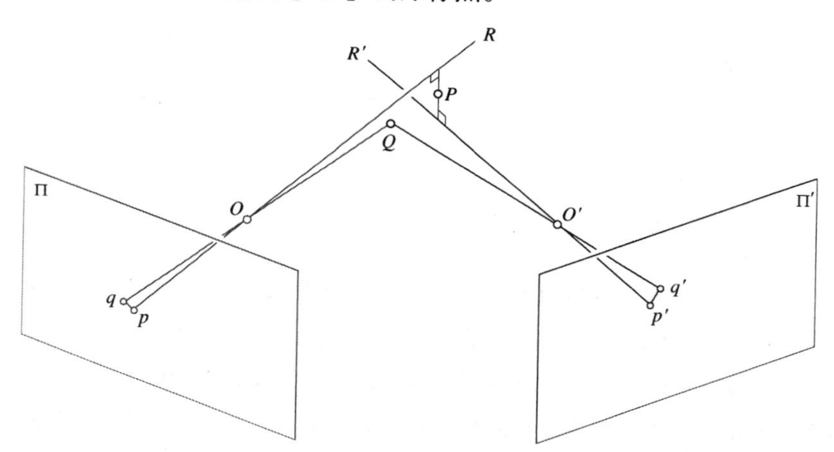

图7.5 存在测量误差时的重建。细节内容见正文

另外，也可以使用纯代数的方法重构场景点：给定投影矩阵 $\mathcal{M}$ 和 $\mathcal{M}'$以及对应点 p 和 p'，可以把约束 $Z\boldsymbol{p}=\mathcal{M}\boldsymbol{P}$ 和 $Z'\boldsymbol{p}'=\mathcal{M}\boldsymbol{P}$ 重写成如下形式：

$$\begin{cases}\boldsymbol{p}\times\mathcal{M}\boldsymbol{P}=0\\ \boldsymbol{p}'\times\mathcal{M}'\boldsymbol{P}=0\end{cases}\iff\begin{pmatrix}[\boldsymbol{p}_{\times}]\mathcal{M}\\ [\boldsymbol{p}'_{\times}]\mathcal{M}'\end{pmatrix}\boldsymbol{P}=0$$

上式是一个过约束的方程，有4个关于 P 的坐标的独立线性等式。用第22章介绍的最小二乘法可以求解这个方程。和前面方法不同的是，这个重构方法没有明显的几何解释，但是可以很容易地推广到三台或者多台摄像机的情况，每增加一台摄像机只是增加两个约束。

最后，还有一种重构场景点的方法：设对应于 p 和 p'的场景点为 Q，这个 Q 点实际的成像点是 q 和 q'，Q 点的选择要求使得 $d^2(p,q)+d^2(p',q')$最小(见图7.5)。与本节前面介绍的两种方法不同的是，这个方法没有重构点的解析解，必须通过第22章中介绍的非线性最小二乘法来估计。前面两种方法获得的结果都可以作为这个最优化过程的初始值。这个非线性方法也适用于多幅图像的情况。

7.2.1 图像矫正

当感兴趣的图像经过矫正后(即用两幅等价图像代替，这两幅等价图像与平行于基线的平面共面，如图7.6所示，基线即连接两个光心的直线)，立体视觉算法的计算量可以大大降低。矫正过程可以通过将原图投影到一个新的图像平面来实现。在适当的坐标系中，矫正图像的对极线和矫正图像的扫描线相同，它们都是平行于基线的。关于矫正图像平面的选择，有两个自由度：(a)平面和基线的距离，实际上这个自由度是无关的，这是由于调整这个自由度只改变矫正图像的尺度，这个效果可以通过图像坐标轴的逆尺度变换来平衡；(b)相对于垂直基线的平面，矫正平面的法向量方向；很自然的一个选择就是平行于两个图像平面交线的一个平面，并且这个平面使得投影过程产生的扭曲最小。

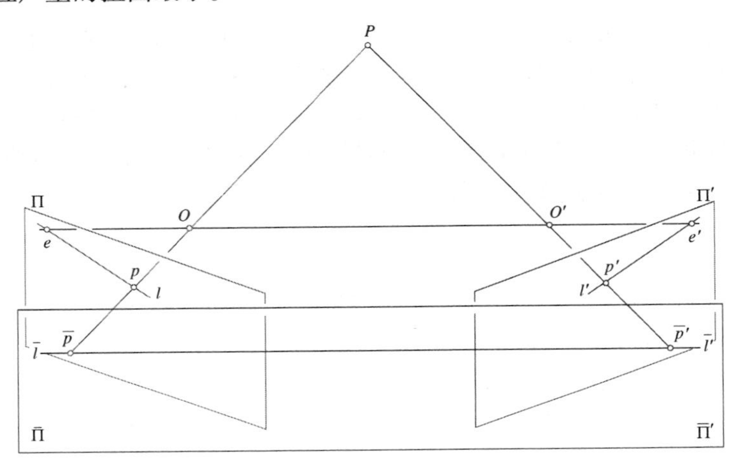

图7.6 一个矫正图像对：两个图像平面Π和Π′原图，它们被再投影到同一个平行于基线的平面$\bar{\Pi}=\bar{\Pi}'$。原图中点p和p'对应的对极线l和l'被投影到同一条扫描线$\bar{l}=\bar{l}'$上，这条扫描线也平行于基线并且过再投影点$\bar{p}=\bar{p}'$。在现代计算机图形硬件和软件条件下，通过将输入图像看成多面网格并使用纹理映射将网格投影到平面$\bar{\Pi}=\bar{\Pi}'$上，也可以很容易获得矫正图像

在矫正图像的情况下，前面介绍的视差的概念有了一个准确的含义：给定左右图像中在同一扫描线上的两点p和p'，它们的坐标设为(x, y)和(x', y)，视差可以被定义为$d=x'-x$。从现在开始假设使用的是归一化的图像坐标，即$\boldsymbol{p}=\hat{\boldsymbol{p}}$。如习题中所示，如果$B$代表光心之间的距离，在这里也可以称为基线，那么在(归一化)第一台摄像机坐标系中，点P的深度可以表示为$Z=-B/d$。特别地，在第一台摄像机坐标系中，点P的坐标向量$\boldsymbol{P}=-(B/d)\boldsymbol{p}$，其中$\boldsymbol{p}=(x,y,1)^{\mathrm{T}}$是点$p$在归一化图像坐标系中的坐标向量。对于矫正图像，这里也提供了另一种重构的方法。

7.3 人类立体视觉

在介绍建立双目对应的算法之前，先来讨论一下人类立体视觉过程的机制。首先，应该注意到，与摄像机刚性地固定在一个立体支架上不同，人的两只眼睛可以在眼眶内转动。在每个瞬间，它们注视着空间中的一个特定点(也就是说，它们旋转时的对应图像成像在视网膜中央凹的中心)。图7.7说明了一个简化的二维的情形。如果l和r分别代表平分左右眼球的垂直平面与过同一场景点射线(逆时针)的夹角，我们定义相应的视差为$d=r-l$。这可以作为一个基本的三角学

练习来证明 $d=D-F$，其中，D 代表穿过场景点射线之间的夹角，F 表示穿过注视点的射线之间的夹角。零视差的点位于 Vieth-Müller 圆上，这个圆经过注视点和两个眼球的前节点(即光心)。在这个圆内部的点有正的视差，在这个圆外部的点有负的视差，如图7.7所示。所有视差为 d 的点共圆，这个圆经过两个眼球的节点，随着 d 的变化形成不同的圆。很明显，这个性质可以将注视点附近的点按照深度进行排序。然而，可以很清楚地看到，如果要获得场景点的绝对位置则必须知道聚散角(vergence angle)，即头部的中垂平面和两个注视射线的夹角，才能重构场景点的绝对位置。

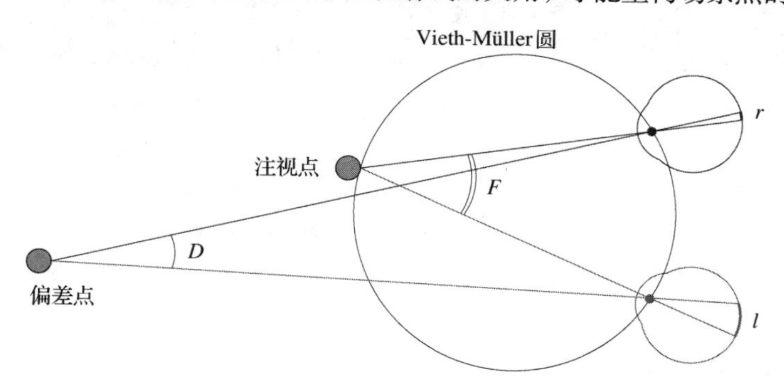

图7.7　在这幅图中，靠近眼睛的点是注视点，它没有时差地投影到视网膜的中央。远处点的两幅图像的投影偏离中心位置的不同程度指示出不同的深度

三维的情况自然要复杂一些：零视差的点形成一个面，即等视面；但是一般的结论是一样的：绝对位置的获得需要已知的聚散角。在近100年前，Helmholtz(1909)已经证明了人类的神经系统无法准确地测量这些角度。然而相对深度，也就是说，在沿着视线方向上对深度的排序，可以非常准确地被我们的眼睛所判断。例如，通常可以判断在同一等视面附近的两个目标哪个更靠近观察者，即便两个目标的视差只有几弧秒(立体匹配敏感度的阈值)，它与人眼可以测量的最小距离(单目敏感度的阈值)相匹配。

关于建立左右眼的对应，Julesz(1960)提出了如下问题：单目过程是不是双目融合的一个基本机制[即局部的亮度模式(微模式)，或者点的更高一级的组织形式(宏模式)，在它们被融合之前，先识别物体]？双目过程是不是一个基本过程呢(即两幅图像在这一过程中被合并到一个单一的视场中，所有后续的处理都在这个视场中发生)？还是单目和双目的结合呢？一些有趣的证据暗示双目机制是基本的。Julesz 指出“在航空侦察中有这样一个事实，有复杂背景掩蔽的物体往往很难被单目检测到，然而在双目情况下则会被轻而易举地检测到”。为了获得更多结论性的数据并解决这个问题，Julesz 引入了一个新的方法，即随机点立体图，这是一对人工合成的图像，通过随机地向白色物体上喷洒一些黑点来获得，白色物体通常用一个小方盘叠在一个大方盘上(如图7.8所示)。Julesz 又指出：“用单目看每一幅图像都是完全随机的，但是用双目看时，图像对明显地给人以位于环境前(或环境后)方块的形象。”结论是清楚的：人类的双目融合过程不能用直接和实际视网膜相联系的外围过程来解释。相反，它涉及中枢神经系统和一个想象中的超视网膜，这个超视网膜将左右眼的激励结合成单一的整体。

现在人类提出了多个关于人类立体视觉的(邻近匹配影响彼此来避免不确定性和促使全局场景分析)协作方式的模型，包括 Julesz(1960)提出的立体视觉的偶极模型和 Marr and Poggio(1976)提出的相关协作方式。虽然后一种已经被应用，即允许随机点立体图的可靠融合(如图7.8所示)，但是它们也会在大多数的自然图片中失效。相反，接下来要讨论的算法并非尝试去建立人类视觉系统模型，但其在自然图像中具有很好的效果。

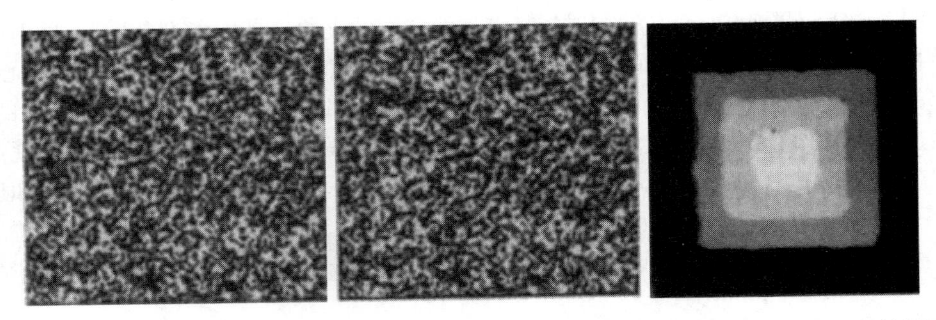

图7.8 从左到右：首先是一对随机点立体图描述了4个不同深度的平面(就像一个结婚蛋糕塔)，然后是经过Marr-Poggio(1976)算法计算得到的时差图。该场景的层次结构被正确地重构出来(Reprinted from Vision: A Computational Investigation into the Human Representation and Processing of Visual Information, by David Marr, ©1982 by David Marr. Reprinted by permission of Henry Holt and Company, LLC)

7.4 双目融合的局部算法

我们这里引入一种非常简单的双目融合方法，即仅仅利用局部信息，例如根据附近灰度情况的相似性的候选点，以建立相关性。

7.4.1 相关

通过比较可能的匹配点周围的灰度情况，相关(correlation)方法可以找到像素级的图像对应。它属于本章前面提到的解决双目融合的第一种技术(Kelly, McConnell and Mildenberger 1977; Gennery 1980)。具体来说，让我们考虑一个矫正过的图像对及第一幅图像中的一个点(x, y)(见图7.9)。设以(x, y)为中心的大小$p=(2m+1)\times(2n+1)$的窗口对应这样一个向量$\boldsymbol{w}(x,y)\in\mathbb{R}^p$，该向量是通过扫描窗口每一行数值而获得(实际上扫描顺序不重要，只要这个顺序是固定的)。已知在第二幅图像中存在一个匹配点$(x+d, y)$，那么可以建立第二个向量$\boldsymbol{w}'(x+d, y)$并定义相应的归一化相关函数(normalized correlation function)如下：

$$C(d)=\frac{1}{||\boldsymbol{w}-\bar{\boldsymbol{w}}||}\frac{1}{||\boldsymbol{w}'-\bar{\boldsymbol{w}}'||}[(\boldsymbol{w}-\bar{\boldsymbol{w}})\cdot(\boldsymbol{w}'-\bar{\boldsymbol{w}}')]$$

为了简便起见，其中索引x, y和d被省略，$\bar{\boldsymbol{a}}$代表$\boldsymbol{a}$的均值。

很明显，归一化相关函数C的范围在-1和$+1$之间。当这两个窗口亮度值之间的关系形成仿射变换时，即$I'=\lambda I+\mu$，其中λ和μ为常数且$\lambda>0$，归一化相关函数达到最大值(见习题)。换句话说，当两个图像块相差一个偏移常量和一个比例因子时，该函数达到最大值。立体匹配可以通过在一定视差范围内寻找C函数(即归一化相关函数)的最大值来获得①。

这里让我们讨论一下相关的方法。首先，可以容易获知(见习题)，最大化归一化相关函数等价于将下式最小化：

$$|\frac{1}{||\boldsymbol{w}-\bar{\boldsymbol{w}}||}(\boldsymbol{w}-\bar{\boldsymbol{w}})-\frac{1}{||\boldsymbol{w}'-\bar{\boldsymbol{w}}'||}(\boldsymbol{w}'-\bar{\boldsymbol{w}}')|^2$$

① 归一化相关函数C相对于亮度函数的仿射变换的不变性会给基于相关的匹配技术带来一定程度的鲁棒性，这些场合包括表面不完全是朗伯表面，或者两台摄像机有不同的增益，或者镜头具有不同的f值。

或等价于将经过归一化的两个窗口像素值的平方差最小化。其次，尽管在一定视差范围内计算每个像素的归一化相关函数值的计算量非常大，但是通过迭代技术则可以有效地实现(见习题)。第三，其他方法，例如绝对误差之和 $\sum_{i=1}^{p}|w_i - w'_i|$，可以用来测试两个灰度模式情况的相差，并且在一定条件下，其给出更好的结果(Scharstein and Szeliski 2002)。最后，由于(倾斜的)表面的前缩透视法依赖于摄像机的位置来观察它们，因此用于建立立体对应的基于相关方法的最主要问题是，隐含地假设了被观察表面(局部地)平行于两个图像平面，如图 7.10 所示。

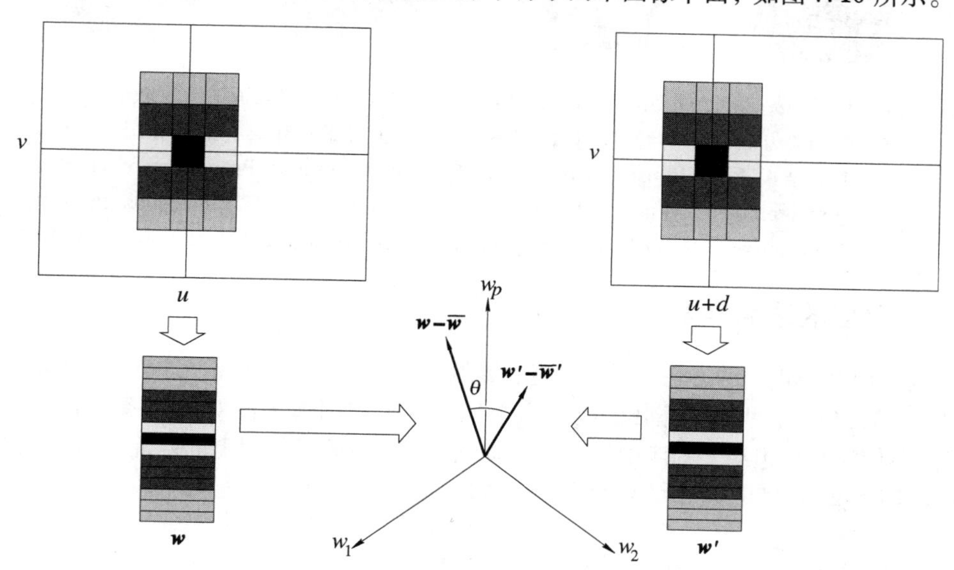

图 7.9　沿着相应的对极线，两个 3×5 大小窗口的相关过程。第二个窗口位置和第一个窗口位置相距d，两个窗口对应的向量$\boldsymbol{w}$和$\boldsymbol{w}'$位于空间$\mathbb{R}^{15}$。相关函数测量了向量$\boldsymbol{w}-\bar{\boldsymbol{w}}$和$\boldsymbol{w}'-\bar{\boldsymbol{w}}'$之间夹角$\theta$的余弦值，这两个向量是$\boldsymbol{w}$和$\boldsymbol{w}'$及相应均值的差

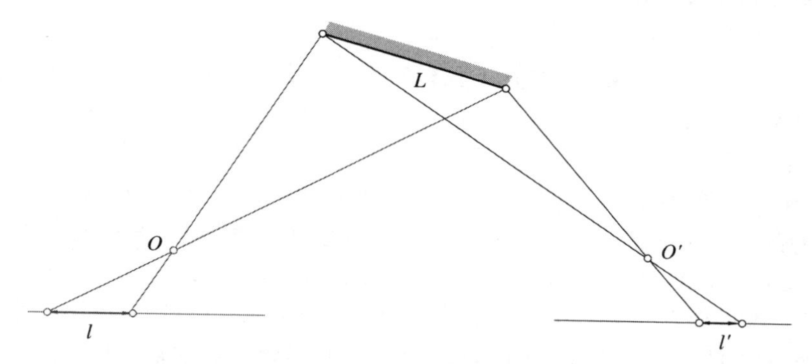

图 7.10　一个(倾斜)表面的透视缩略图，由摄像机的位置决定：$l/L \neq l'/L$

这里推荐了一个两步算法，首先用初始估计的视差扭转窗口，以补偿两幅图像中由于透视效果造成的不均衡。例如，Devernay and Faugeras(1994)提出了采用矩形中心的视差及其变化率，在右侧图像中心处定义了一个扭转窗口，其对应左图中的每一个矩形。利用最优化方法找到合适的视差及其变化率，使得左图矩形和右图窗口之间的相关函数达到最大值，右图中的值通过插值方法获得，图 7.11 通过一个例子解释了该方法。

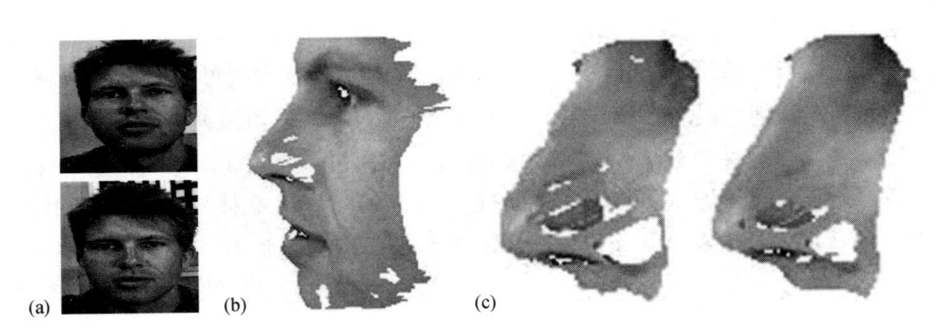

图7.11 基于相关性的立体匹配。(a)一对立体图像;(b)被重建表面的纹理映射图;(c)普通相关方法(左)和经过求精的相关方法获得的鼻部重建结构的比较。显然,后者给出的结果更好(Reprinted from "Computing Differential Properties of 3D Shapes from Stereopsis Without 3D Models," by F. Devernay and O. D. Faugeras, Proc. IEEE Conference on Computer Vision and Pattern Recognition, (1994). © 1994 IEEE)

7.4.2 多尺度的边缘匹配

倾斜的表面基于相关的方法带来了问题,其他有关相关方法的争论可以在 Julesz(1960) and Marr(1982)中找到。这些争论指出,应在多个尺度上寻求图像中的对应关系,在(很可能存在的)明显的图像特征如边缘上的匹配,要比在未经过加工的像素灰度上的匹配更可靠。这些原则在 Marr and Poggio(1979)提出的算法中得到体现,如算法 7.1 所示。

算法 7.1 Marr-Poggio(1979)多尺度融合算法

1. 用$\nabla^2 G_\sigma$和(矫正过)两幅图像进行卷积,卷积核的标准差递减,即$\sigma_1<\sigma_2<\sigma_3<\sigma_4$。
2. 沿着卷积图像的水平扫描线找拉普拉斯过零点。
3. 对于每个滤波器的尺度σ,在$[-w_\sigma, +w_\sigma]$的视差范围内,匹配梯度大小相当、方向相近的过零点,其中$w_\sigma=2\sqrt{2}\sigma$。
4. 在匹配点的周围,使用在较大尺度上找到的视差来平移图像,使得在更小尺度上不匹配的区域可以对应起来。

在$[-w_\sigma, w_\sigma]$视差范围内,这个算法寻找每个尺度上的匹配点,其中$w_\sigma=2\sqrt{2}\sigma$是$\nabla^2 G_\sigma$滤波器中心为负的部分。这是出于心理学和统计学上的考虑。特别地,假设卷积函数是高斯白噪声过程,Grimson(1981a)证明了当匹配特征相互之间的方向在30°以内,在$[-w_\sigma, +w_\sigma]$视差范围内过零点错误匹配的发生概率仅为0.2。在匹配范围内还可能存在多个匹配,一个简单的方法可以用来消除多个可能匹配[详细内容见 Grimson(1981a)]。当然,将搜索限制在$[-w_\sigma, w_\sigma]$的范围内,使得算法无法找到视差不在该范围内的正确的过零点匹配。由于w_σ正比于尺度σ,正是在若干这样的尺度上搜索匹配,在大尺度上搜索到的视差可以控制眼球的运动(或者等价的图像偏移),这个运动可以将有大尺度视差的过零点对转移到较小尺度上可以匹配的范围内。这个过程发生在算法 7.1 的第 4 步中,图 7.12 的上图对这一点进行了说明。一旦匹配找到了,相应的视差可以存放在一个缓冲区内,这个缓冲被 Marr and Nishihara(1978)称为二维半草图($2\frac{1}{2}$ dimensional sketch)。Grimson(1981a)给出了这个算法的实现,并且广泛地应用于测试随机点立体图和自然图像。另一个例子在图 7.12 的中图给出。

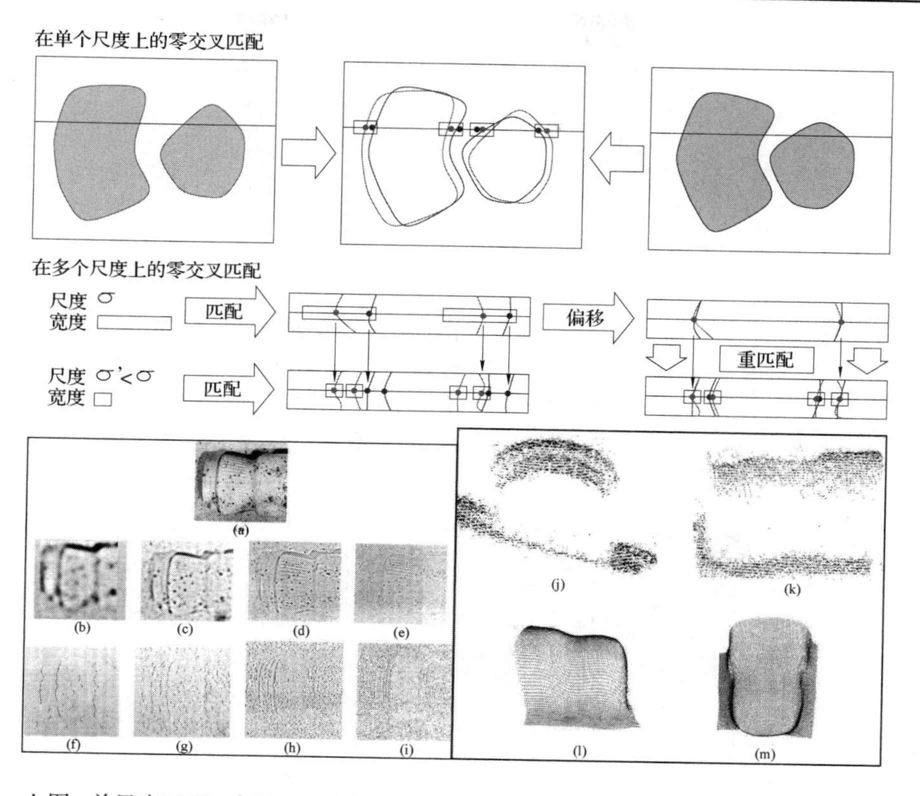

图 7.12 上图：单尺度匹配；中图：多尺度匹配；下图：结果。下左图：输入数据(包括一个输入图像，4 个$\nabla^2 G_\sigma$ 滤波器得到的结果以及相应的过零点)；下右图：由匹配过程建立的深度图的两个视图以及通过内插重建点得到的物体表面的两个视图(Reprinted from Vision: A Computational Investigation into the Human Representation and Processing of Visual Information, by David Marr, © 1982 by David Marr. Reprinted by permission of Henry Holt and Company, LLC)

7.5 双目融合的全局算法

前一节介绍的立体视觉的融合技术主要针对局部，即它们围绕个别的像素周围的灰度值或者边缘模式进行匹配，但是其忽略了可能连接邻近点的约束。相反，本节将要讨论两个立体视觉融合的全局方法，即将该问题建模为一个基于近邻像素的序列或者平滑约束的能量函数，并对其进行最小化。

7.5.1 排序约束和动态规划

考虑一个合理假设，沿着一对对极线的匹配图像特征的排序，与沿着对极平面和被观察物体表面交线的匹配表面特征的顺序相反(如图 7.13 左图所示)。这是 20 世纪 80 年代提出的(Baker & Binford 1981; Ohta and Kanade 1985)所谓的顺序性约束(ordering constraint)。很有趣的是，在真实场景中，上述约束不一定能够满足。特别地，例如当一个小物体挡住了部分大物体(如图 7.13右图所示)或者当涉及透明物体时，上述顺序性约束可能都不成立。但是至少在机器人视觉领域，涉及透明物体的情况很少见。尽管有这些限制，顺序性还是一个合理的约束，它可以用来设计有效的基于动态规划的算法(Forney 1973; Aho, Hopcroft, and Ullman 1974)以建立立体对应(见图 7.14 和算法 7.2)。

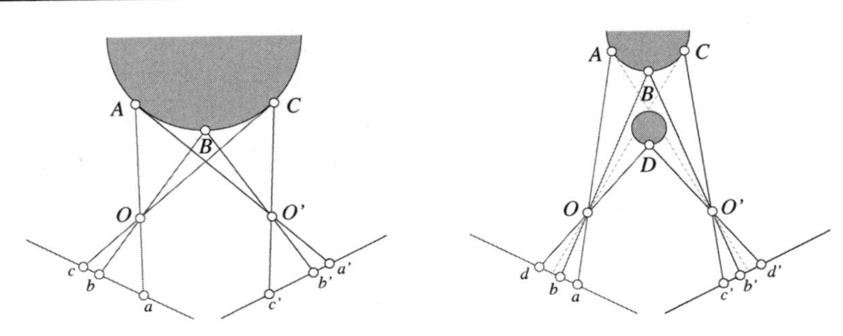

图 7.13 顺序性约束。在通常情况下，如左图所示，沿着两个(同一方向的)对极线上特征点的顺序是一样的。在右图所示的情况下，一个小物体位于大物体的前方。部分表面上的点在一个图像中是不可见的(例如，A在右图中是不可见的)，图像点的顺序在两幅图像中是不同的：b在左图中位于d的右边，但是b'在右图中位于d'的左边

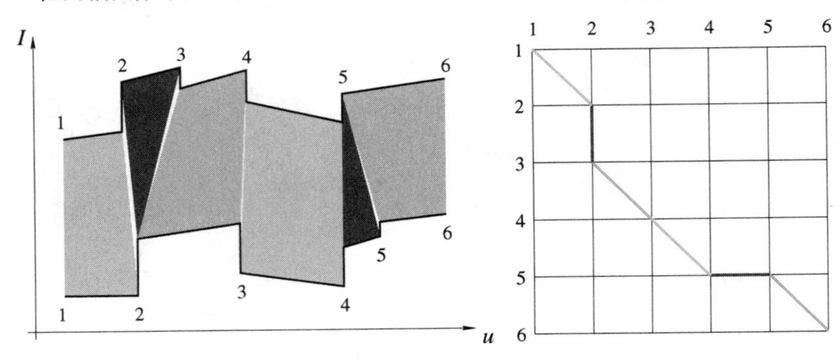

图 7.14 动态规划与立体视觉：左图显示了沿着匹配的对极线的两个灰度轮廓。多边形链接的两个轮廓意味着连续间隔上的匹配(部分匹配的间隔长度为零)。右图表示了和左图图形相同的信息。当灰度轮廓上的间隔(i,j)和间隔(i',j')相互匹配时，用一段弧(粗线段)连接两个节点(i,i')和(j,j')

算法 7.2 用于在两条对应的扫描线上建立立体对应的动态规划算法

假设两条扫描线上分别有 m 和 n 个边缘点(为了方便起见，扫描线的端点也被包含在内)。两个辅助函数：下邻居节点函数 Inferior-Neighbors(k,l) 返回节点(k, l)的邻居节点(i, j)的列表，要求$i\leqslant k$ 且$j\leqslant l$；弧代价函数 Arc-Cost(i,j,k,l)评价并返回匹配间隔(i,k)和(j,l)的代价。为了保证算法的正确，最优代价函数 $C(1,1)$ 应该初始化为零。

```
% 在所有节点(k,l)中按照升序循环
for k = 1 to m do
  for l = 1 to n do
    % 初始化最优代价函数 C(k,l)和回溯指针 B(k,l)
    C(k,l) ← +∞ ; B(k,l) ←nil;
    % 在(k,l)的所有下邻居节点(i,j)中循环。
    for (i,j) ∈ Inferior-Neighbors(k,l) do
      % 计算新的路径代价并在必要情况下更新回溯指针
      d←C(i,j) + Arc-Cost(i,j,k,l);
      if d < C(k,l) then C(k,l) ←d; B(k,l) ←(i,j) endif;
      endfor;
    endfor;
```

```
  endfor;
  % 根据回溯指针从(m,n)建立最优路径
  P←{(m,n)}; (i,j)←(m,n);
  while B(i,j)≠nil do(i,j)←B(i,j); P←{(i,j)}∪P endwhile.
```

特别地，让我们假设在对应的对极线上有一些特征点(或者说边缘)。这里的目标是匹配沿着两个灰度轮廓分开这些特征点的间隔(如图7.14左图所示)。根据这些顺序性约束，尽管当遮挡或噪声使得对应关系丢失时，两幅图像中的特征点的间隔会退化成一个点，但是特征点的顺序必须是相同的。

在此设置下，可以重新叙述匹配问题为：在一个图上优化路径代价，这个图中的节点对应左右图像特征点；图中的弧表示在左右图像灰度轮廓间隔之间的匹配，这些间隔与对应节点特征相联系(如图7.14右图所示)。一个弧的代价衡量了两个对应间隔之间的差异(如灰度均值的平方差)。这个优化问题可以用动态规划算法来解决，如算法7.2所示。正如给出的算法，该算法复杂度为$O(mn)$，其中m和n分别代表在左右对应扫描线上边缘点的数量①。Baker and Binford(1981)实现了这个方法的一个变种，他们将一个从粗到细的扫描线内的搜索过程和一个按合作方式工作的过程结合在一起，以增强扫描线之间的一致性，Ohta and Kanade(1985)使用了动态规划方法进行扫描线内和扫描线间的优化，后者的优化过程是在一个三维搜索空间中进行的。图7.15给出了来自Ohta and Kanade(1985)的结果。

 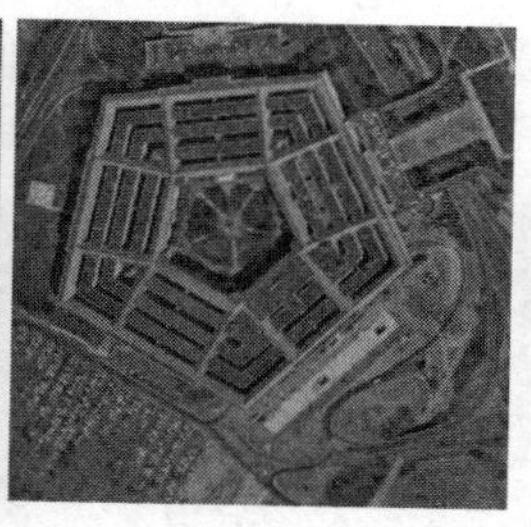 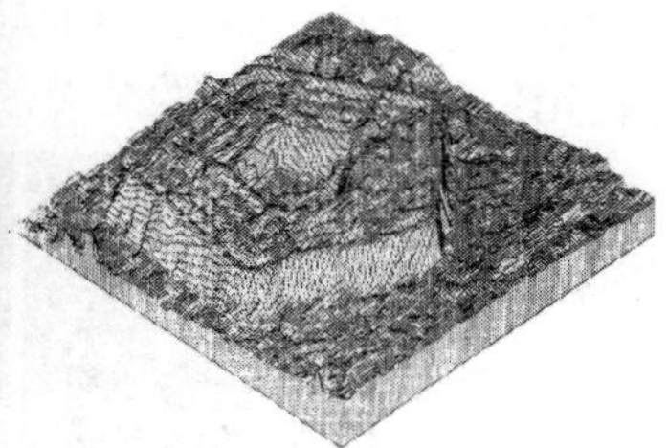

图7.15 五角大楼的两幅图像和通过Ohta and Kanade(1985)动态规划算法得到的视差的等比例图(Reprinted from "Stereo by Intra-and Inter-Scanline Search," by Y. Ohta and T. Kanade, IEEE Transactions on Pattern Analysis and Machine Intelligence, 7(2):139-154, (1985). © 1985 IEEE)

7.5.2 平滑约束和基于图的组合优化

动态规划是一个组合优化算法，其目的在于最小化关于某离散变量的误差函数(路径代价)，这些离散变量为特征对之间的关联。动态规划在前一节提到的匹配过程中协助排序约束时采用过。这里提出一种不同的用依赖约束代替平滑约束的立体视觉融合算法，并采用不同的组合优化技术来最小化基于图定义的能量函数。

与往常一样，假设两组已矫正的输入图像，并且定义图$\mathcal{G}=(\mathcal{V},\mathcal{E})$，其中$n$为位于第一幅图像的像素点与图像网格中的边缘连接近邻像素点(并非需要在同一条扫描线上)的节点数。给定某视差区域$\mathcal{D}=\{-K,\cdots,K\}\subset\mathbb{Z}$，以此我们定义能量函数$E:\mathcal{D}^n\to\mathbb{R}$：

$$E(\boldsymbol{d})=\sum_{p\in\mathcal{V}}U_p(d_p)+\sum_{(p,q)\in\mathcal{E}}B_{pq}(d_p,d_q) \tag{7.4}$$

其中向量$\boldsymbol{d}$为像素p的n个整型视差d_p。$U_p(d_p)$(一元项)表示介于第一幅图像的像素点p和

① 这个版本的算法假设所有的边缘都是匹配的。考虑到噪声和边缘检测的噪声，允许匹配算法跳过有限的边缘也是合理的，但是这并不改变算法的渐近复杂度(Ohta and Kanade 1985)。

第二幅图像中的像素点$p+d_p$的视差，$B_{pq}(d_p, d_q)$(二元项)表征$p\to p+d_p$和$q\to q+d_q$之间的视差①。第一项记录介于p和$p+dp$的相似性，其可能为平方差之和$U_p(d_p)=\sum_{q\in\mathcal{N}(p)}[I(q)-I'(q+dp)]^2$，其中$\mathcal{N}(p)$为$p$的近邻像素点；第二项用于调整优化过程，使得视差函数尽可能平滑。例如，一个合理的选择为$B_{pq}=(d_p, d_q)=\gamma_{pq}|d_p-d_q|$，其中$\gamma_{pq}>0$。

在该模型下，双目融合$\mathcal{D}^n$被看成关于$\boldsymbol{d}$的最小化能量函数$E(\boldsymbol{d})$。正如第22章(见22.4节)所述，这是一个一般化的组合优化问题的实例，并与一阶马尔可夫随机场(Geman and Geman 1984)推导的最大后验概率(MAP, Maximum A Posteriori)有关，而这个问题是NP难题，但可以得到其近似估计，甚至在子模性约束下具有精确的算法解。特别地，当$B_{pq}(d_p, d_q)=\gamma_{pq}|d_p-d_q|$，$\gamma_{pq}>0$(先验总离差，total-variation prior)或者更一般化(Ishikawa 2003；Schlesinger and Flach 2006；Darbon 2009)，当$B_{pq}=g(d_p-d_q)$，g为凸实值函数$g:\mathbb{Z}\to\mathbb{R}$，最小化$E(\boldsymbol{d})$约简为关于仅二值变量的子模性二次伪布尔问题(submodular quadratic pseudo-Boolean problem)，并且可以通过有效的最小切/最大流算法(Ford & Fulkerson 1956；Goldberg & Tarjan 1988；Boykov & Kolmogorov 2004)在多项式时间内精确解决。

然而，已经证明采用二元项不能产生子模性问题，因此不能通过一般的方法求解。在Potts模型中，其中$B_{pq}(d_p, d_q)=\gamma_{pq}\chi(d_p\neq d_q)$，$\gamma_{pq}>0$，当其值为真时，特征函数$\chi$为1，否则，特征函数$\chi$为0，这是一个特殊的例子。采用总先验离差来保证视差函数平滑，并不能过惩罚自然关联封闭边界的视差不连续性。在此背景下，在$\mathcal{D}^n$上最小化$E(\boldsymbol{d})$的一个逼近方法是通过α扩展(Boykov et al. 2001)，该迭代过程也可当做最小切/最大流问题解决，但这使得最小化能量函数的假设变弱。图7.16给出采用该方法得到的实验结果，该图源于Scharstein and Szeliski (2002)。

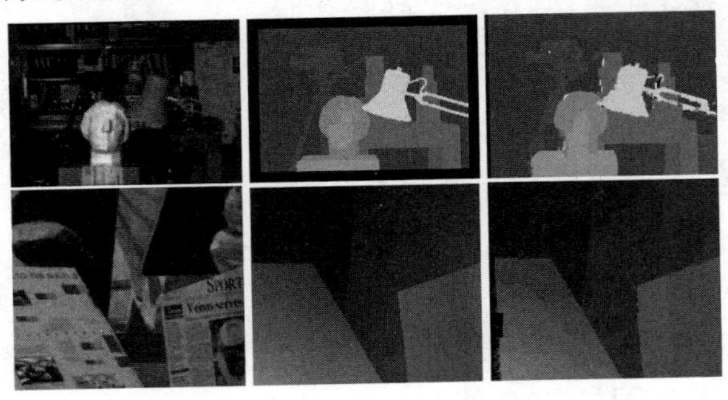

图7.16　一个关于α扩展到立体融合的例子。实验数据采用Scharstein and Szeliski(2002)描述的部分标准数据库，该数据库同时提供标准视差结果。从左到右：输入图像，标准视差图像，以及采用α扩展恢复的视差图(Reprinted from "A Taxonomy and Evaluation of Dense Two-Frame Stereo Correspondence Algorithms," by D. Scharstein and R. Szeliski, International Journal of Computer Vision, 47(1/2/3):7-42, (2002). © 2002 Springer)

7.6　使用多台摄像机

增加第三台摄像机可以消除大部分由双目图像造成的不确定的匹配点。本质上，第三幅图像可以用来检测前两幅图像中假定的匹配(见图7.17)：首先重构和前两幅图像中匹配点对应的三维空间点，然后再投影到第三幅图像。如果在第三幅图像的投影点周围没有相容的点，那么这个匹配一定是错误的匹配。

① 这里，我们重复使用标记，如果像素p的图像坐标为(u_p, v_p)，则像素$p+d_p$的坐标为(u_p+d_p, v_p)。

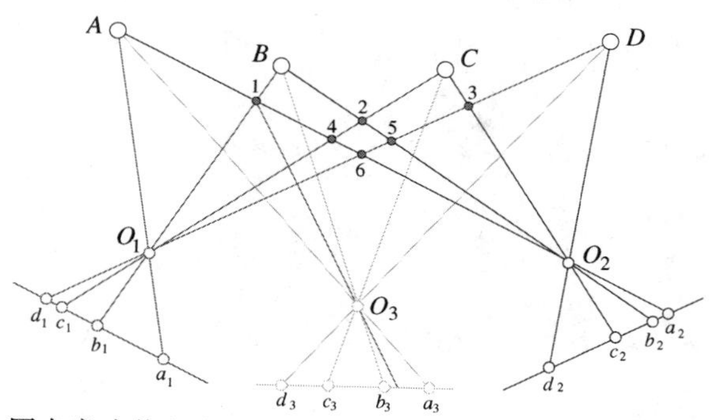

图7.17 灰色小圆点意味着左右图像中4个点的不正确重建。在中间增加一个摄像头消除了错误的匹配：所有和真实点对应的射线都不穿过这6个点中的任何一个。换句话说，在前两幅图像中的点匹配可以通过将三维空间点再投影到第三幅图像中来检测。例如，在b_1和a_2之间的匹配很明显是错误的，因为在第三幅图像中靠近由假定重建点产生的再投影点的周围没有特征点，假定重建点在图中标记为1

在大多数的三目立体视觉算法中，通常首先利用两幅图像形成可能的对应，然后用第三幅图像来接受或拒绝这些对应。与此不同的是，Okultami and Kanade(1993)提出一个多台摄像机的算法，其中同时利用所有图像来搜索匹配，基本想法简单而精巧：假设所有图像都是矫正过的，将搜索正确的视差的操作转换为搜索正确的深度或者深度的倒数。当然，对于每个摄像头来说，深度的倒数和视差成正比，然而视差由于摄像机的不同而变化，因此深度的倒数被用来作为一个通用的搜索索引。选择第一幅图像作为参考，Okutami 和 Kanade 将与所有其他摄像机相关的平方差加到一个全局评价函数 E 中(就像以前说明的，这当然等价于向全局评价函数增加了图像的相关函数)。

图7.18 画出了评价函数 E(即为深度的倒数)在 10 台摄像机观察一个重复性图案的(见图7.19)场景中的值。在这种情况下，只用两台或三台摄像机并不能产生一个单一明确的最小值。然而，增加更多的摄像机可以很明显地得到一个最小值，而该最小值对应正确的匹配。图7.19显示了10幅矫正过的图像序列，并且根据上述算法给出的表面重构图。

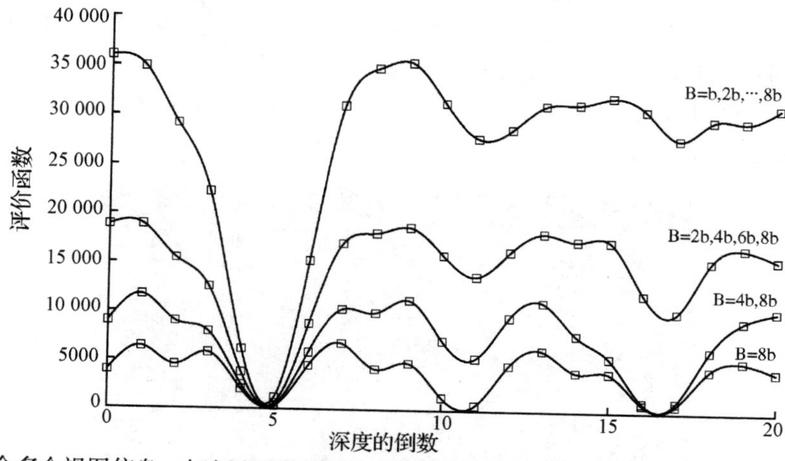

图7.18 融合多个视图信息：在这里画出的平方差的和是深度倒数的函数，这里给出了输入图像数量不同的情况。这些数据是从图7.19图像顶部的某条扫描线上获得的，它们的灰度值几乎是周期性的。这幅图显示出函数的最小值随着图像数量的增加而变得越来越清楚(Reprinted from "A Multiple-Baseline Stereo System," by M. Okutami and T. Kanade, IEEE Transactions on Pattern Analysis and Machine Intelligence, 15(4):353-363, (1993). © 1993 IEEE)

图 7.19　10 幅图像序列和相应的重建图像。如图 7.18 中看到的，靠近图像顶部的网格板构成了几乎周期性的亮度信号，从而带来立体视觉中的不确定性(Reprinted from "A Multiple-Baseline Stereo System," by M. Okutami and T. Kanade, IEEE Transactions on Pattern Analysis and Machine Intelligence, 15(4):353-363, (1993). © 1993 IEEE)

7.7　应用：机器人导航

基于宽基线多视角立体视觉来重构三维的物体和场景建模的应用将会在第 19 章讨论。这里简要讨论用于机器人(见图 7.1，右图)的双目视觉导航。Hadsell et al. (2009)和 Sermanet et al. (2009) 描述的系统采用 Point Grey 公司的 Bumblebee 双目立体视觉摄像机，每个可获取 1024 × 768 分辨率的彩色图像，其帧率为 15 帧/秒，并独立地运行其双目立体视觉过程(见图 7.20)，其本身的融合算法是基于局部的，即采用绝对视差之和作为其匹配准则，并采用额外的启发法来删除离群点(outlier)。在检测到显著点之前，通过基于重构点的云分布进行投票过程，以获取地平面。整个过程每秒运行 5 ~ 10 个 160 × 120 视频帧，并且其有效区域为 5 m。一个融合基于卷积网的慢过程(在分辨率为 512 × 384 上每秒运行一帧)，可通过深度测量获取 12 m 的信息，并且检测障碍物的距离推广到 50 m 远。整个系统成功地用于使机器人做很多关于户外设置的实验，包括公园和后花园、开阔场地、市区和郊区环境、军事基地、海滨附近的沙区、有路或没有路的森林等(细节见 Hadsell et al. 2009; Sermanet et al. 2009)。

图 7.20　机器人采用 Hadsell et al. (2009)和 Sermanet et al. (2009)算法进行导航。检测出的地平线(较浅阴影)和障碍物(较深阴影)覆盖其中的一张输入图像，这与立体视觉重建的顶视图是一样的。由 Yann LeCun 提供图像

7.8 注释

计算机视觉对极约束的代数形式的基本矩阵形式主要由 Longuet-Higgins(1981)引入，其性质被 Huang and Faugeras(1989)进行详细描述。本征矩阵由 Luong and Faugeras(1992, 1996)引入。双线性约束适合两点匹配的图像坐标，三线性约束适合三点的匹配(Hartley 1997)和三线的匹配(Spetsakis and Aloimonos 1990; Weng, Huang and Ahuja 1992; Shashua 1995)，四线性约束适合于四点的匹配(Faugeras and Mourrain 1995; Triggs 1995; Faugeras and Papadopoulo 1997)；相关例子见习题。相似的约束也在摄影测量领域中讨论(Slama et al. 1980)。

视差引出人类立体视觉这一概念首先由 Wheatstone(1838)发明的立体照相机所证实。此后，Dove(1841)从电火花产生的光亮太短以致无法引起人眼聚视出发，证实了不需要眼球的移动，视差便可形成立体视觉的事实。人眼的立体视觉在 Helmholtz(1909)的经典书籍中进一步讨论，对于任何对这个领域感兴趣的人，这都是一本很好的书。同样在 Julesz(1960, 1971)、Frisby(1980)以及 Marr(1982)的书籍中都有对人眼立体视觉的论述。由于篇幅的限制，在本章中没有介绍人类双目立体感知理论，其中包括 Koenderink and Van Doorn(1976a), Pollard, Mayhew, and Frisby(1970), McKee, Levi, and Brown(1990)以及 Anderson and Nayakama(1994)等人的理论。

关于机器立体视觉，在 Grimson(1981b), Marr(1982), Horn(1986)以及 Faugeras(1993)的书籍中有很好的论述。Marr 侧重于从计算角度讲述人类立体视觉，然而 Horn 的论述强调人工立体视觉系统中的集合成像学。Grimson 和 Faugeras 侧重于从集合和代数的角度讲述立体视觉。与立体匹配相关的约束在 Binford(1984)中有所论述。在双目立体视觉中有关线段匹配的早期技术包括 Medioni and Nevatia(1984)以及 Ayache and Faugeras(1987)。三目融合的算法包括 Milenkovic and Kanade(1985), Yachida, Kitamura, and Kimachi(1986), Ayache and Lustman(1987)以及 Robert and Faugeras(1991)。基于组合优化和基于最小切/最大流算法的全局方法包括 Ishikawa and Geiger(1998), Roy and Cox(1998), Boykov, Veksler, and Zabih(2001)以及 Kolgomorov and Zabih(2001)。几种变异的算法也在本章进行了讨论，例如 Faugeras and Keriven(1998)。

本章介绍的所有算法都是基于被融合的图像是非常相似的假设。这相当于考虑窄基线(narrow baseline)的约束。宽基线的情况将在第 19 章基于图像的建模与渲染中进行讨论。本章的讨论仅限定于固定内外参数的立体视觉平台。主动视觉(active vision)关心如何建立一个能够动态修改这些参数的视觉系统，例如修改摄像机的焦距、聚散角，以及在感知和机器人任务中如何利用这些能力(Aloimonos, Weiss and Bandyopadhyay 1987; Bajcsy 1988; Ahuja and Abbott 1993; Brunnström, Ekhlund, and Uhlin 1996)。

最后给出 D. Scharstein 和 R. Szeliski 收集的非常有用的资源：http://vision.middlebury.edu/stereo/。其中包括：标准数据库和关于这个数据库的测试准则，代码和很多关于立体视觉融合的经典方法。详细细节见该网址和 Scharstein and Szeliski(2002)。

习题

7.1 证明本征矩阵的一个奇异值为 0，另外两个奇异值相等。[Huang 和 Faugeras(1989)已经表明逆命题也是成立的——即任何 3×3 的矩阵，如果有一个奇异值为 0，另外两个奇异值相等，那么它是一个本征矩阵。]

提示：$\mathcal{E}$ 的奇异值是 $\mathcal{E}\mathcal{E}^{\mathrm{T}}$ 的特征值(见第22章)。

7.2 *无穷小的对极几何*，这里考虑无穷小摄像头偏置问题，并推导 Longuet-Higgins 关系的瞬时形式，式(7.2)即获取离散情形下的无穷小对极几何。

(a)考虑变换速度 $\boldsymbol{v}$ 和旋转速度 $\boldsymbol{\omega}$ 的移动摄像头。关联旋转矩阵的坐标轴为单位向量 $\boldsymbol{a}$，角度 θ 可以等价于：

$$\mathcal{R} = \mathrm{e}^{\theta[\boldsymbol{a}_\times]} \stackrel{\text{def}}{=} \sum_{i=0}^{+\infty} \frac{1}{i!}(\theta[\boldsymbol{a}_\times])^i$$

考虑小间隔时间 δt 的两帧，并标记为 $\dot{\boldsymbol{p}} = (\dot{u}, \dot{v}, 0)^{\mathrm{T}}$ 为点 p 的速度或者运动场。采用这个矩阵的指数表示形式证明(一阶)：

$$\begin{cases} \boldsymbol{t} = \delta t\, \boldsymbol{v} \\ \mathcal{R} = \mathrm{Id} + \delta t\, [\boldsymbol{\omega}_\times] \\ \boldsymbol{p}' = \boldsymbol{p} + \delta t\, \dot{\boldsymbol{p}} \end{cases} \tag{7.5}$$

(b)采用这个结果证明式(7.2)并推导

$$\boldsymbol{p}^{\mathrm{T}}([\boldsymbol{v}_\times][\boldsymbol{\omega}_\times])\boldsymbol{p} - (\boldsymbol{p} \times \dot{\boldsymbol{p}}) \cdot \boldsymbol{v} = 0 \tag{7.6}$$

7.3 *焦点的扩张*。考虑一个无穷小的平移运动($\boldsymbol{\omega} = \boldsymbol{0}$)，定义焦点的扩张(无穷小核点)为直线通过光心并平行于速度 $\boldsymbol{v}$ 的射入图像平面的直线。根据式(7.6)证明在这种纯变换条件下，运动场点指向焦点的扩张。

7.4 证明：对于矫正过的图像对，在第一台摄像机的归一化坐标系内，P 点深度可以表示为 $Z = -B/d$，其中 B 是基线，d 是视差。

7.5 利用视差的定义证明立体重建的准确度是基线和深度的函数。

7.6 给出二维条件下眼睛聚焦时的重建公式。

7.7 给出一个算法，用以产生一个模糊的随机点立体图，要求这个随机点立体图可以描述两个不同的盘子浮在第三个盘子上。

7.8 证明当两个窗口的图像亮度可以用一个仿射变换 $I' = \lambda I + \mu$ 相关时，相关函数达到最大值1，其中 λ 和 μ 为某个常数，$\lambda > 0$。

7.9 证明对于零均值和单位 Frobenius 范数的图像，相关与平方差的和是等价的。

7.10 迭代计算相关函数：

(a)证明 $(\boldsymbol{w} - \bar{\boldsymbol{w}}) \cdot (\boldsymbol{w}' - \bar{\boldsymbol{w}}') = \boldsymbol{w} \cdot \boldsymbol{w}' - (2m+1)(2n+1)\bar{I}\bar{I}'$。

(b)证明灰度的均值 $\bar{I}$ 可以迭代计算，并估计步进计算的计算量。

(c)将先验计算推广到构建相关函数的所有元素，并估计对一对图像进行相关运算的整体计算量。

7.11 说明对于矫正图像，如何使用视差函数的一阶扩展，投影右图窗口使得其对应于左图中的矩形区域。说明在这种情况下如何计算相关，使用插值来估计右图中相对于左图中心的像素值。

7.12 *三角距透镜和四角距透镜匹配约束*。在这种表述下，必须通过三幅图或者四幅图的匹配点来满足三线和四线的约束，并将对极约束推广到这种情形。

(a)假定我们有关于一个点的四个视角图，并给定对应的内参数和投影矩阵 $\mathcal{M}_i$ $(i = 1,2,3,4)$。写出在坐标向量 $P(\mathbb{R}^4)$ 下该点的 8×4 齐次坐标线性方程组，并满足其投影到四幅图的条件。提示：将每个投影公式改写为关于 $\boldsymbol{P}$ 的两个线性公式，通过关联的投影矩阵和图像坐标进行参数化。

(b)根据线性公式的齐次坐标方程组具有 $\boldsymbol{P}$ 个非无效解的事实，描述采用两幅图、三幅图或者四幅图的匹配约束。

(c)证明当 $\mathcal{M}_1 = (\mathrm{Id} \quad \boldsymbol{0})$ 和 $\mathcal{M}_2 = (\mathcal{R}^{\mathrm{T}} \; -\mathcal{R}^{\mathrm{T}}\boldsymbol{t})$，包括两幅图像的条件(即第一幅和第二幅)成为式(7.2)的对极约束。

(d)证明当 $\mathcal{M}_1 = (\mathrm{Id} \quad \boldsymbol{0})$，$\mathcal{M}_2 = (\mathcal{R}_2^{\mathrm{T}} \; -\mathcal{R}_2^{\mathrm{T}}\boldsymbol{t}_2)$ 和 $\mathcal{M}_3 = (\mathcal{R}_3^{\mathrm{T}} \; -\mathcal{R}_3^{\mathrm{T}}\boldsymbol{t}_3)$ 时，包括三幅图像的条件在图像坐标系统中为三线性，并从这些条件中推导显式形式。

(e)证明当约束变为四幅图时，在图像坐标系统中变为四线性。

(f)思考当具有更多幅图像时，推导匹配约束的方法。

7.13 将以上问题推广到无标定情形。

编程练习

7.14 实现矫正过程。

7.15 实现一个基于相关的立体分析算法。

7.16 实现一个多尺度的立体分析算法。

7.17 实现一个基于动态规划的立体分析算法。

7.18 实现一个三目立体视觉算法。

第 8 章　从运动中恢复结构

本章再次分析从多幅图像估计景物三维深度的问题。在三维重构中，如果摄像机已经进行标定，则它们的内参数和外参数都已经知道，由外参数就可以得到其在世界坐标系中的位置。这大大简化了重构的过程，第 7 章重点介绍立体视觉系统中的双目(或者更一般的多视角)融合问题。本章则讨论一个更复杂的问题，即摄像机的位置甚至内参数和外参数都是事先不知道的，而且会随着时间变化而变化。第 19 章介绍基于图像建模或者渲染的典型问题：通过手持摄像机或者通过一个场景的多台摄像机捕捉获取物体形状并生成其他视角的视图。相关的应用还有动态视觉系统，它的标定参数会动态变化；以及星球探测机器人，在起飞和降落时由于加速度的影响，它们的参数也可能发生变化。在机器人导航中，恢复摄像机位置与估计场景形状的任务同等重要。

本章假设 m 幅图像中的 n 个投影点是已经匹配好的[①]，并且重点关注“从运动中恢复结构”(SFM, Structure-From-Motion)问题：从图像匹配估计匹配点的三维坐标(例如，在场景结构的坐标系内)，以及每台摄像机对应的投影矩阵(或者类似的，相对于点集的摄像机的明显运动)。图 8.1 展示了一个包含在 6 张玩具房子图序列中匹配的 38 个点的小数据集，该数据集由 François Veillon 和 Roger Mohr 提供。本章后续提出的各种算法，都是对基于该数据集中关于这些点的三维位置的正确分类进行评估。

图 8.1　小房子数据库。左上图：序列中的一帧，且匹配的关键点采用圆圈标记。右上图：在某随机视角观察，得到关联标准三维匹配点的“线框图”，某些点之间通过线段连接。下图：6个图像中38个匹配数据点的线框图。这些图中所示的线段并不关联实际物体边缘，且并不会应用在任何计算中。然而，这些线框视图对于不同场景结构和对极几何的重构比较有很好的可视效果(Data and image courtesy of Françoise Veillon and Roger Mohr)

① 在连续运动序列帧及场景的多个视角构建图像关联匹配的问题将在第 11 章和第 12 章介绍。

本章介绍从运动中恢复结构的问题的三个实例：8.1节介绍的摄像机为内部标定的，即其内参数已知，故其可能用于矫正后的图像坐标情况；8.2节和8.3节分别介绍非标定的弱透视和透视摄像机情况。

8.1　内部标定的透视摄像机

首先考虑 m 个已知内参数的针孔透视摄像机，但是其空间位置未知，观察一个包括 n 个固定点 $P_j(j=1, \cdots, n)$ 的场景。假定所有的图片坐标已经归一化，并假设 m 个图之间的关联已经建立，故投影点 P_j 的 mn 个齐次坐标向量 $\boldsymbol{p}_{ij}=\hat{\boldsymbol{p}}_{ij}=(x_{ij}, y_{ij}, 1)^{\mathrm{T}}(i=1,\cdots,m)$ 已知。由于摄像机已经内部标定过，这里改写关联透视摄像机的方程为

$$\boldsymbol{p}_{ij}=\frac{1}{Z_{ij}}(\mathcal{R}_i \quad \boldsymbol{t}_i)\begin{pmatrix}\boldsymbol{P}_j\\1\end{pmatrix} \tag{8.1}$$

其中，$\mathcal{R}_i$ 和 $\boldsymbol{t}_i$ 为对应各自的表征摄像机第 i 个固定系统的方向和位置的旋转矩阵和平移向量，$\boldsymbol{P}_j$ 为点 P_j 在该坐标系的非齐次坐标向量，Z_{ij} 为相对于第 i 个摄像机的该点的深度。

我们定义从运动中恢复欧氏三维结构的问题为从 mn 个图像关联的齐次坐标向量 $\boldsymbol{p}_{ij}$ 估计 n 个投影点 $\boldsymbol{P}_j$ 与 m 个旋转矩阵 $\mathcal{R}_i$ 和平移向量 $\boldsymbol{t}_i$[①] 的问题。

8.1.1　问题的自然歧义性

在解决该问题之前，首先观察其解的最好情况为刚性变换歧义(rigid transformation ambiguity)。的确，给定某些不确定的旋转矩阵 $\mathcal{R}$ 和平移向量 $\boldsymbol{t}$，可以将式(8.1)改写为

$$\boldsymbol{p}_{ij}=\frac{1}{Z_{ij}}\left((\mathcal{R}_i \quad \boldsymbol{t}_i)\begin{pmatrix}\mathcal{R} & \boldsymbol{t}\\ \boldsymbol{0}^{\mathrm{T}} & 1\end{pmatrix}\right)\left(\begin{pmatrix}\mathcal{R}^{\mathrm{T}} & -\mathcal{R}^{\mathrm{T}}\boldsymbol{t}\\ \boldsymbol{0}^{\mathrm{T}} & 1\end{pmatrix}\begin{pmatrix}\boldsymbol{P}_j\\1\end{pmatrix}\right)=\frac{1}{Z_{ij}}(\mathcal{R}'_i \quad \boldsymbol{t}'_i)\begin{pmatrix}\boldsymbol{P}'_j\\1\end{pmatrix}$$

其中 $\mathcal{R}'_i=\mathcal{R}_i\mathcal{R}$，$\boldsymbol{t}'_i=\mathcal{R}_i\boldsymbol{t}+\boldsymbol{t}_i$ 和 $\boldsymbol{P}'_j=\mathcal{R}^{\mathrm{T}}(\boldsymbol{P}_j-\boldsymbol{t})$（注意，因为 $\mathcal{R}_i$ 和 $\mathcal{R}$ 为旋转矩阵，故 $\mathcal{R}'_i$ 和 $\mathcal{R}^{\mathrm{T}}$ 也为旋转矩阵，正如第1章提到的，旋转矩阵形成一组乘法群）。

这种歧义的发生是由于结构和运动参数与图像数据关联且可以在不同的欧氏帧表示，经过刚性变换而彼此错位。或许更让人惊讶的是，通过观察的场景可能恢复出绝对尺度，因为可以将式(8.1)改写为

$$\boldsymbol{p}_{ij}=\frac{1}{\lambda Z_{ij}}(\mathcal{R}_i \quad \lambda\boldsymbol{t}_i)\begin{pmatrix}\lambda\boldsymbol{P}_j\\1\end{pmatrix}=\frac{1}{Z'_{ij}}(\mathcal{R}_i \quad \boldsymbol{t}'_i)\begin{pmatrix}\boldsymbol{P}'_j\\1\end{pmatrix}$$

其中，λ 为非零的随机位置参数（因为位于摄像机前的点的深度必须为负数），$\boldsymbol{t}'_i=\lambda\boldsymbol{t}_i$，$\boldsymbol{P}'_j=\lambda\boldsymbol{P}_j$ 和 $Z'_{i,j}=\lambda Z_{i,j}$。直观地，这与众所周知的透视投影的属性关联，在第1章中已经描述过：物体显示的大小取决于该物体与摄像机之间的距离，如果一个物体距离摄像机的距离为另一个物体距离摄像机距离的两倍，则显示大小为另一个物体的二分之一。

因此欧氏“从运动恢复结构”问题的解决方案被约束为随机相似性，即各向同性正比例的刚性变换。例如旋转，刚性变换构成一个组合（故其4×4矩阵在乘法下表征）。将点映射到点和线映射到线，保持其关系，即两线（或者说一条线和一个平面）交合处的点映射到对应图像的交合处，包括角度、距离和平行线的关系。相似的部分形成一组，并且子组包括不同的刚性变换，其

---

① 正如第1章所述，观察点相对于摄像机的深度并不是独立未知的，这是由于 $Z_{ij}=\boldsymbol{r}_{i3}\cdot\boldsymbol{P}_j+t_{i3}$，其中 $\boldsymbol{r}_{i3}^{\mathrm{T}}$ 为矩阵 $\mathcal{R}_i$ 的第三行向量，t_{i3} 为向量 $\boldsymbol{t}_i$ 的第三个值。

中包括它们的大部分属性，但不包括距离属性。相反，保持着沿着随机方向的测量的距离比率。由于相似部分源于同一组，讨论一系列点的欧氏形状是有意义的，而这些欧氏形状等价于与这些点相关的变换(有些作者称其为“形状度量”)，见本章的习题。

特别地，从运动中恢复欧氏结构可以认为是恢复被观察场景沿着相关联的透视投影矩阵的欧氏形状。由于式(8.1)给出矩阵 $\mathcal{M}_i$ 在 $6m$ 个外参数的 $2mn$ 个约束和向量 $\boldsymbol{P}_j$ 的 $3n$ 个参数，考虑该问题的不确定性使得其满足有限个解，只要 $2mn \geq 6m+3n-7$。当 $m=2$ 时，5 个点的关联可以确定所有场景的有限个投影矩阵对和位置。

在实际中，$2mn$ 常常(远)大于 $6m+3n-7$，并且式(8.1)并不需要给定精确解。因此，可以通过最小化均方误差来估计真实解：

$$E = \frac{1}{mn}\sum_{i,j} ||\boldsymbol{p}_{ij} - \frac{1}{Z_{ij}}(\mathcal{R}_i \quad \boldsymbol{t}_i)\begin{pmatrix}\boldsymbol{P}_j\\1\end{pmatrix}||^2 \tag{8.2}$$

即采用第 22 章介绍的非线性最小二乘法优化技术得到 $6m+3n-7$ 个结构和运动参数。该方法的最大问题是这些技术需要一个合理的初始估计，用于汇聚其最小化的错误函数的全局最优点。因此需要寻找该估计的合理的方法。

8.1.2 从两幅图像估计欧氏结构和运动

本节给出计算关于两个摄像机的透视矩阵的方法，紧接着采用三角测量法重构场景点。这些技术将本征矩阵或者基础矩阵作为输入结构，所以首先将点的匹配归为估计对极几何的问题，即弱标定问题。

弱标定 特征矩阵可以写为 $\mathcal{E}=[\boldsymbol{t}_\times]\mathcal{R}$，因而可以由两个平移矩阵($\boldsymbol{t}$ 仅仅定义为尺度变换)和三个转换角度参数化。从两幅图像观察到的点 $\boldsymbol{p}$ 和 $\boldsymbol{p}'$ 的关联提供关于这些参数的一个约束 $\boldsymbol{p}^{\mathrm{T}}\mathcal{E}\boldsymbol{p}'=0$，因为 $\mathcal{E}$ 可以从最小化 5 个关联中被估计(可能具有一些离散的模糊)。这种关于弱标定的 5 点法是存在的(Nistér 2004)，但是它们过于复杂，不在这里进行讨论。这里考虑一种更为简单的情形，即点集关联的 $n \geq 8$ 的冗余集的情形。当摄像机的内参数未知时，弱标定的输出为基础矩阵的估计。否则，当摄像机的内参数已知且在估计过程中图像坐标已归一化，以及包含其他的约束，则可以得到本征矩阵的估计。

首先考虑未标定的情形，对极约束可以写为

$$\boldsymbol{p}^{\mathrm{T}}\mathcal{F}\boldsymbol{p}' = [u,v,1]\begin{pmatrix}F_{11} & F_{12} & F_{13}\\ F_{21} & F_{22} & F_{23}\\ F_{31} & F_{32} & F_{33}\end{pmatrix}\begin{pmatrix}u'\\v'\\1\end{pmatrix} = 0 \tag{8.3}$$

给定 $n \geq 8$ 的对应点关联 $p_j \leftrightarrow p'_j (j=1,\cdots,n)$，将式(8.3)改写为在未知的基础矩阵的 $n\times 9$ 非齐次线性方程组：$\mathcal{U}\boldsymbol{f}=\boldsymbol{0}$：

$$\mathcal{U} = \begin{pmatrix} x_1x'_1 & x_1y'_1 & x_1 & y_1x'_1 & y_1y'_1 & y_1 & x'_1 & y'_1 & 1\\ x_2x'_2 & x_2y'_2 & x_2 & y_2x'_2 & y_2y'_2 & y_2 & x'_2 & y'_2 & 1\\ \cdots & \cdots & \cdots & \cdots & \cdots & \cdots & \cdots & \cdots & \cdots\\ x_nx'_n & x_ny'_n & x_n & y_nx'_n & y_ny'_n & y_n & x'_8 & y'_n & 1 \end{pmatrix} \quad 和 \quad \boldsymbol{f} = \begin{pmatrix}F_{11}\\F_{12}\\F_{13}\\F_{21}\\F_{22}\\F_{23}\\F_{31}\\F_{32}\\F_{33}\end{pmatrix}$$

采用最小二乘法来解决该问题，即最小化下式：

$$E = \frac{1}{n}||\mathcal{U}\boldsymbol{f}||^2 = \frac{1}{n}\sum_{i=1}^{n}(\boldsymbol{p}_i^T\mathcal{F}\boldsymbol{p}_i')^2 \tag{8.4}$$

关于在 $\|\boldsymbol{f}\|^2=1$ 约束下的未知的 $\boldsymbol{f}$（或者等价于 $\mathcal{F}$），正如第 22 章给出的，其解为与 $\mathcal{U}^T\mathcal{U}$[①] 最小特征值相关的 $\boldsymbol{f}$ 的特征向量。

给定精确的 8 个点，当 $n\times9$ 矩阵 $\mathcal{U}$ 的秩严格小于 8 时，该方法失效。正如 Faugeras(1993) 和习题介绍的，这种情形仅仅发生在 8 个点和 2 个光心位于同一个二次曲面的情况下。幸运的是，这种情况发生的可能性很小，因为 9 个点就可以完全确定一个二次曲面，经过任意 10 个点的二次曲面一般是不存在的[②]。

式(8.4)定义的最小二乘法的误差 E 不具有显式的几何插值。因此可以更好地采用图像点和其对应的对极线之间的均方几何距离，即

$$\frac{1}{n}\sum_{i=1}^{n}[\mathrm{d}^2(\boldsymbol{p}_i,\mathcal{F}\boldsymbol{p}_i')+\mathrm{d}^2(\boldsymbol{p}_i',\mathcal{F}^{\mathrm{T}}\boldsymbol{p}_i)]$$

其中，$d(\boldsymbol{p},\boldsymbol{l})$ 表示点 $\boldsymbol{p}$ 和直线 $\boldsymbol{l}$（带符号）的欧氏距离，$\mathcal{F}\boldsymbol{p}'$ 和 $\mathcal{F}^{\mathrm{T}}\boldsymbol{p}$ 分别是与 $\boldsymbol{p}$ 和 $\boldsymbol{p}'$ 对应的对极线。这是一个非线性问题，但是其最小化可以通过线性算法的结果初始化。这个方法由 Luong、Deriche 和 Faugeras(Luong et al. 1993)提出，给出相比于线性更好的结果。

作为一种替代方法，Hartley(1995)提出了一种归一化线性算法，即观察到原有方法的不良性能通常是由于不良的数值条件造成的[③]，故提出通过平移和收缩使数据点集中在原点附近，并且到原点的平均距离为 $\sqrt{2}$。实践表明，这种归一化的方法很好地改进了线性最小二乘法的条件。具体来说，算法有四步：第一步，通过适当的平移和缩放算子变换图像坐标 $\mathcal{T}:\boldsymbol{p}_i\to\tilde{\boldsymbol{p}}_i$ 和 $\mathcal{T}':\boldsymbol{p}_i'\to\tilde{\boldsymbol{p}}_i'$；第二步，使用最小二乘法计算矩阵 $\tilde{\mathcal{F}}$，最小化：

$$\frac{1}{n}\sum_{i=1}^{n}(\tilde{\boldsymbol{p}}_i^{\mathrm{T}}\tilde{\mathcal{F}}\tilde{\boldsymbol{p}}_i')^2$$

第三步，强化秩为 2 的限制，就像 Tsai and Huang(1984)在标定情况下首先提出的技术：使 $\tilde{\mathcal{F}}=\mathcal{U}\mathcal{W}\mathcal{V}^{\mathrm{T}}$ 为 $\tilde{\mathcal{F}}$ 的奇异值分解(或 SVD) $\tilde{\mathcal{F}}$，其中 $\mathcal{W}=\mathrm{diag}(r,s,t)$，正如第 22 章所述，最小化 $\tilde{\mathcal{F}}-\bar{\mathcal{F}}$ 的 Frobenius 范数获得的秩为 2 的矩阵 $\bar{\mathcal{F}}$ 就是 $\bar{\mathcal{F}}=\mathcal{U}\mathrm{diag}(r,s,0)\mathcal{V}^{\mathrm{T}}$；第四步，将 $\mathcal{F}=\mathcal{T}^{\mathrm{T}}\bar{\mathcal{F}}\mathcal{T}'$ 作为基础矩阵的最终估计值。图 8.2 给出采用这种方法的弱标定实验的结果，其中采用了一个玩具房子的两幅图像上的 38 个点对应的关联。数据点在图中用圆点表示，所经过的对极线用短的线段表示。

第 7 章介绍了给定(内部)两个摄像机的矫正矩阵 $\mathcal{K}$ 和 $\mathcal{K}'$，以及其相关联的本征矩阵 $\mathcal{E}$，基础矩阵可以写为 $\mathcal{F}=\mathcal{K}^{-\mathrm{T}}\mathcal{E}\mathcal{K}'^{-1}$。相反，给定 $\mathcal{F}$，$\mathcal{K}$ 和 $\mathcal{K}'$，可以计算本征矩阵 $\mathcal{E}=\mathcal{K}^{\mathrm{T}}\mathcal{F}\mathcal{K}'$ 的估计。通过重构，矩阵 $\mathcal{E}$ 具有秩 2，但是，由于数值型错误，其两个非零奇异值(一般)不相等。SVD 再次证明在这一设置中的用处：因为仅仅从图像关联不可能恢复向量 $\boldsymbol{t}$ 的精确值。不失一般性，$\mathcal{E}=\mathcal{U}\,\mathrm{diag}(1,1,0)\mathcal{V}^{\mathrm{T}}$，其中 $\mathcal{U}\mathcal{W}\mathcal{V}^{\mathrm{T}}$ 在这里为 SVD 的 $\mathcal{K}^{\mathrm{T}}\mathcal{F}\mathcal{K}'$。

通过本征矩阵估计摄像机运动　从现在开始，假设本征矩阵 $\mathcal{E}$ 为已知。第 7 章给定两台内部标定摄像机，其中透视矩阵为 $(\mathrm{Id}\quad \boldsymbol{0})$ 和 $(\mathcal{R}^{\mathrm{T}}\ -\mathcal{R}^{\mathrm{T}}\boldsymbol{t})$，其相应的本征矩阵为 $\mathcal{E}=[\boldsymbol{t}_\times]\mathcal{R}$。给定 $\mathcal{R}$

---

① 这里，忽略 $\mathcal{F}$ 应为奇异的事实。当考虑非线性约束 $\mathrm{Det}(\mathcal{F})=0$ 时，事实上可能从 7 关联(见习题)中计算得到 $\mathcal{F}$。

② 也就是说，当相应的 8×8 矩阵为非奇异时，只需改换一组对应点就可以。——译者注

③ 对于特定的图片，矩阵 $\mathcal{U}$ 的列具有广泛不同的尺度，这意味着图像坐标可能为 500 个像素。其他方法见习题中 Hartley 算法关于该问题的讨论。

和 $\boldsymbol{t}$——两个视角之间的摄像机的运动——显然确定了本征矩阵 $\mathcal{E}$。本节讨论逆问题，即从本征矩阵 $\mathcal{E}$ 恢复 $\mathcal{R}$ 和 $\boldsymbol{t}$。

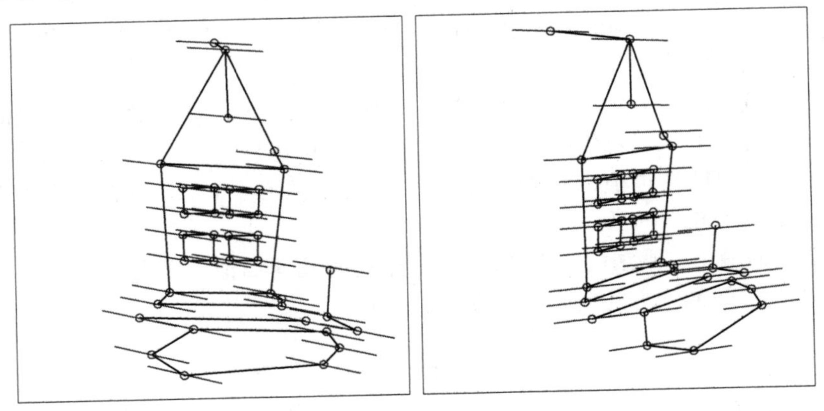

图 8.2　弱标定实验：采用小房子序列的两张图和弱标定的线性最小二乘法，并采用 Hartley 的归一化算法。这两幅图中点和相关对极线之间的平均距离为0.96像素和0.90像素。如果不采用归一化方法，该平均距离为10.00像素和9.12像素

由于 $\mathcal{E}^{\mathrm{T}}=\mathcal{V}\,\mathrm{diag}(1,1,0)\mathcal{U}^{\mathrm{T}}$，矩阵的零空间——所有使得 $\mathcal{E}^{\mathrm{T}}\boldsymbol{v}=\boldsymbol{0}$ 的向量 $\boldsymbol{v}$——是 $\mathbb{R}\,\boldsymbol{u}_3$，其中 $\boldsymbol{u}_3$ 为 $\mathcal{U}$ 的第三列并且为单位向量。紧接着，由于 $\mathcal{E}^{\mathrm{T}}\boldsymbol{t}=\boldsymbol{0}$，这里有关于 $\boldsymbol{t}$ 的两种可能的解决办法，定义正定尺度因子(positive scale factors)，即 $\boldsymbol{t}'=\boldsymbol{u}_3$ 和 $\boldsymbol{t}''=-\boldsymbol{u}_3$。

接着介绍这两种关于本征矩阵的旋转部分的方法，即

$$\mathcal{R}'=\mathcal{U}\mathcal{W}\mathcal{V}^{\mathrm{T}}\quad \text{和}\quad \mathcal{R}''=\mathcal{U}\mathcal{W}^{\mathrm{T}}\mathcal{V}^{\mathrm{T}},\quad \text{其中}\quad \mathcal{W}=\begin{pmatrix}0&-1&0\\1&0&0\\0&0&1\end{pmatrix}$$

首先，观察到总是假设其正交矩阵 $\mathcal{U}$ 和 $\mathcal{V}$ 为旋转矩阵：的确，由于本征矩阵 $\mathcal{E}$ 的第三个奇异值为零，总是可以通过将矩阵第三列用其相反值代替，使得其相应的秩为正。本征矩阵 $\mathcal{E}$ 的分解仍然为合法的 SVD。由于矩阵 $\mathcal{U}$，$\mathcal{V}$ 和 $\mathcal{W}$(和其相应的转置)为旋转的，故 $\mathcal{R}'$ 和 $\mathcal{R}''$ 也为旋转的。

定义 $\boldsymbol{u}_1$ 和 $\boldsymbol{u}_2$ 为 $\mathcal{U}$ 的前两列。由于 $\boldsymbol{t}'=\boldsymbol{u}_3$，$\boldsymbol{U}$ 为旋转矩阵，则有 $\boldsymbol{t}'\times\boldsymbol{u}_1=\boldsymbol{u}_2$ 和 $\boldsymbol{t}'\times\boldsymbol{u}_2=-\boldsymbol{u}_1$。特别地，

$$[\boldsymbol{t}'_{\times}]\mathcal{R}'=(\boldsymbol{u}_2\quad -\boldsymbol{u}_1\quad \boldsymbol{0})\mathcal{W}\mathcal{V}^{\mathrm{T}}=-(\boldsymbol{u}_1\quad \boldsymbol{u}_2\quad \boldsymbol{0})\mathcal{V}^{\mathrm{T}}=-\mathcal{U}\mathrm{diag}(1,1,0)\mathcal{V}^{\mathrm{T}}=-\mathcal{E}$$

类似地，很容易看出 $[\boldsymbol{t}'_{\times}]\mathcal{R}''=\mathcal{E}$。由于本征矩阵 $\mathcal{E}$ 仅由一个(可能为负)尺度因子定义，两个解决办法都为合法的本征矩阵。当 $\boldsymbol{t}''$ 被 $\boldsymbol{t}'$ 替代时，原理一样。因此关于摄像机运动有 4 种可能的方法。很容易看出在两台摄像机前面仅仅有一个替代重构点(见习题)。可以通过重构一个点和选择相关的算法计算得到相对于两个摄像机的负深度值。

8 点算法　将弱标定和运动估计结合起来，得到关于双目运动估计的 8 点(eight-point)算法，该算法首先由 Longuet-Higgins(1981)在具有 8 个点关联的情形下提出。算法 8.1 给出 $n\geqslant 8$ 的关联和采用 Hartley 的归一化思想的情形。

算法 8.1　从两幅图计算欧氏结构和运动的 Longuet-Higgins 8 点算法

1. 估计 $\mathcal{F}$

(a) 计算 Hartley 归一化变换 $\mathcal{T}$ 和 $\mathcal{T}'$ 及关联的点 $\tilde{\boldsymbol{p}}_i$ 和 $\tilde{\boldsymbol{p}}'_i$。

(b) 采用齐次线性最小二乘方估计矩阵 $\widetilde{\mathcal{F}}$：

$$\frac{1}{n}\sum_{i=1}^{n}(\tilde{\boldsymbol{p}}_i^T\tilde{\mathcal{F}}\tilde{\boldsymbol{p}}_i')^2,\quad ||\tilde{\mathcal{F}}||_F^2=1$$

(c)计算矩阵 $\widetilde{\mathcal{F}}$ 的奇异值分解 $\mathcal{U}\mathrm{diag}(r, s, t)\mathcal{V}^T$，并设置 $\widetilde{\mathcal{F}}=\mathcal{U}\mathrm{diag}(r, s, 0)\mathcal{V}^T$。

(d)输出基本矩阵 $\mathcal{F}=\mathcal{T}^{\mathrm{T}}\widetilde{\mathcal{F}}\mathcal{T}'$。

2. 估计 $\mathcal{E}$

(a)计算矩阵 $\widetilde{\mathcal{E}}=\mathcal{K}^{\mathrm{T}}\mathcal{F}\mathcal{K}'$。

(b)设置 $\mathcal{E}=\mathcal{U}\mathrm{diag}(1, 1, 0)\mathcal{V}^T$，其中 $\mathcal{U}\mathcal{W}\mathcal{V}^T$ 为矩阵 $\widetilde{\mathcal{E}}$ 的奇异值分解。

3. 计算矩阵 $\mathcal{R}$ 和 $\boldsymbol{t}$。

(a)计算旋转矩阵 $\mathcal{R}'=\mathcal{U}\mathcal{W}\mathcal{V}^{\mathrm{T}}$ 和 $\mathcal{R}''=\mathcal{U}\mathcal{W}^{\mathrm{T}}\mathcal{V}^T$，以及平移向量 $\boldsymbol{t}'=\boldsymbol{u}_3$，$\boldsymbol{t}''=-\boldsymbol{u}_3$，其中 $\boldsymbol{u}_3$ 为矩阵 $\mathcal{U}$ 的第三列向量。

(b)输出旋转矩阵 $\mathcal{R}'$，$\mathcal{R}''$，平移向量 $\boldsymbol{t}'$，$\boldsymbol{t}''$，使得重构点位于所有摄像机之前。

图8.3给出包括从图8.1得到的房屋序列的两幅图的实验结果。左图给出采用该算法从随机角度得到的重构结果，右图给出再用标准数据(ground-truth data)(虚线图)配准的通过相似变换得到的重构图(实线图)。一旦配准后，介于重构后的结果和标准三维数据点的平均欧氏距离为0.87 cm(房屋的实际高度大概为20 cm)，或者相对于绑定所有这些点的球的半径的平均相对误差为3.1%。本章介绍的所有算法都将采用相同的方式解释。

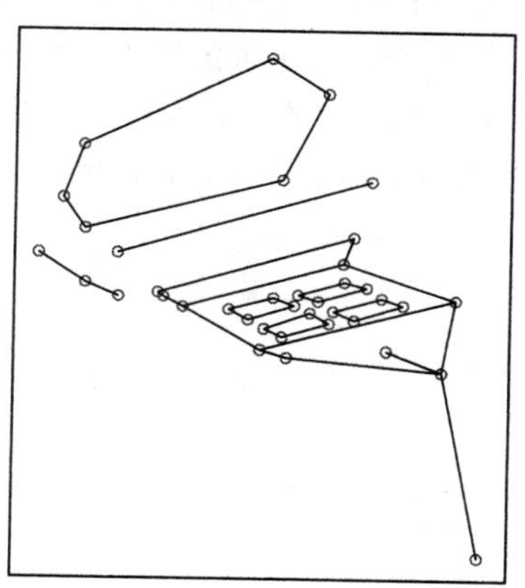

图8.3　从两个视角图恢复的小房子模型的欧氏结构图。平均绝对误差和相对误差分别为0.87 cm和3.1%。细节见文中

8.1.3　从多幅图像估计欧氏结构和运动

前面章节介绍的从运动中恢复欧氏结构的双目算法并非可以直接推广到多幅图像。考虑一种更为简单的根据多幅图像对来拼接估计欧氏结构和运动的算法：考虑这样一个图，其节点对应图像对，边缘连接两幅图并且至少连接三幅图。定义 k 和 l 分别为图中邻接矩阵的索引，J_{kl} 表示观察所有图像的点 P_j 的索引，得到在相应视频帧的齐次坐标向量 ${}^kP_j$ 和 ${}^lP_j$。通过最小化下式可以估计 3×4 的相似变换矩阵 $\mathcal{S}_{kl}$：

$$\frac{1}{n_{kl}}\sum_{j\in J_{kl}}||{}^kP_j-\mathcal{S}_{kl}\,{}^lP_j||^2$$

并有未知的旋转和平移参数。虽然其表现为非线性优化问题，然而我们将在第14章采用四元法把 $|J_{kl}|\geqslant3$ 的旋转约简为更为简单的特征值问题。

选取图中随机的基准点(base node),并将该配准程序应用到其邻接节点,以及邻接节点的邻接节点等。这里提供了一种简单的估计透视矩阵的方法,并且这个透视矩阵与基准点所在坐标系中同一连接图的所有节点有关。一旦实现这个方法,至少从两台摄像机观察到的每个点的位置很容易三角化。摄像机的投影矩阵和点位置可以用于式(8.2)(怎样求解该类优化问题见第22章)定义的最小化误差函数的初始估计。注意到该技术并不需要所有点在所有图中显示;只要这个图像构建的图是相互连接的,则这个图可能就是一个完整的重构,并且这个场景中的每个点至少在两幅图中是可见的。

当所有的点在所有图可见时,重构任务就更为简单:考虑 $m-1$ 个图像对$(1,k)$,其中 $k=2,\cdots,m$。在任意图像对中采用8点法产生一个关于第一个摄像头的坐标系统下不同的重构场景,其中有点位置 $\boldsymbol{P}_{jk}(j=1,\cdots,n)$,透视矩阵(Id $\mathbf{0}$)和$(\mathcal{R}_k^{\mathrm{T}}\ -\mathcal{R}_k^{\mathrm{T}}\boldsymbol{t}_k)$。在没有测量和数值误差时,第 $m-1$ 个重构为彼此的尺度模型(注意到精确的尺度并不能恢复)。实际上,估计相应的尺度因子是简单的:定义 $\lambda_k=\|\boldsymbol{P}_{12}\|/\|\boldsymbol{P}_{1k}\|$,可以采用 $\boldsymbol{P}_{j2}(j=1,\cdots,n)$ 和$(\mathcal{R}_k^{\mathrm{T}}\ -\lambda_k\mathcal{R}_k^{\mathrm{T}}\boldsymbol{t}_k)(k=2,\cdots,m)$作为在最小化式(8.2)时的场景重构和摄像机运动合理的初始猜想。注意到该方法可以很容易应用到当至少8个点关联在一幅图(基图)和所有其他图被建立(这8点关联算法并不要求相同的图像)时,任意的两幅图至少共享一个点。

图8.4给出采用该方法从玩具房子恢复欧氏结构的实验结果。图的左上部分给出关联5个图像对的重构,采用第一个三角点调整尺度,并在恢复的摄像机的光心进行跟踪排列。图的右上部分给出经过非线性最小化式(8.2)的重构场景结构和摄像机位置的结果。图下面部分表示最终的重构结果:分别为通过相似变换对标准三维结构对齐前和对齐后。增加图像可以帮助改善恢复的重构图像的质量,其重构误差相对于图8.3的双目情形的3.1%下降至1.4%。

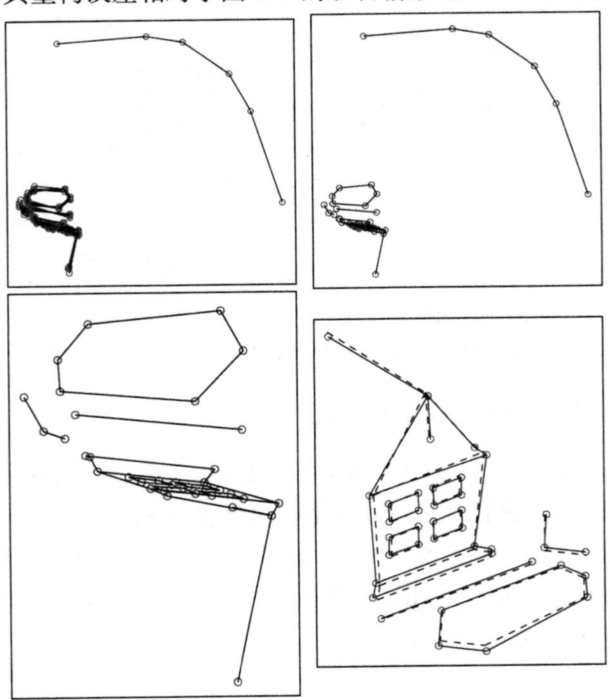

图8.4 从多幅图像得到的欧氏结构和运动。上图:进行非线性优化之前的场景重构和摄像机轨迹(左),以及进行非线性优化之后的场景重构和摄像机轨迹(右)。下图:与标准数据对齐之前的房屋重构(左)和与标准数据对齐之后的房屋重构(右)。平均绝对误差和相对误差分别为0.38 cm和1.4%。细节见文中

8.2 非标定的弱透视摄像机

这里假设摄像机的内参数未知，这样做的代价即增大了重构的随机性(从相似变换到所谓的仿射变换和透视变换，它们将在下面被简单地定义)。然而，采用非标定的摄像机具有两个很显然的优势。(1)并不需要为这些参数进行预标定，反而，结构和运动的估计过程被分解为两个过程：首先采用简单并且鲁棒性较强的算法重构“基本”结构(仿射或者透视)和运动参数。根据已知关联的摄像机的参数“更新”重构后的欧氏定义的独特相似体。(2)通过将从运动恢复中结构关联的代数约束线性化，该方法提供了在统一情况下处理多幅图像的简单而有效的方法。

考虑这样一种场景，对应其他所有的相对于摄像机观察的深度较小，该透视投影可以采用更为简单的弱标定图像模型来估计。准确地讲，根据第1章介绍的定理2，给定 m 个未知内外参数的仿射摄像机观察到的 n 个固定点 $\boldsymbol{P}_j(j=1, \cdots, n)$，其对应的关联为 mn 个非齐次坐标向量 $\boldsymbol{p}_{ij}$，将该弱标定关联投影方程改写为

$$\boldsymbol{p}_{ij} = \mathcal{M}_i\begin{pmatrix}\boldsymbol{P}_j\\1\end{pmatrix} = \mathcal{A}_i\boldsymbol{P}_j + \boldsymbol{b}_i,\ \text{其中}\quad i=1,\cdots,m \quad \text{和} \quad j=1,\cdots,n$$

其中，$\mathcal{M}_i=(\mathcal{A}_i \quad \boldsymbol{b}_i)$为秩为2的$2\times4$矩阵，$\mathbb{R}^3$ 中的向量 $\boldsymbol{P}_j$ 为某固定坐标系下点 $\boldsymbol{P}_j$ 的位置。“从运动中恢复仿射结构”的问题可以定义为从 mn 个图像关联的非齐次坐标向量 $\boldsymbol{p}_{ij}$ 中，估计 m 个矩阵 $\mathcal{M}_i$ 和 n 个向量 $\boldsymbol{P}_j$ 的问题。

8.2.1 问题的自然歧义性

在欧氏距离情形下，先前已知刚性变换(或者相似性矩阵)的4×4矩阵及其逆可以插入其投影方程中。同样，如果 $\mathcal{M}_i$ 和 $\boldsymbol{P}_j$ 为式(8.5)的解，则 $\mathcal{M}'_i$ 和 $\boldsymbol{P}'_j$ 也为其解，其中：

$$\mathcal{M}'_i = \mathcal{M}_i\mathcal{Q},\quad \begin{pmatrix}\boldsymbol{P}'_j\\1\end{pmatrix} = \mathcal{Q}^{-1}\begin{pmatrix}\boldsymbol{P}_j\\1\end{pmatrix} \tag{8.6}$$

$\mathcal{Q}$ 为任意仿射变换矩阵——它可以改写为

$$\mathcal{Q} = \begin{pmatrix}\mathcal{C} & \boldsymbol{d}\\ \boldsymbol{0}^{\mathrm{T}} & 1\end{pmatrix} \quad \text{且} \quad \mathcal{Q}^{-1} = \begin{pmatrix}\mathcal{C}^{-1} & -\mathcal{C}^{-1}\boldsymbol{d}\\ \boldsymbol{0}^{\mathrm{T}} & 1\end{pmatrix} \tag{8.7}$$

其中，$\mathcal{C}$ 是一个非奇异的3×3矩阵，$\boldsymbol{d}$ 是 $\mathbb{R}^3$ 上的一个向量。很容易证明其仿射变换为一般的4×4非奇异矩阵类，其保持着在任意点 $\boldsymbol{P}_j$ 下，式(8.6)描述的坐标关系(见习题)。

特别地，式(8.5)的解仅仅可以定义一个模糊的仿射变换解。仿射变换构成一组并且其相似性构成一个子组。就像相似性矩阵，将直线映射到直线，面映射到面，并保持其对应的平行关系和关联关系。仿射变换并不保持角度一致性，但是维持沿着有符号平行线的比率。可以通过刚性变换、三个坐标轴的各向异性的尺度因子变换和裁剪构成该仿射变换。显然，仿射变换在欧氏场景中不能保持形状不变。由于仿射变换构成一个组，需要讨论一系列点集的仿射形状，该点集由通过某仿射变换构成的彼此分开的点构成。因此仿射 SFM 可以看成恢复场景仿射形状的问题，即恢复其相应的仿射投影矩阵。若用12个参数表示仿射变换，只要 $2mn \geqslant 8m+3n-12$ 就可以得到有限个解。对于 $m=2$，这说明4个对应点就可以(在仿射变换和可能的离散任意变换下)确定两个投影矩阵和其他点的三维坐标。这将在8.2.2节和8.2.3节详细证明。

若已知摄像机的内参数，则可以认为对应的标定矩阵是单位矩阵，投影矩阵的参数 $\mathcal{M}_i=(\mathcal{A}_i \quad \boldsymbol{b}_i)$必须满足其他的约束。例如，按照第1章中的式(1.22)，(已标定的)弱透视摄像机对

应的矩阵 $\mathcal{A}_i$ 由旋转矩阵的前两行除以对应点的深度得到。8.2.4 节将讲到，若有足够多的图像，可以用这种约束来去除仿射歧义性。仿射的"从运动中恢复结构"需要分成两个步骤进行：(a)第一步是用至少两幅图像建立场景的唯一(仿射意义下)三维描述，称为仿射形状；(b)用其他的视图及由已知的摄像机参数和确定的仿射模型约束来确定场景唯一的刚性欧氏结构。以上方法的第一步得到了解的基础部分：仿射模型是场景的完整的三维描述，例如用它合成任何角度的图像。第二步只是把这个模型表现在一个欧氏空间里，例如用一个仿射变换来表示场景，并把它映射到一个欧氏空间上。

利用三个或者更多的图像后，"从运动中恢复结构"的问题是超定的，可以得到更健壮的最小二乘解。因此，本章的大部分都是介绍从多幅(可能非常多的)图像恢复场景的仿射模型。

8.2.2 从两幅图像恢复仿射结构和运动

首先介绍当同一个场景的两幅仿射图像已知的情形。通过引入对极约束的仿射等式并开发从运动中恢复结构的自然歧义性，提供了解决该问题的一种非常简单的方法。

仿射对极几何 考虑两幅仿射图像并改写对应的关联投影方程：

$$\begin{cases} \boldsymbol{p} = \mathcal{A}\boldsymbol{P} + \boldsymbol{b} \\ \boldsymbol{p}' = \mathcal{A}'\boldsymbol{P} + \boldsymbol{b}' \end{cases} \quad \text{为} \quad \begin{pmatrix} \mathcal{A} & \boldsymbol{p} - \boldsymbol{b} \\ \mathcal{A}' & \boldsymbol{p}' - \boldsymbol{b}' \end{pmatrix} \begin{pmatrix} \boldsymbol{P} \\ -1 \end{pmatrix} = \mathbf{0}$$

这个方程有非零解的充要条件是

$$\text{Det}\begin{pmatrix} \mathcal{A} & \boldsymbol{p} - \boldsymbol{b} \\ \mathcal{A}' & \boldsymbol{p}' - \boldsymbol{b}' \end{pmatrix} = 0$$

或者

$$\alpha x + \beta y + \alpha' x' + \beta' y' + \delta = 0 \tag{8.8}$$

其中，α, β, α', β'是只与 $\mathcal{A}$, $\boldsymbol{b}$, $\mathcal{A}'$和 $\boldsymbol{b}'$有关的常量。这就是仿射对极约束。事实上，给出第一幅图像上的一点 $\boldsymbol{p}$，它的对应点 $\boldsymbol{p}'$的位置是受式(8.8)限制的，例如在 $\alpha' x' + \beta' y' + \gamma' = 0$ 定义的直线 l'上，其中 $\gamma' = \alpha x + \beta y + \delta$，见图 8.5。注意到一幅图像上的各条对极线是相互平行的：例如移动 p 会改变 γ'，也就是从原点到对极线 l'的距离，但是不会改变 l'的方向。

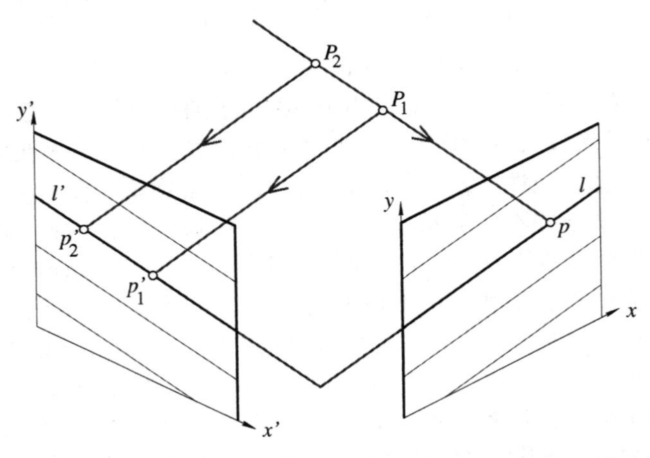

图 8.5 仿射对极几何：给定两幅平行投影图像，位于右图的点 p 和两个投影方向定义一个对极平面，与左图沿着对极线l'相交。在透视情形下，任何关于p的匹配p'都约束在该直线上。该属性同样适合其他所有仿射投影模型

仿射对极约束可以写成很熟悉的形式：

$$(x,y,1)\mathcal{F}\begin{pmatrix}x'\\y'\\1\end{pmatrix}=0,\qquad \text{其中}\ \mathcal{F}=\begin{pmatrix}0&0&\alpha\\0&0&\beta\\\alpha'&\beta'&\delta\end{pmatrix}\tag{8.9}$$

是仿射基础矩阵。仿射对极几何可以看成透视对极几何的一种极限情况。若景物逐渐远离透视投影摄像机，拍到的图像序列确实就是仿射图像，有关细节请参考习题。

仿射弱标定 给定 $n\geqslant 4$ 个点，两幅图对应的关联为 $p_j\leftrightarrow p'_j(j=1,\cdots,n)$，可以改写式(8.8)的实例关联为 $n\times 5$ 齐次线性方程组 $\mathcal{U}\boldsymbol{f}=\mathbf{0}$，其中包括 5 个未知的仿射矩阵，即

$$\mathcal{U}=\begin{pmatrix}x_1&y_1&x'_1&y'_1&1\\x_2&y_2&x'_2&y'_2&1\\\cdots&\cdots&\cdots&\cdots&\cdots\\x_n&y_n&x'_n&y'_n&1\end{pmatrix}\quad\text{和}\quad \boldsymbol{f}=\begin{pmatrix}\alpha\\\beta\\\alpha'\\\beta'\\\delta\end{pmatrix}$$

正如先前定义的，通过最小二乘法解决该问题等价于求解 $\mathcal{U}^{\mathrm{T}}\mathcal{U}$ 最小特征值关联的特征向量 $\boldsymbol{f}$。

图 8.6 给出玩具房子的两张图的弱标定实验结果。弱标定为图像形成过程中很粗糙的估计，正如所期望的，远比透视情形的误差大(对比图 8.2)。注意，在透视情况下，在得到的合理的结果中，Hartley 的归一化处理起到了很关键的作用。

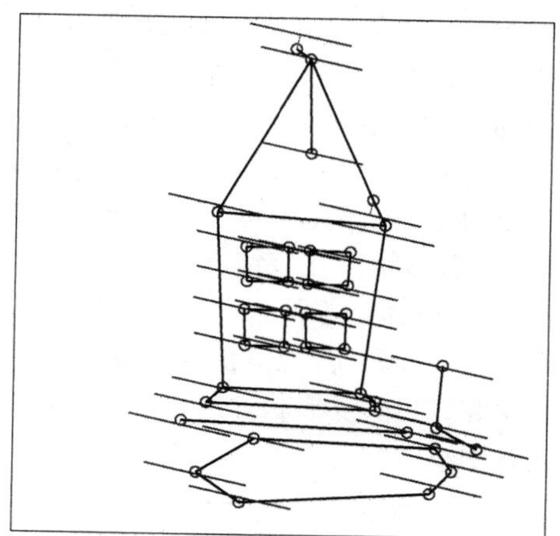
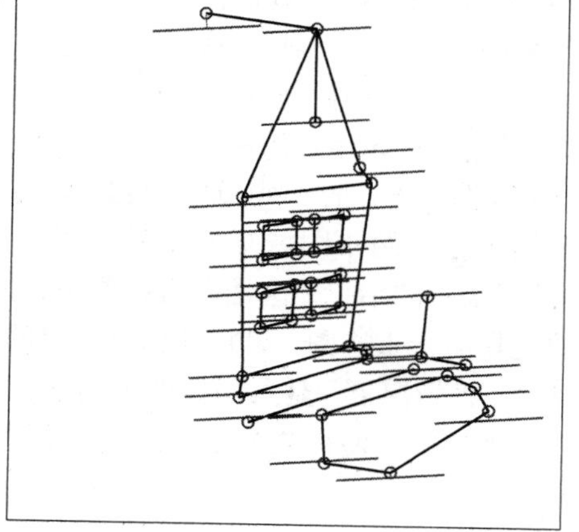

图 8.6 仿射弱标定实验：采用小房子序列的两张图和线性最小二乘法，并且应用 Hartley 的归一化算法。这两幅图介于点和关联对极线之间的平均距离为3.24像素和3.15像素

从仿射基础矩阵估计摄像机运动 这里考虑从对极约束估计透视矩阵的情形。从运动中恢复仿射结构的自然歧义性允许我们简化运算：通过式(8.6)和式(8.7)，如果 $\mathcal{M}=(\mathcal{A}\quad \boldsymbol{b})$ 和 $\mathcal{M}'=(\mathcal{A}'\quad \boldsymbol{b}')$ 为问题的解，则 $\widetilde{\mathcal{M}}=\mathcal{M}\mathcal{Q}$ 和 $\widetilde{\mathcal{M}}'=\mathcal{M}'\mathcal{Q}$，其中：

$$\mathcal{Q}=\begin{pmatrix}\mathcal{C}&\boldsymbol{d}\\\mathbf{0}^{\mathrm{T}}&1\end{pmatrix}$$

为任意仿射变换。新的投影矩阵可以改写为 $\widetilde{\mathcal{M}}=(\mathcal{AC}\quad \boldsymbol{Ad}+\boldsymbol{b})$ 和 $\widetilde{\mathcal{M}}'=(\mathcal{A}'\mathcal{C}\quad \mathcal{A}'\boldsymbol{d}+\boldsymbol{b}')$。注意，通过式(8.7)，在投影矩阵中采用该变换等价于对每个场景中的点 $\boldsymbol{P}$ 采用逆变换，其中位置 $\boldsymbol{P}$ 被 $\widetilde{\boldsymbol{P}}=\mathcal{C}^{-1}(\boldsymbol{P}-\boldsymbol{d})$ 替代。

本章后面的习题采用合适的 $\mathcal{C}$ 和 $\boldsymbol{d}$ 使得两个透视矩阵采用规范形式：

$$\tilde{\mathcal{M}} = \begin{pmatrix} 1 & 0 & 0 & 0 \\ 0 & 1 & 0 & 0 \end{pmatrix} \quad 和 \quad \tilde{\mathcal{M}}' = \begin{pmatrix} 0 & 0 & 1 & 0 \\ a & b & c & d \end{pmatrix} \tag{8.10}$$

这使得将对极约束改写为

$$\mathrm{Det}\begin{pmatrix} 1 & 0 & 0 & x \\ 0 & 1 & 0 & y \\ 0 & 0 & 1 & x' \\ a & b & c & y'-d \end{pmatrix} = -ax - by - cx' + y' - d = 0$$

其中系数 a,b,c 和 d 与参数 α, β, α', β'和 δ 相关，因为 $a:\alpha = b:\beta = c:\alpha' = -1:\beta' = d:\delta$。

一旦系数 a,b,c 和 d 通过线性最小二乘法估计，这两个透视矩阵已知，则任意点的位置可以通过其对应的图像坐标通过再次采用线性最小二乘法解对应如下的方程组得到：

$$\begin{pmatrix} 1 & 0 & 0 & x \\ 0 & 1 & 0 & y \\ 0 & 0 & 1 & x' \\ a & b & c & y'-d \end{pmatrix}\begin{pmatrix} \tilde{\boldsymbol{P}} \\ -1 \end{pmatrix} = 0 \tag{8.11}$$

其中包括 $\widetilde{\boldsymbol{P}}$ 的三个未知的参数。

注意方程组(8.11)的前三个方程足以求解 $\widetilde{\boldsymbol{P}}$ as$(x, y, x')^{\mathrm{T}}$，而不需要考虑系数 a,b,c,d，也不需要匹配点。这并不是非常奇怪的结论：若已知两个标定的摄像机，投影方向相互垂直，且 y 轴相互平行，则不需要欧氏重构就可以直接使用 $X=x$，$Y=y$，$Z=x'$(可以参考图 8.5，设其为正交投影且对极线平行于 x 和 x'轴)。在实际应用中，用 4 个方程可以得到更为精确的结果。本节的方法通过仿射变换 $\mathcal{Q}$ 把第一行 $\mathcal{A}'$简化为(0,0,1)。若矩阵 $\mathcal{A}'$的第一行(几乎)位于矩阵 $\mathcal{A}$ 的行扩张的平面，则该计算过程中该矩阵的逆在数值上是病态的，然而此举却比对 $\mathcal{A}'$的第二行做同样的简化更好。若两个矩阵都为奇异的，则说明两幅图像的成像平面是平行的，不可能恢复场景结构。

图 8.7 给出通过两幅图恢复的玩具房子的三维仿射形状。在该情况下，当 $X=x$，$Y=y$ 和 $Z=x'$时并没有很好的结果，这是因为数值条件的问题。然而，当 $X=x$，$Y=y$ 和 $Z=y'$时，产生非常合理的玩具房子重构图，尽管其相对误差的均值(3.2%)比 8 点算法(3.1%)的结果差。(公平来讲，注意在该情况下，是采用标准数据进行配准得到的恢复形状。这相对于相似矩阵(7)具有更大的自由度(12)，使得数据更匹配，也使得误差偏小。)

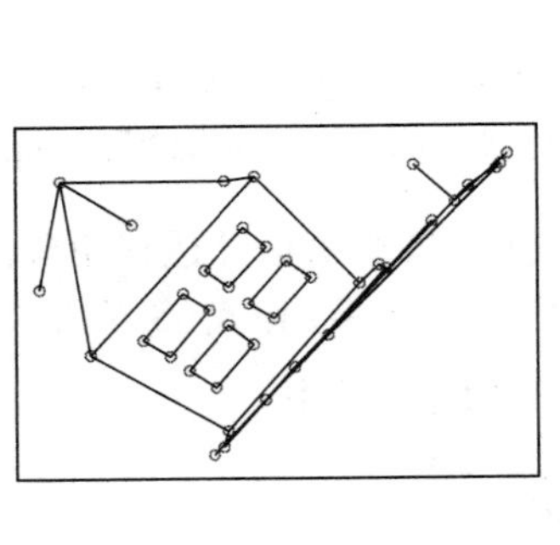

图 8.7 从两幅图进行仿射重构的小房子模型。左图：通过简化 $\mathcal{A}'$的第二行为(0,0,1)计算得到的仿射重构。在这种情形下，计算相比于将第一行简化为同样形式从数值上来说要好得多。右图：通过仿射重构并经过标准数据配准后得到的重构结果。介于重构和标准数据点之间的平均绝对误差为0.92 cm，或者平均相对误差为3.2%

8.2.3　从多幅图像恢复仿射结构和运动

前面章节提出的方法主要是针对从最小的图像数目中恢复仿射场景结构和相应的投影矩阵。本节讨论从潜在的很大数目的图像中估计相似的信息。

同样，在该问题的设计中尽可能简化所有的公式。在仿射投影模型中，图中心的大部分的点在对应图的中心(见习题)。定义 $\boldsymbol{P}_0$ 为 n 个点 $\boldsymbol{P}_1,\cdots,\boldsymbol{P}_n$ 的中心，$\boldsymbol{p}_{i0}$ 表示投影到第 i 个图的投影，得到

$$\boldsymbol{p}_{i0}=\mathcal{A}_i\boldsymbol{P}_0+\boldsymbol{b}_i,\qquad \text{因此}\qquad \boldsymbol{p}_{ij}-\boldsymbol{p}_{i0}=\mathcal{A}_i(\boldsymbol{P}_j-\boldsymbol{P}_0)$$

当然，可以自由选择 $\boldsymbol{P}_0$ 为作为世界坐标系的原点，即 $\boldsymbol{P}_0=\mathbf{0}$。由于 $\boldsymbol{p}_{i0}$ 作为点 $\boldsymbol{p}_{ij}$ 的中心是“可观察到的”，也可以自由选择第 i 个图的坐标系的原点，即 $\boldsymbol{p}_{i0}=0$。改写式(8.5)得到

$$\boldsymbol{p}_{ij}=\mathcal{A}_i\boldsymbol{P}_j\quad \text{或}\quad i=1,\cdots,m\quad \text{和}\quad j=1,\cdots,n \tag{8.12}$$

并将仿射歧义简化为线性表示。

式(8.12)的 mn 项因此可以改写为矩阵形式 $\mathcal{D}=\mathcal{AP}$，其中

$$\mathcal{D}=\begin{pmatrix}\boldsymbol{p}_{11}&\cdots&\boldsymbol{p}_{1n}\\ \cdots&\cdots&\cdots\\ \boldsymbol{p}_{m1}&\cdots&\boldsymbol{p}_{mn}\end{pmatrix},\ \mathcal{A}=\begin{pmatrix}\mathcal{A}_1\\ \vdots\\ \mathcal{A}_m\end{pmatrix},\qquad \mathcal{P}=\begin{pmatrix}\boldsymbol{P}_1&\cdots&\boldsymbol{P}_n\end{pmatrix}$$

一般情况下，$2m\times3$ 矩阵和 $3\times n$ 矩阵的乘积得到 $2m\times3n$ 矩阵 $\mathcal{D}$，其秩为 3。Tomasi and Kanade(1992)提到，奇异值分解提供了从观察数据 $\mathcal{D}$ 恢复 $\mathcal{A}$ 和 $\mathcal{P}$ 的一种很有效的实际方法。的确，如果 $\mathcal{UWV}^{\mathrm{T}}$ 是秩为 3 的矩阵 $\mathcal{D}$ 的 SVD 分解，则仅有三个奇异值为非零，因此 $\mathcal{D}=\mathcal{U}_3\mathcal{W}_3\mathcal{V}_3^{\mathrm{T}}$，其中 $\mathcal{U}_3$ 和 $\mathcal{V}_3$ 分别为 $\mathcal{U}$ 和 $\mathcal{V}$ 最左边列形成的 $2m\times3$ 和 $3\times n$ 矩阵，$\mathcal{W}_3$ 为由对应的非零奇异值构成的 3×3 对角矩阵。

在非噪声情况下，$\mathcal{D}$ 的确是秩为 3 的矩阵，很容易从运动中恢复仿射结构的内在歧义，得知 $\mathcal{A}_0=\mathcal{U}_3\sqrt{\mathcal{W}_3}$ 和 $\mathcal{P}_0=\sqrt{\mathcal{W}_3}\mathcal{V}_3^{\mathrm{T}}$，分别为真实(仿射)摄像机运动和场景形状(见习题)。在实际中，由于图像噪声，在特征点的定位中有误差，并且由于有些摄像机不是仿射的，公式 $\mathcal{D}=\mathcal{AP}$ 并非严格成立，而且矩阵 $\mathcal{D}$(一般)具有满秩。在这种情况下，关于矩阵 $\mathcal{A}_i(i=1,\cdots,m)$ 和向量 $\boldsymbol{P}_j(j=1,\cdots,m)$，或者等价的关于矩阵 $\mathcal{A}$ 和 $\mathcal{P}$，期望最小化下式：

$$E=\sum_{i,j}||\boldsymbol{p}_{ij}-\mathcal{A}_i\boldsymbol{P}_j||^2=\sum_j||\boldsymbol{q}_j-\mathcal{A}\boldsymbol{P}_j||^2=||\mathcal{D}-\mathcal{AP}||_F^2$$

(这里，$\|\mathcal{A}\|_F$ 表示矩阵 $\mathcal{A}$ 的 Frobenius 范数，见第 22 章，即该矩阵 $\mathcal{A}$ 的平方项之和的开平方)。

通过第 22 章的定理 6，得到矩阵 $\mathcal{A}_0\mathcal{P}_0$ 是秩为 3 的近似矩阵 $\mathcal{D}$。由于对任意秩为 3 的 $2m\times3$ 的矩阵 $\mathcal{A}$ 和秩为 3 的 $3\times n$ 矩阵 $\mathcal{P}$ 构成的矩阵 $\mathcal{AP}$ 的秩为 3，则最小化 E 变为 $\mathcal{A}=\mathcal{A}_0$ 和 $\mathcal{P}=\mathcal{P}_0$，这进一步证明 $\mathcal{A}_0$ 和 $\mathcal{P}_0$ 为真实摄像机运动和场景结构的最优估计。这并不违背从“运动中恢复仿射结构的内在歧义”：所有仿射等式的解产生 E 的相同值，同样对于非奇异 3×3 矩阵 $\mathcal{S}$ 得到 $\mathcal{A}=\mathcal{A}_0\mathcal{S}$ 和 $\mathcal{P}=\mathcal{S}^{-1}\mathcal{P}_0$。特别地，奇异值分解提供了该仿射 SFM 问题的一种方法，算法 8.2 给出详细介绍。

算法 8.2　利用 Tomasi-Kanade 分解方法来解“从运动估计仿射结构”的问题

1. 计算奇异值分解 $\mathcal{D}=\mathcal{UWV}^{\mathrm{T}}$。
2. 分别取 $\mathcal{U}$ 和 $\mathcal{V}$ 的左边三列得到 $\mathcal{U}_3$，$\mathcal{V}_3$，$\mathcal{W}_3$，对应的奇异值组成 $\mathcal{W}$ 的 3×3 子矩阵 $\mathcal{W}_3$。
3. 定义

$$\mathcal{A}_0 = \mathcal{U}_3\sqrt{\mathcal{W}_3} \quad \text{和} \quad \mathcal{P}_0 = \sqrt{\mathcal{W}_3}\mathcal{V}_3^{\mathrm{T}}$$

其中，$2m \times 3$ 矩阵 $\mathcal{A}_0$ 是摄像机位移的估计，$3 \times n$ 矩阵 $\mathcal{P}_0$ 是场景结构的估计。

图 8.8 显示从六幅图恢复的 38 个点的玩具房子的形状。平均相对误差为 2.8% ，正如所期望的那样，小于仅从两个视角的误差 3.2% 。

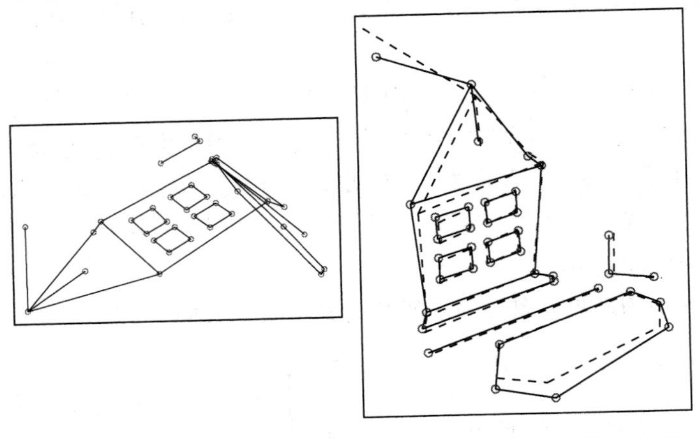

图 8.8 采用多幅图进行仿射重构的结果。左图：原始重构结果。右图：与标准数据进行配准后(通过仿射变换)得到的重构覆盖图。介于重构结果与标准数据之间的平均绝对误差为0.77 cm，或者平均相对误差为2.8%

8.2.4 从仿射到欧氏图像

这里考虑图像处理的弱标定模型，并且摄像机内参数已标定。回顾第 1 章，一个弱透视投影矩阵可以写为

$$\mathcal{M} = \frac{1}{Z_r}\begin{pmatrix} k & s \\ 0 & 1 \end{pmatrix}(\mathcal{R}_2 \quad \boldsymbol{t}_2)$$

其中，Z_r 为参考点的深度，k 和 s 分别为纵横比和畸变参数，$\mathcal{R}_2$ 是一个由旋转矩阵前两行组成的 2×3 矩阵，$\boldsymbol{t}_2$ 是 $\mathbb{R}^2$ 上的一个向量。摄像机标定后，可以直接使用归一化的图像坐标，取 $k = s = 1$，则透视投影矩阵变为

$$\hat{\mathcal{M}} = (\hat{\mathcal{A}} \quad \hat{\boldsymbol{b}}) = \frac{1}{Z_r}(\mathcal{R}_2 \quad \boldsymbol{t}_2) \tag{8.13}$$

其满足式(8.13)，矩阵 $\hat{\mathcal{A}}$ 是旋转矩阵的一部分，两个单位向量 $\hat{\boldsymbol{a}}_1^{\mathrm{T}}$ 和 $\hat{\boldsymbol{a}}_2^{\mathrm{T}}$ 是相互垂直的。换句话说，(已标定的)弱透视投影摄像机是附加两个约束的仿射摄像机：

$$\hat{\boldsymbol{a}}_1 \cdot \hat{\boldsymbol{a}}_2 = 0 \quad \text{和} \quad ||\hat{\boldsymbol{a}}_1||^2 = ||\hat{\boldsymbol{a}}_2||^2 \tag{8.14}$$

假设已经恢复出关联场景的各个视角的仿射形状和透视矩阵 $\mathcal{M}$，并且已经知道 SFM(从运动中恢复结构)的问题的所有解，在仿射意义下是一样的。特别地，若场景点在一个欧氏坐标内的坐标为 $\hat{\boldsymbol{P}}$，且对应的投影矩阵 $\hat{\mathcal{M}}$ 必须通过下式关联仿射参数 $\boldsymbol{P}$ 和 $\mathcal{M}$：

$$\mathcal{Q} = \begin{pmatrix} \mathcal{C} & \boldsymbol{d} \\ \boldsymbol{0}^{\mathrm{T}} & 1 \end{pmatrix}$$

使得 $\hat{\mathcal{M}} = \mathcal{M}\mathcal{Q}$ 和 $\hat{\boldsymbol{P}} = \mathcal{C}^{-1}(\widetilde{\boldsymbol{P}} - \boldsymbol{d})$。这个变换称为欧几里得升级，因为它把一个场景的仿射形状映射成欧氏形状。

下面介绍 $m \geqslant 3$ 的弱透视图像的情况下如何计算这种升级。设 $\mathcal{M}_i = (\mathcal{A}_i \quad \boldsymbol{b}_i)$ 表示对应的投影矩阵，估计过程采用 8.2.3 节用到的分解方法。若 $\hat{\mathcal{M}}_i = \mathcal{M}_i \mathcal{Q}$，则改写式(8.14)的弱透视约束为

$$\begin{cases} \hat{\boldsymbol{a}}_{i1} \cdot \hat{\boldsymbol{a}}_{i2} = 0, \\ ||\hat{\boldsymbol{a}}_{i1}||^2 = ||\hat{\boldsymbol{a}}_{i2}||^2, \end{cases} \iff \begin{cases} \boldsymbol{a}_{i1}^{\mathrm{T}} \mathcal{C}\mathcal{C}^{\mathrm{T}} \boldsymbol{a}_{i2} = 0, \\ \boldsymbol{a}_{i1}^{\mathrm{T}} \mathcal{C}\mathcal{C}^{\mathrm{T}} \boldsymbol{a}_{i1} = \boldsymbol{a}_{i2}^{\mathrm{T}} \mathcal{C}\mathcal{C}^{\mathrm{T}} \boldsymbol{a}_{i2}, \end{cases} \quad i = 1, \cdots, m \tag{8.15}$$

其中，$\boldsymbol{a}_{i1}^{\mathrm{T}}$ 和 $\boldsymbol{a}_{i2}^{\mathrm{T}}$ 分别代表 $\mathcal{A}_i$ 的各行。这是一个关于矩阵 $\mathcal{C}$ 各系数的 $3m$ 的二次方程的超定方程组，可以用非线性最小二乘法来求解，但其需要对这些参数进行合理化的初始化。另一个方法是把式(8.15)看成是对矩阵 $\mathcal{D} = \mathcal{C}\mathcal{C}^{\mathrm{T}}$ 的一组线性约束。$\mathcal{D}$ 的系数可以通过线性最小二乘法得到，用 Cholesky 分解求 $\sqrt{\mathcal{D}}$ 就能得到 $\mathcal{C}$。要注意，这意味着恢复的矩阵 $\mathcal{D}$ 必须是正定的，但这在有噪声情况下不一定成立。而且式(8.15)的解并没有求出旋转。为了唯一确定 $\mathcal{Q}$ 同时简化计算，可以把 $\mathcal{M}_1$(也可以是 $\mathcal{M}_2$)归一化。

图 8.9 给出采用 Tomasi-Kanade 仿射重构玩具房子(见图 8.8)得到的弱透视升级的结果，在这种情况下，相对误差为 3.0%。

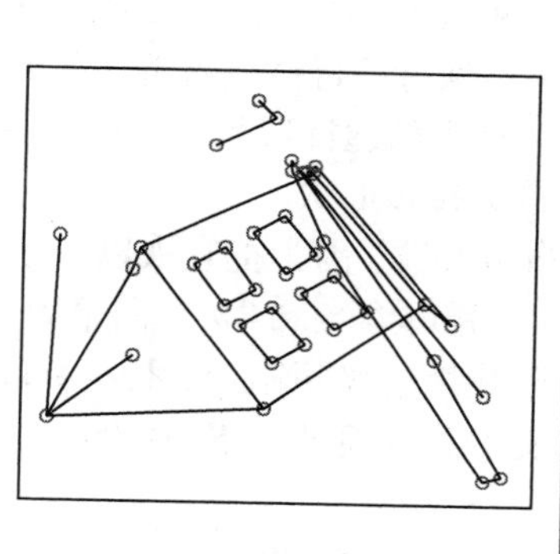

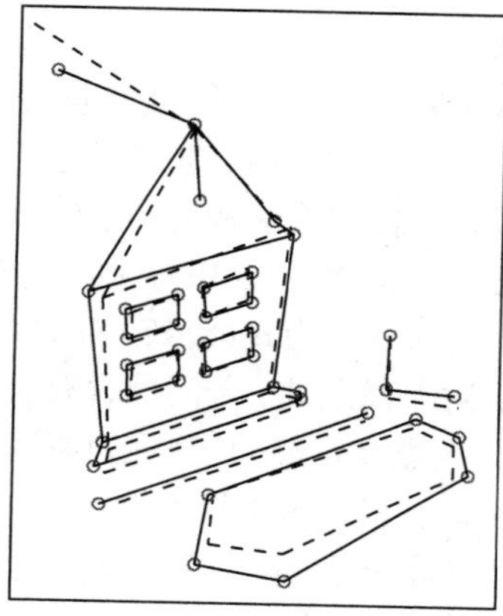

图 8.9　采用弱投影模型得到的小房子模型的欧氏重构结果。左图：原始重构结果。右图：与标准数据进行配准后(通过相似变换)得到的重构覆盖图。介于重构结果与标准数据之间的平均绝对误差为0.83 cm，或者平均相对误差为3%。注意该配准误差相比采用简单的仿射重构(见图8.8)的误差略大。正如之前所述，这并不令人惊讶，这是由于仿射变换相对于相似变换(7)具有更多的“自由度”(12)

8.3　非标定的透视摄像机

本节讨论透视投影模型，并继续假设摄像机的内参数未定。给定 n 个点 $P_j (j = 1, \cdots, n)$ 和它们在 m 个摄像机观察下的 mn 齐次坐标 $\boldsymbol{p}_{ij} = (x_{ij}, y_{ij}, 1)^{\mathrm{T}}$，则可以写出如下的透视投影方程：

$$\begin{cases} x_{ij} = \dfrac{\boldsymbol{m}_{i1} \cdot \boldsymbol{P}_j}{\boldsymbol{m}_{i3} \cdot \boldsymbol{P}_j} \\ y_{ij} = \dfrac{\boldsymbol{m}_{i2} \cdot \boldsymbol{P}_j}{\boldsymbol{m}_{i3} \cdot \boldsymbol{P}_j} \end{cases}, \quad i = 1, \cdots, m \quad \text{和} \quad j = 1, \cdots, n \tag{8.16}$$

其中，$\boldsymbol{m}_{i1}^{\mathrm{T}}$，$\boldsymbol{m}_{i2}^{\mathrm{T}}$ 和 $\boldsymbol{m}_{i3}^{\mathrm{T}}$ 表示 3×4 投影矩阵 $\mathcal{M}_i$ 的各行，$\mathcal{M}_i$ 是第 i 个摄像机在某个坐标系下的投影矩阵，$\boldsymbol{P}_j$ 是点 P_j 在同一个坐标系下的齐次坐标。

通过第 1 章的定理 1，任意的 3×4 矩阵 $\mathcal{M} = (\mathcal{A} \quad \boldsymbol{b})$，其中 $\mathcal{A}$ 为非奇异的 3×3 矩阵，$\boldsymbol{b}$ 为作为透

视投影矩阵参数的任意 $\mathbb{R}^3$ 中的向量，即其可以改写为 $\mathcal{M}=\rho\mathcal{K}(\mathcal{R}\quad \boldsymbol{t})$，其中有非零实数 ρ，标定矩阵 $\mathcal{K}$，3×3 的旋转矩阵 $\mathcal{R}$，以及属于 $\mathbb{R}^3$ 的平移向量 $\boldsymbol{t}$。在该章中，放松该约束，并定义透视投影矩阵为一个随机的秩为 3 的 3×4 矩阵。显然，透视投影矩阵为投影矩阵，但并非所有的投影矩阵都为透视投影矩阵。过后将会简短地讲述该放松条件的应用。与此同时，定义"从运动中恢复投影结构"的问题为从 mn 个图像关联的齐次坐标向量 $\boldsymbol{p}_{ij}$，估计 m 个秩为 3 的矩阵 $\mathcal{M}_i$ 和 n 个向量 $\boldsymbol{P}_j$ 的问题。

8.3.1 问题的自然歧义性

当 $\mathcal{M}_i$ 和 $\boldsymbol{P}_j$ 是式(8.16)的解时，对于任意的非零 $\lambda_i\mathcal{M}_i$ 和 $\mu_j\boldsymbol{P}_j$，λ_i 和 μ_j 也是解。特别地，在第 1 章中已经说明，满足式(8.16)的矩阵 $\mathcal{M}_i$ 只定义到比例层次，有 11 个独立的参数；齐次坐标向量 $\boldsymbol{P}_j\in\mathbb{R}^4$ 也类似[有 3 个独立的参数；必要时，可以约简为形如 $(X_j, Y_j, Z_j, 1)^{\mathrm{T}}$ 的规范形式，一般情况下第 4 个坐标不为零]。和仿射情况类似，"从运动中估计投影结构"这个问题名字就道出了其中的不确定性：若摄像机未标定，定义 $\mathcal{Q}$ 是一个任意的投影变换矩阵(或齐次，这两个术语严格等价)——即任意的非奇异 4×4 矩阵。矩阵 $\mathcal{M}_i$ 右乘 $\mathcal{Q}$ 不改变其秩，如果 $\mathcal{M}_i$ 和 $\boldsymbol{P}_j$ 为"从运动中恢复投影结构"问题的解，则 $\mathcal{M}_i'=\mathcal{M}_i\mathcal{Q}$ 和 $\boldsymbol{P}_j'=\mathcal{Q}^{-1}\boldsymbol{P}_j$ 也是。

透视变换构成组，仿射变换构成其子组。像仿射变换那样，该变换将直线映射为直线，将面映射为面，并保持内在的联系。不同的是，该变换不保持平行性或沿着平行线的长度比，因此不保持仿射形状。由于齐次构成一组，继续讨论一系列点的透视形状和从运动中恢复投影结构，可以视为沿着相应的投影矩阵参数，恢复观察的场景的投影形状。

矩阵 $\mathcal{Q}$ 只定义到比例层次，有 15 个独立的自由参数，因为把它乘以一个非零系数等价于把 $\mathcal{M}_i$ 和 $\boldsymbol{P}_j$ 除以相同的倍数。因为式(8.16)对 $11m$ 个矩阵参数和 $3n$ 个向量 $\boldsymbol{P}_j$ 共有 $2mn$ 个约束，再加上问题本身的仿射不确定性，若问题含有有限数量的解，则需要 $2mn\geqslant 11m+3n-15$。对于 $m=2$ 的情况，7 个对应点就足够确定(在投影意义下和有限歧义下)两个投影矩阵和任何其他点的位置。这将在 8.3.2 节和 8.3.3 节正式证明。

在继续讨论之前，首先考虑未标定的从运动中恢复透视和投影结构的不同。更进一步的讨论超出了本书的研究范畴，但是注意透视投影矩阵 $\mathcal{M}=(\mathcal{A}\quad \boldsymbol{b})$，其中 $\det(\mathcal{A})\neq 0$，即为给定某针孔 O 和视网膜平面 Π 在某欧几里得坐标系的几何透视投影操作，其中 P 为 $\mathbb{E}^3$ 中任意不等于 O 的点，相交面 Π 为直线 P 和直线 O 相交构成的。一个透视投影矩阵刚好为在投影坐标系下该同一操作的另一种表述，这里的定义也超出了本书的讨论范畴，但是可以直观地认为其投影形状具有欧几里得坐标系的封装帧。

与仿射模型类似，仍将从运动中恢复结构的问题分成两步：(a)采用至少两张场景图来重构三维投影形状及其相应的透视投影矩阵；(b)采用额外的图和已知摄像机标定参数关联的约束来唯一确定场景的欧几里得结构。第二步等价于寻找该场景的欧几里得升级，即计算其投影形状到某一欧几里得的投影变换。

8.3.2 从两幅图像恢复投影结构和运动

假设已经从双目对应恢复了两幅图像的基础矩阵 $\mathcal{F}$，与仿射情形类似，利用从运动中估计投影结构固有的不确定性①，投影矩阵可以由 $\mathcal{F}$ 的参数化表示出来。由于在投影情形下，摄像机运动和场景结构可能相差任意一个投影变换，通过一个合适的 4×4 矩阵 $\mathcal{Q}$，可以把两个矩阵简化为规范形式 $\tilde{\mathcal{M}}=\mathcal{M}\mathcal{Q}$ 和 $\tilde{\mathcal{M}}'=\mathcal{M}'\mathcal{Q}$。(必须同时在任意点 $\boldsymbol{P}$ 左乘其对应的坐标向量的逆，产生 $\tilde{\boldsymbol{P}}$

① 即歧义性。——译者注

$=\mathcal{Q}^{-1}\boldsymbol{P}$)。可以使 $\widetilde{\mathcal{M}}'$ 正比于 $(\text{Id}\quad \boldsymbol{0})$，而令 $\widetilde{\mathcal{M}}$ 具有 $(\mathcal{A}\quad \boldsymbol{b})$ 的形式（这确定了矩阵 $\mathcal{Q}$ 的 11 个参数）。采用形如 $\widetilde{\mathcal{M}}'$ 的规范形式开发关于基础矩阵 $\mathcal{F}$ 的新的表述。如果 Z 和 Z' 定义点 P 相对于两台摄像机的深度，可以改写关联两台摄像机的投影矩阵为 $Z\boldsymbol{p}=(\mathcal{A}\quad \boldsymbol{b})\widetilde{\boldsymbol{P}}$ 和 $Z'p'=(\text{Id}\quad \boldsymbol{0})\widetilde{\boldsymbol{P}}$，或者，等价的有

$$Z\boldsymbol{p}=\mathcal{A}(\text{Id}\quad \boldsymbol{0})\tilde{\boldsymbol{P}}+\boldsymbol{b}=Z'\mathcal{A}\boldsymbol{p}'+\boldsymbol{b}$$

这又可以推出 $Z\boldsymbol{b}\times\boldsymbol{p}=Z'\boldsymbol{b}\times\mathcal{A}\boldsymbol{p}'$，再用 $\boldsymbol{p}$ 的点积形式表示，可得

$$\boldsymbol{p}^{\mathrm{T}}\mathcal{F}\boldsymbol{p}'=0,\quad 其中\quad \mathcal{F}=[\boldsymbol{b}_{\times}]\mathcal{A} \tag{8.17}$$

注意到这个表达式与第 7 章推出的基础矩阵的表达式很像。具体来说，有 $\mathcal{F}^{\mathrm{T}}\boldsymbol{b}=0$，则（和想象的一样）$\boldsymbol{b}$ 是图像坐标系下的外极点的齐次坐标。矩阵 $\mathcal{F}$ 的这种新的参数表示提供了一种计算投影矩阵 $\widetilde{\mathcal{M}}$ 的简单方法。首先注意，由于 $\widetilde{\mathcal{M}}$ 的整体比例是不变的，不妨设 $\|\boldsymbol{b}\|=1$。这样就可以用最小二乘法解 $\mathcal{F}^{\mathrm{T}}\boldsymbol{b}=0$ 得到 $\boldsymbol{b}$，然后，$\mathcal{A}$ 可以通过 $\mathcal{A}_0=-[\boldsymbol{b}_{\times}]\mathcal{F}$ 得到。显然，对于任意向量 $\boldsymbol{a}$，$[\boldsymbol{a}_{\times}]^2=\boldsymbol{a}\boldsymbol{a}^{\mathrm{T}}-\|\boldsymbol{a}\|^2\text{Id}$，则有

$$[\boldsymbol{b}_{\times}]\mathcal{A}_0=-[\boldsymbol{b}_{\times}]^2\mathcal{F}=-\boldsymbol{b}\boldsymbol{b}^{\mathrm{T}}\mathcal{F}+||\boldsymbol{b}||^2\mathcal{F}=\mathcal{F}$$

由于 $\mathcal{F}^{\mathrm{T}}\boldsymbol{b}=\boldsymbol{0}$ 且 $\|\boldsymbol{b}\|^2=1$，说明 $\widetilde{\mathcal{M}}=(\mathcal{A}_0\quad \boldsymbol{b})$ 是问题的解①。在习题中将会看到，方程的解实际上是 4 个参数的族，通用形式为

$$\tilde{\mathcal{M}}=(\mathcal{A}\quad \boldsymbol{b})\quad 且\quad \mathcal{A}=\lambda\mathcal{A}_0+(\ \mu\boldsymbol{b}\mid\nu\boldsymbol{b}\mid\tau\boldsymbol{b}\ ) \tag{8.18}$$

和想象的一样，4 个参数对应投影变换 $\mathcal{Q}$ 剩下的 4 个自由度。一旦 $\widetilde{\mathcal{M}}$ 已知，通过用最小二乘法求解方程 $Z\boldsymbol{p}=Z'\mathcal{A}\boldsymbol{p}'+\boldsymbol{b}$ 中的 Z 和 Z'，就可以得到任意一点 P 的坐标。

图 8.10 给出从两幅图像恢复玩具房子的三维（投影）形状结果。平均三维重构误差为 0.34 cm，相对误差为 1.2%。（齐次型相对于仿射变换的参数[12]或者相似性参数[7]具有更多的参数[15]，因此可以期望其对数据的匹配更好，并考虑到重构投影过程的部分偏置。）

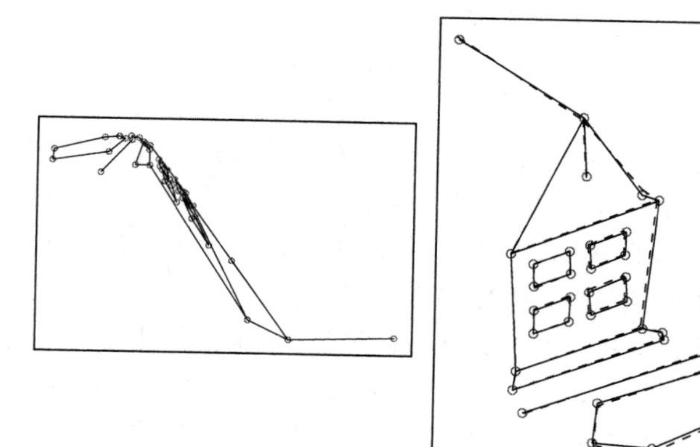

图 8.10　采用两幅图计算得到的小房子模型的投影重构图。左图：原始重构结果。右图：与标准数据进行配准后（通过投影变换）得到的重构覆盖图。介于重构结果与标准数据之间的平均绝对误差为 0.34 cm，或者平均相对误差为 1.2%

① 善于观察的读者可能注意到矩阵 $\mathcal{A}_0$ 为奇异的，故 $\widetilde{\mathcal{M}}$ 并不满足第 1 章定理 1 的假设。这并不是一个问题，因为 $\widetilde{\mathcal{M}}$ 很容易被证明其秩为 3。

8.3.3　从多幅图像恢复投影结构和运动

本节介绍从运动中恢复投影结构的三种方法，采用非线性优化技术去处理所有的一种模式下的输入图像。这些方法都要求对式(8.16)中的 $\mathcal{M}_i$ 和 $\boldsymbol{P}_j$ 有合理的初始化猜想。采用与仿射模型类似的方法，例如可以从图像对中进行双目重构。

投影模型的因子分解法　给定 m 幅图像和 n 个对应点，式(8.16)可以改写为

$$\mathcal{D} = \mathcal{M}\mathcal{P} \tag{8.19}$$

其中

$$\mathcal{D} = \begin{pmatrix} Z_{11}\boldsymbol{p}_{11} & Z_{12}\boldsymbol{p}_{12} & \cdots & Z_{1n}\boldsymbol{p}_{1n} \\ Z_{21}\boldsymbol{p}_{21} & Z_{22}\boldsymbol{p}_{22} & \cdots & Z_{2n}\boldsymbol{p}_{2n} \\ \cdots & \cdots & \cdots & \cdots \\ Z_{m1}\boldsymbol{p}_{m1} & Z_{m2}\boldsymbol{p}_{m2} & \cdots & Z_{mn}\boldsymbol{p}_{mn} \end{pmatrix}, \mathcal{M} = \begin{pmatrix} \mathcal{M}_1 \\ \mathcal{M}_2 \\ \cdots \\ \mathcal{M}_m \end{pmatrix}, \quad \mathcal{P} = \begin{pmatrix} \boldsymbol{P}_1 & \boldsymbol{P}_2 & \cdots & \boldsymbol{P}_n \end{pmatrix}$$

因此将“从运动中恢复投影结构”的问题转换为最小化

$$E = \sum_{i,j} ||Z_{ij}\boldsymbol{p}_j - \mathcal{M}_i\boldsymbol{P}_j||^2 = ||\mathcal{D} - \mathcal{M}\mathcal{P}||_F^2 \tag{8.20}$$

对未知的深度 Z_{ij} 和矩阵 $\mathcal{M}$ 和 $\mathcal{P}$ 的参数求最小。当深度 Z_{ij} 已知时，可以对秩为4(相对于秩为3仿射情形)的矩阵 $\mathcal{D}$ 采用奇异值分解计算矩阵 $\mathcal{M}$ 和 $\mathcal{P}$。另一方面，当 $\mathcal{M}$ 和 $\mathcal{P}$ 为已知时，可以从式(8.19)的深度 Z_{ij} 读出值。这给出一种迭代策略，即保持一个变量维持不变而估计另一个变量。然而注意到，最小化 E 是与所有参数 Z_{ij}，$\mathcal{M}_i$ 和 $\boldsymbol{P}_j$ 等于零相关的。为避免该问题，Sturm and Triggs(1996)提出在每次迭代后重新归一化矩阵 $\mathcal{D}$ 的每一行，接着归一化每一列，以保持其具有单位范数。遗憾的是，采用这种归一化，无法保证误差在每一步下降或者该方法可能收敛于某个局部最优点。

双线性投影 SFM　该方法的另一种替换为关注变量 Z_{ij} 并非独立于 $\mathcal{M}_i$ 和 $\boldsymbol{P}_j$，Mahamud et al. (2001)尝试消除它们并构造一个不重复的投影 SFM 的参数。对 E 进行关于 Z_{ij} 的微分，在该方程的极值处应当为零，计算在该点的 E 的值为

$$E = \sum_{ij} ||\boldsymbol{p}_{ij} \times (\mathcal{M}_i\boldsymbol{P}_j)||^2 \tag{8.21}$$

其中，不失一般性，向量 $\boldsymbol{p}_{ij}$ 具有单位范数，注意深度 Z_{ij} 在该处理过程中已经被消除。

当矩阵 $\mathcal{M}_i$ 被估计得到后，保持向量 $\boldsymbol{P}_j$ 为常数，可以通过其他步骤最小化 $\boldsymbol{E}$。由于误差项 $\boldsymbol{p}_{ij} \times (\mathcal{M}_i\boldsymbol{P}_j)$ 为 $\mathcal{M}_i$ 和 $\boldsymbol{P}_j$ 的双线性表示，因此算法的每一步中，$\mathcal{M}_i$ 或者 $\boldsymbol{P}_j$ 的最优解可以通过在 $\| \mathcal{M}_i \|_F^2 = 1$ 和 $\| \boldsymbol{P}_j \|^2 = 1$ 下的线性最小二乘法计算，其中 $i = 1,\cdots,m$ 和 $j = 1,\cdots,n$。注意到该参数的选择可以避免关于 $\mathcal{M}_i = 0$ 和 $\boldsymbol{P}_j = 0$ 的(全局)最小化的退化。然而，并非需要避免该退化，例如选取 $\mathcal{M}_i = \mathcal{M}_0(i = 1,\cdots,m)$ 和 $\boldsymbol{P}_j = \boldsymbol{P}_0(j = 1,\cdots,n)$，其中 $\mathcal{M}_0$ 是秩为3的随机 3×4 的单位 Frobenius 范数，$\boldsymbol{P}_0$ 为其零空间的单位向量(或者其他的，例如 $\mathcal{M}_0$ 的低秩值及其对应的零空间的向量)。

可以证明在每次迭代中，误差为下降的，并且参数收敛到其临界点(Mahamud et al. 2001)。通过 Hartley 的实验表明，最小化过程可能不稳定，通过在一个相对较少的步骤中(通常为50～100步)寻找一个可接受的解，也可能最后退化为零最小值(确切地说是经过成百上千次的迭代后)。因此在之前需要停止，如控制误差下降率，即当其变得非常小时停止迭代。

组调整方法　在 Mahamud et al. (2001)中提到，退化问题可以通过尝试最小化式(8.20)定义的误差函数而避免。例如，Sturm and Triggs(1996)采用归一化机制并不能保证所有的参数 Z_{ij} 为非零。另一个考虑原始投影 SFM 问题的方法为采用非线性最小二乘法最小化下式：

$$E=\frac{1}{mn}\sum_{i,j}\left[\left(x_{ij}-\frac{\boldsymbol{m}_{i1}\cdot\boldsymbol{P}_j}{\boldsymbol{m}_{i3}\cdot\boldsymbol{P}_j}\right)^2+\left(y_{ij}-\frac{\boldsymbol{m}_{i2}\cdot\boldsymbol{P}_j}{\boldsymbol{m}_{i3}\cdot\boldsymbol{P}_j}\right)^2\right]$$

[关于矩阵 $\mathcal{M}_i(i=1, \cdots, m)$ 和 $\boldsymbol{P}_j(j=1, \cdots, n)$。]

该方法叫做组调整方法，这个名字起源于摄影测量学。虽然代价可能很高，它却提供了一种方法可以利用所有数据来使物体上的误差最小，或者说使实际图像点和用摄像机运动和场景结构估计出来的点之间的均方误差最小。这也采用了第 1 章介绍的关于非线性最小二乘法问题的牛顿方法的变种，使得相对于目前所介绍的方法收敛于很少的(虽然可能有更高的代价)迭代次数。图 8.11 给出采用该方法进行 15 次 Levenberg-Marquardt 非线性最小二乘法迭代恢复的玩具房子投影结构，并采用仿射因子分解作为向量 $\boldsymbol{P}_j$ 的初始估计，通过这些点作为矩阵 $\mathcal{M}_i$ 的初始估计来计算投影。平均相对误差为 0.2%。

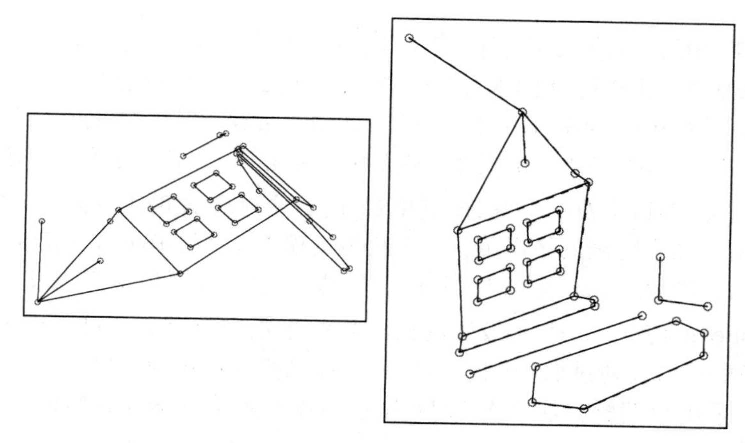

图 8.11　采用光束法得到的多幅图进行投影重构的结果。左图：原始重构结果。右图：与标准数据进行配准后(通过仿射变换)得到的重构覆盖图。介于重构结果与标准数据之间的平均绝对误差为0.07 cm，或者平均相对误差为0.2%

8.3.4　从投影到欧氏图像

虽然投影结构本身也很有用，但是大部分情况下我们所关心的是真实场景的欧氏结构。在 8.1 节已经说明，由于相似变换的歧义性，希望可以估计该场景的欧氏图像。

从现在开始，假设已经采用 8.3.3 节中的一个方法，从 m 幅图像的这些点得到了投影矩阵 $\mathcal{M}_i(i=1, \cdots, m)$ 和点的位置 $\boldsymbol{P}_j(j=1, \cdots, n)$。我们知道任何其他重构，特别是欧几里得重构，都和投影重构差一个投影变换。换句话说，如果 $\hat{\mathcal{M}}_i$ 和 $\hat{\boldsymbol{P}}_j$ 表示在欧氏坐标系下测得的形状和运动参数，则一定存在一个 4×4 矩阵 $\mathcal{Q}$ 使得 $\hat{\mathcal{M}}_i=\mathcal{M}_i\mathcal{Q}$ 和 $\hat{\boldsymbol{P}}_j=\mathcal{Q}^{-1}\boldsymbol{P}_j$。本节将介绍一种方法可以在已知摄像机内参数的情况下，计算欧氏升级矩阵 $\mathcal{Q}$，从而从投影的形状和运动来恢复欧几里得形状和运动。

首先要注意，由于每个矩阵 $\mathcal{M}_i$ 都是只定义比例层次，对 $\mathcal{M}_i$ 也同样，则 $\hat{\mathcal{M}}_i$ 可以写成(在一般情况下某些内参数未知)

$$\hat{\mathcal{M}}_i=\rho_i\mathcal{K}_i(\mathcal{R}_i\quad \boldsymbol{t}_i)$$

其中，ρ_i 表示 $\mathcal{M}_i$ 未知的比例，$\mathcal{K}_i$ 是由式(1.14)定义的矩阵。特别地，若把欧氏升级矩阵写为 $\mathcal{Q}=(\mathcal{Q}_3\quad \boldsymbol{q}_4)$，其中 $\mathcal{Q}_3$ 为一个 4×3 的矩阵，$\boldsymbol{q}_4$ 是一个向量，则马上可以得到

$$\mathcal{M}_i\mathcal{Q}_3 = \rho_i\mathcal{K}_i\mathcal{R}_i \tag{8.22}$$

当所有摄像机的内参数已知时，则矩阵 $\mathcal{K}_i$ 可以表示为单位矩阵，3×3 矩阵 $\mathcal{M}_i\mathcal{Q}_3$ 在这种情况下是缩放旋转矩阵。它们的各行 $\boldsymbol{m}_{ij}^{\mathrm{T}}(j=1,2,3)$ 相互垂直且具有同样的模，则得到

$$\begin{cases} \boldsymbol{m}_{i1}^{\mathrm{T}}\mathcal{A}\boldsymbol{m}_{i2}=0 \\ \boldsymbol{m}_{i2}^{\mathrm{T}}\mathcal{A}\boldsymbol{m}_{i3}=0 \\ \boldsymbol{m}_{i3}^{\mathrm{T}}\mathcal{A}\boldsymbol{m}_{i1}=0 \\ \boldsymbol{m}_{i1}^{\mathrm{T}}\mathcal{A}\boldsymbol{m}_{i1}-\boldsymbol{m}_{i2}^{\mathrm{T}}\mathcal{A}\boldsymbol{m}_{i2}=0 \\ \boldsymbol{m}_{i2}^{\mathrm{T}}\mathcal{A}\boldsymbol{m}_{i2}-\boldsymbol{m}_{i3}^{\mathrm{T}}\mathcal{A}\boldsymbol{m}_{i3}=0 \end{cases} \tag{8.23}$$

其中 $\mathcal{A}=\mathcal{Q}_3\mathcal{Q}_3^{\mathrm{T}}$。升级矩阵 $\mathcal{Q}$ 显然只定义到任意的相似变化层次。如果要唯一确定，则要假设世界坐标系和第一台摄像机的坐标系重合。若给出 m 幅图像，则共有关于 $\mathcal{Q}$ 系数的 12 个线性方程和 $5(m-1)$ 个二次方程。这些方程可以通过用非线性最小二乘法求解，并且仍需要有合理的初始值。

也许，式(8.23)中的约束是关于对称矩阵 $\mathcal{A}$ 的 10 个协方差矩阵，这可以采用至少两幅图像通过线性最小二乘法估计。注意到 $\mathcal{A}$ 的秩为 3——这是不在已有的约束内的另一个约束。为了恢复 $\mathcal{Q}_3$，要注意由于 $\mathcal{A}$ 是对称的，可以通过正交基对角化 $\mathcal{A}=\mathcal{U}\mathcal{D}\mathcal{U}^{\mathrm{T}}$，其中 $\mathcal{D}$ 是由 $\mathcal{A}$ 的特征值构成的对角矩阵，$\mathcal{U}$ 是它的特征向量构成的正交矩阵。在无噪声情况下，$\mathcal{A}$ 是半正定的，有三个正的特征值和一个零特征值①，$\mathcal{Q}_3$ 可以由 $\mathcal{U}_3\sqrt{\mathcal{D}_3}$ 得到，其中 $\mathcal{U}_3$ 由 $\mathcal{U}$ 中对应 $\mathcal{A}$ 的正特征值的列构成。$\mathcal{D}_3$ 是对应的 $\mathcal{D}$ 的子阵。但是在有噪声的情况下，$\mathcal{A}$ 一般是满秩的，它的最小特征值甚至可能是负的。Ponce(2000)指出，若 $\mathcal{U}_3$ 和 $\mathcal{D}_3$ 取为与 $\mathcal{A}$ 的三个最大(正)特征值对应的 $\mathcal{D}$ 和 $\mathcal{U}$ 的子阵，则 $\mathcal{U}_3\mathcal{D}_3\mathcal{U}_3^{\mathrm{T}}$ 是在 Frobenius 意义下对 $\mathcal{A}$ 最好的秩为 3 的半正定近似，且可以取 $\mathcal{Q}_3=\mathcal{U}_3\sqrt{\mathcal{D}_3}$。这时，$\mathcal{Q}$ 的最后一列 $\boldsymbol{q}_4$ 可以通过取(任意)第一台摄像机的原点作为世界坐标系的原点而得到。

图 8.12 给出采用组调整方法和图 8.11 显示的投影重构的透视升级的结果，绝对误差为 0.33 cm，相对误差为 1.2% 。

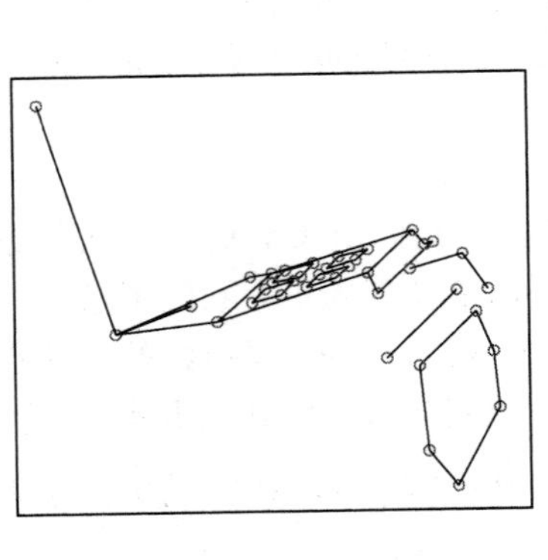
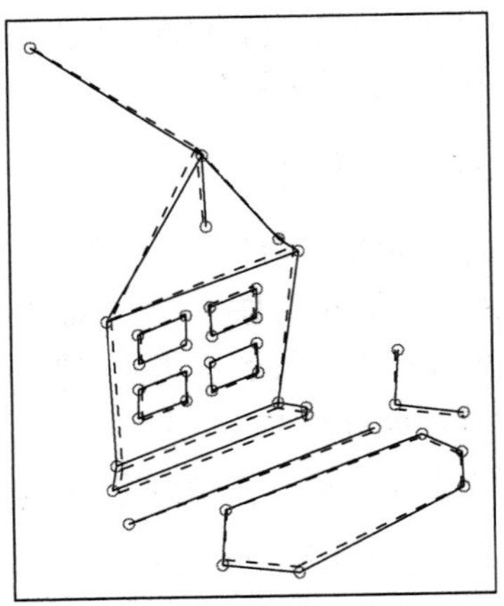

图 8.12　采用改进后的投影模型，对光束法得到的多幅图计算得到的欧氏重构图。左图：原始重构结果。右图：与标准数据进行配准后(通过仿射变换)得到的重构覆盖图。介于重构结果与标准数据之间的平均绝对误差为0.33 cm，或者平均相对误差为1.2% 。正如之前所述，该误差相比于投影重构略大，这是由于配准采用的相似变换相对于齐次矩阵具有更少的参数

① 注意该结果与定理 6 之间的相似性。

这个方法可以很容易地移植到只知道摄像机的部分内参数的情形：由于 $\mathcal{R}_i$ 是正交矩阵，有

$$\mathcal{M}_i\mathcal{A}\mathcal{M}_i^{\mathrm{T}} = \rho_i^2\mathcal{K}_i\mathcal{K}_i^{\mathrm{T}} \tag{8.24}$$

这样，每幅图像都提供了 $\mathcal{K}_i$ 和 $\mathcal{A}$ 的约束。例如，若每个摄像机的图像中心都已知，则有 $x_0 = y_0 = 0$，矩阵 $\mathcal{K}_i$ 的平方可以写成

$$\mathcal{K}_i\mathcal{K}_i^{\mathrm{T}} = \begin{pmatrix} \alpha_i^2\dfrac{1}{\sin^2\theta_i} & -\alpha_i\beta_i\dfrac{\cos\theta_i}{\sin^2\theta_i} & 0 \\ -\alpha_i\beta_i\dfrac{\cos\theta_i}{\sin^2\theta_i} & \beta_i^2\dfrac{1}{\sin^2\theta_i} & 0 \\ 0 & 0 & 1 \end{pmatrix}$$

特别地，式(8.24)对应于 $\mathcal{K}_i\mathcal{K}_i^{\mathrm{T}}$ 中零值的部分是 4×4 对称矩阵 $\mathcal{A}$ 的 10 个系数的两个独立的线性方程。

$$\begin{cases} \boldsymbol{m}_{i1}^{\mathrm{T}}\mathcal{A}\boldsymbol{m}_{i3} = 0 \\ \boldsymbol{m}_{i2}^{\mathrm{T}}\mathcal{A}\boldsymbol{m}_{i3} = 0 \end{cases}$$

正如期望的那样，这些方程构成了式(8.23)的子集。若对于 $m\geqslant5$ 幅图像，可以用线性二乘法估计这些参数。若 $\mathcal{A}$ 已知，可以像以前那样估计 $\mathcal{Q}$。继续假设 $u_0 = v_0 = 0$，很容易增加零偏差约束和单位长宽比约束。例如，假设零偏差约束($\theta = \pi/2$)提供了额外的约束 $\boldsymbol{m}_{i1}^{\mathrm{T}}\mathcal{A}\boldsymbol{m}_{i2} = 0$。

8.4　注释

对“从运动中恢复结构”感兴趣的读者可以参考两本非常出色的教材(Hartley and Zisserman 2000b；Faugeras，Luong，and Papadopoulo 2001)，具体的细节超出本书的讨论范畴，大家也可以参考 Ma，Soatto and Sastry(2003a)和本书的第一版。如果要对仿射和投影 SFM 有深度理解，需要基础仿射和透视几何的学习经验。这也超出了本书的讨论范畴，但可以推荐对此部分感兴趣的读者一些非常出色的书，例如相关的几何仿射学(Snapper and Troyer 1989)和透视几何(Todd 1946，Coxeter 1974，Berger 1987，Samuel 1988)。

在标定正交设置的问题中，Ullman(1979)首次提出 SFM 问题。接着 Longuet-Higgins(1981)第一次给出标定透视情形下本章讨论的 8 点算法。关于该问题的最小 5 点形式的解可以从 Nistér(2004)找到。将 SFM 问题分层为两步的问题(从场景恢复仿射和透视形状)的思想将引入重构欧几里得模型，Koenderink and Van Doorn(1990)为仿射情形，Faugeras(1995)为投影情形。在仿射情形下 Koenderink and Van Doorn(1990)和 Tomasi and Kanade(1992)首次提出该问题的解。仿射情形下的初始化是非常必要的：例如，Gear(1998)和 Costeira and Kanade(1998)引入的基于运动分割的方法是基础。Tomasi and Kanade(1992)提出用非线性最小二乘法计算欧几里得升级矩阵 $\mathcal{Q}$。Poelman and Kanade(1997)对该问题提出 Cholesky 方法；另一个变种见 Weinshall and Tomasi(1995)。最近又提出很多扩展的方法，包括连续恢复结构和运动(Weinshall and Tomasi 1995；Morita and Kanade 1997)。

Faugeras(1992)和 Hartley et al. (1992)首次提出关于投影 SFM 的解。另一个关于该领域出色的工作包括 Mohr et al. (1992)和 Shashua(1993)。Hartley(1994b)给出了本章介绍的两视图算法(two-view algorithm)。Sturm and Triggs(1996)首次提出恢复结构和运动的因子分解的扩展。8.3.3 节提出的关于投影 SFM 问题的双线性方法为一类摄影几何学(Triggs et al. 2000)中叫做 re-section-intersection(切除-交叉)方法的实例：交叉估计摄像机参数，保持观察点的位置固定(切除)来估计摄像机的参数及保持摄像机参数不变(交叉)来估计点的位置。Mahamud et al. (2001)

给出了双线性算法，并可能收敛到目标方程的临界点。然而，这并不需要迭代很多次，因为经过成百上千次的迭代后，很可能退化为零。关于拼接对的算法，例如三元或者四元连续图可以通过 Beardsley et al. (1997)和 Pollefeys et al. (1999)找到。

弱标定实际上是一个老问题：Faugeras(1993)提出计算对极线和包括 7 点对应的对极变换[Chasles(1855)首次提出，Hesse(1863)解决了该问题]。Kruppa(1913)解决了为内部标定摄像机从 5 点关联计算对极几何的问题。关于 Hesse 和 Kruppa 技术的出色分析见 Faugeras and Maybank (1990)，其中绝对的二次曲线和虚构的圆锥曲线关于相似性不变，用于导出缺失点对应的两个相切约束。这些方法从理论上讲非常有意思，因为它们依赖最小数目的关联，限制其处理噪声的能力。本章描述的关于弱标定的方法详见 Luong et al. (1993, 1996)和 Hartley(1995)。

在已知一些摄像机内参数的条件下计算投影重构的欧几里得升级方法有很多，作者都对其进行了修改(Heyden and Åström 1996；Triggs 1997；Pollefeys 1999)。8.3.4 节引入的矩阵 $\mathcal{A}=\mathcal{Q}_3\mathcal{Q}_3^{\mathrm{T}}$，可以在几何上解释为绝对圆锥对偶的投影描述，即绝对对偶二次曲面(Triggs, 1997)。和绝对圆锥类似，这个二次曲面也是相似不变的，而(对偶)$\mathcal{K}_i\mathcal{K}_i^{\mathrm{T}}$ 对应的圆锥切面就是这个二次曲面到对应的图像上的投影。在不知道欧氏位置的情况下，通过对应点计算摄像机内参数的过程叫做自标定。这个领域，比较领先的是 Faugeras and Maybank(1992)对摄像机内参数固定时的问题的研究。现在有很多可靠的自标定方法(Hartley, 1994a；Fitzgibbon and Zisserman, 1998；Pollefeys et al. 1999)，它们也可以用来计算投影重构的欧几里得升级。Heyden and Åström (1998, 1999)、Pollefeys et al. (1999)、Ponce et al. (2000, 2005)和 Valdés et al. (2006)提出的方法可以解决投影重构的几何升级，但需要对摄像机做一些约束，例如错切为零。

习题

8.1　本题中将推导基础矩阵的最小参数化方法和对应投影矩阵的计算方法。

(a)说明两个投影矩阵 $\mathcal{M}$ 和 $\mathcal{M}'$ 总能通过合适的投影变换简化为归一化形式：

$$\tilde{\mathcal{M}}=\begin{pmatrix}1&0&0&0\\0&1&0&0\\0&0&1&0\end{pmatrix}\quad 和 \quad \tilde{\mathcal{M}}'=\begin{pmatrix}\boldsymbol{a}_1^{\mathrm{T}}&b_1\\\boldsymbol{a}_2^{\mathrm{T}}&b_2\\\boldsymbol{0}^{\mathrm{T}}&1\end{pmatrix}$$

注意，为简单起见，我们假设左右矩阵都是非奇异的。

(b)注意在投影矩阵上应用这个变换等价于在场景点 P 上应用逆变换。我们用 $\widetilde{\boldsymbol{P}}=(x,y,z)^{\mathrm{T}}$ 表示点 $\widetilde{P}$ 在世界坐标系中的坐标，$\boldsymbol{p}=(u,v,1)^{\mathrm{T}}$ 和 $\boldsymbol{p}'=(u',v',1)^{\mathrm{T}}$ 表示它在图像里的齐次坐标，证明

$$(u'-b_1)(\boldsymbol{a}_2\cdot\boldsymbol{p})=(v'-b_2)(\boldsymbol{a}_1\cdot\boldsymbol{p})$$

(c)从这个方程推出基础矩阵的 8 参数参数化表示，并利用 $\mathcal{F}$ 只定义到比例层次来构造最小的 7 参数参数化。

(d)用这个参数化来设计方法从至少 7 个对应点估计 $\mathcal{F}$ 和从场景估计投影形状。

8.2　证明在 $\mathbb{E}^3$ 系统下点的所有情形通过几何变换互相关联构成一类，形成等价类。

8.3　证明参数 F_{33} 可以很容易通过其他 $\mathcal{F}$ 的实例在最小化式(8.4)中的 E 时估计得到，并变为仅具有 8 个参数的特征值问题。

提示：对 E 进行 $\partial E/\partial F_{33}=0$ 处理。

8.4　将上题的归一化过程推广到仿射基础矩阵的估计。

8.5　证明当 8 点和两个光心位于二次曲面时，8 点算法在基础矩阵估算上失败。

8.6　证明通过 8.1 节的双目欧氏 SFM 方法放置两台摄像机的重构点时，仅能获取四种摄像机可能移动情形中的一种。

8.7　证明仿射变换矩阵是最常见的 4 ×4 非奇异矩阵类，并保持式(8.6)所描述的对于任何点 P_j 坐标之间的关系。

8.8　证明关联两个仿射摄像机的投影矩阵总是可以通过合适的仿射变换约简为式(8.10)的规范形式。

8.9　证明仿射摄像机(及其关联的对极几何)可以被视为焦距逐渐远离场景的透视图像的极限。根据这个结果给出式(8.9)的另外一种推导。

8.10　证明，在仿射变换下，一幅图像众多点的中心是其大多数图像的中心。

8.11　本题中，对三点支撑线的某方向，要证明共线 3 点 A, B, C 的比为

$$R(A,B,C)=\frac{\overline{AB}}{\overline{BC}}$$

(a) 说明三角形 PQR 的面积是

$$A(P,Q,R)=\frac{1}{2}PQ\times RH=\frac{1}{2}PQ\times PR\sin\theta$$

其中，PQ 表示点 P 和点 Q 之间的距离，H 是 R 到 P 和 Q 连线上的投影，θ 是 P 到 Q 和 R 之间的夹角。

(b) 证明 $R(A, B, C) = A(A, B, O)/A(B, C, O)$，其中 O 不是直线上的一点。

8.12　本题中，要证明共线 4 点 A, B, C, D 的交比为

$$\{A,B;C,D\}=\frac{\overline{CA}}{\overline{CB}}\frac{\overline{DB}}{\overline{DA}}$$

(a) 根据上题结果证明：

$$\{A,B;C,D\}=\frac{\sin(a+b)\sin(b+c)}{\sin(a+b+c)\sin b}$$

其中角度 a,b,c 定义见下：

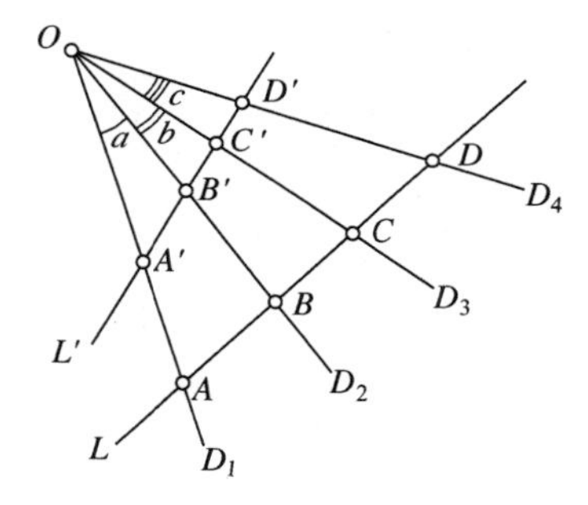

(b) 根据这个结果定义 4 点共线通过同一个点的交比。

提示：考虑图中的直线 L 和 L'。

8.13　证明对于 8.3.2 节的双目投影 SFM 问题存在一个四参数族的解决方案，该族通过式(8.18)给定。

8.14　证明式(8.20)定义的误差 E 的值通过式(8.21)在关于变量 Z_{ij} 的某个极值上计算得到，假设数据向量 $\boldsymbol{p}_{ij}$ 具有单位范数。

编程练习

8.15　实现 8 点算法。

8.16　实现从图像关联估计仿射对极几何和从关联的投影矩阵中估计场景结构。

8.17　实现从运动中恢复仿射形状的 Tomasi-Kanade 方法。

8.18　实现 8.3.2 节介绍的双目透视 SFM 算法。

8.19　实现 8.3.3 节介绍的光束法。

8.20　实现 8.3.4 节介绍的给定已知图像中心和零扭曲摄像图的欧氏算法。

第四部分

中层视觉

第 9 章　基于聚类的分割方法

中层视觉里的一个核心问题是关于图像的表征，该图像表征应当紧凑同时又具有很强的表达力。这些表征必须是对第一层视觉处理后的信息进行总结，并将该信息传递到下一层。由于低层视觉处理产生了大量的信息，总结是非常有必要的。丰富有效的表征可以包含非常重要的信息。有用的信息可以从像素点或像素集合中提取，例如，将具有相同颜色或纹理的像素合并为一组；也可以从局部模式元素中计算得到，例如收集位于一条直线、一个圆弧，或靠近某些几何结构的边际点来构造像素集。其核心思想是，将像素点或者模式元素进行收集组合，并进行总结表征，该表征重在强调其重要性、兴趣性或者鉴别性等属性。

获得这种表征的方式往往被称为分割、分组、感知组织或者拟合。尽管技术上可能不同，这里统一用“分割”这个术语泛指这些行为，这是由于所有这些行为的动机是一样的：尽可能地得到对图像紧凑的表征，且该表征非常有用。要想看到一个全面的分割理论是非常困难的，尤其是考虑到哪些是感兴趣的部分和哪些是不感兴趣的部分取决于应用的需求。在不同的场合使用不同的术语，到目前为止还没有全面的分割理论。

如何进行总结表征的细节依赖于不同的任务，但有些通用的准则：首先，在表征特定图像时，只需包含较少的成分（即不能超过后续算法能够处理的数量）；其次，这些表征成分应该要有一定的提示作用。从这些表征成分中可以显而易见地判断和查找给定的物体，这同样是针对特定的图像。

在图像分割中有两类方法，且这两类方法并非完全不同。对于第一种方法，其总结归纳主要侧重局部信息，即通过聚类方法侧重不同项之间的局部关系。该方法试图将看上去相似的对象聚合到一起，例如这种方法将看起来相似的像素点聚合在一起，形成所谓的区域（region）。通常，这类方法称为聚类，本章重点讨论聚类。对于第二种方法，其总结归纳侧重于全局信息，例如位于直线上的所有像素。图 9.1 给出小部分像素组合的集合。当一个人看着这幅图像时，这些像素组合形成一个整体，因为从整体上看它们组成了一个物体的表面。在该方法中，对那些组合在一起时能够以何种形式将这些标识符（tokens）或者像素点组合并形成一种结构的方式更令我们感兴趣。这种思想侧重在数据集合中建立参数模型，第 10 章将讨论这种方法。

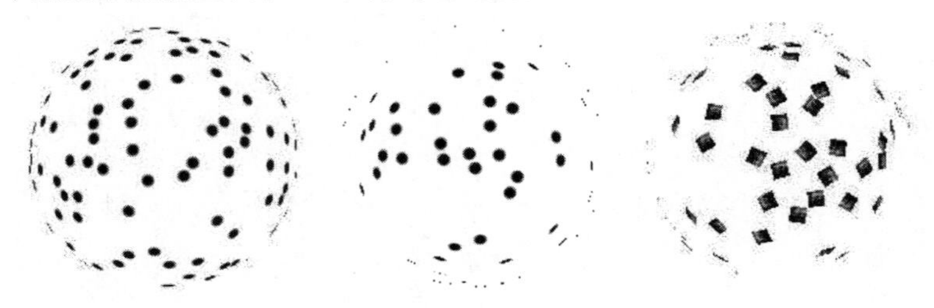

图 9.1　正如这些图像所示，视觉的一个重要部分涉及将图像信息组织成有意义的集合。人类的视觉系统处理这件事情看起来非常好。上面的每一幅图像中的斑点都被组织在一起形成纹理的表面，感觉似乎要突出纸面（你一定感觉到它们是半球状的）。这些小圆点被集合在一起“是因为它们形成了一个表面”，这根本不是一个令人满意的解释，这样就引发了计算的难题。注意，说它们聚合在一起，是因为它们聚合后形成相似的纹理，这同时引发一个问题（如何知道的？）。对于左图的情况，编写程序来识别单个具有一致属性的纹理将非常困难。这种形成组织的方法可以应用于很多不同的输入中

9.1 人类视觉：分组和格式塔原理

人类视觉系统的一个主要的特征就是周围环境影响着事物的感知（如图9.2所示）。这些观察的结果导致心理学格式塔（Gestalt）学派反对激励反应的研究及强调分组作为理解视觉感知关键。对他们而言，分组就是视觉系统将一幅图片的某些部分组合在一起并且将它们作为整体感知（这暗含着上文提到的对“周围环境”粗糙的不精确的解释）的倾向。例如，分组导致图9.2所示的Müller-Lyer错觉：视觉系统把两个箭头各部分组成在一起，因此两条水平线彼此看起来不相同，因为它们是作为整体感知的，而不是单独作为直线感知的。此外，许多分组的效果不受主观意愿影响：例如，你不能因为希望图9.2中的直线看起来长度相等，而不把它们组合成箭头。

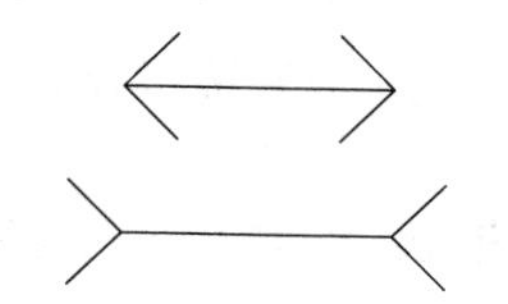

图9.2 著名的Müller-Lyer错觉：两条水平线段实际上是一样长的，然而上面的图看起来短一些。显然，这样的效果是由形成一个整体（完形性质）的关系的一些特性引起的。而不是单个部分的特性决定的

分割的普遍经验认为，一幅图像能分解为图形（一般是有意义的、重要的物体）和背景（图形所在的背景）。然而，如图9.3所示，什么是图形、什么是背景可能是非常模棱两可的，也就是说，这个观点还需要进一步理论上的研究。

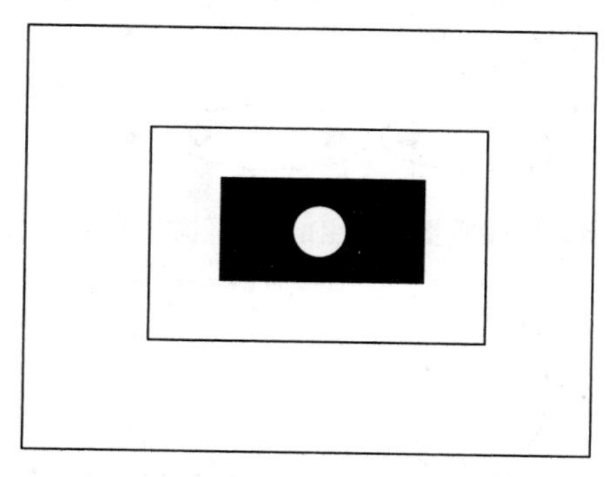

图9.3 分割的一种观点认为分割决定图像的哪些部分是图形、哪些部分是背景。这幅图说明这种观点会产生模棱两可的情形；白色的圆可以看做黑色矩形背景上的图形，也可以是背景的一部分，而带有一个圆孔的黑色矩形是图形背景的一部分，这个时候白色的方框就是背景

格式塔学派用完形（gestalt）这个概念（一个整体或者一组）和它的完形性质（使得各部分成为一个整体的内在关系集合）作为他们学术思想的核心。他们工作的主要特点是，制定一系列的规则，将图像元素分类和分组。他们也开发算法，不过这些算法都已经成为历史［见Gordon（1997）一个介绍性的说明，其中对他们工作的讨论基于更广泛的背景］。

格式塔心理学者确定了一系列有规律的性质，认为这些性质事先安排好了元素集合的分组。很明显，人类视觉系统在某些方面使用了这些性质，所以它们很重要。此外，有理由相信它们确实揭示了样本什么时候归为一类的倾向，可以作为有用的中间表示。

有各种各样的规律性性质，其中一些性质可以作为更新的主格式塔性质：

- **邻近性**：对近邻的标识符进行分组；
- **相似性**：相似的标识符往往被归为一组；

- **相同趋向性**：具有运动一致性的标识符往往被归为一组；
- **同一区域性**：位于同一封闭区域内的标识符往往被归为一组；
- **平行性**：平行的曲线或标识符往往被归为一组；
- **封闭性**：能形成封闭曲线的曲线段或者标识符往往被归为一组；
- **对称性**：能形成对称组合的曲线段的标识符可以分为一组；
- **连续性**：能形成连续(可以形成自然的连接)曲线段的标识符可以分为一组；
- **熟悉的形状**：组合在一起能形成熟悉的形状的标识符往往被归为一组。

这些性质如图9.4、图9.5、图9.7和图9.1所示。

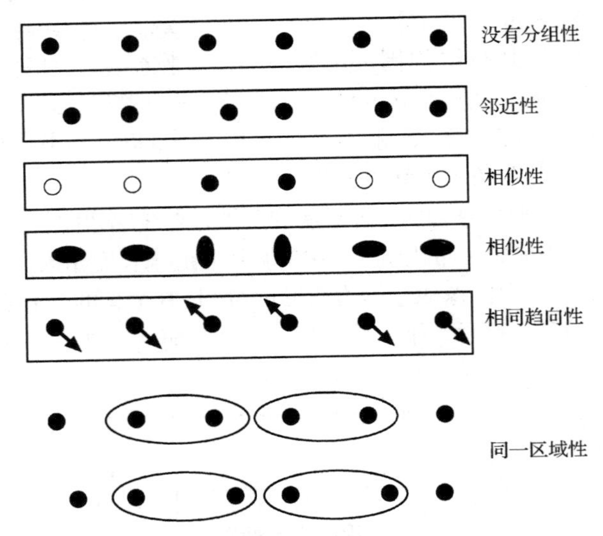

图9.4　格式塔性质指导分组的例子(文中有更详细的描述)

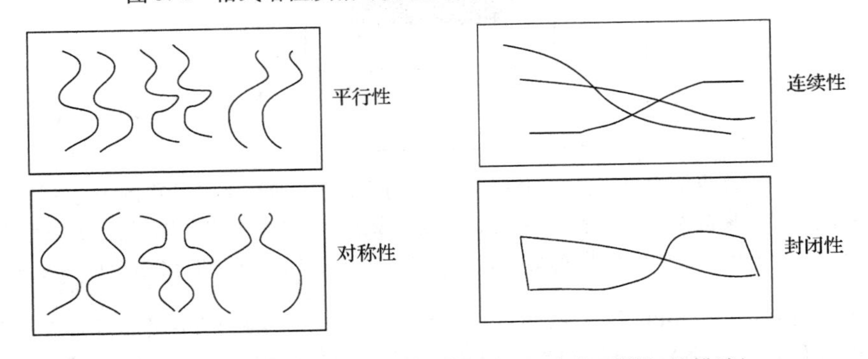

图9.5　格式塔性质指导分组的例子(文中有更详细的描述)

这些规则能够很好地用来解释一些现象，但是对于构造相应的算法，它们还不够充分。格式塔心理学者对于细节问题还面临很多困难，例如什么时候使用哪一条规则。为使用这些规则提供一个令人满意的算法是非常困难的——格式塔组织试图使用一个极端的原则。

相似的构造是一个特殊的问题。关键是弄清楚在一个问题中使用什么样的构造及怎样选择，如图9.1所示。有人可能说斑点组成一类，因为它们形成了一个球。这种说法的难点在于解释形成一个球的假设来源于哪里。通过所有物体的所有视角的搜索是一种解释，但是接下来必须弄清楚搜索怎么进行。是否要检查每一个形状的每一个球的每一个视角呢？怎样才能高效完成这件事情呢？

格式塔规则确实提供了一些见解，因为它们解释了在许多例子中所发生的事情。这些解释看起来很不错，因为它们说明这些规则有助于解决真实世界中普遍出现的视觉效果面临的问题，也就是说，它们符合生态学现象。例如，连续性可能指出了对于遮挡问题的一种解决方法，被遮挡物体的轮廓段可以根据连续性连接起来(见图9.6)。

图9.6 在分组中，遮挡似乎是一个重要的提示。有可能将左图看做几个数字；而紧靠的图可以清楚地看见一些被遮挡的数字。左图黑色的区域和其右侧紧挨着的图是一样的。这两张图最重要的不同之处似乎是叠加的灰色区域提供了黑色区域为大物体由于某种原因而导致分离的组成成分，而不仅仅是散列的一些黑色区域。右图图像的样本表明了边界与图像背景颜色相近的遮挡物体存在。注意，其中对于遮挡图形的整个轮廓位置有一个清晰的印象。这些轮廓被称为“幻觉轮廓”

对于偏向于用遮挡来解释一些现象的倾向有一些有趣的结果。一个就是“幻觉轮廓”(illusory contour)，如图9.6所示。这里一些标识符表明了有一个轮廓线与背景颜色没有任何反差的物体存在。这些标识符之所以被归为一类，是因为它们一起显示了一个遮挡物体的存在，这些标识符如此清楚地显示了它的存在，以至于人们可以填充这个并没有明显轮廓边界的区域(见图9.7)。

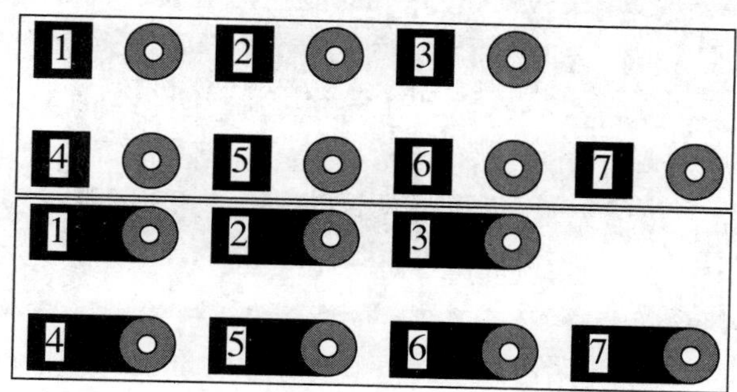

图9.7 真实生活中分组现象的例子。加州大学伯克利分校的计算机科学大楼电梯里的按钮，过去的布局如上面的图所示。这样经常导致上错楼层，而且发现是因为按错了按钮——按钮很难准确无误地和正确的标签对应起来，短暂的一瞥很容易将它们对应错。一个公益人士将按钮与标签之间的空白进行填充而得到下图，问题由于这种提示而被消除

这种生态观点比较有力，因为使用它可以解释大多数分组的因素。相同趋向性可以被看做物体的各部分总是一起运动的结果。同样，平行性是一个很有用的分组提示，因为现实中的很多物体都具有平行或者近似平行的轮廓。实质上，生态学的观点认为样本分组是因为分组的表示对于人们遇到的视觉世界有帮助。生态学的观点有一个诱人的但是模糊的统计意义，通过观察，格式塔因素给出了让人感兴趣的提示，但应该认为它只是一个大的分组过程的结果，而不是过程本身。

9.2 重要应用

简单的分割算法在重要的应用中很有用。一般情况下，如果很容易区分出一个有用的分解，那么简单的算法就能很好地发挥作用。两种重要的情形就是背景差分(对任何看起来不像是一个已知背景的部分感兴趣)和镜头的边界检测(对在视频中变化比较大的部分感兴趣)。

更加复杂的算法需要另外两种非常重要的操作。在交互式分割中，用户指定分割系统将物体从图像中分割出。最终，主要目标将形成图像区域。

9.2.1 背景差分

在很多应用中，物体总是出现在一个很稳定的背景中。标准的例子就是检测传送带上的物体。另一个例子是，在一条道路的高空视角下数过往车辆——看到的道路非常稳定。另外一个不是很明显的例子是人机交互。一般来说，通过固定的摄像头(如监视器上面)来观察一个房间。视图中看起来不像是这个房间的物体往往是感兴趣的部分。图 9.8 给出了一个视频的例子。

在这些应用中，通常可以通过从图像中减去背景图像的估计值，然后从结果中寻找绝对值较大的部分来获得有用的分割。主要的问题在于如何获得一个背景图像的好的估计值，一种简单的办法就是直接取一张背景图片。这种简易的办法不太精确，因为一般情况下背景随着时间的推移慢慢改变。例如，当下雨时，路面可能更加光亮一些，而当气候干燥时，可能就不是那么光亮了；或者人们也可能移动房间里面的书和家具，等等。

图 9.8　一个孩子在有图案的沙发上玩耍的视频，共 120 帧，上图显示的为其中每5帧给出的一个截图。视频帧的大小为80 ×60，原因将在图9.10中讨论。注意在视频流中孩子从图像的一端运动到另一端

一种效果不错的办法是使用运动平均方法(moving average)估计背景像素点的值。在这个方法中，计算每一个背景像素点先前值的加权平均作为它当前的估计值。一般来说，远离当前帧的像素值的权重应该是零，越接近当前帧的权重越大。理想情况下，运动平均应该跟随背景图像变化，也就是如果天气变化很快(或者书本被经常不确定地移动)，那么只有很少帧的像素点是非零的权重；如果变化比较慢，像素点中权重非零的先前帧数目就会增加一些。这样就产生了算法 9.1。对于已经阅读过滤波器一章的读者来说，这是一个时域平滑的滤波器，希望抑制住高于一般情况下背景变化频率的频率，并使得暂低于这个频率的频率通过。这个方法很成功，但是需要应用于粗尺度的图像中，如图 9.9 和图 9.10 所示。

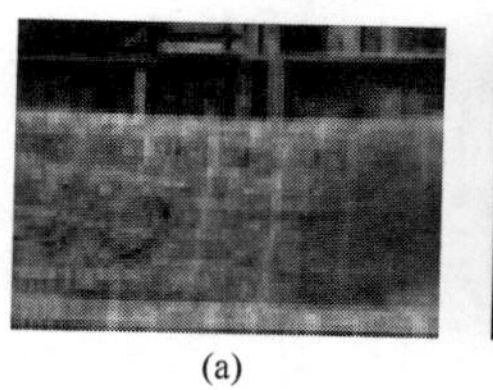
(a)
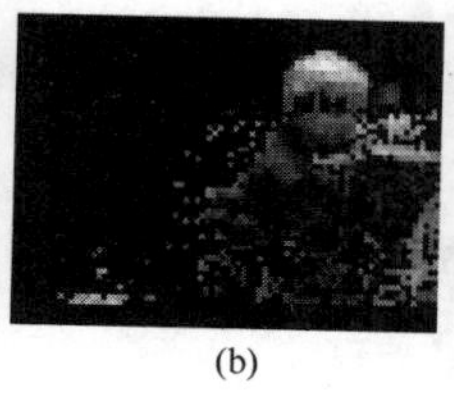
(b)
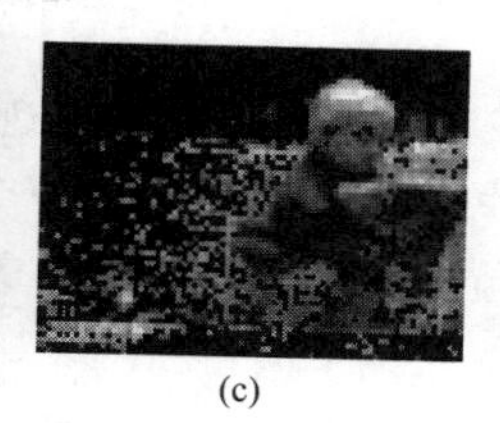
(c)

图9.9　对图9.8中80×60帧的视频流采用背景差分的结果。比较一下两种计算背景图像的方法。(a)全部120帧的平均值——注意到孩子在沙发一端玩的时间较在另一端玩的时间要长一些，这样导致平均帧中那个地方有点模糊不清；(b)与平均帧的差异超出阈值的像素点；(c)与平均帧的差异超出一个小些阈值的像素点。注意每种情况下总有些额外的像素点和一些丢失的像素点

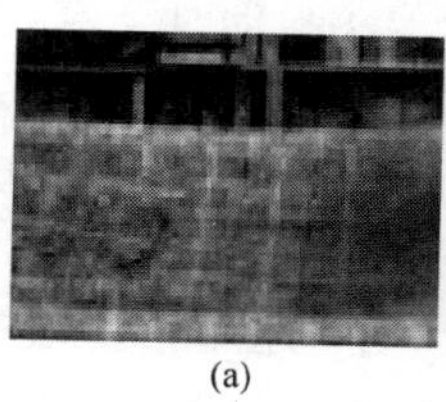
(a)
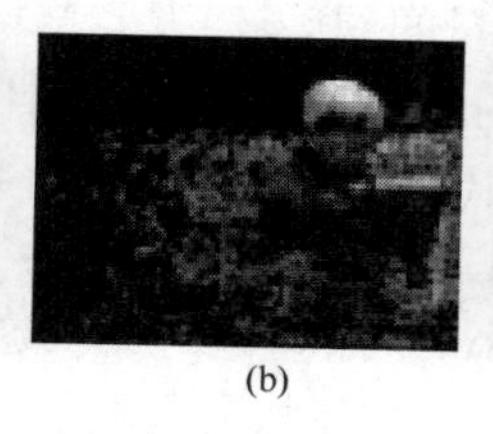
(b)
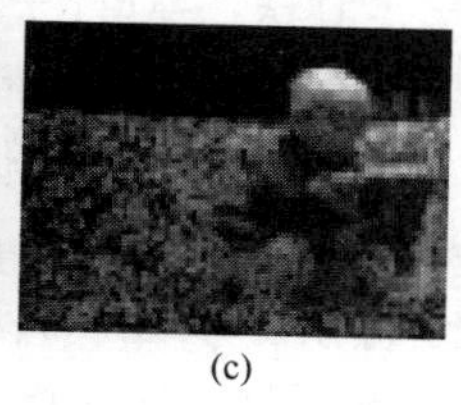
(c)

图9.10　进行图像配准在背景差分中是一件很讨厌的事情，尤其是对于纹理而言。上面这些图片是对图9.8用160×120帧计算的结果。比较两种计算背景图片的方法。(a)全部120帧的平均值——注意到孩子在沙发一端玩的时间较在另一端玩的时间要长一些，这样导致平均帧中那个地方有点模糊不清；(b)与平均帧的差异超出阈值的像素点；(c)与平均帧的差异超出一个小一些阈值的像素点。注意，问题像素点的个数——沙发上的花纹被误认为是孩子而明显增加。这是因为轻微的运动使得沙发上空域高频的花纹配不准，导致了比较大的差距

算法9.1　背景差分

形成一个背景估计值 $\mathcal{B}^{(0)}$。对每一帧 $\mathcal{F}$

　更新背景图片估计值，一般通过公式 $\mathcal{B}^{(n+1)}=\frac{w_a\mathcal{F}+\sum_i w_i\mathcal{B}^{(n-i)}}{w_c}$，其中，选择好权重值 w_a，w_i 和 w_c。

　从帧中减去背景图片估计值，重新记录差值大于选定阈值的每一个像素点的值。

结束

9.2.2　镜头的边界检测

较长的视频流是由一系列镜头组成的，所谓镜头是指同一物体的较短视频流。一般来说，这些镜头是编辑处理过程的产物。很少有两个镜头在何处衔接的记录。用一些镜头来表示一段视频是很有用的，每一个镜头又可以用关键帧表示。这种表示可以用于视频的检索或者概括视频内容以便用户进行浏览。

自动寻找这些镜头的边界(镜头的边界检测)是简单分割算法的一个重要而可行的应用。镜头边界检测算法是指必须在视频中找出那些和上一帧相差很大的帧。检测镜头边界必须考虑到，在给定的镜头内部，物体和背景都可能在视野中移动。一般来说，这种检测采用某种形式的距离度量；如果距离大于一个给定阈值，则一个镜头边界被检测到(见算法9.2)。

算法9.2　采用帧间差异的镜头边界检测

对于图像流中的每一帧
　计算这一帧和上一帧之间的距离。
　如果距离大于某个阈值
　　将这一帧作为一个镜头边界。
结束

计算距离有各种技巧:

- **帧差分算法:** 计算视频中两帧对应点之间的差,然后求差的平方和。该算法其实并不流行,主要是考虑其运算速度(大量的差运算)并且当摄像头抖动时会检测到许多的镜头。
- **基于直方图算法:** 计算每一帧的色彩直方图,同时计算直方图之间的差。色彩直方图之间的差可以作为一个很好的度量值,因为它不太容易受颜色在帧空间排布的影响(例如,小的摄像头抖动不会影响直方图)。
- **块比较算法:** 将帧切分成许多小的网格,通过比较这些小的格子块来比较两帧。这样避免了色彩直方图的不足,当一个红色物体从屏幕左下角消失等价于一个红色的物体从上边界进入屏幕。一般来说,这种块比较算法用块间距离的合成计算帧间距离——取最大值是很自然的选择,块间距离的计算与帧间距离的计算方法相同。
- **边缘差分算法:** 计算每一帧的边缘图,并比较这些边缘图。一般情况下,比较的方式是通过计算帧间潜在对应的边缘(附近,相似的方向,等等)的数目来进行的。如果几乎没有一致的边缘,则表明这是一个镜头边界帧。可以通过对应的边缘的数目来计算距离。

这些方法具有特定性,但是经常能够解决当前的各种问题。

9.2.3　交互分割

人们往往需要将物体从图像中分割,并将分割后的物体移动到另一幅图像中。这样处理物体的理由如6.3节所述。在描述给定原始图像填充空洞的算法中概述了某些理由。出于有效性的考虑,需要更好的方式,即将所需的物体从图像中移出来。对于物体的边缘或其像素点的分割是一件非常困难的任务。

这是一个典型的分割问题,存在一种特殊的分割情形,即对前景和背景的分割。对于前景的分割应当连贯,但对于背景则无须连贯。根据不同的交互方式,则具有不同的方法:在智能剪刀(intelligent scissors)交互界面中,用户绘出接近于物体边缘的草图,接着采用局部信息,尤其是图像梯度信息,将该曲线移动到物体边缘;在绘画(painting)交互界面中,用户根据前景刷或者背景刷描绘出某些像素,这些像素用于产生前景外貌模型或者背景外貌模型,接着,将这些模型送入快速图分割器(见9.4.3节)中,图9.11给出了这种过程;最终,在抓取切割(grabcut)交互界面中,用户在物体周围画出矩形框,该框产生一个关于前景和背景像素的初始估计,据此可以得到一个初始分割(见图9.12)。

很多时候,像素既非纯背景,也非纯前景。例如,在一幅人脸图像中,位于头发边界的像素点具有模糊性;这里很少有像素点仅仅包括头发,或者仅仅包括背景。相反,由于像素平均光都源于镜头,多数具有一个由头发和背景的均值赋予权重的加权值。在这种情形下,可以采用交互分割来准备一个蒙板(matte),即位于[0 - 1]之间的一个掩码图。该蒙板一般记为 α,则第 i 个像素点的模型为 $\alpha\boldsymbol{f}+(1-\alpha)\boldsymbol{b}$,其中 $\boldsymbol{f}$, $\boldsymbol{b}$ 分别对应前景像素值和背景像素值(见图9.13)。

转描机方法(rotoscoping)的过程与匹配过程很像，但是应用于视频处理；对于恢复出的一系列的分割，每帧对应一个移动的物体。这些分割接着由新的背景构成，使得看起来物体对应新的背景移动。匹配和转描机方法与分割技术具有很强的关联性，只是涉及不同的表征算法。在注释中，将给出一些论文文献。

图 9.11　一个用户想要从一幅图(左图)中将物体切割出来，可以首先将前景像素和背景像素进行标记(中图)，然后采用交互的分割算法得到想要的部分(右图)。这种方法产生一个从标记像素点得到的前景和背景的模型，根据这种信息判定分割部分(This figure was originally published as Figure 9 of "Interactive Image Segmentation via Adaptive Weighted Distances," by Protiere and Sapiro, IEEE Transactions on Image Processing, 2007 © IEEE, 2007)

图 9.12　在抓取切割(grabcut)的交互分割中，用户在兴趣物体边缘画出一个边框；通过聚类的方法得到前景和背景模型，接着将物体分割。如果分割效果不理想，用户可以选择进一步对前景和背景部分进行标记以帮助分割(This figure was originally published as Figure 1 of "GrabCut Interactive Foreground Extraction using Iterated Graph Cuts" by C. Rother, V. Kolmogorov, and A. Blake, ACM Trans. on Graphics(ACM SIGGRAPH Proc), Vol. 23:3 ©2004, ACM, Inc. http://doi.acm.org/10.1145/1186562.1015720. Reprinted by permission)

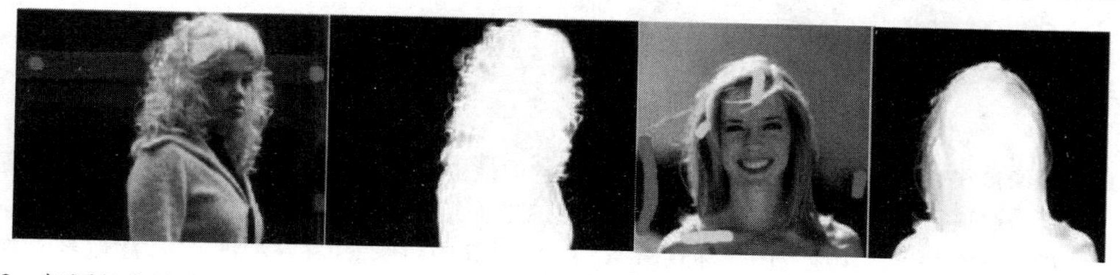

图 9.13　抠图的方法(matting method)产生一个实值的掩码图(而不是前景-背景掩码图)来尝试和补偿类似头发的分割，这种像素处于阻塞的边界，并且这些像素由前景和背景值的均值构成。对于前景的蒙板表现得更亮，而对于背景的蒙板表现得更暗；头发中的某些像素是灰色的，这意味着当前景转换到新的一个图像时，这些像素应当变成前景和背景加权和。灰色值表示加权值(This figure was originally published as Figure 6 of "Spectral Matting," by A. Levin, A. Rav-Acha, and D. Lischinski, IEEE Transactions on Pattern Analysis and Machine Intelligence, 2008 © IEEE, 2008)

9.2.4 形成图像区域

图像分割的一种应用是将图像分解成具有一定颜色连贯和纹理连贯的不同区域，这些区域的形状并不十分重要，但其连贯性非常重要。该处理过程被广泛研究，该连贯性常数称为“分割”独有的性质，并常常被认为是识别任务的第一步。在许多应用中，区域(region)是一种非常有意义的图像表征形式。区域可以给图像压缩提供一些建议，由于每个区域具有连贯性的外貌，因此可以通过分别对区域的形状和区域的外貌进行描述来压缩图像(与描述每个独立像素相反)。

区域可作为许多其他视觉计算的支柱。例如，如果识别两幅图像之间的对应性，即计算图像之间的光流或者对图像部分进行配准——可能首先计算介于区域之间的对应性。对于第二个例子，如果对已经存在的物体进行标记，则区域有助于跟踪哪些已经标记。这是因为可以根据区域得知哪些图像像素点对应一个特定的标记。另一个例子，区域可与图像中的其他区域匹配，进而查找图像中的重复部分，例如，建筑物的表面的窗户——纹理并不明显但仍然重复出现。

在某些应用中，区域可能非常大且具有很复杂的形状。可能根据物体边界得到大的区域(例如，对图像中的物体进行标记)。大多数的聚类算法可以得到许多分割，根据这些分割可以构造符合该要求的区域。

在另外一些应用中，拥有较小且紧凑的区域更加有用，这些区域往往叫做超像素(superpixels)。超像素尤其在相对于像素网格较小、内容丰富的表征[这种表征往往又称过分割(oversegmentation)]中更加有用，该应用的一个例子是亮度计算(见2.2.3节)。如果表征阴影部分，基于像素网格的表征由于变化缓慢而变得浪费；相反，可以将一个阴影对应一个超像素，并对最后结果进行平滑。另外的应用是在识别任务中，例如人的手臂和腿较长且非常直；可以通过提示组的超像素组合而得到。这样比较容易从大的区域划分(见图9.14)。

图9.14 超像素往往可以显示其他表征方法所隐藏的图像中的结构。人体分割倾向于较长、较瘦的分割。在顶行中，为三个不同的边缘图(5.2.1节介绍的边缘检测子，采用两个平滑尺度，以及17.1.3节的P_b)构成的图像和在两个“尺度”计算的超像素(在这种情形下，超像素的数目受到约束)。注意到较粗糙的超像素倾向于直观地显示四肢分割。在底行中，另一张图给出其超像素和通过超像素表征推理的两个人体布局(This figure was originally published as Figure 3 and part of Figure 10 of “Recovering human body configurations: Combining Segmentation and Recognition,” by G. Mori, X. Ren, A. Efros, and J. Malik, Proc. IEEE CVPR, 2004 © IEEE, 2004)

9.3 基于像素点聚类的图像分割

聚类是一种方法，它将一个数据集转化成一堆聚类，聚类包含属于同一类的数据点。很自然地想到图像分割也是一种聚类，要将属于一起的像素点聚类来表示一幅图像。具体适用的标准依赖于具体的应用，归于一类的像素点可能是因为它们有相同的颜色，也可能因为它们有相同的纹理，或者它们相邻，等等。

下面简要叙述采用聚类进行图像分割的常规方法。对图像中的每个像素点用一个特征向量表示，该特征向量包括描述该像素点的所有相关信息，自然的特征向量包括：该像素点的亮度值；该像素点位置的强度值；该像素点的颜色信息（在合适的颜色空间内进行表示）；该像素点的颜色和位置信息；该像素的颜色、位置和采用一定滤波器输出的局部纹理表示（与6.1节进行比较）。对这些特征向量进行聚类。每个特征向量属于某一个聚类，即每个聚类代表一个图像分割。可以通过特征向量的聚类中心的数目来代替该像素点的特征向量，并用该聚类表示一个图像分割。该过程可以与向量量化（正是进行如此操作）进行对比（见6.2.1节）。注意到该描述过程只是一般化的描述过程，不同的特征向量将会导致不同的图像分割。

不管是何种的特征向量融合和聚类，性能获取的优劣依赖于不同的问题，但是可以给出一些常规的观点。常用的处理办法并不能保证分割是连通的，这可能重要或不重要。如果通过分割图像的方法对图像进行压缩，那么对美国国旗的编码采用三个分割区域（红色、白色和蓝色）是很好的方案；如果采用分割图像的方法表征物体，则这种表示方法可能并不完美，这是由于所有的白色条形是一个单独的分割。如果特征向量包括像素点位置的表征，则分割的结果将会呈现"斑点状"（blob-by），这是因为远离聚类中心的像素点可能归到其他聚类中，这可以作为一种保证分割连通的方法。对颜色信息进行重表征可以提升分割性能，因为在这种情形下很难将简单的图像分割错。对于某些应用，对简单图像进行操作已经足够。

9.3.1 基本的聚类方法

对于常见的聚类分割算法，主要有两种：在分解式聚类算法（divisive clustering）中，整个数据集作为一个集合，然后通过递归方法逐步分裂成适当的聚类（见算法9.4）；在凝聚式聚类算法（agglomerative clustering）中，每一个数据项都被看做一个独立的类，对这些聚类通过递归的方法逐步合并成适当的聚类（见算法9.3）。

算法9.3　凝聚式聚类或者合并聚类

定义每个点为独立的一个类
直到聚类满足要求
　将类间距离最小的两类合并
结束

算法9.4　分解式聚类或者分裂聚类

定义一个包含所有点的类
直到聚类满足要求
　将一个类分裂成两个类，条件是所产生的两个类间距离最大
结束

在考虑聚类的时候有两个重要的问题:

- **怎样才是一个好的类间距离?** 凝聚式聚类使用类间距离来融合邻近的类,分解式聚类使用其将不够凝聚的类切分开。尽管数据点之间的一般距离是可以得到的(对于视觉问题可能不是这种情况),但是并没有规范的类间距离。一般来说,人们会选择一个对于数据集比较适当的类间距离:例如,可以选择两类之间最近的两个元素之间的距离作为类间距离——这样趋向于产生细长型聚类(统计学家称这种方法为单连接聚类);另一个常用的选择就是第一个聚类中的元素与第二个聚类中元素的最大距离——这样趋向于产生团状型聚类(统计学家称之为全连接聚类);最后,可以使用聚类中元素间距离的平均值——这往往也趋向于产生"圆形的"聚类(统计学家称之为基于分组均值的聚类)。
- **应该划分多少种聚类?** 如果对于产生聚类的过程没有模型,应该划分多少种聚类是一个根本性的难点。已经描述过一个层次性的聚类算法。通常,通过树状图(一种显示类间距离的层次结构表示)给用户显示这个层次关系,用户根据这个树状图做出一个适当的聚类选择(见图9.15)。

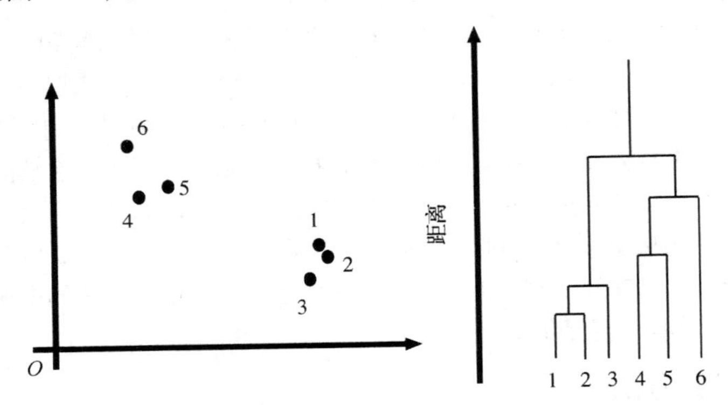

图9.15 左图,一堆数据;右图,采用单连接凝聚式聚类得到的树状图。如果选择一个距离的特殊值,这样对应该值的一条水平直线将树状图分割成聚类。这种表示可以看出有多少种聚类,并且可以看出聚类的效果如何

直接使用凝聚式聚类或者分解式聚类的主要难点在于一幅图像中含有大量的像素点。大量的数据意味着树状图将会非常庞大,这样很难对树状图进行检查。实际上,这也意味着分割时应该通过使用某个阈值来决定什么时候停止分解或者合并,例如在凝聚式聚类中,如果类间距离足够小或者聚类类数达到某个特定值,则停止合并。

一种直观的对分解式聚类算法和凝聚式聚类算法的改进是保证其分割区域的连通性。凝聚式聚类需要融合的不仅仅是共享边界的聚类点,分解式聚类算法的改进则需要保证每个分割的子分割保持连贯性,这是非常困难的,所以要求最好的聚类分解(分解式方法)或者最好的聚类合并(凝聚式方法)都是不太实用的。分解式方法经常修改成使用类的某种概要形式来确定好的分裂(例如,常用的概要形式就是像素点的颜色直方图)。凝聚式方法也需要修改,这是因为像素点的数目要求注意类间距离是如何选择的(经常采用质心之间的距离)。最后,通过扫描图片直接合并距离在某个阈值以下的区域,而并非一定要去寻找最近的合并对,这种简单的区域合并非常有用。

9.3.2　分水岭算法

早期的分割算法广泛应用的是分水岭算法。假设分割图像 $\mathcal{I}$, 在该算法中，计算图像梯度幅度图，即 $\|\nabla\mathcal{I}\|$。该图中所有零值为局部极大强度值；将每个该值作为一个分割的种子，并赋予每个种子一个独特的标记。接着将邻近的像素点通过类似于给一定深度的池塘灌水(因此取名为分水岭)的方式来赋给该种子。假定在像素点(i, j)开始，如果沿着 $\|\nabla\mathcal{I}\|$ 梯度向后遍历，则得到一个独立的种子，每个像素将会得到该种子所属的标记。

可以看出分水岭算法是一种最短路径算法的特例；该过程也可以看成是凝聚式聚类的一个例子。从种子开始聚类，若距离聚类的路径是沿着该种子像素“下坡的”，则对这些像素点进行凝聚式聚类。这可以得到相比概述算法更加有效的算法，并且有许多关于该算法的文献。相关文献指出，分水岭算法得到的分割是过分割的，即产生“太多”分割。最近，分水岭算法由于其可以产生可容忍的超像素且非常有效而被广泛应用。关于分水岭的应用非常多；我们采用 MATLAB 的图像处理工具箱得到图 9.16。再次采用梯度幅值获取分水岭变换是很自然的，这是因为梯度幅值将图像划分为相对较小的梯度区域；也可以采用图像灰度值，在该情形下，每个区域为灰度值最大或者最小的主导区域。梯度分水岭倾向于产生更加有用的超像素(见图 9.16)。

图 9.16　通过采用分水岭算法得到的分割结果，图像由 Martin Brigdale 提供。中图，在灰度图像上应用分水岭算法；注意某些长的超像素。右图，在梯度图像上应用分水岭算法；这将倾向于产生较圆的超像素(Martin Brigdale © Dorling Kindersley, used with permission)

9.3.3　使用 k 均值算法进行分割

下面所描述的图像分割与向量量化之间有很强的共鸣。第 6 章描述了向量量化用于纹理表征并引入 k 均值算法。k 均值算法对于某些应用产生非常好的图像分割。遵循常规的方法，对每个像素点计算其特征向量，接着采用 k 均值，将每个像素点通过表征该像素点特征的向量靠近聚类中心得到对应的分割。采用 k 均值分割的主要结果是可以确定得到多少个分割，这对于某些应用是非常有用的。例如，图 9.17 给出的图像分割采用 5 个分割，主要根据图像灰度级(或者对应的颜色级)划分为 5 层进行量化表征。这对于某些编码和压缩应用非常有用。

应用这种方法进行图像分割时还有一个问题：分割得到的区域并不连贯，甚至是很零散的分布(如图 9.17 和图 9.18 所示)。可以通过将像素点的坐标作为特征来减少这种影响——一种将大的区域进行分割的方法(如图 9.19 所示)。

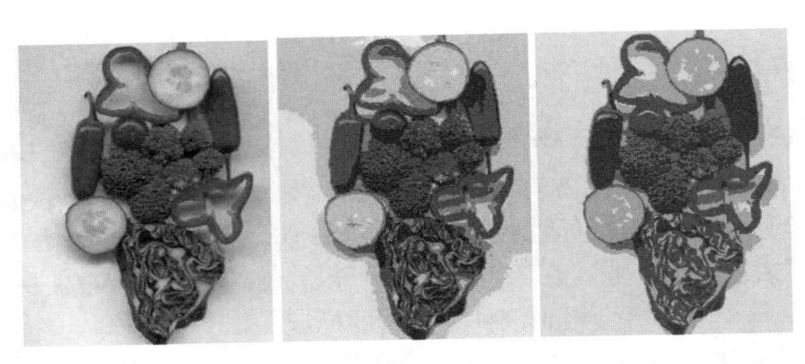

图 9.17 左图是各种蔬菜混合的一张图片，采用 k 均值算法将它分割得到的图像如中图和右图。将每个像素点用它所在类的均值替代;结果即为期望的自适应量化的图像。中图采用灰度信息进行分割，右图采用颜色信息进行分割。每次分割都假定为5类

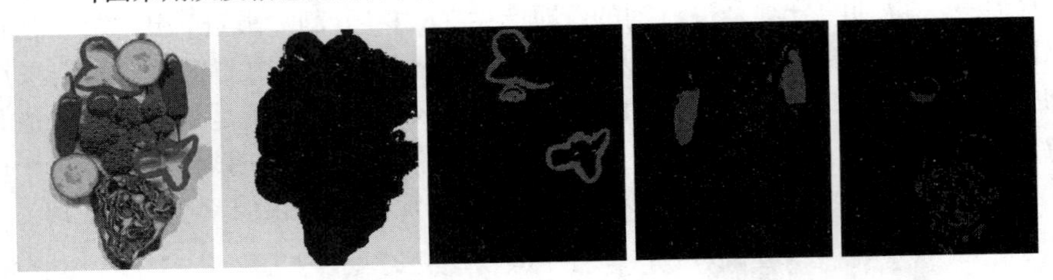

图 9.18 显示一些蔬菜图像采用 k 均值分割的结果。假设分类数为 11。左图显示了用均值替代所有像素点原值的所有分割。其他的图分别显示4种划分。注意这种方法产生的分类集合不保证连贯性。对于这幅图像，一些划分确实非常像物体，但一个划分也可能代表了多个物体(如辣椒);其他的根本没有意义，因为没有考虑到纹理的问题而导致将卷心菜的不同叶片分成了很多不同的部分

图 9.19 采用 k 均值分割蔬菜图像得到的 5 个部分，其中采用了像素的位置信息作为特征向量的一部分，并且分类数为20而不是11。注意，因为背景区域的点相距中心点太远，大片连贯的背景区域被分割开了。每个单独的辣椒被很好地分割开，而卷心菜因为没有考虑纹理的问题仍然被分割开了

9.3.4 均值漂移：查找数据中的局部模型

聚类可以抽象为密度估计问题。特征空间中的某些样本点符合基础概率密度。Comaniciu and Meer(2002)给出一种非常重要的采用均值漂移(mean shift)的分割器，该均值漂移将聚类看成该密度的局部极大值(局部模型)。为了求解该问题，需要得到关于该密度的一个估计描述。一种方法是采用核平滑(kernel smoothing)的方法进行估计。这里，采用一系列看起来像“斑点”或者“隆状物”的函数，分配给每个数据点，故产生一个平滑函数，当数据点邻近分布时，该值大；当数据点广泛散时，该值小。

这是一个用于许多隆状物函数的一般做法。采用特定的核平滑器，记为

$$K(\boldsymbol{x};h)=\frac{(2\pi)^{(-d/2)}}{h^d}\exp\left(-\frac{1}{2}\frac{\|\boldsymbol{x}\|^2}{h}\right)$$

为冲击函数(bump function)，引入正的尺度因子 h，用于调试参数以获取最佳性能。接着，密度模型为

$$f(\boldsymbol{x})=\left(\frac{1}{n}\right)\sum_{i=1}^{n}K\left(\boldsymbol{x}_i-\boldsymbol{x};h\right)$$

(可以检测其是否符合概率密度定义，例如概率密度函数满足非负性，且其积分为 1)。通过最大化给出数据的平均似然估计得到 h。在该处理过程中，重复如下实验：随机固定一个数据点，对剩余的数据点进行概率模型匹配，接着计算留存数据点的关于 h 的似然函数(或者通过计算 h 中一系列不同的样本得到该值)。将计算得到的值进行平均，接着采用 h 最大化该似然。

简单标记 $k(u)=\exp(-1/2u)$(即核概要，kernel profile)和 $C=\dfrac{(2\pi)^{(-d/2)}}{nh^d}$，则

$$f(\boldsymbol{x})=C\sum_{i=1}^{n}k\left(\|\frac{\boldsymbol{x}-\boldsymbol{x}_i}{h}\|^2\right) \tag{9.1}$$

记 $g=\dfrac{\mathrm{d}}{\mathrm{d}u}k(u)$。以某样本点 $\boldsymbol{x}_0$ 开始，查找使得该概率密度最大化的邻近点。采用局部最大值(局部模型)作为聚类中心。该均值漂移过程最大化式(9.1)中的指数形式。通过使得在该点梯度 ∇f 消失，得到 $\boldsymbol{y}$。必须满足

$$\begin{aligned}\nabla f(\boldsymbol{x})|_{\boldsymbol{x}=\boldsymbol{y}} &= 0\\ &= C\sum_i \nabla k(\|\frac{\boldsymbol{x}_i-\boldsymbol{y}}{h}\|^2)\\ &= C\frac{2}{h}\sum_i[\boldsymbol{x}_i-\boldsymbol{y}]\left[g(\|\frac{\boldsymbol{x}_i-\boldsymbol{y}}{h}\|^2)\right]\\ &= C\frac{2}{h}\left[\frac{\sum_i \boldsymbol{x}_i g(\|\frac{\boldsymbol{x}_i-\boldsymbol{y}}{h}\|^2)}{\sum_i g(\|\frac{\boldsymbol{x}_i-\boldsymbol{y}}{h}\|^2)}-\boldsymbol{y}\right]\times\left[\sum_i g(\|\frac{\boldsymbol{x}_i-\boldsymbol{y}}{h}\|^2)\right]\end{aligned}$$

期望 $\sum_i g(\|\frac{\boldsymbol{x}_i-\boldsymbol{y}}{h}\|^2)$ 为非零，故在下式情况下满足最大值：

$$\left[\frac{\sum_i \boldsymbol{x}_i g(\|\frac{\boldsymbol{x}_i-\boldsymbol{y}}{h}\|^2)}{\sum_i g(\|\frac{\boldsymbol{x}_i-\boldsymbol{y}}{h}\|^2)}-\boldsymbol{y}\right]=0$$

或者等价于，当

$$\boldsymbol{y}=\frac{\sum_i \boldsymbol{x}_i g(\|\frac{\boldsymbol{x}_i-\boldsymbol{y}}{h}\|^2)}{\sum_i g(\|\frac{\boldsymbol{x}_i-\boldsymbol{y}}{h}\|^2)}$$

均值漂移处理过程包括产生一系列的估计值 $\boldsymbol{y}^{(j)}$，其中

$$\boldsymbol{y}^{(j+1)}=\frac{\sum_i \boldsymbol{x}_i g(\|\frac{\boldsymbol{x}_i-\boldsymbol{y}^{(j)}}{h}\|^2)}{\sum_i g(\|\frac{\boldsymbol{x}_i-\boldsymbol{y}^{(j)}}{h}\|^2)}$$

通过该处理过程可以看出均值漂移的命名正是源于将带有均值权重的点进行偏移的事实(见算法 9.5)。

算法 9.5　采用均值漂移查找一个模型

从一个模型 $\boldsymbol{y}^{(0)}$、一系列 n 个数据向量 $\boldsymbol{x}_i$(其中维度为 d)、尺度参数 h 和内核概要的梯度 g 开始

直到更新非常小

形成新的估计

$$\boldsymbol{y}^{(j+1)}=\frac{\sum_i \boldsymbol{x}_i g(\|\frac{\boldsymbol{x}_i-\boldsymbol{y}^{(j)}}{h}\|^2)}{\sum_i g(\|\frac{\boldsymbol{x}_i-\boldsymbol{y}^{(j)}}{h}\|^2)}$$

9.3.5 采用均值漂移进行聚类和分割

原则上，采用均值漂移的聚类是非常直观的。通过对每个数据点进行均值漂移，产生关于每个数据点的模型。由于所处理的是连续变量，这些模型的每个变量是不同的，但期望所有模型是非常紧凑的聚类。这里应当有一系列小的实际模型，其中每个估计是非常接近其中的某一个。由于其描述了图像中的一种滤波形式，这些估计对于其本身是非常有用的。可以采用每个模型表征代替每个像素点；这给出了关于图边界的非常明显的平滑痕迹(见图9.20)。对该数据的聚类，采用凝聚式聚类得到模型估计。由于期望模型是非常紧凑的聚类，组间平均距离是一个非常好的距离选择，当该距离超过一个小的阈值时停止该聚类过程，这将会产生一系列非常小的、广泛分散的紧凑聚类。最后，根据关联的每个模型，将每个数据点映射到每个聚类中心(见算法9.6)。

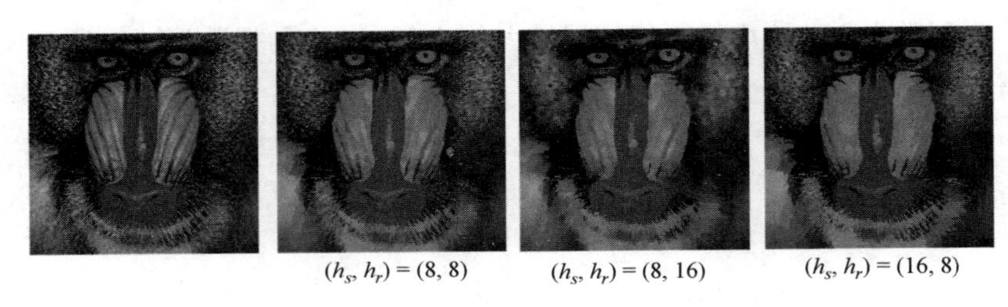

图9.20　原图(左图)及其对应的在不同聚类尺度上(空间 h_s 和外貌 h_r)得到的均值漂移模型。如果 h_s 较小，则产生的距离相对较小且空间紧凑，这是由于核函数在相对较小的半径进行平滑，由此允许使用许多鉴别性的模型。如果 h_r 较小，聚类在外貌上紧凑，小的 h_s 和大的 h_r 将会产生布满整个外貌区域的小且滴状的聚类，其中大的 h_s 和小的 h_r 将会倾向于空间复杂且呈现小区域外貌的聚类。聚类边界将趋于坚固的强度等位曲线(This figure was originally published as Figure 5 of "Mean Shift: A Robust Approach Toward Feature Space Analysis," by D. Comaniciu and P. Meer, IEEE Transactions on Pattern Analysis and Machine Intelligence, 2002 © IEEE, 2002)

该处理过程可以直接应用于图像分割(见算法9.7)。通过对每个特征向量表征每个像素点，接着对这些特征向量进行聚类；每个聚类中心表示一个分割，将每个像素点替换为其对应的聚类中心。通过权衡空间和明确的外貌特征的表征有助于性能提升。特别地，采用一个特征向量 $\boldsymbol{x}_i$ 描述第 i 个像素，该特征向量具有两个成分：$\boldsymbol{x}_i^s$，维度为 d_s，描述像素点的位置信息；$\boldsymbol{x}_i^r$，维度为 d_r，描述一切其他的内容。采用两种核和两种平滑参数进行概率密度估计，记为

$$K(\boldsymbol{x};h_s,h_r)=\left[\frac{(2\pi)^{(-d_s/2)}}{h_s^{d_s}}k\left(\frac{\boldsymbol{x}^s}{h_s}\right)\right]\left[\frac{(2\pi)^{(-d_r/2)}}{h_r^{d_r}}k\left(\frac{\boldsymbol{x}^r}{h_r}\right)\right]$$

这意味着可以平衡空间信息和外貌聚类及其他需求，例如对大区域外貌进行紧凑的空间聚类，等等。在这种情形下，均值漂移公式有较小的改动(见本章习题)。图9.21给出了采用均值漂移算法进行的图像分割。

算法9.6　均值漂移聚类

对于每个数据点 $\boldsymbol{x}_i$

从 $\boldsymbol{y}^{(0)}=\boldsymbol{x}_i$ 开始采用均值漂移算法(见算法 9.5)
记录结果模型为 $\boldsymbol{y}_i$

对 $\boldsymbol{y}_i$ 进行聚类，且 $\boldsymbol{y}_i$ 具有小的紧凑的聚类。
一种很好的选择是采用具有组间均值距离的凝聚式聚类
当组间距离超过一个小的阈值时停止聚类

数据点 $\boldsymbol{x}_i$ 属于模型 $\boldsymbol{y}_i$ 所在的聚类。

算法 9.7　均值漂移分割

对于每个像素，p_i，计算特征向量 $\boldsymbol{x}_i=(\boldsymbol{x}_i^s, \boldsymbol{x}_i^r)$，分别表示其空间关系和外貌分量。

选择 h_s，h_r，分别为空间尺度平滑核和外貌尺度平滑核。

采用该数据和均值漂移聚类(见算法 9.6)对 $\boldsymbol{x}_i$ 进行聚类

(优化)对小于 $t_{\min}$ 的邻近像素的聚类点进行合并；由于聚类非常微小，近邻的选择并不十分直观。

第 i 个像素点属于其聚类中心所在的分割(例如，记录聚类中心为 $1,\cdots,r$，则对每个像素点根据其聚类中心进行标记得到对应的分割)。

图 9.21　采用均值漂移算法进行的图像分割(This figure was originally published as Figure 10 of "Mean Shift: A Robust Approach Toward Feature Space Analysis," by D. Comaniciu and P. Meer, IEEE Transactions on Pattern Analysis and Machine Intelligence, 2002 © IEEE, 2002)

9.4　分割、聚类和图论

聚类算法是对不同数据之间的相似度的处理。某些算法对数据进行概要总结(例如，k 均值算法中的聚类中心)，其核心问题是基于数据之间的相似度。对所有数据进行配对及做比较并不见得非常有用。例如，对于非常远的图像像素点，直接比较几乎没有任何好处。这使我们很自然地想到了图结构，每个数据项为图中的结点。这里有一个关于数据项的所有对之间的加权边，这些数据项可以进行有用的比较。对数据进行聚类处理的过程可以看做是对图进行不同连接成分的分割。

9.4.1 图论术语和相关事实

这里对图论术语做一个简短的回顾：

- 图是一些顶点 V 以及连接这些顶点 E 的边的集合，记做 $G=\{V,E\}$。每条边能用一对顶点来表示——即 $E\subset V\times V$。经常通过画一些点及一些连接它们的曲线来表示图。
- 顶点的度为连接该顶点的所有边的数目。
- 有向图是边 (a,b) 和 (b,a) 不一样的图，这样的图在画的时候要使用箭头表示边的方向。
- 无向图是边 (a,b) 和 (b,a) 没有区别的图。
- 加权图是边有权值的图。
- 如果两条边有共用的顶点，则这两条边是连通的。
- 一条路径是一系列的连续的边的组合。
- 环是指开始与结束都在一个点的路径。
- 自环就是两端的顶点有相同的一条边；自环不会出现在实际的应用中。
- 如果存在一组相连的边使得它起始于其中一点，终结于另一点，我们就说这两个顶点是相连的；如果是有向图，则要求所有箭头的方向一致。
- 连通图是一个任意两个顶点都是相连的图。
- 树为没有环的连通图。
- 给定一个连通图，$G=\{V,E\}$，生成树为其顶点 V 和边子集 E 的树。通过定义，树是连通的，故生成树也是连通的。
- 每个图都是由一些独立的连通子图组成的——也就是说，$G=\{V_1\cup V_2\cdots V_n, E_1\cup E_2\cdots E_n\}$，其中所有的子图 $\{V_i, E_i\}$ 都是连通的，而且不存在连接集合 V_i 和集合 V_j 中元素的边 E，其中 $i\neq j$。
- 森林为连接部分是树的图。

在加权图中，有许多计算最小加权生成树的有效算法[例如，Jungnickel(1999)；Cormen et al. (2009)]。另一个关于有向图的非常重要的问题是寻找最大流问题，也有许多有效的算法。在实际应用中，确定有向图的一个顶点为源 s，另一个顶点为目标 t。与每个有向边 e 相关的为容量(capacity) $c(e)$，其中该值为非负。流为关于每条边及相关属性的非负值 $f(e)$。首先，$0\leqslant f(e)\leqslant c(e)$；其次，对于每个顶点，$v\in\{V-s-t\}$，

$$\sum_{e\text{arriving at } v} f(e) - \sum_{e\text{leaving from} v} f(e) = 0$$

[例如，到达该顶点的流等于从该顶点输出的流，即基尔霍夫(Kirchoff)定理]。流的值为

$$\sum_{e\text{arriving at} t} f(e)$$

有许多有效的算法可计算最大流，例如 Ahuja et al. (1993)或者 Cormen et al. (2009)。其对偶问题也是一个非常有趣的问题。将顶点分割为不连通的集合 $\mathcal{S}$ 和集合 $\mathcal{T}$，使得 $s\in\mathcal{S}$ 和 $t\in\mathcal{T}$。这表示一个切割，考虑 $\mathcal{W}\in E$，从源 $\mathcal{S}$ 到目标 $\mathcal{T}$ 的一个有向边集，一个切割的值为

$$\sum_{e\in\mathcal{W}} c(e)$$

切割的值通过有效的算法计算得到；相关算法见 Ahuja et al. (1993)、Jungnickel(1999)、Schrijver(2003)。

9.4.2　根据图论进行凝聚式聚类

Felzenszwalb and Huttenlocher(2004)给出了一种使用图论理论构建一个直观但非常有效的凝聚式分割器的方法。将图表示为一个加权图，每个像素对之间的边表示其邻近关系。每条边都有值，且表示其相似度——例如，如果像素的差异性很大，则该值非常大；反之，该值非常小。该权重可以通过像素表征的差异性计算得到。例如，可以采用基于灰度的均方距离；或者根据其颜色用一个向量表示每个像素点，并采用差向量的长度；或者根据其纹理表征对每个像素点采用一个向量滤波得到(根据6.1节介绍的纹理表征)，接着采用差向量的长度；或者可以使用所有这些距离的加权和。

从每个像素点开始形成一个聚类，接着对这些聚类进行组合直到不需要组合为止。为了达到该目的，需要对两个聚类之间的聚类进行定义。每个聚类为图的一个成分，由聚类中的所有顶点(像素点)生成，所有的边开始于且结束于该聚类内。接着两个分量之间的差是连接两个分量之间的最小加权边。记录 $\mathcal{C}_1$，$\mathcal{C}_2$ 为两个成分，$\mathcal{E}$ 为边缘，$w(v_1, v_2)$ 为联合 v_1，v_2 的边的权重，故有

$$\text{diff}(\mathcal{C}_1, \mathcal{C}_2) = \min_{v_1 \in \mathcal{C}_1, v_2 \in \mathcal{C}_2, (v_1, v_2) \in \mathcal{E}} w(v1, v2)$$

一个特定聚类之间的连贯性有助于聚类，并可以有助于停止聚类。定义一个成分的内在差异性为最小生成树的所有成分的最大权重。记 $M(\mathcal{C}) = \{V_{\mathcal{C}}, E_M\}$ 为最小生成树 $\mathcal{C}$，接着，有

$$\text{int}(\mathcal{C}) = \max_{e \in M(\mathcal{C})} w(e)$$

从一系列包括所有像素点的聚类(或者分割)开始，每个聚类代表一个像素点。接着通过迭代对这些聚类进行合并。通过边权重的非递减的排序进行合并。对于每条边，从最小的开始，仅考虑边两端的聚类。如果边的两端都位于一个聚类内，则不做任何处理。如果边的两端位于不同的聚类内，则将这两个聚类合并。当边权重相比于每个聚类的内部差异性小时则完成该操作(对于小的聚类尤其要注意，细节如下)。接着对所有的边进行如此处理，合并是非常有必要的。最终的分割为最后一条边遍历的一系列聚类(见算法9.8)。

算法9.8　根据图论进行凝聚式聚类

给定一系列聚类 $\mathcal{C}_i$，每个聚类代表一个像素点

按照非递减边权重的顺序对边进行排序，使得

$w(e_1) \geqslant w(e_2) \geqslant \cdots \geqslant w(e_r)$

For $i = 1$ to r

　If 边 e_i 位于一个聚类内

　　不做任何处理

　Else

　　其边一端位于聚类 $\mathcal{C}_l$，另一端位于聚类 $\mathcal{C}_m$

　　If $diff(\mathcal{C}_l, \mathcal{C}_m) \leqslant M\ Int(\mathcal{C}_l, \mathcal{C}_m)$

　　　将 $\mathcal{C}_l$，$\mathcal{C}_m$ 合并产生新的聚类

对剩余的聚类重复该过程。

尤其要注意边权重与聚类内部差异性的比较，这是因为小的聚类内部的差异性可能为零(如果仅有一个像素点)，或者非常小。对于这种情形，Felzenszwalb and Huttenlocher(2004)定义

了两个聚类之间的一个函数 MInt,即

$$\text{MInt}(\mathcal{C}_1,\mathcal{C}_2)=\min(\text{int}(\mathcal{C}_1)+\tau(\mathcal{C}_1),\text{int}(\mathcal{C}_2)+\tau(\mathcal{C}_2))$$

其中 $\tau(\mathcal{C})$ 为小聚类上涨的内部差异性的偏差项；Felzenszwalb and Huttenlocher(2004)采用 $\tau(\mathcal{C})=k/|\mathcal{C}|$，其中 k 为某常量参数。该算法非常快速且相对准确(见图 9.22)。

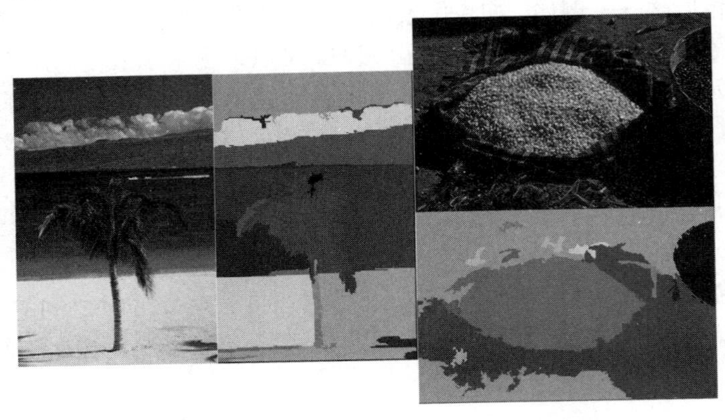

图 9.22　采用算法 9.8 进行的图像分割，旁边为分割结果(Figures obtained from http://people.cs.uchicago.edu/~pff/segment/, by kind permission of Pedro Felzenszwalb)

9.4.3　根据图论进行分解式聚类

正如 9.2.3 节介绍的，将一幅图像中的前景和背景根据样例分割出来是非常有用的。假设给定一幅像素映射图，映射图中的每个点对应图像中的每个像素，其中映射图中的每个像素具有三个标记，根据关联的图像是否属于前景、背景或者未知区域分别标记为前景、背景或者未知待定区域[这些映射图往往又叫做三元映射图(trimap)]。常常根据提取的前景和背景像素，建立相关的模型，接着对未知区域的像素采用这些模型进行标记。对于这些标记有两种重要的约束。首先，对于看起来像前景的像素应标记为前景(同样对于背景元素)。其次，像素之间应当与其近邻像素的标记相同。

Boykov and Jolly(2001)将该问题描述为能量最小化问题。记录 $\mathcal{F}$ 为具有前景标记的所有像素集，$\mathcal{B}$ 为标记为背景的所有像素集，$\mathcal{U}$ 为未知标记的像素集，δ_i 为第 i 个未知像素二值变量。采用传统的标记，即当第 i 个像素为背景时，$\delta_i=-1$；当第 i 个像素为前景时，$\delta_i=1$。通过最小化能量函数可以得到关于该二值变量的一个值。该能量函数由两项构成，第一项为保证每个标记为前景的像素尽可能接近前景(相应的背景)；第二项为尽可能保证每个像素与其近邻像素有相同的标记。

记录 $\boldsymbol{p}_i$ 为第 i 个像素的向量表征。该向量包括该像素亮度值、颜色、纹理或者其他的信息。记录 $d_f(\boldsymbol{p})$ 为比较像素向量 $\boldsymbol{p}$ 的前景模型的函数；当该像素与前景像素不相似时，该函数值变大；当与前景像素相似时，该函数值变小。同样，$d_b(\boldsymbol{p})$ 为比较像素向量 $\boldsymbol{p}$ 的背景模型函数。$\mathcal{N}(i)$ 为第 i 个像素的近邻像素，$B(\boldsymbol{p}_i,\boldsymbol{p}_j)$ 为比较两个像素的非负、对称函数，用于表示将近邻像素分配到不同模型的代价。该值应尽可能简单，并尽可能为一个常数，即尽可能保证近邻像素具有相同的标记。当两个像素非常相似时，更加复杂的函数 B 具有很大的值，当具有不同的像素时，该值变小；在这种情形下，尽可能保证标记在不同的像素间变化。

注意到当 $(1/2)(1-\delta_i\delta_j)$ 和 δ_i 及 δ_j 不同时，其值为 1，否则为 0。记录 $\mathcal{I}$ 为所有的像素集，$\mathcal{U}$ 为未知标记的像素集，$\mathcal{F}$ 为已知标记为前景的像素集，$\mathcal{B}$ 为已知标记为背景的像素集。得到相应的能量函数：

$$
\begin{aligned}
E^*(\delta) = & \sum_{i \in \mathcal{I}} d_f(\boldsymbol{p}_i)\frac{1}{2}(1+\delta_i) + d_b(\boldsymbol{p}_i)\frac{1}{2}(1-\delta_i) + \\
& \sum_{i \in \mathcal{I}} \sum_{j \in \mathcal{N}(i)} B(\boldsymbol{p}_i, \boldsymbol{p}_j)(\frac{1}{2})(1-\delta_i \delta_j)
\end{aligned}
$$

其中，对于 $k \in \mathcal{F}$，$\delta_k = 1$；对于 $k \in \mathcal{B}$，$\delta_k = 0$；最小化该目标函数。注意到通过标记满足如下条件的像素使得该目标函数尽可能小，即满足前景模型的像素标记为 $\delta = 1$，满足背景模型的像素标记为 $\delta = -1$，并保证在像素具有不同值时进行标记变化（例如，当 B 是非常小时）。最小化该能量函数可能非常困难，这是因为组合问题（δ_j 具有两个值）。

最小化能量 E，可以表征为基于图的最小切问题。通过图可以最简单地表示该问题。想想关于图 9.23 的一个切割，在该图中，每个像素通过一个顶点表示，源顶点关联前景标记，目标顶点关联背景标记。其中有一条连接关于源顶点的所有像素的边和一条连接关于目标顶点的所有像素的边；可以仅仅通过切割这些两条边中的一个得到对图的切割。如果将这两条边全部切割，则该切割并非最小。可以将一个切割解释为对像素到前景（对应背景）的映射图的这些边的仅仅一个进行切割，并且依赖于该边对应源（对应目标）保持不切割。进一步讲，一个切割的值仅仅切割对于每个像素具有与对应标记的能量函数 E 的值相同的这些边中的一个。最终，可以通过计算最小切来最小化该能量函数。该算法常常称为图论的多项式算法（见 9.4.1 节），但实际上特定算法在切割图像时的速度非常快。

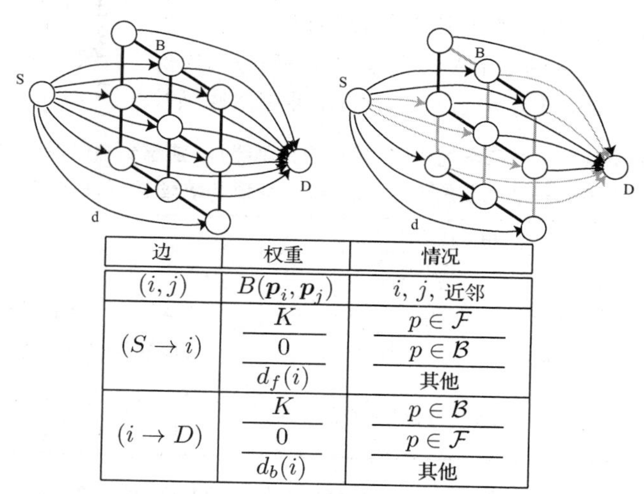

边	权重	情况
(i,j)	$B(\boldsymbol{p}_i,\boldsymbol{p}_j)$	i, j, 近邻
$(S \to i)$	K	$p \in \mathcal{F}$
	0	$p \in \mathcal{B}$
	$d_f(i)$	其他
$(i \to D)$	K	$p \in \mathcal{B}$
	0	$p \in \mathcal{F}$
	$d_b(i)$	其他

图 9.23　左图，通过将原始图设置的前景和背景建模为图切割问题而得到一个图。将连接源（S）的像素点作为前景像素点，连接终端（D）的像素点作为背景像素点。某些像素（标记已知）仅仅连接这两种情况中的一种，或者连接它们的近邻。连接权重见表格。近邻之间的连接在每个方向具有相同的容量，这也是为什么在图中没有给出方向的原因。右图，该图的一个切割（边显示为灰色）。注意这些像素要么与前景相连接，要么与背景相连接，但不会与其全部连接（否则得不到关于 S 和 D 的断裂），也不会与其全部断开（因为需要保存两个边中的一个，并得到一个具有较好值的切割）。更进一步，切割边的权重之和等同于能量代价函数值。最终，通过求解最小代价的切割将图像划分为前景和背景。根据表格中给出的权重，图的一个切割的值与能量函数值相同，尽管并不将 $(S \to i)$ 和 $(i \to D)$ 全部切割，且 $K = 1 + \max_{\boldsymbol{p} \in \mathcal{I}} \sum_{\boldsymbol{q}:|\boldsymbol{p},\boldsymbol{q}| \in \mathcal{N}} B(\boldsymbol{p}, \boldsymbol{q})$。最小切算法并不会将 $(S \to i)$ 和 $(i \to D)$ 全部切割，这是因为更有效的切割只会切割其中一方；这意味着文中通过最小化能量函数得到图的切割

该过程显示处理6.3.2节介绍的问题的一种方法。给定一幅具有一个孔的图像，与该孔匹配的图像块；但该图像块为方形，而孔往往不是。将该图像块放置于孔上。我们已经知道对于一些像素仅仅具有一个值(位于孔内，或者位于孔外)，但对于其他的像素则具有两个值。对于这些像素，我们应当选择哪些像素位于最终的图？再一次，这是一个组合问题。记 δ_i 为一个变量，其中第 i 个像素在最终图像其值为 -1；否则为1。记 $\mathcal{U}$ 为可能具有该标记的任意一个像素，$\mathcal{P}$ 为仅从图像块获取值的像素集，$\mathcal{I}$ 为仅从图像中获取值的像素集，并不具有前景模型或者背景模型。一般情况下，期望像素与其近邻像素具有相同标记 δ。当两个近邻像素具有不同的 δ 标记时(例如，在从图像块切割到图像的点)，期望实际的像素值尽可能相似；这也保证图像的像素与图像块像素相似的像素点标记变化。这些准则可以写成能量函数，且可以通过最小化一个图的切割得到。

9.4.4 归一化切割

如果没有很好的前景和背景模型，那么通过最小化切割，可以得到很好的图像分割。这是因为通过对很小的像素组的切割，可以得到一个很好的切割阈值。该切割并没有对分割之间的连续性进行平衡。Shi and Malik(2000)给出一个归一化切割：将图切割为两个连通的区域，使得切割的代价为每一组内总相似度的很小一部分。

为了实现该目的，需要定义像素之间的相似度。首先将一幅图像建模为一个图：顶点对应每个像素点，边从每个像素点到所有近邻。对边赋予权重，即介于像素之间的相似度。相似度准则的形成依赖于实际的问题。连接小的顶点的弧的权重值应该比较大，而连接不同顶点之间的弧的权重值应该比较小(在最后的章节中，B 为切割一条边的代价，当像素相似时，其值较小，当像素不同时，其值较大)。表9.1给出目前常用的几种相似性函数。

表9.1 基于像素的不同相似性函数的比较(用于图分割器)。注意到相似性函数可以合并。指数形式的相似性函数的一个优点是可以将位置、亮度值和纹理相似性通过相乘的形式进行合并

属性	相似性函数	注释
距离	$\exp\left\{-\left((\boldsymbol{x}-\boldsymbol{y})^t(\boldsymbol{x}-\boldsymbol{y})/2\sigma_d^2\right)\right\}$	
强度	$\exp\left\{-\left((I(\boldsymbol{x})-I(\boldsymbol{y}))^t(I(\boldsymbol{x})-I(\boldsymbol{y}))/2\sigma_I^2\right)\right\}$	$I(\boldsymbol{x})$ 为在点 $\boldsymbol{x}$ 的像素的强度值
颜色	$\exp\left\{-\left(\mathrm{dist}(\boldsymbol{c}(\boldsymbol{x}),\boldsymbol{c}(\boldsymbol{y}))^2/2\sigma_c^2\right)\right\}$	$\boldsymbol{c}(\boldsymbol{x})$ 为在点 $\boldsymbol{x}$ 的像素的颜色值
纹理	$\exp\left\{-\left((\boldsymbol{f}(\boldsymbol{x})-\boldsymbol{f}(\boldsymbol{y}))^t(\boldsymbol{f}(\boldsymbol{x})-\boldsymbol{f}(\boldsymbol{y}))/2\sigma_I^2\right)\right\}$	$\boldsymbol{f}(\boldsymbol{x})$ 为描述点 $\boldsymbol{x}$ 的像素的滤波器输出向量，其计算方式见6.1节

一个可行的办法就是将图切割为两个连通的部分，使得这种切割的代价只是每组内总相似性的一小部分。可以将此形式化为将一个加权图 V 切割为 A、B 两个部分，并对这种切割进行评价：

$$\frac{cut(A,B)}{assoc(A,V)}+\frac{cut(A,B)}{assoc(B,V)}$$

其中，$cut(A, B)$ 是图 V 中连接 A 和 B 中元素的所有边的权重之和，$assoc(A, V)$ 是有一个顶点在 A 中的所有边的权重之和。如果切割开来的两个部分之间有很少的较小权重的连线，而两部分内部有很多权重较大的连线，那么这个值就会很小。根据这个原则，希望找到使这个值最小的分割，称之为归一化切割。这个准则在实际应用中很成功(见图9.24)。

对于没有很好前景和背景模型的情况，采用归一化切割形式是很难解决该问题的，这是因为需要对每个图像切割进行遍历。这是一个组合问题，不能通过连续性的论点来推理一个好的近邻切割为某特定的切割阈值。更糟糕的是，即使对于网格图像，这也是一个 NP 完全问题。然而，Shi and Malik(2000)给出一种生成一个很好切割的近似算法。

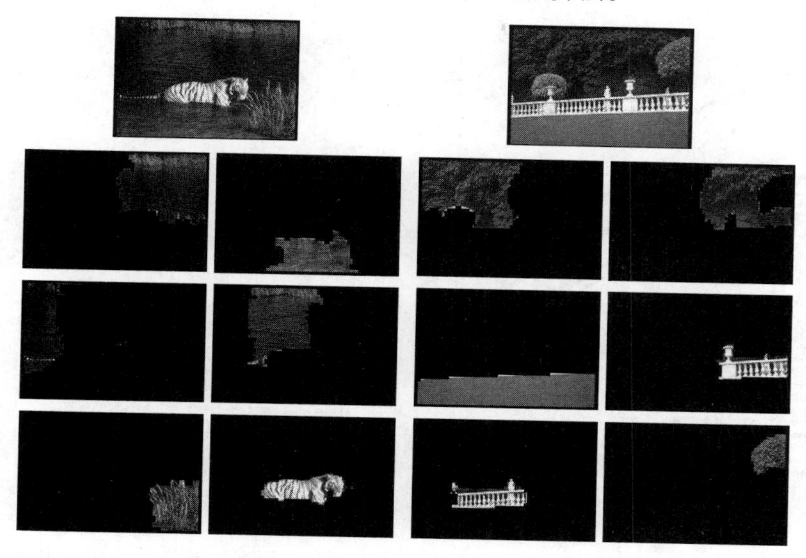

图9.24 上图为采用归一化切割的分割，然后分成不同的部分。相似性检验包括强度值和纹理，见表9.1。在水中游泳的老虎的图产生一张关键部分是老虎的图、一张为水草的图和4张与湖相关联的图。同样，栏杆的图显示三个合理的连贯的分割。注意这比通过k均值聚类分割的效果要好，这是因为采用了纹理检验(This figure was originally published as Figure 2 of "Image and video segmentation: the normalized cut framework," by J. Shi, S. Belongie, T. Leung, and J. Malik, Proc. IEEE Int. Conf. Image Processing, 1998 © IEEE, 1998)

9.5 图像分割在实际中的应用

许多重要的图像分割器的代码是公开的。EDISON 代码(源自 Rutgers 计算机视觉组，见 http://coewww.rutgers.edu/riul/research/robust.html)采用均值漂移(mean shift)进行图像分割(见9.3.5节)。在同一个网站上，公布了其他的均值漂移的代码变种。Pedro Felzenszwalb 公布了自己的分割器代码(见9.4.2节)，见 http://people.cs.uchicago.edu/~pff/segment/。Jianbo Shi 公布了采用归一化切割算法计算超像素的代码，见 http://www.cs.sfu.ca/~mori/research/superpixels/。Yuri Boykov 公布了关于最小切问题的代码，见 http://vision.csd.uwo.ca/code/，该代码可适用于极大网格。Vladimir Kolmogorov 公布了最小切代码，见 http://www.cs.ucl.ac.uk/staff/V.Kolmogorov/software.html。

9.5.1 对分割器的评估

对分割器的量化评估是一个非常棘手的问题，这是由于不同方法的目标不同。一种合理的目标是预测人们手动画出的图像中物体的边界。通过这个角度，可以得到测试数据集上关于边界像素的召回率和精确度(recall and precision)，该测试数据库需要人们手动标记物体。一种自然的比较方法包括精确度 P(标记边界的像素为真实手动标记边界像素的百分比)；F 准则概述了召回率和精确度，并将其合并为一个数值，$F=2PR/(P+R)$。在该框架中，对于人类性能的评估，可以将一部分测试者在该数据集的结果与另一部分测试者在该数据集的结果进行比较，并在整个交叉测试者上得到平均性能的统计。现代分割器在该测试集上运行得非常好，但与手动标记仍有差距(见图 9.25)。

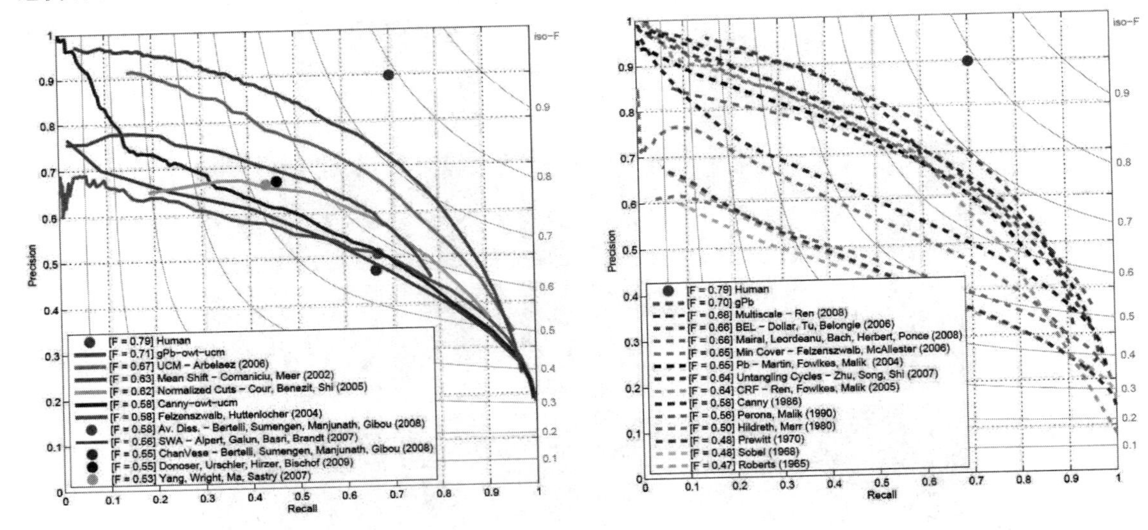

图 9.25　分割器和边缘检测子可以通过如下方式进行评估：预测边缘与手动在图中标记的物体边缘进行对比。一种自然的对比包括精确度(标记边界点为真正边界点的百分比)和召回率(已经标记的真实边界点的百分比)，F 准则将精确度和召回率组合在一起，形成一个值 $F=2PR/(P+R)$。左图，给出不同分割器的评估；右图，不同的边缘检测子的评估。(This figure was originally published as Figures 1 and 2 of "Contour Detection and Hierarchical Image Segmentation" by P. Arbelaez, M. Maire, C. Fowlkes, and J. Malik, IEEE Transactions on Pattern Analysis and Machine Intelligence, 2011, © IEEE, 2011)

Berkeley 分割数据集包括 300 幅人们手动标记的图像，并在下述网站进行公布：http://www.eecs.berkeley.edu/Research/Projects/CS/vision/bsds/。该网站同时包括该数据集更新的基准数据。比较新的一个版本(BSDS-500)具有 500 幅手动标记的图像，见 http://www.eecs.berkeley.edu/Research/Projects/CS/vision/grouping/resources.html。同样，关于该数据集的基准数据也在该网站公布。Lotus Hill Institute 提供了一个大数据集，对科研机构免费使用，见 http://www.imageparsing.com/。注释相对于其区域结构更加丰富，并扩展为包括详细的区域关系的语义层次结构。

9.6　注释

分割是一个比较难的话题，存在各种各样的解决方法。过去主要的综述性文章有 Riseman and Arbib(1977)，Fu and Mui(1981)，Haralick and Shapiro(1985)，Nevatia(1986)，以及 Pal and Pal(1993)。

其中一个原因就是，很难从比举例更实用的层次来评价一个分割方法。早先的聚类分割研究可参考 Ohlander et al.(1978)。聚类方法往往非常随意——当然，这并不是说它们没有用——因为确实没有太多可能的理论去预测哪些需要聚类及怎样聚类。很显然，正在做的就是形成对实际应用有用的聚类，但是并没有任何有用的办法来将这个准则规范化。在这一章中，我们试图给出概略描述而忽略其中的细节，因为对于已做工作进行详细的记录是很不明智的。每个人都应当熟知凝聚式聚类、分解式聚类、k 均值、均值漂移和至少一种基于图的聚类算法，这是因为这些思想对于许多应用非常有用，分割只是聚类的一种应用。

关于人类视觉感知中的分类问题有很多著作。标准的完形（Cestalt）手册包括 Kanizsa（1979）和 Koffka（1935）。主观的轮廓是 Kanisza 第一个描述的；Kanizsa（1976）有一个广泛的总结性讨论。Palmer（1999）的一本权威性的书给出了比这里更多的图片。Cordon（1997）还有许多关于不同视觉理论的发展和完形（Gestalt）的起源的信息。在视觉处理中某些聚类似乎很早就出现了一种称为突显（pop out）的现象（Triesman 1982）。

我们相信分水岭算法源自 Digabel and Lantuéjoul（1978），也可见 Vincent and Soille（1991）。Fukunaga and Hostetler（1975）首先描述了均值漂移算法，但被忽略，直到 Cheng（1995）将其发扬光大。现在该算法已经作为计算机视觉的主流研究；同样参见接下来的章节讨论。

各种基于图论理论的聚类算法已经应用于计算机视觉［见 Sarkar and Boyer（1998），以及 Wu and Leahy（1993）；在 Weiss（1999）中有一个总结］。

交互式分割算法由于极其快速的最小切算法而有可能实现，该最小切算法解决了相关的两类标记的马尔可夫随机场［见 Vogler et al.（2000），Boykov and Jolly（2001），Boykov and Funka Lea（2006）］。现在有许多重要的变种。Grabcut 源自 Rother et al.（2004）；Objcut 采用关于物体形状的先验信息提升分割性能（Kumar et al. 2010）；以及 Duchenne et al.（2008）。有许多消光算法（matting methods），Wang and Cohen（2007）给出关于消光算法的综述。

归一化的切割形式应归于 Shi and Malik（1997），（2000）。一些变种涉及运动分割中的应用［见 Shi and Malik（1998a）］和从输出推断相似性矩阵的方法［见 Shi and Malik（1998b）］。还有多种其他的标准［例如，Cox et al.（1996）；Perona and Freeman（1998）］。

有许多重要的关于分割评估的早期文献。一些有用的参考包括：Zhang（1996a），Zhang（1997），Beauchemin and Thomson（1997），Zhang and Gerbrands（1994），Correia and Pereira（2003），Lei and Udupa（2003），Warfield et al.（2004），Paglieroni（2001），Cardoso and Gorte Real（2005），Cardoso and Corte Real（2006），Cardoso et al.（2009），Carleer et al.（2005），Crum et al.（2006）。评估在特定的任务中是相对容易的；涉及不同任务的论文包括 Yasnoff et al.（1977），Hartley et al.（1982），Zhang（1996b），Ranade and Prewitt（1980）；Martin et al.（2001）介绍了 Berkeley 分割数据集，现在已经作为用于评估的公共标准数据集，但有许多不同的评估准则。Unnikrishnan et al.（2007）采用随机索引；Polak et al.（2009）采用多物体边界；Polak et al.（2009）给出了一种关于 4 个分割算法的评估细节；Hanbury and Stottinger（2008）比较了评估准则；Zhang et al.（2008）给出了最新的评估算法的综述。好的图像分割器应具有内在连续性，但将思想应用到实际则非常困难（Bagon et al. 2008）。

因为很难得到一个很好的分割，因此 Russell et al.（2006）建议采用多种分割器，接着选择最好的分割。目前，这种思想非常流行。不同分割器的联合已经用于估计（Malisiewicz and Efros 2007）和驱动识别（Pantofaru et al. 2008；Malisiewicz and Efros 2008）。我们可以将多种分割器组织为有一定的层次结构（Tacc and Ahuja 1997）；这种层次结构产生物体模型（Todorovic and Ahuja 2008b），也可用于匹配（Todorovic and Ahuja 2008a）。

我们并不详细讨论感知组织问题，主要是因为重点在于说明问题而不追求历史的准确性，并且这些方法也遵循统一的观点。例如，有很多将图像边缘点或者分割线聚类成结构的聚类文章。我们将在下一章中介绍其中一些方法，也将引导读者关注 Amir and Lindenbaum（1996），Huttenlocher and Wayner（1992），Lowe（1985），Mohan and Nevatia（1992），Sarkar and Boyer（1993），以及 Sarkar and Boyer(1994)。在构造用户接口中，(如我们前面提示的)了解什么对感知是重要的这一点非常有用[例如，Saund and Moran(1995)]。

习题

9.1 采用均值漂移过程查找如下函数的一个模式

$$f(\boldsymbol{x}) = C\sum_{i=1}^{n} k\left(\parallel \frac{\boldsymbol{x}-\boldsymbol{x}_i}{h} \parallel^2\right)$$

涉及产生一系列的估计值 $\boldsymbol{y}^{(j)}$，其中

$$\boldsymbol{y}^{(j+1)} = \frac{\sum_i \boldsymbol{x}_i g(\parallel \frac{\boldsymbol{x}_i-\boldsymbol{y}^{(j)}}{h} \parallel^2)}{\sum_i g(\parallel \frac{\boldsymbol{x}_i-\boldsymbol{y}^{(j)}}{h} \parallel^2)}$$

现在假设我们具有函数

$$f(\boldsymbol{x}) = C\sum_{i=1}^{n}\left[\frac{(2\pi)^{(-d_s/2)}}{h_s^{d_s}}k\left(\frac{\boldsymbol{x}^s-\boldsymbol{x}_i^s}{h_s}\right)\right]\left[\frac{(2\pi)^{(-d_r/2)}}{h_r^{d_r}}k\left(\frac{\boldsymbol{x}^r-\boldsymbol{x}_i^r}{h_r}\right)\right]$$

求解对于该公式的均值漂移过程。

编程练习

9.2 实现均值漂移分割器。

9.3 实现基于图的分割器，见 9.4.2 节。

9.4 实现基于图的分割器，见 9.4.3 节；对于这种情形，可以采用网络中的快速图切割包资源。

9.5 采用你的基于图的分割器构建一个人机交互分割系统。

第10章　分组与模型拟合

在上一章中，我们采用了各种各样的聚类方法和计算相似度的方法将彼此“相似的”像素归为一类。该思路也适用于标识符(tokens)①。这种思路本质上是一种局部视角。

另外一种思路则具有全局视野，对于像素点或其他标识符，只要符合某一模型就将其归为一类。这种方法虽然跟聚类方法目的类似，但是其机制和所得结果却大相径庭。在聚类方法中，处理所得结果可能含有局部结构，但不一定有全局结构。例如，如果试图依据某点是否靠近前两点所确定的直线来决定是否将该点添加到“如此渐近累加而成的直线”上，那么很可能得到一条十分弯曲的曲线。因此，还需要验证所有的点是否符合直线方程——仅仅局部一致性验证是不够的。

这类问题比聚类更难处理，但适用于某种模型拟合的策略往往可以拓展运用到其他模型的拟合。本章中，主要集中精力解决一个核心问题，这个核心问题十分简单，因此这里将详细介绍它。这个核心问题的一个具体例子就是通过搜索找出所有的由某一组点表示的直线。这个核心问题通常称为拟合(fitting)，有时叫做分组(grouping)。它包含了三个重要的子问题：如果所有标识符都符合某一模型，那么该模型到底是什么？哪些标识符对拟合该模型贡献较大，而哪些贡献小？以及总共有多少个模型？

10.1　霍夫变换

假如想将标识符集拟合成某个结构模型(例如将点集拟合成直线)，亦即将可能位于相同模型上的标识符聚类，方法之一就是：记录每个标识符可能位于的所有结构模型，并将每个模型记上一票，然后寻找得票最多的结构模型。这种很通用的技术叫做霍夫变换(Hough transform)。为了用霍夫变换拟合某一结构模型，应考察每一个图像标识符，并确定所有“经过该标识符”的结构模型。记录这个模型集——你可以认为这是在投票——对每一个标识符进行重复的操作，并决定投票结果到底代表什么。例如，如果意欲将点集拟合成直线，就考察每个点，投票给所有经过该点的直线，注意，对每个点都进行这种操作。于是，这一条直线(或多条直线)将显现出来，因为它经过许多共线的点从而获得了大量投票。

10.1.1　用霍夫变换拟合直线

直线参数化模型为满足如下方程的点集(x, y)：

$$x\cos\theta + y\sin\theta + r = 0$$

任何一对(θ, r)值代表一条唯一的直线，其中r表示原点到直线的垂直距离($r \geqslant 0$)，而$0 \leqslant \theta < 2\pi$。$(\theta, r)$的值域称为直线空间(line space)，它能可视化为一个半无限(指r无限而θ有限)的圆柱体。任意一点都有一簇直线经过，特别地，直线空间中位于曲线$r = -x_0\cos\theta + y_0\sin\theta$上的点所代表的所有直线都经过点$(x_0, y_0)$。

由于图像尺寸已知，那么必定存在某个值R，对那些$r > R$的直线就不必考虑，因为这些直线离原点太远。这意味着感兴趣的直线形成直线空间平面的有界子集，于是可以用离散化的网格(grid)来描述它。一个网格单元表示一个装有投票的桶，这些桶形成的网格则叫做累积阵列

① 指图中感兴趣的模式结构，例如点、边缘点和亚像素点。——译者注

(accumulator array，又称为 accumulator cells，即累积单元，亦即离散化的直线空间，其中的一点代表直角坐标系中的一条直线)。对于每个点而言，将累积阵列里其对应的投票曲线所经过的每个网格单元都加一票。如果有许多点共线，可推测该直线对应的网格单元就有不少投票。

10.1.2 霍夫变换的使用

霍夫变换是一种非常通用的算法，既可以用它将平面内的点拟合成圆，也可以用它将三维数据拟合成球体或者椭球体。理论上这都是可行的，但实践中，原始的霍夫变换即便是用来检测直线也很难实用。这是因为有下述几个困难：

- **网格维度：**直线的累积阵列只有两个维度，但圆的累积阵列却有三个维度(圆心位置和半径)，对称轴与坐标轴平行的椭圆对应的累积阵列有四维，而一般椭圆却有五维；三维球体有四维，对称轴与坐标轴平行的三维椭球体有七维，而一般的椭球体则有十维。即便是非常简单的结构模型，其累积阵列也可能维数甚高，这需要巨大的存储容量。
- **量化误差：**选择合适的网格尺寸比较困难。太粗的网格会导致许多错误投票，因为差别很大的结构都投票到同一网格中。过细的网格则难以发现结构，因为标识符通常不会严格整齐地位于某结构模型上，致使投票分散到多个不同的网格桶中，于是没有一个网格桶得票较高，因此不易挑出最大值(见图 10.1)。

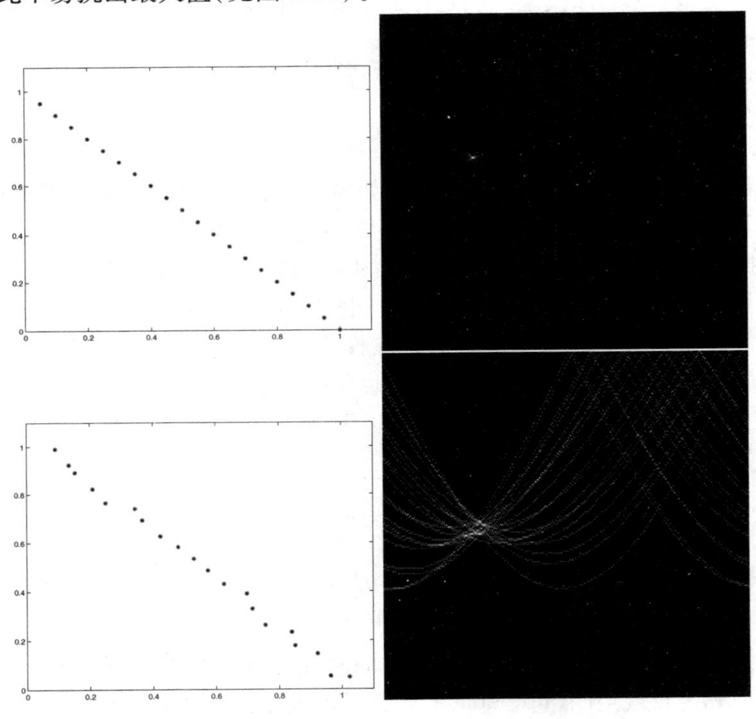

图 10.1 霍夫变换将每个点映射成所有可能经过该点的直线(或其他参数形式的曲线)对应的曲线。本图解释了直线霍夫变换。左边一列图表示点，右列图表示相应的累积阵列(投票数量用灰度值表示，得票越高则越亮)。上一行图表示用直线上的20个点进行映射的情况，右上图是这些点的霍夫变换累积阵列，对于每个点而言，其对应累积阵列里的一条投票曲线，最高得票数为20(对应最亮的那个点)。累积阵列中，横坐标为θ，纵坐标为r，每个方向分200 步而r取值范围为[0,1.55]。左下图用一个随机向量(每个分量服从区间为[0,0.05]的均匀分布)对这些点进行了偏置。注意，此举导致右侧累积阵列里的曲线发生了偏移，并使得最高票数为6(对应该图最亮点，这个票数值使得在同等尺度下不如右上图那么显而易见)

- **噪声**：霍夫变换的诱人之处在于它能将间隔较大但都靠近某结构模型的标识符联系起来。但这也是个弱点，因为这很可能导致在大致均匀分布的标识符集中发现许多不错却不实的结构模型（见图 10.2）。这意味着纹理区域在累积阵列会产生很多峰值，其值可能比要检测的直线对应的峰值还要高。

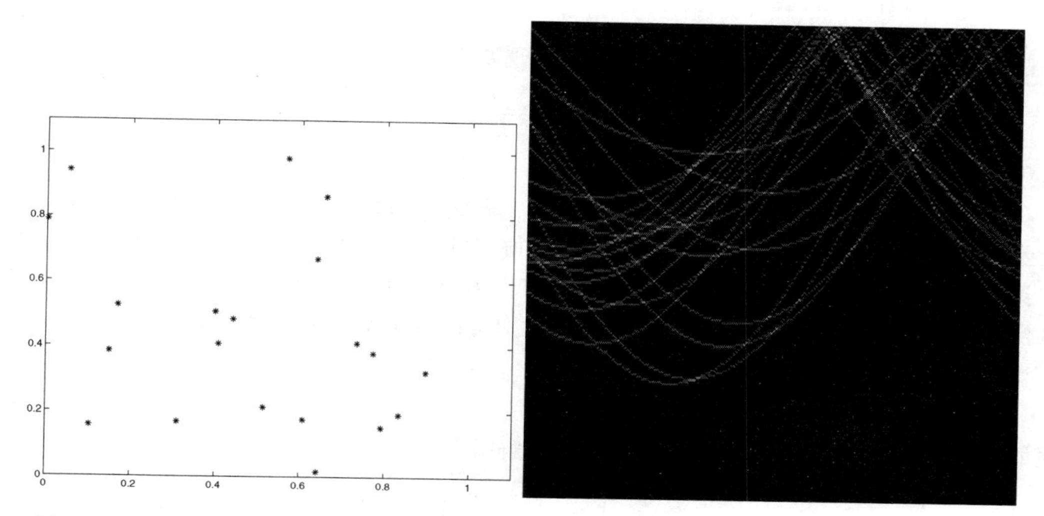

图 10.2 随机点集的霍夫变换导致累积阵列里出现数量庞大的投票曲线。与图 10.1 一样，左图表示点集，右图表示相应的累积阵列（票数值用灰度值表示，点越亮得票越高）。在这种情况下，数据点都为噪声点（点的纵横两坐标值都是区间[0,1]内的均匀随机值）。此时，累积阵列里有许多交点，最高票数值为4（注意与图10.1的最高票数6对比）

把霍夫变换看成是在分布中试图寻找某个模型，那么在一定程度上可以避免这些难点。这里所说的分布可用投票累积阵列表示，但设定投票累积阵列的单元大小却有点麻烦。但是为了寻找某种模型，没必要一定使用投票累积阵列，可以使用均值漂移（mean shift）来代替，亦即直接应用 9.3.4 节的算法。另外，尽量减少无关的标识符可避免上述困难，例如，调节边缘检测子以平滑纹理，调整光照确保获得高对比度边缘；或者在使用标识符时，尽量将其设计成由边缘点构成的更复杂的结构。

霍夫变换一个很自然的应用就是识别物体。将在 18.4.2 节中详细介绍，但大概情况如下所述。设想某个物体由已知的部件组成，虽然各部件相对其他部件可能有一点点位置偏移，但是不足以影响部件的正确检测。于是可以根据每个被检测的部件推测整个物体的位置（或者状态）。这意味着可以用下述方式检测物体：先检测出所有部件，然后让每个检测到的部件就整个物体的位置（也可能是状态）进行投票，最后采用霍夫变换（很可能以均值漂移的方式）寻找到许多部件检测子都投票认同的物体。该方法已成功地获得了广泛的形式多样的应用（Maji and Malik 2009）。

10.2 拟合直线与平面

在很多应用中，物体的直线特征非常明显。例如，可能想用建筑物的图片给建筑物建模（如第 19 章的应用），而这种图片直线很多。此应用采用多面体给建筑物建模，则图中的直线很重要。类似地，许多工业零件也有这样或那样的直线特征，因此如果要识别图中的工业零件，直线将帮助很大。对于以上任意一种情况，知道图中的所有直线对有效分割帮助极大。所有这些表明将直线拟合成平面在实际应用中是非常有用的。将平面拟合成三维物体也是有用的，而将平面内的直线拟合算法做细微改动就能适用了。

10.2.1　拟合单一直线

首先假设所有同属某直线的点都是已知的，现要求出直线的参数。这里采用符号：

$$\overline{u} = \frac{\sum u_i}{k}$$

来简化表示。

有一个拟合直线的简单策略，即著名的最小二乘法(least squares)，该算法历史悠久——这也是要介绍它的主要原因，但它可能具有很大的偏差(bias)。大部分读者可能知道这个方法，但是许多人可能不熟悉它带来的问题。假设直线方程为 $y = ax + b$。数据点用(x_i, y_i)表示，要挑选这样的直线——能最好地预测出每个 x 坐标值对应的 y 轴坐标值。即寻求使下式

$$\sum_i (y_i - ax_i - b)^2$$

的值最小的直线。通过求微分，直线可由下式的解给出：

$$\begin{pmatrix} \overline{y^2} \\ \overline{y} \end{pmatrix} = \begin{pmatrix} \overline{x^2} & \overline{x} \\ \overline{x} & 1 \end{pmatrix} \begin{pmatrix} a \\ b \end{pmatrix}$$

尽管这是一个标准的对经典问题求线性解的问题，但在视觉应用中没多大用处，因为这个模型太简陋了。其问题在于误差估计依赖于坐标系——将点到直线的竖直方向的偏差作为误差，这就意味着几乎竖直的直线误差最大，而且拟合结果很怪异(见图 10.3)。事实上，这种方法是如此依赖坐标系以至于它根本不能表示竖直直线。

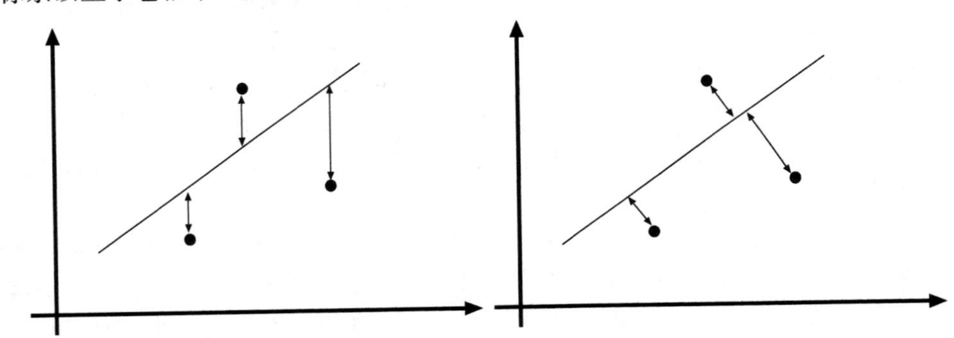

图 10.3　左图：最小二乘法找到的直线使得直线与各点在竖直方向的误差的平方和最小(因为其假定了误差只出现在y坐标轴)。这种处理方式使得数学求解问题虽然稍微简单些，但代价是拟合效果很差。右图：总体最小二乘法找到的直线使得点到直线的垂直距离的平方和最小，这意味着，拟合几乎竖直的直线也毫不费力

可以采用点到直线的实际距离而不是竖直方向的距离，这就引出众所周知的总体最小二乘法(total least squares，有的书称为完全最小二乘法)。直线可以用满足方程 $ax + by + c = 0$ 的点集来表示，任何直线都可以如此表示，于是可以将直线看成三元组(a,b,c)。注意，当 $\lambda \neq 0$ 时，$\lambda(a,b,c)$所表示的直线就是(a,b,c)所表示的直线。本章习题中要求证明下述简单但非常有用的命题，即点(u,v)到直线(a,b,c)的距离为

$$\text{abs}(au + bv + c) \text{ if } a^2 + b^2 = 1$$

根据经验，这个结论用处很大足以值得牢记。为了使点到直线的垂直距离和最小，就得使：

$$\sum_i (ax_i + by_i + c)^2$$

最小，并附加约束条件 $a^2 + b^2 = 1$。引入拉格朗日乘子 λ，推导出下述方程组就能求出最小值：

$$\begin{pmatrix} \overline{x^2} & \overline{xy} & \overline{x} \\ \overline{xy} & \overline{y^2} & \overline{y} \\ \overline{x} & \overline{y} & 1 \end{pmatrix} \begin{pmatrix} a \\ b \\ c \end{pmatrix} = \lambda \begin{pmatrix} 2a \\ 2b \\ 0 \end{pmatrix}$$

上式第三个方程意味着：

$$c = -a\overline{x} - b\overline{y}$$

再将上式回代就可转化为特征值求解问题：

$$\begin{pmatrix} \overline{x^2} - \overline{x}\,\overline{x} & \overline{xy} - \overline{x}\,\overline{y} \\ \overline{xy} - \overline{x}\,\overline{y} & \overline{y^2} - \overline{y}\,\overline{y} \end{pmatrix} \begin{pmatrix} a \\ b \end{pmatrix} = \mu \begin{pmatrix} a \\ b \end{pmatrix}$$

由于这是二维特征值求解问题，因此可以求得缩放到某一比例的两个闭合解（solution in closed form，又称解析解），但是我们关心的是用数值方法求解。缩放比例可从约束条件 $a^2 + b^2 = 1$ 中求得。上述问题有两个解，分别表示两条直线，它们的夹角为90°，一条使得距离平方和最小，另一条则使得距离平方和最大。

10.2.2　拟合平面

拟合平面与拟合直线十分相似。可以用方程 $z = ux + vy + w$ 来表示平面，然后应用最小二乘法即可。这也容易导致较大的偏差，正如用其拟合直线会产生较大的偏差一样，因为该方程不能表示竖直平面。总体最小二乘法比这个方法要好，正如拟合直线那样。若用方程 $ax + by + cz + d = 0$ 表示平面，那么点 $\boldsymbol{x}_i = (x_i, y_i, z_i)$ 到平面的距离为 $(ax_i + by_i + cz_i + d)^2$，而 $a^2 + b^2 + c^2 = 1$，于是，对上述分析过程做一些小改动就能套用过来。

10.2.3　拟合多条直线

假定现有一点集，要据此拟合多条直线。这个问题非常困难，因为需要搜索一个巨大的组合空间。值得注意的一个方法是：在很多应用问题中，我们很少碰到拟合孤立分散点的情况，而是要将连续的边缘点拟合成直线。于是可以利用边缘点的方向作为线索来寻找直线上的下一点。如果非要拟合孤立点集，则可运用 k 均值法。

增量直线拟合法　针对由边缘点构成的连续曲线，它将沿曲线串起来的点拟合成直线。用边缘检测子很容易获得连续的边缘曲线，而且它还给出边缘方向（见习题）。增量拟合就是从边缘曲线的一端开始，一边沿着曲线前行，一边去掉那些与某拟合直线匹配得不错的点（如算法 10.1所示）。尽管缺少潜在的统计模型，但增量拟合很有效。它的一个特点就是能找出一组形成闭合曲线的直线段。当感兴趣的直线合理地形成封闭曲线时（例如在某些物体识别应用场合中），这一点就非常吸引人，因为这意味着算法直接检测出直线段而不需要进一步的处理。采用这种方法，边缘被遮挡时会导致同一边缘拟合出多条直线段。这个问题可以在后处理中解决，即寻找大致共线的两条直线段并连接起来，但是这种处理并不令人满意，因为很难找到判断两条直线共线的合理标准。

算法 10.1 增量直线拟合算法

将所有的点沿着曲线依次放入曲线列表
清空直线点列表(line point list)
清空直线列表
Until 曲线上的点很少，一直做下述操作：
　将曲线上最初几个点移入直线点列表
　将直线点列表中的点拟合成直线
　While(所拟合的直线已经够好)
　　将曲线上的下一点放入直线点列表并重新拟合直线
　End
　将末尾的(几个)点放回到曲线
　将直线点列表中的点重新拟合成直线
　将该直线加入直线列表
End

现假设图像点不带有任何属于哪条直线的线索，亦即没有任何颜色或其他信息可用，而且更关键的是这些点并不连续。假设直线数目已知，可以用改进版的 k 均值法确定哪些点位于哪条直线上。在这种情况下，把问题抽象成数学模型就是：有 k 条直线，每条直线由数据点集的某一子集构成，那么针对这些数据点与直线的最佳拟合就是在对应关系和直线两个变量下，使得

$$\sum_{l_i \in \text{直线}, \ x_j \in \text{数据位于第}i\text{条直线}} \ \sum \text{dist}(l_i, x_j)^2$$

的值最小。再次提醒注意，在解空间要搜索许多对应关系。

改进 k 均值法以解决上述问题并不难，分两步走即可：

- 分配每个点到最近的直线。
- 将分配到每条直线的这些点拟合出一条最佳直线。

这就得到了算法 10.2。通过检验直线变化的幅度来判断算法是否收敛，也可通过检验数据点的标号是否突然发生了改变(可能是最好的办法)或点到直线的距离和来判断。

算法 10.2 k 均值法拟合直线

假设 k 条初始直线(可能是随机均匀选定)或指定某些点分属某条直线并据此拟合出 k 条初始直线
Until 算法收敛，一直进行下述操作：
　将每个点分配到最近的直线
　根据分配结果重新拟合直线
End

10.3 拟合曲线

二维曲线与直线不同。对于平面上的每一点而言，直线上有唯一的一点离该点最近。但曲线不是这样，因为曲线是弯曲的，因此曲线可能有多个点从局部上看离某点最近(见图 10.4)。

这意味着很难找到点到曲线的最小距离。三维曲面也会出现类似问题。如果忽略这个问题，那么曲线拟合与直线拟合类似，即可用点到曲线的距离和最小化函数来选择曲线。

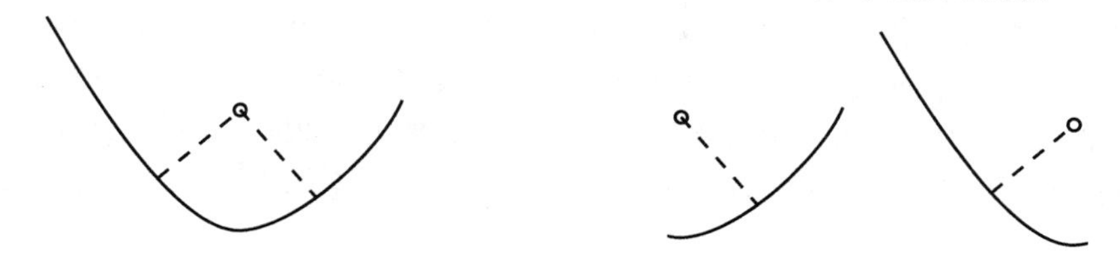

图 10.4　曲线上可能有多个点离某点局部最近。这使得将点拟合成曲线十分困难。左图中有一条曲线和一定点，局部测试确认虚线和曲线的切线相互垂直，因此连接定点和曲线上两个点的两段虚线可能是最短距离。中图和右图分别复制了左图曲线的一部分，对每一部分而言，由于有一部分曲线缺失了，使得片段上的最近点与全图情况下是不一样的。结果表明，局部得到某点最近不能确保该点全局最近，必须验证所有的候选点才能得出全局最近点

假设曲线是隐曲线，即其曲线方程形如 $\phi(x, y)=0$。隐曲线上的最近点到数据点构成的向量与曲线垂直。那么寻找所有满足以下条件的点(u, v)：

1. 点(u,v)位于曲线上，即 $\phi(u, v)=0$。
2. 向量 $\boldsymbol{s}=(d_x, d_y)-(u, v)$与曲线垂直。

就能找到最近点。给定所有满足条件的 $\boldsymbol{s}$，那么其中长度最短的就是数据点到曲线的最短距离。

第二个条件需要费点工夫来确定法线。隐曲线的法线方向就是远离曲线最快的方向，函数值沿着该方向变化也最快。这意味着点(u,v)处的法线向量为

$$\left(\frac{\partial\phi}{\partial x}, \frac{\partial\phi}{\partial y}\right)$$

如果切线为 $\boldsymbol{T}$，那么点积 $\boldsymbol{T}\cdot s=0$。因为在二维空间里计算，所以能由法线求得切线，即点(u,v)上有

$$\psi(u,v;d_x,d_y)=\frac{\partial\phi}{\partial y}(u,v)\{d_x-u\}-\frac{\partial\phi}{\partial x}(u,v)\{d_y-v\}=0$$

于是，现在得到两个变量的两个方程，因此原则上可以求解。然而，求解绝非像看起来那么简单，因为有多个解。为简单起见，假设函数 ϕ 的多项式度为 d(尽管有些 ϕ 更复杂)，在这种情况下预计最多有 d^2个解。

即便曲线采用参数形式，情况也没有改善。参数形式的曲线上点的坐标为某个参数的函数，假如参数为 t，则曲线可写成$(x(t), y(t))$。假设数据点为(d_x, d_y)，并设曲线上最近点对应的参数为 τ。最近点可能位于曲线的某一端或另一端，若都不是，则从数据点到最近点形成的向量正交于曲线，亦即向量 $\boldsymbol{s}(\tau)=(d_x, d_y)-(x(\tau), y(\tau))$与切向量垂直，因此 $\boldsymbol{s}(\tau)\cdot\boldsymbol{T}=0$。切向量为

$$\left(\frac{\mathrm{d}x}{\mathrm{d}t}(\tau), \frac{\mathrm{d}y}{\mathrm{d}t}(\tau)\right)$$

那么 τ 必须满足方程：

$$\frac{\mathrm{d}x}{\mathrm{d}t}(\tau)\{d_x-x(\tau)\}+\frac{\mathrm{d}y}{\mathrm{d}t}(\tau)\{d_y-y(\tau)\}=0$$

于是现在只需解一个而不是两个方程，但情况无多大改善。大多情况下，$x(t)$和 $y(t)$都为多项式，因为多项式求根容易一些。即便是在 $x(t)$和 $y(t)$都是多项式分式这种最坏的情况下，也可以将方程左端转换成多项式形式。尽管如此，仍然面临可能的多根问题。这个潜在的问题是个几何问题：曲线上可能有多个点离给定的数据点局部最近，这是因为曲线并不平坦(见图 10.4)。我们

没有办法区分哪个最近，除非对每个点进行检测。在某些情况下，例如圆，倒是可以避开这个问题。在将三维点拟合成曲面时也会出现这个问题。

有两个办法处理这个很常见的问题。一是用近似值代替点到曲线的距离(三维情况下，是点到面的距离)，有时这个方法很有效。二是变换曲线或曲面的表现形式，例如用一些离散样本点或直线片段来表示曲线。类似地，可以用离散点或网格(mesh)来表示曲面。然后也许能用第12章的方法将变换后的表现形式和数据配准(register)，或者甚至可以转换表现形式来拟合这些数据。

10.4 鲁棒性

所有上述拟合算法都涉及误差的平方。这会使得实际的拟合效果很差，一个偏离严重的点产生的误差相比其他多数正常点占主导地位，这些误差会导致拟合过程中产生巨大的偏差(见图10.5)。产生这种后果的原因是误差被平方了。实践中，很难剔除这样的数据点，这个数据点通常称其为离群点(outlier，又称局外点、外点、出格点)。产生离群点的一个重要来源是采集或记录数据点过程中的错误操作。另一个常见的来源是模型本身有问题——模型可能忽视了某个罕见但很重要的影响因素，或者严重低估了某影响因素的作用。另外，对应错误[1]也很容易产生离群点。计算机视觉实践中常常碰到离群点。

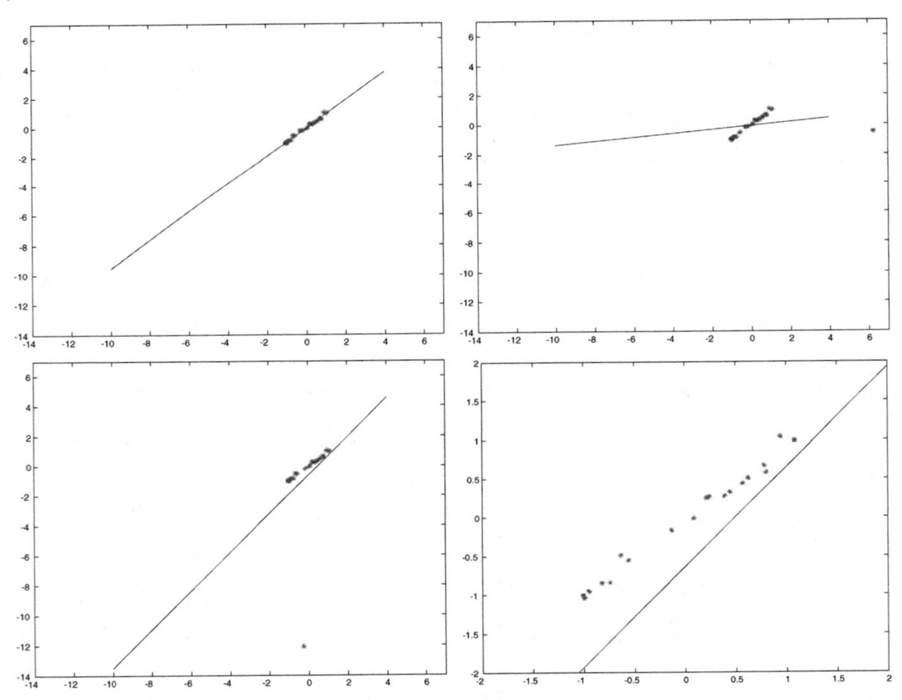

图10.5　基于平方误差的直线拟合在x轴和y轴对离群点都非常敏感。图中用最小二乘法来举例说明。左上图中，最小二乘法将点集拟合得不错。右上图中的点集除了其中一点的x坐标出错(也就是说，相对本来的位置发生了水平偏移)外其他与左上图都一样，结果，它相对正确的直线位置产生了巨大的误差，要大幅度偏转直线才能较好满足最小二乘法的拟合原则。尽管这么做会使得大多数点的误差变大，但是会显著降低离群点的误差，从而使得误差平方和最小。右下图显示的点集除了其中一点的y坐标出错外其他都一样，此时x轴截距发生了变化。这三幅图的坐标尺度一样以便比较，但并未清晰地显示出第三种情况拟合得多差，于是右下图放大显示了第三种情况的局部细节，显然拟合得不好

① 例如在多直线拟合中，错误地将离某直线较近的数据点分到了其他较远的直线。——译者注

为了解决这个问题，要么减少离群点的影响(见 10.4.1 节)，要么识别出离群点并忽略它们。识别离群点有两个办法：搜索那些正常点，一小组正常点就能确定要拟合的模型，而其他正常点能匹配模型，不匹配的就是离群点——这就是 10.4.2 节描述的那个极其重要方法的基本思路；或者把该问题看成数据缺失问题，于是可使用 10.5 节描述的 EM 算法来解决。

10.4.1　M 估计法

M 估计法采用更好的参数代替平方误差进行估计，即让下式的值最小：

$$\sum_i \rho(r_i(\boldsymbol{x}_i, \theta); \sigma)$$

其中，θ 是待拟合模型的参数(例如在拟合直线的情况下，其表示直线的方向和 y 轴截距)，$r_i(\boldsymbol{x}_i, \theta)$ 是第 i 个数据与拟合模型的残差。当使用这些符号来描述问题时，熟悉的最小二乘法和总体最小二乘法拟合直线时产生的误差都形如 $\rho(u; \sigma) = u^2$——这两者仅在残差(指 u/r)形式上有所不同。M 估计法的窍门就是使 $\rho(u; \sigma)$ 在部分区间看起来形如 u^2，然后逐渐变平缓。希望 $\rho(u; \sigma)$ 单调增加，并且当 u 值很大时，其值趋向一个常量，于是通常的选择是

$$\rho(u; \sigma) = \frac{u^2}{\sigma^2 + u^2}$$

参数 σ 控制曲线变平缓的过渡点，图 10.6 画出了几个不同参数下曲线的形状。其他的 M 估计法还有许多，一般情况下，从其影响函数(influence function)的角度来讨论它们，影响函数的定义为

$$\frac{\partial \rho}{\partial \theta}$$

根据最小化准则，可以很自然地想到最佳参数解满足：

$$\sum_i \rho(r_i(\boldsymbol{x}_i, \theta); \sigma) \frac{\partial \rho}{\partial \theta} = 0$$

就所关注的拟合问题而言，希望影响函数是非对称的(稍微过估计或欠估计影响不大)，并希望大幅衰减掉值较大的残差，因为我们想削弱离群点的影响。

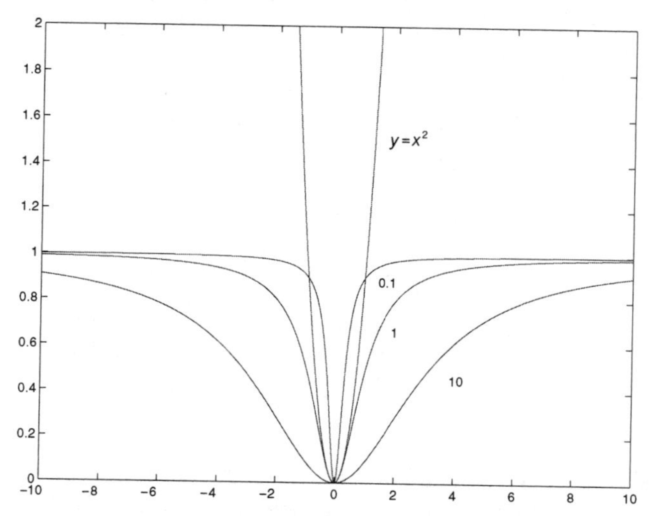

图 10.6　函数 $\rho(x; \sigma) = x^2/(\sigma^2 + x^2)$ 在 σ^2 分别等于 0.1、1 和 10 时的形状，另外用 $y = x^2$ 进行对比。用此 ρ 函数代替二次函数会降低离群点对拟合的影响。离拟合曲线几倍 σ 之远的点对拟合曲线的参数几乎没有什么影响，因为 ρ 的函数值接近1，而且离拟合曲线越远，函数值变化越缓慢

有两种使用M估计法的技巧。其一，最小化问题是非线性的，必须迭代求解。但迭代求解的典型困难在于：可能有多个局部极小值，迭代求解法可能会发散，而且结果很大程度上依赖于初始参数。通常的解决策略是抽取数据集的子集，用最小二乘法拟合该子集，并将其作为拟合过程的初始参数。需要抽取大量不同的子集重复上述操作，以充分保证至少有一个子集都是正常点的概率足够高(见算法10.3)。

算法10.3 使用M估计法拟合概率模型

For s 从1到 k，执行循环：

均匀随机抽取 r 个不同的点

采用最小二乘法拟合该点集得到初始参数 θ_s^0

用 θ_s^0 估计出 σ_s^0

Until 收敛(一般指 $|\theta_s^n - \theta_s^{n-1}|$ 足够小)，执行以下操作：

用 θ_s^{n-1}，σ_s^{n-1} 通过最小化方法求得 θ_s^n

计算出 σ_s^n

End

End

选择残差等于中值的拟合为 k 次尝试的最佳拟合。

其二，如图10.7和图10.8所示，M估计法需要合理估计参数 σ，通常称其为尺度参数。一般情况下，在求解的每次迭代中都要进行尺度估计，一种流行的尺度估计法如下：

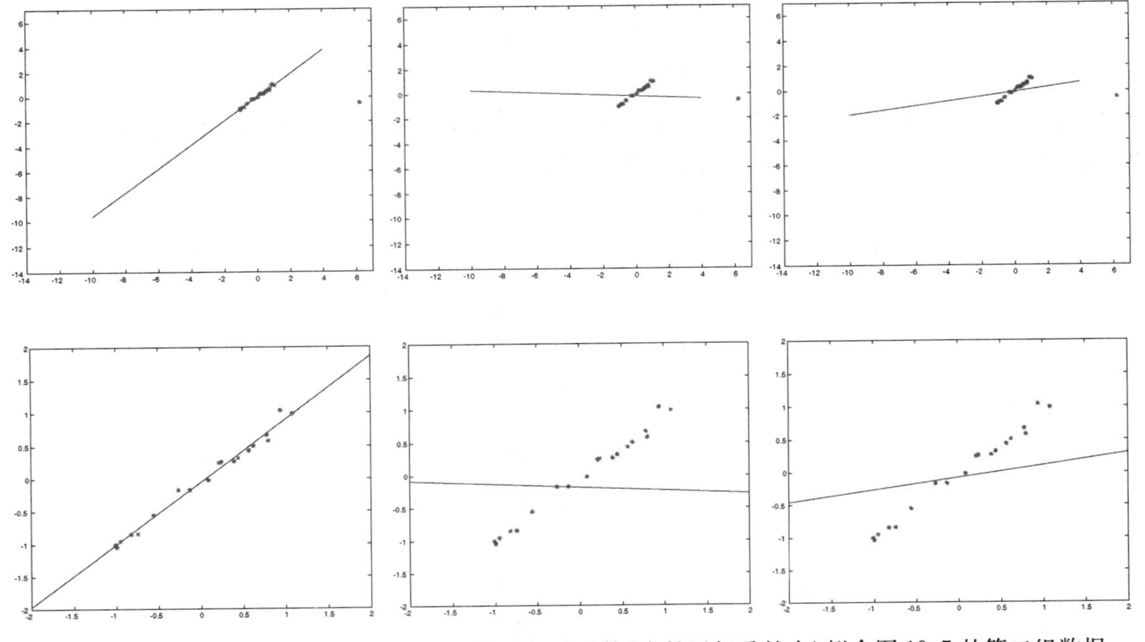

图10.7 第一行图显示了用图10.6所示的 ϕ 权重函数(点越远权重越小)拟合图10.5的第二组数据得到的直线。左图的 u 取值合适，离群点的影响被大幅削弱，拟合结果不错。中间图的 u 取值过小，使得拟合对所有点的位置都不敏感，亦即拟合直线与数据的关系模糊而不明确，因此拟合结果亦不佳。右图的 σ 取值过大，这意味着离群点的负面影响与最小二乘法差不多，所以拟合结果亦不佳。底行各图分别局部放大显示了上一行图中的正常点和拟合的直线

$$\sigma^{(n)} = 1.4826 \ \text{median}_i \ |r_i^{(n)}(x_i; \theta^{(n-1)})|$$

算法 10.3 对通用的 M 估计法进行了概括。

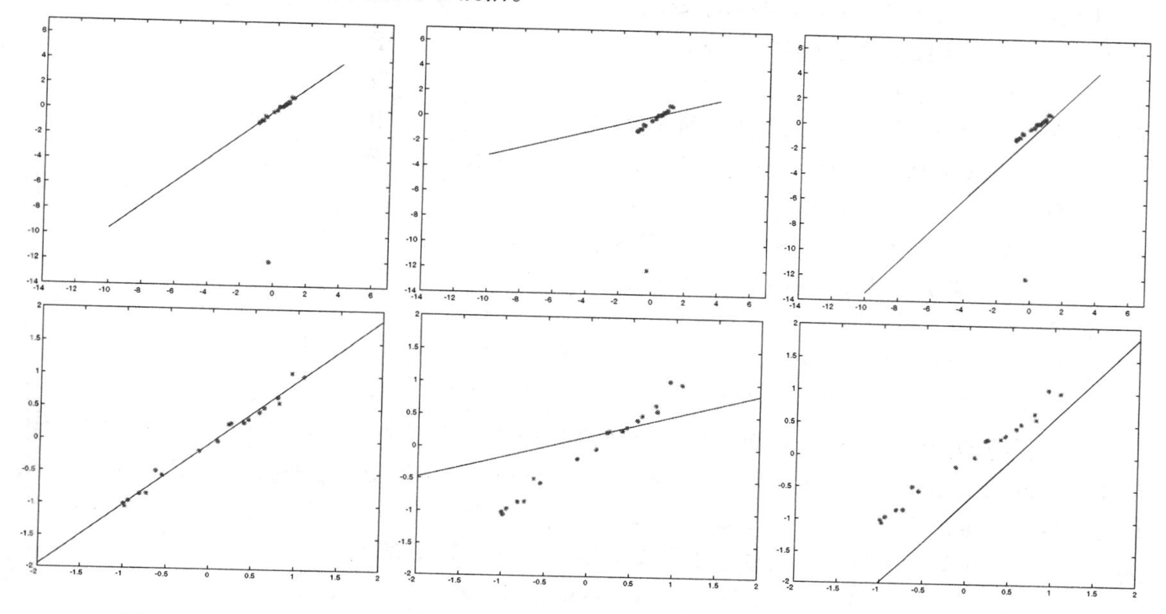

图 10.8　第一行图显示了用图 10.6 所示的 ϕ 权重函数(点越远权重越小)拟合图 10.5 的第三组数据得到的直线。左图的 u 取值合适，离群点的影响被大幅削弱，拟合结果不错。中间图的 u 取值过小，使得拟合对所有点的位置不敏感，亦即拟合直线与数据的关系模糊而不明确，因此拟合结果亦不佳。右图的 u 取值过大，这意味着离群点的负面影响与最小二乘法差不多，所以拟合结果亦不佳。底行各图分别局部放大显示了上一行图中的正常点和拟合的直线

10.4.2　RANSAC：搜寻正常点

相比修改代价函数的另一选择就是寻找正常点(good points)集。采用迭代方式很容易做到：首先，选择一个较小的子点集并拟合，然后计算剩余点有多少与拟合结果一致。重复上述操作，直到以很高的概率找到所寻找的结构模型。

例如，现要将约含 50% 离群点的数据点拟合成直线。可先将其中两点拟合成一条直线。如果随机均匀地选择这两点，那么应有大约四分之一的点对完全由正常点组成。注意到大量其余点会非常靠近由正常点对拟合出的直线，据此可识别出这些正常点对。所以，将当前由正常点对拟合所得直线附近的点拟合成直线，当然能较好地估计直线参数。

Fischler and Bolles(1981)将上述方法形式化成了一个算法——寻找这样的随机采样，有很多数据点都匹配该采样所拟合的结果。该算法一般称为 RANSAC 算法(RANdom SAmple Consensus 的缩写)，如算法 10.4 所示。为使该算法实用，要选对三个参数。

算法 10.4　RANSAC：采用随机采样一致法进行拟合

先确定以下值：

　n—所需的最小点数(例如，对直线而言 $n=2$，对圆而言 $n=3$)

　k—所需的迭代次数

t—辨别某点是否匹配拟合结构模型的阈值
d—判断拟合是否够好时所需的附近点的数量
Until k 次迭代完成，循环执行以下步骤：
从数据中随机均匀地采样 n 个点
拟合这 n 个点
For 对采样外的每一个数据点，循环执行操作：
比较点到拟合结构模型的距离和 t 的大小，如果比 t 小，那么判定点离得够近
End
如果有 d 个或更多的点靠近拟合的结构模型，那么拟合结果合格。用所有这些点重新拟合，并将结果添加到合格拟合集中。
End
以拟合误差作为挑选标准，从合格拟合集中选出最佳拟合。

需要采样的数量 采样由从数据集中随机均匀抽取的点组成，每个采样由拟合感兴趣抽象模型所需的最小数量的点组成。例如，如果要拟合直线，则抽取点对；要拟合圆则抽取三个点；以此类推。假定采样要抽取 n 个数据点，其中正常点的比例为 w(只需合理估计这个数即可)。那么要获取一个好的采样所需的抽取次数 k 的期望值可由下式给出：

$$\begin{aligned}
\mathrm{E}[k] &= 1P(\text{one good sample in one draw}) + \\
&\quad 2P(\text{one good sample in two draws}) + \cdots \\
&= w^n + 2(1-w^n)w^n + 3(1-w^n)^2 w^n + \cdots \\
&= w^{-n}
\end{aligned}$$

其中最后一步用到了一点级数代数处理操作。为确保获得好的采样，抽取次数要大于 w^{-n}。那么，很自然的做法就是再加上标准差，即抽取次数要大于 $\mathrm{E}[k]+SD(k)$。k 的标准差可由下式求得：

$$SD(k) = \frac{\sqrt{1-w^n}}{w^n}$$

确定采样数量 k 的另外一个办法是换个角度看问题，亦即保证 k 次抽取中都抽到坏采样的概率 z 非常低，即有

$$(1-w^n)^k = z$$

亦即

$$k = \frac{\log(z)}{\log(1-w^n)}$$

w 未知的情况非常普遍，但是迭代中每次试拟合都涉及 w，特别地，若采样要抽取 n 个点，那么可假设拟合成功的概率是 w^n。如果考察一系列试拟合[①]过程，就可以估计出 w。这意味着，可以从一个相对较低的 w 估计值开始，由此产生一系列试拟合，然后由此 k 值计算出一个新的 w 值，并用其更新 w 估计值。如果当前试拟合次数 k 比用新的 w 值算出的拟合次数还大，就停止更新。此时，在给定的一系列拟合(指当前试拟合次数 k)的条件下更新 w 估值的问题就退化为估计一枚抛出的硬币面朝上还是朝下的概率问题。

① 指 k 次迭代拟合，对应 k 次抽取，抽取一次得一个采样并迭代拟合一次，见算法 10.4。——译者注

确定点是否靠近拟合模型 在需要确定一个点是否靠近由一个采样拟合所得的直线时，比较点到拟合直线的距离和阈值 d 的大小，如果小于阈值，就判定其靠近直线。通常，确定参数 d 是拟合模型过程的一部分。确定该参数的值相对简单，只需估计其量级即可，并可在许多不同的实验中使用同样的阈值。该参数常常是这么确定的，先尝试几个值并查看结果如何，选择结果最好的。另一个方法就是考察少许典型的数据集，肉眼拟合出一条直线，估计平均偏差，再确定 d。

必须匹配拟合模型的点数 假定用两个点组成的随机采样拟合成了一条直线，现要确定直线是否符合要求，则可以通过计算到直线的距离在某个范围（前文确定的距离阈值 d）之内的点的数量来确定。特别地，假设靠近直线的点集中离群点占全部点集的比例已知，设为 y，那么 t 个靠近直线的点都为离群点的概率为 y^t，选定某个 t 值使得 y^t 足够小，例如小于 0.05，那么由 $y^t \leqslant 0.05$ 可求得 t 值作为点数阈值。注意，$y \leqslant (1-w)$（因为某些离群点可能离直线很远），于是也可以选择某个 t 值使得 $(1-w)^t$ 足够小，并将该 t 值作为点数阈值。

10.5 用概率模型进行拟合

从上述拟合算法中创建概率模型是很直接的。这催生了一种新的数学模型和新的算法，两者在实践中非常有用。概率模型的关键之处在于将观测到的数据看成是生成模型（generative model）生成的。生成模型指明了数据点是如何生成的。

在最简单的情况下，即用最小二乘法拟合直线，可以用原始生成模型推导出与 10.2.1 节中一样的方程。我们的模型是这么生成数据的：x 坐标值均匀分布，而 y 坐标值是通过以下两步生成的：(a) 找到直线上与 x 对应的点 ax_i+b；(b) 加上一个均值为 0 的随机均匀变量。现记 $x \sim p$ 表示服从随机分布 p 的一个样本，记 $U(R)$ 表示区间 R 内的均匀分布，并记 $N(\mu, \sigma^2)$ 表示均值为 mu、方差为 σ^2 的正态分布。于是，可以记

$$
\begin{aligned}
x_i &\sim U(R) \\
y_i &\sim N(ax_i+b, \sigma^2)
\end{aligned}
$$

可以直接估计该模型的未知参数。重要的参数为 a 和 b（尽管 σ 已知可能很有用但也没前两者重要）。估计概率模型参数的常用方法就是对数据进行最大似然估计，一般就是采用负对数似然函数并最小化它。在这种情况下，数据的对数似然函数为

$$
\begin{aligned}
\mathcal{L}(a,b,\sigma) &= \sum_{i \in \text{data}} \log P(x_i, y_i | a, b, \sigma) \\
&= \sum_{i \in \text{data}} \log P(y_i | x_i, a, b, \sigma) + \log P(x_i) \\
&= \sum_{i \in \text{data}} -\frac{(y_i-(ax_i+b))^2}{2\sigma^2} - \frac{1}{2}\log 2\pi\sigma^2 + K_b
\end{aligned}
$$

其中 K_b 是表示 $\log P(x_i)$ 的常量。现在，为了最小化 a 和 b 的负对数似然函数，只要使 a 和 b 的函数 $\sum_{i \in \text{data}}(y_i-(ax_i+b))^2$ 最小即可（这正是在 10.2.1 节用最小二乘法拟合直线时的做法）。

现在考虑总体最小二乘法拟合直线的情形，也可以从原始生成模型中推导出 10.2.1 节那样的方程。在这种情况下，为了生成数据点 (x_i, y_i)，可沿直线（或者沿着感兴趣的直线段）随机均匀地生成点 (u_i, v_i)，然后选取距离 ξ_i（$\xi_i \sim N(0, \sigma^2)$），并移动点 (u_i, v_i) 使其到直线的垂直距离为 ξ_i。如果直线方程为 $ax+by+c=0$ 且有 $a^2+b^2=1$，那么有 $(x_i, y_i)=(u_i, v_i)+\xi_i(a, b)$。

于是，可以将这种模型下数据的对数似然函数写成

$$\begin{aligned}\mathcal{L}(a,b,c,\sigma) &= \sum_{i\in\text{data}} \log P(x_i,y_i|a,b,c,\sigma)\\ &= \sum_{i\in\text{data}} \log P(\xi_i|\sigma)+\log P(u_i,v_i|a,b,c)\end{aligned}$$

因为点是沿直线均匀分布的，所以$P(u_i, v_i|a, b, c)$是个常量。由于ξ_i为点(x_i, y_i)到直线的垂直距离(当$a^2+b^2=1$时大小为$\|(ax_i+by_i+c)\|$)，于是让下式值最大即可：

$$\begin{aligned}\sum_{i\in\text{data}} \log P(\xi_i|\sigma) &= \sum_{i\in\text{data}} -\frac{\xi_i^2}{2\sigma^2}-\frac{1}{2}\log 2\pi\sigma^2\\ &= \sum_{i\in\text{data}} -\frac{(ax_i+by_i+c)^2}{2\sigma^2}-\frac{1}{2}\log 2\pi\sigma^2\end{aligned}$$

(再次提醒注意，约束条件为$a^2+b^2=1$)。对固定的σ(可能未知)，这可能会引起10.2.1节提到的问题。至此，生成模型只不过生成了那些已知的数据，但是一条更有效的技巧会使得生成模型更有趣。

10.5.1 数据缺失问题

许多计算机视觉问题碰巧都可以归结为数据缺失了某些有效因素的问题。例如，可以将分割(segmentation)类问题看成确定测量数据来自哪个数据源的问题。这么说太笼统。更具体地说，将点集拟合成直线涉及将点划分为离群点和正常点(inlier，又称局内点、内点)；将图像分割成多个区域，涉及确定图像像素来自哪个颜色和纹理区域；将数据点拟合成多条直线涉及确定哪些点在哪条直线上；将运动图像序列分割成运动区域时，涉及将运动像素分配到相应的运动模型。如果正好能获得那些当前缺失的数据(上述几个问题缺失的数据分别是：点是离群点还是正常点，点来自哪个区域，点来自哪条直线，点来自哪个运动模型)，上述每个问题都将变得非常容易。

数据缺失就是关于某些数据信息缺失了的统计问题。在以下两种几乎天然存在的情况下缺失数据就显得非常重要：第一种情况，数据向量的某些项缺失但其他数据向量未缺失这些项(可能有些人对某些问题敏感而没有回答)；第二种情况在应用中更常见，即用未知的变量表示缺失数据使问题的推导更简单。幸运的是，有一种算法能有效地处理数据缺失问题，而算法本质上是对缺失数据进行估计。我们将用两个实例来说明这种方法和相应的算法。

实例：离群点和直线拟合 要拟合一系列点$\boldsymbol{x}_i=(x_i, y_i)$，其中有些离群点，但是哪些是离群点是未知的。这意味着，可对以下过程建模：首先生成一个数据点，并判断其来自直线还是离群点，然后根据初选有条件地选择剩余点。初始选择是随机的，记点来自直线的概率为P(标识符来自直线)$=\pi$。已经给出两个如何从直线生成点的模型。将离群点模型转化为平面上随机均匀分布的点，则生成一个点的概率如下：

$$\begin{aligned}P(\boldsymbol{x}_i|a,b,c,\pi) &= P(\boldsymbol{x}_i,\text{line}|a,b,c,\pi)+P(\boldsymbol{x}_i,\text{outlier}|a,b,c,\pi)\\ &= P(\boldsymbol{x}_i|\text{line},a,b,c)P(\text{line})+P(\boldsymbol{x}_i|\text{outlier},a,b,c)P(\text{outlier})\\ &= P(\boldsymbol{x}_i|\text{line},a,b,c)\pi+P(\boldsymbol{x}_i|\text{outlier},a,b,c)(1-\pi)\end{aligned}$$

如果每个数据是来自直线还是离群点都已知，那么拟合直线就很简单，即只要忽视离群点，然后用10.2.1节的方法拟合剩余的点即可。类似地，如果直线已知，那么估计哪些点是离群点而哪些不是就非常容易了(离群点离直线远)。但困难在于不知道这些信息，解决这个难题的关键是

反复再估计(repeated re-estimation)(见 10.5.3 节)，该方法提供了处理这类问题的标准算法。图 10.9显示了用该标准算法处理的典型结果。

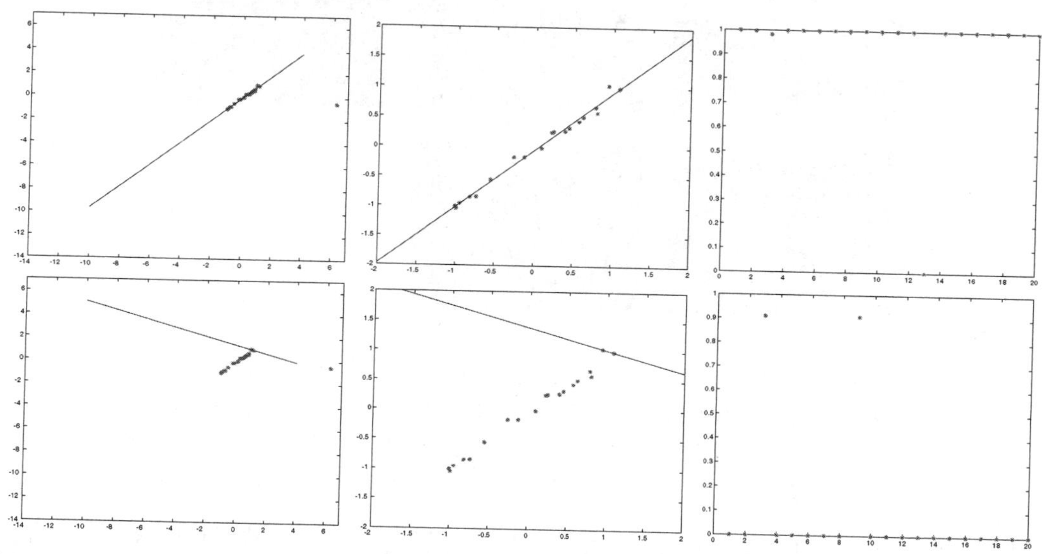

图 10.9　可用 EM 算法排除离群点。这里展示了用图 10.5 的第二组数据拟合成一条直线。上一行图显示了正确的局部极小值下的拟合情况,而下一行图则显示了另一个局部极小值下的拟合情况。第一列图在数据点上叠加显示了拟合的直线,坐标尺度与图10.5一致。第二列图放大显示了第一列图中直线和点的局部细节。第三列图显示了点位于直线上的概率,而不是来自噪声模型的概率,图是按点的序号绘制的。注意,在正确的局部极小值对应的图(指右上图)中,除一点外其余的点都与直线高度相关(即概率值大),而不正确的局部极小值对应的图(指右下图)中,只有两个点与直线高度相关,而其余点则被视为与噪声高度相关

对上式做微小的改变(用背景代替直线，用前景代替离群点)，就可以用它来描述背景减除问题。也可从缺失数据的角度来考虑该问题，即将视频的每帧图像看成是同一图像(出于对自动增益控制的考虑则可以再乘以某个常量)添加了噪声形成的，并认为噪声来源相同。图 10.10 和图 10.11显示了用标准算法解决该问题的结果(见 10.5.3 节)。

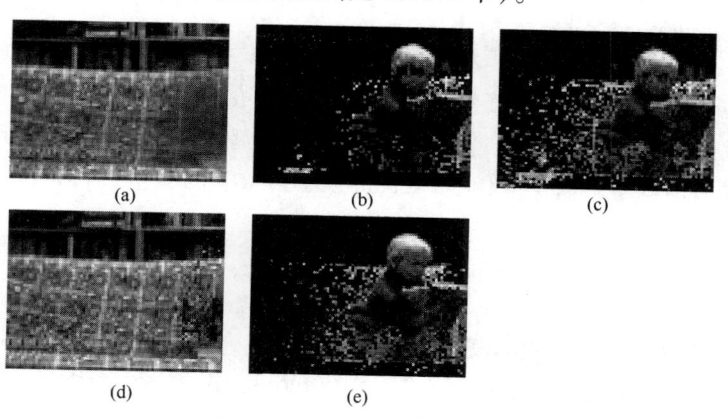

图 10.10　用 EM 算法对图 9.8 的视频序列减除背景。(a)、(b)、(c)来自图 9.9，用来对比。(d)、(e)分别显示了用EM算法估计出的背景和前景。注意,每种情况下都有一些额外的点和丢失的点

图 10.11 用EM算法对图9.8的视频序列减除背景。(a)、(b)、(c)来自图9.10，用来对比。(d)、(e)分别显示了用EM算法估计出的背景和前景。注意出错点(背景沙发上的花纹图案上有些点被错误地当成了小孩对应的前景)的数量显著地增加了。这是因为轻微的运动致使沙发上空间频率高的花纹图案不能对齐，从而导致了很大的差别

实例：图像分割 对于图中的每个像素点，现要计算一个 d 维的特征向量 $\boldsymbol{x}$，其包含位置、颜色和纹理等信息。假定图中共有 g 个分割区域，每个像素由其中的某个分割区域生成。那么，为生成一个像素点，先要选择一片图像分割区域，然后从这个分割区域的模型中生成该像素点。假设第 l 个分割区域被选择的概率为 π_l，并假定分割区域的概率密度函数为高斯函数，且协方差都为已知的 Σ，而各分割区域的均值 $\theta_l=(\boldsymbol{\mu}_l)$ 未知(依赖于不同的分割区域)。将这些参数封装成一个参数向量 $\Theta=(\pi_1,\cdots,\pi_g,\theta_1,\cdots,\theta_g)$，则生成点的特征向量 $\boldsymbol{x}$ 的概率如下：

$$p(\boldsymbol{x}|\Theta)=\sum_l p(\boldsymbol{x}|\theta_l)\pi_l$$ ①

如果知道哪个分割区域产生了哪些像素点，那么模型拟合就很容易了，因为就能据此分别估计出每个分割区域的均值。类似地，如果均值已知，就能估计出哪个分割区域生成了哪些像素点。这种“你依赖我而我又依赖你”的类似“鸡生蛋还是蛋生鸡”的情况很普遍。

10.5.2 混合模型和隐含变量

上面两个例子都是著名的混合模型(mixture model)的具体实例，即先选择一个混合组件(如上两例中是来自直线还是离群点，像素点来自哪个分割区域)，然后从该组件模型中生成数据。设第 l 个组件的参数为 θ_l，选择第 l 个组件的概率为 π_l，记 $\Theta=(\pi_1,\cdots,\pi_l,\theta_1,\cdots,\theta_l)$。那么生成数据 $\boldsymbol{x}$ 的概率为

$$p(\boldsymbol{x}|\Theta)=\sum_j p(\boldsymbol{x}|\theta_j)\pi_j$$

这是概率模型的加权和或者说是混合概率模型，π_l叫做混合权重。可在 $\boldsymbol{x}$ 空间里以概率密度的方式可视化显示该模型，$\boldsymbol{x}$ 空间由 g 个概率“团块”(blobs)组成，每个团块与模型的一个组件相关。需要确定：(a)每个团块的参数；(b)混合权重；(c)每个标识符(指数据)来自哪个组件。广义混合模型中数据的对数似然函数如下：

① 原文错误，式中 Σ 下标 i 应为 l。——译者注

$$\mathcal{L}(\Theta) = \sum_{i \in \text{observations}} \log \left(\sum_{j=1}^{g} \pi_j p_j(\boldsymbol{x}_i | \theta_j) \right)$$

上述函数很难求最大值，因为对数似然函数里有求和运算。如上述两个实例一样，如果知道标识符来自哪个混合组件，那么问题就变得很简单了，因为据此就可以独立地估计每个组件。

现在引入一组新变量。对于每个数据，设立一个指示向量(向量的每个分量对应一个组件)表示数据属于哪个组件。记 δ_i 表示第 i 个数据对应的向量，记 δ_{ij} 为 δ_i 中与第 j 个组件对应的分量。那么有

$$\delta_{ij} = \begin{cases} 1 & \text{如果第 } i \text{ 个数据来自第 } j \text{ 个组件} \\ 0 & \text{其他情况} \end{cases}$$

这些变量的值未知。如果这些变量的值已知，那么求完备数据的对数似然函数

$$\mathcal{L}_c(\Theta) = \sum_{i \in \text{observations}} \log P(\boldsymbol{x}_i, \delta_i | \Theta)$$

的最大值就很容易了，因为问题便归结为独立地估计每个组件。这里用 δ 表示不幸缺失的数据，这就是称上式为完备数据的对数似然函数的原因。混合模型的 $\mathcal{L}_c(\Theta)$ 形式值得铭记，因为它用到的技巧很灵活，即用 δ_{ij} 启用或弃用相应的项。于是有

$$\begin{aligned}
\mathcal{L}_c(\Theta) &= \sum_{i \in \text{observations}} \log P(\boldsymbol{x}_i, \delta_i | \Theta) \\
&= \sum_{i \in \text{observations}} \log \prod_{j \in \text{components}} [p_j(\boldsymbol{x}_i | \theta_j) \pi_j]^{\delta_{ij}} \\
&= \sum_{i \in \text{observations}} \left(\sum_{j \in \text{components}} [(\log p_j(\boldsymbol{x}_i | \theta_j) \log \pi_j) \, \delta_{ij}] \right)
\end{aligned}$$

(请注意，δ_{ij} 要么为 1 要么为 0，并且有 $\sum_j \delta_{ij} = 1$，也就是说每个数据点仅来自一个模型)。

10.5.3　混合模型的 EM 算法

对于上面每个实例来说，如果缺失数据是已知的，就能有效地估计出参数。类似地，如果参数已知，那么缺失数据也容易求出。这暗示可以使用迭代算法：

1. 用猜测的参数对缺失数据进行估计。
2. 用缺失数据的估计求未知自由参数的最大似然估计。

迭代重复上述操作直到收敛(希望如此)。在拟合直线的例子中，上述算法形如：

1. 预估一条初始直线，再由此估计哪些点在直线上而哪些点不在直线上。
2. 用上述“哪些点在直线上”的信息修正直线的估计参数。

对于图像分割而言，算法形如：

1. 用 θ_l 的初始估计值估计每个像素点的特征向量来自哪个组件。
2. 用上述估计更新 θ_l 和混合权重。

如果上述算法在给定的缺失数据下能够收敛那再好不过，但是没有特别的理由保证它一定会收敛。事实上，如果每一步中的选择都得当，那么它就一定能收敛。上述两种算法作为通用算

法——“期望值最大算法”(Expectation-Maximization, EM)的两个实例，它们的演示使得这个观点更加显而易见。

EM 算法的主要思路是用期望值代替缺失数据以获得缺失数据的一组行得通的估计值(对 Θ 亦如此)。详细地说，先固定参数取某个值，然后根据给定的 $\boldsymbol{x}_i$ 和这个参数值计算出每个 δ_{ij} 的期望值。之后将 δ_{ij} 的期望值代入到完备数据的对数似然函数中(用它计算更简便些)，最大化该函数并得到一个新参数值。此时，δ_{ij} 的期望值可能已经改变。交替执行求期望值和最大化两个步骤直到收敛，于是一个算法便浮出水面了。若要更形式化地描述该算法，则可如此表述，即给定 $\Theta^{(s)}$，可通过以下步骤求出 $\Theta^{(s+1)}$：

1. 用不完备的数据(指 x)和当前参数值(指 $\Theta^{(s)}$)计算完备数据的对数似然函数的期望值，即计算：

$$Q(\Theta;\Theta^{(s)}) = E_{\delta|\boldsymbol{x},\Theta^{(s)}}\mathcal{L}_c(\Theta)$$

注意上述函数为 Θ 的函数，通过计算 Θ 和 δ 的函数的期望值而得，期望值又与 $P(\delta|\boldsymbol{x},\Theta^{(s)})$ 有关。这一步叫做 E 步。

2. 求 Θ 的函数的最大值，即计算：

$$\Theta^{(s+1)} = \arg\max_{\Theta} Q(\Theta;\Theta^{(s)})$$

这一步称为 M 步。

可以看到，每次迭代中不完备数据的对数似然函数值变大，这意味着序列 $\Theta^{(s)}$[①] 收敛到不完备数据的对数似然函数的局部极大值[参见论文 Dempster et al. (1977)或 McLachlan and Krishnan(1996)]。当然，不能保证算法可以收敛到正确的局部极大值，所以找到正确的局部极大值还是比较麻烦的。

上述通用 EM 算法看起来比混合模型的 EM 算法简单多了，对混合模型的 EM 算法而言有三个地方需要注意。首先，回想一下 10.5.2 节里混合模型的完备数据的对数似然函数为

$$\mathcal{L}_c(\Theta) = \sum_{i\in\text{observations}}\ \sum_{j\in\text{components}} [(\log p_j(\boldsymbol{x}_i|\theta_j)\log\pi_j)\,\delta_{ij}]$$

上式是 δ 的线性函数。由于求期望值的过程是线性的，替换上 δ_{ij} 的期望值就能从 $\mathcal{L}_c(\Theta)$ 求得 $Q(\Theta;\Theta^{(s)})$。记

$$\alpha_{ij} = E_{\delta|\boldsymbol{x},\Theta^{(s)}}[\delta_{ij}]$$

(上式为 δ_{ij} 的期望值，即在给定的数据和当前参数的估计值 $\Theta^{(s)}$ 下求出 δ 的后验概率)，通常称其为软权重(soft weights)。于是有

$$Q(\Theta;\Theta^{(s)}) = \sum_{i\in\text{observations}}\ \sum_{j\in\text{components}} [(\log p_j(\boldsymbol{x}_i|\theta_j)\log\pi_j)\,\alpha_{ij}]$$

其次，注意在给定第 i 个数据点和模型参数的情况下，第 i 个缺失数据变量是有条件地独立于其他缺失数据变量的，也就是说，其他缺失数据中有一部分可以不予考虑。如果你觉得有点迷惑难以理解，不妨思考一下上面的实例——在拟合直线时，仅需的信息是：在辨别某点是不是离群点时，仅需考虑靠近估计直线的那些点，其他点都不必考虑。

最后，注意到

---

① 原文为 $\boldsymbol{u}^s$ 是错误的。——译者注

$$\begin{aligned}\alpha_{ij} &= E_{\delta|\boldsymbol{x},\Theta^{(s)}}[\delta_{ij}] \\ &= E_{\delta_i|\boldsymbol{x}_i,\Theta^{(s)}}[\delta_{ij}] \\ &= 1\cdot P(\delta_{ij}=1|\boldsymbol{x}_i,\Theta^{(s)})+0\cdot P(\delta_{ij}=0|\boldsymbol{x}_i,\Theta^{(s)}) \\ &= P(\delta_{ij}=1|\boldsymbol{x}_i,\Theta^{(s)})\end{aligned}$$

该式可化为分式，分子表示在 $\boldsymbol{\Theta}^{(s)}$ 下数据点来自模型组件 j 的概率，分母表示在 $\boldsymbol{\Theta}^{(s)}$ 下选择该数据点的概率，于是要计算：

$$\begin{aligned}P(\delta_{ij}=1|\boldsymbol{x}_i,\Theta^{(s)}) &= \frac{P(\boldsymbol{x}_i,\delta_{ij}=1|\Theta^{(s)})}{P(\boldsymbol{x}_i|\Theta^{(s)})} \\ &= \frac{P(\boldsymbol{x}_i|\delta_{ij}=1,\Theta^{(s)})P(\delta_{ij}=1|\Theta^{(s)})}{P(\boldsymbol{x}_i|\Theta^{(s)})} \\ &= \frac{p_j(\boldsymbol{x}_i|\Theta^{(s)})\pi_j}{\sum_l P(\boldsymbol{x}_i,\delta_{il}=1|\Theta^{(s)})} \\ &= \frac{p_j(\boldsymbol{x}_i|\Theta^{(s)})\pi_j}{\sum_l p_l(\boldsymbol{x}_i|\Theta^{(s)})\pi_l}\end{aligned}$$

于是，混合模型的 EM 算法步骤如下。

E 步　对每个 i 和 j，计算软权重：

$$\alpha_{ij}=P(\delta_{ij}=1|\boldsymbol{x}_i,\Theta^{(s)})=\frac{p_j(\boldsymbol{x}_i|\Theta^{(s)})\pi_j}{\sum_l p_l(\boldsymbol{x}_i|\Theta^{(s)})\pi_l}$$

然后，可得

$$Q(\Theta;\Theta^{(s)})=\sum_{i\in\text{observations}}\sum_{j\in\text{components}}\left[(\log p_l(\boldsymbol{x}_i|\theta_l)\log\pi_l)\,\alpha_{ij}\right]$$

M 步　最大化 $\boldsymbol{\Theta}$ 函数：

$$Q(\Theta;\Theta^{(s)})=\sum_{i\in\text{observations}}\sum_{j\in\text{components}}\left[(\log p_l(\boldsymbol{x}_i|\theta_l)\log\pi_l)\,\alpha_{ij}\right]$$

注意到，这两步相当于以权重 α_{ij}将数据分配给第 j 个模型组件，然后最大化每个组件模型的似然函数。上述处理过程使得每个组件模型只占每个数据贡献的一部分，这也是称 α_{ij}为软权重的原因①。当你研究习题中的方程时，这一观点更加突显。

10.5.4　EM 算法的难点

EM 算法容易陷入局部极小值问题。这些局部极小值一般与待研究问题的多个方面相关。在有离群点影响下拟合直线的例子中，从根本上说，算法力求判定数据点是不是离群点。某些错误的分类可能使 EM 算法稳定收敛到错误的局部极小值。例如，仅有一个离群点时，算法可能会找到一条经过该离群点和另一正常点的直线，并将剩余的点标记为离群点（见图 10.9）。

注意到算法的最终结果是起始点的确定性函数，因此有效的策略就是谨慎地选择起始点。也可随机选择许多不同的起始点，并根据结果筛选出最佳拟合，正如 RANSAC 算法那样。还有一个方法就是用类似霍夫变换的方法对数据进行预处理以寻找最佳拟合。不管哪一种方法，都无法确保找到最佳拟合。

EM 算法的第二个困难是某些点的权重太小。这提出了一个数值问题：如果将这些很小的权

① 指不如“要么为 1，要么为 0”那么生硬，而是[0,1]区间内的小数。——译者注

重看成零(通常并不明智),并不清楚会得到什么样的后果。相反,也许有必要改变数值表示方式,即允许将许多小权值相加得到一个非零的值。该课题超出了本书的讨论范围,但不要因为这里未深入讨论而低估了它带来的麻烦。

10.6 基于参数估计的运动分割

考虑移动摄像机拍摄的运动视频中的两帧图像,如果目标移动很小,那么相对来说产生的新点不多,消失的点也不多,于是可以用一个箭头从第一帧中的每个点指向第二帧中相应的点(可能被覆盖了),箭头的头部在第二帧的点上,并且如果时间很短,则箭头的长度可以被认为是图像运动的瞬时速度。这个箭头就是著名的光流(optical flow),源于文献 Gibson(1950)中的一个名词。光流场的结构揭示了场景的很多信息(见 10.6.1 节),参数模型非常简单的光流能很好地描述场景(见 10.6.2 节)。于是,运动视频可分成几个较大的内在运动特性相似的区域。依此逆向思考,可得出运动分割的主要原则:将运动序列分解成一系列运动层(moving layers)——这些运动层构成了运动视频(见 10.6.3 节)。

10.6.1 光流和运动

"流"蕴含了丰富的关于观察者运动[通常称为自运动(egomotion)]与三维场景之间关系的信息。例如,从行进的汽车上看,远景的视运动比近景慢,因此视运动的速度能透露一些距离信息。也就是说,远处物体的光流箭头要比近处物体的光流箭头短。又如,假设自运动只是某方向上的纯平移运动,那么在该方向上图中会形成一个不会变动的点,所有的光流箭头都远离它(见图 10.12),该点称为延伸焦点。这意味着,稍微看一下这个光流场就能得知自己是如何运动的。再进一步看就能明白自己将撞到某物的快慢速度。假设摄像机位于延伸焦点,外景世界逐渐进入镜头。想象一下,现有一个半径为 R 的球,球心离摄像机的距离为 Z 且位于运动方向上,那么它会产生一个半径为 $r = fR/Z$ 的圆形图像。如果球沿着 Z 轴方向以速度 $V = \mathrm{d}Z/\mathrm{d}t$ 移动,那么图像区域的增长速度为 $\mathrm{d}r/\mathrm{d}t = -fRV/Z^2$,这意味着与前方物体碰撞接触的时间为

$$\text{碰撞时间} = -\frac{Z}{V} = \frac{r}{\left(\frac{\mathrm{d}r}{\mathrm{d}t}\right)}$$

出现负号是因为球是沿 Z 轴负向运动的,所以 Z 变得越来越小而速度 V 是负的。上述公式也适合非球状物体,而且,如果是球面镜片摄像机,观测方向也不必与运动方向一致。这意味着对于横穿公路快速移动的动物,也能快速并且容易地估计出它碰到某物的时间。

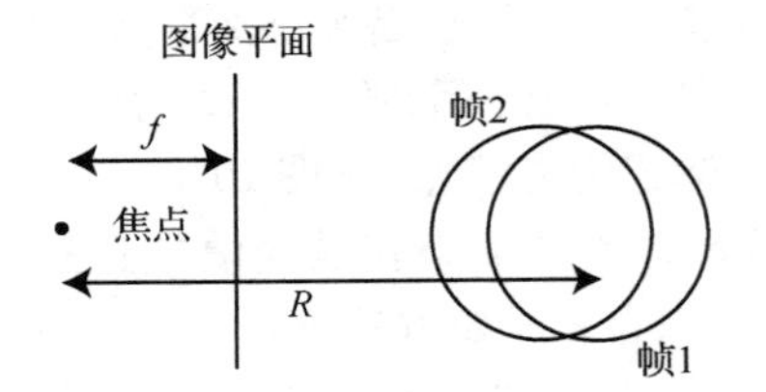

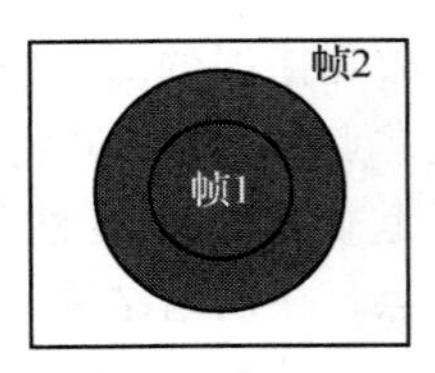

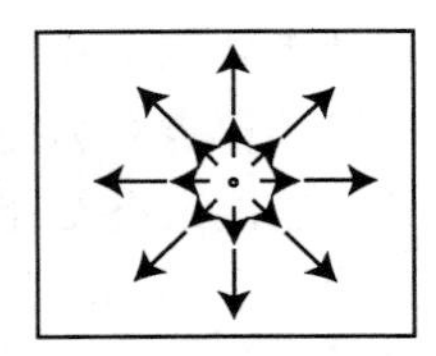

图 10.12 一个半径为 R 的球沿 Z 轴以速度 V 靠近摄像头(左图展示了其侧面图)。所形成的图像为一个圆,球靠得越近圆越大(中图)。光流呈辐射状,从焦点向外扩散,可用它来估计碰撞时间(右图)。该估计方法也适用其他物体

10.6.2 光流模型

参数很简单的光流模型(flow model)就能对场景进行划分(见图 10.13)。这个观点对建立线性参数的模型很有帮助。设 θ_i 为参数向量的第 i 个分量，$\boldsymbol{F}_i$ 为光流场的第 i 个基向量，$\boldsymbol{v}(\boldsymbol{x})$ 为像素点 $\boldsymbol{x}$ 处的光流向量，那么有

$$\boldsymbol{v}(\boldsymbol{x}) = \sum_i \theta_i \boldsymbol{F}_i$$

在仿射运动模型(affine motion model)中，可知

$$\boldsymbol{v}(\boldsymbol{x}) = \begin{pmatrix} 1 & x & y & 0 & 0 & 0 \\ 0 & 0 & 0 & 1 & x & y \end{pmatrix} \begin{pmatrix} \theta_1 \\ \theta_2 \\ \theta_3 \\ \theta_4 \\ \theta_5 \\ \theta_6 \end{pmatrix}$$

其中，点 $\boldsymbol{x}$ 的坐标为 (x,y)。如果光流只涉及二维变换(这特别适合描述从侧面观察到的人体四肢运动场景)，那么用一组光流基向量就足以表示平移、旋转和其他仿射变换效果。此时，用下述简单模型：

$$\boldsymbol{v}(\boldsymbol{x}) = \begin{pmatrix} 1 & x & y & 0 & 0 & 0 & x^2 & xy \\ 0 & 0 & 0 & 1 & x & y & xy & y^2 \end{pmatrix} \begin{pmatrix} \theta_1 \\ \theta_2 \\ \theta_3 \\ \theta_4 \\ \theta_5 \\ \theta_6 \\ \theta_7 \\ \theta_8 \end{pmatrix}$$

就能描述图 10.14 中的光流。该模型是参数 θ 的线性函数，这个模型不错——可形式化描述二维矩形进行三维运动所产生的光流(见图 10.14)。或者，对一系列要跟踪的光流实例进行奇异值分解(Singular Value Decomposition，SVD)，获得一些光流基向量，并从中尽量找到一组光流基向量用来描述各种变化的光流[参见 Ju et al. (1996)中的例子]。

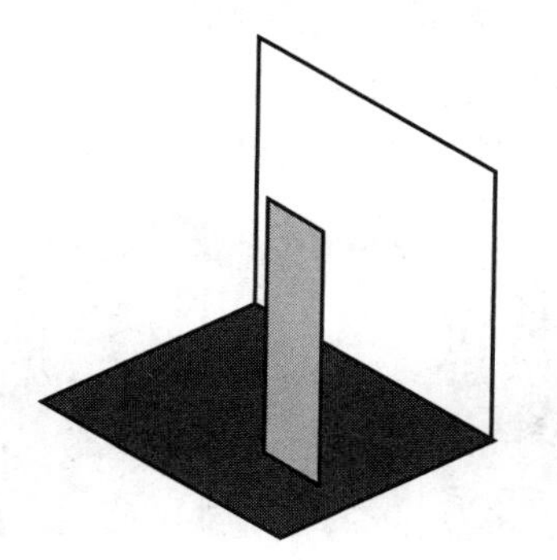

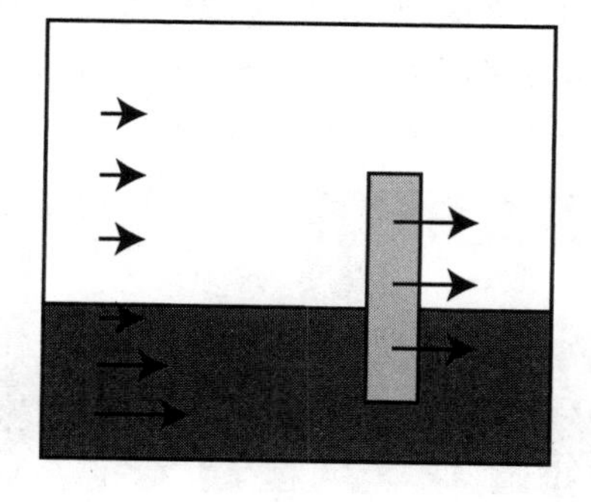

图 10.13　光流可用来构建或分割场景。左图场景非常简单，想象一下，用图像平面与白色矩形平行的摄像机来观察该场景，摄像机向左移动，于是能看到右图所示的光流。白色矩形上的光流向量是个常量，因为它与平移方向和图像平面平行，值较小是因为离得远。而灰色矩形上的光流向量也不变，但值较大；在斜坡平面上，远处的光流向量小而近处的较大。对光流场进行参数建模，就能像上面一样分割场景，因为不同的光流场对应不同的结构

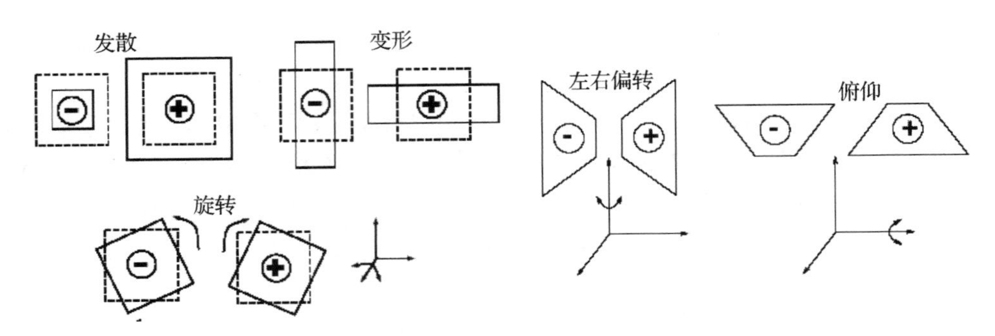

图 10.14 用模型$(u(\boldsymbol{x}), v(\boldsymbol{x})^{\mathrm{T}} = (\theta_1 + \theta_2 x + \theta_3 y + \theta_7 x^2 + \theta_8 xy, \theta_4 + \theta_5 x + \theta_6 y + \theta_7 xy + \theta_8 y^2)$产生的几种典型的光流。不同的$\theta_i$产生不同的光流，该模型能产生二维平面物体在三维场景中做常见运动时的光流。当图像缩放时就产生发散(divergence)光流，例如当参数$\theta = (0, 1, 0, 0, 0, 1, 0, 0)$时。当图像在某个方向上收缩而在其他的方向上增大时就产生变形(deformation)光流，例如绕与摄像机正交并与投影平面平行的轴旋转时，此时参数$\theta = (0, 1, 0, 0, 0, -1, 0, 0)$。物体在其平面内旋转则产生旋转(curl)光流，此时参数$\theta = (0, 0, -1, 0, 1, 0, 0, 0)$。在透视形变摄像机中矩形物体绕竖直轴旋转产生左右偏转(yaw)光流，此时参数$\theta = (0, 0, 0, 0, 0, 1, 0)$。最后是俯仰(pitch)光流，在透视形变摄像机中矩形物体绕水平轴前后摆动产生此光流，此时参数$\theta = (0, 0, 0, 0, 0, 0, 1)$(This figure was originally published as Figure 2 of "Cardboard People: A Parameterized Model of Articulated Image Motion" S. Ju, M. Black, and Y. Yacoob, IEEE Int. Conf. Face and Gesture, 1996 ©IEEE, 1996)

10.6.3 用分层法分割运动

现在我们有意用参数化光流模型分割视频，假设某时刻视频序列中有两帧图像，并且已知共有 k 个运动区域(否则，可用 10.7 节的办法在 k 的取值范围内搜寻以求最佳的运动区域数)。将 k 个参数化的光流模型混合以估计这两帧的光流模型。第一帧中每个像素点的运动由这个混合模型生成，运动将该点移动到第二帧的某个像素点，假定两点亮度一样。于是就能以如下方式来分割第一帧图(或第二帧，一旦确定光流模型，分割哪一帧都行)：将每个点分配给它所属的光流模型，因此光流来自第一个模型的像素点位于第一个运动分区，以此类推。混合光流模型封装了一系列不同的运动区域(每个区域的内在运动特性一致)，而每个运动区域对应一个光流模型。有多个运动区域是因为不同刚体离摄像机距离不等和摄像机运动导致的(见图 10.15)。这些彼此分离的运动区域通常称为层(layers)，而这种模型通常叫做分层运动(layered motion)模型。

图 10.15 一段 MPEG 格式花园视频的第 1、15、30 帧，常用来说明运动分割算法。视频由平移的摄像机拍摄，其中树比房屋离摄像机更近，地面是一个花园。因此，树在帧间移动较快，而房子则较慢，地面则产生一个仿射运动区域(This figure was originally published as Figure 6 from "Representing moving images with layers" J. Wang and E. H. Adelson, IEEE Transactions on Image Processing, 1994, © IEEE, 1994)

给定两幅图，打算确定(a)像素点属于哪个运动区域和(b)每个运动区域的参数。所有这些使得运动分割问题看起来是类似之前两个实例那样的大问题，亦即知道了前者求后者就容易了，反之知道后者求前者也很容易。显然这又是个缺失数据问题：缺失数据就是像素点属于哪个运动区域，以及每个运动区域的参数和混合权重。

为解决这个问题，要对观测数据建立一个概率模型。假定第二幅图的像素点亮度是如下得来的，即第一幅图中的像素点沿该点的光流向量移动，并加上一个均值为 0、方差为 σ^2 的高斯随机变量而得。同时，假设第一帧图中的点(x,y)属于第 l 个参数为 θ_l 的运动区域。那么，该点就移动到了第二帧图中的点$(x, y)+v(x, y; \theta_l)$，并且两点的亮度值几乎一样(亮度差异小到与测量误差相当)。记第一帧图中点(x,y)处的亮度值为 $I_1(x, y)$，其他类似。对像素点属于哪个运动区域这个缺失数据，可用一个指示变量 $V_{xy,j}$ 来表示：

$$V_{uv,j} = \begin{cases} 1, \text{如果}(x, y)\text{ 像素属于第 } j \text{ 个运动区域} \\ 0, \text{其他} \end{cases}$$

那么，完备数据的对数似然函数为

$$L(V,\Theta) = -\sum_{xy,j} V_{xy,j} \frac{(I_1(x,y) - I_2(x+v_1(x,y;\theta_j), y+v_2(x,y;\theta_j)))^2}{2\sigma^2} + C$$

其中 $\Theta=(\theta_1,\cdots,\theta_k)$。于是，在此使用 EM 算法就是很自然的事了，如前文一样，问题的关键是确定：

$$P\{V_{xy,j}=1|I_1,I_2,\Theta\}$$

这些概率值通常用支撑图(support maps)来表示——支撑图用灰度等级来表示某个像素点对应的概率最大的运动层(见图 10.16)。

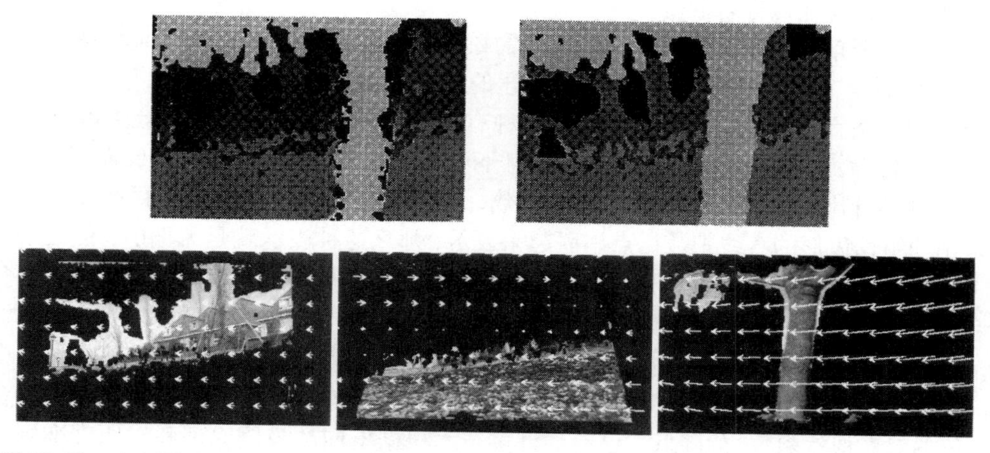

图 10.16　左上图显示了花园视频中像素点属于哪个运动层，通过聚类图像运动的局部估计而成。每个灰度级对应一层，每一层对应不同的仿射运动模型。检验像素点近邻对应的运动区域与前几帧及后几帧相应运动区域相一致的程度，还能将此图细化形成右上图。三个不同的层以及各自的运动模型如底下三图所示(This figure was originally published as Figure 11 and 12 from "Representing moving images with layers" by J. Wang and E. H. Adelson, IEEE Transactions on Image Processing, 1994, © IEEE, 1994)

分层运动表示法非常有用，原因是：首先，它将运动方式一致的像素进行聚类；其次，它揭示了明确的运动边界；最后，可以从这些运动层中以感兴趣的方式重构新的视频序列(见图 10.17)。

图 10.17 分层运动表示法的特征之一就是可以忽略其中的某些层而用剩余的层来重构运动视频序列。在本例中,将树的运动层忽略之后重建了MPEG格式的花园视频。左、中、右三图分别显示了重构之后的第1、15、30帧图像(This figure was originally published as Figure 13 from"Representing moving images with layers" by J. Wang and E. H. Adelson, IEEE Transactions on Image Processing, 1994, © IEEE, 1994)

10.7 模型选择:哪个最好

到目前为止,我们都假定模型中组件的数目已知。例如,假定只拟合一条直线,在图像分割的实例中,假定要分割的区域数目已知,在广义混合模型的例子中,也假定组件的数目已知。一般来说,这种假定并不安全可靠。

可以用不同数目的组件试拟合模型(例如直线、图像分割区域等),然后看哪个模型拟合得最好。但这个策略行不通,因为组件数目最多的模型总是拟合得最好。一个极端例子就是,将点拟合成多条直线时将每一对点都拟合成一条直线,此时,数据拟合得很完美,但几乎是无用的,因为操作过于复杂而且在拟合新数据时效果很差。

可以从另一个角度来看待数据点,即把它看成是偏差(bias)和变化(variance)两者折中的结果。这里,将数据点集看成来自某个正试图阐述的潜在处理流程的一个采样。关于折中的一个例子如下。用一条直线来表示一系列点就是一种有偏表示,因为这不能体现产生数据点集的模型的所有复杂特性,与潜在处理流程相关的信息不可避免地丢失了。但是,只要谨慎一些,的确能非常精确地估计出表示这些数据点的直线参数,所以相比有偏的模型估计存在变化空间。反之,如果用一组锯齿形的直线把数据点串联起来表示,那么这种表示就是无偏的,但是来源相同的数据点集的每个新采样所对应的表示(指拟合的结果)将各不相同。结果就是,对所拟合模型的估计结果就依不同采样而变化很大,也就是说被变化淹没了。

这需要在两者间权衡。参数(指组件数量)越多则拟合误差越小,因此要在拟合误差中加入一个因子,其值随着组件数目的增加而变大。该惩罚因子用来补偿因参数增多而导致拟合误差(相当于负的对数似然函数)的降低。已有的许多技术根据不同的极值原理和对原理准则不同的近似估计而使用不同的惩罚补偿方式,也可从中选择合适的替代办法。

还可从另一个角度看待数据点,即将其看成想要从模型中预测得到的未来采样——数据集是模型家族中某一个参数模型预测出的一个采样。若某模型参数从模型中预测出来采样集[即测试集(test set)]的效果与通常说的训练集(training set)的预测效果一样好,那就是选择了恰当的参数。遗憾的是,无法获得未来采样集。而且根据训练集估计出的模型参数可能是有偏的,因为得出的参数只是保证了模型是训练数据的最佳拟合,而不是所有可能出现的数据的最佳拟合。该效应称为选择偏差(selection bias)。训练集是可由模型得出的全部数据的一个子集,仅当训练集无穷大时才能准确描述模型。这就是负对数似然函数对选择模型的指导价值不大的原因——拟合看起来变得更好了是因为增加了偏差。

记最佳参数为 Θ^*，数据集的拟合模型的对数似然函数为 $L(\boldsymbol{x};\Theta^*)$，未知的自由参数个数为 p、数据的数量为 N。将根据对数似然函数和抑制参数过多的惩罚因子来计算出一个分值。分值可能有多个，而处理方法就是搜索模型空间，找到那个让该分值最优的模型，例如增加组件数量的方法。下面介绍了几种计算分值的方法：

AIC　Akaike 提出了一个惩罚办法，称作 AIC(是"An Information Criterion"的缩写而不是"Akaike information criterion"的缩写)，其根据下式最小值来选择模型：

$$-2L(\boldsymbol{x};\Theta^*)+2p$$

对 AIC 准则存在许多统计学方面的争论。首先，主要的质疑是上式没有涉及数据点的数量 N。这种质疑是合理的，因为对真实模型的参数估计应该随着数据点数的增加而更精确。其次，大量的实验证据表明 AIC 常导致过拟合(overfit)，亦即所选的模型参数过多，虽能很好地拟合训练集，但是在测试集上表现欠佳。

贝叶斯方法和 Schwartz 的 BIC　为简单起见，设 $\mathcal{D}$ 表示数据，$\mathcal{M}$ 表示模型，θ 表示参数，根据贝叶斯准则(Bayes' rule)有

$$\begin{aligned}P(\mathcal{M}|\mathcal{D})&=\frac{P(\mathcal{D}|\mathcal{M})}{P}(\mathcal{M})P(\mathcal{D})\\&=\frac{\int P(\mathcal{D}|\mathcal{M}_i,\theta)P(\theta)\mathrm{d}\theta P(\mathcal{M})}{P(\mathcal{D})}\end{aligned}$$

于是，选择后验概率最大的那个模型。计算上面这个后验概率很困难，Schwartz 经过一系列近似推导，得到下述准则：

$$-L(\mathcal{D};\theta^*)+\frac{p}{2}\log N$$

其中，N 为数据点数。再次提醒，我们选择使上式值最小的模型，这被称为贝叶斯信息准则(Bayes information criterion)或 BIC。注意，上式的确包含数据点数 N。

描述长度　也可以根据本质上并非统计方法的准则来选择模型。毕竟是人为地选择模型，我们有选择的理由。很自然的准则就是选择能清晰有效地编码数据的模型。最小描述长度(minimum description length)准则就是选择传输数据最有效的模型。为传输数据，可先编码模型参数并传输，然后在给定的模型参数下编码数据并传输。如果模型将数据拟合得很差，那么后面这一部分数据量将很大，因为差的拟合意味着必须要对类似噪声的信号进行编码。

实践中采用的准则的推导远远超出了本书的讨论范围。详细内容可参考文献 Rissanen(1983)，(1987)和 Wallace and Freeman(1987)。也有一些来自信息论的类似想法，由 Kolmogorov 提出，并在 Cover and Thomas(1991)中详细阐述。令人惊讶的是，在他们的分析中 BIC 也浮现出来：

$$-L(\mathcal{D};\theta^*)+\frac{p}{2}\log N$$

再次提醒，要选择使上式值最小的模型。

10.7.1　利用交叉验证选择模型

选择模型最主要的困难是必须使用一个无法测量的量，即无法测量模型预测不在训练集里的数据的能力。给定一个充分大的训练集，将其划分为两部分，一部分用来拟合模型，一部分用来测试拟合的结果，这个方法就称为交叉验证(cross-validation)。

可以使用交叉验证来确定模型中组件的数量，即将数据划分为训练集和测试集，将训练集拟

合成许多不同的模型，然后选择在测试集上性能最好的模型。可以根据对数似然函数在测试集上的表现来评估性能。我们期待用这种方法估计出组件的数量，因为参数过多的模型能很好地拟合训练集，但在测试集上却预测得很糟糕。

对数据集采用单一的两分方式会引入不同形式的选择偏差，因此，最安全的做法就是对所有不同划分方式下求得的估计值求平均。但是，如果测试集非常大，那么这种方法是不明智的，因为划分次数太多。此时常常采用留一法交叉验证。在这种办法中，对每一组包含 $N-1$ 个数据的训练集拟合出一个模型，然后用剩下的那个数据计算模型误差，最后将这些误差求和得到模型误差的估计值。而使该估计值最小的模型就是要选择的模型。

10.8 注释

最小二乘拟合的起源现在已不清楚，但是我们认为高斯独自发明了这种方法。总体最小二乘法貌似由 Deming(1943)提出。有大量用最小二乘法或近似最小二乘法拟合曲线和曲面的文献，可以从圆锥曲线开始研究(Bookstein 1979，Fitzgibbon et al. 1999，Kanatani 2006，Kanatani 1994，Porrill 1990，Sampson 1982)，而对更复杂的问题可参见 Taubin(1991)。

霍夫变换

霍夫变换由 Hough(1962)提出，在 Keith Price 的令人称奇的巨型在线参考文献目录中，有个注释评价它为引用最多但被研读最少的参考文献。霍夫变换具有重要的理论意义，有海量的关于它的文献，感兴趣的读者可从文献 Ballard(1981)开始，然后参考论文 Ballard(1984)。霍夫变换提出之后不久，这个话题开始看起来有些过时，但是 Maji and Malik(2009)经过仔细观察发现每个标识符不必拥有一样的投票权重，并且可以通过学习的方式获取权重，加之均值漂移(mean shift)算法的出现使得霍夫变换重振雄风。根据物体的位置投票能够让物体各部分相互增强，但这个思路已经非常老套了[参见 Ballard(1981)和 Ballard(1984)]，近期关于这种方法最重要的文献为 Bourdev et al. (2010)。

RANSAC 算法

RANSAC 是一个非常重要的算法，非常容易实现和使用，而且很有效。原始论文 Fischler and Bolles(1981)仍值得一读。根据对数据和问题的不同理解衍生了大量的变异算法，要了解它们可从 Torr and Davidson(2003)和 Torr and Zisserman(2000)看起。

EM 算法和缺失变量模型

EM 算法最先在论文 Dempster et al. (1977)的统计论述中进行了形式化描述。而 McLachlan and Krishnan(1996)是一篇不错的总结参考文献，其介绍了 EM 的许多变异版本。例如，有的主张没有必要求 $Q(\boldsymbol{u};\boldsymbol{u}^{(s)})$ 的最大值，所有想要的无非只是求得一个较大的值；又如，有的提出可以用随机积分法来估计期望值。

缺失变量模型的情况似乎在所有场合都会突如其来。在计算机视觉领域中，我们了解到的所有模型都源自混合模型，因此要介绍完备数据的对数似然函数(是缺失变量的线性函数)，这也是集中精力解决它的原因。将缺失变量模型用于分割是很自然的事，可参见文献 Belongie et al. (1998a)、Feng and Perona(1998)、Vasconcelos and Lippman(1997)、Adelson and Weiss (1996)或 Wells et al. (1996)。各种形式的运动分层法俯拾即是，可参见文献 Dellaert et al. (2000)、Wang and Adelson(1994)、Adelson and Weiss(1996)、Tao et al. (2000)及 Weiss (1997)。你可以将深度相同[参见 Brostow and Essa(1999)；Torr et al. (1999b)或 Baker et al.

(1998)]或具有其他共同特征的运动层构建成新的图像。其他令人感兴趣的情况包括因透明度和镜面反射等原因产生的运动，请参考文献 Darrell and Simoncelli(1993)、Black and Anandan(1996)、Jepson and Black(1993)、Hsu et al.(1994)或 Szeliski et al.(2000)。由此产生的模型描述方法可用于基于图像的高效渲染，请参考文献 Shade et al.(1998)。

EM 算法是极为成功的推理算法，但并非万能。前文描述的这类采用 EM 算法的问题的主要困难是易陷入局部极大值问题。对这种含有大量缺失变量的问题而言，存在多个局部极大值是很常见的。从正确解的附近开始进行优化也许能解决这个问题，但有点未切中要害。

模型选择

模型选择是一个未得到应有重视的话题。运动研究中一项重要的工作就是，选择应用哪种摄像机模型(正交的、透视的，等等)，参见文献 Torr(1999)、Torr(1997)、Kinoshita and Lindenbaum(2000)或 Maybank and Sturm(1999)。类似地，分割距离数据(range data)的一项工作就是，解决数据应该拟合到哪些参数曲面的问题(即总共有两个还是三个或其他数目的平面)，可参见文献 Bubna and Stewart(2000)。在结构重建问题中，有时要决定是否采用退化的摄像机运动视频序列(Torr et al. 1999a)。分割的标准问题就是一共有多少个分割区域，请参见文献 Raja et al.(1998)、Belongie et al.(1998a)和 Adelson and Weiss(1996)。如果使用模型进行预测，有时对预测结果进行加权平均效果更好(原始贝叶斯方法不适用于模型选择)，可参见文献 Torr and Zisserman(1998)和 Ripley(1996)。本章只介绍了部分可用的模型选择方法，一个未介绍的重要方法就是 Kanatani 的几何信息准则(geometric information criterion)，请参见文献 Kanatani(1998)。

习题

10.1　证明一个简单但非常有用的结论：当 $a^2+b^2=1$ 时，点 (u,v) 到直线 (a,b,c) 的垂直距离为 $(au+bv+c)$，如果 $ax+by+c=0$。

10.2　从广义总体最小二乘法推导出如下求特征值的方程：

$$\begin{pmatrix} \overline{x^2}-\overline{x}\,\overline{x} & \overline{xy}-\overline{x}\,\overline{y} \\ \overline{xy}-\overline{x}\,\overline{y} & \overline{y^2}-\overline{y}\,\overline{y} \end{pmatrix}\begin{pmatrix} a \\ b \end{pmatrix}=\mu\begin{pmatrix} a \\ b \end{pmatrix}$$

这个练习很简单——用极大似然函数法并稍微做一下数学处理就能解决这个问题，但是确实值得一做并铭记，这个方法用处很大。

10.3　如何用给出方向的边缘检测子获得边缘点的曲线？给出递归算法。

10.4　在增量直线拟合法中，拟合直线段时去掉直线点列表开头和末尾少量的点就能使算法稍微稳定一些，因为这些被去掉的点可能来自边角。那么

(a)这样操作为何能改善结果？

(b)如何决定去掉多少个点？

10.5　假设摄像机固定，运动的平面物体平行于图像平面，证明仿射光流模型就能表示下述情况产生的光流：

(a)平移平面物体。

(b)平行图像平面并在平面内旋转平面物体。

10.6　假设静止摄像机的焦距为 f，用大写字母表示世界坐标，用小写字母表示图像点坐标。将摄像机焦点放在(0，0，0)处，将图像平面放在 $Z=-f$ 处。有一平面物体位于平面 $Z=aX+b$ 上，其中 $|a|>0$，$|b|>0$，那么

(a)物体如何移动才可以用仿射运动模型表示其产生的图像运动场？

(b)在什么情况下仿射运动模型能够合理地近似表示因移动产生的图像光流场?

10.7 参照10.5.1节实例中表示直线和离群点的相关符号，并记δ_i为第i个数据点实例对应的指示变量，如果数据来自直线则$\delta_i=1$，否则$\delta_i=0$。假设要用总体最小二乘法来拟合，并假设拟合误差的标准差σ已知。假设每个离群点的概率独立于其位置。那么证明完备数据的对数似然函数为

$$\mathcal{L}_c(a,b,c,\pi)=\sum_i\left[-\frac{(ax_i+by_i+c)^2}{2\sigma^2}+\log\pi\right]\delta_i+[K+\log(1-\pi)](1-\delta_i)+L$$

其中，常量K表示离群点的概率，L不依赖于a，b，c或π。

10.8 参照10.5.1节实例和上题中表示直线和离群点的符号，推导出等式$\alpha_i=E_{\delta|\boldsymbol{x},\Theta^{(s)}}[\delta_i]$，其中$\Theta=(a,b,c,\pi)$。

10.9 参照10.5.1节中图像分割实例里的符号，记δ_{ij}为第i个数据点实例对应的指示向量，如果数据点来自第j个分割区域则$\delta_{ij}=1$，否则$\delta_{ij}=0$。假设图像各分割区域概率密度分布函数的协方差都为已知的Σ。那么，证明完备数据的对数似然函数为

$$\mathcal{L}_c(\pi_1,\cdots,\pi_g,\mu_1,\cdots,\mu_g)=\sum_{ij}\left[-\frac{(\boldsymbol{x}_i-\mu_j)^{\mathrm{T}}\Sigma^{-1}(\boldsymbol{x}_i-\mu_j)}{2}+\log\pi_j\right]\delta_{ij}+L$$

其中L不依赖于μ_j或π_j。

10.10 参照10.5.1节中图像分割实例的符号，推导出等式$\alpha_{ij}=E_{\delta|\boldsymbol{x},\Theta^{(s)}}[\delta_{ij}]$，其中$\Theta=(\pi_1,\cdots,\pi_g,\mu_1,\cdots,\mu_g)$。

10.11 参照10.5.1节实例中直线和离群点的符号，对该实例而言，证明M步中的更新为

$$\pi(s+1)=\frac{\sum_i\alpha_{ij}}{\sum_{i,j}\alpha_{ij}}$$

和

$$\mu_j^{(s+1)}=\frac{\sum_i\alpha_{ij}\boldsymbol{x}_i}{\sum_i\alpha_{ij}}$$

10.12 参照10.5.1节中图像分割实例里的符号，对该实例而言，证明M步中的更新为

$$\pi_j^{(s+1)}=\frac{\sum_i\alpha_{ij}}{\sum_{i,j}\alpha_{ij}}$$

和

$$\mu_j^{(s+1)}=\frac{\sum_i\alpha_{ij}\boldsymbol{x}_i}{\sum_i\alpha_{ij}}$$

编程练习

10.13 实现增量拟合算法。去掉直线点列表中开始和末尾两端少量的点，看拟合结果有多大差别。请用心开发算法，根据我们的经验，该算法适用的应用场合俯拾皆是。

10.14 实现基于霍夫变换的直线检测算法。

10.15 用霍夫变换直线检测算法求图中直线的数目，并想办法提高性能。

10.16 参照10.5.1节中图像分割实例里的符号，使用等式$\alpha_{ij}=E_{\delta|\boldsymbol{x},\Theta^{(s)}}[\delta_{ij}]$[其中$\Theta=(\pi_1,\cdots,\pi_g,\mu_1,\cdots,\mu_g)$]实现分割图像的EM算法。这里使用RGB颜色信息和坐标位置信息作为特征向量就已足够。

第11章　跟　　踪

跟踪是根据一组给定的图像序列，对图像中的运动目标形态形成的一种推理。通常，在跟踪过程中，一个(抽象的)计时器的每一时刻将会产生一些测量值，这些测量值可能为图像上某些点的位置、某些区域的位置与瞬态或其他信息。这些测试值不一定相关，从某种意义上来讲，有些测试值来自感兴趣的目标，有些来自其他目标或者噪声。我们将定义一种目标状态的编码方式及从某一时刻到另一时刻状态是如何变化的模型，其目的就是利用这些测量值及动力学模型推断出运动目标的状态。

跟踪问题具有极大的实际应用价值，之所以这么说是有很多原因的，如利用雷达回波跟踪飞机[论文综述见 Brown(2000)，Buderi(1998)和 Jones(1998)；本文中关于雷达技术的综述有 Bar-Shalom and Li(2001)，Blackman and Popoli(1999)；Gelb 以及其分析科学公司(1974)]其他重要应用还包括：

- **运动捕捉：**如果能精确地跟踪一个运动的人(拥有三维结构)，就可以得到运动的精确记录。一旦有这个记录，就能使用它生成一个模拟程序。例如，可以控制一个卡通人物，数以千计的群众场面、甚至一个虚拟精灵。更进一步，甚至能通过更改运动记录来获得些许不同的动作。这预示着着演员可以做出一系列他们自己完不成的动作。
- **从运动中识别物体：**物体的运动特征是十分典型的，可以根据运动特征判别它的身份，并能确定物体正在进行的动作。
- **监视：**知道物体正在做什么是非常有用的。例如，在某个特定的机场，不同的卡车有着不同的确定行驶路线，如果不是这样行驶，则肯定出现了问题。同样，存在一些特定的环境中不该发生的运动特征(例如，车辆不应停在行车道内)。跟踪能帮助计算机系统监视物体行为，并在物体出现问题时发出警告。
- **定位：**跟踪研究的一个重要部分是明确导弹的射击目标与击中目标。一般来说，这主要描述使用雷达或红外信号(而非视觉)来跟踪，但基本原理是相同的——如何从已有序列判断物体的未来位置？我们应该瞄准哪里？

通常情况下，可以把一个物体当做一种状态。这种状态可能并没有被直接观察到，可能被编码成感兴趣目标的所有性能，或者编码成它的运动状况。例如，某一状态可能包含位置，位置和速度，位置、速度和加速度，位置和外观等。状态会在每一时刻发生变化，则新的状态会得到新的测量值。这些测量值被称为观察值。在许多情况下，观察值就是状态的测量值，其中可能还包含了一些噪声。例如，当目标状态表示的是它的位置时，观察到的就是它的位置。但在其他一些情况中，观察值也可能是这些状态的函数。例如，物体的状态可能包含了位置与速度，但仅仅只能观察到它的位置。所以，在这些跟踪问题中，需要一个状态随时间是怎样变化的模型，那么在这个模型中的信息被称为物体的动力学。跟踪就是用观察值和动力学去推断物体状态的一种扩展。

视觉跟踪问题的最重要的性质就是观测值，而观测值通常隐藏在大量的无关信息中。例如，如果希望在一视频帧中跟踪一张人脸，在大多数情况下，人脸像素还占不到视频帧像素的三分之一。几乎在每一种情况下，不在脸上的像素点对于提供脸的状态信息来说是没有任何用处。这意味着面对的重大问题是确定哪些观测值是有用的。其主要方法有：建立一个检测器(见11.1.1节)或利用物体的刚性(随着时间的变换，物体仍然保持其形态)及移动连贯性(见11.1.2节和11.2节)。如果状态模型很简单，那么用概率方法去权衡动态预测值与测量值就相对简单了，因为概率模型很容易表征(见11.3节)。此外，动态预测值也可用来判别有用的测量值(见11.4节)。非线性动力学模型也可以产生用近似方法表示的概率模型(见11.5节)。

11.1　简单跟踪策略

目标跟踪主要有两种简单的方法。一种是通过检测进行跟踪，即建立一个强模型，足以在每帧中检测出目标。找到目标，并将它们连接起来，就形成了一条轨迹。在许多情况下，一些附加结构也能补偿弱模型(见11.1.1节)。另一种是通过匹配进行跟踪，即建立一个目标如何移动的模型。首先确定目标在第n帧所在的区域，然后用这个模型去搜索该目标在$n+1$帧所在的区域，并进行匹配(见11.1.2节)。运动模型与匹配模型越复杂，跟踪匹配策略也变得越复杂；在11.2节将介绍这些复杂的方法。

11.1.1　基于检测的跟踪

假设视频的每一帧都只有一个目标，那么可以跟踪图像中目标的位置，并可以为跟踪的目标建立一个可靠的检测器。在这种情况下，跟踪变得非常简单：在视频的每一帧检测器会响应目标位置，这种观测值是一个很好且有效的跟踪策略信源，因为这样我们可以建立多个检测器来跟踪多个目标。例如，在绿色背景下跟踪一个红球，那么检测器可以找红色像素。在其他场景中可能需要更复杂的检测器；例如，跟踪一个正面对着摄像机的人脸(检测器的讨论详见第17章)。

在大多数情况下，假设只有一个目标或一个可靠的检测器是不可行的。如果目标进入或离开当前帧(或如果检测器有时无法检测)，那么就不能在每帧检测目标的位置。因此，必须考虑这样一个事实，一些帧中有太多(或太少)的目标。为此，建立一个抽象概念，叫做轨迹，它表示单一目标的时间表。假设已经跟踪了一个目标一段时间，然后要处理一个新的帧。将以前帧的轨迹复制到当前帧，然后分配目标检测器响应到各轨迹。怎么分配目标检测器取决于实际应用(下面给出一些例子)。每条轨迹最多能得到一个检测器的响应，每个检测器的响应最多分配到一条轨迹。然而，一些轨迹可能无法获得检测器的响应，一些检测器响应也可能没有分配到轨迹。最后，处理那些没有响应的轨迹及没有轨迹的响应。对于没有分配轨迹的每个检测器，为它创建一个新的轨迹(因为一个新的目标可能出现)。对于几帧都没有收到检测器响应的轨迹，将其删除(因为目标可能已经消失)。最终，根据应用可以对这些轨迹进行后续处理，在合适的地方插入链接。算法11.1给出这种方法。

分配的主要问题是关于代价模型的建立，其随应用的不同而不同。我们需要一个指令将检测器分配到对应的轨迹。对于缓慢移动的目标，该指令就是当前帧检测的位置与上一帧已经分配好的轨迹位置之间的图像距离。对于外观特征缓慢变化的目标，其代价就是一个外观特征距离(例如颜色直方图之间的χ平方距离)，如何使用距离也取决于应用。在检测器非常可靠、目标数很少、间隔合适、运动缓慢的情况下，可以用贪婪算法(分配最近检测器给每条轨迹)。该算法将一个检测器响应于两条轨迹；因此，这是否是同一个问题取决于应用。常规算法都是通过求解二分图匹配来解决的。其中轨迹来自二分图的一端(其中一个子集)，则检测器响应来自另一端(另一个子集)。每一端扩展一些空节点，满足轨迹(或响应)不匹配的情况。通过匹配代价进行边缘加权，那么务必需要解决一个最大加权二分图匹配问题(如图11.1所示)。解决方法见匈牙利算法[见例子：Cormen et al.(2009)；Schrijver(2003)；或 Jungnickel(1999)]；但是通常类似的算法还是贪婪算法比较好。在某些情况下，知道目标会在哪出现或在哪消失，那么可以在出现区域为检测到的目标创建轨迹，并在消失区域删除没有匹配的轨迹。

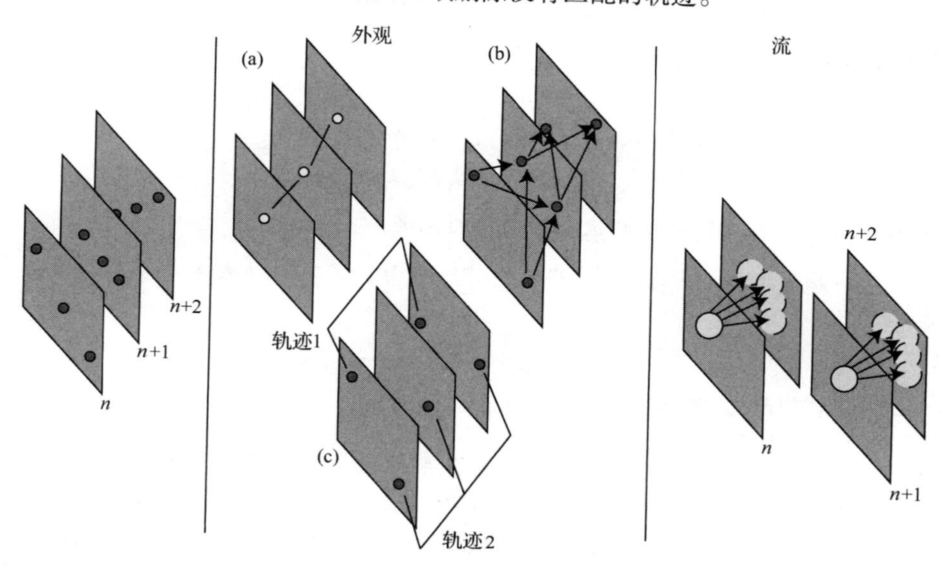

图 11.1　在跟踪问题中，建立一些用标识符表示的时域路径——其在图像序列中可能是一些目标、区域、感兴趣的 点或图像窗口(如图左所示)。在这里有两个重要的信息来源，如果进一步使用，可以在没有增加其复杂性的情况下解决很多跟踪问题。一个是被跟踪目标的外观。如果每帧只有一个跟踪目标，且具有独特的外观特征，则可以在每帧都能检测到目标，并连接检测器响应[如图(a)所示]。另外，如果每帧不仅仅只有一个目标，那么利用一个代价函数与加权二分图匹配就可以建立轨迹[如图(b)所示]。若一些目标丢失，则需要连接检测器响应提取出这些轨迹[如图(c)所示]；图中，在n与$n+2$帧都有测量值，但在$n+1$帧没有。另一个重要的信息来源是目标的运动状态，如果有一个流管理模型，则可以搜索到在下一帧产生最佳匹配的流。将最佳匹配的结果作为目标的下一个位置，然后迭代此过程(见图右)

在给定的背景及所有跟踪目标看起来不同于背景的情况下，背景减除法通常是一个足够好的检测器。在这种情况下，可以充分应用背景减除法并将大团块作为检测器的响应，这种方案简单且有效。一个有用的实例如：在一个固定背景(走廊或停车场)的人，如果在应用中不需要详细地报告目标的身体形态，且人在视野中也是相当大的，这样就可以推导出由背景减除法产生的大团块就是人，虽然这种方法有缺点，例如，如果人长时间静止，则检测的人会消失(即检测不到人)；如果两个人靠得很近，则需要花更多的工作将检测到的大团块进行分离，等等。但很多应用场景只需要一个近似的报告，如交通拥堵，或者一个人出现在一个敏感区域而产生的报警。该方法非常适合于这些情况。

这种基于检测跟踪的简单方法是值得注意的。在许多情况下，不需要一些复杂的算法。另外，创建了一些杂乱的轨迹及对一些长时间没有接收到测量值的轨迹进行处理的技巧是相当普遍和非常有效的。

算法 11.1　基于检测进行跟踪

标识符：

令 $\boldsymbol{x}_k(i)$ 为检测器在第 i 帧的第 k 个响应；

$t(k, i)$ 为第 i 帧的第 k 条轨迹

第 i 帧中, $*t(k, i)$ 为检测器响应分配的第 k 条轨迹(* 为 C 指针符号)

假设: 有一个合理可靠的检测器
则距离 d, 即 $d(*t(k, i-1), *t(k, i))$ 总是比较小

第一帧: 为每个检测器的响应创建一条轨迹

第 N 个帧:
通过解决二分图匹配问题将轨迹与对应的检测器响应连接起来
为没有分配轨迹的每个检测器响应分别创建一条新的轨迹
收获那些连续一些帧都没有收到检测器响应的轨迹

清除: 清除时域空间的一些轨迹,这些轨迹可能是由更复杂的动力学或者形态模型产生的候选者之间的连接

11.1.2 基于匹配的平移跟踪

假设有一个电视场景,一个球员在足球场上跑来跑去。每个球员可能占据一个大约 10 ~ 30 像素高的方框面积,所以很难确定哪是胳膊哪是腿(见图 11.2)。如果帧率为 30 Hz,则身体部位从一帧到下一帧不会移动那么多(与分辨率相比)。在这种情况下,可以假设是整体区域的平移。那么通过两部分可以模拟一个球员的运动。一是固定在球员周边方框的绝对运动,二是基于方框的相对运动。按照这样,则只需跟踪方框,我们把这个过程称为图像的稳定性。另一个例子是关于图像的稳定性的有用性,即在移动车辆的鸟瞰图周围制定一个方框;那么方框包含了对车辆身份的所有视觉信息。

图 11.2 跟踪的一个有用的应用就是在一个感兴趣的结构(例如一个电视分辨率视频中的一个足球运动员)周围固定一个图像方框,图的左边为该视频的一帧。插图是围住一个球员的方框,且是个变焦的高分辨率图。注意到球员的四肢只是占几个像素,比较模糊,并难以区分。从围绕球员四周的方框中能够获得推断球员行为的一些自然特征,然后根据方框信息测量出肢体运动。球员在帧间移动的距离相对比较短,其身体形态变化也很小。这意味着可以通过搜索所有近邻且同样大小的方框找出其像素与原始方框内的像素最匹配的新方框。右图中是一系列的方框图,方框中的球员已经被中心化(归一化)(This figure was originally published as Figure 7 of "Recognizing Action at a Distance" A. Efros, A. C. Berg, G. Mori, and J. Malik, Proc. IEEE ICCV, 2003, © IEEE, 2003)

在每个例子中,都是方框平移。如果在第 n 帧有个矩形,则可以在第 $n+1$ 帧搜索一个大小一样且与原始数据最相似的矩形,将像素值的差的平方和(或者 SSD)作为相似度的判断。令

$\mathcal{R}^{(n)}$ 为第 n 帧的矩形域，$\mathcal{R}_{ij}^{(n)}$ 为在第 n 帧图像上方框区域内的第 (i,j) 个像素点，则选择 $\mathcal{R}^{(n+1)}$ 使得下式最小：

$$\sum_{i,j}(\mathcal{R}_{ij}^{(n)} - \mathcal{R}_{ij}^{(n+1)})^2$$

在许多应用中，因为受速度的限制，方框在帧间移动的距离也是有界限的。如果距离足够小，则可以简单地进行匹配评估，即估计在限制范围内同样大小的每个矩形的像素平方差之和，或者通过跨尺度搜索匹配矩形(更多信息参考4.7节)。

现令 $\mathcal{P}_t$ 为在第 t 帧中某斑点的索引号，$I(\boldsymbol{x}, t)$ 为第 t 帧。假定在第 t 帧中的一斑点为 $\boldsymbol{x}_t$，则平移到第 $t+1$ 帧为 $\boldsymbol{x}_t + \boldsymbol{h}$。那么可以使关于 $\boldsymbol{h}$ 的函数达到最小，确定 $\boldsymbol{h}$ 值

$$E(\boldsymbol{h}) = \sum_{\boldsymbol{u}\in\mathcal{P}_t} [I(\boldsymbol{u},t) - I(\boldsymbol{u}+\boldsymbol{h},t+1)]^2$$

当 $\nabla_h E(\boldsymbol{h}) = 0$ 时，误差重构最小。

如果 $\boldsymbol{h}$ 非常小，则有 $I(\boldsymbol{u}+\boldsymbol{h}, t+1) \approx I(\boldsymbol{u}, t) + \boldsymbol{h}^{\mathrm{T}} \nabla I$，其中 ∇I 为图像梯度，代入式(11.2)，并整理成

$$\left[\sum_{\boldsymbol{u}\in\mathcal{P}_t} (\nabla I)(\nabla I)^{\mathrm{T}}\right] \boldsymbol{h} = \sum_{\boldsymbol{u}\in\mathcal{P}_t} [I(\boldsymbol{u},t) - I(\boldsymbol{u},t+1)] \nabla I$$

这是一个可以直接求解 $\boldsymbol{h}$ 的线性系统。如果对称半正定矩阵 $\left[\sum_{\boldsymbol{u}\in\mathcal{P}_t}(\nabla I)(\nabla I)^{\mathrm{T}}\right]$ 的特征值太小，则该系统的解决方案不可靠。当在 $\mathcal{P}$ 内的所有图像梯度都小，则此图像块区域是没有特征的，或者所有点都趋向于一个方向，则不能沿着流的方向局部化图像块区域。如果 $\boldsymbol{h}$ 的估计是不可靠的，则必须停止跟踪。正如 Shi and Tomasi(1994)指出，可用矩阵最小特征值的测试来判断一个局部窗口是否值得跟踪。图11.3给出建立局部邻域进行跟踪。

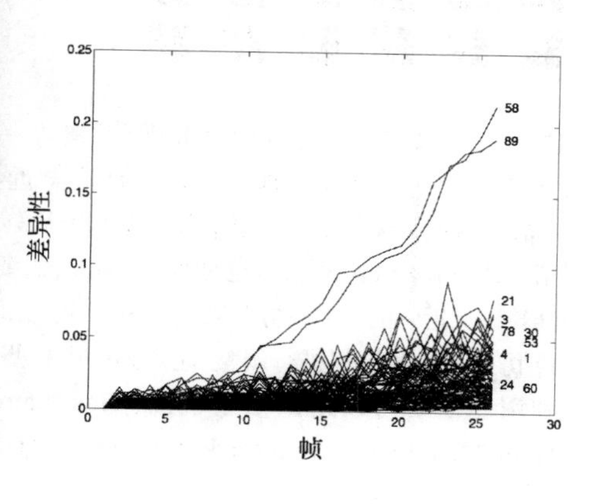

图11.3 建立如同5.3.2节的局部邻域进行跟踪；然而，若使这些邻域能产生比较好的轨迹，则可通过外观特征的复杂性进行测试(本文中有介绍)。这个测试主要是对邻域变换稳定性的评价。图中，左上为图像序列的第一帧，左下为通过测试的近邻。右边为第n帧的平移斑点与第一帧原始斑点的差的平方和。注意它的漂移过程，从图中可知它是许多帧的运动累积，而不是一次平移；那么需要一个更好的测试来确定好的轨迹(This figure was originally published as Figures 10, 11,12 of “Good features to track”, by Shi and C. Tomasi, Proc. IEEE CVPR 1994, © IEEE, 1994)

11.1.3 使用仿射变换来确定匹配

考虑图 11.2 中足球运动员的那个例子：有些图像块恰好是平移运动的，对于其他一些图像块，从第 n 帧到第 $n+1$ 帧的位移很像是平移，但是如果是从第 1 帧到第 $n+1$ 帧，则需要一个更复杂的变形模型。原因可能是，举个例子，图像块位于表面在三维空间旋转，在这种情况下，可以利用平移模型建立轨迹，然后通过核对第 1 帧与第 $n+1$ 帧的图像块校正轨迹。由于图像块很小，仿射模型比较适用。仿射模型就是在第 1 帧的点 $\boldsymbol{x}$ 转换成第 t 帧的点 $\mathcal{M}\boldsymbol{x}+\boldsymbol{c}$，并估计 $\mathcal{M}$ 与 $\boldsymbol{c}$，使得下式达到最小：

$$E(\mathcal{M},\boldsymbol{c}) = \sum_{\boldsymbol{u}\in\mathcal{P}_1}[I(\boldsymbol{u},1) - I(\mathcal{M}\boldsymbol{u}+\boldsymbol{c},t)]^2$$

值得注意的是，比较的是第 1 帧与当前帧的图像块，那么其和超出了域 $\boldsymbol{u}\in\mathcal{P}_1$。一旦有了 $\mathcal{M}$ 和 $\boldsymbol{c}$，则可以评估当前图像块和原来图像块的 SSD，如果其值低于阈值，则匹配成功。图 11.4 给出利用仿射模型确定匹配。图 11.5 给出在运动员的图像序列中的团块提取。

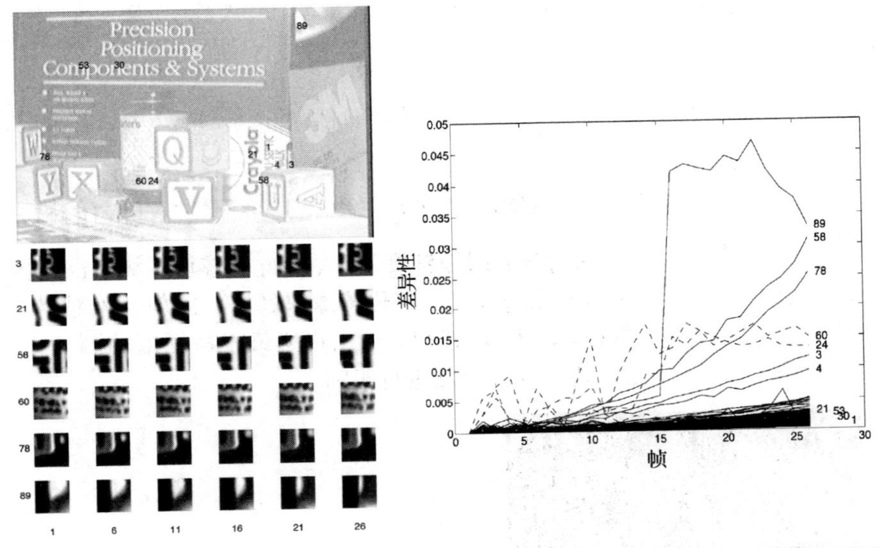

图 11.4 左上为图 11.3 所示序列的第 1 帧，并覆盖一些近邻。左下是与近邻相关的在不同帧(水平方向)中的一些特征(垂直方向)。请注意近邻中的图案的形变，也许由于目标在3D空间旋转造成的。这意味着一个平移模型对于从第n帧到第$n+1$帧的运动是可行的，但不能说明从第 1 帧到第$n+1$帧的运动也是可行。为此，需要使用一个仿射模型。见右图，第1帧与第n帧之间轨迹上近邻的差的平方和被划分为 n 份。在这种情况下，如11.1.3节所示，计算SSD之前通过仿射变换对近邻进行调整。注意到图中一些轨迹很明显比较好，而一些轨迹已经发生漂移。利用此性质可以用来修正轨迹(This figure was originally published as Figures 13,14,15 of "Good features to track" by J. Shi and C. Tomasi, Proc. IEEE CVPR 1994, © IEEE, 1994)

这两个步骤引出了一个非常灵活的机制。用一个兴趣点的操作器或一个角点检测器作为跟踪的开始。有必要建立一个跟踪器用来创建和收获轨迹，在第 1 帧中找到所有的兴趣点，然后找到下一帧它们所属的位置，并检测其区域与原始区域是否匹配。如果是，则它属于这条轨迹。如果不是，则结束该轨迹的匹配。如果现在寻找到的兴趣点或角点不属于轨迹，则创建新的轨迹。此外，预测下一帧的跟踪点，检查每一条轨迹与原来的图像块，收获不是匹配很好的轨迹，为新的兴趣点创建轨迹。在 11.4.1 节，通过动态学模型建立卡尔曼滤波，展示了如何链接这样一个过程(卡尔曼滤波详见 11.3 节)。

图 11.5 图中的四帧来自描绘运动员的图像序列，并带有重叠域。跟踪的对象是 78 号球员顶部的团块（在第30帧的右中）。提取这些团块（下图）是为了强调区域周围的像素运动得多么强烈。注意到最后一帧的运动已经非常模糊。如果形变不受单个像素值的影响，则可通过比较直方图（在这种情况下，用颜色直方图）对这些团块进行相互匹配（This figure was originally published as Figure 1 of "Kernel-Based Object Tracking" by D. Comaniciu, V. Ramesh, and P. Meer, IEEE Transactions on Pattern Analysis and Machine Intelligence, 2003, © IEEE 2003）

11.2 匹配跟踪

想象一下，如果用一个网络摄像头去跟踪人脸，而计算机用户不可能总是直视显示器，所以人脸图像不一定总是正面的，这样检测器就无法工作。但人脸往往是成滴状团块状的，具有外观一致性，并只有平移和旋转两种运动方式。如 11.1.2 节的方案所述，令第 n 帧图像的感兴趣区域为 $\mathcal{D}_n$，则在第 $n+1$ 帧中找到与其匹配的区域 $\mathcal{D}_{n+1}$ 既可，但本节所述的运动模型更加复杂。

本节主要阐述两种匹配类型。在摘要匹配（summary matching）中，将整个域的摘要表征进行匹配，并用一组参数表示一个域；例如，可以使用固定半径的圆，并以中心的位置表示域。然后在域 $\mathcal{D}_n$ 中计算外观的摘要特征，且找到最佳匹配域 $\mathcal{D}_{n+1}$（见 11.2.1 节）。在基于流的匹配方法（flow-based matching）中，首先在旧域里寻找像素值的一种转换结构，然后生成匹配好的像素集，从而作为好的新域。这样能够扩展成强大的运动模型（见 10.6.2 节）。

算法 11.2 均值漂移（mean shift）跟踪算法

给定一个序列数为 N 的序列图，域为 $\mathcal{D}_1$，第一张图采用参数 $\boldsymbol{y}_1$ 标记（对于固定大小的圆域，该参数可能为中心的位置；对于矩形域，该参数可能为中心和边缘长度；等等），核函数 $\boldsymbol{k}$，尺度 $\boldsymbol{h}$，以及对每个像素的特征表征 $\boldsymbol{f}$。

For $n \in [1, \cdots, N-1]$

对下一个域采用卡尔曼滤波或 $\boldsymbol{y}_n$ 初始化估计 $\boldsymbol{y}_{n+1}^{(0)}$，

迭代直到收敛

$$\boldsymbol{y}_{n+1}^{(j+1)} = \frac{\sum_i w_i \boldsymbol{x}_i g(\|\frac{\boldsymbol{x}_i - \boldsymbol{y}^{(j)}}{h}\|^2)}{\sum_i w_i g(\|\frac{\boldsymbol{x}_i - \boldsymbol{y}^{(j)}}{h}\|^2)}$$

其中 p_u，k，g 在文中定义。

轨迹为收敛后的估计序列 $\boldsymbol{y}_1, \cdots, \boldsymbol{y}_N$。

11.2.1 匹配摘要表征

观察图 11.2 中足球运动员的制服，从不同的视觉角度及不同的帧都能看到球员的后背，但是在某个域中的单个像素可能在下一帧的对应域中找不到相应的像素。例如，衣服有轻微的折叠；又例如，某些帧产生的运动模糊。尽管如此，但该区域主要的像素为白色，只是带有一些黄色图像块。这表明，从一帧到另一帧，域的摘要表征并没有改变，尽管一些细节需要处理。

有一个十分普遍的思想：令第 n 帧的感兴趣域为 $\mathcal{D}_n$。如果跟踪一个发生形变的目标，$\mathcal{D}_n$ 内的像素可能在 $\mathcal{D}_{n+1}$ 中找不到对应的像素，或像素的运动可能十分复杂，则应该用一个比较通用的摘要去表示 $\mathcal{D}_n$。如果图像块变形，小规模的结构应予以保留，但这些结构的空间分布不需要保留。例如小规模的结构包含了颜色像素，或方向滤波器的响应，那么这些结构的直方图表示值得注意，因为只有两个图像块具有相似结构的相似数目，其直方图才相似，这种相似性不因形变而被破坏。

假设有一个关于参数 $\boldsymbol{y}$ 的域，那么 $\boldsymbol{y}_n$ 可代表 $\mathcal{D}_n$。基于这种处理方式，令该域是一个固定半径的圆，其中心为像素点 $\boldsymbol{y}$，根据应用可以设定其他类型的域。均值漂移过程就是采用直方图相似的方式找到与域 $\mathcal{D}_n$ 的直方图最相似的域 $\mathcal{D}_{n+1}$。

假设特征可以被量化，则直方图可以表示为一个以组(bin)计数的向量，令这个向量为 $\boldsymbol{p}(\boldsymbol{y})$；那么其第 u 个元素即第 u 组表示的计数为 $p_u(\boldsymbol{y})$。希望找到一个 $\boldsymbol{y}$ 值，使其直方图最接近 $\boldsymbol{y}_n$。则可通过处理巴氏(Bhattacharyya)系数来比较两个概率分布，即

$$\rho(\boldsymbol{p}(\boldsymbol{y}),\boldsymbol{p}(\boldsymbol{y}_n))=\sum_u\sqrt{p_u(\boldsymbol{y})p_u(\boldsymbol{y}_n)}$$

如果两个分布是相同的，那么上式结果为 1，如果分布完全不同，则结果接近于零。从而获得一个距离函数，如下式所示：

$$d(\boldsymbol{p}(\boldsymbol{y}),\boldsymbol{p}(\boldsymbol{y}_n))=\sqrt{1-\rho(\boldsymbol{p}(\boldsymbol{y}),\boldsymbol{p}(\boldsymbol{y}_n))}$$

通过求最小距离可获得 $\boldsymbol{y}_{n+1}$，如果从 $\boldsymbol{y}_{n+1}^{(0)}$ 开始搜索，并假设 $\boldsymbol{y}_{n+1}$ 靠近 $\boldsymbol{p}(\boldsymbol{y}_{n+1})$，则 $\boldsymbol{y}_{n+1}^{(0)}$ 与 $\boldsymbol{p}(\boldsymbol{y}_{n+1}^{(0)})$ 相似，那么关于 $\boldsymbol{p}(\boldsymbol{y}_{n+1}^{(0)})$ 的 $\rho(\boldsymbol{p}(\boldsymbol{y}),\boldsymbol{p}(\boldsymbol{y}_n))$ 的泰勒展开式如下：

$$\begin{aligned}\rho(\boldsymbol{p}(\boldsymbol{y}),\boldsymbol{p}(\boldsymbol{y}_n)) &\approx \sum_u\sqrt{p_u(\boldsymbol{y}_{n+1}^{(0)})p_u(\boldsymbol{y}_n)}+\\ &\quad\sum_u(p_u(\boldsymbol{y})-p_u(\boldsymbol{y}_{n+1}^{(0)}))\left(\frac{1}{2}\sqrt{\frac{p_u(\boldsymbol{y}_n)}{p_u(\boldsymbol{y}_{n+1}^{(0)})}}\right)\\ &= \frac{1}{2}\sum_u\sqrt{p_u(\boldsymbol{y}_{n+1}^{(0)})p_u(\boldsymbol{y}_n)}+\frac{1}{2}\sum_u p_u(\boldsymbol{y})\sqrt{\frac{p_u(\boldsymbol{y}_n)}{p_u(\boldsymbol{y}_{n+1}^{(0)})}}\end{aligned}$$

这意味着，要使距离达到最小，则使下式达到最大，

$$\frac{1}{2}\sum_u p_u(\boldsymbol{y})\sqrt{\frac{p_u(\boldsymbol{y}_n)}{p_u(\boldsymbol{y}_{n+1}^{(0)})}} \tag{11.1}$$

现在应该对于以 $\boldsymbol{y}$ 为中心的圆域去构造一个直方图向量。假设跟踪一个形变的目标，远离两个匹配圆中心的像素可能会完全不同。为了解决这一问题，则需使得远离中心的像素对直方图的影响应该比那些靠近中心的小很多。这样可以利用一个核平滑处理这个问题。令一圆域内像素 $\boldsymbol{x}_i$ 的特征向量(例如，颜色)为 $\boldsymbol{f}_i^{(n)}$，这个特征向量有 d 维，令 $\boldsymbol{f}_i^{(n)}$ 对应的直方图组为 $b(\boldsymbol{f}_i^{(n)})$。将每个像素投票到直方图组中，并赋予权重，权重根据核分布 k 随 $\|\boldsymbol{x}_i-\boldsymbol{y}\|$ 的值增大而

降低(比较9.3.4节)。那么根据这种方法，由所有特征产生的组 u 的部分投票可表达为

$$p_u(\boldsymbol{y}) = C_h \sum_{i \in \mathcal{D}_n} k(\| \frac{\boldsymbol{x}_i - \boldsymbol{y}}{h} \|^2)\delta[b(\boldsymbol{f}_i - u)] \tag{11.2}$$

其中，h 为窗口尺寸，可通过实验进行选择；C_h 是归一化常数，为确保直方图元素的总和是1。将式(11.2)代入式(11.1)中，使式(11.3)达到最大。

$$f(\boldsymbol{y}) = \frac{C_h}{2}\sum_i w_i k(\| \frac{\boldsymbol{x}_i - \boldsymbol{y}}{h} \|^2) \tag{11.3}$$

其中

$$w_i = \sum_u \delta[b(\boldsymbol{f}_i - u)]\sqrt{\frac{p_u(\boldsymbol{y}_n)}{p_u(\boldsymbol{y}_{n+1}^{(0)})}}$$

可以利用9.3.4节的均值漂移算法，使得式(11.3)达到最大。进一步推导，均值漂移会产生一系列估计值 $\boldsymbol{y}^{(j)}$，其中

$$\boldsymbol{y}^{(j+1)} = \frac{\sum_i w_i \boldsymbol{x}_i g(\| \frac{\boldsymbol{x}_i - \boldsymbol{y}^{(j)}}{h} \|^2)}{\sum_i w_i g(\| \frac{\boldsymbol{x}_i - \boldsymbol{y}^{(j)}}{h} \|^2)}$$

它的名字来源于实际过程，即以加权均值的形式平移一个点，其完整的算法见算法11.2。

11.2.2 流跟踪

用一种直观的方式概括11.1.2节的方法，会发现图像域的最佳匹配方案可换为流模型簇，如10.6.1节所示，并找到从流模型中产生的最佳匹配域。将图像看成空间与时间上的函数，即 $\mathcal{I}(x,y,t)$，其中尺寸与平移时间是为了使每帧在整数 t 时刻出现。

令在第 n 帧图像上的一个域为 $\mathcal{D}_n$。基于流模型需找到在第 $n+1$ 帧图像中匹配最佳的域。令 $\rho(u,v)$ 为比较两个像素值 u 和 v 的代价函数，匹配成功时，其值应该较小，匹配不成功时，则其值较大。令 $w(\boldsymbol{x})$ 为代价函数的一种加权方式，其依赖于像素的位置。为找到新的域，则需找到最佳的流，然后使域遵循流模型。为了找到最好的流，应使得下式最小化，并将其看成流参数 θ 的函数

$$\sum_{\boldsymbol{x} \in \mathcal{D}_n} w(\boldsymbol{x})\rho(\mathcal{I}(\boldsymbol{x}, n), \mathcal{I}(\boldsymbol{x} + \boldsymbol{v}(\boldsymbol{x};\theta), n+1))$$

代价函数不一定是像素平方差。也可以计算基于每个位置的更复杂描述(例如，利用滤波器输出的平滑向量来编码局部纹理特征)。在该区域的一些像素可能比其他像素更可靠；例如，窗口边界的像素一般有更多的变化，因此应该根据像素距窗口中心的距离进行降序加权(即接近中心的权值大)。鲁棒性是另一个重要的问题，异常像素点显然不能通过合适的变换进行预测，这些异常点可能由照相机的像素坏点、镜面反射、目标变形，以及其他各种各样的影响引起。如果我们使用平方误差度量，那么这些异常像素点会对结果造成不同程度的影响。通常的解决方案是采用M估计。则 ρ 的一个好的选择就是

$$\rho(u,v) = \frac{(u-v)^2}{(u-v)^2 + \sigma^2}$$

其中 σ 是一个参数(在10.4.1节的M估计中有更详细的介绍)。

若现有 θ 的最佳值为 $\hat{\theta}$，则可得新域如下：

$$\mathcal{D}_{n+1} = \left\{\boldsymbol{u} \mid \boldsymbol{u} = \boldsymbol{x} + \boldsymbol{v}(\boldsymbol{x};\hat{\theta}), \forall \boldsymbol{x} \in \mathcal{D}_n\right\}$$

可以建立一个域模型能简单估计出 $\mathcal{D}_{n+1}$；例如，如果域始终是一个圆域，则流能表示一种平移、旋转和尺度，其作用于圆的中心、半径和方向。

跟踪能以多种方式开始。在最初研发阶段，普遍用手动的跟踪器开始，但在大多数情况下都很不实用。在某些情况下，目标总是出现在图像的一个已知区域，在这种情况下，可以用一个检测器告诉一个目标是否会出现。一旦出现，流模型开始工作。

流跟踪最大的实际困难是易发生漂移。一个基于检测的跟踪器为每个目标配置一个单一的外观模型，并编码到检测器中，这适用于所有帧。但困难的是该模型可能无法正确地考虑光照、面貌等变化，使得在某些帧将无法检测到目标。相反，一个目标形态的流跟踪模型基于它在前一帧的样子，这表示定位中的一些小误差会被累积。如果变换估计稍微不正确，那么新域将不正确；这意味着新的外观模型也不正确，如此累积会变得更糟。11.1.3 节介绍了如何通过测试一个外观模型来修正轨迹。如果只有少量轨迹点，则不能修复，但必须纠正漂移。这需要一个如 20.3 节所示的固定的全局外观模型。

另一个重要的实际问题是一个目标往往没有固定的外观。宽松的衣服就是一个特别重要的例子，因为它可以根据身体结构以不同的方式形成褶皱。这些褶皱只是一些较小的几何现象，但能在图像的亮度变化上引起显著的改变，因为它们能使表面的小块变暗。这意味着身体的各个分段需要一个随时间变化的强大的纹理信号(见图 11.6)。尽管这个信号肯定会包含一些结构线索，但很难被挖掘出来。

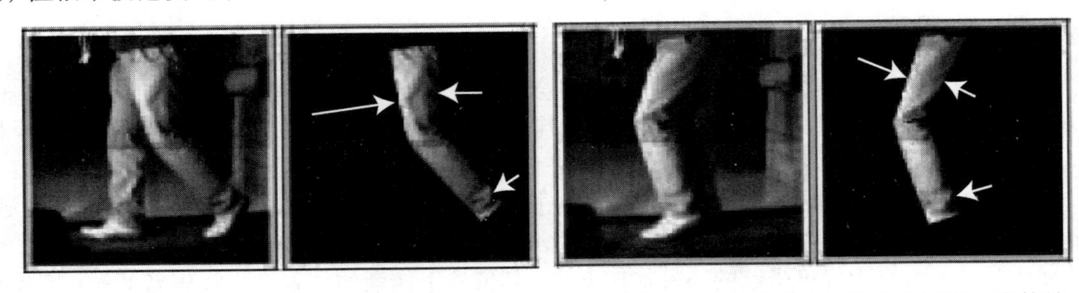

图 11.6 流跟踪的一个重要实际难题是目标的形态并不总是固定的。宽松衣服的褶皱取决于身体结构，如图像所显示的裤子，使用流跟踪器跟踪这些裤子，如果想要平等看待这些像素值是比较困难的，正如图像中箭头所指示的那些图像块。虽然褶皱在几何意义上很小，但是它们产生的阴影对图像亮度造成不同程度的影响(This figure was originally published as Figure 4 of "Cardboard People: A Parameterized Model of Articulated Image Motion," by S. Ju, M. Black, and Y. Yacoob, IEEE Int. Conf. Face and Gesture, 1996 © IEEE, 1996)

11.3 基于卡尔曼滤波器的线性动态模型跟踪

在 11.1.1 节中，描述了匹配图像块或带有轨迹的目标检测器响应方法。如果所要匹配的物体移动比较慢，则匹配过程比较简单，即可在原位置的周围搜寻到最佳的匹配。如果知道在哪里进行搜寻，则不一定需要目标缓慢移动。相反，如果目标在一个可预测的轨迹上移动，则运动模型能够预测一个与原来位置比较远但仍然可信的搜寻区域。想要有效地利用动态信息，就要从带有动态预测值的观察值中整合信息。根据这个问题，建立一个概率结构是很最容易的。算法的目的就是在给出观测值和一个动态模型的情况下获得目标后验状态的精确表示。

假设目标存在一些内部状态。令第 i 帧中的目标状态为 $\boldsymbol{X}_i$。大写字母表明这是一个随机变量。如果当一个变量被赋予特定值时，则使用小写字母。令 $\boldsymbol{Y}_i$ 为第 i 帧获得的测量值（随机变量），则 $\boldsymbol{y}_i$ 为一个测量值，但有时为了强调，使 $\boldsymbol{Y}_i = \boldsymbol{y}_i$。在跟踪过程中（有时称为滤波或者状态预测），希望确定 $P(X_k \mid Y_0, \cdots, Y_k)$ 的表达式。在平滑化（有时称为滤波）中，则希望确定 $P(X_k \mid Y_0, \cdots, Y_N)$ 的表达式（换言之，就是使用“将来”的测量值去推断目标的状态）。这些问题可通过下面两个重要的假设而被大大简化：

- 假设测量值仅依赖于隐藏的状态，也就是

$$P(Y_k|X_0, \cdots, X_N, Y_0, \cdots, Y_N) = P(Y_k|X_k)$$

- 假设一个新状态的概率密度仅仅是前一个状态的函数，即 $P(X_k \mid X_0, \cdots, X_{k-1}) = P(X_k \mid X_{k-1})$，或者等价地，$X_i$ 来自马尔可夫链。

使用这些假设去建立一个跟踪递归算法，并围绕三个步骤开展：

预测：已知 $\boldsymbol{y}_0, \cdots, \boldsymbol{y}_{k-1}$，根据第 i 帧测量值集预判是什么状态？为了解决这个问题，则须获得 $P(\boldsymbol{X}_i \mid \boldsymbol{Y}_0 = \boldsymbol{y}_0, \cdots, \boldsymbol{Y}_{k-1} = \boldsymbol{y}_{k-1})$ 的表示。根据上面的假设，对概率进行简单处理可得先验概率或者预测的概率密度函数：

$$P(X_k|\boldsymbol{Y}_0 = \boldsymbol{y}_0, \cdots, \boldsymbol{Y}_{k-1} = \boldsymbol{y}_{k-1})) = \int P(X_k|X_{k-1})P(X_{k-1}|Y_0, \cdots, Y_{k-1})\mathrm{d}X_{k-1}$$

数据相关：从第 i 帧获得的一些测量值可能告诉目标的状态。典型地，使用 $P(\boldsymbol{X}_i \mid \boldsymbol{Y}_0 = \boldsymbol{y}_0, \cdots, \boldsymbol{Y}_{i-1} = y_{i-1})$ 去判断这些测量值。例如，可使用预测的概率密度函数为 11.1.1 节的方法建立一个搜寻位置。

校正：现有相关测量值 $\boldsymbol{y}_i$，需计算 $P(\boldsymbol{X}_i \mid \boldsymbol{Y}_0 = \boldsymbol{y}_0, \cdots, \boldsymbol{Y}_i = \boldsymbol{y}_i)$ 的表示。根据上面的假设，对概率进行简单处理可得后验概率：

$$P(X_k|\boldsymbol{Y}_0 = \boldsymbol{y}_0, \cdots, \boldsymbol{Y}_k = \boldsymbol{y}_k) = \frac{P(Y_k = \boldsymbol{y}_k|X_k)P(X_k|\boldsymbol{Y}_0 = \boldsymbol{y}_0, \cdots, \boldsymbol{Y}_k = \boldsymbol{y}_k)}{\int P(Y_k = \boldsymbol{y}_k|X_k)P(X_k|\boldsymbol{Y}_0 = \boldsymbol{y}_0, \cdots, \boldsymbol{Y}_k = \boldsymbol{y}_k)\mathrm{d}X_k}$$

如果分布为任意形式，表示这些概率分布是非常困难的。然而，如果测量模型和动态模型是线性的（在某种意义上是如下描述的），那么所有概率分布将是高斯的。也就是跟踪和平滑涉及相关密度的均值与协方差（见 11.3.2 节）。

11.3.1 线性测量值和线性动态模型

我们将使用最简单的可能出现的测量模型，这些测量值通过首先乘以某已知矩阵（可能取决于帧），然后加上一个零均值、协方差已知（也取决于帧）的标准随机变量获得。用符号 $\boldsymbol{x} \sim N(\boldsymbol{\mu}, \Sigma)$ 表示。其中 $\boldsymbol{x}$ 是一个随机变量，呈均值为 $\boldsymbol{\mu}$ 和协方差为 Σ 的正态概率分布。令 $\boldsymbol{x}_k$ 为步骤 $\boldsymbol{k}$ 的状态。则模型 $P(Y_k \mid X_k = \boldsymbol{x}_k)$ 呈均值为 $\mathcal{B}_k\boldsymbol{x}_k$ 和协方差为 Σ 的高斯分布。使用上面的符号，那么测量模型可表示为

$$\boldsymbol{y}_k \sim N(\mathcal{B}_k\boldsymbol{x}_k, \Sigma_k)$$

这个模型看起来是有限的，但是非常强大（它是一个庞大控制系统的基础）。在任何给定的时间里，我们不需要观察整个状态向量去推断它。例如，对于一个移动点的位置如果有足够的测量值，我们就能推断它的速度和加速度。这意味着矩阵 $\mathcal{B}_k$ 不需要满秩（在实际应用中，也不需要）。

在可能出现的最简单的测量模型里，通过首先乘以某已知矩阵（可能取决于帧），然后加上一个零均值和已知协方差的标准随机变量来确定状态。同样，测量值也是通过首先乘以某已知矩阵（可

能取决于帧)，然后加上一个零均值和已知协方差的标准随机变量获得。那么动态模型可表示为

$$\boldsymbol{x}_i \sim N(\mathcal{D}_i \boldsymbol{x}_{i-1}; \Sigma_{d_i})$$
$$\boldsymbol{y}_i \sim N(\mathcal{M}_i \boldsymbol{x}_i; \Sigma_{m_i})$$

注意到帧与帧之间，协方差与矩阵都可能有所不同。尽管这个模型看起来好像是有限的，但事实上是非常强大的。下面，我们将介绍通常情况下的模型。

漂移点 假设 $\boldsymbol{x}$ 表示一个点的位置。如果 $\boldsymbol{D}_i = \boldsymbol{Id}$，则这点是随机运动的，那么它的新位置是由原来的位置加上高斯噪声扰动得到。这种动态形式似乎是对静止目标的跟踪，所以不太有用。但在没有更好的动态模型的情况下，这个模型能够被广泛使用。一般假设随机成分比较大并希望能逐渐摆脱它。

这个模型也阐明了观测矩阵 $\mathcal{M}$ 的特征。记住最重要的一点是不需要去观测每一个点在每一步时状态的每一方面。例如，假设在三维空间有一点。如果当前位置 $\mathcal{M}_{3k} = (0,0,1)$，$\mathcal{M}_{3k+1} = (0,1,0)$，$\mathcal{M}_{3k+2} = (1,0,0)$，那么每隔三帧观测一次点 z、y 或者 x 的位置。尽管在一个给定帧中仅仅知道一个位置的分量，但仍然期望跟踪到这个点。如果有足够的观测值，并且状态是可观察的，则意味着能够重建状态。在习题中，将探索这种可观察性。

恒定速度 已知 $\boldsymbol{p}$ 为点的位置，$\boldsymbol{v}$ 为移动的恒定速度。在这种情况下，$\boldsymbol{p}_i = \boldsymbol{p}_{i-1} + (\Delta t)\boldsymbol{v}_{i-1}$ 且 $\boldsymbol{v}_i = \boldsymbol{v}_{i-1}$。这表示能将位置和速度放入一个单独的状态向量中，并可在模型使用(见图 11.7)。特别地，

$$\boldsymbol{x} = \left\{ \begin{array}{c} \boldsymbol{p} \\ \boldsymbol{v} \end{array} \right\}$$

与

$$\mathcal{D}_i = \left\{ \begin{array}{cc} Id & (\Delta t)Id \\ 0 & Id \end{array} \right\}$$

再次注意到，不需要观察整个状态向量来获得一个有用的测量值。例如，在许多情况下有

$$\mathcal{M}_i = \left\{ \begin{array}{cc} Id & 0 \end{array} \right\}$$

(也就是说，只需观测点的位置)因为知道点以恒定速度移动，基于这种模型，我们期望可以用这些观测值能很好地估计出整个状态向量。

恒定加速度 已知向量 $\boldsymbol{p}$ 表示点的位置，向量 $\boldsymbol{v}$ 表示速度，向量 $\boldsymbol{a}$ 为以恒定加速度运动的加速度。在这种情况下，$\boldsymbol{p}_i = \boldsymbol{p}_{i-1} + (\Delta t)\boldsymbol{v}_{i-1}$，$\boldsymbol{v}_i = \boldsymbol{v}_{i-1} + (\Delta t)\boldsymbol{a}_{i-1}$，并且 $\boldsymbol{a}_i = \boldsymbol{a}_{i-1}$。再次，将位置、速度及加速度放入一个单一的状态向量中，并应用到我们的模型中(见图 11.8)。特别地，

$$\boldsymbol{x} = \left\{ \begin{array}{c} \boldsymbol{p} \\ \boldsymbol{v} \\ \boldsymbol{a} \end{array} \right\}$$

和

$$\mathcal{D}_i = \left\{ \begin{array}{ccc} Id & (\Delta t)Id & 0 \\ 0 & Id & (\Delta t)Id \\ 0 & 0 & Id \end{array} \right\}$$

再次注意到，不需要观察整个状态向量来获得一个有用的测量值。例如，在许多情况下，有

$$\mathcal{M}_i = \left\{ \begin{array}{ccc} Id & 0 & 0 \end{array} \right\}$$

(也就是说，只需观测点的位置)因为知道点以恒定速度移动，基于这种模型，期望可以用这些测量值能很好地估计出整个状态向量。

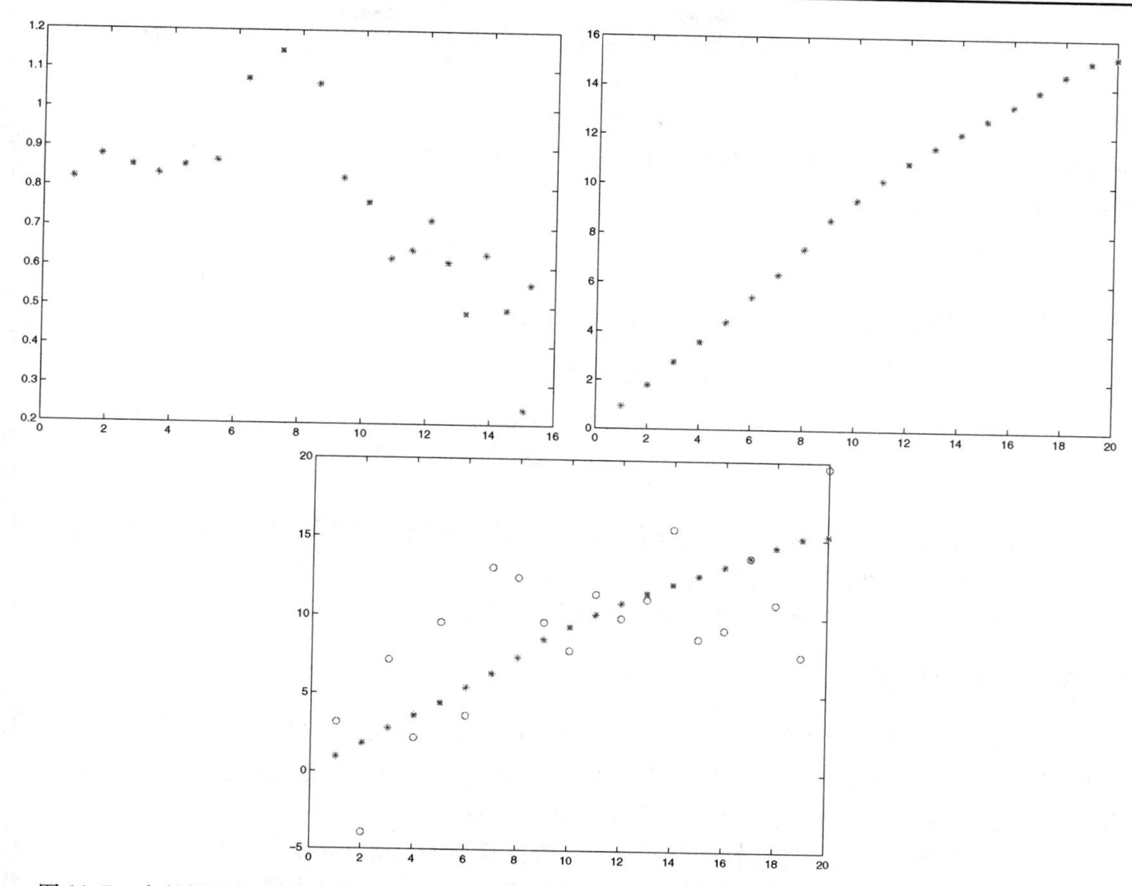

图 11.7 点的恒定速度直线运动模型，这种情况下，状态空间是二维的，一维表示坐标，另一维表示速度。左上图显示的是一个状态图，每个星号表示一个不同的状态。注意到纵轴（速度）与水平轴相比较，有一些小小的变化。这个小变化仅由模型的随机分量产生，所以速度是一个常量加上一个随机变化量。右上图显示的是状态的第一个分量（即位置）随时间轴的变化。注意到直线有一些变化，可粗略地视为匀速移动，底部的图叠加了观测值（用圆圈表示）。假设这些测量值仅仅是位置，并且非常缺乏，但这并不明显地影响跟踪的结果

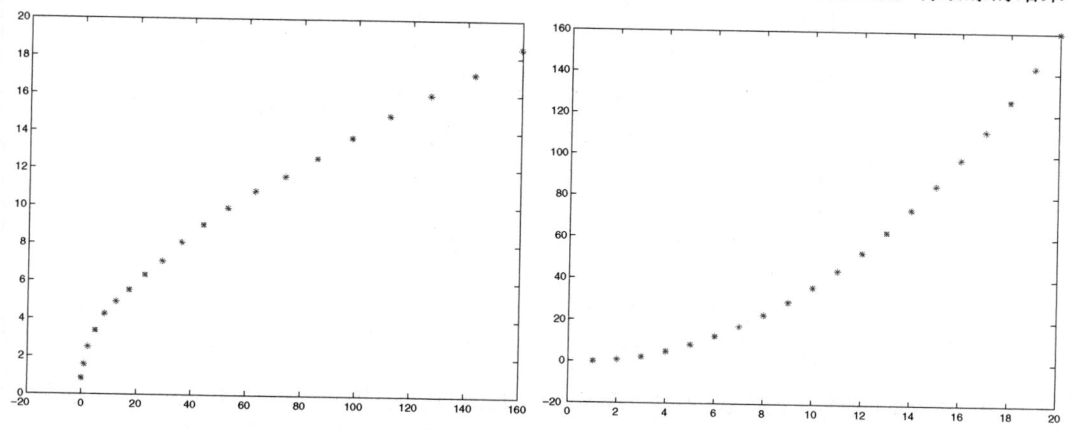

图 11.8 这个图阐述了一个移动点的恒定加速度直线运动模型。左图显示了前两个状态分量，x轴代表位置，y轴表示速度。在这种情况下，期望曲线的关系是(t^2, t)。左图显示的是位置随时间的变化。注意到点从初始点开始，速度迅速增加

周期运动　假设有一个点在直线上做周期运动。典型地，它的位置 p 满足如下的微分方程：

$$\frac{\mathrm{d}^2p}{\mathrm{d}t^2}=-p$$

将速度记为 v，并将位置及速度合并到一个向量中，即 $\boldsymbol{u}=(p,v)$，则这个方程可转化为一个一阶线性微分方程：

$$\frac{\mathrm{d}\boldsymbol{u}}{\mathrm{d}t}=\begin{pmatrix}0 & 1\\ -1 & 0\end{pmatrix}\boldsymbol{u}=\mathcal{S}\boldsymbol{u}$$

假设用前向欧拉方法对这个方程进行积分，增量为 Δt，则

$$\begin{aligned}\boldsymbol{u}_i&=\boldsymbol{u}_{i-1}+\Delta t\frac{\mathrm{d}\boldsymbol{u}}{\mathrm{d}t}\\&=\boldsymbol{u}_{i-1}+\Delta t\mathcal{S}\boldsymbol{u}_{i-1}\\&=\begin{pmatrix}1 & \Delta t\\ -\Delta t & 1\end{pmatrix}\boldsymbol{u}_{i-1}\end{aligned}$$

将上式视为一个状态方程，也可以使用不同的积分方法。如果使用不同的积分方法，则能得到一些关于 $\boldsymbol{u}_{i-1},\cdots,\boldsymbol{u}_{i-n}$ 的表达式，并且将 $\boldsymbol{u}_{i-1},\cdots,u_{i-n}$ 放入一个状态向量，并适当排列矩阵(详见习题)。这种方法对于在平面、三维上的运动相当有效(见习题)。

11.3.2　卡尔曼滤波

线性动态模型的一个重要的特征是所有需要去处理的条件概率分布都是正态分布。特别地，当 $P(\boldsymbol{X}_i|\boldsymbol{y}_1,\cdots,\boldsymbol{y}_{i-1})$ 为正态分布时，它就等价于 $P(\boldsymbol{X}_i|\boldsymbol{y}_1,\cdots,\boldsymbol{y}_i)$。这意味着它们易于表示，仅需要做的是为预测及修正相位去维持均值和协方差的表示。

若排放模型与动态模型是线性的及所有噪声都是高斯的，则一切变得简单。在这种情况下，所有密度分布都是正态的，且用均值和协方差就可以表示它们。那么跟踪和滤波归结于对这些参数的维护。把这种简单的更新规则(在下文的算法 11.3 中给出)称为卡尔曼滤波。图 11.9 给出点在直线上匀速运动的卡尔曼滤波。图 11.10 给出点以恒定加速度运动的卡尔曼滤波。

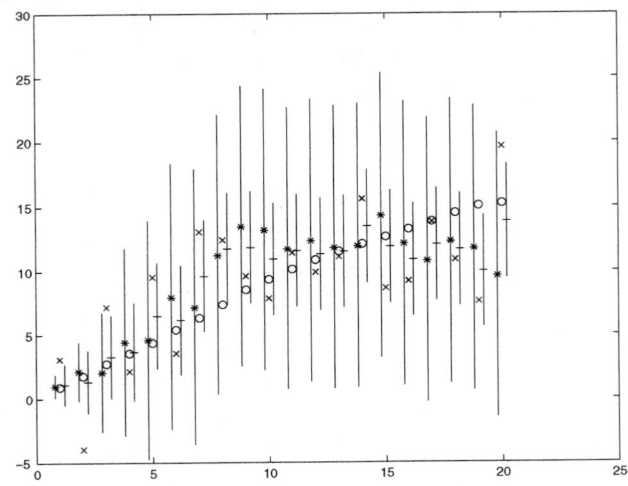

图 11.9　对于点在直线上匀速运动的卡尔曼滤波(对比图 11.7)。第 i 步对应的状态用圆圈表示。用 * 表示 $\overline{\boldsymbol{x}}_i^-$，可以看到略微偏左，表示的是观测前的估计。× 表示观测值，+ 表示 $\overline{\boldsymbol{x}}_i^+$，略微偏右。* 和 + 之间的竖线是使用变量估计在观测前和观测后获得的三倍标准差。当测量没有受到太大的噪声干扰时，竖线在获得一个观测值后快速收缩(对比图11.10)

注释：记 $X \sim N(\mu;\Sigma)$ 是为满足均值为 μ 和协方差为 Σ 分布的随机变量 X。动态模型及排放模型是线性的，则有

$$X_k \sim N(\mathcal{A}_k X_{k-1};\Sigma_k^{(d)})$$

和

$$Y_k \sim N(\mathcal{B}_k X_k;\Sigma_k^{(m)})$$

记 $\overline{X}_i^-$ 为 $P(X_i \mid y_0,\cdots,y_{i-1})$ 的均值，记 $\overline{X}_i^+$ 为 $P(X_i \mid y_0,\cdots,y_i)$ 的均值。上标表示在第 i 个观测值到来之前与之后关于 X_i 的可信度。同样，令 $P(X_i \mid y_0,\cdots,y_{i-1})$ 的标准协方差为 Σ_i^-，$P(X_i \mid y_0,\cdots,y_i)$ 的标准协方差为 Σ_i^+，在每种情况下，$P(X_{i-1} \mid y_0,\cdots,y_{i-1})$ 是已知的，即 $\overline{X}_{i-1}^+$ 与 Σ_{i-1}^+ 也是已知的。

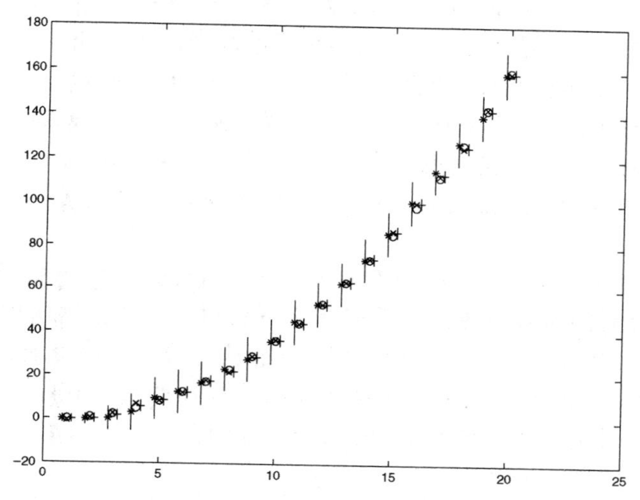

图 11.10 根据之前的模型，对于点在直线上以恒定加速度运动的卡尔曼滤波(对比图 11.8)。第 i 步对应的状态用圆圈表示。用 * 表示 $\overline{\boldsymbol{x}}_i^-$，可以看到略微偏左，表示的是观测前的估计。× 表示观测值，+ 表示 $\overline{\boldsymbol{x}}_i^+$，略微偏右。* 和 + 之间的竖线是使用变量估计在观测前和观测后获得的三倍标准偏差。当测量没有受到太大的噪声干扰时，竖线在获得一个观测值后快速收缩

11.3.3 前向-后向平滑

注意到 $P(\boldsymbol{X}_i \mid \boldsymbol{y}_0,\cdots,\boldsymbol{y}_i)$ 并不是 $\boldsymbol{X}_i$ 最有效的表示，这很重要，因为它没有考虑目标点的后续动向。尤其 $\boldsymbol{y}_i$ 之后的观测值都可能影响 $\boldsymbol{X}_i$ 的表示。这是因为这些未来的度量可能会与当前的估计相矛盾——也许未来的实际运动与位置的估计有所不同。然而，$P(\boldsymbol{X}_i \mid \boldsymbol{y}_0,\cdots,\boldsymbol{y}_i)$ 是第 i 步所得到的最佳估计。

算法 11.3 卡尔曼滤波

动态模型：

$$\begin{aligned}\boldsymbol{x}_i &\sim N(\mathcal{D}_i \boldsymbol{x}_{i-1},\Sigma_{d_i})\\ \boldsymbol{y}_i &\sim N(\mathcal{M}_i \boldsymbol{x}_i,\Sigma_{m_i})\end{aligned}$$

开始假设： 已知 $\overline{\boldsymbol{x}}_0^-$ 和 Σ_0^-

更新估计： 预测

$$\overline{\boldsymbol{x}}_i^- = \mathcal{D}_i \overline{\boldsymbol{x}}_{i-1}^+$$
$$\Sigma_i^- = \Sigma_{d_i} + \mathcal{D}_i \sigma_{i-1}^+ \mathcal{D}_i$$

更新估计： 校正

$$\mathcal{K}_i = \Sigma_i^- \mathcal{M}_i^{\mathrm{T}} \left[\mathcal{M}_i \Sigma_i^- \mathcal{M}_i^{\mathrm{T}} + \Sigma_{m_i}\right]^{-1}$$
$$\overline{\boldsymbol{x}}_i^+ = \overline{\boldsymbol{x}}_i^- + \mathcal{K}_i \left[\boldsymbol{y}_i - \mathcal{M}_i \overline{\boldsymbol{x}}_i^-\right]$$
$$\Sigma_i^+ = \left[Id - \mathcal{K}_i \mathcal{M}_i\right] \Sigma_i^-$$

如何处理这个观察依赖于应用环境。如果应用要求迅速估计点的位置——例如跟踪一辆相向驶来的车——能做的事情并不多。如果使用离线跟踪——就如在法庭辩论中，需要从录像带中得到事物最好的估计——能够使用所有数据点，这样就能得到 $P(\boldsymbol{X}_i \mid \boldsymbol{y}_0, \cdots, \boldsymbol{y}_N)$。另一个选择是立即得到一个粗略的估计，并且能使用后续若干步的改进估计。如果想去表示 $P(\boldsymbol{X}_i \mid \boldsymbol{y}_0, \cdots, \boldsymbol{y}_{i+k})$，则必须等到第 $i+k$ 帧，但是它能改善 $P(\boldsymbol{X}_i \mid \boldsymbol{y}_0, \cdots, \boldsymbol{y}_i)$ 的估计。

采用一个巧妙的方法合并将来的观测值。将 $P(\boldsymbol{X}_i \mid \boldsymbol{y}_0, \cdots, \boldsymbol{y}_i)$（知道怎样去获得）和 $P(\boldsymbol{X}_i \mid \boldsymbol{y}_{i+1}, \cdots, \boldsymbol{y}_N)$ 结合起来。事实上我们也知道怎么去获得 $P(\boldsymbol{X}_i \mid \boldsymbol{y}_{i+1}, \cdots, \boldsymbol{y}_N)$ 的表达式，只要使用反向动态模型和 $\boldsymbol{X}_i$ 的预测表示，在时间上反向使用卡尔曼滤波序列标示的细节见习题）。

现在有两方法种表示 $\boldsymbol{X}_i$：一种是通过综合到 $\boldsymbol{y}_i$ 为止的所有观察值用前向滤波器获得；一种是通过综合 $\boldsymbol{y}_i$ 之后的所有观察值用后向滤波器获得。需要把这两种表示方法结合起来。只需把后向滤波器获得的估计看成另一种观测，就能获得答案。特别地，得到了 $\boldsymbol{X}_i$ 产生的新观测值——也就是后向滤波器的结果——要和前向滤波器的估计相结合。这由算法 11.4 得出。前向-后向滤波估计能得出一个本质上的差异，如图 11.11 所示。

算法 11.4 前向-后向平滑滤波

前向滤波： 用卡尔曼滤波获得 $P(\boldsymbol{X}_i | \boldsymbol{y}_0, \cdots, \boldsymbol{y}_i)$ 的均值 $\overline{\boldsymbol{X}}_i^{f,+}$ 与协方差 $\Sigma_i^{f,+}$。

后向滤波： 在时间上向后使用卡尔曼滤波获得 $P(\boldsymbol{X}_i | \boldsymbol{y}_{i+1}, \cdots, \boldsymbol{y}_N)$ 的均值与协方差，即 $\overline{\boldsymbol{X}}_i^{b,-}$ 与协方差 $\Sigma_i^{b,-}$。

前向与后向估计合并： 把后向估计看成 $\boldsymbol{X}_i$ 的一种新观测值，放入卡尔曼滤波等式中，得到

$$\Sigma_i^* = \left[(\Sigma_i^{f,+})^{-1} + (\Sigma_i^{b,-})^{-1}\right]^{-1}$$

$$\overline{\boldsymbol{X}}_i^* = \Sigma_i^* \left[(\Sigma_i^{f,+})^{-1} \overline{\boldsymbol{X}}_i^{f,+} + (\Sigma_i^{b,-})^{-1} \overline{\boldsymbol{X}}_i^{b,-}\right]$$

使用平滑滤波要求关注之前的状态。在典型的视觉应用中，进行实时的前向跟踪。这导致了一种不利的非对称：可能清楚地知道物体的起点，但却只能模糊地知道它的终点。[也就是说，有一个很好的 $P(\boldsymbol{x}_0)$ 预测，但在前向-后向滤波中，很难预测 $P(\boldsymbol{x}_N)$] 一种方法是选择使用 $P(\boldsymbol{x}_N \mid \boldsymbol{y}_0, \cdots, \boldsymbol{y}_N)$ 作为之前的预测。但这样不能使人信服，因为这个概率分布不能完全正确地反映对 $P(\boldsymbol{x}_N)$ 的先验置信度，则只能使用所有的测量去获得它。结果只能说明这个分布低估了 $\boldsymbol{x}_N$ 的不确定性，并且引出了一个明显低估了后面状态协方差的前向-后向估计。另一种方法是选择使用前向滤波器产生的均值，但这样增大了协方差；结果是高估了后面状态协方差的前向-后向估计。

并不是所有的应用都是非对称的。例如，在法庭辩论中研究的录像带，可以手动进行前向和

后向跟踪并且对每种情况提供很好的预测。如果可能，能够获得更多的信息帮助保持一致性，前向跟踪结束的地方更接近于后向跟踪开始的地方。

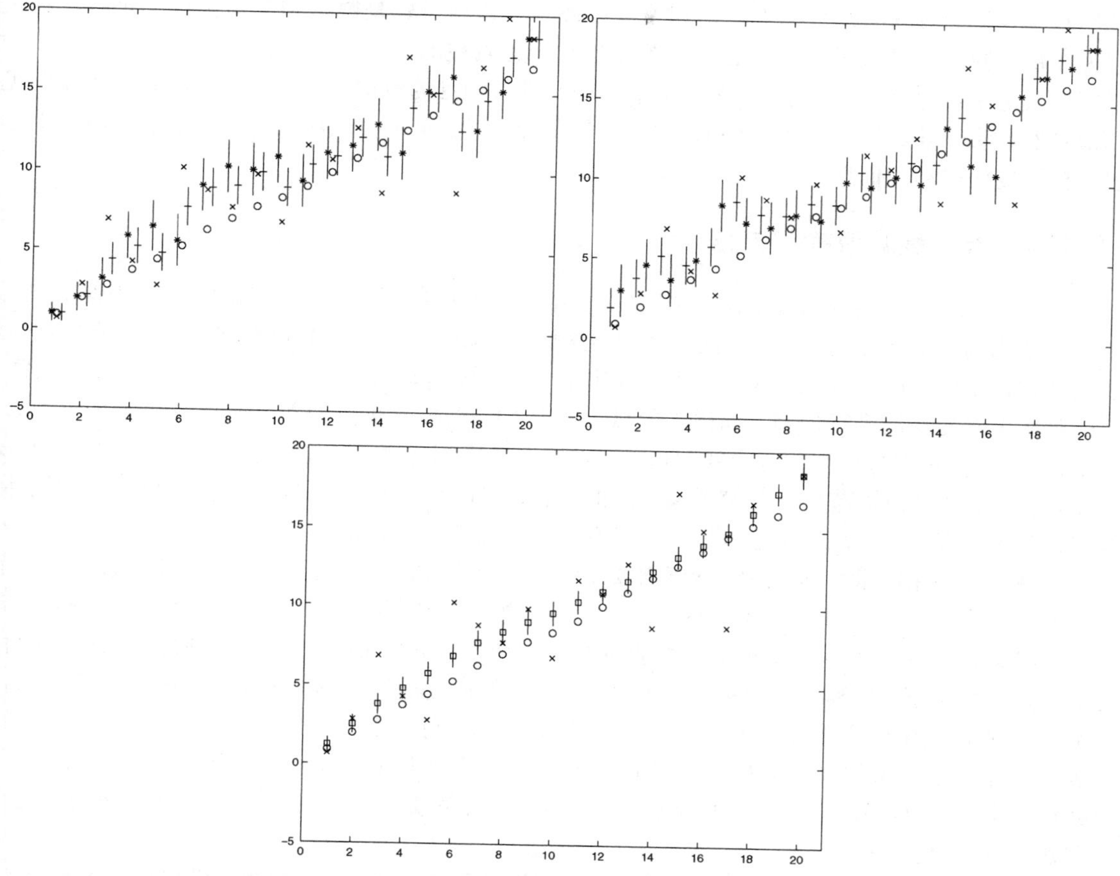

图 11.11 使用先验扩散对匀速直线运动点模型的前向-后向估计最终位置的影响。这里画出了位置随时间的变化情况。左上图是前向估计，和前面一样：圆圈表示状态，×表示数据，* 表示预测，+表示校正。竖线表示估计的标准差。预测估计略微滞后观测，校正估计略微超前观测。可以注意到观测受噪声影响。右上图是后向估计。时间反向进行（虽然我们把曲线画在同一个轴上）所以预测估计略微超前观测，校正估计略微滞后观测。同样，竖线给出每个变量的标准差。下图是合并的前向-后向估计。正方形代表状态的估计。可以看到估计得到了明显的改善

虽然前向-后向的平滑公式假定后向滤波的起点在最后一个数据点，但在前向滤波之前的若干步启动后向滤波是很容易做到的。如果这样做，就能实时获得状态的估计（在观测后很快就能正确地获得），以及在观测的若干步后得到一个改进的估计。这一点有时是非常有用的。

此外，如果能够假设比较远的未来对估计的影响远远小于比较近的未来对估计的影响，那么这是一个能从后向滤波获得显著改进的有效方法。注意，这里的后向滤波的先验估计，可以选用前向估计并且在一定程度上扩大它的协方差。

11.4 数据相关

不是所有观测到的数据都是有用的信息。例如，如果希望去跟踪一架飞机，它的状态可能包括姿态、速度和加速度变量，一些观测值可能是由雷达返回的从飞机到一些雷达天线之间的距离

和角度，但雷达返回的一些测量值可能并不来自飞行器，而是噪声、其他飞机或是一些掉落的金属片影响了雷达装置[谷壳或者窗口，见 Jones(1998)]，或者还有其他原因。确定哪些测量是有效的及哪些是无效的问题被称为数据相关。在视频中跟踪目标是数据相关最主要的难题。这是因为在每一帧的大量像素中只有很少的像素依附在感兴趣的目标上。并且在一张图像上去获知哪些像素是来自感兴趣的对象，哪些不是，这是一件很困难的事情。前两节的跟踪方法使用常见的检测器方法和外观的一致性(见 11.1.1 节)集中解决了数据相关问题。这些方法能够联合概率表示扩展成任何动态信息。

11.4.1 卡尔曼滤波检测方法

在 11.1.2 节中，在第 n 帧图像中提取一个图像块，并在第 $n+1$ 帧图像中寻找相似的图像块。为了找到一个匹配的图像块，假设其相对起始点的距离比较小，并可在起始点的周围用近似法去搜索最小的差的平方和(SSD)匹配。在本节中，假设起始点为第 n 帧图像中图像块的位置。它能利用卡尔曼滤波进行预测。同样，在 11.2.1 节中，在第 n 帧图像中有一个固定尺寸的圆域，为了在第 $n+1$ 帧图像中找到一个匹配域，在起始点的周围搜索，并使用近似法去寻找最匹配直方图。再次，假设起始点是第 n 帧图像中圆的位置，它也能通过卡尔曼滤波进行预测。接下来将描述在某种情况下的圆域，这是为了更详细说明它是怎样工作的。

圆域的中心用向量 $\boldsymbol{y}$ 来表示，搜索需要用的起始点用 $\boldsymbol{y}_0$ 表示。这个起始点可能来自一个运动模型。事实上，正如 11.2.1 节一样，假设在第 n 帧图像中域的结构是一个目标不会移动的简单运动模型，但一个可供选择的模型可能更好。例如，测量一个自由落体并平行于拍摄面的目标。在这种情况下，目标在帧间移动的距离比较大，但通过前一帧图像的位置，很容易预测到在第 $n+1$ 帧图像中的位置。如果用卡尔曼滤波去预测 $\boldsymbol{y}_0$，则选择用一个状态向量去表示，使得结构 $\boldsymbol{y}$ 是一个状态向量的线性函数。应用卡尔曼滤波的预测步骤去获得一个预测的状态向量，并由此计算出 $\boldsymbol{y}_0$。如 11.2 节所示，搜索 $\boldsymbol{y}^{(n+1)}$。计算的值就是卡尔曼滤波的观测值，并利用它获得状态向量的修正估计。

举个例子，令状态向量为 $\boldsymbol{x}=(\boldsymbol{y},\dot{\boldsymbol{y}})^{\mathrm{T}}$。速率只是稍微有些漂移，则动态模型将很容易给出：

$$\boldsymbol{x}_{n+1}=\mathcal{A}\boldsymbol{x}_n+\xi=\begin{pmatrix}\mathcal{I} & \Delta t\mathcal{I}\\ 0 & \mathcal{I}\end{pmatrix}\boldsymbol{x}_n+\xi_{n+1}$$

其中，$\xi_{n+1}\sim N(\mathbf{0},\Sigma_d)$，观测模型也被给出：

$$\boldsymbol{y}_n=\mathcal{B}\boldsymbol{x}_n=\begin{pmatrix}\mathcal{I} & 0\end{pmatrix}\boldsymbol{x}_n+\eta_n$$

其中，$\eta_n\sim N(\mathbf{0},\Sigma_m)$。现假设有 $\boldsymbol{x}_n^{(+)}$，则预测 $\boldsymbol{x}_{n+1}^{(-)}=\mathcal{A}\boldsymbol{x}_n^{(+)}$，从而得出预测值 $\boldsymbol{y}_0=\mathcal{B}\boldsymbol{x}_{n+1}^{(-)}$，我们在这一点开始搜寻，并得出 $\boldsymbol{y}^{(n+1)}$。代入卡尔曼增益公式(见算法 11.3)得出 $\boldsymbol{x}_{n+1}^{(+)}$。这样做的优势在于，如果目标具有显著的但是固定的速度，则在根据速度模型预测的位置开始搜寻，找到想要的最佳匹配位置。

11.4.2 数据相关的关键方法

将卡尔曼滤波应用到检测器中进行跟踪是常用策略中的一个实例。特别地，有一个 $P(X_n \mid Y_0,\cdots,Y_{n-1})$ 的估值，并已知 $P(Y_n \mid X_n)$。由此能获得 $P(Y_n \mid Y_0,\cdots,Y_{n-1})$ 的估值，这暗示了观测值在哪里，这些提示能被应用在很多方法中。

一种方法是使用一个选通(gate)和仅仅看位于一个域的观测值，其中 $P(Y_n \mid Y_0,\cdots,Y_{n-1})$ 是足够大的。这种方法起源于用雷达跟踪导弹及飞机，相比于一个图像中的大量像素，这种方法只需处理一些少量的返回数据。在视觉跟踪的应用中，这种方法也很有效。例如，使用一个目标检测器去跟踪，可能仅仅在选通之内去应用它(或者忽略检测器对应之外的选通)。这种方法常被用于视觉中，并且相当有效。

一种方法是使用全局最近邻。在传统的版本中，有一个可能观测值的小集合，并且选择拥有概率 $P(Y_n \mid Y_0, \cdots, Y_{n-1})$ 最大值的测量值。但是这种想法是非常危险的——确定一个测量值是有效的是因为它与我们的跟踪具有一致性——但在实践中非常有用。使用卡尔曼滤波为搜索鉴定一个起始点的例子就是一个全局最近邻的策略。此外，这种方法也常常被采用且很有效。

一种方法是使用概率数据相关，这里在一个选通内联合测量值的加权值构造一个虚拟的观测值，加权使用(a)预测的观测值和(b)一个检测器的检测失败的概率。例如，如果通过检测方法去跟踪，则把虚拟的观测值当做出现在一个选通内的检测值的加权和。这种方法并不常用，或许在实践中不通用的原因是，像这样应用一个检测器是足够可靠的，但却不足够好地支持全局最近邻方法。

11.5 粒子滤波

卡尔曼滤波是估计的主力，在很多情况下都能提供有用的结果。如果使用卡尔曼滤波，则不需要保证系统是线性的。如果应用的逻辑性表明线性模型是合适的，那么对于卡尔曼滤波来说是一个很好的表现机会。非线性动力学或者非线性的测量过程或者两者都会造成严重的问题。基本的难题就是即使是相当无害的外观结构也可以产生密度不标准的问题，使得其很难表示和建模。在动力学中很小的非线性可能引起概率密度的集中化，而这种方式是很难表示的。特别地，非线性动力学可能会产生带有复杂充分统计的密度。在某些情况下，非线性动力学导致的密度可以保证有限维的充分统计[见 Beneš(1981)；Daum(1995b)；或 Daum(1995a)]。

更普遍地，要保持一个令人满意的 $P(\boldsymbol{x}_i \mid \boldsymbol{y}_0, \cdots, \boldsymbol{y}_i)$ 的表示是很困难的。这种表示能处理多峰分布，并且能很好处理高维状态的向量。对于这个问题目前没有完全令人满意的解决方案(将来也不会有)。本节讨论了一种在许多应用中都非常有用的方法。

多模板最丰富的信息来源就是数据关联问题。一个简单的示例说明了这个问题是多么棘手。假设有一个线性动力学问题和线性测量模型。尽管在每一时刻收到不止一个测量值，而恰好它们中的一个是来自已经学习好的过程，令 $\boldsymbol{X}_i$ 为状态值，$\boldsymbol{Y}_i$ 为测量值，但现在有一个指标变量 δ_i，它能知道哪个测量值来自过程(这个指标变量是未知的)。概率密度 $P(\boldsymbol{X}_N \mid Y_{1,\cdots,N}, \delta_{1,\cdots,N})$ 显然是高斯分布，很明显 $P(\boldsymbol{X}_N \mid \boldsymbol{Y}_{1,\cdots,N}) = \sum_{\text{histories}} P(\boldsymbol{X}_N \mid \boldsymbol{Y}_{1,\cdots,N}, \delta_{1,\cdots,N}) P(\delta_{1,\cdots,N} \mid \boldsymbol{Y}_{1,\cdots,N})$ 是一个混合高斯模型。元素的数目与帧的数量呈指数关系，每个可能的历史数据都有一个元素，这意味着 $P(\boldsymbol{X}_N \mid \boldsymbol{Y}_{1,\cdots,N})$ 有一个非常大数目的模型。

11.5.1 概率分布的采样表示

思考概率分布表示的一种自然方法就是要明白该概率分布的目的是什么。计算一个概率分布表示并不是首要目的；描述一个概率分布，是为了可以计算出一个或另一个期望值。例如，在提供了一些目标信息的情况下，希望计算出该目标的预期状态、状态变化及击中目标的预期效果等。概率分布就是用于计算期望值的工具，因此其表示应该能带给一个能准确计算出期望值的前景。这意味着概率分布的表示问题与有效的数值积分问题之间应该存在一个很强的共鸣。

利用重要性采样的蒙特卡罗积分 假设有一个集 $\boldsymbol{u}^i$ 包含了 N 个点，一个权值集 w^i。这些点是来自概率分布 $S(\boldsymbol{U})$ 的独立采样点，称其为采样分布。注意到已经破坏了设置任何一个概率分布 P 的常规方式。假设 $S(\boldsymbol{U})$ 的概率密度函数为 $s(\boldsymbol{U})$。

对于某一函数 f 的权重形式表示为 $w^i = f(\boldsymbol{u}^i)/s(\boldsymbol{u}^i)$。现在有一个实例如下:

$$\begin{aligned} \mathrm{E}\left[\frac{1}{N}\sum_i g(\boldsymbol{u}^i)w^i\right] &= \int g(\boldsymbol{U})\frac{f(\boldsymbol{U})}{s(\boldsymbol{U})}s(\boldsymbol{U})\mathrm{d}\boldsymbol{U} \\ &= \int g(\boldsymbol{U})f(\boldsymbol{U})\mathrm{d}\boldsymbol{U} \end{aligned}$$

其中期望值来自 $S(\boldsymbol{U})$ 的 N 个独立样本集的分布(用弱大数定律可以证明这个实例)。这个估计的方差随 $1/N$ 下降，其维数与 $\boldsymbol{U}$ 的维数相同并且是相互独立的。

如果将一个分布看成是计算期望的策略(就是一种积分形式)，可以获得一种如上文所描述的积分形式的分布表示。这种表示由一组加权点组成。假设 f 是非负的，$\int f(\boldsymbol{U})\mathrm{d}\boldsymbol{U}$ 存在且是有限的，则

$$\frac{f(\boldsymbol{X})}{\int f(\boldsymbol{U})\mathrm{d}\boldsymbol{U}}$$

用一个概率密度函数表示感兴趣部分的分布，可令这个概率密度函数为 $p_f(\boldsymbol{X})$。

现有 N 个点的集合 $\boldsymbol{u}^i \sim S(\boldsymbol{U})$ 及权值集 $w^i = f(\boldsymbol{u}^i)/s(\boldsymbol{u}^i)$，用这些参数表示，则期望值可得

$$\begin{aligned} \mathrm{E}\left[\frac{1}{N}\sum_i w^i\right] &= \int 1\frac{f(\boldsymbol{U})}{s(\boldsymbol{U})}s(\boldsymbol{U})\mathrm{d}\boldsymbol{U} \\ &= \int f(\boldsymbol{U})\mathrm{d}\boldsymbol{U} \end{aligned}$$

也就意味着

$$\begin{aligned} \mathrm{E}_{p_f}[g] &= \int g(\boldsymbol{U})p_f(\boldsymbol{U})\mathrm{d}\boldsymbol{U} \\ &= \frac{\int g(\boldsymbol{U})f(\boldsymbol{U})\mathrm{d}\boldsymbol{U}}{\int f(\boldsymbol{U})\mathrm{d}\boldsymbol{U}} \\ &= \mathrm{E}\left[\frac{\sum_i g(\boldsymbol{u}_i)w_i}{\sum_i w_i}\right] \\ &\approx \frac{\sum_i g(\boldsymbol{u}_i)w_i}{\sum_i w_i} \end{aligned}$$

(其中，已经去掉了一些 N_s)。这意味着基本上可以用一组加权样本来表示一个概率分布(见算法 11.5)。但存在一些重要的实际问题，在探讨这些问题之前将讨论如何执行采样表示的各种计算方法。算法 11.6 中阐述了怎样计算一个期望值。对于跟踪还有两个其他的重要步骤：边缘化和从一个先验分布到后验分布的转换。

算法 11.5 获得一个概率分布的采样表示

由 N 个加权样本集 $\{(\boldsymbol{u}^i, w^i)\}$

表示一个概率分布 $p_f(\boldsymbol{X}) = \dfrac{f(\boldsymbol{X})}{\int f(\boldsymbol{U})\mathrm{d}\boldsymbol{U}}$

其中，$\boldsymbol{u}^i \sim s(\boldsymbol{u})$ 以及 $w^i = f(\boldsymbol{u}^i)/s(\boldsymbol{u}^i)$

算法 11.6　用一组样本集计算它们的期望值

由一个加权样本集 $\{(\boldsymbol{u}^i, w^i)\}$

表示一个概率分布 $p_f(\boldsymbol{X}) = \dfrac{f(\boldsymbol{X})}{\int f(\boldsymbol{U})\mathrm{d}\boldsymbol{U}}$

其中，$\boldsymbol{u}^i \sim s(\boldsymbol{u})$ 以及 $w^i = f(\boldsymbol{u}^i)/s(\boldsymbol{u}^i)$

然后可得

$$\int g(\boldsymbol{U})p_f(\boldsymbol{U})\mathrm{d}\boldsymbol{U} \approx \frac{\sum_{i=1}^{N} g(\boldsymbol{u}^i)w^i}{\sum_{i=1}^{N} w^i}$$

采样表示的边缘化　采样表示的优势在于一些计算特别容易。边缘化就是一个很好且实用的例子。假设有一个采样表示为 $p_f(\boldsymbol{U}) = p_f((\boldsymbol{M},\boldsymbol{M}))$。将 $\boldsymbol{U}$ 看做两个元素 $(\boldsymbol{M}, \boldsymbol{N})$，则能边缘化其中一个。

现假设采样表示由一组样本组成，可以写成

$$\{((\boldsymbol{m}^i, \boldsymbol{n}^i), w^i)\}$$

在这个表示中，$(\boldsymbol{m}^i,\boldsymbol{n}^i) \sim s(\boldsymbol{M},\boldsymbol{N})$，以及 $w^i = f((\boldsymbol{m}^i,\boldsymbol{n}^i))/s((\boldsymbol{m}^i,\boldsymbol{n}^i))$。

令一个边缘表示为 $p_f(\boldsymbol{M}) = \int p_f(\boldsymbol{M},\boldsymbol{N})\mathrm{d}\boldsymbol{N}$。将使用此边缘表示来估计积分，则可以通过积分推导出边缘表示。特别地，

$$\begin{aligned}\int g(\boldsymbol{M})p_f(\boldsymbol{M})\mathrm{d}\boldsymbol{M} &= \int g(\boldsymbol{M}) \int p_f(\boldsymbol{M},\boldsymbol{N})\mathrm{d}\boldsymbol{N}\mathrm{d}\boldsymbol{M} \\ &= \int \int g(\boldsymbol{M})p_f(\boldsymbol{M},\boldsymbol{N})\mathrm{d}\boldsymbol{N}\mathrm{d}\boldsymbol{M} \\ &\approx \frac{\sum_{i=1}^{N} g(\boldsymbol{m}^i)w^i}{\sum_{i=1}^{N} w^i}\end{aligned}$$

上式说明可以通过丢弃样本的 $\boldsymbol{n}^i$ 个元素来表示边缘(或忽略它们，这可能会更有效)。

从先验到后验的转换　对采样分布的权重进行适当处理会产生其他分布的表示。一个特别有趣的案例就是通过给予的一些观测值来表示一个后验概率，如

$$\begin{aligned}p(\boldsymbol{U}|\boldsymbol{V} = v_0) &= \frac{p(\boldsymbol{V} = \boldsymbol{v}_0|\boldsymbol{U})p(\boldsymbol{U})}{\int p(\boldsymbol{V} = \boldsymbol{v}_0|\boldsymbol{U})p(\boldsymbol{U})\mathrm{d}\boldsymbol{U}} \\ &= \frac{1}{K}p(\boldsymbol{V} = \boldsymbol{v}_0|\boldsymbol{U}), p(\boldsymbol{U})\end{aligned}$$

其中 $\boldsymbol{v}_0$ 是随机变量 $\boldsymbol{V}$ 获得的一些观测值。

假设有一个由 $\{(\boldsymbol{u}^i, w^i)\}$ 给予的采样表示 $p(\boldsymbol{U})$。则很容易估计出 $\boldsymbol{K}$，

$$\begin{aligned}K &= \int p(\boldsymbol{V} = \boldsymbol{v}_0|\boldsymbol{U})p(\boldsymbol{U})\mathrm{d}\boldsymbol{U} \\ &= \mathrm{E}\left[\frac{\sum_{i=1}^{N} p(\boldsymbol{V} = \boldsymbol{v}_0|\boldsymbol{u}^i)w^i}{\sum_{i=1}^{N} w^i}\right] \\ &\approx \frac{\sum_{i=1}^{N} p(\boldsymbol{V} = \boldsymbol{v}_0|\boldsymbol{u}^i)w^i}{\sum_{i=1}^{N} w^i}\end{aligned}$$

现在考虑后验概率表示为

$$\int g(\boldsymbol{U})p(\boldsymbol{U}|\boldsymbol{V}=v_0)\mathrm{d}\boldsymbol{U} = \frac{1}{K}\int g(\boldsymbol{U})p(\boldsymbol{V}=\boldsymbol{v}_0|\boldsymbol{U})p(\boldsymbol{U})\mathrm{d}\boldsymbol{U}$$
$$\approx \frac{1}{K}\frac{\sum_{i=1}^{N} g(\boldsymbol{u}^i)p(\boldsymbol{V}=\boldsymbol{v}_0|\boldsymbol{u}^i)w^i}{\sum_{i=1}^{N} w^i}$$
$$\approx \frac{\sum_{i=1}^{N} g(\boldsymbol{u}^i)p(\boldsymbol{V}=\boldsymbol{v}_0|\boldsymbol{u}^i)w^i}{\sum_{i=1}^{N} p(\boldsymbol{V}=\boldsymbol{v}_0|\boldsymbol{u}^i)w^i}$$

(其中，在最后一步用近似表达式来代替$\boldsymbol{K}$)。这意味着，如果我们提取出$\{(\boldsymbol{u}^i,\ \boldsymbol{w}^i)\}$，并代入权值中，如下所示：

$$w'^i = p(\boldsymbol{V}=\boldsymbol{v}_0|\boldsymbol{u}^i)w^i$$

则结果$\{(\boldsymbol{u}^i,\ \boldsymbol{w}'^i)\}$就是一个后验表示(见算法 11.7)。

算法 11.7 从先验信息获得后验的采样表示

假设$p(\boldsymbol{U})$的一个表示为

$$\{(\boldsymbol{u}^i, w^i)\}$$

假设有一个观察值$\boldsymbol{V}=\boldsymbol{v}_0$及似然模型$p(\boldsymbol{V}|\boldsymbol{U})$，则后验概率$p(\boldsymbol{U}|\boldsymbol{V}=\boldsymbol{v}_0)$可表示为

$$\{(\boldsymbol{u}^i, w'^i)\}$$

其中

$$w'^i = p(\boldsymbol{V}=\boldsymbol{v}_0|\boldsymbol{u}^i)w^i$$

11.5.2 最简单的粒子滤波器

假设有一个采样表示为$P(\boldsymbol{X}_{i-1}\mid \boldsymbol{y}_0,\cdots,\boldsymbol{y}_{i-1})$，则需要获得一个$P(\boldsymbol{X}_i\mid \boldsymbol{y}_0,\cdots,\boldsymbol{y}_i)$的表示。通常按照两个步骤进行：预测和校正。

可以把每个样本看成在第$\boldsymbol{X}_{i-1}$步过程中一个可能的状态。首先可以通过下式来获得我们的表示，

$$P(\boldsymbol{X}_i, \boldsymbol{X}_{i-1}|\boldsymbol{y}_0,\cdots,\boldsymbol{y}_{i-1})$$

然后边缘化$\boldsymbol{X}_{i-1}$(这步已经知道如何去做)，而这个结果就是下一个状态的先验信息，因为知道如何从先验概率得到后验概率，这样获得$P(\boldsymbol{X}_i\mid \boldsymbol{y}_0,\cdots,\boldsymbol{y}_i)$。

预测 现有

$$p(\boldsymbol{X}_i, \boldsymbol{X}_{i-1}|\boldsymbol{y}_0,\cdots,\boldsymbol{y}_{i-1}) = p(\boldsymbol{X}_i|\boldsymbol{X}_{i-1})p(\boldsymbol{X}_{i-1}|\boldsymbol{y}_0,\cdots,\boldsymbol{y}_{i-1})$$

令$p(\boldsymbol{X}_{i-1}\mid \boldsymbol{y}_0,\cdots,\boldsymbol{y}_{i-1})$的表示为

$$\{(\boldsymbol{u}_{i-1}^k, w_{i-1}^k)\}$$

(其中上标序列号指定已知的第i步的样本，下标为步骤标号)。

现在，对于任何给定的样本$\boldsymbol{u}_{i-1}^k$，可以非常容易得到$p(\boldsymbol{X}_i\mid \boldsymbol{X}_{i-1}=\boldsymbol{u}_{i-1}^k)$的样本。这是因为动态模型是

$$\boldsymbol{x}_i = \boldsymbol{f}(\boldsymbol{x}_{i-1}) + \xi_i$$

其中，$\xi_i \sim N(0,\boldsymbol{\Sigma}_{m_i})$。因此，对于任何给定的样本$\boldsymbol{u}_{i-1}^k$，可以产生$p(\boldsymbol{X}_i|\boldsymbol{X}_{i-1}=\boldsymbol{u}_{i-1}^k)$的样本为

$$\{(f(\boldsymbol{u}_{i-1}^k) + \xi_i^l, 1)\}$$

其中，$\xi_i^l \sim N(0,\Sigma_{m_i})$，索引 l 表明对于每个 $\boldsymbol{u}_{i-1}^k$ 都可能会产生几个这样的样本。

现可将 $p(\boldsymbol{X}_i,\boldsymbol{X}_{i-1} \mid \boldsymbol{y}_0,\cdots,\boldsymbol{y}_{i-1})$ 表示为

$$\{((f(\boldsymbol{u}_{i-1}^k)+\xi_i^l,\boldsymbol{u}_{i-1}^k),w_{i-1}^k)\}$$

（注意，这里有两个不受约束的索引，k 和 l；这就意味着将每个样本标记为 k，而样本集可能有几个不同的元素，标记为 l）。

因为可以丢弃一些元素进行边缘化，则 $P(\boldsymbol{x}_i \mid \boldsymbol{y}_0,\cdots,\boldsymbol{y}_{i-1})$ 可表示为

$$\{(f(\boldsymbol{u}_{i-1}^k)+\xi_i^l,w_{i-1}^k)\}$$

（将在习题证明）。重新索引样本集，这样会产生多于 N 个的元素，令其为

$$\left\{(\boldsymbol{u}_i^{k,-},w_i^{k,-})\right\}$$

假设有 M 个元素，恰好与卡尔曼滤波一样，上标“ - ”指明一个观测值到达之前的第 i 个状态的表示。上标 k 指单个样本。

校正 校正很简单：我们需要获得预测，需要将先验信息转换成后验概率。根据算法 11.7，可以为每个样本选择一个适当的权重。这个权重为

$$p(\boldsymbol{Y}_i=\boldsymbol{y}_i|\boldsymbol{X}_i=\boldsymbol{s}_i^{k,-})w_i^{k,-}$$

（可比较算法 11.7 进行确认）后验概率的表示为

$$\left\{(\boldsymbol{s}_i^{k,-},p(\boldsymbol{Y}_i=\boldsymbol{y}_i|\boldsymbol{X}_i=\boldsymbol{s}_i^{k,-})w_i^{k,-})\right\}$$

11.5.3 跟踪算法

原则上，现在已经得到了跟踪算法的大部分步骤。唯一缺少的步骤是说明 $p(\boldsymbol{X}_0)$ 的样本来自哪里。最容易实现的就是以简单的采样形式获得一种离散的先验信息作为开始（一个比较大的协方差的高斯模型可能会实现它）并给每一个样本赋予权值为 1。这是一个实现这种跟踪算法的好方法，然后观察它是怎样工作的（见习题）。我们将会注意到它的工作效果比较差，即使在最简单的问题中也是如此（图 11.12 比较了该算法的估值与一个卡尔曼滤波器精确计算的期望值）。该算法的估计结果并不好，因为大多数样本代表的只是无用的计算。从专业上来说，这些样本被称为粒子。

如果实现了这个算法，你将注意到权重急速地变小；这很显然不是一个问题，因为权重的均值在除法中被忽略了，这样我们就可以在每一步将它们的均值除以权重。如果你实现了这一步，就会发现一个权重很快接近为 1，而所有其他权重则变得非常小。事实上，在简单的粒子滤波中，权值的方差不随 i 而降低（这意味着在一般情况下它会增加，我们将结束那个比其他大很多的权值）。

如果权值比较小，积分估计可能就比较差。特别是，拥有小权重的一个样本置于一个点上，其 $f(\boldsymbol{u})$ 值比 $p(\boldsymbol{u})$ 小很多；反过来（除非想要的函数期望在这一点上非常大），这个样本可能对于积分估计几乎没有贡献。

一般来说，得到准确的积分估计的方法是具有一些依附在可能比较大的积分上的样本点；当然我们不想错过这些点。我们不希望函数的期望变化太快，所以希望样本置于的 $f(\boldsymbol{u})$ 是比较大的。反过来，这意味着一个样本的权重 w 小代表着资源的浪费；宁愿更换另一个大权重的样本。也就意味着有效的样本数量在减少；一些对于期望没有明显贡献的样本应该被替换掉（图 11.12 阐述了这一重要作用）。在下面的章节中，将描述维持粒子集导出有效且有用的粒子滤波器的方法。

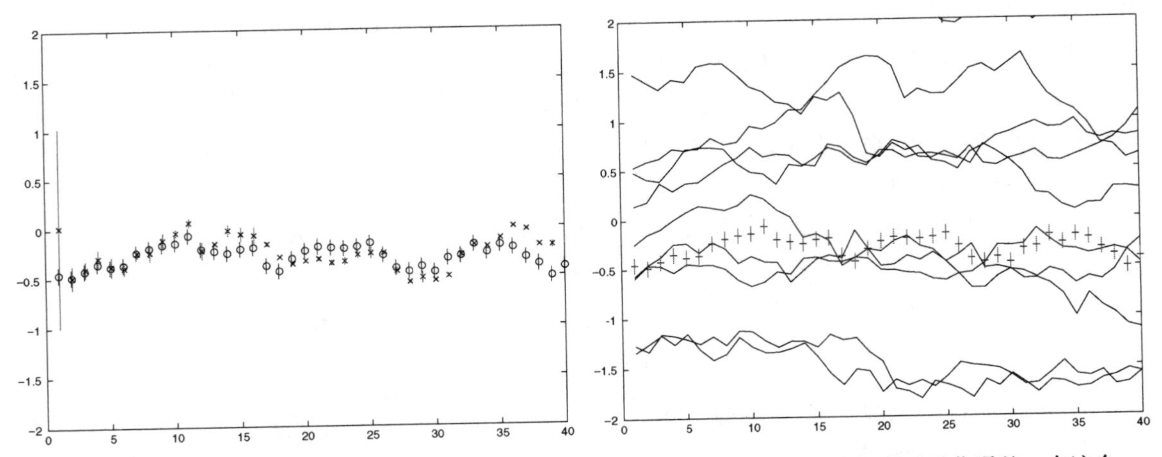

图 11.12　简单的粒子滤波的表现很差，把这种现象的结果称为样本贫化，这相当于量化误差。在这个例子中，看到垂直线上有一个漂移点[如$x_i \sim N(x_{i-1}, \sigma^2)$]。观测值被加性高斯噪声损坏。在这种情况下，使用卡尔曼滤波器可以得到一个准确的后验概率表示。在左图中，使用一个卡尔曼滤波器与使用一个简单的粒子滤波器进行比较，使用卡尔曼滤波器准确获得了一个表示。图中表明后验概率的均值为一条标准差线的某个点(以前使用三个标准差，但这会使这些图像很难理解)。令使用卡尔曼滤波器获得的均值表示为×，使用粒子滤波器获得的均值表示为o，从一条到另一条标准差线的偏移清楚地指明了这种现象。值得注意的是均值比较差，但标准差的估计也是极差的，跟踪效果会变得更差。特别是，标准差的估计严重低估，误导用户认为跟踪器正常工作并产生好的估计，而事实上它的跟踪已经很混乱了。右图显示出了哪些错，绘制了10个粒子的轨迹，随机抽取100个样本。请注意，只有相对较少的粒子位于后验均值的一个标准差的周围；反过来，这意味着$P(x_{i+1} \mid y_0, \cdots, y_0)$的表示会趋向于大部分粒子具有非常低的权重而只有一个粒子有高的权重。这意味着密度表现得很差，是一种错误的传播

11.5.4　可行的粒子滤波器

具有非常低的权重的粒子一般很容易处理；可以调整粒子集，加强那些对后验概率最有帮助的粒子的出现。这也将帮助我们处理另一个难题。在讨论简单的粒子滤波时，没有讨论在每个阶段有多少个样本。如果在预测阶段，为每个$\boldsymbol{s}_{i-1}^{k,+}$描绘一些$P(\boldsymbol{X}_i \mid \boldsymbol{X}_{i-1} = \boldsymbol{s}_{i-1}^{k,+})$的样本，总样本数会随$i$的增大而变得更大。理想的情况是，会有一个固定数量的粒子数N，这一切都表明需要一个舍弃样本的方法，理想地集中丢弃无用的样本，这里有许多通用的方案。

重采样先验概率　在每i步，有利用加权样本的$P(\boldsymbol{X}_{i-1} \mid \boldsymbol{y}_0, \cdots, \boldsymbol{y}_{i-1})$的表示。这种表示由$N$个(可能是不同的)样本组成，为每一个赋予一个相关联的权重。现在，在一个采样表示中，样本出现的频率可与它们出现的权重进行交换。例如，假设有一个$P(\boldsymbol{U})$的采样表示包含了N对$(\boldsymbol{s}_k, w_k)$。为每一个k形成一个新的由N_k个$(\boldsymbol{s}_k, 1)$联合组成的样本集，如果

$$\frac{N_k}{\sum_k N_k} = w_k$$

这个样本集就是$P(\boldsymbol{U})$的表示(应该核实这一点)。

此外，如果用N个样本获得一个$P(\boldsymbol{U})$的采样表示，并随机、均匀、可置换位置地从这个样本集中取出N'个元素，这个结果也可作为$P(\boldsymbol{U})$的表示(应该也要核实这一点)。这表明能够(a)扩大样本集，然后(b)它的子样本集也可以作为$P(\boldsymbol{U})$的一个新表示。这表示将倾向于包含多种出现在原始表示中高权重的样本(见算法 11.8)。

这个处理过程可以采用更简单的方法，即从原始样本集合中进行 N 次采样来替换原始样本，使用权重 w_i 作为抽取一个样本的概率。在新的样本集中，每个样本的权重为1；则新的样本集将主要包含出现在原样本集中权重大的样本。这个重采样的过程可能会发生在每一帧，或只有当权重的方差太高时才发生。

算法 11.8 实际应用的粒子滤波重采样后验概率

初始化：用 N 个样本 $\{(\boldsymbol{s}_0^{k,-}, w_0^{k,-})\}$ 表示 $P(\boldsymbol{X}_0)$

其中 $\boldsymbol{s}_0^{k,-} \sim P_s(\boldsymbol{S})$ 以及 $w_0^{k,-} = P(\boldsymbol{s}_0^{k,-})/P_s(\boldsymbol{S} = \boldsymbol{s}_0^{k,-})$

理想地，$P(\boldsymbol{X}_0)$ 有个简单的形式，$\boldsymbol{s}_0^{k,-} \sim P(\boldsymbol{X}_0)$ 和 $w_0^{k,-} = 1$

预测：通过 $\{(\boldsymbol{s}_i^{k,-}, w_i^{k,-})\}$ 表示 $P(\boldsymbol{X}_i | \boldsymbol{y}_0, \boldsymbol{y}_{i-1})$

其中 $\boldsymbol{s}_i^{k,-} = f(\boldsymbol{s}_{i-1}^{k,+}) + \xi_i^k$ 和 $w_i^{k,-} = w_{i-1}^{k,+}$ 和 $\xi_i^k \sim N(0, \Sigma_{d_i})$

校正：用 $\{(\boldsymbol{s}_i^{k,+}, \boldsymbol{w}_i^{k,+})\}$ 表示 $P(\boldsymbol{X}_i | \boldsymbol{y}_0, \boldsymbol{y}_i)$

其中 $\boldsymbol{s}_i^{k,+} = \boldsymbol{s}_i^{k,-}$ 和 $w_i^{k,+} = P(\boldsymbol{Y}_i = \boldsymbol{y}_i | \boldsymbol{X}_i = \boldsymbol{s}_i^{k,-}) w_i^{k,-}$

重采样：对权重进行归一化，使得 $\sum_i w_i^{k,+} = 1$，同时计算归一化之后权重的方差。如果该方差超过一定的阈值，则通过替换抽取的方法从旧样本集重新采样得到 N 个样本，其中每次抽取采样的样本的概率为其权重。最后每个样本的权重为 $1/N$。

算法 11.9 给出另一种实用的粒子滤波。

重采样的预测 一个稍微不同的步骤将会为每个 $\boldsymbol{s}_{i-1}^{k,+}$ 产生 $P(\boldsymbol{X}_i | \boldsymbol{X}_{i-1} = \boldsymbol{s}_{i-1}^{k,+})$ 的几种样本，从这个集中获得 N 个置换的抽样值，使用权重 w_i 作为抽取一个样本的概率，得到 N 个粒子。再次，比起那些权重较小的粒子，这过程将更加强调那些权重较大的粒子。

重采样的结果(影响) 图 11.13 表明可以通过重采样进行改进。重采样并不是一致地具有良性作用(尽管是可能的)，但不太可能失去一些重要的粒子去作为重采样的结果。如果有许多粒子，也将增加重采样的计算量。

算法 11.9 另一种实用的粒子滤波

初始化：用 N 个样本 $\{(\boldsymbol{s}_0^{k,-}, w_0^{k,-})\}$ 表示 $P(\boldsymbol{X}_0)$

其中 $\boldsymbol{s}_0^{k,-} \sim P_s(\boldsymbol{S})$ 以及 $w_0^{k,-} = P(\boldsymbol{s}_0^{k,-})/P_s(\boldsymbol{S} = \boldsymbol{s}_0^{k,-})$

理想地，$P(\boldsymbol{X}_0)$ 有个简单的形式，$\boldsymbol{s}_0^{k,-} \sim P(\boldsymbol{X}_0)$ 和 $w_0^{k,-} = 1$

预测：用 $\{(\boldsymbol{s}_i^{k,-}, w_i^{k,-})\}$ 表示 $P(\boldsymbol{X}_i | \boldsymbol{y}_0, \boldsymbol{y}_{i-1})$

其中 $\boldsymbol{s}_i^{k,l-} = f(\boldsymbol{s}_{i-1}^{k,+}) + \xi_i^l$ 和 $w_i^{k,l,-} = w_{i-1}^{k,+}$，$\xi_i^l \sim N(0, \Sigma_{d_i})$

不受限的索引 l 表明每一个 $\boldsymbol{s}_{i-1}^{k,+}$ 产生 M 个不同的 $\boldsymbol{s}_i^{k,l,-}$ 值，这意味有 MN 个粒子

校正：我们用 k 重新标记 MN 个样本集

用 $\{(s_i^{k,+}, w_i^{k,+})\}$ 表示 $P(\boldsymbol{X}_i | \boldsymbol{y}_0, \boldsymbol{y}_i)$

其中 $\boldsymbol{s}_i^{k,+} = \boldsymbol{s}_i^{k,-}$ 和 $w_i^{k,+} = P(\boldsymbol{Y}_i = \boldsymbol{y}_i | \boldsymbol{X}_i = \boldsymbol{s}_i^{k,-}) w_i^{k,-}$

重采样：同算法 11.8。

11.5.5 创建粒子滤波器中的粒子问题

在许多实际的视觉应用中，粒子滤波是非常成功的，但会产生一些令人讨厌的问题。一个重

要的问题是粒子数：采样表示的积分估计的期望值是积分的真实值，它可能在估计的方差变得足够低(可以接受的)之前需要一个非常大的粒子数。这很难说需要多少粒子才能产生有用的估计。在实际中，这个问题通常通过实验来解决。

遗憾的是，这些实验可能会产生误导。可以(而且应该)考虑将粒子滤波作为一种搜索的方式；我们有一系列的状态估计，使用动态模型进行更新，然后比较数据；估计看起来似乎可以产生一些保存的数据，但其他的被丢弃。困难的是，我们可能会错过一些好的假设。这种情况随时可能发生，例如，似然函数有许多窄峰，当状态估计依附在一些并不是这些峰的时候，我们停止更新状态估计；这将导致错过一些良好状态的假设。然而这个问题在一维可以接受，但是它在高维将特别严重。这是因为真正的似然函数有许多峰，这些峰很容易在高维空间错失。在维数远大于 10 的空间的粒子滤波中获得好的结果是非常困难的。

这个问题在低维空间也很重要。从本质上讲，它的意义在于可以使一个似然预测非常好。当利用粒子滤波跟踪人时，问题主要表现在它本身。因为许多图像区域往往是长的，近似直的并且是连贯的，在似然函数中比较容易获得许多窄峰。这些基本上对应于具有一个位于长的、直的相干图像区域的分割的结构，这种结构的似然已经被评估。虽然有一些技巧考虑到这个问题，但涉及精确到搜索超似然的某种形式，可能没有标准的解决方案。

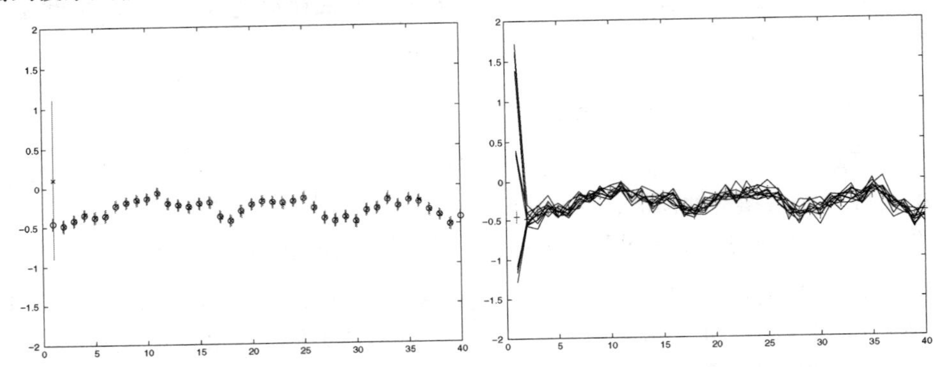

图 11.13　重采样极大地提高了粒子滤波的性能。该图显示利用重采样的粒子滤波跟踪线上的漂移点[例如 $x_i \sim N(x_{i-1}, \sigma^2)$]。观测值被加性高斯噪声损坏，同图 11.12。左图显示，使用简单粒子滤波得到的一个漂移点，并对该点进行卡尔曼滤波，对所得到的精确表征进行对比。这里每个漂移点显示的为后验概率的均值加上标准差的条形杆。采用卡尔曼滤波计算得到的均值用 × 表示;采用粒子滤波计算得到的均值用 o 表示。并采用标准差的条形杆的偏移设定，以便可以清晰描述这一现象,注意到采用粒子滤波得到的均值和标准差的估计，比采用卡尔曼滤波得到的均值和标准差的估计要精确。右图显示这种提升的来源。这里绘制了 10 个粒子的轨迹，这是从使用的 100 个粒子中随机选取的。因为现在是通过它们的权重进行重采样，则在重采样集中倾向于状态相当好的粒子。这意味着，大多数的粒子是集中在后验均值的一个标准差范围内，这些粒子的权重倾向于非常小的方差，即表征更加有效

11.6　注释

在视觉跟踪领域，有许多广泛而丰富的困难案例的处理。通常，这些文献强调了强大而复杂的概率系统。谨慎使用检测器、模型及外观推论，有时使得那些困难案例的处理变得容易。一般来说，紧密关注视觉表征可以有效地解决跟踪问题。

卡尔曼滤波器是一个非常有用的工具。它经常以不同的形式出现在不同的领域。通常，非线性

动力学系统可以表示为线性动力学系统，并足以适应卡尔曼滤波。有兴趣的读者可以参考 Chui (1991)，Gelb and of the Analytical Sciences Corporation(1974)，以及 West and Harrison(1997)。

这里没有讨论拟合线性动态模型的过程。如果知道模型的阶数，应用自然状态空间及合理地观测模型，那么拟合过程就变得相对简单。否则，事情会变得很棘手。有个控制理论领域专门讨论了这种情况下的问题，称为系统辨识。我们推荐的第一个参考实例为 Ljung(1995)。

如果没有简单的技巧也没有卡尔曼滤波器，那么才是遇到了真正的麻烦。也许粒子滤波有帮助，但能帮助多少在很大程度上取决于这个问题的细节。这里仅仅提供了一个简短的综述，而我们的讨论也是非常抽象，使得其成为最棘手的问题，并把粒子滤波的观点看成一种方便的近似问题。粒子滤波以各种各样的形式出现在不同的文献中。它们起源于统计领域，并将其称为粒子滤波[例如 Kitagawa(1987)；又见由 Doucet et al.(2001)编辑的论文集]。在人工智能领域，该方法有时被称为适者生存(Kanazawa et al. 1995)。在视觉领域，该方法有时被称为压缩[参见 Isard and Blake(1996)；Blake and Isard(1996)；或 Blake and Isard(1998)]。

在视觉领域，粒子滤波得到了很多的应用。许多工作试图回避了似然函数的困难，这在本章的粒子滤波部分有描述[特别是 Deutscher et al.(2000)的退火方法及 Sullivan et al.(1999)的似然修正]。遗憾的是，粒子滤波的所有应用都是自上而下的，即首先对状态进行更新与估计，然后计算一个图像和一个渲染之间的比较关系，这被断言为是一种似然。虽然这种策略可以表示数据关联的有效应用，这也意味着我们正致力于寻找非常苛刻的可能性。

粒子滤波和搜索之间有一种强烈的类比。这可以用来洞察它们在做什么及在哪里工作得比较好。例如，一个高维多峰的似然函数，表明了一个粒子滤波器的严峻问题。这是因为没有理由相信每一个粒子的每一步都能找到一个有用的峰。这当然不是该技术固有的性能——仅仅是一种算法——大部分肯定是重大的战略错误。

粒子滤波是一个完全通用的推理机制[即可以结合高级别及低水平的视觉，用来解决复杂的推理问题，如 Isard and Blake(1998a)，(1998b)]。这表明很难让它们工作，因为从本质上讲推理问题是很棘手的。困难的一个来源是状态空间的维数。很难相信一个人能用少量的粒子就可以代表高维分布的协方差，除非协方差具有非常强大的约束。另一个特殊的问题是很难知道一个粒子滤波器什么时候应该工作。很明显存在这样一个问题，如跟踪器失去目标，事实上跟踪器在跟踪目标的时候，并不能保证所有时刻的结果都是好的。例如协方差估计可能非常差，这时我们请求需要继续跟踪多长时间，等等。

为了简化这个问题，一种方法是使用紧参数化运动模型。这样就减少了需要跟踪的状态空间维数，但要付出不能跟踪某些对象的代价或被迫选择使用哪个模型。这种方法已经得到非常成功的应用，如手势识别(Black and Jepson 1998)；跟踪运动的人(Sidenbladh et al. 2000)；身体动作分类(Rittscher and Blake 1999)。一个跟踪器能够跟踪自己平台的状态，而不是跟踪一个运动目标(Dellaert et al. 1999)。

为保持密度的近似还有其他的方法。例如，使用一个拥有固定数量成分的混合高斯模型。通过均值化处理数据关联，这将导致混合模型中的每一步都会增加元素的数目。这样应该支持聚类的元素，去除一些离散的元素。

习题

11.1 最大化

$$f(\boldsymbol{y})=\frac{C_h}{2}\sum_i w_i k\left(\left\|\frac{\boldsymbol{x}_i-\boldsymbol{y}}{h}\right\|^2\right) \tag{11.4}$$

(其中 k 为核函数)为关于 $\boldsymbol{y}$ 的函数。证明当 $\boldsymbol{y}^{(j)}$ 为最大值位置时

$$\boldsymbol{y}^{(j+1)}=\frac{\sum_i w_i \boldsymbol{x}_i g(\| \frac{\boldsymbol{x}_i-\boldsymbol{y}^{(j)}}{h} \|^2)}{\sum_i w_i g(\| \frac{\boldsymbol{x}_i-\boldsymbol{y}^{(j)}}{h} \|^2)}$$

具有稳定点(可以参考9.3.4节推导的形式)。

11.2 假设有一个模型 $\boldsymbol{x}_i=\mathcal{D}_i\boldsymbol{x}_{i-1}$ 和 $y_i=\boldsymbol{M}_i^{\mathrm{T}}\boldsymbol{x}_i$。对于每一个 i，观测 y_i 是一个一维向量(也就是说，是一个数字)，$\boldsymbol{x}_i$ 是一个 k 维向量。如果状态能够根据任何包括 k 个观测的序列重建，则称模型是可观测的。

(a)证明这个要求等价于要求矩阵

$$\left[\boldsymbol{M}_i\mathcal{D}_i^{\mathrm{T}}\boldsymbol{M}_{i+1}\mathcal{D}_i^{\mathrm{T}}\mathcal{D}_{i+1}^{\mathrm{T}}\boldsymbol{M}_{i+2}\cdots\mathcal{D}_i^{\mathrm{T}}\cdots\mathcal{D}_{i+k-2}^{\mathrm{T}}\boldsymbol{M}_{i+k-1}\right]$$

是满秩的。

(b)三维空间的漂移点，$\mathcal{M}_{3k}=(0,0,1)$，$\mathcal{M}_{3k+1}=(0,1,0)$ 和 $\mathcal{M}_{3k+2}=(1,0,0)$ 是可观测的。

(c)在任何方向的匀速运动点，如果只使用观测矩阵报告点的位置，则为可观测的。

(d)在任何方向的恒定加速运动点，如果只使用观测矩阵报告点的位置，则为可观测的。

11.3 漂移动态模型中沿直线运动的点。特别地，有关系 $x_i\sim N(x_{i-1},1)$。起始于 $x_0=0$。

(a)它的平均速度是多少(注意，速度是有符号的)?

(b)它的平均速率是多少(注意，速率是无符号的)?

(c)当它距起始点的距离超过2时，平均经过了多少步(也就是说，步数的期望值是多少)?

当它距起始点的距离超过10时，平均经过了多少步(也就是说，步数的期望值是多少)?

(这个问题需要一定的思考)假设我们有两个非交叉的时间间隔，一个长度为1，另一个长度为2；当步数趋向无穷时比例式(时间间隔一中的平均时间百分比)/(时间间隔二中的平均时间百分比)的极限是多少?

(d)或许你已经得到上一题的比例，现在进行模拟，看看多久之后这个比例看起来接近正确的答案。

11.4 假设运动模型为

$$x_i \sim N(d_i x_{i-1},\sigma_{d_i}^2)$$
$$y_i \sim N(m_i x_i,\sigma_{m_i}^2)$$

(a)$P(x_i|x_{i-1})$ 是均值为 $d_i x_{i-1}$、方差为 $\sigma_{d_i}^2$ 的正态分布。那么 $P(x_{i-1}|x_i)$ 是什么?

(b)如何使用卡尔曼滤波获得 $P(\boldsymbol{x}_i|\boldsymbol{y}_{i+1},\cdots,\boldsymbol{y}_N)$ 的表示?

编程练习

11.5 实现一个二维卡尔曼滤波跟踪一段简单图像序列中的物体。建议使用背景差分跟踪前景点。状态空间应该包括点的位置、速度、方向(通过计算二阶矩阵获得)和它的角速度。

11.6 已有对背景的估计后，卡尔曼滤波能够通过跟踪照明变化和摄像机增益变化来改进背景差分。实现这样的卡尔曼滤波；它能够提供多大改善?注意照明变化的一个可行模型是背景与一个接近1的噪声项相乘——通过取对数能够将其转化为线性模型。

第五部分

高 层 视 觉

第 12 章　配　　准

配准是寻找从一个数据集到另一个数据集的转换关系的问题。在这类问题的直接形式中，两组数据集的维度相同(例如，配准 3D 数据到 3D 数据或者 2D 数据到 2D 数据)，转换方式有旋转、平移，也可能有缩放(见 12.1 节)。选择好的方法对此类问题非常有用。很多示例中人们希望知道一个在与自己具有相同维度的数据集中的目标的姿态——世界坐标中的位置和方向。例如，有一个病人体内的 MRI(核磁共振)图像(3D 数据集)，希望叠加在真实病人的图像上用以指导外科手术。这种情况下，我们希望知道旋转、平移、缩放模型，以便将一个图像叠加在另外一个图像上。再例如，有一个 2D 图像模板，如果在一幅航拍图像中找到该模板，同样需要知道旋转、平移和缩放关系，以便将一幅图像叠加在另外一幅图像上。我们也可能采用匹配质量打分的方式来表示是否建立了正确的匹配关系。可以使用搜索和发现姿态恒常性特性来解决此类问题。姿态恒常性是指刚性物体中不同特征集反映该物体的相同姿态。如此看来，刚性物体配准问题变得简单很多，因为只需找到一小部分特征来估计物体的姿态，然后采用用其他部分来确认该姿态。

该问题一个重要的变种是在投影关系下进行配准。这种情况下给定一个 3D 物体的图像，并且需要将该物体配准到图像。通常，这个问题能够用同维度数据集配准的搜索算法来解(见 12.2 节)。这里需要借助一种有时被称为摄像机恒常性的特性的帮助，摄像机恒常性是指图像中的所有特征都是同一个摄像机拍摄的。摄像机恒常性意味着刚性物体到图像的匹配搜索问题被大大简化，因为只需要一小组特征来估计物体的姿态和摄像机的标定，并可以用其他剩余的特征来确认姿态。

最复杂的配准问题是要处理能发生形变的物体。这种情况下，配准两个数据集的转换模型是个大家族①。搜索特定转换相对而言更加复杂(见 12.3 节)。配准可形变物体是医疗图像分析的一个核心技术，因为人体组织可形变且通常在不同的成像模式下对相同的身体部分进行成像。

12.1　刚性物体配准

假设有两个点集：源集 $\mathcal{S}=\{\boldsymbol{x}_i\}$ 与目标集 $\mathcal{T}=\{\boldsymbol{y}_j\}$。目标集是源集的旋转、平移及缩放版本，并且其中可能有噪点。希望可以计算该旋转、平移及缩放量。

这个问题可以直接表达为公式，如果知道 $\boldsymbol{x}_i$ 到 $\boldsymbol{y}_j$ 的映射，记 $c(i)$ 为目标点集合中某点索引到源集中的第 i 个点。这种情况下，可以计算一个最小二乘方程，最小化：

$$\sum_i \left[(s\mathcal{R}(\theta)\boldsymbol{x}_i+\boldsymbol{t})-\boldsymbol{y}_{c(i)}\right]^2$$

其中，s 是缩放因子，$\mathcal{R}(\theta)$ 是旋转，$\boldsymbol{t}$ 是平移。如果目标没有缩放，我们设 $s=1$。可以采用数值优化的方法解该优化问题，虽然该问题有解析解。Horn(1987b)认为平移可以从中心点恢复，旋转和缩放可以从点集的各类矩中得到。事实上，这篇文章认为如果目标是源的旋转平移和缩放

① 不只旋转，同时包括平移，缩放，投影等变换。——译者注

版本，则点到点的映射关系无关紧要。该事例违背了配准问题，但是实际中并不常见。

更普遍的有，$\mathcal{S}$是一个从几何结构中采样到的点集，$\mathcal{T}$是一个从相同结构的旋转、平移、缩放版本中采样的点集。例如，$\mathcal{S}$可能是物体的集合模型，$\mathcal{T}$是通过立体重构或者激光测距的方式获得的。另一个例子，$\mathcal{S}$和$\mathcal{T}$可能是从不同的3D图像解剖结构数据集中通过特征检测获得的。不同的例子中，认为$\mathcal{S}$是$\mathcal{T}$的旋转、平移及缩放版本。但是$\mathcal{T}$中的点未必对应$\mathcal{S}$中的点。糟糕的是，采样过程意味着无法准确估计矩。所以Horn的算法不行。更糟糕的是，数据集可能包含较大的误差和错误离群点。

记

$$\mathcal{G}(s,\theta,\boldsymbol{t})\mathcal{S}=\{(s\mathcal{R}(\theta)\boldsymbol{x}_i+\boldsymbol{t})\mid\boldsymbol{x}_i\in\mathcal{S}\}$$

该数据集通过源集的旋转、平移与缩放得到。在解决该问题的方法中，$\mathcal{G}(s,\theta,\boldsymbol{t})\mathcal{S}$中的大部分点需要靠近$\mathcal{T}$中的一个点，并且提供一个映射关系。通过估计映射关系来搜索正确的转换关系，接着通过估计的转换关系来估计映射关系，然后重复处理(见12.1.1节)。也可以选择一小部分数据来搜索，然后用以估计转换关系(见12.1.2节)。

12.1.1 迭代最近点

此刻，假设没有离群点。期望对于任意$\boldsymbol{y}_j\in\mathcal{T}$，存在最近点$\boldsymbol{z}_i\in\mathcal{G}$。如果使用一个合理的转换估计，则距离不能太大。注意点的索引依赖于j，但也依赖于特定的转换参数$(s,\ \theta,\ \boldsymbol{t})$，记最近点索引为$c(i,\ (s,\ \theta,\ \boldsymbol{t}))$，假设估计的转换方式为$(s,\ \theta,\ \boldsymbol{t})^{(n)}$。然后通过迭代的方式精细化估计结果：(a)转换$\mathcal{S}$中的点；(b)逐一找到$\mathcal{T}$中对应的最近点；以及(c)利用最小二乘法重新估计转换参数。这催生了一个迭代算法，根据文献Besl and McKay(1992)，该算法称为迭代最近点算法(将在14.3.2节详细介绍)，该算法可以明确地收敛到正确答案。

实际应用中，该方法确实可行。两个点集可以助其改善其性能。首先，重估计过程并不需要收敛但该算法仍然有效。例如，不需要完整地估计转换关系，只进行一次梯度下降。这稍微改善了转换关系，并且修改了最近点映射关系。其次，不需要在最小化过程中使用全部的点。特别地，如果最近点相对较远，最好在下一步的最小二乘法中抛弃这些点。这会使算法具有更强的鲁棒性。

你可能会认为与其说这是个算法不如说是个算法模板，大量特征可以被成功地修改。例如，它可以用来在数据结构中小心地加速保持对最近点的跟踪。另一个例子，一个可选的用于改善鲁棒性的策略，是使用M估计法取代最小二乘误差项。事实上，该算法不需要$\mathcal{S}$和$\mathcal{T}$的点集。例如，它相对直接地用于$\mathcal{S}$是网格点、$\mathcal{T}$是点集的示例(Besl and McKay 1992)。另外，有良好的证据表明关于$(s,\ \theta,\ \boldsymbol{t})$的目标函数在实际应用中性能良好。例如，虽然它不是可微的(因为最近点改变，导致微分步长变化)，二阶的优化方法如牛顿方法或者LBFGS在实际应用中，事实上表现得更好。

12.1.2 通过关联搜索转换关系

迭代最近点重复估计源集与目标集的映射关系，然后用以估计转换关系。就我们所见，该搜索方法面临很多局部极小值。另一种方法是搜索映射空间。这看起来似乎没有前途，因为有大量的映射关系，但是在刚性物体的示例中，较小的映射集足以配准整个物体。另一个直接考虑映射的优势是可以直接使用标识符而不是点进行工作。例如，在映射中放置线段、角甚至团块(blobs)等点状特征。这类标识符可能改变细节，但对整个算法的影响微小。

很小的源标识符集与目标标识符集进行映射，足以估计转换关系。集合的尺寸依赖于转换关系及标识符本身。参考可用于计算转换关系的称为帧支撑群(frame-bearing group)的一群标识符。表12.1给出了2D到2D帧支撑群的例子，并且表12.2给出了3D到3D的示例。这也将在未来的应用中进一步拓展。

表12.1 某些从2D到2D的变换估计的帧支撑群。假设在源具有这样一个群，目标处有另外一个这样的群，以及该群中基于群的一个关联；则可以唯一地估计得到该转换(见习题)

转换	帧支撑群
刚性(欧氏距离)	一个点和一个方向，或者两个点，或者一条线和一个点
刚性和尺度	两个点，或者一条线和不在该线上的一个点
仿射	不共线的3个点

表12.2 3D到3D帧支撑群。假设我们在源和目标中都有一个群，并且有一个映射关系；从而可以唯一地估计转换关系

转换	帧支撑群
刚性(欧氏距离)	3个点，或者一条线和不在该线上的一个点，或者两条相交的线
刚性和尺度	3个点，或者一条线和不在该线上的一个点，或者两条相交的线和不在该平面上的一个点
仿射	不共面的4个点

现在假设在源和目标中有帧支撑群。进一步，如果有标识符集的映射关系，可以计算源与目标的相应的转换关系。只能有一个可能的映射关系。例如，如果群是线或者点，只能把源线(点)放置在与目标线(点)映射的位置。但是有多种可能的映射；例如群由3个点组成，但是有6种可能性。

如果一个群或者映射是错误的，那么大部分的源标识符将转换到远离目标的位置。但是如果正确，很多或者大部转换过的源标识符将落在目标标识符附近。这意味着可以利用RANSAC(见10.4.2节)，重复地使用如下步骤，并分析结果：

- 为目标和源随机选择帧支撑群。
- 计算源与目标单元的映射关系(如果有多个，则随机选择)，然后计算转换关系。
- 使用该转换关系转换源集，并与目标进行比较打分。

如果应用足够多次，极大可能在好的群之间获得好的映射结果，并且也可以检查每个分数用以分辨优劣。根据好的映射关系，可以分辨源与目标的匹配对，最终根据最小二乘法计算转换关系。

12.1.3 应用：建立图像拼接

一个拍摄大而壮观的目标的细节的方法是拍摄很多张小的图像，并将其拼接到一起。过去的做法常常是将照片冲印，然后堆叠贴在软木板上，用以吻合。这引入了图像拼接的概念，即处理一系列重叠的图像。图像拼接现在能用数字图像配准的方法实施。一个应用是创建大型图像，也有其他几个重要的应用。例如，假设在飞机上垂直安装的一个摄像机拍摄了一些图像；然后如果一帧一帧配准这些图像，不但可以得到飞机可见的图像，还可以呈现飞机的飞行轨迹，如图12.1所示。另一个例子，假如有一个获取视频的固定的摄像机。逐帧配准后，可以估计(a)运动物体，以及(b)背景，并且用新的方式向观众呈现(见图12.2)。还有一个例子，能够构建圆柱面全景图像，模拟圆柱面摄像机拍摄的图像。甚至是构建球面全景图像，模拟球面摄像机拍摄的图

像。全景图像的一个特性看起来像一个视角的图像，很容易查询并提取信息。特别地，可以采用全景图像模仿将透视摄像机沿着其焦点旋转时所看到的景象。

图 12.1 左图，机场上空航拍视频帧。右图，将左图的视屏帧进行矫正并拼接，其中可显示(a)全局可见结构和(b)飞机的飞行轨迹(This figure was originally published as Figure 1 of "Video Indexing Based on Mosaic Representations," by M. Irani and P. Anandan, Proc. IEEE, v86 n5, 1998, © IEEE, 1998)

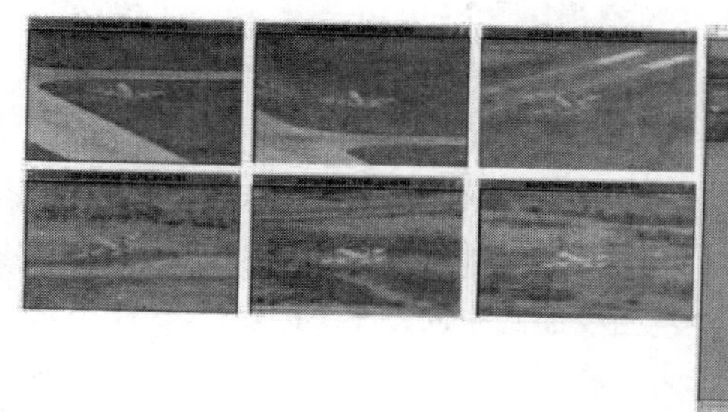
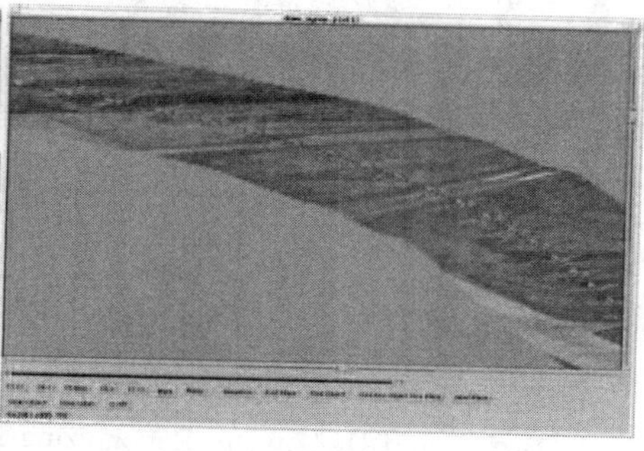

图 12.2 左图：飞机空中拍摄的视频帧。右图，将左图的视屏帧进行矫正并拼接，其中可显示(a)视频中飞机的飞行轨迹和(b)观察者的飞行轨迹。注意拼接显示了飞机移动速度(可看到每一个飞机拼接实体间距多远；如果间距远，说明移动快)(This figure was originally published as Figure 4 of "Video Indexing Based on Mosaic Representations," by M. Irani and P. Anandan, Proc. IEEE, v86 n5, 1998, © IEEE, 1998)

创建拼接是图像配准的一个重要应用。在最简单的例子中希望配准两张图像，首先找到标识符，然后确定哪些点是可以匹配的，选择转换关系，并最小化两次匹配误差。Brown and Lowe (2003)给出了寻找标识符的策略。他们找到感兴趣点(见 5.3 节)，然后计算近邻的 SIFT 特征(见 5.4.1 节)，然后使用近似最近邻的方法来寻找匹配对(见 21.2.3 节)。一小组匹配点足以拟合映射关系。

其中有两种转换关系是有用的。最简单的例子中，使用一个垂直平移[①]的摄像机，并且将它进行平移。这意味着图像标识符发生平移，因为只需要估计图像之间的平移量。另一个复杂的例子中，摄像机是一个绕其焦点旋转的透视摄像机。如果对该摄像机一无所知，这个 $\mathcal{I}_1$ 和 $\mathcal{I}_2$ 的关联部分是一个面投影转换关系，又称单应变换(homography)。了解更多关于摄像机及环境的信息，能够得到更紧的约束条件的转换(见图 12.3 和图 12.4)。

在单应坐标中，转换关系将点 $\mathcal{I}_1$ 中的 $\boldsymbol{x}_1=(x_1,y_1,1)$ 映射到 $\mathcal{I}_2$ 中的 $\boldsymbol{x}_2=(x_2,y_2,1)$。转换关系的形式是 3×3 行列式非零的矩阵，记为 $\mathcal{H}$。用平面上 4 个对应点估计元素值。记 $\boldsymbol{x}_1^{(i)}=(x_1^{(i)}, y_1^{(i)}, 1)$ 为 $\mathcal{I}_1$ 中的第 i 个点，对应 $\boldsymbol{x}_2^{(i)}=(x_2^{(i)}, y_2^{(i)}, 1)$，现在有式

① 光轴垂直于被拍摄物体表面，垂直于光轴平移。——译者注

$$\begin{pmatrix} x_2^{(i)} \\ y_2^{(i)} \end{pmatrix} = \begin{pmatrix} \frac{h_{11}x_1^{(i)}+h_{12}y_1^{(i)}+h_{13}}{h_{31}x_1^{(i)}+h_{32}y_1^{(i)}+h_{33}} \\ \frac{h_{21}x_1^{(i)}+h_{22}y_1^{(i)}+h_{23}}{h_{31}x_1^{(i)}+h_{32}y_1^{(i)}+h_{33}} \end{pmatrix}$$

如果叉乘并相减，根据每一组映射点对的未知矩阵入口得到单应线性方程，例如：

$$\begin{aligned} x_2^{(i)}(h_{31}x_1^{(i)}+h_{32}y_1^{(i)}+h_{33})-(h_{11}x_1^{(i)}+h_{12}y_1^{(i)}+h_{13}) &= 0 \\ y_2^{(i)}(h_{31}x_1^{(i)}+h_{32}y_1^{(i)}+h_{33})-(h_{21}x_1^{(i)}+h_{22}y_1^{(i)}+h_{23}) &= 0 \end{aligned}$$

图 12.3 山的一个视角的图像(左上)和其对应的局部近邻(左下)与山的另一个视角的图像进行匹配(中上;局部近邻见中下)。这些图像似乎可以通过平移进行矫正,但事实上效果很差。右上图给出平移效果图(人工平移),将左图叠加到中间图上。事实上,这并不是一个很好的配准结果,可以通过右下图看出,注意中间图略靠上。对于一个好的配准,需要一个很好的单应矩阵,与图12.4做对比(This figure was originally published as Figure 1 M. Brown and D. Lowe, "Recognizing Panoramas," Proc. ICCV 2003, © IEEE, 2003)

图 12.4 给出图 12.3 的两幅山的图像，现在采用单应矩阵进行矫正。注意所有特征排成一行;这种变换不仅仅是旋转和平移,可以通过第二幅图的边角处(在图的中间向上处)看出不再继续是一个直角。注意摄像机远端区域的灰度效应,即两幅图重叠的部分具有明显的灰影(This figure was originally published as Figure 1 M. Brown and D. Lowe, "Recognizing Panoramas," Proc. ICCV 2003, © IEEE, 2003)

这个系统给出了 $\mathcal{H}$ 大小的求解方法(约定在单应坐标下)。这是一个根据少量点估计 $\mathcal{H}$ 的好方法，但当有一大堆映射点对时，可能得不到最准确的解。这种情况下，应该最小化 $\mathcal{H}$ 的函数

$$\sum_{i\in\text{points}} g\left((x_2^{(i)}-\frac{h_{11}x_1^{(i)}+h_{12}y_1^{(i)}+h_{13}}{h_{31}x_1^{(i)}+h_{32}y_1^{(i)}+h_{33}})^2+(y_2^{(i)}-\frac{h_{21}x_1^{(i)}+h_{22}y_1^{(i)}+h_{23}}{h_{31}x_1^{(i)}+h_{32}y_1^{(i)}+h_{33}})^2\right)$$

其中 g 是单应函数，如果有离群点或者一个 M 估计器，这不是个好主意。这个函数值关于 $\mathcal{H}$ 的大

小是不变的(意思是 $\mathcal{H}$ 矩阵的元素统一放大或者缩小都不影响函数值),所以需要一个归一化的形式。可以设置一个量为 1 来归一化(这并不是个好主意,因为这带来了偏置量),或者要求 Frobenius 范数等于 1。好的估计单应矩阵的软件可以在网络上获得。Manolis Lourakis 在 http://www. ics. forth. gr/~ lourakis/homest/发表了一个 C/C ++库;一个 MATLAB 多视几何函数集可在 http://www. robots. ox. ac. uk/~ vgg/hzbook/code/找到,作者是 David Capel、Andrew Fitzgibbon、Peter Kovesi、Tomas Werner、Yoni Wexler 和 Andrew Zisserman。最后,OpenCV 也有关于单应矩阵的估算方法。

如果有超过 2 幅图像,配准图像到拼接图像就更有意思。想想有三幅图像 $\mathcal{I}_1$、$\mathcal{I}_2$ 和 $\mathcal{I}_3$,能够配准图像 1 到图像 2,然后配准图像 2 到图像 3。但是,如果图像 3 具有一些图像 1 所具有的特征,这可能是不明智的做法。记 $\mathcal{T}_{2\to1}$ 为图像 2 到图像 1 的转换关系(依次类推)。问题是 $\mathcal{T}_{2\to1}\circ\mathcal{T}_{3\to2}$ 可能不是图像 2 到图像 1 的转换关系 $\mathcal{T}_{3\to1}$ 的好的估计。在有三幅图像的情况下,误差可能不是那么大,但却能累加。

为了解决误差累加的问题,需要使用全部的误差值一次估计所有的配准数据。这个动作叫做光束法平差(bundle adjustment),依靠分析运动中结构的相关项来实施(见 8.3.3 节)。一个自然方法是选择一个坐标帧,图像帧在其内工作——例如,给定第一帧图像,然后搜索一系列其他图像与第一帧图像的匹配关系,并最小化点对误差平方和。例如,记$(\boldsymbol{x}^{(i)}, \boldsymbol{x}^{(k)})_j$ 为第 j 个元组,它由图像 i 中的 $\boldsymbol{x}^{(i)}$ 及图像 k 中的 $\boldsymbol{x}^{(k)}$ 组成。可以通过最小化下式估计 $\mathcal{T}_{2\to1}$ 和 $\mathcal{T}_{3\to1}$,

$$\sum_{j\in 1,\ 2\ \text{matches}} g(\| \boldsymbol{x}_j^{(1)} - \mathcal{T}_{2\to1}\boldsymbol{x}_j^{(2)} \|^2)+$$
$$\sum_{j\in 1,\ 3\ \text{matches}} g(\| \boldsymbol{x}_j^{(1)} - \mathcal{T}_{3\to1}\boldsymbol{x}_j^{(3)} \|^2)+$$
$$\sum_{j\in 2,\ 3\ \text{matches}} g(\| \mathcal{T}_{2\to1}\boldsymbol{x}_j^{(2)} - \mathcal{T}_{3\to1}\boldsymbol{x}_j^{(3)} \|^2)$$

(其中,如果没有离群点,g 是一致的,否则是 M 估计器),然后用转换关系配准。注意,随着图像数量增加,这个方法可能带来大的和差的优化问题,很可能出现局部最小值,所以需要从一个好的转换估计值开始。配准独立图像对能够提供这样的起始点。一旦图像已经配准到另外一幅图像,便能得到单张全景图像,然后小心地混叠像素以处理由镜头系统导致的空间亮度变化(见图 12.5)。

图 12.5 顶图,80 幅图采用一个连着一个的自动配准得到的全景拼接图(如果摄像机具有柱形摄像模式,可以得到 360°全景拍照)。底图,将图像进行特征化,一个连着一个,用于消除不同图像在相同像素处由于视角不同带来的区别(This figure was originally published as Figure 3 M. Brown and D. Lowe, "Recognizing Panoramas," Proc. ICCV 2003, © IEEE, 2003)

12.2 基于模型的视觉：使用投影配准刚性物体

现在已经可以用图像配准刚性物体。这个问题的解决方法在实际应用中很有用，因为它们允许根据摄像机估计图像中已知物体的位置、方向、缩放，尽管物体身上的图像特征有很多不确定性。这类算法在系统中特别有用。例如，如果希望移动一个物体到特定位置，或者抓住它，根据摄像机知道它的数据将非常有用。使用相同的方法来解决3D 物体到3D 物体的配准，即找到一个群；恢复转换关系；对全部源实施转换；然后对源于目标的相似度打分。最后输出得分最好的转换结果。更进一步，如果最好的转换关系得分较好，那么物体就在那里(那里就是估计出的位姿)；如果不好，那就不是(不在那里)。

源 $\mathcal{S}$ 由多个基于某些几何结构的标识符组成，而 $\mathcal{T}$ 是由基于几何结构的旋转、平移及缩放版本的标识符组成。我们想得到实际的旋转、平移及缩放。通常该问题涉及 $\mathcal{T}$ 中很多的离群点，因为不知道特征是否来自该物体。几乎所有的标识符都是点或者线段；对于 $\mathcal{S}$，这些由物体的几何模型确定；而对于 $\mathcal{T}$，则来自边缘点或者边缘点的拟合线(可以采用第10 章的这些机制获得这些线)。这个示例有两个不同的特性。我们不能估计全部的转换参数(通常也无关紧要)，并且它也很难得到令人满意的源与目标的相似度评分。

有很多方法可以估计转换参数。细节依赖于是否标定摄像机，以及使用了何种摄像机模型。在最简单的示例中，使用垂直的摄像机，标定基于未知的尺度，沿着 z 轴俯视摄像机坐标系。无法估计3D 目标的深度，因为改变深度并不改变图像。并且不能独立于摄像机的缩放尺度来判定物体的尺度，因为同时改变这两个参数能得到相同的图像。例如，当放大物体一倍，同时缩小摄像机的像元，便可以得到具有相同的坐标值的图像点。因此，不能影响上述搜索过程背后的因果关系。例如，当建立源与目标的正确的映射关系后，源标识符将停止在靠近目标标识符的位置或其上方。这意味着使用了上述 RANSAC 风格的方法。类似地，如果提供了准确的转换参数(设置摄像机缩放参数为1)，就可以估计深度。

在单个垂直摄像机的示例中(见图12.6)，基于未知缩放值的标定，三个映射点对已经足够估计旋转量、两个可观测的平移及缩放(参考习题，其中给出了另一个帧群组)。在大部分应用中，深度在物体间的转换相对于物体的深度要小得多。这意味着，一个透视摄像机能够被弱透视变换近似模型来近似(见1.1.2 节)。这等同于单个垂直摄像机标定到一个未知的尺度。如果摄像机的尺度已知，也就可以恢复出物理的深度。

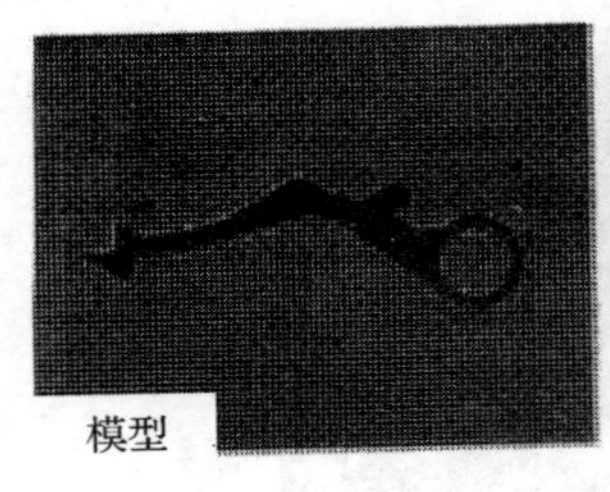

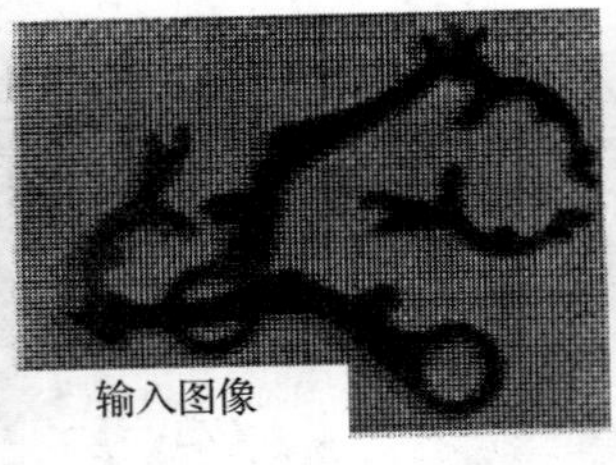

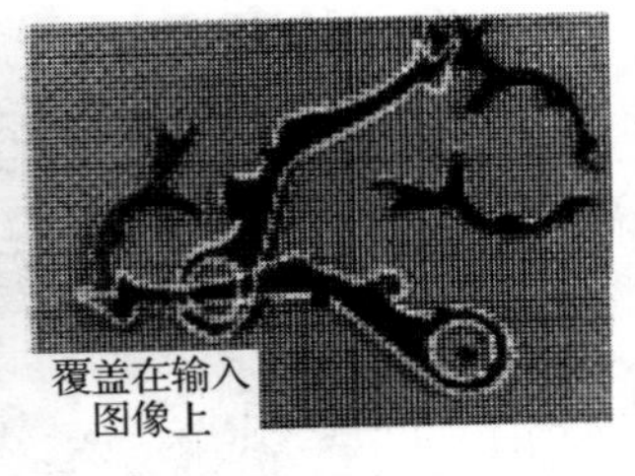

图12.6 一个平面物体的配准图像。左图中，一个物体的图像；中图中，一个图像中包含物体的两个实例，以及其他内容(聚类中常见的例子)。特征点已被检测，且两个群组(在这个示例中为三点集)被搜索；每个映射给出了一个从模型到图像的转换。满意的映射对齐了很多模型边缘点与图像边缘点，在右图中，这就是为什么这个方法有时被称为“对齐”。这个图像来自该主题的早期论文，但是受到当时落后的再生技术的影响(This figure was originally published as Figure 7 of “Object recognition usingalignment,” D. P. Huttenlocher and S. Ullman, Proc. IEEE ICCV, 1986. © IEEE, 1986)

12.2.1　验证：比较转换与渲染[①]后的原图与目标图

实际应用中，RANSAC 风格的搜索算法搜索转换关系的主要难点在于一个 2D 图像与 3D 物体的配准，在实际应用中，好的分数是很难得到的。计算评分函数的策略是非常直接的，回顾“渲染”这个词，即通过模型产生一幅图的通用描述，包括从绘线到产生物理上精确的阴影图像。将估计的转换模型应用到物体模型，然后使用摄像机模型渲染转换后的物体模型。接着实施渲染，并与图像进行比较。难点在于比较方式(这决定需要渲染什么)。

我们需要一个能够说明所有已知图像迹象的评分函数。这需要包含难以确定的标识符(角点或者边缘点)或者图像纹理的迹象。如果知道所有的物体在其之下被观测的光照条件，可以使用像素亮度(实际条件下，这几乎行不通)。通常，关于光照所能知道的全部就是亮度足够时，找到一些标识符，这也是为什么配准假设需要检验。这意味着要求这些比较在光照变换条件下是鲁棒的。显然，实践中最重要的检验是渲染物体的轮廓，然后比较其边缘点。

一个自然的检验方法是根据摄像机模型将物体轮廓的边缘与图像叠加，然后根据这些点与真实图像边缘的点进行比较，并对这些假设进行评分。通常的评分是计算靠近真实图像边缘点与预测轮廓的边缘长度的分数。这在摄像机框架下是旋转及平移不变的，这是一件好事，但随着缩放因子的变化会有所变化，这同样未必是件坏事。通常当且仅当边缘点的方向是与对应的轮廓的边缘方向相近时，表明边缘点对验证分数有贡献。这里所用的原则为：对边缘点描述越详细，人们便越容易知道它是否来自该物体。

在线段中包含不可见的轮廓不是一个好主意，因此，渲染需要删除隐藏的线。由于轮廓内边缘在差的光照条件下可能对比度低，因此使用了轮廓。则轮廓的缺失表现是指光照的条件而非物体的存在性。

边缘存在性检验可能很不可靠，甚至方向信息也不能真正解决该难题。当把一个模型边界投影到一个图像时，轮廓附近边缘的缺失是指一个模型在该位置的可靠信号不存在。但是轮廓附近存在边缘，并不明确表明关于模型存在于此的可靠信号。例如，在纹理区域，有很多边缘点组合在一起，这意味着在多纹理区域中，每个模型的每个姿态都可能会得到高的检验评分值(见图 12.7)。注意，即使评分考虑边缘方向也无济于事。

可以调整边缘检测子来重度平滑纹理强度，以使纹理区域消失。这是一个危险的规避方法，因为这常常会影响对比度的灵敏度，从而可能导致物体消失。然而，这个方法在可接受的程度上因为有效果而被广泛地应用。

12.3　配准可形变目标

有很多应用中需要配准可形变目标。例如，有人可能想把看起来比较自然的人脸配准到能呈现某种情绪的形状中。在这个示例中，人脸的形变能呈现情绪的变化(见 12.3.1 节)。另一个例子，有人希望把一个器官的医疗图像配准到同一器官的另一个图像(见 12.3.3 节)。此外，人们可能将一个系列的形状编码为一个形状模型及一系列的形变。D'Arcy Thompson 认为从侧面看不同的鱼的形状，应该是相互之间不同的形变版本(Thompson 1992)。

通常，通过搜索最小代价函数值的过程来配准目标。这提供了一个配准可形变物体的通用方法，但是通常不能使用 RANSAC，因为无法根据标识符集估计参数。于是，配准过程通常很慢。

---

① 转换是指几何变换，渲染是指在指定的几何位置绘制色彩与纹理。——译者注

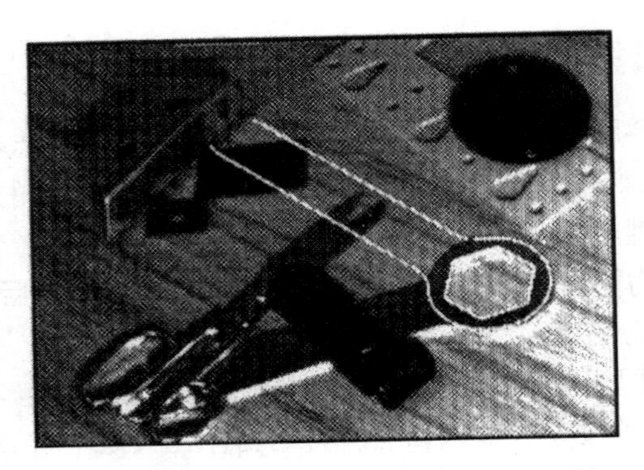

图 12.7　边缘方向完全可以成为一个具有欺骗性的验证线索，如图所示。图像上标识符的边缘点来自一个扳手的模型，根据方向信息，识别并验证具有52% 的离群点与图像边缘点匹配。遗憾的是，这些边缘点来自桌子而不是来自实际的扳手。根据论文的建议，这个难题可以使用扳手的内部纹理结构来避免，这样一来，桌子纹理的匹配度就很差(This figure was originally published as Figure 4 of "Efficient model library access by projectively invariant indexing functions," by C. A. Rothwell et al., Proc. IEEE CVPR, 1992, © IEEE, 1992)

12.3.1　使用主动外观模型对纹理进行变形

一个重要的例子是人脸图像与人脸图像之间的配准，消除人脸的形变，头的角度改变，等等。这个示例中，人脸的纹理是一个能驱动配准的很重要的线索。Cootes et al. (2001)将人脸建模为三角形组成的网格，如图 12.8 所示。现在假设网格贴在人脸图像上。如果知道它们(三角形)在自然正脸图像上的布局，我们就能生成正脸的亮度场。记原始图像为 $\mathcal{I}_o$，此时先假设网格上只有一个三角形。

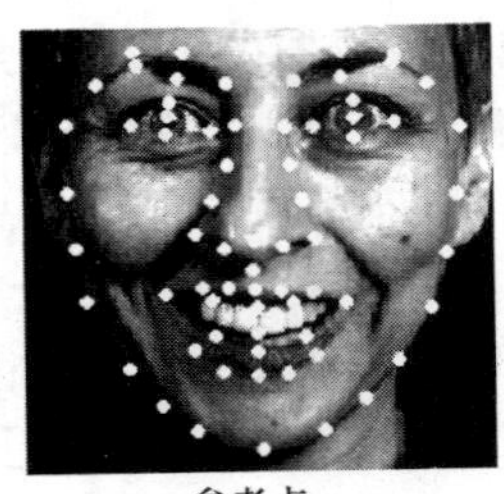

参考点

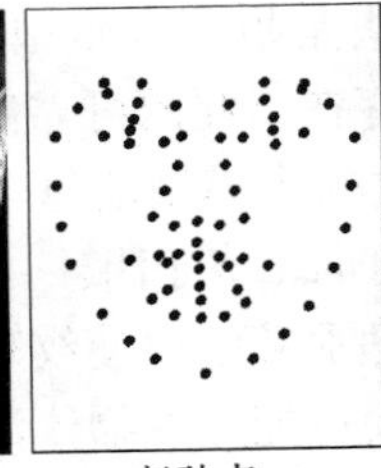

松弛点

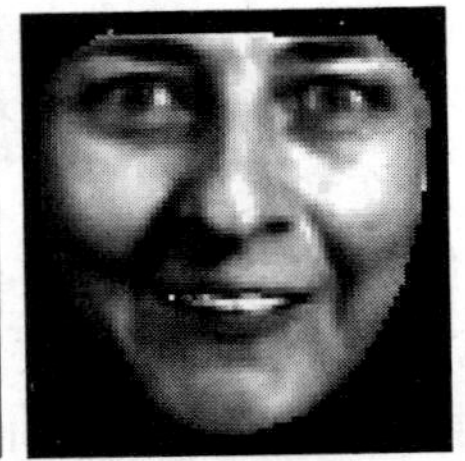

松弛强度

图 12.8　左图，基于某人脸的一系列参考点；中图，这些点在一个松弛的结构中显示。现在假设对原始的点具有一个合理的三角划分。通过在对应结构中的位置替换这些点，可以将该点映射到对应的参考人脸图像中，得到右图(This figure was originally published as Figure 1 of "Active Appearance Models," by T. Cootes, G. Edwards, and C. Taylor, IEEE Transactions on Pattern Analysis and Machine Intelligence, 2001, © IEEE, 2001)

三角形每个顶点有一个参考亮度值，该值可以通过查询三角形在图像中的对应位置而得到。记三角形顶点为 $\boldsymbol{v}_1$，$\boldsymbol{v}_2$，$\boldsymbol{v}_3$。可以使用重心坐标(barycentric coordinates)表示三角形的内点。三角形内部任意一点由参数(s, t)给出，其中$0 \leqslant s \leqslant 1$，$0 \leqslant t \leqslant 1$ 且 $s + t \leqslant 1$，统一表示这些点(三角形内部的点)：

$$\boldsymbol{p}(s,t;\boldsymbol{v}) = s\boldsymbol{v}_1 + t\boldsymbol{v}_2 + (1-s-t)\boldsymbol{v}_3$$

点的参考亮度与 point(s, t)和三角形$(\boldsymbol{v}_1, \boldsymbol{v}_2, \boldsymbol{v}_3)$关联，值等于 $\mathcal{I}_o(\boldsymbol{p}(s, t; \boldsymbol{v}))$。

可以通过从参考位置到正脸位置移动这参考点来得到正脸位置的亮度场。这同时表现了网格几何的形变和网格所表示的亮度场。假设正脸位置三角形定点 $\boldsymbol{v}_i$ 映射到 $\boldsymbol{w}_i$。对于小三角形，新三角形的亮度场是原始三角形亮度场的形变版本。因此，基于重心坐标的表示很有用。可以验证所需要的就是

$$\mathcal{I}_n(\boldsymbol{p}(s,t;\boldsymbol{w})) = \mathcal{I}_o(\boldsymbol{p}(s,t;\boldsymbol{v}))$$

[例如，(s, t)处的值通过三角形定点自然地插值获得]可以通过简单的移动顶点到正脸位置来获得正脸图像(见图 12.8)。

网格顶点的正面位置没什么特别，可以根据任何不重叠的三角形生成亮度场。这意味着通过如下方法搜索出新图像 $\mathcal{I}_d$ 中形变三角形的位置：在(s, t)空间采样一些列点(s_j, t_j)，然后最小化关于顶点 $\boldsymbol{w}_i$ 的函数值：

$$\sum_j g(\|\mathcal{I}_d(\boldsymbol{p}(s_j,t_j;\boldsymbol{w})) - \mathcal{I}_n(\boldsymbol{p}(s_j,t_j;\boldsymbol{v}))\|^2)$$

这里，如果不希望看到离群点，那么 g 是单应函数①，如果期望看到离群点，则 g 可能是某类 M 估计器。如果亮度发生变化，最小化求解关于 $\boldsymbol{w}_i$，a 和 b 的函数：

$$\sum_j g(\|a\mathcal{I}_d(\boldsymbol{p}(s_j,t_j;\boldsymbol{w})) + b - \mathcal{I}_n(\boldsymbol{p}(s_j,t_j;\boldsymbol{v}))\|^2)$$

是有意义的。

如果不止有一个三角形，则这个标识符稍微复杂些。把第 k 个正面和形变的三角形记为 $\boldsymbol{v}^{(k)}$ 和 $\boldsymbol{w}^{(k)}$。我们不希望这些顶点各自独立运动。模型是可以修改的，但是自然而然希望某些参数是线性的。一个合理的模型如下，记 $\mathcal{V}=[\boldsymbol{v}_1,\cdots,\boldsymbol{v}_n]$(对应的 $\mathcal{W}=[\boldsymbol{w}_1,\cdots,\boldsymbol{w}_n]$)为 $2\times n$ 矩阵，每一列对应一个正面(形变)点。现在有一系列基础矩阵 $\mathcal{B}_l$、旋转矩阵 $\mathcal{R}$、平移矩阵 $\boldsymbol{t}$ 和参数 θ_l，记包含旋转、平移及形变的模型为

$$\mathcal{W} = \mathcal{R}(\mathcal{V} + \sum_l \mathcal{B}_l\theta_l) + \boldsymbol{t}$$

矩阵 $\mathcal{B}_l$ 能够通过手动对齐形变人脸网格的方式获得，例如图 12.9 展示了用一系列这种矩阵编码后的形变。定点 $\boldsymbol{w}$ 是参数 θ 的函数，因此可以最小化 $\mathcal{R}$，$\boldsymbol{t}$，θ_l，a 和 b 的函数：

$$\sum_{k\in\text{triangles}} \sum_j g(\|a\mathcal{I}_d(\boldsymbol{p}(s_j,t_j;\boldsymbol{w}^{(k)}(\theta))) + b - \mathcal{I}_n(\boldsymbol{p}(s_j,t_j;\boldsymbol{v}^{(k)}))\|^2)$$

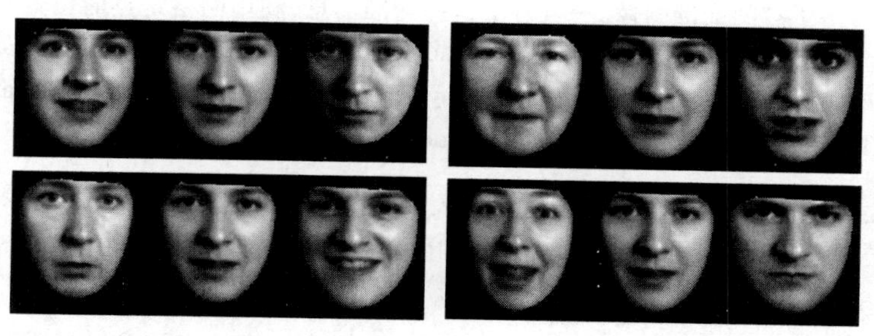

图 12.9 根据不同形变参数值得到的不同脸亮度的掩模。每个块表示不同参数的效果。块的中间表示平均值(很多脸的平均值)，左边(对应右边)块表示平均值加上三个标准差。注意，观察通过参数的变化编码带来的一系列表情的变化情况(This figure was originally published as Figure 2 of "Active Appearance Models," by T. Cootes, G. Edwards, and C. Taylor, IEEE Transactions on Pattern Analysis and Machine Intelligence, 2001, © IEEE, 2001)

① 即函数 g 就是用来消除离群点的干扰。——译者注

12.3.2 实践中的主动外观模型

这里展示了几个配准主动外观模型最优化求解问题。最优化问题一点都不容易求解，尽管它们能够求解(见图 12.10)。可能会有很多局部极小值，并且有些策略可以帮助求解[①]。首先，在估计形变之前先估计旋转和平移。可以预见，形变通常比较小，并且主要的旋转和平移比较容易估计。自然而然，先试试旋转和平移估计，然后固定这个估计量(等效于处理新的 $\mathcal{V}$ 和新的 $\mathcal{B}_l$)并估计形变参数 θ_l，最后依次精细化各个估计量。另外，通常全尺度、全覆盖搜索比较有用。使用低分辨率的正面和形变图像创建目标函数，在参数改变时，这些函数值的变化没有那么剧烈，这使搜索变得容易；这为更高分辨率的搜索提供了好的起点。可以先从低分辨率正面和形变的图像开始，估计旋转和平移，然后处理高分辨率的正面和形变图像。从之前分辨率估计的点开始搜索旋转和平移估计。一旦估计了旋转和平移，从低分辨率开始估计形变，逐渐升高分辨率，然后从低分辨率开始逐渐升高，精细化旋转、平移及形变估计量。最后，最佳结果看起来像小心翼翼地使用线搜索(梯度或牛顿方向)得到的结果。

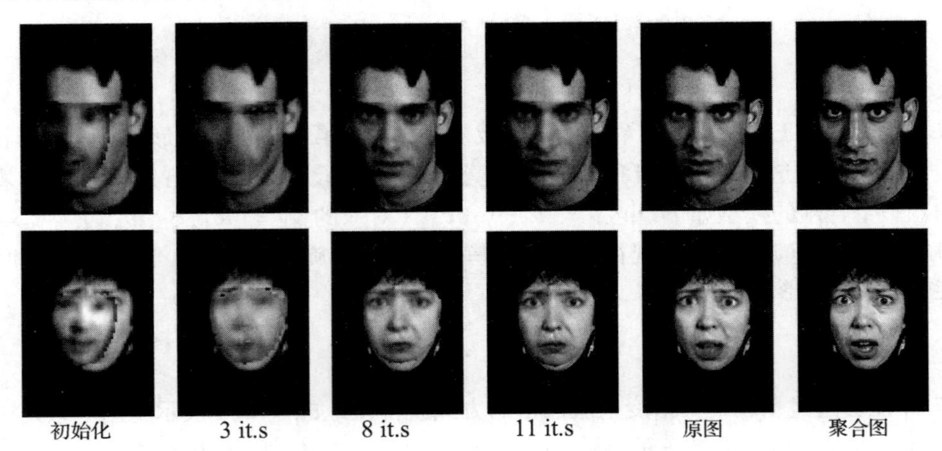

图 12.10 用于配准人脸的主动外观模型。左图，模型的初始配置(人脸上的模糊斑点；原始人脸是右2)。随着最小化处理的进行，搜索算法改善着配准，最后在收敛状态输出了右图配准图像。一旦有了这些配准信息，利用网格定点的位置和人脸形变参数就可以对人脸进行编码(This figure was originally published as Figure 5 of "Active Appearance Models," by T. Cootes, G. Edwards, and C. Taylor, IEEE Transactions on Pattern Analysis and Machine Intelligence, 2001, © IEEE, 2001)

我们描述的这类模型允许使用大量变量。人们可以对正面图像和形变图像进行滤波或其他处理，以期用重要的方式改变目标函数(例如，高的空间频率，或者计算滤波器向量，以表达纹理)；这个方法也适用于 3D 模型，唯一主要的改变是增加 3D 网格的拓扑结构。能够采用不同的形变模型，大量的搜索方法也能使用。Tim Cootes 在 http://personalpages. manchester. ac. uk/staff/timothy. f. cootes/software/am_tools_doc/index. html 发表了大量用于建立显示及使用主动外观模型的软件工具。网页中也有示例数据和新手指南。Mikkel Stegmann 在 http://www2. imm. dtu. dk/~aam/发表了开源软件包 AAM-API。Dirk-Jan Kroon 发布了采用主动外观模型的开源 MATLAB 工具包。

---

① 减少局部极值。——译者注

12.3.3 应用：医疗成像系统中的配准

在医疗应用中，通常需要知道“什么”是需要观察的，但一个非常重要的需求是精准测量其“位置”。结果，图像配准方法是机器视觉的医疗应用中一个主要的部分。刚性配准方法是计算机支持的外科手术中的重要部分。例如在脑外科应用中，外科医生尝试以最小伤害切除病人的肿瘤。

参考 Grimson 和他的同事们提供的例子。常规方法是获取一些病人的大脑图像，然后分离这些图像以展示肿瘤，并显示给外科医生。这个显示被叠加在躺在床上的病人的图片上，病人图片通过外科医生的视角拍摄获得，用以告知外科医生病人身上肿瘤的准确位置。有不同的方法可以在脑图像上放置标签——这个信息可以显示给外科医生以便使对病人的伤害最小化。这里的问题是纯粹的位姿估计。我们需要知道大脑图像和脑测量仪器相对于躺在床上的病人的位姿，以便脑图像能够叠加在病人身上，并以外科医生的视角显示(见图 12.11)。图 12.12 给出利用三种不同成像模式获得的图像。

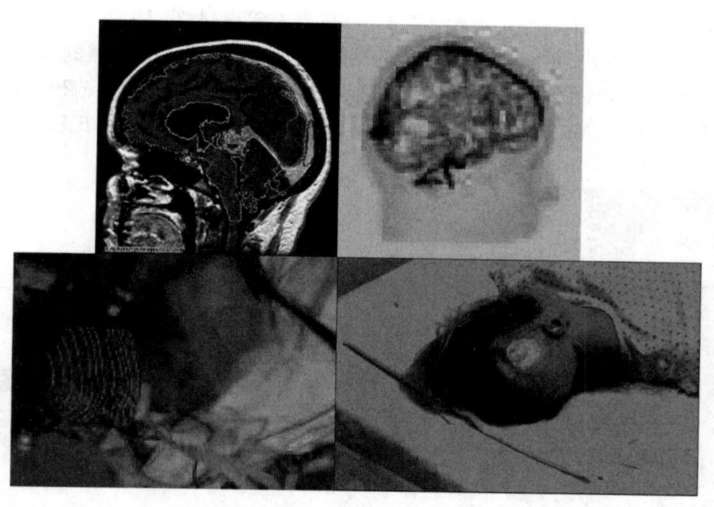

图 12.11 左图，一个核磁共振(MRI)切片数据，描绘了脑的外轮廓、脑内液泡及肿瘤。核磁共振生成了一系列切片，从而提供了一个体模型；查看体模型的一个片段时，不同颜色标识不同区域，如右上图。数据一旦获取，就被配准到躺在床上的病人身上。根据激光测距仪得到的数据实施配准；左下图展示了摄像头拍到的叠加了激光测距数据的病人。使用激光测距数据与MRI数据将这个片段数据配准到病人后，在病人身上显示一个处理后的版本，可用做外科手术的信息(右下图)(Figures by kind permission of Eric Grimson；further information can be obtained from his web site，http://www.ai.mit.edu/people/welg/welg.html)

柔性配准技术是在医疗图像应用中极其重要的应用工具。人们常常尝试配准一个器官图像到同一器官的另一幅图像。器官是非刚性的，可能在成像过程中出现形变。例如某些图像需要时间采集，呼吸运动可能影响这个器官的成像结果。另一个例子，疾病可能导致器官发生变化。配准柔性(可变形的)结构有很多重要的应用。如果同一病人在不同时刻拍摄了两幅不同图像，则需要配准的图像的可能体现器官的变化(见图 12.13)。如果有不同病人的两幅图像，配准则需要体现个体和疾病带来的差异。如果图像是一个标注图(atlas)——可能被手工标识过结构信息，例如特定薄膜的名字，以及叠加的病人的另一幅图片，那么图像配准就对标识符、切片及病人图片很有用(见图 12.14)。在诸类应用中，我们期望图像像素值在源和目标图中具有相同的意义，有很多机构对上述应用进行了直接的描述。

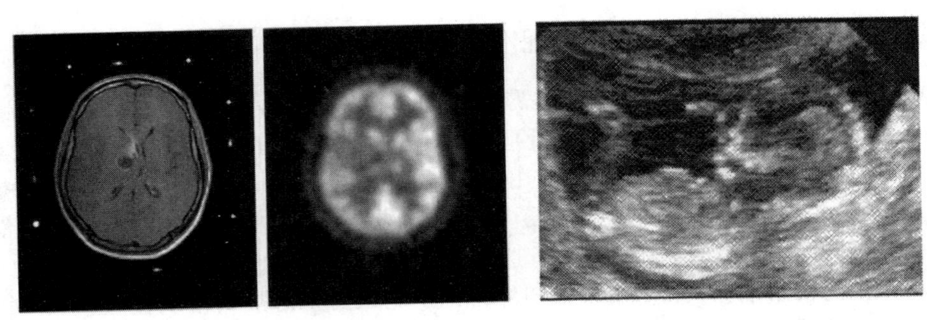

图 12.12 利用三种不同成像模式获得的图像。左图为 MR 脑图像，病人头部佩戴了很多标记点(头盖骨外面的亮点)。中图，通过正电子发射断层显像(PET，一种NMI)设备得到的图像。右图，一个子宫内的胎儿的超声波(US)图像。注意到每种形式用不同方式表现不同的细节。MR图像拥有高分辨率的脑部细节。对比图12.15中的脑CT图像，图12.15中头骨的能见度更高。注意NMI图像只有低分辨率，但事实上体现了其功能，因为一些区域在某些试剂作用下具有非常强烈的响应。最后，US图像有明显的噪声，但是显示了软结构的细节——你可以看到胎儿的大腿、身体、头和手(Part of this figure was originally published as Figure 10 of "Medical Image Registration using Mutual Information" by F. Maes, D. Vandermeulen and P. Suetens, Proc. IEEE, 2003；© IEEE, 2003)

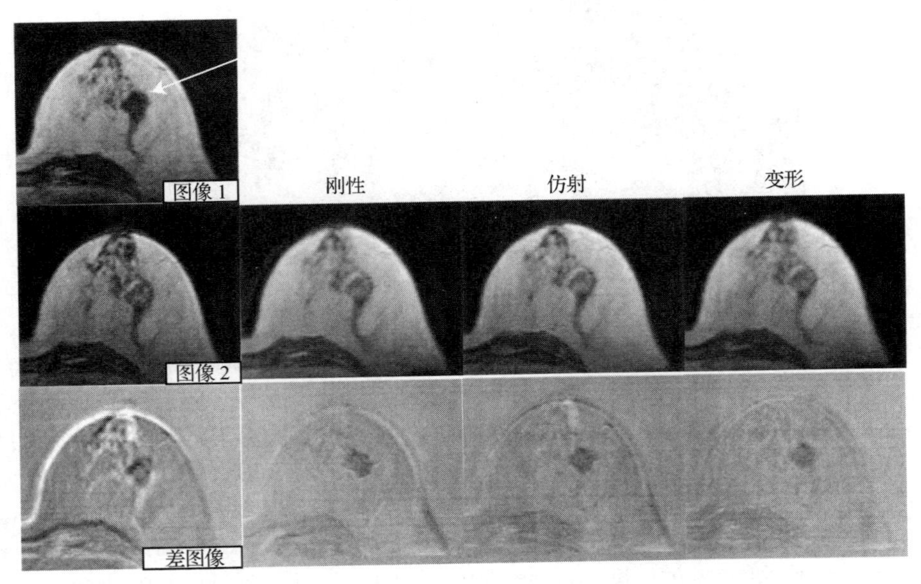

图 12.13 图像配准能够展现器官的变化。这是一个乳房的图片集，其中一个对比媒质在附近移动(箭头所指的黑色材质)。注意到图像2中，对比媒质发生了移动。如果这些图像仅仅是叠加并相减(右列)，差图像中的结构也就显示了乳房发生了运动(注意边缘上亮的部分；这意味着乳房稍微移动了一些，这可以通过图像比较来确认)。其他显示了在不同模型下的配准图像。刚性运动明显改善了这个状况，例如实施仿射运动。但由于乳房是柔性的，柔性配准获得了不同的图像，可以更清晰地呈现对比媒质的运动(This figure was originally published as Figures 6 and 7 of "Nonrigid registration using free-form deformation," by Ruekert et al., IEEE Trans. Medical Imaging, v18, n8, 1999 © IEEE, 1999)

但是，在医疗应用中有一个特殊的性质，那就是图像采集方法有很多种。不同方式采集的两幅图像的可配准性是需要确认的。例如，采用不同方法采集了同一病人的图像，于是配准后的图像比单张图像展示了更丰富的关于各组织的信息(见图 12.15)。

可以使用各种成像技术，如核磁共振(MRI)，使用磁场测量质子密度，典型地用于描述器官和软组织。计算机断层扫描成像(CTI 或 CT)，测量 X 光的吸收，常用于描述骨骼的情况；核医学成像(NMI)，测量注入的各种放射分子的密度，用于功能成像；而超声波成像，则测量超声波传播速度的变化，用于获取关于移动组织的信息(图 12.12 给出了这些模型)。所有这些技术能够获取用于重构 3D 体的数据片段。

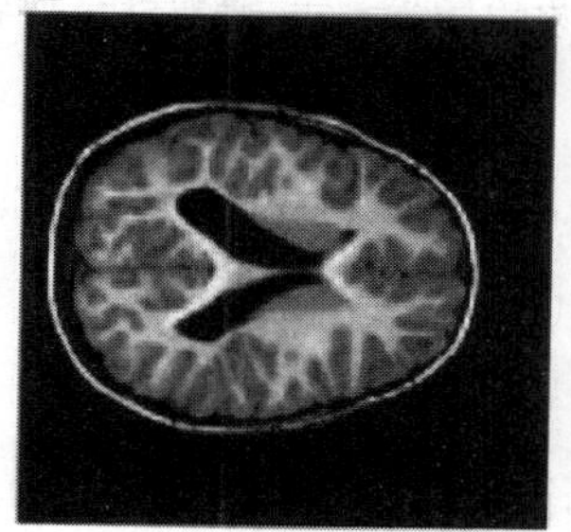
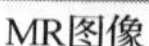

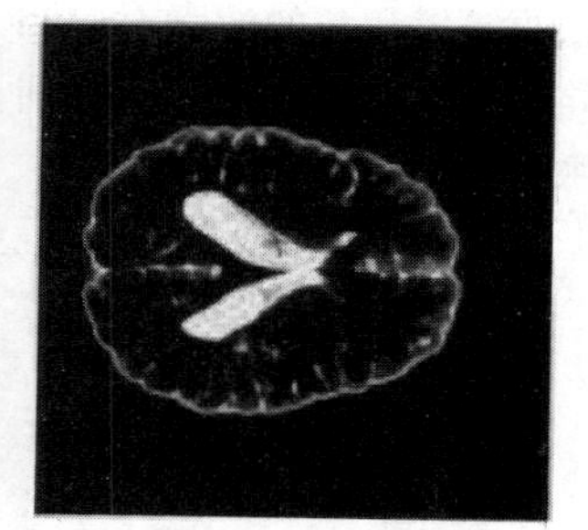

图 12.14　左图，一个脑图，显示了一个放大的脑室(中央黑色的蝴蝶形状的斑块)，这是脑内脑脊液(CSF)。测量这个脑室的体积需要分割CSF。一个办法是把图像配准到标注图(atlas)，一个能提供用于分割的先验知识的常规的脑图。这个脑部的形状不会和之前的脑图一样。中图，是用仿射变换配准图像之后获得的CSF分割结果。因为到标注图的配准的准确性不高，分割显示了较少的细节。右图，用形变模型配准到标注图，然后同样分割。注意到细节方面有显著的改善(This figure was originally published as Figure 15 of "Medical Image Registration using Mutual Information," by F. Maes, D. Vandermeulen, and P. Suetens, Proc. IEEE, 2003 © IEEE, 2003)

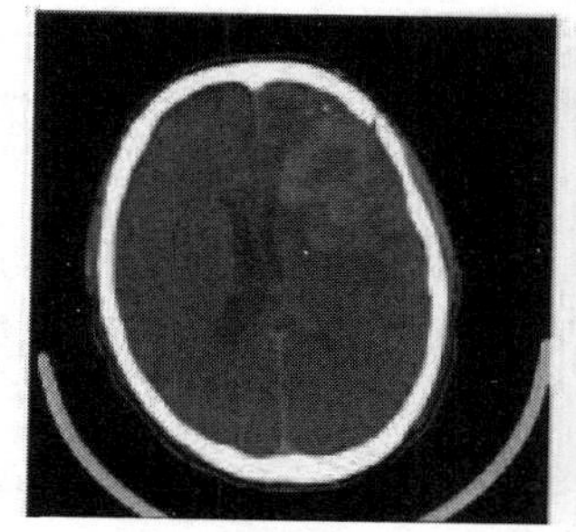

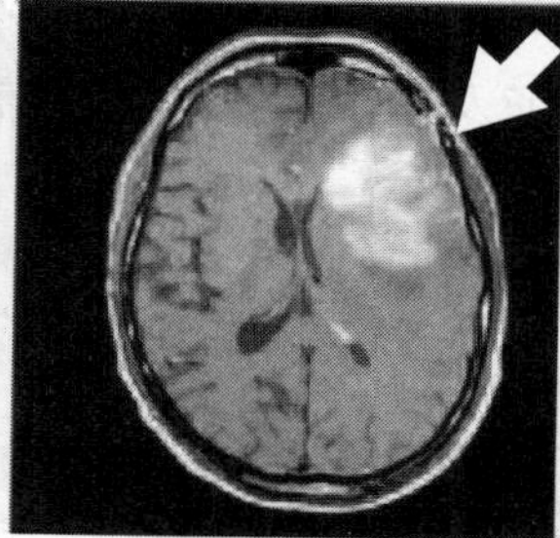

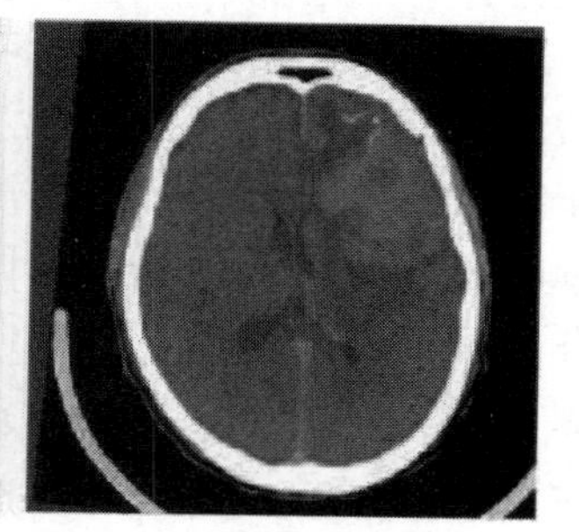

图 12.15　左图，大脑 3D CT 图像的 2D 切片。中图，大脑 3D MR 图像的 2D 切片。右图，经过配准的大脑3D图像切片。注意配准可能需要对3D图像切片进行一些旋转，右图两个3D图像切片的边界并没有完整地重叠，在CT图像中分离大脑的线需要旋转几度，以便与MR图像的线吻合。在这里同样可以采用某些形变算法。同时注意不同的图像强调结构的不同部分。在CT图像中，骨骼可以被清晰地检测并可视，但对软组织部分则对比不明显。在MR图像中，软组织部分可见，其损害部位清晰可见(见箭头)。这意味着将像素进行线性配准的效果并不好，其配准方法需要文中所描绘的交互信息。通过配准，可以得到关于3D图像切片的更多信息(This figure was originally published as Figure 1 of "Medical Image Registration using Mutual Information," by F. Maes, D. Vandermeulen, and P. Suetens, Proc. IEEE, 2003 © IEEE, 2003)

通常，各类成像技术可以概述为产生一个像素(或者是 3D 中的一个点)强度值，该强度由像素(或点)内部组织的类型和所累加的噪声决定。但同一类型的组织在同一个位置可能产生很大差别的值(这也是技术不同带来的麻烦；每种技术都可以得到关于被成像组织的截然不同的结果)。这意味着所讨论过的配准技术并没有直接应用，因为它们假设匹配像素(点)有相同的强度值。我们需要建立一个不同成像技术的强度值映射表，但实际中也很难实现，原因是这些值和特定的成像设置有关。

这个困难可以用一个聪明的技巧解决。此时，假设估计两个模式的配准。然后估计源和目标像素值的联合概率密度。我们的模型是像素值由内在组织的类型确定。当两幅图像正确配准时，目标的像素和源的像素对应相同的组织类型。这意味着，若两幅图像被正确配准，则联合概率密度将高度集中。一个测量这种集中度的方式是计算联合概率密度分布的互信息。

回顾互信息公式：

$$\begin{aligned} I(X;Y) &= \sum_x \sum_y p(x,y) \log\left(\frac{p(x,y)}{p(x)p(y)}\right) \\ &= H(X) - H(X|Y) \\ &= H(Y) - H(Y|X) \\ &= H(X) + H(Y) - H(X,Y) \end{aligned}$$

其中 $H(X) = -\sum_x p(x)\log p(x)$ 是随机变量 X 的信息熵，可以认为是 Y 的值在何种程度上揭示 X 的值。如果组织被完美地配准，希望通过 X(源像素值)来预测 Y(目标像素值)值；因而互信息值也比较高。反过来，可以根据最大化源和目标的对应像素值的互信息来实现配准。这个方法最早来源于 Viola and III(1995)，现在已经是标准且有效的方法(见图 12.15)。

12.4 注释

配准很有用。最近关于有用的图像配准的综述包括 Zitova and Flusser(2003)和 Dawn et al.(2010)。配准算法曾用于目标识别——一种模型到图像的配准，然后根据最后得分判定是否接受这一假设，但是目前有不同的算法涌入这一领域。我们相信在未来会成为第 16 章和第 17 章所谓的基于统计的配准方法。

配准的主要难点在于计算到最近点的距离。Chamfer 匹配使用缓存在网格点的最近点距离，计算缓存有时称为距离变换。Borgefors(1988)给出了我们所知的第一个使用距离变换配准目标的分级搜索算法。

基于模型的视觉 这个配准可追溯到 Huttenlocher and Ullman(1990)。这是根据姿态不变性推理出来的一类方便的通用算法。很难判断谁先使用了这个算法，可能是 Roberts(1965)，也可能是 Faugeras et al.(1984)。同时代的综述是 Chin and Dyer(1986)。已经仔细研究了一些配准算法中和噪点有关的性能(Grimson et al. 1992, Grimson et al. 1994, Grimson et al. 1990, Sarachik and Grimson 1993)。结果配准算法被广泛使用，并且产生了大量变种。

这些算法和目标识别算法类似，一方面因为在出现丰富纹理时，模型数量增加导致模型缩放表现糟糕，另外，它们不适用于非刚性物体。虽然，约束的搜索算法在模型出现时比较高效，但是模型缺失时计算量较大(Grimson 1992)。

姿态聚类方法请参考 Thompson and Mundy(1987)，这类似霍夫变换法，在噪点较多时很糟糕(Grimson and Huttenlocher 1990)。

姿态不变性能够用于一系列形式。例如，识别(方法)假设带来了摄像机内参数的估计。这意味着如果图像中有多个目标，则需要给出一致的摄像机内参数估计(Forsyth et al. 1994)。

标识符比点和线更精炼，但可能更复杂，例如一个斑纹块、一只眼睛、一个鼻子(Ettinger 1988, Ullman 1996)。验证方法几乎还没有得到研究[除了 Grimson and Huttenlocher(1991)]。

基于常规迹象的验证(例如，边缘点)比较困难，因为不知道哪些证据是有用的，如果使用特定迹象(例如，一个特定的迷彩图案)则难以提炼①。

形变模型 配准可形变模型的问题历史悠久。Jain et al. (1996)给出了重要的早期的纯几何模型的方法。匹配算法自然而然衍生出了跟踪算法(Zhong et al. 2000)。有大量主动外观模型。主动形状模型是一个编码几何而不是亮度的方法变种，而主动轮廓模型[见 Blake(1999)的分析]可以编码边界线。一个尤为重要的版本是著名的"snake"(Kass et al. 1988)模型。我们选择详细解说一个模型，而不是介绍历史和其他内容。开始本课程的好的读物是 Cootes and Taylor (1992), Taylor et al. (1998), Cootes et al. (2001), Cootes et al. (1994)。

医疗应用 在这个领域我们并不具有权威性。著名的综述有：Ayache(1995), Duncan and Ayache(2000), Gerig et al. (1994), Pluim et al. (2003), Maintz and Viergever(1998), Shams et al. (2010)。三个主要的主题是：分割，用于认明对应特定组织的图像(常常是3D 的)的区域；配准，用于建立不同模态及不同病人图像的映射关系；分析形态(多大,长得多快，以及功能)。McInerney and Terzopolous(1996)综述了形变配准模型的用途。还有其他关于配准的综述，见 Lavallee(1996)和 Maintz and Viergever(1998)，以及比较配准结果与事实的文章 West et al. (1997)。

习题

12.1 结果表明一条线和一个点能够当做帧基群，用于 2D 刚性配准(例如共面旋转和平移)。最简单的方法是(a)旋转量用源点和目标点来确定，(b)旋转量用源线和目标线来确定。
(a)是否每一对都产生一个刚性的转换？(提示：考虑点到线的距离。)
(b)如果点落在线上，还能产生一个唯一的转换吗？(暗示:线是否具有对称性?)

12.2 根据先前习题的方法构建表 12.1 中所有的重构帧，事实上是重构帧组。

12.3 结果表明三个点能作为帧基群而用于 3D 刚性变换(例如共面旋转和平移)。
得到这个转换可以先把源点放在对应的目标点以获得平移量。然后旋转量获取有两个步骤：旋转，获得第 2 源图，其对应点落在目标上，然后绕结果的坐标轴旋转获得第 3 源图，其对应点落在目标上。
(a)是否每一个这样的三角形都能产生一个刚性变化？(提示:思考点之间的距离。)

12.4 使用前面习题的方法确定表 12.2 的帧基群确实是帧基群。

12.5 确认弱透视摄像机可以等效为配置到未知缩放尺度的垂直摄像机。

12.6 假设在校准到一个位置的尺度的垂直摄像机上观察目标。
(a)证明 3 点是一个帧组。
(b)证明顶点对是一个帧组(两点，有两个远离其中一个点的方向对)。
(c)证明一条线和一个点不是一个帧组。
(d)解释为什么使用由不同特征构成的帧组是一个好主意。

编程练习

12.7 建立一个鲁棒的迭代最近点匹配器，并用它匹配共面曲线[例如，字母边缘到实际的字母；如 Fitzgibbon(2003)的 Figure 1]。你会发现阅读 Fitzgibbon(2003)是很有用的，其中展示了二阶方法，即使目标函数不可微时，也能相当高效。

12.8 使用一个现有的用于主动外观模型匹配的软件来建立一个人脸的主动外观模型，然后将其配准到一个形变的人脸。

---

① 提炼这些迹象，如迷彩图案。——译者注

第 13 章　平滑的表面及其轮廓

本书的前几章已对诸如点、线、面等简单的几何图形及其图像投影的参数之间的关系进行了定量研究，本章将对三维图形和它们的投影进行定性研究，重点研究具有光滑表面的固体的轮廓。边缘，也叫轮廓或图像边界，是通过一个视锥（或正交投影下的一个圆柱体）与视网膜（retina）正交而形成的，视锥的顶点正好与针孔摄像机重合，并且它的表面沿着一个称为遮挡轮廓或边缘的曲线而擦过物体（见图 13.1）。

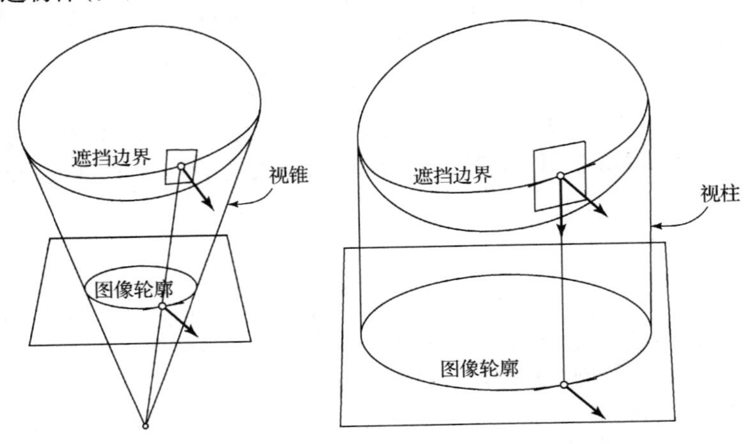

图 13.1　光滑表面的遮挡边界。透视图下的视锥（左图）退化成正交视锥（右图）。本章的大部分讨论都在正交情况下，但是很容易泛化到透视图情况

固体图像的轮廓被限制在相关的视锥内，但是并不能显示它的遮挡轮廓的深度。对于被平滑表面包围的固体的情况，它提供了一些其他的信息。特别要提到的是，由眼睛和图像轮廓切线定义的平面对于这个表面是相切的。所以，轮廓的方向决定了沿着这个遮挡轮廓表面的方向。1977 年，Marr 对这一点提出了异议，因为轮廓并非如此。一般来说，轮廓提供了一些关于形状的信息。例如说，蛇的轮廓剪影，将凹凸的部分彼此分开了（下一节将正式介绍这个定义）。总体来说，这和内部轮廓没有关系。但是，这与远的和近的身体部分有关。由于透视效果，身体近的部分显得比远的部分大一些（见图 13.2 的左图）。虽然这看起来是可信的，但这种解释确实是错误的。就像 Koenderink 在 1984 年发表的文章里所提到的，轮廓的剪影是抛物线表面点的投影，这些投影将表面的凸起部分与鞍形或双曲线分开（见图 13.2 的右图，我们将在本章后面证明这个结果的定量版本）。所以，它确实揭示了一些内在物体的内在形态。

Koenderink 的观点是一个物理学家努力地去理解并且为现实世界的各种法则建立模型。这一观点在本章得以体现，即从理论的角度而非实际应用去说明什么可以仅仅通过观察得到，而什么不可以。这种研究有一个专门的数学名词——微分几何，它是一门主要研究物体外形的学科，例如曲线、表面。特别是，遮挡轮廓基本上是一条曲线，是由一些与平面正切的折返点（fold points）和一些离散的位于视线和遮挡轮廓正切线上的歧点（cusp points）组成的。图像轮廓是分段光滑的，只有在歧点投影和横向叠加的折返点的 T 形结处才存在奇异点（见图 13.3 的上图）。这些专有名词的意思是很清楚的。折返点是指在这个点上，表面因折返而离开与它相切的视线。

轮廓支点是指在这个点上轮廓的走向突然从另一个路径返回，但沿着同一切线方向的点(仅适用于透明物体，不透明物体在歧点上停止，如图 13.3 的上图)。同样，两个平滑的轮廓交叉后形成的点称为 T 形结(除非物体是不透明的，而且有一个分支在 T 形结处结束)。图 13.3 的下图中，左边是一个不透明杯子的轮廓，右边的是一个透明杯子的轮廓。在主杆的底部，两块轮廓与杯子底部(玻璃尖峰处)会形成一个T 形结(交叉)①。中间的图在物理上是不可能实现的。

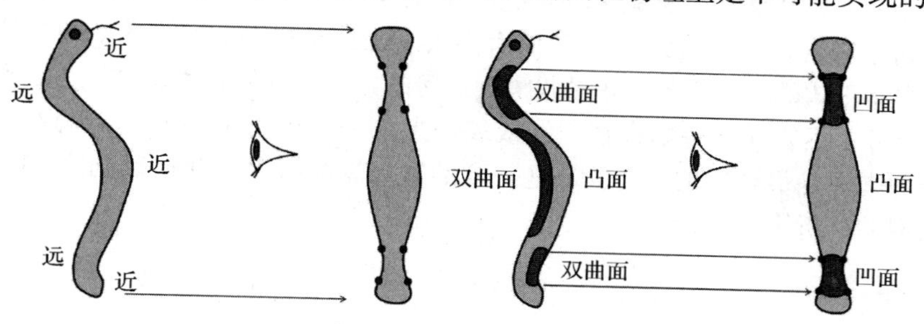

图 13.2　左图：左边(最左边)是一条蛇，右边是假想眼观察到的蛇的轮廓。在 Marr 的解释中，拐点在图中采用黑色点标注，将靠近表面图像块与远处的图像块对应的轮廓分开。右图：在Koenderink的(正确)解释中，将轮廓的凸起部分对应的表面的凸区域与凹区域对应的表面鞍形(双曲线)部分分开。[见Marr(1977)和 Koenderink(1984)]

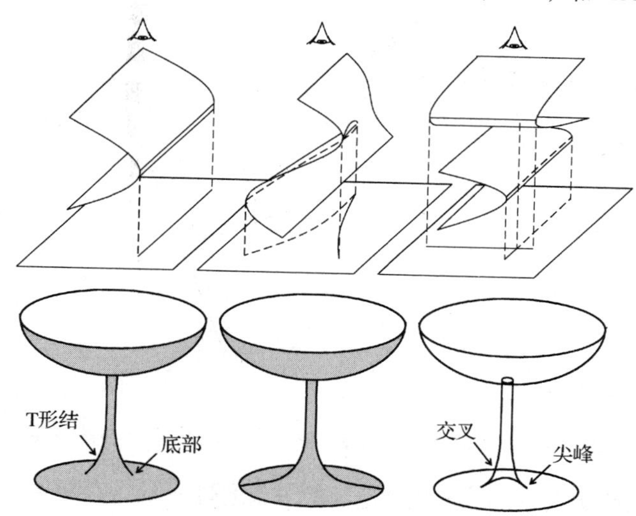

图 13.3　上图：3 种轮廓，从左到右依次是：折叠，尖峰，T 形结。虚线部分是不透明表面不可见的部分。下图：左边是一个不透明杯子的轮廓。右边是一个同样形状的透明杯子的轮廓。中间不透明杯子的轮廓是错误的：杯子支撑根部的轮廓不能到达杯底的边缘(The top part of this figure is reprint from "Computing Exact Aspect Graphs of Curved Objects: Algebraic Surfaces," by S. Petitjean, J. Ponce, and D. J. Kriegman, International Journal of Computer Vision, 9(3):231-255, (1992). © 1992 Kluwer Academic Publishers)

微分几何能用来描述静态或是瞬时的固体外形。但是它仍然服从轮廓随着视角的变化而变化的原则。这可以用方向图来描述，方向图首先由 Koenderink and Van Doorn(1976b, 1979)以视觉势能的名义提出来。方向图记录了一个轮廓所有稳定的状态、变化和可视的事件，并且都是

① 读者可能注意到图 13.3 中，在主杆顶部和杯子/玻璃的左上和右侧轮廓的连接既不是交叉也不是 T 形结。这是由于这里的表面并非光滑，分段平滑的表面的轮廓可能具有更加复杂的奇异点，这已经超出本书的讨论范畴。

有限的。可视事件和方向图是这章最后的两个主题。在介绍它们之前，首先介绍一些基础的用来理解真实世界的几何性质的微分几何概念。

13.1　微分几何的元素

这一节介绍几个欧氏微分几何的基本概念。这对学习光线和固体之间的局部关系是很有必要的。我们将讨论限定在三维欧氏空间 $\mathcal{E}^3$ 的有界紧凑固体范围内，讨论的话题自然是技术性很强的，但努力用非正式的方式讨论，并强调解析几何的方式。需要特别强调的是，没有在空间选择一个全局坐标系，尽管在某些场合在曲线或表面上的一点的近邻中附加了局部坐标系。这对定性的几何推理来说是很合适的，这也是这一章的重点。解析微分几何留到第 14 章(定量的)，我们在深度数据的分析中再讨论。

13.1.1　曲线

首先研究平面上的曲线。在点 P 的附近研究曲线 γ，并假设 γ 本身不相交，即使相交，也是在点 P 相交。如果通过 P 画一条直线 L，通常该直线会与 γ 相交于某点 Q，因而定义了一条割线(如图 13.4 所示)。当 Q 趋向于 P 时，割线 L 绕 P 旋转到达一个极限位置 T，那么称这条线为 γ 在点 P 的切线。

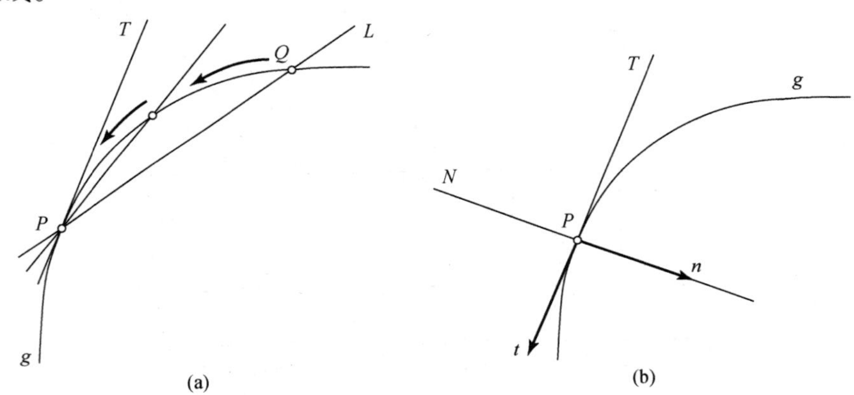

图 13.4　切线和法线。(a)切线是正割的极限；(b)由切线和法线定义的坐标系

通过以上构建，切线 T 与 γ 的接触比其他任何一条通过 P 的线都更密切。通过 P 画第二条线 N 并且与 T 垂直，称这条线为 γ 的法线。沿着 T 定义一单位切向量 $\boldsymbol{t}$，这样可以建立一个右旋坐标系，原点是 P，坐标轴是 $\boldsymbol{t}$，以及沿 N 的单位法向量 $\boldsymbol{n}$，这个局部坐标系非常适合研究 P 点附近的曲线；坐标轴将这个平面分为4 个象限，这4 个象限沿逆时针方向，如图 13.5 所示。选定第一个象限，它包含一个沿曲线指向(并靠近)原点的粒子，那么该点在通过 P 之后将在哪一个象限停止呢?

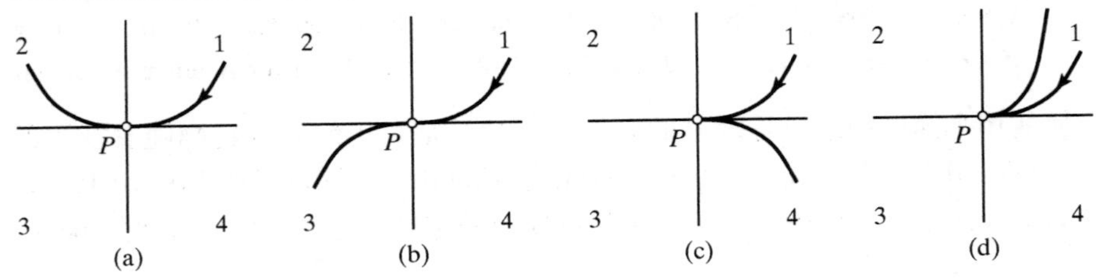

图 13.5　曲线点的分类。(a)规则点；(b)拐点；(c)第一类歧点；(d)第二类歧点。注意，曲线一直和切线处于同一侧

如图所示，这个问题会有 4 种可能的答案，它们描述了点 P 附近曲线图形的特征，称移动点在第二象限停止的点 P 是规则的，反之就是奇异的。当这个点通过切线后停止在第三象限，则称点 P 为曲线的拐点。在剩下的两种情况中，称点 P 是相应的第一类和第二类歧点，这种分类与 γ 的所选方向无关，它表明几乎所有曲线的所有点都是规则的，而奇异只发生在一些孤立点上。

正像以前所说的，γ 在点 P 的切线是所有通过此点对 γ 最好的线性近似，而建立最接近的圆周近似，可以定义点 P 的曲率——曲线的另一种基本特征。设一点 P' 沿着曲线趋向于 P，并且让 M 表示 P 与 P' 的法线 N 和 N' 的交点（如图 13.6 所示），当 P' 趋向 P 时，M 沿着法线 N 到达一个极限位置 C，称它为 γ 在点 P 的曲率中心。

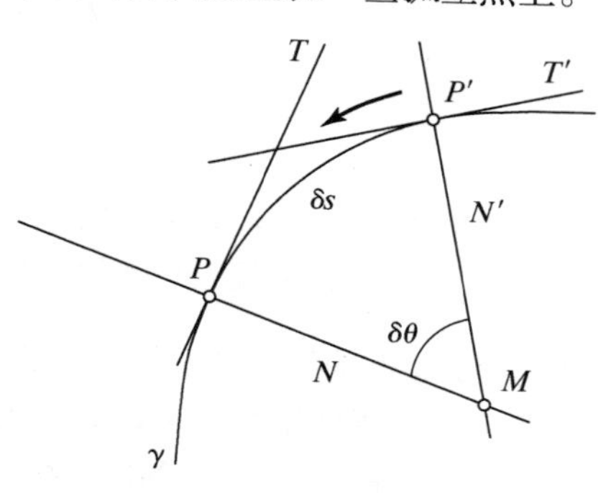

图 13.6　曲率中点的定义是经过点P的法线的交点

同时，如果用 $\delta\theta$ 表示 N 和 N' 之间的角度，δs 表示连接 P 和 P' 的长度，那么当 $\delta s \to 0$ 时，$\delta\theta/\delta s$ 趋向于一个极限 κ，κ 就称为曲线 r 在点 P 的曲率，这表明 κ 恰好是 C 和 P 之间的距离 r 的倒数（这点类似于当角度 u 很小时，$\sin u \approx u$），以 C 为中心，称半径为 r 的圆为点 P 的曲率圆，r 为曲率半径。

可以给出一个简单的公式：平坦曲线和弧长的关系可以由切线 $\boldsymbol{t}$、法线 $\boldsymbol{n}$ 和曲率 κ 表示。假设有空间 $\mathbb{R}^3$，给定曲线 γ 的光滑参数 $\boldsymbol{x}: U \to \mathbb{R}^3$，它的弧长可以表示成如下公式：

$$\frac{d^2}{ds^2}\boldsymbol{x} = \frac{d}{ds}\boldsymbol{t} = \kappa\boldsymbol{n} \tag{13.1}$$

也可以看到，对于通过 P 及两个相邻点 P' 和 P'' 的圆，当 P' 和 P'' 趋向于 P 时，这个圆的圆心趋向于曲率的中心，这个圆确实是通过 P 与 γ 最接近的圆。在拐点曲率是 0，并且曲率圆在那里退化成一条直线（切线），拐点是沿曲线最平直的点。

现在介绍一种工具——高斯映射，它被证明在学习曲线和平面时是相当重要的。为曲线 γ 选定一个方向，并且将 γ 上的每一个点 P 的单位法向量与一个单位圆上的点 Q 相关联，相应法向量的端点落在单位圆上（见图 13.7），从 γ 到单位圆的映射即 γ 的高斯映射①。

再来看看这个定义曲率的极限过程。当 P' 沿曲线趋向 P 时，P' 的高斯映射 Q' 趋向于 P 的映像 Q，N 和 N' 的夹角等于单位圆上 Q 和 Q' 的弧长，因此，当高斯映射上的相应弧长与曲线上的相应弧长接近于零时，曲率即两个弧长的比率的极限。

高斯映射也向我们提供了以前曾经介绍过的曲线点分类解释。考虑一个沿着曲线移动的微粒及它的高斯映射的移动。在规则点及拐点，γ 的遍历方向不变，但是在两种类型的歧点上改变了方向（见图 13.5）。另一方面，在规则点及第一类歧点，高斯映射的遍历方向保持不变，但是在拐点及第二类歧点则改变方向（见图 13.7），这表明了奇异点附近的单位圆是双重覆盖的，我们说高斯映射在这些点上发生折叠。

可以通过为曲线选择方向来为平面曲线 γ 上的任何一点的曲率选择一个符号标志，例如，凸点的曲率为正：它的曲率中心与有法向向量的顶点位于 γ 的同侧。凹点的曲率为负：它的上述两点位于 γ 的两侧，因此曲率在拐点上改变方向，并且改变曲线的方向也会改变曲率的符号。

---

① 高斯映射定义为与单位圆中与每条曲线指向的单位正切的顶端有关。这两种表述在平面曲线的情况下是等价的。当将高斯映射扩展到扭曲的空间曲线时，这和平面情况下是不同的。

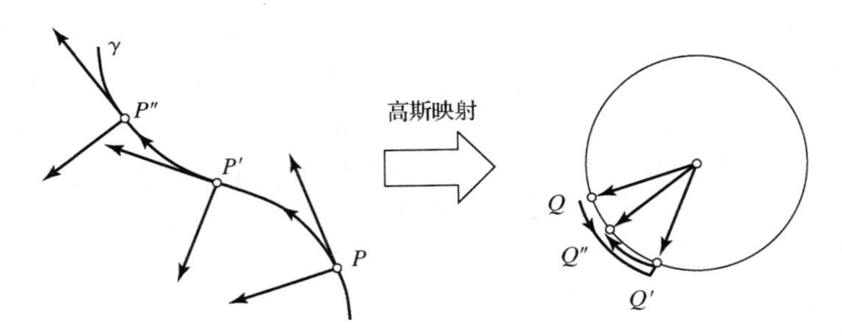

图 13.7 平面曲线的高斯映射，观察高斯映射的遍历方向如何在曲线拐点 P' 上改变方向，也要注意 P' 两侧的邻近点有平行切线或法线，高斯映射在相应的 Q' 点折叠

扭曲的空间曲线比平面曲线要复杂得多，尽管切线可以像以前那样，定义为割线的极限，但是在点 P 有无穷多的直线与切线垂直，形成曲线在该点的法平面。一般来说，在一个点附近的空间曲线并不在一个平面上，但是的确存在一个唯一的平面与它最贴近，这就是密切平面，它定义为一个平面的极限情况，该平面包括 P 点切线及一个趋向 P 的邻近点 Q。主法线是法平面和密切平面相交的线。

与平面情况类似，空间曲线的曲率可以用多种方式来定义，例如，可以定义为当三个曲线点彼此接近时的极限半径的倒数(这个曲率圆位于密切平面)，或定义为两个邻近点的距离趋向于零时，它们的切线夹角与这些点的距离的极限比率。高斯映射的概念也可以同样延伸到空间曲线，但这时切线、主法线和副法线的端点在一个单位球体上画曲线。应当注意的是，给空间曲线一个有意义的符号是不可能的。一般来说，这样的一种曲线不会有拐点，并且它的曲率在各点都是正的。

13.1.2 表面

关于平面曲线和空间曲线的局部特征的讨论，很大部分可以推广到对表面的讨论中。设想表面 S 上的一点 P 及所有通过 P 且位于 S 上的曲线。可以证明这些曲线的切线位于同一个平面 Π，即 P 的切平面[见图 13.8(a)]。过 P 并与平面 Π 垂直的直线 N 称为在 S 上点 P 的法线。可以取单位法向量 $\boldsymbol{N}$ 的方向为表面 S 的局部方向(与曲线不同，表面在每一个点上允许有唯一的法线和无限条切线)，覆盖固体的表面的归一化方向可以定义为指向物体外部的法向量[①]。

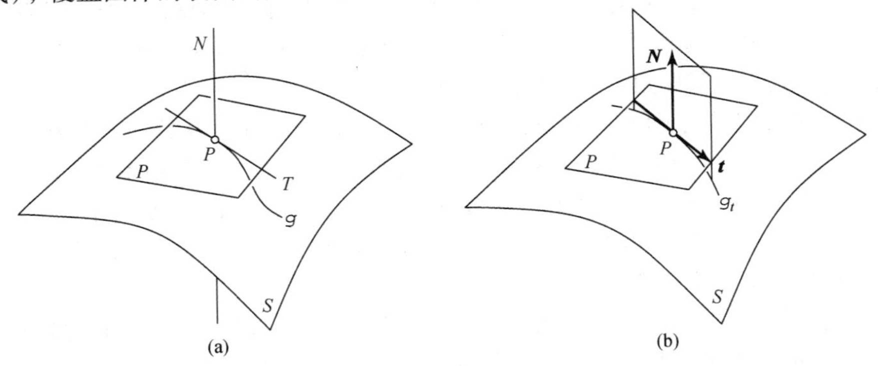

图 13.8 切线和法截线。(a)表面上点 P 的切面 Π 以及法线 N；γ 是通过 P 的表面曲线，它的切线 T 位于 Π；(b)表面 S 与带有法向量 $\boldsymbol{N}$ 和切向量 $\boldsymbol{t}$ 的平面形成的 S 的一个法截线 γ_t

① 当然，对于逆向，正如 Koenderink(1990, p.137)指出，“指向‘材料’的斑点的法向量就像 Custer 将军的帽子上的箭头”，这也是合法的。重点是不管哪种选择都会产生一个关于表面的一个连贯的全局方向。特定的表面(如莫比乌斯带)并不满足全局方向，但其并不受固态绑定。

通过使表面与包括 P 点法线的平面相交，得到一个具有单参数的平面曲线族，称为法截线［见图 13.8(b)］。一般来说，这些曲线在点 P 是规则的或者显示出拐点。法截线的曲率也被称为相应的切线方向上的表面法曲率。通常，当法截线与指向内部的表面法线位于切平面的一侧时，称法曲率为正，否则为负。当然，当 P 是相应法截线的拐点时，其法曲率为零。

有了这种规定，当截面沿着表面法线旋转时便可记录法曲率值，通常在切平面的某个确定方向呈现其最大值 κ_1，在另一个确定方向上达到最小值 κ_2。这两个方向被称为在 P 点的主方向，并且可以看到它们是相互正交的，除非法曲率在所有可能的方向上具有固定的值。主曲率 κ_1 和 κ_2 及其方向为表面定义了一个最佳的局部二次曲面近似。更具体一些，如果我们在 P 点建立一个坐标系：沿主方向是 x 轴和 y 轴，沿外向法线建立 z 轴，那么在这种框架下，表面可用抛物面描述为：$z=-1/2(\kappa_1x^2+\kappa_2y^2)$。

根据主曲率的符号，一个表面点的邻近区域可有三种不同的形状。两个曲率符号相同的点 P（见图 13.9）被认为是椭圆形的，它附近的表面是蛋形的［见图 13.9(a)］，它并不跨越其切平面，看起来像是鸡蛋的外壳（正曲率）或者是被打破的蛋壳的内部（负曲率），我们说 P 在前一种情况下是凸的，在后一种情况下是凹的。当主曲率有两个相反的符号时，就有一个双曲点，这个表面是鞍形的，并且沿着两条曲线通过它的切平面［见图 13.9(b)］，相应的法截线在点 P 有个拐点，它的切线被称为表面在点 P 的渐近方向，它们被主方向分开。椭圆点和双曲形的点在表面上形成块，这些区域在一般情况下由抛物点形成的曲线隔开，在这些点上主曲率之一消失。相应的主方向也是渐近方向，表面与它的切平面的相交处在那个方向上［见图 13.9(c)］。

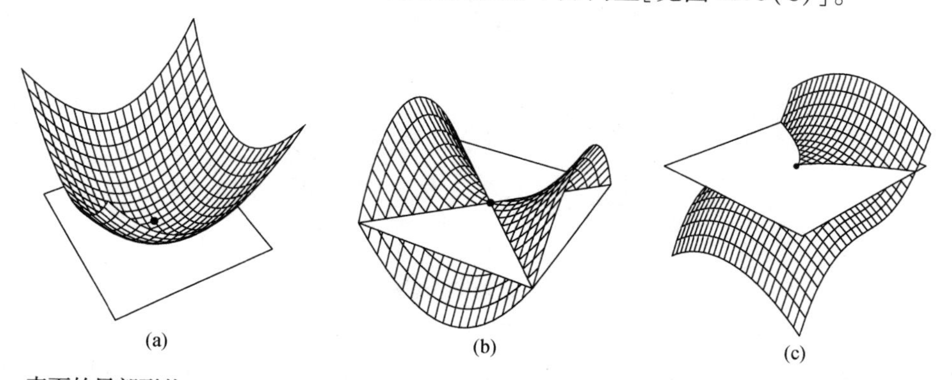

图 13.9　表面的局部形状。(a)椭圆点；(b)双曲点；(c)抛物点(Reprinted from "On Computing Structural Changes in Evolving Surfaces and their Appearance," by S. Pae and J. Ponce, International Journalof Computer Vision, 43(2):113-131, (2001). © 2001 Kluwer Academic Publishers)

自然也可以定义表面的高斯映射——在相应的单位法线穿过单位球体的地方画点（后边将其称为高斯球）。对于平面曲线，高斯映射也在规则点的附近是一对一的，但是在一些奇异点的附近，高斯映射的遍历将改变方向。同样也可以看到，在椭圆点和双曲点的区域，高斯映射是一对一的，以椭圆点为中心的小封闭曲线的方向在高斯映射上维持不变，但是以双曲点为中心的封闭曲线的方向是改变的（见图 13.10）。

在抛物点上的情形要复杂一些。在这种情况下，任何小的区域都包含了有平行法线的点，显示了在抛物点附近球体的双重覆盖（见图 13.10）。可以认为沿着抛物曲线的高斯映射是折叠的。请注意它与屏幕曲线拐点的相似性。

现在考虑一个通过点 P 且用点 P 附近的弧长 s 的函数表示的表面曲线 γ。由于限制 γ 的表面法线有一个固定的长度，那么对 s 的导数位于切平面 P 内，而且这个导数的值只与 γ 的单位切

线 $\boldsymbol{t}$ 有关而与 γ 本身无关。这样，就可以定义一个映射 $d\boldsymbol{N}$，它将 P 的切平面内的每一个单位向量 $\boldsymbol{t}$ 与相应的平面法线的导数联系起来(见图 13.11)。当 $\lambda \neq 1$ 时，使用规则 $\mathrm{d}\boldsymbol{N}(\lambda \boldsymbol{t}) = \lambda \mathrm{d}\boldsymbol{N}(\boldsymbol{t})$，可以将 $\mathrm{d}\boldsymbol{N}$ 延伸到一个在整个切平面上定义的线性映射，并称其为在点 P 的高斯映射微分。

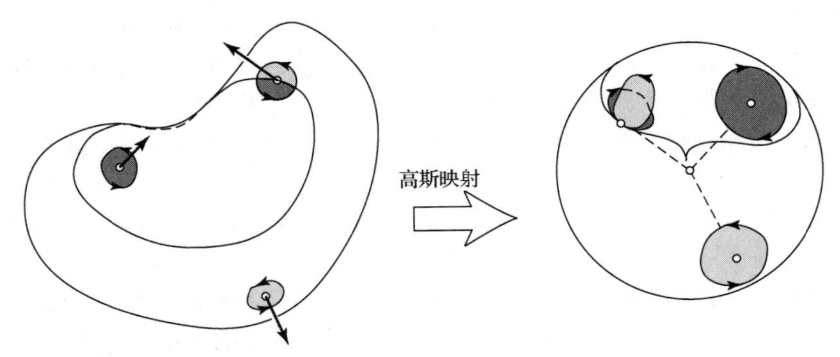

图 13.10 左边:肾形表面,它由凸域、双曲线区域组成,由抛物曲线将它们分开;右边:相应的高斯映射,深色阴影部分表明是双曲线区,浅色阴影部分是椭圆形区域,注意该表面形状并不是凸的,也不是凹的(Reprinted from "On Computing Structural Changes in Evolving Surfaces and their Appearance," by S. Pae and J. Ponce, International Journal of Computer Vision, 43(2):113-131, (2001). © 2001 Kluwer Academic Publishers)

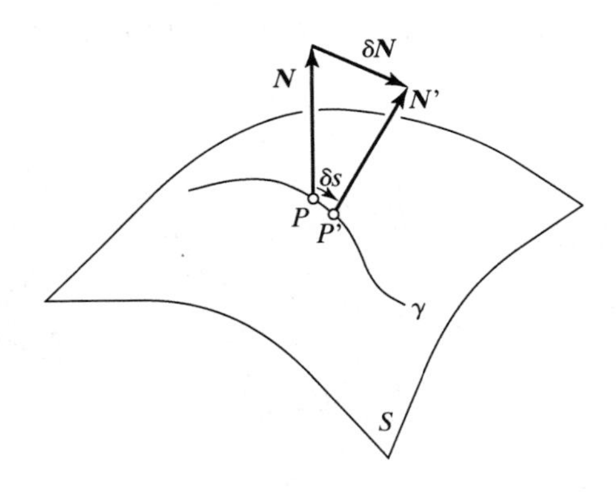

图 13.11 表面法线的方向导数:如果 P 和 P' 是曲线 γ 上的两个邻近点,$\boldsymbol{N}$ 和 $\boldsymbol{N}'$ 表示与之相关的表面法线,令 $\delta \boldsymbol{N} = \boldsymbol{N}' - \boldsymbol{N}$,则表面法线的方向导数定义为:当$P$和$P'$之间的弧长$\delta s$趋向于零时$\frac{1}{\delta s}\delta \boldsymbol{N}$的极限

点 P 的第 2 种基本形式是双线性形式，该形式将切平面内任意两个向量 $\boldsymbol{u}$ 和 $\boldsymbol{v}$ 的关系表示为

$$\mathrm{II}(\boldsymbol{u}, \boldsymbol{v}) \stackrel{\text{def}}{=} \boldsymbol{u} \cdot \mathrm{d}\boldsymbol{N}(\boldsymbol{v})$$

因为很容易证明 Π 是对称的，也就是说 $\Pi(\boldsymbol{u}, \boldsymbol{v}) = \Pi(\boldsymbol{v}, \boldsymbol{u})$，因此与任何切向量 $\boldsymbol{u}$ 有关的映射值 $\Pi(\boldsymbol{u}, \boldsymbol{u})$ 是一个二次方程式，这个二次方程式与通过点 P 的表面曲线的曲率密切相关。实际上，表面曲线上的切线 $\boldsymbol{t}$ 在每一点与表面法线 $\boldsymbol{N}$ 相垂直，两个向量的点积对曲率弧长求微分，可得

$$\kappa \boldsymbol{n} \cdot \boldsymbol{N} + \boldsymbol{t} \cdot \mathrm{d}\boldsymbol{N}(\boldsymbol{t}) = 0$$

其中，$\boldsymbol{n}$ 代表曲线的主法线，κ 代表它的曲率，这还可写成

$$\mathrm{II}(\boldsymbol{t}, \boldsymbol{t}) = -\kappa \cos \phi \tag{13.2}$$

其中，ϕ 是表面和曲线法线的夹角。对于法截线来说，$\boldsymbol{n} = \mp \boldsymbol{N}$，并且在 $\boldsymbol{t}$ 方向上的曲率是

$$\kappa_{\boldsymbol{t}} = \mathrm{II}(\boldsymbol{t}, \boldsymbol{t})$$

和以前一样，在这个公式中，我们认为曲线的主法线与表面法线点的方向相反时曲率是正的。此外，式(13.2)说明：表面法线 ϕ 的曲率 κ 与法曲率 κ_t 在切线 $\boldsymbol{t}$ 的方向上有如下关系：$\kappa \cos\phi = -\kappa_t$，其中，$\phi$ 为表面法线的主法线与表面法线的夹角，这就是 Meusnier 定理(见图 13.12)。

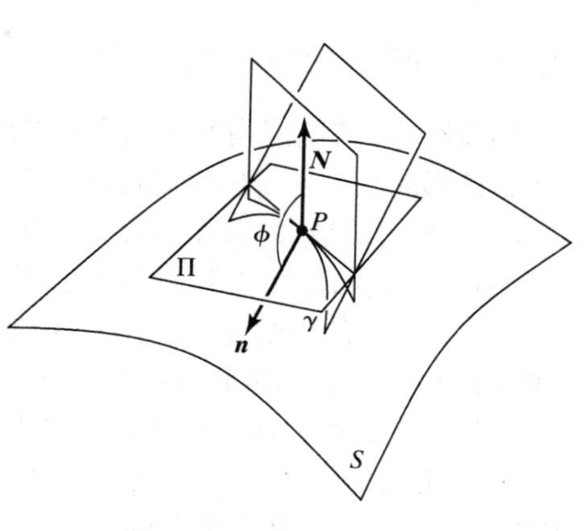

图 13.12　Meusnier 定理

可以看出，主方向是线性映射 $d\boldsymbol{N}$ 的特征向量，主曲率是相关的特征值，线性映射的行列式值 K 称为高斯曲率，它等于主曲率的乘积，因此，高斯曲率的符号决定了表面的局部形状：当$K>0$时，该点是椭圆形的，当 $K<0$ 时是双曲线形的，当 $K=0$ 时是抛物形的。

如果 δA 是表面 S 上以 p 为中心的一块小区域，$\delta A'$ 是 S 在高斯映射上相应的一块区域，那么当两个区域的面积趋向于零时，$\delta A'/\delta A$ 的极限即高斯曲率(按照惯例，当两个小图像块的边缘同时具有相同方向时，该比例为正；反之，为负；见图 13.10)。再次注意平面曲线与之相应概念(高斯图和平面曲率)的强相似性。

13.2　表面轮廓几何学

在研究表面轮廓几何学之前，先讨论一下空间曲线 Γ 的局部形状和它在某平面 Π 上的正交投影 γ 之间的关系(见图 13.13)。用 α 表示平面 Π 与 Γ 的切线 $\boldsymbol{t}$ 之间的夹角，用 β 表示平面 Π 与 Γ 的密切切平面之间的夹角，这两个角完整地定义了与图像相关的曲线的局部方向。

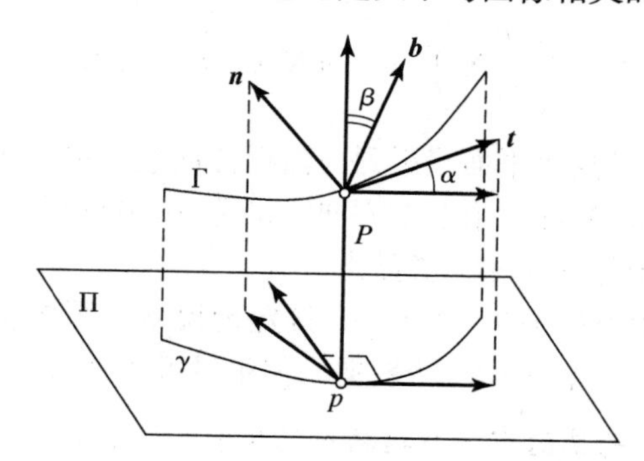

图 13.13　空间曲线及其阴影。向量 $\boldsymbol{b}$ 是 Γ 的次法线，即切平面的法线，基于平面 Π 和切平面的角度 β 等于基于“垂直”可视方向和 $\boldsymbol{b}$ 的角度。注意：γ 的切线是 Γ 的切线的投影(即切线是微粒沿着曲线移动的速率)，通常，γ 的法线 n 并不是 Γ 的法线的投影

如果 κ 表示 Γ 上某一点的曲率，κ_a 为它的表面曲率(如对应图像点上 γ 的曲率)，那么可以很容易地得到(见习题)

$$\kappa_a = \kappa \frac{\cos \beta}{\cos^3 \alpha} \tag{13.3}$$

特别地，当视线方向共面时($\cos\beta=0$)，表面曲率 κ_a 消失，曲线图形得到一个拐点。另外，如果视线方向与曲线相切($\cos\alpha=\cos\beta=0$)，κ_a 就无法定义，曲线的投影呈现为一个歧点。

在开始讲述并证明 Koenderink 文章中的定理之前，先来讲述一下图形轮廓的一些基本特征，最后讨论 Koenderink 文章中定理的一些含义来结束本节。

13.2.1 遮挡轮廓和图形轮廓

如前所述，带有光滑平面的固体的图像被一条图像曲线所包围，该曲线又称为固体的轮廓、剪影或外形轮廓。这条曲线是通过一个视锥与视网膜的相交而形成的，视锥的顶点正好与针孔照相机重合，并且它的表面沿着一个称为遮挡轮廓或边缘(见图 13.1,左图)的第二曲线擦过物体。假定在本节的讨论中使用正交投影，在这种情况下，针孔可以移动至无穷远，此时视锥变成了圆柱，且圆柱的母线与(固定的)视线方向平行。沿着每一条母线，表面法线是固定的，并且与图像平面平行(见图 13.1，右图)。在遮挡轮廓某一点的切平面投影到图像轮廓上是一条切线，并且该图像轮廓的法线与在遮挡轮廓相应点上的表面法线是相同的。注意到可视方向 $\boldsymbol{v}$ 并不是垂直于遮挡轮廓切线 $\boldsymbol{t}$[例如,倾斜圆柱体的遮挡轮廓平行于其轴,而不是图像平面。见 Nalwa (1988)]，这一点是非常重要的。事实上，正如下一章节所讲，这两条线是共轭的——这是遮挡轮廓的重要性质。

更一般地，遮挡轮廓通常并不是平面。阴影很明显地证明了这一点：遮挡的轮廓与光源界定其附加的阴影，而其边界是由对应的物体轮廓给定。因此，在这种情形下，可以看到遮挡轮廓的“侧视”面，以及观察到附加人脸的阴影边界(提醒感兴趣的读者，这些曲线并不位于同一个平面)。

13.2.2 图像轮廓的歧点和拐点

当 $\mathrm{II}(\boldsymbol{u},\boldsymbol{v})=0$ 时，切平面的两个方向 $\boldsymbol{u}$，$\boldsymbol{v}$ 被认为是共轭的，例如主要方向是共轭的，因为它们是 $d\boldsymbol{N}$ 的正交特征向量，并且渐近线是自共轭的。

显而易见，遮挡轮廓的切线 $\boldsymbol{t}$ 与相应的投影方向 $\boldsymbol{v}$ 总是共轭的，实际上，$\boldsymbol{v}$ 在遮挡轮廓的每一点上与表面相切，用曲线的弧长对等式 $\boldsymbol{N}\cdot\boldsymbol{v}=0$ 微分，得

$$0=\left(\frac{d}{ds}\boldsymbol{N}\right)\cdot\boldsymbol{v}=d\boldsymbol{N}(\boldsymbol{t})\cdot\boldsymbol{v}=\mathrm{II}(\boldsymbol{t},\boldsymbol{v})$$

假设 P_0 为双曲点，然后把这个平面投影到与渐近方向垂直的一个面上，因为渐近方向是自共轭的，那么在 P_0 处的遮挡轮廓必然沿这个方向，如式(13.3)所示，在这种情况下轮廓的曲率必定是无穷的，这个轮廓得到了一个第一类歧点。

稍后将引出 Koenderink(1984)的一个定理，该定理说明了图像轮廓的曲率与表面的高斯曲率之间的数量关系。在此期间，将证明一个较弱的但很显著的结果。

定理 3：*在正交投影下，轮廓的拐点是抛物点的映射(见图 13.14)。*

下面说明该定理为什么能成立，首先高斯映射在抛物点折叠，那么图像轮廓的高斯映射必定在这个点上改变方向。如前所示，平面曲线的高斯映射在它的拐点及第二类歧点上改变方向，很容易看出，后者的奇异性在一般视点下是不会发生的，这就验证了结果。

总之，遮挡轮廓是由一些点组成的，在这些点上，视线方向 $\boldsymbol{v}$ 与表面相切(在引言中已提及过的歧点)。偶尔，它在双曲线歧点上变成 $\boldsymbol{v}$ 的切线或穿过抛物线，这时在轮廓上会相应地出现第一类歧点或拐点。和至今提到的曲线不同的是，当遮挡轮廓的两个不同分支投影到相同的图像点时，图形轮廓也会跨越它自己，形成 T 形结(见图 13.3)。在一般观点下，以下情况是唯一能发生的：例如，既没有第二类歧点，也没有任何切线的自交。回头我们将在下一章研究一些特殊的视点以及相应轮廓的奇异性。

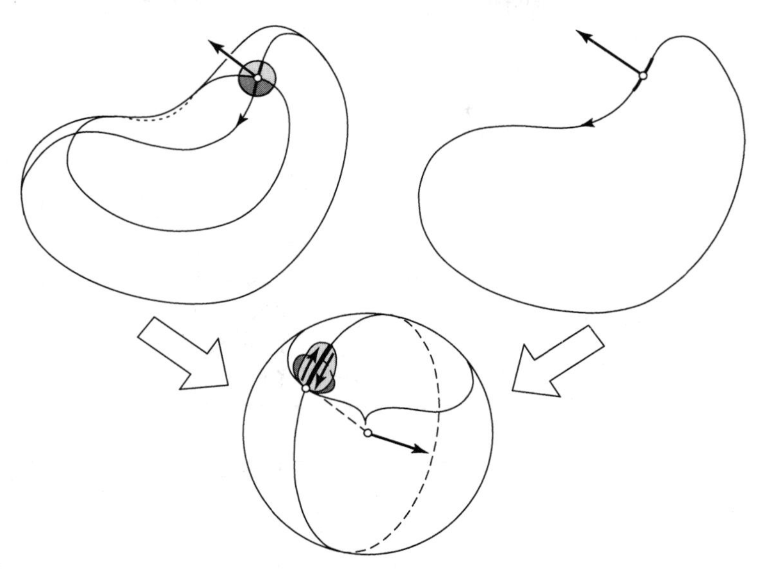

图 13.14　轮廓的拐点是抛物点的映射：左上图为带有重叠的遮挡轮廓的肾状表面；右上图为相应的图像轮廓；下图为高斯映射在抛物点的折叠，对由遮挡轮廓和图像轮廓形成的大圆有同样的限制

13.2.3　Koenderink 定理

下面讨论前面已多次提到的 Koenderink(1984)定理。像以前一样，假设在正交投影下，表面 S 的遮挡轮廓上有一点 P，用 p 表示轮廓上它的图像。

定理 4：S 上点 P 的高斯曲率 K 和 p 上的轮廓曲率 κ_c 有以下关系：

$$K = \kappa_c \kappa_r$$

其中，κ_r 为径向曲线的曲率，该曲线由表面 S 与某一类平面相交形成，该类平面由 S 在点 P 的法线和投影方向定义(见图 13.15)。

这个看起来很简单的关系式有几个重要的结论：因为在 $\kappa_r<0$ 的任意点，投影光线都局部位于成像物体内部，所以沿着遮挡轮廓的径向曲率 κ_c 是正的(或 0)，因而，当高斯曲率为正时，κ_r 是正的，反之 κ_r 是负的。尤其是通过这个定理可看出，轮廓的凸面对应于表面的椭圆点：而凹面对应双曲点，拐点对应抛物点。

在所有的椭圆形表面点中，因为它们的切面完全位于固体内部，所以凹点从不出现在不透明物体的遮挡轮廓上，这样轮廓的凸性也与表面的凸性相符合。同样，当视线方向在双曲线点上是渐近方向时，轮廓上有歧点。对于不透明的物体，这就意味着轮廓的凹弧在这样的歧点结束。在这个歧点处，轮廓的一个分支变成被遮挡的，由此可知 Koenderink 定理加强并精化了图像轮廓的几何特征。

下面证明这个定理，这与共轭方向的一般性质有关。如果 κ_u 和 κ_v 在共轭方向 $\boldsymbol{u}$ 和 $\boldsymbol{v}$ 中代表法曲率，K 代表高斯曲率，则

$$K \sin^2 \theta = \kappa_{\boldsymbol{u}} \kappa_{\boldsymbol{v}} \tag{13.4}$$

其中，θ 是 $\boldsymbol{u}$ 和 $\boldsymbol{v}$ 之间的夹角，这种关系很容易通过这样一个事实得到验证，即以共轭方向形成的切平面为基础的第二基本形式矩阵是对角的，很明显，对主要方向($\theta=\pi/2$)和渐近线方向($\theta=0$)来说，它是满足的。

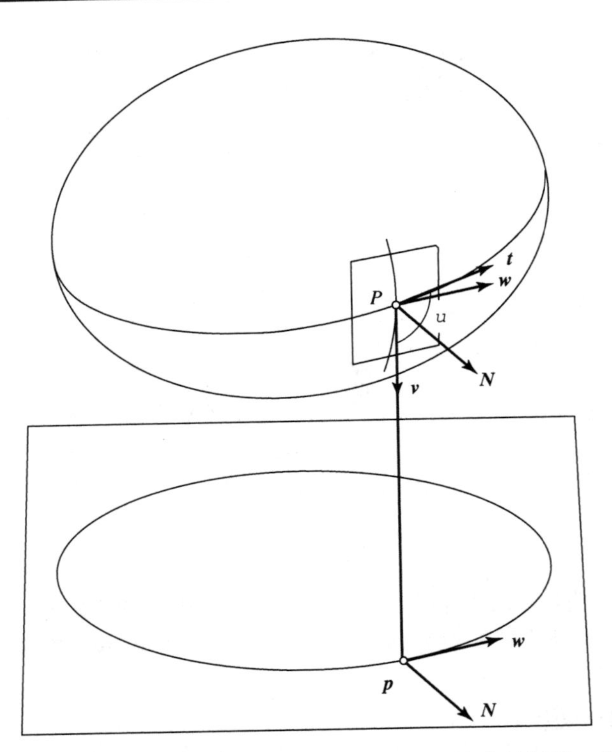

图 13.15 遮挡轮廓和图像轮廓：视线方向 $\boldsymbol{v}$ 与遮挡轮廓的切线 $\boldsymbol{t}$ 是共轭的，对于非透明固体来说，轮廓上可视点的径向曲率通常是非负的

通过 Koenderink 定理，可以得到

$$K \sin^2\theta = \kappa_r \kappa_t$$

其中，κ_t 代表沿遮挡轮廓方向 $\boldsymbol{t}$ 的表面的法曲率(当然，与遮挡轮廓的实际曲率有区别)。为了完成这个定理的证明，采用表面的另一常用性质，即具有切线 $\boldsymbol{t}$ 的任何表面曲线的表观曲率为

$$\kappa_a = \frac{\kappa_t}{\cos^2\alpha} \tag{13.5}$$

其中，像以前一样，α 代表 $\boldsymbol{t}$ 和图像平面间的夹角，像习题中那样，这个性质可以很容易从式(13.3)和 Meusnier 定理得到。

换句话说，用切线和图像平面夹角余弦的平方除以相应的法曲率即可以得到任意表面曲线的表观曲率。注意，κ_c 是遮挡轮廓的表观曲率，从而有

$$\kappa_c = \frac{\kappa_t}{\sin^2\theta} \tag{13.6}$$

因为 $\alpha = \theta - \pi/2$。用式(13.6)代入式(13.4)，即可完成定理证明。

13.3 视觉事件：微分几何的补充

从现在起，假设正交投影，并且用带转向的投影方向单位球为所有的视点建模。拐点、歧点与 T 形结是图像轮廓的稳定特性，它们在眼球的小幅运动状态下一般仍能保持。作为一个例子，考虑在本章的前几节展示过的轮廓拐点，它是遮挡轮廓与所关注曲面的一个抛物曲线(一般以非零角度)相交点的投影。视点的小幅度改变使遮挡轮廓略有变形，但这两条曲线仍然在邻近的点相交，投影成一个轮廓拐点。

人们自然会问：怎样的（独特）眼球运动会使稳定的轮廓特征出现或消失？为了回答这个问题，重新回顾一下高斯映射，并引入一种渐近球面映射，这个过程说明，表面图像的边缘通过这些映射决定了轮廓上拐点、歧点的出现与消失。这提供了局部视觉事件的特征。我们也要考虑视线与表面的多处接触。这便得到双切射线族的概念，而它的边界特征有助于理解 T 形结的生成与灭亡的原因，并引出相关的多重局部视觉事件概念。局部与多重局部事件加在一起概括了结构轮廓变化的总体，从而决定了外观图。

13.3.1 高斯映射的几何关系

高斯映射为研究图像轮廓与它们的拐点提供了一个自然的机制。在 13.2 节确实看到在正交投影条件下遮挡轮廓映射到单位球的一个大圆上，这个圆与抛物曲线的球面图像的相交得到了轮廓的拐点。因此，当摄像机的运动引起相应的大圆跨越抛物曲线时，轮廓得到（或失去）两个拐点（见图 13.16）。

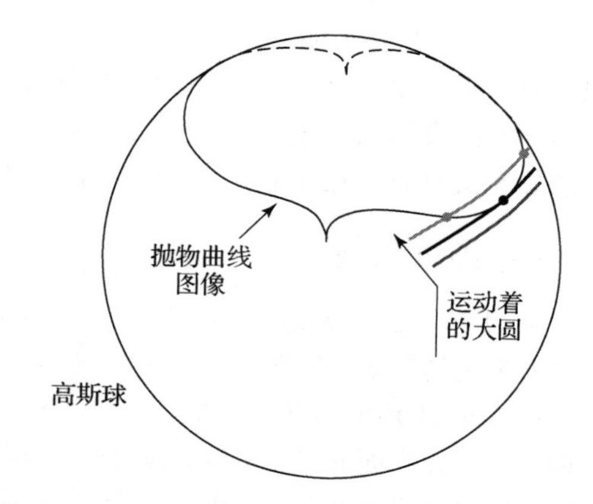

图 13.16　随着视点变化，与（正交投影）遮挡轮廓有关的高斯球变成与抛物曲线的球面图像相切。此后，该圆与该曲线在两个邻近点相交，对应于两个轮廓拐点

更仔细地观察高斯映射的几何关系，会使我们更清楚地理解拐点对的产生过程。正如 13.1 节所指出的，表面在高斯球上的图像沿着它的抛物曲线图像折叠。一个在抛物曲线的一边是球的单折，而另一边是它的三重折的例子，显示在图 13.17 中，思考这种折叠产生的最简易的方法是抓住一个减压气球的一部分橡皮表面，挤压它并将其折起来。正如该图所示，这个过程在一般情况下不仅造成球面图像的折叠，并且还含有两个歧点。抛物曲线图像的歧点与拐点总是成对出现的。该拐点将高斯映射的折叠分裂成凸的与凹的两部分，它们的原像称为转接点（见图 13.17）。

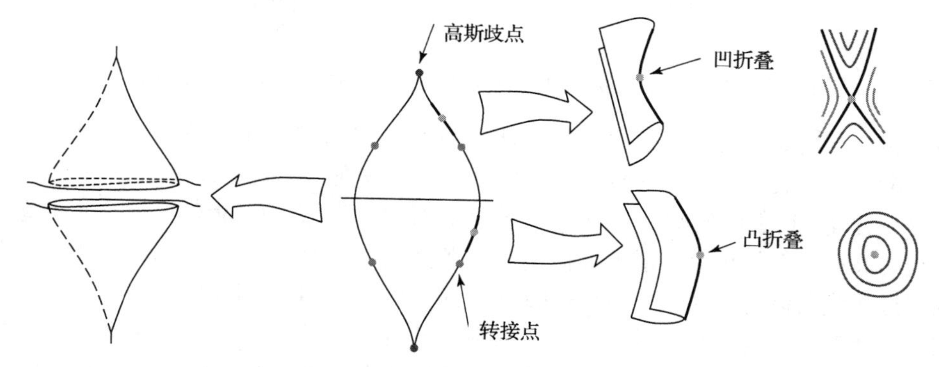

图 13.17　高斯映射的折叠与歧点。转接点是抛物曲线球面图像拐点的原像。为了使折叠的结构表示更清楚，将在空间的表面折叠画在图的左部。表面高斯映射与大圆之间相交的拓扑关系随着圆穿越折叠时的变化显示在图的最右部（Reprinted from "On Computing Structural Changes in Evolving Surfaces and their Appearance," by S. Pae and J. Ponce, International Journal of Computer Vision, 43(2):113-131, (2001). © 2001 Kluwer Academic Publishers）

当有关的大圆穿越抛物曲线的球面图像时，出现遮挡轮廓的情况取决于穿越在哪里出现。正如图 13.17 显示的几种情况：当穿越沿着高斯映射的凸折发生时，在遮挡轮廓的球面图像上出

现一个孤立点，并迅速演变成单位球上的小闭环(见图 13.17，右下图)。与此相反，如果穿越沿凹折发生，两个分开的闭环在合并之后，又以不同的连接方式分开(见图 13.17，右上图)。这种变化自然会以某种方式反映到图像轮廓上，这将在后续章节中详细分析。

与遮挡轮廓有关的大圆也可能在歧点处穿过抛物曲线图像。与发生在规则折叠点的交叉不同，这种交叉一般是相交的，并没有在大圆的朝向上形成相切。相交的拓扑关系并没有改变，但是在图形轮廓上会出现两个拐点。最后一种情况是大圆在抛物曲线高斯图像的一个拐点上穿过。在这种情况下，拓扑关系的改变就太复杂了，这里就不再讨论了。好在这种情况只可能在有限数量视点时出现。而与此相反，其他类型的折叠穿越却可能在具有一个参数的无限视点族上发生。这是因为与折叠的凸部或凹部的相切穿越，可以在沿着单位球延长曲线弧上的任何位置发生，而与歧点的相交只发生在孤立点，但可沿单位圆的任意朝向。在下一节将讨论有关的奇异视点族。

13.3.2 渐近曲线

在 13.1 节已经了解到，一般双曲点允许有两种不同的渐近线存在。更为一般的情况是，双曲面上的所有渐近切线集可以明确地划分成两族，而每一族接纳一组积分曲线的光滑场，称为渐近曲线。沿用 Koenderink(1990)的方法给每个族设定一种颜色，并且讨论相关的红色与蓝色渐近曲线。这些曲线只涵盖表面的双曲部分，因而在其抛物边界附近必然是奇异的，一个红渐近曲线与蓝渐近曲线在一般抛物点合并时确实形成一个歧点，并且与抛物曲线以非零角度相交[见图 13.18(a)][①]。

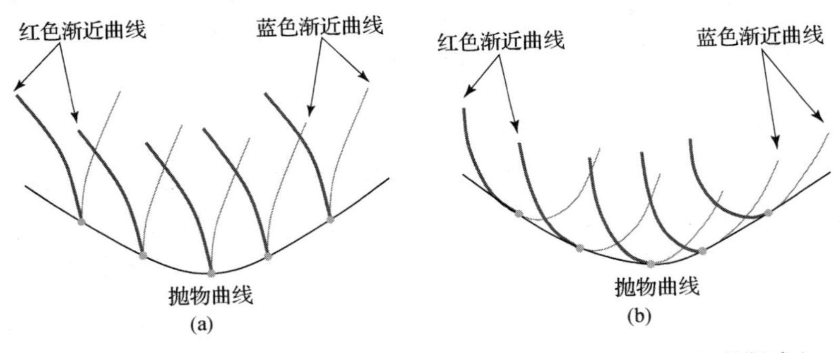

图 13.18 渐近曲线与抛物曲线的接触。(a)在表面上；(b)在高斯球上

下面考察一下高斯映射中渐近曲线的性能。回顾 13.1 节曾经提到的，渐近方向是共轭的，这意味着沿渐近曲线表面法线的导数与曲线的切线是正交的，渐近曲线和它的球面图像有垂直的切线。另一方面，切平面的所有方向在一个抛物点是与渐近方向共轭的，所以过一抛物点的任何表面曲线的高斯映射与相应的渐近方向垂直。尤其重要的是，一条抛物曲线的高斯映射是与其相交的渐近曲线图像的包络[它和这些曲线处处正切，见图 13.18(b)]。

现在我们能够叙述能引起一对交点出现的视点的特性了。由于与遮挡轮廓相关的大圆与高斯球上抛物曲线的图像接触时变成与其相切，沿大圆法线的视线方向是沿相应的抛物曲线的渐近方向。当大圆跨越一个高斯歧点图像时，或者等价地说当一个视线穿过该点切平面时，自然会有一对交点出现。正如早先指出的，此时图像轮廓的拓扑关系并没有变化，仅仅引起一个波动。下一节讨论在其他类型的奇异点上轮廓结构是如何变化的。

---

① 不同的高斯歧点中的情形是不同的，其渐近线与抛物曲线是正交关系。这种特殊情况同时也可能发生在非一般物体的抛物曲线平面内(例如，位于圆环面内的顶端和底部的两条圆形抛物曲线，或者更一般化，沿着其轴的交叉顶点的局部极值点的回转体的抛物曲线)。

13.3.3　渐近球面映射

高斯映射将每个表面点与它相应的法线顶端穿过单位球的位置进行关联。现在来定义渐近球面映射，它将每个点与相应的渐近方向进行关联。在进一步讨论之前，给出一些要点，首先每个渐近曲线族的确有一个渐近球面图像，这两幅图像在球上可以重叠，也可以不重叠；其次，椭圆点显然没有渐近球面图像，并且单位球很可能没有被双曲点图像完全覆盖。但是它也可能被充分覆盖的，或至少在局部上覆盖，它可能被同一族渐近方向的成员所覆盖。

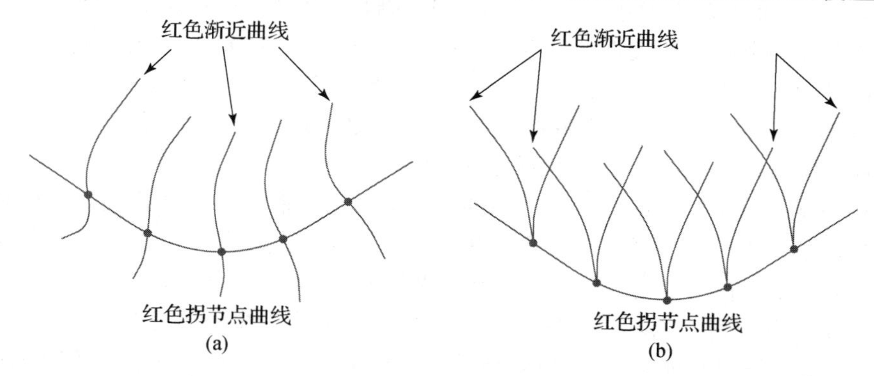

13.19　渐近曲线与拐节点曲线的接触。(a)在表面上；(b)在渐近球面图像上

由于视线沿着一个渐近方向时，图像轮廓会冒尖，因此当视线穿过渐近球面映射的一个折叠时，就会消失一个歧点对。正如预料的，一条渐近曲线的渐近球面图像在折叠边界处是奇异的。这同样有两种可能性。并且它们在两种类型的折叠点出现：一种与沿着抛物曲线的渐近方向有关，另一种与拐点处的渐近方向有关。这些点是渐近曲线投影到它们切平面的拐点，形成贯穿相应渐近曲线的曲线。与前面提到的一样，它们可以来自于两种颜色，这取决于哪种渐近曲线族具有拐点。渐近曲线的渐近球面图像在拐点处出现歧点[见图 13.19(b)]。还要提到的是拐节点曲线与抛物曲线在高斯歧点处相切。

显然，当视线穿过渐近球面图像的抛物线或拐点边界时，轮廓的结构发生变化，这样的变化称为视觉事件，有关的边界称为视觉事件曲线。在更详细地考察各种视觉事件前，我们先提出一种考虑有关边界的等价方法。如果沿着抛物曲线或节点表面的每一点画出奇异渐近切线，就得到由切线扫出的可展曲面。当视界跨过任何一个可展曲面时，就发生视觉事件，它与球在无穷远处的交点就是视觉事件曲线，此时这个球要规范成单位球。采用可展曲面的术语考虑轮廓的演变的好处是，可将视觉事件推广到透视投影，以及有可能获得对奇异视点与表面形状之间关系的清晰可视化。

13.3.4　局部视觉事件

现在可以理解在视觉事件边界上轮廓结构是如何变化。有三种局部视觉事件，它们是完全由局部微分表面几何的特征所决定的:唇、喙对喙及燕尾形。它们的名字是从 Thom(1972)的基本裂变分类学继承来的，也与相关事件附近的轮廓形状有密切关系。

首先考虑唇(lip)事件，它发生在视线穿过凸抛物点的渐近球面图像或等价地由有关渐近切面定义的可展曲面时(见图 13.20，上图)。前面已展示过，与遮挡轮廓有关的大圆与表面的高斯映射相交的事件中会得到一个环，并在轮廓上创造了两个拐点与两个歧点(见图 13.17，右图)。说得更精确些，在事件发生之前并没有图像轮廓，接着在奇异点处出现一个孤立的轮廓点，随着出现了一个封闭轮廓环，由两段轮廓在两个歧点相遇组成，其中一支由椭圆与双曲点的投影形成，带有两个拐点，而另一支仅由双曲点的投影形成。对于不透明物体，其中一支会被物体遮挡住。

喙对喙(beak-to-beak)事件发生在视线穿过凹抛物点的渐近球面图像或等价地相关的渐近切线定义的可展曲面时。正如前面所指出的，在该事件中与遮挡轮廓有关的大圆和表面的高斯映射相交的拓扑发生了变化，有两个环在合并到一起后，又发生分裂并改变了连接性。在图像中，轮廓的两个不同部分在图像中的一点相遇。在事件发生之前每一支都由相关的歧点划分成一个纯双曲部分及一个椭圆与双曲混合的弧，其中一个总是被遮挡着的。在事件发生之后，两个轮廓歧点与两个拐点随之消失，而轮廓分裂成两段光滑的弧并改变了连接性，其中之一是纯的椭圆，而另一个是纯的双曲。对于不透明物体来说，其中之一总是被遮挡着的(见图 13.21，下图)。当然，像所有其他的事件一样，反向的演化过程也是可能的。

最后一种情况是燕尾形(swallowtail)事件，它发生在眼睛穿过沿着相同颜色的拐节点曲线与渐近切线展出的表面时。已经知道在这个事件中会出现两个歧点。正如图 13.22(a) ~ (b)所示，表面与它的切平面在一个拐点处相交并组成两条曲线，其中一条曲线有一个拐点。相应的渐近切线自然也是与有一拐点的渐近曲线族有关。与一般被所观察物体遮挡的渐近射线不同[见图 13.22(c)]，它是擦过物体表面的(Koenderink，1990)，这导致在奇异点处的图像轮廓产生了一个锐利的 V 形。在事件变化之前轮廓是平滑的，但事件之后它得到两个歧点和一个 T 形结(见图 13.22，下图)。该事件中的所有表面点是双曲的。对于不透明物体，轮廓中的一支在 T 形结终结，而另一支在一歧点终止。

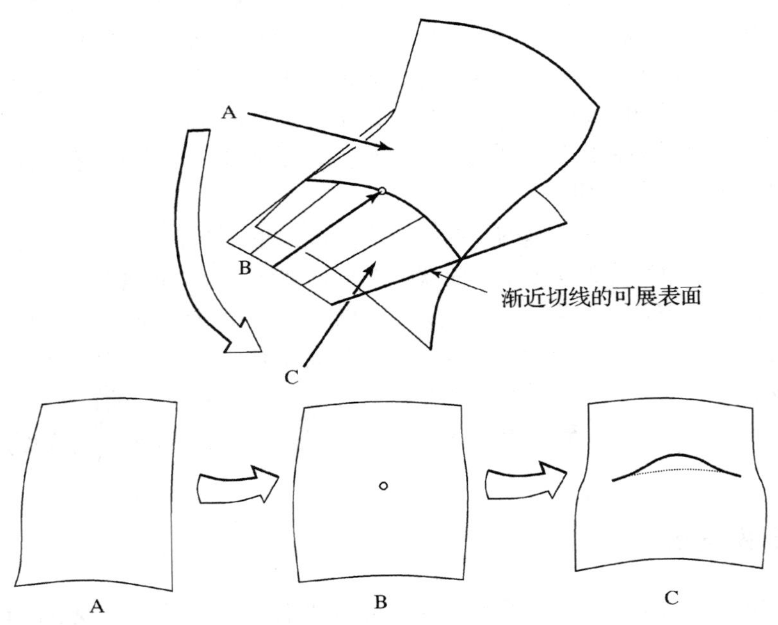

图 13.20 唇事件。这个名字与右图上的轮廓形状有关。其中对于不透明物体来说，轮廓的虚线部分由于遮挡而看不见，后面的几幅图也是如此。在这个例子中两个拐点在轮廓的可见部分，被遮挡部分完全是双曲的，但是沿着视线的相反方向看情况就会反过来(Reprinted from "On Computing Structural Changes in Evolving Surfaces and their Appearance," by S. Pae and J. Ponce, International Journal of Computer Vision, 43(2):113-131, (2001). © 2001 Kluwer Academic Publishers)

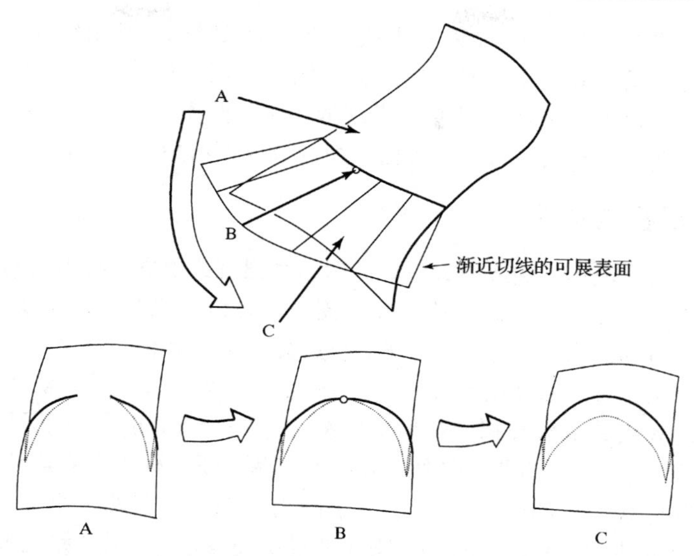

图 13.21　喙对喙事件(名字与左图曲线的形状有关)(Reprinted from "On Computing Structural Changes in Evolving Surfaces and their Appearance," by S. Pae and J. Ponce, International Journal of Computer Vision, 43(2):113-131, (2001). ⓒ 2001 Kluwer Academic Publishers)

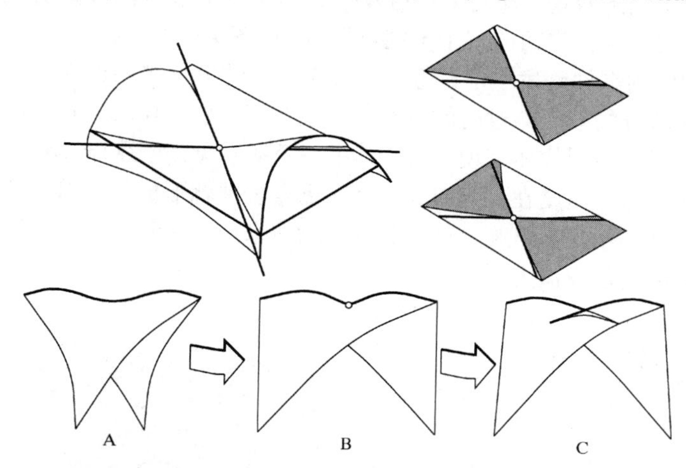

图 13.22　燕尾形事件。顶部:在一个拐点附近的表面形状。(a)在该点附近相关的物体与它的切平面相交的比 较;(b)以及一个一般的双曲点;(c)底部:该事件。(Reprinted from "On Computing Structural Changes in Evolving Surfaces and their Appearance," by S. Pae and J. Ponce, International Journal of Computer Vision, 43(2):113-131,(2001). ⓒ 2001 Kluwer Academic Publishers)

13.3.5　双切射线流形

要记住 13.1 节中提到的歧点与拐点并不是唯一的稳定特征。T 形结也会在广阔的视点集中出现，它们出现在两个不同的遮挡轮廓投影到同一个图像位置时。相应的表面法线必须与连接该两点的双切视线正交，但它们之间一般不平行。对于眼睛的微笑运动来说，T 形结是稳定的，这一点在直觉上是很显然的。考虑一凸点 P 与它的切平面相交的情况(见图 13.23，左图)。这个平面一般会与沿着封闭(但可能为空)曲线的表面相交,并且存在偶数点(见图中 P' 和 P'')，使得源于点 p 的射线通过这些点与曲线相切。每个相切都会得到一个双切射线及一个与此相关的 T 形结。眼睛的微笑运动使相交的曲线有些变形，但是一般并不改变切点的数目。因此 T 形结确实是稳定的。

在由所有直线组成的四维空间中，双切射线形成一个二维的双切射线流形(manifold)①。因为在投影过程中双切射线映射到T形结，显然这些轮廓特征在该族的边界上会产生或消失。由于一个T形结在一个燕尾形特征演变过程中出现或消失，沿拐节点曲线的奇异渐近切线形成这些边界中的一个是显然的。其余的边界是否由上面构成还不清楚，这是下一节的话题。

13.3.6　多重局部视觉事件

当视线穿过双切射线流形的边界时，一对T形结会出现或消失，而相应的轮廓结构变化称为多重局部视觉事件。除了在前一节提到的与穿过拐节点曲线相关的奇异性之外，在这一节将指出存在三种类型的多重局部事件，即切向交叉、歧点交叉与三重点。

首先观察切向交叉事件。双切射线流形一个明显的边界是由有界双切线形成的，这发生在表面某点的切平面与表面其余部分相交产生的曲线缩成一个点，以及该平面与表面形成双重相切的时刻(见图13.23，右图)。有界双切线扫出一个可展表面，称为有界双切可展曲面。一个切向交叉出现在视线穿过这个表面时(见图13.24，上图)，事件发生时两个原本分开的轮廓在形成两个T形结之前相互相切(见图13.24，下图)。对于非透明物体来说，或者原先被遮挡的轮廓部分在事件演变后变成可见，或者另一个轮廓弧因遮挡而消失。

双切射线流形还引发其他两种与切线有关的边界，它们沿着一组曲线接触表面并扫描出可展表面，这两种分别是渐近双切，这发生在沿着它们其中一个端点的渐近方向与表面相交时[见图13.25(a)]；三重切线则在表面的三个不同点擦过[见图13.25(b)]。当视线穿过其中一个相关的可展表面时，相应的事件就发生了，随之而来的是一对T形结的出现或消失；当一个光滑图像轮廓段在另一轮廓部分的歧点穿过时歧点交叉就发生了[见图13.25(c)]。在此过程中两个T形结出现或消失。对于非透明物体来说，只有其中一个能看见[见图13.25(d)]。当三个互相分开的轮廓段在一瞬间以非零角度在一起时，一个三重点事件就形成了。对于透明物体来说，三个T形结在重新分开之前合并在奇异点。对于非透明物体来说，一个轮廓分支与两个T形结消失或出现，而另一个T形结出现或消失。

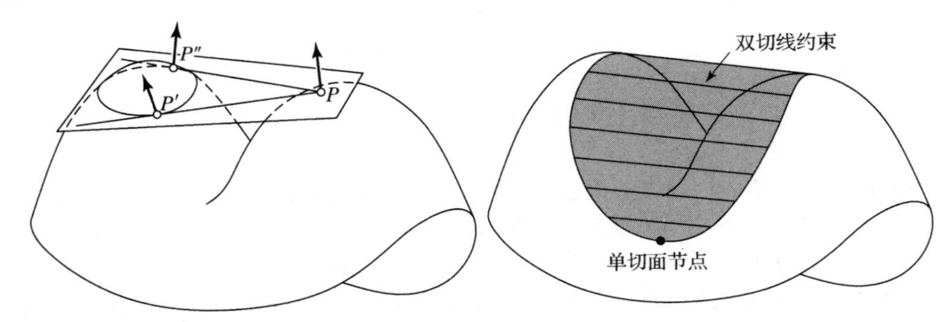

图13.23　双切射线。左图：表面上一点P的切平面与表面沿一封闭曲线相交，有两条双切射线PP'与PP''沿这条曲线擦过该表面。右图：由一条直线扫出的有界双切可展表面，该线是与表面双切的一个平面两接触点的连线。在这里可展表面与所观察表面接触处的两条曲线在一个单切面节点(unode)相切地合并在一起。单切面节点也是高斯歧点的一种类型(Reprinted from "Toward a Scale-Space Aspect Graph: Solids of Revolution," by S. Pae and J. Ponce, Proc. IEEE Conference on Computer Vision and Pattern Recognition, (1999). © 1999 IEEE)

① 流形是将欧氏空间定义的曲面扩展到抽象层次的拓扑学概念，这里省略正式的定义。比较直观清晰的解释是，双曲正切射线流形是二维的，这是因为对于观察到的二维曲面的每一个点，具有有限个双曲正切射线。

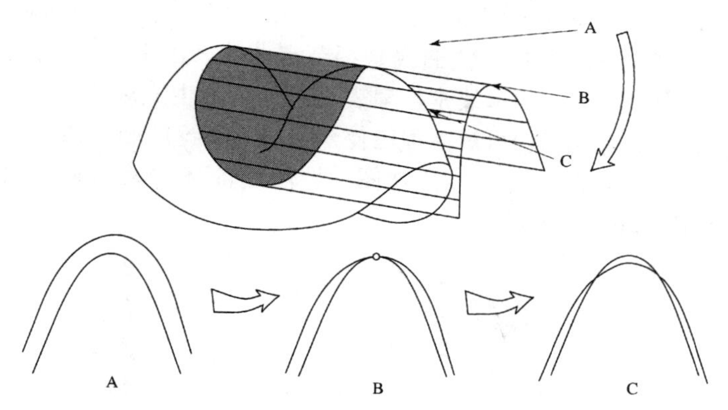

图 13.24　相切交叉事件。当视线跨越 B 中的有界双切可展曲面时，遮挡轮廓在空间的不同部分之间的遮挡关系发生改变（Reprinted from "On Computing Structural Changes in Evolving Surfaces and their Appearance," by S. Pae and J. Ponce, International Journal of Computer Vision, 43(2):113-131, (2001). © 2001 Kluwer Academic Publishers）

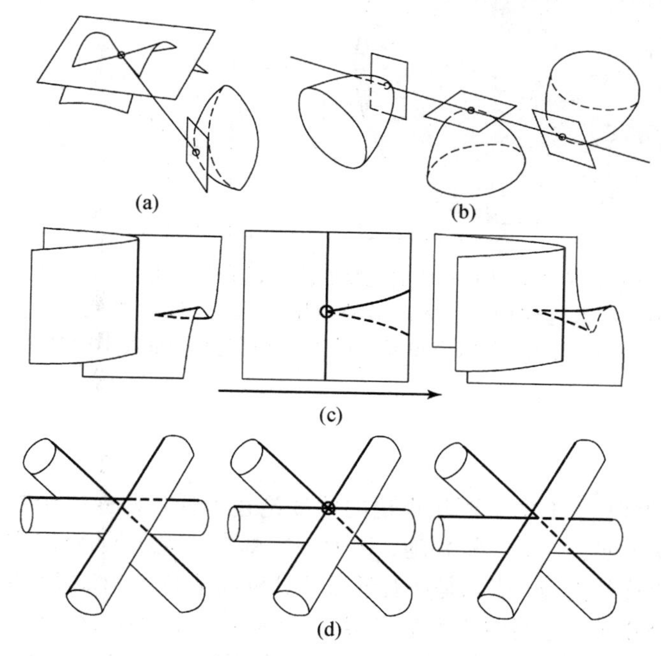

图 13.25　多重局部事件。(a)一个渐近双切射线；(b)一个三重相切射线；(c)一个歧点交叉；(d)一个三重点

13.3.7　外观图

在正交投影下，物体的外观是一幅带有 T 形结、尖峰和弧的轮廓图像。在这种情况下所有可能的视点称为视球，这个视球被视觉事件根据最大化视角的原则分成了若干个区域。每一个区域由相应的代表性外观命名。外观图由 Koenderink 和 Van Doorn（1976b，1979）以视觉潜能（Visual Potential）的名义首次定义出来。具体的细节不在本书中讨论。光滑多边形表面的外观图可由跟踪相关视觉事件曲线的方式来确定。通过跟踪视球的渐近线的方向和双切曲线来揭示相应区域的结构。

图 13.26 表示一个压扁形刚体的两幅素描，它的表面用多项式密度函数来定义。在图 13.26

(左上)，大体平行的两条曲线是这个压扁形的抛物曲线，它们将表面分裂成由一个鞍形区域隔开的两个凸起团状物。在图上展示的自相交曲线是拐节点曲线。图 13.26(右上)展示的是与该压扁形有关的有界双切可展曲面，它的母线是压扁表面上能符合生成双切平面条件的点对的连线。抛物节曲线、拐节点曲线及有界双切可展曲面已使用这一节讨论的曲线跟踪算法得到。图 13.26(底部)展示了不透明压扁体的正交投影外观图，是使用前述单元分解算法进行计算得到的[Petitjean，Ponce 和 Kriegman(1992)]。

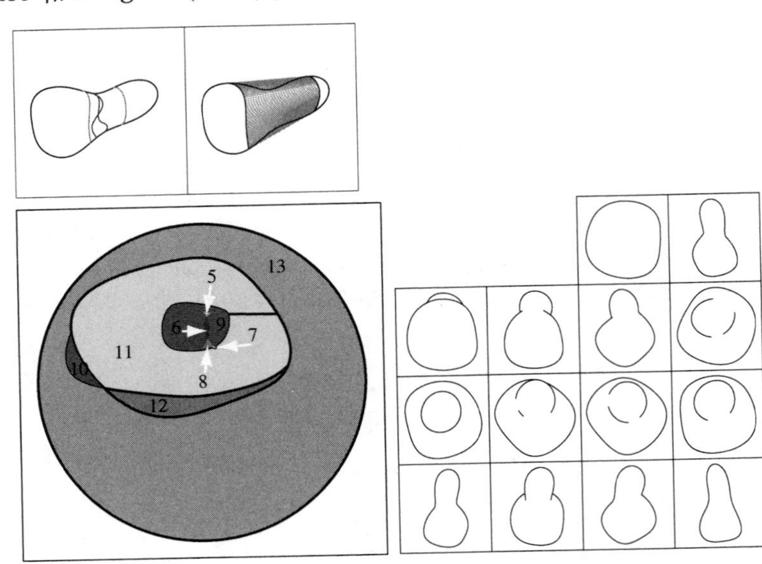

图 13.26　顶部：一个压扁形刚体以及它相应的抛物曲线与拐节点曲线(左)，以及有界双切可展曲面(右)。底部：它的(非透明体的)正交投影外观图，左边是视球单元，右边是相应的状态。注意，在所示半球中，实际上只有14个单元中的9个是可见的，而其中的某些(如区域7)是十分小的

13.4　注释

就像引言提到的那样，本章主要从理论的角度论述了通过观察一个物体，可以获得什么信息，又有什么信息是不能获得的。特别地，认为一些基本的关于图像轮廓的事实，如图 13.2 和图 13.3 及 13.2 节论述的内容，应该是所有学习计算机视觉的学生掌握的基本知识。同样也应该注意到，表面的微分几何和它们的轮廓都有实际的应用。例如它们在计算一个被光滑表面包围的物体的可视外壳的算法中占有核心地位(Lazebnik，Boyer and Ponce 2001；Lazebnik，Furu Kawa，and Ponce，2007)。在第 19 章将继续讨论可视外壳的问题。

关于微分几何有许多优秀的教材，包括 do Carmo(1976)和 Struik(1988)中一些容易理解的内容，本章的描述类似于 Hilbert and Cohn-Vossen(1952)的优秀作品 *Geometry and the Imagination* 中关于微分几何的引言部分。

人们并非总是认识到图像轮廓含有一些关于表面形状的重要信息，本章证明的定理澄清了事实并首次在 Koenderink(1984)的书中出现。本章的证明过程和原始的证明不同，但与 Koenderink(1990)在他的 *Solid Shape* 这本书的证明相近，之所以这样选择是因为不愿意用任何要求特殊坐标系的公式，关于投影几何的各种不同的证明方法可在如下作者的书中找到：Brady et al.（1985），Arbogast and Mohr（1991），Cipolla and Blake（1992），Vaillant and Faugeras（1992），and Boyer（1996）。

13.3 节的材料主要是基于 Koenderink 和 Van Doorn 的工作，包括引入图论概念的开创性论文，虽然有不同的叫法(Koenderink and Van Doorn 1976b，1979)，文章中提出一种很容易理解的关于该形状表示的几何函数(Koenderink 1986)，当然如果读者有更多的需求(对于还想深入学习的同学)，请参见 Koenderink(1990)。同样的资料见 Platonova(1981)、Kergosien(1981)和 Callahan and Weiss(1985)。歧点和灾难论在很多书都有讨论，包括 Whitney(1955)、Arnol'd(1984)和 Demazure(1989)。Koenderink(1990)给出关于椅子摆动点的讨论，Thom(1972)对这个问题进行了深入讨论。

计算有实界的代数表面的外观图的算法，见 Petitjean et al (1992)。这种算法很大程度上依赖于解决多项式方程组，尤其是 Morgan(1987)提出的数值同伦延拓(numerical homotopy continuation)方法，该方法旨在找到多变量多项式方程方形系统的所有根。诸如多元变量组合法(Macaulay 1916；Collins 1971；Canny 1988；Manocha 1992)与柱面代数分解等符号运算方法(Collins 1975；Arnon et al. 1984)也存在，Rieger (1987, 1990, 1992)提出的构造代数表面物体外观图的不同算法中也用到了以上的方法。可以这样说，外观图在现实生活中的应用是有限的，但是退一步讲，对多面体外观图的估计已经成功应用在了物体定位领域(Ikeuchi 1987；Ikeuchi and Kanade 1988)。其变种算法见 Chakravarty (1982)和 Hebert and Kanade (1985)。

习题

13.1　总体来说，通过透视摄像机，得到的球体的剪影是什么形状？

13.2　总体来说，通过正交投影摄像机，得到的球体的剪影是什么形状？

13.3　证明：在点 P 的平面曲线的曲率 κ 是这一点的径向曲率 r 的倒数。

提示：当角度 u 很小时，$\sin u \approx u$。

13.4　给定一个固定坐标系，假定用坐标向量来辨识 $\mathbb{E}^3$ 的点，并设参数曲线为 $\boldsymbol{x}: I \subset \mathbb{R} \to \mathbb{R}^3$，并非必须以弧长为参数，证明曲率 κ 为

$$\kappa = \frac{||\boldsymbol{x}' \times \boldsymbol{x}''||}{||\boldsymbol{x}'||^3} \tag{13.7}$$

其中，$\boldsymbol{x}'$和 $\boldsymbol{x}''$分别表示与定义它的参数 t 有关的 $\boldsymbol{x}$ 的一阶和二阶导数。

提示：用弧长对 $\boldsymbol{x}$ 重新参数化，并用微分反映参数的变化。

13.5　求证：除非法曲率在所有可能方向上都是常量，否则主方向是互相垂直的。

13.6　用 α 表示曲线的切线 Γ 与平面 Π 之间的夹角，β 表示 Π 的副法线与 Γ 的法线之间的夹角，用 κ 表示 Γ 上某点的曲率，证明：如果 κ_a 表示的相应点图像的表观曲率，那么

$$\kappa_a = \kappa \frac{\cos\beta}{\cos^3\alpha}$$

注意，可以在 Koenderink[1990, p. 191]找到答案。

提示：事实上 $\boldsymbol{t} \times \boldsymbol{n} = \boldsymbol{b}$，用向量 $\boldsymbol{t}, \boldsymbol{n}, \boldsymbol{b}$ 构造坐标系，其 z 轴与图像平面正交，用式(13.7)计算 κ_a。

13.7　用 κ_u 和 κ_v 表示点 P 的成对方向 $\boldsymbol{u}$ 和 $\boldsymbol{v}$ 的法曲率，用 K 表示高斯曲率，证明

$$K \sin^2\theta = \kappa_u \kappa_v$$

其中，θ 表示 $\boldsymbol{u}$ 和 $\boldsymbol{v}$ 的夹角。

提示：参考根据切平面得到的第二基本形式的表达式，切平面分别由共轭方向和主方向产生。

13.8　证明：遮挡轮廓是一条与自身不相交的平滑曲线。

提示：使用高斯映射。

13.9　证明：任何带有切线 $\boldsymbol{t}$ 的表观曲率为

$$\kappa_a = \frac{\kappa_t}{\cos^2 \alpha}$$

其中，α 是图像平面和 $\boldsymbol{t}$ 的夹角。

提示：用向量 $\boldsymbol{t}, \boldsymbol{n}, \boldsymbol{b}$ 构造坐标系，其 z 轴与图像平面正交，使用式(13.3)和 Meusnier 定理。

13.10 对于一个具有单一抛物曲线的物体(如香蕉)，是否可能完全没有高斯歧点？为什么(或为什么不行)？

13.11 使用方程式计算辩证法来证明，对于一般曲面来说，不会发生线与表面有 6 次或多于 6 次的接触(提示:对定义接触的参数进行计数)。

13.12 看到一个渐近曲线与它的球面图像具有垂直切线。线曲率是主方向场的积分曲线。请证明这些曲线与它们的高斯映射具有平行的切线。

13.13 使用抛物曲线的高斯映射是与其相交的渐近曲线的包络这样一个事实，给出以下事实的另一个证明方法，即一对歧点在唇事件或喙对喙事件中出现(或消失)。

13.14 画出圆环面的外观图和对应的视觉事件。

提示：曲面的抛物曲线为位于各自方向的顶部和底部的两个圆。拐节点曲线是位于部分曲面的中央双曲线的两个平行圆。

第 14 章　深 度 数 据

本章讨论深度数据(或者景深图像)，这种图像存储的不再是亮度和颜色信息，而是与每一个像素相关的射线与摄像机观察到的场景的第一次交点的深度信息。从一定意义上说，一幅深度图像正是立体视觉、运动或其他从视觉恢复形状的模块期望的输出。但是，本章集中讨论主动传感器获得的深度图像。主动传感器向场景投影某种光模式，以此来避开建立对应结果的困难和时间消耗问题，并构造出紧密和准确的深度图像。在对测距技术进行一个简洁的回顾后，本章将讨论图像分割、多幅图像的匹配、三维模型重构和对象识别，集中于深度数据领域中这些问题的相关方面。并在最后采用 Kinect 深度数据获取相机所获取的深度数据来实现姿态估计算法，Kinect 为 2010 年微软开发的一款体感游戏的体感设备，用于获取自然人体运动以控制视频游戏里人物的运动。

14.1　主动深度传感器

基于三角测距技术的主动深度传感器可以回溯到 20 世纪 70 年代早期(例如，Agin 1972；Shirai 1972)。它们使用了与被动立体视觉系统相同的工作原理，其中一个摄像机被受控的照明光源(结构光)替代，从而避开了第 7 章所提到的对应问题。例如，一个激光器和一对旋转镜可以用来顺序地扫描某一表面，在这种情况下，正如传统的立体视觉系统一样，激光束打在感兴趣的物体表面上的光点的位置，被认为是该点与其投影点连线的投影射线与光线的交点。与传统立体视觉系统不同的是，激光点一般很容易识别，因为它比其他场景点更亮(尤其是当只能通过激光波长的滤波器放在摄像机前面时)，因此避免了对应问题。类似地，激光束能够用柱状的镜头变换为光平面(见图 14.1)。这简化了深度传感器的机械设计，因为它仅仅需要一个旋转镜子。或许更重要的是，它缩短了用于获取一幅深度图像的时间，因为激光带——等价于图像的整个一列，能够在每一帧中得到。应该注意的是，这种设置不会带来匹配不确定性，因为与激光点相关的每一个图像像素的激光点，可以由对应投影射线与光平面的(唯一)交点得到。

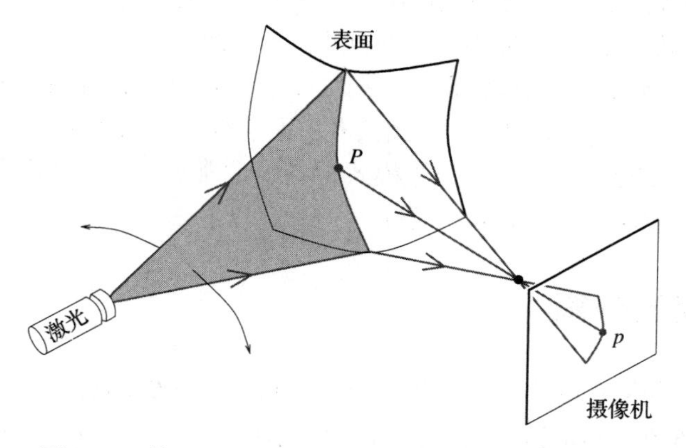

图 14.1　使用平面光扫描一个物体表面的深度传感器

这两种技术的各种变种，包括使用多个摄像机以提高测量精度和使用(也许是随时间编码的)二维模式光以提高数据获取速度。主动三角测距技术的主要缺点是数据获取速度低，在被物体遮挡的激光点处的图像数据会丢失，以及镜面反射导致的数据丢失和错误数据。后者对于所有的主动测距技术事实上是非常普遍的：纯粹的镜面反射面不会向摄像机的方向反射任何光线，除非它恰巧放在对应镜子反射的方向。最糟糕的是，反射光线可能引入二次反射，导致错误的距离度量。其他困难包括保持激光带在整个扫描过程中聚焦，以及随着距离的增加，所有三角测距技术固有的精度丢失问题(参考第 7 章的习题，本质上这是由于深度与误差成反比的事实)。现在已有市场销售的基于三角测距技术的扫描仪器。图 14.2 给出一个采用 Minolta VIVID 深度探测器获取的例子，该深度探测器可以获得 200 ×200 分辨率的深度数据和对应的 400 ×400 的彩色图像，每帧运行时间 0.6 s，有效操作距离为 0.6 ~2.5 m。

图 14.2 展示了使用美能达 VIVID 深度传感器获得深度数据。正如本章其他的几幅图像，深度图是由从透视角度观察到$[x,y,z(x,y)]$的点获得的阴影网格图(Courtesy of D. Huber and M. Hebert)

第二种主要的主动测距技术涉及一个信号发射器、一个接收器和用于计算信号从深度传感器发射出去到与感兴趣的物体表面相交的整个过程的飞行时间。这种飞点扫描(time-of-flight, TOF)深度传感器一般装有一个扫描装置，发射器和接收器常常是共轴的，因而消除了三角测距技术中一般存在的丢失数据问题。TOF 深度传感器主要有三类：脉冲时延技术，直接度量激光脉冲的飞行时间；AM(调幅)相移深度传感器，度量调幅激光雷达发射光束与反射光束的相位变化，该相位变化在数值上与飞行时间成正比；FM(调频)beat 传感器，度量调频激光束及其反射的频率位移，该位移与来回旅程的飞行时间成正比。与基于三角度量的技术相比，TOF 传感器提供了更远的测量距离(可达几十米远)，适用于室外机器人的导航。

新的技术仍然在不断出现，包括装有声光扫描系统的深度传感器和具有极高的图像获取速率的深度传感器，以及不使用扫描技术，使用具有大的接收器阵列的深度传感器，能够同时分析整个视场的激光脉冲的深度传感器。二维光模式设备也非常成功，例如由 Primesense 公司开发的廉价、实时 Kinect 传感器设备(见 14.5 节)。

14.2 深度数据的分割

本节改写了第 5 章和第 9 章介绍的一些边缘检测和分割方法，使之适用于深度图像的特定情况。正如本节将要介绍的，曲面几何的直接可用性极大地简化了分割过程，因为它为曲面不连续处的定位，以及具有相似形状的相邻面片的合并提供了客观的、具有物理意义的标准。首先从介绍偏微分几何分析学的基本概念开始，因为分析微分几何学是本节对深度图像进行边缘检测的基础。

14.2.1　分析微分几何学的基本元素

这里改写了第 13 章介绍的分析微分几何学的概念。假设在 $\mathbb{E}^3$ 中有一个固定坐标系，并定义该空间为 $\mathbb{R}^3$，定义每一个点用它的坐标向量表示。考虑一个参数曲面，该曲面由一个平滑的(也就是说，无限可微的)映射 $\boldsymbol{x}: U \subset \mathbb{R}^2 \to \mathbb{R}^3$ 所定义，该映射把 $\mathbb{R}^2$ 的开子集 U 中任何一个二元组 (u, v) 与 $\mathbb{R}^3$ 中的一个点 $\boldsymbol{x}(u, v)$ 相关联。为了确保切平面在曲面的任何一点存在，假定偏微分 $\boldsymbol{x}_u \stackrel{\text{def}}{=} \partial \boldsymbol{x}/\partial u$ 和 $\boldsymbol{x}_v \stackrel{\text{def}}{=} \partial \boldsymbol{x}/\partial v$ 是线性无关的。事实上，令 $\boldsymbol{\alpha}: I \subset \mathbb{R} \to U$ 表示一个平滑的平面曲线，其中，$\boldsymbol{\alpha}(t) = (u(t), v(t))$，则 $\boldsymbol{\beta} \stackrel{\text{def}}{=} \boldsymbol{x} \circ \boldsymbol{\alpha}$ 为曲面上的一个空间曲线。根据链式定理，在点 $\boldsymbol{\beta}(t)$ 的曲线 $\boldsymbol{\beta}$ 的切向量为 $u'(t)\boldsymbol{x}_u + v'(t)\boldsymbol{x}_v$，曲面在点 $\boldsymbol{x}(u, v)$ 的切平面平行于由向量 $\boldsymbol{x}_u$ 和 $\boldsymbol{x}_v$ 张成的向量平面。因此，曲面的(单位)法向量为

$$\boldsymbol{N} = \frac{1}{||\boldsymbol{x}_u \times \boldsymbol{x}_v||}(\boldsymbol{x}_u \times \boldsymbol{x}_v)$$

考虑切平面中位于点 $\boldsymbol{x}$ 的一个向量 $\boldsymbol{t} = u'\boldsymbol{x}_u + v'\boldsymbol{x}_v$。容易证明第二基本形式(second fundamental form)可以由下式给出①：

$$\mathrm{II}(\boldsymbol{t},\boldsymbol{t}) = \boldsymbol{t} \cdot d\boldsymbol{N}(\boldsymbol{t}) = eu'^2 + 2fu'v' + gv'^2, \qquad \text{其中} \begin{cases} e = -\boldsymbol{N} \cdot \boldsymbol{x}_{uu} \\ f = -\boldsymbol{N} \cdot \boldsymbol{x}_{uv} \\ g = -\boldsymbol{N} \cdot \boldsymbol{x}_{vv} \end{cases}$$

注意到向量 $\boldsymbol{t}$ 的范围一般不是单位值。我们定义第一基本形式(first fundamental form)为与切平面中两向量点积相关的双线性形式 $\mathrm{I}(\boldsymbol{u}, \boldsymbol{v}) \stackrel{\text{def}}{=} \boldsymbol{u} \cdot \boldsymbol{v}$。可以得到

$$\mathrm{I}(\boldsymbol{t},\boldsymbol{t}) = ||\boldsymbol{t}||^2 = Eu'^2 + 2Du'v' + Gv'^2, \qquad \text{其中} \begin{cases} E = \boldsymbol{x}_u \cdot \boldsymbol{x}_u \\ F = \boldsymbol{x}_u \cdot \boldsymbol{x}_v \\ G = \boldsymbol{x}_v \cdot \boldsymbol{x}_v \end{cases}$$

并且可以知道 $\boldsymbol{t}$ 方向的法曲率可由下式给出：

$$\kappa_{\boldsymbol{t}} = \frac{\mathrm{II}(\boldsymbol{t},\boldsymbol{t})}{\mathrm{I}(\boldsymbol{t},\boldsymbol{t})} = \frac{eu'^2 + 2fu'v' + gv'^2}{Eu'^2 + 2Du'v' + Gv'^2}$$

类似地，与切平面以 $(\boldsymbol{x}_u, \boldsymbol{x}_v)$ 为基的高斯映射的偏微分相关的矩阵可以很容易计算出来：

$$d\boldsymbol{N}(\boldsymbol{t}) = \begin{pmatrix} e & f \\ f & g \end{pmatrix}\begin{pmatrix} E & F \\ F & G \end{pmatrix}^{-1}$$

因此，由于高斯曲率等于 $\mathrm{d}N$ 运算子的行列式的值，它可由下式给出：

$$K = \frac{eg - f^2}{EG - F^2}$$

渐近线的方向和主方向通过参数化同样可以很容易地得到：因为渐近线的方向满足 $\mathrm{II}(\boldsymbol{t},\boldsymbol{t}) = 0$，$u'$ 和 v' 对应的值就是方程 $eu'^2 + 2fu'v' + gv'^2 = 0$ 的解。主方向满足：

$$\begin{vmatrix} v'^2 & -u'v' & u'^2 \\ E & F & G \\ e & f & g \end{vmatrix} = 0 \tag{14.1}$$

例 1　一个很重要的参数化的曲面的例子是 Monge 曲面：考虑曲面 $\boldsymbol{x}(u,v) = (u,v,h(u,v))$。在这种情况下，有

① 这个定义是为了与第 13 章关于方向的约定保持一致。系数 e,f,g 常常反号定义(如 Carmo 1976；Struik 1988)。

$$\begin{cases} \boldsymbol{N} = \dfrac{1}{(1+h_u^2+h_v^2)^{1/2}}(-h_u, -h_v, 1)^{\mathrm{T}} \\ E = 1+h_u^2, F = h_u h_v, G = 1+h_v^2 \\ e = -\dfrac{h_{uu}}{(1+h_u^2+h_v^2)^{1/2}}, f = -\dfrac{h_{uv}}{(1+h_u^2+h_v^2)^{1/2}}, g = -\dfrac{h_{vv}}{(1+h_u^2+h_v^2)^{1/2}} \end{cases}$$

并且高斯曲率具有非常简单的形式:

$$K = \frac{h_{uu}h_{vv} - h_{uv}^2}{(1+h_u^2+h_v^2)^2}$$

例 2 另一个基本例子是在由曲面主方向构成的坐标系中对该曲面的局部参数化，这是 Monge 曲面的一个特例。由于坐标系原点在切平面上，立刻可以得到 $\boldsymbol{h}(0,0) = \boldsymbol{h}_u(0,0) = \boldsymbol{h}_v(0,0) = 0$。正如所期望的，原点处的法向量是 $\boldsymbol{N} = (0,0,1)^{\mathrm{T}}$，并且第一基本形式也是单位向量。正如在习题中所显示的，由式(14.1)可以很容易得到，参数化曲面的坐标曲线是主方向的充要条件是 $f = F = 0$ (这意味着，可展曲面的曲率线是它的平行线和中线)。在讨论的情况中，已经知道 $F = 0$，并且这个条件退化为 $\boldsymbol{h}_{uv}(0,0) = 0$。这种情况中的主曲率就是 $\kappa_1 = e/E = -\boldsymbol{h}_{uu}(0,0)$ 和 $\kappa_2 = g/G = -\boldsymbol{h}_{vv}(0,0)$。特别地，可以写出(0,0)邻域的泰勒展开式

$$h(u,v) = h(0,0) + (u,v)\begin{pmatrix} h_u \\ h_v \end{pmatrix} + \frac{1}{2}(u,v)\begin{pmatrix} h_{uu} & h_{uv} \\ h_{uv} & h_{vv} \end{pmatrix}\begin{pmatrix} u \\ v \end{pmatrix} + \varepsilon(u^2+v^2)^{3/2}$$

其中，h 的导数的参数(0, 0)为了简洁而被省略。这表明曲面在此邻域的最佳二阶近似是由下式定义的抛物线:

$$h(u,v) = -\frac{1}{2}(\kappa_1 u^2 + \kappa_2 v^2)$$

例如第 13 章已经定义的表达式。

14.2.2 在深度图像中寻找阶跃和顶边

本节展示了在深度图像中检测各种边缘的一个方法(Ponce and Brady 1987)。该技术结合了分析微分几何学和尺度空间图像分析技术，用于检测和定位深度数据中的深度和方向不连续位置。图 14.3 中是一个摩托车油瓶的深度图像，该图像用来阐明本节介绍的概念。

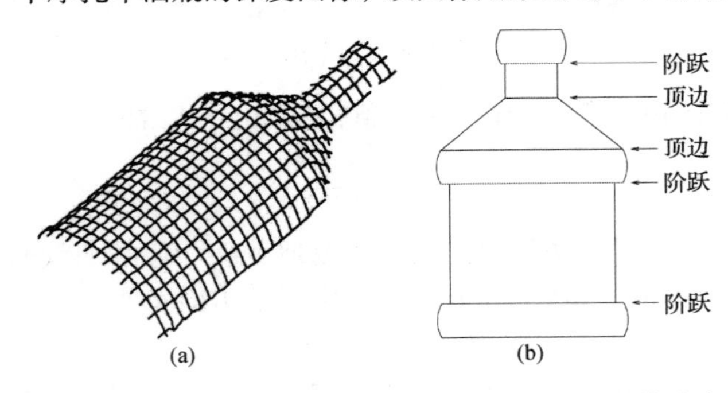

图 14.3 一个油瓶。(a)该油瓶的一幅深度图像(背景已经被阈值消除)；(b)深度和方向的不连续草图。该 128 × 128 图像使用 INRIA 深度传感器(Boissonnat and Germain 1981)获取，该传感器的深度精度约为 0.5 mm

油瓶的曲面可以建模为基于传感器的坐标系中的一个 Monge 曲面 $z(x, y)$，它展示了两种不连续情况：阶跃，实际深度不连续的位置；顶边，深度连续但是方向急剧改变的位置。正如下

一节所示，在高斯平滑下描述阶跃和顶边的分析模型的性能是可能的，它们也相应地产生了抛物点和主曲率在对应的主方向上的极值。这是算法 14.1 多尺度边缘检测框架的基础。

算法 14.1　基于模型的边缘检测算法(Ponce and Brady 1987)

1. 使用尺度集合 $\sigma_i(i=1,\cdots,4)$ 的高斯分布对深度数据平滑。计算平滑后的图像 $z_{\sigma_i}(x,y)$ 上的每一点的主方向和曲率。
2. 在每一幅平滑后的图像 $z_{\sigma_i}(x,y)$ 上标出高斯曲率的过零点和支配主曲率在对应主方向的极值。
3. 使用分析的阶跃和顶边模型对各尺度上发现的特征进行匹配，并输出在曲面不连续处的点。

边缘模型　在不连续处的邻域，曲面形状在不连续的方向比在其正交的方向改变得更快。相应地，在本节后续部分假设不连续的方向就是主方向之一，相应的主曲率在该方向上发生急剧变化，而另外一个仍然接近于零。这可以把注意力限定于曲面不连续处的柱形模型上[例如，形式为 $z(x,y)=h(x)$ 的模型]。这些模型仅仅在边缘的邻域有效，其 $x-z$ 平面的方向与对应的主分量方向一致。

特别地，阶跃边缘可以用被垂直的分裂线分开的两个倾斜的半平面来建模，两个半平面的法线在 $x-z$ 平面上。该模型就是柱形模型，研究它的单变量公式(见图 14.4，左图)就足够了，其方程为

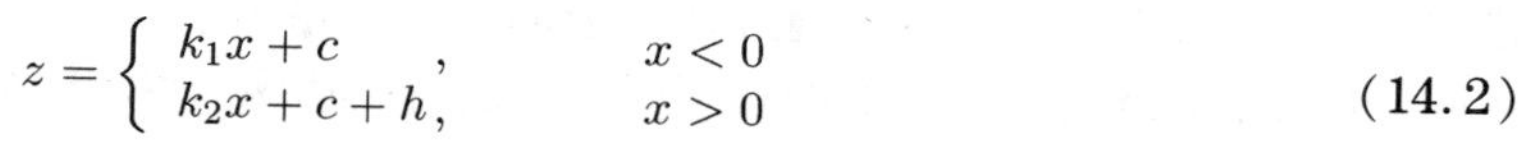

$$z=\begin{cases} k_1x+c, & x<0 \\ k_2x+c+h, & x>0 \end{cases} \tag{14.2}$$

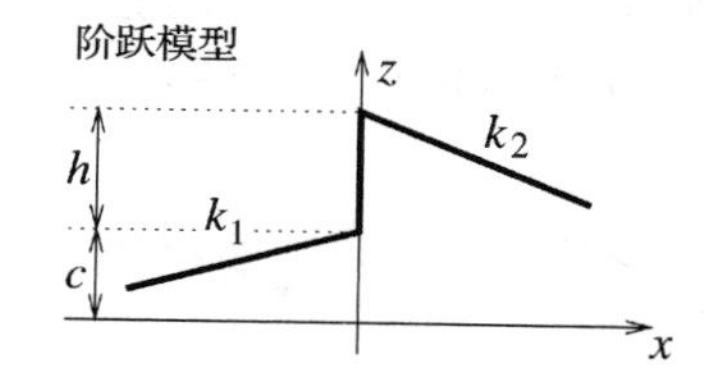

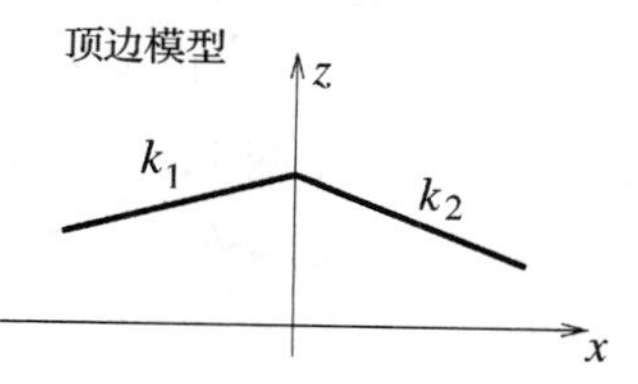

图 14.4　边缘模型：阶跃模型的两个半平面在原点处被距离 h 分离，顶边模型的两个半平面在原点处连接

在该表达式中，c 和 h 是常数，h 表示间隙的大小，k_1 和 k_2 表示两个半平面的斜率。引入新的常量 $k=(k_1+k_2)/2$ 和 $\delta=k_2-k_1$，很容易发现(见习题)，把 z 函数与高斯函数的二阶导数进行卷积可以得到

$$z''_\sigma \stackrel{\text{def}}{=} \frac{\partial^2}{\partial\sigma^2}G_\sigma * z = \frac{1}{\sigma\sqrt{2\pi}}(\delta-\frac{hx}{\sigma^2})\exp(-\frac{x^2}{2\sigma^2}) \tag{14.3}$$

正如第 13 章的习题所显示的，绕参数曲线的曲率是 $\kappa=\|\boldsymbol{x}'\times\boldsymbol{x}''\|/\|\boldsymbol{x}'\|^3$。在平面曲线的情况下，曲率可以赋以一个有意义的符号，并且该公式变为 $\kappa=(\boldsymbol{x}'\times\boldsymbol{x}'')/\|\boldsymbol{x}'\|^3$，其中的“×”这一次表示与 $\mathbb{R}^2$ 中的两个向量相关的坐标的行列式操作。对应的曲率 κ_σ 在 $x_\sigma=\sigma^2\delta/h$ 处消失。当 $k_1=k_2$ 时该点只能在原点，其他情况下它的位置是 σ 的二次函数。这启发了使用主曲率之一(等价于高斯曲率)的过零点来定位阶跃边缘，其位置随着尺度的变化而改变。为了定性地刻画这些特征与 d 的函数关系，并且注意到，由于 $z''_\sigma=0$ 在 x_σ 处等于零，有

$$\frac{\kappa''_\sigma}{\kappa'_\sigma}(x_\sigma)=\frac{z''''_\sigma}{z''_\sigma}(x_\sigma)=-2\frac{\delta}{\sigma}$$

换句话说，曲率的二阶导数与一阶导数的比与 σ 无关。

顶边的一个分析模型可以在阶跃模型中(见图 14.4，右图)令 $h=0$ 和 $\delta\neq0$ 而得到。在该情况下，很容易证明(见习题)

$$\kappa_\sigma=\frac{1}{\sigma\sqrt{2\pi}}\frac{\delta\exp(-\frac{x^2}{2\sigma^2})}{\left[1+\left(k+\frac{\delta}{\sqrt{2\pi}}\int_0^{x/\sigma}\exp(-\frac{u^2}{2})\mathrm{d}u\right)^2\right]^{3/2}}\tag{14.4}$$

进一步可以知道，当 $x_2=\lambda x_1$ 和 $\sigma_2=\lambda\sigma_1$ 时，一定有 $\kappa_{\sigma_2}(x_2)=\kappa_{\sigma_1}(x_1)/\lambda$。因而，$|\kappa_\sigma|$的最大值一定是与 σ 成反比，它到原点的距离与 σ 成正比。该最大值在 σ 趋近于零时趋向于无穷，表明通过寻找局部曲率极值可以定位顶边。在真实的深度数据中，应该在主方向上寻找，这与在曲面边缘邻域的局部形状变化的假设相吻合。

计算主曲率和主方向 根据上一节推导出来的模型，阶跃和顶边都可以通过寻找高斯曲率的过零点和在主方向上的主曲率的极值来定位。计算这些微分量要求估计深度图像中每一点上的深度函数的一阶和二阶偏导数。由第5章可知，这可以通过把图像与高斯函数的导数进行卷积来得到。然而，深度图像与一般的图像不同：例如，在一般的图像中阶跃边缘邻域的像素值常常假设为分段不变的①，该假设对于 Lambertian 物体成立，因为一阶导数意义上，曲面的形状在边缘附近是分段不变的，在此情况下，就具有分段平面的密度。相反，深度数据的分段不变(局部)模型一般是不能满足的。类似地，在一般的图像中沿显著边缘对比度的最大值一般假定为大致相同。然而在深度数据中，有两种不同类型的阶跃边缘：将刚体彼此及刚体及其背景之间互相分离的较大的深度不连续性，以及通常分离同一曲面各个片段的较小的间隙。本节讨论的边缘检测技术主要是针对后一种情况的。盲目地在物体边缘使用高斯平滑将会引入急剧的形状变化，可能会破坏感兴趣的曲面细节(见图 14.5，左图和中图)。

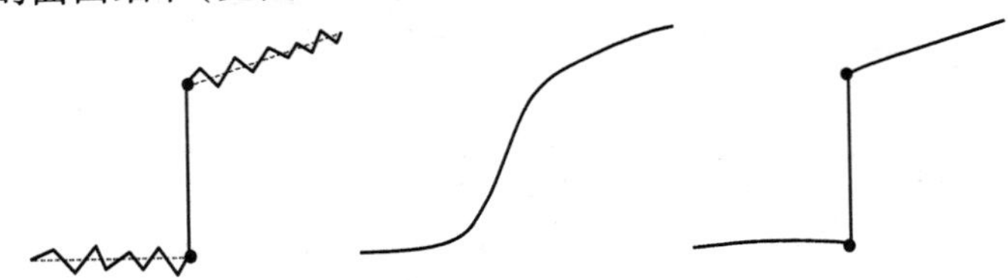

图 14.5 深度数据平滑的示意图。左图：噪声深度数据位于一个(很大)不连续深度上。中图：高斯平滑的结果。右图：采用微型算子移除噪声并保留关键形状特征的平滑

这就提示应该首先检测主要的深度不连续处，然后把平滑过程限制在由边界包围的曲面片中。这可以通过把深度图像与微型算子进行卷积而得到(Terzopoulos 1984)，这些算子都是一些线性模板，组合在一起形成了一个 3 ×3 的均值掩码；例如，

$$\begin{matrix}1&&\\&2&\\&&1\end{matrix}+\begin{matrix}2&4&2\end{matrix}+\begin{matrix}2\\4\\2\end{matrix}+\begin{matrix}&&1\\&2&\\1&&\end{matrix}=\begin{matrix}1&2&1\\2&12&2\\1&2&1\end{matrix}$$

根据中心极限定理，循环使用 3 ×3 掩码(归一化从而保证权值和为一)与图像卷积，几次迭代后所产生的结果，近似于对图像使用方差正比于$\sqrt{n}$的高斯进行平滑。为了避免平滑跨过不连续处，不使用跨过不连续处的微型算子，并且对余下的再一次归一化，从而使权值的和等于 1，其(理想的)效果见图 14.5 右图。

① 这与前一节提到的$k_1=k_2=0$的模型对应。注意到在这种情形下，零交叉点并不会随着尺度的变化而变化。

对曲面进行平滑操作以后，就可以通过有限次差分得到高度函数的偏导数。高度函数的梯度可以通过把平滑后的图像与以下形式的掩码卷积而得到：

$$\frac{\partial}{\partial x}=\frac{1}{6}\begin{array}{|c|c|c|}\hline -1&0&1\\\hline -1&0&1\\\hline -1&0&1\\\hline\end{array} \quad \text{和} \quad \frac{\partial}{\partial y}=\frac{1}{6}\begin{array}{|c|c|c|}\hline 1&1&1\\\hline 0&0&0\\\hline -1&-1&-1\\\hline\end{array}$$

Hessian 矩阵可以通过把平滑后的图像与以下掩码卷积而得到：

$$\frac{\partial^2}{\partial x^2}=\frac{1}{3}\begin{array}{|c|c|c|}\hline 1&-2&1\\\hline 1&-2&1\\\hline 1&-2&1\\\hline\end{array},\quad \frac{\partial^2}{\partial x\partial y}=\frac{1}{4}\begin{array}{|c|c|c|}\hline -1&0&1\\\hline 0&0&0\\\hline 1&0&-1\\\hline\end{array},\quad \text{和} \quad \frac{\partial^2}{\partial y^2}=\frac{1}{3}\begin{array}{|c|c|c|}\hline 1&1&1\\\hline -2&-2&-2\\\hline 1&1&1\\\hline\end{array}$$

一旦知道了导数，主方向和主曲率可以很容易计算出来。在实际中，对于适度噪声深度数据，使用该算法进行 20 ~80 次的迭代后，可以得到很好的结果。例如，在油瓶的深度数据上进行 20 次迭代后，产生两组主方向，正如所期望的，它们位于油瓶的子午线和旋转平行线上。

特征的多个尺度上的匹配　给定主曲率和主方向，抛物点可以通过高斯曲率的（无向的）过零点很容易地检测出来。主曲率在沿着对应的主方向上的局部最大值可以使用第 5 章讨论的非最大抑制技术得到。虽然在高分辨率中（例如仅仅经过一些迭代之后）存在一定量的噪声，但情况会随着平滑过程而改进。由于噪声而检测到的特征也能够通过对抛物点斜率的过零点和主曲率极值的大小进行阈值操作而排除，至少是部分排除。然而，实验显示平滑和阈值操作并不足以消除所有造成假象的特征。尤其是图 14.6（左图）所显示的情况，平行于油瓶的曲率极值随着平滑过程越来越清晰。这是因为靠近油瓶遮挡边界的点比起靠近油瓶中心的点被微型算子平滑的程度低。

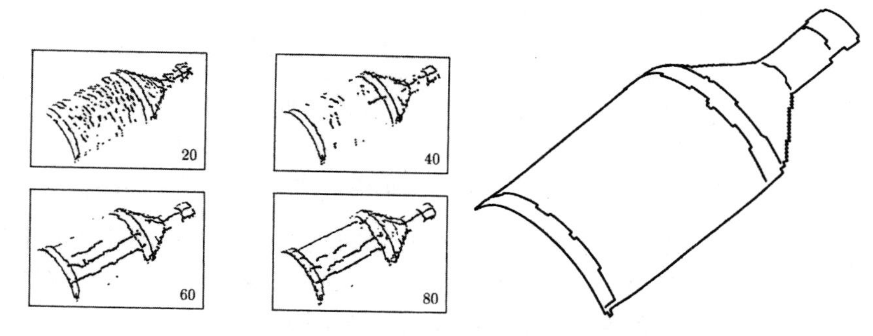

图 14.6　在油瓶深度图像中寻找阶跃和顶边。左图：分别及经过 20、40、60 和 80 次平滑迭代和阈值化后检测的特征。阈值是凭经验选择的以消除大部分错误特征，同时保留了对应真实曲面不连续处的特征。这是一些假象，例如平行于油瓶轴线的曲率的极值仍然存在。右图：基于模型的边缘检测的输出结果：油瓶的三个阶跃边缘和两个顶边不连续处被正确地识别出来（Reprinted from “Towards a Surface Primal Sketch,” by J. Ponce and J. M. Brady, in THREE-DIMENSIONAL MACHINE VISION, T. Kanade(ed.), pp. 195-240, Kluwer Academic Publishers, (1987). © 1987 Kluwer Academic Publishers）

多尺度的边缘检测可以解决这个问题。由粗到精地跟踪特征，在一个给定的尺度下，所有的在较粗一级尺度中没有祖先的特征将被删除。主曲率的演变及其导数也被监视。跟踪留下来的比率 $\kappa_\sigma''/\kappa_\sigma'$ 在跨尺度时基本保持常数的抛物线特征将作为阶跃边缘点输出，而 $\sigma\kappa_\sigma$ 基本保持不变的主曲率的极值点作为顶边边缘点输出。最后，由于这两个模型的对应过零点或者极值点与实际不连续处的距离随着尺度增大而增大，因此最精细的尺度用于边缘定位。图 14.6（右图）显示了使用该策略在油瓶深度图像上得到的检测结果。

14.2.3 把深度图像分割为平面区域

在上一节看到，在照片图像和深度图像中，边缘检测使用的是完全不同的方法。在图像分割中也是类似。尤其是，有意义的分割标准在亮度领域是难以找到的，因为像素的亮度(或者颜色)仅是形状或者反射性等物理特性的一种线索。然而，在深度领域，几何信息是直接可用的，使得可以使用表面点集与它们最佳拟合平面之间的距离作为有效的分割标准。本类方法的一个较好的例子是 Faugeras and Hebert(1986)提出的区域增长法。该算法通过维护一个图来迭代地合并平面片，图的节点是面片，弧线是连接相邻面片的公共边界。每一条弧线都有一个成本(cost)，大小等于这两个平面片上的点与它们的最佳拟合平面的平均误差。总是选择最好的弧线，并且合并对应的面片。注意，与这些面片相关联的弧线必须被删除，而连接新的面片与它们的相邻面片的弧线必须加入进来。过程参见图 14.7。

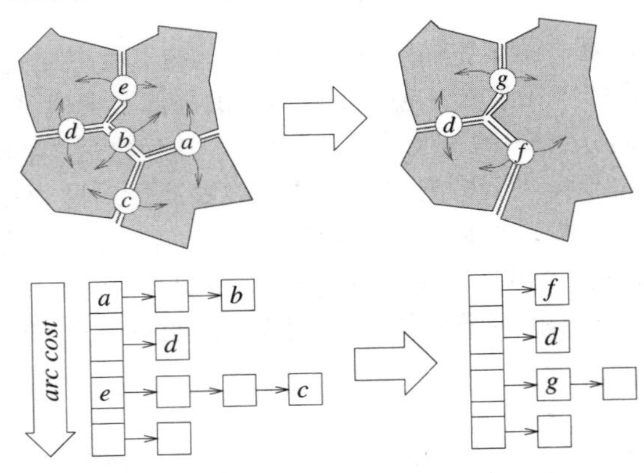

图 14.7 本图说明了区域增长过程的一次迭代，其中以标有 a 的最小成本弧线为界的两个曲面片被合并在一起。下部的堆阵也被更新；弧线a，b，c和e被删除，两条新的弧线f和g被创建并加入图中

图的结构是使用深度数据的三角化来初始化的，并通过运行一个活动弧线的堆阵(heap)来更新。三角化或者可以直接从一幅深度图像中构造出来(通过沿着四边形的一条对角线上的像素进行分割得到)，或者从由多幅图像构造的整体表面模型中构造出来。存储活动弧线的堆阵可以用一个桶阵列来表示，以增加的时间消耗为序，支持快速的插入和删除操作(见图 14.7，下图)。图 14.8 展示了一个例子，其中的小汽车零件使用大约 60 个平面片来近似。

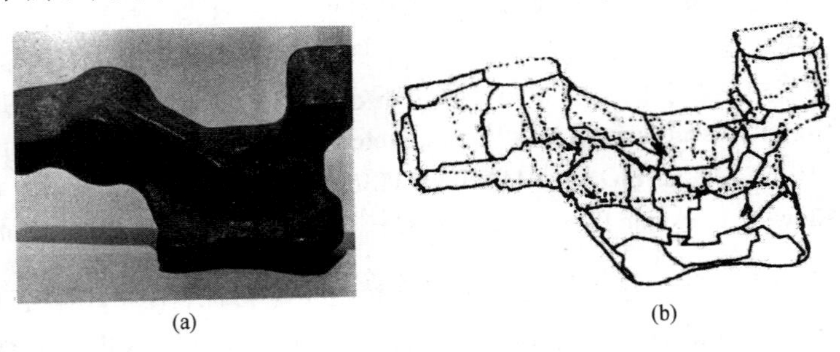

(a) (b)

图 14.8 Renault 小汽车零件。(a) 零件照片；(b) 零件模型("The Representation, Recognition, and Locating of 3D Objects," by O. D. Faugeras and M. Hebert, International Journal of Robotics Research, 5(3):27-52, (1986). © 1986 Sage Publications. Reprinted by permission of Sage Publications)

14.3 深度图像的配准和模型获取

实际物体的几何模型在机械制造时非常有用(例如,用于处理、装配规划或者检验)。与本书主题更相关的是,它们同时也是许多物体识别系统的关键组成部分,并且在娱乐业中的需求越来越多,例如在故事影片和视频游戏中经常出现真实物体的合成图像(第 19 章将对该问题进行详细讨论)。深度图像为构造物体的准确几何模型提供了非常好的数据,但是单一图片最多只能显示某一固体表面的一半,整个固体模型的构造要求集成多幅深度图像。本节讨论把多幅图像配准到同一坐标系中的问题,以及把这些图像提供的三维数据融合成一幅集成的曲面模型的问题。在解决这两个问题之前,首先介绍四元组,在本节的配准问题和下一节的识别问题中,它为从点和平面的对应中估计刚体变换提供了一个线性的方法。在本章后面我们假设在 $\mathbb{E}^3$ 中存在一个固定的坐标系,并定义该空间为 $\mathbb{R}^3$,每一个点由其坐标向量定义。

14.3.1 四元组

四元组是由 Hamilton(1844)发明的。类似于平面中的复数,它可以方便地用于表示空间中的旋转。四元组 q 由它的实部——一个标量 a 和虚部——$\mathbb{R}^3$ 中的一个向量 $\boldsymbol{\alpha}$ 定义,并且一般表示为 $\mathrm{q}=a+\boldsymbol{\alpha}$。实数可使用虚部为零的四元组表示,向量可以看做实部为零的四元组,四元组的加法定义为

$$(a+\boldsymbol{\alpha})+(b+\boldsymbol{\beta}) \stackrel{\text{def}}{=} (a+b)+(\boldsymbol{\alpha}+\boldsymbol{\beta})$$

一个四元组与一个标量相乘一般表示为 $\lambda(a+\boldsymbol{\alpha}) \stackrel{\text{def}}{=} \lambda a+\lambda\boldsymbol{\alpha}$,并且这两个操作给出整个四元组的一个四维向量空间的结构。

也可以定义两个四元组相乘:

$$(a+\boldsymbol{\alpha})(b+\boldsymbol{\beta}) \stackrel{\text{def}}{=} (ab-\boldsymbol{\alpha}\cdot\boldsymbol{\beta})+(a\boldsymbol{\beta}+b\boldsymbol{\alpha}+\boldsymbol{\alpha}\times\boldsymbol{\beta})$$

四元组加上前面定义的加及乘操作,形成了一个非交换域。其零元和单位元分别是常数 0 和 1。

四元组 $\mathrm{q}=a+\boldsymbol{\alpha}$ 的共轭是 $\bar{\mathrm{q}} \stackrel{\text{def}}{=} a-\boldsymbol{\alpha}$,它有一个相反的虚部。四元组的二次范式定义为

$$||\mathrm{q}||^2 \stackrel{\text{def}}{=} \mathrm{q}\bar{\mathrm{q}}=\bar{\mathrm{q}}\mathrm{q}=a^2+||\boldsymbol{\alpha}||^2$$

很容易证明,对于任何四元组对 q 和 q',有 $\|\mathrm{q}\mathrm{q}'\|=\|\mathrm{q}\|\ \|\mathrm{q}'\|$。

现在可以看出四元组

$$\mathrm{q}=\cos\frac{\theta}{2}+\sin\frac{\theta}{2}\boldsymbol{u}$$

表达了在以下意义上围绕向量 $\boldsymbol{u}$ 的角度 θ 的旋转 $\mathcal{R}$:如果 $\boldsymbol{\alpha}$ 是 $\mathbb{R}^3$ 中的某一向量,那么

$$\mathcal{R}\boldsymbol{\alpha}=\mathrm{q}\boldsymbol{\alpha}\bar{\mathrm{q}} \tag{14.5}$$

注意到 $\|\mathrm{q}\|=1$ 并且 $-\mathrm{q}$ 同样表达了旋转 $\mathcal{R}$。反过来,与某一给定单位四元组 $\mathrm{q}=a+\boldsymbol{\alpha}$, $\boldsymbol{\alpha}=(b,c,d)^{\mathrm{T}}$ 相对应的旋转矩阵 $\mathcal{R}$ 是

$$\mathcal{R}=\begin{pmatrix} a^2+b^2-c^2-d^2 & 2(bc-ad) & 2(bd+ac) \\ 2(bc+ad) & a^2-b^2+c^2-d^2 & 2(cd-ab) \\ 2(bd-ac) & 2(cd+ab) & a^2-b^2-c^2+d^2 \end{pmatrix} \tag{14.6}$$

该表达式可以由式(14.5)很容易地推导出来(注意:4 个参数 a, b, c, d 相互不独立,因为它们满足约束 $a^2+b^2+c^2+d^2=1$)。

最后,如果 q_1 和 q_2 是单位四元组,并且 $\mathcal{R}_1$ 和 $\mathcal{R}_2$ 是对应的旋转矩阵,那么四元组 $\mathrm{q}_1\mathrm{q}_2$ 和 $-\mathrm{q}_1\mathrm{q}_2$ 都表示了旋转矩阵 $\mathcal{R}_1\mathcal{R}_2$。

14.3.2 使用最近点迭代方法配准深度图像

Besl and McKay(1992)提出了一个可以配准两个三维点集的算法(也就是说，计算映射第一个点集到第二个点集的刚体变换)。他们的算法简单地通过以下步骤迭代地最小化两个点集之间的平均距离：首先通过把每一个场景点与最近的模型点进行匹配来建立场景与模型特征间的对应，估计场景点到其匹配点之间的刚体变换，最后对场景应用计算出来的变换。当匹配点之间的平均距离小于某些给定阈值时迭代停止。最近点迭代(ICP)算法的伪代码见算法 14.2。

算法 14.2 Besl and McKay(1992)的最近点迭代算法

辅助函数 Initialize-Registration 使用一些基于矩的全局配准方法，例如计算把场景映射到模型的刚体变换的一个初始估计。

函数 Return-Closest-Pairs 返回匹配的点索引(i, j)，i 和 j 满足点 j 是点 i 的最近点。

函数 Update-Registration 从所选择的场景和模型中的点估计出刚体变换，而函数 Apply-Registration 对场景中的所有点应用刚体变换。

```
Function ICP(Model, Scene);
begin
E′← +∞;
(Rot, Trans)←Initialize-Registration(Scene, Model);
repeat
  E←E′;
  Registered-Scene ← Apply-Registration(Scene, Rot, Trans);
  Pairs←Return-Closest-Pairs(Registered-Scene, Model);
  (Rot,Trans,E′)←Update-Registration(Scene, Model, Pairs, Rot, Trans);
  until |E′ - E| < τ;
return(Rot, Trans);
end.
```

很容易证明，算法 14.2 在每一次迭代中都保证使得误差 E 单调减小：事实上，平均误差在匹配过程中不断减小，并且单个误差在决定最近点对的过程中也减小。算法本身不能保证收敛到全局(甚至于局部)最小值，并且需要为算法提供一个合理的刚体变换的初始猜测。为此出现了该算法的一些变种，其中包括对所有可能的变换粗略地采样及使用场景点和模型点集合的矩来估计变换。

寻找最近点对 在算法的每一次迭代中，对给定的场景点 S 寻找模型中的最近点 M 时需要(不严格的)$O(n)$时间，其中 n 是模型中的点的数目。事实上，有许多算法可以在附加的预处理时间下，在 $\mathbb{R}^3$ 中搜索最近点，例如使用 k-d 树(Friedman et al. 1977，对数查询时间仅仅是平均情况)或者更复杂的数据结构。Clarkson(1988)的广义随机算法需要预处理时间 $O(n^{2+\varepsilon})$，其中 ε 是任意小的正数，且查询时间是 $O(\log n)$。可以通过缓存以前的计算结果来提高再次查询的效率。例如 Simon et al. (1994)在每一次 ICP 算法的迭代中存储每一个场景点的最近 k 个邻近点。由于刚体变换的逐步更新一般很小，很可能某一点的最邻近点在一次迭代后就存在于前一次迭代的k 个最邻近点中。事实上，有效地确定最邻近点是否在缓存中是可能的[细节见 Simon, Hebert, and Kanade(1994)]。

估计刚体变换　在由旋转矩阵 $\mathcal{R}$ 和平移向量 $\boldsymbol{t}$ 定义的刚体变换下，点 $\boldsymbol{x}$ 被映射到 $\boldsymbol{x}'=\mathcal{R}\boldsymbol{x}+\boldsymbol{t}$。因此，给定 n 对匹配点 $\boldsymbol{x}_i$ 和 $\boldsymbol{x}_i'$，其中 $i=1,\cdots,n$，寻找使得误差 E 最小的旋转矩阵 $\mathcal{R}$ 和平移向量 $\boldsymbol{t}$，

$$E=\sum_{i=1}^{n}||\boldsymbol{x}_i'-\mathcal{R}\boldsymbol{x}_i-\boldsymbol{t}||^2$$

首先注意到使 E 最小的 $\boldsymbol{t}$ 应该满足

$$0=\frac{\partial E}{\partial \boldsymbol{t}}=-2\sum_{i=1}^{n}(\boldsymbol{x}_i'-\mathcal{R}\boldsymbol{x}_i-\boldsymbol{t})$$

或者

$$\boldsymbol{t}=\bar{\boldsymbol{x}}'-\mathcal{R}\bar{\boldsymbol{x}},\quad \text{其中}\quad \bar{\boldsymbol{x}}\stackrel{\text{def}}{=}\frac{1}{n}\sum_{i=1}^{n}\boldsymbol{x}_i\quad \text{和}\quad \bar{\boldsymbol{x}}'\stackrel{\text{def}}{=}\frac{1}{n}\sum_{i=1}^{n}\boldsymbol{x}_i' \tag{14.7}$$

分别表示两个点集合 $\boldsymbol{x}_i$ 和 $\boldsymbol{x}_i'$ 的质心。

引入中心化的点且 $\boldsymbol{y}_i=\boldsymbol{x}_i-\bar{\boldsymbol{x}}$ 和 $\boldsymbol{y}_i'=\boldsymbol{x}_i'-\bar{\boldsymbol{x}}(i=1,\cdots,n)$，得到

$$E=\sum_{i=1}^{n}||\boldsymbol{y}_i'-\mathcal{R}\boldsymbol{y}_i||^2$$

现在可以用四元组进行如下步骤来最小化 E：令 q 表示与旋转矩阵 $\mathcal{R}$ 相关的四元组。由于 $\|\mathrm{q}\|^2=1$ 及四元组范式的可乘属性，有

$$E=\sum_{i=1}^{n}||\boldsymbol{y}_i'-\mathrm{q}\boldsymbol{y}_i\bar{\mathrm{q}}||^2||\mathrm{q}||^2=\sum_{i=1}^{n}||\boldsymbol{y}_i'\mathrm{q}-\mathrm{q}\boldsymbol{y}_i||^2$$

正如习题中所显示的，这允许将旋转误差改写为 $E=\mathrm{q}^{\mathrm{T}}\mathcal{B}\mathrm{q}$，其中 $\mathcal{B}=\sum_{i=1}^{n}\mathcal{A}_i^{\mathrm{T}}\mathcal{A}_i$ 并且

$$\mathcal{A}_i=\begin{pmatrix}0 & \boldsymbol{y}_i^{\mathrm{T}}-\boldsymbol{y}_i'^{\mathrm{T}}\\ \boldsymbol{y}_i'-\boldsymbol{y}_i & [\boldsymbol{y}_i+\boldsymbol{y}_i']_\times\end{pmatrix}$$

注意，矩阵 $\mathcal{A}_i$ 是非对称的秩为 3 的矩阵，但是矩阵 $\mathcal{B}$ 在有噪声的情况下秩为 4。由第 22 章可知，在约束 $\|\mathrm{q}\|^2=1$ 下最小化 E 是一个线性最小二乘问题，它的解就是与矩阵 $\mathcal{B}$ 的最小特征值相关的特征向量。一旦 $\mathcal{R}$ 已知，$\boldsymbol{t}$ 可以由式(14.7)获得。

结果　图 14.9 展示了一个例子，其中非洲面具的两幅深度图像使用 ICP 算法进行配准。对于该 9 cm 的物体，匹配的平均误差是 0.59 mm。

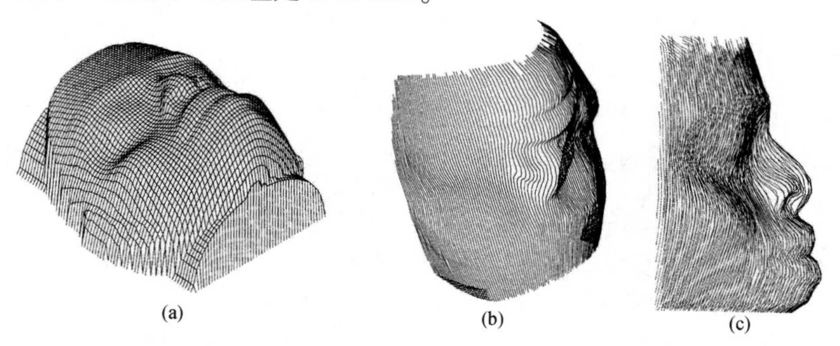

图 14.9　配准结果。(a)使用模型的非洲面具的一幅深度图像；(b)模型的一个(10 中取 1 抽取出来的)视图作为场景；(c)两个数据集配准得到的视图(Reprinted from"A Method for Registration of 3D Shapes," by P. J. Besl and N. D. McKay, IEEE Transactions on Pattern Analysis and Machine Intelligence, 14(2):238-256, (1992). © 1992 IEEE)

14.3.3 多幅深度图像的融合

给定某一固体的配准好的深度图像的一个集合，可以构造该物体集成的曲面模型。在由 Curless and Levoy(1996)提出的方法中，该模型被构造成一个体积密度函数为 $D:\mathbb{R}^3\to\mathbb{R}$ 的零集合 S，即满足 $D(x, y, z)=0$ 的点(x, y, z)的集合。类似于连续密度函数的任意水平集，S 在构造中保证了是封闭不漏水的表面，虽然它也许有几个连通件(见图 14.10)。

当然，困难主要在于从配准的深度度量准则中构造一个合适的密度函数。Curless 和 Levoy 把对应的表面片嵌入一个立方体网格，并对立方体网格的每一个单元，或者说体素(voxel)，赋予一个中心到相交于它的最近表面点的有向深度的加权和(见图 14.11，左图)。该平均有向深度就是期望的密度函数，其零集可以使用经典的技术获得，例如由 Lorensen and Cline(1987)提出的移动立方体(marching cubes)算法，用于从体医学数据中提取同密度曲面。

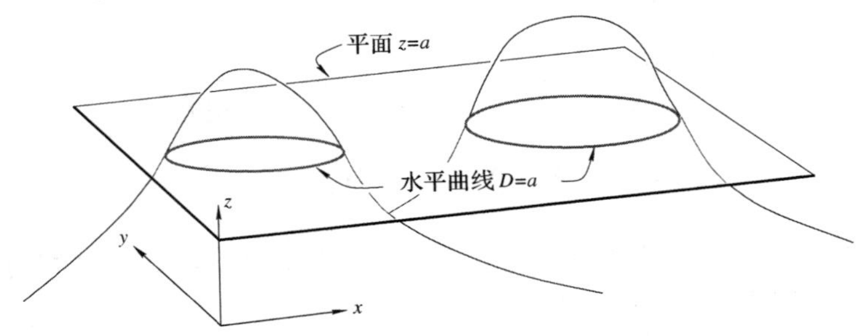

图 14.10 一个体密度函数的 2D 显示及其水平集。在本例中，"体积"显然是(x,y)平面，而"表面"是该平面中的一条曲线，例子中包括两个连通件

对于场景中未观察到部分的不可见曲面片，其体素初始标记为不可见，或者赋予一个等于大正数的深度值(代表正无穷大 $+\infty$)。然后像以前一样对所有接近度量表面片的体素相应地补上有符号距离，最后去除位于观察曲面片和传感器之间的体素(标记为空或者表示负无穷大 $-\infty$ 的深度表示)(见图 14.11，右图)。

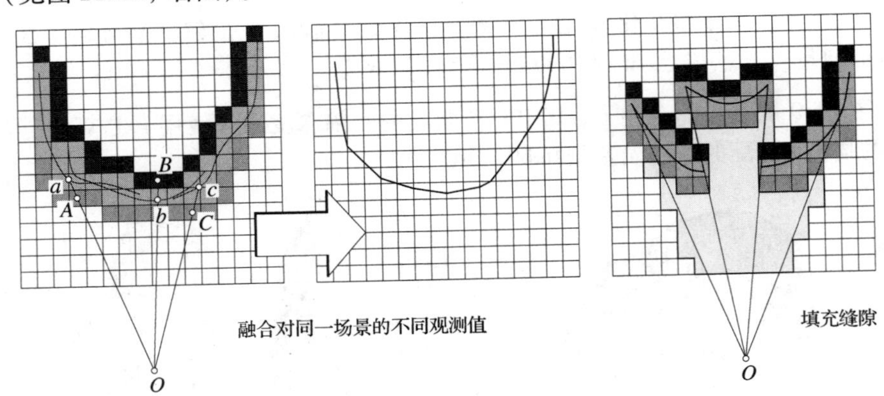

图 14.11 融合多幅深度图像的 Curless-Levoy 方法的一个例子。图的左边部分是位于点 O 的同一传感器观察到的3幅视图，通过计算体素中心(例如点A,B,C)到表面点(例如a,b,c)之间沿着视线的有限距离的加权平均的零集，而将它们融合在一起。一般来说，使用的数据是到不同传感器的深度数据。右边的浅灰色部分是在缝隙填充过程中标记为空的体素集合

图 14.12 展示了一个例子，它是用一个 Cyberware 3030 MS 光学三角深度传感器获得的，即在一个佛像的多幅深度数据中建立的模型，以及通过立体成像从几何模型中构造出来的物理模型。

图 14.12　一个佛像的 3D 传真图。从左到右：佛像照片；深度图像；集成的 3D 模型；空洞填充后的模型；由立体成像得到的物理模型(Courtesy of Marc Levoy. Reprinted from "A Volumetric Method for Building Complex Models from Range Images," by B. Curless and M. Levoy, Proc. SIGGRAPH, (1996). ⓒ 1996 ACM, Inc. http://doi. acm. org/10. 1145/237170. 237269 Reprinted by permission)

14.4　物体识别

现在考虑从深度图像中识别真实物体的问题。前一节介绍的配准技术在本节介绍的两个算法中占据着关键的地位。

14.4.1　使用解释树匹配分段平面表示的表面

Faugeras and Hebert(1986)提出的识别算法是一个递归算法，采用刚体约束来有效地在一个解释树中搜索对应于最佳平面匹配序列的路径，基本程序参见算法 14.3 的伪代码。为了正确处理遮挡问题(以及前面提到的深度传感器最多只能看到面对它的物体的一半的问题)，在搜索的每一个阶段算法都必须考虑，一个模型平面可能不与任何场景平面匹配。一般的处理方式是通过在某一平面的可能匹配列表中插入一个零标号平面。

选择可能的匹配　对于一给定模型平面选择可能的匹配是基于各种标准的，依赖于已经建立的对应的数量，每一个新的对应提供了一个新的几何约束和更加严格的标准。在搜索开始时，我们仅仅知道面积为 A 的模型平面仅能与具有相容面积(也就是说，在范围[αA, βA]内)的场景平面匹配。两个阈值的合理取值可以是 0.5 和 1.1，允许在遮挡区域之间有一些误差，以及达到 50% 的遮挡程度。

在建立第一个对应后，估计映射模型到场景的刚体变换仍然过早，但是任何匹配平面的法线之间的角度 θ 应该大致等于第一对平面法线之间的夹角，或者说在间隔[$\theta-\varepsilon$, $\theta+\varepsilon$]之间到对应平面的法线位于高斯球带内，并且可以通过对高斯球离散化来对它们进行有效的检索，给每一个单元分配一个槽，存储法线落于其中的场景平面(见图 14.13)。

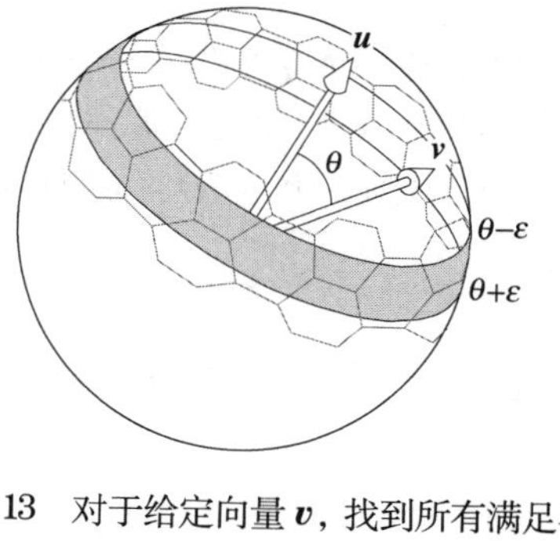

图 14.13　对于给定向量 $\boldsymbol{v}$，找到所有满足与 $\boldsymbol{u}$ 之间的夹角在[$\theta-\varepsilon$, $\theta+\varepsilon$]范围内的向量 $\boldsymbol{u}$，必须注意到，单位球不允许使用规则(球体)多边形进行任意的镶嵌。图表中显示的镶嵌使用的是边长不相等的六边形[对该问题以及各种镶嵌方案的讨论见Horn(1986)的第16章]

加上第二个对应，足以完全确定把模型与场景中的实例分离的旋转：这在几何上是非常清楚的(在下一节中将使用分析学方法证明)，因为一对匹配向量限定旋转轴必须位于平分这些向量的平面内。两对匹配平面确定旋转轴为对应二分平面的交线。给定旋转和第三个模型平面，可以预测它在场景中可能匹配的法线方向，可以使用上面提到的离散高斯球方法来有效地恢复该场景。在得到3对匹配后，可以估计出平移，并且使用平移估计来预测与第4个场景平面匹配的任何场景平面到原点的距离。这对于其他更多的匹配对也是成立的。

算法 14.3 Faugeras and Hebert(1986)的平面匹配算法

递归函数 Match 通过递归地访问解释树以返回最佳的平面匹配对集合。初始调用时，输入空的匹配对列表，将表示旋转和平移的参数 rotation 和 translation 的值置为零，辅助函数 Potential-Matches 返回与模型平面 Π 相容的场景平面子集，以及映射模型平面至其场景匹配的刚体变换的当前估计(细节见正文)。

辅助函数 Update-Registration-2 使用平面对来更新刚体变换的当前估计。

```
Function Match(model, scene, pairs, rot, trans);
begin
bestpairs ← nil; bestscore ← 0;
for Π in model do
  for Π′ in Potential-Matches(scene, pairs, Π, rot, trans)do
    rot ← Update-Registration-2(pairs, Π, Π′, rot, trans);
    (score, newpairs)←Match(model-Π, scene-Π′, pairs +(Π, Π′), rot, trans);
    if score > bestscore then bestscore←score; bestpairs←newpairs endif;
    end for;
  end for;
return bestpairs;
end.
```

估计刚体变换 考虑某一固定坐标系中由方程 $\boldsymbol{n}\cdot\boldsymbol{x}-d=0$ 定义的平面 Π，其中 $\boldsymbol{n}$ 表示该平面的单位法线，d 表示它到原点的有符号距离。在由旋转矩阵 $\mathcal{R}$ 和平移向量 $\boldsymbol{t}$ 定义的刚体变换中，点 $\boldsymbol{x}$ 映射到点 $\boldsymbol{x}'=\mathcal{R}\boldsymbol{x}+\boldsymbol{t}$，Π 映射到平面 Π′，Π′的方程是 $\boldsymbol{n}'\cdot\boldsymbol{x}'-d'=0$，其中

$$\begin{cases}\boldsymbol{n}'=\mathcal{R}\boldsymbol{n}\\ d'=\boldsymbol{n}'\cdot\boldsymbol{t}+d\end{cases}$$

因此，估计 n 个平面 Π_i，到 $\Pi_i'(i=1,\cdots,n)$ 的映射等价于寻找旋转 $\mathcal{R}$ 最小化误差

$$E_r=\sum_{i=1}^{n}||\boldsymbol{n}_i'-\mathcal{R}\boldsymbol{n}_i||^2$$

以及平移 $\boldsymbol{t}$ 最小化误差

$$E_t=\sum_{i=1}^{n}(d_i'-d_i-\boldsymbol{n}_i'\cdot\boldsymbol{t})^2$$

最小化 E_r 的旋转矩阵 $\mathcal{R}$ 可以使用14.4.1节中的方法计算，即使用四元组表示 $\mathcal{R}$，并且求解一个特征向量问题。最小化 E_t 的平移向量 $\boldsymbol{t}$ 是一个(非齐次)线性最小二乘问题的解，该解可以使用第22章中的技术求得。

结果 图14.14展示了使用图14.8中若干的Renault零件得到的检测结果。零件组的深度图像使用14.2.3节的技术分割成平面块，匹配算法在该场景上运行了3次，在下一次迭代前，匹配的面片被移除。正如图中显示的，零件组中的三个零件被正确地识别，并且姿态估计过程的精确度通过计算出的姿态再次投影到模型的深度图像中得到验证。

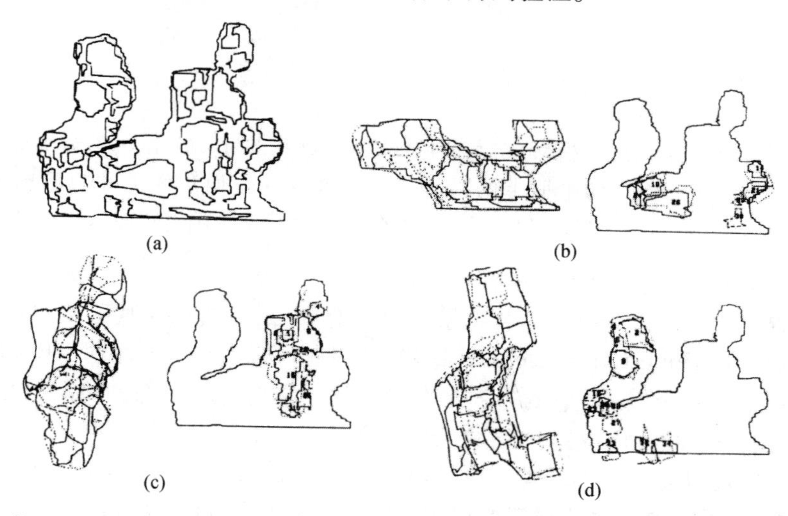

图14.14 识别结果。(a)一个零件组；(b)～(d)在零件组中发现的三个零件。每一个例子中都显示出按照算法估计出的位置和方向的零件模型，以及在该位姿下(用虚线)叠加在对应平面上的深度图像(Reprinted from "The Representation, Recognition, and Locating of 3D Objects," by O. D. Faugeras and M. Hebert, International Journal of Robotics Research, 5(3): 27-52, (1986). © 1986 Sage Publications. Reprinted by permission of Sage Publications)

14.4.2 使用自旋图像匹配自由形态的曲面

在14.2.2节提到，微分几何为描述曲面的局部形状(如在曲面的点的每一个较小的邻域内)提供了一个有力的工具。另一方面，14.2.3节的区域增长算法是为了基于平面片构造一个全局一致的表面描述。本节我们介绍一个半局部曲面，描述Johnson and Hebert(1998, 1999)提出的自旋图像，它在每一个点的较大的邻域内描述了表面的形状。在本节后面，可以证明自旋图像在刚体变换下是不变的，并且提供了一个有效的逐点表面匹配算法，从而跳过了识别过程中的分割。

自旋图像的定义 与14.2.3节一样，假设感兴趣表面Σ以三角网格的形式给定。在每一个顶点的外曲面法线可以通过对顶点及其邻域的拟合平面来估计，并把三角网格转化为有向点的网。给定有向点P，任意一点Q的自旋坐标可以定义为Q与P处的有向法线间的(非负)距离α，以及Q到切平面的(有向)距离β(见图14.15)。相应地，与P点相关联的自旋图像s_P: $\Sigma \to \mathbb{R}^2$对于Σ上的任一点Q定义为

$$s_P(Q) \stackrel{\text{def}}{=} (\underbrace{||\overrightarrow{PQ} \times \boldsymbol{n}||}_{\alpha}, \underbrace{\overrightarrow{PQ} \cdot \boldsymbol{n}}_{\beta})$$

从图14.15中可以看出，该映射不是单射。这并不奇怪，由于自旋图像仅仅提供了一个柱坐标系的部分描述：一般记录了切平面中某些参考向量与$\overrightarrow{PQ}$到该平面的投影之间的夹角的第三个坐标已经不存在。主方向是这样一个参考向量的必然选择，但是把焦点放在自旋坐标上从而避免了它们的计算——该过程因涉及二阶导数而对噪声敏感，而且可能对于平面片或者球面片存在二义性。

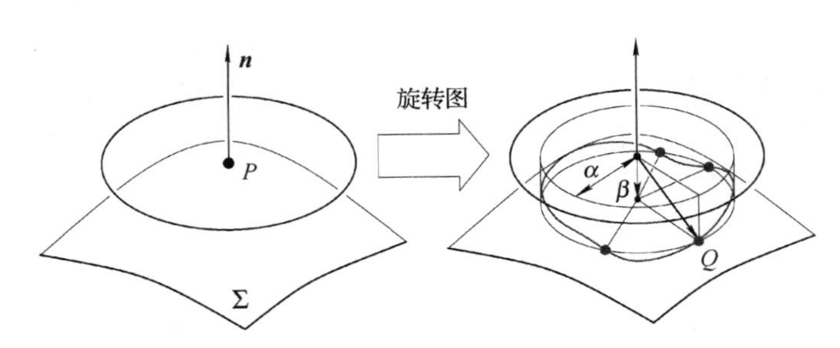

图 14.15　与表面点 P 相关的自旋图像的定义：点 O 的自旋坐标(α,β)分别定义为 $\overrightarrow{PQ}$ 在切平面上的投影的长度及其在表面法线上的投影的长度。注意，在本例中，另外还有三个点与 Q 具有相同的(α,β)坐标

与某一个有向点相关的自旋图像是在该点邻域的 α，β 坐标的直方图。确切地说，α，β 平面被分解为 $\delta\alpha\times\delta\beta$ 个组的矩形阵列，每个组累加由具有 α，β 值的点在其范围内展开的表面总面积[①]。由 Carmichael, Hubert, and Hebert(1999)及习题可以看出，表面网格中的每一个三角形都映射到 α，β 平面的一个区域，它的边界是双曲弧线。它对自旋图像的贡献，可以通过分配每个组来计算，其组是穿过面片位置的区域，组与该组相关的 $\mathbb{R}^3$ 的环形区域有三角形相交(见图 14.16)。这些组可以通过扫描转换查找(Foley et al., 1990)——该过程在计算机图形学中一般用于在较优的时间内，查找直边或者曲边构成的广义多边形所扫过的像素。

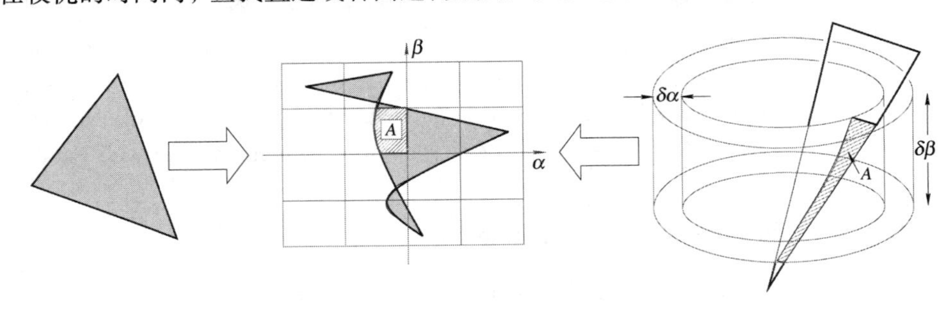

图 14.16　自旋图像的构造：左边显示的三角形被映射到自旋图像中具有双曲边界的一个区域内，与该区域相交的每个组的值用于与该槽相关的环形区域相交的三角部分的面积递增[After Carmichael et al. (1999, Figure 3)]

自旋图像由几个关键参数定义(Johnson and Hebert 1999)：第一个是限于以 P 为中心、半径为 d 的球体范围内，用于构造该图像的支持点的支持距离 d。该球体必须足够大，以便提供较好的描述能力，又必须足够小，以便在遮挡和杂乱情况下仍能识别，实践中，物体直径的十分之一可以是 d 的一个合适的选择。由此，如前所述，自旋图像实际上是在曲面的点的扩展领域内曲面形状的半局部描述。对于复杂环境的鲁棒性，可以通过把支持点上曲面法线的范围限制在以 $\boldsymbol{n}$ 为中心、半角为 θ 的锥形内。与选择支持距离相似，选择 θ 的合适的值也涉及描述能力与对复杂环境的敏感度之间的折中，由经验可知，60 度是该数值的比较合适的选择。定义自旋图像的最后一个参数是槽的大小(像素单位)，或者在给定支持距离下槽的大小(单位为米)。可以证明槽尺寸的合适大小是模型的网格顶点间的平均距离。图 14.17 展示了橡皮鸭表面上的 3 个有向点相关的自旋图像。

① 例如，对于足够小值的 $\delta\alpha$ 和 $\delta\beta$，图 14.15 显示的例子中有 4 个连接成分，分别对应集中在与 Q 有相同 α、β 的点的小的图像块。

自旋图像的匹配 自旋图像的一个最重要的特点是，在刚体变换下它们是不变的。因此，原则上相关计算等图像比较技术，可以用于匹配与场景中的有向点及物体模型相关联的自旋图像：然而事情并不那么简单。已经注意到，自旋映射不是单射的；一般来说，也不是满射，并且对于没有与物理表面点对应的 α, β 值可能出现空槽(零值像素)。遮挡也可以引起场景图像中出现零像素，而杂乱的背景也可能引入不相关的非空槽。因此，把两幅图像的比较限制在一般的非零像素是合理的，在这种情况下，Johnson and Hebert(1998)证明

$$S(\boldsymbol{I}, \boldsymbol{J}) \stackrel{\text{def}}{=} [\text{Arctanh}(C(\boldsymbol{I}, \boldsymbol{J}))]^2 - \frac{3}{N-3}$$

是对两幅重叠区域包含 N 个像素，并使用 $\mathbb{R}^N$ 中的向量 $\boldsymbol{I}$ 和 $\boldsymbol{J}$ 表示自旋图像的合适的相似性度量。在该公式中，$C(\boldsymbol{I},\boldsymbol{J})$ 表示向量 $\boldsymbol{I}$ 和 $\boldsymbol{J}$ 的归一化相关系数，并且 Arctanh 表示双曲正切函数。基于相似性度量，可以给出一个使用自旋图像进行逐点对应的识别过程的轮廓(见算法 14.4)。

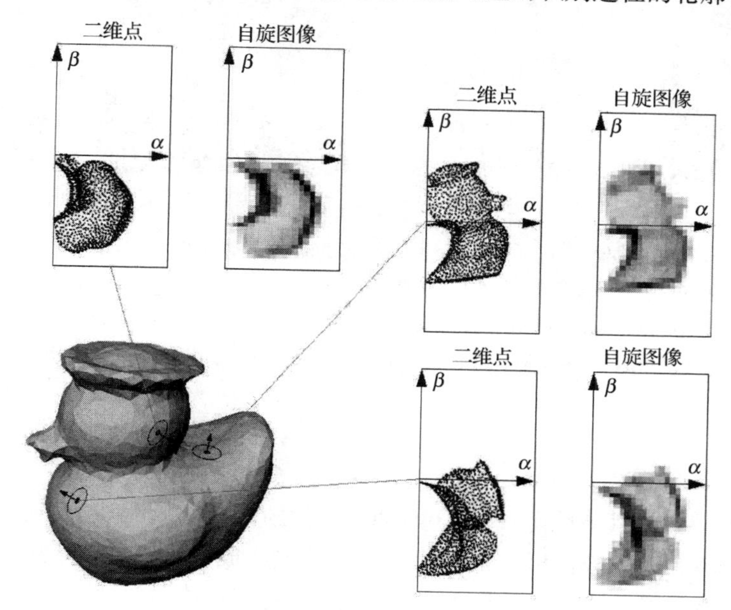

图 14.17 橡皮鸭表面上的三个有向点及其对应的自旋图像。网格顶点的 α, β 坐标显示在真实的自旋图像旁(Reprinted from "Using Spin Images for Efficient Object Recognition in Cluttered 3D Scenes," by A. E. Johnson and M. Hebert, IEEE Transactions on Pattern Analysis and Machine Intelligence, 21(5):433 - 449, (1999). © 1999 IEEE)

算法 14.4 Johnson and Hebert(1998, 1999)的使用自旋图像对于任意曲面的逐点匹配算法

Off-line：

计算基于表面模型的面向点的自旋图像并将其存储在一个表中。

On-line：

1. 随机选择场景中的一系列自旋图像并计算其关联，采用相似度准则 S 将模型中的最佳匹配进行排序。
2. 采用几何一致性约束对关联进行滤波和分组，计算与场景最佳匹配和模型特征对齐的刚性变换。
3. 采用 ICP 算法对匹配进行验证。

该算法的不同阶段都是非常直观的。然而，需要指出的是，滤波和聚类过程依赖于把模型点相对于它本组的其他网格顶点的自旋坐标与对应场景点相对于它本组的其他网格顶点的自旋坐标进行比较。一旦找出了具有一致性的组，模型与场景间的初始刚体变换，就可以使用14.3.2节中的四元组匹配技术从(有向的)点匹配中计算出来。最后，对应的相容集合可以通过下述方式进行验证，即迭代地把匹配过程扩展到邻域，同时更新将场景与模型对齐的刚体变换。

结果 前一节的匹配算法已经在包含工业零件和各种玩具的复杂室内环境的识别任务中广泛地得到测试(Johnson and Hebert, 1998, 1999)。它还被用于室外的导航和地图生成任务中，数据集覆盖了几千平方米的区域(Carmichael et al., 1999)。图14.18是玩具场景的简单识别结果。

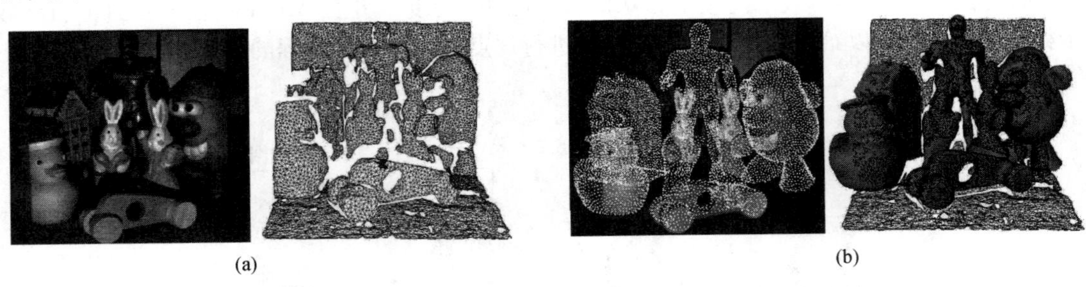

图14.18 自旋图像识别结果。(a)一幅包含一些玩具的杂乱图像及由相应的深度图像构造的网格图；(b)识别出的物体叠加到原图像中(Reprinted from "Using Spin Images for Efficient Object Recognition in Cluttered 3D Scenes," by A. E. Johnson and M. Hebert, IEEE Transactions onPattern Analysis and Machine Intelligence, 21(5):433 - 449, (1999). © 1999 IEEE)

14.5 Kinect

Kinect是微软公司为其体感游戏机Xbox 360提供的体感设备，该游戏机可以使用户利用自己的身体去控制游戏里的操作。Kinect有三个主要的组成成分：获取同等帧率的精确深度图像和彩色图像的传感器，用于估计游戏者每帧姿态(连接位置)的有效算法，以及采用该信息恢复实时的三维运动学模型(骨架)的(连接角度)参数的跟踪算法。本节讨论用于Kinect(Shotton et al. 2011)的姿态估计算法，即首先对单一距离图像采用随机森林(random forests)分类为已经定义好的身体部件类型，接着采用投票/平均过程计算这些部件在三维场景中的位置。

Kinect是计算机视觉领域非常成功的一个企业应用，2011年之后数百万的Kinect远销海外。在讨论细节之前，很有必要讨论一下该产品成功的原因(至少从从市场和用户界面方面分析)：

1. 该传感器是由Primesense研发[①]的，帧率为30 Hz，生成480 ×640分辨率的VGA深度图，其对应UXGA的1200 ×1600分辨率的RGB图像。相应的光编码技术采用黑白摄像机获取的投影红外模式，并在专用芯片进行解码。该传感器的主要特征是运算速度相对于传统的深度传感器扫描设备非常快且非常廉价。
2. 相对于常规的照片(没有颜色、纹理或者光照变化)，深度图像在模拟现实中非常容易得到。这意味着相对容易地生成没有过拟合的精确的分类器的训练数据。
3. 在独立的投票者中，投票是相对的对误差鲁棒的处理过程。正如本节将要介绍的那样，

① http://en.wikipedia.org/wiki/PrimeSense.

这解释了即使在相对很大的误差(例如40%)的独立像素层，也可以获得非常出色的姿态估计结果。

4. Kinect 总体上的有效性和鲁棒性无疑取决于其跟踪成分。对于该跟踪算法，虽然其细节具有专属性，但类似其他的跟踪算法(见第 11 章)，在对骨架参数的恢复和从连接检测误差恢复平滑时，具有时态信息。

一方面，人们认为深度图特征相对于常规的照片更加鲁棒，或者相对于视角变化具有不变性，这在一定程度上是正确的(见 14.4.2 节介绍的自旋图像)。另一方面，人们同时认为对于视频游戏内容本身，其视角不具有很大变化，这些图像的关键优势是其可能已经准备好提供遮挡的边界或者轮廓的信息。的确，对于从深度图像的背景中分割物体是相对容易的，所有的数据是通过本节讨论的采用分割和有效的背景消除法的姿态估计算法处理的。

14.5.1 特征

出于有效性的考虑，Kinect 采用相对于旋转图像的非常简单的特征，并且并不进行相应的切平面运算。它们仅对深度图像中的每个像素的邻域进行差运算。具体来讲，定义 $z(\boldsymbol{p})$ 为某深度图像像素点 $\boldsymbol{p}$ 的深度。给定图像位移偏差 $\boldsymbol{\lambda}$ 和 $\boldsymbol{\mu}$，则一个很简单的标量特征可以由下式计算：

$$f_{\boldsymbol{\lambda},\boldsymbol{\mu}}(\boldsymbol{p}) = z\left[\boldsymbol{p} + \frac{1}{z(\boldsymbol{p})}\boldsymbol{\lambda}\right] - z\left[\boldsymbol{p} + \frac{1}{z(\boldsymbol{p})}\boldsymbol{\mu}\right]$$

依次，给定某个允许的深度偏差，我们可以得到关联每个像素点 $\boldsymbol{p}$ 的特征向量 $\boldsymbol{x}(\boldsymbol{p})$，该特征向量的成分为该深度的所有不同无序对$(\boldsymbol{\lambda},\boldsymbol{\mu})$的 $f_{\boldsymbol{\mu},\boldsymbol{\mu}}(\boldsymbol{p})$ 的 D 值。

正如 14.5.3 节给出的细节，这些特征用于训练一个简单的整体决策分类树，又称随机森林。训练结束后，特征 $\boldsymbol{x}$ 关联新深度图像的每个像素点并传递到随机森林的每棵树，通过一个简单二元比较直到树的叶节点迭代重定向根节点的左右分支，并赋予依赖树的属于每个身体部分的后验概率(见图 14.19)。最后将树的概率的平均值作为像素的总的分类概率。在介绍该处理过程的细节之前，我们首先对决策树和随机森林进行正式的介绍。

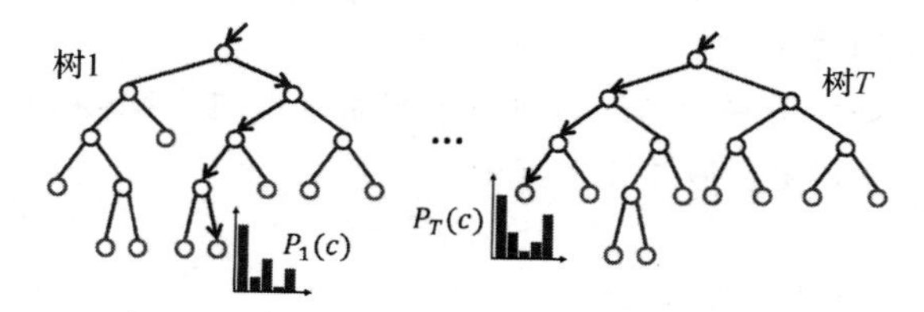

图 14.19 随机森林。细节见文中(Reprinted from "Real-Time Human Pose Recognition in Parts from Single Depth Images," by J. Shotton et al., Proc. IEEE Conference on Computer Vision and Pattern Recognition, (2011). © 2011 IEEE)

14.5.2 技术：决策树和随机森林

决策树 决策树在机器学习和模式识别领域中作为一种多类分类器，其应用非常广泛。考虑一个分类问题，其中特征为 $\boldsymbol{x}=(x_1,\cdots,x_D)^{\mathrm{T}}\in\mathbb{R}^D$，并具有 K 个不同的类。决策树是一种每个非叶节点关联坐标 $x_d(d\in\{1,\cdots,D\})$和阈值 τ 的二叉树。如果 $x_d<\tau$，则特征 $\boldsymbol{x}$ 分配给左子节点，否则分配给右子节点。这种迭代处理过程最终将所有的特征分配给树的所有叶节点。

决策树将特征空间划分为关联其叶节点的超矩形区域。给定某标记的训练数据：

$$\mathcal{D}=\{(\boldsymbol{x}_i,y_i),\ \boldsymbol{x}_i\in\mathbb{R}^D\ y_i\in\{1,\cdots,K\},\ i=1,\cdots,N\}$$

决策树根据到达相同叶节点的已标记的训练样本的多数投票来将特征向量 x 进行分类。

给定某固定树的结构——即深度为 L 的平衡树——训练一个决策树等价于选择关联的坐标和非叶节点阈值的特征空间。这个可以通过最大化每个节点及其关联的坐标 x_d 和阈值 τ 的信息增益获得。

直观地讲，决策树应将任何标记的数据尽可能地划分在均匀的子集中，或者理想情况下，所有的数据到达一个叶节点具有同一个标记。这可以通过采用交叉熵的概念进行公式化。如果 $\mathcal{D}$ 中点的数目属于第 k 类为 N_k，则其交叉熵定义为

$$E(\mathcal{D})=-\sum_{k=1}^{K}p_k(\mathcal{D})\log p_k(\mathcal{D})$$

其中，$p_k(\mathcal{D})=N_k/N$ 为属于第 k 类的点的比例。当数据平均分配到所有的类后，交叉熵达到最大值(正的)$\log K$，当所有的数据分配到一个类时，交叉熵达到其最小值0。决策树的目标是在数据被非叶节点分割时，尽可能降低交叉熵。

将数据 $\mathcal{D}$ 划分为左右子集 $\mathcal{L}$ 和 $\mathcal{R}$ 相关的信息增益，不同于原始交叉熵及与分区相关的熵的加权和，即

$$G(\mathcal{D},\mathcal{L},\mathcal{R})=E(\mathcal{D})-\frac{|\mathcal{L}|}{|\mathcal{D}|}E(\mathcal{L})-\frac{|\mathcal{R}|}{|\mathcal{D}|}E(\mathcal{R})$$

现在，给定某个特征空间的坐标 x_d 和阈值 τ，我们定义关联数据 $\mathcal{D}$ 的左右子集合为

$$\mathcal{L}_{d,\tau}(\mathcal{D})=\{(\boldsymbol{x},y)\in\mathcal{D},\ x_d<\tau\}\quad 和\quad \mathcal{R}_{d,\tau}(\mathcal{D})=\{(\boldsymbol{x},y)\in\mathcal{D},\ x_d\geqslant\tau\}$$

关联 d 和阈值 τ 的信息增益因此被定义为

$$G_{d,\tau}(\mathcal{D})=G(\mathcal{D},\mathcal{L}_{d,\tau}(\mathcal{D}),\mathcal{R}_{d,\tau}(\mathcal{D}))$$

训练一个决策树等价于选择对于决策树中每个非叶节点，最大化关联标记数据子集的 $G_{d,\tau}$的参数 d 和 τ。该处理过程见算法14.5。

算法14.5 训练一棵决策树

函数 TrainDT 的迭代处理初始化为根节点0和所有的数据。Node. L 和 Node. R 分别为节点的左右子节点。假定树结构固定，如二叉平衡树。

TrainDT(Node, l, $\mathcal{D}$),

1. 寻找最大化 $G_{d,\tau}(\mathcal{D})$的参数对(d,τ)；
2. If $l<L$ then
   (a) TrainDT(Node. L, $\mathcal{L}_{d,\tau}(\mathcal{D})$, $l+1$)
   (b) TrainDT(Node. R, $\mathcal{R}_{d,\tau}(\mathcal{D})$, $l+1$)

对于小的特征空间维度和标记数据，决策树可以通过贪婪训练所有可能分割情形并对每种情况排序所有的特征而得到非常有效的训练。对于增大的决策树，明智的做法是根据分类精确度和避免过拟合而及时删除相关的节点[CART 处理过程，详细见 Breiman, Friedman, Ohlsen, and Stone(1984)]。

正如前面所讲，决策树根据到达相同叶节点的已标记的训练样本的多数投票来将特征向量 x 进行分类。决策树也可能估计后验概率 $P(k/\boldsymbol{x})$(其中 $\boldsymbol{x}$ 为属于第 k 类)，即该叶节点中属于第 k 类的标记样本所占的比例。

随机森林　提升决策树分类精确度一种很简单的方法是袋翻法(或者引导聚合，bootstrap aggregation)：给定包括 N 个点的数据 $\mathcal{D}$，引导样本 $\mathcal{D}^*$ 为从 $\mathcal{D}$ 中随机更换提取的 N 个点得到的集合(同一个点可能经过多次提取，也可能 $\mathcal{D}$ 中的某些点在 $\mathcal{D}^*$ 中不存在)。袋翻法包括构造 B 引导样本，对每一个形成决策树，以及利用这些树中的最大化投票进行分类。该处理过程可以降低当单独树关联的误差为非相关时的预测偏差。随机森林在每次训练迭代过程中通过随机地从输入变量进行袋翻法而提升精确度(见算法 14.6)。可能的效果为降低构造树之间的相关性，因此降低其预测均值的方差。实际中，正如 Hastie, Tibshirani, and Friedman(2009)所示的那样，随机森林对于引导聚合技术通常并不做修剪，并且容易训练和调参，对于很多问题具有相似的性能表现。

算法 14.6　训练一个随机森林

D^* 通常选为 $\sqrt{D}$。节选自 Hastie et al. (2009)。

1. for $b=1$ to B do
   (a)从数据 $\mathcal{D}$ 中选择引导样本 $\mathcal{D}^*$。
   (b)采用 TrainDT 的修改版生成决策树，即在每次迭代中，从原始数据 $\mathcal{D}$ 的坐标中随机选择作为划分坐标，$D^* \leqslant D$。
2. 输出树 $\{\mathcal{T}_b,\ b=1,\cdots,B\}$。

训练结束后，一个新的特征通过森林中树的最大化投票得到分类。正如之前所示，随机森林也可能估计后验概率 $P(k/\boldsymbol{x})$($\boldsymbol{x}$ 属于第 k 类)，即关联每棵树的概率的平均值。

14.5.3　标记像素

构造分类器的目标是将深度图像中的每个像素分配给少数的人体部分，例如人脸、左胳膊等。Kinect 主要有 10 种人体部分(头、躯干、两只胳膊、两只腿、两只手和两只脚)，其中的某些部分又可划分为子部分，例如脸的上/下和左/右部分，总共得到 31 个部分。分类器采用随机森林进行训练(见算法 14.6)，特征为 14.5.1 节描述的特征，但通过随机选择训练数据替代传统的引导聚合采样(成百上千个训练图像中随机地选择 2000 个像素点)。图 14.20 给出训练样本数量和树深度的影响结果。

训练过程中面临的一个很重要的问题是数据：它的主要来源是一组几百个运动捕捉序列，其特征是参与典型的视频游戏活动，例如驾驶、跳舞、踢球等。通过相近图像的聚类关于每个类得到一个样本，继而得到大概 10 万个姿态。关节参数的测试转换(重定向)为属于人类的包括多种人体形状和大小的 15 个网格参数模型。身体部分手工定义为纹理映射图，并将该图也转换为这种模型(见图 14.21，上图)，接着对该模型进行不同的服饰和发型添加(见图 14.21，中图)，并通过不同的视角对深度和标记图采用分类计算机图像技术进行渲染(见图 14.21，下图)。

成百上千的标记图像可以很容易通过该方法进行创建。在 Shotton et al. (2011)描述的实验中，每张图像采用 2000 个像素点，每棵树进行随机森林训练，树深度为 20，对每个节点具有 2000 个划分坐标和 50 个阈值。这个训练过程在 1000 个核集群中的训练时间为 1 天，其中训练样本为 100 万张图片。该实验采用合成和真实的数据，并显示当训练样本增大时，分类精确度将会提升。当然增加训练树的深度也会提高分类精确度，至少对于一个很大的数据集合(见图 14.20)：在深度为 17k、15k 张图片的小样本训练集合上观察到过拟合现象，当采用 900k 张图进行训练时，过拟合现象消失。最好的结果即训练样本为 900k，树的深度为 20，基于像素的分类精确度为 60%。

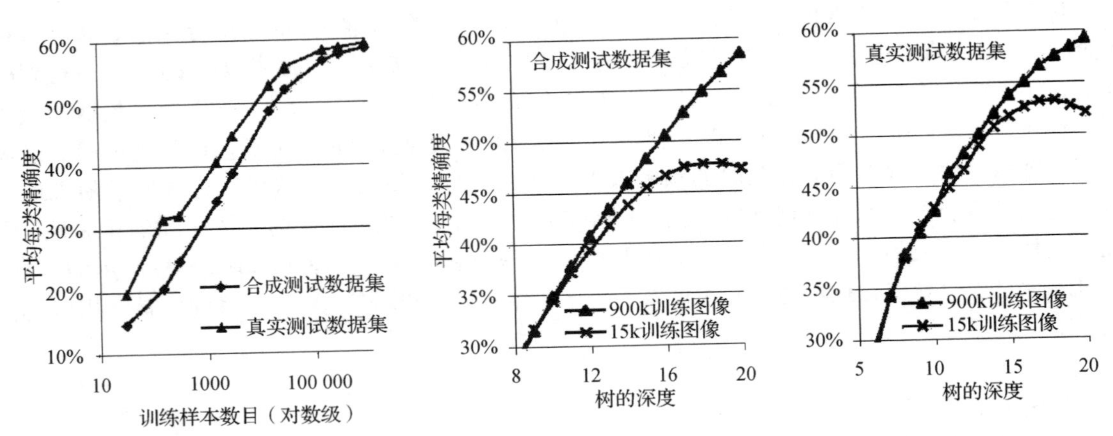

图 14.20 训练样本数量(左图)和树深度(中图和右图)对于在5000合成深度数据和8808真实标记数据上分类精确度的影响结果(Figure courtesy of Jamie Shotton. Reprinted from "Real-Time Human Pose Recognition in Parts from Single Depth Images," by J. Shotton et al., Proc. IEEE Conference on Computer Vision and Pattern Recognition, (2011). © 2011 IEEE)

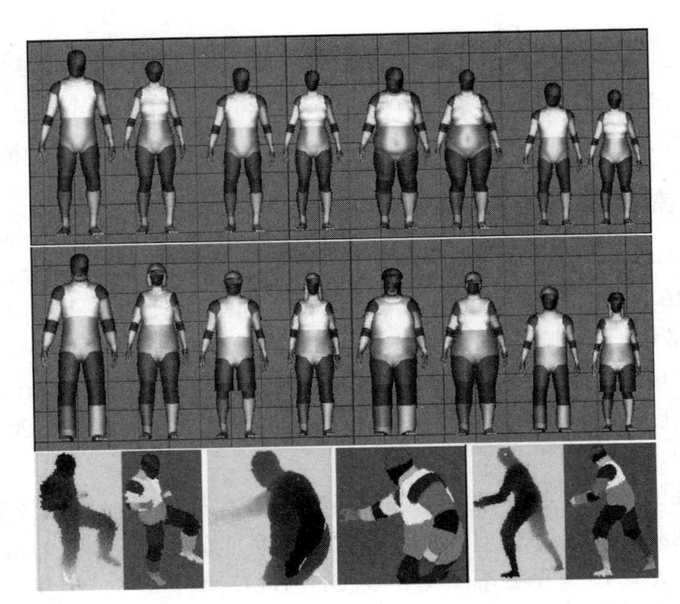

图 14.21 数据生成过程，从上到下依次为：通过重定向运动捕捉数据在网格及其对应不同的人体类型生成的样本模型；通过采用不同类型的衣服和发型构造得到的模型；渲染的深度数据及其对应的标记(Reprinted from "Real-Time Human Pose Recognition in Parts from Single Depth Images: Supplementary Material," by J. Shotton et al., Proc. IEEE Conference on Computer Vision and Pattern Recognition, (2011). © 2011 IEEE)

14.5.4 计算关节位置

前面章节介绍的分类器将每个像素点分配到人体部分中，但是该处理过程并不直接提供关节位置，因为这里没有潜在的运动学模型。相反，每个人体部件 k 的位置(例如)可以通过关联标

记为 k 的每个像素点 3D 位置的加权平均值进行估计，或者采用某投票策略。为了提高鲁棒性，也可以采用均值漂移来估计 3D 稠密分布的模型：

$$f_k(\boldsymbol{X}) \propto \sum_{i=1}^{N} P(k|\boldsymbol{x}_i)A(\boldsymbol{p}_i)\exp[-\frac{1}{\sigma_k^2}||\boldsymbol{X} - \boldsymbol{X}_i||^2]$$

其中，"∝"表示"与……成比例"，$\boldsymbol{X}_i$ 为关联像素 $\boldsymbol{p}_i$ 的 3D 位置，$A(\boldsymbol{p}_i)$ 为在深度 $z(\boldsymbol{p}_i)$ 的一个像素的世界单位区域，与 $z(\boldsymbol{p}_i)^2$ 成比例，以便使每个像素点与传感器和游戏者之间的距离鲁棒。该分布的每个模式被分配为加权概率分数之和，该分布的每个模式被分配在平均偏移优化过程期间到达它的所有像素的概率分数的加权和，当最高模式的置信度高于某个阈值时，认为检测到其联合。由于模式依赖于人体的正面表面，最终的关节估计是将通过学习得到的深度量推回到最大化模式得到的。

图 14.22 给出包含真实数据得到的多种结果。量化结果可以通过测试预前关节精确度得到，该精确度通过在手工标记的深度图像中计算与真实关节位置小于 0.1 m 以内区域的比例来测量。实验同样采用前面提到的合成和真实数据进行训练，平均所有联合的预前关节精确度和所有的测试图像，对于真实数据为 0.914，对于合成数据为 0.731，这相对于姿态和人体形状的非常大的变化性而言具有很大的挑战性。在现实游戏场景中，恢复的关节参数的精确度足够使得跟踪系统平滑运行，并且可以实时、鲁棒地恢复 3D 运动学模型（骨架），因此可以用于通过身体动作有效地控制视频游戏。

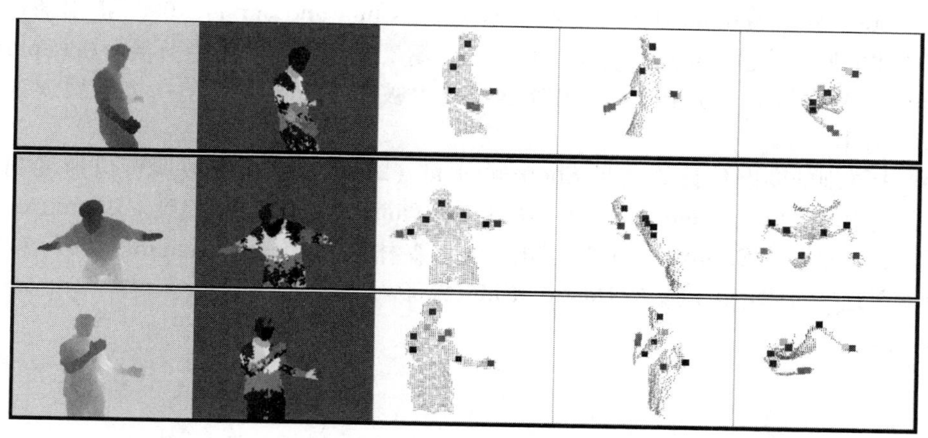

图 14.22　样本结果，从左到右依次为：输入深度图；将像素分类为人体结构部分的彩色编码；从三个不同视角恢复关节位置的渲染（Reprinted from "Real-Time Human Pose Recognition in Parts from Single Depth Images: Supplementary Material," by J. Shotton et al., Proc. IEEE Conference on Computer Vision and Pattern Recognition, (2011). © 2011 IEEE）

14.6 注释

关于主动深度感知技术的非常好的综述参见 Jarvis（1983），Nitzan（1988），Besl（1989）和 Hebert（2000）。14.2.2 节基于模型的边缘检测方法，仅仅是使用微分几何学分割距离图像的众多技术之一（Fan, Medioni, and Nevatia 1987; Besl and Jain 1988）。用于深度图像平滑的微型算子计算的替换方法是各向异性的漫射，其中每一点的平滑量依赖于梯度值（Perona and Malik,

1990c)。14.2.3 节中把表面分割成(几乎)平面片的方法可以很容易扩展到二次曲面[见 Faugeras and Hebert(1986)以及习题]，扩展到高阶曲面基元是很有疑问的，部分是因为在这种情况下曲面拟合更加困难，有许多文献使用超二次曲面(例如，Pentland 1986；Bajcsy and Solina 1987；Cross and Boult 1988)或者代数曲面(例如，Taubin，Cukierman，Sullivan，Ponce，and Kriegman 1994；Keren，Cooper，and Subrahmonia 1994；Sullivan，Sandford，and Ponce 1994)来解决后一种问题。

近年来，对在 14.3.2 节给出并由 Besl and McKay(1992)提出的 ICP 算法，出现了各种变形算法，包括能够处理丢失数据和/或离群点的鲁棒方法(例如，Zhang 1994；Wheeler and Ikeuchi 1995)，这些方法已经在许多全局配准问题中得到应用(例如，Shum，Ikeuchi，and Reddy 1995；Curless and Levoy 1996)。

除了 Curless and Levoy(1996)的方法，其他多幅深度图像融合的方法还包括 Boissonnat (1984)的 Delaunay 三角法，Turk and Levoy(1994)的拉链多边形网格法，以及 Amenta et al. (1998)的外壳技术。本章基于四元组的刚体变换估计方法是分别由 Faugeras and Hebert(1986)及 Horn(1987a)独立开发的。14.4.1 节的识别技术，是与使用解释树在二维和三维情况下，控制特征匹配组合的成本的其他算法密切相关的(Gaston and Lozano-Pérez 1984；Ayache and Faugeras 1986；Grimson and Lozano-Pérez 1987；Huttenlocher and Ullman 1987)。

14.4.2 节讨论的自旋图像已被用于建立深度图像和表面模型之间的点对应，与该问题相关的技术包括 Stein and Medioni(1992)的结构索引法，Chua and Jarvis(1996)提出的点签证法：14.4.2 节描述的原算法已经扩展到各个方向：一个场景现在可以使用主分量分析(Johnson and Hebert 1999)，同时与多个模型匹配，另外学习技术被用于在复杂环境中删除错误匹配(Carmichael et al.，1999)。

Kinect 中详细的姿态估计算法见 Shotton et al.(2011)，决策树数据可以追溯到 20 世纪 60 年代，分类策略可以在 Breiman et al.(1984)和 Quinlan(1993)中找到。Bootstrap 由 Efron (1979)引入，袋翻法由 Breiman(1996)提出，随机森林见 Amit and Geman(1997)和 Breiman (2001)。对于这些技术也可以参考 Hastie et al.(2009)。

习题

14.1　使用式(14.1)证明参数化曲面的坐标曲线是主方向的充分必要条件是 $f = F = 0$。

14.2　证明可展曲面的曲率线是它的中线和平行线。

14.3　阶跃模型：计算 $z_\sigma(x) = G_\sigma * z(x)$，其中 $z(x)$ 由式(14.2)给定。z''_σ 由式(14.3)给定，证明当 z''_σ 和 κ_σ 消失时，在点 x_σ 处有 $\kappa''_\sigma/\kappa'_\sigma = -2\delta/h$。

14.4　顶边模型：证明 κ_σ 由式(14.4)给出。

14.5　罗德里格公式：考虑关于轴 $\boldsymbol{u}$(单位向量)角度为 θ 的旋转矩阵 $\mathcal{R}$，证明

$$\mathcal{R}\boldsymbol{x} = \cos\theta\boldsymbol{x} + \sin\theta\boldsymbol{u}\times\boldsymbol{x} + (1-\cos\theta)(\boldsymbol{u}\cdot\boldsymbol{x})\boldsymbol{u}$$

提示：旋转并不会改变向量 $\boldsymbol{x}$ 到其轴 $\boldsymbol{u}$ 的方向的投影，并且将角度 θ 的平面旋转应用于 $\boldsymbol{x}$ 到与 $\boldsymbol{u}$ 正交的平面的投影。

14.6　使用已推导的罗德里格公式证明四元组 $\mathrm{q} = \cos\frac{\theta}{2} + \sin\frac{\theta}{2}\boldsymbol{u}$ 表示了在式(14.5)下围绕向量 $\boldsymbol{u}$ 旋转角度为 θ 的旋转 $\mathcal{R}$。

14.7　证明与给定单位四元组 $\mathcal{R}$[其中 $\mathrm{q} = a + \boldsymbol{\alpha}$，$\boldsymbol{\alpha} = (b, c, d)^{\mathrm{T}}$]相关的旋转矩阵由式(14.6)给出。

14.8　证明 14.3.2 节构造的矩阵 $\mathcal{A}_i$ 等价于

$$\mathcal{A}_i = \begin{pmatrix} 0 & \boldsymbol{y}_i^{\mathrm{T}} - \boldsymbol{y}_i'^{\mathrm{T}} \\ \boldsymbol{y}_i' - \boldsymbol{y}_i & [\boldsymbol{y}_i + \boldsymbol{y}_i']_{\times} \end{pmatrix}$$

14.9 以前提到，ICP 算法可以扩展到各种类型的几何模型。在此我们考虑多面体以及分片参数面片。

(a)草拟一个方法用于计算多边形上离某点 P 最近的点 Q。

(b)草拟一个方法用于计算参数化面片 $\boldsymbol{x}: I \times J \to \mathbb{R}^3$ 上离某点 P 最近的点 Q。提示：使用牛顿迭代。

14.10 开发一个把一个点集与一个二次曲面拟合的线性最小二乘法，二次型具有单位 Frobenius 范式的约束。

14.11 证明曲面三角在自旋图像的 α, β 空间中映射到一个具有双曲形边界的面片上。

编程练习

14.12 实现基于微型算子的平滑及计算曲率和主方向。

14.13 实现本章描述的用于平面分割的区域增长法。

14.14 实现一个算法，从距离图像中计算出一个曲面的曲率线。提示：类似于平面分割的区域增长法，使用曲线增长算法。

14.15 实现 Besl-McKay ICP 匹配算法。

14.16 平面中的 marching squares 方法：开发和实现一个算法，用于找到一个平面密度函数的零集。提示：找出曲线交于一个像素边缘的可能方法，在这些边界使用线性插值来找出零集。

14.17 实现 Faugeras-Hebert 算法的配准部分。

第 15 章　用于分类的学习

所谓的分类器是接受某些特征并输出关于这些特征标记类别的处理过程。类别个数可能为两个，或者更多个，并且常常根据二类分类器推导出多类分类器。根据一些类别已知的样本构造一个分类器并建立一个规则，然后根据这个规则，可以赋予一个新来样本对应的类别标号。一般的问题可描述如下：已知一个训练样本集合$(\boldsymbol{x}_i, y_i)$；$\boldsymbol{x}_i$ 是第 i 个样本特征的集合，通常表示为向量的形式，向量中的每一个元素是对样本某方面特征的一个度量值，y_i 是样本所属类别的标号。

分类器是高层视觉很关键的一种工具，因为很多问题可以抽象成分类问题。本章将要讨论基本的概念和分类的方法，并不考虑任何视觉问题(第 16 章将分类器用于各种视觉问题)。15.1 节介绍基本概念和标记。15.2 节描述建立各种分类器的方法。最后，15.3 节给出一些应用的小技巧。

15.1　分类、误差和损失函数

分类器可以被认为是一种规则，虽然在实际中并不是这样应用的。在一个特征向量中，该规则输出一个类型标记。如果已知每一类标记错误的相对误差，给定一种规则，该规则容许接受任何貌似合理的 $\boldsymbol{x}$，并将其赋予某个标记。通过这种方式，使得错误标记的期望误差尽可能小，或者是可以容忍的。本章的大部分将会假设有两类，分别标记为 -1 和 +1。15.3.2 节介绍从二类分类器中构建多类分类器。

15.1.1　基于损失的决策

分类规则的选择必须依赖于错误分类造成的损失。二类分类器具有两种错误分类的情形。当负样本被分类为正样本，则称该种情形为误检(false positive)；当正样本被分类为负样本，则称这种情形为漏检(false negative)。假设世界上只有一种病，则医生将会对病人分类为要么得病，要么不得病。如果该病非常严重，但是可以很安全并且容易得到治疗，则漏检具有很严重的损失，而误检则相对代价小一些。同样，如果该病并不严重，但是治疗极其复杂并且使得病人非常不愉快，则误检具有比较大的代价，而漏检相对损失较小。

一般地，标记输出结果为$(i \to j)$，表示第 i 类样本错归为第 j 类。对于二类分类器具有 4 种情形。每个输出结果都会有自己的代价，也叫做损失。因此，得到损失函数为 $L(i \to j)$，表示把第 i 类样本错归为第 j 类时所造成的损失。由于正确的分类不应该具有任何损失，所以 $L(i \to i)$ 一定为 0，而在其他情况下，损失函数取值一定为正。

下面引入风险函数，对于特定的分类策略来说，风险函数是应用这种分类策略所造成的损失的数学期望。而总风险值是运用某个分类器所造成的总损失的数学期望值，总风险值依赖于分类策略而不是依赖于样本。记录 $p(-1 \to 1 | \text{using } s)$ 为将 -1 分类为 1 的概率，同理，$p(1 \to -1 | \text{using } s)$ 为将 1 分类为 -1 的概率。如果只有两个类别，运用分类策略 s 造成的总风险值为

$$R(s) = p(-1 \to 1|\text{using } s)L(-1 \to 1) + p(1 \to -1|\text{using } s)L(-1 \to 1)$$

希望得到的分类策略应使得总风险最小。

基于最小风险的二类分类器　假设有一个两类分类问题，损失函数已知。在这种情况下，状态空间中存在一个分界面，这个分界面称为决策面，状态空间中在决策面一侧的所有点可被认为是一类，而在决策面另一侧的所有点被认为是另一类。

有一个窍门有助于确定决策面的位置。对于一个最佳分类器，位于其决策面上的点无论被归为第一类还是第二类，所造成的损失的数学期望值应该是相等的，否则，可以通过平移决策面得到一个更好的分类器。换句话说，决策面上的样本点可以被归为任意一类，两种分类方法造成的期望损失相同。

记 $p(-1|\boldsymbol{x})$ 为给定特征向量 $\boldsymbol{x}$ 标记为 -1 的后验概率，$p(1|\boldsymbol{x})$ 为给定特征向量 $\boldsymbol{x}$ 标记为 1 的后验概率。虽然在实际中该概率值很难得到，但是可以通过一些操作得到一些预测。对于把状态空间中的一个点 $\boldsymbol{x}$ 标记为 $y=1$，产生如下期望风险：

$$p(-1|\boldsymbol{x})L(-1 \to 1) + p(1|\boldsymbol{x})L(1 \to 1) = p(-1|\boldsymbol{x})L(-1 \to 1)$$

类似地，把 $\boldsymbol{x}$ 归为第二类的风险是

$$p(1|\boldsymbol{x})L(1 \to -1)$$

在决策面，这两个风险值必须相等。因此决策面由所有满足下式的 $\boldsymbol{x}$ 组成：

$$p(-1|\boldsymbol{x})L(-1 \to 1) = p(1|\boldsymbol{x})L(1 \to -1)$$

在决策面外的点必须选择具有最小期望风险的分类。回顾对点 $\boldsymbol{x}$ 分类为 1 的情形，其期望风险为

$$p(-1|\boldsymbol{x})L(-1 \to 1)$$

$\boldsymbol{x}$ 分类为 -1 的情形也类似。选择该分类为 -1，反之，如果

$$p(-1|\boldsymbol{x})L(-1 \to 1) > p(1|\boldsymbol{x})L(1 \to -1)$$

则把 $\boldsymbol{x}$ 标记为 1。注意，在决策面上，不必关心标记为 1 或者 -1[①]。

多类分类器　给定多个类别，根据分析期望风险获得决策。在一些识别问题中，可能选择拒绝识别，即将样本不归于任何一类。这种选择同样会造成一定的损失，假设这样的损失为 d，如果 d 大于任意分类错误的损失，则永远不会选择拒绝。这意味着分析包括被迫做出决策的情形。同样的理由适用于如上所述情形，但是用于考虑决策的边界更宽。考虑最简单的情形——在计算机视觉领域应用非常广泛——损失函数为 0－1 损失，即正确的分类的损失为 0，错误的分类的损失为 1。

在该种情形下，算法 15.1 给出最优分类器，即有名的“贝叶斯分类器”的描述。采用贝叶斯分类器带来的风险被称为贝叶斯风险，这是采用任何一种分类其所能得到的最小风险。除了在少数情况下可以直接给出分类规则外，一般很难构造一个贝叶斯分类器，因为无法精确地确定贝叶斯分类器中需要的概率。判断分类器是否有效的一个方法是考虑这个分类器造成的风险值随着样本数量增加是否变化(举例来说，可能希望随着样本数量的增大，分类器的风险值以概率收敛于贝叶斯风险)。贝叶斯风险一般不为 0，如图 15.1 所示。

算法 15.1　贝叶斯分类器

对下面的损失函数

$$L(i \to j) = \begin{cases} 1 & i \neq j \\ 0 & i = j \\ d & \text{不做判定} \end{cases}$$

---

① 其造成的期望风险值相等。——译者注

最优的分类策略是

1. 如果对任意 i 不等于 k，满足 $p(k|\mathbf{x}) > p(i|\mathbf{x})$，并且该概率值大于 $1-d$，则判断样本属于第 k 类。
2. 如果存在 $k_1, \cdots, k_j$ 以及对任意 i 不等于 $k_1, \cdots, k_j$，满足 $p(k_1|\mathbf{x}) = p(k_2|\mathbf{x}) = \cdots = p(k_j|\mathbf{x}) = p > p(i|\mathbf{x})$，并且 $p > 1-d$，则在相等概率的条件下，从 $k_1, \cdots, k_j$ 中随机选择一个作为样本的类别。
3. 如果对于所有的 i，有 $1-d \geqslant q = p(k|\mathbf{x}) \geqslant p(i|\mathbf{x})$，则选择拒绝识别。

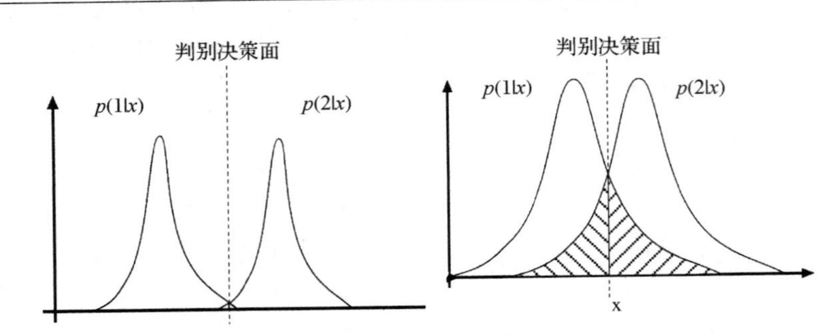

图 15.1 上图描述了一个典型的二分类问题。图上画出了两个类的后验概率 p(类别$|x$)，在假设 $L(-1\to1)=L(1\to-1)$ 的条件下，能够得出图中虚线所示的分类器决策面。在上述条件下，贝叶斯分类器的风险是第一类的后验概率在第二类决策域的积分值与第二类后验概率在第一类决策域的积分值的和(图中阴影部分所示)。对于左图的情况，两类的区分度比较好，因此贝叶斯分类风险也比较小：对于右图的情况，贝叶斯分类风险相对比较大

15.1.2 训练误差、测试误差和过拟合

获得一个很好的损失函数是非常困难的，实际应用中，常常选择貌似合理的模型。如果知道后验概率，就可以直接建立一个分类器。通常，也没必要必须从数据中建立一个模型。该模型可能为后验概率的模型，或者为决策面的估计。不管哪种情形，只能从训练数据进行构造。训练误差为在训练数据集合中的误差。

一般情况下，尽可能保证训练误差非常小。然而事实上，我们真正需要的是最小化测试误差，即测试数据集的误差。由于不知道测试数据集，不能直接得到测试误差[如果已知，则可以加到训练集合继续训练过程，见 Joachims(1999)]。然而，具有很小训练误差的分类器并不意味着很小的测试误差。关于该情形的一个例子采用了傻瓜分类器，即接受所有的数据，如果一个数据与训练集合中的数据相同，则去掉该数据的类别，否则随机选择各个类别。该分类器通过数据学习得到，在训练集合上其误差为零，但在其他测试数据集合上没有任何帮助。

导致测试误差比训练误差更严重的这种现象叫做“过拟合”(overfitting)(也有其他叫法，例如选择偏差，因为训练数据是被选择的，测试数据不一定相同，在推广时表现很差，说明该分类器的泛化能力很差)。这是因为分类器在训练数据集上有很好的效果。这种现象常常表现在训练数据上完美匹配的时候。而训练数据与测试数据不一定完全相同。首先，误差非常小；其次，该误差可能由于多种不确定的因素导致偏差。这意味着小的训练误差可能不得不处理不在其他样本中出现的怪异模式的训练数据，这是很有可能的，即测试误差远大于训练误差。一般情况下，期望分类器在训练集合上的性能要强于在测试集合上的性能。可能由于在训练集合与在测试集合的性能本质上的差异而导致过拟合现象。过拟合现象导致的一种结果是该分类器在测试集合上总是在评估。这会导致其他的问题，15.1.4 节将讨论该问题。

15.1.3　正则化

正则化的思想是通过在训练误差上增加一个惩罚项得到关于测试误差的一个更好的估计。该惩罚项根据不同的现实应用，可能具有很多种不同的形式。但常常并非总是如此，该惩罚项往往表现为分类器参数的范数。

逻辑回归(logistic regression)给出了对于采用惩罚项有很大帮助的一种非常简单且很好的分类器。在逻辑回归模型中，通过下式估计条件概率密度：

$$\log \frac{p(1|\boldsymbol{x})}{p(-1|\boldsymbol{x})} = \boldsymbol{a}^{\mathrm{T}}\boldsymbol{x}$$

其中 $\boldsymbol{a}$ 为参数向量。这里的决策面为经过原始特征空间的超平面。注意到可以通过在样本特征向量末尾增加 1，而将其转换为原始特征空间的一般的超平面。这种技巧简化了标记，因此这里采用此标记法。可以通过最大似然函数直观地估计向量 $\boldsymbol{a}$。注意

$$p(1|\boldsymbol{x}) = \frac{\exp \boldsymbol{a}^{\mathrm{T}}\boldsymbol{x}}{1+\exp \boldsymbol{a}^{\mathrm{T}}\boldsymbol{x}}$$

和

$$p(-1|\boldsymbol{x}) = \frac{1}{1+\exp \boldsymbol{a}^{\mathrm{T}}\boldsymbol{x}}$$

因此，通过求解最小化负对数似然函数，计算得到关于参数向量 $\hat{\boldsymbol{a}}$ 的估计值，例如：

$$\hat{\boldsymbol{a}} = \underset{\boldsymbol{a}}{\operatorname{argmin}} \left[- \sum_{i \in 样本集} \left(\frac{1+y_i}{2}\right)\boldsymbol{a}^{\mathrm{T}}\boldsymbol{x} - \log\left(1+\boldsymbol{a}^{\mathrm{T}}\boldsymbol{x}\right) \right]$$

该问题是凸优化问题，可以通过牛顿方法很容易得到解决[例如，Hastie et al.(2009)]。

事实上，当采用极大似然估计时，可以通过采用最小化损失函数来选择分类面，这里需要考虑这样一个问题，对于样本 i，若标记为 $\gamma_i = \boldsymbol{a}^{\mathrm{T}}\boldsymbol{x}_i$，则分类器将为

$$选择 \begin{cases} 1 & 如果 \gamma_i > 0 \\ -1 & 如果 \gamma_i < 0 \\ 随机 & 如果 \gamma_i = 0 \end{cases}$$

现在记录第 i 个样本的损失：

$$\begin{aligned} L(y_i, \gamma_i) &= -\left[\frac{1}{2}(1+y_i)\gamma_i - \log\left(1+\exp \gamma_i\right)\right] \\ &= \log\left(1+\exp\left(-y_i\gamma_i\right)\right) \end{aligned}$$

(其过程遵循简单的操作，详见习题)。图 15.2 给出该结果图。该损失常常也叫做逻辑损失，注意到该损失对当 y_i 为负时给出很强的惩罚 γ_i(反之亦然)。然而，当 y_i 为正时，对于具有很大的正的 γ_i 并不具有很明显的优势。这意味着该损失函数的成分来源可能由于分类错误的样本，也可能由于具有接近于零的 γ_i 的样本(例如，该样本接近于决策面)。则使该分类器的作用于样本的总风险为

$$\sum_{i \in 样本集} -\left[\frac{1}{2}(1+y_i)\gamma_i - \log\left(1+\exp \gamma_i\right)\right]$$

很自然地通过对关于 $\boldsymbol{a}$ 的函数采用牛顿方法[见 Hastie et al.(2009)]来最小化风险值。其对应的 Hessian 矩阵为

$$\mathcal{H} = \sum_{i \in 样本集} \frac{\exp \gamma_i}{(1+\exp \gamma_i)^2}\boldsymbol{x}_i\boldsymbol{x}_i^{\mathrm{T}}$$

注意具有很大绝对值的 γ_i 的数据点对 Hession 矩阵几乎没有任何作用——其主要是受非常小的 γ_i 影响，即接近于边界面的数据点。对于这些点，Hessian 矩阵就像是加权的协方差矩阵。假如具有很强相关的特征，则 Hession 矩阵是一个病态矩阵，因为此时的协方差矩阵具有很小的特征值。这是由于特征之间具有很强的关联造成的，常常采用计算 $\boldsymbol{a}^{(n+1)} = \boldsymbol{a}^{(n)} + \delta\boldsymbol{a}$ 来更新 $\boldsymbol{a}^{(n)}$ 的最大化牛顿方法，其中步长 $\delta\boldsymbol{a}$ 是通过 $\mathcal{H}(\delta\boldsymbol{a}) = -\nabla f$ 求解得到的。如果该线性方程组是一个病态方程组，这意味着在很大范围内不同的 $\boldsymbol{a}^{(n+1)}$ 本质上具有相似的风险值。以至于不同 $\boldsymbol{a}$ 的选择在训练集合上给出相同的损失函数值。训练数据对于选择不同的 $\boldsymbol{a}$ 没有提供任何帮助。

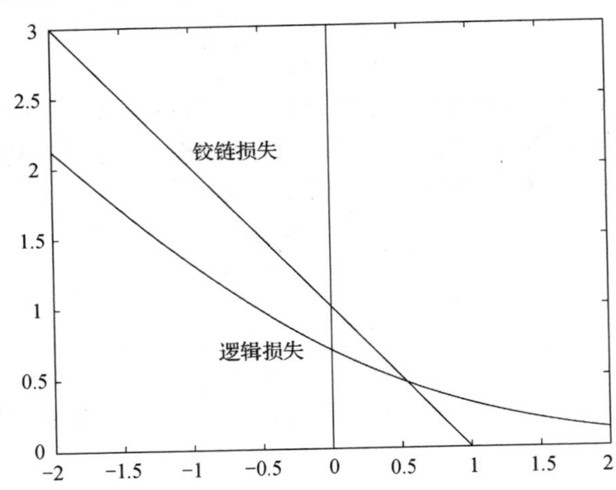

图 15.2 逻辑损失(logistic loss)和铰链损失(hinge loss)，图中给出 $y_i = 1$ 的情形。对于逻辑损失，水平轴变量为文中提到的 $\gamma_i = \boldsymbol{a} \cdot \boldsymbol{x}_i$；对于铰链损失，水平轴变量为文中提到的 $\boldsymbol{w} \cdot \boldsymbol{x}_i + b$。注意到在每种情形下，在正样本上给定一个强的负响应从而引起损失，并随着梯度响应的增长而线性增长(如果增长过快，可能需要考虑鲁棒性问题)。同时注意到在负样本上给定一个不够的正响应同样可以引起损失。铰链损失是不可微的，逻辑损失可微

然而，具有很大范数的 $\boldsymbol{a}$ 可能在测试数据集合上表现的性能很差，因为很大的范数 $\boldsymbol{a}$ 倾向于对于测试数据项 $\boldsymbol{x}$ 的 $\boldsymbol{a}^{\mathrm{T}}\boldsymbol{x}$ 产生很大的值。因此而产生很大的损失，尤其是在标记错误的时候。建议应该使用在训练集合上表现较小损失值的 $\boldsymbol{a}$，并且应具有较小的范数。这样，通过增加防止 $\boldsymbol{a}$ 变大的范数项，使得原来的目标方程发生了变化。而该项通常叫做规则项，因为该项可以防止 $\boldsymbol{a}$ 的范数过大(因此可能导致在测试数据上具有很大的误差)而在训练集合上并不强烈支持。最终目标函数变为

$$\text{训练误差} + \text{规则项}$$

即

$$\text{训练误差} + \lambda(\boldsymbol{a}\text{ 的范数})$$

即

$$\sum_{i \in \text{样本集}} \left(\frac{1}{2}(1 + y_i)\gamma_i - \log(1 + \exp\gamma_i)\right) + \lambda\boldsymbol{a}^{\mathrm{T}}\boldsymbol{a}$$

其中 λ 为可以通过调整获得很好性能表现的大于零参数。如果 λ 很大，分类器将会在训练集合和测试集合上表现得很差；相反，如果 λ 很小，分类器将会在测试集合上表现得很差。

通常，λ 的值是通过验证数据(validation dataset)获得的。通过在验证数据[①]上采用不同的

① 原书为测试数据，可能作者有误。——译者注

λ 训练得到分类器，在类别标记信息已知的验证数据集合（注意此部分数据不同于于训练数据集合）上进行评估，通过选择最终的 λ 得到最小的验证误差。

采用范数规则化训练误差是一种常规的处理方法，可以应用在上述的大部分分类器中。然而在某些分类器中，使用该处理办法相对于所罗列的分类器并没有很好的性能提升，但该处理方法很具有启发意义。其他的范数，例如 L_2——即 $\| x \|_2^2 = \boldsymbol{x}^{\mathrm{T}}\boldsymbol{x}$——具有很成功的应用。最常用的范数为 L_1 范数——即 $\| x \|_1 = \sum_i | x_i |$ ——虽然导致很复杂的最小化问题，但是获得的分类器中的协方差尽可能为零，这在某些情况下非常有用。

15.1.4　错误率和交叉验证

关于分类器的性能测试有很多种不同的描述。最自然、最直观的描述方法是采用错误率，即分类器在测试数据上得到错误分类的百分比。这提出了一个很重要的难题。我们不能采用训练数据估计分类器的错误率，因为分类器已经在该数据集合上训练得非常好（即具有很低的误差），这将使得错误率的估计被低估。一种可行性的方案是划分训练集合，形成新的验证数据集合，在训练集合上进行训练得到分类器，并在验证数据集合上进行评估。这仍然是很困难的，因为该分类器在验证数据上的评估并不能实现很好的评估结果，因为在训练时忽略了部分训练数据。这个问题将会变得异常麻烦，尤其是当被问到哪些分类器将会用到——即在验证数据集合上表现的性能很差是由于特征不适合该问题的表征呢，还是因为训练样本集合过小？

可以通过交叉验证（见算法 15.2）的方法解决该问题，引入反复的处理：将数据均匀、随机地划分为训练数据和验证数据，在训练数据集合上训练得到一个分类器，在验证数据集合上进行评估，最后将所有这些划分得到的评估错误率进行平均得到最终错误率。这看似可以得到关于一个分类器的较好的性能描述，代价是增大了计算量。

算法 15.2　交叉验证

选择训练数据的某些子集的类别，例如选择一个独立的。

对于该集合中的每个子集，通过在消除一些数据的数据集合上进行训练，在被消除的数据上计算分类误差（或者风险）。

将该所有子集的所有误差进行平均，作为该分类器在整个训练数据集合上的风险。

该交叉验证最常用的方法是在整个数据集合消除单个子集的方法，该方法称为留一法交叉验证（leave-one-out cross-validation）。错误率通常通过对类进行简单平均来估计，但也有比较复杂的估计方法[例如，见 Ripley（1996）]。这里并不从数学上进行公平估计；然而，对于这种留一法的交叉验证很值得关注，在某些情形下，如果训练集合发生较小的变化，训练得到的分类器的错误率将会有所改变。如果一个分类器在该测试下表现出的性能很好，那么在更大的数据集合上的子集也表现相似的性能，这样从数据集合中导出的相关概率的表征非常好。

对于多类别的分类器，如果知道哪个类别是最容易发生错误分类的，那么将是非常有帮助的。可以计算类混淆矩阵（class-confusion matrix），即第 i 行、第 j 列的元素的输入为通过分类器将真实标记 i 分类为 j 的次数（注意该定义并不对称）的表格。如果具有很多的交叉验证的划分类别，这将会形成一张图（见图 15.3），其中强度值对应计数；一般亮度大的表示计数值大。通过这样的图很容易得到评估结果。可以看到对角处很亮（因为对角元素对应正确分类的次数），而每行相对比较暗(这意味着在该划分类中具有很小的计数)，非对角处也有较亮区域(这意味着很大频率的错误分类)。

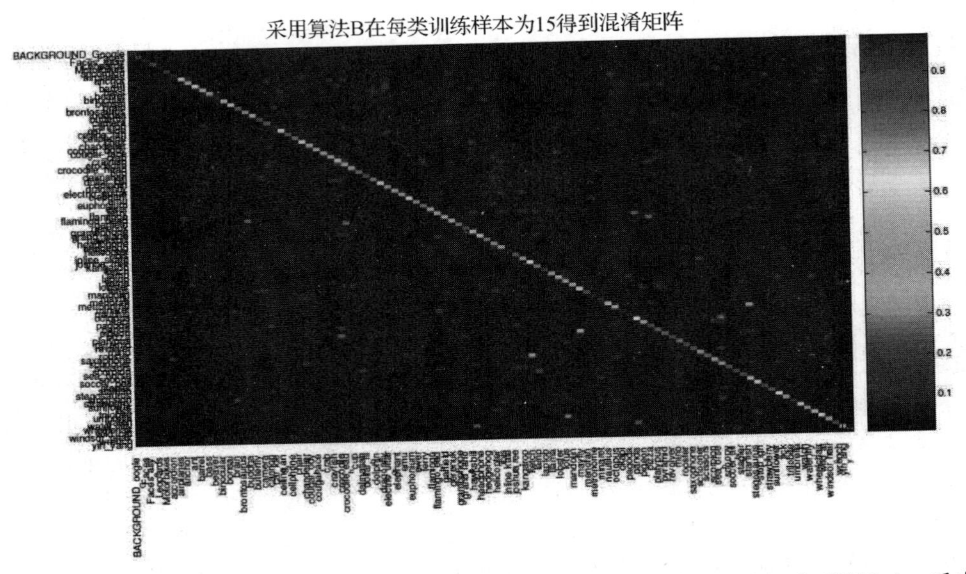

图 15.3　一个经典的混淆矩阵问题，源自最近的图像分类系统，见 Zhang et al. (2006a)。垂直颜色轴表示将颜色映射到数字(暖色表示更大的数字)。注意到红色对角矩阵：这是很好的，因为这意味着对角值很大。有许多大的非对角线上的斑点值，它们同样具有一定的信息量。例如容易混淆的系统：帆船和双桅纵帆船(可理解的)；荷花和莲花(同样也是可理解的)；鸭嘴兽和蜉蝣(这意味着某些特征工程应用会是一个很好的方法)(This figure was originally published as Figure 5 of "SVM-KNN: Discriminative Nearest Neighbor Classification for Visual Category Recognition," by H. Zhang, A. Berg, M. Maire, and J. Malik, Proc. IEEE CVPR, 2006, © IEEE, 2006)

15.1.5　受试者工作特征曲线(ROC)

对于两类分类器，可以得到关于采取错误率描述的整体描述。在该情形下，损失率为

$$h = L(1 \to -1)/L(-1 \to 1+)$$

它相对于损失更能帮助实现决策。因为 $p(1|\boldsymbol{x}) = 1 - P(-1|\boldsymbol{x})$，通过重置该项，如果

$$p(1|\boldsymbol{x}) > \frac{1}{1+h}$$

则选择其标记为 1，反之，则选择其标记为 -1。对于大多数二类问题，并不知道 $p(1|\boldsymbol{x})$，也并不知道 h。尽管如此，关于构建该分类器一般的做法为：构建从数据得到的 $p(1|\boldsymbol{x})$ 模型，通过某阈值测试该模型(得到 0 ~1 之间的某个数值)。将关于该分类器的性能表现作为该阈值的函数，可以得到关于该模型的很好的性能体现。通过将阈值从 0 增大到 1，分类器将更多的数据分类为第二类。如果将第二类作为正类，则随着阈值的增大，将检测到更多正的情形，同理也将得到更多的将负样本划分为正样本的错误标记。

受试者工作特征曲线(Receiver Operating Curves, ROC)，是某特定模型关于误检率(false positive rate)随着阈值变化的函数的检测率(detection rate)或者灵敏度(真正率)(true positive rate)曲线。一种理想情况是，对于任意的阈值检测所有的正情形而没有错误的正情形，对于这种情形，该曲线应当是一个点。对于没有关于样本为正还是为负信息的模型，将会得到从(0,0)

到(1,1)的曲线。如果 ROC 位于该线以下，可以通过将原始分类器的决策取反而得到很好的分类器，故该线为最坏情形的分类器。检测率从来不会随着误检率的提升而下降，故 ROC 曲线为非下降函数曲线。

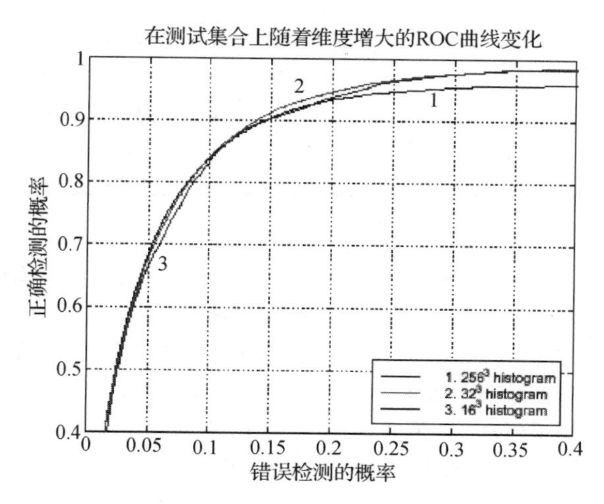

图 15.4　上图给出了 Jones 和 Rehg 皮肤检测器在不同参数 θ 下的检测率与假阴性率的变化。图像纵轴表示皮肤像素的识别概率，横轴表示把非皮肤像素识别成皮肤的错误概率。一个完美分类器的ROC应该是一条识别率为100% 的水平直线。该图给出 同一个分类器三种不同版本的ROC曲线，通过观察不难发现，随着直方图网格数量的变化，ROC曲线的变化并不大(This figure was originally published as Figure 7 of "Statistical color models with application to skin detection," by M. J. Jones and J. Rehg, Proc. IEEE CVPR, 1999 © IEEE, 1999)

分类问题的模型可以通过比较它们的 ROC 曲线来进行性能比较。我们也可以构建总的 ROC 曲线。计算机视觉领域最常用的方法是采用 ROC 曲线的面积区域(即 AUC)，其中 1 为最优分类器，0.5 的分类器为对该问题没有任何帮助的分类器。ROC 曲线下的区域面积具有很好的解释：假设随机均匀地选择一个正的样本和一个负的样本，并通过分类器得到它们的预测；AUC 可以告诉我们该分类器将这两个样本正确分类的概率。

15.2　主要的分类策略

通常情况下，并不能准确地得到 $p(1|\boldsymbol{x})$，或者 $p(1)$ 或 $p(\boldsymbol{x}|1)$，而我们必须从数据中确定一个分类器。这里介绍两种最常见的处理策略：

- **明确的概率模型**：可以采用样本数据集合建立一个概率模型(可以是似然，或者也可以是后验概率，这取决于任务和条件)。有很多种不同的变种处理，下面的章节将会讨论一部分处理方法。
- **直接确定决策面**：较差的概率模型可以产生很好的分类效果，见图 15.5 的解释，这是因为决策面——而不是具体的概率模型——决定一个分类器性能(在贝叶斯分类器中，概率模型的最主要角色是确定决策面)。这意味着可以忽略具体的概率模型而去尝试直接构造很好的决策面。这种处理办法在实际中的应用非常成功，尤其是在对建模的数据的来源不确定的情况下。

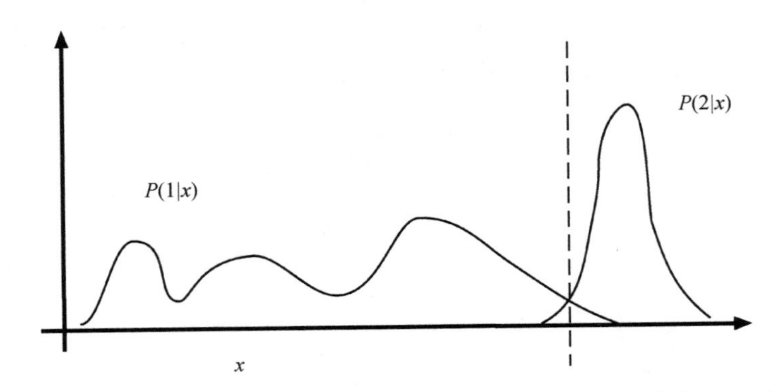

图 15.5 上图给出了两个类的后验概率，最佳决策如图中虚线所示。尽管用正态分布去近似上述后验概率将产生较大的误差,但是分类器的性能仅由它确定的决策面的位置决定。从图上可以看出,第二类的后验概率近似为一个正态分布,而第一类根据其均值和方差用正态分布近似得到的决策面的位置与贝叶斯决策面位置很接近,因此在上述条件下,如果用正态分布去近似后验概率,则能够得到一个性能较好的分类器。这是因为 $P(2|x)$ 似乎满足正态分布,而$P(1|x)$的均值和方差看起来像对右边边界进行预测

15.2.1 示例:采用归一化类条件密度的马氏距离

假设对于每个 k 类别的 $p(\boldsymbol{x}|k)$ 服从正态分布。同时假设先验已知或者可以通过计算每个类别中的数据个数比例来计算其先验。继而通过数据项和一般的处理方法得到关于每个类别的均值 $\boldsymbol{\mu}_k$ 和协方差 Σ_k。由于 $\log a > \log b$ 暗示着 $a > b$，可以采用后验概率的对数表示。这产生算法 15.3。

算法 15.3 假设类条件概率密度为正态分布的多类分类器

假设有 N 个类别，第 k 个类包括 N_k 个样本，其中第 i 个表示为 $\boldsymbol{x}_{k,i}$。

对于每个 k 类，估计其类条件密度的先验、均值和标准差。

$$p(k) = \frac{N_k}{\sum_i N_i}$$

$$\boldsymbol{\mu}_k = \frac{1}{N_k}\sum_{i=1}^{N_k}\boldsymbol{x}_{k,i}$$

$$\Sigma_k = \frac{1}{N_k - 1}\sum_{i=1}^{N_k}(\boldsymbol{x}_{k,i} - \boldsymbol{\mu}_k)(\boldsymbol{x}_{k,i} - \boldsymbol{\mu}_k)^{\mathrm{T}}$$

将样本 $\boldsymbol{x}$ 分类：

选择 $\delta(\boldsymbol{x};\boldsymbol{\mu}_k, \Sigma_k)^2 - p(k)$ 具有最小值的第 k 类

其中

$$\delta(\boldsymbol{x};\boldsymbol{\mu}_k, \Sigma_k) = \frac{1}{2}\left((\boldsymbol{x} - \boldsymbol{\mu}_k)^{\mathrm{T}}\Sigma_k^{-1}(\boldsymbol{x} - \boldsymbol{\mu}_k)\right)^{(1/2)}$$

算法中的 $\delta(\boldsymbol{x};\boldsymbol{\mu}_k, \Sigma_k)$ 项通常称为马氏距离(Mahalanobis distance)[见 Ripley(1996)]。该算法可以通过几何方式解释为，正确类别是根据方差，其均值最靠近数据项的类别。特别地，距离均值沿着很小方差的方向具有很大的权重，距离均值沿着很大方差的方向具有很小的权重。该分类器可以简化为假设每类别具有相似方差(这样，需要估计的参数很少)。在这种情形下，由

于对于所有的表达式，项 $\boldsymbol{x}^{\mathrm{T}}\sum^{-1}\boldsymbol{x}$ 相同，因此包括比较表达式的分类器关于 $\boldsymbol{x}$ 是线性的。如果这里只有两个类别，处理过程归结为判断关于 $\boldsymbol{x}$ 的线性表达式大于零还是小于零(见习题)。

15.2.2　示例：类条件直方图和朴素贝叶斯

如果具有足够标记的数据，可以通过直方图构建类条件密度。事实上这种方式应用于低维数据中，并且非常有用。通过正样本的特征的直方图得到 $p(\boldsymbol{x}|y=1)$，通过负样本的特征的直方图得到 $p(\boldsymbol{x}|y=-1)$，通过计算正样本对负样本来计算 $p(y=1)$。得到

$$p(y=1|\boldsymbol{x})=\frac{p(\boldsymbol{x}|y=1)p(y=1)}{p(\boldsymbol{x}|y=1)p(y=1)+p(\boldsymbol{x}|y=-1)(1-p(y=1))}$$

同时也可以得到其 ROC 曲线。

如果数据维度很高，由于需要标记的个数随着维度呈现指数级增长，模型的建立将变得非常不切实际。可以通过假设特征为条件独立来避免这种现象。虽然这种处理方法看起来过于简化——这常常叫做朴素贝叶斯，但往往具有很好的性能体现，并且在很多问题中具有可比性。实际中，假设

$$p(\boldsymbol{x}|y=1)=p([x_0,x_1,\cdots,x_n]|y=1)=p(x_0|y=1)p(x_1|y=1)\cdots p(x_n|y=1)$$

每个条件分布为低维的，并且很容易被建模(类条件密度可以为正态分布，也可以为直方图描述)。

15.2.3　示例：采用最近邻的非参分类器

可以合理地假设，将未分类的样本点的类别，标记为靠近该未分类样本点的已经分类的样本点的类别。最近邻(nearest neighbors)方法通过这种启发式思想构建分类器。可以通过靠近已经标记的最近邻的样本点来分类非标记的样本点，或者采用多个已知标记的样本点进行投票打分。可以合理地选择关于类别投票的最小数目的样本点。

(k,l) 最近邻分类器(见算法 15.4)查找靠近点的前 k 个样本点，并将该点分类为具有最高投票的那个类，只要该类具有超过 l 的投票(否则，该点不被分类)。$(k,0)$ 最近邻分类器通常也叫做 k 最近邻分类器。$(1,0)$ 最近邻分类器就是常见的最近邻分类器。

最近邻分类器是非常好的，这是因为采用具有很大样本集的最近邻分类器的风险位于贝叶斯风险边界内。随着 k 增长，介于贝叶斯风险和采用 k 最近邻分类器的风险下降为 $1/\sqrt{k}$。实际中，很少采用超过 3 的最近邻。进一步讲，如果贝叶斯风险为 0，采用 k 最近邻分类器的期望风险也为 0 [关于这些细节，见 Devroye et al. (1996)]。查找给定一个查询的 k 个最近邻是非常困难，21.2.3 节继续讨论这个问题。

第二个困难之处是构建这样的分类器时如何选择距离。对于特性，很显然具有相同的形式，例如长度，一般的准则已经足够。但是如果一个特征是长度，另一个特征是颜色，而另一个特征是角度呢？一种可能的方法是采用协方差估计去计算相似马氏(Mahalanobis-like)距离。这对于将每个特征独立地尺度化是非常有用的，这样可以使得每个特征的方差相同，至少保证一致；这种预防方式具有很大尺度的特征，相对于很小尺度占据主导地位。

算法 15.4　$(k,\ l)$ 最近邻分类

保证所有的特征是合适的尺度化的。

给定一个特征向量 $\boldsymbol{x}$

1. 从训练样本中获取前 k 个近邻：$\boldsymbol{x}_1,\cdots,\boldsymbol{x}_k$；
2. 计算在该集中具有最大代表数 n 的类别 c；
3. 如果 $n>l$，将样本 $\boldsymbol{x}$ 分类为 c，否则拒绝分类。

15.2.4 示例：线性支持向量机

假设具有 N 个样本点 $\boldsymbol{x}_i$，并且该样本点有两个类别，分布标记为 1 和 -1。每个样本点对应的类标记为 y_i，因此数据可以写为

$$\{(\boldsymbol{x}_1,y_1),\cdots,(\boldsymbol{x}_N,y_N)\}$$

目标为寻求对于任意 $\boldsymbol{x}$ 预测其对应标记 y 的规则，该规则就是分类器。

从这一点上讲，区分两个类别：数据是线性可分的，或者是线性不可分的。线性可分的情形很容易确定，因此首先考虑该情形。

示例：关于线性可分数据的支持向量机 在线性可分数据集合中，对于每个样本点，关于参数 $\boldsymbol{w}$ 和 b(通常表征为超平面)的选择满足：

$$y_i(\boldsymbol{w}\cdot\boldsymbol{x}_i+b)>0$$

注意到 y_i 的符号。关于每个数据点具有一个表达式，而每个表达式都有一个关于 $\boldsymbol{w}$ 和 b 的约束。这些约束表达了关于负 y_i 的所有样本点应该位于超平面的一侧；而所有关于正 y_i 的所有样本点位于超平面的另一侧。

事实上，由于数据集是有限的，则有一个超平面族。每个超平面将一个样本集的凸包与另一个样本集的凸包分开。最保守的选择是远离所有凸包的超平面。这可以通过将两个凸包的最近点连接，构造一个垂直于该线并通过该线段中心的直线的超平面。这个超平面尽可能地远离每个集，从直观意义上讲，就是最大化样本点距离超平面的最小距离(见图 15.6)。

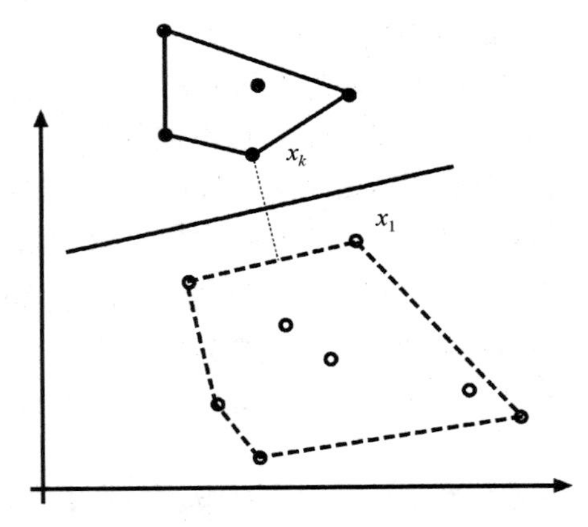

图 15.6 通过支持向量机分类器对一个飞机数据集构造的分类超平面。实心圆圈是对应一个类别的数据，空心圆圈为对应另一个类别的数据。对于每个数据集画出其凸包。对于超平面的最保守选择是采用使得每个凸包到超平面最短距离之和最大化的超平面。具有该属性的超平面可以通过构造凸包之间的最短线段，并与通过线段中心的超平面相垂直来得到。仅有数据的子集决定超平面。一个令人感兴趣的事情是每个凸包上的点与凸包之间的最小距离有关系。采用这些点查找超平面，细节见文中

由于参数 $\boldsymbol{w}$ 和 b 的值并不影响约束表达式 $y_i(\boldsymbol{w}\cdot\boldsymbol{x}_i+b)>0$ 的泛化性，可以选择将这两个参数尺度化。这意味着可以通过对每个数据点满足下式选择参数 $\boldsymbol{w}$ 和 b：

$$y_i(\boldsymbol{w}\cdot\boldsymbol{x}_i+b)\geqslant 1$$

该不等式可以通过至少位于超平面的一面的一个点构造完成。现在假设 $\boldsymbol{x}_l$ 满足该不等式且 $y_k=1$，$\boldsymbol{x}_l$ 满足该不等式且 $y_l=-1$。这意味着 $\boldsymbol{x}_k$ 位于超平面的一侧，而 $\boldsymbol{x}_l$ 位于超平面的另一侧。进一步讲，从 $\boldsymbol{x}_l$ 到超平面的距离是最小的（介于 $\boldsymbol{x}_l$ 同一侧的所有点），同理从 $\boldsymbol{x}_k$ 到超平面的距离是最小的。注意满足该属性的点可能不止一个。

这意味着 $\boldsymbol{w}\cdot(\boldsymbol{x}_1-\boldsymbol{x}_2)=2$，所以

$$\text{dist}(\boldsymbol{x}_k,\text{超平面})+\text{dist}(\boldsymbol{x}_l,\text{超平面})$$

其中

$$\left(\frac{\boldsymbol{w}}{|\boldsymbol{w}|}\cdot\boldsymbol{x}_k+\frac{b}{|\boldsymbol{w}|}\right)-\left(\frac{\boldsymbol{w}}{|\boldsymbol{w}|}\cdot\boldsymbol{x}_1+\frac{b}{|\boldsymbol{w}|}\right)$$

变换成

$$\frac{\boldsymbol{w}}{|\boldsymbol{w}|}\cdot(\boldsymbol{x}_1-\boldsymbol{x}_2)=\frac{2}{|\boldsymbol{w}|}$$

这意味着最大化距离等价于最小化 $(1/2)\boldsymbol{w}\cdot\boldsymbol{w}$。最后得到约束化的最小化问题：

$$\begin{array}{ll}\text{minimize} & (1/2)\boldsymbol{w}\cdot\boldsymbol{w}\\ \text{subject to} & y_i(\boldsymbol{w}\cdot\boldsymbol{x}_i+b)\geqslant 1\end{array}$$

其中对每个数据点有一个约束。

对于线性不可分数据的支持向量机　在很多情况下，线性可分的超平面是不存在的。对于这种情况，引入一系列的松弛变量 $\xi_i\geqslant 0$，用于表示违反的约束数，因此新的约束

$$y_i(\boldsymbol{w}\cdot\boldsymbol{x}_1+b)\geqslant 1-\xi_i$$

并且修改目标函数，考虑违反旧约束的个数，因此得到新的目标函数：

$$\begin{array}{ll}\text{minimize} & \frac{1}{2}\boldsymbol{w}\cdot\boldsymbol{w}+C\sum_{i=1}^{N}\xi_i\\ \text{subject to} & y_i(\boldsymbol{w}\cdot\boldsymbol{x}_1+b)\geqslant 1-\xi_i\\ \text{and} & \xi_i\geqslant 0\end{array}$$

这里 C 表示样本点与超平面距离的约束冲突的程度。

铰链损失(hinge loss)　支持向量机符合 15.1.3 节给出的方案，即最小化归一化后的测试损失。而铰链损失比较该样本例子中 SVM 的一个样本的响应。铰链损失将示例中的已知值与该示例中的 SVM 的响应进行比较。标记 $y_i^{(k)}$ 为已知值，$y_i^{(p)}$ 为对应的响应。则该样本的铰链损失为

$$L_h(y_i^{(k)},y_i^{(p)})=\max(0,1-y_i^{(k)}y_i^{(p)})$$

损失函数为非负的(见图 15.2)。这里，假设 $y_i^{(k)}=1$；则该分类器任意大于 1 的预测值表示没有损失，而任意小于 1 的预测值将会产生线性于预测值的损失(见图 15.2)。这意味着，最小化损失将会使得分类器(a)对正的样本(或者负的样本)产生很强的正(或者负)的预测，(b)对于分类错误的样本，尽可能做出正(或者负)的预测。

支持向量机最小化归一化的铰链损失。可以通过改写约束，得到 $\xi_i\geqslant 1-y_i(\boldsymbol{w}\cdot\boldsymbol{x}_1+b)$。这里 ξ_i 尽可能取最小值，并且 $\xi_i\geqslant 0$，则

$$\xi_i=\max(0,1-y_i(\boldsymbol{w}\cdot\boldsymbol{x}_1+b))=L_h(y_i,\boldsymbol{w}\cdot\boldsymbol{x}_i+b)$$

最后，解决 SVM 的问题等价于求解关于非约束的问题：

$$\text{minimize 损失 + 规则项}=\sum_{i=1}^{N}L_h(y_i,\boldsymbol{w}\cdot\boldsymbol{x}_i+b)+\frac{1}{2C}\boldsymbol{w}\cdot\boldsymbol{w}$$

求解该问题要很仔细，因为该目标函数是不可微的(铰链损失中的 max 函数项是个问题)。然而通过这种方式改写 SVM 是非常有用的，因为这正是 SVM 所要解决的。

15.2.5 示例：核机器

采用15.2.4节的标记形式，将线性可分的支持向量机改写为

$$\begin{array}{ll}\text{minimize} & \frac{1}{2}\boldsymbol{w}\cdot\boldsymbol{w} \\ \text{subject to} & y_i(\boldsymbol{w}\cdot\boldsymbol{x}_1+b)\geqslant 1\end{array}$$

通过引入拉格朗日乘子 α_i，得到拉格朗日方程：

$$(1/2)\boldsymbol{w}\cdot\boldsymbol{w}-\sum_1^N\alpha_i(y_i(\boldsymbol{w}\cdot\boldsymbol{x}_1+b)-1)$$

该拉格朗日方程需要关于参数 $\boldsymbol{w}$ 和 $\boldsymbol{b}$ 最小化目标函数，并且关于 α_i 最大化目标函数：这是 KKT (Karush-Kuhn-Tucker)条件，在优化手册中将给出详细的描述[例如，Gill et al.(1981)]。增加一个小的操作使得满足：

$$\sum_1^N\alpha_i y_i=0$$

和

$$\boldsymbol{w}=\sum_1^N\alpha_i y_i\boldsymbol{x}_i$$

现在通过将这些表达式代入原始问题并进行计算①，得到其对偶问题：

$$\begin{array}{ll}\text{maximize} & \sum_i^N\alpha_i-\frac{1}{2}\sum_{i,j=1}^N\alpha_i(y_iy_j\boldsymbol{x}_i\cdot\boldsymbol{x}_j)\alpha_j \\ \text{subject to} & \alpha_i\geqslant 0 \\ \text{and} & \sum_{i=1}^N\alpha_iy_i=0\end{array}$$

对于很多数据集，并不是一个超平面就会产生一个较好的分类器。需要一个具有更复杂几何意义的决策面。满足该目标的一种选择是将特征向量映射到一个新的空间，并且在新的空间中找到这个超平面。例如，有一个十分确定的被平面曲线分开的平面数据集，则可以在该数据集引用如下的映射：

$$(x,y)\rightarrow(x^2,xy,y^2,x,y)$$

在新特征空间中该分类器的边界是一个超平面，而在原始空间中是一条曲线。通过这种形式，其映射并非总是有用的，因为可能需要将数据映射到更高维(例如，假设已知分类器边界的方程为二阶，数据维度为10维；则在新的映射特征空间，该数据维度上升为65维)。

将这种映射写为 $\boldsymbol{x}'=\phi(\boldsymbol{x})$。写出所有关于新数据 $\boldsymbol{x}'_i$ 的对偶问题，将会注意到只有如下形式的项出现：

$$\boldsymbol{x}'_i\cdot\boldsymbol{x}'_j$$

而该形式可以写为 $\phi(\boldsymbol{x}_i)\cdot\phi(\boldsymbol{x}_j)$。除了该项总是正的之外，该项并非带给关于 ϕ 尽可能多的信息。特别地，该映射并非在原始问题显式表示。如果解决该优化函数，则最终的分类器将会变为

① 该推导过程可以参考斯坦福大学 Andrew Ng 关于机器学习的公开课课程。——译者注

$$f(\boldsymbol{x}) = \operatorname{sign}\left(\sum_{1}^{N}(\alpha_i y_i \boldsymbol{x}' \cdot \boldsymbol{x}_i' + b)\right)$$
$$= \operatorname{sign}\left(\sum_{1}^{N}(\alpha_i y_i \phi(\boldsymbol{x}) \cdot \phi(\boldsymbol{x}_i) + b)\right)$$

假设具有一个函数 $k(\boldsymbol{x},\boldsymbol{y})$，且该函数对于所有的 $\boldsymbol{x},\boldsymbol{y}$ 为正，则该函数叫做核(kernel)。在考虑不同技术的约束下，记录 $k(\boldsymbol{x},\boldsymbol{y})=\phi(\boldsymbol{x})\cdot\phi(\boldsymbol{y})$。这意味着可以采用一些小技巧。利用一些合适的 $k(\boldsymbol{x},\boldsymbol{y})$ 代替函数 ϕ，而不会显式地构造函数 ϕ。因此，该对偶问题变为

$$\begin{array}{ll} \text{maximize} & \sum_i^N \alpha_i - \frac{1}{2}\sum_{i,j=1}^N \alpha_i(y_i y_j k(\boldsymbol{x}_i, \boldsymbol{x}_j))\alpha_j \\ \text{subject to} & \alpha_i \geqslant 0 \\ \text{and} & \sum_{i=1}^N \alpha_i y_i = 0 \end{array}$$

对应的分类器为

$$f(\boldsymbol{x}) = \operatorname{sign}\left(\sum_{1}^{N}(\alpha_i y_i k(\boldsymbol{x}, \boldsymbol{x}_i) + b)\right)$$

当然，这些表达式假设数据集在新的特征空间被 k 可分。然而，存在这样一种情形，其问题描述为

$$\begin{array}{ll} \text{maximize} & \sum_i^N \alpha_i - \frac{1}{2}\sum_{i,j=1}^N \alpha_i(y_i y_j k(\boldsymbol{x}_i, \boldsymbol{x}_j))\alpha_j \\ \text{subject to} & C \geqslant \alpha_i \geqslant 0 \\ \text{and} & \sum_{i=1}^N \alpha_i y_i = 0 \end{array}$$

对应的分类器为

$$f(\boldsymbol{x}) = \operatorname{sign}\left(\sum_{1}^{N}(\alpha_i y_i k(\boldsymbol{x}, \boldsymbol{x}_i) + b)\right)$$

对于 $k(\boldsymbol{x},\boldsymbol{y})$ 的选择有很多种。最重要的是必须满足对于所有的 $\boldsymbol{x}$，$\boldsymbol{y}$，其值为正。一个很重要的核函数为高斯函数，即

$$k(\boldsymbol{x}, \boldsymbol{y}; \sigma) = \exp\left(\frac{-\|\boldsymbol{x} - \boldsymbol{y}\|^2}{2\sigma^2}\right)$$

其中，σ 为尺度因子，通常通过交叉验证选取。高斯核函数可以解释任何强制转换为一个向量的特征表示。另外还有两个其他常用的并且非常有效的核函数：直方图交叉核函数(见 16.1.3 节)和金字塔核函数(见 16.1.4 节)。

并没有任何证据表明一种核函数总是优于另外一种核函数，故常常采取很多的核函数并加权。例如，可以构造不同的高斯核函数，这些高斯核函数关于颜色、纹理和特征形状具有不同的尺度参数，然后利用优化技术并采用加权。这种策略常常涉及很复杂的形式，又称为多核学习(multiple kernel learning)。

15.2.6 示例：级联和 Adaboost

一种获得更好的分类器的策略是连接多个分类器。一种很自然的想法是：在某些数据集上训练一个分类器；在得到的分类器上，对每个样本加权训练得到新的分类器，使得该分类器尽可能正确分类在原来分类中分错的样本，重复这种过程。最终的输出结果为关于这些分类器的加权拼接，这个过程叫做级联(boosting)。关于对样本例子加权和拼接的策略有很多种。我们引入标记 **1**[条件]，即当条件为真时值为 1、条件为假时值为 0 的函数。

一般情况下，一个级联分类器自身并不期望具有很好的效果；这就是所谓的弱分类器(weak learner)，即只需满足其分类结果相比随机分类稍好一些即可。计算机视觉中很常用的一种弱分类器为决策树(decision stump)(通过类比于截尾型决策树命名)，这种分类器也异常简单，其分类方式常常是对某个阈值的比较。可以在一系列的训练数据集合 N 上通过决策树产生最小化加权误差。检测每 $N+1$ 个可能的阈值，选择最小的误差(见算法 15.5)。一般情况下，特征是通过随机均匀分布进行测试的，但一种更好的选择方案是计算特征向量的随机投影。

假设一个弱分类器，算法 15.6 给出离散的 Adaboost 算法[见 Friedman et al. (1998)]。另一种替代算法是 Real Adaboost(见算法 15.7)[见 Schapire(2002)]。在训练误差接近于零时进行级联，通过交叉验证的方式选择不同级联组合(逐个级联，直至交叉验证数据的误差不再上升)。

算法 15.5　训练一个两类的决策树

给定 N 个训练样本$(\boldsymbol{x}_i, y_i)$，其中 $y_i \in \{1, -1\}$，和每个样本对应的权重 w_i，其中 $\sum_i w_i = 1$

1. 确定一个变量进行测试。
   - 随机并均匀选择索引 r 的单一特征，通过映射到第 r 个特征构建新的训练数据$(u_i = \Pi_r(\boldsymbol{x}_i), y_i)$
   - 或者随机选择单位向量 $\boldsymbol{v}$，构造一个新的训练集合$(u_i = \boldsymbol{v} \cdot \boldsymbol{x}_i, y_i)$
2. 对新的训练样本进行排序，使得 $u_1 \leqslant u_2 \leqslant u_i \leqslant u_N$。
3. 这里最多有$2(N+1)$种可能错误值。对于每个阈值 $t_0 = u_1 - \epsilon$, $t_1 = (1/2)(u_1 + u_2), \cdots, t_i = (1/2)(u_i + u_{i+1}), \cdots, t_N = u_N + \epsilon$,得到两个可能的决策树：

$$\phi_1(u, t_k) = \begin{cases} 1 & u > t_k \\ -1 & \text{其他} \end{cases}$$

或者

$$\phi_2(u, t_k) = \begin{cases} 1 & u \leqslant t_k \\ -1 & \text{其他} \end{cases}$$

每个具有一个错误值，计算错误值 $E_1(t_k) = \sum_i w_i \mathbf{1}[y_i \neq \phi_1(u_i, t_k)]$ 和 $E_2(t_k) = \sum_i w_i \mathbf{1}[y_i \neq \phi_2(u_i, t_k)] = 1 - E_1(t_k)$。
4. 选择具有最小错误值的决策树。

算法 15.6　离散 Adaboost 算法

给定 N 个训练样本$(\boldsymbol{x}_i, y_i)$，其中 $y_i \in \{1, -1\}$

1. 给定第 i 个样本的初始权重 $w_i^{(0)} = 1/N$。
2. 对于每个 $m = 1, 2, \cdots, M$
   a. 采用当前训练样本的权重计算弱分类器 $\phi_m(\boldsymbol{x})$。
   b. 计算$E_m = \sum_i w_i^{(m-1)} \mathbf{1}[y_i \neq \phi_m(\boldsymbol{x}_i)]$, $c_m = \log((1 - E_m)/E_m)$。
   c. 对于每个样本根据以下公式重新计算权重：

$$w_i^{(m)} = w_i^{(m-1)} \exp(c_m \mathbf{1}[y_i \neq \phi_m(\boldsymbol{x}_i)])$$

3. 分类器为 $\text{sign}\left[\sum_{m=1}^{M} c_m \phi_m(\boldsymbol{x})\right]$。

算法 15.7　Real Adaboost 算法

给定 N 个训练样本($\boldsymbol{x}_i, y_i$)，其中 $y_i \in \{1, -1\}$

1. 给定第 i 个样本的初始权重 $w_i^{(0)} = 1/N$。
2. 对于每个 $m = 1, 2, \cdots, M$
   a. 采用当前训练样本的权重计算弱分类器 $\phi_m(\boldsymbol{x})$。
   b. 计算 $\alpha_m^* = \underset{\alpha}{\operatorname{argmin}} \sum_i w_i^{(m-1)} \exp(-\alpha y_i \phi_m(\boldsymbol{x}_i))$。
   c. 对于每个样本根据以下公式重新计算权重：

$$u_i^{(m)} = w_i^{(m-1)} \exp(-\alpha^*{}_m y_i \phi_m(\boldsymbol{x}_i))$$

$$w_i^{(m)} = \frac{u_i^{(m)}}{\sum_i u_i^{(m)}}$$

3. 分类器为 $\operatorname{sign}\left[\sum_{m=1}^{M} \alpha_m^* \phi_m(\boldsymbol{x})\right]$。

15.3 构建分类器的实用方法

这里已经介绍了不同的分类器，但是对于实际应用应该选择哪种分类器呢？一般来说，为了回答这个问题，应该采用实验验证的方法而不是通过直觉判定：即我们应该尝试多种不同的分类方法并选取最好的分类方法。所有的实验已经证明，首先应该采用线性 SVM（或者逻辑回归，往往是做同样的事情）来解决一般的分类问题。如果性能表现不好，核 SVM 或者级联的方法为下一个选取方案。

马氏距离适合于相对较少的应用情形，这是因为(a)模型往往不适合，(b)当特征向量为很高维时，并且在一些情况下所有维度都有用，则很难估计协方差矩阵。一种很好的备选方案是采用多个不同的训练数据和不同的类，将原始维度降低。最近邻策略总是非常有效的，尤其是当有很多训练数据并且对这些特征进行尺度归一化，最近邻策略相对于其他方法非常具有竞争性。关于最近邻策略最大的困难是给定一个查询，如何查找其最近邻。目前近似查找方法非常有效，相关的综述性的文章见 21.2.3 节。这些方法的优势是构建多类分类器相对容易，并且对于将新类添加到系统中也很容易。

损失函数被认为是对于所求问题的潜在自然的逻辑解释。这是很好的，但是在实际中，很难确定一个很好的损失函数，尤其是在多类情形中。0 - 1 损失是最常用的损失函数，但是这种损失函数在多类情形中提供很差的惩罚（更有甚者，该损失函数将不会提供任何有用信息）。例如，采用“狗”的标记去对猫进行标记，与采用“摩托车”的标记对猫进行标记造成的损失是一样的吗？这里的困难是并没有一个很好、已经准备好的对真正希望标记的某些分类问题进行编码的损失函数。16.2.4 节对该问题进行了讨论。

15.3.1 手动调整训练数据并提升性能

一般情况下，更多的训练数据将会产生更好的分类器。然而，对于大数据训练分类器是非常困难的，并且也很难得到很大的数据集合。特别地，只有相对小的样本项在分类器的分类性能（在 15.2.4 节进一步讨论了该问题）中真正起作用。这是因为这些样本显著影响着决策边界的位置。现在，需要更大的数据保证这些样本。

这里有两个技巧。首先，对于一般或者大多数情形的计算机视觉，可以采用非常简单的技巧将训练数据扩大。举个具体的例子，假设要训练分类器用于识别厨房的图像。第一步收集大量的厨房照片，但是无法保证所有的图像都有一个固定的大小、一个固定的旋转角度或者一个固定的裁剪。通常将所有的图像进行均匀尺度化，重新调整大小到固定的尺寸，必要的时候，可以进行适当的裁剪。然而，可以对尺度方法进行轻微的调整，在裁剪方面也可以进行轻微的调整，或者对图像的旋转也做轻微的调整(见图 15.7)。这意味着每个厨房的照片可以生成大量的不同位置的样本。但对于负样本，这种处理方法往往不起作用。其次，第二个有效的技巧可以避免重复的工作。在训练样本的子集上进行训练，在剩余的样本中进行分类器的性能评估，然后在训练集合中增加误检和漏检的样本，重新训练得到分类器。这是因为误检和漏检样本给出了关于重构决策边界的错误的信息。可能需要重复该过程，在最后的阶段，采用该分类器进行误检样本的搜索。例如，可能从互联网中搜集样本，将其分类，通过检索正样本得到错误率。这种策略往往叫做自助法(bootstrapping)(名字看起来很令人迷惑，这是因为关于自助法并没有相关的统计处理过程)。

原始图像

经过尺度化和裁剪的图像

经过旋转和裁剪后的图像

反转图像

图 15.7 一个正样本可以用于通过小尺度的变换和裁剪、小角度的旋转和裁剪或者反转生成许多正样本。或者同时运用这些变换生成新的正样本。对于大多数应用，这些正样本具有一定的信息量，这是由于图像中的物体往往不能精确地标出和尺度不精确。实际上，这些样本使得分类器比如灶具可以靠近图像右边稍微更多或稍微更少一些，甚至靠近图像左边(Jake Fitzjones © Dorling Kindersley, used with permission)

这里有一种非常重要的关于此方法的变种，称为硬负样本挖掘(hard negative mining)。这种方法应用于具有常见的正样本，但是具有海量的负样本的情形。这种情形在检测物体(见 17.1 节)时很常见。最常用的处理过程是采用检测每张图像窗口是否包含所查找物体，如人脸。这里有很多的这样的窗口，这些窗口很容易不仅包含人脸也包含非人脸。在这种情况下，不能采用所有的负样本进行训练，但是需要查找最可能提升分类性能的负样本。可以通过选择一些负样本生成误检样本——即硬负样本(hard negative)。通过迭代训练的过程查找硬负样本，即在每次迭代过程中扩张负样本池。

15.3.2 通过二类分类器构建多类分类器

通过二类分类器构建多类分类器，这里有两种标准的方法。在 all-vs-all 方法中，对于每个类别对训练一个二类分类器。对于一个样本的分类，采用学到的每个分类器对该样本进行分类。每个分类器都判定该样本属于两类中的哪一类，接着记录该类的投票分数。该样本得到分类类别最大的投票数为该样本的分类。这种方法非常简单，但对于大规模的类别则性能很差。

在 one-vs-all 方法中，对每类构建一个二类分类器。每个分类器必须区分该类与其他剩余的所有类。继而选择具有最大分类分数的类别作为该样本的分类。关于该方法的一个值得关注的问题是训练算法在样本的排列中往往并不强制分类器为尽可能地好。我们训练分类器以使得对于正样本给出正的分数，对于负样本给出负的分数，但是并不明确地保证更高的正分数时样本尽可能为正样本。另一个值得关注的问题是该分类器的分数必须矫正彼此，以使得当分类器给出一个相对于另一个更大的正分数时，可以保证第一个分类器相对于第二个分类器更可信。某些分类器，例如逻辑回归，给出后验概率，并不需要矫正彼此分数。另外一些，例如 SVM，给出不具有明显语义的样本数目，则需要矫正。矫正这些数目的一般方法归功于 Platt(1999)的算法，即采用逻辑回归匹配 SVM 输出的一个简单的概率模型。one-vs-all 方法是比较可靠的并且非常有效，甚至对于没有矫正的分类器输出也非常有效，这可能是因为训练算法确实倾向于鼓励分类器正确地排列样本。

当类别数目很大时，没有哪一种策略是非常有效的，这是因为必须训练的分类器在分类器数目扩展上表现的性能很差(在一种情形下为线性，在另一种情形下为二次型)。如果对每个类别进行有区别性的二值向量标记，则对于 N 类仅仅需要 $\log N$ 位的向量。接着对每位训练一个分类器，因此可以实现对 N 个类别仅仅采用 $\log N$ 个分类器进行分类。这种策略倾向于构建哪个类应该得到哪个位字符串这样的问题，因为这种选择在易于训练的分类器上有显著的影响。尽管如此，这里给出一个建议，即对于 N 类类别，并非需要 N 个分类器进行单独分类。这个问题随着所研究问题领域中物体类别的数目快速增长而显得尤为重要。例如，人们关注计算机视觉领域中训练 10 000 类别的分类(Deng et al. 2010)。训练 10 000 个 SVM 和训练 1 个 SVM 的区别是非常显著的，因此我们期望将该策略应用于这种情形。

15.3.3　求解 SVM 和核机器的方案

通过求解一个约束的优化问题来求解 SVM 问题。虽然这些问题为动态规划，但简单地累积这些成为一个一般用途的优化包并不是一个可取方案，这是因为它们具有非常特殊的结构。可以采用网络上提供的丰富的关于 SVM 的求解包。

关于求解 SVM 有两种常见的方法。人们可以求解原始问题(primal problem)(本文显示的)，或者写成拉格朗日函数，消除原始变量 $\boldsymbol{w}$ 和 b，采用拉格朗日乘子法求解对偶问题(dual problem)。这个对偶问题具有很多变量，因为只有一个拉格朗日乘子，所以对应很多约束。然而，关于原始问题的求解建议凸包在求得的解中尽可能为零。等价地，大多数的约束是不起作用的，因为相对较少的点就足够确定一个可分割的决策边界面。对偶解恰恰利用了这些性质，构建了一个有效查找非零拉格朗日乘子的模型。

求解对偶问题的另一个可选方案是求解其原始问题。该方法尤其是在数据非常大并且可能线性不可分的情形下非常有用。在该情形下，目标函数为引用分类器产生风险的估计，并根据超平面的范数进行约束。对于很多应用情形，足够得到低于阈值的错误率(与最小化它截然相反)。这意味着目标函数的值指明了训练何时停止，只要是在原问题中进行训练。现代的原始问题的训练算法对每个单一样本进行随机抽取，并对于每次抽取稍微进行分类器的估计更新。这些算法对于大的数据集合非常有效。

LIBSVM(在网上可以很容易找到，或者在 http://www. csie. ntu. edu. tw/ ~cjlin/libsvm/得到)是目前广泛应用的对偶求解器，它通过巧妙的过程(SMO，sequential minimal optimization)查找非零的拉格朗日乘子。一个很好的原始问题求解器为 PEGASOS，源代码可以在网上找到，或者在 http://www. cs. huji. ac. il/ ~shais/code/index. html 找到。SVMLight(在网上查找或者在 http://svmlight. joachims. org/找到)是具有许多特征的综合性的 SVM 包。Andrea Vedaldi、Manik Varma、Varun Gulshan 和 Andrew Zisserman 公布了基于学习的多核分类器，网址为：http://www. robots. ox. ac. uk/ ~vgg/software/MKL/ 。Manik Varma 公布了一般的多核学习的代码，对应的网址为：http://research. microsoft. com/en-us/um/people/manik/code/GMKL/download. html，对于采用 SMO 学习的多核代码见 http://research. microsoft. com/en-us/um/

people/manik/code/SMO-MKL/download. html。Peter Gehler 和 Sebastian Nowozin 公布了最新的多核学习的方法：http://www. vision. ee. ethz. ch/ ~pgehler/projects/iccv09/index. html。

15.4 注释

我们提醒研究者们，分类器对于问题的解决并非总是有效的；相反，应关注特征的构建。然而，很多应用问题具有特殊的性质，故这里有很多不同的方法来构建分类器。这里给出的分类器一般具有较好的效果。分类问题现在已经是一个标准的课题，有很多相关的重要的文献资料。主流的分类方法可以通过最近的文献找到。建议参考 Bishop(2007)、Hastie et al.(2009)、Devroye et al.(1996)和 MacKay(2003)。当分类方法被期望有效或者失败的很重要的理论分析见 Vapnik(1998)。

习题

15.1 假设给定两类，其中 $p(\boldsymbol{x}|k)$ 服从正态分布。并假设其损失为 0-1，且该先验对于每一类都相同。证明采用马氏距离将数据分类等价于检验对数据 $\boldsymbol{x}$ 进行线性表征的符号。

15.2 采用逻辑回归构建二类分类器(见 15.1.3 节)：

(a)证明数据的对数似然为

$$\mathcal{L}(\boldsymbol{a}) = \sum_{i\in \text{样本集}} (\frac{1+y_i}{2})\boldsymbol{a}^{\mathrm{T}}\boldsymbol{x} - \log\left(1+\boldsymbol{a}^{\mathrm{T}}\boldsymbol{x}\right)$$

(b)计算 $-\mathcal{L}(\boldsymbol{a})$ 的梯度表示和和 Hessian 矩阵。

(c)证明要么 $-\mathcal{L}(\boldsymbol{a})$ 是凸集，要么特征向量 $\boldsymbol{x}_i$ 位于特征空间的某个仿射子空间中。

15.3 检验

$$\begin{aligned} L(y_i,\gamma_i) &= -\left[\frac{1}{2}(1+y_i)\gamma_i - \log\left(1+\exp\gamma_i\right)\right] \\ &= \log\left(1+\exp\left(-y_i\gamma_i\right)\right) \end{aligned}$$

可以回顾 $x-\log(1+\exp(x)) = -\log(1+\exp(-x))$，并通过差分证明。

15.4 描述怎样采用朴素贝叶斯方法构建一个多类分类器(不采用 one-vs-all 或者 one-vs-one 策略)。

第16章　图像分类

许多现代计算机视觉问题可以通过分类器解决。本章对这些应用进行了总结，并重点介绍将整幅图应用于分类器分类学习的情形；下一章介绍一个很重要的推广，即将分类器用于窗口分类学习。图像分类的过程非常明确：给定已经标记的数据集，提取特征，训练得到分类器。在很多重要的领域，构造特征具有很多技巧。这些过程功能强大，并且已经被证明非常有效，很值得我们根据其应用重新回顾这些技巧；每当应用这些技巧的时候，应明确该技巧是如何运作的。

对于每个应用，都需要一组用于有效描述图像的特征。16.1 节给出基于内容的特定应用中构建外观特征的一般技巧。继而考虑图像分类的一般问题，即将给定的一张测试图像，将其分类为已有类别中的某类（见 16.2 节）。对于目前的图像分类研究状况，有两个重要研究路线：在给定的分类集合中构建性能更好的方法（见 16.2.3 节）；以及构建逐渐增大分类类别的方法（见 16.2.4 节）。最后，16.3 节给出图像分类领域目前常用的数据库和软件库。

16.1　构建好的图像特征

用于分类过程的核心问题是如何选择一个很好的图像特征。对于不同的应用，具有不同的特征构造器。构造特征的关键是一方面扩大不同类别之间的方差，因为方差可以体现不同类别之间的变化趋势；另一方面减小类内的方差，该方差体现同一个类之间的不同。某些特征构造器对于该目标在很多问题中表现得很好，但是对于大多数情况，需要特定的构造器。

16.1.1　示例应用

检测不雅图片　检测裸体图像或者不雅图片是非常有必要的。在某些国家或者地区，拥有这些图片或者发布这些图片是不合法的。许多老板希望保证工作计算机不能收集并禁止查看这些不雅图片；广告商也要保证自己的广告图像不要出现这类图片。互联网搜索公司同样期望用户不会搜索到此类令人尴尬的图片。

对于如何判定该图像是否是不雅图片或者是否是可以接受的非常困难。在美国地区，非淫秽的图像具有法律保护，但是对于一幅图像是否是淫秽的鉴定则非常模糊，使得其从技术委员会的角度上来看变得没那么重要[即使是合法机构查找这种图片也有窍门，例如 O'Brien (2010)，或者 de Grazia (1993)]。对于大多数应用，采用图像过滤器（采用分类器的方法）可以过滤掉大部分的裸体或者不雅图片。在大型的工业研究院中，有许多研究者基于安全角度致力于该专项的研究。所有已经公布的方法主要依赖于寻找图像中裸露的皮肤；继而继续分析该裸露皮肤的位置。本章对不雅图片的检测主要有两步分类任务：首先判定图像中的像素是否属于皮肤；接着根据检测皮肤的布局将图像分类为是否具有明确特点的图像。

材料分类　假设有一个图像窗口。请问，该图像窗口覆盖的材料是什么（例如“木材”、“玻璃”、“橡胶”和“皮革”等）？如果可以回答该问题，则可以根据该回答判定哪块图像块属于衣服——继而推断出可能为人的一部分，或者是家具、草皮、树木，或者天空。一般而言，不同材料具有不同的图像纹理，用于多类分类器问题的自然特征为纹理特征。然而，材料倾向于具有某些表面浮雕特征（例如，橘子的表面具有小的气孔；粉沙的灰泥表面呈现不平；剥落的树皮具有不同深度的凹槽)，这些特征表现出更加复杂的阴影行为。不同的光照方向的变化可能引起附加于浮雕的阴影呈现尖锐的变化，导致总体的纹理特征的变化。更有甚者，如图16.1所示，纹理特征可能指示该物体由哪种材料构成，但是具有相似的纹理的物体可能是由不同的材料构成。

图16.1 材料与物体类别并不相同(顶行的三张图对应的汽车，是由不同的材料构成的)，同样也与纹理类别不同(底行的三张图对应的花格物体由不同的材料构成)。已知构成物体的材料有助于对物体形成非常有用的描述，并与其本身或者纹理形成固有的鉴别性(This figure was originally published as Figures 2 and 3 of "Exploring Features in a Bayesian Framework for Material Recognition," by C. Liu, L. Sharan, E. Adelson, and R. Rosenholtz Proc. CVPR 2010, 2010 © IEEE, 2010)

场景分类 卧室的图像，或者厨房的图像，或者沙滩的图像，呈现出不同的场景。场景为解释图像提供了非常重要的图像内容来源。人们可以根据场景进行推理，例如在卧室，人们更期望看到一个枕头而不是烤箱或者救生圈；在厨房，人们期望看到烤箱，而不是一个枕头或者救生圈；而在沙滩上，人们期望看到救生圈或者有可能是一个枕头，而不是一个烤箱。我们分析图像中的内容涉及怎样的场景。由于场景在表面呈现的范围很广，并且这种变化具有很强的空间结构成分而使得分析其非常困难。例如，烤箱可能位于厨房的任何位置。在场景分类任务中，人们必须识别图像中解释的场景。场景标记相对于物体标记是非常随意的，因为对于不同的标记是什么没有一个一致的意见。某些标记看起来非常清晰因而非常容易分配(见图16.2)，比如"厨房"、"卧室"和房屋中其他房间的名称。然而还有一些标记是非常不确定的，例如"林间小道"和"草地"如何区分？或者仅简单将其标记为"户外"？对于此，人们似乎也有一些判断问题(见图16.18)。然而，这里有一些场景数据库，每个具有自己的标记，因此研究方法可以在此类数据库上进行比较和评估。

对于该问题的分析和其他大多数的应用一样，具有一些重要的通用点，而这可以指导特征的设计。任何特征的表征应具有旋转不变性、平移不变性、尺度不变性，因为这些变换并不影响图像的标记(尽管将其倒置，不雅图片依然是不雅图片)。SIFT 和 HOG 特征的构造驱使我们考虑(a)精确的强度值并不重要，因为图像可能受到光照强度变亮或者变暗的影响；(b)图像边缘非常重要，因为其可能为物体的轮廓线。正如5.4节所示，这些观察可以由灰度方向值进行估计，并对最后特征进行不同的归一化处理。这里具有两个更加重要的观察。首先，图像纹理是非常重要的，图像纹理可以高度用于分析。虽然这不是很明显的观察结果，但它成为构建一个很好特征的关键部分。这预示构建特征需要考虑方向的统计信息(例如，水平条纹给出很多垂直方向梯度，斑点区域应当具有均匀分布的方向，等等)。其次，精确的特征位置并不重要。因为图像中的布局带有很小的变化并不影响其分类。例如，将烤箱放到架子上并不影响厨房的分类。对于场景分类问题，以前曾考虑一个"较好空间尺度"的问题。考虑 SIFT 和 HOG 特征构建直方图的步骤，得知其尝试计算不同位置的小的偏移的方向成分，定位于一个特定的邻域，并对该邻域进行汇总。本章将会采用相似的汇总机制来处理大规模的更大结构的尺度偏移。

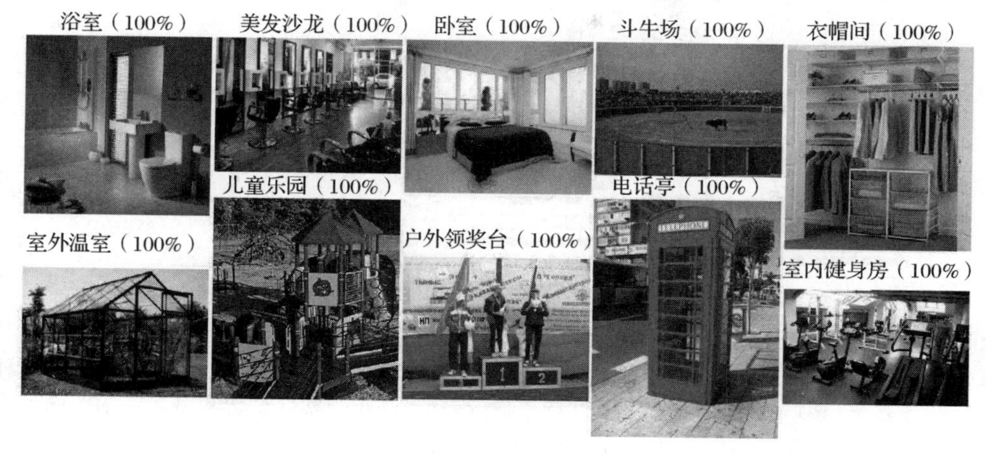

图 16.2　人们可以很容易地识别某些场景。这里给出 SUN 数据集中的一些例子，该数据集（Xiao et al. 2010）为人们可以从图像中精确识别场景分类的数据库；每个图像的标记给出对应的场景类型（This figure was originally published as Figure 2 of “SUN database: Large-scale Scene Recognition from Abbey to Zoo,” by J. Xiao, J. Hays, K. Ehinger, A. Oliva, and A. Torralba, Proc. IEEE CVPR 2010, © IEEE, 2010）

16.1.2　采用 GIST 特征进行编码布局

关于场景的一个自然因素为图像整体布局。如果图像在两个边上都有一块很大且光滑的区域，其中有许多垂直直线和相对少的天空区域，则人们可能认为该图像为城市街道；如果一大部分区域为可视天空区域和在图像底层为粗糙棕色的物体，则人们可能认为该图像为户外；等等。有许多证据证明人们可以通过图像的整体布局来快速准确地判定该图像解释是何种场景（Henderson and Hollingworth 1999）。

GIST 特征尝试捕捉这种布局（见图 16.3）。Oliva and Torralba（2001）通过推理一系列的编码场景布局的感知维度来构造这些特征。这些维度包括场景是自然的或者是人工合成的；是否具有完全开放的空间还是具有狭窄的围栏；是否是崎岖不平的。这些特征主要是根据对所有或者部分场景进行特定的分析得到的结果。例如，表示城市街道的图像具有很多强烈的垂直边缘，而这些边缘预示着在特定的段（垂直段）具有很强的高空间频率，即很高的能量；类似地，崎岖不平的区域将高能量转换为高空间频率。

该特征与第 6 章介绍的纹理表征是相当的，但该特征却表征整幅图像。Oliva 和 Torralba 将其应用于一堆尺度变换的方向滤波器（八个方向和四个尺度）。接着他们将 4×4 非重叠网格窗口的滤波结果的幅值进行平均，结果为 512（$=4\times4\times8\times4$）维向量。继而投影到一系列由一大堆自然图像数据集合计算的主分量上。结果为一系列的特征：(a) 给出在图像不同块区域的不同尺度、不同方向的纹理活跃相应强度，以及 (b) 倾向于在自然场景中进行区分。这些特征现在已经被广泛使用（见图 16.4）。有证据表明该特征对场景布局进行编码 [例如，Oliva and Torralba (2007)；Oliva and Torralba(2001)；或者 Torralba et al. (2003)]，并广泛应用于场景内容来帮助提升性能。

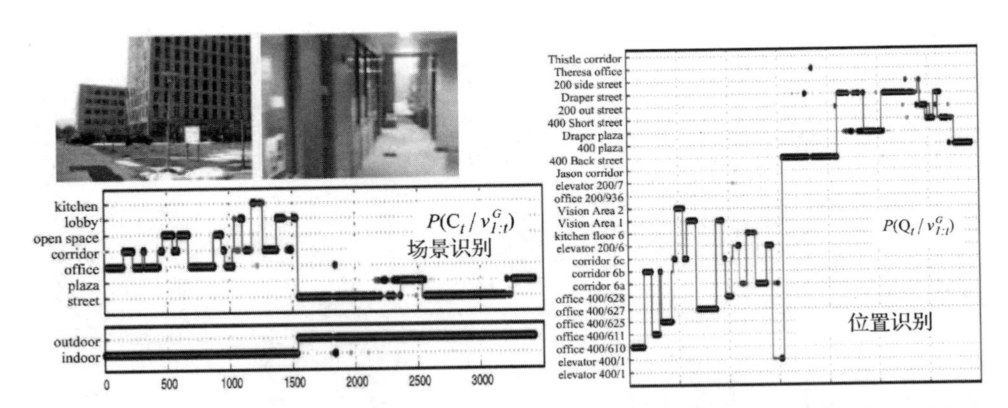

图 16.3 GIST 特征可用于场景识别，特别是确定从该场景采集的图像的位置。Torralba et al. (2003) 给出一种视觉系统：穿过已知环境，通过场景分类的思路方法可以判定该图源自哪种场景。图(见左上图)采用GIST特征进行表征。基于观察的位置和最后一幅图的位置为条件，它们被用于计算对应的后验概率，其右图给出结果。阴影斑点对应后验概率：更暗的斑点具有更高的概率。叠加在图中的细的直线给出正确的结果；注意几乎所有的概率都接近于正确的结果。对于未知的位置，位置的类型可以被估计(左下图)；同样，阴影斑点给出其后验概率，更暗的斑点对应更高的概率值，细线给出正确的结果(This figure was originally published as Figures 2 and 3 of "Context-based vision system for place and object recognition," by A. Torralba, K. Murphy, W. T. Freeman, and M. A. Rubin, Proc. IEEE ICCV 2003, © IEEE 2003)

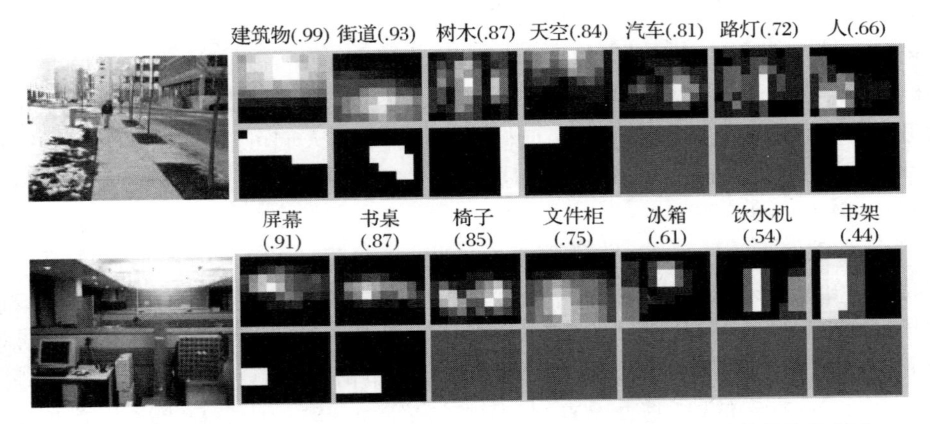

图 16.4 场景是非常重要的，这是由于已知图像中的场景给出图中物体的某些有用的信息。例如，街道往往位于街道场景的底部并靠近中心。这些映射图给出物体出现位置的概率(顶行每个图对应的预测位置)，这是根据左图提取的场景信息进行预测估计；更亮的值表示更高的概率。与真实物体位置进行比较(底行每个图对应的真实位置)；注意已知场景并不能保证物体一定存在，只是给出该物体可能出现的位置。这可以作为物体检测流程的一个步骤(This figure was originally published as Figure 10 of "Context-based vision system for place and object recognition," by A. Torralba, K. Murphy, W. T. Freeman, and M. A. Rubin, Proc. IEEE ICCV 2003, © IEEE 2003)

16.1.3 采用视觉单词总结图像

表征场景的特征应当具有总结性。更重要的是要知道存在的东西(例如示例中的烤箱)，而不是明确在哪里。这预示着人们采用直方图的形式去表征。这种直方图在其他情形中也非常有用。假设要分类的图像包括很大且相对孤立的物体。该物体可能是变形的，角度可能有变化，并且图像可能被旋转或者有尺度变换。除此影响之外，期望物体表面相对稳定(即不会采用条纹的物体匹配斑点物体)。则图像结构的绝对位置可能并不那么重要，但是如何表征这种结构就变得非常重要。再次建议采用一种类似直方图的表征方法。一个很大的问题是如何在直方图中记录。

一个非常成功的回答是记录局部图像块的特征。当讨论纹理时，将其称为纹理结构元(见6.2节)；而在识别领域将其称为视觉单词。它们构造的过程一样。首先检测感兴趣的关键点，围绕该点构建近邻(见5.3节)，继而采用SIFT描述其近邻信息(见5.4节)。将这些特征进行向量化，接着构造向量化领域的全局模式(见图16.5)。

图16.5 采用视觉单词表征的一个应用：从视频序列中查找特定模式。左图，用户在视频序列的某帧画出感兴趣的矩形框；中图，给出该矩形框的近距离图；右图，我们看到从该矩形框计算的近邻。这些近邻为椭圆，而不是圆；这意味着它们在仿射变换下是共变的。同样，对一个仿射变换的图像块构建的近邻将会与原始图像块构建的近邻进行的仿射变换相同(5.3.2节给出定义)(This figure was originally published as Figure 11 of J. Sivic and A. Zisserman "Efficient Visual Search for Objects in Videos," Proc. IEEE, Vol. 96, No. 4, April 2008 © IEEE 2008)

有许多种合理的策略将SIFT描述子进行向量化(见图16.6)。举个具体的例子，假设有一个很大的从相关的图像提取的SIFT特征训练集，并采用k均值聚类得到。现在将其靠近最近聚类中心的检索号代替原始的SIFT特征。产生的编码很像一个字(例如，人们可以计算特定的兴趣点在一张图像中出现的次数，而具有相似计数的另一张图像与该图像类似)。Sivic and Zisserman(2003)首先提出该种方法，并将其称为视觉单词。视觉单词和6.2.1节介绍的纹理结构元的最大区别，可能是一个视觉单词相比于一个纹理结构元描述了更大的图像区域。

虽然单独的视觉单词应当有点噪声，但整体图像的局部图像块与相似图像(或者区域)应一致。例如图16.7为典型的视觉单词的表征。在查询的图像中，并非所有的近邻都会有响应。近邻产生的噪声使得很难找到一个精确的近邻，或者通过向量量化处理将近邻赋予一个错误的视觉单词。因此，需要采取一种方式总结一系列的视觉单词使其鲁棒于误差。实际中，直方图是一种很好的总结方法。如果一张图像的所有的视觉单词与另一张图像中大部分的视觉单词匹配，则其直方图分布应一致。更进一步讲，直方图并不会受到图像强度、旋转、尺度和变形等变化的显著影响。

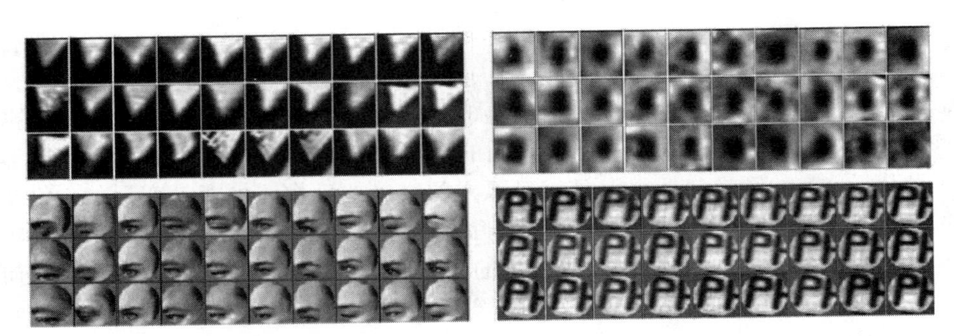

图 16.6 视觉单词可以通过对近邻进行向量化(见图 16.5)计算得到。该图画出四种不同视觉单词对应的每个实例。注意该单词表征图像中适度规模的局部结构(比如,一只眼睛、一个或者半个字母,等等)。特定的词汇量是非常巨大的,意味着每个单独的单词表征的实例彼此相像(This figure was originally published as Figure 3 of "Efficient Visual Search for Objects in Videos," by J. Sivic and A. Zisserman, Proc. IEEE, Vol. 96, No. 4, April 2008 © IEEE 2008)

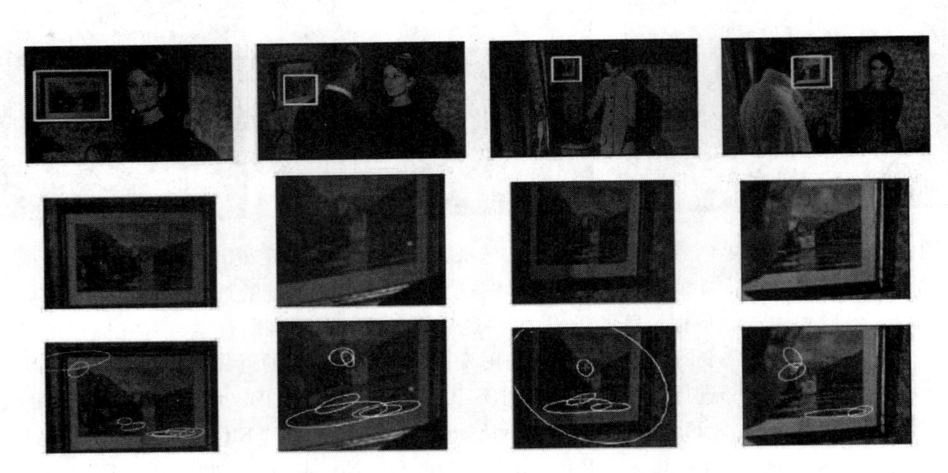

图 16.7 该图给出图 16.5 的查询结果,通过对图像区域所拥有的视觉单词与查询图像所具有的视觉单词的很强相似性计算得到。第一行给出从视频序列得到整张视频帧;第二行给出结果所示的矩形框的近距离图(在第一行标记);第三行给出该矩形框周围近邻生成的并与查询图像匹配的视觉单词。注意并非与全部查询近邻相匹配(This figure was originally published as Figure 11 of J. Sivic and A. Zisserman "Efficient Visual Search for Objects in Videos," Proc. IEEE, Vol. 96, No. 4, April 2008 © IEEE 2008)

在直方图表征中,两张相似的图像应当具有相似的直方图分布,而不同的两张图像具有不同的直方图分布。这意味着简单地使用线性分类器去分类直方图表征的向量是不自然的(事实上,这种处理方法并非有效)。我们期望正样本(负样本)在特征空间中处于相当复杂的结构,且训练样本集的分类处理过程应当与测试样本集相当。这意味着核方法(见 15.2.5 节)非常适合直方图特征。一种方式可以采用χ平方核,其中

$$K(\boldsymbol{h},\boldsymbol{g})=\frac{1}{2}\sum_i\frac{(h_i-g_i)^2}{h_i+g_i}$$

为介于两个直方图的χ平方距离。另一个广泛采用的是直方图交叉核,即

$$K(\boldsymbol{h},\boldsymbol{g})=\sum_i \min(h_i,g_i)$$

如果 $\boldsymbol{h}$ 和 $\boldsymbol{g}$ 具有许多相似权重的箱，则其值变大；反之则变小。该方法可以看成被匹配的第 i 类元素数目的估计。注意到该方法应用归一化的直方图，这表明如果一张图具有很多关于第 i 个种类的元素而其他很少，则不仅第 i 个种类项整体非常小，其他也应当非常小。直方图交叉核方法可以采用一些技巧来快速地评估(Maji et al. 2008)。

16.1.4 空间金字塔

视觉单词的直方图是一种非常强大的表征工具，正如 16.2 节所示。然而，其抑制了所有的空间信息，而这种空间信息可能有助于场景识别。假设构建一个核来比较场景图像。我们期望核值对于相似的场景具有很大的值，而对于不同的场景具有较小的值。具有相同场景的两张图像应当具有很多相似的物体，但是这些物体可能位于不同的位置。例如，两张厨房的照片具有很高的相似分数，虽然在不同的厨房，天花板、窗户、柜台和地板并不具有相同的高度。期望一种分数来表征粗糙的空间结构信息。该分数并不会随着空间细节的变化而有所变化(例如，将烤箱从一个柜台的左边移到右边)。

Lazebnik et al. (2006) 提出一种很重要的直方图描述视觉单词的变种方法，即采用核可以非常有效地对空间布局进行初始编码。每张图作为一个模式，其由元素构成且可以作为视觉单词，如果两张图在可比较的部位的元素相同，则这两张图相似。特别地，如果一张图的元素与另一张图位于大概位置的元素匹配，则这两张图具有很高的相似性。由于有太多元素，很难通过对两张图的每个元素进行匹配来计算其相似度，这样的计算代价将非常大。

对部分元素进行粗略估计继而进行匹配是非常容易。假设对于图像 1 的第 i 个模式具有 $N_{i,1}$ 个元素，对图像 2 的第 i 个模式具有 $N_{i,2}$ 个模式，则关于模式 i 有 $\min(N_{i,1}, N_{i,2})$ 可以匹配。这便是直方图交叉核隐藏的推理(见 16.1.3 节)。然而，这是对匹配元素数目的非常差的估计，因为这些元素的某些可能与远离的部分进行匹配。可以通过将图像分割为四个部分而得到改进版的估计法，并对每个部分应用相同的推理过程来对相应的每个部分计算得到匹配分数。因此得到五个估计值(四个部分的估计值和对整张图的估计值) 并将其合并。采用关联于所计算图像分块大小的权重进行操作。也可以对每个分块进一步进行分块，产生更小的箱和局部大约估计的权重，但是如果箱过小，则很难提供有用的信息。

至此，给出两张图像之间的计算相似分数的正式表征。出于简单化，假设处理的所有模式具有相同的大小，并期望比较图像 $\mathcal{I}$ 和图像 $\mathcal{J}$。为了得到可能匹配特征数目的估计，将其分割为不同的网格。我们将会采用不同的网格数，采用 l 进行检索(见图 16.8)。记 $H^l_{\mathcal{I},t}(i)$ 为模式 t 在图像 $\mathcal{I}$ 第 l 个网格、第 i 个箱的特征数目。假设图像 $\mathcal{I}$ 上特定网格特定箱的元素仅仅与图像 $\mathcal{J}$ 关联的网格和箱相匹配。并且进一步假设所有在箱内可以被匹配的元素也匹配。这意味着模式 t 在箱 i、网格 l 匹配的元素的数目为

$$\min(H^l_{\mathcal{I},t}(i), H^l_{\mathcal{J},t}(i))$$

并且图像 $\mathcal{I}$ 和 $\mathcal{J}$ 之间在网格 l 层得到的相似度为

$$\sum_{i\in\text{grid boxes}} \min(H^l_{\mathcal{I},t}(i), H^l_{\mathcal{J},t}(i))$$

每个网格给出匹配特征在多大程度上的估计，但是一般我们将在细网格赋予大的权重，而在粗网格赋予较小的权重。这可以通过将每层的单元宽度进行倒置而得到其匹配的权重，并记为 w_l。假设不同模式的特征的匹配具有相同的权重，则最后的相似分数为

$$\sum_{t \in \text{feature types}} \sum_{l \in \text{levels}} \sum_{i \in \text{grid boxes}} w_l \min(H^l_{\mathcal{I},t}(i), H^l_{\mathcal{I},t}(i))$$

最后产生的相似估计分数可以用于对图像进行相似性排序(见图 16.9)，或者作为基于核分类器的核。

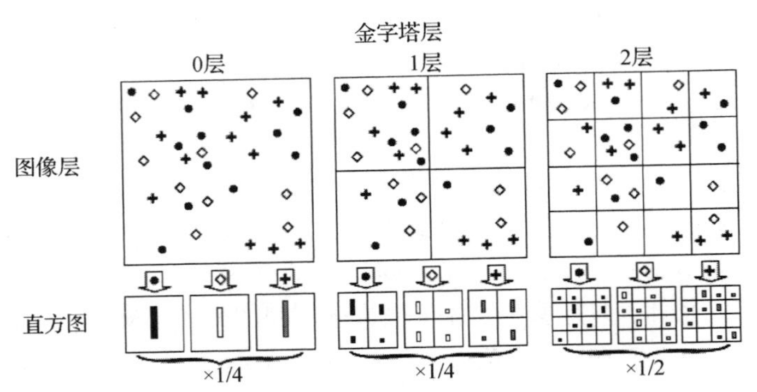

图 16.8　一个简单的构建三层空间金字塔核的例子。共有三种不同的特征(圆形、菱形和叉形)。图像分别被划分为1个、4个和6个网格。每一层都构建一个直方图：在每个网格内每种特征类型的数量。接着，比较两幅图像：根据从这些直方图中的匹配所生成的估计分数(This figure was originally published as Figure 1 of "Beyond bags of features: Spatial pyramid matching for recognizing natural scene categories," by S. Lazebnik, C. Schmid, and J. Ponce, Proc. IEEE CVPR 2006, © IEEE 2006)

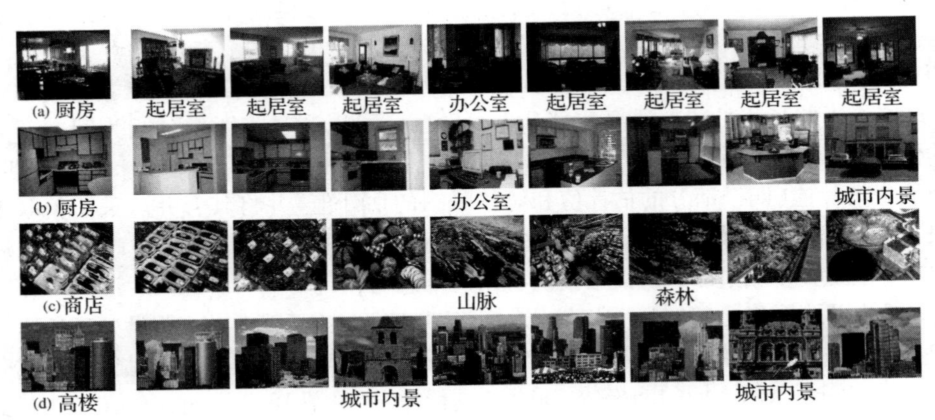

图 16.9　采用空间金字塔核进行相似度检测，是场景分类的很自然的做法，这是因为相似的场景在相应的位置有对应的特征。该图给出通过查询一系列的场景图像(左图)得到的结果。右图给出从测试集中根据相似度分数排序与左图最相似的结果。前一行的响应主要是错误的(当响应是错误时，房子的名字位于图像下面)，或许是因为查询中的厨房具有电线布局。其他的响应大部分是正确的(This figure was originally published as Figure 4 of "Beyond bags of features: Spatial pyramid matching for recognizing natural scene categories," by S. Lazebnik, C. Schmid, and J. Ponce, Proc. IEEE CVPR 2006, © IEEE 2006)

空间金字塔核在场景分类中表现得非常好，相比于直方图交叉核在标准测试数据集的分类任务中表现得更好，即使在背景图片的物体呈现非常大的变化的情况下(Lazebnik et al. 2006)。

其在大规模的特征池表现得更好。在 Lazebnik et al. (2006)的工作中，视觉单词并不仅仅由兴趣关键点构建，而是基于整幅图像；这意味着具有更多——非常庞大的——视觉单词集用于表征图像。比较醒目的是空间金字塔核倾向于表示相对独立的物体或者自然场景，但是对于纹理比较少的舞台或者融于背景的物体则表现不好(见图 16.10)。

图 16.10 空间金字塔核也可以用于较复杂的图像的分类任务。这里给出 Caltech 101 数据集的一些类别的例子：分类效果好(顶行)和分类效果差(底行)。分类正确率采用正确图像所占有的百分比表示。Caltech 101数据集是一系列由101个类别的物体构成的数据集；测试图像必须属于这个分类中(见16.3.2节)(This figure was originally published as Figure 5 of "Beyond bags of features: Spatial pyramid matching for recognizing natural scene categories," by S. Lazebnik, C. Schmid, and J. Ponce, Proc. IEEE CVPR 2006, © IEEE 2006)

16.1.5 采用主分量进行降维

我们的构造方式倾向于产生高维的特征向量。这使得估计一个分类器变得异常困难，因为这将增大估计的方差。对于特征向量的降维显得尤为重要，可以将其投影到低维基。一种获得该基的处理方法是采用新的特征向量使其捕获尽可能多的原始特征向量的方差。举一个极端的例子，如果一个特征的值可以由其他特征的值精确估计出，很明显该特征集是冗余的，是可以降维的。根据这个观点，如果要丢掉一个特征，那该特征应该是可以由其他特征值精确估计出的特征，即特征之间应具有相对小的方差。

在主成分分析(principal component analysis)中，新的特征集为原始特征集的线性组合。根据一组数据集构造一个低维的可以最佳解释这组数据之间的方程的线性子空间。该方法(也称为 Karhunen-Loéve transform)是经典的统计模式识别方法[见 Duda and Hart (1973), Oja (1983), or Fukunaga (1990)]。

假设具有 n 个特征向量 $\boldsymbol{x}_i(i=1,\cdots,n)\in\mathbb{R}^d$，其中均值为 $\boldsymbol{\mu}$(在这种情形下，可以想象该均值为地心)，方差为 Σ(可以想象该方差为某矩阵的二阶矩)。将其均值作为原点，考虑其偏移量 $(\boldsymbol{x}_i-\boldsymbol{\mu})$。

考虑到新的特征为原始特征的线性组合；很自然将这些偏移量投影到不同的方向上。一个单位向量 $\boldsymbol{v}$ 表示在原始特征空间中的一个方向，并通过插值得到新的特征 $v(\boldsymbol{x})$。第 i 个数据点 u 的值为 $v(\boldsymbol{x}_i)=\boldsymbol{v}^{\mathrm{T}}(\boldsymbol{x}_i-\boldsymbol{\mu})$。一个好的特征应当为尽可能多地捕捉原始数据集的方差。注意 v 具有零均值；则 v 的方差为

$$\begin{aligned}\mathrm{var}(v) &= \frac{1}{n-1}\sum_{i=1}^{n} v(\boldsymbol{x}_i)v(\boldsymbol{x}_i)^{\mathrm{T}} \\ &= \frac{1}{n}\sum_{i=1}^{n-1} \boldsymbol{v}^{\mathrm{T}}(\boldsymbol{x}_i-\boldsymbol{\mu})(\boldsymbol{v}^{\mathrm{T}}(\boldsymbol{x}_i-\boldsymbol{\mu}))^{\mathrm{T}} \\ &= \boldsymbol{v}^{\mathrm{T}}\left\{\sum_{i=1}^{n-1}(\boldsymbol{x}_i-\boldsymbol{\mu})(\boldsymbol{x}_i-\boldsymbol{\mu})^{\mathrm{T}}\right\}\boldsymbol{v} \\ &= \boldsymbol{v}^{\mathrm{T}}\Sigma\boldsymbol{v}\end{aligned}$$

接着最大化$\boldsymbol{v}^{\mathrm{T}}\Sigma\boldsymbol{v}$，并考虑约束$\boldsymbol{v}^{\mathrm{T}}\boldsymbol{v}=1$。这是一个典型的特征值问题，方差$\Sigma$关联的最大的特征值为其解。如果将数据投影到正交于该特征向量空间中，可以得到$d-1$维向量。继续相应的处理方法，方差Σ的第二最大特征值对应的特征向量为剩余最大的方差，以此类推，求得所有对应的最大的特征方差。

这意味着方差Σ的特征向量——由$\boldsymbol{v}_1$，$\boldsymbol{v}_2$，…，$\boldsymbol{v}_d$标记且根据特征值已经排序，$\boldsymbol{v}_1$具有最大的特征值——给出了一组具有如下性质的特征集：

- 它们相互独立(由于其特征向量正交)。
- 到标准基$\{\boldsymbol{v}_1, \cdots, \boldsymbol{v}_k\}$的投影给出$k$维保持最大方差的线性特征集。

应注意到，根据原始数据，主成分分析(见算法16.1)可能得到好的或者差的对原始数据的表征(见图16.11、图16.12和图16.13)。

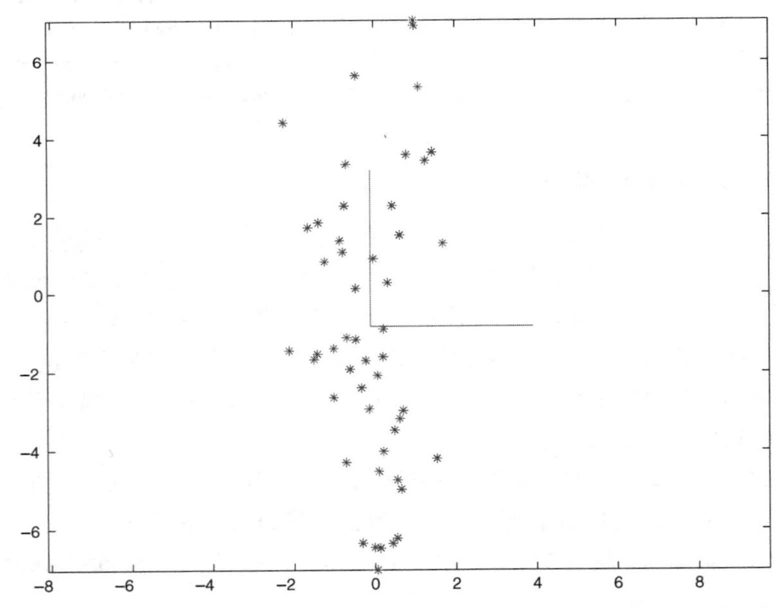

图16.11 采用主成分分析进行很好表征的一个数据集。坐标轴表征PCA方向；纵坐标轴为第一个主成分量，即方差最大的成分的方向

算法16.1 主成分分析法

给定n个特征向量$\boldsymbol{x}_i(i=1,\cdots,n)\in\mathbb{R}^d$，记

$$\boldsymbol{\mu}=\frac{1}{n}\sum_i \boldsymbol{x}_i$$

$$\Sigma = \frac{1}{n-1}\sum_i (\boldsymbol{x}_i - \boldsymbol{\mu})(\boldsymbol{x}_i - \boldsymbol{\mu})^T$$

方差Σ的单位特征向量——由$\boldsymbol{v}_1$，$\boldsymbol{v}_2$，…，$\boldsymbol{v}_d$标记且根据特征值已经排序，$\boldsymbol{v}_1$具有最大的特征值——给出了一组具有如下性质的特征集：

- 它们相互独立(由于其特征向量正交)。
- 到标准基$\{\boldsymbol{v}_1, \cdots, \boldsymbol{v}_k\}$的投影给出$k$维保持最大方差的线性特征集。

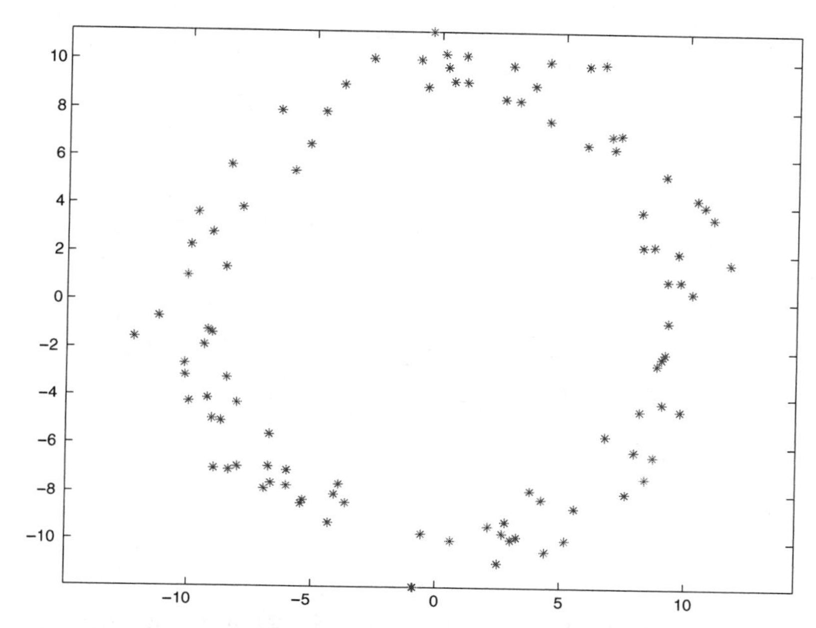

图16.12 并非每个数据集都可以用PCA进行很好的表征。该数据集的主分量相对不稳定，这是因为每个方向的方差对于源是相同的。这意味着可能从此源对不同的数据集进行不同的主分量的表征。这是一个次要的问题；主要的困难是将该数据集映射到某些轴压制了主要特征，即它的圆形结构

16.1.6 采用典型变量分析进行降维

主成分分析产生一组线性特征，该特征可以最好地表征高维数据集的方差。但没有证据表明该组特征适合分类。例如，图16.13显示，该数据的第一个主成分将会产生很差的分类效果；而第二个主成分尽管没有很好地捕捉该数据的方差，但产生比较好的分类结果。

线性特征重在强调类之间的差异，即典型性变量。为了构造典型性变量，给定数据元素$\boldsymbol{x}_i(i \in \{1, \cdots, n\})$，$p$维特征(例如，数据$\boldsymbol{x}_i$为$p$维向量)，$g$个不同的类别，第$j$类的均值为$\boldsymbol{\mu}_j$，并记$\overline{\boldsymbol{\mu}}$为所有类的均值，即

$$\overline{\boldsymbol{\mu}} = \frac{1}{g}\sum_{j=1}^{g}\boldsymbol{\mu}_j$$

记

$$\mathcal{B} = \frac{1}{g-1}\sum_{j=1}^{g}(\boldsymbol{\mu}_j - \overline{\boldsymbol{\mu}})(\boldsymbol{\mu}_j - \overline{\boldsymbol{\mu}})^{\mathrm{T}}$$

注意到$\mathcal{B}$给出类均值的方差。在最简单情形下，假设每个类别具有相同的方差Σ，即该矩阵满秩。我们希望求得满足如下性质的坐标轴：数据的每个聚类紧凑地属于特定的某一类，即每个类

别最大的分类。这包含查找介于类均值与每个类内方差的最大分离率(方差)的一系列特征。类均值之间的分离很显然是指类间方差，类内的分离是指类内方差。

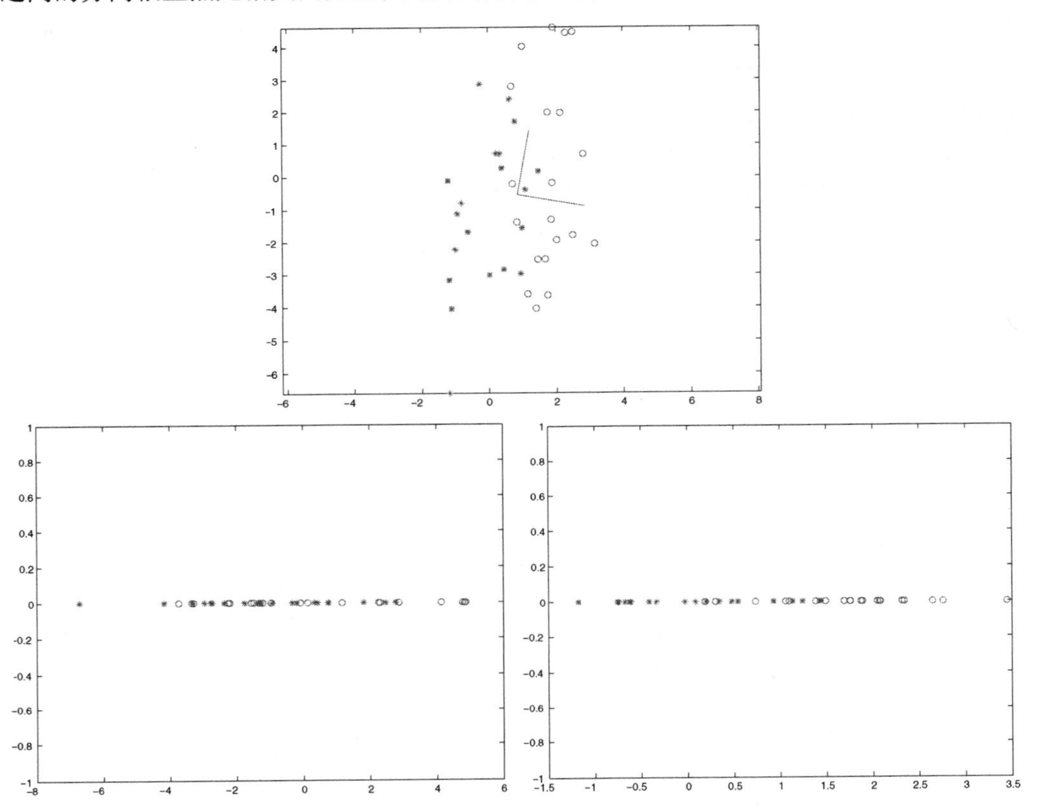

图 16.13 主成分分析并不考虑这样一个事实：在一个数据集中每项可能有超过一个的类，这将会导致重大的问题。对于一个分类器，期望减少特征数量的特征集，以及期望类之间的区别最明显。对于最上图的数据集，每个类采用一个圆圈表示，其他采用星形表示。PCA将其投影到纵坐标轴，获取数据集的方差但不能对两个类进行区分，正如从图中显示的那样，彼此出现重叠状态。底图给出投影到这些轴的结果。在底图左，将其投影到第一个主成分方向，即具有最大方差，但具有较差的分类能力；在底图右，将其投影到第二个主成分方向，具有较低的方差(见轴)，但具有较好的分类能力

由此，得到一组特征的线性方程组，考虑

$$v(\boldsymbol{x}) = \boldsymbol{v}^{\mathrm{T}}\boldsymbol{x}$$

对 $\boldsymbol{v}_1$ 最大化类间方差与类内方差的比率。

采用与主成分分析相同的推理过程，通过选择 $\boldsymbol{v}$ 最大化：

$$\frac{\boldsymbol{v}_1^{\mathrm{T}}\mathcal{B}\boldsymbol{v}_1}{\boldsymbol{v}_1^{\mathrm{T}}\Sigma\boldsymbol{v}_1}$$

该问题等同于最大化 $\boldsymbol{v}_1^{\mathrm{T}}\mathcal{B}\boldsymbol{v}_1$，并考虑约束 $\boldsymbol{v}_1^{\mathrm{T}}\Sigma\boldsymbol{v}_1=1$。依次对如下公式求解：

$$\mathcal{B}\boldsymbol{v}_1 + \lambda\Sigma\boldsymbol{v}_1 = 0$$

其中 λ 为常数。该问题为广义特征值问题。如果 Σ 满秩，则通过查找 $\Sigma^{-1}\mathcal{B}$ 的最大特征值的特征向量得到解。一般在相应的数值软件环境(可以处理非满秩的矩阵 Σ)进行特定的运行求解。

对于每个$\boldsymbol{v}_l$，其中$2\leqslant l\leqslant p$，期望查找满足准则的极端情形并独立于前一个$\boldsymbol{v}_l$的特征。这可以通过求解$\Sigma^{-1}\mathcal{B}$的特征向量得到。这些特征值给出相应特征对应的方差（并且是相互独立的）。通过选取$m<p$的最大特征值对应的特征向量，得到一系列降维后的特征，并且该特征集最大保留原始类之间的分离。降维后的特征集并不保证分类器的最小误差率，但其提供了关联分类结构的降维的特征的起始位置。细节和例子见McLachlan and Krishnan(1996)和Ripley(1996)。

如果这些分类并不具有共有的方差，仍然可以构造典型性变量（见图16.14和算法16.2）。在这种情形下，将方差Σ估计为先前提到的所有的每个数据项与对应类中心偏移的方差。再次，这并不保证为最优方案，但在实际应用中非常有效。

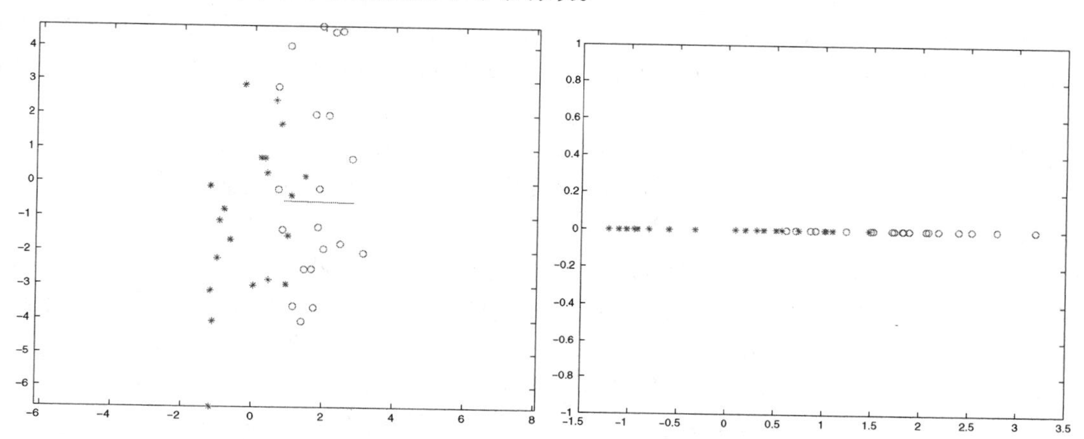

图16.14　典型性变量采用每个数据项的类与特征来估计一个较好的线性特征。特别地，该方法构造的轴尽可能将不同的类进行分类。左图给出图16.13所应用的数据集，并由第一个典型性变量重叠给出坐标轴。在右图，给出将其投影到这些轴的结果，可以看到这些类被更好地分类

算法16.2　典型性变量

假设给定一系列的数据项，共有g个不同的类别。每个类有n_k项，第k类的一个数据项为$\boldsymbol{x}_{k,i}$，$i\in\{1,\cdots,n_k\}$。第j个类的均值为$\boldsymbol{\mu}_j$。假设共有p个特征（例如，$\boldsymbol{x}_i$为p维向量）。

记录$\overline{\boldsymbol{\mu}}$为所有类均值的均值，即

$$\overline{\boldsymbol{\mu}}=\frac{1}{g}\sum_{j=1}^{g}\boldsymbol{\mu}_j$$

记录

$$\mathcal{B}=\frac{1}{g-1}\sum_{j=1}^{g}(\boldsymbol{\mu}_j-\overline{\boldsymbol{\mu}})(\boldsymbol{\mu}_j-\overline{\boldsymbol{\mu}})^{\mathrm{T}}$$

假设每个类具有相同的方差Σ，该方差已知或者被下式估计得到，

$$\Sigma=\frac{1}{N-1}\sum_{c=1}^{g}\left\{\sum_{i=1}^{n_c}(\boldsymbol{x}_{c,i}-\boldsymbol{\mu}_c)(\boldsymbol{x}_{c,i}-\boldsymbol{\mu}_c)^{\mathrm{T}}\right\}$$

$\Sigma^{-1}\mathcal{B}$的单位特征向量，记做$\boldsymbol{v}_1,\boldsymbol{v}_2,\cdots,\boldsymbol{v}_d$，其中序列由特征值的大小给定，$\boldsymbol{v}_1$具有最大的特征值，得到的特征具有如下的属性：

- 到基$\{\boldsymbol{v}_1,\cdots,\boldsymbol{v}_k\}$的投影给定将类均值分类的最佳$k$维线性特征集。

16.1.7 示例应用:检测不雅图片

所有已公布的检测不雅图片的分类器都是通过检测皮肤来处理。皮肤的检测是一个很重要的任务。皮肤检测器由于其可被用于焦点搜索而成为一个非常有用的系统组件。如果检测不雅图片,则肯定涉及皮肤检测器;如果检测人脸,皮肤检测也是一个很好的处理过程的开端(见17.1.1节);如果尝试说明手语,则手势非常重要,而手往往表现为皮肤[见 Buehler et al. (2009), Buehler et al. (2008), Farhadi and Forsyth (2006), Farhadi et al. (2007), and Bowden et al. (2004)]。皮肤检测器也是关于检测常规应用的一个自然例子:对每个感兴趣的位置的像素进行分类。例如,可以通过(a)建立皮肤分类器,(b)对图像中的每个像素点独立地使用分类器。从形式上看,假设像素是相互独立的(这很显然是错误的);在实际中,对于皮肤检测,假定每个像素为相互独立是非常有效的。

皮肤很容易通过颜色进行识别,这并不取决于皮肤有多黑。人类皮肤的颜色是由光反射到皮肤表面(具有白色色调)、皮肤下面的血液(使得肌肤呈现红色色调)和皮肤表面的黑色素(吸收光并使得外观颜色变暗)联合而成。光反射到皮肤的强度范围很广,这是因为照明强度可以随意变化,从皮肤油脂上发生的镜面反射非常亮,而具有更多黑色素的皮肤将会吸收更多的光(即对于固定的光源,皮肤看起来更暗)。但是皮肤的色调和饱和度并没有太多变化;色调倾向于红-橙范围(蓝或者绿色皮肤看起来非常不自然),颜色并不具有很强的饱和度。这意味着绝大部分的图像可以仅仅通过检测皮肤颜色就可以确定哪些像素为非皮肤。

最简单且非常有效的皮肤检测器,是采用类条件直方图分类器(见15.2.2节介绍),这首先要归功于 Jones 和 Rehg(Jones and Rehg 2002)。每个像素点基于其红色、绿色和蓝色成分进行皮肤分类。这些像素值的量化看起来并不影响检测器的精确度;实验证据表明皮肤颜色的范围关于聚类相对紧凑。一个很重要的误差源是关于皮肤的镜面反射,这倾向于光亮和发白。如果皮肤检测器将这些像素点分类为正样本,某些图像的大范围区域将会变成误检;但如果将它们分类为负样本,则大多数的人脸由于靠近鼻子和前额的没有大块的皮肤反射而被漏检。皮肤像素的邻域从概率上讲应为皮肤,同样对于非皮肤的邻域也应当为非皮肤。根据这种情形使用了一个小技巧。考虑将皮肤检测器的输出作为二值图,其中皮肤像素标记为1,并采用多步腐蚀操作和二值化图像操作(见算法16.4)。这将会删除孤立的皮肤像素点,并使得皮肤区域的空洞变大。接着应用多步膨胀操作和另一种二值化操作(见算法16.3)。这将会填充皮肤模板的洞。更多的复杂皮肤检测器依赖于这样一个事实:皮肤具有相对较少的纹理,简单的纹理特征可以很好地被区分(Forsyth and Fleck 1999)。这种皮肤检测器建议对其他图片的处理过程为:采用该检测器搜索图像窗口。该处理过程非常有用,17.1节给出细节。图16.15给出采用 Jones 和 Rehg 的皮肤检测器的输出结果,图16.16给出该检测器的工作特性曲线。

算法16.3 膨胀

生成一幅输出图 $\mathcal{O}$,并填充零。
For 输入(二值)图像中的每个像素 I_{ij}
　If I_{ij} 为1且所有近邻为1
　　$O_{ij}=1$
　End
End

算法 16.4　腐蚀

生成一幅输出图 $\mathcal{O}$，并填充零。

For　输入(二值)图像中的每个像素 I_{ij}

　If　所有近邻为 1

　　$O_{ij}=1$

　End

End

构造一个不雅图片检测器的过程则变得很直观：首先检测皮肤，接着通过皮肤区域计算特征，最后将这些特征输入分类器中。所有的这些方法在实验数据集的效果良好。Bosson et al.(2002)从皮肤区域开始构建简单的区域布局特征。基于这些特征，他们采用许多皮肤区域、零碎的最大皮肤区域和零碎的人脸皮肤(详见 17.1.1 节的人脸检测)，通过支持向量机进行分类。Forsyth and Fleck(1999)通过查找人体分割的皮肤区域(手臂、腿等)，接着根据查找的区域是否足够大来判定是否为裸体。Deselaers et al.(2008)采用视觉单词的直方图，接着采用 SVM 或者逻辑回归进行判定。据我们所知，并没有采用空间金字塔核进行该问题的处理，期望该方法会非常好。商业图像搜索项目的一些简单实验考虑一个可能的报警图片，接着打开搜索滤波器——显示这些图片具有低误检率，虽然漏检率很难进行评估(甚至可能不知道如何进行构造)。商业方法可能采用页面文字描述和链接扩展信息联合图像特征进行图片分类。

图 16.15　该图给出采用 Jones 和 Rehg 的关于皮肤的检测器在不同图像的检测结果。标记黑色的像素为皮肤,白色的像素为背景。注意该过程相对有效,并且可以用于如人脸和手臂的检测(This figure was originally published as Figure 6 of " Statistical color models with application toskin detection," by M. J. Jones and J. Rehg, Proc. IEEE CVPR, 1999 © IEEE, 1999)

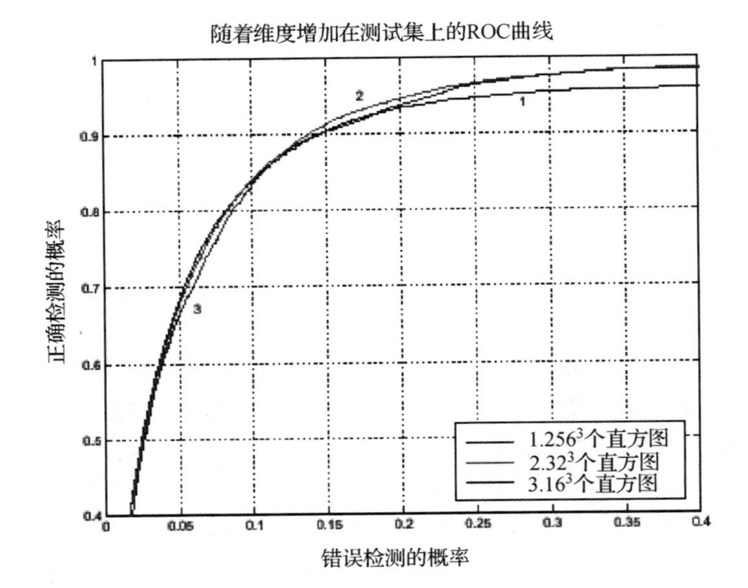

图 16.16 Jones 和 Rehg 的皮肤检测器的受试者工作特征曲线(ROC)。该图显示参数 θ 的不同值下检测率与漏检率关系。一个完美的分类器的ROC曲线为,在其坐标轴上,水平轴检测率为100% 。注意到ROC受不同直方图内矩形框数目的影响(This figure was originally published as Figure 7 of "Statistical color models with application to skin detection ," by M. J. Jones and J. Rehg, Proc. IEEE CVPR, 1999 © IEEE, 1999)

16.1.8 示例应用:材料分类

Leung and Malik(2001)给出关于纹理结构元的表征(见 6.2 节,并注意结构纹理元与视觉单词的相似性),可以用于材料分类。给定一个简单的纹理(其中没有浮雕效应,并且也没有光照效应),采用 48 维的向量对图像块求响应并评估图像块中心。其的纹理结构元是采用k 均值聚类,并对这些向量进行向量量化(vector quantizing, VQ)。一个简单的纹理块由以下进行表征(a)对于块中每个像素计算纹理结构元;(b)对这些纹理结构元采用直方图统计。这些纹理结构元通过最近邻采用计算直方图之间的"ξ 平方"距离进行分类。现在考虑如果该纹理是一种材料,在该情形下,由于图像块的变化范围很大,需要关于该图像块的多幅图进行训练。在他们的实验中,测试样本也包括多幅图像。由于光照的影响,可能该图像块呈现的纹理与其他图像块类似,导致结构元的标记可能是不可靠的。然而,由于可以记录结构元在光照影响下的变化,因此可以估计对于每个结构元采用的合适标记。采用训练样本与测试样本进行比较,对测试样本的结构元搜索不同的可能的标记,计算结果直方图与训练样本直方图的"ξ 平方"距离。当不匹配时,这些距离将会倾向于很大,虽然重新标记标签使其更近。许多关于构建的变种方法也已出现,包括怎样构建结构元。Varma and Zisserman(2005)提供一种采用一系列小旋转不变滤波器的改进版的分类方法;在后续的论文中,他们采用向量量化小图像块的方式,取得了更好的分类结果(Varma and Zisserman 2009)。

所有这些方法采用独立的材料图像块。如果给定关于一个物体的图像,Liu et al. (2010)表明判定何种材料仍然非常困难。他们创建一种新的由一种主导材料构成的物体的数据集,接着采用视觉单词和其他方法进行分类。正如图 16.17 所示,该问题仍然非常困难。

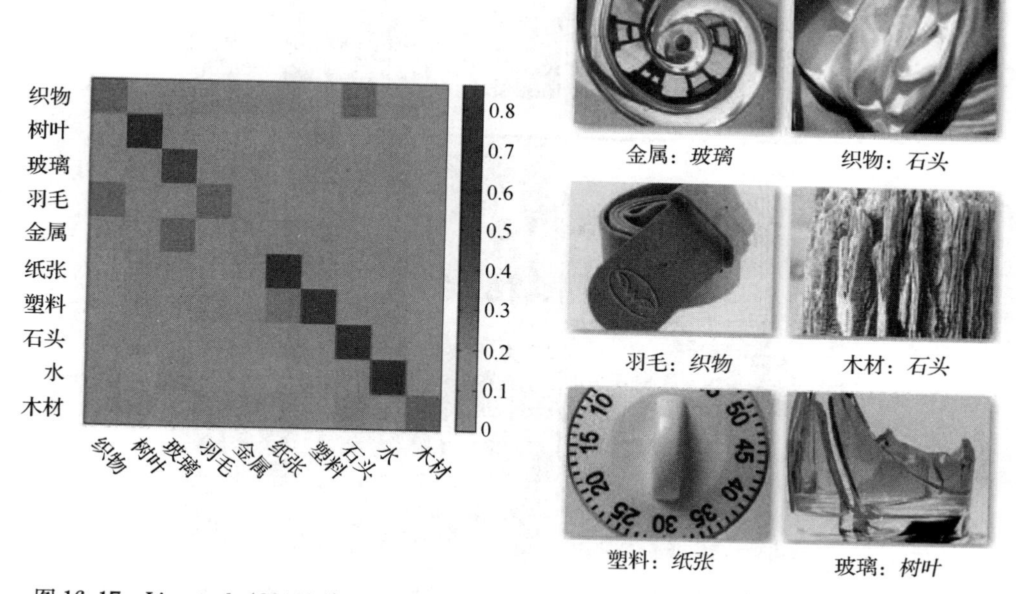

图16.17　Liu et al.(2010)从flicker图像集中收集了一个材料分类的标准数据库，并用SIFT特征和新特征的联合对这些材料图像进行分类。这是一个非常困难的任务，左图给出其对应类混淆矩阵；例如，有许多其他材料是与金属混合在一起的，尤其是玻璃。右图给出分类错误的样本（斜体字表示错误的预测）（This figure was originally published as Figure 12 of "Exploring Features in a Bayesian Framework for Material Recognition," by C. Liu, L. Sharan, E. Adelson, and R. Rosenholtz Proc. CVPR 2010, 2010 © IEEE, 2010）

16.1.9　示例应用：场景分类

原始的场景分类方法，主要归功于Oliva and Torralba(2001)，即采用GIST特征和k近邻方法分类场景。他们将一张单一的图片分类为八类场景中的一类。Torralba et al.(2003)接着给出采用GIST特征在固定的已知地方识别这些场景，也就是说，可以识别该图片来源于哪里。对于不在给定地方拍摄的图像，他们的系统将会描述该地方的类型，例如"厨房"或者"大厅"(见图16.3)。他们的系统假定摄像机关联一个可移动的观察者，但不显式采用移动提示；反而，他们的系统采用一组条件随机场，使得状态转移的先验概率可以影响一幅图的分类结果(Torralba et al. 2003)。场景是一种某物体有可能出现(例如，"烤箱"更有可能出现在"桌子"上，而不是"地板"上)的环境，故我们期望场景识别对于物体定位提供一些提示。这最终导致场景分类的应用，正如Torralba等人的解释(见图16.4)。正如前面所述，空间金字塔核很适合用于场景分类。

Xiao et al.(2010)给出在很大数据集(SUN；397类，其中每类至少100张图，见16.3.2节)上最近场景分类的结果。他们比较了很多种方法，最好的识别率是38%（即在测试数据集合上分类正确的结果大约是38%）。如图16.2和图16.18所示，很难期望分类的结果达到100%。

图 16.18 人类并不能很容易区分所有的场景类别。这里给出 SUN 数据(Xiao et al. 2010)中的一些例子。在每列的顶层给出非常困难的分类;底层给出人们常常迷惑的分类的实例。这些困惑可能是由于很难确定分类的边界(它们不是很标准),或者是由于术语(或者分类类别)不熟悉,或者是由于图像本身具有二义性(This figure was originally published as Figure 3 of "SUN database: Large-scale Scene Recognition from Abbey to Zoo," by J. Xiao, J. Hays, K. Ehinger, A. Oliva, and A. Torralba, Proc. IEEE CVPR 2010, © IEEE, 2010)

16.2 分类单一物体的图像

更多感兴趣的图像是那种在简单背景只包括单一物体的图像，某些图像，例如目录图片正是这种类型的图片，而有些图片刚好是此种类型。这种类型的图片对于图像检索而言异常重要，这是因为搜索者往往只提供非常简单的检索词(例如，“大象”而不是“远看在莫帕尼灌木丛附近的水坑和图左下角显示的大象与狒狒嬉戏”)，因此可能搜索图像没有非常简单的回应。这种类型的图像很重要的另一个原因是，这种图像相对于其他类型的图像更容易并且适合学习物体分类的模型。计算机视觉的一个核心挑战就是学习一个分类器对该类图片进行分类。

在这种问题上，人们尝试许多不同或者复杂的特征与分类器去解决该问题。16.2.1 节列出该类问题一些常见的并且看起来非常成功的经典算法。分类处理过程很自然地与图像检索联系，所以图像检索的准则通常也是评估图像分类的准则(见 16.2.2 节)。在极大规模的数据库上做图像分类是非常困难的(必须得到图像库及其相应的标记，并且在每一个大的数据库上训练和评估这些算法)，以致目前的所有实验范式可能导致不必要的错误。然而，最近几十年的趋势显示对于图像分类的理解有了显著的提升。目前主要有两种趋势：一种是采用固定的类别通过不同的算法来提升精确度(见 16.2.3 节)，目的是得到一些捕捉原始图像更强鉴别性能的特征；另一种是处理更大规模的类别(见 16.2.4 节)，目的是获得一些一般意义上哪些特征是可鉴别的。

16.2.1　图像分类策略

通常的图像分类的策略是首先计算特征，然后将特征向量输入多类分类器中。关于该种策略的算法有很多变种，主要是依赖于采用何种特征和何种分类器。然而，该种策略具有一些通用的处理办法。先前我们讨论的特征是此种策略首选的特征(这也是为什么详细叙述其的原因)。有许多种方法是采用 SIFT 和 HOG 特征的变种，并且考虑其颜色特征。也有许多种方法采用通过视觉单词构建字典，虽然在构建字典时有很大不同。空间金字塔和金字塔匹配核对于图像表征给出非常强的性能。这些图像表征采用广泛的分类器进行分类测试；不同的合理分类器的选取可能给出稍微不同的性能结果，但没有一种分类器给出显著的性能(分类器的选取对最后性能的评估影响不显著)。

该领域的许多研究本质上是实验分析研究，并且构造怎样的数据库是一个很重要的课题。幸运的是，许多图像库是开源的并且共享，在一些特定开源库中怎样获取最佳的性能非常具有竞争性。此外，许多提取特征的代码和分类器的代码也是开源共享的。这意味着，通常可以相对直接地进行尝试和产生前沿性能的实验。16.3 节给出截至该书写作时一些开源的数据库和代码的详细介绍。

这些方法非常多，每一个都略具优势，很难确定哪个算法在实际应用中表现性能最好。当处理一种新的图像分类问题时，首先要对位于图像网格中的特征位置计算视觉单词。而这些视觉单词可能为大量视觉单词(如果数据允许，可能为 10^4 或者 10^5)的向量量化。接着对这些视觉单词建立直方图进行表征，并且通过直方图交叉核进行分类。如果对分类的结果不满意，可以修改视觉单词的类型，接着采用空间金字塔核。这一切完成之后，将通过不同的计算特征包来求取特征(见 16.3.1 节)，或者可能选择不同的分类器进行分类。

16.2.2　图像分类的评估系统

图像检索与图像分类具有一定的关系。在图像检索系统中，通过一个检索词从大量的图像库搜索希望得到匹配的图像(第 21 章对图像检索进行了概要的阐述)，而这个检索词可能为一个关键字或者一幅图像。如果搜索词为一系列关键字，则希望每个关键字都被匹配，继而必须具有相应的图像分类系统来满足每个关键字的搜索需求。考虑这个原因，图像分类的测试准则常常采用图像检索来评估各类图像分类算法。

信息检索系统通过输入一个索引词，继而从数据项中得到该索引词的响应。对于目标的最重要的情形是系统必须具有一系列的关键词，并且针对每个关键词都可以从图像数据项中检索相应的图像。特别地，两项被用于描述信息检索系统的性能，分别为召回率，即实际检索到的相关项的百分比；以及精确度，实际被检索到的百分比。由于该系统在构造测试数据集时，不仅包括数据项而且包括相应的标记(该标记更像用于检索的关键字)，因此该两项很自然被用于评估图像分类系统的性能。

直观评估一个好的系统应具有很高的召回率和很高的精确度，但事实并非如此。反而，对于一个检索系统的好坏取决于不同的应用，正如下面所给出的例子分析。

专利检索　通过查找“现有技术”(包括所检索专利的相似技术的现有专利)，可能并不能得到满意的搜索结果。很大的代价取决于现有技术搜索的结果，这意味着通常需要以很小的代价指示某人从大量非相关的专利材料中检索出相关的材料。因此很高的召回率至关重要，甚至以牺牲精确度为代价。

网络与电子邮件过滤　美国公司担心内部邮箱可能由于包括不雅图片而引起法律或者公共相

关的问题。一种处理办法是通过搜索邮件流量查找问题图片，根据查找的结果提示并通知管理者。低召回率正适合这种情形；尽管该测试系统可能只有10%的召回率，仍可以造成这类问题图片轻易被过滤掉。因此很高的精确度至关重要，因为人们倾向于该系统检测可以忽略掉产生的大量误报。

寻找一个插图 这里有各种服务供应商提供给新闻媒体组织的照片库或者录像片段。这些服务供应商可能倾向于名人照片收集，例如，一个好的服务供应商可以提供关于Nelson Mandela的成千上万的照片。而非常高的召回率可能造成很严重的麻烦，因为没有一个图像编辑者真正想从这成千的图片中搜索。一般情况下，照片库供应商的工作人员常常根据自己的专业知识和与客户的交流，而仅仅提供大量照片库的很小一部分的相关照片。

将召回率和精确度的变种进行组合而使得评估方法更加丰富，其中F准则(F-measures)为关于精确度和召回率的加权均值。记P为精确度，R为召回率，则F_1准则对精确度和召回率均等加权，公式如下：

$$F_1 = 2\frac{PR}{P+R}$$

F_β准则为对精确度加权β平方①，公式如下：

$$F_\beta = (1+\beta^2)\frac{PR}{\beta^2 P+R}$$

通常，通过调整该项使得系统对检索返回一个响应。随着图片库池增大，召回率将会增大(这是由于可以检索更多的数据项)和精确度将会降低。这意味着可以将给定的一个查询的精确度和召回率用图表示。该图给出了关于该系统对搜索的公平响应(见图16.19)。例如，对于网络搜索系统，人们更期望具有高的召回率和较低的精确度，并且并不关心随着召回率的增加，精确度是如何降低的。这是因为人们在重定向自己的检索需求时，并不关心超过第一页或者第二页之后的检索网页。对于专利检索系统，另一方面，精确度越快速降低，人们越必须关注其检索结果，因此精确度的降低变得非常重要。

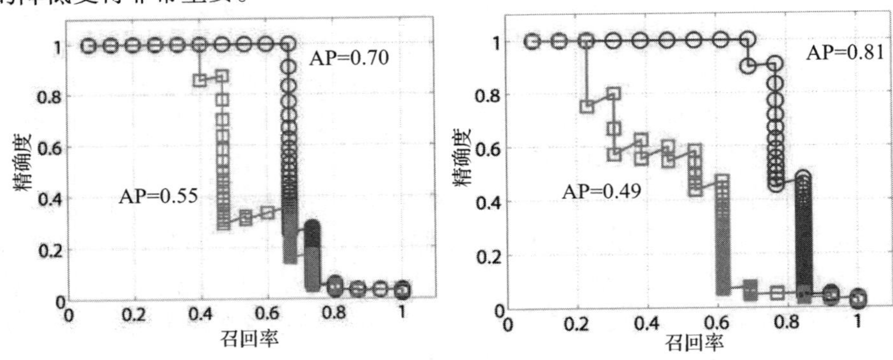

图16.19 采用精确度为召回率的函数的6个物体查询的结果图。注意精确度随着召回率的上升而有所下降(偶尔的跳跃与查找较小组的相关图像有关;这些跳跃将会变得随意窄，并且在某随意大的极限数据集上消失)。每个查询由图16.5的系统概述构成。每个图给出一个不同的查询，对应该系统的两个不同的配置。在图的上方，对每个配置标出平均精确度。注意精确度对于每个召回率值都大的系统是如何具有较高平均精确度的(This figure was originally published as Figure 9 of J. Sivic and A. Zisserman "Efficient Visual Search for Objects in Videos," Proc. IEEE, Vol. 96, No. 4, April 2008 © IEEE 2008)

① 原书为对召回率加权β平方。——译者注

一个关于将精确度-召回率进行汇总的方法为平均精确度(average precision)，即对整个图像库计算一个排序。该准则统计了人们向下移动列表时，关联的文档出现的平均精确度。记 $\text{rel}(r)$ 为一个二值函数，当第 r 行为关联的文档时，其值为 1；而第 r 行为非关联的文档时，其值为 0；$P(r)$ 为第 r 个文档在排序表中出现的精确度；N 为所有图片中文档的个数；和 N_r 为总的相关联的文档。则平均精确度为

$$A = \frac{1}{N_r}\sum_{r=1}^{N}(P(r)\text{rel}(r))$$

注意到当最顶层的 N_r 个文档为关联文档时，其平均精确度为 100% 。对所有相关的文档进行平均意味着统计包括召回率的信息；如果对最顶层 10 个关联的文档求平均，则无法得知对于最低排序的相关联文档的精确度为多少。对于视觉应用，其难点在于许多关联的文档倾向于较低的排名，因此对于图像搜索，采用平均精确度的统计往往排名较低。但并不意味着图像检索是无用的。

所有的这些统计都是关于一个查询而言，大多数的系统用于多个查询。每个统计对整个多类查询进行平均。通常采用应用逻辑将查询的选择并入平均。均值平均精确度(Mean Average Precision，MAP)，即对整个系列的查询进行平均，广泛地应用于物体识别领域。在该情形下，一系列可能的查询的相关度非常低，并且针对所有的查询进行平均。

16.2.3　固定类数据集

Pascal 挑战赛(Pascal Challenge)是为 Pascal 网络组织成员设立的关于视觉领域一系列挑战问题的集合。从 2005—2010 年，Pascal 挑战赛都包括了图像分类问题。从 2007—2010 年，该图像分类数据集包括 20 类标准类(包括飞机、自行车、汽车和人)。关于这些例子的图片可以从 http://pascallin.ecs.soton.ac.uk/challenges/VOC/voc2010/examples/index.html 下载。表 16.1 给出从 2007—2010 年，包括每类最佳算法的平均精确度(即在飞机类别具有最高性能的算法，并不一定在自行车类别具有最高性能)。注意最后所有结果都趋于上升状态，尽管性能提升趋势并非严格单调递增。对于这些数据集，随着每年一个新类别的数据的增加，选择性偏差的问题随之提升。最终导致结果为性能提升可能受到特征选择提升或者分类算法提升的影响。无论如何，仍然很难给出某算法在某个挑战集上性能很好就表明该算法性能很好的结论，这是因为算法可能适合于该特定的分类。有很多算法参与该挑战赛，这些算法之间的区别往往在于很细节的部分。主网站(http://pascallin. ecs. soton. ac. uk/challenges/VOC/)提供了很多相关信息库，并对每个设计的算法给出概要描述并附有特征软件库连接。

表 16.1　对于每个类采用最佳分类算法的平均精确度，该竞赛为 Pasacal 图像分类挑战赛，每年举办一次(每个类别；在“人”上具有最好分类的算法，并非在“盆栽植物”也有最好的分类)，详情见http://pascallin. ecs. soton. ac. uk/challenges/VOC/。底行，给出每列所使用算法的数量和总的挑战赛算法的数量(例如，在2007年，17种算法中的2种在分类中具有最好的分类性能；其他的15种方法在每个分类上由于某些情况被打败)。注意到平均精确度增长，但并非单调增长(这是由于测试数据集有变化)。目前，大多数的分类都具有很好的分类性能

分　类	2007	2008	2009	2010
航天飞机	0.775	0.811	0.881	0.933
自行车	0.636	0.543	0.686	0.790
鸟	0.561	0.616	0.681	0.716
船	0.719	0.678	0.729	0.778

续表

分　类	2007	2008	2009	2010
瓶子	0.331	0.300	0.442	0.543
公共汽车	0.606	0.521	0.795	0.859
汽车	0.780	0.595	0.725	0.804
猫	0.588	0.599	0.708	0.794
椅子	0.535	0.489	0.595	0.645
奶牛	0.426	0.336	0.536	0.662
餐桌	0.549	0.408	0.575	0.629
狗	0.458	0.479	0.593	0.711
马	0.775	0.673	0.731	0.820
摩托车	0.640	0.652	0.723	0.844
人	0.859	0.871	0.853	0.916
盆栽植物	0.363	0.318	0.408	0.533
羊	0.447	0.423	0.569	0.663
沙发	0.509	0.454	0.579	0.596
火车	0.792	0.778	0.860	0.894
电视机	0.532	0.647	0.686	0.772
#最佳算法数	2	5	4	6
#总数	17	18	48	32

错误率(error rate)仍然非常高，即使针对较小的数据集。其原因可能一部分是由于错误的物体标记导致。其结果可能由于模糊术语而导致偶然误差(例如，很少人知道“小帆船”和“双桅纵帆船”的区别，而这两个类别正好属于 Caltech 101 数据集中)。另一个困难是非常自然的真实困惑，即什么术语适合什么样的实例。另一个非常重要的错误原因是目前现有的方法并不能精确估计和确定物体的空间结构(或者相对于背景)，因此图像表征可能合并这两类[①]的某些特征。虽然这并不一定有问题，例如，如果物体与其背景有很强的关联性，则背景也可能成为识别物体的一个很重要的线索，但这可能引起错误。最可能引起很高错误率的主要原因是我们并不完全清楚怎样表征物体，以及提取使用的特征并非捕捉所有重要的特征，也不抑制足够的不相关的信息。

16.2.4 大量类的数据集

目前，分类的类别数目增长得非常快，仅仅具有五个类别的小数据库已经很少用到，反而曾经被淘汰的十个类别数目的数据库流行起来，即 101 类数据集(101-class dataset)、256 类数据集(256-class dataset)和 1000 类数据集(1000-class dataset)(详见 16.3.2 节)。图 16.20 给出在 Caltech 101 数据集(该数据集在 16.3.2 节给出详细的介绍)和 Caltech 256 数据集(256 类，详见 16.3.2 节)上最新的不同算法的性能比较。对于这些数据集，当计算统计错误率时，某些方面是需要关注的。例如两个很自然的统计量，首先是分类百分比(即在所有测试数据集上分类正确的比例)，然而该准则的应用并不广泛，原因是属于一个类的图像个数是数值型的，很容易被分类。然而错误统计量在该类上将占据主导地位，提升其性能仅仅意味着提升在该类上的分类性能。对于一些视觉应用，这可能是正确的做法。如果一个数据集可以很好地表征相对频率很高的类[②]，则错误率可以很好估计使用这个分类器所遇到的问题。

---

① 背景和物体。——译者注

② 即该类在整个数据集中占主导地位。——译者注

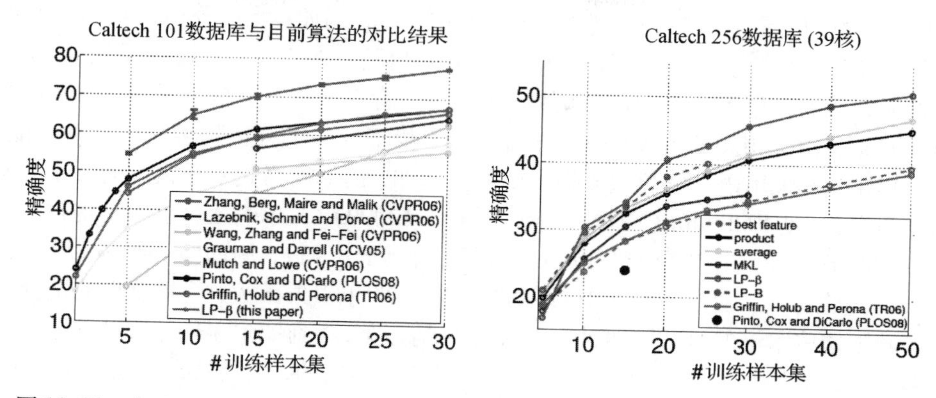

图 16.20 在 Caltech 101 数据库上采用单一描述子(左图)和在 Caltech 256 数据库上采用不同类型的描述子的典型性能描述(右图,注意垂直尺度是不同的),横坐标为训练样本集。虽然这些图是从论文中采用最近邻算法计算得到的,但是它们给出大多数方法的性能变化趋势。注意Caltech 101数据库上的结果(虽然并不完美)已经具有很高的性能;而256类的成本很高。方法的比较采集于Zhang et al.(2006b), Lazebnik et al.(2006), Wang et al.(2006),Grauman and Darrell(2005), Mutch and Lowe(2006), Griffin et al.(2007), Pinto et al.(2008);图片源于Gehler and Nowozin(2009),该论文描述了多个算法(在图中没有标出引用的所有方法)(This figure was originally published as Figure 2 of "On Feature Combination for Multiclass Object Classification," by P. Gehler and S. Nowozin Proc. ICCV 2009, 2009 © IEEE 2009)

另外一个很自然的统计量是每类之间的平均错误率。该准则通过权重的方式降低了测试数据集频率很高的类的影响;为了很好地利用该错误率,人们必须在所有的类别而不是在频率很高的类上计算。这个统计量在目前应用得非常广泛,因为没有证据表明在数据集中频率很高的类在现实生活中同样高频率发生。

给出随着训练样本数目的增加,其性能的变化趋势是非常有用的,因为这给出特征是如何很好地估计(a)压缩类内的方差和(b)扩大类之间的方差。注意,对于所有的分类算法,似乎随着训练样本的增加而性能变化停止(虽然很难确认随着很大数据量的增大会发生什么变化,因为对于一些类别,具有相对较少的数据)。

一般情况下,强大的现代方法在 Caltech 101 相比于 Caltech 256 具有稍好的性能,并且相比于 Caltech 256 类别多的数据集都具有较好的性能,虽然这很难去确定原因。一种可能是随着分类类别数目的增大,分类的难度增大,而这主要是由于特征的影响。Deng et al. (2010)指出好的现代方法的性能会随着类别数目的增大而有所降低,其中较小类别数目从很大的所有类别数目中随机抽取。这意味着增大分类类别数目在特征表征会出现可能被忽视的问题,因为其增大了两个类别之间的相似性的机会(或者至少在特征表征这个环节看起来很相似)。最终导致的结果即随着分类类别数目的增大,其性能倾向于降低。另一个可能的原因是 Caltech 101 是一个自身非常相似的数据集,因此特征设计多次尝试适应其变化。如果是这种情形,则在该数据库表现良好的算法并不是一个理想的算法;反而,这些算法被认为是在特定数据集上具有良好性能的算法,即选择偏差(selection bias)的一种形式。然而对于平均打乱各种可能性,由于很难找到这样一种算法,使得目前没有算法在很大类的数据集上具有很好的性能。

对于很大类别数目的数据的分类问题也可能产生其他问题。并非所有的错误都具有同样的意义，并且分类类别的语义状态并不清晰(见18.1.3节)。例如，将猫分类为狗的问题严重性相比将其分类为摩托车要轻。这是由于损失函数定义的问题。在实际中，通常采用0-1损失，即当分类错误时，其损失最大为1，反之亦然。几乎可以肯定，这完全是个误导，采用这个损失函数的原因一方面是由于相关的需求；另一方面是由于找不到一个合适的替代。一种可能为Deng et al(2010)提出的，采用语义资源形成损失函数。例如，词汇网络是一个很大的关于类别之间语义关联信息的集合[见Fellbaum(1998)；Miller et al.(1990)]。单词通过层次结构进行组织。例如，“狗”(即我们经常所谓的“家养宠物”)具有子节点(下位词)，例如“小狗”；以及祖先(上位词)，例如“犬科动物”、“食肉动物”和最终的“实体”。关于损失函数，一种合理的选择是在这个树形结构上基于这些术语的跳跃距离计算。在这种情形下，“狗”和“猫”是非常相近的，因为其祖先节点属于“食肉动物”，但是“狗”和“摩托车”是非常不同的，因为其最开始的祖先相差甚远。这种树形结构构造的困难在于某些物体在视觉效果上是非常相似的，并且在文本表述上也非常相似，然而在语义层次上却相差很大(例如鸟和飞机)。Deng et al.(2010)提倡采取该物体上一层祖先的标记作为其正确的标记，常见的即正确与预测之间的标记。

16.2.5 花、树叶和鸟：某些特定的数据集

图像分类技术在各种特定的领域都非常有价值，例如，值得重视的是从图片中自动分类花的类别。一个很自然的系统架构为给定一个查询，搜索出与该类相似的花。如果搜索结果小列表中包含正确的花，则足以满足搜索需求，这是由于地理分布的因素可能排除列表中其他的花。设置的问题可能具有一定的技巧，因为类内方差可能非常大，以至于检索出的图片具有不同的视角方向；类间方差可能非常小(见图16.21)。Nilsback and Zisserman(2010)给出通过计算颜色、纹理和形状特征，并通过给定较小的列表学习各个特征距离之间联合的最佳性能，来匹配花图片的系统；在该数据集上获取最佳性能的算法主要依赖于很复杂的多核学习过程(Gehler and Nowozin 2009)。

图16.21 从图像中识别花是图像分类技术的一种非常有用的特殊应用。这个问题具有一定的挑战性。虽然某些花具有鉴别性很强的特征(例如，三色紫罗兰的颜色和纹理，贝母和虎百合)，但其他花种很容易被搞混。注意到蒲公英A(底图)相比于蒲公英B与款冬更相似。这里类内的方差由于不同角度的问题而变得非常大，类间的方差很小(This figure was originally published as Figures 1 and 8 of “A Visual Vocabulary for Flower Classification,” by M. E. Nilsback and A. Zisserman, Proc. IEEE CVPR 2006, © IEEE 2006)

Belhumeur et al.(2008)描述一个自动匹配树叶图片来识别植物的系统；他们发布了一个数据库(http://herbarium.cs.columbia.edu/data.php)。这项工作目前在iPad上有相关的应用程序，名为Leafsnap，该应用程序通过照片中的叶子识别不同的树(见http://leafsnap.com)。

虽然并不能准确分类每张图片，但人们可以通过计算机视觉的算法降低操作的工作量。例如，Branson et al.(2010)描述了这样一种算法，将鸟类图片根据人们的经验将其分类为不同种类，这可以大大降低人们繁重的操作。这些算法可以做成一个应用程序，从而满足大批业余观鸟爱好者识别鸟类的需求。

16.3 在实践中进行图像分类

目前具有许多关于图像分类的代码和数据库；下面将会给出截至本书写作之时公开的图像分类的相关资料。图像分类是一个主题不断变化的课题，因此相应的算法更新很快。然而，仍然具有一些一般性的表述。16.3.3节给出分类结果的困难性，这是因为所有的数据库都不可能包括这个世界所有的种类；16.3.4节描述了一些集大众智慧收集数据的几种方法。

16.3.1 关于图像特征的代码

Oliva和Torralba给出GIST特征的代码，见http://people.csail.mit.edu/torralba/code/spatialenvelope/，其中也包括了大量的户外场景的公开数据库。

颜色特征代码，即基于多种颜色通道的SIFT特征计算视觉单词，由Sande et al.发布，见http://koen.me/research/colordescriptors/。

金字塔核匹配为早期空间金字塔核(详见16.1.4节)匹配的变种，John Lee给出`libpmk`库，其支持这种算法，网址见http://people.csail.mit./edu/jjl/libpmk/。关于该`libpmk`库的变种有很多，包括金字塔核的应用，都在该链接中可见。

Li Fei-Fei、Rob Fergus和Antonio Torralba发布了关于物体识别的核心代码，网址见http://people.csail.mit.edu/torralba/shortCourseRLOC/。该链接也给出了关于识别和学习物体分类的非常成功的短期课程。

VLFeat是一个关于许多非常流行的计算机视觉算法的开源库，由Andrea Vedaldi和Brian Fulkerson共同创立；其网址为http://www.vlfeat.org。

VLFeat给出怎样使用该库的一些教程和相关的一些例子，其中包括怎样在Caltech 101数据库实现图像分类。

另一个非常重要的代码链接为http://featurespace.org。截至本书写作时，多核学习的算法在标准数据集上具有令人满意的结果，但以非常长的训练时间为代价。15.3.3节给出关于不同多核学习算法的代码的网址。

16.3.2 图像分类数据库

关于图像分类的数据库有很多，包括很多不同的主题。物体分类数据库由物体种类组织(例如，人们倾向于“鸟”与“摩托车”的分类，而不是针对于不同鸟的种类的分类)。五类物体分类(包括摩托车、飞机、人脸、汽车、有斑点的猫和不属于任何分类的背景)由Fergus et al.(2003)在2003年创建；该数据库通常也称为Caltech 5。Caltech 101数据库具有101个类，是由Perona et al.(2004)和Fei-Fei et al.(2006)引入，其网址为：http://www.vision.caltech.edu/Image_Datasets/

Caltech101/。该数据库非常容易读懂，但是图 16.20 的结果显示还有提升的空间。Caltech 256 具有 256 个类，由 Griffin et al. (2007)创建，其关联的网址为：http://www.vision.caltech.edu/Image_Datasets/Caltech256/。该数据库非常具有挑战性。

LabelMe 是一个图像标注系统，人们可以通过该系统进行标记和注释图像中的物体；该系统所关联的数据库一直处于变化之中，并随着时间的增加，该数据库逐渐增大。LabelMe 由 Russell et al. (2008)引入，其关联的网址为：http://labelme.csail.mit.edu/。

Graz-02 数据库包括自然环境下关于汽车、摩托车和人的许多不同图片；最初由 Opelt et al. (2006)提出，后来由 Marszalek and Schmid(2007)进一步对该数据库重新注释。重新注释的数据库链接为：http://lear.inrialpes.fr/people/marszalek/data/ig02/。

Imagenet 数据库是一个包括一千万张图片的数据库，并通过名词类别层次的词汇网络进行组织，目前，该数据库大约包括 17 000 个类别。Imagenet 最初由 Deng et al. (2009)引入，其网址为：http://www.image-net.org/。

Lotus Hill 研究实验室(The Lotus Hill Research Institute)公布了图像标注的数据库，其网址为：http://www.imageparsing.com；该研究中心也提供了付费的数据库。

自从 2005 年，Pascal 图像分类数据每年都会更新；其相应的链接为：http://pascallin.ecs.soton.ac.uk/challenges/VOC/。

同样，也有许多特定种类的数据库。Oxford 视觉几何组(The Oxford visual geometry group)发布了两个“花”的数据集，其中一个包括 17 个类别；另一个包括 102 个类别；其相应的链接为：http://www.robots.ox.ac.uk/~vgg/data/flowers/。同时，该组也发布了不同的其他数据库，例如“瓶子”数据库，“骆驼”数据库，其关联的网址为：http://www.robots.ox.ac.uk/~vgg/data3.html。

Caltech 和 UCSD 共同发布了一个鸟的数据集，其网址为：http://www.vision.caltech.edu/visipedia/CUB-200.html。

材料分类也成为一种标准的任务，并具有标准的数据库。Columbia-Utrecht(或者 CURET)材料数据库的链接为：http://www.cs.columbia.edu/CAVE/software/curet/；该数据库包括从 200 种联合不同的视角和光照观察到的超过 60 种不同材料样本的纹理。处理过程的细节在该数据库链接有具体介绍(Dana et al. 1999)。最近，Liu et al. (2010)提供了一个基于真实物体的材料数据库，其链接为：http://people.csail.mit.edu/celiu/CVPR2010/FMD/。

这里并不提供用于研究的不雅图片的数据库。

关于场景分类的数据库也逐渐多起来。最大的场景分类数据库为 SUN 数据集[由 MIT 创建，http://groups.csail.mit.edu/vision/SUN/；Xiao et al. (2010)]，该数据库包括 130 519 张图片，共有 899 个不同的场景类别；其中 397 个分类场景的每个类别至少有 100 张图片。关于场景分类的数据库还有一个 15 个类别的场景数据库，在原始的空间金字塔核任务中提到的一个数据库，其链接为：http://www-cvr.ai.uiuc.edu/ponce_grp/data/。

对于罗列出所有目前可使用的数据库是不太现实的。很多视觉研究组都具有很丰富的数据库资源，很值得去搜索特定的数据库，其中包括：The pilot European Image Processing Archive，其链接为：http://peipa.essex.ac.uk/index.html；Keith Price 综合计算机视觉文献目录，其根目录为：http://visionbib.com/index.php，其数据库链接为 http://datasets.visionbib.com/index.html；Featurespace 数据库，网址为：http://www.featurespace.org/；Oxford 资源库见http://www.robots.ox.ac.uk/~vgg/data.html。

16.3.3　数据库偏差

数据库的建立或多或少都具有一定的偏差，即建立的数据库无法表征真实世界的数据库的所有特性。而这并不是由于创建数据库过程时的主观因素导致，而是由于针对一个给定的物体分类，不管创建怎样的数据库必然都小于真实世界中这个真实的数据库。某些数据库的偏差现象是非常明显的。例如，图16.22表明人们可以很轻易分辨出这些图片分别来自哪个数据库，同样，计算机也可以如此(图16.23的标注给出了与图16.22一样的结果)。另一个例子，图16.24给出Caltech 101数据库图像的平均图。很显然，在这种情形下，数据库中每张图与同属一个类的其他图片具有非常强的相似性，而与不属于一个类的图片并没有这么强的相似性。但这并不意味着可以很容易得到很高的识别率；与图16.20进行比较。目前，避免数据库偏差最好的策略为(a)从不同的数据源获取图像并建立大数据库；(b)在使用复杂算法评估该数据库之前，应使用基准算法仔细评估该数据库；(c)采用不同的策略而不是选择收集不同的训练数据，通过数据库评估量化偏差的影响。每个策略都非常公平，改进过程则非常有意义。

图16.22　Torralba and Efros(2011)指出现代分类数据集的一个令人不安的特性；各个数据库都有自己的特性，熟悉的人可以很容易将其标出。这里我们给出当前数据库的某些样本示例(文中找不到相关说明的，可以通过搜索找到)；可以试着将图像与某数据库匹配。让人惊讶的是，很容易就可以找到(This figure was originally published as Figures 1 of "Unbiased look at dataset bias," by A. Torralba and A. Efros, Proc. IEEE CVPR 2011, © IEEE 2011)

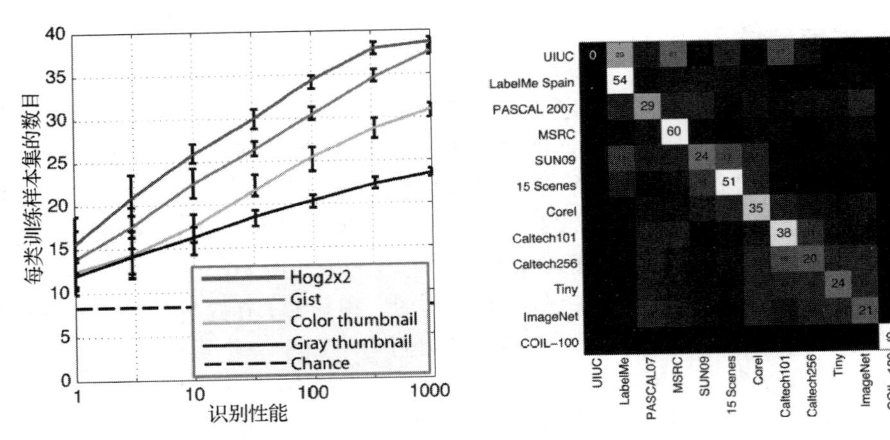

图 16.23　计算机对"识别数据库"非常在行。左图，对于某些不同特征，以分类精确度作为训练集大小的函数；注意分类器对于指出某张图的出处是非常容易的。右图，类混淆矩阵，显示这些数据库是很容易区分的。关于图16.22的问题的答案是：(1) Caltech-101，(2) UIUC，(3) MSRC，(4) Tiny Images，(5) ImageNet，(6) PASCAL VOC，(7) LabelMe，(8) SUNS-09，(9) 15 Scenes，(10) Corel，(11) Caltech-256，(12) COIL-100 (This figure was originally published as Figure 2 of "Unbiased look at dataset bias," by A. Torralba and A. Efros, Proc. IEEE CVPR 2011, © IEEE 2011)

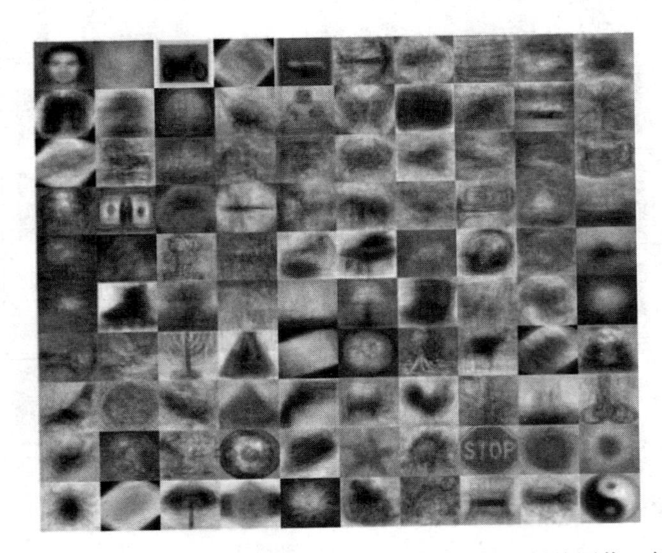

图 16.24　Caltech 101 图像分类数据集中 100 个分类的平均图像。相当明显，这些图像是由独立的物体构成，每个类的均值与其他类的均值偏离很大。这并不意味着所有的图像都很容易被分类（相比于图16.20）；相反，这解释了一个事实：所有的数据集必须包括真实世界中并不存在的一些统计规律（This figure created by A. Torralba, and used with his permission）

16.3.4　采用众包平台进行数据库收集

最近，数据库建立者采用众包平台（即邀请大众一起标注数据并给予一定的报酬）来构建数据库。关于该类数据库标记的一种服务是亚马逊旗下的“土耳其机器人”(Amazon's Mechanical Turk)。大众服务通过互联网与大众关联，并给予完成此任务的人一定的费用。一般情况，首先建立一个支持该任务的人机交互界面(例如，你的界面可能显示一张图片，并且旁边具有像收音机按钮的标签用以显示某些类别)，接着注册该项任务及获得相应的酬劳。人们开始完成该项任务，供应商为此付出一笔费用，该系统将费用传递给对应的完成此任务的人。一个很重要的问题是如何保证标记质量——人们所标记的结果是供应商所需要的吗？以及价格——供应商应为任务付费多少？质量掌控策略包括：预先评估需要完成此任务的工作人员；给定抽样任务并剔除一部分标记不合格的人员；采用另一部分工作人员评估第一部分标记的结果。目前，我们不知道一些有原则性的定价策略。然而，某些指导方针非常有用。工作人员似乎总是穿梭在不同的任务中，并选择一个难度适宜且报价高的任务。这意味着所有的任务对于有经验的工作人员，他们会快速剔除掉报价低的任务，并进行突击标记。报酬高的任务也对应着可以快速完成任务。总是存在这样一些人员，他们可以很好地检索到报酬高且标记标准低的任务，但是大多数工作人员是非常认真仔细的。最终，界面设计也将会对最终的标记数据的精确度有很大的影响。这些思想非常普遍。目前关于采用“土耳其机器人”系统进行创建的数据库包括 Deng et al. (2009), Endres et al. (2010), Parikh and Grauman(2011), Xiao et al. (2010)。Sorokin and Forsyth(2008)给出多种策略和方法来使用该系统。Vijayanarasimhan and Grauman(2011)给出关于主动学习可以很好地提升代价和质量的证据；同理见 Vijayanarasimhan and Grauman(2009)。Vondrick et al. (2010)给出关于视频标注平衡人力劳动(其代价非常昂贵且速度慢，但是精确度很高)和自动方法(可以传递现有的标记,处理速度非常快且廉价)的几种方式。Crowdflower 公司提供构建 API 和组织众包系统的服务，其链接为：http://crowdflower.com/。

16.4　注释

一般情况下，图像分类的成功涉及构造适合于分类器且包括该类重要属性的特征。分类器本身虽然具有一定的区别，但是对于分类性能的提升意义不是很大。本章描述了主流几种特征的构建方法，但关于特征构建还有大量文献，在本节给出这些文献的介绍。

本书认为关于不雅图片检查的最好方法并没有公布，因为好的方法涉及实际的成本费用。目前主流的方法已经在文中做了概要的叙述，但是采用不同的特征和分类器。而实验部分则应用在很大的数据库上。

一种很有意思的应用并没有在文中提到，即手语理解(sign language understanding)。采用自动方法监测一个符号，并将其语言转换为文本。关于该应用非常有意义的文献包括 Starner et al. (1998), Buehler et al. (2009), Cooper and Bowden(2009), Farhadi et al. (2007), Erdem and Sclaroff(2002), Bowden et al. (2004), Buehler et al. (2008), Kadir et al. (2004)。Athitsos et al. (2008)给出该应用的数据库。

视觉单词为局部图像块的重要表征方式。本文所描述的表征方式非常自然，但这并不是唯一的构建方式。仅仅依靠兴趣点并不是很关键，可以用样本点的网格代替兴趣点，或许将每个像素点都作为兴趣点。特征的描述也并非只是 SIFT 特征。例如，可以采用5.4.1节描述的部分或者全部的颜色 SIFT 特征。许多作者倾向于计算滤波器的响应(6.1节作为一种纹理表征；16.1.8节采用这种纹理表征进行材料分类)。另一种重要的可选方案是直接在小的局部图像块进行操作，例如5×5像素点大小。这种视觉单词的词汇可能非常庞大，使用聚类技术进行向量量化显得非常有必要。在每种情形中，需要遵循的原则是一样的：决定和识别某些图像块(兴趣点，采样，等等)；决定局部图像块的表征；向量量化形成视觉单词；采用关于重点视觉单词的直方图对图像或者图像区域进行表征。

编程练习

16.1 采用 Liu et al. (2010) 提供的数据构建一个对材料进行分类的分类器，并比较采用本文所描述的主流构造特征在该分类系统中实现的性能(GIST 特征；视觉单词；空间金字塔核)。研究不同的特征构造的影响，例如，采用 C-SIFT 描述子是否有帮助?

16.2 采用 Xiao et al. (2010) 提供的数据构建一个对场景进行分类的分类器，并比较采用本文所描述的主流特征在该分类器系统中实现的性能(GIST 特征；视觉单词；空间金字塔核)。研究不同的特征构造的影响，例如，采用 C-SIFT 描述子是否有帮助?

16.3 通过网络资源搜索关于分类和特征构造的代码，并在标准的数据库上实现图像分类实验(这里我们推荐 PASCAL 数据集；你的导师也可能给你新的建议)。你是否可以获取与原始论文作者提供的一样的性能呢? 为什么?

第 17 章　检测图像中的物体

第 16 章介绍了图像分类算法，前提是图中只有一个物体，而且物体占据图的大部分，于是这些算法才能够识别出它。本章将阐述检测物体的算法。这些算法都遵循一条简单得令人惊讶的秘诀——本质上都是对图像的子窗口进行分类，这将在 17.1 节举例说明。接着在 17.2 节介绍这条秘诀的复杂版，复杂版适合检测变形物体和外观复杂的物体。最后在 17.3 节概述了物体检测算法的发展现状，并给出一些相关软件代码和数据库的链接。

17.1　滑动窗口法

假设要检测的物体外观相对好处理，而且变形较小，那么就可以应用这条简单秘诀。首先，创建样本数据库，样本为已标记好的大小固定(如 $n\times m$)的图像。正样本图包含待测物体，物体居中且很大，而负样本不含有待检物。然后，训练一个分类器来区分这些样本。接着，将待检图的每一个 $n\times m$ 大小的窗口输入到上述训练好的分类器，将含待检物的窗口标记为正，否则标记为负。这其实是在空间上进行搜索，一般约定从图像的左上角开始进行搜索。

应用这条秘诀时有两个微妙的细节需要注意。一是并不要求图中的同类各物体尺寸一样大。这预示着要对缩放的图像进行搜索。最简单的办法就是采用高斯金字塔图像(见 4.7 节)，然后搜索金字塔每层图像的 $n\times m$ 大小的窗口。在缩小 s 倍的图上用 $n\times m$ 大小的窗口进行搜索，比在原图上用$(sn)\times(sm)$大小的窗口进行搜索要好，区别在于分辨率、降低训练工作量的程度和计算耗时不一样。

二是分类器输出的标记窗口会严重重叠。这些严重重叠的标记窗口可能完全包含待检物，或者包含其大部分区域。意思就是每个重叠的窗口都被分类器标记为正，亦即会多次检测到同一物体。即便采用容量更大的训练集，并调试分类器使得待检物分毫不差地出现在窗口正中时才认为检测到了物体，重叠情况也难以杜绝。这是因为：很难调试出精准的分类器，另外永远都不能用窗口把一个物体十分准确地标出来。所以精调出的严格分类器的表现将会欠佳。通常采用抑制极大值的策略来解决这个问题，分类器输出值为局部极大值的窗口抑制邻近的其他窗口。算法 17.1 描述了整个过程。

算法 17.1　滑动窗口法检测过程

用 $n\times m$ 大小的样本窗口集训练分类器。正样本包含待测物而负样本不包含。

选择阈值 t，以及 x、y 方向的步长 Δx 和 Δy。

创建待检图的图像金字塔。对金字塔的每层图像执行：

　以 Δx 和 Δy 为步长对每个大小为 $n\times m$ 的窗口应用分类器，获得分类器输出分值 c，

　如果 $c>t$，则将该窗口的指针插入到一个排序表 $\mathcal{L}$ 中，相应的分值为 c。

从分值最大的窗口开始，对排序表 $\mathcal{L}$ 中每个窗口 $\mathcal{W}$ 执行：

　删除所有与 $\mathcal{U}\neq\mathcal{W}$ 严重重叠但异于 $\mathcal{W}$ 的窗口，不同层的窗口可粗略放大到原图尺度级别来计算出重叠度。

排序表 $\mathcal{L}$ 中最后剩下的就是被检测物体。

滑动窗口检测法非常通用，而且在实践中表现突出。不同的应用场合需要不同的特征选择策略，有时不同的选择策略会使人受益。需要注意的是，窗口的尺寸($n\times m$)、步长 Δx 和 Δy 及分类器之间需要精密的配合。例如，如果需要输出的标记窗口紧贴被检物体，那么就需要精调的严格分类器，那么步长就得小一点，于是要检测更多窗口。如果要求输出的标记窗口比物体稍大即可，那么要检测的窗口数量就少一些，但是检测和定位粘连物体的能力就会受影响。对于这个问题可以采用交叉验证的策略来选择合适的参数。由于平移和缩放的量化误差，导致窗口的外观有些变化，但 15.3.1 节的分类器训练技巧非常有助于解决这个困难。

17.1.1 人脸检测

忽略尺寸大小并从正面粗略看，所有人脸看起来基本一样。前额、脸颊、鼻子等区域较亮，而眼睛、眉毛、鼻底和嘴巴等区域较暗。这启发在检测人脸时可以用固定大小的窗口扫描整个图像，搜寻那些看起来像人脸的窗口。而要找大一些或小一些的人脸则可将原图放大或缩小再进行搜索。

光照从左边或右边照射使得人脸看起来不一样，这会增加分类器的区分难度。有两种解决办法：一是使用 5.4 节中的 HOG 特征；二是对图像窗口进行光照校正以减少光照影响。17.1.2 节的行人检测算法采用 HOG 特征，所以在此要介绍这种校正算法。

一般情况下，光照影响完全可以看成一个线性斜坡，即一边亮一边暗，而中间区域则平滑过渡，于是，可以对亮度值简单地拟合出一个线性斜坡函数，然后从原图减去拟合值。另一种方法就是对原图进行对数变换，然后从原图减去对数变换值的线性斜坡函数拟合值。这种方法的优点就是，在对数变换中，光照影响(采用非常粗略的模型)是加性的。但是，文献资料中没有任何证据表明对数变换在实用中效果显著。还有一种方法就是进行直方图均衡化，以保证其直方图与参考图像的直方图一样，如图 17.1 所示。

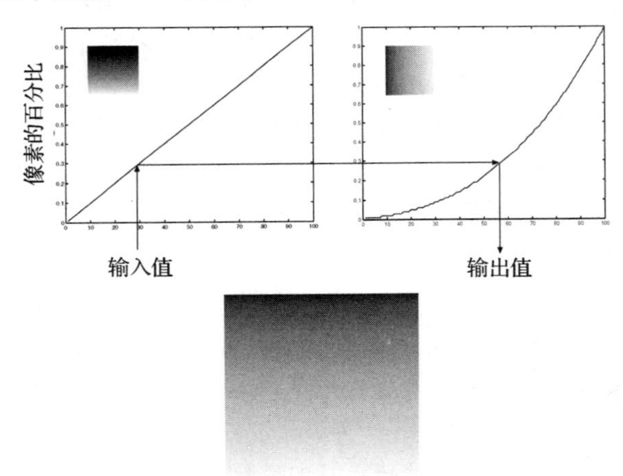

图 17.1 直方图均衡化使用累积直方图重映射图像的灰阶，以使其直方图与其他的图一致。图中上方为两个累积直方图，其相应的灰度图嵌在各自的左上方。要让左边方块图的直方图与右边的一样，则先根据左图的灰阶值从累积直方图读出百分比，然后据此百分比从右图的累积直方图反向获得新的灰阶值即可。左图为线性斜坡，但看起来是非线性的，这是因为亮度和光照之间是非线性关系。右图是一个立方根斜坡。下方图为直方图均衡化的结果——灰阶为线性斜坡的左图经过灰度重映射之后，拥有与灰阶为立方根斜坡的右图一样的直方图

经过光照校正之后，就可以确定被测窗口是否包含人脸。由于人脸方向未知，要么明确其方向，要么创建对方向不敏感的分类器。神经网络(neural net)是一种参数化回归程序，其输出为输入和参数的函数。通常对误差函数采用梯度下降法来训练神经网络，误差函数用来比较计算出的输出和大量已标注好的样本的标签之间的差异。Rowley et al. (1998b)开发的人脸检测算法搜寻人脸非常成功，其首先用神经网络预估出窗口朝向角度，接着旋正窗口使人脸为正面，然后将正面人脸窗口输入到另一个神经网络[见图 17.2，这篇论文对 Rowley et al. (1996)和(1998a)两文进行了改进]。角度检测器有 36 个输出单元，每一个表示 10 度范围内的朝向角度，用输出值最大的那个单元表示的角度校正窗口。图 17.3 给出了该系统的一个输出例子。

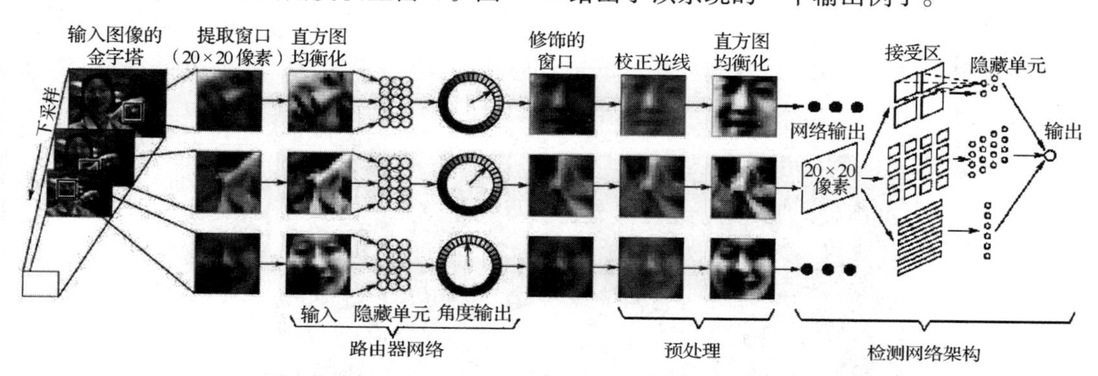

图 17.2　Rowley、Baluja 和 Kanade 的人脸检测系统的框架。先将固定大小的图像窗口用直方图均衡化校正至标准光照，然后输入到神经网络来估计窗口的朝向。窗口被校正之后再被输入到第二层神经网络以确定其是否含有人脸(This figure was originally published as Figure 2 from "Rotation invariant neural-network based face detection," H. A. Rowley, S. Baluja, and T. Kanade, Proc. IEEE CVPR, 1998, © IEEE, 1998)

目前，基于滑动窗口法的人脸检测文献非常丰富，而最重要的则非 Viola and Jones(2001)莫属，他们指出只要精心挑选合适的分类器和特征，将会极大地提高系统的速度。其关键之处在于，在最初的时候就用易于计算的特征排除大多数不含人脸的窗口。Viola and Jones(2001)使用的特征由多个和值组成，和值为矩形内像素灰度值之和，不同和值对应不同的矩形。这些和值被赋予权重 1 或 -1，然后相加，如下式所示：

$$\sum_k \delta_k B_k(\mathcal{I})$$

其中 $\delta_i \in \{1, -1\}$ 和

$$B_k(\mathcal{I}) = \sum_{i=u_1(k)}^{u_2(k)} \sum_{j=v_1(k)}^{v_2(k)} \mathcal{I}_{ij}$$

这些特征可以用一种叫做积分图(integral image)的方法而快速计算出来。记 $\hat{\mathcal{I}}$ 为图像 $\mathcal{I}$ 的积分图，那么有

$$\hat{\mathcal{I}}_{ij} = \sum_{u=1}^{i} \sum_{v=1}^{j} \mathcal{I}_{uv}$$

这意味着只要访问积分图 4 次就可以计算出任意矩形区域内的像素灰度和，易知：

$$\sum_{i=u_1}^{u_2} \sum_{j=v_1}^{v_2} \mathcal{I}_{ij} = \hat{\mathcal{I}}_{u_2 v_2} - \hat{\mathcal{I}}_{u_1 v_2} - \hat{\mathcal{I}}_{u_2 v_1} + \hat{\mathcal{I}}_{u_1 v_1}$$

也就是说，任何特征只要通过读取几次积分图的值就能计算出来。现在请想象一下，采用基于这

些特征的决策树桩(只有一个判断的单层决策树)构建出一个增强的分类器。最后的分值为这种二叉决策树桩(弱分类器)的加权和。然后以计算复杂度将这些特征进行排序,例如,双矩形特征计算速度比十矩形特征要快。接着针对计算最简单的特征,调节弱分类器的阈值,使得漏检(false negative)很少或几乎为零。于是,任何一个窗口的某一特征值低于该阈值将被排除,也就不必考察其他特征了,这意味着许多或者大部分的窗口在最开始就被排除了(见图 17.4)。如果窗口通过了最初的检测,那么接着考察下一个特征,并调整与此特征相对应的阈值,使得最初检测通过的窗口很少通过或者几乎不通过。再次强调,期望在最开始时排除多数甚至大部分窗口。重复使用该策略建立级联分类器。级联分类器中的分类器不必仅用单一特征。Viola and Jones (2001)利用这种方式训练级联分类器——尽量降低每层的误检(false positive,值可能较大)并尽量提高检测率(可能很小)以达到或超过既定目标。如未能达到目标,则向分类器添加特征直至达到目标为止。

图 17.3 Rowley、Baluja 和 Kanade 的系统检测人脸的典型情况,类似面具的图标叠加在含有人脸的窗口之上。面具图标中的两个眼圈位置揭示了人脸的旋转角度(This figure was originally published as Figure 7 from "Rotation invariant neural-network based face detection," H. A. Rowley, S. Baluja, and T. Kanade, Proc. IEEE CVPR, 1998, © IEEE, 1998)

通常来说,目前视觉系统(见 21.4.4 节)中的正面人脸检测部分的可靠性不错,而系统其他部分产生的问题往往比人脸检测环节要多。检测侧面人脸则困难得多，原因有二：一是侧脸是个体的重要区别，而且多变，这意味着分类器要考察的窗口面临尴尬的境地——某些像素点虽落在窗口中，但不在脸上从而产生噪声；二是侧脸相比正脸，外观更加自由多变，因此要检测出侧脸，分类器必须更加灵活。

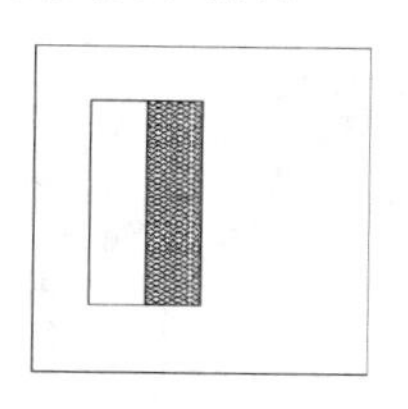
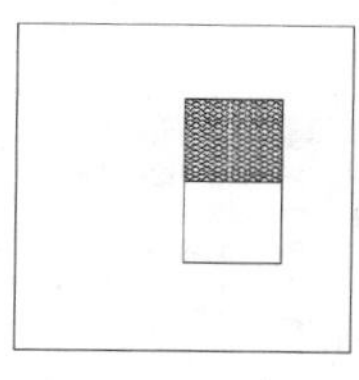

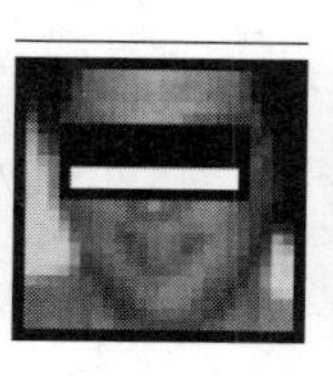
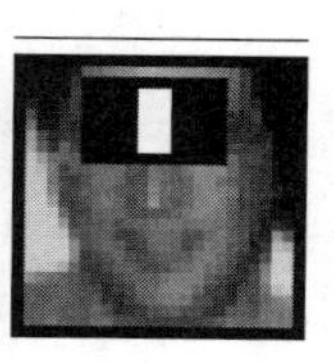

图 17.4　使用易于计算的特征、在开始时排除大多数窗口将显著提升人脸检测的速度。左边两图中，用黑白图像矩形区域内的像素和来构建特征，像素和被赋予权重1和 -1。两个图展示了两种双矩形特征，某些读者可能会看到与Haar小波有关系。右边两图展示了Viola and Jones(2001)在级联分类器中最前面的两级分类器采用的特征。注意是如何用黑白条状矩形区分较暗的眼睛区域和较亮的颧骨区域。类似地，用中间白两边黑的三矩形来表示竖直方向的特征——鼻梁区域较亮，而前额沿竖直方向的区域(指眼睛区域)则较暗(This figure was originally published as Figures 1 and 3 from "Rapid Object Detection using a Boosted Cascade of Simple Features," by P. Viola and M. Jones, Proc. IEEE CVPR 2001 © IEEE 2001)

17.1.2　行人检测

公路行人常处于危险之中，尤其是在酒驾情况下。虽然统计交通事故的死亡人数比较困难，但据合理估计，1990 年全球大约有 900 000 位行人死于交通事故(Jacobs and Aeron-Thomas 2000)。如果能够判断汽车是否正驶向行人，那么也许可以避免交通事故。因此，研发行人检测算法吸引了众多目光。

滑动窗口法很自然地适用于行人检测，因为行人具有典型的结构特征。静止站立的行人看起来像根棒棒糖——上体较宽而下肢细长，而行进中的行人好比一把剪刀(见图 17.5)。Dalal and Triggs(2005)据此提出了 HOG 特征，并采用线性 SVM 来区分窗口。其性能与最好的分类器相当，但却更简单(见图 17.6)。线性 SVM 的另一优势就是可以确定哪些特征区分能力强(见图 17.7)。

图 17.5　INRIA 行人数据库中的行人样本，由 Dalal and Triggs(2005)收集提供。注意，肩膀和头部边缘构成的独特易辨的曲线、由较宽的上体和较细的双腿构成的棒棒糖形状、分立的双腿构成的典型的剪刀形状，以及体侧显著的竖直边界，都是分类器可以利用的线索(This figure was originally published as Figure 2 of "Histograms of Oriented Gradients for Human Detection," N. Dalal and W. Triggs, Proc. IEEE CVPR 2005, © IEEE, 2005)

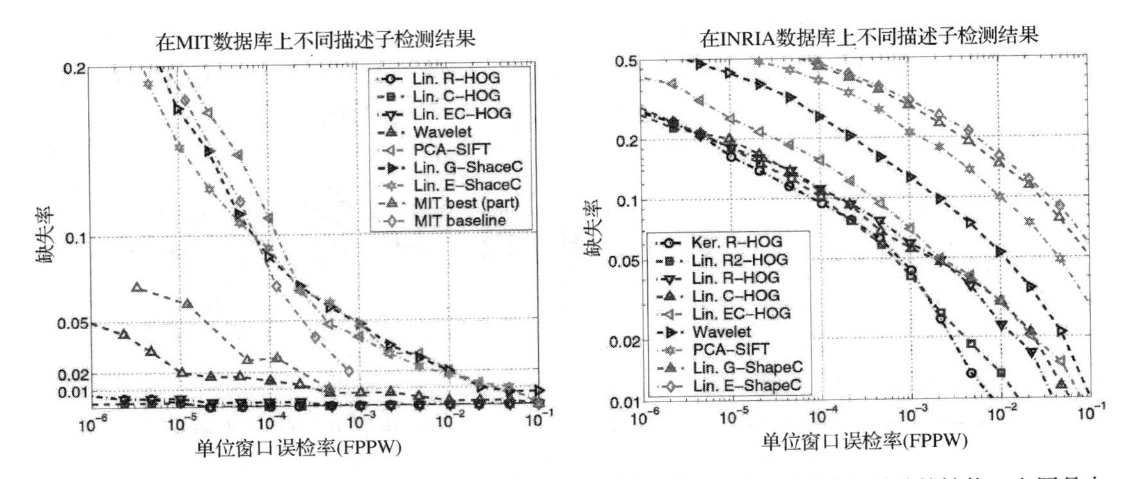

图 17.6 Dalal and Triggs(2005)的行人检测算法在两个数据库上采用不同特征测试的性能。左图是在MIT行人数据库上测试的结果,右图是在INRIA上测试的结果。图中纵坐标为缺失率(miss rate,越小越好),横坐标为单位窗口误检率,因此这只是评估分类器性能而不是系统的性能。整个系统的性能依赖于平均图中输入到检测算法的子窗口数目(详细见正文,见图17.8)。注意,在不同的数据库上测得的性能水平差异较大。INRIA样本库上核SVM方法的性能最好(图中空心圆曲线,Ker. R-HOG),而线性SVM的性能(正方形曲线,Lin. R2-HOG)与其十分接近(This figure was originally published as Figure 3 of "Histograms of Oriented Gradients for Human Detection," N. Dalal and W. Triggs, Proc. IEEE CVPR 2005, ©IEEE, 2005)

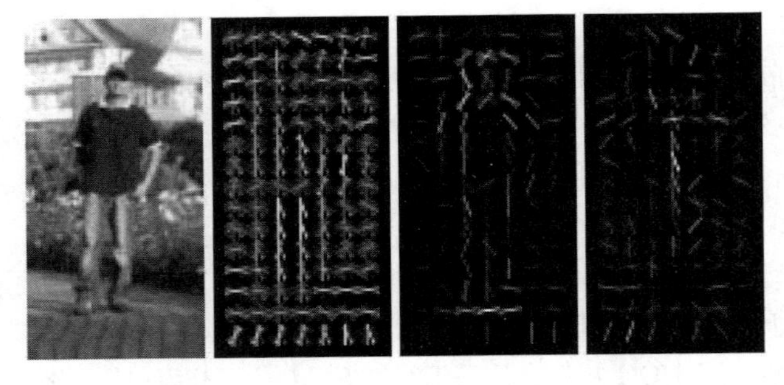

图 17.7 如图 17.6 所示,线性 SVM 的性能与最好的行人检测算法相差无几。线性SVM也可以用来可视化,即寻找合适方式呈现特征使其易于分辨。左图是一张典型的行人图,左中图是采用图5.15的算法求得的HOG特征图。每个窗口中的方向铲斗就是一个特征,并在线性SVM中具有相应的权重。右中图表示HOG特征乘以正值权重并进行可视化处理后的结果,重要的特征较亮。请注意,头部和肩膀的轮廓曲线及棒棒糖形状对应较大的正值权重。右图为负值权重的绝对值加权的HOG特征,其中特征线条越亮表示不含行人的可能性越大。请注意,中间竖直的亮线条被弃用,因为越亮表示窗口正中有人的可能性越小(This figure was originally published as Figure 6 of "Histograms of Oriented Gradients for Human Detection," N. Dalal and W. Triggs, Proc. IEEE CVPR 2005, © IEEE, 2005)

评估滑动窗口法的性能比较困难。Dalal and Triggs(2005)主张用"灵敏度-单位窗口误检率(false positives per window, FPPW)"曲线来评价其性能。图 17.6 显示了不同系统的性能。在考察这些性能图时，要注意的是，它们只是刻画分类器的性能而不是整个系统的性能。如果只是对特征和分类器感兴趣，那么它们可能引起你的注意，而如果是对整个系统感兴趣，它们的吸引力就没有那么大了。若要考察的窗口不多，较高的 FPPW 值是可接受的，尽管这会影响检测效果。在专为行人检测创建的大型数据库上，Dollar et al. (2009) 对各种算法进行了系统的评估。如图 17.8 所示，各算法排名根据横坐标是 FPPW 还是 FPPI(false positive per image，单位图误检率)图而变化，一般实用中 FPPI 更能体现算法性能。

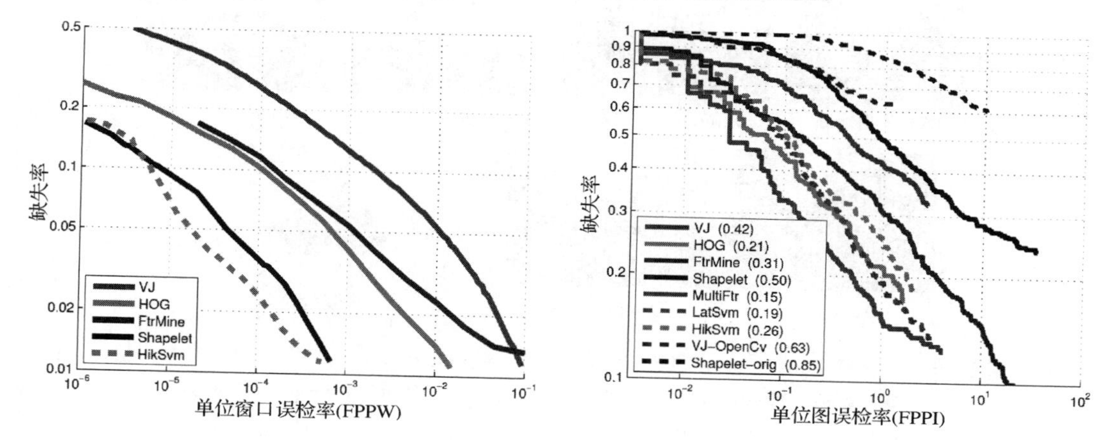

图 17.8 FPPW 对评估分类器的性能十分有用，但对评价整个系统的性能用处小些。左图为INRIA行人数据库上不同系统的测试结果，纵坐标、横坐标分别为缺失率(miss rate)、FPPW[Dollar et al. (2009)]，图中的曲线位置越低表示性能越好，因为其在给定的FPPW下缺失率越低。右图则是“缺失率-FPPI”图，考虑了整张图输入到分类器的子窗口数目。同样，曲线越低表示性能越好。请注意各系统的排名差异(This figure was originally published as Figure 8 of “Pedestrian Detection: A Benchmark” P. Dollár, C. Wojek, B. Schiele, and P. Perona, Proc. IEEE CVPR 2009 © IEEE 2009)

滑动窗口法有个严重的缺点：它假定各窗口是相互独立的。在行人检测应用中，实际上各窗口并非独立，因为行人尺寸差不多一样，而且脚紧贴或靠近地面——这在室外更常见(室外的地面通常是个平面)，这表明它们是有关系的。若地平面及摄像头离地平面的高度都已知，那么就能排除很多不含行人的窗口了。高于地平面的窗口需要进一步验证，因为可能包含行人。底部接近地平线的窗口尺寸应该较小，否则根据近大远小的透视原理，如果靠近地平线的窗口比较大，那其中的行人可能就是巨人了。摄像头离地平面的高度十分重要，因为图中行人的平均身高(以像素为单位)实际上给出了缩放程度。假定地平线横贯图像中间，在摄像头高于地平面的情况下，当逐渐靠近地平线时，有效的行人窗口的尺寸应当迅速变小。关于地平线和摄像头高度，有两条重要的信息值得注意。首先，地面、建筑物和天空的纹理均不一样，这样就可以对图像进行粗略的分割以找出地平线。其次，考察那些我们非常肯定其中含有行人的窗口，也许能发现些许线索，有助于确定地平线位置和对焦点离地平面的高度。文献 Hoiem et al. (2008) 表明，利用这些全局几何线索可以提高行人或车辆检测算法的性能[见图 17.9，另请参见 Hoiem et al. (2006)]。

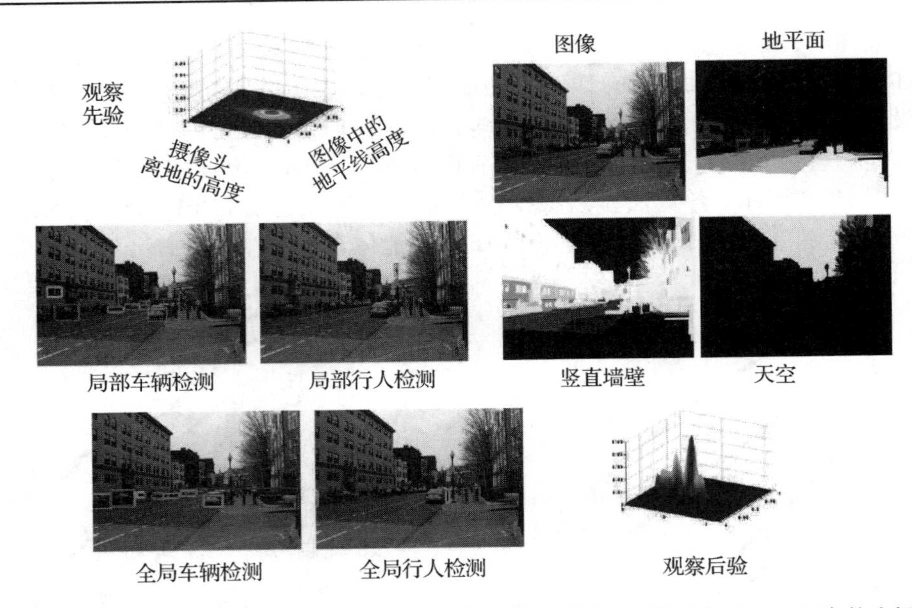

图 17.9　文献 Hoiem et al. (2008)表明几何一致性可以提高算法性能。主要参数为摄像头离地平面的高度和地平线位置。地平面、天空和竖直墙壁的纹理各不相同，因此，分类算法可以将像素分成三类。综合上述信息和算法输出的含行人的窗口(局部检测结果)信息，它们显著地提高了这两个几何参数后验估计的准确度，并且在给定误检率下提高了检测率(全局检测结果)(This figure was originally published as Figure 5 of "Putting Objects in Perspective," by D. Hoiem, A. Efros, and M. Hebert, Proc. IEEE CVPR 2006 © IEEE 2006)

17.1.3　边界检测

边缘不同于第 5 章所说的闭合轮廓，很多因素——反射率变化、阴影边界、曲面法线导致边缘快速变化。这里我们不是依赖边缘检测算法，而是明确地利用滑动窗口法构建封闭轮廓检测算法来寻找边界轮廓。大概思路是，考察每个窗口内一系列相关的特征，然后据此判断窗口中间的像素点是否位于封闭轮廓上。实践中，我们计算出每一点位于边界轮廓上的后验概率，这更加有效。Martin et al. (2004)首创了这种办法，并将这种图命名为 P_b 图，即边界概率图。

对于这个问题，采用圆形窗口更加合理可行。边界是有方向的，因此我们可以从方向入手。用横贯中央的直线(指直径)把圆切成两半，可用它来表示方向窗口。如果这条线是物体边界，那么直线两侧将有本质区别，因此需要比较考察两侧的特征。Martin et al. (2004)利用两侧的像素点灰度值、方向能量、亮度梯度值、彩色梯度、原始纹理梯度和局部纹理梯度等特性的直方图设计了一系列特征，然后计算两侧直方图之间的 x^2 距离。也就是说，每种特征对区分两半圆的特性进行了编码。然后对这一系列特征进行逻辑回归分析。

采用人工标记好的边界图来训练边界检测器(见图 17.10)。人工标记的边界不太完美(或者说不同人做的标记有时不一致，见图 17.12)。这意味着训练集中可能包含多张一样的图片——有的人将某点标记成边界，而其他人却未将该点标记成边界。然而，因为样本数目巨大，这种不一致性在训练时可被平均化掉。利用上述流程可设计两种求 P_b 图的方法。一是认为点的边界概率 $P_b(x, y, \theta)$是位置和方向的函数，二是将 θ 值域范围内 $P_b(x,y, \theta)$的最大值作为 P_b，即 $P_b(x, y) = \max_\theta P_b(x, y, \theta)$。第二种方式用得较多(见图 17.11)。

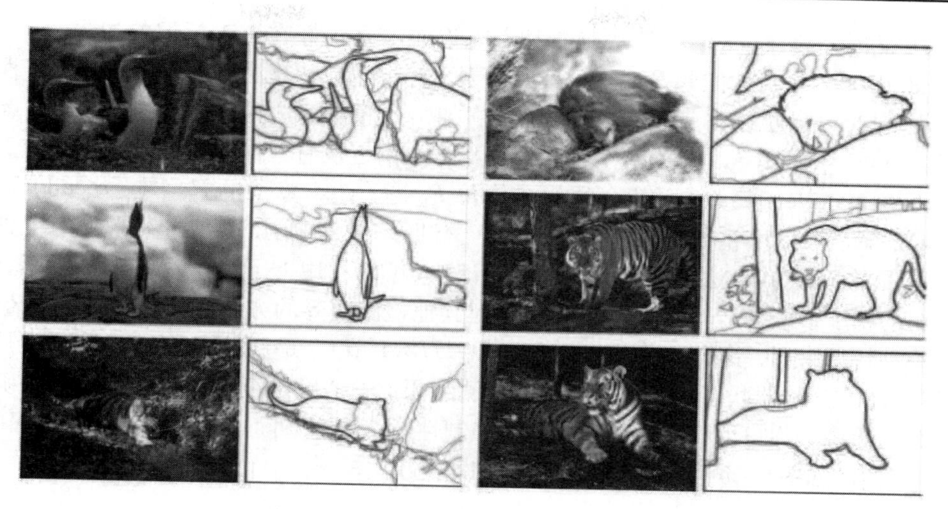

图 17.10　Berkeley 分割样本库中一些人工标记的物体边界，Martin et al.(2004)用此数据库训练算法输出边界概率。人工标记被平均化，因此越多人同意某点为边界点则该点越黑(This figure was originally published as Figure 1 of "Learning to Detect Natural Image Boundaries Using Local Brightness, Color, and Texture Cues," by D. R. Martin, C. C. Fowlkes, and J. Malik, IEEE Transactions on Pattern Analysis and Machine Intelligence, 2004 © IEEE 2004)

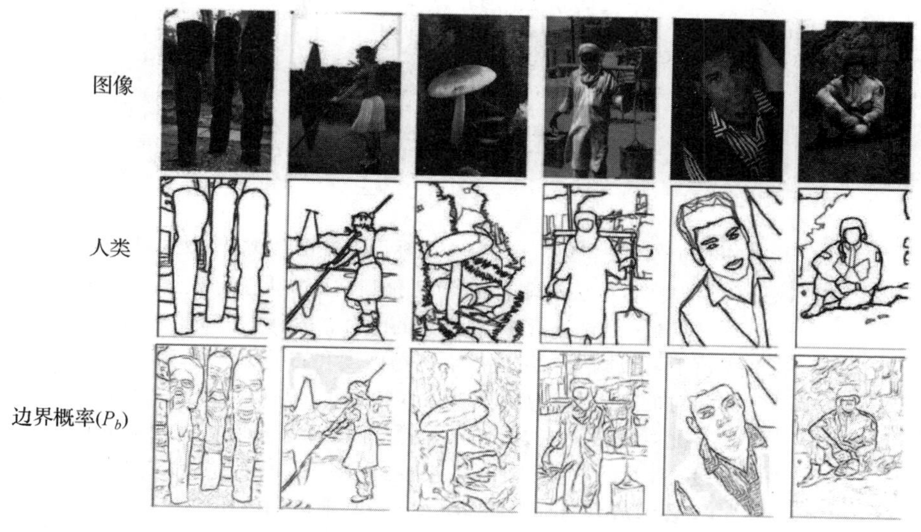

图 17.11　Martin et al.(2004)所用数据库中的一些样本图。人工标记的边界(多人标记已被平均化，点越黑表示同意其为边界的人越多)与P_b方法预测的结果相比要好不少。某些P_b错误无法避免(详见图17.13的细节放大窗口)，该方法未涉及图中物体的尺度信息(This figure was originally published as Figure 15 of "Learning to Detect Natural Image Boundaries Using Local Brightness, Color, and Texture Cues," by D. R. Martin, C. C. Fowlkes, and J. Malik, IEEE Transactions on Pattern Analysis and Machine Intelligence, 2004 © IEEE 2004)

测试 P_b 图时需要注意的是，算法判断某点靠近而不是正好在人工标记的边界上不算错误。Martin et al.(2004)针对此问题设计了一种衡量人工标记边界和算法预测边界之间相符程度的加权匹配算法。权重依赖距离，距离相差越大则权重越小，预测的边界点如果离人工标记点太远则认为是误判(false positive)。类似地，如果人工标记点附近没有任何算法预测的边界点，则认为是漏判(false negative)。接着用某个阈值二值化 P_b 图，计算算法的召回率(recall)和精确度(precision)，然后改变阈值再求相应的精确度-召回率便可画出"召回率-精确度"曲线(见图17.12)。尽管 Martin 算法的性能不如人工标记(人可以利用上下文和物体特征线索，因此可以找到虚弱的轮廓，如图17.13所示)，但是比起其他检测边界的方法好得多。目前，P_b 图被广泛地当做一种特征来用，其实现代码也易获得(见17.3.1节)。最新的 P_b 的变种叫做全局 P_b 图，其将 P_b 图和图像分割器联系起来从而改善了检测结果，于是可以填充必要的像素点以确保物体边界为闭合的轮廓。你可以认为这种变种方法强制性地认为窗口间是有关联的。该方法的"精确度-召回率"曲线如图9.25所示，可以同图17.12相互比较。

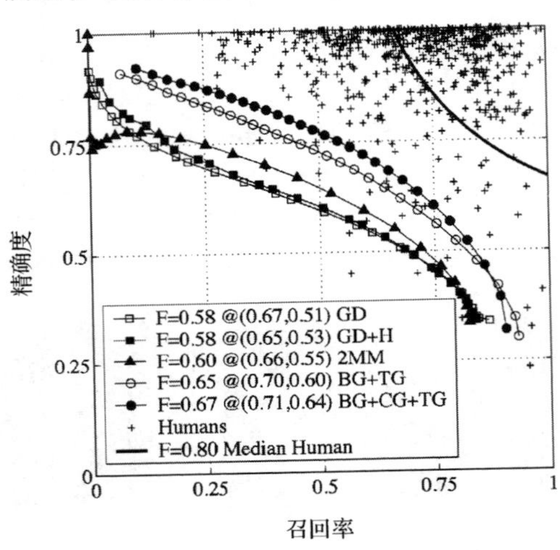

图17.12 Martin et al.(2004)采用与人工标记边界相比较的方法来评估 P_b(边界概率)算法的性能。将算法预测结果和人工标记结果对齐，并对匹配一致性进行加权(太远的配对点被舍弃)，在给定的算法阈值下可以画出一组边界点的精确度和召回率。某些预测点没有配对的人工标记点，则计入误检，而一些人工标记的边界点没有配对的预测点，则计入漏检。改变算法阈值再求相应的精确度-召回率，便可画出一条"召回率-精确度"曲线。图中以"+"表示散点对应人工标记，它与其他的曲线不一样。人工标记的 F 值为0.8，因此人工标记对应的曲线就为 $F=0.8$ 的那条曲线。使用特征集的不同子集所得的结果差别不大。使用上述所有特征则对应 $BG+CG+TG$ 曲线(This figure was originally published as Figure 3 of "Learning to Detect Natural Image Boundaries Using Local Brightness, Color, and Texture Cues," by D. R. Martin, C. C. Fowlkes, and J. Malik, IEEE Transactions on Pattern Analysis and Machine Intelligence, 2004 © IEEE 2004)

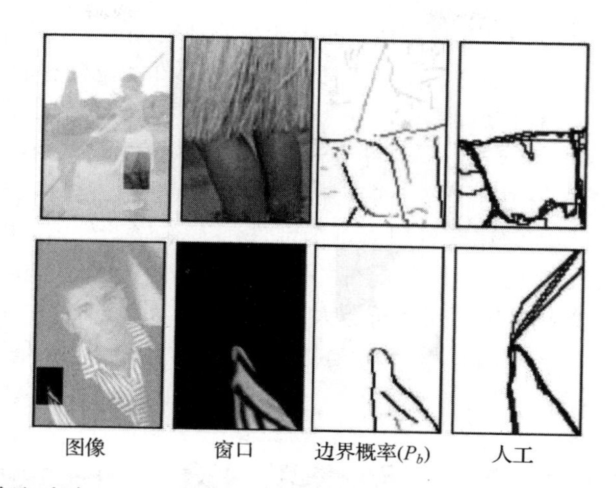

图 17.13　仔细考察 P_b 的局部结果能发掘有利信息。第一行图像展示了 P_b 方法检测到的纹理边界，用传统的边缘检测技术来检测它们则比较困难。第二行图中，P_b 法检测不出虚弱的轮廓（对比度太低无法区分但可从物体的整体性看出来的轮廓），因为没有物体的全局特征信息，但是人工方式却能可靠地标出这段轮廓（This figure was originally published as Figure 17 of "Learning to Detect Natural Image Boundaries Using Local Brightness, Color, and Texture Cues," by D. R. Martin, C. C. Fowlkes, and J. Malik, IEEE Transactions on Pattern Analysis and Machine Intelligence, 2004 © IEEE 2004）

17.2　检测形变物体

基本的滑动窗口检测法威力巨大。尽管它确实错误地假定了窗口是相互独立的，但是可以想办法掌控假设带来的损失代价。然而，如果分类器判断错误，那么该办法就一定会出错。有两个重要的因素导致分类器出错：物体形变（deformation），以及观察物体的不同视角（aspect）。近期研究表明对从本质上改变分类器能有效削弱这些因素的影响。

为了处理不同视角的问题，可对同一待检物体创建多个分类器，每个分类器对应不同的视角。系统对待检窗口的输出为各独立分类器输出的最大值。训练程序要考虑到这一点，并校准各分类器以确保协调一致。特别地，如果已知哪个分类器该对正样本输出的值最大这类信息，那么训练分类器的程序将变得十分简单。我们不要期望训练数据库包含这类信息，于是，可视其为统计学里的隐性变量（latent variable），它可以简化模型。隐性变量本身未知，必须在训练过程中进行估计。

隐性变量的概念催生了处理形变问题的强有力的方法。撰写本书时，人们更愿意认为形变是个流体概念，这里借用这个概念是因为要考虑的因素变化多端类似流体，这些因素包括——行人行走时手脚运动变化的影响，运动汽车驶近时相比其他物体变长的趋势，行人甚至形如变形虫或水母根本没有固定的形状。对于形变这个术语，当今最有用的意义是，许多物体局部相似，如人头或汽车引擎盖，但是从物体整体上去考察总能在不同个体上发现些许不同之处。例如，旅行汽车和普通汽车看起来很像，因为都有类似的门、车轮和车头灯——局部的确很相似，但是旅行汽车的车头灯和轮子离车门的距离却比普通汽车大得多。这启示我们可用这种方式来对物体建模：模型由近似的根部件和多个零部件组成，前者给出物体在图中的全局位置，后者则表示那些外观固定可靠的零部件，这些零部件在不同个体上相对根部件的位置有所变化。一般情况下，这些零部件比根部件小得多。每个零部件都有一个外观模型和初始位置。若在某零部件初始位置(相对根部件)附近发现某窗口与这个零部件很相似，则表明检测到该物体。

基于这种物体模型建立多个分类器，再应用到滑动窗口法中。窗口的总分为多个分值之和。其中一个分值为窗口与根部件的比较分值。每个部件都有独立的分值，由外观分值和位置分值两部分组成(见图 17.14)。外观分值是指零部件外观与整体图的比较分值，而位置分值则是偏移惩罚代价，部件离初始位置越远则惩罚代价越大。根部件和其他部件的外观模型是 HOG 特征的线性函数，因此最终的模型与线性 SVM 十分类似，事实上，线性 SVM 是这种模型的特例，它只有根部件但没有其他零部件。

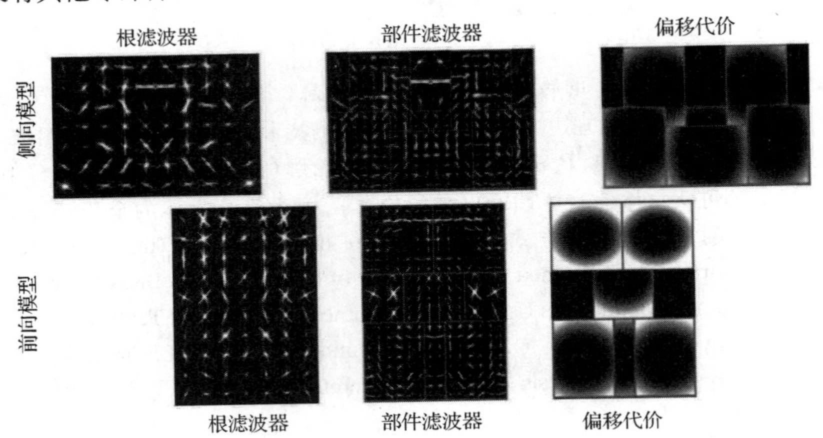

图 17.14 采用 Felzenszwalb et al. (2010b)模型建立的自行车模型，一共有两个组件分量，分别对应前视图和侧视图。每个组件分量有一个根部件和六个零部件。采用图17.15的方式将根部件和零部件可视化如图所示。请注意，每个视图对应的根部件只是粗略的布局示意，例如，侧视图中的轮子和前视图的车把手都难以分辨，这是因为要考虑到自行车在窗口出现的位置和朝向不定。而零部件则可以弥补这种不足，其中的车轮和车把手清晰可见。零部件的偏移代价图中，偏离越小则越暗。例如，侧视图中车轮能在一定范围内移动，但如果分开越远或者靠得越近则偏移代价越大。如正文所述，图像窗口的分值为各组件分量的最大值(This figure was originally published as Figure 2 of "Object Detection Using Discriminatively Trained Part-based Models," by P. Felzenszwalb, R. Girshick, D. McAllester, and D. Ramanan, IEEE Transactions on Pattern Analysis and Machine Intelligence, 2010 © IEEE 2010)

现在引入一些符号来描述单个的组件分量模型。每个组件分量模型的形式一样，因此不失一般性。这里暂对描述组件分量的符号按上标表示。根部件模型由一系列线性权值 $\beta^{(r)}$ 组成，它们与描述根部件窗口的特征向量(在了解的已实现的系统中指 HOG 特征向量，但不必非得是 HOG 特征向量)相乘。第 i 个零部件模型由以下三部分组成：一系列线性权重 $\beta^{(p_i)}$(它们与描述零部件窗口的特征向量相乘)，零部件相对根部件的初始偏移量 $\boldsymbol{v}^{(p_i)}=(u^{(p_i)}, v^{(p_i)})$，以及一系列距离权重 $\boldsymbol{d}^{(p_i)}=(d_1^{(p_i)}, d_2^{(p_i)}, d_3^{(p_i)}, d_4^{(p_i)})$。设 $\phi(x, y)$ 为根部件模型坐标系中位于 (x,y) 的部件窗口的特征向量。设$(dx, dy)=(u^{(p_i)}, v^{(p_i)})-(x, y)$为部件模型相对根部件模型坐标系中的理想位置的偏移量。那么，根部件坐标系中位于(x,y)的第 i 个部件模型的分值为

$$\begin{aligned}(x,y)\text{点处部件分数} &= \text{外观分数} - \text{偏移量}\\ &= S^{(p_i)}(x,y;\beta^{(p_i)},\boldsymbol{d}^{(p_i)},\boldsymbol{v}^{(p_i)})\\ &= \beta^{(p_i)}\cdot\phi(x,y)-(d_1^{(p_i)}dx+d_2^{(p_i)}dy+d_3^{(p_i)}dx^2+d_4^{(p_i)}dy^2)\end{aligned} \quad (17.5)$$

那么可定义第 i 个部件模型的分值为各种偏移量下的最高分，亦即

$$\text{部件 } i \text{ 的分数} = \max_{(x,y)} S^{(p_i)}(x,y;\beta^{(p_i)},\boldsymbol{d}^{(p_i)},\boldsymbol{v}^{(p_i)})$$

于是，某一个根部件模型所在物体模型的总分为

$$\text{模型分数}=\text{根外观分数}+\sum_i \text{部件 } i \text{ 的分数}$$

图 17.15　用图 17.14 的模型检测自行车的例子。大方框标记自行车整体，而小方框表示各零部件的位置。前轮离地的特技没有用旋转的方框标示出来，因为允许零部件在方框内移动(This figure was originally published as Figure 2 of "Object Detection Using Discriminatively Trained Part-based Models," by P. Felzenszwalb, R. Girshick, D. McAllester, and D. Ramanan, IEEE Transactions on Pattern Analysis and Machine Intelligence, 2010 © IEEE 2010)

假如现有一个物体模型，由多个前述的组件分量组成，每个组件分量对应一个视图。那么检测该物体便转化为：计算窗口的每个组件分量模型的分值，然后取最大值作为滑动窗口的分值。为了完成这些操作，必须先对每个零部件模型求(x, y)分值函数的最大值。盲搜索法就能解决这个问题，但 Felzenszwalb et al. (2010b) 和 Felzenszwalb et al. (2010a) 给出了更好的办法。

训练分类器学习该模型时需要注意的是，必须处理好两个隐性变量。一是不知道正样本对应哪个组件分量，而在某种程度上负样本好处理一些，因为其对应的所有组件分量的分值都为负。二是训练样本的零部件位置未知。注意到，如果知道每个样本对应的组件分量和每个零部件的位置，那么训练分类器便退化成训练线性 SVM。尽管如此，可以采用重复再评估策略(repeated re-estimation)来估计这两个隐性变量。我们可假设样本对应的组件分量和每个零部件的位置已知，然后计算出每个组件分量下的每个零部件的外观分值和偏移量分值，然后将它们赋给每个组件分量，这样就能再次评估零部件的位置和组件分量。

下面介绍滑动窗口法训练相关的特性。滑动窗口法必须处理大量的图像窗口，但大部分窗口不含待检物体。于是，追求低误检率变成了主要问题。因此，在大容量样本库上训练算法十分重要，要将它们充分暴露在尽量多的负样本下，以契合排除大部分不含待检物的窗口而追求低误检率的意愿。在前述检测框架下我们要特别小心，因为过多的负样本也许会摧毁一切。Felzenszwalb et al. (2010b) 介绍了一种有效的策略来处理这种情况，称为中坚负样本挖掘(hard negative mining)。训练分类器时，在负样本上使用该方法寻找那些输出分值大的负样本，并缓存起来，在下一轮训练中使用。若操作得当，只要分类器训练时使用了所有负样本，那么每次训练后分类器一定会得到一组同样的支撑向量。

滑动窗口法现在已经是检测算法领域的主要标准算法。许多成功的检测算法都是这种方法的变通版。它的训练和测试代码可从 http://people.cs.uchicago.edu/~pff/latent/下载。任何新的物体检测算法都要与该算法比较一下，因为这可能是超越这个新颖算法的好机会。

17.3 物体检测算法的发展现状

目前主要的通用物体检测算法比赛是 Pascal 挑战赛(见 16.2.3 节)，其中检测挑战赛和分类挑战赛使用的物体一样。从 2007 年到 2010 年间，涉及了 20 多种标准物体检测，包括飞机、自行车、汽车和人。训练图片中用方框标出了这些物体。

采用平均精确度指标来评估算法性能，用重叠度测试来计算平均精确度。假设算法预测的方框为 $\mathcal{B}_p$，如果 $\mathcal{B}_p$ 与人工标记的方框 $\mathcal{B}_m$ 重合最多且满足：

$$\frac{\text{区域}(\mathcal{B}_p \cap \mathcal{B}_m)\text{的面积}}{\text{区域}(\mathcal{B}_p \cup \mathcal{B}_m)\text{的面积}} > 0.5$$

那么认为 $\mathcal{B}_p$ 正确地检测出了待检物。所有其他与 $\mathcal{B}_p$ 重合的算法预测方框都是误检。然后将各个预测方框按分值排序，计算召回率和精确度，这两个值都与判断为真的正样本有关。利用平均精确度来概括算法性能很常见。

对于这种重叠度测试方法存在很多合理的批评。首先，定位过于粗糙，例如，若预测的方框与真正的方框面积一样大，那么重叠区域的面积只要略大于方框面积的三分之二就能通过测试，但这个目标偏高，实践中很难达到。重叠区域的阈值设置得较高时，算法效果就变得非常差。其次，对输出多个紧邻预测方框的算法十分不利，因为其中的一个方框将被认为检测正确，而其余方框则被认为是误检。这有可能与准确标记拥挤人群的行人的困难相互影响，于是，标记很准确的算法但检测成功率却很低。第三，方框其实是物体相当粗糙的表示方式，因此预测准确的方框实际上可能并非表示准确的检测。尽管存在这些问题，但截至撰写本书时，还没有出现更好的被广泛采用的重叠度评分机制。

表 17.1 列出了 2007—2010 年单类物体检测性能最佳算法(意指检测飞机性能最佳的分类器检测自行车时未必最佳)的平均精确度。某些物体，如盆栽植物、椅子和鸟很难检测——也许是因为它们的外形是如此复杂，以致采用方框窗口来检测不够明智而使得效果很差。尽管如此，大部分物体检测的性能进步明显。请注意性能提升的趋势，尽管不是单调的提升。对于这些数据库而言，样本收集偏好对测试结果的影响不是什么大问题，因为每年都会发布新的数据库。因此，性能的提升很大程度上反映了特征的改进和分类算法的提升。尽管如此，仍然很难说挑战赛中最佳算法的表现令人满意，因为它们只是适合检测特定种类的物体。参赛的算法很多，算法间的差异常常事关细节，这里就不赘述了。网站 http://pascallin.ecs.soton.ac.uk/challenges/VOC/上资源丰富，有各种算法的简介和算法软件链接。从表 16.1 和表 17.1 的对比来看，检测比分类难多了。

有证据表明某些情况下的物体检测问题很棘手而难以应对。图 17.16 对各种行人检测系统进行了对比，测试集为 Dollar et al. (2009) 提供的测试数据库的特定子集，图中曲线越低越好。请注意所有被考察的系统针对行人离得近或没有遮挡的情况是如何改进的，同时这些系统在处理行人离得远或遮挡严重的情况时面临很大的困难。另外还请注意，行人窗口从典型的宽高比变成了不定的宽高比——这粗略表明行人不光是站着或行走的状态——这对系统性能影响非常大。由于难以求得现实世界中这些情况出现的相对频率(见 16.3.3 节),要精确预测这些已在用系统的检测性能就变得十分困难。

表 17.1 每年 Pascal 图像分类挑战赛中每个类别最佳分类方法的平均精确度(每个类别;对于"人"分类最佳的算法并不表示在"盆栽植物"上具有最好的性能),详见 http://pascallin.ecs.soton.ac.uk/challenges/VOC/。底行给出每列算法的数目和总的算法的数目(例如,在2007年,在所有的17种中只有2种方法具有最好的性能,其他的15种方法在每类中由于某些因素被击败)。注意到平均精确度虽然增长,但并非单调增长(这是由于测试集的变化)。大多数的分类目前都具有较好的性能

种 类	2007	2008	2009	2010
飞机	0.262	0.365	0.478	0.584
自行车	0.409	0.420	0.468	0.553
鸟	0.098	0.113	0.174	0.192
船	0.094	0.114	0.158	0.210
瓶子	0.214	0.282	0.285	0.351
公共汽车	0.393	0.238	0.438	0.555
汽车	0.432	0.366	0.372	0.491
猫	0.240	0.213	0.340	0.477
椅子	0.128	0.146	0.150	0.200
奶牛	0.140	0.177	0.228	0.315
餐桌	0.098	0.229	0.575	0.277
狗	0.162	0.149	0.251	0.372
马	0.335	0.361	0.380	0.519
摩托车	0.375	0.403	0.437	0.563
人	0.221	0.420	0.415	0.475
盆栽植物	0.120	0.126	0.132	0.130
羊	0.175	0.194	0.251	0.378
沙发	0.147	0.173	0.280	0.330
火车	0.334	0.296	0.463	0.503
电视机	0.289	0.371	0.376	0.419
最佳算法数	5	3	6	6
参赛算法总数	9	7	17	19

17.3.1 数据库和资源

行人检测样本数据库:有许多公开的行人数据库。Dalal 和 Triggs 在 http://pascal.inrialpes.fr/data/human/上提供了 INRIA 行人数据库[Dalal and Triggs(2005)中用到]。Papageorgiou and Poggio(2000)介绍了 MIT 行人数据库,其网址为 http://cbcl.mit.edu/software-datasets/PedestrianData.html。

http://www.pedestrian-detection.com/上有许多检测算法软件和数据库的链接。

Dollár、Wojek、Schiele 和 Perona 等在 http://www.vision.caltech.edu/Image_Datasets/CaltechPedestrians/上提供了几个巨大的行人数据库,包括加利福尼亚理工学院训练及测试数据库和日本数据库,并在 Dollar et al. (2009)中做了介绍。该网站也有其他行人数据库的链接。

Ess、Leibe、Schindler 和 van Gool 等在 http://www.vision.ee.ethz.ch/~aess/dataset/上公布了一个人类(多为行人)跟踪的数据库,并在 Ess et al. (2009)中做了介绍。

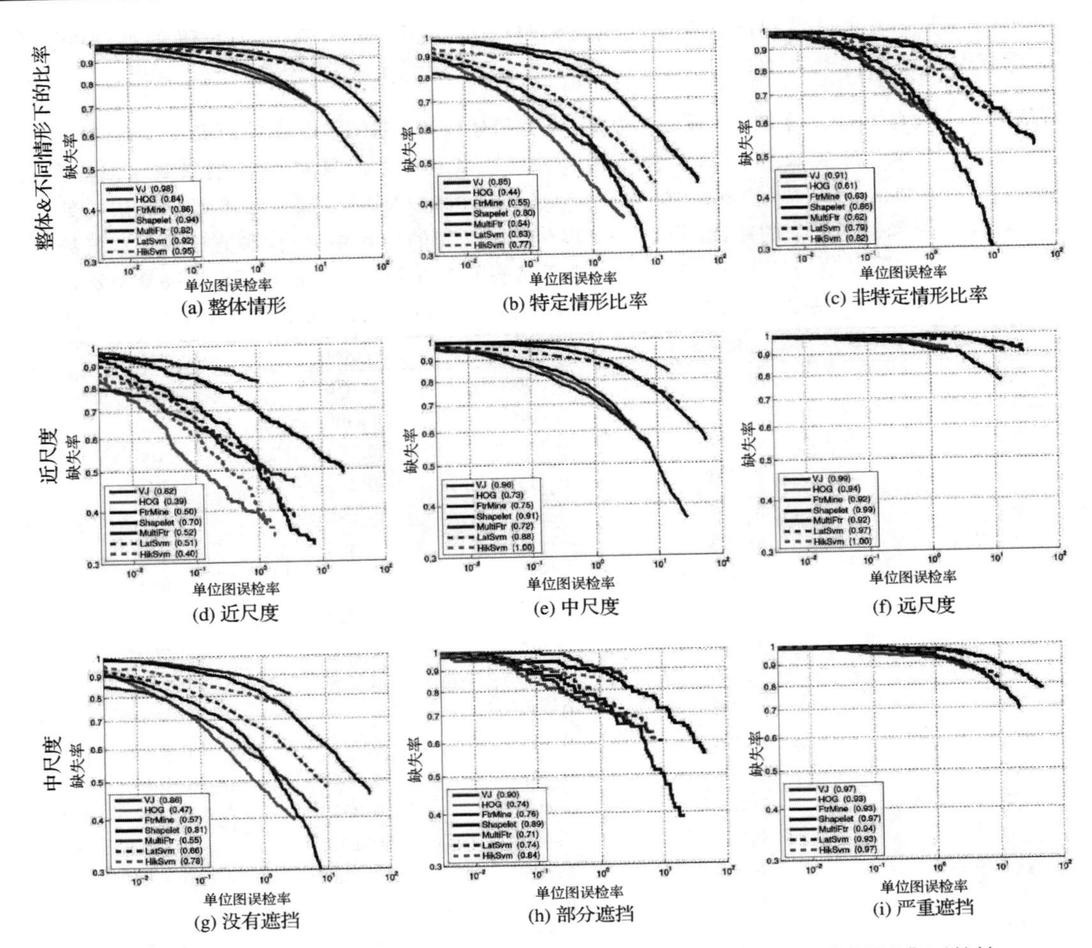

图 17.16 在 Dollar et al. (2009)测试平台上，各行人检测算法在不同测试集下的性能对比，左上为整个测试集上的性能对比，其余为在特定测试子集上的性能对比。有些检测算法在某些情况下的性能不错，但在其他情况下则性能不佳，例如，有些算法对近距离行人检测性能不错，但对中等距离行人检测性能却不佳(This figure was originally published as Figure 9 of "Pedestrian Detection: A Benchmark" P. Dollár, C. Wojek, B. Schiele, and P. Perona, Proc. IEEE CVPR 2009 © IEEE 2009)

Overett、Petersson、Brewer、Andersson 和 Pettersson 在 http://nicta.com.au/research/projects/AutoMap/computer_vision_datasets 上提供了 NICTA 行人数据库，并在 Overett et al. (2008)中做了详细介绍。

Wojek、Walk 和 Schiele 在 http://www.mis.tu-darmstadt.de/tud-brussels 上提供了运动行人数据库，Wojek et al. (2009)对其进行了详细描述。

有几个数据库与戴姆勒·克莱斯勒汽车公司关系紧密，可在 http://www.gavrila.net/Research/Pedestrian_Detection/Daimler_Pedestrian_Benchmarks/daimler_pedestrian_benchmarks.html① 上找到。

① 该链接已失效，应为 http://www.gavrila.net/Datasets/Daimler_Pedestrian_Benchmark_D/daimler_pedestrian_benchmark_d.html。——译者注

Enzweiler 和 Gavrila 在该网站上提供了 Daimler 标准行人数据库，并 Enzweiler and Gavrila (2009) 做了详细介绍。Munder 和 Gavrila 在该网站提供了 Daimler 行人分类数据库，并在 Munder and Gavrila(2006) 中做了详细描述。Enzweiler、Eigenstetter、Schiele 和 Gavrila 在该网站上提供了 Daimler 多线索遮挡行人检测基准数据库，并在 Enzweiler et al. (2010) 中做了介绍。

巴塞罗那自治大学计算机视觉中心在 http://www.cvc.uab.es/adas/index.php?section=other_datasets 上公布了几个行人数据库。Marín、Vázquez、Gerónimo 和 López 在上面公布了一个虚拟行人数据库，Marin et al. (2010) 对其做了详细介绍。Gerónimo、Sappa、López 和 Ponsa 在上面提供了一个在巴塞罗那附近拍摄的行人数据库，并在 Gerónimo et al. (2007) 中做了详细描述。

Maji、Berg 和 Malik 在 http://www.cs.berkeley.edu/~smaji/projects/ped-detector/ 上公布了采用金字塔 HOG 特征和交叉核 SVM 检测行人的算法代码，Maji et al. (2008) 对代码做了说明。

人脸检测代码和数据库： 人脸检测数据库多如牛毛，因此这里只提供一些收集这类数据库的网页链接。这些网页也提供一些实现代码的链接。网页 http://robotics.csie.ncku.edu.tw/Databases/FaceDetect_PoseEstimate.htm 提供了 12 个数据库，包括几个著名的人脸数据库。Frischholz 一直维护着人脸检测的主页 http://www.facedetection.com/，上面有演示、发布的刊物、数据库和链接，在其下级网页 http://www.facedetection.com/facedetection/datasets.htm 的数据库栏目可找到更多的人脸数据库。Grgic 和 Delac 在 http://face-rec.org/ 上提供了人脸识别的代码和数据库。另外，在 http://vision.ai.uiuc.edu/mhyang/face-detection-survey.html 上也能找到一些示例代码和数据库。

通用物体检测算法代码和数据库： PASCAL 挑战赛中所有的数据库公布在 http://pascallin.ecs.soton.ac.uk/challenges/VOC/ 上，Everingham et al. (2010) 对其做了详细介绍。挑战赛中最厉害的大部分算法都是基于 17.2 节描述的算法，训练和测试代码可在 http://people.cs.uchicago.edu/~pff/latent/①上找到。

P_b 算法代码和数据： Arbelaez、Maire、Fowlkes 和 Malik 在 http://www.eecs.berkeley.edu/Research/Projects/CS/vision/grouping/resources.html 上提供了 P_b 算法代码和数据，Arbelaez et al. (2011) 对其进行了说明。

17.4　注释

滑动窗口法是现代计算机视觉的中流砥柱之一。但是尚存一点不足——其分类和图像分割处理方式是如此笨拙，以至于要搜索所有位置和尺度空间才能找到目标[参见 Maji and Malik (2009)、Gu et al. (2009) 和 Todorovic and Ahuja(2008b) 中的批评]。较早使用该方法的论文有 Kanade(2000)、Rowley et al. (1998a)、Sung and Poggio(1998) 和 Osuna et al. (1997)。

编程练习

17.1　利用滑动窗口法、HOG 特征和线性 SVM 开发人脸检测算法。尝试图 15.7 所示的训练技巧，看看能提高多少性能。

17.2　利用 http://people.cs.uchicago.edu/~pff/latent/②上提供的代码开发一套算法，检测你所选的物体，算法效果如何？通过建立大型的负样本数据库，你可以显著提高其性能——不断挖掘样本的潜在作用是否真的大有裨益？

---

① 链接已转向 http://www.cs.berkeley.edu/~rbg/latent/index.html。——译者注

② 链接已转向 http://www.cs.berkeley.edu/~rbg/latent/index.html。——译者注

第18章　物体识别

计算机视觉自从20世纪60年代开始，已经经历了漫长的一段路程。计算机视觉的进步必然归功于计算能力的提升和图像系统成本惊人的下降：由此不得不对计算机视觉任务的成分做进一步的理解。这导致具有非常多的可以采用计算机视觉的技术来解决的实践问题，并且也取得了成功。然而，在生产方式中仍有一些没有解决并很难去思考的核心问题。这些核心问题都涉及物体的表征和识别。

18.1节给出物体识别系统应当完成什么任务，并分析目前物体识别系统的状况，讨论两者之间的较大的差异。在接下来的章节，简单概述某些有意义的可以帮助缩小该差距的特征表征的研究。18.2节重点介绍特征构建过程。18.3节讨论几何属性可能有助于识别。18.4节描述了从不同角度去思考一个识别系统的输出。

18.1　物体识别应该做什么

怎样从通俗的角度去理解识别问题呢？人们可以指出成千种不同的物体，这并不会因为单独物体表面的变化而有所影响。例如，打乱猎豹表面的斑点模式，或者改变家具的装饰物，或者椅子的设计的变化都不会影响其作为该物体的判定。进一步讲，人们仅仅需要通过观察非常少的新物体的样本就可以识别该新物体，并可以进一步在未来的众多物体中识别出该物体。

如果计算机程序能够或者仅仅部分拥有该技能是非常有用的。人们之所以需要掌握该技能，是因为其具有非常强的实用价值(例如，什么东西可以吃；谁会提供给我们食物；什么时候斗争；什么时候逃跑；什么将会吃掉我们；等等)。18.1.1节概述了计算机物体识别系统需要的某些特征。而目前并没有策略满足这些需求(见18.1.2节)。物体分类是非常重要的，但往往知之甚少。物体识别的一些思想将会在18.1.3节介绍。选择哪些物体或者舍去哪些物体，则又是另一个知之甚少的想法，这将会在18.1.4节介绍。

18.1.1　物体识别系统应该做什么

一个理想的物体识别系统应该具有一些非常重要的属性。首先可以识别多种不同的物体，这远比听起来困难得多：为了识别非常大类别的不同物体，首先需要知道该数据结构的组织形式，通过该组织形式可以很容易检索出给定查询的物体。特别需要弄清楚同类物体之间(一只猫可能具有斑纹，另一只可能是灰色，但是它们都属于猫类)的区别的准则和不同物体之间的区别的准则。

一个理想的物体识别系统应该识别出区别于背景的不同物体。当然这是很显然的也是非常困难的。理想状态中，一种合适的物体表征可能有助于对物体进行组织并判定该物体来源于某一个物体类别(并不需要借助于参考某一特定的物体实例)或者并不属于任何物体。

物体识别系统应在合适的抽象层去识别物体。人们可以识别出一个椅子，尽管人们之前从没有见过该类型的椅子。甚至人们并不需要知道该椅子之前的模型。理想状态中，在没有指出该两者的区别前，计算机程序能够识别出美洲豹和猎豹同为有斑点的猫科动物。精确地理解什么是合适的抽象层是非常难以实现的。目前常常采用“类别”这个词表述物体的从合适抽象层描述的一个类别，虽然这个词并没有明确什么是合适的抽象层。在某一类中，一些物体可能在某些地方区别于其他物体，但该物体类别是推广某一类物体的非常有用的属性。本章将一个物体识别为一个“椅子”的依据是可以坐在椅子上。

对特定物体实例的属性进一步推导是非常有意义的。假设所有的椅子为某一类别的实例(这很显然是正确的)。也许这对识别出每个椅子是椅子没有太大的帮助；可能需要知道该物体实例一些特定的属性。是否足够大？是否具有带软垫的座椅？是否具有扶手？等等诸如此类。这些观察显示，在某一个类别内，各个物体之间具有明显的区别和很重要的差异。

可以对不熟悉的物体产生有用的响应。人们遇到不熟悉的物体时，至少从细节角度来说，人们将重点关注其不熟悉地方。例如，很少的人可以识别出大多数的哺乳动物类，但是大多数人可以指出这些叫不上名字的动物是否具有皮毛，是否是在睡觉，等等。在可预测的未来中，计算机视觉系统可以统一地计算出不熟悉的物体，而不是仅仅将它们忽略掉。

可以产生有效的帮助目标实现的响应。如何将一个物体分类，合理的依据可能是我们想要做什么。如果希望坐下，则一块很大且平坦的石头可识别为椅子；如果希望磨平一些东西，则石头可能被识别为砧[①]；其也可能被识别为武器或者适合生活的地方。结果，对于同样的石头，可能同时具有不同的分类属性(椅子；适合生火的地方；砧)。当然并非所有的石头都具有这些分类，因此这种分类方式并不具有继承的属性。

可以产生有用的复杂响应。一个物体识别系统是将图像中的每一个物体(可能很难被应用)进行命名，因为大多数的图像都具有非常多的物体，尽管大多数的物体都不是感兴趣的物体。一个房间的图片可能包含椅子、地板和窗帘；但其也可能包含带有不同花纹的灯具，带有钉子的椅子，等等。我们周围被巨大数目的物体所包围着，同时大多数物体应该是被忽略的。

当考虑以上这些准则时，目前的物体识别策略的表现性能非常差。这并非是由于这些识别系统不好，而是识别问题本身就具有很大的难度。

18.1.2　目前物体识别的策略

目前，主流的物体识别的策略涉及将给定一个特征可信集输入多类分类器中，接着采用一些样本对每个物体类别进行分类器训练，如第 15 章 ~ 第 17 章介绍的。所有的此类识别器是可被描述的广泛使用的模板匹配器(其中模板和匹配损耗隐含于分类器中)。它们的主要优势是，不像纯几何方法，可以提取出更具有鉴别能力的图像纹理信息，或者有些时候也包括颜色信息。然而，往往需要一个额外的将感兴趣的物体从图像背景分离的分割操作(第 16 章假定物体在图像中占据主导地位，第 17 章的活动窗口都涉及分割)。这些方法需要纹理应为有鉴别性的，而这往往是不能满足的。这些方法并不能处理复杂形变，它们在物体类别中进行内部结构的变换。最终，目前的这些物体识别方法假定每个实体仅仅属于一个物体的分类类别。

另一个很重要的选择是对物体采用某些模板的空间关系进行表征。其中相关例子包括 17.2 节讨论的检测模型和 20.2 节讨论的人体解析模型。这些方法应该是目前较好的模板匹配器，它们继承了此类方法中隐含的复杂度。目前，此类方法仅仅可以处理相对有限集；它们可能没办法处理复杂形变；并且禁止物体类别中进行内部结构的变换。

第三个可能方案是采用第 12 章介绍的配准技术。给定某物体的几何模型，并将图像与该几何模型进行配准，如果配准相似度分数很高，则认为是该物体。如果有多个不同类别的物体，每个物体都具有各自的几何模型，则每个模型都需要进行配准，根据配准分数选择是哪个物体。这

---

① 锤砸东西时垫在底下的器具。——译者注

种方法由于几何变形非常严重(例如椅子)而可处理的物体非常有限。同理，它们处理的物体类别也非常有限，并且不能很好地拓展为不熟悉的物体。

18.1.3 什么是类别

现实中，如果每个实体与其他的实体都不同，则会引起很严重的实际困难。人们需要给出该物体的行为方式，它们会如何反应，人们应如何使用相关的信息，其他人会如何使用。如果每个实体都不同，则必须针对每个实体都给出相应的关于此的独立答案。一种合理的方法是将许多实体由于其共享某些属性而按组归类。这些共享的属性则被用于收集其他具有类似属性的实体：例如，根据“都可以坐下”这个属性，将它们都归为一类。这样的组称为类别。遗憾的是，“类别”在许多不同的地方应用，甚至某些意义上具有相反的意思。这是因为很难确定从哪方面应用是最有效的。

本文介绍的一种应用(非常广泛)是随意的但非常有用的实例分组方法。注意在该应用中，相同的实例可能在不同的分组中出现(例如，一个特定的椅子可能同时为椅子、武器、不适的原因或者生火的地方)。由于有用性而对其进行这样的分组。它们依赖于(a)人们正在努力做什么和(b)人们需要与其他人进行的交流。这对于具有广泛共享属性的分组有很大帮助。例如，对于大多数实体，我认为它是椅子，而你也认为它是椅子，那么在这种情况下就非常有用(在所有实体上都有共同认识是不可能的)。

在计算机视觉文献中，“分类”这个词在更严格的意义上广泛使用。通常的意义为每个实体属于同一个类别(例如，这是椅子，而那个是桌子)；这样的分类是可以接受的(例如，你和我都同意这是椅子，而那是桌子)；它们在某种意义上具有规范标准。不过这种应用可能应该舍弃，因为疏忽了某些很重要的性质。

一个实体可以同时属于不同的分类类别，这看起来是一种规则，而不是一个例外。这可能是由于有用的分类类别依赖于环境，例如不同的实体的分组满足不同的需求。如果我需要坐下，一种有用的分类为椅子；如果我需要火，能够燃烧的东西是一个很好的分类。某些椅子是可以被燃烧的，而某些是不可以的，所以不能简单地将一个组的所有实体继承为另一个组。杯子和花瓶的实验(Labov, 1973)解释了人们并不需要弄清楚某个实体归属的分类类别。某些杯子看起来更像某些花瓶。如果给出这样一个序列，从最像杯子的一侧开始，逐渐到最像花瓶的一侧，则会将中间的实体标记为杯子；如果转换这个次序，则会将中间的实体标记为花瓶。这意味着人们很容易被同一个实体的标记所影响且互相排斥，同时分组很容易被内容所影响。

同时，实际应用的理由也使得我们认为一个实体可以同属于多个不同的分类类别。假定期望建一个检测狗的检测器。给定许多关于狗的图片和许多没有狗的图片。在硬-负样本数据挖掘过程中，很有可能查找到与狗很相似的猫的图片。训练过程促使分类器对这样的样本产生负的响应，而对样貌上与猫相似的狗的图片有正的响应。这可能是由于不稳定的图像源，因为很难找到区分这两种动物的有效特征，因此，检测狗的检测器的性能极大程度上依赖于负样本集合中是否具有类似狗的猫的图片存在。一种可选方法是在训练过程中，并不使用类似狗的猫的图片；我们将会得到误检，同时将得到更为可靠的检测器。特别地，如果构建一个猫检测器(此时并不采用类似猫的狗的图片做负样本)，可能得到一个关于该检测器响应的相对模糊的分类。此时，将得到三种例子：清晰的狗，清晰的猫，和有点不确定的小的且有皮毛的动物。这可能形成性能更高且具有明显分类的检测系统。

18.1.4 选择：应该怎么描述

由于大多数图像具有太多的物体，因此一个识别系统的输出仍然是不确定的。换一种角度思考，这意味着将图像中的每个物体进行罗列是非常困难的。事实上，某些物体可能归属于多个分类类别，这将使得该列表更加难以完成。因此，需要一些准则去判定哪些物体或者图像区域需要忽略为不相关的。物体可能因为其太小而不具有实际意义，或者因为它们不会影响基本的任务，或者因为它们被视觉短语或场景表征所包含，或者可能由于其他原因，而将其归为非相关。人们忽略——至少不去报告——许多或者大多数图像中的物体。

例如，Rashtchian et al.(2010)构造了一个数据库，并通过要求数据标记产生五种不同的句子来描述 5000 张图片中的每一张。值得注意的是，这些描述(a)被句子认可的强烈程度怎样，(b)图像中实际描述的图片究竟有多少。这说明某些机制的存在，最可能受到正在尝试的行为的影响。另一个数据库[由 Spain and Perona(2008)采集，并要求数据标记者描述一个简短的关于图片的内容，而这些描述内容相当一致]也暗示了该道理。

研究一个识别系统的输出是非常有成效的。这里给出一个简单的方案：一个物体识别系统应该产生一种对世界的表征，这种表征足够小，但非常详细且非常精确，并对所需求的目标有很大的帮助。为了不至于如此模糊，我们将会在多种混合的任务中学习识别，使得我们将这种表征与所需求的目标相互关联。迄今为止还没有做到这一点，因为没有一个识别系统是如此精确而使这些问题变得非常有趣。

18.2　特征问题

对于理解现代物体识别中的准则，第 5 章和第 16 章介绍的特征构造方法是非常强大的。尽管如此，仍然希望物体识别精度可以有所提升。首先，本节寻找更为有效的关于当前构造的版本(见 18.2.1 节)。其次，由于当前构造极大描述了图像的纹理，本节寻求其他的特征表示方式(见 18.2.2 节)。

18.2.1　提升当前图像特征

目前，特征构造方法主要依赖于两个思想：第一，视觉单词的特征尝试通过样本学习字典来编码图像块。通过这种编码方式，可以将不同相似块之间的小的差异性忽略，并且可以辨别不同的图像块。这是一个通用的策略，通常称为“编码”。第二，SIFT 特征、HOG 特征和关于视觉单词的梯度直方图等统计了基于领域的信息，并且可以有效地抑制小的变换的影响，这些小的变换包括平移、尺度误差等类似变换。这也是一种通用的策略，通常称为“池化”(pooling)。很自然地同时采用这两种方式得到新的特征集合。

编码将图像块当做不同的模式元素。有严格差异的图像块得到不同的编码，一个领域的图像纹理的整体趋势可以表示为这些编码的统计。可以将原始的通过视觉单词实现的编码过程进行泛化。不同于对整张图的图像块采用一个字典进行编码，将一个图像块通过几个字典条目的线性组合进行编码，但对于这些字典条目的选择要相对小。将训练集中的每个图像块用一个向量表示，这将会得到关于一组滤波器向量的输出，当然也可以将输出进行不同数组维度变换。记录 $\mathcal{I}_i$ 为第 i 个向量，则目标是寻求一个矩阵 $\mathcal{D}$ 和一组向量 $\boldsymbol{z}_i$，使得

$$\sum_{i \in \text{training set}} \| \mathcal{I}_i - \mathcal{D}\boldsymbol{z}_i \|^2 + \lambda \, | \boldsymbol{z}_i |_1$$

最小化。考虑 $\mathcal{D}$ 为一个字典，因为 1 范数的强约束使得每个 $\boldsymbol{z}_i$ 具有很多零元素，故每个图像块可以表示成比较少的字典条目的线性组合。期望该编码方式要尽可能稀疏，例如保证每个 $\boldsymbol{z}_i$ 只有很少的非零项。一个新的图像块 $\mathcal{I}_n$ 可以通过 $\boldsymbol{z}_n$ 进行表征，并通过最小化下式求得 $\boldsymbol{z}_n$

$$\|\mathcal{I}_n - \mathcal{D}z_n\|^2 + \lambda |z_n|_1$$

同理，z_n 要尽可能稀疏。对于测试数据集的图像块采用同样的方式进行编码，但对于使得 $\mathcal{I}_n$ 和预测 z_n 的代价尽可能小的方式有很多种，例如 Ranzato et al. (2007) 和 Kavukcuoglu et al.(2009)。

编码将会产生新的问题。例如，如果通过向量量化的方式进行编码，两个相似的图像块由于其与最近聚类中心的不同，而可能得到不同的编码。这将会得到很严重的噪声。一种抑制这种噪声的办法是修改编码过程，并将前 k 个近邻考虑在内。例如，图像块可以通过将其 k 个最近邻的聚类中心的线性组合进行表征[Yang et al, (2009a); Yang et al. (2010b)]。这样我们可以得到关于相似块的尽可能相似的表征。

池化是表征同一个领域的模式元素的空间趋势，而不是表征空间的细节信息。一种池化的例子是构建视觉单词的直方图，这里的池是指直方图。这种策略通常也称为平均池化(average pooling)。另一种方式是构造一组向量，其中 1 为该视觉单词不管多长时间在该领域出现一次，而 0 表示不出现，这种方式通常称为最大池化(max pooling)，或者通过 tf-idf 或其他权重构造直方图。池化具有很多准则：首先，池化可以抑制编码过程中产生的噪声，例如，如果期望两个相似的图像块得到不同的编码，则在不同图像块得到的直方图仍然可以提供有用的信息；其次，池化可以对不同模式之间的差异性进行强调——例如斑点和条纹应该包括不同的图像块族——同时抑制空间细节；最终，池化可以抑制小变换带来的影响，同样这些小变换包括平移、旋转和在同一领域进行表征计算的变形。

然而，池化同样将会产生新的问题。池化损失空间信息。这里有一个艰难的问题：池化可能在大的领域产生很好的噪声抑制，但是同样也抑制了更多的空间信息。池化在小的领域通过以较小噪声抑制为代价而得到更多的空间信息。如 16.1.4 节介绍的金字塔构造方法，可以很好地缓解这种困难。

第二个困难是对具有非常不同意义的编码进行平均可能产生没有信息量的向量。这个问题在稀疏编码表征上将会变得异常困难。两个不同的图像块可能同时产生同样的非零成分。将这些项进行平均化看起来并不那么有用，而且会抑制信息。相反，我们可能仅仅需要在图像空间和特征空间连贯的领域进行池化。一种可能的处理办法是预聚类(preclustering)。在特征空间构建k 均值聚类，每个聚类中心关联一个维度，我们仅仅对满足要求的特征编码进行池化，例如(a)落于同一个维度的，(b)在同一个图像池化领域。采取适当的池化策略和编码策略可以在测试数据上得到非常具有竞争力的性能。现在考虑采用这种不同的编码和池化策略的不同实验(详见注释)。

18.2.2　其他类型的图像特征

现代图像特征主要强调纹理，因为纹理可以很好地区分和构建纹理特征。其他类型的特征则具有一定的神秘性。通常，期望轮廓特征、形状特征和阴影特征具有物体的一些自然信息，但是很难去构造和提取这些信息。18.3 节讨论构建形状特征的一些核心技术问题，其他将会在本节讨论。

某些轮廓特征具有很强的鉴别性(至少对于人们来说)。例如，一个人并不需要很强的艺术能力就可以画出一条具有明显辨别性的人体分割曲线(不妨尝试)。一个人甚至并不需要展现全部的分割物体轮廓的曲线，就可以得到一个物体的有效显示结果。构建具有轮廓信息的图像特征仍然很困难。对于得到图像中可靠的全部轮廓是非常困难的，意味着我们必须处理掉构造轮廓检测过程中的噪声。这些噪声可能倾向于包括即将遗留掉的轮廓的大部分区域。更坏的情况，可能具有并不关联但很难从遗留部分表征的其他图像轮廓。一种表征图像轮廓的策略为尝试将图像与样本模板轮廓进行配准；通过这种方法，可以潜在地从图像中的多个局部曲线中获取信息。其困难之处在于可能需要多个匹配模板，或者可能对每个局部曲线都进行相应的配准。

HOG 特征尝试通过几种方式处理这些困难：(a)处理局部图像方向，故并不需要联合成一个整体轮廓；(b)采用多个不同的标准化，使得具有弱对比的轮廓成分在表征中仍然具有此性质；(c)在小的区域进行局部池化，使得小的配准误差得以抑制。紧接着分类器必须解决哪些是具有可鉴别性的轮廓信息和哪些是纯粹的纹理信息的问题。图 17.7 显示分类器在一定程度上可以解决此问题，故 HOG 特征对轮廓具有一定的响应。然而，一种更好的提取轮廓信息和抑制纹理信息的方法将会是一个重大进展。这些方法可能需要集成改进的如 P_b 的轮廓测试准则(见 17.1.3 节)的分割方法(见第 9 章)。

阴影特征仍然具有很大的神秘性，虽然有一些理由认为阴影模式可以很好地区分某些物体[见 Haddon and Forsyth(1998c)]。目前的特征构建方法在早期计算方向时抑制阴影信息。最可能的是，阴影信息仅仅在相对长的图像尺度内(例如，通过完整物体的阴影的模式可能非常有用)和相对领域内(例如，需要知道在图像内支持计算此种模式的阴影)具有一定的帮助。查找支持物体阴影的领域的确具有很大的困难。

18.3　几何问题

本章所描述的物体识别方法主要涉及统计推理过程。一些证据表明几何推理可以提升这些方法(见 17.1.2 节)。应该将多少几何推理用于物体识别领域？如何进行？在哪里应用？这些问题是公开、重要的所要解决的问题。

几何信息通过引用关于物体的纹理形式可以很好地帮助物体识别。对于在地平面上一系列的物体设置的图像外观特征，通过一些事实进行相互关联，这些事实有：(a)它们坐立于同样的地平面；(b)它们通过同一个摄像头捕捉。这是 17.1.2 节讨论的方法的核心。某些证据表明具有一些其他的可能的情形。例如，一些方法可以根据一个房间照片恢复出该房间的一个粗略的估计。图 18.1[见 Hedau et al. (2009)]描述的方法将一个房间建模为一个箱，紧接着采用灭点(vanishing point)去估计该箱的旋转，根据估计的外观特征来估计其平移和纵横比。这里有许多其他的表征方法，包括从局部表面归一化到更为复杂的多面模型[见 Hoiem et al. (2005)；Barinova et al. (2008)；Delage et al. (2006)；Lee et al. (2009)；Nedovic et al. (2010)；Saxena et al. (2008)；Saxena et al. (2009)]。确定房间模型的一种方法是估计其自然空间，见图 18.1。另一种方法是提升家具检测；例如，Hedau et al. (2010)给出通过确定床所在屋子的几何性质，可以更加精确地估计床。另一种，根据 Gupta et al. (2011)，估计屋内的表面——哪里有人坐着？哪里可能有物体(见图 18.2)？

另一个关于几何属性的关键是进行形状表征。这里似乎具有两个难点，首先关于 2D 形状的表征方法可能对于识别物体并不具有很好的作用；其次，一个物体的 2D 形状表面根据不同方向的观察可能得到不同的可视面，即方位效应(aspect)。

目前主要有两种关于图像形状表征的方法。在一种方法中，其将形状分解为许多不同的原始的简单的子形状，主要是根据其脊柱突起线，紧接着对这些原始子形状进行表征。然而，轻微地改变图像形状在形状表征中可能产生很大的改变。最终，当前的这些方法似乎仅仅对一些特定的情形有效(20.2.1 节介绍的模型可以当做是此类模型的一个例子)。另一种表征潜在形状的方法是通过收集不同的模板，并对新的形状与这些模板进行配准(采用 12.3 节介绍的方法)。这里的问题是配准过程极其缓慢，所以很难采用这些方法进行大规模的物体识别。

图 18.1 左上图，关于一个杂乱房间。Hedau et al. (2009)采用灭点来估计房间内主要“箱”的旋转(例如，边缘的方向)，接着采用学习得到的联合特征对平移进行估计(例如，角点的位置)。这就会产生箱子每个面的外观，故可以将杂乱减小，最终产生右上图的叠加箱子的最新估计。一旦得到“箱子”和聚类图(左下图)，可以估计空白处，如右下图显示的立方体(This figure was originally published as Figures 1 and 8 of “Recovering the spatial layout of cluttered rooms,” by V. Hedau, D. Hoiem, and D. A. Forsyth, Proc. IEEE ICCV 2009 © 2009 IEEE)

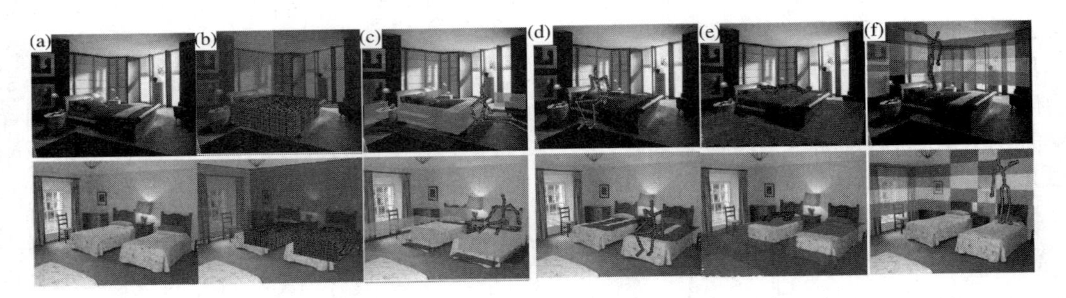

图 18.2 对房间几何的估计可以产生非常丰富的语义表征。Gupta et al. (2011)描述了一种用于标记屋内箱子和表面的方法，即采用功能可见性——一种与潜在人类行为相关的属性。成列出现的房屋(a)产生具有几何特性表征的成列(b)。继而，人可以背靠着座位坐的位置在列图(c)中标记；没有背靠，见(d)；躺下，见(e)；不同主导类型的见(f)(This figure was originally published as Figure 6 of “From 3D Scene Geometry to Human Workspace,” by A. Gupta, S. Satkin, A. Efros, and M. Hebert, Proc. IEEE CVPR 2011 © 2011 IEEE)

由于一个物体的图像形状根据不同角度方向的观察其形状有所改变，这些问题变得更加困难。重新表征这种影响非常困难。第 13 章描述了随着移动的视角，图像轮廓的拓扑变化的表征；但是在实际应用中，这种表征却没有成功。Savarese and Fei-Fei(2007)给出一种关于较少细节的表征，即将物体分解为一系列面，每个都非常简单，紧接着对不同视角的这些面进行推理，同理得到物体的推理[见 Savarese and Fei-Fei(2008)]。Farhadi et al. (2009b)描述了一种特征构造方法，即根据方位抑制变化，紧接着根据很大方位独立性(aspect-independent)构建特定的分类器。目前没有方法可以处理这种令人费解的人类识别问题。人类似乎可以从一个物体的单一视角推断出该物体的属性；即人类可以基于其他物体的经验从一个新的角度、从仅有的一张图，得到一个很好的新的物体的估计。目前的方法需要对一个新的物体的多个视角进行表征以满足对不同方位的鲁棒性。从通用角度考虑,一个可能的构造将会是具有相似行为的形状的聚类。紧接着当我们看一个新的物体，推断属于哪个聚类，继而确定是哪个视角面。关于如何得到这种方法的细节仍然很模糊。

18.4　语义问题

考虑一个物体识别系统的输出应该有很多收获。在 18.1.4 节，本文指出所有物体的列表并非有道理，因为这可能导致没有太多的相关性。假设知道怎样选择输出，则必须处理关于不熟悉物体的有用描述(见 18.4.1 节)。一个物体可能由部分构成，即其部分本身也是某一物体；例如，“车轮”可能为一个大物体的一个部分，或者是物体本身。在 18.4.2 节，讨论了怎样考虑这些部分。这引起一个新的问题，即怎样精确地检测所需检测的物体——部分，或者物体，或者物体组，或者场景——将在 18.4.3 节讨论这些问题。

18.4.1　属性和不熟悉

我们经常会遇到不熟悉的物体；可能知道该物体除了名字以外的一些信息。一个很明显的例子是对动物的识别。对于没有见过的动物，可以很自然地通过该动物的物种推理其一些自然属性和行为，而无须知道该动物的名字。这预示着识别的一部分可以推断出一些有用的信息，尽管并不能明确其名字。

一种该类型的方法是描述物体的属性，物体的属性是很容易知道且可以从图像中区分。某些属性可能推理出物体的部分。例如，对于知道物体有头或者有车轮等，则很容易识别该物体。另外的一些属性可能推理出物体的表面(是红色的？还是条纹状?)，推理出物体材料(是由木头构成?)。Farhadi et al. (2009a)描绘了关于预测图像中物体的属性的系统。在他们的方法中，选择一些属性列表，并根据这些属性对这些数据样本进行标记。采用表面特征训练分类器，继而采用训练后的分类器预测待测试图像的属性。对于从没出现在训练集中的物体，也可以预测属性(见图 18.3)。由于被选择的属性具有一定的区分性，故可以采用其预测一些物体的名字(见图 18.4)。许多种不同的属性可以得到很精确的预测(见图 18.5)。有许多种方法可以预测图像中的属性，例如 Lampert et al. (2008)指出的那样。一方面可以独立识别该属性，另一方面根据该属性对物体进行识别。另一种方法首先识别物体，接着继承这些属性。第三种方法是同时预测物体及其属性。如果属性具有空间局部性，Farhadi et al. (2010a)指出可以一般化这类物体(虽然以前从没见过)(见图 18.6)。

18.4.2　部分、姿态部件和一致性

某些物体看起来是由部分(parts)构成的，这些部分可能为其他物体类别。这些部分常常在某些形态和功能上具有相似性。例如，小汽车、卡车和公共汽车都具有车轮和车门；人和动物都具有腿和头；鸟和蝙蝠都具有翅膀。在某些情况下，对于将部分考虑为物体本身是合理的，虽然这样做可能造成新的困惑和困难。例如，是否应该将脸当成一个物体？或者是不同对象物体的一个配置(眼睛，鼻子和嘴)？对于区分这些部分和物体是非常困难的。例如，螺丝钉嵌在椅子上，则很自然地认为螺丝钉是该椅子的一个部分，但在某些情况下，则显然不能这样认为，且其本身就是一个物体。造成这种困惑的理由即部分往往是非常有用的。当一个部分具有许多不同

的分类类别时，其展现了表现完整物体的机会(例如，一个车轮检测器只能检测一个车轮，而不是检测一个带轮汽车)并推广之(见图 18.6)。

图 18.3 一种处理不熟悉物体的方法是生成一些用熟悉的物体来描述的描述语。这些描述语通常称为属性。图中给出采用Farhadi et al. (2009a)的算法对每幅图像中矩形窗口的属性进行预测，其中属性显示在图下侧。预测错误的属性前面标记“X”。每个窗口限定一个物体用于训练该方法，其中该物体的分类并不存于数据中。注意这些描述语是很有用的，某些时候将非常有用(This figure was originally published as Figure 5 of“Describing objects by their attributes,” A. Farhadi, I. Endres, D. Hoiem, and D. Forsyth, Proc. IEEE CVPR 2009, © 2009 IEEE)

图 18.4 对物体描述的一个优势(相比于给这些物体命名)是人们可以对已经知道名字的物体定义其特殊的性质。顶行为通过Farhadi et al. (2009a)识别的物体的例子，图中的实例是非常特殊的，因为它具有一些大多数对应实例物体所没有的性质。注意到该系统对物体语义的注释的约束，故并不知道鸟是否具有额外的叶子(该叶子必须来源于其他物体)。在底行，图中实例也是特殊的，因为它缺少这些实例物体通常具有的性质。再次，由于标记的语义非常简单，该方法并不能区分鸟是否具有尾巴，因为鸟的尾巴刚好看不到(This figure was originally published as Figures 6 and 7 of “Describing objects by their attributes,” A. Farhadi, I. Endres, D. Hoiem, and D. Forsyth, Proc. IEEE CVPR 2009, © 2009 IEEE)

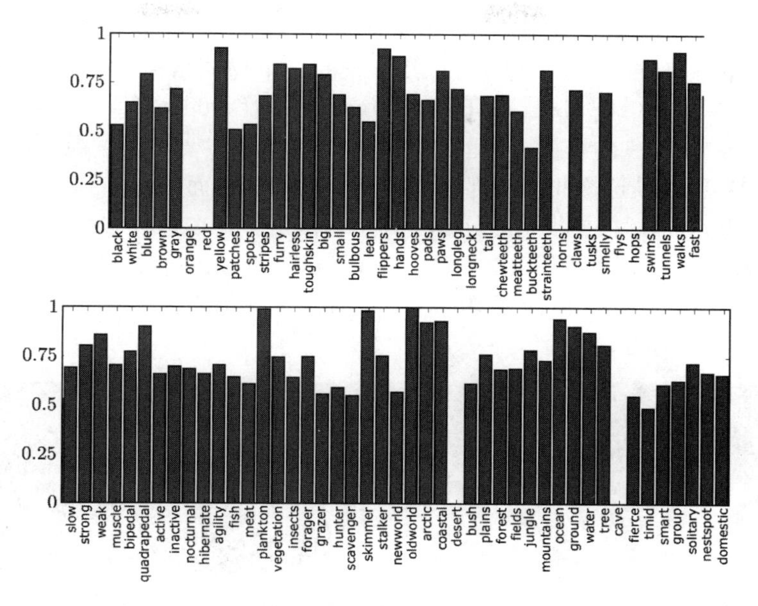

图18.5　属性的宽区域可以根据有用的精确度进行预测。图给出一系列属性的AUC结果，通过采用Lampert et al.(2008)的方法进行预测。当对于测试-训练划分过程没有测试数据时，标记为零（因为是在物体图像而不是在每个属性上进行划分）。根据此精确度，对于不熟悉的物体，根据这些属性可以产生非常有用的（动物）描述（This figure was originally published as Figure 6 of "Learning to detect unseen object classes by between-class attribute transfer," C. Lampert, H. Nickisch, and S. Harmeling, Proc. IEEE CVPR 2009, © 2009 IEEE）

图18.6　大多数的动物具有头部、身体和腿；大多数交通工具具有车身和轮子；船只具有船身、船头。这意味着，如果识别出这些有用的语义部分，就可以推导出其关联，可以不必通过这些动物的实例来识别该动物，正如Farhadi et al.(2010a)所描述的。在前两行，实例展示出通过系统在图像中识别的动物、交通工具和船只，尽管在训练集中没有关于动物、交通工具和船只的样本（虽然观察到了部分）。该系统可以对熟悉的物体提供更丰富的描述（见第三行）；第四行给出错误的实例（This figure was originally published as Figure 7 of "Attribute-centric recognition for cross-category generalization," A. Farhadi, I. Endres, and D. Hoiem, Proc. IEEE CVPR 2010, © 2010 IEEE）

一种对部分有用的应用是在姿态部件(poselet)方法中。姿态部件为物体上满足要求的一个局部结构：(a)具有区别性的表面，(b)可以用于推断一个物体结构(例如，平移；平移和旋转；平移、旋转和尺度；等等，见图18.7)。Bourdev and Malik(2009)提供一个根据旋转一系列的姿态部件重表征一个物体类别的聚类方法。至此，查找一个物体变得很直观。对于每个姿态部件都构造一个检测器(由于被选择的姿态部件具有可鉴别性的表面，故易于管理)。每个强姿态部件对物体结构的响应投票，根据投票的分值去判定物体是否存在这种结构变换(见图18.8)。关于姿态部件值得让人注意的是其可以对鉴别性进行池化，但无须有精确分割物体的长空间尺度的局部计算池域(相比于18.2节)。在20.5.2节，描述了关于姿态部件的一个应用，即采用可鉴别性的姿态部件识别人体运动。

图18.7　姿态部件为特殊的、具有相对受限外貌结构区域的图像块。这些图像块的实例对应四种不同的姿态集(分别为人脸、手臂、整个身体和头)，此图来源于Bourdev and Malik(2009)。注意每个部件是怎样采用当前的检测算法在相对简单方法中得到的(This figure was originally published as Figure 1 of "Poselets: Body Part Detectors Trained Using 3D Human Pose Annotations," L. Bourdev and J. Malik, Proc. IEEE ICCV 2009, © 2009 IEEE)

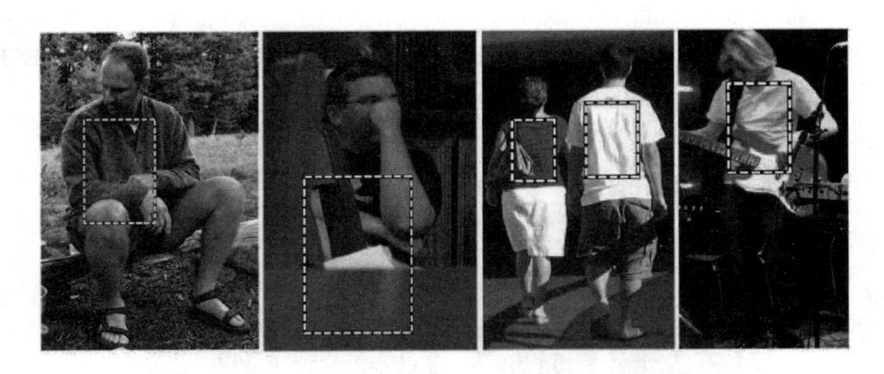

图18.8　Bourdev and Malik(2009)给出可以用于查找，甚至其不可视的身体的躯干的姿态部件。每个姿态部件的检测对躯干位置提供一个投票，其值具有一定区分性，可能的躯干位置进行聚类。对所有识别组进行投票。最终，如果方法足够强大，最强的聚类给出躯干的位置。注意到某些标记的躯干通过直接的图像信息是不能被识别出来的(This figure was originally published as Figure 10 of "Poselets: Body Part Detectors Trained Using 3D Human Pose Annotations," L. Bourdev and J. Malik, Proc. IEEE ICCV 2009, © 2009 IEEE)

18.4.3　块的意义：部分、姿态部件、物体、短语和场景

本文所描述的检测器主要集中于查找物体，但是很难去判定什么是物体。某些物体的分类检测更加困难，如表17.1所示。场景是由不同的物体构成，并且是一个很直观的分类(见16.1.9节)。对于寻找一个介于物体与场景之间的注释是非常合理的。其中视觉短语(visual phrases)是由相

对简单的物体构成且易于被检测到。一个很好的例子是人骑着自行车；这比单纯检测人要更容易(因为并非有多个人骑着自行车)，相比单纯检测车也要更容易(因为自行车有个骑行者，说明其为自行车)。期望有较少的样本对这些成分进行训练，因为它们过于复杂。如果它们很容易被检测到，这也无关紧要。最近的实验[见 Farhadi and Sadeghi(2011)]表明某些视觉短语相对于其成分更易于被检测到(见图18.9)。注意到关于人骑到马上的检测器并不意味着我们需要一个关于人的检测器和关于马的检测器。通常认为“一个人骑一匹马”为一个由成分构成的物体。事实上，某些视觉短语很容易被检测到，暗示在检测人时，可以考虑将人作为“人骑着马”的部分来检测。这个部分享有多个分类类别(人骑在自行车上；等等)，或者例如车轮，有时将其当做一个物体更容易被检测到。进一步考虑，人也可以由部分或者姿态部件构成。

现在假设构建一系列的检测器，某些用于检测物体，而某些用于检测视觉短语。可能需要对不同的检测器有很强的响应(例如，人骑着马的检测器，人的检测器和马的检测器)。这些检测响应并非需要互斥。此外，不同检测器之间也可能产生串扰，即不同检测器的对该模式的响应很明显。必须着眼于检测器对于给定图像的模式响应，并得出哪些是正确的，这个过程称为解码[见 Farhadi and Sadeghi(2011)，图18.10]。

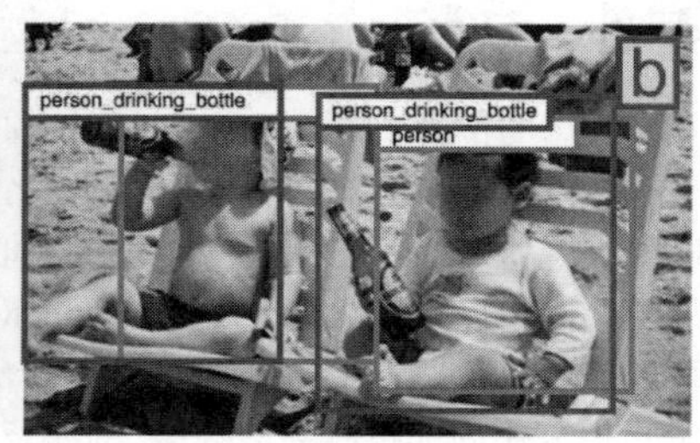

图18.9 视觉短语由易于检测的物体构成，而不是由其成分构成。Farhadi and Sadeghi(2011)解释了这种视觉短语的存在且它非常有用。例如，相比于检测一个人，检测一个人正在拿着瓶子喝水更容易，这是因为拿着瓶子喝水的人具有更多的约束和更明显的外貌特性。这些图显示某些视觉短语的实例，根据17.2节给出的方法进行检测(This figure was originally published as Figure 1 of “Recognition using Visual Phrases,” A. Farhadi and A. Sadeghi, Proc. IEEE CVPR 2011, © 2011 IEEE)

解码可以作为一个相当普遍的问题的解释：根据一个检测器的响应，得出结论。根据这个定义，基于姿态部件运动的识别方法(见20.5.2节)涉及解码。一般有很多关于解码机制的变种。一种方法是采用贪婪算法[见 Desai et al. (2009)]；一种是采用可鉴别的方法得出检测器的响应是可信的[见 Farhadi and Sadeghi(2011)]；一种是对位置的投票的响应进行池化[见 Bourdev and Malik(2009)]；或者查找所有的响应并得到一个结论[见 Maji et al. (2011)]。如果我们接受姿态部件和部分检测器，则具有关于部分、姿态部件、物体、视觉短语和场景的检测器。更进一步讲，在具有多个检测器的环境中，检测相互交叉的响应很明显变成具有潜在信息的资源，则解码问题变得更加丰富。我们相信将会有更多的关于解码的方法得以发展。

图 18.10 采用视觉短语的检测系统必须处理模糊性和可能相互交叉的检测器的响应。比如，当一人拿着瓶子喝水，存在一个人和一个瓶子，所有这些检测器可能都有响应。对于一系列检测器响应，哪些可以汇报的方法称为解码[见 Farhadi and Sadeghi(2011)]。顶行给出在解码前对每幅图像的检测器的响应(展示得越多，越表明是这个特定检测器)；底行给出在解码过程被正确标记的检测器。该过程可以采用局部检测器的响应。例如，对一个狗躺在沙发上的强的响应暗示一个沙发，故沙发是可置信的；同理，一个可置信的沙发暗示许多人脸检测器的响应是不太可能的。Farhadi and Sadeghi (2011)解释该解码可以提升系统中所有检测器的性能，并且具有视觉短语检测器和解码过程，可以提升传统物体检测的性能，非常类似于考虑上下文信息来缓和(增强或者削减)检测器响应(This figure was originally published as Figure 6 of "Recognition using Visual Phrases," A. Farhadi and A. Sadeghi, Proc. IEEE CVPR 2011, © 2011 IEEE)

第六部分

应用与其他主题

第 19 章 基于图像的建模与渲染

娱乐产业每天要接触上百万的人，并合成真实场景，通常还要混合真实连续的电影镜头，这在电脑游戏、体育广播、电视广告和电影中越来越常见。使用预先录制的场景图像来创建视觉模型，以支持此场景的创造性再成像就是所谓的基于图像的建模与渲染，也是本章的主题(这个模型需要同时获取形状与颜色/纹理等表面信息，但是如本章后面将会展示的，无须在三维空间中展开)。本章展示三种基于图像的建模与渲染方法。第一种是纯几何的，即给出一组由校准相片记录的目标对象的轮廓，输出一个由可视外壳定义的对其形状的近似表达(见 19.1 节)。然后，将初始图像重新映射到这个重建的表面结构上(纹理映射)，渲染得到真实感图像。第二种方法为混合几何与光照约束的方法，并将第 7 章介绍的立体融合的方法推广到多视角、宽基线的环境设置中，使得场景的多个视图(可能会很多)可以从非常不同的视点进行观察(见 19.2 节)。最后，讨论光场，这是一种完全放弃三维目标对象重建，代之以一组记录空间光线与相应辐射值的、基于影像的建模与渲染(见 19.3 节)。

19.1 可视外壳

在第 13 章已经看到，物体的轮廓约束它落在与此轮廓相切的视锥体内。当存在多幅图像和相应的轮廓时，很自然地可以通过计算各视锥的相交来推断观察到的形状，这个近似的计算结果称之为可视外壳(见图 19.1，上图)。这个思路可追溯到 20 世纪 70 年代中期(Baumgart 1974)，并在其后一再被发现具有非常重要的意义。由于可视外壳仅仅是依据轮廓信息而建，它们也仅能提供实体的一个外部的近似描述。尤其值得注意的是，它们不能揭示表面的凹部结构，因为非凸结构信息并不能在图像的等值线(轮廓)上得到表现。但是，只要提供足够多的影像，可视外壳还是能给被观察表面提供合理的凸部和鞍部结构描述(见图 19.1，下图)，在过去的许多年以来，它们已经变成一个流行且有效的工具。因而在本节展示一个简单算法，从 n 个校准的视角相机观察到的轮廓中计算可视外壳。

19.1.1 可视外壳模型的主要元素

如图 19.1(下图)所展示的，有几种方法可用来计算可视外壳，这取决于目标对象使用的是何种表达结构(例如，多面体网格或体素体模型)。本节主要关注光滑表面结构包围的实体模型。可视外壳的表面在这种情况下是一种通用的多面体模型，其面来自于视锥的表面，其边是这些面的交线，其顶点是三个或四个面片的相交点(见图 19.1，上图)。它们亦可等价地看成是锥带(cone strips)的联合，这些锥带来自于不同的视锥体。

通常而言，多面体的顶点来自于三个面的横向相交，也就是说，两个面以一非零的角相交于一条线(或者曲线)，第三个面以一个非零的角来与此交线相切于一个顶点。但对于可视外壳来说不是这样，它的顶点存在两种情形：三重点(见图 19.1 上图，白色小圆)是普通的顶点，来自于三个视锥体的面片横向相交，相应的三条交线两两以一个非零的角相交；边界点(见图 19.1 上图，黑色小圆)则奇怪一些。它们是两个视锥体的面相切的交点，两条相交曲线分叉相交，相应的两条闭合轮廓线也彼此分叉相交。两张相片相交时，多数时候会产生这种情形，因为边界点也是核面与成像面相切的地方，两条光线投影在此(核)平面上，相应的极线与两条轮廓线相切于此投影点(见图 19.2)。

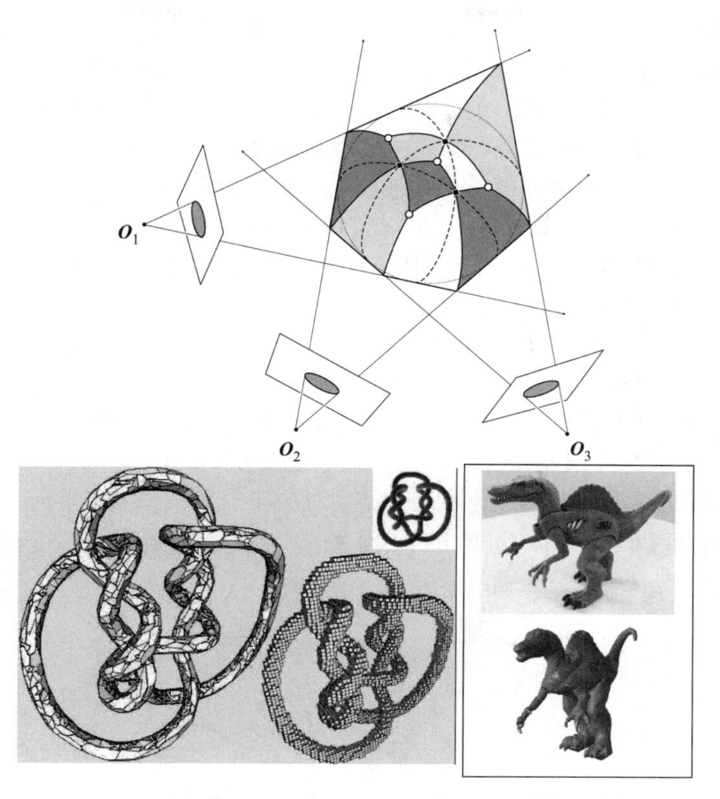

图 19.1　上图：三台针孔/光心分别在 O_1、O_2 和 O_3 位置的相机观察一个卵形物体。其可视外壳是三个视锥的交集，表面包含三个锥带，以不同的灰度着色。下图：可视外壳的例子。左图：一个从42幅合成网格视图中恢复的纽结实体，原本实体插入在右上角。最左边的可视外壳合成自多面体视图，右边的则是体素视图的视锥交集恢复结果，见Franco and Boyer(2009)；右图：恐龙模型的12幅输入图像中的一幅及相应的可视外壳，此可视外壳经由本节所描述的算法得到(Top and bottom-right parts of the figure reprinted from "Projective Visual Hulls," by S. Lazebnik, Y. Furukawa, and J. Ponce, International Journal of Computer Vision, 74(2): 137-165, (2007).; © 2007 Springer. Bottom-left part of the figure reprinted from "Efficient polyhedral modeling from silhouettes," by J.-S. Franco and E. Boyer, IEEE Transactions on Pattern Analysis and Machine Intelligence, 31(3):414 - 427, (2009). © 2009 IEEE)

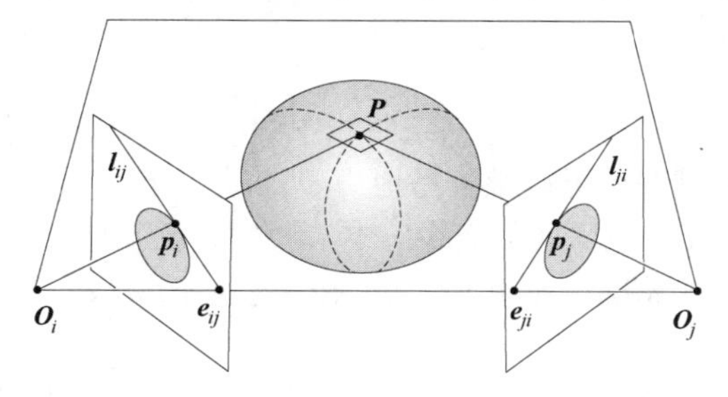

图 19.2　边界点。核面与表面相切于 $\boldsymbol{P}$ 点，两个封闭的轮廓线在此交叉。对应的极线 $\boldsymbol{l}_{ij}$ 与 $\boldsymbol{l}_{ji}$ 各自与图像的等值线(即观察到的轮廓线)相切于 $\boldsymbol{p}_i$ 和 $\boldsymbol{p}_j$ (Reprinted from "Projective Visual Hulls," by S. Lazebnik, Y. Furukawa, and J. Ponce, International Journal of Computer Vision, 74(2):137 - 165, (2007). © 2007 Springer)

在给出构建可视外壳的算法之前，注意到本节随后提到的概念都可以用图 19.3 中的示例来说明：此图中的两条轮廓线 γ_i 和 γ_j 分别展示一个目标实体的前视图和侧视图，两张图经过校准以使得极线水平。前一个轮廓线是卵形的，第二个是 U 形的，其下腿部逐渐升高在左图中形成一个独立的凸部(根据第 13 章，虚线对应轮廓线中的隐藏部分)。这个隆起位于轮廓线之内，如同所有的内部等值线结构，它在构建可视外壳时被忽略。这是因为虽然在可控情形下比较容易找到其外部影像的边界(例如应用背景剔除)，但在实践中却很难精确地描绘内部结构。这因为要利用其对应的几何信息是相当困难的，就我们所知，这仍然是开放问题。另一方面，轮廓中的空洞(如圆环面)并不会给可视外壳的构建带来特殊的困难。

不失一般性，假设观察自图像 I_i、I_j 的轮廓 γ_i、γ_j 分别以变量 u、v 参数化(见图 19.3)，图像 I_i、I_j 被校准以使对应的极线可以由同一条水平线来表示。在此假设下，要使以 u/v 参数化的视线(visual rays)在左右轮廓线 γ_i、γ_j 上相交的充要条件是，轮廓上的对应点适合极线匹配，也就是在同一条水平线上。这一限制条件隐含地定义了三条不同的曲线：其一，ϕ_{ij} 定义于 (u,v) 平面，并具备匹配参数的特征。ϕ_{ij} 曲线上的每一点，对应第二条曲线 δ_{ij} 上的一点 $\boldsymbol{P}(u,v)$，δ_{ij} 定义于 $\mathbb{R}^3$ 空间，在这里两个锥体边界的表面相交。最后，相对于相机 i 的深度信息 $z(u,v)$ 和 $\boldsymbol{P}(u,v)$，定义了第三条曲线 ψ_{ij}，定义于 (u,z) 平面。参见图 19.4①。

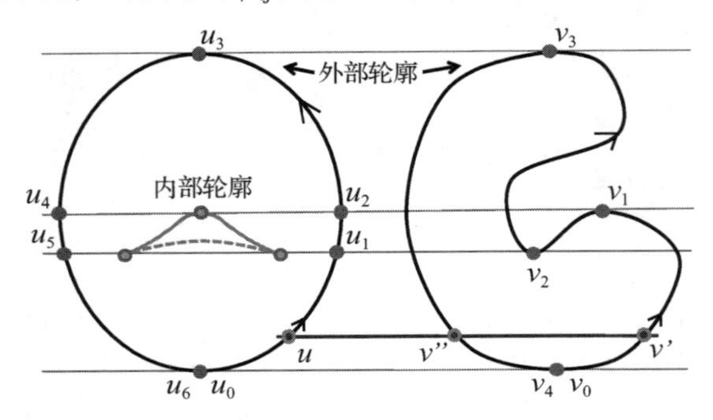

图 19.3　一个实体的两个校准后的视图 γ_i(左)和 γ_j(右)。与外部点关联的极线以细长直线表示。对于可视外壳构建而言，轮廓线的内部，如图的左部所示，通常不能被观察到，因为只有来自于外廓的信息才有效。一旦外部点的参数被计算出来，例如这里的 (u_0,v_0)，(u_1,v_2)，(u_2,v_1)，(u_3,v_3)，(u_4,v_1)，(u_5,v_2)，并以 u 分量增序存储，相交曲线 ϕ_{ij} 就可以通过将区间 $[u_k,u_{k+1}]$ 以常量间隔的方式采样而确定下来，然后从一个采样点步进至下一个，通过相交轮廓 γ_j 与对应的极线，计算出相应的 v，v' 和 v'' 的值［注意参数 u_0，u_6(或 v_0，v_4)的值被用来强调轮廓线参数化的周期特征］

两视锥体的相交曲线可以通过跟踪这三条曲线中的任意一条来特征化，但事实表明跟踪 ψ_{ij} 可能是最方便的，因为另两种曲线可以很容易地由 ψ_{ij} 恢复。视线投影到校准的像平面的水平极线上，它们同时也对应到 (u,z) 平面上的竖线。本节我们将反复使用这两种表示，因此读者应当记住，当提到校准像平面上的轮廓线 γ_i 和 γ_j 时，同时也是指 (u,z) 平面上的竖线；当提到 (u,z) 平面上的曲线 ψ_{ij} 时，是指竖直的情形。

现在可以提供一个计算可视外壳的简单算法(见算法 19.1)：首先，以边和顶点构建表面骨架(并非指中轴)；然后准备填充锥带。由于可视外壳的顶点是三重点或边界点，构建骨架相当于确定边界点(同时有些外部点要定义，如下一节所示)，跟踪成对相片的相交曲线的分支(见 19.1.2 节)，

① 正如第 7 章所示，$z(u,v)$ 为两个关联轮廓点之间水平差的函数。它确实与相对相机矫正后的坐标系中的差值成反比。

将这些曲线在分支处相互分割以计算/生成相应的三重点(见 19.1.3 节)。算法 19.1 的最后一个主要部件是将确定顶点和边的锥带三角化，这将在 19.1.4 节展开。

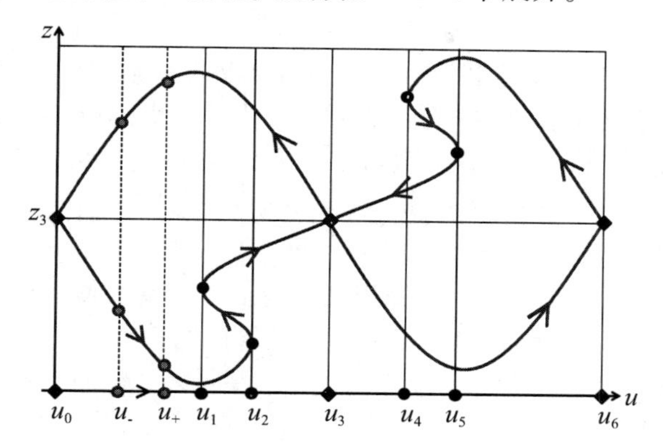

图 19.4　与图 19.3 关联的相交曲线 ψ_{ij} 在平面 (u, z) 上跟踪。参数 u_1 和 u_4 的值对应开点，参数 u_2 和 u_5 的值对应闭点。参数 $u_0 \equiv u_6$ 及 u_3 对应边界点。虽然曲线的下段(z 轴上升的第一个)和上段(z 轴上升的第二个)分支在区间 $[u_0, u_1]$ 上以自左至右的顺序在跟踪过程中建立，但是第二个分支的定向在一个后处理过程中被翻转。对有偶数索引的分支全部予以同样的处理，这样保证曲线的边维持逆时针的顺序

算法 19.1　可视外壳构建

本算法以从 n 个校准的图像 $\gamma_1, \cdots, \gamma_n$ 中提取出来的轮廓线作为输入，输出是以面、边、顶点组合描述的可视外壳的边界表达。

% 寻找骨架

1. For $i = 1, \cdots, n$ do
   (a) 跟踪(见 19.1.2 节): For $j = 1, \cdots, n, j \neq i$，确定与 γ_i 和 γ_j 关联的外部点，跟踪曲线 ψ_{ij}。
   (b) 分割(见 19.1.3 节): For $j, k = 1, \cdots, n, j \neq i, k \neq i, j \neq k$，将相交曲线 ψ_{ij} 与 ψ_{ik} 彼此分割，并计算对应的三重点。

% 寻找可视外壳(见 19.1.4 节)

2. For $i = 1, \cdots, n$ do
   (a) 三角化第 i 条锥带。

19.1.2　跟踪相交曲线

对于 u 轴上的分段来说，跟踪 ψ_{ij} 曲线实际上很简单，因为 (u, z) 平面上的竖线总是与此曲线相交固定次数(也可以简单地说，这是因为很容易将 ψ_{ij} 上的相继采样点关联起来)。这些间隔由带有垂直切线的外部点所界定(见图 19.4)。此时 γ_j 相切于一条极线，换句话说，它有一条水平切线(该问题可直观地理解为视差函数的坡面在这里趋向无限)。在通常情形下 γ_i 并不切于水平线，就有两种类型的外部点：开的与闭的。当极线以 u 坐标增序排列，如图 19.3 所示，前面的就对应极小切点(minimal tangencies)，这里 γ_j 的两个分支都(局部地)位于水平切线之上[如图 19.3 中的 (u_1, v_2)]；后面的对应极大切点(maximal tangencies)，这里的两个分支都局部地

位于水平切线之下[如图 19.3 中的(u_2,v_1)]。两种外部点实际上可以根据这种特征来确定。等价地，曲线ψ_{ij}的邻接于开(或闭)点的两段，在(u,z)平面上都位于其右(或左)侧(见图 19.4)。当匹配的极线同时与和γ_i、γ_j相切时，它们与这些曲线[如图 19.3 中的(u_0,v_0)与(u_3,v_3)]掠射的点就是边界点的投影，在这里闭合轮廓线与表面交叉，投影射线位于切平面(见图 19.2)。对于ψ_{ij}上的对应点而言，这条曲线的两条分支就有一个横向相交(见图 19.4)。

实践中，外部点通过搜索γ_j上的水平切线，计算其与γ_i上的对应极线相交点来得到。其类型可以很容易地通过属性(极小，极大，双切)来判定。一旦外部点被确定并以u坐标升序排列，跟踪ψ_{ij}就是个简单的事情：将以外部点分隔的u轴均匀采样，在每一分段中步进u的采样值，计算其对应的水平极线与γ_j的相交点，计算相交曲线上的分支对应的参数z(见图 19.3)，与上一迭代中的(u,z)建立链接。这在曲线跟踪中要求对采样的一致排序，这实际上也是采用ψ_{ij}跟踪而不是ϕ_{ij}跟踪的主要原因：这些点可以按z坐标增序排序，每一个点可以赋予一个沿着光心O_i射线上的深度索引。特别地，极线与轮廓线γ_j的相交次数，对于相继的两个外部点所间隔的分段内部所有的u值来说都是固定的，这便简化了跟踪的过程(见算法 19.2)。

算法 19.2　曲线跟踪

本算法以两个轮廓线γ_i和γ_j为输入，以图描述的曲线ψ_{ij}为输出。参数q控制每个区间的采样数目，以使得其能自由适应区间大小。

1. 计算曲线ψ_{ij}的外部点。若有$K+1$个这样的点，将它们以u坐标增序排列，并以$u_k(k=0,\cdots,K)$这样的参数表示。
2. 计算与$u_-=u_0$关联的曲线ψ_{ij}的采样点。
3. For $k=1$ to K do
   (a) $\delta u \leftarrow (u_k-u_{k-1})/q$; $u_+ \leftarrow u_- + \delta u$
   (b) For $p=1$ to q do
      i. 计算与u_+对应的采样点
      ii. 将这些同u_-对应并具备相同深度索引的点连接
      iii. $u_- \leftarrow u_+$; $u_+ \leftarrow u_+ + \delta u$
4. 翻转所有后边的定向。
5. 返回定向的图，其顶点包含外部点，其边为连接这些顶点的多边形链。

这个算法的主要思想是将曲线在区间$[u_{k-1},u_k]$之间的分支以一个多边形链表达出来，由于在此区间内分支数目维持不变的事实，相继采样点的深度索引可用于连接它们。在区间的端点处需要注意u_-或u_+对应到外部点的情形。当$u_-=u_{k-1}$时，存在两种情况：当u_-对应边界或开点时，在链接前这一点必须复制到相应的相交表中；否则，u_-对应到一个闭点，在链接前必须从相交表中删除。当$u_+=u_k$时，也存在两种情况：当u_+对应于一个边界点或闭点，这一点必须复制；否则，它就是个开点，因而必须予以删除。①

有了这些规则，在每一个区间上的曲线分支的数目总是为偶数，在曲线跟踪的每一步迭代中，与参数u_-和u_+关联的有序偶对(u,z)的数目也表现为偶数。锥带的实体部分实际上位于与轮廓γ_j关联的视锥之内，可以由第一个(从相机的方向看就是前)分支和第二个(后)分支，第三个(前)和第四个(后)等描述出来。特别地，这可保证曲线跟踪算法的输出只要逆转后边的定向，就

---

① 在这种情形下的复制或者删除是暂时的，这是因为参数u_+、u_-将在下一个迭代过程中重复使用。

可以方便地变换为曲线 ψ_{ij} 图的表达，这里顶点对应外部点，边对应这些点之间的多边形分支，并以逆时针的顺序定向，以使得实体部分合乎规则地位于表面的左侧（见图 19.4）[①]。

19.1.3　分割相交曲线

现在可以讨论可视外壳的骨架计算问题，这里的关键步骤是根据关联其他图像的视觉锥，将上一章跟踪到的相交曲线进行截断（见图 19.5）。考虑第三张图像 I_k 和由 I_i/I_k 定义的相交曲线 ψ_{ik}。ψ_{ij} 和 ψ_{ik} 的交点可这样求出：搜索每条曲线上位于相对位置的相继的点，应用线性插值就可以计算出对应线段的交点。它们是三重点的投影，其三维位置可简单地以最小方差的方法获得[②]，然后插入到相应的曲线分支之中。对于部分超出曲线范围的那些曲线可由定向信息来确定，一旦三重点被找到，骨架构建必需的连通信息可以从不同轮廓的定向信息中推断出来。

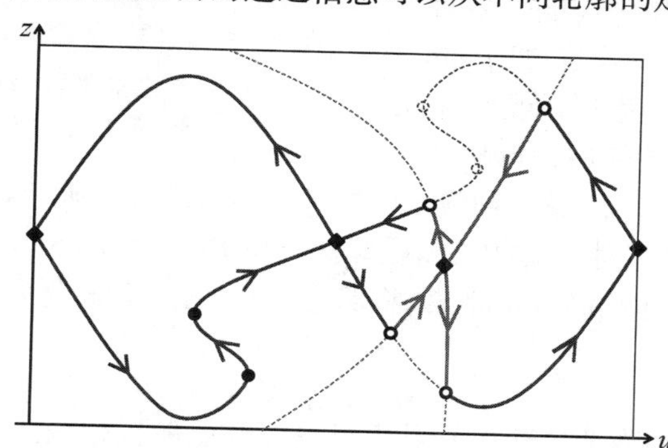

图 19.5　分割相交曲线。白色小圆代表三重点。曲线的虚线部分被切除

19.1.4　锥带三角化

可视外壳的完整表面由那些位于原始视锥体表面之下的条带组成。在分割阶段得到的骨架给出了这些条带对可视外壳的完整组合描述，这里包括对应为外部或三重点的顶点，代表平滑相交曲线分支的边，以及由边描述的多边形链。但是，它们没有给出条带内部的显式描述。因此，有必要将锥带三角化（见算法 19.3）。

算法 19.3　锥带三角化

本算法以锥带为输入，输出其三角化的形式。

1．通过排序锥带的边的终点建立事件表；以所有开始位置在 u_0 的边来初始化活动表。

2．For 每一个 u_k 事件 do

　% 填充自 u_{k-1} 至 u_k 间的三角形

　(a) 对活动表中每一对邻接边 (E, E')，若 E 是前边而 E' 是后边，do

　　i．在区间 $[u_{k-1}, u_k]$ 上，填充 E 与 E' 之间的三角形

　% 更新活动边表

　(b) 若 u_k 是一对边开始的事件，插入这对边至活动边表。

　(c) 若 u_k 是一对边结束的事件，从活动边表中删除这对边。

---

① 物体轮廓内的洞——例如，当摄像机对着一个圆环或一个人将手搭在其臀部——通过轮廓不同成分的方向一致性可以很容易得到解决。

② 在 (u,z) 平面内显示的三重点为两条曲线 ψ_{ij} 和 ψ_{ik} 的相交。然而，注意到它们仍然位于 ψ_{jk}/ψ_{ji} 和 ψ_{ki}/ψ_{kj} 的交线上。它们的确为可视外壳上三条曲线分支相交的点。

在曲线跟踪过程中，三角化处理基本上是对(u,z)平面的线扫描过程(见图 19.6)。三角化处理的两个关键数据结构是事件表和动作表。事件表包括增序排序的u坐标，和对应到外部点或三重点的条带边的端点。动作表在相继的事件值变化时更新，是一个记录扫描线在当前位置碰到的边的表结构。当扫描线通过一条边的第一个端点时，这条边插入到动作表；当扫描线通过一条已在动作表中的边的第二个端点时，这条边被删除。动作表中的边按它们沿扫描线方向的深度排序，相继的两条边之间围成锥带的片段，或细胞元(cells)。如在图 19.6 中，条带的内部由边对(E_1,E_2)，(E_3,E_4)等相继围成。这些细胞元是单调的，就是说，它们仅在一个区间与扫描线相交。可以用一个单调多边形上的线性时间的三角化算法(O’ Rourke 1998)完成这些细胞元的三角化。实践中，通常附加一个网格重构的后处理，以将那些细长的三角形转化为更规则的形状。

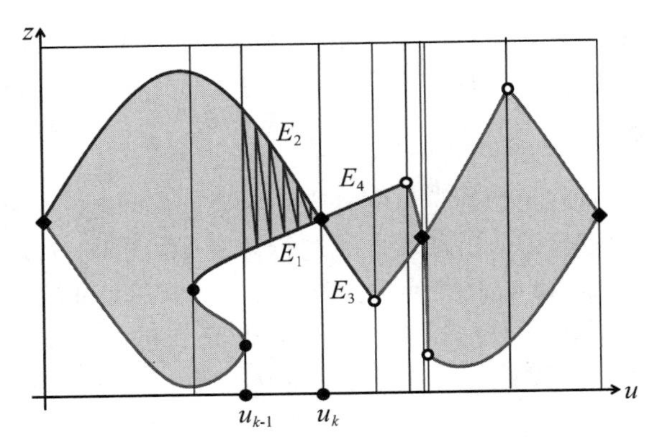

图 19.6 在两个相继的事件u_{k-1}与u_k之间的三角化锥带。活动边表在事件前包含边E_1和E_2，在事件后包含边E_3和E_4

19.1.5 结果

本算法隐含假设每对图像至少存在一对边界点以开始曲线跟踪。通常来说，核点位于目标对象的轮廓之外，这是合理的。但是当两个观察相机的基线穿过观察凸体的内部而不存在边界点时，核点将位于相应的(凸的)轮廓之内。实践中，这种情形可以通过在一个随机的u值附近人为地制造一个外部点来解决。

同时，由于对真实数据不可避免的测量误差，对轮廓线γ_j(或γ_i)的极线I_i(或I_j)匹配不可能精确地做到相切：局部上，它或者与此曲线相交两次，或者完全不相交，致使边界点变为相交曲线上的普通外部点(见图 19.7，左图)，这样就造成条带在这些点不连续(见图 19.7，右图)。如果极线与轮廓线γ_j相切于极小或极大点，也就是它不再与γ_i相交于其他点，那么所对应的外部点会一起丢失。这种退化的外部边界点也可以用前述的人为外部点来解决。

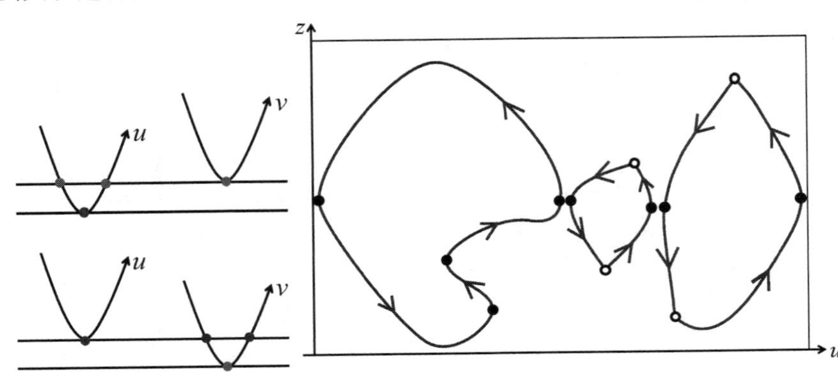

图 19.7 左图：一个退化的边界点。如前面假设的，假设图像已经校准以使得两个匹配的极线可以用同一水平线来表示。在图的上部，与γ_j(局部地)相切的极线将与γ_i相交于两个不同的点，与γ_i相切的极线完全不与γ_j相交(局部地)。在图的下部，这种情况就反过来了。右图：退化的边界点导致的条带不连通的现象

图 19.8 展示从 9 张照片构造一个葫芦形状的物体的可视外壳的步骤。上图显示了从相对的(这是必要的)两张视图中寻找极线切点，以及在跟踪曲线 ψ_{ij} 后重建的曲线分支 ϕ_{ij}。中图展示了两张视图的相交曲线被从它的像平面与第三张视图切割出来，以及以此构建的目标对象的表面骨架。下图展示了最后恢复的 9 张条带。注意这些条带没有连接在一起，这主要是因为前述“噪声”边界点的干扰所致。但是，由于算法的这些相继是几何一致的，因而这些条带也是几何一致的，重建的可视外壳也应当是水密(water tight)的实体。

图 19.10 展示了从 12 张 2000 ×1500 的图片重建的恐龙可视外壳。图 19.9 展示了另两个例子，分别从 4/8/12 张图片，以 1900 ×1800 和 3500 ×2300 不同分辨率重建的罗马士兵头骨和罗马士兵的可视外壳。注意到这些外壳的质量虽远说不上完美，但已经能从 8 个不同视图简洁地展现了这些复杂模型。凹陷处如头骨的眼部自然不能恢复，但是整体的形状已被捕捉到，并呈现了足够多的细节。图 19.10 进一步展示了细节恢复能力，这里可视外壳的纹理被再次投射至其表面网格之上。重新映射的纹理/颜色模式预期地隐藏了底层几何的不完美，致使整体呈现出相当好的真实感。

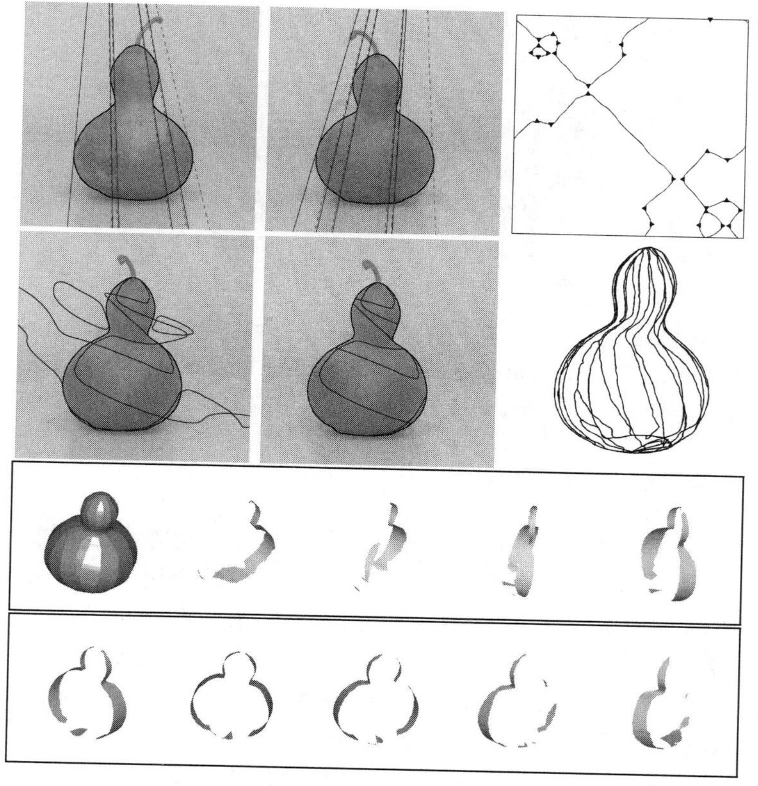

图 19.8　从 9 个视图中计算一个葫芦的可视外壳。上图：自左至右，葫芦的两幅图像，带有相切的极线(实际相切的极线是实线，另一幅图像中匹配到边界点的极线为虚线)，相应的在(u,v)平面上跟踪到的相切曲线，以不同的符号示意开点与闭点。中图：自左至右，与两幅视图关联的相交曲线，重新投影到第三个视图；分割后的曲线；从9张视图重建的完整表面骨架。下图：葫芦的可视外壳与它的9个条带(Reprinted from “Projective Visual Hulls,” by S. Lazebnik, Y. Furukawa, and J. Ponce, International Journal of Computer Vision, 74(2):137-165, (2007). © 2007 Springer)

图 19.9 可视外壳模型。自左至右的两行分别显示了输入图像，分别以 4，8，12 幅输入图像重建的可视外壳（Reprinted from " Projective Visual Hulls ," by S. Lazebnik , Y. Furukawa , and J. Ponce , International Journal of Computer Vision ,74(2):137 - 165 ,(2007). © 2007 Springer)

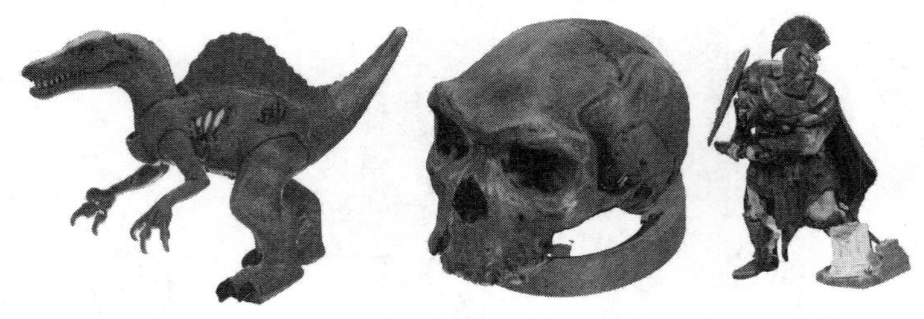

图 19.10 纹理映射的可视外壳示例。这三个模型从 12 幅图像重建得到(Reprinted from "Projective Visual Hulls," by S. Lazebnik, Y. Furukawa, and J. Ponce, International Journal of Computer Vision, 74(2):137-165, (2007). © 2007 Springer)

19.1.6 更进一步：雕刻可视外壳

可视外壳提供了观察实体的一个外部近似，忽略了内部的轮廓线，隐藏了凹陷。或者可以说，它放弃了光度信息而单纯使用了几何约束。这一节简单地介绍应用光度约束(或光照一致性)，并配合几何约束(或几何一致性)的方法来精细化前面相对粗糙的可视外壳模型。

讨论这种技术的所有细节超出了本书的范围，下面简要列举其主要思想。首先，实体的可视外壳上与相片轮廓线相接触的点被用来构造外壳(见图 19.1，上图)。其余的点位于实体之外。这实际上是指闭合轮廓线上的点，让我们重视对应相片上拥有相同可见性、一致的亮度或颜色模型点的立体对应关系。换句话说，唯有它们是锥带上光照一致的点。这样，就可以使用动态规划的方法来寻找具备最大光照一致性的多边形面片，以作为每一条带上的轮廓线分支。解决这个之后，可视外壳可应用雕刻方法以恢复其主要特征，包括凹陷。这可以通过将其表面向内变形，构建一个序列渐深的层次，并以一个(三维)图结构记录。把最上层和一个源点(source node)连接，最底层和一个汇点(sink node)连接起来，就可以寻找最大光照一致性的面，以此应用图分割的方法分离这两个节点。这个过程产生光照一致性函数的一个全局最优解，但由于所应用的层结构是离散的，它所恢复的只是观察形状的一个粗略近似。精细的表面细节最终通过同时考虑几何与光照约束的能量函数优化来获得。这个整体的处理流程如图 19.11 所示。

图 19.12 展示了应用这种方法所获得的一些三维模型。注意有些表面细节仍然没能精确地恢复。有时候是因为这些表面对于所有的相机都是不可见的，如图中头骨的下部。另一些时候，丢失的细节应是算法的缺陷，例如头骨的眼部，无论是对雕刻处理或还是对局部精细化处理来说都过深了。人物模型是一个特别有挑战性的例子，因为其极其复杂的衣物布料褶皱和高频条带模式。但总体来说，算法通常表现良好，正确地恢复了玩具恐龙模型细微的起伏细节，包括远小于 1 mm 的高度变化和骨骼关节。

图 19.11 雕刻的可视外壳模型，展示了图 19.1(右下)中的恐龙数据模型。自左至右：可视外壳与确认的闭合轮廓片段（在黑白渲染下可能难以辨认）；图像分割后的雕刻可视外壳；经过精炼迭代后的结果。注意到鳍部起伏也被正确恢复，相对于模型20 cm的宽度，这里表面高度的变化远在1 mm以下（Reprinted from "Carved Visual Hulls for Image-Based Modeling," by Y. Furukawa and J. Ponce, International Journal of Computer Vision, 81(1):53-67, (2009a). © 2009 Springer）

图 19.12 加了纹理与光照后的雕刻可视外壳效果，包括一些特写（Reprinted from "Carved Visual Hulls for Image-Based Modeling," by Y. Furukawa and J. Ponce, International Journal of Computer Vision, 81(1):53 - 67, (2009a). © 2009 Springer）

19.2 基于贴片的多视立体视觉

上一节基于图像的建模与渲染方法是有效的，但最好是适用于可控环境之中；例如，相片轮廓可以通过背景剔除的方法而精确地勾画出来。对于更普通的环境，例如户外的手持相机，就有成千的从不同的视点观察到的相片可用，此时重提第 7 章所用的立体成像技术就很有必要。那一章所用的技术的两个关键问题是，如何比较潜在匹配邻域的亮度或颜色模式，比较结果如何用来增强匹配对的空间一致性。如第 7 章所示，这些技术很容易推广到窄基线场景的多相片环境，相机彼此邻近，并具有相同的邻域结构。也就是说，若一个像素和一个参考图像邻近，则它在另一张相片上的匹配点也和参照图像邻近。对基于图像的造型与渲染来说，这时观察场景可以用一个深度图来重建，参考图像的网格结构(或某种形式的三角网)可以提供一个网格，其顶点坐标形如$(x,y,z(x,y))$，可以应用经典的计算机图形学的方法渲染。

在宽基线的场景，相机可能放置在任何位置，例如，围绕目标对象或者散布在一大片区域内。这种情况更有挑战性。每一张相片包含了场景连续性的一部分，同时由于遮挡现象也隐藏了一部分。虽然存在多种启发式的方法，可以从多视图相片中提取的部分将结果重建为一个完整的网格结构(见第 14 章)，但是优化对应关系及重建点的全局网格结构，就我们所知仍然是一个开放问题。因而本节放弃重建场景的完全网格模型，而代之以一个切于表面的贴片模型，使用图像拓扑维护贴片之间的连接。这个拓扑信息不是为了渲染的目的，而是为加强空间一致性，处理可见性约束(例如给出一些贴片，输入相片中的贴片在这时是可见的吗?)这些对宽基线立体视觉至关重要的问题。

这种技术称为 PMVS(Patch Based Multi-View Stereo, Furukawa and Ponce 2010)，在实践中相当有效。首先，使用特征匹配来建立一个光照一致的贴片稀疏集；根据上一节的讨论背景，即贴片在像平面上的投影可见，并具有类似的亮度或颜色模式；这将输入相片划分为几个像素的方格单元，然后在这些单元中尝试建立一个贴片，使用单元的连通性去发现新的贴片，使用可见性约束过滤不正确的贴片(见算法 19.4)。完整的处理流程如图 19.13 所示。

图 19.13 PMVS 法进行图像的造型与渲染，用 48 幅 1800 × 1200 的图像展示罗马士兵的动作形象。自左至右：输入相片样例；探测到的特征；初始匹配后的重建；扩张与过滤之后的最终贴片(Reprinted from "Accurate, Dense, and Robust Multi-View Stereopsis," by Y. Furukawa and J. Ponce, IEEE Transactions on Pattern Analysis and Machine Intelligence, 32(8):1362-1376, (2010). © 2010 IEEE)

算法 19.4 PMVS 算法

实践中，扩张和过滤步骤迭代 $K = 3$ 次。

1. 匹配(见 19.2.2 节)：使用特征匹配建立贴片的初始集，优化它们的参数以达到最大光照一致。
2. 重复 K 次：
   (a) **扩张(见 19.2.3 节)**：在现存点附近的空位迭代地创建新贴片，使用图像连通性和深度外推方法选取候选贴片，优化它们的参数以使达到最大光照一致性。
   (b) **过滤(见 19.2.4 节)**：再次使用图像连通性，删除由于其深度不能和一定数量的其他贴片保持一致的离群片。

19.2.1 PMVS 模型的主要元素

在上一节，一直假设有 n 个具备已知内外参数的相机观察一个固定的场景，并分别以 O_i 和 $I_i(i = 1,\cdots, n)$ 代表这些相机的光心与它们所取得的场景图像。多视立体融合和场景重建的

PMVS 模型的主要元素是细小的长方形贴片，用来与观察表面贴近(相切)；这些贴片有一些关键属性，即它们的几何结构，它们在哪些图像中可见，它们是否和这些图像光照一致，以及一些沿用自图像拓扑的连通性概念。在详尽讨论算法 19.4 的处理步骤之前，先对这些属性给出明确的定义。

贴片几何　我们将每一个长方形的贴片 p 与一些参考图像 $\mathcal{R}(p)$ 相关联。这将在后续的章节中看到如何确定这些图像，但显然 p 对 $\mathcal{R}(p)$ 来说应当是可见的，并且最好是平行于成像平面。如图 19.14 所示，几何上 p 由它的中心 $\boldsymbol{c}(p)$ 所决定；它的单位法向 $\boldsymbol{n}(p)$ 指向观察相机；p 关于 $\boldsymbol{n}(p)$ 这样定向：某一个(长方形)的边与 $\mathcal{R}(p)$ 的行对齐；p 的范围，需要满足其在 $\mathcal{R}(p)$ 上的投影要落在某一 $\mu\times\mu$ 的像素内。如同窄基线立体视觉中使用的相关窗口，这个尺寸的大小足以给出局部图像模式的描述，同时又保持足够小使得对遮挡鲁棒。实践中 μ 取 5 通常就能给出很好的结果。

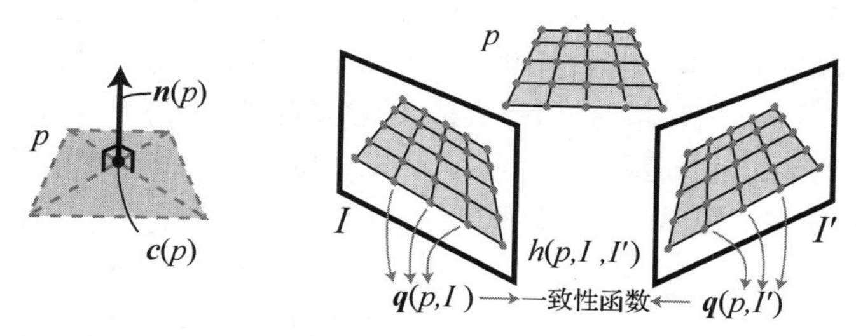

图 19.14　一个贴片 p(左)和它在两张相片 I 与 I'(右)上的投影。p 与 I, I'的光照一致性通过归一化的集合$\boldsymbol{q}(p,I)$和$\boldsymbol{q}(p,I')$之间的相关性来计算，即贴片投影所在的网格点的像素值插值集(Reprinted from "Accurate, Dense, and Robust Multi-View Stereopsis," by Y. Furukawa and J. Ponce, IEEE Transactions on Pattern Analysis and Machine Intelligence, 32(8): 1362-1376, (2010). © 2010 IEEE)

可见性　我们说一个贴片 p 在一幅图像 I_i 中是潜在可见的，是指它位于相应的相机的视场之中，并且朝向相机；即 $\boldsymbol{n}(p)$ 和连接投影光线 $\boldsymbol{c}(p)$ 至 O_i 的直线的夹角小于某一阈值 $\alpha<\pi/2$。以 $\mathcal{V}(p)$ 代表对 p 来说是可见的相片的集合。当 p 对 $\mathcal{V}(p)$ 中的图像 I_i 确定可见，是指在所有潜在可见的贴片中，I_i 对应的 $\boldsymbol{c}(p)$ 是距离 O_i 最近的。

光照一致性　在窄基线立体视觉的设置中，光照一致性通常是以固定大小图像块的归一化的相关性来计算，这里相片的亮度与颜色模式是自然采样于相应的影像栅格。如第 7 章所示，这可能由于透视收缩(foreshortening)的存在而变得相当麻烦，在宽基线场景中尤其如此。因而，很自然地会用一个 $\nu\times\nu$ 的栅格去覆盖贴片 p 所关联的长方形，使用两幅图像 I 和 I'，应用这两幅图像的栅格点上(双线性)插值后的投影值计算交叉相关性 $h(p, I, I')$，以此来计算光照一致性(见图 19.14，右图)。同样，很自然地会采用 $u=\nu$ 这样的设置，因为这可保证贴片栅格上的单元可大致对应到参考图像上的像素。位于确定可见集 $\mathcal{V}(p)$ 中的相片 I，贴片 p 的光照一致性现在可定义为

$$g(p,I)=\frac{1}{|\mathcal{V}(p)\setminus I|}\sum_{I'\in\mathcal{V}(p)\setminus I}h(p,I,I')$$

p 和 I 是光照一致的，是指 $g(p,I)$ 大于某种阈值 β。注意到贴片 p 的全部光照一致性可度量为：$f(p)=g(p,\mathcal{R}(p))$。这个度量可用来在图像特征中挑选潜在的匹配。更有意思的是，它还可用来提炼改善贴片 p 的参数，以使其沿着 $\mathcal{R}(p)$ 的投影方向的极大光照一致。实践中，对于两个定向参数 $\boldsymbol{n}(p)$ 和 $\boldsymbol{c}(p)$ 在投影光线中的深度参数而言，单纯形方法(Nelder and Mead 1965)用来(局部地)极大化度量函数 $f(p)$。但任何其他的非线性优化技巧也应当使用。

连通性 稍前已提到，图像拓扑可用来重建表面贴片的连通性。基本上，每一张相片都可以用一个横跨几个像素的方形单元格来覆盖(也可以做到一个像素对应一个单元格，但本节中的所有实验都使用2×2的单元格)，然后关联$\mathcal{V}(p)$中的相片I_i、p及其投影到的单元$\mathcal{C}_i(p)$，关联使$\mathcal{C}_i(p)=A_i$的单元格A_i、I_i形成表$\mathcal{P}(A_i)$(见图19.15)。这允许我们定义一个贴片p的潜在邻域，即当对相片I_i和一些单元格A'_i邻接到$\mathcal{C}_i(p)$存在一个p'属于$\mathcal{P}(A'_i)$时。当贴片p和其潜在的邻域p'在同一个光滑表面上时，称为确定邻域，即平均而言，每一个贴片的中心在平面上靠得足够近，或者对某些阈值γ来说存在：

$$\frac{1}{2}(|[\boldsymbol{c}(p')-\boldsymbol{c}(p)]\cdot\boldsymbol{n}(p)|+|[\boldsymbol{c}(p)-\boldsymbol{c}(p')]\cdot\boldsymbol{n}(p')|)<\gamma$$

本节定义的启发本质是很明显的，某种程度上也不能令人满意，因为需要手工为参数α，β和γ选取恰当的值。然而，实践中这些参数的默认值可以在绝大多数场合给出满意的结果。特别地，Furukaw and Ponce(2010)在算法19.4中使用$\alpha=\pi/3$，在贴片精细化前使用$\beta=0.4$，在初始特征匹配后使用$\beta=0.7$，在随后的每一次扩大/过滤迭代中使用0.8的因子松弛这些阈值以收集更多的贴片。类似地，当判定两个贴片p和p'是否相邻时，γ通常被设为贴片所对应的前像之间以$\boldsymbol{c}(p)$和$\boldsymbol{c}(p')$的中点距离计算的侧向距离。

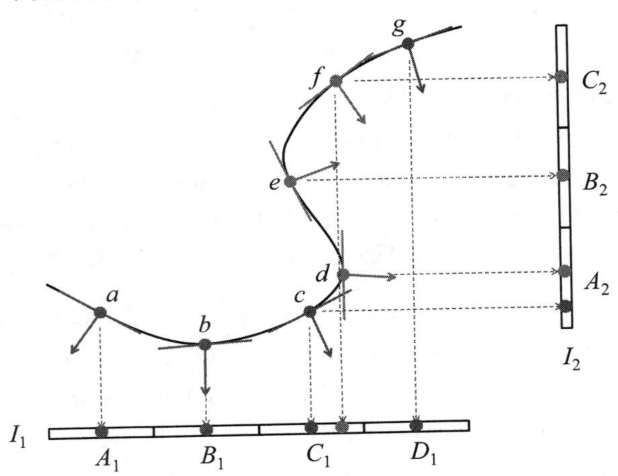

图19.15 一个玩具的2D例子，带有从a至g的7个贴片，两张正射的输入相片I_1和I_2。I_1被划分为4个单元格，从A_1到D_1，作为贴片a,b,c,g的参考图像。I_2被划分为3个单元格A_2,B_2,C_2，作为d,e,f的参考图像。这里可有$\mathcal{C}_1(b)=B_1$且$\mathcal{C}_2(e)=B_2$。同时要注意到，虽然d和e的投影I_1落在了单元格C_1，但这两个贴片并不属于$\mathcal{P}(C_1)=\{c,f\}$，因为它们的法向与投影到I_1的方向要大于阈值$\alpha=\pi/3$(实际上e的朝向远离I_1)。而$\mathcal{V}(d)=\mathcal{V}(e)=\{I_2\}$。另一方面，可有$\mathcal{V}(f)=\{I_1,I_2\}$。虽然$c$和$f$对$I_1$来说潜在可见，但只有$c$可以说是确定可见。类似地，$d$对$I_2$也是确定可见，但$c$只能说对$I_2$是潜在可见

19.2.2 初始特征匹配

在算法19.4的第一阶段，Harris和DoG兴趣点被匹配出来以构造贴片的初始集(见图19.16)。这些贴片的参数然后被优化以达到最大光照一致性。考虑一些输入相片I_i和相应的光心O_i。对I_i中每个探测到的特征f，我们为其在其他的相片中，极线所对应到的两个像素处收集相同的特征f'(Harris或DoG)，形成集合F。每一对特征(f,f')定义了一个三维点和一个初始贴片，假设一个中心在$\boldsymbol{c}(p)$、法向与对应的投射光线$\boldsymbol{n}(p)$一致的特征p。这些假设以至O_i的深度逐渐递增

的顺序依次被检查，直至其中一个达到创建光照一致的贴片或者表为空。实践中，这个启发式算法只需要中等程度的计算代价就能给出很好的结果。给定一些假设的初始贴片 p，中心在 $\boldsymbol{c}(p)$，法向 $\boldsymbol{n}(p)$，我们可定义 $\mathcal{R}(p)=I_i$。p 的范围和定向可以容易地从这些参数计算出来，然后用阈值 β 给出 $\mathcal{V}(p)$。上一节所描述的优化过程现在可用来精炼 p 的参数并更新 $\mathcal{V}(p)$。当 p 被发现至少在 δ 张相片中可见时（实践中 $\delta=3$ 就能产生很好的结果），贴片创建过程就可认为是成功的，然后 p 被存储到 $\mathcal{V}(p)$ 相片的相应单元中。整个处理流程如算法 19.5 所示。

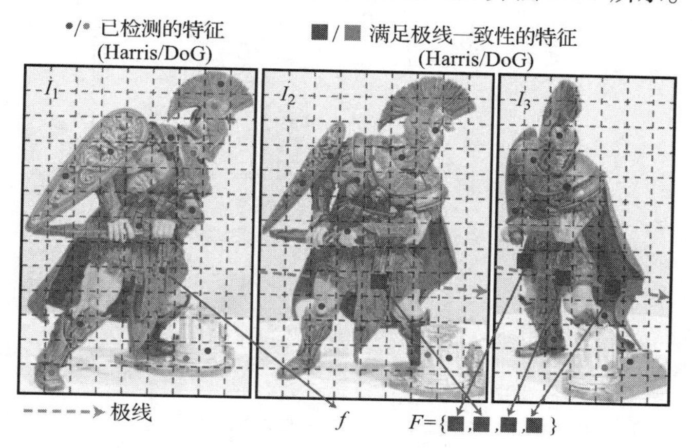

图 19.16　特征匹配示例。集合 F 中的特征 f' 满足极线相片 I_2 和 I_3 的约束条件，因为它们也能和特征 f 在相片 I_1 中匹配（注意这只是一个示意，并不是展示实际探测到的特征）（Reprinted from "Accurate, Dense, and Robust Multi-View Stereopsis," by Y. Furukawa and J. Ponce, IEEE Transactions on Pattern Analysis and Machine Intelligence, 32(8):1362-1376, (2010). © 2010 IEEE）

算法 19.5　PMVS 的特征匹配

本算法输出候选贴片的一个初始表 P

$P \leftarrow \emptyset$。

For　每一幅光心在 O_i 的相片 I_i 且对在 I_i 中探测到的每一个特征 f　do

1. $F \leftarrow$ {满足极线约束的特征}。
2. 以至光心 O_i 的深度排序 F。
3. For F 中的每个特征 f' do
   (a) 通过计算 $\boldsymbol{c}(p)$, $\boldsymbol{n}(p)$ 和 $\mathcal{R}(p)$ 来初始化贴片 p。
   (b) 初始化 $\mathcal{V}(p)$，$\beta=0.4$。
   (c) 精炼 $\boldsymbol{c}(p)$ 和 $\boldsymbol{n}(p)$。
   (d) 更新 $\mathcal{V}(p)$，$\beta=0.7$。
   (e) If $|\mathcal{V}(p)| \geqslant \delta$, then
      i. 将 p 添加到 $\mathcal{P}(\mathcal{C}_i(p))$。
      ii. 将 p 添加到 P。

19.2.3　扩张

贴片扩张是一个迭代过程，它在输入相片中邻接现存贴片 p 的投影的"空"单元 $\mathcal{E}(p)$ 上反复尝试产生新的贴片。新贴片以外推老贴片深度的方式初始化，然后它们的参数如前述一样被优化到适应最大光照一致。我们首先定义 $\mathcal{D}(p)$ 为 $\mathcal{V}(p)$ 中所有相片 I_i 上与 $\mathcal{C}_i(p)$ 邻接的单元集合(见图 19.17)。它们是作为扩张的候选，但其中有一些必须被裁剪，因为它们已经与 p 一致，即它们包含了一个与此相片光照一致的贴片 p'。后一种情形通常对应于遮挡边界，那里位于贴片 p 和 p' 之间的表面部分被折叠起来，不能被相机 j 所观察到。邻接 p 贴片的空单元集合 $\mathcal{E}(p)$ 这样就包含了既不与 p，也不与相片 I_i 一致的 $\mathcal{D}(p)$ 元素(见图 19.17)。

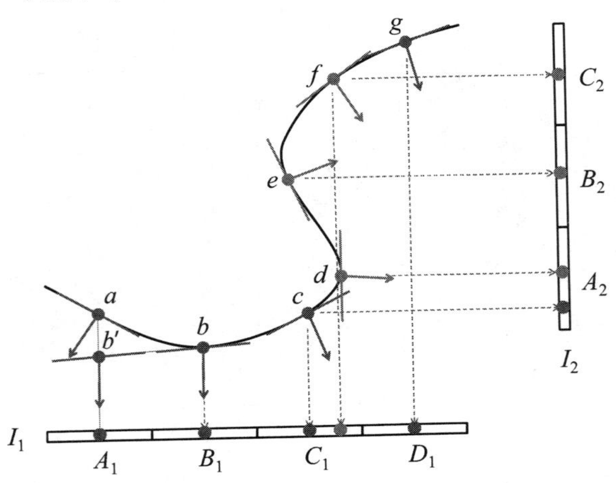

图 19.17 候选扩张单元。在这个例子中，$\mathcal{D}(c)=\{B_1,D_1,B_2\}$ 且 $\mathcal{D}(b)=\{A_1,C_1\}$。假设除 a 外的所有贴片都已经被建立，它们都与两张相片一致，而 b 与 c 邻接。在这种情况下，$\mathcal{E}(c)$ 为空，因 b 是 c 的近邻，这样 B_1 必须消除，g 和 e 分别与相片 I_1 和 I_2 一致，这样 D_1 和 B_2 同样也要被消除。从另一方面说，$\mathcal{E}(b)=\{A_1\}$，因为 A_1(目前为止)还是空的。在这个扩张的过程中，贴片 b' 由 $\mathcal{E}(b)$ 的唯一单元 A_1 产生，然后被精炼到贴片 a

对于 $\mathcal{E}(p)$ 中的每一个像单元 A_i，执行一个深度外推的过程以产生新贴片 p'，将 $\mathbf{c}(p')$ 以观察视线穿过 A_i 的中心与包含 p 的平面相交的点来初始化。参数 $\boldsymbol{n}(p')$、$\mathcal{R}(p')$ 和 $\mathcal{V}(p')$ 以与 p 类似的值初始化，对 $\mathcal{V}(p')$ 应用阈值 β 以消除无关联的相片。此后，$\mathbf{c}(p')$ 和 $\boldsymbol{n}(p')$ 如前一样进行精炼(见图 19.17)。经过优化，将 p 确定可见的相片加入至 $\mathcal{V}(p')$。然后，以一个紧的阈值($\beta=0.7$)进行可见性测试，如前述一样以过滤无关联的相片。最后，当 $\mathcal{V}(p')$ 包含至少 δ 张相片时，p' 被接受为新的贴片，并以 $\mathcal{V}(p')$ 中的所有相片 I_k 更新 $\mathcal{P}(\mathcal{C}_k(p'))$。处理流程如算法 19.6 所示。

算法 19.6 PMVS 算法的贴片扩张

本算法以算法 19.5 的候选贴片集 P 作为输入，输出扩张后的贴片集 P'。

$P' \leftarrow P$。

While $P\ =\ \emptyset$ do

1. 选择 p 中的 P 并将其移除。
2. For $\mathcal{E}(p)$ 中每个细胞元 A_i do
   (a) 创建一个新候选贴片 p'，$\mathbf{c}(p')$ 定义为连接 O_i 与 A_i 中心的光线与包含 p 的平面的交点。
   (b) $\boldsymbol{n}(p')\leftarrow\boldsymbol{n}(p)$，$\mathcal{R}(p')\leftarrow\mathcal{R}(p)$，$\mathcal{V}(p')\leftarrow\mathcal{V}(p)$。
   (c) 更新 $\mathcal{V}(p')$，$\beta=0.4$。
   (d) 精炼 $\mathbf{c}(p')$ 和 $\boldsymbol{n}(p')$。
   (e) 对 p' 确定可见的相片添加至 $\mathcal{V}(p')$。

(f) 更新 $\mathcal{V}(p')$，$\beta = 0.7$。

(g) If $|\mathcal{V}(p')| \geq \delta$ then

i. 将 p' 添加到 P 和 P'。

ii. 对于 $\mathcal{V}(p)$ 中的所有 I_k，将 p' 添加到 $\mathcal{P}(\mathcal{C}_k(p'))$。

19.2.4 过滤

这个阶段的算法又要利用图像连通信息以消除被认定处于外部的贴片(离群片)，即它们的深度信息不能与足够多的相邻贴片保持一致。存在三种过滤方法。第一种基于可见性一致约束：贴片 p 与 p'，若它们不是 19.2.1 节所定义的绝对邻接，即使它们被存储于相片的同一个单元格中，也认为它们是不一致的(见图 19.18)。对于每一个重建的贴片 p，若 U 代表与 p 不一致的贴片集，当

$$|\mathcal{V}(p)|g(p) < \sum_{p' \in U} g(p')$$

时，p 被认为是离群片而丢弃。直观上，当 p 是一个离群片，$g(p)$ 和 $|\mathcal{V}(p)|$ 同时期望很小，p 就很可能被移去。

第二种过滤通过简单地拒绝所有不是绝对可见的贴片来加强可见性约束，即不能如 19.2.1 节所定义的，至少对(阈值) δ 个相片可见的贴片。第三种过滤加强一种弱形式的平滑：对每一个贴片 p，我们为之收集 $\mathcal{V}(p)$ 中所有相片上位于它自己及与它邻接的单元上的贴片。若这个集合中与 p 邻接的贴片数目低于整体的 25%，p 被作为离群片而移除。

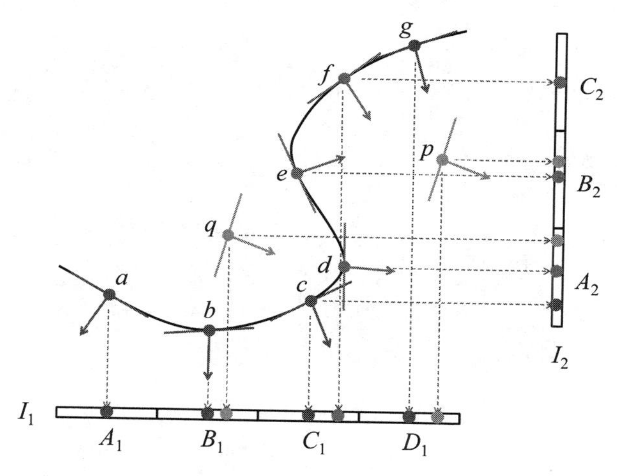

图 19.18　过滤离群片。贴片 p 被第一个过滤器当成离群片而拒绝。假定贴片 e 与 g 的光照一致性分值足够高，因为这两片投影到相同的单元格(B_2 和 D_1)，但与 p 不一致，即 $U = \{e, g\}$。贴片 q 因为对于任何相片都不可见而被第二个过滤器删除

19.2.5 结果

图 19.19 展示了在 4 个数据模型上的一些结果，罗马士兵雕像用了 48 幅输入图像，恐龙模型用了 16 幅，头颅模型用了 24 幅，脸部模型用了 4 幅。这些输入图像的分辨率也如其数目一样不定，从罗马士兵的 1800 × 1200 变化到恐龙模型的 640 × 480。图示的上部为每一个数据模型展示了一张相片，中部为每一个重建的模型展示了两张视图。虽然这些模型可能看起来像是纹理

贴图的网格，但实际上它们只是一堆足够密集的漂浮的贴片，每一个贴片方块都使用经过插值的重建像素值来绘制。图示的下部展示了光照效果的网格效果，这些网格应用 Furukawa and Ponce(2010)所提出的方法拟合到贴片模型。这个处理过程把模型的一个外部近似作为输入。例如当观察场景的轮廓信息可用时，就使用其可视外壳；其他情况时就使用重建贴片模型的凸壳；并同时使用平滑约束与光照一致性约束，将这些近似的网格变形至适应所有贴片。这个算法的细节超出了本书的讨论范围，读者可参考文献 Furukawa and Ponce(2010)。

图 19.19　从上至下：输入相片样例，重建的贴片，最终的网格模型(Reprinted from "Accurate, Dense, and Robust Multi-View Stereopsis," by Y. Furukawa and J. Ponce, IEEE Transactions on Pattern Analysis and Machine Intelligence, 32(8):1362-1376, (2010). © 2010 IEEE)

19.3　光场

这一节讨论一个完全不同的图像建模与渲染技术，它完全放弃了三维目标对象的构建过程，但仍然可以完成复杂几何场景的真实图像合成①。为了理解这是可能的，不妨设想一个全景镜

① 即导言部分所说基于建模与渲染的图像。可以按保留几何拓扑的程度来分类，这里光场模型是完全不保留/不重建三维几何结构的。

头，它将经过一点而覆盖完整半球的光线的光学辐射全部记录下来(Peri and Nayar 1997)。从这一点架设一个虚拟相机，通过映射原始图像的光线，它的小孔可以成像从此点观察到的任意图像。这允许用户任意地操纵虚拟相机，交互地探索虚拟环境。类似的效果可以通过将手持摄像机的近景图像粘合、镶嵌得到[参见 Shum and Szeliski(1998)和图 19.20 的中部]，也可以通过将聚焦于一点的伸缩相片序列组合为一个圆柱镶嵌马赛克得到[参见 Chen(1995)和图 19.20 的右部]。

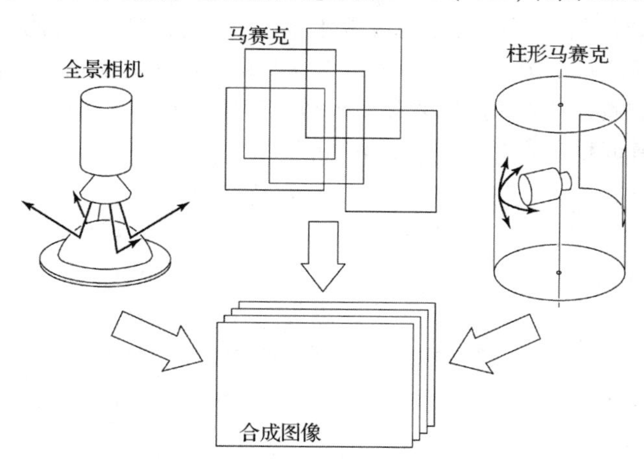

图 19.20　创建固定视点场景的合成视图

这种技术有一个缺点，因为观察动作只能局限于沿相机光心的转动。一个更好的方法是考虑全光函数(plenoptic function; Adelson and Bergen 1991)，它将空间中的每一点(波长相关)的辐射能和某一时刻经过这一点的光线联系起来(见图 19.21，左图)。光场(light field; Levoy and Hanrahan 1996)是全光函数在光线于真空无障碍传输时的一个快照。它释放了辐射与时间和相应光线在那一点空间位置的依赖性(因为是在无吸收介质中沿直线的常量辐射)，给出全光函数在四维光线辐射下的一个表达。就基于图像的渲染而言，一个将这些光线参数化的便利方法是使用光板(light slab)，每一条光线通过它与两个任意平面的交点坐标而明确下来(见图 19.21，右图)。

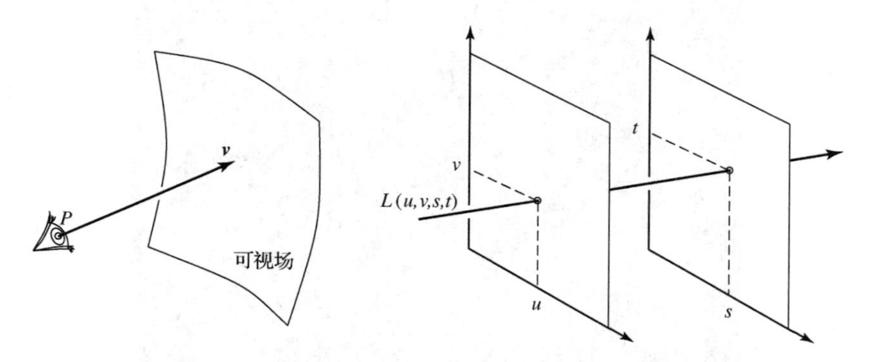

图 19.21　全光函数与光场。左图：全光函数可由观察者的位置 P 和观察方向 $\boldsymbol{v}$ 来参数化。右图：光场可由定义光板的4个参数 u, v, s, t 来参数化。实践中，通常需要几个光板来为目标建模，并达到对目标的柱面全覆盖

光板是分为两阶段的基于图像的渲染方法的基础。在(前一个)学习阶段，场景的多视图被用来创建离散化的光板，这种光板可以理解为四维的查找表。在合成阶段，一个虚拟相机被定义，相应的视图通过查找表来插值。合成图像的质量依赖于参考图像的数量。虚拟视图距离参

考图像越近，合成图像的质量也越好。注意到光板的构建并不需要建立参考图像之间的对应关系。此外，不同于大多数依赖纹理映射并(隐式)假设观察表面是 Lambertian 模型的(基于图像的)渲染方法，光场技术可以渲染(在固定光照下)任意折射函数的目标图像。

实践中，光场采样可通过大量图像并将像素坐标映射到光板坐标得到。图 19.22 展示了这样一个常规处理：像素的像平面坐标(x,y)到相应的光板的坐标(u,v)和(s,t)之间的映射是一个投影变换。硬件的或软件的纹理映射因而可以用来填充光场的四维格网(grid)。在 Levoy and Hanrahan(1996)的实验中，他们简单将相机架设在平面支架上，配备一个伸缩－摇摆头以让它可以沿着其光心转动，通过将其指向感兴趣目标对象的中心来得到光板。这里，所有的计算可以简化为将(u,v)平面看成相机的光心所限制聚焦的平面。

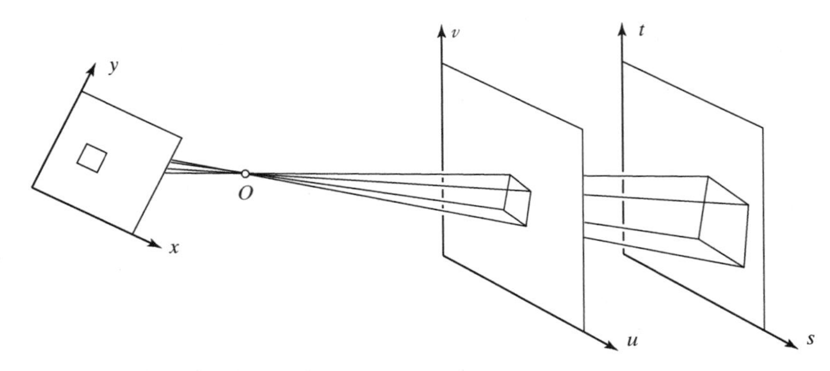

图 19.22 从相片获得光板以及从光板合成新的图片，其原理可以看成是像平面(x,y)与定义光板的(u,v)及(s,t)平面之间的投影变换

在渲染时，作用于(虚拟)的像平面与定义光板的两个平面上的投影映射又可以用来有效地合成新的图像。图 19.23 展示了通过光场方法产生的样图。上排的三幅图是通过应用不同物体的合成图片填充光场而产生的，下排的图则是通过架设前述的虚拟相机获取 2048 幅 256 ×256 玩具狮子的图像，形成 4 组包含 32 ×16 图像的光板而得到。

图 19.23 三幅根据光场方法合成的场景图像(Reprinted from "Light Field Rendering", by M. Levoy and P. Hanrahan, Proc. SIGGRAPH, (1996). © 1996 ACM, Inc. http://doi.acm.org/10.1145/10.1145/237170.237199 Reprinted by permission)

光板表达的一个重要问题是它的空间大小。例如，粗略的狮子模型(光板)图像会占用 402 MB 空间。这里当然有很大的冗余，因为前后帧的运动序列。Levoy and Hanrahan(1996)提出一个简

单但有效的图像压缩(解压缩)方法：光板首先分解为四维的颜色瓦片(tile,图块)。这些瓦片使用向量量化(vector quantization, Gersho and Gray 1992)有损压缩编码，代表原始瓦片16个角点的RGB值的一个48维向量被一组相对较小的向量组代替，即码书(codewords)，密语向量可以通过最小方差来控制对高维向量的近似。这样光板可以用一较小的码本(codebook)的索引来表达。以狮子模型为例，码本相对较小(0.8 MB)且索引集合形成的图像文件只有16.8 MB。第二个压缩步骤包含gzip技术实现，即对熵的编码(Ziv and Lempel 1977)与索引。最终的存储尺寸只有3.4 MB，压缩比达到118:1。在渲染阶段，熵的解码在文件加载到主存时完成。矢量的反量化解码根据需要在显示阶段进行，整体上可以达到交互的帧率。

19.4　注释

可视外壳可追溯到Baumgart的博士论文(1974)，其几何性质在Laurentini(1995)和Petitjean(1998)的论文中得到研究。体素或八叉树结构的体模型(volume model)法计算可视外壳可参考Martin and Aggarwal(1983)和Srivastava and Ahuja(1990)；相关研究同时参见Kutulakos and Seitz(1999)，称之为空间雕刻(space carving)，因为空的体素在光一致性(或颜色一致性，即同一像源点在不同视锥成像中理论上应当一样)约束下被反复除去。基于多面体模型的可视外壳算法有Baumgart(1974)，Connolly and Stenstrom(1989)，Niem and Buschmann(1994)，Matusik，Buehler，Raskar，Cortler，and McMillan(2001)和最近的Franco and Boyer(2009)。计算平滑面体的可视外壳的问题在Lazebnik，Boyer，and Ponce(2001)与Lazebnik，Furukawa，and Ponce(2007)的文献中得到论述。19.1节所述的已知内外参数相机算法实际上也适用于这种弱校准图像。自然，它的图像输出定义只和投影变换有关。综合几何约束的测光信息计算可视外壳最先由Sullivan and Ponce(1998)提出。由Furukawa and Ponce(2009a)和19.1节描述的雕刻法变体可参考Hernandez Esteban and Schmitt(2004)和Sinha and Pollefeys(2005)。视锥和观察相机的表面相切这个事实被Furukawa and Ponce(2009a)用来雕刻可视外壳，同时也是许多借助已知或未知相机运动得到的轮廓序列重建实体表面算法的基础(Arbogast and Mohr 1991；Cipolla and Blake 1992；Vaillant and Faugeras 1992；Cipolla，Åström and Giblin 1995；Boyer and Berger 1996；Cheng，Fu and Zhang 1999；Joshi，Ahuja，and Ponce 1999)。

在过去的10多年，有许多不同的方法可完成多视角立体影像合成，它们中的一些方法，包括19.2节描述的PMVS算法和Furukawa and Ponce(2010)算法，达到了一个相对精度比在一个低分辨率(640×480)相片上的1/200 (1 mm对应于20 cm宽的物体)更好的结果，这个相对标准由Seitz，Curless，Scharstein and Szeliski(2006)使用。基于体或体素的方法包括Faugeras and Keriven(1998)，Paris，Sillion，and Quan(2004)，Pons，Keriven，and Faugeras(2005)，Vogiatzis，Torr，and Cipolla(2005)，Hornung and Kobelt(2006)，Tran and Davis(2006)和Sinha，Mordohai，and Pollefeys(2007)。它们通常应用逐层图分割的技术来获得光一致的重建，但必须同时提供包含场景的包围盒来建立相应的体素。另外一些建立多视角立体影像的方法通过反复变形表面结构以适应某种最小化能量函数(Hernandez Esteban, and Schmitt 2004；Zaharescu，Boyer，and Horaud 2007；Hiep，Keriven，Labatut，and Pons 2009)。这通常需要一个比较好的初始化工作，例如以可视外壳的形式。还有一些算法通过合并多重深度图(depth maps, depth image)来重建场景(Goesele，Curless，and Seitz 2006；Strecha，Fransens，and van Gool 2006；Bradley，Boubekeur，and Heidrich 2008a)。最后，类似19.2节和Furukawa and Ponce(2010)所描述的方法，还有些方法将目标对象抽象为小的贴片(Lhuillier and Quan 2005；Habbecke and

Kobbelt 2006)，但需要提供一个独立的表面重建算法(Kazhdan et al. 2006)。

这些技术之中有一些已经广为可用。例如 Y. Furukawa 开发的 PMVS 软件包可在 http://grail.cs.washington.edu/software/pmvs/找到。多视角立体影像系统需要相机参数作为输入，但幸运的是，运动结构重建(Structure-from-Motion，SFM)软件包也广为可用。例如由 N. Snavely 开发的作为 Photo-Tourism 项目(Snavely et al. 2008)的一部分的 SFM/bundle 包，可在 http://phototour.cs.washington.edu/bundler/找到。PMVS 和 Bundler 同时也集成在 CMVS 中(Furukawa et al. 2010)，可在 http://grail.cs.washington.edu/software/cmvs/找到。一个可供 19.2 节结尾概述的网格拟合(mesh-fitting)选择的方法是泊松重建(Kazhdan et al. 2006)，这种方法可应用于任意的可定向贴片集合，产生良好的实用的重建结果。它的实现可公开使用，见 http://www.cs.jhu.edu/~misha/。

相当多的技术被开发，用来从一个固定视点交互地探索用户的虚拟环境，如 19.3 节所述。这包括苹果公司 S. Chen(1995)开发的 QuickTime VR，以及从特定的相机得到的全景图中重建针孔成像算法(Peri and Nayar 1997)。通过将手持摄像机拍摄的近景图像拼接成马赛克，可以在较少受控的设置中获得类似的效果(Irani et al. 1996；Shum and Szeliski 1998；Brown and Lowe 2007)。对于较远的地形，或相机沿光心翻转，镶嵌图可由连续图像上的平面同名点(homographies)来建立。这时，光流(optical flow，即假想每一个像素点上的向量场，这个概念在很大程度上被本书忽略了)估计可能对精确配准与去重影非常重要(Shum and Szeliski 1998)。19.3 节讨论的光场的变体可参考 McMillan and Bishop(1995)和 Gortler et al.(1996)。

这一章主要关注通过摄影法观察到的刚体静态模型的获取与渲染。视频系列中的非刚体表面，依时间变形的动态模型不在本书的讨论范围之内，但是这当然非常重要，例如对于电影产业。在本书付印之时，*Avatar* 就是这样的例子。这部电影中应用到的技术还不为公众所知，但是它所获得的多层次真实感很可能需要某些动画师的人工干预。关于这方面，可以参见学术界对于高效面部捕捉处理的讨论，例如 Carceroni and Kutulakos(2002)，Zhang，Snavely，Curless，and Seitz(2004)，Vedula，Baker，and Kanade(2005)，Hernandez Esteban，Vogiatzis，Brostow，Stenger，and Cipolla(2007)，Pons，Keriven，and Faugeras(2007)，White，Crane，and Forsyth (2007)和 Furukawa and Ponce(2008，2009b)。

习题

19.1　应用 19.1 节校正过的影像设置，给出与核线切线 γ_i 对应的 ψ_{ij} 曲线的外部点。

19.2　如果不使用校正影像，给出同样的结果。

编程练习

19.3　实现一个基于体素的可视外壳构建。

19.4　编写一个程序构造柱面镶嵌马赛克，图像取自于同一视点或连续近景照片，并渲染从这一点所看到的新图像。

第 20 章　对人的观察

众多的计算机视觉问题涉及关于人的处理。一种原因是由于人是图片和视频中最常见的主题；另一个原因是因为其他的应用需要知道关于人类行为的信息。许多安全系统包括指定哪些地方是不允许人存在和指定哪些人类行为是禁止的行为。这不仅仅是关于警务或者军队应用系统的需求，例如，身体虚弱的人如果备有当发生事故时可以方便得到帮助的安全系统，则他可以长久地居住在家里。一个可以告诉人们正在干什么的系统，则在医疗应用系统中非常有帮助，例如，中风病人保持日常锻炼，这可以有效地帮助恢复，但其很难保持这个习惯，采用该系统可以有助于提醒中风病人养成习惯。在娱乐方面，则应用更加广泛。某些消费系统(例如，索尼公司的 Eyetoy 和 Eyetoy II；以及微软公司的 Kinect)使得人们通过移动其身体去控制计算机游戏。在该领域的一个长期的目标即为构建一个通过捕捉手势的移动来理解手语的系统。

其中有几个核心的问题需要讨论。17.1.2 节讨论对人的检测。另一个核心的问题可以理解为如何得到有效时空关系的模型，这一部分在 20.1 节给出详细的讨论。接着采用这些模型去描述决定人在图像中的布局的算法(见 20.2 节)。紧接着，这些算法可以构建跟踪手臂和腿的跟踪器(见 20.3 节)。已知人体的 2D 布局可以得到关于 3D 重构的非常惊人的有效信息(见 20.4 节)。20.5 节总结了一些许多大领域的行为识别，20.6 节给出一些公开数据库的实验结果和相应的代码。

20.1　隐马尔可夫模型、动态规划和基于树形结构的模型

我们需要一些模型用于表征时间序列，这些模型应当具有相当数量的结构并且相对容易计算。隐马尔可夫模型(HMM，见 20.1.1 节)是一种非常有效的概率模型，该模型直观地给出推理(见 20.1.2 节)和学习(见 20.1.3 节)。适合于隐马尔可夫的推理的方法可以用于更为广泛的模型中，而不仅仅是概率模型和纯粹的时序问题。这类模型，通常叫做基于树形结构的模型(见 20.1.4 节)，是解析领域的主流算法。

20.1.1　隐马尔可夫模型

一个从某人的视频序列中识别美式手语的程序必定推断出每个手语信号关于该用户的一种隐形状态。该程序从手势位置的度量中将会推断出一种状态，而这种手势的位置不太可能精确但会依赖——幸运的是该依赖非常强烈——该状态。手势信号采用非常随机(但很有序)的方式来改变状态。特别地，某些状态的序列几乎不发生(例如，序列“wkwk”的字母符号序列几乎是不存在的)。这意味着度量准则和手势信号的不同序列的相对概率可以用于判定实际发生的情况。

这种情形的要素包括：

- 具有某随机序列(在上个例子中为手势信号)，每个序列都关于前一序列条件独立。
- 每个随机变量生成一个度量准则(手势位置的度量准则)，其概率分布依赖于该状态。

对应的元素可以在关于舞蹈演员和武术家运动的解析的例子中找到。一个关联这些要素的非常有用的形式化模型为隐马尔可夫模型。

随机变量 $\boldsymbol{X}_n$ 的序列称为马尔可夫链，如果：

$$P(\boldsymbol{X}_n=\boldsymbol{a}|\boldsymbol{X}_{n-1}=\boldsymbol{b},\boldsymbol{X}_{n-2}=\boldsymbol{c},\cdots,\boldsymbol{X}_0=\boldsymbol{x})=P(\boldsymbol{X}_n=\boldsymbol{a}|\boldsymbol{X}_{n-1}=\boldsymbol{b})$$

如果该概率并不依赖 n，则该模型又叫齐次马尔可夫链(homogeneous Markov chain)。马尔可夫链可以作为只有很小内存的序列；新的状态依赖前一个状态，但并不依赖整体。这个性质在建模过程中非常有用，因为往往具有许多的物理变量且非常易于推出新的算法。对于离散和连续状态空间，马尔可夫链只具有细微的差别，这里只考虑离散的马尔可夫链。

给定有限的离散状态空间。记录 s_i 为空间元素，假定具有 k 个元素。假设在该状态空间的随机变量的序列构成齐次马尔可夫链，则有

$$P(X_n=s_j|X_{n-1}=s_i)=p_{ij}$$

由于马尔可夫链独立于 n，则 p_{ij} 也独立于 n。采用矩阵 $\mathcal{P}$ 描述该链的行为，其中 p_{ij} 表示该矩阵的第 i 行、第 j 列的元素，该矩阵叫做状态转移矩阵。假设 X_0 服从概率分布 $P(X_0=s_i)=\pi_i$，并记录 π 为第 i 列元素为 π_i 的向量。则有

$$\begin{aligned}P(X_1=s_j) &= \sum_{i=1}^{k}P(X_1=s_j|X_0=s_i)P(X_0=s_i)\\ &= \sum_{i=1}^{k}P(X_1=s_j|X_0=s_i)\pi_i\\ &= \sum_{i=1}^{k}p_{ij}\pi_i\end{aligned}$$

故关于状态 X_1 的概率分布通过 $\mathcal{P}^{\mathrm{T}}\boldsymbol{\pi}$ 给出。利用类似的方法，关于状态 X_n 的概率分布通过 $(\mathcal{P}^{\mathrm{T}})^n\boldsymbol{\pi}$ 给出。对于所有的马尔可夫链，至少有一个分布 $\boldsymbol{\pi}^s$，使得 $\boldsymbol{\pi}^s=\mathcal{P}^{\mathrm{T}}\boldsymbol{\pi}^s$，即属于平稳分布。马尔可夫链可以通过非常简单和包含信息量的图表示。见图 20.1，通过加权、有向图表示，其中每个节点表示一种状态，边表示权重，用于诠释该状态转移的概率。

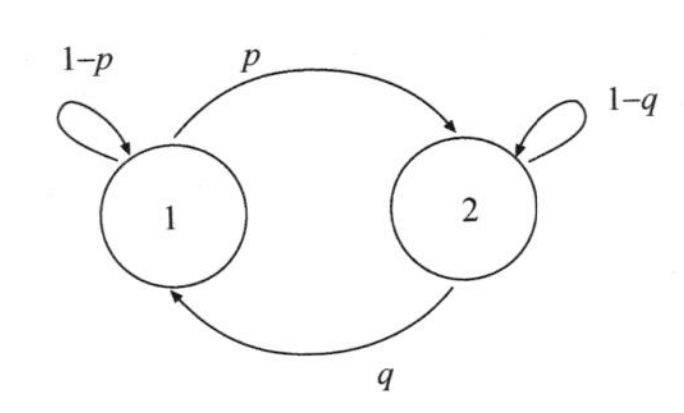

图 20.1 一个简单、二层马尔可夫链。在该链中，从状态一到状态二的概率为 p；从状态一到状态一的概率为 $1-p$；等等。其静态分布为 $(q/(p+q),p/(p+q))$。这是有意义的；如果 p 是非常小的且 q 接近于1，该马尔可夫链大部分时间都会停留在状态一的近邻；如果 p 和 q 都非常小，则该马尔可夫链会在一个状态上停留较长的一段时间然后转移到另一个状态，并在另一个状态上持续较长的时间

如果观察到随机变量 X_n，则推导非常简单——已经知道该链的状态。然而这不是一个可观察的模型。一个更好的模型表述为，对于序列中的每个元素，观察另一个随机变量，该随机变量分布依赖于链中的状态。即观察变量 Y_n，其概率分布为 $P(Y_n|X_n=s_i)=q_i(Y_n)$。将该元素通过调整添加到矩阵 $\mathcal{Q}$ 中。给定一个隐马尔可夫模型需要提供其状态转移过程，介于状态与在 Y_n 的概率分布的关系，以及该状态的初始概率分布，例如模型$(\mathcal{P},\mathcal{Q},\pi)$。假设该状态空间具有 k 个元素。

假设该隐马尔可夫模型基于离散状态空间，则计算过程可以简单化，并且没有特别的损耗。有两个重要的问题需要讨论：

- 推理：需要从观察的状态中推出潜在可能的知识。例如，推出舞蹈家跳什么舞和歌唱家唱什么歌。
- 拟合：需要选择一个隐马尔可夫链用于描述过去观察的序列。

每个都具有有效且标准的解决方法。

20.1.2 关于 HMM 的推理

假设具有 N 个关于隐马尔可夫模型的输出的度量准则 $\boldsymbol{Y}_i$。可以根据这些准则构造一个结构体，即网格（trellis）。这是一个包括 N 个状态空间（由列表示）的加权有向图，其中每列关联一个度量准则。通过加权的形式表示状态 $\boldsymbol{X}_j = s_k$ 对应列的度量准则 $\boldsymbol{Y}_j = \log q_k(\boldsymbol{Y}_j)$。

将一列从另一列通过下列形式组合在一起。考虑列对应 $\boldsymbol{Y}_j$，将该列表示的状态 $\boldsymbol{X}_j = s_k$ 和度量准则 $\boldsymbol{Y}_{j+1}$ 表示的状态空间 $\bar{X}_{j+1} = s_l$ 结合在一起，其中，p_{kl} 为非零参数。这条边反映出这些状态之间可能的转移。这条边通过 $\log p_{kl}$ 加权，图 20.2 给出通过一个 HMM 构造的网格。

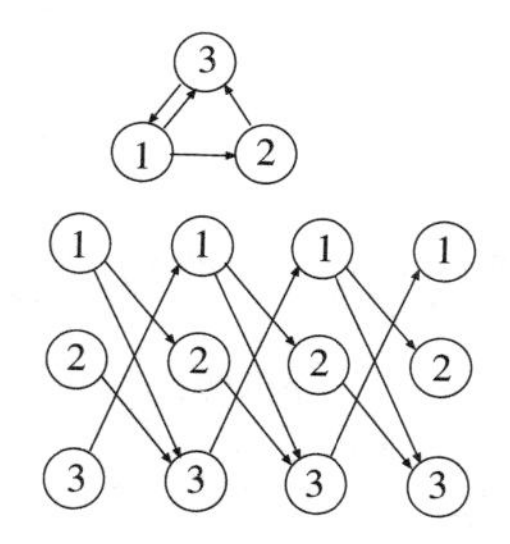

图 20.2 上部：一个简单的状态转移模型。每个输出值对应一个概率值，该模型的拓扑结构使得两个这样的概率值为1（考虑节点1）。下部：该模型对应的网格。注意到网格中的每条路径关联一个合法的状态序列，即4步状态转移序列。可以用相应状态转移概率的对数值作为每条弧的权值，用相应状态吸收概率的对数值作为每个节点的权值。为了简单起见，上图中并没有标出权值

这个网格具有以下几种性质：通过该网格的每个（有向）路径表示一个合法的状态序列。由于网格中的每个节点都是通过发射概率（emission probability）的对数进行加权和每条边都是通过转移概率（transition probability）的对数进行加权，则状态序列和度量准则的联合概率分布可以通过计算该边对应的路径获得，并将沿着该路径的（边和节点的）权重相加。这将会产生关于查找最佳路径的非常有效的算法，即动态规划（dynamic programming）或者维特比算法（Viterbi algorithm）。

从网格最后一列开始，已经知道一个状态路径在每个节点的对数似然，即该节点的权重。现在考虑两个状态的路径，开始于该网格的最后第二列。可以通过保留在本列的每个节点获得最佳路径。考虑一个节点：已经知道该保留节点的每条边的权重和每条边对应的节点的权重，故可以通过计算选择和为最大的路径分割，这条边即为保留该节点的最佳边。现在，对于每个节点，将移除该节点的最佳边赋予该节点的权重（例如，边权重与该边远端的节点的权重相加）。该和值为到达该节点（即所认为的节点值）的最佳值。

现在，由于已经知道第二列到达每个节点的最佳值，可以指出第三列到达各个节点包含的最佳值。对于第三列的各个节点，根据到达每个节点且其值已知来选择边。仍然选择边权重与节点值之和最大的边，并将该值与第三列开始节点的权重相加，由此产生开始节点的值。通过重复该过程，直到计算出第一列的每个节点都具有一个值，该最大值即为最大似然估计。

我们也可以通过最大似然估计值得到该路径。当一个节点的值已经计算得到，消除包括该节点的除最大边的所有边。一旦达到第一列，仅仅需要沿着该路径的关联节点的最大值。图 20.3 解释了这种简单并且非常强大的算法。

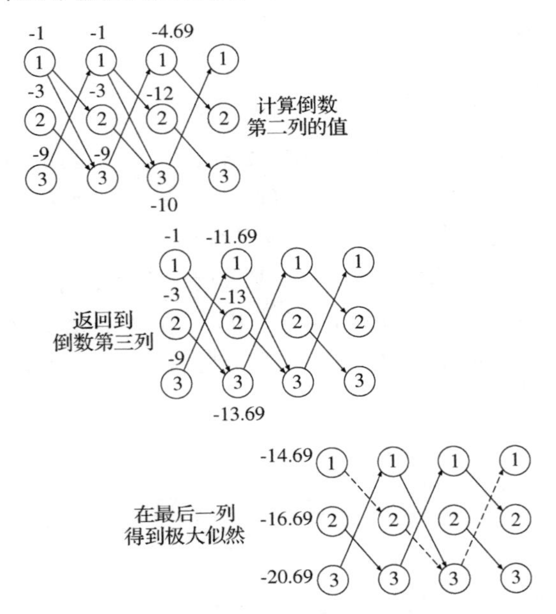

图 20.3　求出图 20.2 中所示网格模型(或其他网格模型)的最佳路径是相对简单的。假设所有1号节点的对数概率值为 -1,所有2号节点的对数概率值为 -3,所有3号节点的对数概率值为 -9,同时假设离开每个节点的概率是一样的。计算过程是这样的,倒数第二列的每个节点的权值是该节点的权值加上离开这个节点的最佳路径的权值,这个计算是非常简单的。接下来,用类似的方法继续计算倒数第三列节点的权值,以此类推,直到计算到网格模型中的第一列节点。这列节点的权值表示了由该节点出发的最佳路径的权值的对数。由于已经找到了每条路径所经过的节点,因此也就找到了全网格模型的最佳路径(如上图虚线所示)

将这种形式写成规范形式。对于推论，已经知道一系列的观察值$\{Y_0, Y_1, \cdots, Y_n\}$，期望通过最大化下式得到第 $n+1$ 的状态 $\boldsymbol{S}=\{S_0, S_1, \cdots, S_n\}$：

$$P(\boldsymbol{S}|\{Y_0, Y_1, \cdots, Y_n\}, (\mathcal{P}, \mathcal{Q}, \pi))$$

即最大化联合概率分布：

$$P(\boldsymbol{S}, \{Y_0, Y_1, \cdots, Y_n\}|(\mathcal{P}, \mathcal{Q}, \pi))$$

维特比算法即为该算法的标准形式：通过 S_0 到 S_n 的状态，求 $n+1$ 个路径的元素。由于可以从对每个节点的每个状态的路径进行构造[假设 $\mathcal{P}$ 中没有零点；对于大多数情况，确实具有 $O(k^{n+1})$种路径]，则共有 k^{n+1}种路径。不可能对每个路径进行搜索，事实上，也无须如此。方法如下：假设，对于每种可能的状态 s_l，已经知道联合最佳 n - 步路径且 $S_{n-1}=s_l$；紧接着，最大化联合 $n+1$ 步的路径必然包含这些路径中的一个，结合另一步。所需做的为查找缺失的步。

将查找最大化联合的值的路径问题当做一个诱导问题(induction problem)。假设，对于 S_{n-1}中的每个值 j，已经知道联合 $S_{n-1}=j$ 的最佳路径，即

$$\delta_{n-1}(j)=\max_{S_0, S_1, \cdots, S_{n-2}} P(\{S_0, S_1, \cdots, S_{n-1}=j\}, \{Y_0, Y_1, \cdots, Y_{n-1}\}|(\mathcal{P}, \mathcal{Q}, \pi))$$

接着得到

$$\delta_n(j) = \left(\max_i \delta_{n-1}(i) P_{ij}\right) q_j(Y_n)$$

不仅需要最大该值，还需要得到该值对应的路径。定义另一个变量：

$$\psi_n(j) = \arg\max\left(\delta_{n-1}(i) P_{ij}\right)$$

（例如，$S_n = j$ 的最佳路径）。这给出得到最佳路径的诱导算法。

推理过程如下：已经知道对于 $n-1$ 个度量准则的最佳路径；对于第 n 个度量准则的每个状态，通过回看选择 $n-1$ 个度量准则的最佳状态；但由于已经知道该最佳路径，故可以得到对于 n 个度量准则的每个状态的最佳路径。将所有结合起来即为算法 20.1。

算法 20.1　维特比算法

该算法通过一个隐马尔可夫模型并最大化联合分布和该路径下的联合分布的值而得到新的路径。这里 δ 和 ψ 为一贯用于标记的变量；p^* 为最大联合分布的值；q_t^* 是该最优路径上的第 t 个状态。

第一步：初始化

$$\begin{aligned}\delta_1(j) &= \pi_j q_j(Y_1) 1.0\text{cm} 1 \leqslant j \leqslant N \\ \psi_1(j) &= 0\end{aligned}$$

第二步：递归

$$\begin{aligned}\delta_n(j) &= \left(\max_i \delta_{n-1}(i) P_{ij}\right) q_j(Y_n) \\ \psi_n(j) &= \arg\max\left(\delta_{n-1}(i) P_{ij}\right)\end{aligned}$$

第三步：终止条件

$$\begin{aligned}p^* &= \max_i\left(\delta_N(i)\right) \\ q_N^* &= \arg\max_i\left(\delta_N(i)\right)\end{aligned}$$

第四步：路径回溯

$$q_t^* = \psi_{t+1}(q_{t+1}^*)$$

20.1.3 通过 EM 拟合 HMM

假设有数据集 $\boldsymbol{Y}$，且隐马尔可夫模型为该数据拟合的最佳模型之一，应该选择怎样的隐马尔可夫模型呢？我们期望选择可以最佳表征数据集的模型。采用 10.5.3 节介绍的 EM 算法达到此目的。在该算法中，给定一个隐马尔可夫模型($\mathcal{P}$, $\mathcal{Q}$, $\boldsymbol{\pi}$)，采用该模型和给定的数据估计该 HMM 模型的最优参数。首先通过下面给定的算法估计参数($\bar{\mathcal{P}}$, $\bar{\mathcal{Q}}$, $\boldsymbol{\pi}$)。其中具有两个可能性（并不证明该事实）：$P(\boldsymbol{Y}|(\bar{\mathcal{P}}, \bar{\mathcal{Q}}, \boldsymbol{\pi})) > \boldsymbol{P}(\boldsymbol{Y}|(\mathcal{P}, \mathcal{Q}, \boldsymbol{\pi})$，或($\bar{\mathcal{P}}$, $\bar{\mathcal{Q}}$, $\boldsymbol{\pi}$) = ($\mathcal{P}$, $\mathcal{Q}$, $\boldsymbol{\pi}$)。

该模型参数的更新公式如下：

$$\overline{\pi_i} = \text{状态 } s_i \text{ 的初始期望概率}$$

$$\overline{p_{ij}} = \frac{\text{从状态 } s_i \text{ 到状态 } s_j \text{ 的状态转移期望值}}{\text{从状态 } s_i \text{ 出发的状态转移期望值}}$$

$$\overline{q_j(k)} = \frac{\text{观察到 } Y = y_k \text{ 时在状态 } s_j \text{ 的次数期望值}}{\text{在状态 } s_j \text{ 的次数期望值}}$$

需要对这些表达式进行评估。实际上，需要确定：

$$P(X_t = s_i, X_{t+1} = s_j | \boldsymbol{Y}, (\mathcal{P}, \mathcal{Q}, \boldsymbol{\pi}))$$

其中该值记录为 $\xi_t(i, j)$。如果已知该值 $\xi_t(i, j)$，则有

$$\text{从状态 } s_i \text{ 到状态 } s_j \text{ 的状态转移期望值} = \sum_{t=1}^{T} \xi_t(i, j)$$

$$\text{从状态 } s_i \text{ 出发的状态转移期望值} = \sum_{t=1}^{T}\sum_{j=1}^{N}\xi_t(i,j)$$

$$\text{在状态 } s_i \text{ 的次数期望值} = \sum_{t=1}^{T}\sum_{j=1}^{N}\xi_t(i,j)$$

$$\text{状态 } s_i \text{ 的初始期望概率} = \sum_{j=1}^{N}\xi_1(i,j)$$

$$\text{观察到 } Y=y_k \text{ 时在状态 } S_i \text{ 的次数期望值} = \sum_{t=1}^{T}\sum_{j=1}^{N}\xi_t(i,j)\delta(Y_t,y_k)$$

其中，如果参数 u 和 v 相等，则 $\delta(u, v)$ 为 1，否则为 0。

为了评估公式 $\xi_t(i, j)$，我们需要两个中间变量：前向变量(forward variable)和后向变量(backward variable)。

前向变量为$\alpha_n(j) = P(Y_0, Y_1, \cdots, Y_n, X_n = s_j|(\mathcal{P}, \mathcal{Q}, \boldsymbol{\pi}))$。

后向变量为$\beta_t(j) = P(\{Y_{t+1}, Y_{t+2}, \cdots, Y_n\}|X_t = s_j, (\mathcal{P}, \mathcal{Q}, \boldsymbol{\pi}))$。

假设我们已经知道这些变量，则

$$\begin{aligned}
\xi_t(i,j) &= P(X_t = s_i, X_{t+1} = s_j|\mathbf{Y}, (\mathcal{P}, \mathcal{Q}, \boldsymbol{\pi})) \\
&= \frac{P(\mathbf{Y}, X_t = s_i, X_{t+1} = s_j|(\mathcal{P}, \mathcal{Q}, \boldsymbol{\pi}))}{P(\mathbf{Y}|(\mathcal{P}, \mathcal{Q}, \boldsymbol{\pi}))} \\
&= \frac{\left\{\begin{array}{l} P(Y_0, Y_1, \cdots, Y_t, X_t = s_i|(\mathcal{P}, \mathcal{Q}, \boldsymbol{\pi})) \\ \times P(Y_{t+1}|X_{t+1} = s_j, (\mathcal{P}, \mathcal{Q}, \boldsymbol{\pi})) \\ \times P(X_{t+1} = s_j|X_t = s_i, (\mathcal{P}, \mathcal{Q}, \boldsymbol{\pi})) \\ \times P(Y_{t+2}, \cdots, Y_N|X_{t+1} = s_j, (\mathcal{P}, \mathcal{Q}, \boldsymbol{\pi})) \end{array}\right\}}{P(\mathbf{Y}|(\mathcal{P}, \mathcal{Q}, \boldsymbol{\pi}))} \\
&= \frac{\alpha_t(i)p_{ij}q_j(Y_{t+1})\beta_{t+1}(j)}{P(\mathbf{Y}|(\mathcal{P}, \mathcal{Q}, \boldsymbol{\pi}))} \\
&= \frac{\alpha_t(i)p_{ij}q_j(Y_{t+1})\beta_{t+1}(j)}{\sum_{i=1}^{N}\sum_{j=1}^{N}\alpha_t(i)p_{ij}q_j(Y_{t+1})\beta_{t+1}(j)}
\end{aligned}$$

前向变量和后向变量都可以通过推导进行评估。通过观察下式，得到 $\alpha_n(j)$ 的值：

$$\begin{aligned}
\alpha_0(j) &= P(Y_0, X_0 = s_j|(\mathcal{P}, \mathcal{Q}, \boldsymbol{\pi})) \\
&= \pi_j q_j(Y_0)
\end{aligned}$$

$$\begin{aligned}
\alpha_{t+1}(j) &= P(Y_0, Y_1, \cdots, Y_{t+1}, X_{t+1} = s_j|(\mathcal{P}, \mathcal{Q}, \boldsymbol{\pi})) \\
&= P(Y_0, Y_1, \cdots, Y_t, X_{t+1} = s_j|(\mathcal{P}, \mathcal{Q}, \boldsymbol{\pi}))P(Y_{t+1}|X_{t+1} = s_j) \\
&= \sum_{l=1}^{k}[P(Y_0, Y_1, \cdots, Y_t, X_t = s_l, X_{t+1} = s_j|(\mathcal{P}, \mathcal{Q}, \boldsymbol{\pi}))P(Y_{t+1}|X_{t+1} = s_j)] \\
&= \left(\sum_{l=1}^{k}\left[\begin{array}{l} P(Y_0, Y_1, \cdots, Y_t, X_t = s_l|(\mathcal{P}, \mathcal{Q}, \boldsymbol{\pi})) \\ \times P(X_{t+1} = s_j|X_t = s_l) \end{array}\right] P(Y_{t+1}|X_{t+1} = s_j)\right) \\
&= \left[\sum_{l=1}^{k}\alpha_t(l)p_{lj}\right] q_j(Y_{t+1}) \qquad 1 \leqslant t \leqslant n-1
\end{aligned}$$

对于后向变量，通过下列推导得到

$$\begin{aligned}
\beta_N(j) &= P(\text{没有进一步的输出 }|X_n = s_j, (\mathcal{P}, \mathcal{Q}, \boldsymbol{\pi})) \\
&= 1
\end{aligned}$$

$$\begin{aligned}\beta_t(j) &= P(\{Y_{t+1},Y_{t+2},\cdots,Y_n\}|X_t=s_j,(\mathcal{P},\mathcal{Q},\boldsymbol{\pi}))\\ &= \sum_{l=1}^{k}[P(\{Y_{t+1},Y_{t+2},\cdots,Y_n\},X_t=s_l|X_{t+1}=s_j,(\mathcal{P},\mathcal{Q},\boldsymbol{\pi}))]\\ &= \left(\begin{array}{l}\left[\sum_{l=1}^{k}P(X_t=s_l,Y_{t+1}|X_{t+1}=s_j)\right]\\ \times P(\{Y_{t+2},\cdots,Y_n\}|X_{t+1}=s_j,(\mathcal{P},\mathcal{Q},\boldsymbol{\pi}))\end{array}\right)\\ &= \left[\sum_{l=1}^{k}p_{jl}q_l(Y_{t+1})\right]\beta_{t+1}(j)\qquad 1\leqslant t\leqslant k-1\end{aligned}$$

最后，得到拟合算法，见算法 20.2 ~ 算法 20.5。

算法 20.2　通过 EM 匹配隐马尔可夫模型

通过 EM 算法实现对数据序列 $\boldsymbol{Y}$ 进行拟合的模型。假设模型 $(\mathcal{P},\ \mathcal{Q},\ \boldsymbol{\pi})_i$，接着计算新模型的系数；此迭代收敛到 $P(\boldsymbol{Y}|(\mathcal{P},\ \mathcal{Q},\ \boldsymbol{\pi}))$ 的局部最大值。

直到 $(\mathcal{P},\ \mathcal{Q},\ \boldsymbol{\pi})_{i+1}=(\mathcal{P},\ \mathcal{Q},\ \boldsymbol{\pi})_i$

　计算前向变量 α, β

　采用算法 20.3 和算法 20.4，计算 $\xi_t(i,j)=\frac{\alpha_t(i)p_{ij}q_j(Y_{t+1})\beta_{t+1}(j)}{\sum_{i=1}^{N}\sum_{j=1}^{N}\alpha_t(i)p_{ij}q_j(Y_{t+1})\beta_{t+1}(j)}$

　采用算法 20.5 更新参数，即 $(\mathcal{P},\ \mathcal{Q},\ \boldsymbol{\pi})_{i+1}$ 的参数

结束

算法 20.3　计算拟合 HMM 的前向变量

$$\begin{aligned}\alpha_0(j) &= \pi_j q_j(Y_0)\\ \alpha_{t+1}(j) &= \left[\sum_{l=1}^{k}\alpha_t(l)p_{lj}\right]q_j(Y_{t+1})\qquad 1\leqslant t\leqslant n-1\end{aligned}$$

算法 20.4　计算拟合 HMM 的后向变量

$$\begin{aligned}\beta_N(j) &= 1\\ \beta_t(j) &= \left[\sum_{l=1}^{k}p_{jl}q_l(Y_{t+1})\right]\beta_{t+1}(j)\qquad 1\leqslant t\leqslant k-1\end{aligned}$$

算法 20.5　更新拟合 HMM 的参数

$\overline{\pi_i}$ = 从其他隐状态访问 s_i 的期望值

$$=\sum_{j=1}^{N}\xi_1(i,j)$$

$$\overline{p_{ij}}=\frac{\text{从状态 } s_i \text{ 到状态 } s_j \text{ 的状态转移期望值}}{\text{从状态 } s_i \text{ 出发的状态转移期望值}}$$

$$= \frac{\sum_{t=1}^{T} \xi_t(i,j)}{\sum_{t=1}^{T} \sum_{j=1}^{N} \xi_t(i,j)}$$

$$\overline{q_i(k)} = \frac{\text{在状态 } s_i \text{ 且观察到 } Y = y_k \text{ 的次数期望值}}{\text{在状态 } s_i \text{ 的次数期望值}}$$

$$\frac{\sum_{t=1}^{T} \sum_{j=1}^{N} \xi_t(i,j)\delta(Y_t, y_k)}{\sum_{t=1}^{T} \sum_{j=1}^{N} \xi_t(i,j)}$$

如果 $u = v$,则 $\delta(u, v) = 1$,否则为 0。

20.1.4 树形结构的能量模型

隐马尔可夫最吸引人的地方在于其推导和学习过程相对简单。这是由于该模型的组合结构的特性;事实上,该算法适合于某些更加丰富的组合结构,或者其本质并非概率的模型。考虑一系列离散变量构成的情形,采用传统标记 X_i,其中 $i = 1, \cdots, n$,并最大化目标函数 $f(X_1, \cdots, X_n)$的值。该目标函数为一元项(unary terms)[即具有一个变量的函数,并记为 $u_j(X_i)$]与二元项(binary terms)[即具有两个变量的函数,并记为 $b_k(X_i, X_j)$]之和。这是关于部分和关系的一般表示模型。这里有一个关联每个部分(即 X_i)和表示其关系(如 b_k)的一个分数。例如,对于 HMM 模型,变量为其隐含层的状态,一元项为发射概率的对数表示,二元项为转换概率的对数表示。很自然将一元项当做图中一个节点,而二元项当做其连接两个节点的边。然而,并不需要将一元项或者二元项当做对数概率模型,相反,可以将其当做负能量值(因为需要将其最大化),或者将其最小化,并将其当做一种能量或者代价。对于这种类型的模型,如果所描述的图为一个森林结构,最大化是非常直观的。

HMM 是一种特殊的情形,因为该种情况下的图为一个链。在一般设置条件下,将一个 HMM 模型进行重新推导,这将使得其很容易应用于一个森林。则目标函数为

$$f_{\text{chain}}(X_1, \cdots, X_n) = \sum_{i=1}^{i=n} u_i(X_i) + \sum_{i=1}^{i=n-1} b_i(X_i, X_i + 1)$$

并且期望最大化该目标函数(对于每个 HMM 中的联合,应当检验每项与公式表示的每项是否匹配;采用对数表示将有助于检验)。现在根据迭代定义,定义新的目标函数,即 cost-to-go 函数,得到如下公式:

$$f_{\text{cost-to-go}}^{(n-1)}(X_{n-1}) = \max_{X_n} b_{n-1}(X_{n-1}, X_n) + u_n(X_n)$$

注意,已经有

$$\underset{X_1, \cdots, X_n}{\text{argmax}} \; f_{\text{chain}}(X_1, \cdots, X_n)$$

等价于

$$\underset{X_1, \cdots, X_{n-1}}{\text{argmax}} \left(f_{\text{chain}}(X_1, \cdots, X_{n-1}) + f_{\text{cost-to-go}}^{(n-1)}(X_{n-1}) \right)$$

这意味着通过采用 $b_{n-1}(X_{n-1}, X_n) + u_n(X_n)$和关于 X_{n-1}的函数代替而消除第 n 个变量。该函数可以通过最大化关于变量 X_n 的函数而得到。同样,假设对于 X_{n-1}必须选一个变量,根据 cost-to-go 函数,$b_{n-1}(X_{n-1}, X_n) + u_n(X_n)$的值可以通过在 X_{n-1}条件下的 X_n 的最优选择得到。由于任何其他的选择都不会得到最大化,如果已经知道在 X_{n-1}的 cost-to-go 函数值,则可以计算在 X_{n-2}条件下的 X_{n-1}的最优选择,这将会产生:

$$\max_{X_{n-1},X_n}[b_{n-2}(X_{n-2},X_{n-1})+u_{n-1}(X_n-1)+b_{n-1}(X_{n-1},X_n)+u_n(X_n)]$$

等同于

$$\max_{X_{n-1}}\left[b_{n-2}(X_{n-2},X_{n-1})+u_{n-1}(X_n-1)+\left(\max_{X_n}b_{n-1}(X_{n-1},X_n)+u_n(X_n)\right)\right]$$

这个过程可以迭代，由于得到

$$f^{(k)}_{\text{cost-to-go}}(X_k)=\max_{X_{k+1}}b_k(X_k,X_{k+1})+u_k(X_k)+f^{(k+1)}_{\text{cost-to-go}}(X_{k+1})$$

将该公式进行扩展用于描述 20.1.2 节所使用的网格。注意

$$\underset{X_1,\cdots,X_n}{\text{argmax}}\ f_{\text{chain}}(X_1,\cdots,X_n)$$

等价于

$$\underset{X_1,\cdots,X_{n-1}}{\text{argmax}}\left(f_{\text{chain}}(X_1,\cdots,X_{n-1})+f^{(n-1)}_{\text{cost-to-go}}(X_{n-1})\right)$$

而该目标函数又等价于

$$\underset{X_1,\cdots,X_{n-2}}{\text{argmax}}\left(f_{\text{chain}}(X_1,\cdots,X_{n-2})+f^{(n-2)}_{\text{cost-to-go}}(X_{n-2})\right)$$

则我们可以对 cost-to-go 目标函数进行迭代定义，得到

$$\underset{X_1,\cdots,X_n}{\text{argmax}}\ f_{\text{chain}}(X_1,\cdots,X_n)=\underset{X_1}{\text{argmax}}\left(f_{\text{chain}}(X_1)+f^{1}_{\text{cost-to-go}}(X_1)\right)$$

这将得到一个非常强大的最大化策略。从 X_n 开始，构造 $f^{(n-1)}_{\text{cost-to-go}}(X_{n-1})$。将该函数表述为一张表，对于 X_{n-1} 的每个可能的值给出 cost-to-go 函数的值。并根据 X_{n-1} 可能值得到最优 X_n 构造第二张表。根据这些可以构建 $f^{(n-2)}_{\text{cost-to-go}}(X_{n-2})$，继续将其当做一个表，并且根据 X_{n-2} 的函数计算最优 X_{n-1}，继续将其当做一个表，如此迭代下去。现在我们到达 X_1，则通过选择 X_1 得到 X_1 的解，并得到$(f_{\text{chain}}(X_1)+f^{2}_{\text{cost-to-go}}(X_2))$的最优值。通过该解，查找由 X_1 的函数得到最优 X_2 的表格，得到关于 X_2 的解，如此迭代下去。这个过程在多项式时间内完成；采用公式表示，如果每个 X_i 具有 k 个状态，则时间代价为 $O(nK^2)$。

这个策略将应用在采用森林结构的模型中。证明过程非常简单。如果森林没有边(例如，由节点本身构成)，则最简单的应用策略很显然为对每个 X_i 选择最优的值。这个过程很显然是多项式时间。现在假设该算法对于具有 e 个边的森林在多项式时间内完成，则对于 $e+1$ 条边的森林仍然在多项式时间内完成。这里有两种情形：一种情形为新的边可能连接已经存在的树，对于该种情形重新排序树使得连接的节点为根节点，对于每个根节点构造 cost-to-go 函数，接着对这些根节点根据 cost-to-go 函数选择最优的状态对；另一种情形，一棵树具有新增加的边，即独立的新节点加入该树，对于该种情形，重新将树进行排序使得该新节点为根节点，并根据叶节点到根节点构造 cost-to-go 函数。该算法可以应用的事实是对组合的观察，该模型的多种情况都具有树的结构。这种表示形式的模型对于跟踪和解析具有很重要的作用。

20.2 对图像中的人进行解析

人类解析器(human parser)必须给出关于在图像窗口人体的结构信息。一个人类解析器通过手臂、腿和其他部位的位置提供一些判定人类行为的线索。其相关应用包括构建可以体现人的姿态的用户交互界面；或者构建医学支持系统，即通过观察视频，判定身体虚弱的人在家里是否安全或者提供护理需求。人的跟踪是一项非常有用的技术(下面会详细介绍该技术)，目前关于人的跟踪的最可靠技术包括对人的检测和解析两部分。

20.2.1 图形结构模型的解析

解析器可以通过最大化一个树形结构得到。例如，可以将分割方向量化为固定的数值集，从而对图像的可能分割进行离散化，并将分割的“上 - 左”角点量化为像素网格。对每个人体分割设置一个变量，其变量的值为关联人体分割的图像分割(可以将这些变量理解为分割指示器)。这些变量集通过评估如下两点打分：(a)人体分割与关联图像相像的程度；(b)各个分割之间的关联程度。这些最大化该目标函数得到的指示器集即为该图对人的解析。现在采用树形结构模型，使得最大化目标函数变得容易。

图形结构模型是一个树形结构模型，其一元项对应部分图像的观察，而二元项评估相对结构。该模型非常适合于对人的解析。假设已经知道对于人体的每个肢体分割的外观(见图 20.4)。这意味着可以构建一系列的一元函数，这些一元函数用于 X_i 所指向的图像分割与模型分割的比较。由于目标是最大化该目标函数，比较大的值表示更加兼容的外观。也可以得到该模型的一系列关于树形结构子集的对应关系。这很自然地采用树形表示，见图 20.4。这些项评估了图像分割端点的相对位置，或者介于图像分割之间的角度(根据需要，可以得到许多有用的变量)。例如，可以得到一项用于检测大腿末端的外端是否接近于胫骨上面一侧，和介于这两项之间的角度是否可以接受。再一次说明，通过变量所指的两个图像分割的值越大表示对应的标记越匹配。

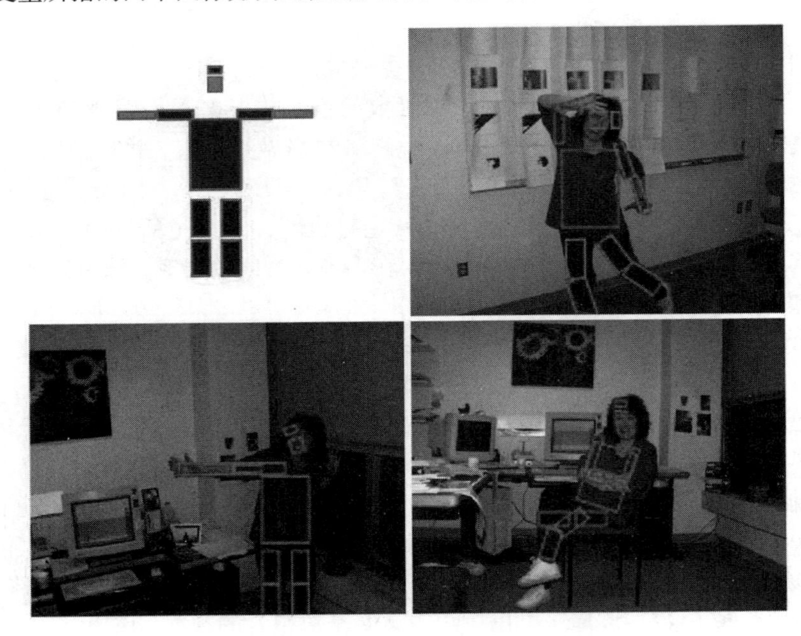

图 20.4 上面的左图显示了一个基于树形结构的人体模型，模型中的每个部分用该部分颜色的期望值表示 。这个模型可以得到11个人体分割的结构(其中肢体的9个部分加上脸和头发共11个部分)，它满足:(a)颜色匹配;(b)相对位置关系符合人体的结构位置关系。搜索过程可以利用上文中提到的动态规划实现。其他的三幅图片显示了利用上述方法得到的一些匹配结果(This figure was originally published as Figure 4 of “ Efficient Matching of Pictorial Structures , ” by P. Felzenszwalb and D. P. Huttenlocher , Proc. IEEE CVPR 2000 , © 2000 , IEEE)

这种形式的模型可以用于在相对简单的图像中查找人，其核心的技术是对图像的解析。Felzenszwalb and Huttenlocher(2000)假设分割已包含颜色模式——严格地讲，是指皮肤颜色与蓝色的混合色——接着对包含这些模式的实际图像的颜色进行对比并将其作为一元项；而二元项是为了确保终点为封闭的且角度适宜。在附带着人的衣服预先已知的条件下，得到相对很好的匹配(见图 20.4)。很自然地将该模型从颜色域扩展为纹理域，同样计算其相似分数，但目前没有较好的算法，很可能是因为不同衣服的褶皱将会产生非常强的噪声干扰。

在采用树形结构模型描述人时，一直困扰该模型的一个问题是最佳的解析器往往将左腿(相对的，左胳膊)放在右腿的上面(相对的，右胳膊)。这是因为配置因素往往不具有足够的信息使得将腿(相对的，胳膊)在图像中分开，而两张图像中的腿(相对的，胳膊)的其中一张腿与另一张图像中的胳膊相互混淆。很难通过变换模型来避免这个问题；如果增加一项用于将胳膊分开，这将导致新的推理困难。这里有一个技巧可以解决这个问题：将能量看做概率分布的对数形式，得到服从该概率分布的样本池；每个样本是非常稀疏的，具有高能量的样本呈现更多的共有成分；接着从腿与胳膊没有相互重叠的解析器中查找该样本池，这是一个相对容易的测试。

得到一个样本的过程非常直观。树形结构模型产生一个概率模型 $P(X_1,\cdots,X_n)$。可以采用 20.1.3 节介绍的推理过程来计算其边缘(例如，α 项和 β 项)。接着计算边缘概率分布 $P(X_1)$，从该概率分布得到一个样本，记 $X_1=r$，紧接着从 $P(X_2|X_1=r)=P(X_1=r,X_2)/\sum_{X_2}P(X_1=r,X_2)$ 中得到一个样本，等等。

20.2.2 估计衣服的表面

图形结构模型的关键难点，正如上面描述的那样，是需要知道人体分割的部分。可以通过改变分割部分的模型来避免这个问题。将人体分割进行延伸，我们期望得到两旁的对比,从而使得分割表明的模型在分割的两旁得到强的边缘纹理。事实上，这种模型应用性极差，因为在图像中有太多这样的分割。

然而，正如 Ramanan(2006)指出的那样(见图 20.5)，该模型可用于估计表面，接着进行解析，然后重新估计表面。假设分割在其边界处已经具有边缘，采用该模型根据 20.2.1 节介绍的采样过程生成关于该配置的多个估计。依次进行，可以根据这些估计构建一个像素的后验概率，例如在这种设置下，每个采样估计的头部分割的渲染及将所有的图片进行相加得到一个头部的像素属于头部的后验概率。按照次序，这意味着具有一组加权的头/非头像素点，并可用于构造用于头部的判别表面模型。根据此模型和其他类似的判别表面模型，可以重新估计其结构(并重新估计其表面，如此循环下去)。相关的技术细节不属于本书的讨论范畴，且其过程对于复杂图像可以同时估计解析器和表面模型。

如果人在图像中所占的像素比例非常小，则该策略由于在初始过程中极有可能出错而导致非常差的性能，并且重新估计并非对其有很大帮助。Ferrari et al. (2008)给出一种改进的解析器算法，即通过采用表面信息对搜索域进行修剪。首先检测图中上部的人体，接着采用该信息推导出一系列的边界。每个大矩形框的外部内容通过不在人体上的躯干(这是因为手臂具有固定的长度，等等)计算得到。类似地，一个更小一点的矩形框可以保证人体的躯干线条，这是因为已经找到了上部的人体。接着，采用交互式的分割方法(见 20.2.1 节)将估计的人体从背景中分割出来。从矩形框外面的像素点估计得到背景的颜色模型，某些可能从矩形框内部估计得到；前景的颜色模型可以从矩形框内部的某些像素点估计得到；可以在最终的分割中对比前景的某些像素点。由于分割可能并不那么精确，可以采用膨胀算法(见算法 16.3)得到比较适宜的大的区域。至此，我们得到关于迭代重新估计算法的相对较小的搜索域，以及对配置的相对粗糙的初始估计。进一步的约束条件可以通过运动顺序得到，详述见 20.3 节。

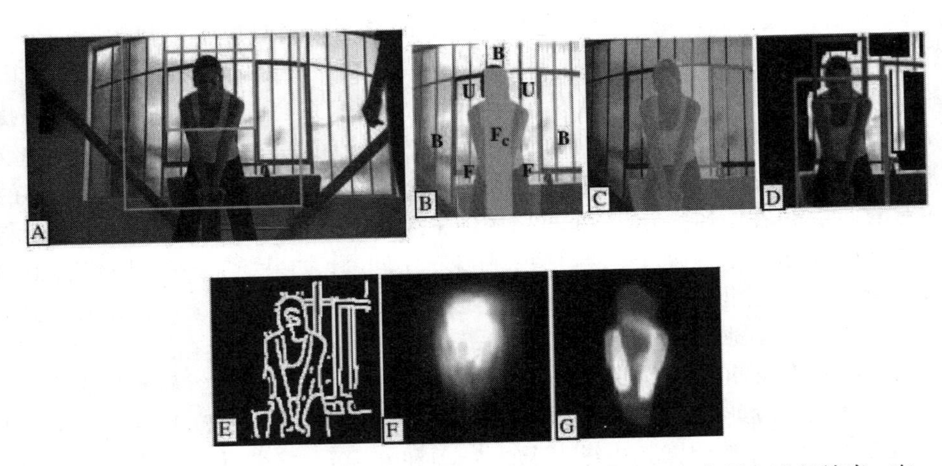

图 20.5　Ramanan(2006)的人类解析器在图像中的所有空间布局上进行搜索，查找带有约束(已知的外貌)的一致性。Rerrari et al. (2008)指出减少搜索空间有助于 提升结果。首先，查找上部的身体，在身体大小(**A**)上根据约束在这些检测处构建矩形框。矩形框外的为背景，矩形框内的某些像素也为背景。在**B**中，身体约束意味着像素标记F_c和F与背景非常相似，U为未知，B很像背景。接着对前景和背景根据这些信息构建颜色模型，采用人机交互分割器进行分割，根据F_c为前景，得到图像**C**。其结果对于人的解析的搜索域大大减少，采用边缘映射图**D**，得到初始解析**E**，经过迭代，产生图像**F**(This figure was originally published as Figure 2 of "Progressive search space reduction for human pose estimation," by V. Ferrari, M. Marín-Jiménez, and A. Zisserman, Proc. IEEE CVPR 2008, © IEEE 2003)

20.3　人的跟踪

对视频中的人进行跟踪是一个非常具有实际意义的问题。如果可以得到人在建筑物内和建筑物外的行为，则可能设计更加有效的建筑物。如果可以得到手臂、腿、躯干和头在视频中相对可靠的位置，则可以构建非常有效的游戏交互界面和监控系统。

20.3.1　为什么人的跟踪如此困难

任何跟踪系统，对于任何的目标，都必须平衡两种线索而产生其轨迹。第一种为状态的直接测试准则，在极端情况下，如果可以完美地检测到人，则没有必要构建跟踪系统。第二种为动态预测，即允许一个系统在多帧上进行池化，并产生一个即使在非常差的测试准则下也可以得到相对较好的状态估计。

人的跟踪由于检测人的困难性和人在视频中行为的不可预测性而变得异常困难。许多不同的因素导致同一个人在不同窗口呈现不同的表现，所以人的检测也极具挑战性。身体形状和大小的变化范围很广。身体设置的改变和视角拍摄的变化使得外貌表现呈现动态变化。而衣服的表面变化也极其广泛。对于查找穿着不同衣服的人在复杂场景下被检测到的算法，截至编写本书时还没出现(见 17.1.2 节)。对此最有效的方法是在人体布局上附加强制性的相对公平的约束，并对人体表面变化范围与模型设置添加相对的约束。

动作线索也具有一定的困难性。如果观察的人参与已知的运动，它们的动作行为可能具有一定的预测性，但是身体变化极快——例如在运动视频中动作的变化幅度——而且身体部分可能进行一些无法预测的行为，使得人的检测变得更加困难。上臂的跟踪很困难(在视频中的区域很小且变化极快)，跟踪手则更加困难，我们也尽可能避免对手指的跟踪(这是因为手指的行为相对身体而言的变化更快)。

尽管如此，动作线索对于人的检测或者分割是一个非常有用的线索。动作线索可以通过一系列不同的滤波过程预测下一帧比较合理的位置。虽然身体结构在不同帧之间进行变化，身体表面的变化非常缓慢，尤其是在光照相对稳定的条件下。这是由于人的衣服在不同帧之间不会有太大的变化。一般情况下，构建一个很好的人脸跟踪器涉及图像质量和相应的数据关联，而不是关注构建动态模型和概率推理。最终，目前的研究算法大多在检测思想上实现多种跟踪算法，其中最具有代表性的跟踪算法与前面介绍的检测算法非常相似。

对于跟踪的人的表征具有很多种方法，且许多不同水平的细节都具有一定的帮助。将人表征为一个单一的点往往很有效；例如，在公众场景下，采用这种表征完全可以得到人在哪里、何时聚集等，或者在消防演习中的有效信息。另外还有其他可以考虑的表征，例如对头部和躯干的表征；对头部、躯干和手臂的表征；对头部、躯干、手臂和腿的表征；等等，一直到包括手指。随着自由幅度的变大，跟踪变得非常困难，并且我们也不知道有哪些算法成功实现了从躯干到手指(手指相对于躯干非常小，导致很多其他的问题)的跟踪。目前跟踪单一点的最常用的表征算法是第 11 章介绍的算法，并且联合了背景消除与块表面跟踪器。

这里重点介绍采用相对的运动模型表征人体的跟踪器，这是因为这种类型的跟踪器采用专门程序对人进行跟踪。人体的状态可以在三维或者二维空间中进行表征。如果具有多个摄像头，则三维的状态表征是很自然的想法，并且多个摄像头的跟踪在具有约束条件的背景下其性能表现非常好(见注释)。这种算法更倾向于采用重构，而不是检测或者识别的思想，并且在单个摄像头跟踪中的推广性很差。在许多重要的应用中(例如，计算机游戏的交互)都具有一个摄像头。如果我们采用这种三维表征的方法对人体进行表征，则需要三维的状态表征，或者三维的坐标信息或一系列的人体的三维分割。或者采用二维的状态表征，然后采用“提升”(lifting)的方法产生三维跟踪器。二维图和三维跟踪器之间的关系很难确定，并且可能具有一定的随机性。该问题的核心是三维结构的数目为多少就可以很好地解释一个单一的图像，这往往依赖于我们观察的图像。

一般情况下，更倾向于采用二维表征法继而提升为三维表征，下面详细解释该算法细节。这是一个非常清晰的问题，采用三维状态表征即跟踪算法必须同时处理相关数据和提升模糊性，这可能导致非常复杂的情况。相反，在二维中进行跟踪仅仅是一个数据关联的问题，对跟踪进行提升仅仅涉及模糊性问题。另一个采用二维数据进行表征的好处是，首先采用二维数据表征，继而提升，其提升过程可以采用时间尺度的图像信息且不会对跟踪算法的复杂度有很大影响，将在 20.4 节讨论该问题。

20.3.2　通过表面进行运动跟踪

本节描述了从一幅图像中识别一个人的外貌模型。一般情况下，该策略用于查找图像中相对较小且比较合理的空域，接着在该空域内进行迭代结构估计和外貌估计。在运动序列中，利用人体的分割外貌并不会随着时间有太大变化的事实，可以构建一个比较好的外貌模型。进一步讲，在视频时序中采样相对于身体移动的速度更快，这意味着需要知道第 $n+1$ 帧关联第 n 帧的搜索域。可以采用多帧估计外貌来加强外貌模型。也可以采用改进版的外貌模型和根据分割移动相对缓慢的事实来改进配置估计。Ferarri 等人表明采用这两个约束对于上部身体模型的估计具有显著的提升(见图 20.6)。

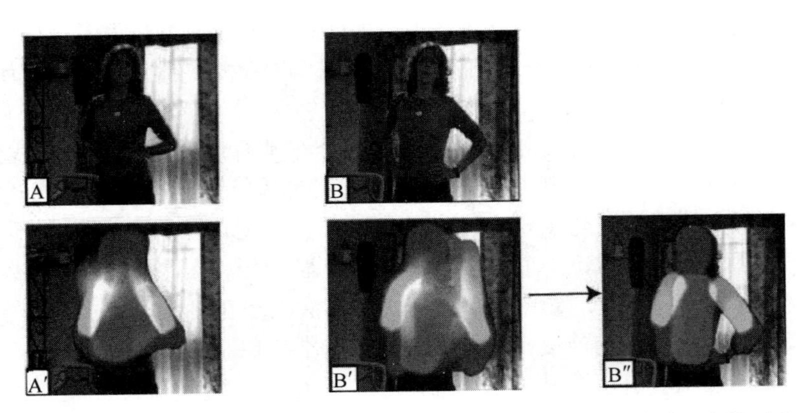

图 20.6 人体分割器并不会随着时间变化而在外貌上有所改变，故采用多帧可以产生很好的外貌模型，有助于更好地解析。图**A**给定一帧，**A′**为采用Ferrari et al.(2008)算法得到对应的解析图，描述细节见20.2.2节和图20.5。在这种情况下，解析具有相对较低的熵，已经有相对精确的解析模型。图**B**中的帧的处理更加困难，采用单一的帧的方法产生其对应的解析图**B′**，该解析图具有较高的熵。根据外貌在时间上的一致性属性，人体的分割从一帧到另一帧上变化不大，由此得到更加紧凑的解析图**B″**(This figure was originally published as Figure 6 of "Progressive search space reduction for human pose estimation," by V. Ferrari, M. Marín-Jiménez, and A. Zisserman, Proc. IEEE CVPR 2008, © IEEE 2003)

现在考虑另外一种获取外貌模型的方法。由于从观察角度来看，人们往往采用侧面行走，这意味着如果具有足够的序列(几分钟的序列即可)，就可以检测某处的这种结构。一旦检测到该人体，由于已经知道手臂、腿、躯干和头部的位置，则可以读出该外貌模型。图形结构模型可以检测到这种侧面行走的结构而无须知道人体的颜色或者纹理分割。记 ϕ 为图像边缘接近于分割矩形边缘的相似度分数，采用强角度约束在 ϕ 仅仅检测策略行走的结构。最终检查器通过调试获取相对较低的误检率，尽管同时也具有相对较低的检测率。在序列的多帧上运行该侧面行走检测器，由于检测器具有很低的误检率，可以知道何时响应得知有一个真实的人存在；并且由于已经定位到躯干、手臂、腿和头部，可以确定这些分割分别属于哪些部位。

现在可以为手臂、腿等构建一个判别模型，并采用该模型在新的图形结构模型中检测每个人的实例。从每个检测的分割和其背景中获取样本像素，采用逻辑回归(logistic regression)构建一个分类器，该分割像素若为前景则分类为1，否则为0。将该分类器应用于图片产生一系列的分割图，且 ϕ 为各个分割在相对的分割图中出现在图像矩形内部的分数。接着对整个视频进行运算，采用具有弱约束的图形结构模型检测该人。

20.3.3 采用模板进行运动人体跟踪

某些人体运动(行走、跳跃、跳舞)具有很高的重复性，并非必须采用一个完全可变模型的相对自由的结构对人进行跟踪。如果确信可以处理这种运动行为，则可以采用空间布局约束性更强的模型。例如，如果仅仅跟踪侧面视角的行人，则需要较少的配置，这样对空间布局的估计将会变得更好。采用这种方法的另一个优势是，可以识别与我们所期望的完全不一致的人体结构，由此得到不寻常的行为。

Toyama and Blake(2002)采用混合模板[称做范例(exemplars)，见 Toyama and Blake(2001)]对图像进行似然编码。假设具有单一的模板，其可能为一条曲线、一个边缘图或类似形式。这些模板可能倾向于某些组的行为(更多是局部的)，例如平移、旋转、尺度或者畸变。采用基于图像块和变形模板之间的距离的指数分布，建模一个图像块与给定模板及其变形模板的似然模型(也可以将其看成简单的最大化信息熵模型，这里尽可能避免复杂的描述)。归一化的常量通过拉普拉斯算法估计得到。多个模板可以用于对前景物体的重要的外貌进行编码。此时的状态为(a)模板和(b)变形参数，以及用于评估该状态上的条件的似然。图 20.7 给出采用指定实例的模型相比于采用通用模型，对人的跟踪更加容易。

可以认为该算法为采用动态模型(见图 20.8)在时序相连的不同模板匹配器的集合。这些模板和动态模型通过训练序列得到。由于是对前景进行建模，所选择的训练序列应尽可能简单，这样边缘、线以及相关的检测器引起的响应是源于移动的人。现在选择这些模板可以当成一个聚类的问题。一旦模板选定，通过计数可以得到动态模型。

使得该算法非常吸引人的一点是其依赖前景增强(foreground enhancement)——模板组合图像的各个成分，并集合在一起，以暗示一个人的存在。采用该方法最大的困难是可能需要许多模板覆盖一个移动的人的所有视角。更进一步讲，状态的推理可能非常困难。

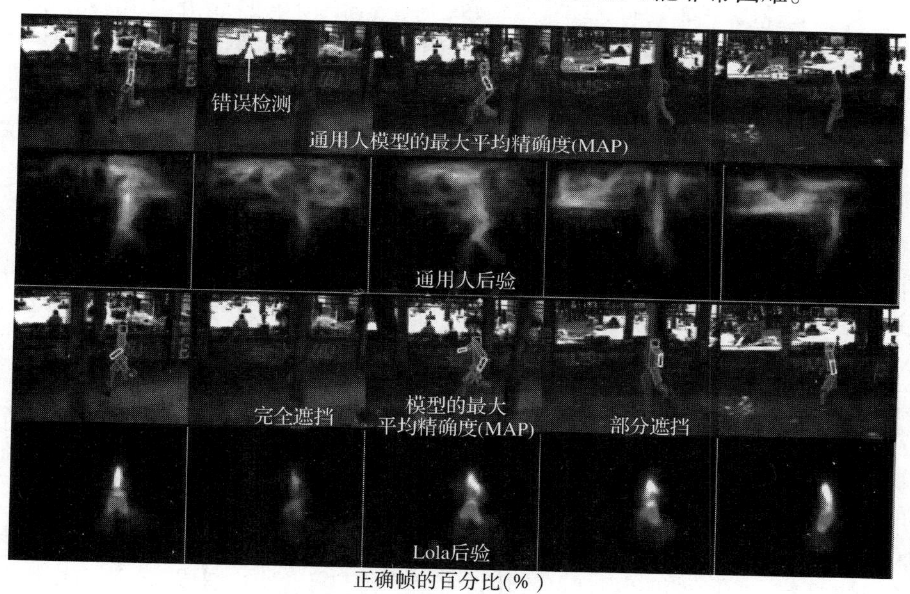

正确帧的百分比(%)

模型	躯干	胳膊	腿
通用	31.4	13.0	22.2
‘Lola’	98.1	94.3	100

图 20.7 Ramanan(2005)指出采用指定实例的模型相比于采用通用模型，对人的跟踪更加容易。前两行给出片图结构的检测结果，其中片图的部件是由边缘模板建模。该图同时给出最大后验(MAP，见矩形框)姿态和通过半透明覆盖得到的整个实体后验的可视化，见采样的亮区域(故在后验概率的主要峰值显示很强的亮度)。注意一般的边缘模型可能会被背景中的纹理影响而变得模糊，这需要通过崎岖的后验映射图进行强化。后两行给出在行人序列采用指定模型的结果，该方法的描述见上面(部件轮廓由风格化的检测学习得到)。该模型在相关联的数据上表现效果良好；该方法将大部分的背景像素去除。通过记录当四肢被精确定位的帧的百分比，对该现象进行量化表示。显然，指定模型具有非常好的效果(Figure reprinted from D. Ramanan's UC Berkeley PhD thesis, “Tracking People and Recognizing their Activities,” 2005, ⓒ2005 D. Ramanan)

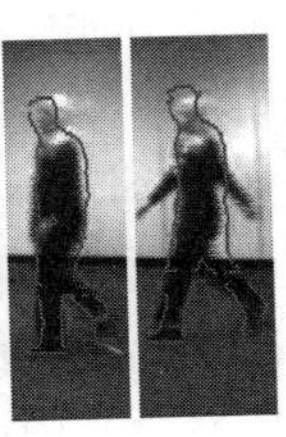

图 20.8 Toyama and Blake(2001)指出人的运动可以通过模板匹配并随着时间变化连接模板进行跟踪。模板对可能的身体构造进行编码,并允许摄像机变化引起的一些变形。这种表征方法具有一个优势,即一个模板可以对其他不确定的边缘证据进行池化处理;采用粒子滤波进行跟踪(见11.5节)。该图给出两个运动序列的视频帧,并与最佳的匹配模板进行叠加(忽略视频帧中的水平线结构;这只是视频中的交叉效应)。左图的柱形图,一个测试序列的视频帧给出在训练序列中同样出现的某人(例如,同一个测试者,但不属于同一帧)。模板可以很好地通过不同的个体进行泛化;右图给出测试序列中的视频帧,用于捕捉测试序列中并不出现的测试者(This figure was originally published as Figures 1 and 4 of "Probabilistic Tracking in a Metric Space," by K. Toyama and A. Blake, Proc. IEEE ICCV 2001, © IEEE, 2001)

20.4 从二维到三维:提升

令人非常惊讶的是,对于一个人在图像中的二维结构配置,通过某种简单直接的几何推理就可以重构这个人的三维结构配置。目前主要有两种重构的方法:绝对重构法(absolute reconstruction),关于全局世界坐标系对人体进行重构;相对重构法(relative reconstruction),关于某基坐标系重构人体分割结构。基坐标系源于人体,其原点往往位于躯干上。

尽管具有运动信息,绝对重构法是非常困难的,这是因为每个分开的帧在深度上可能有缺失的平移变换,其运动信息并不能完整恢复。采用移动摄像头的绝对重构法具有一定的技巧,需要一个很好的摄像头对运动进行估计来产生重构结果(这里并不打算详细介绍其重构细节)。而相对重构法对于该目的往往已经完全足够,例如,绝对重构法并不需要对动作行为进行标记。

重构看起来具有一定的模糊性,但可能并非如此。对于探索外貌细节,有许多算法可以避免该模糊性(见 20.4.2 节)。进一步来说,在运动中可能具有一些非模糊的信息(见 20.4.3 节)。

20.4.1 在正视图进行重构

图像中的人距摄像头的距离远远超过人伸展深度的范围,故尺度化的正交摄像头模型是非常适合的。可能失败的一种情形是人指向摄像头;如果手相对于手臂的长度非常近,由于不同的角度的原因在手和手臂上产生不同的影响,一种极端情形是手可能遮挡住大部分的身体。

将身体分割看成一个圆柱体,假设其长度已知。如果摄像头的尺度已知,并且不同的身体分割的末端已经标记,则介于图像平面和分割坐标轴的余弦值已知,这意味着三维的分割具有二重模糊,并有深度变化(图 20.9 给出具体的例子)。可以通过每个独立的分割进行重构并包含一个关于深度平移的模糊(这是非常重要的,但往往被人们忽略)和在每个分割的两个模糊。现在,通过对每个分割都进行重构而得到整个人体的重构。每个分割具有一个缺失的深度自由度,但各个分割必须联合在一起,这意味着可以得到一些离散的模糊性组合。根据不同的环境,人体的分割数目可能由 9 个到 11 个不等(头部往往被忽略掉;躯干可以由其他的几个分割推理得到),由此产生 512 ~2048 个可能的重构情形。这些模糊性构成持续的视角图像。可以参考图 20.10 给出的例子。

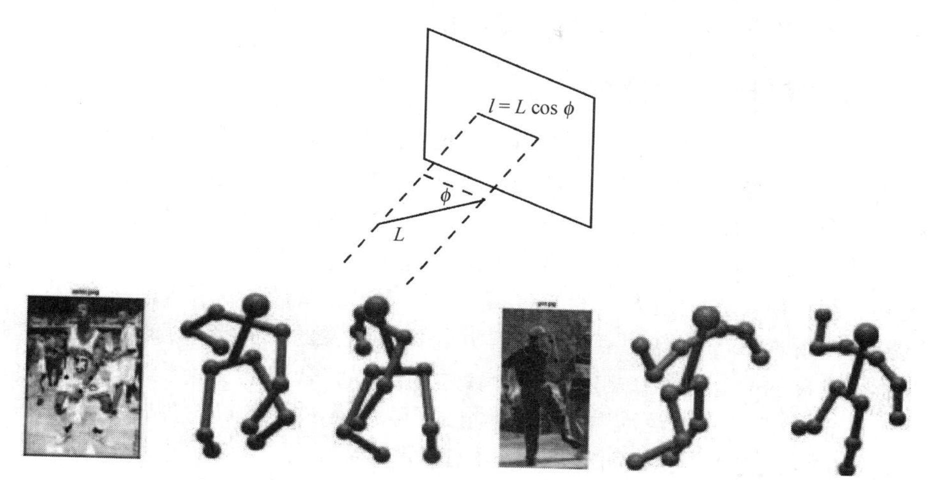

图 20.9　长度为 L 的线段的正交投影视图的长度为 $sL\cos\phi$，其中 ϕ 为线段的倾斜部分与摄像机的角度，s 为米到像素换算的摄像机尺度（上图为1）。接着，如果已经知道身体部分的长度，就可以猜测摄像机的尺度，可以估计 $\cos\phi$，同时可以知道视频帧的倾斜角度具有两个模糊值。这种方法是非常有效的；下图给出采 用Taylor(2000)算法对于单一的人体形态正视图得到的三维重构。左图给出原始图，身上的连接点为手动标记（用户同时指出在身体部位的哪些顶点更靠近摄像机）。中图给出在摄像机视角上进行重构的渲染图，右图给出从不同方向的视角得到的渲染结果（This figure was originally published as Figures 1 and 4 of "Reconstruction of articulated objects from point correspondences in a single uncalibrated image," by C. J. Taylor, Proc. IEEE CVPR, 2000 © 2000 IEEE）

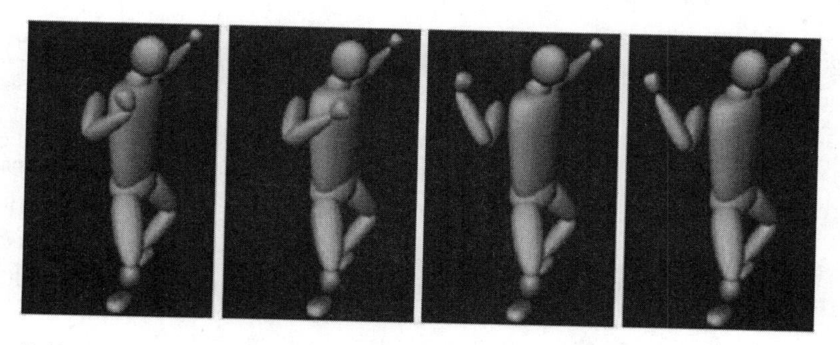

图 20.10　从单一视角得到的三维形体的模糊性重构，源自 Sminchisescu and Triggs(2003)。该模糊性通过正交摄像机的尺度缩放参数可以很容易观察到（见文中），但在透视图持续存在（见论文作者描述）。注意最左边翘起的手腕图违反了运动学定理：没有人可以将不受损的手腕进行这种状态变化（This figure was originally published as Figure 2 of " Kinematic jump processes for monocular 3 D human tracking," by C. Sminchisescu and W. Triggs, Proc. IEEE CVPR, 2003 © 2003 IEEE）

在这种人体的简单模型中，根据单一的图像进行三维重构是非常模糊的。然而，在某些方法中该模型可以得到简化，在这种情形下真实情况是非常不确定的。一种重要的简化方法是假设所有的三维重构是可行的。实际中，对于连接点的旋转是有约束的（例如，人的肘部往往只移动大概70°的范围)，故某些模糊性的设置可能与人的运动没有关联。遗憾的是，有证据表明通过单一图像进行重构的结果有多种可能(见图20.10)。对于需要多少个图像或者仅仅需要几个图像就可以得到可接受的重构目标，目前是不可知的。

20.4.2　利用外貌进行精确重构

Mori and Malik(2005)利用匹配[见Mori et al.(2002)]处理离散的模糊性。首先给定一组标记关节位置的样本图像，对于每个样本图像勾画出人体轮廓并采样，对每个样本采样点采用上下文形状信息进行编码(即在高分辨率图像表现局部图像结构，在低分辨率图像得到更大尺度的图像结构)。样本图像的关键点是通过人工标记的，且该标记包括哪个人体分割中的末端更接近摄像头。在测试图像中首先识别人体的轮廓(Mori和Malik采用边缘检测子；如果背景比较复杂，则可能影响检测效果)，对轮廓点进行采样并与样本图像的采样点进行匹配。首先是一个全局的匹配过程，接着对每个人体分割匹配一个合适的样本和合适的二维配置。人体由一系列分割构成，且允许：(a)二维中的运动畸变，(b)测试图像中不同的人体分割与不同训练图像的分割的匹配。最好的匹配样本关键点可以通过匹配过程提取得到，并且该关键点的位置将会在测试图像中通过最小二乘法匹配(即围绕着该关键点的一系列样本点进行调整)变换估计得到。对关节位置和最接近摄像头的人体分割的末端进行标记，由此得到结果。接下来，进行三维重构，图20.11给出了一些例子。

图20.11　Mori et al.(2002)通过匹配测试图像与模板(其中关键点已经被标记)来对模糊性进行离散化。关键点的标记包括哪个部分的末端与视角更近。左图给出测试图像的例子，关键点由叠加的匹配策略构建。其重构结果见右图；或者见Mori and Malik(2005)(This figure was originally published as Figures 6 and 7 of "Estimating Human Body Configurations using Shape Context Matching," by G. Mori and J. Malik, IEEE Workshop on Models versus Exemplars in Computer Vision 2001 © IEEE, 2001)

另一种方法是对图像中人体的关节角度进行回归处理。对于最简单的回归方法，其输入为大训练样本集中的最近邻，其输出为该最近邻关联的值。Shakhnarovich et al.(2003)构建了一个三维结构数据集(见图20.12)，并对每一帧进行渲染，采用POSER(一个对人体进行渲染的算法，来自Creative Labs)。他们给出在留存数据上采用不同变种的回归算法的错误率，其中近邻池是由参数－敏感哈希(parameter-sensitive hashing)计算得到的。一般情况下，采用更多的近邻，并采用线性局部加权回归(从最近邻池中构建一个线性回归模型)将会实现更好的性能提升，并且该算法非常鲁棒。最好的方法是鲁棒、线性、局部加权回归。采用他们的方法得到对具有13自由度的上部身体模型的关节角度估计的均方误差大概为20°；该方法可以产生完整的三维形状估计(Grauman et al. 2004)。

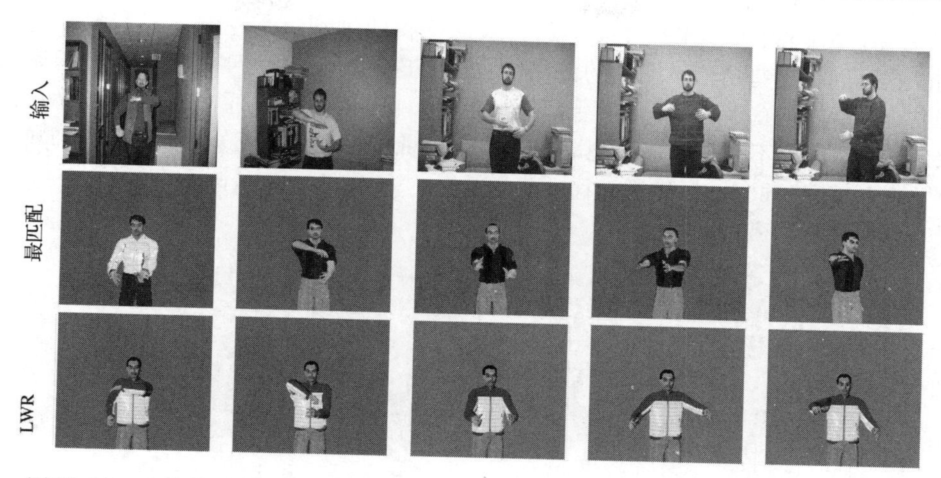

图 20.12　人体的三维构造可以通过非参数的回归进行重构。Shakhnarovich et al. (2003)将输入帧(顶行)与大的选择的标记帧进行匹配。最近邻显示见图中；这给出大多数情况下相对公平的重构，但可以通过搜索多个最近邻和构建鲁棒线性回归进行性能提升(底行)(This figure was originally published as Figure 5 of "Fast Pose Estimation with Parameter-Sensitive Hashing," by G. Shakhnarovich, P. Viola, and T. Darrell, Proc. CVPR 2003, 2003. © IEEE, 2003)

20.4.3　利用运动进行精确重构

对于很多应用，视频中都有一个移动的人体。在这种情形下，对于每帧都进行三维重构是没有必要的。根据可靠的经验法则：从大众运动的角度来讲，大多数身体运动相对于常规的视频帧率要慢。例如，运动捕捉序列可以通过最小损失进行压缩(Arikan 2006)。每一帧重构身体结构不可能相互独立，故后续帧(或者前续帧)可以有效遏制当前帧的模糊性。

Howe(2004)通过整个三维运动路径与二维图形跟踪的匹配将动态信息添加到距离代价中。对于每一帧的运动序列，采用包括各种可能的摄像机和各种可能的基坐标系的离散网格将收集的每一帧进行渲染。接着构造包括三维运动重构的序列，实现(a)比较好的结合，(b)帧看起来像是跟踪。这是一个优化问题，我们从一个三元组(捕捉的运动帧，摄像机，基坐标系)到其他每个三元组构建一个转移代价。这个代价对极大的身体分割和摄像头速度进行惩罚。计算渲染帧和跟踪帧的匹配代价。记 F_i 为跟踪帧的第 i 个序列，S 为该序列的一个重构，(L_i, C_i, R_i) 为关联摄像头的 F_i 的重构帧。则重构的代价损失函数为

$$\mathrm{cost}(S)=\sum_{i\in S}\left[\begin{array}{c}\text{转移代价}\ ((L_i,C_i,R_i)\rightarrow(L_{i+1},C_{i+1},R_{i+1}))\\ +\ \text{匹配代价}\ \ ((L_i,C_i,R_i)\rightarrow F_i)\end{array}\right]$$

原则上，可以通过动态规划对代价损失函数进行优化求解。实际上，由于有大量的三元组 (L_i, C_i, R_i)，使得动态规划求解行不通，但是其计算复杂度可以大大降低。例如，实际应用中摄像机的个数非常少，并且可以通过其轨迹采用初等方法得到图像平面的基位置 。如果运动捕捉的数据集非常大，可能需要对其帧进行缩减，或者避免低于某阈值的代价损失函数的三元组的查找(Howe 2004)。

可以将上述方法进行拓展，用于加速和将运动捕捉的片段(围绕给定帧中心的短时间的帧)与视频的片段进行匹配的高阶动态求解。为达到这个目的，需要假设基坐标相对于摄像机的移动比较缓慢，使得采用单一的摄像机并且采用每个片段的基坐标结构是可行的。

某些模糊性似乎具有长期性。例如,从行人的侧视图中判定是左腿还是右腿领先仍然是非常困难的。这是因为这些情形下图像的变化很小;介于裤腿间的区分性非常小,故很难区分是左大腿遮挡右大腿,还是右大腿遮挡左大腿。类似的这种模糊性可以通过长时间传播的精确证据得到解决。例如,如果不存在脸部检测器,则很难判断该人在横向站立视图中是面向哪个方向。然而,如果该人离开(并假设摄像机的移动非常缓慢),则其轨迹显示该人面对的方向,这种信息是可以进行传播的(见图 20.13)。

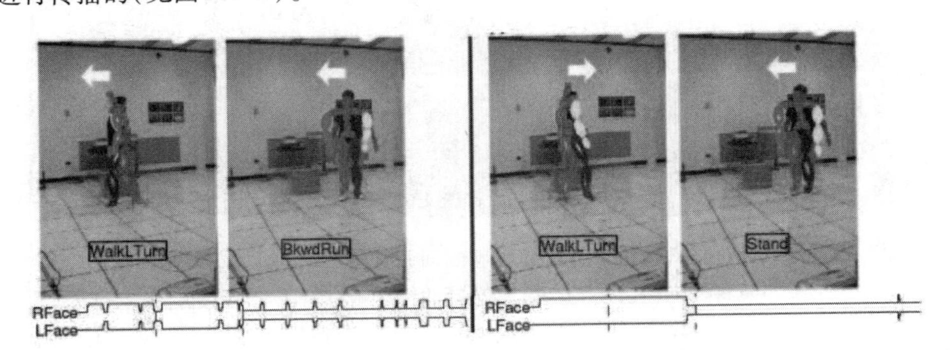

图 20.13 左视频帧源于一个行走的序列帧,这是通过与运动捕捉数据匹配得到的(Ramanan and Forsyth 2003)。从一帧到另一帧的匹配是相互独立的。注意人体的侧视图(最左边)是模糊的,得到不精确的重构结果。这个模糊性不具有持续性,这是因为摄像机不能从一帧自由地移动到另一帧。右视频帧给出采用动态规划增强摄像机代价的模型得到的重构结果。正确的重构结果往往是可行的,这是由于人并不停留在一个模糊的组态。注意左图的情形,当出现模糊(当人脸有规律地从面向左侧反转到面向右侧时),随机的方向选择是非常重要的。这是因为摄像机自由的旋转意味着在每帧偏置上出现模糊。对于右图的情形,通过对快速的摄像头旋转的平滑处理,图像的标记很少会发生变化(事实上,这是正确的)(Figure reprinted from D. Ramanan's UC Berkeley PhD thesis, "Tracking People and Recognizing their Activities," 2005, © 2005 D. Ramanan)

20.5 行为识别

行为识别方法尝试为单一图像进行标记或者对视频的描述进行表征。这种表征常常但并不总是一个名称。行为识别方法可以同时采用运动捕捉数据(三维身体结构的测试准则)和可视数据。动作捕捉数据通常是收集的具有一定目的性的人体动画数据,将在 20.5.1 节讨论相关的动画文献。很自然的思路是首先解析人体结构,其次解析标记数据(见 20.5.2 节)。另外,也可以构建外貌特征,接着将其进行分类(见 20.5.3 节)。根据相关的动画文献,一个非常重要的建议是人类行为似乎是组合的;这意味着任何标记的字可能由于意义太窄而不能用,因为运动可以分解和重组。某些方法显式地将其建模(见 20.5.4 节)。

20.5.1 背景:人类运动数据

动作捕捉指的是采取特定的布置用于测试(相对)非干扰的人体结构。最近,光学标记运用到了更多的系统中,要么使用被动标记(passive markers)(例如,使测试者穿上紧身且具有非常小的亮点的黑色衣服),要么采用主动标记(例如,测试者身体上闪烁的红外标记),收集不同摄像机视角的穿戴有标记的人的移动。对每个人体通过标记的三维结构进行重构；接着清除错误的匹配并将其映射到一个合适的躯干模型——已知属性的关节的运动树，并将其建模为通过固定的分割部分分开的（即长度）点，用于估计人体的运动。骨架的结构要么细化为关节角度，要么细化为分割末端的三维的位置（关节位置）。采用一个骨架表征的数据无法使得其变换为各个其他的骨架。运动捕捉是非常复杂且十分精细的操作；典型的运动捕捉设置需要足够多的数据作为输入以产生有效的结果。关于运动捕捉的参考文献可参见 Bodenheimer et al.（1997）；Gleicher（2000）；Liverman（2004）；Menache（1999）；Moeslund（1999）或者 Silaghi et al.（1998）。

一个很重要的实践问题是脚滑动（footskate），即渲染的运动的脚出现在地面上。在绝大多数的实际运动中，当人与地板接触时（滑行或者不同的滑动操作是例外的情况），其脚保持固定。这个属性对于测试而言是非常敏感的，可能导致在重构时某些接近——但是并不在一起——脚的底端的点关于地板是静止的。其重构结果是脚出现在地平面（并且有时嵌在里面）。这种效果是显而易见的，并且对观察结果有很大的冲击性。

虽然人的运动是非常复杂的，但人的运动是由许多小运动组合构成。例如，当人行走时，主要是一个动作进行重复的操作。许多日常的运动都是这一套路。考虑去厨房拿一把菜刀，切洋葱，爬楼梯，穿衣，等等。合理的身体运动证据表明运动是由小运动的组合构成（或者至少是组合构成对于理解运动是非常有用的）。最简单的机制便是时域组合（temporal composition），即运动及时组合在一起产生新的、更加复杂的运动。例如，一个人行走到屋子里，停下，观察四周，走向椅子，接着坐下。

动作捕捉获得的数据（计算机游戏公司提供的）是可靠的。一般通过记录和捕捉运动脚本，并采用一系列的“复杂”的运动（开始和结束于不同位置的运动）产生游戏的动作。各个运动可以看成不同的构建块（其开始和结束在同一个位置）。对于应该选择哪一个块组合到最近的块可以通过游戏引擎完成。对于特定场景的动作捕捉往往被忽略，这是出于重复表征导致的经济代价和法律困难。

这些运动块可以被认为是运动源。知道一个很大的关于运动源的字典库来编码运动是非常重要的。该字典也可以对运动数据进行压缩。通过字典表征运动，继而寻找重要的共生关系，可以产生长时间的关于运动是如何构造的统计信息。例如，知道人可以向后行走并且常常进行该动作；但是如果一个标记点永远都在人后面，则人应该转身并靠近该点。另一个例子是，对于人最近很少面朝的方向，便不是人行走的方向。长时间的运动可以当做根据模型收集运动源的序列。构建运动源的字典看起来需要对重估计进行迭代。或者直接采用已有的字典（或一系列的运动聚类）分割运动序列，接着采用分割部件重估计该字典。较好地估计运动源目前仍具有困难。

实际中的表征采用基于运动之间的变换的编码将非常有效，即采用运动图（motion graph）。根据不同的作者其细节有不同的实现，但是最简单的模型是将运动的每一帧作为一个节点，并且插入从一个帧到任何可能继承的帧的有向边。边缘的计算识别可以观察到变换，但并非是在当前的数据集中。边缘的计算通过匹配得到；如果两帧非常相似，它们的下一帧（或者前一帧）可能是相互交换位置的。帧通过点的位置和速度进行匹配。一旦图建立，有很多种方法产生符合需求的运动，通常是根据一系列的约束细化。已有的经验显示，运动图中的任意路径并不涉及太多与人的运动相似的边缘计算。对于我们的目标，更重要的是比较合理地建立与运用运动图。许多有力的证据表明人的运动是组合而成的。

对于身体的不同部位，可以采用不同的块进行构建，从而重构运动。比如，在行走的时候，非常有可能同时采用一只手挠头，则采用左手挠头的胳膊运动与采用右手挠头的胳膊运动呈现对称状态。我们将这种现象称为与身体交叉的组成。这些组成运动可以通过对一个序列的肢体进行切割并与另一序列进行拼接得到的运动捕捉数据进行重构，许多这种移植是成功的，但是某些无伤大雅的移植可能导致严重错误的运动(Ikemoto and Forsyth 2004)。很难精确确定源的复杂度，但是至少有一个问题是由被动响应构成的。例如，假设一个演员用自己的左胳膊在空气中猛烈地出拳；接着，对于右胳膊必然有非常小的瞬间摇摆。如果将右胳膊的运动移植到没有出拳的另一个序列，则结果可能看起来非常糟糕，右胳膊显然是其元凶。我们可以推测人可能识别一些运动，而这些运动并不是中枢神经引起的且可以解释为消极现象的运动。

20.5.2 人体结构和行为识别

从视频中的帧恢复人体，然后采用该信息进行行为识别，这是很自然的。但是有两个很主要的困难：首先，解析和跟踪相当困难，正如我们所预见的那样，解析中发生的噪声很有可能覆盖有用信息；其次，什么样的特征是需要计算的则不清楚。

一种可能的特征是强调在序列中可能出现的某些姿态。在目前的行为识别数据中，有足够多的直接证据显示大多数运动都有一些鉴别力很强的姿态对应。这预示着查找姿态，接着用一些存在于这些行为中的鉴别性很强的姿态进行表征。例如，可能采用一组鉴别性很强的姿态构成字典，用向量量化的方式量化查找的姿态，并构建直方图。平缓的直方图消除了序列信息，由于这是一个对行为的粗略估计，因此应当保留。一个 n 元组的姿态是一个关于 n 个向量量化的姿态，Thurau and Hlavac (2008)通过构建这些 n 元组的直方图并对行为进行分类而取得了非常好的结果(见图 20.14)。

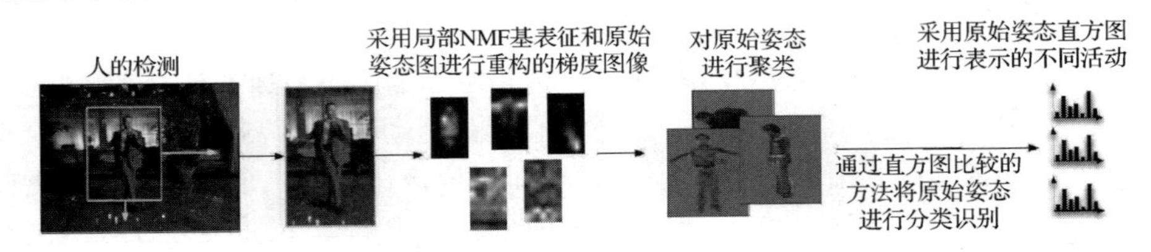

图 20.14 许多的运动都包括具有特性的身体姿态。Thurau and Hlavac(2008)给出一种简单且非常有效的表征方法，可以查找这些具有特性的姿态表征综合运动，并得到直方图。为了得到时序信息，直方图包括n元姿态(例如，n个姿态的序列)，而不是单一的姿态。这种表征方法在已建立的运动分类数据集上具有很好的效果，在面临新的运动时也会得到比较理想的结果(This figure was originally published as Figure 4 of "Action Recognition from a Distributed Representation of Pose and Appearance," by C. Thurau and V. Hlavac Proc. IEEE CVPR 2008, © IEEE, 2008)

另一种是查找人体组成成分并推理可能的成分池来匹配整个姿态；这是姿态部件(poselet)方法的一个变种(见 18.4.2 节)。Maji et al. (2011)构建单独具有鉴别性的姿态部件，采用本文概述的 Bourdev and Malik(2009)(见图 20.15)姿态部件聚类方法的变种。现在，相比于尝试连接不同的姿态部件或者定位不同的个体，他们构建特征来汇报这些姿态部件的行为。接着采用这种特征进行分类，并且非常有效(见图 20.16)。并不需要将这些姿态部件转向解析，因为不大可能查找这样一种姿态部件池，使得(a)满足一个行为，(b)非常接近但又不同，事实上是连接在一起的。

行为、人体结构和附近物体之间的关系非常丰富且很复杂。知道这三类信息中的其中一个或者两个都对未知信息给出很强的约束。Yao and Li(2010)构建了连接这三者的一个模型，并用其估计物体、人体结构和行为。结合这三种属性可以显著地提升性能(见图 20.17)。截至本书写作之时，类似的这种方法仅仅适用于静态图像，但期望其在不久的将来可应用到运动序列中。

图20.15 在许多运动中，某些身体的部件具有很高的典型外貌。Maji et al.(2011)指出可以采用特定的运动姿态部件构成的单词表对这些运动进行分类,其中姿态部件为具有如下性质的局部图像块:(a)看起来像身体的部分,(b)传递运动的鉴别信息。该图给出这种姿态部件;注意当接听电话时,头部是如何处理这种倾斜特性的;当行走时,腿部是如何处理这种剪刀特性的;骑马时,躯干和手臂也具有特定的姿态(This figure was originally published as Figure 10 of "Action Recognition from a Distributed Representation of Pose and Appearance," by S. Maji, L. Bourdev, and J. Malik, Proc. CVPR 2011, © IEEE, 2011)

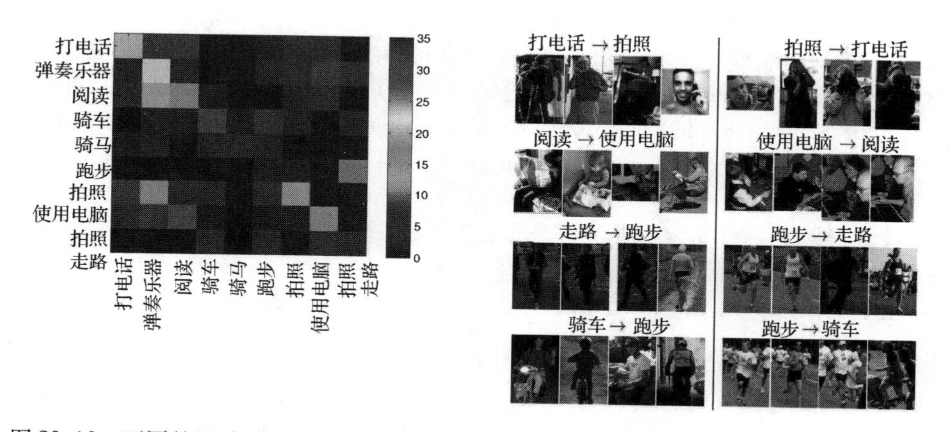

图20.16 不同的运动可以通过姿态部件运动向量进行分类，这些姿态部件可以给出对应存在的每个部件(见图20.15或者类似的)的强力支持。左图,从Pascal运动竞赛中抽取的一系列9个运动的类混淆矩阵;右图,Maji et al.(2011)给出的误分类例子(This figure was originally published as Figures 12 and 13 of "Action Recognition from a Distributed Representation of Pose and Appearance," by S. Maji, L. Bourdev, and J. Malik, Proc. IEEE CVPR 2011, © IEEE, 2011)

20.5.3 采用外貌特征识别人类行为

由于所有的人脸看起来彼此非常相似，并且从合理背景得到非常大的区别，故我们可以采用分类器对人脸进行分类。对于许多行为，这种常规的思想也非常适合。例如，考虑一个喝水的正面视图；期望看到人脸、手、位于人脸之前的杯子，以及当手抬到人脸围绕嘴边的一系列运动。这些信息应当特征化，事实上也确实如此。

特征构建的方法反映了这些描述，详见第5章和第16章，但要构建复杂的特征用于表征这种运动。一种自然的处理过程是查找时空感兴趣点，围绕这些兴趣点构建时空近邻，在这些近邻区域计算时空特征(例如SIFT特征)，采用构建的视觉单词向量来量化这些特征，接着像常规方法那样勾画这些视觉单词的直方图并进行分类。另一种方法是采用广义的HOG特征来表征这种时空关系。不管哪一种方法都非常复杂。

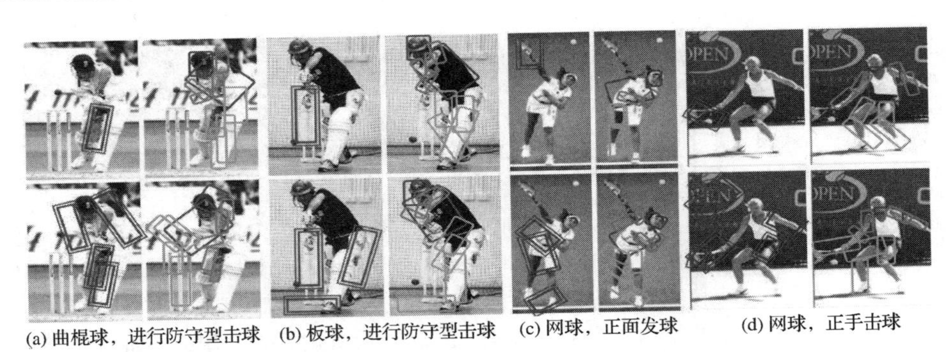

图 20.17 人附近的物体有助于姿态的估计，同时也可以估计其运动类型；同样，姿态信息同样有助于识别运动和人附近的物体。Yao and Li(2010)指出采用图模型估计所有三个联合，将会比独立的估计得到更好的结果。对于图中显示的每个运动，都有4个结果。左上图给出采用他们的方法得到的物体检测(分别为曲棍球棒和网球拍)；右上图给出采用他们联合的方法得到的人体解析。左下图给出采用滑动窗口的方法得到的物体检测，右下图给出采用其他方法得到的人体解析。注意在联合估计上结果的比较(采用他们的方法，性能上有所提升)(This figure was originally published as Figure 9of "Modeling Mutual Context of Object and Human Pose in Human-Object Interaction Activities," by B. Yao and L. Fei-Fei, Proc. IEEE CVPR 2010, © IEEE, 2010)

处理这种常规性的一种非常重要的方法是：要么将图像梯度推广到时空梯度(例如，查看$\frac{\partial \mathcal{I}}{\partial x}$，$\frac{\partial \mathcal{I}}{\partial y}$和$\frac{\partial \mathcal{I}}{\partial t}$，产生两个图形方向)，要么单独采用光流向量和图像梯度向量。直方图可以主要用于空间上(例如，延伸到单独帧之间的桶)，或者是时间上(例如，在一个帧的小的截面，并随着时间进行拓展)，或者是时空上(见图 20.18)。Laptev and Perez(2007)钟爱 boosting 的方法，是因为这种弱分类器可以用于特定类型的局部直方图，并且可以解决哪一种特征是最具有信息量的问题。

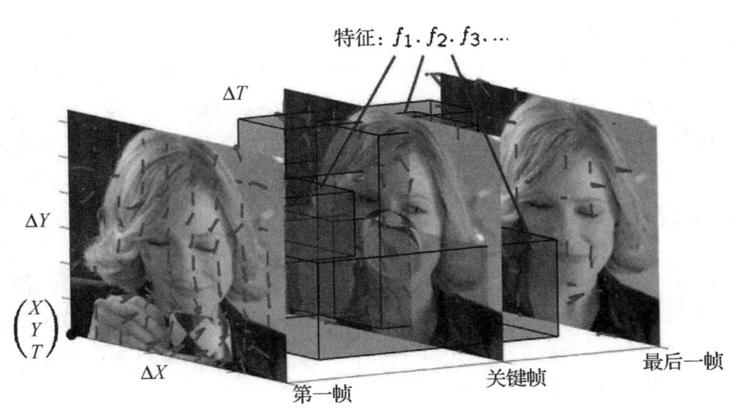

图 20.18 第 5 章和第 16 章描述的特征重构方法可以推广到运动序列的特征提取上。有两个方面：首先，考虑光流向量(见10.6.1节)和梯度向量；其次，构建空间直方图(这里直方图柱形覆盖X和Y方向)或者时间直方图(柱形扩展到T方向上)(This figure was originally published as Figure 3 of "Retrieving Actions in Movies,"Y. Laptev and P. Perez, Proc. IEEE ICCV 2007, © IEEE, 2007)

这种推广局部近邻特征并进行分类的方法在非常复杂的行为识别中取得相对惊人的成功（见图 20.19 和图 20.20）。Laptev et al. (2008) 给出关于复杂行为的成功的识别器，并可以通过对齐的视频剪辑进行训练得到（采用字幕和语音），接着根据一个字幕中标记的行为裁剪一个视频块。虽然通过这种方法查找的训练样本并非每个都正确，但足以得到一个非常好的识别器（见图 20.20）。

图 20.19　Laptev and Perez(2007) 给出复杂的运动可以通过图 20.18 构造的时空序列特征的分类器进行检测。这里我们给出前10个喝水的响应，通过它们响应的强度进行排序。亮度值较轻的矩形框为正确的，更暗的矩形框为误检。对于这种复杂的运动，检测结果相对准确（This figure was originally published as Figure 8 of "Retrieving Actions in Movies," Y. Laptev and P. Perez, Proc. IEEE ICCV 2007, © IEEE, 2007）

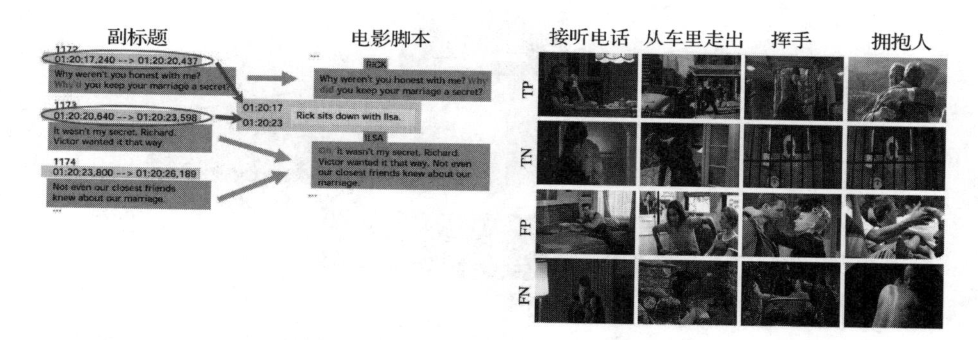

图 20.20　Laptev et al. (2008) 通过电影脚本学习可鉴别的行为模型，这些行为经过命名，并在电影中通过脚本（见图左）对副标题进行对齐，得到最有可能发生一个行为的电影窗口。给定足够的样本，它们可以学习一个分类器，尽管有些样本标记错误。该分类器可用于对足够复杂的现场行为进行分类。右图，分别为采用该方法检测到的复杂行为的真正正确（TP）、真正错误（TN）、误检（FP）、漏检（FN）样本（This figure was originally published as Figure 10 of "Learning realistic human actions from movies," by I. Laptev, M. Marszalek, C. Schmid, and B. Rozenfeld, Proc. IEEE CVPR 2008, © IEEE, 2008）

20.5.4　采用组合的模型识别人类行为

足够的证据表明人类的行为是组合的。如果行为确实是组合而成，则不同的行为标记的功能可能确实强大。如果一个行为是随着时间并散布全身组合而成，则需要同时有腿的动作，左手、右手的动作，等等。显然这个结果是非常复杂的。这产生关于单纯判别方法的干扰问题。可能并没有足够多的标记来表征复杂的行为。某些复杂的行为可能是不相关的，从表征或者观察角度来讲并不会影响任务的性能。例如，如果仅仅想查找站立的人，则并不需要表征人正在行走时所进行的其他事情。

如果确定具有足够多的标记，n 元组姿态直方图(见 20.5.2 节)则是一个可行的表征方案。它们具有很好的性质：在保持关于序列的某些信息的同时压缩时序细节。另一种方法是构建可能的局部标记成分组合的显式模型。例如，Ikizler and Forsyth(2008)将身体部位构建为一组基标记移动的局部模型。这些模型联合在一起形成一个非常大的 HMM 模型(见图 20.21)，其中局部模型带有标记(例如，某些状态表征腿的行走)。接着采用该 HMM 模型查询一系列从没有见过的行为视频，并且可以很好地通过有限状态及时自适应连接手臂和腿标记。这对于估计后验是非常容易的，因为这些序列是由有限状态自动机(finite state automaton，FSA)生成，并通过该后验对序列进行排序。

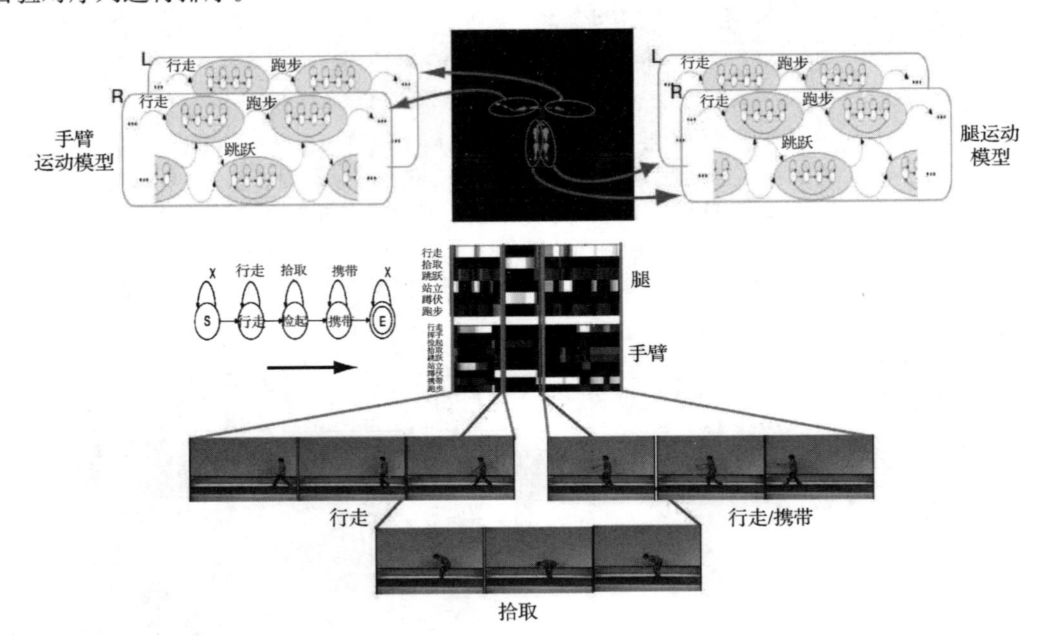

图 20.21 Ikizler and Forsyth(2007)通过联合短马尔可夫模型构建复杂的行为模型，该马尔可夫模型可以对特定运动(例如行走、跳跃、跑步)的手臂(或腿)进行编码。如果3D构造和处理速度相似，两个阶段可以联合在一起。其结果模型非常大，但并不需要很大参数的学习(顶图)。通过该模型的路径产生关于手臂(或腿)的标记序列。一个运动可以表征为HMM网格(底图)的状态的后验权重；注意这些网格是如何将这些序列分割为三个块的。或者，可以通过估计后验，使得该网格表示一种有限状态自动机。该图给出“行走”的FSA，接着为“捡东西”，接着为“拿着东西行走”。这种表征允许一个关于手的FSA和关于腿的FSA(This figure was originally published as Figure 3 of “Searching Video for Complex Activities with Finite State Models,” by N. Ikizler and D. A. Forsyth, Proc. IEEE CVPR 2007, © IEEE, 2007)

对组成成分精确的表征是非常吸引人的，这是因为其允许有非常复杂但仍然相对容易表征的标记空间。一个困难是当前的算法在组合时需从何处分割来对人体进行解析。最终导致的结果是该性能对于解析问题非常敏感。解析算法在截止本书写作之时已经具有很好的性能，我们期望在不久的将来，这个困难可以得到很好的解决。另一个困难是很难确定一个非常好的基标记集。

20.6 资源

Ferrari、Eichner、Marín-Jiménez 和 Zisserman 公布了 Buffy 曲棍球球手数据库(Buffy stickman dataset): http://www. robots. ox. ac. uk/ ~ vgg/data/stickmen/index. html。

Ferrari、Eichner、Marín-Jiménez 和 Zisserman 公布了已经标记的姿态类(例如，手放在臀部，站立)，摘自于“*Buffy the Vampire Slayer*”第五季，其网址为 http://www. robots. ox. ac. uk/ ~ vgg/data/buffy_pose_classes/index. html。

Patron-Perez、Marszalek、Zisserman 和 Reid 公布了一个具有 300 个视频剪辑的数据集展示 4 个交互行为(握手等)，其网址为：http://www. robots. ox. ac. uk/ ~ vgg/data/tv_human_interactions/index. html。

Buehler、Everingham 和 Zisserman 公布了人的签名数据集，其标记为关于手臂和手的分割掩码，其网址为：http://www. robots. ox. ac. uk/ ~ vgg/data/sign_language/index. html。

Gorelick、Blank、Shechtman、Irani 和 Basri 公布了具有标记的行为识别数据集，常常称为 Weizmann 数据集，其网址为 http://www. wisdom. weizmann. ac. il/ ~ vision/SpaceTimeActions. html。

Ikizler-Cinbis 公布了从互联网搜索的复杂的行为组合，用于学习行为的数据集，仍然在图像上识别，其网址为 http://web. cs. hacettepe. edu. tr/ ~ nazli/research. html。

Yuan, Liu 和 Wu 公布了 MSR 行为数据库，该库有 16 个视频序列，包括 10 个人的 63 个行为，其网址为 http://research. microsoft. com/en-us/um/people/zliu/actionrecorsrc/default. htm。

Laptev 和 Caputo 公布了一个广泛应用的视频数据集(KTH dataset)，该数据集包括在 4 个场景下的 6 类行为，其网址为 http://www. nada. kth. se/cvap/actions/。

Shah 和 others 公布了几个关于人类行为的数据集，包括 UCF 50 数据集(50 种行为分类，视频来源于 YouTube)，一个红外数据集，一个运动数据集和一个空中行为数据集，其网址为 http://server. cs. ucf. edu/ ~vision/data. html。

Niebles、Chen 和 Fei-Fei 公布了一个关于奥林匹克运动的 16 类数据集，其中每类具有 50 个样本视频，其网址为 http://vision. stanford. edu。

VIRAT 数据集是一个关于监控的非常具有挑战性的视频数据集，其网址为 http://www. viratdata. org/。

Laptev 公布了几个人类行为的数据集，包括从根据字幕对齐的电影收集的(见图 20. 19 和图 20. 20)，其网址为 http://www. irisa. fr/vista/Equipe/People/Laptev/download. html。

HumanEva 数据集是视频数据与动作捕捉同步的数据集，由 Black 和 Sigal 在 http://vision. cs. brown. edu/humaneva/发布。

PPMI 数据集是一个关于人演奏乐器的数据库，由 Yao 和 Fei-Fei 在 http://ai. stanford. edu/ ~ bangpeng/ppmi. html 发布。该数据可用于学习人体组合、物体和行为标记。

CMU 图形实验室公布了一个非常大的运动捕捉数据集，其网址为 http://mocap. cs. cmu. edu。CMU 生活质量实验室(Quality of Life lab)公布了一个由不同的格式录制(包括人在厨房准备食物)的数据集，其网址为 http://kitchen. cs. cmu. edu/。

IXMAS 数据集由 Weinland 从 5 种不同的视角观察收集，展示了不同的人类行为，其网址为 http://4drepository. inrialpes. fr/public/datasets，其中也包括几个其他的运动数据集。

20.7 注释

使用计算机视觉方法来描绘图像或者视频中的人似乎已经成为一个独立的课题；Moeslund et al.(2011)对于该课题给出很好的阐述。人脸是其中一个很关键的子课题。在第 17 章给出人脸的描述，我们推荐读者阅读 Li and Jain(2005)关于人脸识别的文献。关于跟踪的算法、检测的算法、动漫渲染等的综述见 Forsyth et al.(2006)。解析是当前非常热门的一个课题，建议读者阅读 Sapp et al.(2010)，Tran and Forsyth(2007)，Tran and Forsyth(2010)，Yang and Ramanan(2011)，Wang et al.(2011)等。

第 21 章　图像搜索与检索

如今，收集大规模的数字图像变得非常容易，图片在互联网存在的方式也多种多样，相关的网站包括分享图片的网站、新闻网站、博物馆网站和出售图片的网站。对于家庭相片和家庭视频的收集，它们所占空间很大且不便于在网上传播，但该类相片和视频的处理也是非常重要的。我们期望对这类相片和视频进行组织并搜索特定的目标。对于图片的搜索引发许多非常困难的问题。例如，假设具有一个完美的识别系统；怎样去很好地描述所需要的相片呢？正如 Armitage and Enser(1997)、Enser(1995)和 Enser(1993)所示，采用人类检索器和语言都不一定得到完美结果。而计算机程序描述图片的能力远不如人描述图片的能力，这使得在实际操作中，搜索功能变得异常不稳定。

对于收集文本的交互工具及技术是非常成熟的。一种很重要的交互是搜索，即根据描述一方的需求，查找搜索一系列的文本反馈；另一种很重要的交互是浏览，即根据浏览一系列的文本来查找感兴趣的文本。对于搜索而言，需要定义和判定查询文本与所有文本之间的关联关系，并对所检索的文本进行排序。对于浏览而言，需要对浏览的文本根据可行的方式进行组织。

对于视觉材料，关键的问题与文本材料是非常相似的，两者都需要对所查询的目标进行相关性定义并将检索的文本进行排序，并根据有用的方式进行材料的不同组织。

21.1 节描述了不同的应用、用户需求和评价标准。21.2 节介绍了信息检索的基本技术，主要用于文本的搜索。采用向量量化技术，可以将图像特征表示为单词，21.3 节给出怎样将信息检索的思想用于这些特征。21.4 节介绍了另一种将单词与图像关联的策略，接着将这些单词作为搜索特征。最后，21.5 节总结了该方法当前的状态。

21.1　应用背景

图像检索系统将所查询的图像进行某种方式的表征作为输入接口，并返回所需的某些图片。假设已经建立一个系统，具体的功能是非常重要的，因为所构建的系统将会查找与所搜索的非常相似的图片，并且不同的应用往往涉及不同的定义图片相似度。这里一个很重要的问题是用户需求范围极其广泛，并倾向于通过完全不同的表征方式来使用图像检索系统。

21.1.1　应用

在不同的图像相似度的定义下，本文已经整理了相关的图像检索系统的应用。对于某些应用，一方面希望检索与所搜索的图片非常相似的图片；另一方面，期望得到包含某些语义描述的图片，例如，搜索词为“铁锤”，或者“不具有进攻性”。对于其他的应用，期望将收集的趋势或结构展现给用户，这种结构是通过相似性的形式进行定义，但这种相似性是很难进行显式的定义。这是一个很粗略的整理，关于这类多种相似性类型的应用还有很多。

寻找重复近邻　重复近邻检测，即查找与所检索图片看起来非常相似的图片，且往往忽略尺寸、分辨率、方向、某些裁剪、噪声的压缩和相似效应，有很多重要的应用。商标必须是唯一的(见图 21.1)，如果用户要注册一个商标，首先需要检索与已经注册过的商标是否重复[Eakins et al. (1998)；Jain and Vailaya(1998)；Kato et al. (1988)；和 Kato and Fujimura(1990)]。重复近邻的查找可以用于版权维护。例如，截止本书编写之前，图像所有者的权益需要在 BayTSP 组织进行注册，接着搜索互联网中被盗用的版权图片。或者，如果允许人们使用这些图片(在病毒式的市场营销活动中)，则在重复近邻查找上会发现很多结果。如果在自己的计算机上保存足够大的图像库，就可以检测相似图片并删除该重复图片用于节省空间。

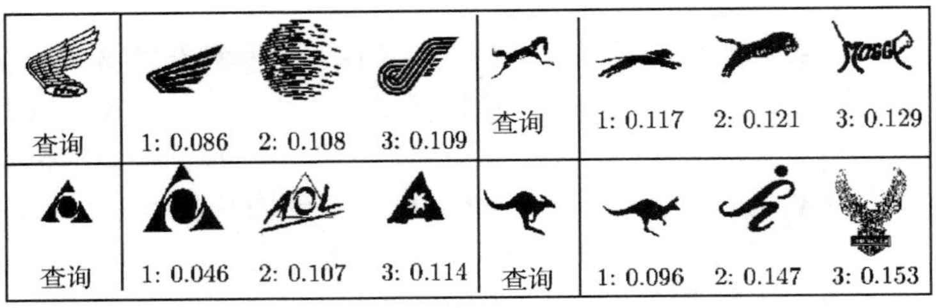

查询	1: 0.086	2: 0.108	3: 0.109	查询	1: 0.117	2: 0.121	3: 0.129
查询	1: 0.046	2: 0.107	3: 0.114	查询	1: 0.096	2: 0.147	3: 0.153

图 21.1 商标可以标识一个品牌；其商标应独特且唯一，以便客户查找。这意味着当注册一个新的商标时，需要知道其他类似的商标是否存在。一种合适的相似度标记为近似重复。这里给出Belongie et al. (2002)的结果，他们采用基于形状的相似度检测，在300个商标中进行相似度查询。该图给出每个响应的距离(例如，值越小，越相似)(This figure was originally published as Figure 12 of "Shape matching and object recognition using shape contexts," by S. Belongie, J. Malik, and J. Puzicha, IEEE Transactions on Pattern Analysis and Machine Intelligence, 2002, © IEEE, 2002)

语义检索 另一个应用需求则需要非常复杂的搜索准则。例如，库存图片库(stock photo library)是一个商业库，出售使用特定图片的版权。用户与图片库进行交互并输入所需图片的条件，例如“吸烟的家伙”，接着在图片库查找相关的图片，并可购买相应图片的版权。这些图片库的用户行为在某些细节是如何学习的呢[某些人确实对“吸烟的家伙”进行了查询，见 Enser (1993)]？

一种自动执行该搜索行为的算法需要对所查询的问题和收集的图片库有深刻的理解。互联网图像搜索(Internet image search)表明可以构建非常有用的图像搜索引擎而无须对物体识别算法有深刻的理解(商业服务提供商对于物体识别的理解远不如目前已发表文献的理解深刻，这也是一个现实)。这些系统看起来非常有用，虽然不知道有多有用或者对谁有用。

功能单一的应用也非常重要。一种是识别令人反感的图片：各种裸露图片或者不雅图片。这种处理是非常有意义的，企业可能需要阻止自己的员工在上班时间浏览该类型网页或者图片。某些政府部门可能阻止自己市民在互联网上浏览该材料。将网页内容出售给广告商的交易的目标是确保他们所出售的内容并不是令广告商担忧的内容。

趋势和浏览 在数据挖掘中，在大数据集上采用简单的统计模型分析可以得到大体趋势。这种审前调查是非常有用的，或者可以得到相关领域专家检查后的合理假设。对于图像内容检索及数据挖掘的好的算法，可以发现很多应用。例如，对地球的卫星影像进行数据挖掘来回答类似的问题：城市延伸的距离有多远？农作物覆盖的面积有多大？热带雨林还剩多大面积[见 Smith(1996)]？同样，通过对医学图像进行数据挖掘并查找视觉线索来得到长期治疗的结果。

21.1.2 用户需求

检索系统由于需要明确与所检索目标之间的关联而很难去评估。这是一个关于人类哪些经验的信息不同的问题。这个问题在图像中尤其难于处理。图像搜索系统的用户根据搜索的图像是否满足搜索的准则和图像是否相似这两方面进行判断(Choi and Rasmussen 2002, Boyce 1982)。图像呈现的是与图像内容的模糊关系。例如，一张飞机起飞的相片可能要表示的意思是"Pinochet 将军今天将要离开智利机场去往英国林肯郡的沃丁顿"[Enser(2000)给出的一个例子]。假设可以得到这些判断，可以采用召回率和精确度表示，正如16.2.2节所示。

评估检索系统的一个很重要的指标是确定用户需求。一种评估的方法是查看其部署系统。谷歌图像检索系统和 Bing 图像检索系统已经满足用户的需求。尽管企业已明确这些系统是如何工作的(可能并不明确；他们真会根据正确的标签来标记足够大的图像库得到召回率估计吗?)，但其信息将会是商业敏感的。其中的一个问题是关于图像检索的关键字看起来是非常弱的，这是因为其很难精确地描述图片内容。例如，需要检索一幅厨房的图片，从右边照明，并在屋子中间的桌子上有一块案板且上面有少许鱼块。对于这种情况，应如何描述？另一个问题是很难用关键字与图片关联。一个很好的商业系统是其可以快速地给出反馈，故我们可以进行多次不同的关键字的检索；这使得该系统非常有用。

确定用户需求的另一种方法是学习用户如何使用类似的资源，例如股票相片服务(stock photo services)。到目前为止，从股票相片服务中得到一张相片仍然需要与专业的图片管理员进行讨论。研究者根据这些服务的标签进行学习并得到用户所搜索的目标。对于将问题分解为不同类别的系统是非常有用的(细节见21.1.3节)。用户采用不同的策略查找他们所需，并且往往需要边浏览、边查找(细节见21.1.4节)。

21.1.3　图像查询的类别

大多数研究者将图像查询分为几种不同的类别。虽然有不同的查询系统，但大多数主要基于 Shatford(1986)，其本身又是来源于 Panofsky(1962)。由于不同的用户似乎总是做出不同的查询，而且由于目前许多查询的类别无法进入现代系统，故很值得去研究该课题。Shatford 将人们关联图像的不同类别绘制成表格[见表21.1，Armitage and Enser(1997)]。有许多更加简化的查询系统都是依据这个表格实现的。Enser and Mcgregor(1992)采用四类：唯一的对象(实例；例如，Winston Churchill)；唯一的对象的特定情形(例如，Winston Churchill 在1920年)；非唯一对象(类别；例如，犀牛)；非唯一对象的特定情形(改进后的类别；例如，涂有泥巴的犀牛)。用户往往可以精确指出他们所查询的目标属于这四类的哪一个分类(Chen 2001)。Hung(2005)将查询划分为特定情形(某个类别的实例；例如，花斑猫)，一般情形(某个类别的元素；例如，猫)，以及主题(情绪内容或者抽象内容；例如，猫性)。

表21.1　根据 Armitage and Enser(1997)的不同类型的查询

	图像志分析(实例)	前图像志描述(分类)	图像志阐释(抽象)
何人?	将人或事进行命名 (Winston Churchill)	将人或事进行归类 (首相)	进行神话或小说般的抽象 (凄惨的 Palliser)
何事?	将事件或行为进行命名 (滑铁卢战役)	将事件或行为进行分类 (战役)	情感或抽象 (冲突)
何地?	将地点进行命名 (厄本那香槟)	将地点进行归类 (小城镇)	将地点作为象征 (乌托邦)
何时?	特定的时间、日期或者年代 (9/11)	季节,一天中的时间 (秋季,下午)	根据时间序列对符号进行的抽象 (随着时间音乐推移的舞蹈)

注意，这些分类标准相比于目前的视觉文献而言是更加精细的。虽然可以将特定的查询或者唯一的物体查询作为近邻匹配(或者实例识别)，但对于唯一物体的特定情形的提炼却很少。同样，一般的或者非唯一物体查询更像是语义层的匹配(或者类别识别)，但关于这方面的提炼也很少。最后，不同类别的匹配(例如，主题查询；许多图解或者所有的图解)对于计算机而言仍然是难以理解的，这一点至关重要。

股票图像库的使用者一般建立精确的查询，主要是根据唯一物体和图像库交互来重新优化查询(Enser and Mcgregor 1992)。家庭相片库的用户——所有的图像都是熟知的——根据年代来组织，并根据许多短语标记来浏览(Rodden and Wood 2003)。这些用户似乎并不注释图片，可能是因为对于新相片，他们认为没有标记的需要；而对于旧相片，他们记不起该怎样或者并不费心去注释。使用在线收集图像库的用户更倾向于查询非唯一的物体，或者非类别的物体[见Jörgensen(1998)；Jörgensen and Jörgensen(2005)；或者 Hollinka et al. (2004)]，可能是因为很容易改变或者完善其搜索和浏览。对于搜索不雅图片，这种术语相对较少且互联网用户的日志的历史分析是非常复杂的(Goodrum and Spink 2001)。

21.1.4　什么样的用户使用图像采集

人们似乎采用一定的策略去查找自己需要的内容。在线用户相对于在图书馆查询的用户而言，具有更广泛的查询策略；他们可以使用不同的搜索引擎，利用收集相关图像的不同的代理网站，浏览网页，等等。Jörgensen 往往对搜索词进行多次修改并重复查询来研究专业图像(Jörgensen and Jörgensen 2005)，这些修改倾向于实验性尝试，而并非具有明确策略的修改。关于人们怎样改变其查询策略的细节见 Hung(2005)。更重要的是：(a)人们确实总是改变搜索策略，这意味着即时反馈非常重要；(b)浏览也是一种非常重要的策略。

在所有的学习研究中，一致认为浏览是非常重要的。Frost et al. (2000)根据收集的艺术相片学习人的行为。在该工作中，用户参与关键字的搜索和浏览，对于不是很熟悉该收集的用户往往更倾向于浏览相关的内容，而对于熟悉的用户则直接进行搜索。同样，McDonald and Tait (2003)发现已经明确自己需求的用户将直接搜索，而对于不明确的用户则选择浏览。Markkula and Sormunen(2000)研究新闻图像档案的用户，该用户常常首先采用非常少的关键字检索，接着浏览搜索结果。对于专业的图像研究者，例如 Jörgensen and Jörgensen(2005)，其结论是搜索过程往往包含浏览的过程，并且一个有用的浏览界面似乎比选择一个图像的过程更加重要。浏览行为是受图像组织结构影响的。如果图像的布局是随机的，用户可以快速地查询到自己需要的内容；但是如果图像的布局是根据外貌的相似性排序的，则用户将会花较长时间查找自己需要的内容，但往往结果相对令人满意(Rodden et al. 2001)。

21.2　源自信息检索的基本技术

文本信息检索的某些技术和思想非常适合于计算机视觉领域。典型的文本信息检索系统输入接口为一组查询词。它们采用这些查询词去检索某种形式的索引，返回一系列的指定匹配项。这些项通过衡量准则进行排序，通过这些项，可以选择与查询词非常相似的文本内容。

21.2.1　单词统计

大多数的文本信息检索是根据如下的事实进行的：只有少数常用单词，大多数是不常用的。最常用的单词——一般包括“the”、“and”、“but”、“it”——常常又叫做停用词，且由于大部分的文本都包括这些单词而常常被忽略。其他比较少见的单词，出现的频率不同意味着具有一定的鉴别性。很多时候，根据这些单词出现的频率可以估计该短语的内容和主题。例如，如果文本中包括“stereo”，“fundamental”，“trifocal”和“match”，则该文本很有可能是关于三维重构的；如果文本中包括“chrysoprase”，“incarnadine”，“cinnabarine”和“importunate”，则该文本很有可能是具有11个字母且末尾由e构成的列表(对于填字游戏的用户而言，可能会遇到这样的列表，可以通过谷歌查询验证)。

标记文本　直观的做法是采用一个表格用于标记每个单词是否出现，这是因为对于大多数文本，值得标记的单词非常少，故该表格是稀疏表格。记N_w为单词的数目，N_d为文本数。可以将该表格表示为数组列表。每个单词对应一个列表，且列表为文本包括该单词的整体。这种做法常常称为倒排索引(inverted index)，可以用于查找包括这些单词的逻辑组合的所有文本。例如，在所有文本中要查找包括该系列单词的任何单词，可以每次查询一个单词，在倒排索引中查找包括该单词的所有文本，得到包括这些单词的所有文本的并集。同样，可以查找包括该单词的所有文本的交集。这种逻辑性的查询所得的结果集往往是不充分的，这是因为查询得到结果集可能要么非常大，要么非常小，并且由于没有关于这些结果集哪些是重要的标记，故需要对这些文本间和基于文本与查询的相似性进行进一步定义。

源于单词统计的相似性　对于两种文本的一个相似性度量准则是比较单词出现的频率。假设给定术语集，将每个文本通过向量$\boldsymbol{c}$表征，其中每个元素对应每个术语。当这些术语不存在时，整个列表为空；当元素存在时，对应项表示单词术语出现的频率。这种度量准则是非常简单的，如果一个单词在文本中至少出现一次，那么该度量准则得到可能为1或者可能为单词数目的计数。记录$\boldsymbol{c}_1,\boldsymbol{c}_2$为这种表述的两个向量，基于所表征的文本之间的余弦相似性(cosine similarity)为

$$\frac{\boldsymbol{c}_1\cdot\boldsymbol{c}_2}{\|\boldsymbol{c}_1\|\|\boldsymbol{c}_2\|}$$

两个文本同时都采用一个不常见的单词，要比两个文本同时采用一个常见的单词的相似度高。可以根据该事实对单词统计进行加权。最常用的加权方法称为tf-idf(term frequency-inverse document frequency)加权。在所要查询的特定文本中常常出现而在所有文本中很少出现的术语要赋予较高的权重。记N_d为所有文本的数目，N_t为包括感兴趣术语的文本的数目。接着，倒排频率可以根据$N_d/(1+N_t)$(这里加1，是为了防止被零整除)而估计得到。记录$n_t(j)$为术语在文本j出现的次数，$n_w(j)$为出现在该文本的所有单词。接着，关于术语t的tf-idf计算公式为

$$\left(\frac{n_t(j)}{n_w(j)}\right)/\log\left(\frac{N_d}{(1+N_t)}\right)$$

将倒排频率对数化，是因为不希望不常见的单词具有非常大的权重。将该tf-idf权重添加到统计向量中并得到余弦相似性度量，对于不常见的单词的权重要比常见的单词的权重高。

21.2.2　单词统计的平滑

关于相似性的度量准则在大多数实际文本集中的效果并不是很好，尽管通过tf-idf进行了加权。这是由于单词往往趋向于非常稀疏，大多数文本对仅仅共享一些常见的单词，故对于大多数的文本对都具有非常高的余弦相似性。真正的难点是对于零单词的统计是低估的。例如，一个采用单词“elephant”、“tusk”和“pachyderm”的文本应当与“trunk”密切相关。如果该单词并没有在该文本出现，这便是统计的误差。这意味着对于相似性的度量，需要对单词统计进行平滑。

可以查找所有术语在所有文本的分布情况。对于倒排索引的信息一种表征方式是$N_w\times N_d$的表格$\mathcal{D}$，其中每个单元包括一个词目(如果相关的单词并不在相关的文档中)或者0(如果相关的单词在相关的文档中)。如果单词统计为1，则该词目可能为1；或者为单词出现的次数；或者为术语在文本中的tf-idf权重。不管在何种情况下，这个表格是非常稀疏的，故可以高效地存储。表格列用于表征一个文本中的单词，基于不同列之间的余弦相似性为最原始的关于文本之间的相似性度量。

如上所述，表格 $\mathcal{D}$ 中的零元素可能为统计误差的结果。可以通过平滑单词统计得到所希望的表格。对于收集的任何特定的主题都有许多相似的文本，故对得到的平滑后的表格应当有许多相同的列。这意味着显著的秩亏(rank-deficient)。将 $\mathcal{D}$ 进行奇异值分解，为 $\mathcal{D}=\mathcal{U}\Sigma\mathcal{V}^{\mathrm{T}}$。记 $\mathcal{U}_k$ 为矩阵 $\mathcal{U}$ 前 k 列构成的矩阵，$\mathcal{V}_k$ 为矩阵 $\mathcal{V}$ 前 k 列构成的矩阵，Σ_k 为 Σ 的所有元素且前 k 个最大的奇异值设置为 0，记 $\hat{\mathcal{D}}=\mathcal{U}_k\Sigma_k\mathcal{V}_k^{\mathrm{T}}$。

现在考虑矩阵 $\mathcal{D}$ 的第 i 列，记为 $\boldsymbol{d}_i$。关于矩阵 $\hat{\mathcal{D}}$ 的列 $\hat{\boldsymbol{d}}_i$ 位于矩阵 $\mathcal{U}_k$ 的扩展中。单词统计通过将其强制位于该扩展上实现平滑。例如，假设有许多关于 elephants 的文本，其中仅仅只有一个文本采用单词"pachyderm"。则关于这些文本的每个统计向量应当通过该单列进行表征。由于这种平滑效应，基于矩阵 $\hat{\mathcal{D}}$ 的列表征的文本间余弦相似性更倾向于真正的相似性度量。

为了计算统计向量 $\boldsymbol{q}$ 的旧文本与新文本之间的余弦相似性，将新文本的统计向量映射到 $\mathcal{U}_k$ 列上，其中 $\hat{\boldsymbol{q}}=\mathcal{U}_k\mathcal{U}_k^{\mathrm{T}}\boldsymbol{q}$。接着对 $\hat{\boldsymbol{q}}$ 与 $\hat{\boldsymbol{d}}_i$ 进行内积计算。文本间的完整的内积(余弦距离)表格由以下公式给出：

$$\hat{\mathcal{D}}^T\hat{\mathcal{D}}=(\mathcal{V}_k\Sigma_k)(\Sigma_k\mathcal{V}^{\mathrm{T}})=(\Sigma_k\mathcal{V}_k^{\mathrm{T}})^{\mathrm{T}}(\Sigma_k\mathcal{V}^{\mathrm{T}})$$

故可以将 $\Sigma_k\mathcal{V}^{\mathrm{T}}$ 的列当做 k 维"概念空间"(concept space)的点，该概念空间用于精确表征内积。例如，通过在该概念空间而不是原始的统计空间对文本进行聚类而得到一个较好的聚类。计算矩阵 $\mathcal{D}$ 的奇异值(SVD)又叫做潜在语义分析(latent semantic analysis)；采用该概念空间进行聚类的方法叫做潜在语义索引(latent semantic indexing)。

$\hat{\mathcal{D}}$ 对于其他形式也非常有用。在相似的文本中出现的近似单词从趋势上讲具有相似的意义，这种现象又叫做语义分布(distributional semantics)。这意味着，介于矩阵 $\hat{\mathcal{D}}$ 的行之间的余弦相似性为两个术语之间相似性的估计，因为其倾向于统计两个术语共同出现的情况。进一步讲，$\hat{\mathcal{D}}$ 可以用于倒排索引。如果采用这种方式，并不能保证重构的每个文本在查询中出现所有的单词；反而，其可能包括每个相似的单词。这是一种很好的情况。矩阵 $\mathcal{U}$ 的列有时候叫做主题(topics)，并且可以作为模型单词频率向量；语义空间的一个列向量的坐标表明哪些加权的主题可混合于所包含的文本中。

21.2.3　最近邻估计和哈希

对于单词统计的平滑可能意味着术语-文档表不再是稀疏表格，通过索引的方式查找具有高相似性的文本并不是一个很有效的方法。相反，注意到余弦相似性和内积之间具有一定的关系。特别地，对于具有固定单词向量 $\boldsymbol{c}_1$，$\boldsymbol{c}_2$ 的两个文本，余弦相似性很大暗示着 $\|\boldsymbol{c}_1-\boldsymbol{c}_2\|^2$ 的值很小。

这导致一个非常普通且困难的问题。需要查找与查询向量接近或者最接近的一系列高维向量。通过线性查询的方式在整个数据库中(如果该数据库很小)查找是可以接受的，但是将在会有更高效率的某个尺度上进行操作。获得一个好的估计方法的主要技巧是将空间划分为小的细胞元，接着查找细胞元中与查询向量接近的项；有两种方法非常值得仔细讨论。

局部敏感哈希　在局部敏感哈希(locality sensitive hashing)中，建立一系列包括数据项的哈希表，对于每个哈希表采用不同的哈希函数，对于一个查询项，恢复每个哈希表中根据查询项计算得到的哈希码对应的任何值。查询该集合，集合中对应的数据项便为接近查询项的数据项。对于哈希函数，有很多种选择，在计算机视觉中使用最多的为随机投影(random projection)。记 $\boldsymbol{v}$ 为一个向量，用于表征一个查询项或者一个数据项。通过选择随机向量 $\boldsymbol{r}$ 并计算 $\mathrm{sign}(\boldsymbol{v}\cdot\boldsymbol{r})$ 得到一位哈希码。计算 k 位的哈希码意味着选择 k 个这样的随机向量，接着对每位进行计算。每个哈希表都对应一系列 k 个这样的随机向量。从几何角度，选择一个随机向量 $\boldsymbol{r}$ 意味着选择一个数据集中的超平面，哈希位表示超平面 $\boldsymbol{v}$ 所位于的方向。一个 k 位的哈希码表明细胞元在向量 $\boldsymbol{v}$ 位于 k 个超平面布局中。对于维度而言，k 是非常小的，故将空间划分为 2^k 个细胞元。这意味着对于查询，相对较少的数据项位于同一个细胞元。某些接近的数据项由于可能位于一个超平面的另一侧而可能并不处于同一个细胞元中，但这些项在另一个哈希表中应当位于同一个细胞元(见图 21.2)。

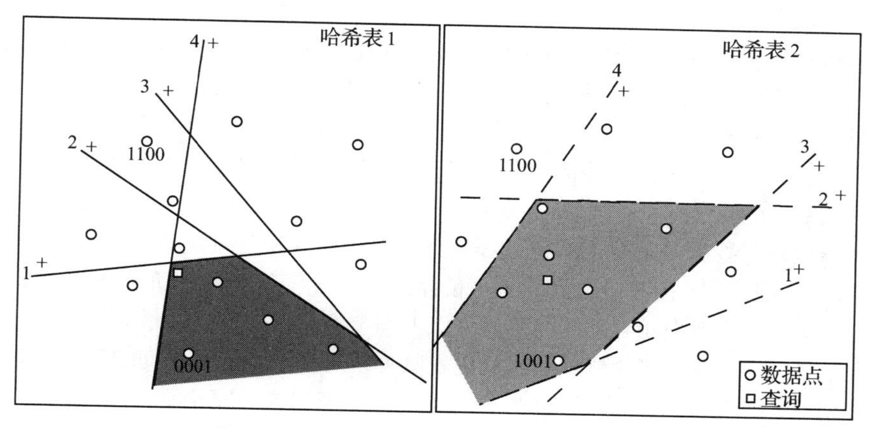

图 21.2　在局部敏感哈希中采用一个随机投影哈希函数，该哈希函数等价于数据空间的一个超平面。位于超平面一侧的项对应第n位的比特设置为1；否则，设置为0。这些超平面将数据空间划分为不同的细胞集。细胞中所有的数据项都得到一个二值的哈希码(见左右图中的标记编码的两点；通过对超平面的标记记录比特的顺序，+ 符号表示超平面的该侧为1)。在查询状态，对所有的数据项采用同一个哈希表作为查询(见图中的多边形)，接着找到最近的。然而，这种最近邻可能并不在该细胞元中(例如，左图的情形)。为了减少这种情形导致的错误，采用更多的哈希表，并将这些细胞元的并集作为被查询细胞元。在这种情况下，该查询的最近邻位于第二个哈希表的被查询细胞元中，见右图。哈希表减少所查询的数据，所查找的数据接近最近邻的概率非常高

所有的这些断言都是根据以下两个理由得到保证：(a)一个数据项与其最近邻的数据项将会被查找到的概率非常高；(b)所有靠近查询项的数据项相对于其他数据项将会被查找到的概率很高，反之，与查询项距离远的数据项被查找到的概率非常低。从直观的几何角度来看，当数据项是零均值①时此方法效果最佳。注意到采用 n 个 k 位的哈希表与采用 nk 位的哈希表是不同的。对于前一种情形，对于特定的查询返回的指针列表为从 n 个哈希表中返回的列表，这意味着与查询接近的指针如果在一个哈希表中位于查询细胞元之外，则很有可能在另一个哈希表中找到。对于第二种情形，所处理的列表是非常短的(由于有许多细胞元)，故很有可能遗失互相接近的指针。对于 n 和 k 的选择依赖于数据维度和所需的概率要求。选择哈希函数的方式有很多种，对于其他选择的细节和相关保证的陈述，可以在 Indyk and Motwani (1998)中找到。

用于最近邻估计的 k-d 树　随机投影的方法建立一个与数据分布无关的细胞结构元。如果

① 很容易满足该需求，将所有数据求均值，接着将每一项与均值求差便得到零均值的要求，此方法经常用于计算机视觉数据预处理。——译者注

数据是严重集中在某些区域，由于查询主要依赖于由多个哈希细胞元计算得到的长列表而可能引起麻烦。另一种方法是采用 k-d 树构建细胞元。一个 k-d 树通过迭代划分细胞元而建立，其根节点为整个数据空间。选择一个维度 d，可能是随机的，并选择一某个阈值 t_d 进行划分得到子节点。将向量 $\boldsymbol{v}$ 的第 d 个成分记为 v_d。至此，所有位于细胞元的 $v_d \leqslant t_d$ 的数据项都位于左子节点，而其他数据位于右子节点。采用这种迭代方法进行划分，直到所有的子节点非常小。如果选择的阈值合适(例如，细胞元中数据的中位数)，可以保证细胞元在稠密的空间成分中是非常小的，而在稀疏的空间成分中是非常大的。

对于查询最近邻，则可以通过遍历树来查找包括查询指针的该细胞元。接着验证该细胞元的所有数据项。记查询与最近邻的距离为 d_c，进行回溯，检查包括接近于 d_c 的指针的细胞元，并且当查找到一个更好的指针时就进行更新(见图 21.3)。也可以对树进行裁剪，去除距离查询超过 d_c 的项。这种处理方法对于低维是非常有效的。但是对于高维，由于需要更多的细胞元[①]，因而不具有那么强的吸引力。

这个困难可以通过找到一个合适的最近邻估计而解决。在最佳维优先(the best bin first)方法中，查找固定 N_c 个细胞元，接着给出目前最好的指针。对于潜在的细胞元中的某些指针刚好是接近该查询的，定义基于该细胞元与查询的距离为该查询与细胞元边界指针最近的距离。无论何时检查一个细胞元的子节点，只需将子节点插入到优先队列即可，并根据距查询的距离进行排序。一旦遍历完整个细胞元，则检索优先队列中的另一个细胞元，直到遍历完全部 N_c 个细胞元。接着从结果中查找最接近查询的细胞元，故最后得到的结果是非常好的近邻估计。

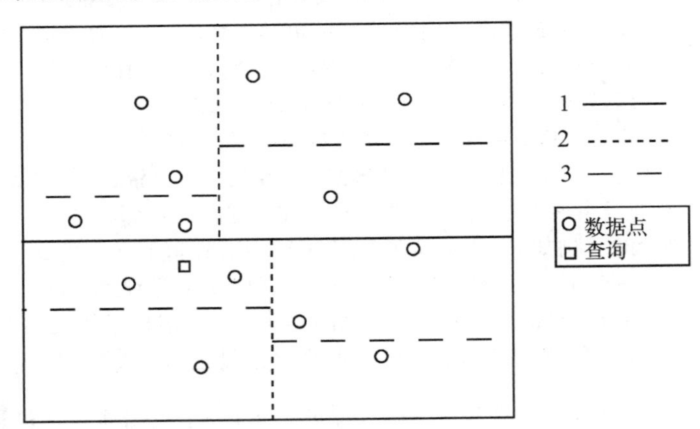

图 21.3 通过划分沿着维度的细胞元来构建 k-d 树。对于该树中细胞元的顺序是根据直线上的虚线进行划分的。对于查询最近邻的数据，通过(a)查找查询数据细胞元的最近邻，接着(b)进行回溯，并查找细胞元中包括该最近邻的细胞元。注意在该例中，需要向上延伸到树根和向下拓展到查找最近邻的另一侧。在高维中，这种回溯法变得非常困难，但如果只需查找相似最近邻，则可以很好地控制回溯法的调用

这种处理或多或少地依赖于数据库。对于大多数的应用，选择的方法为采用数据集或其子集进行离线操作。Muja and Lowe(2009)描述了一种软件包，该软件包可以采用最近邻估计的方法，对于特定的数据库其处理速度非常快。通常采用多个随机 k-d 树是最优的；截至本书写作之时，软件包可以在如下网址找到：http://www.cs.ubc.ca/~mariusm/index.php/FLANN/FLANN。

① 对于一个细胞元的近邻随着维度呈现指数级增长，习惯称为维度灾难。——译者注

21.2.4 文本排序

以上所描述的准则可以判定术语或者文本集与其他部分是如何相似，或者某个文本与查询是如何相似，但是并不给出文本重要性的任何信息。在一个特殊的集合中，文本集可能与查询非常相似但并不是感兴趣的。网页搜索引擎必须选择哪些文本对于查询的响应首先出现。该处理过程从当前观点看是非常复杂的，并受到广告等潜在收益的影响，但是其主要是基于一个很重要且简单的观点：网页的结构本身提供线索，判定哪些是重要的，哪些不重要。这是由于网页文本关于这些文本给出链接，重要的文本将会有链接指向。记第 j 个文本的重要性为 p_j，假设：(a)如果许多重要的文本指向 j，则其肯定是重要的；(b)重要性是附加的；(c)每个文本在导出链接时，均匀共享其重要性(见图21.4)。这意味着，如果记 $N(k)$ 为某个文本导出链接的数目，可以记为

$$p_j = \sum_{k \to j} \frac{p_k}{N(k)}$$

(其中，和为指向 j 的链接的所有文档之和。)

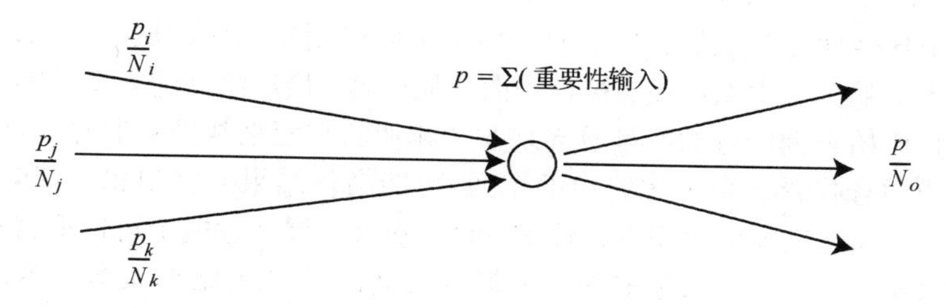

图21.4　网络的结构可以给出什么信息是重要的而什么不是。重要的文本具有许多来自于其他重要文本的链接。通过将第 i 个节点关联一个重要性 p_i 来建模这种过程。在任何特定节点的重要性为所有贡献之和。每个节点根据其流出的链接享有同等重要性。依此得到一个足够大可解的特征函数。然而，可以通过在有向图上模拟随机漫步来估计其重要性。该随机漫步对流出边采用均匀分布，并沿着该边缘前进；它将会在重要的文本上占有更多的时间

同样，记矩阵 $\mathcal{A}$ 为 $N_d \times N_d$ 的记录所有链接的表格。如果第 k 个文本与第 j 个文本没有链接，则该矩阵的第 j, k 个元素 a_{jk} 为0；否则，记录为 $a_{jk} = 1/N(k)$。记 $\boldsymbol{p}$ 中第 j 个成分为第 j 个文本的重要性，则得到

$$\boldsymbol{p} = \mathcal{A}\boldsymbol{p}$$

在实际中，$\mathcal{A}$ 是非常庞大的以至于无法显式表示。相反，可以采用随机游走(random walk)预测重要性。注意，矩阵 $\mathcal{A}$ 的条件比较宽松，通过 $\boldsymbol{p} = \mathcal{A}\boldsymbol{p}$ 定义的向量为状态转移矩阵 $\mathcal{A}$ 的随机游走的平稳分布。通过开始于某随机选择的文本的随机游走证明预测的重要性，接着均匀且随机地选择导出链接。由于并不知道哪些网页仅具有一个链接成分，对该随机游走稍做修改是非常有用的。在每个节点，允许随机游走有转换到其他任意文本的小值的可能性(而不是仅仅是指向当前的文本集)。如果将该随机游走指向许多状态转移，则文本将会与其关联的重要性的概率一起出现。同样，如果将随机游走遍历一个文本的每步都做记录，则关于每个文本的记录的个数与文本的重要性是成比例的。通过该算法得到的重要性常常又称为网页评级(Pagerank)(其发明者为 Larry Page)。网页评级算法似乎在谷歌早期成功起了很大作用，并在现在仍然作为其操作方法的一部分。

21.3　图像文件

在相似图像检测(near duplicate detection)中，给定一个查询图像，在一个非常大的数据集中查询相似的图像。这里的核心是采用快速程序来将主要数据库减小为与查询图像非常相似的小的图像数据集，在该小的数据集中可能包含所有相似的图像。接着采用慢算法对该小的数据集进行验证。需要一个有效缩放的表征，并且信息量足够精确。视觉单词(见16.1.3节)是一个很自然的选择。

可以采用信息检索的一般策略，包括21.2节介绍的所有算法。视觉单词非常类似于文本检索中的停用词，故可以忽略。可以采用倒排索引来查找关于视觉单词的逻辑组合。并采用一组列向量的视觉单词来表征一幅图像。这个向量可以是非加权，或者采用TF-IDF加权。通过计算这些向量之间的余弦相似性来表征这两幅图之间的相似性。同样，也可以对这些向量进行平滑。也可以通过查找大的余弦相似性(利用最近邻估计或者倒排索引)来查找近似图像。Sivic and Zisserman(2003)第一次观察到这种现象，并将该策略应用于在视频中查找用户自定义的近似图像(见图16.5)，同样其也可适用于相似图像检测。

视觉单词的类比性使得其他信息检索的思想也可以应用到图像领域。例如，在查询扩展中，首先获取关于查询词的第一次响应值，接着查询其他内容，最后将其他查询的响应进行融合。该策略可以通过查找原始查询错过的但是看起来非常相似的东西来帮助克服噪声问题。然而,通过在原始查询的响应中查找看起来很像错误的东西,可能会使结果变得更糟。Chum et al.(2007)指出，只要扩展的查询通过验证程序进行仔细确认，查询扩展在性能上可以取得显著的提升。

图像区别于文本的一点是，图像中局部兴趣点之间的关系相比于文本中单词的关系是极大丰富的。基于视觉单词的信息检索的简单类比并不能说明这种观察，具有高余弦相似性的两幅图在不同的空间布局中具有非常相似的视觉单词集。然而，可以建立一个非常有效的系统：即首先检索出与查询图具有高余弦相似性的图像，接着验证与查询图像的空间一致性。这种算法非常有效，因为不可能围绕同一张图像通过移动视觉单词来构造两种不同且非常相似的视觉单词集，故具有高余弦相似性的两幅图像将会具有许多匹配的视觉单词。仅仅需要验证彼此之间匹配的视觉单词对的一致性。可能需要验证每个匹配对具有近且好的匹配。例如，Sivic和Zisserman查找每个匹配对在图像中的15个最近的视觉单词；这15个中的任何一个也可以对与查询匹配的视觉单词进行相似性的投票打分，接着根据所有这些投票对图像进行排序。这是空间一致性的粗糙形式，因为匹配的近邻视觉单词可能并不在正确的位置，但是这种算法非常有效。

21.3.1　没有量化的匹配

关于视觉单词的一个问题是，向量量化抑制的某些细节可能非常重要。Jegou et al.(2010)指出这种困难可以通过不同的向量量化方法得到很好的解决。事实上，采用不同的k均值聚类构造多个系统；每个都得到一个相邻近似图像的排序列表；通过给定每幅图像的中位排序进行联合。另一种策略是采用非常大的字典。采用k均值建立这个庞大的字典是非常困难的，这是因为向量量化一个局部特征描述子需要查找最近的聚类中心，而这需要对所有的聚类中心进行线性查询。一种策略是采用分层的k均值方法。这里采用k均值方法构造k个聚类中心，接着对每个聚类中心进一步进行k均值聚类；并重复这个递归。其结果是一棵树，查找最近的子节点意味着重复查找最近的k聚类中心。Nister and Stewenius(2006)采用这种方法构建了一个非常庞大的字典。他们构建了目前一个标准的数据库，其近邻重复的标记非常易于评估(网址为：http://www.vis.uky.edu/~stewe/ukbench/)。

关于向量量化的另一种方法是搜索与查询匹配的所有兴趣点。Ke et al. (2004)采用 LSH 查询具有与查询图像兴趣点匹配的多个兴趣点的图像，接着验证匹配的兴趣点是否具有从查询图像到返回图像的仿射变换(见图 21.5)。Ke 等人采用 PCA-SIFT 而不是 SIFT 来描述兴趣点，并采用局部敏感哈希查找相似兴趣点。从这个列表中，他们提取出具有多个匹配的兴趣点的图像的名字。对于这样的每个图像，采用 RANSAC 算法查询一个列表(此时列表相对较小)中潜在匹配兴趣点的仿射变换。如果根据给定数目的内点构造这样一种变换，他们认为这幅图像为一个近邻重复图像。内点的数目为可变参数：如果该值太小则意味着误检，如果该值很大则意味着漏检。

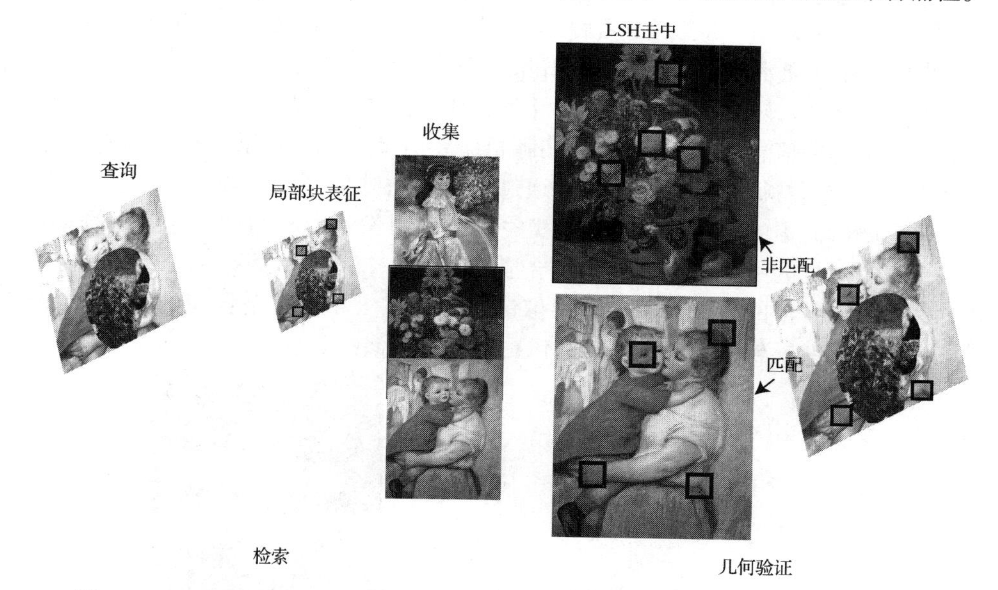

图 21.5　另一种使用视觉单词的方法是应用局部敏感哈希表征局部窗口，接着验证其几何特性。Ke et al. (2004)的系统根据一张查询图，计算出围绕图像点的窗口表征(采用PCA-SIFT；其他的表征也可以)，接着采用LSH识别包括所有兴趣点的所有图像，注意这些兴趣点为属于查询图像的兴趣点的某距离内的所有兴趣点。接着他们对该列表进行后续处理，采用RANSAC算法寻找与潜在匹配兴趣点一致的一个仿射变换，如果对于该变换找到足够多的内点，则该图像是近似的(This figure kindly generated by Rahul Sukthankar, and used with his permission)

这个通用算法的变种也有很多。在考虑版权的情况下，例如，真实近邻重复可能是原图像经过旋转、尺度和裁剪的版本。一旦具有与兴趣点匹配的潜在重复的小集合，可以根据这些匹配估算出变换矩阵[如 Ke et al. (2004)的做法]，接着将查询图像进行相应的变换并与重复图像进行比较，例如基于像素强度值差值的平方和。如果大多数重叠的像素具有相似的像素值，则判定其为近邻重复图像。

21.3.2　根据查询结果对图像进行排序

对查询图像的重新排序往往是呈现给用户的一个很重要的环节。这是因为大量的图像集往往是“聚集成块的”。假设有这样一幅图像，如埃菲尔铁塔的侧景，则可能具有非常多的相似视角图；更糟糕的是，其中可能有一个是关于埃菲尔铁塔另外一个“聚集块”的相似图。典型地，相似视角方向的图像将会有与查询图像非常相似的关联。这意味着对于表征通过关联进行排序并没有帮助，用户将会看到紧接着几页埃菲尔铁塔顶视图的几页侧景图，等等。相反，必须通过一种公平的方式对搜索的结果进行重新排序。

重新排序的重点是哪些图像应当在最终的排序中首先出现。其判定准则应当与快速实现相关联，这是因为期望对许多结果图像池进行处理。并且其将会遍历所有成块的图像集，并对大块的图像集赋予比小块集更大的权重，并且不会删除小块的图像集。

Jing and Baluja(2008)采用这种策略对网页排序的变种进行处理。给定某 k，前 k 个查询结果被安排成一个图。采用网页排序的随机游走作为开始对图进行遍历。将会对遍历的节点得到偶然(或者在给定固定步长的随机游走之后)最终排序图像集。期望这种算法可以得到很好的结果，这是因为网页排序非常擅长于识别密切相关的节点，其实现也非常快速有效。其技巧是并不需要在任何时候构建图，只需密切关注给定节点的其他关联节点及其权重。Jing 和 Baluja 从一系列哈希表中得到这些信息(见图 21.6)。在随机游走开始之前，对于所有查询中的每幅图像，根据其兴趣点计算局部特征。这些局部特征通过哈希算法映射到哈希表中，每个采取不同的哈希函数。在采用随机游走的每一步，必须查找关联当前图像的所有图像。这通过查询在当前图像中每个局部特征对应的哈希表来完成；在哈希表中的每个冲突都关联一个链接。在另一幅图像中发生冲突的局部特征的数目表示与该图像链接的权重大小。这是合理的，因为共享多个局部特征的图像相比于共享较少局部特征的图像更加具有相似性。

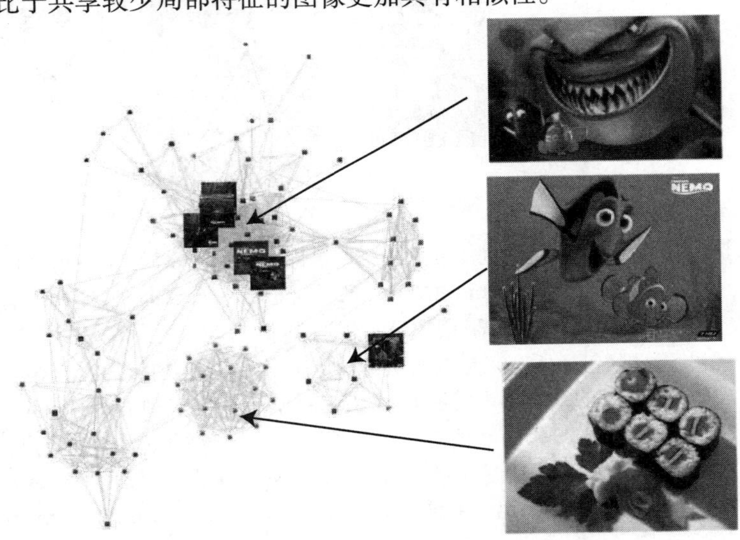

图 21.6 Jing and Baluja(2008)采用网页排名算法对一幅图像的查询结果进行排序。该图显示查询词为“Nemo”的结果；注意到有许多紧密相关的图，代表不同的主题。边缘通过与局部敏感哈希相比较的策略进行构建，如果在一幅图像哈希表中，一个兴趣点与另一幅图像中的兴趣点位于同一位置，则在这些图像中存在一个边；这些兴趣点的数目给出这条边上的权重。Jing 和 Baluja接着采用网页排名对这些重要图像进行识别。网页排名将会从这些强聚类中产生，就像插入的图片那样。如果只是简单查找具有高值的图像，则会过分强调重复出现的图像，例如，位于底图的Nemo寿司图像的强聚类(This figure was originally published as Figures 2 and 9 of “VisualRank: Applying PageRank to Large-Scale Image Search,” by Y. Jing and S. Baluja, IEEE Transactions on Pattern Analysis and Machine Intelligence, 2008, © IEEE, 2008)

21.3.3 浏览与布局

已经开发出图像与文本之间的类推法，正如所有的类推法一样，就其本身而言是好的。类推法的一个失败之处是，基于图像兴趣点的空间关系相比于文本间单词的关系复杂得多。另一个较自然提议是将文本根据排名顺序列表进行展示(或许需要额外的结构突出广告或者赞助所关注的文本)，而图像可能需要更加复杂的结构进行展示。假设采用复杂布局的浏览对于文本的应用结果并不好，但对于图像可能效果甚好，这是因为采用扫视的方式便可获取图像的内容。这种布局由于支持浏览而变得非常有意思的。

浏览是很难定义的，但其必须包含四种成分：浏览器具有许多选项；选择一个；检测该选择；接着判定是获取或者丢弃它(Bates 2007)。这意味着浏览器工具应该：

- 允许用户对集合体有一个整体的印象，这可以通过对图像聚类来进行表征展示(相近的聚类，对应图像也相近)；大的图像聚类可能非常庞大；等等。
- 提供一些交互界面用于进行选择，可能展示不同层次的细节(猜想某一用户可能需要查看某一特定的图像，或者某个特定图像群的元素)。
- 对所选择的图像进行展示，其可能是某一图像或者是某个图像组的某些细节。
- 允许用户进行下一步操作，例如进行查看，移动另一个不同“方向”的图像集合，或者展示“相似”图像的子集。

浏览和查询工具彼此之间互补。一个用户可能首先浏览整个图像集，接着进行搜索。在进行搜索的过程中，用户可能需要对“接近”搜索工具返回的提示词进行浏览，等等。

21.3.4 图像浏览布局

一般情况下，浏览系统包括一个建立于一系列图像群之上的用户接口。对于浏览系统构建一个很好的用户接口是困难的。理想的特征包括：响应(使得用户可以继续下一步操作而不至于沮丧)；运动导向(使得由于图像群的错误导致的小困惑可以很容易得到解决)；合理的空间隐喻，使得很自然知道移动到下一图像群时该如何做。我们可以通过计算基于不同图像和图像群的有意义的距离来完成这些目标，接着将这些图像按照一定的方式进行布局以反映不同的距离。

可以通过建立直方图(对于某些原因，颜色直方图是非常受欢迎的；现在我们采用视觉单词直方图)计算图像间的距离(inter-image distance)；接着计算基于直方图的χ平方距离或者相似距离。图 21.7 给出这种算法的描述：采用一种可交换的推土机距离(EMD)，这种距离是描述两个向量量化集之间的相似性度量，每一种表征采用不同的视觉单词群(Rubner et al. 2000)。

将兴趣点在某些维度查找嵌套，使得其距离与给定表的距离相似的常规问题又叫做多维尺度化(multidimensional scaling)。假设具有 n 个点，我们期望嵌入 r 维空间。记录 $\mathcal{D}^2$ 为点之间的平方距离表，其中 d_{ij}^2 为基于点 i 和点 j 之间的平方距离。注意，如果 $\mathcal{D}^2$ 是一个距离表，则其必为对称的。记录对点 i 的嵌入为 $\boldsymbol{x}_i$，由于转换并不改变基于点之间的距离，可以选择原始点，并将点的均值进行替换，使得 $\frac{1}{n}\sum_i \boldsymbol{x}_i = \mathbf{0}$。记录 $\mathbf{1}$ 为包括所有元素为 1 的 n 维向量，$\mathcal{I}$ 为单位矩阵。注意到 $d_{ij}^2 = \|\boldsymbol{x}_i - \boldsymbol{x}_j\|^2 = \boldsymbol{x}_i \cdot \boldsymbol{x}_i - 2\boldsymbol{x}_i \cdot \boldsymbol{x}_j + \boldsymbol{x}_j \cdot \boldsymbol{x}_j$，我们可以指出

$$\mathcal{M} = -\frac{1}{2}\left[\mathcal{I} - \frac{1}{n}\mathbf{1}\mathbf{1}^{\mathrm{T}}\right]\mathcal{D}^2\left[\mathcal{I} - \frac{1}{n}\mathbf{1}\mathbf{1}^{\mathrm{T}}\right]$$

具有 i, j 个实体 $\boldsymbol{x}_i \cdot \boldsymbol{x}_j$。这意味着为了估计嵌入，必须包括一个其列向量为嵌入点的矩阵 $\mathcal{X}$，使得 $\mathcal{M}$ 非常“接近” $\mathcal{X}^{\mathrm{T}}\mathcal{X}$。关于“接近”的不同注释可能是合适的；最简单的一种是采用最小平方。在这种情形下，我们可以对矩阵 $\mathcal{M}$ 采用奇异值分解得到 $\mathcal{M}=\mathcal{U}\Sigma\mathcal{U}^{\mathrm{T}}$。得到公式 $\mathcal{G}=\Sigma^{1/2}\mathcal{U}^{\mathrm{T}}$，矩阵 $\mathcal{G}$ 的前 r 行为所需要的 $\mathcal{X}$。

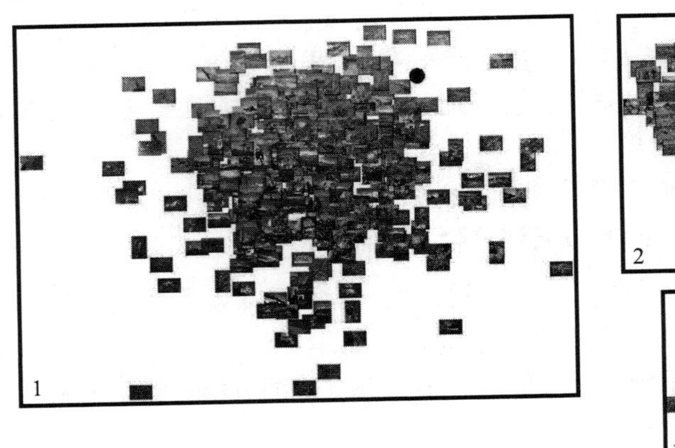

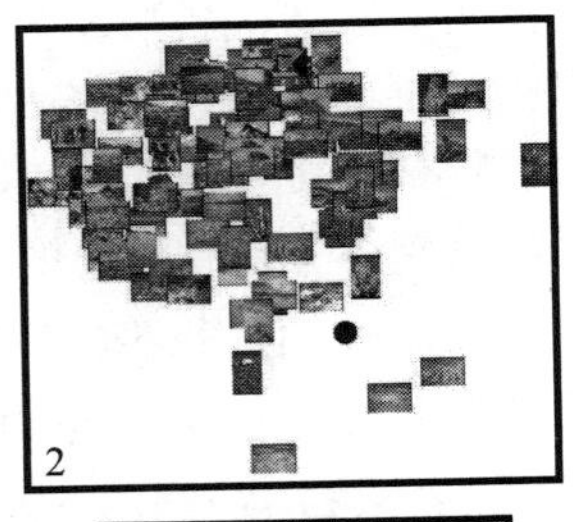

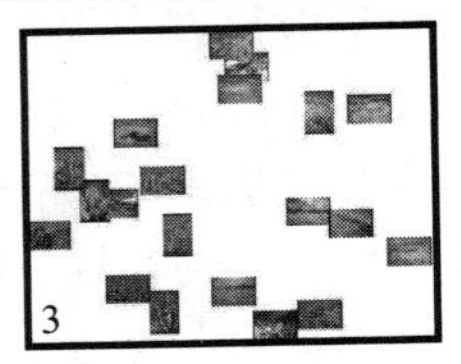

图 21.7　多维的尺度分析使得可以计算位于屏幕内与图像间的距离一致的位置，故可以将图像根据暗示的方式进行排列。子图1显示500张图像，为查找沙漠地貌图的搜索结果。多维尺度分析被用于计算缩略图的位置。注意离得很远的图像具有非常强的不同性(这种图像距离在全局颜色距离上加上了很强的权重，该子图左边呈现紫色的图像，然而右边的图像呈现更多的黄色)。接着用户点击黑点(靠近子图的右上角)，则100张最接近该点的图片被选中；新的多维尺度分析方法对该图的子集进行计算，并且进行排列，见子图2。由于统计的距离发生了变化，其排列结构也发生了变化。继续，用户点击那个黑点(该子图偏下位置)。选中该子集的20张图像；继续，计算新的尺度，并且给出子图3的排列(This figure was originally published as Figure 4 of “A Metric for Distributions with Applications to Image Databases,” by Y. Rubner, C. Tomasi, and L. Guibas, Proc. IEEE ICCV 1998, © IEEE, 1998)

可以采用多维尺度化(MDS)和图像间的距离来展示图像集，见图 21.7(对颜色和纹理表征采用推土机距离)。该图解释了一种选择的详细级别：用户可以选择邻近图的一个图像子集，并采用 MDS 对该子集进行布局。期望图像的相对距离有所改变，这是因为期望该子集具有图像之间的不同的距离分布。当图像集非常庞大时，另一种方式对其进行聚类并表征每个图像的每个聚类中心(或许图像非常接近于聚类中心)。接着根据聚类内(inter-cluster)距离构建平方距离矩阵，进一步采用 MDS 布局聚类中心，对表征图像在最适合的位置替换缩略图。接着允许用户选择一个聚类中心展示合适尺度的细节，继而可以表征整个聚类的所有元素。

21.4　对注释的图片预测

基于外貌的图像搜索方法似乎仅在特定领域有用。在大多数情况下，人们更倾向于采用更一般化的准则进行图像搜索，例如所呈现的物体是什么，或者展示的人在做什么(Jörgensen 1998)。这些搜索很容易通过文字进行指定。相对较少图像直接附加有相应的关键字。许多图像附加有文字描述，一种公平的策略是将这些文字描述作为关键字(见21.4.1节)。对于我们而言，非常有意思的是学习如何从图像特征中预测好的注释文字。可以从整幅图像中预测文字(见21.4.2节)。文字之间彼此具有一定的关联性，预测方法将其考虑在内则会有更好的性能表现(见21.4.3节)。对于人脸图像下附加标注的链接即是一种很重要的特殊情形(见21.4.4节)，即建议常规的策略用于考虑图像区域和文字注释之间的关联(见21.4.5节)。

图像注释很重要的原因有两点：首先，在图像搜索领域有许多非常实用的应用；其次，其强调物体识别的关键问题——我们应该从相片看到什么？不同方法之间的关键区别是它们对图像注释倾向于非常强烈的关联性是如何处理的。某些方法将这种关联性显式建模，而某些允许注释与给定图像结构是条件独立的，并允许这些基于图像结构之间的关联对基于文字注释的关联进行编码。

21.4.1　源于邻近文字的注释

图像的标注可以产生文字。一幅名为mydog.jpg的图像恰恰展现了狗，但对于图像13789.jpg则很难给出具体内容。如果图像出现在网页，则其文字注释很可能出现在IMG标签上。关于这些标签的标准要求alt属性(alt属性为一个用于网页语言HTML和XHTML输出的纯文字参数属性)：文本应当在图像无法显示时出现。该属性出现的文字也可以作为关键字。遗憾的是，HTML对获取图像的内容并不具有唯一的标准，但文本匹配器可以识别许多方法，即用于展现图像的标注。如果查找到标注，出现在该标注的文字可用做关键字。最终，可以采用这些文字对邻近图像的网页进行渲染描述。或者也可以采用聚类的方法对这些部分或者全部文字进行聚类，从而抑制噪声，采用聚类标签而不是关键字对图像进行描述。注意某些网页可能采用该方法更加有效，例如一个包含许多图像的目录，并且各个图像之间的区别非常明显。

如果采用商业图像搜索引擎进行实验，将会注意到对单个单词物体搜索，多数返回的图像即该物体为主导内容的图像。这说明在互联网搜索应用中所处理的图像可能并非是眼中所看到的图像。物体识别与图像搜索之间具有很强的关联性，但是它们并非同一个问题。除了这个重要的一点之外，这些图像或者是由于人们对这些照片的需求(故搜索结果倾向于将这类图像放在最前面)，或者是由于搜索引擎对图像搜索本身具有偏见性(由于这些图像非常突出，很容易被搜索到)。

21.4.2　源于整幅图的注释

关于图像最简便的附加文字的方式是采用分类器对整张图预测一个单词(如第16章叙述的方法)。所需的词汇量可能要足够大，并且方法对于不包括主导物体的图像并非运行得很好。更加吸引人的方法是尝试预测更多的单词。最简单和自然的方法是采用一组二值码对每幅图像进行标注。该码的大小即为词汇量的长度。码书中的每位关联字典中的一个单词，并且如果该单词存在则为1，否则为0。接着查找出现的一系列码书(该集合将会比可能出现的码书集小得多，一般词汇字典可能包括400个或者更多的单词，故其码书的编码可能性为2^{400})。对每个单词出现的情况进行编码，并构建一个多类分类器。这看似很容易，但从整体角度来看则是非常不现实的，这是因为每种编码的实例非常少。由于池化数据不成功，因此牺牲了样本。例如，认为带有“sheep”、“field”、“sky”和“sun”标记的图与带有“sheep”、“field”、“sky”的图是完全不同的图，而这实际上是不合理的。

因此分别对单词进行处理，而这些单词之间可能具有一定的关联性，需要在最后的预测阶段利用这种关联性。简单的方法往往是有极强的作用。Makadia et al. (2008)描述了一种基于

k最近邻的方法，这种方法的性能比最新的复杂方法的性能表现得更好[见 Makadia et al. (2010)]。他们采用颜色和纹理特征用于简单的标记算法(见算法 21.1)。他们将这种算法与许多复杂的算法进行了比较，其结果显示他们的方法具有很强的竞争性(见表 21.2 给出的比较结果)。图 21.8 给出人类标记和 MaKadia et al. (2008)的两种方法在数据库中的实验对比。

	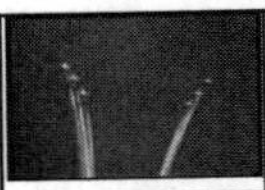		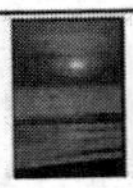		
预测关键字	天空，喷射，飞机，烟，队形	草，石头，沙，山谷，峡谷	太阳，水，海，波浪，鸟	水，树，草，鹿，白尾鹿	熊，雪，木头，鹿，白尾鹿
人类标记	天空，喷射，飞机，烟	石头，沙，山谷，峡谷	太阳，水，云，鸟	树，森林，鹿，白尾鹿	树，雪，木头，狐狸

图 21.8 采用人类标记和 Makadia et al. (2008)的两种方法在 Corel 5K 数据库进行单词预测的实验对比(This figure was originally published as Figure 4 of "A New Baseline for Image Annotation," by A. Makadia, V. Pavlovic, and S. Kumar, Proc. European Conference on Computer Vision. Springer Lecture Notes in Computer Science, Volume 5304, 2008 © Springer, 2008)

算法 21.1 最近邻标签

预测第 n 个标签

计算查询图像的 k 最近邻

根据出现频率的次数将最近邻图像的标签进行排序，接着给出前 n 个

如果最近邻的图像的个数少于 n 个标签

根据如下将其他与 $k-1$ 个最近邻关联的标签进行排序：

(a) 它们共存的标签已经被选中；

(b) 它们存在于 k 最近邻集中的频率。

该排序集中剩余的标签为最好的标签。

某些最近邻的标签相比于第二近邻的标签非常稀有。考虑这个因素，将修改标记标签的算法，以便于考虑最近邻与标签频率之间的相似度。一种可行的策略归功于 Kang et al. (2006)。给定一幅查询图像，构建基于该查询图像的每个标签的置信度。关联某标签的置信度的值越大，表明图像与该标签的关联性越大。为完成该目的，需要将标签按照其重要性进行排序；该排序通过一个向量表示，向量中的每个元素对应一个标签。记录 α_j 为第 j 个标签的排序值；$\boldsymbol{x}_i$ 为第 i 个训练图像的特征向量；$\boldsymbol{x}_t$ 为测试图像的特征向量；$K(.,.)$为对比图像核；$\Omega(.,.)$为对比图像标签核；$z_{t,k}$为关联测试图像第 k 个标签的置信度。我们必须计算 $z_{t,k}$。Kang 等人采用子模块函数参数导出 Ω，虽然在他们的例子中采用

$$\Omega(\mathcal{S},\mathcal{S}')=\begin{cases}0 & \mathcal{S}\cap\mathcal{S}'\neq\emptyset\\ 1 & \text{其他}\end{cases}$$

这种方法是简单的贪婪算法，即算法 21.2。一旦获取关于测试图像的每个标签的置信度，可以选择标签并给出不同的选择策略(前 k 个；前 k 个且其置信度超过某个阈值；所有的置信度超过某个阈值；等等)。这种方法的运行效果非常好(见表 21.2)。

算法 21.2　采用相似度比较的核进行贪婪标记

采用书中的公式注释,

For $k=1,\cdots,m$:

$$\text{Let } \mathcal{T}_k=\{1,2,\cdots,k\}$$
$$f(\mathcal{T}_k)=\sum_{i=1}^{n}K(\boldsymbol{x}_i,\boldsymbol{x}_t)\Omega(\mathcal{S}_i,\mathcal{T}_k)$$
$$z_{t,k}=f(\mathcal{T}_k)-f(\mathcal{T}_{k-1})$$

21.4.3　采用分类器预测关联的单词

当单词之间具有很强的关联性时，可以根据图像证据预测某些单词，并且根据单词预测器得到原始集来预测其他单词。一种非常有效的方法是训练一组分类器，使得它们的预测是成对的。例如，训练一组线性支持向量机(Support Vector Machines, SVM),每个对应一个单词。记 N 为总的训练图像数目；T 为标签字典的大小；m 为特征数目；$\boldsymbol{x}_i$ 为第 i 个训练样本的特征向量；$\mathcal{X}$ 为 $m\times N$ 的矩阵($\boldsymbol{x}_1$, $\cdots$, $\boldsymbol{x}_N$)；$\boldsymbol{t}_i$ 为第 i 幅图的标签向量(这是一个值为 0-1 的向量，其长度为字典大小，标签 0 表示对应的标签不存在，标签 1 表示该标签存在)；$\mathcal{T}$为 $T\times N$ 的矩阵($\boldsymbol{t}_1$, $\cdots$, $\boldsymbol{t}_N$)。训练一组线性 SVM，预测每个独立的单词，包括选择 $T\times m$ 矩阵 $\mathcal{C}$，使其最小化损失 $\mathcal{L}$，使得 $\mathcal{T}$预测 $\mathrm{sign}(\mathcal{C}\mathcal{X})$。如果选择铰链损失(hinge loss)函数，则其结果为一组独立的线性 SVM。

Loeff and Farhadi(2008)建议这些独立的线性 SVM 可以通过对矩阵 $\mathcal{C}$ 的秩的惩罚来实现耦合。假设矩阵 $\mathcal{C}$ 为低秩，则可以因式分解为 $\mathcal{GF}$，其中内部维度很小，则 $\mathcal{CX}=\mathcal{GFX}$。项 $\mathcal{FX}$ 表征降维后的特征空间(是原始特征空间到低维特征空间的线性映射，见图 21.9)。同样，$\mathcal{G}$ 为一组线性分类器，每行对应一个分类器。但这些分类器彼此耦合(因为矩阵 $\mathcal{G}$ 的线性独立的行数相对于分类器个数要少，见图 21.9)。

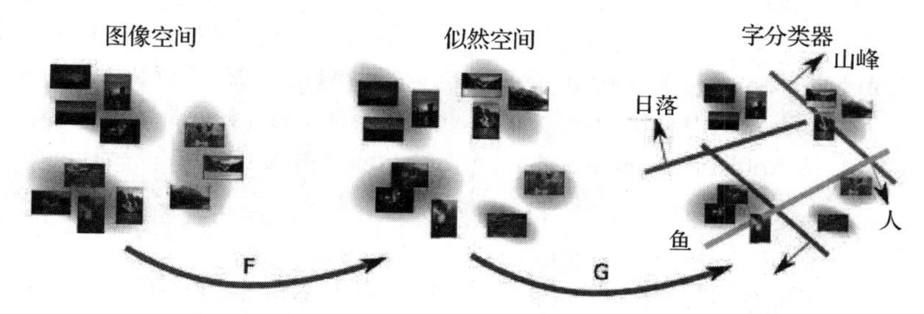

图 21.9　一种构建关联的线性分类器的方法是从线性分类器 $\mathcal{C}$ 中学习一个矩阵，并对分类器 $\mathcal{C}$ 的秩进行约束。采用低秩方法将$\mathcal{C}$因式分解为两项：$\mathcal{C}=\mathcal{GF}$。$\mathcal{F}$项将图像特征映射到降维后的线性特征的空间中，$\mathcal{G}$项将这些特征映射为单词。单词预测器必须相互关联，这是因为$\mathcal{G}$的行数大于降维后的特征空间的维度(This figure was originally published as Figure 1 of "Scene Discovery by Matrix Factorization," by N. Loeff and A. Farhadi, Proc. European Conference on Computer Vision. Springer Lecture Notes in Computer Science, Volume 5304, 2008 © Springer, 2008)

可以从数值上对秩进行有技巧性的惩罚。一种有效的秩的度量方法是 Ky-Fan 范数 Ky-Fan-norm)，即该矩阵奇异值的绝对值之和。另一种定义为

$$\lambda\,|!\,|\mathcal{C}\|_{kf}=\inf_{\mathcal{U},\mathcal{V}|\mathcal{U}\mathcal{V}=\mathcal{C}}(\|\mathcal{U}\|^2+\|\mathcal{V}\|^2)$$

Loeff 和 Farhadi 通过最小化下式

$$\mathcal{L}(\mathcal{T}, \mathcal{C}\mathcal{X}) + \lambda \,|!\, |\mathcal{C}\|_{kf}$$

得到分类器 $\mathcal{C}$ 的矩阵的函数，并且他们采用不同的算法来最小化该目标函数；该算法可以被核函数化(Loeff et al. 2009)。这些相互关联的单词预测器是目前最新的对于单词的预测器(见表 21.2)。该表格中的结果表明关联性仅在宽松的矩阵中非常重要；对于关联的单词预测器并没有明显的优势。在某种程度上，这受到评价方案的影响。图像注释往往遗漏了好的注释(见图 21.10 的例子)，并且目前并没有很好的办法对没有注释的预测从其精确性和有用性进行打分。量化的结果表明显式表征单词的关联性是非常有用的(见图 21.10)。

图 21.10 在 Corel 5K 数据库采用 Loeff and Farhadi(2008)算法的单词预测器例子。蓝色单词为正确的预测器；红色单词为图像注释中不存在的预测单词；绿色单词为图像注释中存在但没有预测的单词。注意到额外的(红色)单词与正确预测的单词具有很强的关联性。图像注释往往不考虑这些显然的单词——在顶行图像中间显示的天空——目前的排序算法同样也没有将该现象包括在内(This figure was originally published as Figure 5 of "Scene Discovery by Matrix Factorization," by N. Loeff and A. Farhadi, Proc. European Conference on Computer Vision. Springer Lecture Notes in Computer Science, Volume 5304, 2008 © Springer, 2008)

21.4.4 人名与人脸

相比于预测整幅图像的所有标签，可以将图像分割为不同的部分(可以重叠，也可以不重叠)，接着对这些部分进行预测。这将会增加单独的标签预测器进行单独预测的机会。例如，新闻标注中的人名可能是相关的(在 2010 年，"Elin Nordegren"往往与"Tiger Woods"同时出现)。但这并不意味着需要对人名预测器进行耦合，并对单独的人脸进行单独的人名预测。这是由于出现在同一幅图像中的不同人脸对应的人名是有一定关联性的。

将图像与人名和标注进行关联是一种非常特殊的情形，这是因为新闻图像主要针对人，而标注往往给出人名。这对开发其他领域的应用也是非常有价值的，因为其诠释了标签和图像成分之间是如何关联的。Berg et al. (2004)描述了一种方法：在具有标注名称的大的数据库中，产生一系列关联人脸与正确人名的耦合。在他们的数据库中，并非图像中的每张人脸在标注中给出人名，并且并非每个人名在图像中有对应的人脸(见图 21.11 的例子)。第一步，采用开源库(即实体识别器，Cunningham et al. 2002)检测标注中的人名；第二步，采用标准的外貌表征器来检测(Mikolajczyk n. d.)、矫正和表征人脸。构造特征向量使得其欧氏距离在特征空间是合理的度量准则。紧接着将标注图像表征为数据项，使其包括关于人脸的一个特征表征和一个人名列表，这样就可以链接到人脸(注意到某些标注图像可能产生多个数据项，见图 21.11)。

Sam Mendes, Kate Winslet, Tom Hanks, Paul Newman, Jude Law, Dan Chung

Sam Mendes, Kate Winslet, Tom Hanks, Paul Newman, Jude Law, Dan Chung

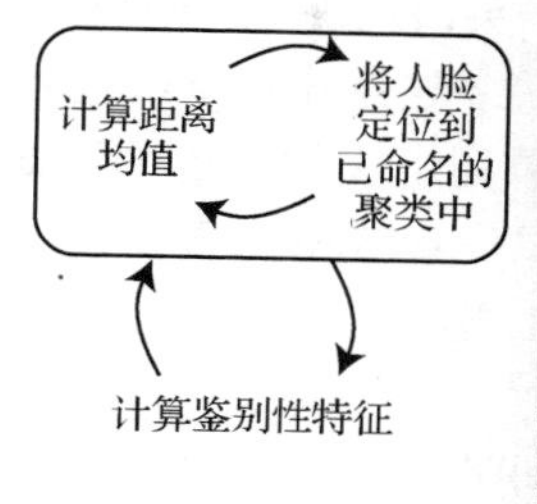

图 21.11　Berg et al. (2004)收集标注新闻图像并将每个图像中的人脸与标注中的人名进行关联。他们首先在图像上检测人脸，接着对人脸进行矫正，并对矫正后的人脸图像进行进一步表征。在标注人名检测中，他们采用开源库，其名字为实体识别器(Cunningham et al. 2002)。其结果为一系列的数据项，包括(a)人脸表征，(b)与该人脸可能关联的人名列表(Part of this figure was originally published as Figure 2 of "Names and Faces in the News," by T. Berg, A. Berg, J. Edwards, M. Maire, R. White, Y-W. Teh, E. Learned-Miller and D. Forsyth, Proc. IEEE CVPR 2004, © IEEE 2004)

必须将人脸与人名关联(见图 21.12)，这可以看成 k 均值聚类的形式。将每个可能外貌向量(appearance model)的聚类作为每个人名的表征，并采用其均值表征。假设对每个人名给出初始外貌向量；对于每个数据项，将人脸图像与列表中最近的可能的人名进行填充。特别地，这些列表是相对较短的，故在该短列表中只需告诉哪些项是应当属于人脸的。接着对外貌向量重新估计，重复该过程，使得标签没有变化为止。这时，可以采用关联人脸图像的标签重新估计特征空间，接着重新估计标签。一种很自然的变种是仅仅当最近的人名与某距离阈值接近时定位人脸图像。该过程可以通过定位列表中的名字的图像开始，注意随机定位该列表中的人名，或者开发只有一幅人脸图像和一个人名的情形。这个过程是非常粗糙的，但是运行效果非常好，这是因为其开发出两个重要的关于特征的问题。首先，就全体而论，一个个体的名字的多个实体相比于其他个体对应的人脸图是非常相似的。其次，定位较短的人名列表与人脸，相对于识别一个人脸是非常简单的。

21.4.5　通过分割生成标签

关于人名-人脸模型最吸引人的特点是，通过思考不同图像块(例如，人脸图像)和标签之间的关联性，也可以独立地学习标签模型。事实上，当某些图像块相互强烈共现时，其对应的标签也相互强烈共现，故对于学习模型只需记录一个即可。对于带有注释的图像的模型，有许多变种。一般主要分为两类：通过推理显式得到其关联性，正如人名-人脸模型例子中所示；以及在该模型中隐式表示的关联信息。

显式关联模型(explicit correspondence model)遵循人名 - 人脸模型例子。Duygulu et al. (2002)描述了一种模型，并与许多其他模型进行对比。图像经过分割，对于每个足够大的图像分割计算图像特征，并且该图像特征融合大小、位置、颜色和纹理信息。这些图像特征采用 k 均值进行向量量化。这意味着每个带有标签的训练样本可以看做一个词袋(bag)，其中包括一系列经过向量量化的图像特征和一系列单词。关于这种词袋有许多，将每个词袋看做经过某种处理的样本集。该过程生成图像分割，接着某些图像分割生成概率单词。这个问题与机器翻译(machine translation)学科类似。想象期望建立这样一个字典，该字典有法语单词，且每个单词与英语单词对应。可以采取加拿大议会程序(Canadian Parliament)的例子，并将其表述作为一个数据集。这些过程同时具有法语和英语表述，其中特定的用英语(或者法语)表述的议员名单严谨地翻译为对应的法语(或者英语)。这意味着可以很容易地构建一个粗糙的基于段落的关联。段落之间的关联为由(已知)英语单词生成的法语单词词袋；而未知的是哪些英语单词对应哪些法语单词。如果将向量量化的图像分割替换英语单词且将法语单词替换对应的单词，那么视觉问题与这个问题非常类似(见图21.13)。

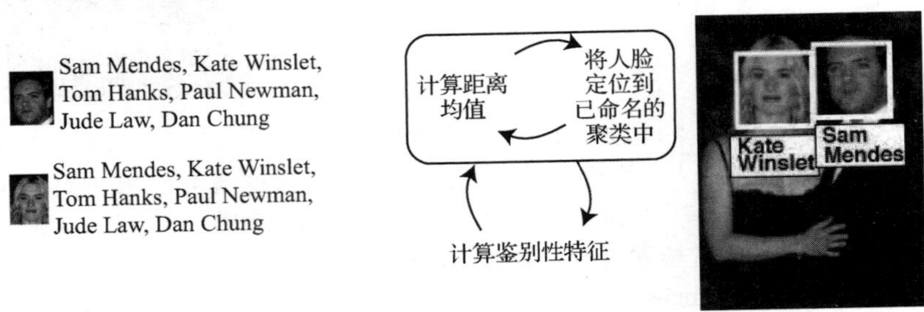

图21.12 通过重复聚类与人名进行关联。数据库中的每个人名都关联一个外貌向量的聚类,其由均值表示。每个人脸接着与该人脸的人名列表中最近的人名进行关联。然后我们重新估计聚类中心,接着对人脸重新聚类。一旦该过程收敛,可以采用线性分类器(见16.1.6节)对特征空间重新估计,并重复标记过程。其结果为关于人脸和人名的一个关联(右图)(Part of this figure was originally published as Figure 2 of "Names and Faces in the News," by T. Berg, A. Berg, J. Edwards, M. Maire, R. White, Y-W. Teh, E. Learned-Miller and D. Forsyth, Proc. IEEE CVPR 2004, © IEEE 2004)

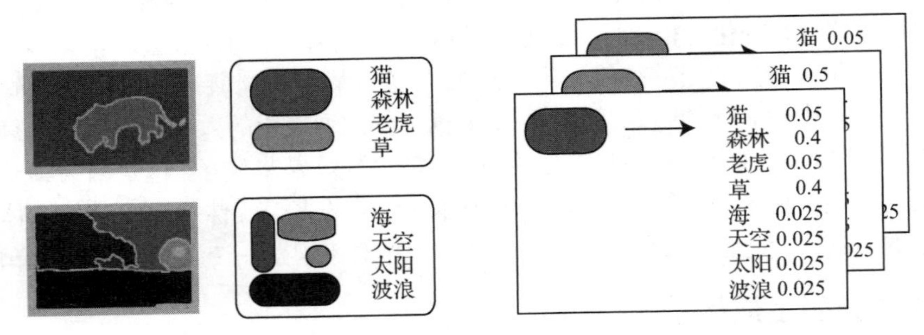

图21.13 Duygulu et al. (2002)采用图像分割对图像进行注释(左图)，接着允许其足够大的分割形成标签,其中分割生成的标签采用字典(右图),即关于给定一个分割的每个标签的条件概率表。他们通过将已经标记的图像作为一个分割与标签的词袋来学习该字典(中图)。如果具有足够多的词袋，并已知哪个标签对应哪个分割,则可以构建仅需要计数的字典;同样,如果知道该字典,可以估计在该词袋中该标签对应哪个分割。采用EM算法完成该字典的估计(This figure was originally published as Figure 1 of "Object Recognition as Machine Translation: Learning a lexicon for a fixed image vocabulary," by P. Duygulu, K. Barnard, N. deFreitas, and D. Forsyth, Proc. European Conference on Computer Vision. Springer Lecture Notes in Computer Science, Volume 2353, 2002 © Springer, 2002)

Brown et al. (1990)给出关于显式关联模型问题的一系列自然模型和其关联的算法。最简单的模型为常见的模型 2(model 2)：总共有五种模型，越复杂的模型处理的语言越长，或者是处理一定的单词序列，或者不适用。假设每个单词是由单一的团(blob)及(隐含)与每个词袋关联的变量生成。接着估计 $p(w|b)$，该单词类型的条件概率由该团类型(类似于字典)采用 EM 生成。

一旦确定字典，则可以对每个足够的大区域用概率最高的单词标记标签；或者经过这样处理，但对概率值非常小的预测单词对应的区域不做标记；或者仅仅对具有最高概率值的预测单词的前 k 个进行标记；或者经过这样处理，但对预测概率值进行阈值检验。上面所述的方法对于图像标签而言已经过时，但广泛应用于对比参考点，这是由于该算法很容易被其他算法超越且有相关的公开数据库(例如 21.5.1 节描述的 Corel5K 数据集)。

对基于独立区域与独立单词之间的关联的显式推理的代价是该模型忽略更大的图像内容。另一种方法是构建一个模型生成器，其中模型对词袋和单词进行解析，并不推理哪个分割对应哪个单词。这种隐含关联模型的一个例子为 Jeon et al. (2003)提出的跨媒介(cross-media)关联模型。将单词的估计看成给定图像的条件独立概率，即需要构建一个单词在给定一幅图像条件下的模型，即 $P(w|I)$，其估计为 $P(w|b_1,\cdots,b_n)$，并保证其为概率模型。通过联合概率 $P(w,b_1,\cdots,b_n)$进行建模。假设基于团与图像的随机关系，并假设在该图像条件下，该团和单词相互独立。如果记 $\mathcal{T}$为训练集合，则有

$$\begin{aligned}P(w,b_1,\cdots,b_n) &= \sum_{j\in\mathcal{T}} P(J)P(w,b_1,\cdots,b_n|J)\\ &= \sum_{j\in\mathcal{T}} P(J)P(w|J)\prod_{j=1}^{\#w} P(b_j|J)\end{aligned}$$

其中这些成分概率可以通过计数和平滑估计得到。Jeon 等人假设 $P(J)$为训练集合的均匀分布。记 $c(w,J)$为单词 w 以标签的形式出现在图像 J 的次数，$c_w(J)$为图像 J 标记的总的单词数。接着估计

$$P(w|J) = (1-\alpha)\frac{c(w,J)}{c_w(J)} + \alpha\frac{c(w,\mathcal{T})}{c_w(\mathcal{T})}$$

其中对估计已经进行了平滑，使得所有关联图像 J 的单词都具有小的概率值。注意该形式为非参数模型的形式。单词和团在该模型并不独立，因此在训练图像集求和，但并没有显式将单词对团进行标记。该模型非常简单，但是产生了非常好的效果。该模型目前已经过时，但其是模型家族中的一个很好的例子。

21.5　目前最先进的单词预测器

单词预测目前已经成为独立于物体识别的常规问题。对单词预测器进行研究非常有必要(见图 21.14)。首先，许多比较好且标准的数据集已经公开(见 21.5.1 节)；其次，由于对适当的测评算法至少有一个达成共识的评估方法，而这些测评算法非常容易且可以定量比较(见 21.5.2 节)；最后，存在许多开放的问题(见 21.5.3 节)，由于搜索应用的复杂性使得这些问题非常有必要去解决。

21.5.1　资源

本章所描述的用于系统的大多数代码为特征代码(见 16.3.1 节)或者分类器代码(见 15.3.3 节)。关于最近邻算法的代码，即哪些适合 k-d 树或者局部敏感哈希，并对所选的最近邻算法进行调试，Marius Muja 在以下网页发布了相关资源：http://www.cs.ubc.ca/~mariusm/index.php/FLANN/FLANN。

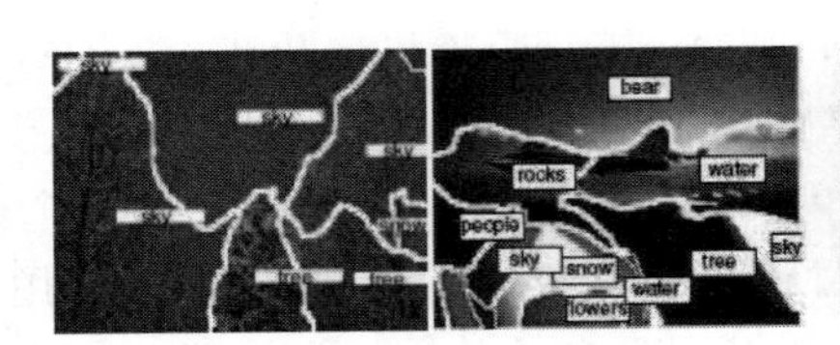

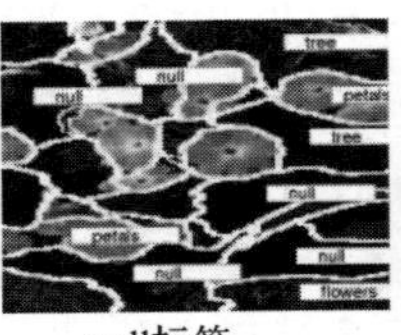

null标签

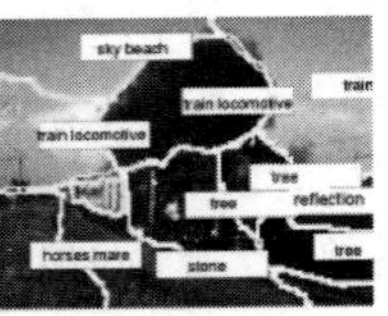

聚类单词

图 21.14 在本书中我们描述的基本关联方法可以产生合理的图像标签(左图),但采用“stuff”图像标签比采用“things”图像标签要好(见中间的左图)。可能的原因是算法具有非常弱的形状表征,并不能融合区域。然而,它却非常灵活。改进版的单词预测器可以消除相关区域的预测单词,其中该区域的预测单词的条件概率非常低(见中间的右图,“null”),以及对相似的图像区域的预测的单词进行融合(见右图,“train”和“locomotive”)(This figure was originally published as Figures 8, 10, and 11 of “Object Recognition as Machine Translation: Learning a lexicon for a fixed image vocabulary,” by P. Duygulu, K. Barnard, N. deFreitas, and D. Forsyth, Proc. European Conference on Computer Vision. Springer Lecture Notes in Computer Science, Volume 2353, 2002 © Springer, 2002)

Corel 5K 数据库包括 5000 幅图像，该图像收集于一个非常大的股票图像集，并将其划分为 4500 幅和 500 幅，分别用于训练和测试图像。每幅图像平均具有 3.5 个关键字，字典具有 260 个单词，其中该单词在训练和测试集都有出现。该数据集由 Duygulu et al. (2002)推广。截至本书写作之时，关于该数据集的特征和标签可以通过如下网址找到：http://lear.inrialpes.fr/people/guillaumin/data.php。

IAPRTC-12 数据库包括 20 000 幅图像，并附带自由文字标注。通过许多解析算法从该文字标注中提取标签。截至本书写作之时，该数据库可以从如下网页访问：http://imageclef.org/photodata 许多研究组发布了该数据集的特征和标签，例如 http://lear.inrialpes.fr/people/guillaumin/data.php 或者 http://www.cis.upenn.edu/~makadia/annotation/。

ESP 数据库包括 21 844 幅图像，收集于相互协作的图像标识任务(von Ahn and Dabbish 2004);两个用户对同一幅图像进行标记，相互之间没有交流，如果该标签相同，则接受该标签。图像可以经过重分配，仅仅新的标签可接受(见 http://www.espgame.org)。这意味着随着图像数目的增长，标签池不断增大，并且简单的标签首先被标记。

MirFlickr 是一个百万级 Flickr 图像数据集，采用“知识共享”协议(Creative commons，一个非营利组织)，由该组织发布带有“知识共享”标记的标签(见 http://press.liacs.nl/mirflickr/)。

21.5.2 方法比较

一般可以采用召回率(recall)、精确度(precision)和 F_1 准则在标准数据库上进行不同方法的比较和评估。表 21.2 给出在 Corel 5K 数据库上采用这些准则的不同方法的比较。性能统计源于相应的文献。实验之间的某些变量表明其对比实验的数据相对简单：CorrLDA 预测相对较小的字典(与其他方法相比)；PicSOM 仅仅预测 5 种标签；Submodular 中的 F_1 准则源于 Kang et al. (2006)论文的图 3 中具有最好配置的方法。从表 21.2 可以看到(a)性能随着时间有所提升，尽管 21.4.2 节介绍的最近邻算法同时是最简单也是最好的方法；(b)考虑标记之间的关联性有助于性能提升，但并非绝对的(例如 Submodular、CorrrPred 的性能并不如 JEC)。这种结果表明对于图像标记的问题仍有提升的可能。

表 21.2　不同单词注释预测器算法的性能对比，分别从召回率、精确度和 F_1 准则在 Corel5K数据库进行评估。文中提到的算法为：Trans，21.4.5节描述的传统算法；CMRM，21.4.5节描述的跨媒介关联模型；CorrPred，21.4.3节描述的关联分类器算法；JEC，21.4.2节描述的最近邻算法；Submodular，21.4.2节介绍的子模块优化算法。其他性能图见其注释，细节见相关的参考文献

方　法	P	R	F_1	参考文献
Co-occ	0.03	0.02	0.02	(Mori et al. 1999)
Trans	0.06	0.04	0.05	(Duygulu et al. 2002)
CMRM	0.10	0.09	0.10	(Jeon et al. 2003)
TSIS	0.10	0.09	0.10	(Celebi 30 Nov. -1 Dec. 2005)
MaxEnt	0.09	0.12	0.10	(Jeon and Manmatha 2004)
CRM	0.16	0.19	0.17	(Lavrenko et al. 2003)
CT-3 ×3	0.18	0.21	0.19	(Yavlinsky et al. 2005)
CRM-rect	0.22	0.23	0.23	(Feng et al. 2004)
InfNet	0.17	0.24	0.23	(Metzler and Manmatha 2004)
MBRM	0.24	0.25	0.25	(Feng et al. 2004)
MixHier	0.23	0.29	0.26	(Carneiro and Vasconcelos 2005)
CorrLDA[1]	0.06	0.09	0.072	(Blei and Jordan 2002)
JEC	0.27	0.32	0.29	(Makadia et al. 2010)
JEC[2]	0.32	0.40	0.36	(Makadia et al. 2010)
Submodular	-	-	0.26	(Kang et al. 2006)
CorrPred	0.27	0.27	0.27	(Loeff and Farhadi 2008)
CorrPredKernel	0.29	0.29	0.29	(Loeff and Farhadi 2008)
PicSOM[3]	0.35	0.35	0.35	(Viitaniemi and Laaksonen 2007)

21.5.3　开放问题

一种很重要的开放问题是选择(selection)。假设期望产生关于一幅图像的纹理表征——它应该包含什么内容？似乎罗列出已出现的所有物体并不是非常有用或者有效。对于大多数图像，这种列表可能非常庞大，并且可能由过于细节的内容主导；处理这种问题可能涉及如用于固定椅子腿的螺母是否是一个单独的物体或者仅仅是椅子的一部分的问题。许多现象似乎都会影响选择；某些物体是由其自然属性而被感兴趣，如果该物体在图像中出现则会被提到。Spain and Perona(2008)给出可以预测这种提示的概率模型。其他物体根据其出现在图像中的位置或者在图像中显示的大小而被感兴趣。或者其他物体可能由于其不常见的属性(例如，玻璃猫或者没有轮子的汽车)和识别其属性的困难性而被感兴趣。某些物体在不常见的环境中被描述(例如，倒置的汽车)。这意味着上下文线索有助于告诉我们哪些是值得关注的。Choi et al. (2010)给出大量的上下文线索，这些线索可用于计算和识别不寻常背景下的物体。

修饰语，例如形容词或者副词，对于高层学习提供感兴趣的概率。Yanai and Barnard(2005)解释了从关联彩色文字(例如，粉红色)学习得到局部特征，而无须知道该注释对应图像的哪一部分(Yanai and Barnadr 2005)。这引发一个非常有趣的可能性，即短语的处理过程可能有助于学习，例如，“粉红色的凯迪拉克”(pink cadillac)要比“凯迪拉克”(cadillac)更容易被学习，因为“粉红色”有助于确定“凯迪拉克”在图像中的位置。Wang and Forsyth(2009)采用这种方法将性能提升了一部分。语言学的一个子学科“语用学”(pragmatics)，旨在学习人们选择用语；其中一条准则是人们提到不寻常或者重要的事情，这暗示着对于如“羊是白色的”或者“草地是绿色”等这样常规的语言

是没有特定价值的。接下来面临两个问题：首先，必须确定哪些修饰语适合于哪些特定的物体；其次，确定这些修饰语是否值得去注意。Farhadi et al. (2009a)给出一种可以识别物体实体的属性是非正常的或者缺乏正常属性的方法。该方法可用于预测哪些修饰语值得去注意。

另一种包含图像丰富特征的方法是采用物体之间的空间关系。Heitz and Koller(2008)通过识别材料的图像块提升性能，该材料包括草地、柏油路面和天空等，其中区域的形状并非有助于识别该材料。他们训练一种概率模型，当合适的材料位于适宜的位置时增强检测响应，反之则削弱检测响应，其最终检测性能有部分提升。Gupta and Davis(2008)采用关联短语的图像标签(例如，“在水中的熊”)，并采用具有名词短语结构和空间关系的模型来学习标签区域。关系线索可以通过消除二义性而提升性能；例如，如果具有一个很好的关于“草地”的模型和很好的空间关系“在其上面”，则“羊在草地上”提供了哪些区域是羊的信息。实验结果表明这些影响是非常显著且有帮助的，相关的论文显示该方法在区域标记的性能上有很大的提升(见图21.15)。

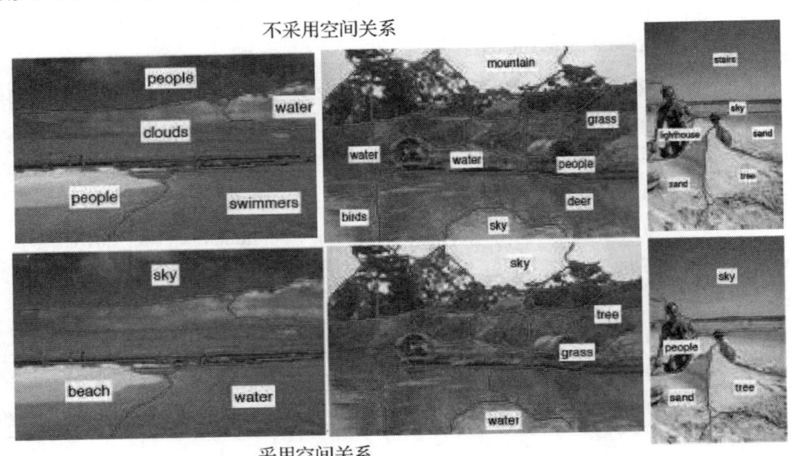

图21.15 Gupta and Davis(2008)给出通过对区域之间的空间关系进行表征，并将这种关联在预测时进行计算，可以提升预测图像标签的性能。顶行给出采用Duygulu et al.(2002)的方法进行标记，仅仅考虑单独的区域；底行即采用他们的方法给出的预测结果。注意，在图像右侧的单词“lighthouse”和“steps”受到其他图像块的影响，通过文本可以给出更好的预测(This figure was originally published as Figure 7 of “Beyond nouns; exploiting prepositions and comparative adjectives for learning visual classifiers,” by A. Gupta and L. Davis, Proc. European Conference on Computer Vision. Springer Lecture Notes in Computer Science, Volume 5302, 2008 © Springer, 2002)

这种归一化的自然目标是通过图像产生语句。尽管语句非常短，也可以提供非常强大的紧凑信息。为了产生这样的语句，需要选择哪些内容是值得注意的；需要判断什么事情在发生；需要判断修饰语在哪里。在某些视频中(如运动视频)，采用介绍什么可能发生的叙事性结构是程序化的结构，并且可以产生非常好的语句(见图21.16)。Gupta et al. (2009)介绍了首先搜索运动员匹配一定模板的运动模式，接着以非常丰富的语言结构方式显示运动信息。Yao et al. (2010)将图像解析策略用于文本生成器策略，从而产生关于视频的信息语句。对于静态图像，该问题仍然是非常困难的；Farhadi et al. (2010b)描述了一种方法，即采用中间表示将静态图像与语句关联起来，解决对于大多数文字计数器没有检测器而产生的困难(见图21.17)。

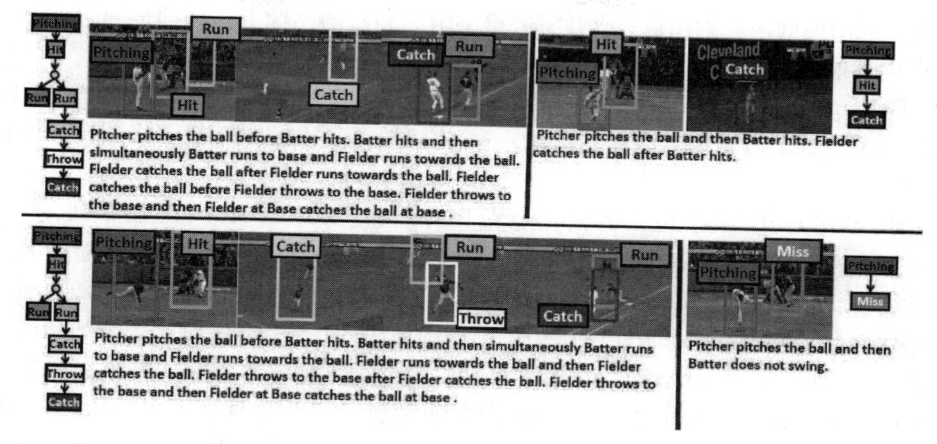

图 21.16　在结构化的视频中，可以利用视频所发生的结构来预测故事。该图给出 Gupta et al. (2009)的例子，他们通过搜索可能的演员和关于运动视频的模板，根据这些匹配可以推导出合理且较精确的故事(This figure was originally published as Figure 7 of "Understanding Videos, Constructing Plots Learning a Visually Grounded Storyline Model from Annotated Videos," by A. Gupta, P. Srinivasan, J. Shi, and L. S. Davis, Proc. IEEE CVPR 2009, © IEEE 2009)

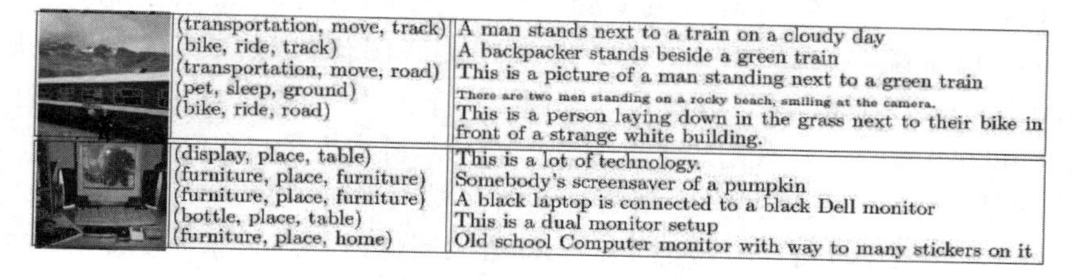

图 21.17　首先通过中间表征层计算相似关系，接着据此计算语句 - 图像对的分数，Farhadi etal. (2010b)采用这种方式建立语句与图像之间的关联；产生最近分数的语句为该图像的注释。左图，给出两个图像示例；中图，给出前五条中间表征词，采用三元组表示(行动者，场景，动作)；右图，对于每幅图给出前五条语句。注意，语句细节可能不精确，但是一般得出的语句是正确的(This figure was originally published as Figure 3 of "Every picture tells a story: Generating sentences from images," by A. Farhadi, M. Hejrati, M. A. Sadeghi, P. Young, C. Rastchian, J. Hockenmaier, and D. Forsyth, Proc. European Conference on Computer Vision. Springer Lecture Notes in Computer Science, Volume 6314, 2010 © Springer, 2009)

21.6　注释

有许多带有注释的图像数据库，其中包括：博物馆材料收集(Barnard et al. 2001b)；Corel 图像集(Barnard and Forsyth 2001, Duygulu et al. 2002, Chen and Wang 2004 等相关论文)；带有标注的或者语音的任何视频(Satoh and Kanade 1997, Satoh et al. 1999, Wang et al. 2006)；带有标注新闻的图像(Berg et al. 2004)。一个显著的事实是，在这些图像集中，图像及其关联的注释是互补的。相关的参考文献是非常广泛的，这里仅仅罗列最相关的一些论文。对于更多的其他文献，可以参考 Datta et al. (2005)，该论文有 120 多篇参考文献。有三种常见的应用：对图像进行聚类；采用关键字搜索图像；或者将关键字附加到新的图像上。特别是倾向于一种目标的模型可以产生其他更多的目标。

搜索：Belongie et al. (1998b)给出一种联合图像-关键字搜索的例子。Joshi et al. (2004)给出一种通过相关关键字搜索带有注释的图像，举例说明如何识别图像，接着将图像池根据外貌相似度进行排序。

聚类：Barnard and Forsyth(2001)将 Corel 图像集和其对应的关键字进行聚类，产生一个可供浏览的表征；该聚类方法源于 Hofmann and Puzicha(1998)。Barnard et al. (2010b)显示该聚类方法在非常庞大的数码形式的书名集中可以产生非常有用、可供浏览的表征。

将关键字添加到图像：聚类方法常常用于预测图像中的关键字，关键字预测的精确度可作为这类方法的评估准则[见 Barnard et al. (2003b)]。有两种预测任务：预测图像关联的关键字(自动注释，auto-annotation)和预测特定图像结构的关键字(即物体识别)。Maron and Ratan (1998)采用多实例学习的方法将关键字添加到图像。多实例的学习方法是一种从有标记的样本词袋构建分类器的常见策略。通常，已知一个词袋仅包括或者不包括一个正样本，但并非该样本就一定是正样本。在特征空间寻找小区域的方法往往采用正样本词袋，而不是负样本词袋；可以采用平滑的方法对这些方法进行可视化(Maron and Lozano-Pérez 1998, Zhang and Goldman 2001)，采用 SVM(Andrews et al. 2003, Tao et al. 2004)，或者采用几何推理(Dietterich et al. 1997)。不同方法的比较见 Ray and Craven(2005)。Chen 和 Wang 描述了一种多实例学习算法的变种，并从区域预测关键字(Chen and Wang 2004)。Blei and Jordan(2003)采用隐含狄利克雷(latent Dirichlet)分配在自适应注释任务中预测关联图像区域的关键字(Blei and Jordan 2003)。Barnard et al. (2003a)描述并比较了预测关键字的不同算法，包括对关联性直接推理的许多策略。Li and Wang(2003)采用二维多分辨率隐马尔科夫模型，在已经分类好的图像集训练一系列的概念表征。接着采用这些概念用于自动语义检索系统。Jeon et al. (2003)采用交叉媒介(cross-media)关联模型进行注释与检索。在自适应图像注释与检索系统中，Lavrenko et al. (2003)采用连续空间关联模型在给定图像区域预测生成单词的概率。

其他应用：文本与图像的关系是非常深层次且复杂的。Barnard and Johnson(2005)表明采用图像信息可以辨别单词的注释。Berg and Forsyth(2006)给出可以通过搜索相关图像附近的特定关键字和具有鉴别性的图像结构来查找图像的复杂分类(“猴子”，“企鹅”)。Yanai and Barnard(2005)采用区域熵识别具有直观可视属性信息的关键字(“粉红色”对应“深情”)。所有的这些工作都旨在强调一般的图像结构(例如区域)，但是某些可能采用检测器的响应与关键字的关联，而不是单单采用检测器。人脸是一种非常有趣的例子。

第七部分

背 景 材 料

第22章　优化技术

许多计算机视觉的问题可以建模为最优化的求解问题，即求解实能量函数的最大值和最小值解空间，并常常根据兴趣参数在数据集合上进行平均归一化。例如，摄像机标定、运动估计结构、姿态估计可以很自然地转换为基于数据集上的均方误差函数最小化的优化问题。该最小二乘法问题(least-squares)包括两种形式：线性最小二乘法(误差函数关于其参数线性组合并且为二次型)和非线性最小二乘法(通常为核误差函数)。对于前一种情况，通过数值工具包计算一个矩阵的特征向量和特征值、伪逆或者奇异值分解(见22.1节)可以得到精确的最优解。而对于后一种情况，常常通过某些牛顿迭代法的变种得到近似解，并不能保证得到全局的最优解(见22.2节)。

图像处理和计算机视觉的最新研究状况表明，从图像去噪到物体分类可以认为是将数据建模为从隐式的大字典提取的基向量的稀疏线性组合。22.3节给出对这个方法进行数据建模的简要概述，并且给出相关的一些最优化技术。另外，本节也介绍了怎样将一个信号在给定的一个字典[稀疏编码(sparse coding)]进行稀疏分解，并在适应的数据集上学习这个字典，如分类和回归的任务集。

计算机视觉的任务更自然地被建模为基于一系列离散参数的能量函数而非实变量的平滑函数，并最终转换为组合优化问题(combinatorial optimization)。例如，立体融合或更一般化匹配问题采用这种模式，其兴趣参数为整型像素差或者匹配对的索引值。正如22.4节所示，这些问题的最优化问题为NP难题，但在一定的正则条件[子模性(submodularity)]下，可以通过有效的算法进行求解，比如基于多项式最小切算法，在某些情况下可以得到原始问题的精确解。

22.1　线性最小二乘法

考虑这样一个方程组，该方程组包括 p 个线性方程和 q 个变量：

$$\begin{cases} a_{11}x_1 + a_{12}x_2 + \cdots + a_{1q}x_q = y_1 \\ a_{21}x_1 + a_{22}x_2 + \cdots + a_{2q}x_q = y_2 \\ \cdots \\ a_{p1}x_1 + a_{p2}x_2 + \cdots + a_{pq}x_q = y_p \end{cases} \tag{22.1}$$

可以改写为 $\mathcal{A}\boldsymbol{x}=\boldsymbol{b}$，其中 $\mathcal{A}$ 为 $p\times q$ 实矩阵，$\boldsymbol{x}$，$\boldsymbol{b}$ 分别为 $\mathbb{R}^q$ 和 $\mathbb{R}^p$ 中的向量，其定义为

$$\mathcal{A}=\begin{pmatrix} a_{11} & a_{12} & \cdots & a_{1q} \\ a_{21} & a_{22} & \cdots & a_{2q} \\ \cdots & \cdots & \cdots & \cdots \\ a_{p1} & a_{p2} & \cdots & a_{pq} \end{pmatrix}, \quad \boldsymbol{x}=\begin{pmatrix} x_1 \\ x_2 \\ \cdots \\ x_q \end{pmatrix}, \qquad \boldsymbol{y}=\begin{pmatrix} y_1 \\ y_2 \\ \cdots \\ y_p \end{pmatrix}$$

从初级线性代数得知(一般情况下)

1. 当 $p<q$ 时，式(22.1)的解集构成 $\mathbb{R}^q$ 的 $q-p$ 维的向量子空间；
2. 当 $p=q$ 时，没有唯一解；
3. 当 $p>q$ 时，无解。

当矩阵 $\mathcal{A}$ 的最大无关行数或者列数(即秩)为最大时，这种表述是正确的，也就是等于 $\min(p,q)$

（即一般化形式）。当矩阵 $\mathcal{A}$ 的秩小于 $\min(p,q)$，式(22.1)解的存在依赖于 $\boldsymbol{y}$ 值和它是否属于矩阵 $\mathcal{A}$ 列扩展的 $\mathbb{R}^p$ 的子空间。

22.1.1　正则方程和伪逆

考虑约束情形 $p>q$，并假设 $\mathcal{A}$ 具有最大秩 q。由于该情形无解，在这种情况下采用最小化错误准则寻找向量 $\boldsymbol{x}$：

$$E(\boldsymbol{x}) \stackrel{\text{def}}{=} \sum_{i=1}^{p}(a_{i1}x_1+\cdots+a_{iq}x_q-y_i)^2=||\mathcal{A}\boldsymbol{x}-\boldsymbol{y}||^2$$

其中 $\|\boldsymbol{y}\|$ 表示向量 $\boldsymbol{y}$ 为欧几里得范数。

这是一个线性最小二乘问题，名字起源于这样一个事实：E 与公式的均方差误差相关，并且平方项的每一项都为线性组合。

将该式改写为 $E=\boldsymbol{e}\cdot\boldsymbol{e}$，其中 $\boldsymbol{e}\stackrel{\text{def}}{=}\mathcal{A}\boldsymbol{x}-\boldsymbol{y}$。为获得最小化 $E(\boldsymbol{x})$ 的向量 $\boldsymbol{x}$，对该式求关于坐标 $x_i(i=1,\cdots,q)$ 的偏导，并令该偏导为0，即

$$\frac{\partial E}{\partial x_i}=2\frac{\partial \boldsymbol{e}}{\partial x_i}\cdot\boldsymbol{e}=0\ , \qquad i=1,\cdots,q$$

但如果 $\mathcal{A}$ 的列向量 $\boldsymbol{c}_j=(a_{1j},\cdots,a_{mj})^{\mathrm{T}}(j=1,\cdots,q)$，有

$$\frac{\partial \boldsymbol{e}}{\partial x_i}=\frac{\partial}{\partial x_i}\left[\begin{pmatrix}\boldsymbol{c}_1 & \cdots & \boldsymbol{c}_q\end{pmatrix}\begin{pmatrix}x_1\\ \cdots\\ x_q\end{pmatrix}-\boldsymbol{y}\right]=\frac{\partial}{\partial x_i}(x_1\boldsymbol{c}_1+\cdots+x_q\boldsymbol{c}_q-\boldsymbol{y})=\boldsymbol{c}_i$$

特别地，式 $\partial E/\partial x_i=0$ 表明 $\boldsymbol{c}_i^{\mathrm{T}}(\mathcal{A}\boldsymbol{x}-\boldsymbol{y})=0$，结合向量 $\boldsymbol{x}$ 的 q 个基构成关于最小二乘的标准方程，即

$$\mathbf{0}=\begin{pmatrix}\boldsymbol{c}_1^{\mathrm{T}}\\ \cdots\\ \boldsymbol{c}_q^{\mathrm{T}}\end{pmatrix}(\mathcal{A}\boldsymbol{x}-\boldsymbol{y})=\mathcal{A}^{\mathrm{T}}(\mathcal{A}\boldsymbol{x}-\boldsymbol{y})\Longleftrightarrow \mathcal{A}^{\mathrm{T}}\mathcal{A}\boldsymbol{x}=\mathcal{A}^{\mathrm{T}}\boldsymbol{y} \tag{22.2}$$

当 $\mathcal{A}$ 具有最大秩 q，矩阵 $\mathcal{A}^{\mathrm{T}}\mathcal{A}$ 可以表示成可逆形式，式(22.2)的解变为

$$\boldsymbol{x}=\mathcal{A}^{\dagger}\boldsymbol{y} \quad \text{且} \quad \mathcal{A}^{\dagger}\stackrel{\text{def}}{=}[(\mathcal{A}^{\mathrm{T}}\mathcal{A})^{-1}\mathcal{A}^{\mathrm{T}}] \tag{22.3}$$

$q\times q$ 矩阵 $\mathcal{A}^{\dagger}$ 叫做 $\mathcal{A}$ 的伪逆，是由于当 $\mathcal{A}$ 是方阵且为非奇异时，等于 $\mathcal{A}^{-1}$。线性最小二乘问题求解并不需要对伪逆进行明确的求解，可以采用比较简单的数值计算，例如QR分解或者奇异值分解（见22.1.5节）进行求解。

22.1.2　齐次方程组和特征值问题

考虑原方程组的一个变种，同时具有 p 个线性方程和 q 个变量，但向量 $\boldsymbol{y}$ 为0：

$$\begin{cases}a_{11}x_1+a_{12}x_2+\cdots+a_{1q}x_q=0\\ a_{21}x_1+a_{22}x_2+\cdots+a_{2q}x_q=0\\ \cdots\\ a_{p1}x_1+a_{p2}x_2+\cdots+a_{pq}x_q=0\end{cases}\Longleftrightarrow \mathcal{A}\boldsymbol{x}=\mathbf{0} \tag{22.4}$$

该式叫做关于 $\boldsymbol{x}$ 的齐次方程组，即当 $\boldsymbol{x}$ 为方程组的解，对于任意的 $\lambda\neq0$，$\lambda\boldsymbol{x}$ 也为该方程组的解。当 $p=q$，并且矩阵 $\mathcal{A}$ 为非奇异，式(22.4)有唯一解 $\boldsymbol{x}=\mathbf{0}$。相反，当 $p\geqslant q$，仅当 $\mathcal{A}$ 是奇异矩阵（秩严格小于 q），非零解可能存在。本章中，当对 $\boldsymbol{x}$ 加某一个额外的变量时（因为当 $\boldsymbol{x}=\mathbf{0}$ 时，E 全局最小），最小化 $E(\boldsymbol{x})=\|\mathcal{A}\boldsymbol{x}\|^2$ 有意义。考虑齐次性，有 $E(\lambda\boldsymbol{x})=\lambda^2E(\boldsymbol{x})$，并为避免零解和保证唯一解，加上约束 $\|\boldsymbol{x}\|^2=1$。

误差项 $E(\boldsymbol{x})$ 改写为 $\| \mathcal{A}\boldsymbol{x} \|^2 = \boldsymbol{x}^{\mathrm{T}}(\mathcal{A}^{\mathrm{T}}\mathcal{A})\boldsymbol{x}$。矩阵 $\mathcal{A}^{\mathrm{T}}\mathcal{A}$ 为半正定对称矩阵，即其特征值全为非负项，并且该矩阵可以对角化为由特征向量 $\boldsymbol{e}_i(i=1,\cdots,q)$ 构成的正交基和由 $\lambda_1 \geqslant \cdots \geqslant \lambda_q \geqslant 0$ 降序排列的特征值构成的对角矩阵。对于任意的单位向量，可以将其改写为 $\boldsymbol{x} = \mu_1\boldsymbol{e}_1 + \cdots + \mu_q\boldsymbol{e}_q$，其中 $\mu_1^2 + \cdots + \mu_q^2 = 1$。一般有

$$\begin{aligned} E(\boldsymbol{x}) - E(\boldsymbol{e}_q) &= \boldsymbol{x}^{\mathrm{T}}(\mathcal{A}^{\mathrm{T}}\mathcal{A})\boldsymbol{x} - \boldsymbol{e}_q^{\mathrm{T}}(\mathcal{A}^{\mathrm{T}}\mathcal{A})\boldsymbol{e}_q = \lambda_1\mu_1^2 + \cdots + \lambda_q\mu_q^2 - \lambda_q \\ &\geqslant \lambda_q(\mu_1^2 + \cdots + \mu_q^2 - 1) = 0 \end{aligned}$$

由此得到

最小化 $E(\boldsymbol{x}) = \| \mathcal{A}\boldsymbol{x} \|^2$ 的单位向量 $\boldsymbol{x}$，为矩阵 $\mathcal{A}^{\mathrm{T}}\mathcal{A}$ 的最小特征值 λ_p 的对应特征向量 $\boldsymbol{e}_q$，并且误差项 E 的最小值为 λ_q。

对于求解一个对称矩阵的特征值和特征向量有很多种方法，其中包括求解雅可比变换和通过 QR 分解将原矩阵转换为上三角矩阵进行求解。通过奇异值分解(并不需要构造矩阵 $\mathcal{A}^{\mathrm{T}}\mathcal{A}$)也可以求解特征值和特征向量。

22.1.3 广义特征值问题

在解释齐次线性最小二乘法算法的例子之前，先考虑一下关于最小化 $\| \mathcal{A}\boldsymbol{x} \|^2$ 的更一般化的求解过程，同时满足约束条件 $\| \mathcal{B}\boldsymbol{x} \|^2 = 1$，其中 $\mathcal{B}$ 是 $r \times p$ 的矩阵(当 $\mathcal{B} = \mathrm{Id}$ 时，该问题简化为齐次线性最小二乘法)。有向量 $\boldsymbol{x}$ 和标量 λ，满足

$$\mathcal{A}^{\mathrm{T}}\mathcal{A}x = \lambda\mathcal{B}^{\mathrm{T}}\mathcal{B}x$$

称为 $q \times q$ 的对称矩阵 $\mathcal{A}^{\mathrm{T}}\mathcal{A}$ 和 $\mathcal{B}^{\mathrm{T}}\mathcal{B}$ 的广义特征向量和其关联的广义特征值。约束优化问题的求解转换为求解广义特征向量和其对应的广义特征值的问题(在此情况下，通过约束保证其非负属性)。正如之前所述，关于求解成对的对称广义特征向量和广义特征值是可行的。

22.1.4 示例：拟合平面上的一条直线

考虑平面上的 n 个点 $p_i(i = 1,\cdots,n)$，其对应的固定坐标系的坐标为 (x_i, y_i)(见图 22.1)。最匹配这些点的直线是哪一条？为了回答该问题，需要定义并量化一条直线 δ 匹配这些点，或者定义一些损失函数 E 来表征这条直线与这些点之间的误差。通过最小化损失函数 E，可以求解最优匹配直线。

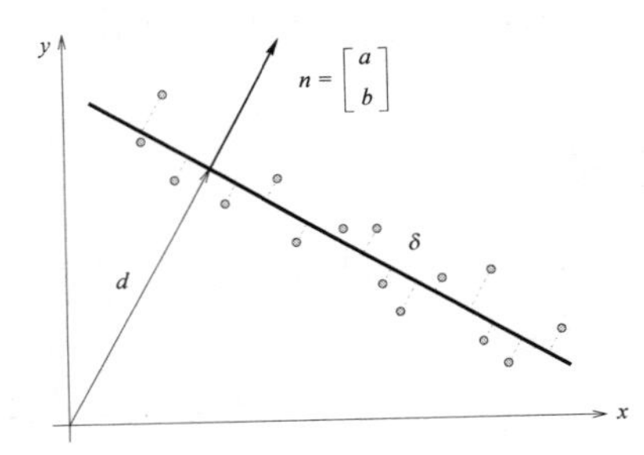

图 22.1 平面中对 n 个点的最佳拟合直线为最小化与这些点的垂直距离的均方误差所得到的直线δ(即连接这些点与直线δ的短平行线长度的均方误差)

一种求解该损失函数可行的方案是采用关于这些点与直线的均方误差距离，如图 22.1 所示。距离原点为 d 的单位标准向量 $\boldsymbol{n} = (a,b)^{\mathrm{T}}$ 的直线方程为 $ax + by = d$，距离坐标 $(x,y)^{\mathrm{T}}$ 的点和该直线的垂直距离为 $|ax + by - d|$。

因此，采用

$$E(a,b,d)=\sum_{i=1}^{n}(ax_i+by_i-d)^2 \tag{22.5}$$

作为损失函数，并且直线拟合问题约简为最小化损失函数 E，其中，a，b 和 d 满足约束条件 $a^2+b^2=1$①。

对损失函数 E 计算关于 d 的微分，最小化该目标函数，必须保证 $O=\partial E/\partial d=-2\sum_{i=1}^{n}(ax_i+by_i-d)$，因此

$$d=a\bar{x}+b\bar{y},\qquad \text{其中}\quad \bar{x}=\frac{1}{n}\sum_{i=1}^{n}x_i \quad \text{和} \quad \bar{y}=\frac{1}{n}\sum_{i=1}^{n}y_i \tag{22.6}$$

其中标量 $\bar{x}$，$\bar{y}$ 表示输入点的大概中心位置坐标。将 d 代入之前定义的损失函数 E 的表达式中，有

$$E=\sum_{i=1}^{n}[a(x_i-\bar{x})+b(y_i-\bar{y})]^2=||\mathcal{A}\boldsymbol{n}||^2 \qquad \text{其中}\quad \mathcal{A}=\begin{pmatrix} x_1-\bar{x} & y_1-\bar{y}\\ \cdots & \cdots \\ x_n-\bar{x} & y_n-\bar{y}\end{pmatrix}$$

原始问题最终约简为最小化 $\|\mathcal{A}\boldsymbol{n}\|^2$，其中 $\boldsymbol{n}$ 满足约束条件 $\|\boldsymbol{n}\|^2=1$。这是一个齐次线性最小二乘问题，其解为关于最小 2×2 的矩阵 $\mathcal{A}^{\mathrm{T}}\mathcal{A}$ 的特征值的单位特征向量。一旦 a,b 被求解，通过式(22.6)可以求解 d 的值，注意到 $\mathcal{A}^{\mathrm{T}}\mathcal{A}$ 可以很容易表示为

$$\begin{pmatrix} \sum_{i=1}^{n}x_i^2-n\bar{x}^2 & \sum_{i=1}^{n}x_iy_i-n\bar{x}\bar{y}\\ \sum_{i=1}^{n}x_iy_i-n\bar{x}\bar{y} & \sum_{i=1}^{n}y_i^2-n\bar{y}^2\end{pmatrix}$$

即点 p_i 的二阶惯性矩阵。事实上，最优匹配这些点的直线，在本节内容中是其定义的基本机械的最小惯性轴。

22.1.5 奇异值分解

由以上所述，齐次和非齐次的线性最小二乘法问题都可以通过奇异值分解（无须构造矩阵 $\mathcal{A}^{\mathrm{T}}\mathcal{A}$ 来求解）：对于任何 $p\times q$ 实矩阵 $\mathcal{A}$，当 $p\geqslant q$ 时，可以写为

$$\mathcal{A}=\mathcal{U}\mathcal{W}\mathcal{V}^{\mathrm{T}}$$

其中：

- $\mathcal{U}$ 是 $p\times q$ 列正交矩阵，即 $\mathcal{U}^{\mathrm{T}}\mathcal{U}=\mathrm{Id}_p$。
- $\mathcal{W}$ 是对角矩阵，其对角元素 $w_i(i=1,\cdots,q)$ 为矩阵 $\mathcal{A}$ 的奇异值，$w_1\geqslant w_2\geqslant\cdots\geqslant w_q\geqslant 0$。
- $\mathcal{V}$ 是 $q\times q$ 正交矩阵，即 $\mathcal{V}^{\mathrm{T}}\mathcal{V}=\mathcal{V}\mathcal{V}^{\mathrm{T}}=\mathrm{Id}_p$。

该分解过程称为关于 $\mathcal{A}$ 的奇异值分解，其求解过程可以通过 Wilkinson and Reich(1971)描述的算法得到。

矩阵 $\mathcal{A}$ 的 SVD 分解可以用来求解非齐次线性最小二乘问题，而无须构造矩阵 $\mathcal{A}^{\mathrm{T}}\mathcal{A}$。事实上由 22.1.1 节定义的标准方程的伪逆可以改写为

$$\mathcal{A}^{\dagger}=(\mathcal{A}^{\mathrm{T}}\mathcal{A})^{-1}\mathcal{A}^{\mathrm{T}}=[(\mathcal{V}\mathcal{W}^{\mathrm{T}}\mathcal{U}^{\mathrm{T}})(\mathcal{U}\mathcal{W}\mathcal{V}^{\mathrm{T}})]^{-1}(\mathcal{V}\mathcal{W}^{\mathrm{T}}\mathcal{U}^{\mathrm{T}})=\mathcal{V}\mathcal{W}^{-1}\mathcal{U}^{\mathrm{T}}$$

这是由于 $\mathcal{U}$ 为列正交，$\mathcal{V}$ 为正交。

---

① 线拟合问题也可以建模为基于 a，b 和 d 在约束 $a^2+b^2+d^2=1$（在这种情形下，d 不能解释为距离，但这并不重要）下的最小化式(22.5)的问题。该建模同样“有效”，但有一个缺陷，即关联矩阵 $\mathcal{A}$ 具有一列仅为 1 的列，其对应尺度与其他两个可能不同。这可能导致某些数值计算上的困难，故应采用文中提出的解决办法而不是采用这种办法。

接下来的定义表明，一个矩阵的奇异值分解与其特征值和特征向量的平方有关。

定理5 矩阵 $\mathcal{A}$ 的奇异值是矩阵 $\mathcal{A}^{\mathrm{T}}\mathcal{A}$ 的特征值的开方根，其中矩阵 $\mathcal{V}$ 的列向量为特征值对应的特征向量。

该定理可以用来求解前面章节定义的过约束的齐次线性表达式，而无须显式计算对应矩阵 $\mathcal{A}^{\mathrm{T}}\mathcal{A}$。矩阵 $\mathcal{V}$ 的列向量为矩阵 $\mathcal{A}$ 对应的最小奇异值。

这个结果可以很容易被表明，而无须诉诸于定理5，即定义矩阵 $\mathcal{V}$ 的列向量为 $\boldsymbol{e}_1,\cdots,\boldsymbol{e}_q$，正如前面的做法，可将任意的单位向量 $\boldsymbol{x}$ 构建为这些基向量的线性组合，即

$$\boldsymbol{x}=\mu_1\boldsymbol{e}_1+\cdots+\mu_q\boldsymbol{e}_q=\mathcal{V}\boldsymbol{\mu}$$

其中 $\|\boldsymbol{\mu}\|^2=\mu_1^2+\cdots+\mu_q^2=1$。一般有

$$E(\boldsymbol{x})=\boldsymbol{x}^{\mathrm{T}}(\mathcal{A}^{\mathrm{T}}\mathcal{A})\boldsymbol{x}=(\boldsymbol{\mu}^{\mathrm{T}}\mathcal{V}^{\mathrm{T}})(\mathcal{V}\mathcal{W}^{\mathrm{T}}\mathcal{U}^{\mathrm{T}})(\mathcal{U}\mathcal{W}\mathcal{V}^{\mathrm{T}})(\mathcal{V}\boldsymbol{\mu})=\boldsymbol{\mu}^{\mathrm{T}}\mathcal{W}^{\mathrm{T}}\mathcal{W}\boldsymbol{\mu}=\sum_{i=1}^{q}w_i^2\mu_i^2$$

考虑 $\mathcal{U}$ 为列正交，$\mathcal{V}$ 为正交，其满足

$$E(\boldsymbol{x})-E(\boldsymbol{e}_q)=w_1^2\mu_1^2+\cdots+w_q^2\mu_q^2-w_q^2\geqslant w_q^2(\mu_1^2+\cdots+\mu_q^2-1)=0$$

因为奇异值为降序排列。

一个矩阵的SVD分解可以描绘矩阵秩亏(rank-deficient)。假设矩阵 $\mathcal{A}$ 有秩 $r<q$，其对应矩阵 $\mathcal{U}$, $\mathcal{W}$ 和 $\mathcal{V}$ 可以写为

$$\mathcal{U}=\begin{bmatrix}\mathcal{U}_r & \mathcal{U}_{q-r}\end{bmatrix}\quad \mathcal{W}=\begin{bmatrix}\mathcal{W}_r & 0\\ 0 & 0\end{bmatrix}\quad \mathcal{V}^{\mathrm{T}}=\begin{bmatrix}\mathcal{V}_r^{\mathrm{T}}\\ \mathcal{V}_{q-r}^{\mathrm{T}}\end{bmatrix}$$

其中：

- $\mathcal{U}_r$ 的列形成 $\mathcal{A}$ 的值域的正交基。
- $\mathcal{V}_{q-r}$的列为基在 $\boldsymbol{Ax}=0$ 的解张成的空间(即该矩阵的核空间)。

矩阵 $\mathcal{U}_r(p\times r)$ 和矩阵 $\mathcal{V}_r(q\times r)$ 都为列正交，故有 $\mathcal{A}=\mathcal{U}_r\mathcal{W}_r\mathcal{V}_r^{\mathrm{T}}$。

下面的定理表明奇异值分解提供了一种很有价值的逼近过程。这里 $\mathcal{U}_r$，$\mathcal{V}_r$ 分别表示矩阵 $\mathcal{U}$ 和 $\mathcal{V}$ 的最左边列，$\mathcal{W}_r$ 为 $r\times r$ 的对角矩阵(由 r 个最大的奇异值构成)。这次，矩阵 $\mathcal{A}$ 可能有最大秩 q，并且剩余的奇异值可能非零。

定理6 当矩阵 $\mathcal{A}$ 具有大于 r 的秩时，$\mathcal{U}_r\mathcal{W}_r\mathcal{V}_r^{\mathrm{T}}$ 是 $\mathcal{A}$ 的满足 Frobenius 范数的 rank-r 的最优估计①。

该定理在通过因式分解方法构造动作时(见第8章)具有很重要的作用。

22.2 非线性最小二乘法

考虑一般系统，有 p 个方程和 q 个变量：

$$\begin{cases}f_1(x_1,x_2,\cdots,x_q)=0\\ f_2(x_1,x_2,\cdots,x_q)=0\\ \cdots\\ f_p(x_1,x_2,\cdots,x_q)=0\end{cases}\iff \boldsymbol{f}(\boldsymbol{x})=\boldsymbol{0}\tag{22.7}$$

其中，$\boldsymbol{f}$: $\mathbb{R}^q\to\mathbb{R}^p$ 表示二次可微函数，包括成分 f_i: $\mathbb{R}^q\to\mathbb{R}$, $i=1,\cdots,p$。一般有

① 矩阵的 Frobenius 范数为矩阵中每个数据平方和的开平方根。

- 当 $p<q$ 时，解形成包括 $(q-p)$ 维的 $\mathbb{R}^q$ 的子集。
- 当 $p=q$ 时，具有有限解。
- 当 $p>q$ 时，无解。

与线性系统最大的区别：一般在非约束情况下，解集的维度仍然是 $q-p$，但是该解集不会形成任何向量空间。其结构取决于函数 f_i 的性质。同样，当 $p=q$ 时，存在有限解而不是唯一解。

对于式(22.7)，当 $p=q$ 时，这里没有一般方法求解其所有解。可以通过最小平方误差近似：

$$E(\boldsymbol{x}) \stackrel{\text{def}}{=} ||\boldsymbol{f}(\boldsymbol{x})||^2 = \sum_{i=1}^{p} f_i^2(\boldsymbol{x})$$

当 $p>q$ 时，采取以下的迭代方法线性化该问题，以便寻找至少一个可行解。其总是依赖于函数 f_i 在点 $\boldsymbol{x}$ 的邻域的一阶泰勒展开式：

$$f_i(\boldsymbol{x}+\delta\boldsymbol{x}) = f_i(\boldsymbol{x})+\delta x_1\frac{\partial f_i}{\partial x_1}(\boldsymbol{x})+\cdots+\delta x_q\frac{\partial f_i}{\partial x_q}(\boldsymbol{x})+O(||\delta\boldsymbol{x}||^2) \approx f_i(\boldsymbol{x})+\nabla f_i(\boldsymbol{x})\cdot\delta\boldsymbol{x}$$

其中，$\nabla f_i(\boldsymbol{x})=(\partial f_i/\partial x_1,\cdots,\partial f_i/\partial x_q)^{\mathrm{T}}$ 为函数 f_i 在点 $\boldsymbol{x}$ 的梯度，忽略二阶项 $O(\|\delta\boldsymbol{x}\|^2)$，其满足：

$$\boldsymbol{f}(\boldsymbol{x}+\delta\boldsymbol{x}) \approx \boldsymbol{f}(\boldsymbol{x}) + \mathcal{J}_{\boldsymbol{f}}(\boldsymbol{x})\delta\boldsymbol{x} \tag{22.8}$$

$\mathcal{J}_f(\boldsymbol{x})$ 为函数 $\boldsymbol{f}$ 的雅可比形式，即 $p\times q$ 矩阵

$$\mathcal{J}_{\boldsymbol{f}}(\boldsymbol{x}) \stackrel{\text{def}}{=} \begin{pmatrix} \nabla f_1^{\mathrm{T}}(\boldsymbol{x}) \\ \cdots \\ \nabla f_p^{\mathrm{T}}(\boldsymbol{x}) \end{pmatrix} = \begin{pmatrix} \frac{\partial f_1}{\partial x_1}(\boldsymbol{x}) & \cdots & \frac{\partial f_1}{\partial x_q}(\boldsymbol{x}) \\ \cdots & \cdots & \cdots \\ \frac{\partial f_p}{\partial x_1}(\boldsymbol{x}) & \cdots & \frac{\partial f_p}{\partial x_q}(\boldsymbol{x}) \end{pmatrix}$$

22.2.1 牛顿方法：平方非线性方程组

正如前面所述，当 $p=q$ 时，式(22.7)具有(一般的)有限解。虽然当函数 f 随机时，没有一般的方法找到其所有解，式(22.8)的解可以通过简单的迭代方法寻找其可行解的某一解，基本思想为：给定当前 $\boldsymbol{x}$ 的估计值，计算 $\delta\boldsymbol{x}$ 附近的扰动使得 $\boldsymbol{f}(\boldsymbol{x}+\delta\boldsymbol{x})\approx\boldsymbol{0}$，或者根据式(22.8)有

$$\mathcal{J}_{\boldsymbol{f}}(\boldsymbol{x})\delta\boldsymbol{x} = -\boldsymbol{f}(\boldsymbol{x})$$

当其雅可比矩阵为非奇异时，$\delta\boldsymbol{x}$ 很容易通过 $q\times q$ 的线性方程组得到，持续进行此过程直至收敛。

牛顿方法在靠近其解时收敛得很快：具有二次收敛率，即在第 $k+1$ 步的误差为第 k 步误差的平方。牛顿方法在离解很远时不可靠，有很多种方法可用于改进其鲁棒性，但其超出了本书的讨论范围。

22.2.2 牛顿方法：过约束的非线性方程组

当 p 大于 q 时，寻求最小二乘误差 E 的局部最小值(这里没法保证其收敛到全局最优)。注意误差的梯度的最小值为0，牛顿方法可以用于该问题。更进一步讲，引入 $\boldsymbol{F}(\boldsymbol{x})=\frac{1}{2}\nabla E(\boldsymbol{x})$，采用牛顿方法寻找关于 $q\times q$ 非线性方程组 $\boldsymbol{F}(\boldsymbol{x})=\boldsymbol{0}$ 的期望最小值。微分 E 得到

$$\boldsymbol{F}(\boldsymbol{x}) = \mathcal{J}_{\boldsymbol{f}}^{\mathrm{T}}(\boldsymbol{x})\boldsymbol{f}(\boldsymbol{x}) \tag{22.9}$$

微分该展开式得到 $\boldsymbol{F}$ 的雅可比形式：

$$\mathcal{J}_{\boldsymbol{F}}(\boldsymbol{x}) = \mathcal{J}_{\boldsymbol{f}}^{\mathrm{T}}(\boldsymbol{x})\mathcal{J}_{\boldsymbol{f}}(\boldsymbol{x}) + \sum_{i=1}^{p} f_i(\boldsymbol{x})\mathcal{H}_{f_i}(\boldsymbol{x}) \tag{22.10}$$

在该式里，$\mathcal{H}_{f_i}(\boldsymbol{x})$表示$f_i$的海森(Hessian)矩阵，即$q \times q$矩阵的二阶偏导：

$$\mathcal{H}_{f_i}(\boldsymbol{x}) \stackrel{\text{def}}{=} \begin{pmatrix} \frac{\partial^2 f_i}{\partial x_1^2}(\boldsymbol{x}) & \cdots & \frac{\partial^2 f_i}{\partial x_1 x_q}(\boldsymbol{x}) \\ \cdots & \cdots & \cdots \\ \frac{\partial^2 f_i}{\partial x_1 x_q}(\boldsymbol{x}) & \cdots & \frac{\partial^2 f_i}{\partial x_q^2}(\boldsymbol{x}) \end{pmatrix}$$

牛顿方法的$\delta\boldsymbol{x}$项满足$\mathcal{J}_{\boldsymbol{F}}(\boldsymbol{x})\delta\boldsymbol{x} = -\boldsymbol{F}(\boldsymbol{x})$，相当于联合式(22.9)和式(22.10)，表明$\delta\boldsymbol{x}$为以下方程的解：

$$[\mathcal{J}_{\boldsymbol{f}}^{\mathrm{T}}(\boldsymbol{x})\mathcal{J}_{\boldsymbol{f}}(\boldsymbol{x}) + \sum_{i=1}^{p} f_i(\boldsymbol{x})\mathcal{H}_{f_i}(\boldsymbol{x})]\delta\boldsymbol{x} = -\mathcal{J}_{\boldsymbol{f}}^{\mathrm{T}}(\boldsymbol{x})\boldsymbol{f}(\boldsymbol{x}) \tag{22.11}$$

22.2.3 高斯-牛顿法和 Levenberg-Marquardt 法

牛顿方法需要计算函数f_i的海森矩阵，而这是非常困难或者代价很高的。这里介绍另外两种关于非线性最小二乘的无须求解海森矩阵的方法。首先考虑高斯-牛顿法(Gauss-Newton algorithm)：在该方法中，首先计算函数$\boldsymbol{f}$的一阶泰勒展开式并最小化E，但这里寻求给定$\boldsymbol{x}$的最小化$E(\boldsymbol{x}+\delta\boldsymbol{x})$的$\delta\boldsymbol{x}$，采用式(22.8)替代式(22.7)得到

$$E(\boldsymbol{x} + \delta\boldsymbol{x}) = ||\boldsymbol{f}(\boldsymbol{x} + \delta\boldsymbol{x})||^2 \approx ||\boldsymbol{f}(\boldsymbol{x}) + \mathcal{J}_{\boldsymbol{f}}(\boldsymbol{x})\delta\boldsymbol{x}||^2$$

至此，考虑线性最小二乘法，调整$\delta\boldsymbol{x}$为$\mathcal{J}_{\boldsymbol{f}}^{\dagger}(\boldsymbol{x})\delta\boldsymbol{x} = -\boldsymbol{f}(\boldsymbol{x})$的解，相应地，根据伪逆的定义得到

$$\mathcal{J}_{\boldsymbol{f}}^{\mathrm{T}}(\boldsymbol{x})\mathcal{J}_{\boldsymbol{f}}(\boldsymbol{x})\delta\boldsymbol{x} = -\mathcal{J}_{\boldsymbol{f}}^{\mathrm{T}}(\boldsymbol{x})\boldsymbol{f}(\boldsymbol{x}) \tag{22.12}$$

比较式(22.11)和式(22.12)，高斯-牛顿法可以认为是牛顿方法的逼近，并且省略其海森矩阵。当函数f_i具有小解时这是合理的，因为矩阵$\mathcal{H}_{f_i}$被其剩余项所乘，如式(22.11)所示。在此情况下，高斯-牛顿方法与牛顿方法是可比较的，并一起二次收敛于解。当解的剩余项很大时，其可能收敛很慢或者不收敛。

当式(22.12)被以下公式取代：

$$[\mathcal{J}_{\boldsymbol{f}}^{\mathrm{T}}(\boldsymbol{x})\mathcal{J}_{\boldsymbol{f}}(\boldsymbol{x}) + \mu\mathrm{Id}]\delta\boldsymbol{x} = -\mathcal{J}_{\boldsymbol{f}}^{\mathrm{T}}(\boldsymbol{x})\boldsymbol{f}(\boldsymbol{x}) \tag{22.13}$$

其中，参数μ在每次迭代中允许变化，因此得到 Levenberg-Marquardt 法，在计算机视觉界非常出名。这是另外一种牛顿方法的变种，其海森矩阵通过乘一单位矩阵来逼近。Levenberg-Marquardt 法的收敛性与高斯-牛顿法近似，并更加鲁棒。不同于高斯-牛顿法，Levenberg-Marquardt 法可以用于雅可比$\mathcal{J}_{\boldsymbol{f}}$不具有最大秩和其伪逆不存在的情况。

22.3 稀疏编码和字典学习

采用字典元素的稀疏组合来表征数据向量的线性模型，广泛应用于计算机视觉、机器学习、神经科学、信号处理和统计学。本节简单介绍该方法用于数据建模，并概要讨论用于计算给定预定义的字典的稀疏分解的现代优化技术，该方法被称为稀疏编码(见 22.3.1 节)；以及为了适应特殊数据的字典学习(见 22.3.2 节)。在两种情况下，最小化目标函数可被认为是有约束的最小

二乘误差，目标为在给定稀疏约束下尽可能地重构数据。22.3.3节给出总结，将稀疏模型用于分类、回归等问题，并简要陈述用于监督设置的字典学习。

22.3.1 稀疏编码

考虑一个向量 $\boldsymbol{x}$，字典 $\mathcal{D}$，其中 $\boldsymbol{x}\in\mathbb{R}^m$，$\mathcal{D}\in\mathbb{R}^{m\times k}$，$\mathcal{D}$ 的列向量叫做字(atoms)[例如在图像处理或者计算机视觉领域，$\boldsymbol{x}$ 可能为小的图像块，$\mathcal{D}$ 可能由小波构成(Mallat 1999)]。定义稀疏编码如下：

$$\min_{\boldsymbol{\alpha}\in\mathbb{R}^k}||\boldsymbol{x}-\mathcal{D}\boldsymbol{\alpha}||^2+\lambda||\boldsymbol{\alpha}||_p \tag{22.14}$$

其中 λ 为某一正参数，$\|\boldsymbol{\alpha}\|_p$ 为 $\boldsymbol{\alpha}$ 的(伪)ℓ_p范数①。由于正则项 $\|\boldsymbol{\alpha}\|_p$ 消除了关联待定线性系统的模糊性，故允许过完备的字典，即 $k>m$。定义式(22.14)的解为 $\boldsymbol{\alpha}^*(\boldsymbol{x},\mathcal{D})$，并假设其唯一。当 $p=0$ 时，与正则项关联的伪 ℓ_0 范数计算非向量 $\boldsymbol{\alpha}^*(\boldsymbol{x},\mathcal{D})$ 的非零系数并常常保证其稀疏。当$p=1$ 时，与正则项关联的真 ℓ_1范数产生式(22.14)的稀疏解，但其没有直接分析值 $\|\boldsymbol{\alpha}^*(\boldsymbol{x},\mathcal{D})\|_1$ 与其有效稀疏的关联。

标量 λ 控制最小二乘误差与正则项 ℓ_p之间的权衡。也可以通过拉格朗日乘子法利用约束来优化。的确，给定两个正的阈值 T'和 T''，式(22.14)的解等同于

$$\min_{\boldsymbol{\alpha}\in\mathbb{R}^k}||\boldsymbol{x}-\mathcal{D}\boldsymbol{\alpha}||^2 \quad \text{such that} \quad ||\boldsymbol{\alpha}||_p\leqslant T' \tag{22.15}$$

对于 λ 的某些值，有

$$\min_{\boldsymbol{\alpha}\in\mathbb{R}^k}||\boldsymbol{\alpha}||_p \quad \text{such that} \quad ||\boldsymbol{x}-\mathcal{D}\boldsymbol{\alpha}||^2\leqslant T'' \tag{22.16}$$

得到该参数的其他值。这里并没有分析 λ 的值与 T'和 T''值之间的关联。

当 $p=1$ 时，式(22.14)或者式(22.15)和式(22.16)定义的问题，又称为基跟踪(basis pursuit，Chen et al. 1999)，或者 Lasso(Tibshirani 1996)。该问题为凸问题，存在有效算法，如关于最小角度回归的LARS(Efron et al. 2004)。当 $p=0$，式(22.14)为NP难题，必须依靠贪婪算法(但是非常有效)来找到合适的解，例如向前选择法(Weisberg 1980)，也称为正交匹配跟踪算法(Mallat and Zhang 1993)。

22.3.2 字典学习

取代先前定义的字典，采用已经学习的字典来适应数据，推进了信号处理任务(例如图像去噪、纹理合成和音频处理)中相关技术水平的发展，同样在计算机视觉任务如图像分类中，稀疏学习的模型可以很好地适应广泛的自然信号。经典的字典学习技术(Olshausen & Field 1997；Engan，Aase，& Husoy 1999；Lewicki & Sejnowski 2000；Aharon，Elad，& Bruckstein 2006)考虑有限训练信号集 $\mathcal{X}=[\boldsymbol{x}_1,\cdots,\boldsymbol{x}_n]\in\mathbb{R}^{m\times n}$，并关于 $\mathcal{D}$ 最小化经验损失函数：

$$f_n(\mathcal{D})=\frac{1}{n}\sum_{i=1}^{n}l(\boldsymbol{x}_i,\mathcal{D}), \qquad \text{其中} \quad l(\boldsymbol{x},\mathcal{D})=\min_{\boldsymbol{\alpha}\in\mathbb{R}^k}\frac{1}{2}||\boldsymbol{x}-\mathcal{D}\boldsymbol{\alpha}||_2^2+\lambda||\boldsymbol{\alpha}||_1 \tag{22.17}$$

样本 n 的数量往往很大，而相对的信号维度较小，例如考虑 10×10 图像块，其维度 $m=100$，而典型的图像处理应用的 $n\geqslant100\,000$。一般有 $k\ll n$(例如 $k=200$，$n=100\,000$)，但在用字典 $\mathcal{D}$ 表征时，每个信号只采用很少的元素，例如10个。

---

① $\mathbb{R}^m$ 中向量 $\boldsymbol{x}$ 的 ℓ_p范数定义为对于$p\geqslant1$，$\|\boldsymbol{x}\|_p=(\sum_{i=1}^{m}|\boldsymbol{x}[i]|^p)^{1/p}$。按照惯例，我们标记 $\|\boldsymbol{x}\|_0$ 为向量 $\boldsymbol{x}$ 中非零元素的个数。该 ℓ_p的稀疏性测试并不是真正的范数。

为了防止字典 $\mathcal{D}$ 的 Frobenius 范数任意大，从而导致任意小的小向量 $\boldsymbol{\alpha}_i = \alpha^*(x_i, \mathcal{D})$，很常见的做法为限制其列向量 $\boldsymbol{d}_1, \cdots, \boldsymbol{d}_k$ 具有的 ℓ_2范数小于或者等于 1。我们称 $\mathcal{C}$ 为矩阵的凸集来验证其约束：

$$\mathcal{C} = \{\mathcal{D} \in \mathbb{R}^{m\times k} \ \text{ s.t. } \ \forall j = 1, \cdots, k, \ \ ||\boldsymbol{d}_j||^2 \leqslant 1\} \tag{22.18}$$

注意最小化经验损失 $f_n(\mathcal{D})$ 的问题是关于字典 $\mathcal{D}$ 非凸的。根据字典 $\mathcal{D}$ 改写其联合优化问题和矩阵 $\mathcal{A} = [\boldsymbol{\alpha}_1, \cdots, \boldsymbol{\alpha}_n] \in \mathbb{R}^{k\times n}$，形成系数的稀疏分解：

$$\min_{\mathcal{D}\in\mathcal{C}, \mathcal{A}\in\mathbb{R}^{k\times n}} \sum_{i=1}^{n} \left(\frac{1}{2}||\boldsymbol{x}_i - \mathcal{D}\boldsymbol{\alpha}_i||_2^2 + \lambda||\boldsymbol{\alpha}_i||_1\right) \tag{22.19}$$

或者矩阵因式分解问题：

$$\min_{\mathcal{D}\in\mathcal{C}, \mathcal{A}\in\mathbb{R}^{k\times n}} \frac{1}{2}||\mathcal{X} - \mathcal{D}\mathcal{A}||_F^2 + \lambda||\mathcal{A}||_{1,1} \tag{22.20}$$

其中 $\|\mathcal{A}\|_{1,1}$表示矩阵 $\mathcal{A}$ 的 ℓ_1范数，即其系数的大小之和。

式(22.19)和式(22.20) 定义的问题并非关于 $\mathcal{D}$ 和 $\mathcal{A}$ 的联合凸问题，但是对于各自确实是凸问题。这建议我们先按照交替地固定一个变量求解另一个变量的方式进行求解，如 Engan et al. (1999)和 Aharon et al. (2006)所提出的，基于一个变量同时保持另一个变量固定来最小化经验损失。

其中 Bottou and Bousquet(2007)指出经验损失 $f_n(\mathcal{D})$ 仅仅替代期望损失：

$$f(\mathcal{D}) = \mathbb{E}_{\boldsymbol{x}}[l(\boldsymbol{x}, \mathcal{D})] = \lim_{n\to\infty} f_n(\mathcal{D}) \tag{22.21}$$

其中期望(假设有限)是相对于数据的概率分布 $p(\boldsymbol{x})$。当然 $p(\boldsymbol{x})$ 未知，但其指出给定有限的训练集，不应把重点放在最小化经验损失的精确度，因为其只是期望损失的估计。相对于“优化极好”的方法，一个“非精确”的方法可能具有相同甚至更好的期望损失。Bottou and Bousquet (2007)进一步指出随机梯度算法，其收敛率在传统的优化下非常差，可能是实际在某些设置下理论和经验上都快速收敛到解，并比二阶方法(例如牛顿方法，分批处理法)具有更小的期望损失。

Olshausen and Field(1997)采用随机梯度下降法学习字典。Mairal et al. (2010)提出在线学习算法，即通过循序地最小化二次期望损失的局部代理来解决特定结构的字典学习问题。假设训练集服从独立同分布 $p(\boldsymbol{x})$，其内循环在某一时刻通过随机梯度下降法得到一个元素 $\boldsymbol{x}_t$，并根据经典稀疏编码步骤，采用 LARS 算法计算先前迭代生成的字典 $\mathcal{D}_{t-1}$上 $\boldsymbol{x}_t$ 的分解式 $\boldsymbol{\alpha}_t = \boldsymbol{\alpha}^*(\boldsymbol{x}_t, \mathcal{D}_{t-1})$，通过在 $\mathcal{C}$ 上最小化以下函数计算字典 $\mathcal{D}_t$ 并更新：

$$\hat{f}_t(\mathcal{D}) = \frac{1}{t}\sum_{i=1}^{t} \left(\frac{1}{2}||\boldsymbol{x}_i - \mathcal{D}\boldsymbol{\alpha}_i||_2^2 + \lambda||\boldsymbol{\alpha}_i||_1\right) \tag{22.22}$$

和在先前步骤计算得到的向量 $\boldsymbol{\alpha}_i$，$i < t$。可以证明，在温和条件下，该处理过程几乎收敛于 $f(\mathcal{D})$ 的最优解。另外，其计算复杂度低于经典的分批处理法，具有很低的内存占有，并且适用于百万级的训练样本构成的大数据集合(Mairal et al. 2010)。

22.3.3 监督字典学习

假设要从观察值 $\boldsymbol{x}$ 估计预测变量 $\mathcal{Y}$ 中的 $\boldsymbol{y}$，其中 $\mathcal{Y}$ 要么是具有标记信息的有限训练集(例如分类)，要么是 $\mathbb{R}^q$ 空间中某连续的整数,其中 q 为某整数(比如回归)。最简单的公式包括学习线性模型采用 $\boldsymbol{\alpha}^*(\boldsymbol{x}, \mathcal{D})$ 作为特征向量来预测变量 $\boldsymbol{y}$。更一般化，无须约束其为线性模型，可以通过求解如下的优化问题，学习得到模型参数 $\mathcal{W}$：

$$\min_{\mathcal{D}\in\mathcal{C},\mathcal{W}\in\mathcal{V}} f(\mathcal{D},\mathcal{W})+\frac{\nu}{2}||\mathcal{W}||_F^2 \tag{22.23}$$

其中 $\mathcal{C}$ 为式(22.18)定义的约束集，$\mathcal{V}$ 为 $\mathbb{R}^d$ 空间的凸子集，其中 d 为某整数，v 为回归参数，f 具有如下形式：

$$f(\mathcal{D},\mathcal{W})=\mathbb{E}_{(\boldsymbol{y},\boldsymbol{x})}[l(\boldsymbol{y},\mathcal{W},\boldsymbol{\alpha}^\star(\boldsymbol{x},\mathcal{D}))] \tag{22.24}$$

其中 l: $\mathcal{Y}\times\mathcal{V}\times\mathbb{R}^k\to\mathbb{R}$ 为凸损失函数。通过数据($\boldsymbol{y}$,$\boldsymbol{x}$)的未知概率分布 p 可以得到其期望。根据任务类型(分类或者回归)，对于 l 具有不同选择，例如平方损失、对数损失，或者支持向量机的铰链损失，潜在的某些核的联合(Raina et al. 2007)。例如采用二次损失和线性模型作为二类分类，相当于计算关于 $\boldsymbol{y}\in\{-1, +1\}$ 的 $l(\boldsymbol{y},\mathcal{W},\boldsymbol{\alpha})=(y-\mathcal{W}\cdot\boldsymbol{\alpha})^2$。

式(22.24)定义的优化函数 f 的最大困难为 $\boldsymbol{\alpha}^*(\boldsymbol{x}, \mathcal{D})$ 是关于 $\mathcal{D}$ 不可微的。这导致采用略微不同的函数代替原始的稀疏编码函数，比如弹性网络(elastic net, Zou and Hastie 2005)的定义如下：

$$\boldsymbol{\alpha}^\star(\boldsymbol{x},\mathcal{D})=\arg\min_{\boldsymbol{\alpha}\in\mathbb{R}^p}\frac{1}{2}||\boldsymbol{x}-\mathcal{D}\boldsymbol{\alpha}||_2^2+\lambda_1||\boldsymbol{\alpha}||_1+\frac{\lambda_2}{2}||\boldsymbol{\alpha}||_2^2 \tag{22.25}$$

当 $\lambda_2>0$，该问题的解决方案总是唯一并明确的，即使其不平滑，Mairal et al. (2011)表明，在这种情况下，函数 f 事实上是可微的，其梯度可以通过期望的闭合解得到(主要思想为 $\boldsymbol{\alpha}^*$ 不可微的部分在式(22.24)的期望中可以忽略)。随机梯度下降法是典型的求解该问题的算法，在实际中一阶随机梯度投影算法(Kushner and Yin 2003)给出很好的结果。

22.4 最小切/最大流问题和组合优化

目前为止，本章讨论了平滑的优化问题，接着讨论组合优化，其感兴趣的参数为整型。考虑两类问题：具有非负权重的有向图划分为两个分类 S 和 T，并保证起于 S 终止于 T 的弧的权重最小(最小切问题)；n 个布尔变量的二次函数的最小化(平方伪布尔函数)。前一个问题可以通过多个有效的算法在多项式时间内解决，后一个问题当函数满足某些正则属性(子模性)时可以转化为最小切问题，即仍可以在多项式时间内解决，否则该问题为 NP 难题。考虑更一般的情况，即定义在某有限区间的整型变量 n 的情况，可以改写为关于这些变量的一元或者二元的变量之和，并且表明在其子模性条件下，其最小化也可以约简为最小切问题。

22.4.1 最小切问题

考虑一个有向图或者网络，$\mathcal{G}=(\mathcal{V}, \mathcal{E})$，其中 $\mathcal{V}$ 表示顶点，$\mathcal{E}$ 表示边；两个终端节点为源点 s 和汇点 t；以及 n 个中间节点 $v_1,\cdots,v_n$。定义图 $\mathcal{G}$ 的一个分割，即将其节点分成不相连的两个子集 S 和 T，使得 $s\in S$，$t\in T$，并将相应的边 (v,w) 作为割集 $C(S,T)$，其中 v 属于 S，w 属于 T，如图 22.2 所示。给定某非负代价(或者容量)函数，即 c: $\mathcal{V}\times\mathcal{V}\to\mathbb{R}^+$，使得当节点 v,w 没有边时，$c(v,w)=0$，定义割集(S,T)的代价为

$$\sum_{(v,w)\in C(S,T)} c(v,w)$$

最小代价(最小切问题)的分割问题为解线性规划问题。

给定容量函数 c，流为非负函数 f: $V\times V\to\mathbb{R}^+$，使得

$$\begin{cases}\forall(v,w)\in V\times V,\ f(v,w)\leqslant c(v,w)\\ \forall(v,w)\in V\times V,\ f(v,w)=-f(w,v)\\ \forall v\in V\backslash\{s,t\},\ \sum_{u\in V}f(u,v)=0\end{cases}$$

这三个约束的第一个表明通过边的流不能超过其容量，第二个和第三个约束表明能量守恒：除去源点集合和汇点集合，总的进入节点的流等于总的节点输出的流。流f的值定义为

$$|f| = \sum_{v \in V} f(s,v)$$

从这里可以看出计算最大流(最大流问题)也可以看做求解线性规划问题，给定网络的最大流问题和最小切问题是同一个问题(Ford and Fulkerson 1956，最小切定理)。与常规线性规划问题不同的是，解决最大流和最小切问题可以采用多项式算法(Ford and Fulkerson 1956；Goldberg and Tarjan 1988；Boykov and Kolgomorov 2004)。[①]

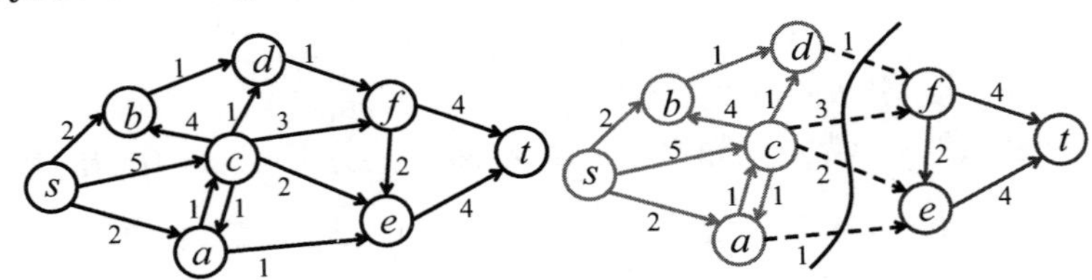

图 22.2 图(左)和一个最小切(右)，最小切由虚线构成，且其值为7。这里$S=\{s,a,b,c,d\}$和$T=\{e,f,t\}$

22.4.2 二次伪布尔函数

考虑一类能量函数E：$\{0,1\}^n \to \mathbb{R}$，可以表示为n个二值变量$\boldsymbol{x}=[x_1,\cdots,x_n]^{\mathrm{T}}$的一元或者二元变量之和，即

$$E(\boldsymbol{x}) = \sum_{i=1}^{n} E_i(x_i) + \sum_{1 \leqslant i < j \leqslant n} E_{ij}(x_i, x_j) \tag{22.26}$$

注意任何可以表示为关于有向图$\mathcal{G}$节点的一元项和其对应边的二元项之和的形式的函数，都可写成这种形式。不失一般性，图$\mathcal{G}$的节点可以表示为1到n之间的整数，其边缘可以表示为有序对(p,q)，其中$1 \leqslant p < q \leqslant n$。原图$\mathcal{G}$中没有边则设为零代价，并用其和替换关联反向边的二元项。

下面讨论在一定正则性条件下最小化式(22.26)定义的函数可以改写为最小切问题。

首先，注意任意具有一个二元变量的能量函数都可以表示为该变量的仿射函数的形式：

$$E_i(x_i) = \mu_i x_i + \nu_i, \quad \text{其中} \quad \mu_i = E_i(1) - E_i(0) \quad \text{和} \quad \nu_i = E_i(0) \tag{22.27}$$

同样，任意具有两个不同二元变量的能量函数也可以表示为某个常数之和和该两个变量的二次型的形式。很容易检查对于任何二元变量x_i，x_j满足下面的恒等式：

$$E_{ij}(x_i, x_j) = \beta_{ij} x_i x_j + \gamma_{ij} x_i + \gamma_{ji} x_j + \delta_{ij} \tag{22.28}$$

$$\begin{cases} \beta_{ij} = E_{ij}(0,0) + E_{ij}(1,1) - E_{ij}(0,1) - E_{ij}(1,0) \\ \gamma_{ij} = E_{ij}(1,0) - E_{ij}(0,0) \\ \gamma_{ji} = E_{ij}(0,1) - E_{ij}(0,0) \\ \delta_{ij} = E_{ij}(0,0) \end{cases}$$

紧接着由式(22.27)和式(22.28)改写$E(\boldsymbol{x})$，增加某附加常量，得到

$$E(\boldsymbol{x}) = \sum_{i=1}^{n} \alpha_i x_i + \sum_{1 \leqslant i < j \leqslant n} \beta_{ij} x_i x_j, \quad \text{其中} \ \alpha_i = \mu_i + \sum_{j \neq i} \gamma_{ij} \tag{22.29}$$

为关于二值变量$x_1,\cdots,x_n$的二次函数，即二次伪布尔函数。

---

① 虽然简单的线性规划算法最坏情况下需要问题大小的指数倍时间才可以解出，但也存在具有多项式时间复杂度的算法(Boyd and Vandenberghe 2004)，但其主要是为了求解通用线性规划问题，在专门的最小切/最大流问题上并不有效。

对于任意的二值变量 x，定义 $\bar{x}=1-x$，式(22.29)定义的能量函数也可以改写为(不同的)积分常数，即

$$E(\boldsymbol{x})=\sum_{i\in P}\rho_i x_i-\sum_{i\in N}\rho_i\bar{x}_i-\sum_{1\leqslant i<j\leqslant n}\beta_{ij}x_i\bar{x}_j,\qquad 其中\ \begin{cases}\rho_i=\alpha_i+\sum_{j>i}\beta_{ij}\\ P=\{i|\rho_i>0\}\\ N=\{i|\rho_i\leqslant 0\}\end{cases}\tag{22.30}$$

注意式(22.30)的所有一元项的系数非负。

当系数 β_{ij} 为负数时，最小化式(22.29)或者式(22.30)表示的函数形式，即为最小切问题，因此可以得到有效的计算解决方案。例如，依照 Boros and Hammer(2002)的构造过程，考虑图 $\mathcal{G}=(\mathcal{V},\mathcal{E})$，具有 $n+2$ 个节点 $\mathcal{V}$，包括源点 s 和汇点 t，剩余的节点构成独立 n 个二值变量。关联式(22.30)的不同项的图的弧为

$$\mathcal{E}=\{(s,x_i;-\rho_i)|i\in N\}\cup\{(x_i,t;\rho_i)|i\in P\}\cup\{(x_i,x_j;-\beta_{ij})|1\leqslant i<j\leqslant n\}$$

其中$(x,\ y;\ c)$表示连接节点 x 和节点 y 的容量 c。每一个二值向量 $\boldsymbol{x}$ 的值可以表示为图 G 的割集$(S_{\boldsymbol{x}},\ T_{\boldsymbol{x}})$，其中 $S_{\boldsymbol{x}}$ 包括节点 $x_i=1$ 构成的 s，$T_{\boldsymbol{x}}$ 包括节点 $x_i=0$ 构成的 t。很容易判定割集$(S_{\boldsymbol{x}},\ T_{\boldsymbol{x}})$的代价等于 $E(\boldsymbol{x})$ 的值。因此，对所有有序对$(i,\ j)$，其中 $1\leqslant i<j\leqslant n$，$\beta_{ij}\leqslant 0$，为保证所有的网络容量为非负，最小化 $E(\boldsymbol{x})$ 等同于解决在多项式时间内的最小切问题。

正则性条件 $\beta_{ij}\leqslant 0$ 为子模性的特殊情形，依赖于一般集合函数族(定义在某有限集的幂级的实值函数)，该函数族保证其可以在多项式时间内最小化(Boros and Hammer 2002)。另一方面，最小化随机的非子模性的二次伪布尔函数为 NP 难题。

注意到式(22.29)可以改写为

$$E(\boldsymbol{x})=\sum_{i=1}^{n}\left(\alpha_i+\frac{1}{2}\sum_{j\neq i}\beta_{ij}\right)x_i-\frac{1}{2}\sum_{1\leqslant i<j\leqslant n}\beta_{ij}(x_i-x_j)^2\tag{22.31}$$

考虑到对于任意的变量 x_i，有 $x_i=x_i^2$。特别地，先前讨论的式(22.26)定义的能量函数可以有效地进行优化，其二元项非常具有吸引力，$(x_i-x_j)^2$ 的权重 $-1/2\beta_{ij}$ 为正。

22.4.3　泛化为整型变量

本节讨论目前考虑的问题的泛化情形。考虑能量函数 $\boldsymbol{E}$：$\mathcal{K}^n\to\mathbb{R}$，关于 $\boldsymbol{x}=(x_1,\cdots,x_n)^{\mathrm{T}}$，$n$ 为整数，$\mathcal{K}=\{0,\cdots,\ K\}$，该能量函数仍可以写为一元项和二元项之和：

$$E(\boldsymbol{x})=\sum_{i=1}^{n}E_i(x_i)+\sum_{1\leqslant i<j\leqslant n}E_{ij}(x_i,x_j)\tag{22.32}$$

简化为二次伪布尔优化问题　式(22.32)定义的整型问题总是可以简化为二次伪布尔优化问题，因此当满足一定的子模性约束时，可以通过最小切或最大流算法解决。这里遵从 Darbon(2009)提出的简化方法，Ishikawa(2003)和 Schlesinger and Flach(2006)也给出相应的方法。

给定某整型变量 x，我们定义其关于值 $k\in\mathcal{K}$ 的低水平集特征函数：

$$x^k=0，如果\ x\leqslant k；其他情况为\ 1$$

并注意(a)满足单调性质，即对于所有 $k\geqslant l\in\mathcal{K}$，$x^k\leqslant x^l$；(b)$x=\max\{k\in\mathcal{K},\ x^k=0\}$。特别地，可以看出在 $\mathcal{K}$ 的任意族中的二值函数满足这些性质的第一条(即定义 $\mathcal{K}$ 中的某个整型变量，这可以通过第二条性质进行重获)。

一个简单的计算表明具有一个属于 $\mathcal{K}$ 的整型变量的任意能量函数可以改写为

$$E_i(x_i) = \left[\sum_{k=0}^{K-1} \mu_i^k x_i^k\right] + \nu_i, \quad \text{其中}\ \mu_i^k = E_i(k+1) - E_i(k)\ \ \text{和}\ \ \nu_i = E_i(0) \tag{22.33}$$

同样，任意具有两个属于 $\mathcal{K}$ 的变量的能量函数可以改写为

$$E_{ij}(x_i, x_j) = \left[\sum_{k,l=0}^{K-1} \beta_{ij}^{kl} x_i^k x_j^l\right] + \left[\sum_{k=0}^{K-1} \gamma_{ij}^k x_i^k + \gamma_{ji}^k x_j^k\right] + \delta_{ij} \tag{22.34}$$

其中

$$\begin{cases} \beta_{ij}^{kl} = E_{ij}(k,l) + E_{ij}(k+1,l+1) - E_{ij}(k,l+1) - E_{ij}(k+1,l) \\ \gamma_{ij}^k = E_{ij}(k+1,0) - E_{ij}(k,0) \\ \gamma_{ji}^k = E_{ij}(0,k+1) - E_{ij}(0,k) \\ \delta_{ij} = E_{ij}(0,0) \end{cases} \tag{22.35}$$

其遵从式(22.33)和式(22.34)，$E(\boldsymbol{x})$改写为积分常数：

$$E(\boldsymbol{x}) = \sum_{i=1}^{n}\sum_{k=0}^{K-1} \alpha_i^k x_i^k + \sum_{1\leqslant i<j\leqslant n}\sum_{k,l=0}^{K-1} \beta_{ij}^{kl} x_i^k x_j^l, \quad \text{其中}\ \alpha_i^k = \mu_i^k + \sum_{j\neq i} \gamma_{ij}^k \tag{22.36}$$

即关于整型变量 x_i^k 的二次函数，$i \in \{1, \cdots, n\}$，$k \in \mathcal{K}$。

注意该表达式与式(22.29)二值情形具有很强的相似性。假设 E 为子模性，即所有参数 β_{ij}^{kl} 为非负——E 显然可以通过最小切/最大流算法精确求解。

然而，其单调性必须被强制依赖于二值变量值，以定义属于 $\mathcal{K}$ 的整型值。这可很容易通过最小化来实现：

$$E'(\boldsymbol{x}) = E(\boldsymbol{x}) + \sum_{i=1}^{n}\sum_{k=0}^{K-1} T(x_i^{k+1} - x_i^k)\text{，其中如果 } r \leqslant 0 \text{ 则 } T(r)=0\text{，否则为}\infty$$

加上惩罚项保证所有解的有限代价为单调的。另一方面，任意单调解为零惩罚的，因此最小化 $E'(\boldsymbol{x})$产生一个标签，同时也得到$E(\boldsymbol{x})$的最小化值。

$\boldsymbol{\alpha}$ 扩张 整型联合优化的问题约简为已讨论的二值变量问题是非常有意思的，因为其允许经过有效[①]的求解得到目标优化函数的全局最优解。

然而，式(22.35)关联的子模性约束条件 $\beta_{ij}^{kl} \leqslant 0$，可能对于一定应用过于约束。函数 E_{ij}可以改写为 $E_{ij}(x_i, x_j) = g(x_i - x_j)$，其中 g: $\mathbb{Z} \to \mathbb{R}$ 为凸，满足该条件(Darbon 2009)。一个在图像处理领域关于该函数的很经典的例子为总变差，其中 $E_{ij}(x_i, x_j) = \gamma_{ij}|x_i - x_j|$，$\gamma_{ij} > 0$。另一方面，非连续二元项，例如波特模型 $E_{ij}(x_i, x_j) = \gamma_{ij}\chi(x_i \neq x_j)$(其中，特征函数$\chi$ 当其为真时为 1，为假时为 0，$\gamma_{ij} > 0$)，这并没有违背式(22.35)的子模性属性。处理该项在实际应用中非常重要，在立体融合任务中，可能无须过分惩罚视差，因为该函数在封闭的边缘为非连续的，因此呈现出波特惩罚项来计算总变差而使得视差平滑。这启发于采用可选择优化的方法，例如 α 扩张处理(Boykov et al. 2001)，采用最小化能量函数的弱假设。其代价为它们一般并不会得到这些函数的全局最优解。

α 扩张是一个迭代算法，在每次迭代过程中，一个随机整型变量 x_i 关于 $\mathcal{K}$ 中的某 α 允许改变其值，在该 α 扩张移动过程中获取最小化 E 的 $\boldsymbol{x}$。该算法的完整迭代过程解释了所有可能的任意顺序的 α 值，并且算法迭代过程直至能量函数没有更新时为止(见算法 22.1)。

---

① 不管怎样，在退化问题中二值变量的数目为 $n(K+1)$ 而不是源问题的 n，这将防止扩大这种方法带来的大量的变量和整型值的问题。

算法22.1　α 扩张(Boykov et al. 2001)
1. 随机初始化 $\boldsymbol{x}$。
2. 重复
   (a)对每个 $\mathcal{K}$ 中的 α,
      i. 查找 $\boldsymbol{x}'$值，在 $\boldsymbol{x}$ 的 α 扩张中的整型变量 $\boldsymbol{x}'$最小化 $E(\boldsymbol{x}')$
      ii. 如果 $E(\boldsymbol{x}') < E(\boldsymbol{x})$，则 $\boldsymbol{x}\leftarrow\boldsymbol{x}'$；完成←假
      否则 完成←真
   (b)直至完成
3. 返回 $\boldsymbol{x}$。

该算法最核心的一步是最小化 $E(\boldsymbol{x}')$，可以改写为关于 n 个随机变量 y_i 的向量 $\boldsymbol{y}$ 的能量函数最小化，即定义：

$$E'(\boldsymbol{y}) = \sum_{i=1}^{n} E_i(x_i'(y_i)) + \sum_{1\leqslant i<j\leqslant n} E_{ij}(x_i'(y_i), x_j'(y_j)) \tag{22.37}$$

其中，当 $y_i=0$ 时，$x_i'(y_i)=x_i$；当 $y_i=1$ 时，$x_i'(y_i)=\alpha$。关于变量 $\boldsymbol{x}'$在 $\boldsymbol{x}$ 的一个 α 扩张中最小化 $E(\boldsymbol{x}')$等同于关于 $\boldsymbol{y}$ 最小化 $E'(\boldsymbol{y})$，也等价于在子模块属性约束下求解二次伪布尔优化：

$$E_{ij}(x_i, x_j) + E_{ij}(\alpha, \alpha) \leqslant E_{ij}(x_i, \alpha) + E_{ij}(\alpha, x_j) \tag{22.38}$$

其中满足所有的(i,j)对，使得 $1\leqslant i<j\leqslant n$，并且 $\alpha\in\mathcal{K}$。这是个很明显的情形，例如当函数 E_{ij} 为距离函数，其中 $E_{ij}(\alpha, \alpha)=0$，满足三角不等式 $E_{ij}(x_i, x_j)\leqslant E_{ij}(x_i, \alpha)+E_{ij}(\alpha, x_j)$。这也属于先前讨论的波特模型。

一般情况下，式(22.38)的子模块属性约束相对于式(22.35)关联约束 $\beta_{ij}^{kl}\leqslant 0$ 是很弱的。α 扩张可以应用于更广泛的各种问题。其中每次迭代代价也比较低廉，因为二元变量的数目 n 等价于整型变量的个数，并不等于 Darbon 约简中的 $n(K+1)$。正如已经讨论的，α 扩张的代价为只能得到关联目标函数的局部最小结果。

排序问题　式(22.32)定义了有限但不需整型或者有序的标记集合的函数 $E(\boldsymbol{x})$，任何最小化这类函数 $E(\boldsymbol{x})$的组合优化问题都可以转换为对标记选择某随机排序的整型优化问题。然而，每个人都应当记住，仅当对标记进行自然排序时，这么做才有意义。有这么一种情况，例如，在矫正图像的立体视觉融合中，其中标记为水平视差，但这并非是常规的图匹配场景。另外，排序的指数值必须事先考虑，这一般是难以计算的，并且不管采取何种优化方法，选择一个特定的排序可能导致次优解。例如，在 α 扩张情形中，α 值的排序可以在每次迭代中随机选择。

22.5　注释

Luenberger(1984)、Bertsekas(1995) and Heath(2002)讨论了一般用于平滑函数参数的优化技术，例如在第 8 章讨论的从运动中恢复结构的关于最小二乘法的讨论可以从 Triggs et al.(2000)中找到。将数据点的坐标建模为服从正态分布的随机变量时，最小二乘法的解是极大似然法的统计解释。关于该解释的讨论已在第 10 章介绍。

22.3 节介绍的稀疏编码和字典学习在很大程度上基于 Mairal et al.(2010,2011)。多种类型的小波用于自然图片的字典学习(Mallat 1999)。Chen et al.(1999)和 Tibshirani(1996)给出了凸

问题的基础和 Lasso 问题的定义。解决该问题的若干最新算法是基于软阈值的坐标梯度下降(Fu 1998; Friedman, Hastie, Hölfiling, Tibshirani 2001; Wu and Lang 2008)。Efron et al. (2004)的 LARS 算法提供了当字典的列向量具有高相关性时一种非常有效的替代法，该方法常常应用于图像处理和计算机视觉应用的字典学习中。l_0 稀疏编码学习问题是 NP 难题，采用贪婪算法可以近似逼近解(Weisberg 1980, Mallat and Zhang 1993)。建立于 Olshausen and Field(1997)提出的神经模型反映大脑 V1 区域的响应，Elad and Aharon(2006)提出采用即将到来的图像 $\mathcal{D}$ 代替预定义的字典学习的方法，并解释该字典学习方法可产生相对于预定义的更好的理论结果。其他关于字典学习的应用包括图像去噪(Elad and Aharon 2006; Mairal et al. 2009)、纹理合成(Peyre 2008)和音频处理(Grosse, Raina, Kwong, and Ng 2007; Zibulevsky and Pearlmutter 2001)、图像分类(Raina et al. 2007; Mairal et al. 2008; Bradley and Bagnell 2009)。22.3 节给出监督机制的字典学习，其主要关注后续任务，因为其允许有鉴别的字典学习(Yang, Yu, Gong, and Huang 2009b; Boureau, Bach, LeCun, and Ponce 2009; Yang, Yu, and Huang 2010a; Mairal et al. 2011)。

关于最小切/最大流问题的经典处理算法包括 Ford and Fulkerson(1956)和 Goldberg and Tarjan(1988)。关于最小切介绍的伪布尔优化的一个子模性约束约简基于 Boros and Hammer (2002)。关于二值的整型优化问题约简基于 Darbon(2009)。Ishikawa(2003)和 Schlesinger and Flach(2006)有更多的介绍。α 扩张的迭代算法见 Boykov, Veksler, and Zabih(2001)，并提出一种解决该问题的可选择的 α-β 技术。

在计算机视觉领域，最小切/最大流算法另一个熟悉的名称是图割算法(Boykov et al. 2001)，还可见 Boykov and Kolgomorov(2004)、Kolgomorov 和 Zabih(2004)，更早的应用如 Geiger, Porteous and Seheult(1989)、Roy and Cox(1998)、Ishikawa and Geiger(1998)。我们给出的联合优化计算并非假设或者依赖任何概率模型。值得注意的是，22.4 节介绍的能量函数，见式(22.26)和式(22.32)，也出现在一阶马尔可夫随机场的概率模型中，这在计算机视觉领域非常流行，而该算法是由 Geman and Geman(1984)采用模拟退火法解决相应标记问题时提出的。

最后，通过多种算法的应用结束本章讨论。例如，包括 LAPACK(见 http://www.netlib.org/lapack/)和 MINPACK(见 http://www.netlib.org/minpack/)的免费库提供了关于线性/非线性最小二乘、奇异值分解和(广义的)特征值求解等问题的很多函数。MATLAB 采用相似的函数库。SPAMS 是 J. Mairal 开发的关于稀疏编码和字典学习的扩展开源库，并由 Mairal et al. (2010)引入(见 http://www.di.ens.fr/willow/SPAMS/)。解决最小切/最大流和多标记的优化问题的代码由 Y. Boykov、A. Delong、V. kolmogorov 和 O. Veksler 开发及应用(Boykov et al. 2001; Boykov and Kolmogorov 2004)(见 http://vision.csd.uwo.ca/code/)。

* 本书还提供了丰富的参考文献，请登录华信教育资源网(www.hxedu.com.cn)注册下载。